Springer-Lehrbuch

S. Brandt · H. D. Dahmen

Elektrodynamik

Eine Einführung in Experiment und Theorie

Vierte, völlig neubearbeitete Auflage
mit 272 Abbildungen, 7 Tabellen, 51 Experimenten
und 119 Aufgaben mit Hinweisen und Lösungen

 Springer

Professor Dr. Siegmund Brandt
e-mail: brandt@physik.uni-siegen.de

Professor Dr. Hans Dieter Dahmen
e-mail: dahmen@physik.uni-siegen.de

Fachbereich Physik
Universität Siegen
57068 Siegen
Deutschland

Bibliografische Information der Deutschen Bibliothek
Die Deutsche Bibliothek verzeichnet diese Publikation in der Deutschen Nationalbibliografie;
detaillierte bibliografische Daten sind im Internet über <http://dnb.ddb.de> abrufbar.

ISBN 3-540-21458-5 4. Aufl. Springer Berlin Heidelberg New York
ISBN 3-540-61911-9 3. Aufl. Springer Berlin Heidelberg New York

Springer ist ein Unternehmen von Springer Science+Business Media

springer.de

© Springer-Verlag Berlin Heidelberg 2005
Printed in Germany

Satz: Tilo Stroh, Universität Siegen unter Vewendung eines Springer LATEX-Makropakets
Herstellung: LE-TEX Jelonek, Schmidt & Vöckler GbR, Leipzig
Einbandgestaltung: *design & production* GmbH, Heidelberg

Gedruckt auf säurefreiem Papier   56/3144/YL - 5 4 3 2 1 0

Vorwort zur vierten Auflage

Dieser Band behandelt einerseits die wesentlichen Experimente und theoretischen Methoden des Elektromagnetismus und andererseits wichtige Anwendungsgebiete, wie zum Beispiel die Grundlagen der Halbleiterelektronik, die Erzeugung, die Ausbreitung und den Nachweis elektromagnetischer Wellen.

Der Stoffumfang entspricht einer einsemestrigen, vierstündigen Vorlesung mit dreistündigen Ergänzungen und Übungen. Ein Teil des Stoffes wird auch im Physikalischen Praktikum sowie einem besonderen Elektronik-Praktikum mit Proseminar behandelt. Die Mehrzahl der im Buch vorgestellten Experimente ist quantitativ. Oft zeigen Oszillogramme die funktionalen Abhängigkeiten physikalischer Größen voneinander. Felder werden mit Computergraphiken ebenfalls quantitativ illustriert.

Die Darstellung ist in sechs größere Blöcke gegliedert: 1. *Elektrostatik*, d. h. elektrische Felder zeitlich unveränderlicher Ladungen (Kap. 1 bis 4), 2. *Strom* als Ladungstransport in Vakuum und Materie, insbesondere auch in elektronischen Bauelementen (Kap. 5 bis 7), 3. *Magnetfelder stationärer Ströme*, also zeitunabhängiger Ströme (Kap. 8 und 9), 4. *Quasistationäre Vorgänge*, also langsam veränderliche Felder, z. B. beim Wechselstrom (Kap. 10), 5. *Rasch veränderliche Felder*, für die die Maxwell-Gleichungen in allgemeiner Form aufgestellt und als wichtigstes Beispiel die Erzeugung und Ausbreitung elektromagnetischer Wellen (Kap. 11 und 12) diskutiert werden und schließlich 6. *Relativistische Elektrodynamik*, die Beschreibung von Ladungen und Feldern in verschiedenen, gegeneinander gleichförmig geradlinig bewegten Bezugssystemen. Die relativistische Betrachtungsweise verknüpft in eleganter Form elektrische und magnetische Erscheinungen.

Elektrische und magnetische Felder im leeren Raum sind vergleichsweise einfach darzustellen. Bei ihren Wechselwirkungen mit Materie treten zusätzliche, zum Teil sehr komplexe Erscheinungen auf, die die Grundlage für viele technische Anwendungen sind. Nur die volle quantenmechanische Behandlung aller Atome des betrachteten Materials kann eine grundsätzlich befriedigende Beschreibung dieser Erscheinungen liefern. Sie ist aber nicht durchführbar. Man greift daher auf mehr oder weniger stark vereinfachende Modelle des Materials zurück. Für diesen Band unterscheiden wir drei (nach steigender Komplexität geordnete) Arten von Modellen: 1. eine *pauschale makroskopische Beschreibung* durch Materialkonstanten wie Permittivitätszahl, Permeabilitätszahl und Leitfähigkeit, 2. eine *grobe mikroskopische Beschreibung* der Bausteine der Materie durch punktförmige, ruhende oder bewegte Ladungen, punktförmige elektrische Dipolmomente und punktförmige Elementarströme, die magnetische Dipolmomente zur Folge haben, 3. das *Bändermodell* des Festkörpers, das, ausgehend von Grundtatsachen der Quantenmechanik und der statistischen Mechanik, quantitative Aussagen über den Strom in Leitern, Halbleitern und elektronischen Bauelementen erlaubt. Abschnitte, die auf die mikroskopische Beschreibung oder das Bändermodell zurückgreifen, sind mit dem Symbol * versehen und können bei der ersten Lektüre überschlagen werden. Ihr späteres Studium wird aber nachdrücklich empfohlen, weil die Charakterisierung durch Materialkonstanten nur ein sehr oberflächliches Verständnis der Eigenschaften der Materie erlaubt.

Mathematische Hilfsmittel sind in verschiedenen Anhängen zusammengestellt. Die wichtigen Gebiete *Vektoralgebra* und *Vektoranalysis* sind in unserer *Mechanik*[1] dargestellt. Der vorliegende Band enthält in den Anhängen A und B eine Zusammenstellung der wichtigsten, an Beispielen erläuterten Formeln zu diesen Gebieten. Der Anhang C ist Vierer-Vektoren und -Tensoren gewidmet, die in der speziellen Relativitätstheorie auftreten. Anhang F behandelt Distributionen, die in der Elektrodynamik die Beschreibung von Punktladungen sowie elektrischen und magnetischen Dipolen und allgemeineren singulären Ladungs- und Stromverteilungen sehr vereinfachen. Der Inhalt der Anhänge D, E und G, H (Wahrscheinlichkeitsrechnung, Statistik) wird nur in den Abschnitten des Haupttextes benötigt, die – wie oben erläutert – mit dem Symbol * gekennzeichnet sind. Tabellen mit SI-Einheiten und physikalischen Konstanten und eine Auswahl gebräuchlicher Schaltsymbole beschließen den Anhang.

Für die vierte Auflage wurde die *Elektrodynamik* sorgfältig durchgesehen und um das Kapitel über relativistische Elektrodynamik erweitert. Die relativistische Betrachtungsweise wird illustriert durch computererzeugte Abbildungen von Feldern und Teilchenbahnen in verschiedenen Bezugssystemen.

Wir danken herzlich den Herrn R. Kretschmer und T. Stroh für die sorgfältige Durchsicht der neuen Abschnitte und Herrn Stroh auch für seine kompetente Mithilfe beim Computersatz dieser Auflage.

Siegen, Mai 2004   S. Brandt   H. D. Dahmen

---

[1]S. Brandt, H. D. Dahmen, *Mechanik*, 4. Aufl., Springer-Verlag Berlin 2004

Inhaltsverzeichnis

1. Einleitung. Grundlagenexperimente. Coulombsches Gesetz

Bei der Einführung der Grundbegriffe und Grundgrößen der Mechanik (Kraft, Masse, Länge, Zeit, usw.) konnten wir unmittelbar auf unsere Erfahrung, die Empfindlichkeit unserer Sinnesorgane und unser Vermögen, Zeitabläufe wahrzunehmen, zurückgreifen. Auch der Temperaturbegriff der Wärmelehre baut auf einer Sinneswahrnehmung auf. Mechanik und Wärmelehre sind also quantitative und theoretisch durchdrungene Beschreibungen eines Bereichs der Naturvorgänge, den wir in vielen Teilen – wenigstens qualitativ – unmittelbar und ohne Zuhilfenahme von Meßinstrumenten oder Nachweismethoden wahrnehmen können.

Im Gegensatz dazu gehören die elektrischen Erscheinungen nicht zu unserem ursprünglichen Erfahrungsbereich. Wir haben keine Sinnesorgane für Strom, Spannung oder ähnliche Größen. Alle elektrischen Vorgänge müssen wir daher mit speziellen Geräten studieren, die zunächst die Existenz dieser Vorgänge nachweisen und es außerdem gestatten, sie möglichst quantitativ zu erfassen. Dieser Sachverhalt erschwert dem Anfänger die Entwicklung einer unmittelbaren Anschauung.

In den folgenden beiden Abschnitten dieses Einführungskapitels werden wir zunächst an sehr einfachen Experimenten einige grundlegende elektrische Erscheinungen qualitativ kennenlernen und anschließend das Coulombsche Gesetz, die Grundlage aller elektrischen Vorgänge, aus einem Experiment gewinnen.

1.1 Erste Experimente

Inhalt: Experimenteller Nachweis elektrostatischer Kräfte. Einführung des Ladungsbegriffes als additive Größe mit positivem und negativem Vorzeichen. Leiter und Nichtleiter. Flächenladungsdichten auf Oberflächen.
Bezeichnungen: R Radius, Q Ladung, σ Flächenladungsdichte.

So, wie das in Einführungen getan wird, wollen auch wir zunächst die elektrischen Wirkungen geriebener Glas- bzw. Hartgummistäbe betrachten, da sie

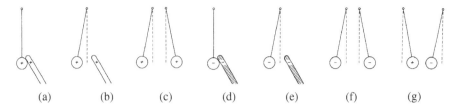

Abb. 1.1. Demonstration der elektrostatischen Kräfte. (**a**) Übertragung positiver Ladung von einem geriebenen Glasstab auf eine metallisierte Kugel. (**b**) Abstoßung zwischen Stab und Kugel. (**c**) Abstoßung zwischen zwei positiv geladenen Kugeln. (**d**) Übertragung negativer Ladung von einem geriebenen Hartgummistab auf eine Kugel. (**e**) Abstoßung zwischen Stab und Kugel. (**f**) Abstoßung zwischen zwei negativ geladenen Kugeln. (**g**) Anziehung zwischen einer positiv und einer negativ geladenen Kugel

sich experimentell mit geringstem Aufwand an technischen Hilfsmitteln untersuchen lassen.

Experiment 1.1. Elektrische Ladungen und Kräfte

Für unser erstes Experiment benutzen wir vier oberflächenmetallisierte leichte Kunststoffkugeln (Tischtennisbälle), die an langen Kunststoffäden aufgehängt sind, einen Glas- und einen Hartgummistab, einen Seidenlappen und ein Stück Katzenfell. Wir reiben den Glasstab zunächst mit dem Seidenlappen und berühren dann eine der Kugeln mit dem Stab (Abb. 1.1a). Sie wird unmittelbar darauf vom Stab abgestoßen (Abb. 1.1b). Erst wenn man den Glasstab weit entfernt, verschwindet die abstoßende Kraft. Die Kugel hängt wieder senkrecht unter ihrem Aufhängepunkt. Wiederholen wir den Versuch mit einer zweiten Kugel und nähern dann die Aufhängepunkte der beiden Kugeln einander an, so stellen wir eine gegenseitige Abstoßung beider Kugeln fest (Abb. 1.1c). Wiederholen wir den Versuch mit dem am Katzenfell geriebenen Hartgummistab und zwei weiteren Kugeln, so ergeben sich die gleichen Resultate (Abb. 1.1d–f). Nähern wir jetzt jedoch eine der mit dem Hartgummistab berührten Kugeln einer der mit dem Glasstab berührten, so beobachten wir eine gegenseitige Anziehung (Abb. 1.1g).

Zur Beschreibung dieser Befunde führen wir den Begriff der *elektrischen Ladung* ein. Wir sagen, daß sich als Ergebnis des Reibungsvorganges auf dem Glasstab positive elektrische Ladung und auf dem Hartgummistab negative Ladung angesammelt hat. Durch Berührung wurde ein Teil der Ladung auf die Kugeln übertragen. Die Versuche mit den Kugeln zeigen, daß zwischen Ladungen gleichen Vorzeichens eine abstoßende Kraft auftritt, zwischen Ladungen verschiedenen Vorzeichens jedoch eine anziehende Kraft.

Die Aufladung durch „Reibung" deuten wir wie folgt: Aus vielen (später zu diskutierenden) Experimenten wissen wir, daß alle Materie aus Atomen besteht, deren Bestandteile elektrisch geladen sind. Es sind die (positiven) Atomkerne und die (negativen) Elektronen. Bei der Zerlegung eines elektrisch

neutralen Stücks Materie können auf den Teilen resultierende Ladungen auftreten, weil vor der Trennung auf jedem der Teile ein Überschuß einer La-
dungssorte besteht. Die Aufladung, d. h. die Manifestation von Überschuß-
Ladungen, geschieht durch Trennung von Glasstab und Seidenlappen nach
deren vorheriger durch Reibung begünstigter enger Berührung.

Experiment 1.2. Leiter und Nichtleiter
Wir befestigen an einem großen metallischen Objekt (etwa einer Kugel, deren Durchmesser groß gegen den der Kugeln des Experiments 1.1 ist, oder – besser – der Wasserleitung) je ein Ende eines Kunststoffadens und eines Metalldrahtes. Dann bringen
wir zunächst das zweite Ende des Kunststoffadens mit einer der aufgeladenen Kugeln aus Abb. 1.1c in Berührung, stellen aber keine Änderung der Kraft zwischen
den Kugeln fest. Berühren wir statt dessen eine der Kugeln mit dem Draht, so fallen
beide Kugeln in die senkrechte Lage: Die Kraft zwischen ihnen ist verschwunden.

Wir schließen daraus, daß die elektrische Ladung der Kugel (vollständig
oder zum größten Teil) durch den Metalldraht auf den großen Metallkörper
übertragen wurde. Substanzen, in denen ein Transport elektrischer Ladung
stattfinden kann, heißen *Leiter*, solche, die keinen Ladungstransport ermöglichen, *Nichtleiter* oder *Isolatoren*. (Quantitative Untersuchungen zeigen, daß
alle Substanzen in gewissem Umfang einen Ladungstransport zulassen. Allerdings ist ihre spezifische Leitfähigkeit sehr stark verschieden (Tabelle 5.1), so
daß die Bezeichnungen Leiter bzw. Nichtleiter für Substanzen sehr hoher bzw.
niedriger Leitfähigkeit gerechtfertigt sind.) Gute Leiter sind insbesondere die
Metalle; gute Isolatoren sind Glas, Porzellan, Kunststoffe und trockene Luft.
Destilliertes Wasser ist ein Isolator, Leitungswasser oder Wasser in natürli-
chen Gewässern oder in geologischen Schichten enthält immer eine gewisse
Menge gelöster Salze und ist ein (mäßig guter) Leiter.
    Mit Hilfe der bisherigen Ergebnisse können wir uns nun leicht ein Bild
von der Verteilung der elektrischen Ladung auf einer Metallkugel machen.
Wir haben festgestellt, daß Ladungen gleichen Vorzeichens sich abstoßen und
daß Ladungen in Leitern beweglich sind. Enthält eine Metallkugel vom Radius R die Gesamtladung Q, so wird sich diese Ladung in Form einer gleich-
mäßigen *Flächenladungsdichte*

$$\sigma = \frac{Q}{4\pi R^2}$$

auf der *Oberfläche* ansammeln, da nur in dieser Konfiguration jeder einzelne Ladungsträger einen maximalen mittleren Abstand, wie er sich unter der
gegenseitigen Abstoßung der Ladungsträger einzustellen sucht (Abb. 1.2a),
von allen anderen Ladungsträgern hat. In ihrer Fähigkeit, Ladung zu tragen,
besteht damit kein Unterschied zwischen metallischen Voll- oder Hohlkugeln

oder Kugeln aus nichtleitendem Material mit metallisierter Oberfläche. Bringen wir jetzt die Kugel über einen Leiter in Berührung mit einem sehr viel größeren Leiter, auf dem sich keine oder nur eine geringe Flächenladungsdichte befindet, so werden sich die Einzelladungen derart auf der gesamten Oberfläche des Gebildes verbundener Leiter einstellen, daß sie wiederum einen maximalen mittleren Abstand haben. Dabei verbleibt nur eine sehr geringe Ladung auf unserer Kugel. Benutzen wir als großen Leiter die wasserführenden Schichten der Erde, d. h. berühren wir mit unserer Kugel die Wasserleitung oder eine spezielle Erdungsleitung, so wird sie praktisch völlig entladen (Entladung durch *Erdung*).

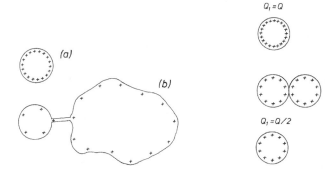

Abb. 1.2 a,b. Gleichmäßige Ladungsverteilung auf der Oberfläche einer leitenden Kugel (**a**). Entladung der Kugel durch sehr viel größeren Leiter (**b**)

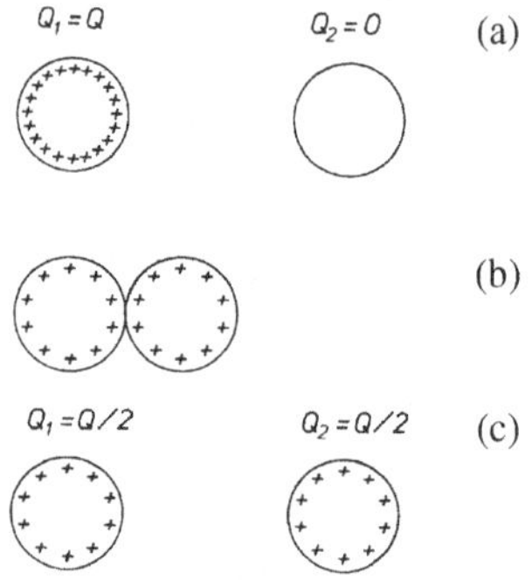

Abb. 1.3 a–c. Halbierung der Ladung einer leitenden Kugel durch kurzzeitige Berührung mit einer zuvor ungeladenen, leitenden Kugel gleicher Größe

Wir können jetzt eine Methode zur definierten Teilung *elektrischer Ladungen* angeben. Befindet sich auf einer leitenden Kugel die Ladung Q und bringen wir sie kurz in Berührung mit einer zuvor durch Erdung ladungsfrei gemachten, zweiten Kugel gleichen Durchmessers, so wird sich durch die gegenseitige Abstoßung der einzelnen Ladungsträger die Ladung auf beide Kugeln verteilen. Aus Symmetriegründen stellt sich auf jeder der beiden Kugeln die Ladung $Q/2$ ein. Werden die Kugeln wieder getrennt, verbleibt diese Ladung auf jeder der Kugeln (Abb. 1.3a–c).

1.2 Das Coulombsche Gesetz

Inhalt: Experimenteller Nachweis des Coulombschen Gesetzes. Elektroskop als Ladungsmeßgerät.
Bezeichnungen: **r** Ortsvektor, **F** Kraftvektor, Q elektrische Ladung, C (Coulomb) Einheit der elektrischen Ladung, $\varepsilon_0 = 8,854 \times 10^{12} \, \mathrm{C^2 \, N \, m^{-2}}$ elektrische Feldkonstante.

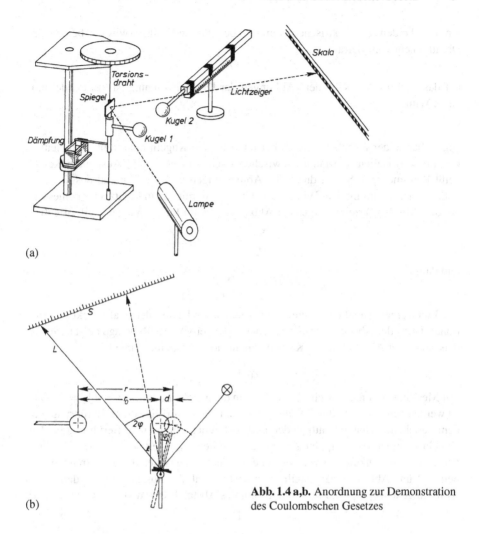

Abb. 1.4 a,b. Anordnung zur Demonstration des Coulombschen Gesetzes

Nach der Vorbereitung des letzten Abschnitts wollen wir jetzt direkt die Kraft zwischen zwei Ladungen Q_1 und Q_2 messen, die den Abstand r voneinander haben.

Experiment 1.3. Nachweis des Coulomb-Gesetzes

Wir messen jetzt die Kraft zwischen den Ladungen auf zwei leitenden Kugeln gleichen Durchmessers. Dazu benutzen wir die in Abb. 1.4 skizzierte Torsionsdrehwaage. Ein senkrecht eingespannter Torsionsdraht trägt eine waagerecht hängende, isolierende Stange, an deren einer Seite im Abstand ℓ vom Draht eine leitende Kugel angebracht ist. Die andere Seite trägt eine Platte, die in ein mit Wasser oder Öl gefülltes Gefäß taucht und so die Schwingung des Torsionspendels rasch dämpft. Stellt man der Kugel eine zweite, ortsfeste Kugel gleichen Durchmessers gegenüber und gibt man beiden eine elektrische Ladung, so bewirkt die Kraft F zwischen beiden ein Drehmoment vom Betrag

$$D = \ell F$$

auf das Drehpendel. Nach dem Abklingen der Drehschwingung ist das Pendel um einen Winkel

$$\varphi = \frac{D}{k}$$

gegenüber seiner Ruhelage, die es bei ungeladenen Kugeln einnimmt, ausgelenkt. Die Proportionalitätskonstante k zwischen Drehmoment D und Auslenkwinkel φ heißt Richtmoment. Sie ist durch die Abmessungen und das Material des Drahtes vollkommen bestimmt. Der Winkel φ kann bequem mit einem Lichtzeiger gemessen werden. Mit den Bezeichnungen der Abb. 1.4b und für kleine Winkel φ gilt offenbar

$$\varphi = \frac{d}{\ell} = \frac{S}{2L} \quad , \qquad d = \frac{S\ell}{2L}$$

und damit

$$F = \frac{D}{\ell} = \frac{\varphi k}{\ell} = \frac{Sk}{2L\ell} = \frac{kd}{\ell^2} \quad .$$

Die Lichtzeigerauslenkung S und der Abstand d sind damit der Kraft direkt proportional. Ist r_0 der Abstand der unbeweglichen Kugel von der Ruhelage des Drehpendels, so ist der Abstand beider Kugeln voneinander für kleine Winkel

$$r = r_0 + d \quad .$$

Zur Messung erhalten zunächst beide Kugeln die gleiche Ladung $Q_1 = Q_2 = Q$. Dazu werden beide Kugeln durch Erdung entladen, dann wird eine durch Berührung mit dem geriebenen Glasstab aufgeladen und schließlich durch kurze Berührung beider Kugeln miteinander die Ladung zu gleichen Teilen zwischen beiden aufgeteilt. Die gemessene Auslenkung für verschiedene Abstände r zwischen den Kugeln ist in Tabelle 1.1 und Abb. 1.5a dargestellt. Man liest ab, daß die Auslenkung und damit die Kraft umgekehrt proportional zum Quadrat des Abstandes ist, d. h.

$$F \sim \frac{1}{r^2} \quad .$$

Tabelle 1.1. Meßwerte zur Bestimmung des Zusammenhangs zwischen der elektrostatischen Kraft zwischen zwei Ladungen und deren Abstand

r_0 (cm)	S (cm)	$d = S\ell/(2L)$ (cm)	$r = r_0 + d$ (cm)	$1/r^2$ (cm^{-2})
8,0	45,3	0,623	8,623	0,0137
13,0	18,6	0,256	13,256	0,0057
18,0	9,5	0,131	18,131	0,0031
22,9	5,5	0,076	22,976	0,0019
			$L = 2\,\mathrm{m}$, $\ell = 5{,}5\,\mathrm{cm}$	

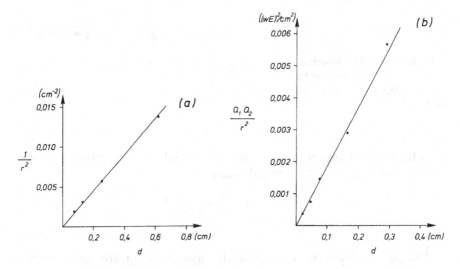

Abb. 1.5 a,b. Darstellung der Meßergebnisse aus Experiment 1.3

Tabelle 1.2. Meßwerte zur Bestimmung des Zusammenhangs zwischen den Beträgen zweier Ladungen im Abstand r und der Kraft zwischen ihnen

Q_1 (wE)	Q_2 (wE)	S (cm)	$d = S\ell/(2L)$ (cm)	$r = r_0 + d$ (cm)	Q_1Q_2/r^2 ($[\text{wE}]^2/\text{cm}^2$)
1	1	21,0	0,289	13,289	0,00566
0,5	1	11,9	0,164	13,164	0,00289
0,5	0,5	5,6	0,077	13,077	0,00146
0,25	0,5	3,4	0,047	13,047	0,00073
0,25	0,25	1,6	0,022	13,022	0,00037

$$L = 2\,\text{m}, \ell = 5,5\,\text{cm}, r_0 = 13\,\text{cm}$$

Die Ladungen sind in willkürlichen Einheiten (wE) gemessen.

In einer zweiten Meßreihe untersuchen wir den Einfluß der Ladungen auf die Kraft. Durch Berührung mit einer weiteren, an einem Kunststoffstab befestigten Kugel gleichen Durchmessers, die vorher durch Erdung entladen wurde, kann die Ladung auf beiden Kugeln nacheinander halbiert werden. Die Meßergebnisse sind in Tabelle 1.2 und Abb. 1.5b zusammengefaßt. Danach ist der Betrag der Kraft für gegebenen Abstand r jeder der beiden Ladungen Q_1 und Q_2 proportional,

$$F \sim \frac{Q_1Q_2}{r^2} \quad .$$

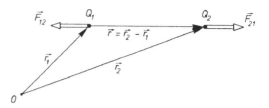

Abb. 1.6. Vektorielle Darstellung der Coulomb-Kräfte, die zwei Ladungen aufeinander ausüben für $Q_1 Q_2 > 0$

Wir schreiben die Proportionalitätskonstante in der scheinbar unpraktischen Form $1/(4\pi\varepsilon_0)$ und erhalten für den Betrag der Kraft

$$F = \frac{1}{4\pi\varepsilon_0} \frac{Q_1 Q_2}{r^2} \quad .$$

Um das Kraftgesetz auch vektoriell formulieren zu können, bezeichnen wir die Ortsvektoren der beiden Ladungen Q_1 und Q_2 mit $\mathbf{r}_1$ bzw. $\mathbf{r}_2$ (Abb. 1.6). Die Kraft $\mathbf{F}_{21}$, die die Ladung Q_1 auf die Ladung Q_2 ausübt, wirkt dann in Richtung des Differenzvektors $\mathbf{r} = \mathbf{r}_2 - \mathbf{r}_1$. Sie ist

$$\mathbf{F}_{21} = \frac{1}{4\pi\varepsilon_0} \frac{Q_1 Q_2}{r^2} \hat{\mathbf{r}} = \frac{1}{4\pi\varepsilon_0} \frac{Q_1 Q_2}{|\mathbf{r}_2 - \mathbf{r}_1|^2} \frac{\mathbf{r}_2 - \mathbf{r}_1}{|\mathbf{r}_2 - \mathbf{r}_1|} \quad .$$

Das ist das *Coulombsche Gesetz*.

Die Konstante ε_0 heißt *elektrische Feldkonstante* (früher absolute Dielektrizitätskonstante oder Influenzkonstante). Durch ihre Wahl wird die Einheit der elektrischen Ladung festgelegt. In SI-Einheiten ist

$$\varepsilon_0 = 8{,}854\ldots \cdot 10^{-12} \frac{\mathrm{C}^2}{\mathrm{m}^2\,\mathrm{N}} \quad . \tag{1.2.1}$$

Die *Einheit der elektrischen Ladung* ist damit

$$1\ \mathrm{Coulomb} = 1\,\mathrm{C} \quad .$$

Sie ist diejenige Ladung, die auf eine gleich große Ladung, die sich im Abstand 1 m befindet, eine Kraft vom Betrag

$$\frac{1}{4\pi\varepsilon_0} \frac{\mathrm{C}^2}{\mathrm{m}^2} = 8{,}988 \cdot 10^9\,\mathrm{N}$$

ausübt.

Für rasche Ladungsmessungen in Demonstrationsexperimenten benutzen wir nicht die Drehwaage, sondern ein sehr einfaches Instrument, das auf der Anordnung der Abb. 1.1c beruht.

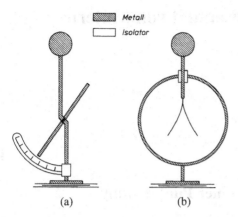

Abb. 1.7. Zeigerelektroskop (**a**) und Blättchenelektroskop (**b**)

(a)   (b)

Experiment 1.4.
Qualitative Größenbestimmung von Ladungen mit dem Elektroskop

Abbildung 1.7a zeigt ein einfaches *Elektroskop*. Es besteht aus einem isoliert aufgestellten Metallstift, auf den man eine Kugel oder andere metallische Gegenstände aufstecken kann und an dem ein Metallzeiger angebracht ist. Dessen Schwerpunkt liegt unterhalb des Drehpunkts. Bringt man Ladung auf die Kugel, so verteilt diese sich auch auf Stift und Zeiger. Die Abstoßung beider führt zu einem Zeigerausschlag. Nach einem Einschwingvorgang stellt sich die Zeigerstellung so ein, daß die Abstoßung gerade durch das Drehmoment kompensiert wird, das die Schwerkraft auf den Schwerpunkt des Zeigers ausübt. Damit bewirken größere Ladungen auch größere Zeigerausschläge. Ein empfindlicheres Elektroskop erhält man durch Anordnung zweier leichter Metallblättchen an einem isolierten Stift, wie in Abb. 1.7b. Bei Aufladung des Instruments spreizen sich die Blättchen. Der Winkel zwischen ihnen ist ein Maß für die aufgebrachte Ladung.

2. Elektrostatik in Abwesenheit von Materie

2.1 Das elektrostatische Feld einer Punktladung

Inhalt: Einführung der elektrischen Feldstärke $\mathbf{E}_Q = \mathbf{F}_Q/q$ einer Punktladung Q auf eine Probeladung q.

Bezeichnungen: $\mathbf{r}$ Ortsvektor, Q Punktladung, q Probeladung, $\mathbf{F}_Q$ Kraftvektor, $\mathbf{E}_Q$ elektrische Feldstärke einer Punktladung, $\mathbf{E}$ elektrische Feldstärke, ε_0 elektrische Feldkonstante.

Wir betrachten eine ortsfeste Ladung Q im Ursprung eines Koordinatensystems. Die Ladung Q habe keine räumliche Ausdehnung, d. h. sie sei eine *Punktladung*. Sie übt auf eine Probeladung q, die sich an einem beliebigen Ort $\mathbf{r}$ befindet, nach dem Coulombschen Gesetz die Kraft

$$\mathbf{F}_Q = q\frac{1}{4\pi\varepsilon_0}\frac{Q}{r^2}\frac{\mathbf{r}}{r}$$

aus. Weil die Größe der Probeladung als Faktor in diesem Gesetz erscheint, kann man den Einfluß der Ladung Q ganz unabhängig von der Probeladung durch die Größe

$$\mathbf{E}_Q = \frac{1}{q}\mathbf{F}_Q = \frac{1}{4\pi\varepsilon_0}\frac{Q}{r^2}\frac{\mathbf{r}}{r} \tag{2.1.1}$$

beschreiben, die man als *elektrische Feldstärke* der Punktladung Q, die sich am Ursprung befindet, bezeichnet. Wir sagen, durch die Anwesenheit der Ladung Q wird der Raum mit einem *elektrischen Feld* $\mathbf{E}_Q(\mathbf{r})$ erfüllt. Es ordnet jedem Raumpunkt $\mathbf{r}$ den Vektor der elektrischen Feldstärke $\mathbf{E}_Q(\mathbf{r})$ zu. Das liefert eine einfache graphische Darstellung eines elektrischen Feldes, in der man in vielen Punkten die Feldstärke durch einen Vektorpfeil markiert (Abb. 2.1 links). Übersichtlicher ist im allgemeinen die Darstellung durch *Feldlinien* (Abb. 2.1 rechts), die an jedem Punkt in Richtung der Feldstärke verlaufen. Die Feldlinien zeigen zunächst nur die Richtung, nicht aber den Betrag der Feldstärke an. Zur Charakterisierung des Betrages werden wir später (Abschn. 2.8) zusätzlich Äquipotentialflächen bzw. -linien eintragen.

Es sei noch angemerkt, daß die elektrische Feldstärke einer Punktladung ein radiales Vektorfeld vom Typ

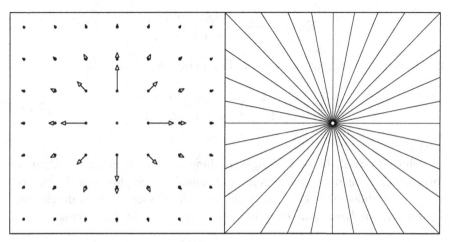

Abb. 2.1. Darstellung des elektrischen Feldes einer Punktladung durch Angabe von Vektorpfeilen für $\mathbf{E}(\mathbf{r})$ an verschiedenen Punkten (*links*) bzw. Feldlinien (*rechts*)

$$\mathbf{E} = \alpha\mathbf{r}/r^3$$

ist, das wir im Anhang für viele Beispiele benutzen.

2.2 Das Feld einer beliebigen Ladungsverteilung. Ladungsdichte

Inhalt: Elektrische Feldstärke $\mathbf{E}$ von N Punktladungen $Q_1, \ldots, Q_N$ als Vektorsumme der Feldstärken $\mathbf{E}_1, \ldots, \mathbf{E}_N$ der Einzelpunktladungen. Einführung der Ladungsdichte $\varrho(\mathbf{r}) = \mathrm{d}Q/\mathrm{d}V$. Feldstärke $\mathbf{E}(\mathbf{r})$ einer Ladungsverteilung $\varrho(\mathbf{r})$. Ladungsdichte $\varrho_Q(\mathbf{r}) = Q\delta^3(\mathbf{r}-\mathbf{r}_0)$ einer Punktladung Q am Ort $\mathbf{r} = \mathbf{r}_0$. Anschauliche Einführung der Diracschen Deltafunktion durch eine Funktionenfolge.

Bezeichnungen: $\mathbf{r}$ Ortsvektor, N Anzahl der Punktladungen; $Q_1, \ldots, Q_N$ Ladungen; $\mathbf{r}_1, \ldots, \mathbf{r}_N$ Ortsvektoren der Punktladungen; $\mathbf{E}_1, \ldots, \mathbf{E}_N$ elektrische Feldstärken der N Punktladungen; $\mathbf{E} = \mathbf{E}_1 + \cdots + \mathbf{E}_N$ Gesamtfeldstärke; $\delta(x)$, $\delta^3(\mathbf{r})$ Diracsche Deltafunktion oder Deltadistribution in einer bzw. drei Dimensionen.

Das Feld $\mathbf{E}$ mehrerer Punktladungen $Q_1, \ldots, Q_N$, die sich an den Orten $\mathbf{r}_1, \ldots, \mathbf{r}_N$ befinden, ergibt sich durch *Superposition* der Einzelfelder $\mathbf{E}_1, \ldots, \mathbf{E}_N$. Da Kräfte sich vektoriell addieren, gilt auch für die Feldstärken vektorielle Addition, vgl. Aufgabe 2.4,

$$\mathbf{E} = \mathbf{E}_1 + \mathbf{E}_2 + \cdots + \mathbf{E}_N = \sum_{i=1}^{N} \mathbf{E}_i \quad .$$

Allgemein wird das Feld $\mathbf{E}_i(\mathbf{r})$ einer Punktladung am Ort $\mathbf{r}_i$ durch

$$\mathbf{E}_i(\mathbf{r}) = \frac{1}{4\pi\varepsilon_0} \frac{Q_i}{|\mathbf{r} - \mathbf{r}_i|^2} \frac{\mathbf{r} - \mathbf{r}_i}{|\mathbf{r} - \mathbf{r}_i|}$$

beschrieben, so daß man für das Feld $\mathbf{E}$ am Ort $\mathbf{r}$ den Ausdruck

$$\mathbf{E}(\mathbf{r}) = \frac{1}{4\pi\varepsilon_0} \sum_{i=1}^{N} \frac{Q_i}{|\mathbf{r} - \mathbf{r}_i|^2} \frac{\mathbf{r} - \mathbf{r}_i}{|\mathbf{r} - \mathbf{r}_i|} \qquad (2.2.1)$$

erhält.

Obwohl physikalische Ladungsverteilungen stets aus einzelnen Elementarladungen aufgebaut sind, deren Ausdehnung im Vergleich zu ihrem Abstand vernachlässigbar klein ist, kann man sie in vielen Fällen durch eine kontinuierliche *Ladungsdichte* $\varrho(\mathbf{r})$ beschreiben. Über die Beziehung

$$dQ = \varrho(\mathbf{r})\, dV$$

gibt sie die Ladung dQ im Volumenelement dV an. Die Feldstärke berechnet man dann mit Hilfe des Volumenintegrals

$$\mathbf{E}(\mathbf{r}) = \frac{1}{4\pi\varepsilon_0} \int \frac{\varrho(\mathbf{r}')}{|\mathbf{r} - \mathbf{r}'|^2} \frac{\mathbf{r} - \mathbf{r}'}{|\mathbf{r} - \mathbf{r}'|}\, dV' \quad . \qquad (2.2.2)$$

Der Ortsvektor $\mathbf{r}$ kennzeichnet den *Aufpunkt*, an dem das Feld $\mathbf{E}(\mathbf{r})$ angegeben wird, während die Ortsvektoren $\mathbf{r}'$ die *Quellpunkte*, d. h. die Orte der Ladungen angeben, die das Feld verursachen.

Es ist bequem, auch Punktladungen Q formal durch eine Ladungsdichte $\varrho_Q(\mathbf{r})$ zu beschreiben. Wegen der verschwindenden Ausdehnung der Punktladung muß das Integral über ihre Ladungsdichte $\varrho_Q(\mathbf{r})$ über ein beliebig kleines Volumen ΔV um den Ort $\mathbf{r} = 0$ der Punktladung den endlichen Wert Q liefern,

$$\int_{\Delta V} \varrho_Q(\mathbf{r})\, dV = Q \quad . \qquad (2.2.3)$$

Diese Beziehung kann nur Symbolcharakter haben, da für integrierbare Funktionen der Wert des Integrals für hinreichend kleine ΔV proportional zu ΔV sein muß. Aus dieser Schwierigkeit hilft man sich durch Betrachtung von Folgen überall positiver Funktionen $\delta_n(x)$, $n = 1, 2, 3, \ldots$, deren Integral über die reelle Achse gleich eins ist,

$$\int_{-\infty}^{\infty} \delta_n(x)\, dx = 1 \quad .$$

Wir betrachten die Gauß-Verteilung

$$f_{\mathrm{G}}(x, \sigma) = \frac{1}{\sqrt{2\pi}\sigma} \exp\left(-\frac{x^2}{2\sigma^2}\right) \qquad (2.2.4)$$

in einer Dimension, vgl. Abschn. F.1.1, deren Integral über alle x für jeden Wert der Breite σ gleich eins ist. Für nach null strebende Werte $\sigma \to 0$ bilden die Gauß-Verteilungen eine δ-Folge, vgl. (F.1.12). Als normierte räumliche Verteilung verwenden wir das Produkt

$$
\begin{aligned}
f_{G3}(\mathbf{r}, \sigma) &= f_G(x, \sigma) f_G(y, \sigma) f_G(z, \sigma) = \frac{1}{(2\pi)^{3/2}\sigma^3} \exp\left(-\frac{x^2 + y^2 + z^2}{2\sigma^2}\right) \\
&= \frac{1}{(2\pi)^{3/2}\sigma^3} \exp\left(-\frac{\mathbf{r}^2}{2\sigma^2}\right) \quad\quad\quad\quad (2.2.5)
\end{aligned}
$$

zur Beschreibung einer δ-Folge in drei Dimensionen. Für fallende Werte $\sigma \to 0$ gilt

$$
f_{G3}(\mathbf{r}, \sigma) = \frac{1}{(2\pi)^{3/2}\sigma^3} \exp\left(-\frac{\mathbf{r}^2}{2\sigma^2}\right) \xrightarrow[\sigma \to 0]{} \delta(x)\delta(y)\delta(z) = \delta^3(\mathbf{r}) \quad . \quad (2.2.6)
$$

Das Produkt $\delta(x)\delta(y)\delta(z)$ der drei eindimensionalen Diracschen Deltafunktionen bezeichnet man als Diracsche Deltafunktion $\delta^3(\mathbf{r})$ in drei Dimensionen. Sie ist keine Funktion im herkömmlichen Sinne. Für $\mathbf{r} \neq 0$ ist der Limes der obigen δ-Folge gleich null, für $\mathbf{r} = 0$ divergiert die Funktion gegen unendlich. Wir führen hier nur einige wichtige Eigenschaften der dreidimensionalen Deltafunktion auf, die im Abschn. F.2 näher begründet werden:

$$
\int \delta^3(\mathbf{r})\, dV = 1 \quad , \quad\quad \int f(\mathbf{r})\delta^3(\mathbf{r})\, dV = f(0) \quad . \quad (2.2.7)
$$

Mit Hilfe der δ-Folge in drei Dimensionen (2.2.6) läßt sich die Ladungsdichte $\varrho_Q(\mathbf{r})$ einer Punktladung am Ort $\mathbf{r} = 0$ als Grenzfall $\sigma \to 0$ der kontinuierlichen Ladungsverteilung

$$
\varrho(\mathbf{r}) = Q f_{G3}(\mathbf{r}, \sigma) = \frac{Q}{(2\pi)^{3/2}\sigma^3} \exp\left(-\frac{\mathbf{r}^2}{2\sigma^2}\right) \quad\quad (2.2.8)
$$

auffassen:

$$
\varrho(\mathbf{r}) \xrightarrow[\sigma \to 0]{} \varrho_Q(\mathbf{r}) = Q\delta^3(\mathbf{r}) \quad . \quad (2.2.9)
$$

Abbildung 2.2 zeigt den Verlauf der räumlichen Ladungsdichte $\varrho(x, y, z = 0)$ in der (x, y)-Ebene für zwei verschiedene Breiten σ_0 und $\sigma_0/2$. Für kleinere Werte von σ befindet sich der wesentliche Teil der Ladung Q in einer immer enger werdenden Umgebung des Punktes $\mathbf{r} = 0$. Der Wert $\varrho(0) = Q/(\sqrt{2\pi}\sigma)^3$ wird für kleiner werdende σ immer größer. Abbildung 2.3 zeigt das Schrumpfen des Bereiches, in dem sich der größte Teil der Gesamtladung Q der Ladungsdichte $\varrho(\mathbf{r})$ befindet, durch Angabe der Oberflächen $\varrho(\mathbf{r}) = $ const, die 90% der Gesamtladung umschließen, für die beiden Werte σ_0 und $\sigma_0/2$. Die Oberflächen sind Kugeln, deren Radien im Grenzfall $\sigma \to 0$ nach null gehen.

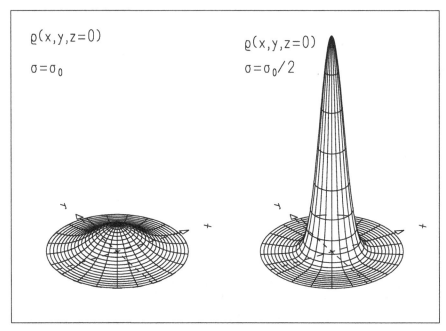

Abb. 2.2. Grenzübergang zur Ladungsdichte der Punktladung: Ladungsdichte (2.2.8) in der (x, y)-Ebene für verschiedene Werte der Breite σ

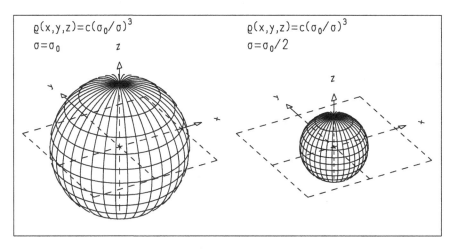

Abb. 2.3. Grenzübergang zur Ladungsdichte der Punktladung: Es ist jeweils die Oberfläche $\varrho(x, y, z) = c(\sigma_0/\sigma)^3 = \text{const}$ dargestellt, die 90% der Ladung Q umschließt. Diese Fläche ist eine Kugel, deren Radius für $\sigma \to 0$ nach null geht

Mit Hilfe des Ausdrucks (2.2.9) für die Punktladungsdichte $\varrho_Q(\mathbf{r})$ läßt sich auch die elektrische Feldstärke (2.1.1) einer Punktladung mit der Formel (2.2.2) berechnen. Für eine Punktladung am Ort $\mathbf{r}_0$ lautet die Ladungsdichte

$$\varrho_Q(\mathbf{r}) = Q\delta^3(\mathbf{r} - \mathbf{r}_0) \quad . \tag{2.2.10}$$

Bei Integration über den ganzen Raum gilt wieder

$$\int \varrho_Q(\mathbf{r})\, dV = Q \quad . \tag{2.2.11}$$

2.3 *Mikroskopische und gemittelte Ladungsdichte und Feldstärke

Inhalt: Die mikroskopische Ladungsdichte $\varrho_{\mathrm{mikr}}(\mathbf{r})$ wird als Summe der Punktladungsdichten $\varrho_i(\mathbf{r})$, $i = 1, \ldots, N$, definiert. Mit Hilfe der Verteilung $f(\mathbf{r})$ wird die gemittelte Ladungsdichte $\varrho(\mathbf{r})$ gewonnen. Für Ladungsträger der gleichen Ladung Q kann die mikroskopische Ladungsdichte als Produkt aus Ladung Q und mikroskopischer Anzahldichte $n_{\mathrm{mikr}}(\mathbf{r})$ dargestellt werden. Für die gemittelten Dichten $\varrho(\mathbf{r})$ und $n(\mathbf{r})$ gilt der gleiche Zusammenhang wie für die mikroskopischen Größen. Es wird die Integraldarstellung angegeben, mit der die mikroskopische Feldstärke aus der mikroskopischen Ladungsdichte gewonnen werden kann. Durch Mittelung mit der Verteilung $f(\mathbf{r})$ wird die gleiche Integraldarstellung für die gemittelten Größen gewonnen.
Bezeichnungen: $\varrho_{\mathrm{mikr}}(\mathbf{r})$ mikroskopische Ladungsdichte, $n_{\mathrm{mikr}}(\mathbf{r})$ mikroskopische Anzahldichte, $\mathbf{E}_{\mathrm{mikr}}$ mikroskopische elektrische Feldstärke, $f(\mathbf{r})$ Verteilung, $\varrho(\mathbf{r})$ gemittelte Ladungsdichte, $n(\mathbf{r})$ gemittelte Anzahldichte, $\mathbf{E}(\mathbf{r})$ gemittelte elektrische Feldstärke, Q Ladung, ε_0 elektrische Feldkonstante, $\mathbf{r}$ Ortsvektor, dV Volumenelement.

Im vorigen Abschnitt haben wir in (2.2.1) die elektrische Feldstärke $\mathbf{E}(\mathbf{r})$ für N Punktladungen $Q_1, \ldots, Q_N$ an den Orten $\mathbf{r}_1, \ldots, \mathbf{r}_N$ angegeben. Dieser Ausdruck zeigt in Materie, die aus positiven Atomkernen und negativen Hüllenelektronen besteht, eine starke Variation von elektrischen Feldstärken positiver Ladungen zu denen negativer Ladungen auf der Längenskala von etwa 10^{-10} m der Abstände der Elektronen von den Atomkernen. Auf größeren Längenskalen vieler Zehnerpotenzen von Hüllenradien erscheint die Materie jedoch neutral, weil bereits die Überlagerung der elektrischen Felder eines Atomkerns und seiner Hülle außerhalb der Hülle praktisch null ergibt. Für die makroskopisch meßbaren elektrischen Erscheinungen im Inneren oder auf der Oberfläche von Materie spielen nur gemittelte elektrische Größen eine Rolle. Wir bezeichnen die Ladungsdichte der einzelnen Konstituenten, also der Atomkerne und der Elektronen in den Atomhüllen, als *mikroskopische Ladungsdichte*. Mit Hilfe der Ladungsdichte $\varrho_i(\mathbf{r}) = Q_i\delta^3(\mathbf{r} - \mathbf{r}_i)$ einer einzelnen Punktladung kann die mikroskopische Ladungsdichte in Materie durch die Summe

$$\varrho_{\mathrm{mikr}}(\mathbf{r}) = \sum_{i=1}^{N} Q_i\delta^3(\mathbf{r} - \mathbf{r}_i) \tag{2.3.1}$$

beschrieben werden. Dabei ist je nach der Größe des materieerfüllten Volumens N von der Größenordnung vieler Zehnerpotenzen.

Mit dem in Anhang G gegebenen Mittelungsverfahren gewinnen wir aus $\varrho_{\mathrm{mikr}}(\mathbf{r})$ die *gemittelte Ladungsdichte*

$$\varrho(\mathbf{r}) = \int f(\mathbf{r}')\varrho_{\mathrm{mikr}}(\mathbf{r}+\mathbf{r}')\,\mathrm{d}V' = \sum_{i=1}^{N} Q_i \int f(\mathbf{r}')\delta^3(\mathbf{r}+\mathbf{r}'-\mathbf{r}_i)\,\mathrm{d}V'$$

$$= \sum_{i=1}^{N} Q_i f(\mathbf{r}_i - \mathbf{r}) \quad . \tag{2.3.2}$$

Falls die Ladungsträger $i = 1, \ldots, N$ alle die gleiche Ladung $Q_i = Q$ tragen, gilt

$$\varrho_{\mathrm{mikr}}(\mathbf{r}) = Q \sum_{i=1}^{N} \delta^3(\mathbf{r}-\mathbf{r}_i) \quad . \tag{2.3.3}$$

Hier ist

$$n_{\mathrm{mikr}}(\mathbf{r}) = \sum_{i=1}^{N} \delta^3(\mathbf{r}-\mathbf{r}_i) \tag{2.3.4}$$

die *mikroskopische Anzahldichte* von N Ladungsträgern, die sich an den Orten $\mathbf{r}_1, \ldots, \mathbf{r}_N$ befinden. Integration von $n_{\mathrm{mikr}}(\mathbf{r})$ über den ganzen Raum liefert für jede Deltafunktion den Wert 1, so daß das Integral die Gesamtzahl N aller Ladungsträger liefert:

$$\int n_{\mathrm{mikr}}(\mathbf{r})\,\mathrm{d}V = N \quad .$$

Die mit der Verteilung $f(\mathbf{r})$ *gemittelte Anzahldichte* ist

$$n(\mathbf{r}) = \int f(\mathbf{r}')n_{\mathrm{mikr}}(\mathbf{r}+\mathbf{r}')\,\mathrm{d}V' = \sum_{i=1}^{N} \int f(\mathbf{r}')\delta^3(\mathbf{r}+\mathbf{r}'-\mathbf{r}_i)\,\mathrm{d}V'$$

$$= \sum_{i=1}^{N} f(\mathbf{r}_i - \mathbf{r}) \quad , \tag{2.3.5}$$

so daß in diesem Fall die gemittelte Ladungsdichte $\varrho(\mathbf{r})$ das Produkt aus Ladung Q und gemittelter Anzahldichte der Ladungsträger $n(\mathbf{r})$ ist,

$$\varrho(\mathbf{r}) = Q n(\mathbf{r}) \quad . \tag{2.3.6}$$

In vielen Fällen treten Ladungsträger verschiedener Ladungen $Q^{(m)}$, $m = 1, \ldots, M$, auf. Die Gesamtzahl von Ladungsträgern der gleichen Ladung sei $N^{(m)}$, ihre Ortsvektoren seien $\mathbf{r}_i^{(m)}$, $i = 1, \ldots, N^{(m)}$. Dann liegt für jede Ladungsträgersorte $Q^{(m)}$ eine mikroskopische Anzahldichte $n^{(m)}$ vor, die durch

$$n_{\mathrm{mikr}}^{(m)}(\mathbf{r}) = \sum_{i=1}^{N^{(m)}} \delta^3(\mathbf{r}-\mathbf{r}_i^{(m)}) \tag{2.3.7}$$

beschrieben wird. Die Mittelung jeder dieser mikroskopischen Anzahldichten mit der Verteilung $f(\mathbf{r})$ liefert die gemittelten Dichten $n^{(m)}(\mathbf{r})$. Für die gemittelte Ladungsdichte ergibt sich

$$\varrho(\mathbf{r}) = \sum_{m=1}^{M} Q^{(m)} n^{(m)}(\mathbf{r}) \quad . \tag{2.3.8}$$

Mit Hilfe der Integraldarstellung (2.2.2) erhält man die *mikroskopische elektrische Feldstärke* als

$$\mathbf{E}_{\mathrm{mikr}}(\mathbf{r}) = \frac{1}{4\pi\varepsilon_0} \int \frac{\mathbf{r} - \mathbf{r}'}{|\mathbf{r} - \mathbf{r}'|^3} \varrho_{\mathrm{mikr}}(\mathbf{r}') \, \mathrm{d}V' \quad . \tag{2.3.9}$$

Einsetzen von $\varrho_{\mathrm{mikr}}(\mathbf{r})$ liefert den Ausdruck (2.2.1).
Die *gemittelte elektrische Feldstärke* wird nach Anhang G als

$$\mathbf{E}(\mathbf{r}) = \int f(\mathbf{r}') \mathbf{E}_{\mathrm{mikr}}(\mathbf{r} + \mathbf{r}') \, \mathrm{d}V' \tag{2.3.10}$$

definiert. Einsetzen von (2.2.1) in diesen Ausdruck liefert

$$\mathbf{E}(\mathbf{r}) = \frac{1}{4\pi\varepsilon_0} \int \frac{\mathbf{r} - \mathbf{r}'}{|\mathbf{r} - \mathbf{r}'|^3} \varrho(\mathbf{r}') \, \mathrm{d}V' \quad .$$

2.4 Elektrischer Fluß

Inhalt: Elektrischer Fluß Ψ durch ein Flächenstück a als Oberflächenintegral über die Feldstärke $\mathbf{E}(\mathbf{r})$. Zusammenhang zwischen elektrischem Fluß durch die Oberfläche eines Volumens V und der Ladung in V.
Bezeichnungen: $\mathbf{r}$ Ortsvektor, Q Ladung, $\varrho(\mathbf{r})$ Ladungsdichte, V Volumen, a Oberfläche des Volumens V, $\mathbf{E}(\mathbf{r})$ elektrische Feldstärke, Ψ elektrischer Fluß, ε_0 elektrische Feldkonstante.

In Analogie zur Flüssigkeitsströmung bezeichnet man den Ausdruck

$$\mathrm{d}\Psi = \varepsilon_0 \mathbf{E} \cdot \mathrm{d}\mathbf{a}$$

als den differentiellen *elektrischen Fluß* durch das differentielle Flächenstück da (Abb. 2.4). Den elektrischen Fluß durch ein endliches Flächenstück a erhält man durch Oberflächenintegration über das Flächenstück a:

$$\Psi = \varepsilon_0 \int_a \mathbf{E} \cdot \mathrm{d}\mathbf{a} \quad .$$

Für den elektrischen Fluß des Feldes einer Punktladung Q im Mittelpunkt einer Kugel vom Radius R durch die Oberfläche dieser Kugel gilt, $\mathbf{R} = R\mathbf{e}_r$,

$$\Psi_Q = \varepsilon_0 \oint \mathbf{E} \cdot \mathrm{d}\mathbf{a} = \frac{1}{4\pi} \oint \frac{Q}{R^2} \frac{\mathbf{R}}{R} \cdot \mathrm{d}\mathbf{a} \quad .$$

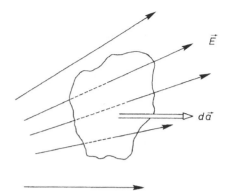

Abb. 2.4. Zur Definition des elektrischen Flusses

Wir berechnen dieses Oberflächenintegral über ein radiales Vektorfeld ausführlich. Schreiben wir den Vektor $\mathrm{d}a$ als Produkt aus dem Betrag

$$\mathrm{d}a = R^2 \, \mathrm{d}\varphi \, \mathrm{d}\cos\vartheta$$

und dem Einheitsvektor der äußeren Normalen

$$\hat{\mathbf{n}} = \mathbf{e}_r = \frac{\mathbf{R}}{R} \quad,$$

so erhalten wir

$$\Psi_Q = \frac{1}{4\pi} \int_0^{2\pi} \int_{-1}^1 \frac{Q}{R^2} \frac{\mathbf{R}}{R} \cdot \frac{\mathbf{R}}{R} R^2 \, \mathrm{d}\cos\vartheta \, \mathrm{d}\varphi = \frac{Q}{4\pi} \int_0^{2\pi} \int_{-1}^1 \mathrm{d}\cos\vartheta \, \mathrm{d}\varphi = Q \quad .$$

Es zeigt sich, daß der elektrische Fluß einer Punktladung unabhängig vom Radius der Kugel ist, durch die er hindurchtritt. Dieses Ergebnis entspricht dem Verhalten der Strömung einer inkompressiblen Flüssigkeit.

Die Flüssigkeitsmenge, die pro Zeiteinheit durch eine Kugeloberfläche hindurchtritt, die eine Quelle enthält, ist – unabhängig vom Radius der Kugel – gleich der aus der Quelle austretenden Flüssigkeitsmenge. Für die inkompressible Flüssigkeit gilt dieser Sachverhalt offenbar für jede die Quelle umgebende geschlossene Oberfläche, unabhängig von ihrer Form. Wir wollen jetzt zeigen, daß dies auch für den elektrischen Fluß gilt: Für ein Kugeloberflächenelement $\mathrm{d}a_K$ des Raumwinkels

$$\mathrm{d}\Omega = \mathrm{d}\cos\vartheta \, \mathrm{d}\varphi$$

gilt (Abb. 2.5a)

$$\mathrm{d}a_K = \frac{\mathbf{r}}{r} r^2 \, \mathrm{d}\cos\vartheta \, \mathrm{d}\varphi \quad . \tag{2.4.1}$$

Ein den gleichen Raumwinkel ausfüllendes, beliebig im Raum orientiertes Flächenstück mit der Normalen $\hat{\mathbf{n}}$ ist durch ($\hat{\mathbf{r}} = \mathbf{r}/r$)

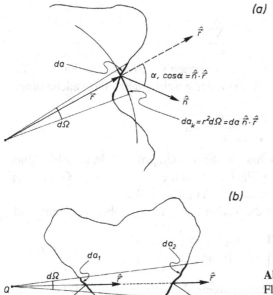

Abb. 2.5 a,b. Zur Berechnung des Flußintegrals. (a) Zur Herleitung der Beziehung (2.4.2). (b) Zur Herleitung der Beziehung (2.4.5)

$$\mathrm{d}\mathbf{a} = \frac{\hat{\mathbf{n}}}{|\hat{\mathbf{n}} \cdot \hat{\mathbf{r}}|} r^2 \, \mathrm{d}\cos\vartheta \, \mathrm{d}\varphi \qquad (2.4.2)$$

gekennzeichnet. Damit gilt jetzt für den Fluß einer Punktladung durch eine beliebige geschlossene Oberfläche, die den Ursprung umschließt,

$$\Psi_Q = \varepsilon_0 \oint_a \mathbf{E} \cdot \mathrm{d}\mathbf{a} = \frac{Q}{4\pi} \int_0^{2\pi} \int_{-1}^{1} \frac{1}{r^2} \hat{\mathbf{r}} \cdot \frac{\hat{\mathbf{n}}}{|\hat{\mathbf{n}} \cdot \hat{\mathbf{r}}|} r^2 \, \mathrm{d}\cos\vartheta \, \mathrm{d}\varphi \quad . \qquad (2.4.3)$$

Nach Kürzung der Skalarprodukte bleibt derselbe Ausdruck wie bei der Integration über die Kugel, und wir erhalten für den elektrischen Fluß einer Punktladung durch eine beliebige geschlossene Oberfläche

$$\Psi_Q = Q \quad ,$$

dasselbe Resultat wie bei der Kugeloberfläche. Der in (2.4.3) auftretende Vorzeichenfaktor $\hat{\mathbf{n}} \cdot \mathbf{r}/|\hat{\mathbf{n}} \cdot \mathbf{r}|$ ist für konvexe Oberflächen um den Ursprung stets gleich eins. Sonst vermeidet er gerade die Doppelzählung von Raumwinkelbereichen (Abb. 2.5b).

Für den Fluß einer Verteilung von N Ladungen $Q_1, \ldots, Q_N$ durch eine Oberfläche, die diese Ladungen umschließt, erhält man

$$\Psi_Q = \varepsilon_0 \oint_a \mathbf{E} \cdot \mathrm{d}\mathbf{a} = \varepsilon_0 \sum_{i=1}^{N} \oint_a \mathbf{E}_i \cdot \mathrm{d}\mathbf{a} = \sum_{i=1}^{N} Q_i = Q \quad , \qquad (2.4.4)$$

wobei

$$Q = \sum_{i=1}^{N} Q_i$$

die Gesamtladung innerhalb der geschlossenen Oberfläche ist. Für eine Ladung außerhalb des Volumens, das von der geschlossenen Oberfläche umgeben wird, gilt

$$\Psi_Q = \frac{Q}{4\pi} \oint_a \frac{\mathbf{r}}{|\mathbf{r}|^3} \cdot d\mathbf{a} = 0 \quad .$$

Ein Raumwinkelelement $d\Omega$ schneidet die den Ursprung nicht umschließende Fläche a derart, daß Paare von Flächenstücken entstehen, deren Gesamtbeitrag zum Oberflächenintegral verschwindet (Abb. 2.5b).

Allgemein gilt für das über die Variable $\mathbf{r}$ erstreckte Oberflächenintegral

$$\frac{1}{4\pi} \oint_a \frac{\mathbf{r} - \mathbf{r}'}{|\mathbf{r} - \mathbf{r}'|^3} \cdot d\mathbf{a} = \begin{cases} 1 & \text{für} \quad \mathbf{r}' \in V \quad , \quad \mathbf{r}' \notin a \\ 0 & \text{für} \quad \mathbf{r}' \notin V \quad , \quad \mathbf{r}' \notin a \end{cases} \quad , \qquad (2.4.5)$$

wobei V das von der Oberfläche a eingeschlossene Volumen ist. Falls $\mathbf{r}$ auf dem Rand a von V liegt, $\mathbf{r} \in a$, besitzt die linke Seite von (2.4.5) für jede bei $\mathbf{r}$ differenzierbare Oberfläche den Wert $0{,}5$. Für den elektrischen Fluß einer kontinuierlichen Ladungsverteilung durch eine geschlossene Oberfläche erhält man damit

$$\begin{aligned} \Psi_Q &= \varepsilon_0 \oint_a \mathbf{E} \cdot d\mathbf{a} = \frac{1}{4\pi} \oint_a \int_V \frac{\varrho(\mathbf{r}')}{|\mathbf{r} - \mathbf{r}'|^2} \frac{\mathbf{r} - \mathbf{r}'}{|\mathbf{r} - \mathbf{r}'|} dV' \cdot d\mathbf{a} \\ &= \int_V \varrho(\mathbf{r}') \frac{1}{4\pi} \oint_a \frac{\mathbf{r} - \mathbf{r}'}{|\mathbf{r} - \mathbf{r}'|^3} \cdot d\mathbf{a} \, dV' = \int_V \varrho(\mathbf{r}') \, dV' = Q \quad . \quad (2.4.6) \end{aligned}$$

Dabei ist Q die Ladung, die in dem von der Fläche a umschlossenen Volumen V liegt. Dabei ist a so zu wählen, daß auf a keine Punktladung liegt.

2.5 Quellen elektrostatischer Felder

Inhalt: Die Quelldichte des elektrischen Feldes ist bis auf den Faktor ε_0 gleich der Divergenz des elektrischen Feldes. Das Gaußsche Gesetz besagt, daß die Divergenz $\nabla \cdot \mathbf{E}$ des elektrischen Feldes gleich dem Quotienten ϱ/ε_0 aus Ladungsdichte und elektrischer Feldkonstante ist. Spezialfall der Punktladung.
Bezeichnungen: $\mathbf{r}$ Ortsvektor, Q Ladung, $\varrho(\mathbf{r})$ Ladungsdichte, V Volumen, a Oberfläche des Volumens V, $\mathbf{E}(\mathbf{r})$ elektrische Feldstärke, Ψ elektrischer Fluß, ε_0 elektrische Feldkonstante.

Wir betrachten ein Volumenelement ΔV am Orte $\mathbf{r}$. Entsprechend den Begriffsbildungen im Abschn. B.15 bezeichnen wir den Grenzwert

$$\lim_{\Delta V \to 0} \frac{\Delta \Psi}{\Delta V}$$

des elektrischen Flusses pro Volumeneinheit als *Quelldichte* des elektrostatischen Feldes am Ort **r**. Mit Hilfe des Gaußschen Satzes, vgl. Abschn. B.15, gewinnt man folgende Beziehung:

$$\lim_{\Delta V \to 0} \frac{\Delta \Psi}{\Delta V} = \lim_{\Delta V \to 0} \frac{\varepsilon_0}{\Delta V} \oint_{(\Delta V)} \mathbf{E}(\mathbf{r}') \cdot d\mathbf{a}' = \lim_{\Delta V \to 0} \frac{\varepsilon_0}{\Delta V} \int_{\Delta V} \operatorname{div} \mathbf{E}(\mathbf{r}') \, dV'$$

$$= \varepsilon_0 \operatorname{div} \mathbf{E}(\mathbf{r}) = \varepsilon_0 \boldsymbol{\nabla} \cdot \mathbf{E} \quad . \tag{2.5.1}$$

Die Divergenz des elektrostatischen Feldes $\mathbf{E}(\mathbf{r})$ ist bis auf den Faktor ε_0 die lokale Quelldichte des elektrostatischen Feldes. Wegen des Zusammenhangs (2.4.6) zwischen dem elektrischen Fluß und der Ladung gilt andererseits

$$\lim_{\Delta V \to 0} \frac{\Delta \Psi}{\Delta V} = \lim_{\Delta V \to 0} \frac{1}{\Delta V} \int_{\Delta V} \varrho(\mathbf{r}') \, dV' = \varrho(\mathbf{r}) \quad ,$$

so daß wir zum *Gaußschen Gesetz*

$$\boldsymbol{\nabla} \cdot \mathbf{E} = \operatorname{div} \mathbf{E}(\mathbf{r}) = \frac{1}{\varepsilon_0} \varrho(\mathbf{r}) \tag{2.5.2}$$

gelangen. *Die Quelldichte des elektrostatischen Feldes ist damit bis auf den konstanten Faktor $1/\varepsilon_0$ gleich der Ladungsdichte.*

In räumlichen Gebieten, in denen die Ladungsdichte verschwindet,

$$\varrho(\mathbf{r}) = 0 \quad ,$$

genügt das elektrostatische Feld der Bedingung

$$\operatorname{div} \mathbf{E} = 0 \quad .$$

Sie gilt insbesondere für Felder von Punktladungen an allen Orten, die nicht durch eine Punktladung besetzt sind. Allgemein gilt für die Divergenz des Feldes einer Punktladung am Ort $\mathbf{r}_0$

$$\operatorname{div} \mathbf{E}_Q = \frac{1}{\varepsilon_0} Q \delta^3(\mathbf{r} - \mathbf{r}_0) \quad . \tag{2.5.3}$$

Diese Beziehung rechnet man auch direkt durch Differenzieren aus dem Ausdruck für das elektrische Feld einer Punktladung, (2.1.1), nach, wenn man die Beziehungen

$$\boldsymbol{\nabla} \cdot (\mathbf{r} - \mathbf{r}_0) = 3 \quad \text{und} \quad \boldsymbol{\nabla} \frac{1}{|\mathbf{r} - \mathbf{r}_0|^3} = -3 \frac{\mathbf{r} - \mathbf{r}_0}{|\mathbf{r} - \mathbf{r}_0|^5} \quad \text{für} \quad \mathbf{r} \neq \mathbf{r}_0$$

benutzt. Man erhält außerhalb der Singularität, d. h. für $\mathbf{r} \neq \mathbf{r}_0$

$$\boldsymbol{\nabla} \cdot \frac{1}{4\pi\varepsilon_0} \frac{\mathbf{r} - \mathbf{r}_0}{|\mathbf{r} - \mathbf{r}_0|^3} = 0 \quad .$$

Damit kann die Divergenz des Punktladungsfeldes nur bei $\mathbf{r} = \mathbf{r}_0$ von null verschieden sein. Mit Hilfe von (2.2.10) und (2.5.2) gewinnen wir gerade die Beziehung (2.5.3).

2.6 Wirbelfreiheit des elektrostatischen Feldes. Feldgleichungen

Inhalt: Wirbelfreiheit des elektrostatischen Feldes, $\boldsymbol{\nabla} \times \mathbf{E} = 0$.
Bezeichnungen: $\mathbf{r}$ Ortsvektor, Q Ladung, $\varrho(\mathbf{r})$ Ladungsdichte, $\mathbf{E}(\mathbf{r})$ elektrische Feldstärke, ε_0 elektrische Feldkonstante.

Die Wirbel des elektrostatischen Feldes einer Punktladung berechnen wir ganz analog für Punkte außerhalb des Quellpunktes $\mathbf{r} = \mathbf{r}_0$ durch Differentiation,

$$
\begin{aligned}
\boldsymbol{\nabla} \times \mathbf{E}_Q(\mathbf{r}) &= \frac{Q}{4\pi\varepsilon_0} \boldsymbol{\nabla} \times \frac{\mathbf{r} - \mathbf{r}_0}{|\mathbf{r} - \mathbf{r}_0|^3} \\
&= \frac{Q}{4\pi\varepsilon_0} \left[\frac{1}{|\mathbf{r} - \mathbf{r}_0|^3} \boldsymbol{\nabla} \times (\mathbf{r} - \mathbf{r}_0) + \left(\boldsymbol{\nabla} \frac{1}{|\mathbf{r} - \mathbf{r}_0|^3} \right) \times (\mathbf{r} - \mathbf{r}_0) \right] \\
&= \frac{-3Q}{4\pi\varepsilon_0} \frac{\mathbf{r} - \mathbf{r}_0}{|\mathbf{r} - \mathbf{r}_0|^5} \times (\mathbf{r} - \mathbf{r}_0) = 0 \quad .
\end{aligned}
$$

Für den Punkt $\mathbf{r} = \mathbf{r}_0$ ergibt sich das Verschwinden der Rotation mit Hilfe des Stokesschen Satzes aus dem Verschwinden des Linienintegrals um $\mathbf{r}_0$ für beliebige geschlossene Wege, vgl. Abschn. B.13. Für das elektrostatische Feld (2.2.2) einer Ladungsverteilung $\varrho(\mathbf{r}')$ gilt dann nach Integration über $\mathrm{d}V'$

$$
\boldsymbol{\nabla} \times \mathbf{E}(\mathbf{r}) = 0 \quad . \tag{2.6.1}
$$

Die beiden Beziehungen für Divergenz und Rotation des elektrischen Feldes

$$
\boldsymbol{\nabla} \cdot \mathbf{E}(\mathbf{r}) = \frac{1}{\varepsilon_0} \varrho(\mathbf{r}) \quad \text{und} \quad \boldsymbol{\nabla} \times \mathbf{E}(\mathbf{r}) = 0 \tag{2.6.2}
$$

bestimmen das elektrische Feld im Vakuum vollständig, wenn die statische Ladungsdichte $\varrho(\mathbf{r})$ vorgegeben ist, vgl. Abschn. B.17. Sie heißen *Feldgleichungen der Elektrostatik*.

2.7 Das elektrostatische Potential. Spannung

Inhalt: Einführung des elektrostatischen Potentials $\varphi(\mathbf{r})$ als Linienintegral über eine wirbelfreie elektrische Feldstärke. Berechnung des elektrostatischen Potentials einer und mehrerer Punktladungen sowie einer Ladungsverteilung. Definition der elektrischen Spannung zwischen zwei Punkten $\mathbf{r}_1, \mathbf{r}_2$ als Potentialdifferenz $\varphi(\mathbf{r}_1) - \varphi(\mathbf{r}_2)$. Die Einheit des Potentials wie der Spannung ist 1 Volt $= 1\,\mathrm{V}$.
Bezeichnungen: $\mathbf{r}$ Ortsvektor, Q Ladung, $\mathbf{E}(\mathbf{r})$ elektrische Feldstärke, $V(\mathbf{r})$ potentielle Energie im elektrostatischen Feld, $\varphi(\mathbf{r})$ elektrostatisches Potential, $\varrho(\mathbf{r})$ Ladungsdichte, U elektrische Spannung, $\mathbf{F}$ Kraft, W Arbeit, ε_0 elektrische Feldkonstante.

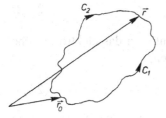

Abb. 2.6. Zur Wegunabhängigkeit des Linienintegrals

Wie das Newtonsche Gravitationsfeld können wir auch das elektrostatische Feld aus einem Potential ableiten. Wir gehen von dem soeben gewonnenen Ergebnis aus, daß die Rotation des elektrostatischen Feldes verschwindet. Unter Benutzung des Stokesschen Satzes, vgl. Abschn. B.13, folgt daraus sofort, daß auch das Linienintegral

$$\oint_{(a)} \mathbf{E}(\mathbf{r}') \cdot d\mathbf{r}' = \int_a \operatorname{rot} \mathbf{E}(\mathbf{r}') \cdot d\mathbf{a}' = 0 \qquad (2.7.1)$$

ist, wobei die Integration über einen beliebigen geschlossenen Weg (a) ausgeführt wird, der der Rand einer Fläche a ist. Der physikalische Inhalt der Gleichung (2.7.1) wird sofort deutlich, wenn sie mit q, der Ladung eines punktförmigen Probekörpers, multipliziert wird. Der Wert des Linienintegrals

$$q \oint_{(a)} \mathbf{E}(\mathbf{r}') \cdot d\mathbf{r}' = \oint_{(a)} \mathbf{F}(\mathbf{r}') \cdot d\mathbf{r}' = W$$

ist gleich der Arbeit, die die Kraft $\mathbf{F}$ bei der Bewegung der Probeladung längs des geschlossenen Weges (a) leistet. Nach (2.7.1) verschwindet diese Arbeit, weil das elektrostatische Feld wirbelfrei und damit konservativ ist.

Die Aussage (2.7.1) läßt sich auch so formulieren, daß das Linienintegral zwischen zwei Punkten $\mathbf{r}_0$ und $\mathbf{r}$ unabhängig von der Wahl des Integrationsweges ist, der die beiden Punkte verbindet. In Abb. 2.6 sind zwei Integrationswege C_1 und C_2 dargestellt. Wegen (2.7.1) gilt

$$\int_{C_1} \mathbf{E}(\mathbf{r}') \cdot d\mathbf{r}' = \int_{C_2} \mathbf{E}(\mathbf{r}') \cdot d\mathbf{r}' \quad .$$

Damit ist das Wegintegral nur eine Funktion seiner Grenzen,

$$\int_{\mathbf{r}_0}^{\mathbf{r}} \mathbf{E}(\mathbf{r}') \cdot d\mathbf{r}' = \varphi(\mathbf{r}_0) - \varphi(\mathbf{r}) \quad .$$

Die so bis auf eine additive Konstante $\varphi(\mathbf{r}_0)$ definierte skalare Funktion $\varphi(\mathbf{r})$ heißt das *Potential des elektrostatischen Feldes*. Durch Multiplikation mit der Ladung eines punktförmigen Probekörpers erhält sie die Bedeutung der potentiellen Energie des Probekörpers im elektrostatischen Feld:

$$V(\mathbf{r}) = q\,\varphi(\mathbf{r}) \quad . \tag{2.7.2}$$

Kennt man das Potential eines Feldes, so gewinnt man das elektrostatische Feld selbst durch Bildung des negativen Gradienten,

$$\mathbf{E}(\mathbf{r}) = -\boldsymbol{\nabla}\varphi(\mathbf{r}) \quad , \tag{2.7.3}$$

in völliger Analogie zum Gravitationsfeld. In dieser Weise ist das Vektorfeld $\mathbf{E}(\mathbf{r})$ durch das skalare Feld $\varphi(\mathbf{r})$ eindeutig gegeben.

Das Potential einer Punktladung im Koordinatenursprung ist gegeben durch

$$
\begin{aligned}
\varphi_Q(\mathbf{r}) &= \varphi_Q(\mathbf{r}_0) - \int_{\mathbf{r}_0}^{\mathbf{r}} \frac{Q}{4\pi\varepsilon_0} \frac{\mathbf{r}'}{|\mathbf{r}'|^3} \cdot \mathrm{d}\mathbf{r}' = \varphi_Q(\mathbf{r}_0) - \int_{\mathbf{r}_0^2}^{\mathbf{r}^2} \frac{Q}{4\pi\varepsilon_0} \frac{1}{2} \frac{\mathrm{d}(\mathbf{r}'^2)}{|\mathbf{r}'|^3} \\
&= \varphi_Q(\mathbf{r}_0) - \frac{Q}{4\pi\varepsilon_0} \int_{|\mathbf{r}_0|}^{r} \frac{r'\,\mathrm{d}r'}{r'^3} = \varphi_Q(\mathbf{r}_0) + \frac{Q}{4\pi\varepsilon_0} \left(\frac{1}{r} - \frac{1}{|\mathbf{r}_0|} \right) \quad .
\end{aligned}
$$

Setzen wir das Potential im Unendlichen gleich null, so gewinnen wir den Ausdruck

$$\varphi_Q(\mathbf{r}) = \frac{1}{4\pi\varepsilon_0} \frac{Q}{r} \quad . \tag{2.7.4}$$

Das Potential mehrerer Ladungen $Q_1, \ldots, Q_N$, die sich an den Orten $\mathbf{r}_1, \ldots, \mathbf{r}_N$ befinden, ist dann

$$\varphi(\mathbf{r}) = \frac{1}{4\pi\varepsilon_0} \sum_{i=1}^{N} \frac{Q_i}{|\mathbf{r} - \mathbf{r}_i|} \quad . \tag{2.7.5}$$

Das Potential einer beliebigen Ladungsverteilung der Dichte $\varrho(\mathbf{r})$ gewinnt man entsprechend,

$$\varphi(\mathbf{r}) = \frac{1}{4\pi\varepsilon_0} \int \frac{\varrho(\mathbf{r}')}{|\mathbf{r} - \mathbf{r}'|} \,\mathrm{d}V' \quad , \tag{2.7.6}$$

wenn man ebenfalls das Potential im Unendlichen gleich null setzt.

Als *elektrische Spannung* zwischen zwei Punkten $\mathbf{r}_1$ und $\mathbf{r}_2$ bezeichnet man die Potentialdifferenz

$$U = \varphi(\mathbf{r}_1) - \varphi(\mathbf{r}_2) = \int_{\mathbf{r}_1}^{\mathbf{r}_2} \mathbf{E}(\mathbf{r}') \cdot \mathrm{d}\mathbf{r}' \quad .$$

Als Einheit des Potentials und damit auch der Spannung führt man das *Volt* ein:

$$1\,\text{Volt} = 1\,\text{V} = 1\,\frac{\text{N m}}{\text{C}} = 1\,\frac{\text{W s}}{\text{C}} = 1\,\frac{\text{J}}{\text{C}} \quad .$$

2.8 Graphische Veranschaulichung elektrostatischer Felder

Inhalt: Veranschaulichung des elektrischen Feldes durch Feldlinien. Die elektrische Feldstärke zeigt in Richtung der Tangente an die Feldlinie. Veranschaulichung der Stärke des Feldes durch Marken zu gleicher Potentialdifferenz auf den Feldlinien. Potentialflächen über Ebenen im Raum.

Bezeichnungen: φ Potential, $\mathbf{E}$ Feldstärke, $\Delta\varphi$ Potentialdifferenz, Δs Abstand der Schnittpunkte der Äquipotentiallinien auf den Feldlinien.

Wie schon im Abschn. 2.1 erwähnt, kann der Verlauf eines elektrostatischen Feldes im Raum durch *Feldlinien* veranschaulicht werden, die in Richtung der Feldstärke verlaufen. Genauer ausgedrückt heißt das, die elektrische Feldstärke an einem Punkt hat die *Richtung* der Tangente an die Feldlinie durch diesen Punkt. Flächen konstanten Potentials, $\varphi = $ const, heißen *Äquipotentialflächen*. Wegen der Beziehung

$$\mathbf{E} = -\nabla\varphi$$

stehen Feldlinien senkrecht zu Äquipotentialflächen. Denken wir uns eine Schar von Äquipotentialflächen

$$\varphi = \varphi_0 + n\,\Delta\varphi \quad , \quad n = 0, 1, 2, \dots \quad ,$$

so entstehen für eine gegebene Feldlinie Schnittpunkte mit den Äquipotentialflächen. Dabei haben benachbarte Schnittpunkte die Potentialdifferenz $\Delta\varphi$. Ist $\Delta\mathbf{s}$ der räumliche Verbindungsvektor zwischen zwei benachbarten Schnittpunkten auf der gleichen Feldlinie, so ist in linearer Näherung

$$\Delta\varphi = |\text{grad}\,\varphi \cdot \Delta\mathbf{s}| = \mathbf{E} \cdot \Delta\mathbf{s} = E\,\Delta s$$

und damit

$$E = \frac{\Delta\varphi}{\Delta s} \quad .$$

Da $\Delta\varphi$ konstant gehalten wird, ist der Betrag der Feldstärke umgekehrt proportional zum Abstand Δs der Schnittpunkte.

Abbildung 2.7 (unten) zeigt die Feldlinien für eine positive Punktladung in einer Ebene, die die Ladung selbst enthält. Ebenfalls eingezeichnet sind *Äquipotentiallinien* in dieser Ebene. Das sind die Schnittlinien der Ebene mit den Äquipotentialflächen im Raum, die für das einfache Beispiel der Punktladung konzentrische Kugeln sind. Die Äquipotentiallinien sind also konzentrische Kreise. Entsprechend dem quadratischen Abfall der Feldstärke nimmt der Abstand der Äquipotentiallinien nach außen rasch zu. In der Nähe der Punktladung selbst würden die Äquipotentiallinien beliebig dicht liegen. Sie sind daher nur bis zu einem bestimmten Mindestabstand von der Punktladung gezeichnet.

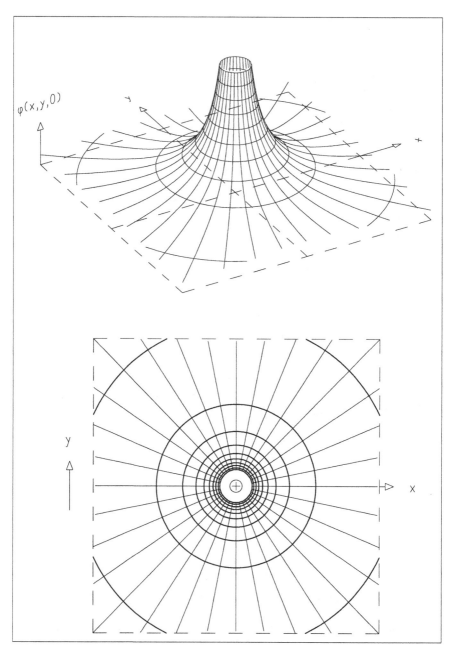

Abb. 2.7. Potential $\varphi(x, y, 0)$ einer positiven Punktladung, dargestellt als Fläche über der (x, y)-Ebene, die die Punktladung enthält (*oben*). Die Kreise sind Äquipotentiallinien, d. h. Linien konstanten Potentials in stets gleichem Potentialabstand $\Delta\varphi = \mathrm{const}$ zwischen benachbarten Äquipotentiallinien. Die die Kreise senkrecht schneidenden Linien sind Fallinien, die die Richtung der stärksten Potentialänderung angeben. Feldlinien der Punktladung und Projektion der Äquipotentiallinien in die (x, y)-Ebene (*unten*)

Statt nur Äquipotentiallinien einzutragen, kann man auch direkt den Wert des Potentials über der Ebene auftragen. In Abb. 2.7 (oben) betrachten wir die graphische Darstellung der Funktion $\varphi = \varphi(x, y, 0)$. Das ist die Darstellung einer Fläche in einem Raum, der von den Koordinaten x, y und φ aufgespannt wird. Wir nennen sie die *Potentialfläche* über der (x, y)-Ebene. Die Äquipotentiallinien aus Abb. 2.7 (unten) sind in dieser Darstellung Höhenlinien, d. h. Schnittlinien der Potentialfläche mit Ebenen $\varphi = \text{const.}$ Die Feldlinien sind Fallinien, die die Richtung der stärksten Potentialänderung haben. In dieser Darstellung erkennt man besonders deutlich, daß das Potential einer Punktladung am Ort der Punktladung einen Pol hat.

Die besprochenen Methoden sollen natürlich im besonderen dazu dienen, kompliziertere Felder zu veranschaulichen. Abbildung 2.8 zeigt Feldlinien und Potentialflächen zweier gleich großer positiver Ladungen in einer Ebene, die diese Ladungen enthält. Man beobachtet Feldsingularitäten an den Orten der beiden Ladungen und eine Spiegelsymmetrie zur Mittelsenkrechten der Verbindungslinie zwischen den beiden Ladungen. Die Potentialfläche besitzt in der Mitte zwischen den beiden Ladungen einen Sattelpunkt.

2.9 Poisson-Gleichung. Laplace-Gleichung

Inhalt: Poisson- und Laplace-Gleichung für das elektrostatische Feld. Spezialfall der Punktladung.

Bezeichnungen: $\varrho(\mathbf{r})$ Ladungsdichte, $\mathbf{E}(\mathbf{r})$ elektrostatische Feldstärke, ε_0 elektrische Feldkonstante, $\varphi(\mathbf{r})$ elektrostatisches Potential, $\mathbf{E}_Q(\mathbf{r})$ Feldstärke der Punktladung, $\varphi_Q(\mathbf{r})$ Potential der Punktladung.

Aus dem Zusammenhang zwischen der Divergenz des elektrostatischen Feldes und der Ladungsdichte (2.5.2)

$$\nabla \cdot \mathbf{E}(\mathbf{r}) = \frac{1}{\varepsilon_0}\varrho(\mathbf{r})$$

gewinnt man durch Einsetzen von (2.7.3) mit Hilfe der Relation

$$\nabla \cdot \mathbf{E} = \nabla \cdot (-\nabla\varphi) = -\Delta\varphi$$

die *Poisson-Gleichung*

$$\Delta\varphi(\mathbf{r}) = -\frac{1}{\varepsilon_0}\varrho(\mathbf{r}) \quad . \tag{2.9.1}$$

Bei vorgegebener Ladungsdichte ist dies eine lineare inhomogene partielle Differentialgleichung zweiter Ordnung für das Potential, die für geeignet vorgegebene Randbedingungen eindeutig gelöst werden kann. Dies folgt aus Abschn. B.17, wenn man bedenkt, daß die Poisson-Gleichung den beiden Gleichungen $\nabla \times \mathbf{E} = 0$ und $\nabla \cdot \mathbf{E} = \varrho/\varepsilon_0$ äquivalent ist. Verlangt man als

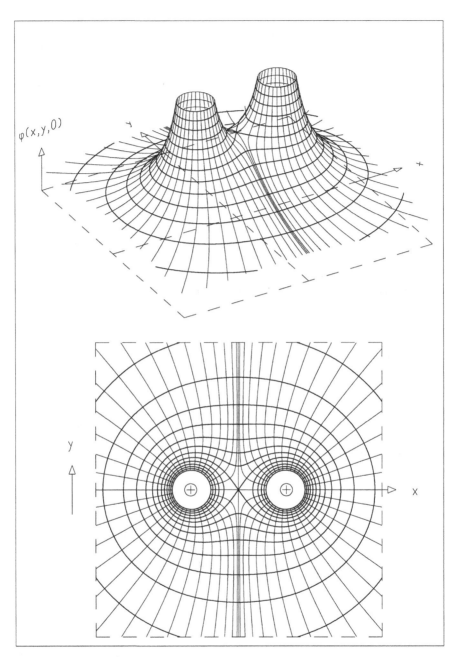

Abb. 2.8. Potential $\varphi(x, y, 0)$ zweier positiver Punktladungen gleicher Größe, dargestellt als Fläche über der (x, y) Ebene, die die beiden Punktladungen enthält (*oben*). Die Linien sind wieder die Äquipotentiallinien gleichen Potentialabstandes $\Delta\varphi = $ const und die Fallinien. Feldlinien der beiden Punktladungen und Projektion der Äquipotentiallinien in die (x, y)-Ebene (*unten*)

Randbedingung, daß das Potential im Unendlichen verschwindet, ist die Lösung durch (2.7.6) gegeben.

Für Gebiete, in denen die Ladungsdichte verschwindet, genügt das elektrostatische Potential der homogenen partiellen Differentialgleichung

$$\Delta \varphi(\mathbf{r}) = 0 \quad .$$

Sie heißt *Laplace-Gleichung*.

Setzen wir den Zusammenhang zwischen Feldstärke und Potential, $\mathbf{E}_Q = -\nabla \varphi_Q$, in (2.5.3) ein, so geht die linke Seite in $-\Delta \varphi$ über, und wir erhalten für das Punktladungspotential die Poisson-Gleichung in der Form

$$\Delta \varphi_Q(\mathbf{r}) = -\frac{Q}{\varepsilon_0} \delta^3(\mathbf{r} - \mathbf{r}_0) \quad .$$

Da das Punktladungspotential die Gestalt

$$\varphi_Q(\mathbf{r}) = \frac{Q}{4\pi\varepsilon_0} \frac{1}{|\mathbf{r} - \mathbf{r}_0|}$$

hat, erhalten wir sofort die Relation

$$\Delta \frac{1}{|\mathbf{r} - \mathbf{r}_0|} = -4\pi \delta^3(\mathbf{r} - \mathbf{r}_0) \quad . \tag{2.9.2}$$

Diese Beziehung erhält eine rigorose mathematische Bedeutung in der Theorie der Distributionen, die wir in Anhang F an einigen Beispielen erläutern.

2.10 Elektrischer Dipol

Inhalt: Berechnung des Potentials zweier entgegengesetzt gleich großer Ladungen Q, $-Q$ an den Orten $\mathbf{b}/2$ bzw. $-\mathbf{b}/2$. Definition des Dipolmomentes $\mathbf{d} = Q\mathbf{b}$. Diskussion des für große Entfernungen $r \gg b$ von den Ladungen führenden Beitrages $\varphi_d(\mathbf{r})$ als Dipolpotential. Bestimmung des elektrischen Dipolfeldes $\mathbf{E}_d(\mathbf{r})$ für $\mathbf{r} \neq 0$.
Bezeichnungen: $\mathbf{r}$ Ortsvektor, Q Ladung, $\mathbf{b}$ Abstandsvektor zwischen den Ladungen Q und $-Q$, $\mathbf{d}$ Dipolmoment, $\varphi_d(\mathbf{r})$ Dipolpotential, $\mathbf{E}_d(\mathbf{r})$ Dipolfeld, ε_0 elektrische Feldkonstante, Ψ elektrischer Fluß.

Wir betrachten das Feld zweier entgegengesetzt gleich großer Ladungen vom Betrag Q, die sich an den Orten $\mathbf{b}/2$ und $-\mathbf{b}/2$ befinden (Abb. 2.9). Wir bezeichnen eine solche Anordnung zweier Ladungen in endlichem Abstand als *elektrostatischen Zweipol*. Nach (2.7.5) erzeugt sie ein elektrostatisches Potential

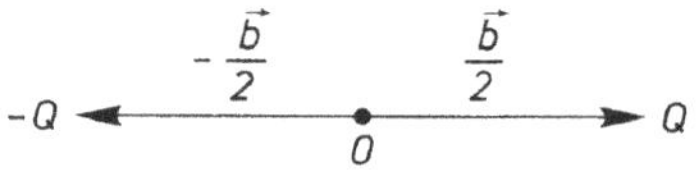

Abb. 2.9. Anordnung zweier entgegengesetzt gleicher Ladungen im Abstand b (Zweipol)

$$\varphi(\mathbf{r}) = \frac{1}{4\pi\varepsilon_0} \left(\frac{Q}{\left|\mathbf{r} - \frac{1}{2}\mathbf{b}\right|} + \frac{-Q}{\left|\mathbf{r} + \frac{1}{2}\mathbf{b}\right|} \right) \quad . \qquad (2.10.1)$$

Feldlinien und Potential eines solchen Zweipols sind in Abb. 2.10 dargestellt.

Für Aufpunkte $\mathbf{r}$, die hinreichend weit von den Orten $\mathbf{b}/2$ und $-\mathbf{b}/2$ der Ladungen entfernt sind, wird das Potential durch eine Reihenentwicklung approximiert. Dabei benutzt man die Taylor-Entwicklung von

$$\frac{1}{\left|\mathbf{r} \pm \frac{1}{2}\mathbf{b}\right|} = \frac{1}{\sqrt{\left(\mathbf{r} \pm \frac{1}{2}\mathbf{b}\right)^2}} = \frac{1}{\sqrt{r^2 \pm \mathbf{b}\cdot\mathbf{r} + \frac{1}{4}\mathbf{b}^2}} = \frac{1}{r}\frac{1}{\sqrt{1 \pm \frac{\mathbf{b}\cdot\mathbf{r}}{r^2} + \frac{\mathbf{b}^2}{4r^2}}}$$

$$= \frac{1}{r}\left(1 \mp \frac{1}{2}\frac{\mathbf{b}\cdot\mathbf{r}}{r^2} + \cdots\right) \quad ,$$

die man nach dem in b linearen Glied abbricht. Die nicht mehr berücksichtigten Glieder fallen stärker als $1/r^2$ ab. Bei der Berechnung des Potentials hebt sich der Term mit $1/r$ weg, und man findet das *Potential des elektrischen Dipols*

$$\varphi_{\mathrm{d}}(\mathbf{r}) = \frac{1}{4\pi\varepsilon_0}\frac{Q\mathbf{b}\cdot\mathbf{r}}{r^3} = \frac{1}{4\pi\varepsilon_0}\frac{\mathbf{d}\cdot\mathbf{r}}{r^3} \quad . \qquad (2.10.2)$$

Dabei ist

$$\mathbf{d} = Q\mathbf{b}$$

das *Dipolmoment der Ladungsanordnung*.[1] Die vernachlässigten Glieder fallen wiederum stärker als $1/r^2$ ab, so daß für $r \gg b$ der obige Term zur Beschreibung des Potentials der beiden Ladungen ausreicht. Die anschauliche Interpretation dieses Ergebnisses ist folgende: Aus großem Abstand beobachtet, neutralisieren sich die beiden Ladungen Q und $-Q$ in niedrigster Näherung. Der *Monopolbeitrag*, d. h. ein Beitrag vom Punktladungstyp (2.7.4), der nur mit $1/r$ abfällt, verschwindet, es verbleibt jedoch ein Potential, das mit $1/r^2$ abfällt.

Das Potential (2.10.2) heißt auch *Dipolpotential*. Das zugehörige elektrostatische *Dipolfeld* gewinnt man wieder durch Gradientenbildung für $r \neq 0$,

$$\mathbf{E}_{\mathrm{d}}(\mathbf{r}) = \frac{1}{4\pi\varepsilon_0}\frac{3(\mathbf{d}\cdot\hat{\mathbf{r}})\hat{\mathbf{r}} - \mathbf{d}}{r^3} \quad . \qquad (2.10.3)$$

---

[1]Die Deutsche Industrie-Norm DIN 1324 Teil 1 bezeichnet das elektrische Dipolmoment mit **p**. Zur Vermeidung von Verwechslungen mit dem Impuls **p** verwenden wir **d** für das elektrische Dipolmoment.

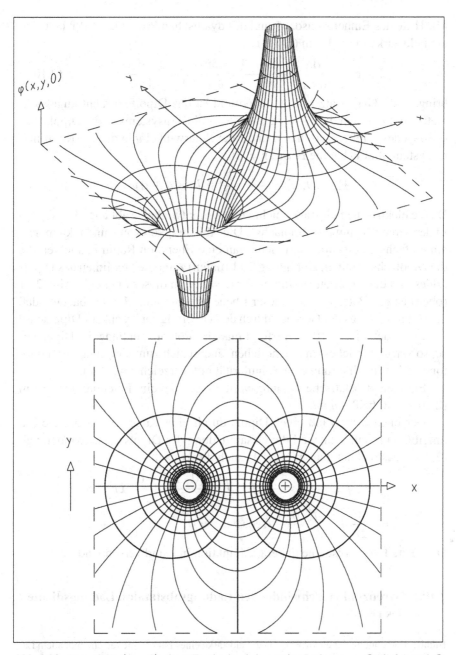

Abb. 2.10. Potential $\varphi(x,y,0)$ eines Zweipols, d. h. zweier Ladungen $-Q$ (*links*) und Q (*rechts*) als Fläche über der (x,y)-Ebene, die die beiden Punktladungen enthält (*oben*). Auf der y-Achse ist das Potential gleich null. Feldlinien (*kleine Strichstärke*) und Äquipotential-linien (*große Strichstärke*) in der (x,y)-Ebene (*unten*)

Mit Hilfe des Einheitstensors $\underline{\underline{1}}$ und des dyadischen Produktes $\hat{\mathbf{r}} \otimes \hat{\mathbf{r}}$ läßt sich die Feldstärke in die Form ($\mathbf{r} \neq 0$)

$$\mathbf{E}_d(\mathbf{r}) = \frac{\mathbf{d}}{4\pi\varepsilon_0} \frac{3\hat{\mathbf{r}} \otimes \hat{\mathbf{r}} - \underline{\underline{1}}}{r^3} = \frac{3\hat{\mathbf{r}} \otimes \hat{\mathbf{r}} - \underline{\underline{1}}}{r^3} \frac{\mathbf{d}}{4\pi\varepsilon_0} \qquad (2.10.4)$$

bringen. Im Gegensatz zum Monopolfeld ist das Dipolfeld nicht kugelsymmetrisch. Legt man die z-Achse eines Koordinatensystems in die Dipolachse $\mathbf{d}$, so ist der Winkel zwischen $\mathbf{d}$ und $\mathbf{r}$ der Polarwinkel ϑ in diesem Koordinatensystem, und $\mathbf{E}$ hat die Form ($\mathbf{r} \neq 0$)

$$\mathbf{E}_d(r, \vartheta, \varphi) = \frac{1}{4\pi\varepsilon_0} \frac{1}{r^3} (3\hat{\mathbf{r}} d \cos\vartheta - \mathbf{d}) \quad.$$

Da die elektrische Feldstärke nicht vom Azimutwinkel φ abhängt, hat sie Zylindersymmetrie um die Dipolachse. Die Abhängigkeit von r und ϑ kann man am einfachsten diskutieren, indem man eine Ebene im Raum betrachtet, die die Dipolachse enthält. Abbildung 2.11 (unten) zeigt die Feldlinien des Dipolfeldes und die Äquipotentiallinien für $\mathbf{d} = d\mathbf{e}_x$ in dieser Ebene. In Abb. 2.11 (oben) ist das Potential über dieser Ebene aufgetragen. Man beobachtet, daß das Potential längs der Geraden durch den Ursprung senkrecht zur Dipolachse verschwindet, vgl. (2.10.2). Verfolgt man das Potential entlang der Dipolachse, so verschwindet es im Unendlichen, ändert sich zum Ursprung hin monoton und hat im Ursprung eine Singularität mit Vorzeichenwechsel.

Eine elektrostatische Ladungsverteilung, die ein Potential der Form (2.10.2) hat, heißt *Dipol*.

Der elektrische Fluß eines Dipols durch eine Kugeloberfläche, die ihn umgibt, muß null sein, weil die Gesamtladung des Dipols verschwindet, vgl. (2.4.4). Das rechnet man mit (2.4.1) auch direkt nach:

$$\begin{aligned}
\Psi_d &= \varepsilon_0 \oint \mathbf{E}_d \cdot d\mathbf{a} = \frac{1}{4\pi} \int_0^{2\pi} \int_{-1}^{1} \frac{3(\mathbf{d} \cdot \hat{\mathbf{r}})\hat{\mathbf{r}} - \mathbf{d}}{r^3} \cdot \hat{\mathbf{r}} r^2 \, d\cos\vartheta \, d\varphi \\
&= \frac{1}{2\pi} \int_0^{2\pi} \int_{-1}^{1} \frac{\mathbf{d} \cdot \hat{\mathbf{r}}}{r} \, d\cos\vartheta \, d\varphi = 0 \quad.
\end{aligned}$$

Das letzte Integral ist eine ungerade Funktion in $\hat{\mathbf{r}}$ und verschwindet.

2.10.1 *Grenzfall verschwindenden Ladungsabstandes. Ladungsdichte des Dipols

Inhalt: Berechnung der elektrostatischen Feldstärke eines Dipols mit verschwindendem Ladungsabstand $b \to 0$ aber konstantem Dipolmomentes $\mathbf{d}$ unter Einschluß des Punktes $\mathbf{r} = 0$. Diskussion des Beitrages $[\mathbf{d}/(3\varepsilon_0)] \delta^3(\mathbf{r})$. Darstellung des Dipolpotentials als negatives Skalarprodukt aus Dipolmoment, $1/(4\pi\varepsilon_0)$ und dem Gradienten von $1/r$. Berechnung der Ladungsdichte $\varrho_d(\mathbf{r})$ eines elektrischen Dipols.
Bezeichnungen: $\mathbf{r}$ Ortsvektor, Q Ladung, $\mathbf{b}$ Abstandsvektor der Zweipolladungen, $\mathbf{d}$ Dipolmoment, $\mathbf{E}(\mathbf{r})$ elektrische Feldstärke, $\mathbf{E}_d(\mathbf{r})$ elektrische Feldstärke eines Dipols, $\varphi_d(\mathbf{r})$ elektrostatisches Dipolpotential, $\varrho_d(\mathbf{r})$ Ladungsdichte eines elektrischen Dipols.

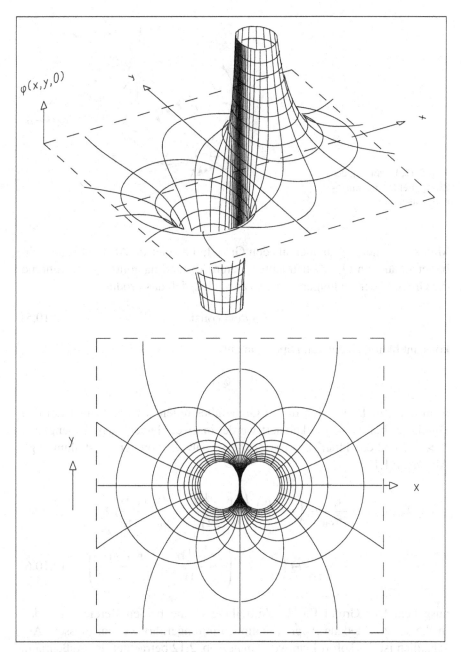

Abb. 2.11. Potential $\varphi(x, y, 0)$ eines Dipols, dargestellt als Fläche über der (x, y)-Ebene, die den Dipol und die Richtung des Dipolmomentes $\mathbf{d} = d\mathbf{e}_x$ enthält (*oben*). Feldlinien und Äquipotentiallinien (*unten*)

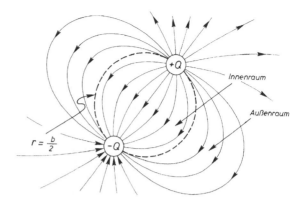

Abb. 2.12. Einteilung des Zweipolfeldes in Innen- und Außenraum

Man kann einen Dipol auch als den Grenzfall zweier im Abstand b benachbarter Ladungen $Q, -Q$ betrachten, deren Abstand nach null geht, während die Größe Q der Ladungen dabei so anwächst, daß das Produkt

$$d = Qb = \text{const} \tag{2.10.5}$$

konstant bleibt, so daß ein Dipolmoment

$$\mathbf{d} = Q\mathbf{b}$$

resultiert. Zur Diskussion dieses Grenzfalles teilen wir das Gebiet um den Dipol, der bei $\mathbf{r}_0 = 0$ lokalisiert werde, in zwei Gebiete, das Außengebiet $r > b/2$ und das Innengebiet $r < b/2$, so daß wir von der Darstellung, vgl. Abschn. F.1.1,

$$
\begin{aligned}
\mathbf{E}(\mathbf{r}) &= \frac{Q}{4\pi\varepsilon_0} \Theta\left(r - \frac{b}{2}\right) \left(\frac{\mathbf{r} - \frac{1}{2}\mathbf{b}}{\left|\mathbf{r} - \frac{1}{2}\mathbf{b}\right|^3} - \frac{\mathbf{r} + \frac{1}{2}\mathbf{b}}{\left|\mathbf{r} + \frac{1}{2}\mathbf{b}\right|^3} \right) \\
&+ \frac{Q}{4\pi\varepsilon_0} \Theta\left(\frac{b}{2} - r\right) \left(\frac{\mathbf{r} - \frac{1}{2}\mathbf{b}}{\left|\mathbf{r} - \frac{1}{2}\mathbf{b}\right|^3} - \frac{\mathbf{r} + \frac{1}{2}\mathbf{b}}{\left|\mathbf{r} + \frac{1}{2}\mathbf{b}\right|^3} \right) \tag{2.10.6}
\end{aligned}
$$

ausgehen. Der Grund für die Aufteilung in die beiden Bereiche ist, daß in ihnen verschiedene Approximationen durchgeführt werden müssen. Anschaulich ist das sofort klar, wenn man Abb. 2.12 betrachtet. Im Außenraum $r > b/2$ ist das Feld in führender Näherung ein Feld, das unter Beachtung von (2.10.5) nicht von b abhängt, während es zwischen den beiden Ladungen ($r < b/2$) ein führendes Feld fester Richtung gibt, das mit kleiner werdendem Ladungsabstand steigt. In beiden Gebieten betrachten wir als Näherung nur die führenden Beiträge

$$\mathbf{E}(\mathbf{r}) = \frac{Q}{4\pi\varepsilon_0} \, \Theta\left(r - \frac{b}{2}\right) \frac{3(\mathbf{b}\cdot\hat{\mathbf{r}})\hat{\mathbf{r}} - \mathbf{b}}{r^3} - \frac{Q}{4\pi\varepsilon_0} \, \Theta\left(\frac{b}{2} - r\right) \frac{\mathbf{b}}{\left(\frac{b}{2}\right)^3} \quad .$$

Im oben diskutierten Grenzfall bleiben nur diese beiden Terme übrig.

Mit dem oben angegebenen Grenzwert des Produktes $Q\mathbf{b} = \mathbf{d}$ wird die Feldstärke in führender Näherung

$$\mathbf{E}_{\mathbf{d}}(\mathbf{r}) = \frac{1}{4\pi\varepsilon_0} \, \Theta\left(r - \frac{b}{2}\right) \frac{3(\mathbf{d}\cdot\hat{\mathbf{r}})\hat{\mathbf{r}} - \mathbf{d}}{r^3} - \frac{1}{4\pi\varepsilon_0}\mathbf{d}\frac{1}{\left(\frac{b}{2}\right)^3} \, \Theta\left(\frac{b}{2} - r\right) \quad .$$

Der erste Term ist bis auf die Stufenfunktion identisch mit (2.10.3), wo die Feldstärke aus dem Dipolpotential für $r \neq 0$ hergeleitet wurde. Der zweite Term zeigt ein starkes Anwachsen für kleine Abstände b der Ladungen. Der Bereich, in dem er von null verschieden ist, ist eine Kugel vom Radius $b/2$. Das Volumenintegral über den Faktor $[3/(4\pi(b/2)^3)]\,\Theta(b/2 - r)$ liefert

$$\frac{3}{4\pi(b/2)^3} \int \Theta\left(\frac{b}{2} - r\right) \mathrm{d}V = \frac{3}{4\pi(b/2)^3} \iiint_0^{b/2} r^2 \, \mathrm{d}r \, \mathrm{d}\Omega = 1 \quad ,$$

unabhängig von der Größe von b. Damit ist analog zu (2.2.5) und (2.2.6) dieser Faktor für Werte b, die gegen null gehen, eine δ-Folge in drei Dimensionen,

$$\frac{3}{4\pi(b/2)^3} \, \Theta\left(\frac{b}{2} - r\right) \xrightarrow[b\to 0]{} \delta^3(\mathbf{r}) \quad ,$$

vgl. auch Abschn. F.2.3. Insgesamt erhalten wir im Grenzfall $b \to 0$ für die Dipolfeldstärke

$$\mathbf{E}_{\mathbf{d}}(\mathbf{r}) = \frac{1}{4\pi\varepsilon_0} \, \Theta\left(r - \frac{b}{2}\right) \frac{3(\mathbf{d}\cdot\hat{\mathbf{r}})\hat{\mathbf{r}} - \mathbf{d}}{r^3} - \frac{1}{\varepsilon_0}\frac{1}{3}\mathbf{d}\delta^3(\mathbf{r}) \quad . \qquad (2.10.7)$$

Der Term mit der Diracschen Deltafunktion ist für alle $\mathbf{r} \neq 0$ ohne Belang. Für Dipoldichten jedoch ist der zweite Term gerade wesentlich für die Berechnung der Oberflächenladungen (vgl. Aufgabe 4.1). Den oben ausgeführten Grenzbetrachtungen läßt sich im Rahmen der Theorie der Distributionen eine strenge Fassung geben. Die dabei wesentlichen Argumente sind für einige Beispiele in Abschn. F.2.3 dargelegt.

Für spätere Anwendungen ziehen wir noch den Schluß, daß aus dem Vergleich von (2.10.1) mit (2.10.2) und (2.10.4) folgt ($b/2 = \varepsilon \neq 0$, beliebig klein)

$$\boldsymbol{\nabla} \otimes \boldsymbol{\nabla}\frac{1}{r} = \boldsymbol{\nabla} \otimes \left(-\frac{\mathbf{r}}{r^3}\right) = \Theta(r - \varepsilon)\frac{3\hat{\mathbf{r}} \otimes \hat{\mathbf{r}} - \underline{\underline{1}}}{r^3} - \frac{4\pi}{3}\underline{\underline{1}}\delta^3(\mathbf{r}) \quad . \qquad (2.10.8)$$

Die Spur des Tensors auf der linken Seite ist gerade der Laplace-Operator, vgl. (A.2.26),

$$\mathrm{Sp}(\boldsymbol{\nabla} \otimes \boldsymbol{\nabla}) = \boldsymbol{\nabla} \cdot \boldsymbol{\nabla} = \Delta \quad .$$

Spurbildung der Beziehung (2.10.8) liefert wieder die wichtige Beziehung (2.9.2),

$$\Delta \frac{1}{r} = -4\pi \delta^3(\mathbf{r}) \quad , \tag{2.10.9}$$

weil die Spur des ersten Terms auf der rechten Seite von (2.10.8) verschwindet.

Wir bemerken noch, daß das Dipolpotential auch in der Form

$$\varphi_{\mathbf{d}}(\mathbf{r}) = -\mathbf{b} \cdot \boldsymbol{\nabla} \left(\frac{1}{4\pi\varepsilon_0} \frac{Q}{r} \right) = -\mathbf{b} \cdot \boldsymbol{\nabla}\varphi_Q(\mathbf{r})$$

geschrieben werden kann. Abgesehen von einer Verifikation durch Nachrechnen kann man diese Behauptung auch unmittelbar aus der Definition des Gradienten folgern. Die Gleichung (2.10.1) ist als Differenz zweier Punktladungspotentiale

$$\varphi_Q(\mathbf{r} - \mathbf{r}_0) = \frac{1}{4\pi\varepsilon_0} \frac{Q}{|\mathbf{r} - \mathbf{r}_0|}$$

mit den Quellpunkten $\mathbf{r}_0 = \mathbf{b}/2$ bzw. $-\mathbf{b}/2$ gegeben. Ihre Taylor-Entwicklung um $\mathbf{r}_0 = 0$ ist

$$\varphi_Q(\mathbf{r} + \mathbf{r}_0) = \varphi_Q(\mathbf{r}) + \mathbf{r}_0 \cdot \boldsymbol{\nabla}\varphi_Q(\mathbf{r}) + \cdots \quad .$$

Das Dipolpotential ergibt sich jetzt als lineare Approximation in $\mathbf{b}$ der beiden Monopolfelder

$$\varphi(\mathbf{r}) = \varphi_Q(\mathbf{r} - \mathbf{b}/2) - \varphi_Q(\mathbf{r} + \mathbf{b}/2) \quad ,$$

d. h.

$$\varphi_{\mathbf{d}}(\mathbf{r}) = -\mathbf{b} \cdot \boldsymbol{\nabla}\varphi_Q(\mathbf{r}) = -\frac{1}{4\pi\varepsilon_0}\mathbf{d} \cdot \boldsymbol{\nabla}\frac{1}{r} \quad . \tag{2.10.10}$$

Die Ladungsdichte eines Dipols kann man als Divergenz des Dipolfeldes durch Differentiation direkt ausrechnen und erhält

$$\frac{1}{\varepsilon_0}\varrho_{\mathbf{d}} = \boldsymbol{\nabla}\cdot\mathbf{E}_{\mathbf{d}} = \boldsymbol{\nabla}\cdot(-\boldsymbol{\nabla}\varphi_{\mathbf{d}}) = -\Delta\varphi_{\mathbf{d}} = \frac{1}{4\pi\varepsilon_0}\Delta\mathbf{d}\cdot\boldsymbol{\nabla}\frac{1}{r} = \frac{1}{4\pi\varepsilon_0}\mathbf{d}\cdot\boldsymbol{\nabla}\Delta\frac{1}{r} \quad .$$

Mit Hilfe von (2.10.9) ist die Ladungsdichte eines Dipols am Ort $\mathbf{r} = 0$ schließlich durch

$$\varrho_{\mathbf{d}}(\mathbf{r}) = -\mathbf{d} \cdot \boldsymbol{\nabla}\delta^3(\mathbf{r}) \tag{2.10.11}$$

gegeben. Damit erfüllt ein Dipolpotential die Poisson-Gleichung

$$\Delta\varphi_{\mathbf{d}} = \frac{1}{\varepsilon_0}\mathbf{d} \cdot \boldsymbol{\nabla}\delta^3(\mathbf{r}) \quad .$$

Das Auftreten des Gradienten der Diracschen Deltafunktion sieht man formal auch direkt ein, wenn man die Ladungsverteilung des Dipols als Summe der

Ladungsverteilungen zweier Monopole der Ladungen $\pm Q$ im Abstand $\pm b/2$ vom Punkt $\mathbf{r} = 0$ betrachtet:

$$\varrho(\mathbf{r}) = Q\delta^3(\mathbf{r} - \mathbf{b}/2) - Q\delta^3(\mathbf{r} + \mathbf{b}/2) \quad .$$

Die Taylor-Entwicklung der Deltafunktionen um den Punkt $\mathbf{r}$ lautet

$$\delta^3(\mathbf{r} + \mathbf{b}) = \delta^3(\mathbf{r}) + \mathbf{b} \cdot \boldsymbol{\nabla}\delta^3(\mathbf{r}) + \cdots \quad .$$

Damit finden wir für die Ladungsverteilung

$$\varrho_{\mathrm{d}}(\mathbf{r}) = Q(-\mathbf{b}/2 - \mathbf{b}/2)\boldsymbol{\nabla}\delta^3(\mathbf{r}) = -\mathbf{d} \cdot \boldsymbol{\nabla}\delta^3(\mathbf{r}) \quad , \qquad (2.10.12)$$

denselben Ausdruck wie durch Berechnung der Divergenz des Dipolfeldes.

Als kontinuierliche Ladungsdichte mit der Gesamtladung null und dem Dipolmoment $\mathbf{d} = (2\sigma q)\mathbf{e}_x$ betrachten wir

$$\varrho_{\mathrm{D}}(\mathbf{r}) = -\mathbf{d} \cdot \boldsymbol{\nabla}\left[\frac{1}{(2\pi)^{3/2}\sigma^3}\exp\left(-\frac{\mathbf{r}^2}{2\sigma^2}\right)\right] = -(2\sigma\mathbf{e}_x) \cdot \boldsymbol{\nabla}\varrho(\mathbf{r}) \quad . \quad (2.10.13)$$

Hier ist $\varrho(\mathbf{r})$ die kontinuierliche Ladungsdichte (2.2.8) der Gesamtladung q. Im Grenzfall $\sigma \to 0$ geht die Ladungsdichte ϱ_{D} in ϱ_{d}, (2.10.12), über, weil die dreidimensionale Gaußverteilung in eine Deltadistribution $\delta^3(\mathbf{r})$ übergeht, vgl. (2.2.6).

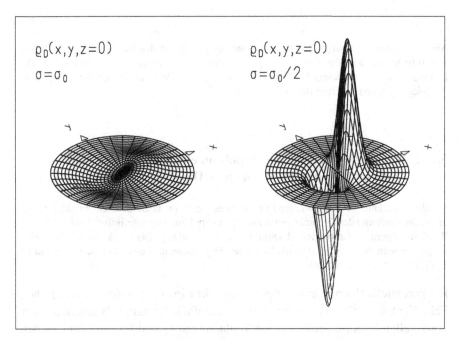

Abb. 2.13. Grenzübergang zur Ladungsdichte des Dipols: Ladungsdichte (2.10.13) in der (x, y)-Ebene für verschiedene Werte der Breite σ

Abbildung 2.13 zeigt die Ladungsdichte ϱ_D in der (x,y)-Ebene für zwei verschiedene Werte von σ, aber $d = 2\sigma q = $ const. Die Verteilung ist offenbar rotationssymmetrisch in bezug auf die x-Achse und bleibt für $\sigma \to 0$ nur in der Nähe des Ursprungs wesentlich von null verschieden. Im Halbraum $x > 0$ ist die Ladungsdichte positiv, ein Halbraum $x < 0$ negativ. In beiden Halbräumen besitzt die Gesamtladung den Betrag $(2/\pi)^{1/2}q$. Einen räumlichen Eindruck von dieser Ladungsdichteverteilung gibt Abb. 2.14. Sie zeigt in den beiden Halbräumen $x > 0$ und $x < 0$ getrennt die Flächen $\varrho_D = $ const, welche 90% der Ladung $(2/\pi)^{1/2}q$ einschließen.

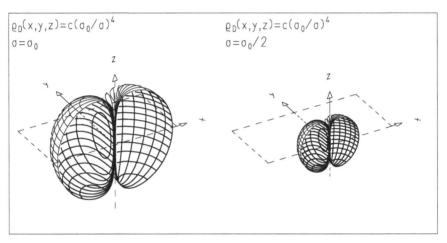

Abb. 2.14. Grenzübergang zur Ladungsdichte des Dipols: In den Halbräumen $x > 0$ und $x < 0$ ist jeweils die Oberfläche $\varrho_D(x,y,z) = c(\sigma_0/\sigma)^4 = $ const dargestellt, die 90% der Ladung $(2/\pi)^{1/2}q$ in diesem Halbraum umschließt. Das Bild zeigt nur den Bereich $y > 0$, der spiegelsymmetrisch zum Bereich $y < 0$ ist

2.10.2 Potentielle Energie eines Dipols im elektrostatischen Feld. Kraft und Drehmoment auf einen Dipol

Inhalt: Berechnung der potentiellen Energie eines Dipols im elektrostatischen Feld. Bestimmung der Kraft und des Drehmomentes auf einen Dipol im elektrostatischen Feld.
Bezeichnungen: $\mathbf{r}$ Ortsvektor, $\mathbf{d}$ Dipolmoment, Q Ladung, $\mathbf{E}(\mathbf{r})$ elektrische Feldstärke, $E_{\text{pot}}(\mathbf{r})$ potentielle Energie, ϑ Winkel zwischen Dipolmoment $\mathbf{d}$ und elektrischer Feldstärke $\mathbf{E}(\mathbf{r})$, $\mathbf{F}$ Kraft, $\mathbf{D}$ Drehmoment.

Die potentielle Energie eines Dipols $\mathbf{d}$ am Ort $\mathbf{r}$ in einem äußeren elektrischen Feld $\mathbf{E}(\mathbf{r}) = -\boldsymbol{\nabla}\varphi(\mathbf{r})$ gewinnt man am einfachsten durch Betrachtung der potentiellen Energie seiner beiden Teilladungen Q und $-Q$ im Feld an den Orten $\mathbf{r} + \mathbf{b}/2$ und $\mathbf{r} - \mathbf{b}/2$ (Abb. 2.15),

$$E_{\text{pot}} = Q[\varphi(\mathbf{r} + \mathbf{b}/2) - \varphi(\mathbf{r} - \mathbf{b}/2)] \quad .$$

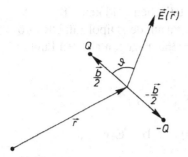

Abb. 2.15. Dipol im äußeren elektrischen Feld $\mathbf{E}(\mathbf{r})$

Durch Taylor-Entwicklung von φ um die Stelle $\mathbf{r}$ finden wir

$$\varphi(\mathbf{r}+\mathbf{b}/2) - \varphi(\mathbf{r}-\mathbf{b}/2) = \mathbf{b} \cdot \boldsymbol{\nabla}\varphi(\mathbf{r}) + \cdots \quad ,$$

so daß die potentielle Energie durch

$$E_{\mathrm{pot}} = Q\mathbf{b} \cdot \boldsymbol{\nabla}\varphi(\mathbf{r}) = \mathbf{d} \cdot \boldsymbol{\nabla}\varphi(\mathbf{r}) = -\mathbf{d} \cdot \mathbf{E}(\mathbf{r}) \quad , \qquad (2.10.14)$$

das negative Skalarprodukt aus dem Dipolmoment $\mathbf{d} = Q\mathbf{b}$ und der Feldstärke $\mathbf{E}$ am Ort $\mathbf{r}$ des Dipols, gegeben wird. Als Funktion des Winkels

$$\vartheta = \sphericalangle\,[\mathbf{d}, \mathbf{E}(\mathbf{r})]$$

zwischen den Richtungen des Dipolmomentes und des Feldes hat die potentielle Energie

$$E_{\mathrm{pot}} = -dE(\mathbf{r})\cos\vartheta$$

bei $\vartheta = 0$ ein Minimum, bei $\vartheta = \pi$ ein Maximum. Die Lage des Dipolmomentes parallel zum Feld ist stabil.

Die Kraft auf den Dipol im elektrischen Feld läßt sich dann durch Gradientenbildung ausrechnen mit $\mathbf{a} \times (\mathbf{b} \times \mathbf{c}) = \mathbf{b}(\mathbf{a} \cdot \mathbf{c}) - \mathbf{c}(\mathbf{b} \cdot \mathbf{a})$,

$$\mathbf{F}(\mathbf{r}) = -\boldsymbol{\nabla}E_{\mathrm{pot}}(\mathbf{r}) = \boldsymbol{\nabla}(\mathbf{d} \cdot \mathbf{E}) = (\mathbf{d} \cdot \boldsymbol{\nabla})\mathbf{E} + \mathbf{d} \times (\boldsymbol{\nabla} \times \mathbf{E}) \quad .$$

Wegen der Wirbelfreiheit des elektrostatischen Feldes verschwindet der letzte Term, so daß

$$\mathbf{F}(\mathbf{r}) = (\mathbf{d} \cdot \boldsymbol{\nabla})\mathbf{E} \qquad (2.10.15)$$

gilt. In kartesischen Koordinaten sind die Komponenten der Kraft

$$F_k = \sum_{\ell=1}^{3} d_\ell \frac{\partial}{\partial x_\ell} E_k \quad , \qquad k = 1, 2, 3 \quad .$$

Für homogenes, d. h. $\mathbf{r}$-unabhängiges elektrostatisches Feld $\mathbf{E}$ gilt

$$(\mathbf{d} \cdot \boldsymbol{\nabla})\mathbf{E} = 0$$

und damit

$$\mathbf{F} = 0 \quad .$$

Auf einen Dipol wirkt im homogenen elektrostatischen Feld keine Kraft. Allerdings tritt im homogenen Feld ein Drehmoment auf den Dipol auf. Die Größe findet man durch Berechnung der Drehmomente bezogen auf den Punkt $\mathbf{r}$ auf die Einzelladungen Q und $-Q$,

$$
\begin{aligned}
\mathbf{D} &= \frac{\mathbf{b}}{2} \times \mathbf{F}\left(\mathbf{r} + \frac{\mathbf{b}}{2}\right) - \frac{\mathbf{b}}{2} \times \mathbf{F}\left(\mathbf{r} - \frac{\mathbf{b}}{2}\right) \\
&= \frac{\mathbf{b}}{2} \times Q\mathbf{E}(\mathbf{r}) + \frac{\mathbf{b}}{2} \times Q\mathbf{E}(\mathbf{r}) = Q\mathbf{b} \times \mathbf{E}(\mathbf{r}) \quad , \\
\mathbf{D} &= \mathbf{d} \times \mathbf{E}(\mathbf{r}) \quad .
\end{aligned}
\tag{2.10.16}
$$

2.11 Systeme mehrerer Punktladungen

Zum Abschluß dieses Kapitels zeigen wir noch die Felder von drei Anordnungen aus mehr als zwei Punktladungen, die interessante Eigenschaften besitzen.

Gleiche Ladungen an den Ecken eines Quadrats Die Abb. 2.16 zeigt das Feld einer Anordnung von vier Punktladungen der gleichen Ladung Q, die sich an den Ecken eines in der (x, y)-Ebene liegenden, achsenparallelen Quadrats der Kantenlänge $2L$ befinden. Man beobachtet eine Potentialmulde um den Symmetriepunkt der Anordnung, der der Ursprung des Koordinatensystems ist.

Alternierende Ladungen an den Ecken eines Quadrats Die Abb. 2.17 zeigt das Feld von vier Punktladungen an den Ecken eines Quadrats der Kantenlänge $2L$. Die Ladungen haben den gleichen Betrag, aber wechselnde Vorzeichen. Die Ladungen im ersten und dritten Quadranten sind negativ, die im zweiten und vierten positiv. Die Feldlinien stehen senkrecht auf den Ebenen $x = 0$ und $y = 0$.

Drei Ladungen auf einer Linie In Abb. 2.18 ist das Feld dreier Ladungen $Q_1 > 0$, $Q_2 < 0$ und $Q_3 > 0$ gezeigt, die sich an den Punkten $x_1 = -a$, $x_2 = 0$, $x_3 = b$ auf der x-Achse befinden. Man beobachtet, daß je eine der Äquipotentiallinien, die die Ladungen Q_1 bzw. Q_3 umgeben, ein Kreis ist und diese Kreise einander senkrecht durchdringen. Da die Anordnung rotationssymmetrisch zur x-Achse ist, gibt es tatsächlich zwei Äquipotentialkugeln, die sich senkrecht durchdringen. Man kann zeigen (Aufgabe 2.5), daß diese Situation dann auftritt, wenn

$$
\frac{Q_1^2}{a^2 + ab} = \frac{Q_2^2}{ab} = \frac{Q_3^2}{b^2 + ab}
$$

gilt.

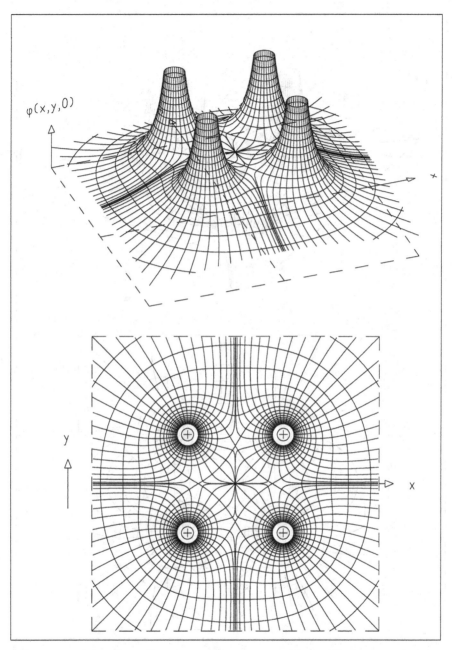

Abb. 2.16. Potential $\varphi(x, y, 0)$ einer Anordnung von vier gleichen Ladungen an den Ecken eines Quadrats (*oben*). Feldlinien und Äquipotentiallinien (*unten*)

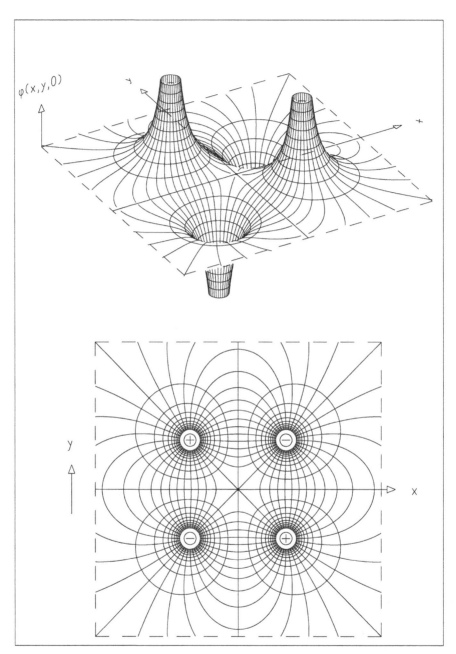

Abb. 2.17. Potential $\varphi(x, y, 0)$ einer Anordnung von vier Ladungen an den Ecken eines Quadrats (*oben*). Die Ladungen haben den gleichen Betrag, aber wechselnde Vorzeichen. Feldlinien und Äquipotentiallinien (*unten*)

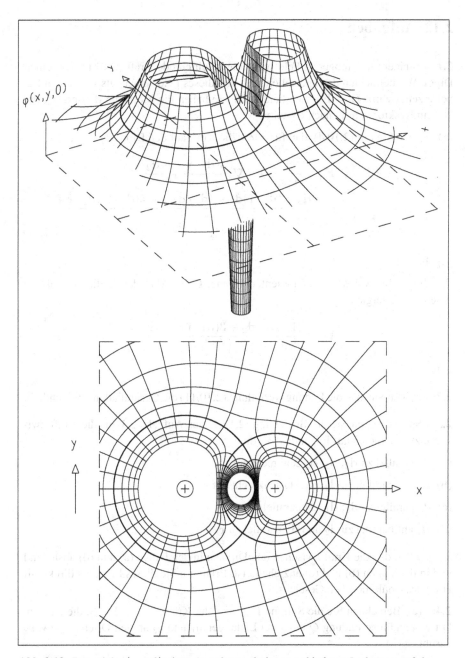

Abb. 2.18. Potential $\varphi(x, y, 0)$ einer Anordnung dreier verschiedener Ladungen auf der x-Achse (*oben*). Feldlinien und Äquipotentiallinien (*unten*). Bei den für die Abbildung gewählten Werten der Ladungen und Abstände gibt es zwei kreisförmige Äquipotentiallinien (*große Strichdicke*), die einander senkrecht durchdringen

2.12 Aufgaben

2.1: In einem inhomogenen Feld wirkt die resultierende Kraft (2.10.15) auf einen Dipol. Wir betrachten den speziellen Fall, daß dieses Feld seinerseits von einem Dipol erzeugt wird, $\mathbf{E} = \mathbf{E_d}$. Die beiden Dipole haben die Momente $\mathbf{d}_1$ und $\mathbf{d}_2$, der Abstandsvektor von $\mathbf{d}_2$ nach $\mathbf{d}_1$ sei $\mathbf{r}$.

(a) Zeigen Sie mit (2.10.4), daß für $\mathbf{r} \neq 0$ die Kraft auf den Dipol $\mathbf{d}_1$ durch

$$
\begin{aligned}
\mathbf{F} &= (\mathbf{d}_1 \cdot \boldsymbol{\nabla})\mathbf{E_d} = \frac{1}{4\pi\varepsilon_0}(\mathbf{d}_1 \cdot \boldsymbol{\nabla})\frac{3(\mathbf{d}_2 \cdot \hat{\mathbf{r}})\hat{\mathbf{r}} - \mathbf{d}_2}{r^3} \\
&= \frac{3}{4\pi\varepsilon_0}\frac{(\mathbf{d}_1 \cdot \hat{\mathbf{r}})\mathbf{d}_2 + (\mathbf{d}_2 \cdot \hat{\mathbf{r}})\mathbf{d}_1 + (\mathbf{d}_1 \cdot \mathbf{d}_2)\hat{\mathbf{r}} - 5(\mathbf{d}_1 \cdot \hat{\mathbf{r}})(\mathbf{d}_2 \cdot \hat{\mathbf{r}})\hat{\mathbf{r}}}{r^4}
\end{aligned}
$$
$$(2.12.1)$$

gegeben ist.

(b) Zeigen Sie weiter durch Gradientenbildung, $\mathbf{F} = -\boldsymbol{\nabla}V$, daß zu dieser Kraft die potentielle Energie

$$V = \frac{1}{4\pi\varepsilon_0}\frac{\mathbf{d}_1 \cdot \mathbf{d}_2 - 3(\mathbf{d}_1 \cdot \hat{\mathbf{r}})(\mathbf{d}_2 \cdot \hat{\mathbf{r}})}{r^3}$$

gehört.

2.2: Zeigen Sie, daß die Ladungsverteilung (2.10.11) die Gesamtladung null enthält.

2.3: Spezialisieren Sie die Beziehung (2.12.1) aus Aufgabe 2.1 für die Kraft zwischen zwei Dipolen auf folgende Anordnungen:

(a) $\mathbf{d}_1$ parallel zu $\mathbf{d}_2$; $\mathbf{d}_1$, $\mathbf{d}_2$ senkrecht auf $\mathbf{r}$;

(b) $\mathbf{d}_1$ antiparallel zu $\mathbf{d}_2$; $\mathbf{d}_1$, $\mathbf{d}_2$ senkrecht auf $\mathbf{r}$;

(c) $\mathbf{d}_1$ parallel zu $\mathbf{d}_2$; $\mathbf{d}_1$, $\mathbf{d}_2$ parallel zu $\mathbf{r}$;

(d) $\mathbf{d}_1$ antiparallel zu $\mathbf{d}_2$ und $\mathbf{d}_1$ parallel zu $\mathbf{r}$.

Zeigen Sie, daß die Kraft zwischen den Dipolen in den Fällen (a) und (d) abstoßend und in den Fällen (b) und (c) anziehend ist. Erläutern Sie dieses Ergebnis direkt mit Hilfe des Coulombschen Gesetzes.

2.4: (a) Berechnen Sie die Summe $\mathbf{F}_{(q_1q_2),Q}$ der Kräfte $\mathbf{F}_{q_1,Q}$, $\mathbf{F}_{q_2,Q}$, die eine am Ort $\mathbf{r}$ befindliche Ladung Q auf zwei Ladungen q_1 und q_2 an den Orten $\mathbf{r}_1$ bzw. $\mathbf{r}_2$ ausübt.

(b) Nutzen Sie das 3. Newtonsche Gesetz *actio = reactio* zur Berechnung der Kraft $\mathbf{F}_{Q,(q_1q_2)}$, die die beiden Ladungen q_1 und q_2 auf die Ladung Q am Ort $\mathbf{r}$ ausüben.

(c) Zeigen Sie mit Hilfe des Coulombschen Gesetzes, daß aus der Darstellung

$$\mathbf{F}_{Q,(q_1q_2)} = Q\mathbf{E}_{q_1q_2}$$

für die resultierende Feldstärke $\mathbf{E}_{q_1 q_2}$ der beiden Ladungen q_1 und q_2 die vektorielle Addition der beiden Feldstärken $\mathbf{E}_{q_1}$ und $\mathbf{E}_{q_2}$,

$$\mathbf{E}_{q_1 q_2} = \mathbf{E}_{q_1} + \mathbf{E}_{q_2} \quad ,$$

folgt.

2.5: In Abb. 2.18 treten zwei einander senkrecht durchdringende Äquipotentialkugeln auf, in deren Mittelpunkten sich die Ladungen Q_1 und Q_3 befinden. Beweisen Sie, daß das Potential tatsächlich für

$$\frac{Q_1^2}{a^2 + ab} = \frac{Q_2^2}{ab} = \frac{Q_3^2}{b^2 + ab}$$

auf diesen beiden Kugeln konstant ist.

2.6: Gegeben ist die Ladungsdichte

$$\varrho(\mathbf{r}) = \begin{cases} \varrho_0 (r/a)^2 & , \quad r < a \\ \varrho_0 & , \quad a \le r \le b \\ 0 & , \quad r > b \end{cases}$$

mit $\varrho_0 = \text{const}$ und $a > 0$. Berechnen Sie für diese Ladungsverteilung das elektrische Feld $\mathbf{E}(\mathbf{r})$ im ganzen Raum.

Hinweis: Benutzen Sie die Symmetrie und geeignet gewählte Flußintegrale (2.4.6).

2.7: Ein flacher Kreisring (Innenradius R_1, Außenradius R_2), der die Gesamtladung Q trägt, liegt in der (x, y)-Ebene eines Koordinatensystems (siehe Abb. 2.19). Berechnen Sie unter der Annahme, daß die Flächenladungsdichte auf dem Kreisring konstant ist, das elektrostatische Potential φ und die elektrische Feldstärke $\mathbf{E}$ auf der z-Achse.

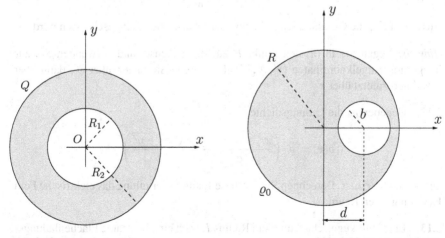

Abb. 2.19. Zu Aufgabe 2.7   **Abb. 2.20.** Zu Aufgabe 2.8

2.8: In einem unendlich langen Zylinder mit dem Radius R und der konstanten Raumladungsdichte ϱ_0 befindet sich ein ungeladener, unendlich langer, zylindrischer Hohlraum mit dem Radius b. Der Abstand der beiden Zylinderachsen ist d, und es gilt $d + b < R$ (siehe Abb. 2.20). Berechnen Sie das elektrische Feld $\mathbf{E}$ im Hohlraum.

Hinweis: Superponieren Sie das Feld aus Einzelfeldern.

2.9: Ein Dipol mit dem Dipolmoment $\mathbf{d} = (0, d, 0)$ befindet sich bei $\mathbf{r} = (0, 0, 0)$ und eine Punktladung q bei $\mathbf{r}' = (2a, 0, a)$. Welche Kraft und welches Drehmoment wirken auf den Dipol?

2.10: Gegeben ist die Ladungsdichte

$$\varrho(\mathbf{r}) = \begin{cases} \varrho_0 \cos\left(3\pi r/(2L)\right) & , \quad r \leq L \\ 0 & , \quad r > L \end{cases} .$$

Man berechne die elektrische Feldstärke $\mathbf{E}(\mathbf{r})$ für den ganzen Raum.

2.11: Gegeben sei eine homogen geladene Kugel mit dem Radius R und der Gesamtladung q.

(a) Berechnen Sie nach der Beziehung

$$\varphi(\mathbf{r}) = \frac{1}{4\pi\varepsilon_0} \int_V \frac{\varrho(\mathbf{r}')}{|\mathbf{r} - \mathbf{r}'|} \, dV'$$

das Potential der Ladungsverteilung in einem Punkt P, der vom Kugelmittelpunkt den Abstand r hat. Diskutieren Sie die Fälle $r \leq R$ und $r > R$.

(b) Bestimmen Sie $\mathbf{E}$ im Punkt P. Verwenden Sie dazu Ihr Ergebnis aus (a).

(c) Lösen Sie (b) mit Hilfe der Beziehung

$$\oint_A \mathbf{E} \cdot d\mathbf{a} = \frac{Q_A}{\varepsilon_0} .$$

Hierbei ist Q_A die Gesamtladung, die von der Oberfläche A eingeschlossen wird.

Hinweis: Legen Sie in (a) den Punkt P auf die z-Achse, und verwenden Sie zur Integration Kugelkoordinaten (r', ϑ', ϕ'). Integrieren Sie zuerst über ϕ', dann über $\cos\vartheta'$ und zuletzt über r'.

2.12: Gegeben ist die Ladungsdichte

$$\varrho(\mathbf{r}) = \varrho_0 \left(\frac{x^2 + y^2 + z^2}{a^2} + \frac{\sqrt{x^2 + y^2}}{b} \right)$$

mit $\varrho_0, a, b = \text{const}$. Berechnen Sie für diese Ladungsverteilung das elektrische Feld $\mathbf{E}(\mathbf{r})$ im ganzen Raum.

2.13: Eine Halbkugelschale mit dem Radius R trägt eine konstante Flächenladungsdichte; die Gesamtladung ist Q (siehe Abb. 2.21). Berechnen Sie das Potential $\varphi(\mathbf{r})$ auf der Symmetrieachse.

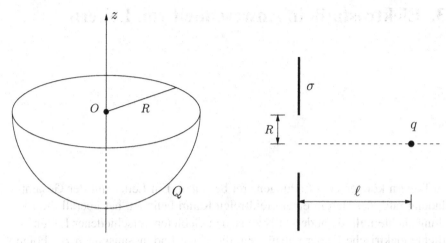

Abb. 2.21. Zu Aufgabe 2.13   **Abb. 2.22.** Zu Aufgabe 2.14

2.14: In einer ebenen, unendlich großen, homogen geladenen Platte (Flächenladungsdichte $\sigma > 0$) befindet sich eine kreisförmige Öffnung mit dem Radius R (siehe Abb. 2.22).

(a) Berechnen Sie das elektrische Feld auf der Symmetrieachse.

(b) Auf dieser Achse befindet sich im Abstand ℓ von der Plattenebene eine Punktladung (Ladung $q > 0$). Wo ist die Kraft, die die Platte auf die Ladung ausübt, größer, bei $\ell = 5R$ oder bei $\ell = 10R$?

3. Elektrostatik in Anwesenheit von Leitern

In Leitern können sich Ladungen frei bewegen. Ein Leiter mit der Gesamtladung null, der sich in einem feldfreien Raum befindet, hat überall die Ladungsdichte null, da andernfalls zwischen Gebieten verschiedener Ladungsdichte elektrische Felder entstünden, die einen Ladungsausgleich zur Folge hätten. Bringt man jedoch einen neutralen Leiter in ein elektrisches Feld, so werden seine Ladungen unter der Wirkung des Feldes so verschoben, daß an der Oberfläche des Leiters Flächenladungsdichten auftreten, die das ursprüngliche Feld verändern. Ein statischer Zustand ist dann erreicht, wenn die Komponenten der elektrischen Feldstärke tangential zur Metalloberfläche verschwinden. Die elektrische Feldstärke steht dann überall senkrecht auf der Oberfläche, die somit selbst Äquipotentialfläche ist. Man sagt, das elektrische Feld influenziert Ladungsdichten auf Leiteroberflächen und nennt dieses Phänomen *Influenz*.

Experiment 3.1. Demonstration der Influenz (Abb. 3.1)

Ein Elektroskop trägt einen Metallbecher und zeigt zunächst keinen Ausschlag. Wir halten dann einen durch Reibung aufgeladenen Hartgummistab in den Becher, ohne ihn zu berühren. Dabei schlägt der Zeiger des Elektroskops aus. Erden wir die Außenseite des Bechers kurzzeitig, so verschwindet der Ausschlag, tritt jedoch erneut auf, wenn wir den Stab entfernen. Wir deuten den Befund wie folgt: Durch das Feld der

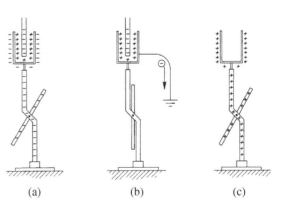

Abb. 3.1 a–c. Demonstration der Influenz in Experiment 3.1

(a)   (b)   (c)

negativen Ladung des Stabes werden die auf dem leitenden Becher frei beweglichen Ladungen derart verschoben, daß sich positive Ladung innen und negative Ladung außen auf dem Becher sammelt. Die negative Ladung, die sich über das Elektroskop verteilen kann, wird durch Ausschlag angezeigt; sie fließt jedoch während der kurzzeitigen Erdung ab. Wenn der Stab entfernt ist, wird die positive Ladung nicht mehr auf der Becherinnenseite festgehalten. Sie verteilt sich jetzt ihrerseits über das Elektroskop und bringt es erneut zum Ausschlag.

Die quantitative Berechnung der influenzierten Ladungsdichten auf beliebig geformten Oberflächen in elektrischen Feldern ist sehr kompliziert. Einige einfache Beispiele erläutern jedoch das Prinzip.

3.1 Influenz auf großen, ebenen Platten

Inhalt: Wegen der freien Beweglichkeit der an der elektrischen Leitung beteiligten Elektronen in einem Metall steht die elektrische Feldstärke auf der Oberfläche des Metalls senkrecht. Eine geladene Platte influenziert auf einer isoliert gegen die erste aufgestellten Platte eine Ladungsdichte. Sind die Linearabmessungen von parallel zueinander aufgestellten Platten groß gegen ihren Abstand, so ist das elektrische Feld zwischen den Platten senkrecht zur Plattenoberfläche und ortsunabhängig, d. h. homogen. Die Flächenladungsdichte auf den Platten ist konstant. Sie hat die Größe $\sigma = \varepsilon_0 E \cdot \hat{a}$, hier ist $\hat{a}$ die Normale auf der Plattenfläche.
Bezeichnungen: E elektrische Feldstärke, Q Ladung, a Plattenfläche, $\sigma = Q/a$ Flächenladungsdichte, Ψ elektrischer Fluß, ε_0 elektrische Feldkonstante.

Wir betrachten nun eine Metallplatte der Fläche a, die – etwa durch Berührung mit einem geriebenen Stab – mit der Ladung $Q > 0$ aufgeladen wurde, und eine ihr gegenübergestellte, zunächst ungeladene Platte. Durch Influenz sammelt sich auf der Innenseite der zweiten Platte Ladung des anderen Vorzeichens an. Zwischen beiden Platten bildet sich ein elektrisches Feld aus, das direkt am Metall senkrecht auf den Plattenoberflächen stehen muß, da sich andernfalls weitere Ladungen im Metall verschieben würden. Sind die Linearabmessungen der Platten groß gegen den Plattenabstand b, so sind die *Flächenladungsdichten* σ bzw. σ' auf beiden Platteninnenflächen (abgesehen von den Randzonen) konstant. Das Feld zwischen den Platten ist homogen und steht senkrecht auf den Platten. Bilden wir das elektrische Flußintegral über einen Zylinder, dessen Grundflächen der Größe a' im Innern der beiden Platten liegen (Abb. 3.2b), so tragen die Grundflächen zum Integral nichts bei, weil dort das Feld verschwindet, und die Mantelfläche nicht, weil das Feld in der Fläche liegt ($E \cdot da = 0$). Andererseits ist der Fluß gleich der umschlossenen Ladung. Also muß auch diese verschwinden, d. h. die Flächenladungsdichten σ und σ' sind entgegengesetzt gleich,

$$\Psi = \varepsilon_0 \oint_{(V)} E \cdot da'' = 0 = \int_{a'} \sigma \, da'' + \int_{a'} \sigma' \, da'' = (\sigma + \sigma')a' \ , \quad \sigma' = -\sigma \ .$$

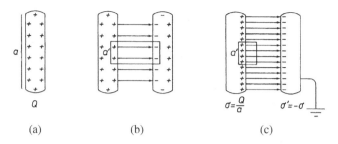

(a)   (b)   (c)

Abb. 3.2 a–c. Durch Influenzwirkung zwischen einer Metallplatte der Ladung Q und einer gegenüberstehenden, ursprünglich ungeladenen Platte bilden sich auf den Innenseiten beider Platten Flächenladungsdichten gleichen Betrages, die ein homogenes Feld zwischen den Platten hervorrufen. Durch Ableitung der Ladungen von der Außenseite der Gegenplatte zur Erde sammeln sich auf den Innenseiten die Ladungen $\pm Q$ an

Geben wir nun durch Erdung der gegenüberstehenden Platte den Ladungen auf ihrer Außenseite Gelegenheit abzufließen, so sammelt sich schließlich die Gesamtladung Q bzw. $-Q$ auf den Innenseiten der Platten an. Die Ladungsdichte ist (unter Vernachlässigung von Randeffekten) konstant,

$$\sigma = \frac{Q}{a} \quad .$$

Den Betrag der Feldstärke zwischen den Platten erhält man leicht durch Bestimmung des Flusses durch einen Zylinder, dessen eine Grundfläche im Metall und dessen andere im Feld liegt (Abb. 3.2c),

$$\Psi = \varepsilon_0 \oint_{(V)} \mathbf{E} \cdot \mathrm{d}\mathbf{a}'' = \varepsilon_0 \int_{a'} \mathbf{E} \cdot \hat{\mathbf{a}}' \, \mathrm{d}a'' = \varepsilon_0 (\mathbf{E} \cdot \hat{\mathbf{a}}') a' = \int_{a'} \sigma \, \mathrm{d}a'' = \sigma a' \quad ,$$

$$\mathbf{E} \cdot \hat{\mathbf{a}}' = \frac{1}{\varepsilon_0} \sigma \quad . \tag{3.1.1}$$

Die Flächenladung σ bewirkt eine Änderung der Feldstärke von null im Leiter auf den Wert (3.1.1) im Zwischenraum zwischen den Platten.

In den felderfüllten Raum zwischen den beiden Platten mit den Flächenladungsdichten σ und $-\sigma$ bringen wir nun eine weitere ungeladene Metallplatte (Abb. 3.3). Unter dem Einfluß des Feldes werden auf ihren Seitenflächen die Ladungsdichten σ' und σ'' influenziert. Durch Berechnung der Flußintegrale über die vier in Abb. 3.3 angedeuteten Volumina findet man leicht (Aufgabe 3.1)

$$\sigma' = -\sigma \quad , \qquad \sigma'' = \sigma \quad , \qquad E_1 = E_2 = E = \frac{1}{\varepsilon_0} |\sigma| \quad . \tag{3.1.2}$$

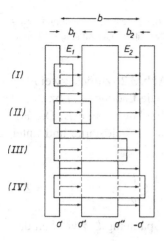

Abb. 3.3. Durch Influenz entstandene Oberflächenladungsdichten σ', σ'' auf einer Metallplatte im Feld eines Plattenkondensators

Experiment 3.2. Trennung influenzierter Ladungen im Feld

Die Influenz entgegengesetzt gleicher Flächenladungen auf einer Metallplatte läßt sich leicht demonstrieren. Eine Anordnung aus zwei parallel zueinander, isoliert aufgestellten Platten wird aufgeladen etwa durch Berührung einer Platte mit dem geriebenen Hartgummistab. Anschließend werden zwei weitere Platten, die an isolierenden Griffen gehalten werden können, in Kontakt miteinander ins Feld der feststehenden Platten gebracht. Werden die Platten im Feld voneinander getrennt, so trägt die eine auch nach Herausnahme aus dem Feld positive, die andere negative Influenzladungen. Die Ladungen der Platten werden mit einem Elektroskop nachgewiesen, das bei Berührung mit der ersten Platte aufgeladen wird und ausschlägt. Bei Berührung mit der zweiten Platte verschwindet der Ausschlag wieder, weil das Elektroskop jetzt zusätzlich Ladung des entgegengesetzten Vorzeichens übernimmt,

$$\sigma' = -\sigma \quad , \qquad \sigma'' = \sigma \quad ,$$

die Gesamtladung der Platten bleibt natürlich null.

3.2 Plattenkondensator. Kapazität

3.2.1 Kapazität

Inhalt: Eine Anordnung zweier großer Metallplatten mit der Fläche a, die in kleinem Abstand b parallel zueinander angeordnet sind, heißt Plattenkondensator. Die Spannung zwischen den Platten ist $U = Eb$. Die positive Ladung Q auf einer Platte ist $Q = CU$. Hier ist $C = \varepsilon_0 a/b$ die Kapazität des Plattenkondensators. Die Einheit der Kapazität ist $1\,\text{Farad} = 1\,\text{F} = 1\,\text{C V}^{-1}$. Die Beziehung $Q = CU$ gilt für den Zusammenhang zwischen Ladung und Spannung, unabhängig von der geometrischen Form der metallischen Leiter. Die Kapazität ist eine Apparatekonstante, sie hängt von der Geometrie der Anordnung ab.

Bezeichnungen: E elektrische Feldstärke, φ elektrostatisches Potential, U Spannung zwischen den Platten, ϱ Ladungsdichte, Q Plattenladung, C Kapazität, a Plattenfläche, b Plattenabstand, ε_0 elektrische Feldkonstante.

Wir kehren jetzt zu der einfachen Anordnung der Abb. 3.2c zurück, zwei Platten der Fläche a im Abstand b (mit $b \ll \sqrt{a}$), die die Ladungen Q bzw. $-Q$ tragen. Zwischen beiden besteht ein homogenes Feld der Stärke E. Die Potentialdifferenz ergibt sich durch Integration über die Feldstärke und unter Benutzung von (3.1.1) zu

$$U = \int_0^b E \, \mathrm{d}s = Eb = \frac{1}{\varepsilon_0} \sigma b = \frac{1}{\varepsilon_0} Q \frac{b}{a} \quad . \qquad (3.2.1)$$

Wir lesen sofort eine direkte Proportionalität der Spannung U zwischen den Platten und ihrer Ladung Q ab:

$$Q = CU \quad . \qquad (3.2.2)$$

Der Proportionalitätsfaktor C heißt *Kapazität*.

Die Einheit der Kapazität heißt (nach M. Faraday)

$$1 \, \text{Farad} = 1 \, \text{F} = 1 \, \text{C} \, \text{V}^{-1} \quad .$$

Die Anordnung aus ebenen Platten, die sich offenbar zur Speicherung von Ladung eignet, heißt *Plattenkondensator*. Ihre Kapazität ist

$$C = \varepsilon_0 \frac{a}{b} \quad . \qquad (3.2.3)$$

Wegen der Linearität der Poisson-Gleichung (2.9.1),

$$\Delta\varphi = -\frac{1}{\varepsilon_0} \varrho \quad ,$$

besteht die Proportionalität $Q = CU$ zwischen Spannung und Ladung für beliebige Anordnungen aus zwei Leitern. Man kann allen solchen Anordnungen eine Kapazität C zuordnen, die nur von ihrer Geometrie abhängt. Größen, die nur von der Anordnung selbst abhängen, bezeichnen wir als *Apparatekonstanten*.

Für die Wirkung einer Kapazität in einer Schaltung ist es im allgemeinen unerheblich, ob sie als Platten-, Kugel-, Zylinderkondensator oder anders ausgebildet ist. Große Kapazitäten erreicht man nach (3.2.3) durch große Oberflächen a und kleine Abstände b. Technisch werden diese Bedingungen z. B. durch Aufwickeln von Schichten aus Aluminiumfolie und Isolatorpapier erfüllt. Kapazitäten werden in Schaltungen durch einen stilisierten Plattenkondensator (Abb. 3.4a) gekennzeichnet.

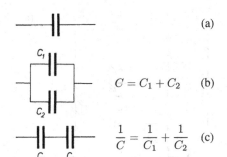

$$C = C_1 + C_2 \quad \text{(b)}$$

$$\frac{1}{C} = \frac{1}{C_1} + \frac{1}{C_2} \quad \text{(c)}$$

Abb. 3.4 a–c. Schaltsymbol eines Kondensators (**a**), Kondensatoren in Parallelschaltung (**b**) und Reihenschaltung (**c**)

3.2.2 Parallel- und Reihenschaltungen von Kondensatoren

Inhalt: Für Parallel- und Reihenschaltung zweier Kondensatoren mit den Kapazitäten C_1, C_2 werden die resultierenden Kapazitäten C berechnet. Für die Parallelschaltung ergibt sich $C = C_1 + C_2$, für die Reihenschaltung $C^{-1} = C_1^{-1} + C_2^{-1}$.

Zusammenschaltungen mehrerer Kondensatoren können durch eine Gesamtkapazität gekennzeichnet werden. Bei einer *Parallelschaltung* (Abb. 3.4b) liegt an beiden Kondensatoren die gleiche Spannung. Dann ist $Q_1 = C_1 U$ und $Q_2 = C_2 U$ und die Gesamtladung der Anordnung $Q = Q_1 + Q_2 = (C_1 + C_2)U$. Der Vergleich mit (3.2.2) liefert

$$C = C_1 + C_2 \quad .$$

Bei *Reihenschaltung* (Abb. 3.4c) addieren sich die Spannungen an den Einzelkondensatoren zur Gesamtspannung

$$U = U_1 + U_2 = \frac{Q_1}{C_1} + \frac{Q_2}{C_2} \quad .$$

Die Ladungen auf den beiden inneren Platten der Anordnung, die ja leitend verbunden sind, sind durch Influenz im Feld der äußeren Platten entstanden und daher dem Betrage nach gleich. Beide Teilkondensatoren und die ganze Schaltung tragen daher die Ladung $Q = Q_1 = Q_2$. Damit gilt für die Spannung

$$U = \frac{C_1 + C_2}{C_1 C_2} Q$$

und für die Gesamtkapazität

$$C = \frac{C_1 C_2}{C_1 + C_2} \quad \text{bzw.} \quad \frac{1}{C} = \frac{1}{C_1} + \frac{1}{C_2} \quad .$$

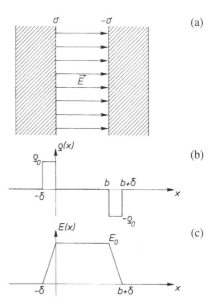

Abb. 3.5 a–c. Die Flächenladungsdichten σ bzw. $-\sigma$ auf den Platten eines Kondensators (a) werden durch konstante Raumladungsdichten ϱ_0 bzw. $-\varrho_0$ in Bereichen der Tiefe δ unter den Plattenoberflächen beschrieben (b). Dadurch ergibt sich ein trapezförmiger Feldverlauf (c)

3.2.3 Kraft zwischen den Kondensatorplatten

Inhalt: Das elektrische Feld **E** zwischen zwei Kondensatorplatten mit den Ladungen $Q, -Q$ bewirkt eine Kraft zwischen beiden Platten. Sie hat den Betrag $F = QE/2$. Prinzip der Kirchhoffschen Potentialwaage und des statischen Voltmeters.

Die Feldstärke in einem Kondensator mit den Plattenladungen $\pm Q = \pm\sigma a$, der Plattenfläche a und dem Plattenabstand b hat nach (3.1.1) den Betrag $E = \sigma/\varepsilon_0$. Es ist nun naheliegend, entsprechend (2.1.1) anzunehmen, daß die Kraft, mit der die (entgegengesetzt aufgeladenen) Kondensatorplatten sich anziehen, einfach den Betrag $F = QE$ hat. Dieser Schluß wäre jedoch falsch. Wir müssen vielmehr berücksichtigen, daß die Flächenladungsdichte auf den Innenseiten der Kondensatorplatten eine Idealisierung ist. Wir stellen sie deshalb als eine Raumladungsdichte über eine dünne Schicht der Breite δ dar und nehmen sie dort der Einfachheit halber als konstant an (vgl. Abb. 3.5),

$$\varrho(x) = \begin{cases} \varrho_0 = \sigma/\delta & , \quad -\delta < x < 0 \\ -\varrho_0 = -\sigma/\delta & , \quad b < x < b+\delta \\ 0 & , \quad \text{sonst} \end{cases} .$$

Die elektrische Feldstärke bestimmen wir aus der Beziehung (2.5.2), die wegen der Translationsinvarianz unserer Anordnung in y- und z-Richtung einfach

$$\text{div}\,\mathbf{E} = \frac{\mathrm{d}E}{\mathrm{d}x} = \frac{1}{\varepsilon_0}\varrho(x)$$

lautet, und erhalten z. B. für den Bereich $-\delta < x < 0$

$$E(x) = \frac{1}{\varepsilon_0} \varrho_0 x + E_0$$

nach Berücksichtigung der Randbedingungen

$$E = \begin{cases} E_0 = \sigma/\varepsilon_0 \ , & x = 0 \\ 0 \ , & x = -\delta \end{cases} .$$

Die Kraft etwa auf die linke Platte erhalten wir nun durch Volumenintegration über das Produkt aus Ladungsdichte und Feldstärke:

$$F = \int_V \varrho E \, \mathrm{d}V = a \int_{-\delta}^0 \varrho_0 \left(\frac{1}{\varepsilon_0} \varrho_0 x + E_0 \right) \mathrm{d}x = -\frac{a}{2\varepsilon_0} \varrho_0^2 \delta^2 + \varrho_0 a \delta E_0$$

$$= -\frac{1}{2} Q E_0 + Q E_0 = \frac{1}{2} Q E_0 \quad .$$

Nennen wir jetzt die Feldstärke zwischen den Platten wieder E statt E_0, so hat die Kraft den Betrag

$$F = \frac{1}{2} Q E \quad . \tag{3.2.4}$$

Die Abschwächung um den Faktor $1/2$ gegenüber der ersten Abschätzung rührt offenbar daher, daß das Feld über den Bereich der Ladungsdichte vom vollen Wert auf null absinkt und so im Mittel nur die halbe Feldstärke wirksam ist.

Mit (3.2.2), (3.2.3) und (3.2.1) läßt sich die Kraft zwischen den Platten in verschiedenen Formen schreiben:

$$F = \frac{1}{2\varepsilon_0} \frac{C^2 U^2}{a} = \frac{\varepsilon_0}{2} a \frac{U^2}{b^2} = \frac{\varepsilon_0}{2} a E^2 \quad . \tag{3.2.5}$$

Wir merken noch an, daß das Ergebnis (3.2.5) völlig unabhängig von der Gestalt der Raumladungsdichte in der Nähe der Plattenoberfläche ist. Man sieht das, wenn man $\varrho = \varepsilon_0 \, \mathrm{d}E/\mathrm{d}x$ in das Integral für die Kraft einsetzt:

$$F = \int_V \varrho E \, \mathrm{d}V = \varepsilon_0 a \int_{-\delta}^0 E(x) \frac{\mathrm{d}E(x)}{\mathrm{d}x} \, \mathrm{d}x = \varepsilon_0 a \int_0^E E' \, \mathrm{d}E' = \frac{\varepsilon_0 a}{2} E^2 \quad .$$

Hält man eine der Platten fest, so kann man die Kraft auf die andere messen, z. B. mit einer Balkenwaage (*Kirchhoffsche Potentialwaage*) oder einer Federwaage (Abb. 3.6a). Aus der Kraft kann mit Hilfe von (3.2.4) bzw. (3.2.5) unmittelbar die Ladung bzw. Spannung am Kondensator berechnet werden. Nach dem Prinzip der Abb. 3.6b arbeiten *statische Voltmeter*: Durch Anlegen einer Spannung U werden die Kondensatorplatten aufgeladen. Die Kraft führt zu einer Annäherung der Platten, die jedoch durch Drehung der Mikrometerschraube rückgängig gemacht wird, so daß der Plattenabstand b und damit die Kapazität C des Kondensators unverändert bleibt. Die Federverlängerung und damit die Kraft wird an der Mikrometerschraube abgelesen.

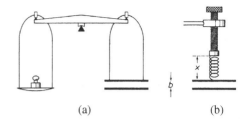

Abb. 3.6 a,b. Prinzip der Kirchhoffschen Potentialwaage (a) und des statischen Voltmeters (b)

(a)   (b)

3.2.4 Energiespeicherung im Plattenkondensator

Inhalt: Die elektrostatische Energie W, die in einem Plattenkondensator der Kapazität C bei der Spannung $U = Eb$ gespeichert ist, ist durch die Kraft $F = QE/2$ zwischen den Platten der Fläche a und mit dem Plattenabstand b als $W = Fb = \varepsilon_0 ab\mathbf{E}^2/2$ gegeben. Die räumliche Energiedichte im elektrischen Feld $\mathbf{E}$ ergibt sich zu $w = \varepsilon_0 \mathbf{E}^2/2$.

Bewegen sich die Platten eines aufgeladenen Kondensators, so bleibt nach (3.2.4) die Kraft zwischen ihnen konstant, weil sich die Ladung nicht ändern kann. Haben die Platten ursprünglich den Abstand b und läßt man eine Bewegung bis zur vollständigen Berührung der Platten zu, so kann man während dieser Bewegung dem Kondensator die mechanische Arbeit $W = Fb$ entnehmen, die offenbar als *elektrostatische Energie* im Kondensator gespeichert war. Mit (3.2.5) und (3.2.3) läßt sie sich in den Formen

$$W = Fb = \frac{1}{2}CU^2 = \frac{1}{2}\varepsilon_0 ab\mathbf{E}^2$$

schreiben. Sie ist offenbar dem felderfüllten Volumen $V = ab$ des Kondensators proportional. Es ist daher sinnvoll, das Feld selbst als Sitz der elektrostatischen Energie anzusehen und die Größe

$$w = \frac{W}{V} = \frac{1}{2}\varepsilon_0 \mathbf{E}^2 \tag{3.2.6}$$

als *Energiedichte* des Feldes zu betrachten. Wir werden im Abschn. 4.4.1 feststellen, daß der Ausdruck (3.2.6) nicht nur im Plattenkondensator, sondern für beliebige Ladungsverteilungen im Vakuum gilt.

3.3 Influenz einer Punktladung auf eine große, ebene Metallplatte. Spiegelladung

Inhalt: Wegen der freien Beweglichkeit der Elektronen im Metall influenziert eine Punktladung Q im Abstand b vor einer großen Metallplatte auf der Platte eine elektrische Ladung der Flächenladungsdichte σ. Das Feld vor der Platte kann als Überlagerung des Punktladungsfeldes der Ladung Q am Ort b vor der Platte und des Punktladungsfeldes der Spiegelladung $-Q$

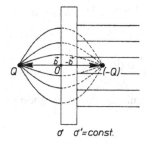

Abb. 3.7. Feldlinien einer Punktladung Q, die sich im Abstand b von einer Metallplatte befindet. Jenseits der Platte ist das Feld homogen. Die Feldlinien der durch (3.3.1) beschriebenen fiktiven Spiegelladung $-Q$ sind gestrichelt

an dem an der Metalloberfläche gespiegelten Ort der ursprünglichen Ladung dargestellt werden. Die auf der Metalloberfläche influenzierte Ladung ist $-Q$, ihre Flächenladungsdichte beträgt $\sigma = -2Qb/[4\pi(r^2 + b^2)^{3/2}]$.

Bezeichnungen: E elektrische Feldstärke, φ elektrostatisches Potential, Ψ elektrischer Fluß, Q Ladung, b Abstand der Ladung von der Metallplatte, σ Flächenladungsdichte, ε_0 elektrische Feldkonstante.

Wir betrachten eine Punktladung Q im Abstand b von einer weit ausgedehnten, ebenen Metallplatte (Abb. 3.7). Wieder ist die Oberfläche der Metallplatte eine Äquipotentialfläche. Ein Potential, das in der Metalloberfläche konstant ist und am Ort der Punktladung eine $(1/r)$-Singularität hat, ist

$$\varphi(\mathbf{r}) = \frac{1}{4\pi\varepsilon_0}\frac{Q}{|\mathbf{r} - \mathbf{b}|} + \frac{1}{4\pi\varepsilon_0}\frac{-Q}{|\mathbf{r} + \mathbf{b}|} + \text{const} \quad, \qquad (3.3.1)$$

wobei $\mathbf{b}$ senkrecht zur Oberfläche der Metallplatte ist. Es ist das Potential zweier Punktladungen, der ursprünglichen Ladung Q und einer entgegengesetzten Ladung $-Q$, die sich scheinbar am Ort $-b$ des Spiegelbildes von Q bezüglich der Metalloberfläche befindet. Diese Ladung $-Q$ heißt *Spiegelladung*. Physikalisch liegt dieses Potential natürlich nur auf derjenigen Seite der Metallplatte vor, auf der sich die ursprüngliche Punktladung Q befindet. Das oben angegebene Potential ist als Lösung der Poisson-Gleichung

$$\Delta\varphi(\mathbf{r}) = -\frac{1}{\varepsilon_0}Q\delta^3(\mathbf{r} - \mathbf{b})$$

mit der Randbedingung konstanten Potentials auf der Metalloberfläche

$$\varphi(\mathbf{r}) = \text{const} \quad \text{für alle } \mathbf{r} \text{ mit } \mathbf{r} \cdot \mathbf{b} = 0 \quad, \qquad \varphi(\mathbf{r}) \xrightarrow[r\to\infty]{} 0 \quad,$$

eindeutig – vgl. Abschn. 2.9 und B.17.

Die Dichte der influenzierten Flächenladung berechnet man wieder durch Bildung eines Flußintegrals über ein geschlossenes Flächenstück. Wir wählen die Oberfläche eines flachen Zylinders, dessen eine Grundfläche a im Metall und dessen andere dicht vor der Metalloberfläche liegt. Die Mantelfläche trägt dann wegen ihrer (beliebig klein wählbaren) Größe nichts bei. Da das Feld im Metall wieder verschwindet, gilt

$$\Psi = \varepsilon_0 \oint \mathbf{E} \cdot d\mathbf{a} = \varepsilon_0 \int_a (\mathbf{E} \cdot \hat{\mathbf{n}})\, da = \int_a \sigma\, da \quad .$$

Da diese Aussage für beliebige Flächen a richtig ist, müssen die Integranden gleich sein. Es gilt, vgl. auch (3.1.1),

$$\sigma = \varepsilon_0 \mathbf{E}_a \cdot \hat{\mathbf{n}}$$

für Punkte auf der Metalloberfläche. Mit

$$\mathbf{E} = -\boldsymbol{\nabla}\varphi = \frac{Q}{4\pi\varepsilon_0} \left(\frac{\mathbf{r} - \mathbf{b}}{|\mathbf{r} - \mathbf{b}|^3} - \frac{\mathbf{r} + \mathbf{b}}{|\mathbf{r} + \mathbf{b}|^3} \right)$$

erhalten wir für die Punkte der Metalloberfläche ($\mathbf{b} \cdot \mathbf{r} = 0$, d. h. $(\mathbf{r} - \mathbf{b})^2 = (\mathbf{r} + \mathbf{b})^2$)

$$\mathbf{E}_a = \frac{Q}{4\pi\varepsilon_0} \frac{(\mathbf{r} - \mathbf{b}) - \mathbf{r} - \mathbf{b}}{(\mathbf{r}^2 + \mathbf{b}^2)^{3/2}} = \frac{Q}{4\pi\varepsilon_0} \frac{-2\mathbf{b}}{(\mathbf{r}^2 + \mathbf{b}^2)^{3/2}} \quad .$$

Die auf der Metalloberfläche influenzierte Ladungsdichte ist nun

$$\sigma = -\frac{2Q}{4\pi} \frac{b}{(\mathbf{r}^2 + \mathbf{b}^2)^{3/2}} \quad . \tag{3.3.2}$$

Sie ist proportional zum Dipolmoment $2bQ$ von Ladung und Spiegelladung und hat im Symmetriepunkt bei $r = 0$ ein Maximum. Die dieser negativen Influenzladung entsprechende positive Ladung sammelt sich auf der gegenüberliegenden Metalloberfläche. Da jedoch im Metall kein elektrostatisches Feld besteht, ordnen sich die Ladungen nur unter ihrem gegenseitigen Einfluß an. Es bildet sich eine homogene Flächenladungsdichte aus. Das steht im Einklang mit der Lösung der Laplace-Gleichung

$$\Delta\varphi = 0$$

im Raum vor der anderen Metalloberfläche mit der Randbedingung

$$\varphi(\mathbf{r}) = \text{const}$$

auf dieser Oberfläche. Das Feld in diesem Halbraum ist homogen. Für tatsächlich unendliche Ausdehnung der Platten ist die homogene Flächenladungsdichte natürlich null. Damit ist auch die Feldstärke in diesem Halbraum null.

3.4 Influenz eines homogenen Feldes auf eine Metallkugel. Induziertes Dipolmoment

Inhalt: Bringt man eine Metallkugel vom Radius R in ein homogenes elektrisches Feld der Feldstärke $\mathbf{E}_0$, werden auf ihrer Oberfläche Ladungen influenziert, so daß sie eine Äquipotentialfläche bleibt. Die dadurch verursachte Änderung des elektrostatischen Potentials $\varphi_0 = -\mathbf{E}_0 \cdot \mathbf{r}$ läßt sich durch die Addition eines Dipolpotentials $\varphi_{\mathrm{d}} = (\mathbf{d} \cdot \mathbf{r})/(4\pi\varepsilon_0 r^3)$ im Bereich $r > R$ beschreiben. Das Dipolmoment besitzt die Richtung von $\mathbf{E}_0$ und ist durch den Radius der Kugel und die Feldstärke $\mathbf{E}_0$ bestimmt, $\mathbf{d} = 4\pi\varepsilon_0 R^3 \mathbf{E}_0$. Die auf der Oberfläche influenzierte Flächenladungsdichte ist $\sigma = 3\varepsilon_0 E_0 \cos\vartheta$, der Winkel ϑ ist der Polarwinkel des Radiusvektors $R\mathbf{e}_r(\vartheta, \phi)$ der Kugeloberfläche gegen die Feldrichtung $\mathbf{E}_0$, $\cos\vartheta = \mathbf{e}_r \cdot \hat{\mathbf{E}}_0$.

Bezeichnungen: $\mathbf{E}_0$ Feldstärke des homogenen Feldes, R Radius der Metallkugel, φ_0 Potential des homogenen elektrischen Feldes, φ_{d} Potential der auf der Metallkugel influenzierten Oberflächenladungsdichte, $\mathbf{d}$ Dipolmoment des induzierten Dipolfeldes, ϑ Polarwinkel bezüglich der Feldrichtung $\mathbf{E}_0$, σ Flächenladungsdichte, ε_0 elektrische Feldkonstante.

In ein homogenes elektrisches Feld der Stärke $\mathbf{E}_0$ mit dem Potential

$$\varphi_0 = -\mathbf{E}_0 \cdot \mathbf{r} \quad , \tag{3.4.1}$$

dessen Nullpunkt sich am Ort $\mathbf{r} = 0$ befindet, bringen wir eine ungeladene Metallkugel vom Radius R, deren Mittelpunkt mit dem Ursprung $\mathbf{r} = 0$ zusammenfällt. Durch das Feld werden auf der Kugeloberfläche Ladungen influenziert, so daß sie eine Äquipotentialfläche des resultierenden Feldes wird. Wir erwarten eine Ansammlung von negativen Ladungen auf der Halbkugel, die in Richtung steigenden Potentials liegt, während auf der anderen Halbkugel eine positive Überschußladung verbleibt. Insgesamt bleibt die Kugel natürlich elektrisch neutral. Die Wirkung der beiden räumlich getrennten Influenzladungen verschiedenen Vorzeichens läßt sich durch ein Dipolfeld mit dem Potential

$$\varphi_{\mathrm{d}} = \frac{1}{4\pi\varepsilon_0} \frac{\mathbf{d} \cdot \mathbf{r}}{r^3} = \frac{1}{4\pi\varepsilon_0} \frac{d}{r^2} \cos\vartheta \tag{3.4.2}$$

erfassen. Das Dipolmoment $\mathbf{d}$ ist dabei in Richtung des Feldes $\mathbf{E}_0$ orientiert, ϑ ist der Winkel zwischen dem Ortsvektor und dem Dipolmoment. Zusammen mit dem Potential des homogenen Feldes beschreibt es bei geeigneter Wahl des Dipolmomentes in der Tat das Feld außerhalb der Metallkugel exakt. Das in Abb. 3.8 dargestellte Gesamtpotential

$$\varphi_0 + \varphi_{\mathrm{d}} = -\mathbf{E}_0 \cdot \mathbf{r} + \frac{1}{4\pi\varepsilon_0} \frac{\mathbf{d} \cdot \mathbf{r}}{r^3} = -E_0 r \cos\vartheta + \frac{1}{4\pi\varepsilon_0} \frac{d}{r^2} \cos\vartheta \tag{3.4.3}$$

hat nämlich eine kugelförmige Äquipotentialfläche mit dem Radius R, wenn man

$$\mathbf{d} = 4\pi R^3 \varepsilon_0 \mathbf{E}_0 \tag{3.4.4}$$

setzt. Man findet als Potential der Kugelfläche

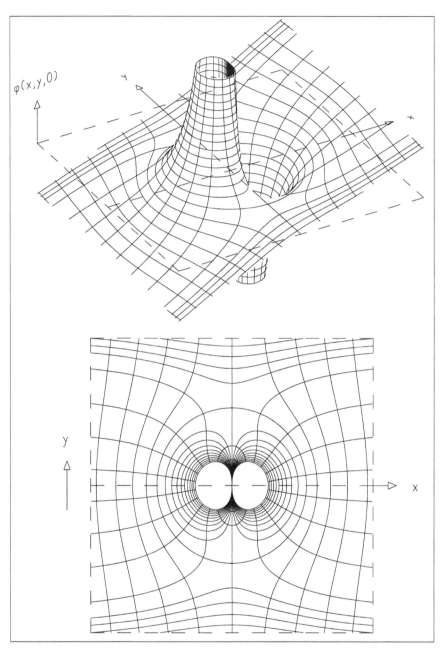

Abb. 3.8. Influenz eines homogenen Feldes auf eine Metallkugel mit dem Radius R: Das resultierende Potential φ ist außerhalb der Kugel eine Überlagerung des Potentials φ_0 des homogenen Feldes, das in negative x-Richtung zeigt, und des Potentials φ_d eines induzierten Dipols im Kugelmittelpunkt. Das Potential $\varphi_0 + \varphi_d$ ist als Fläche über der (x, y)-Ebene, die den Kugelmittelpunkt enthält, dargestellt (*oben*). Elektrische Feldlinien in der (x, y)-Ebene und Äquipotentiallinien (*unten*): Man erkennt deutlich die kreisförmige Äquipotentiallinie um den Ursprung, die den Radius R besitzt

$$\varphi_0(R) + \varphi_\mathbf{d}(R) = 0 \quad ,$$

den Wert des Potentials des ursprünglichen homogenen Feldes am Ort des Kugelmittelpunktes. Das elektrische Feld außerhalb der Kugel wird vollständig durch das Potential (3.4.3) beschrieben, das Potential innerhalb der Kugel ist konstant (Abb. 3.9),

$$\varphi(\mathbf{r}) = \begin{cases} -\mathbf{E}_0 \cdot \mathbf{r} \left(1 - \frac{R^3}{r^3}\right) & \text{für} \quad r \geq R \\ 0 & \text{für} \quad r < R \end{cases} \quad . \qquad (3.4.5)$$

Dieser Potentialverlauf ist eine eindeutige Lösung des Problems einer kugelförmigen Äquipotentialfläche und eines linearen Potentials im Unendlichen, da – wie schon mehrmals bemerkt – die Laplace-Gleichung eindeutige Lösungen bei vorgegebenen Randbedingungen hat. Die Ladungsdichte auf der Metallkugel ist wie im vorigen Abschnitt durch

$$\sigma = \varepsilon_0 \mathbf{E} \cdot \hat{\mathbf{n}}$$

gegeben. Da das elektrische Feld auf der Metalloberfläche senkrecht steht, also nur eine Radialkomponente hat, gilt

$$\mathbf{E} \cdot \hat{\mathbf{n}} = \mathbf{E} \cdot \hat{\mathbf{r}} = -\frac{\partial(\varphi_0 + \varphi_\mathbf{d})}{\partial r}(R) = 3E_0 \cos\vartheta$$

und somit

$$\sigma = 3\varepsilon_0 E_0 \cos\vartheta \quad . \qquad (3.4.6)$$

Die auf der positiv geladenen Halbkugel influenzierte Gesamtladung erhält man durch Integration über diese Halbkugel,

$$Q_+ = \int \sigma \, \mathrm{d}a = \int_0^{2\pi} \int_0^1 3\varepsilon_0 E_0 \cos\vartheta \, R^2 \, \mathrm{d}\cos\vartheta \, \mathrm{d}\varphi = 3\pi\varepsilon_0 E_0 R^2 \quad . \quad (3.4.7)$$

Die Ladung auf der anderen Halbkugel ist

$$Q_- = -Q_+ \quad .$$

Das Dipolmoment der Kugel können wir uns durch Anordnung der Ladungen Q_+ bzw. Q_- an den Punkten

$$\mathbf{r}_+ = \frac{\mathbf{b}}{2} = \frac{2}{3}R\hat{\mathbf{d}} \quad \text{und} \quad \mathbf{r}_- = -\mathbf{r}_+$$

erzeugt denken, da dann $\mathbf{d} = Q_+\mathbf{b}$ ist.

Zusammenfassend können wir feststellen, daß ein homogenes elektrisches Feld durch Influenz auf einer Metallkugel ein Dipolmoment induziert, das in Richtung des Feldes zeigt und dem Betrag der Feldstärke proportional ist. Wir werden dieses Ergebnis als Modell für die Beschreibung der dielektrischen Eigenschaften der Materie heranziehen und zeigen, daß in jedem Atom oder Molekül eines Nichtleiters ein Dipolmoment induziert wird, das dem angelegten äußeren Feld proportional ist (Abschn. 4.7.1).

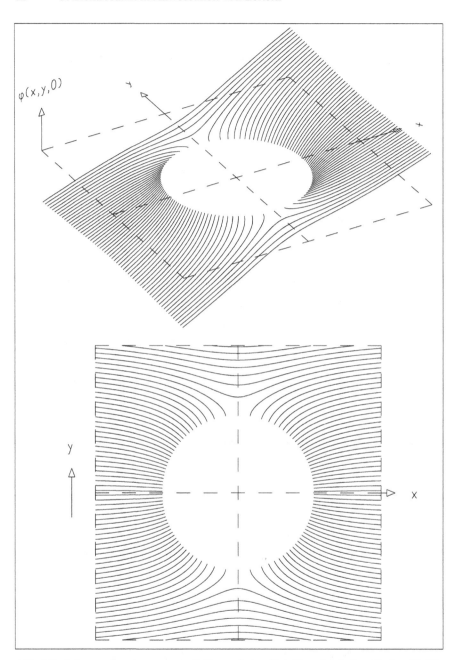

Abb. 3.9. Influenz eines homogenen Feldes auf eine Metallkugel mit dem Radius R: Die Fallinien des resultierenden Potentials $\varphi_0 + \varphi_d$ sind im Bereich $r > R$ außerhalb der Kugel über der (x, y)-Ebene dargestellt (*oben*). Feldlinien des resultierenden elektrischen Feldes in der (x, y)-Ebene (*unten*)

3.5 Flächenladungen als Ursache für Unstetigkeiten der Feldstärke

Inhalt: Wir betrachten ein Flächenstück a mit der Normalen $\hat{n}$, das eine Flächenladungsdichte σ trägt. Auf den beiden Seiten des Flächenstückes a herrschen die elektrischen Feldstärken E_1 bzw. E_2. Die Normalkomponenten $E_1 \cdot \hat{n}$ bzw. $E_2 \cdot \hat{n}$ der Feldstärken auf den beiden Seiten der Fläche a unterscheiden sich um σ/ε_0, d. h. $(E_1 - E_2) \cdot \hat{n} = \sigma/\varepsilon_0$. Die Tangentialkomponenten zu beiden Seiten von a sind gleich.
Bezeichnungen: E_1, E_2 elektrische Feldstärken zu beiden Seiten des Flächenstückes a; σ Flächenladungsdichte auf a, Q Ladung, $\hat{n}$ Normale auf a, $E_\perp = (E \cdot \hat{n})\hat{n}$ Normalkomponente von E, $E_\parallel$ Tangentialkomponente von E, $E_\parallel = E - E_\perp$, ε_0 elektrische Feldkonstante.

Bei der Untersuchung der Influenzerscheinungen stellten wir fest, daß auf Metalloberflächen elektrische Flächenladungsdichten influenziert werden. Im Zusammenhang damit trat ein Sprung der Normalkomponenten der elektrischen Feldstärke an der Oberfläche auf: Innerhalb des Metalls war das Feld null, außerhalb des Metalls stand es senkrecht auf der Oberfläche und hatte einen endlichen Wert. Diese Beobachtung läßt sich auf beliebige Flächenladungen σ verallgemeinern.

Schließt man ein beliebiges Stück einer mit σ belegten Fläche durch einen beliebigen flachen Zylinder (Abb. 3.10a) ein, so daß seine Grundflächen mit den Normalen $\hat{n}$ bzw. $-\hat{n}$ sich auf entgegengesetzten Seiten der Fläche befinden, so ist der Fluß durch die Zylinderoberfläche durch die Ladung Q im Zylinderinnern gegeben,

$$\frac{1}{\varepsilon_0}Q = \frac{1}{\varepsilon_0}\int \sigma \, \mathrm{d}a = \frac{1}{\varepsilon_0}\Psi = \oint E \cdot \mathrm{d}a = \int (E_1 - E_2) \cdot \hat{n} \, \mathrm{d}a \quad . \quad (3.5.1)$$

Die Feldstärken E_1, E_2 herrschen an den Grundflächen des Zylinders, im Grenzfall eines beliebig flachen Zylinders also direkt auf den beiden Seiten der Fläche. In diesem Grenzfall trägt auch das Integral über die Mantelfläche

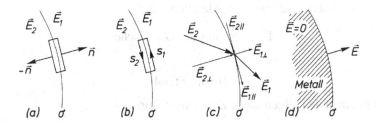

Abb. 3.10 a–d. Auf einer im Schnitt gezeigten Fläche befindet sich die Flächenladungsdichte σ. Durch Integration der Feldstärke über die Oberfläche eines flachen Zylinders (**a**) und über einen geschlossenen Weg (**b**) ergibt sich eine Unstetigkeit der Normalkomponente der Feldstärke beim Durchgang durch die geladene Fläche, während die Tangentialkomponente stetig bleibt (**c**). Damit steht das elektrische Feld auf einer Metallfläche stets senkrecht (**d**)

nichts bei. Da die Zylindergrundflächen beliebig wählbar sind, können wir die Integranden in (3.5.1) identifizieren,

$$(\mathbf{E}_1 - \mathbf{E}_2) \cdot \hat{\mathbf{n}} = \frac{1}{\varepsilon_0}\sigma \quad .$$

Die Normalkomponente der elektrostatischen Feldstärke macht beim Durchgang durch eine Flächenladung einen Sprung der Größe σ/ε_0.

Wir zeigen noch kurz, daß die Tangentialkomponente stetig bleibt. Dazu zerlegen wir zunächst die Feldstärke in Anteile $\mathbf{E}_\perp$, $\mathbf{E}_\parallel$ senkrecht und parallel zu der mit Ladung belegten Fläche,

$$\mathbf{E} = \mathbf{E}_\perp + \mathbf{E}_\parallel$$

mit

$$\mathbf{E}_\perp = (\mathbf{E} \cdot \hat{\mathbf{n}})\hat{\mathbf{n}} \quad .$$

Betrachten wir nun ein Linienintegral über einen geschlossenen Umlauf, der die Fläche durchstößt und sich auf beiden Seiten an sie anschmiegt (Abb. 3.10b),

$$0 = \oint \mathbf{E} \cdot \mathrm{d}\mathbf{s} = \oint (\mathbf{E}_\perp + \mathbf{E}_\parallel) \cdot \mathrm{d}\mathbf{s} = \oint \mathbf{E}_\parallel \cdot \mathrm{d}\mathbf{s} \quad ,$$

so trägt nur die Parallelkomponente zum Integral bei, da $\mathbf{E}_\perp \cdot \mathrm{d}\mathbf{s}$ zu beiden Seiten der Fläche verschwindet und die Beiträge der Durchstoßstücke beliebig klein gemacht werden können. Dann gilt

$$0 = \oint \mathbf{E}_\parallel \cdot \mathrm{d}\mathbf{s} = \int_{s_1} (\mathbf{E}_{1\parallel} - \mathbf{E}_{2\parallel}) \cdot \mathrm{d}\mathbf{s} \quad ,$$

wobei $\mathbf{E}_{1\parallel}$ und $\mathbf{E}_{2\parallel}$ die Projektionen der Feldstärken $\mathbf{E}_1$ und $\mathbf{E}_2$ auf die Fläche sind. Da wieder der Umlauf beliebig gewählt werden kann, gilt schließlich

$$\mathbf{E}_{1\parallel} = \mathbf{E}_{2\parallel} \quad , \qquad \text{d. h.} \quad (\mathbf{E}_1 - \mathbf{E}_2) \times \hat{\mathbf{n}} = 0 \quad .$$

Speziell für Flächenladungen auf Metallen gilt

$$\mathbf{E}_\parallel = 0 \quad \text{auf der Oberfläche}$$

und

$$\mathbf{E} = 0 \quad \text{im Metall} \quad .$$

Damit hat man den allgemeinen Zusammenhang

$$\sigma = \varepsilon_0 \mathbf{E} \cdot \hat{\mathbf{n}}$$

zwischen der Flächenladungsdichte und der Feldstärke auf dem Metall. Die elektrische Feldstärke $\mathbf{E}$ steht auf der Metalloberfläche senkrecht. Das Vorzeichen von σ gibt an, ob $\mathbf{E}$ parallel oder antiparallel zu $\hat{\mathbf{n}}$ steht. Die manchmal anzutreffende Formulierung $\sigma = \varepsilon_0 |\mathbf{E}|$ ist daher irreführend.

3.6 Anwendungen homogener elektrischer Felder

In der Form des Plattenkondensators haben wir ein einfaches Gerät zur Erzeugung eines homogenen elektrischen Feldes kennengelernt. Ein solches Feld der Stärke $E = U/b$ entsteht, sobald man eine Spannungsquelle der Spannung U mit den Platten eines Kondensators verbindet, die den Abstand b haben. Es hat viele Anwendungen in Experiment und Technik.

3.6.1 Messung der Elementarladung im Millikan-Versuch

Inhalt: Ein geladenes Öltröpfchen der Massendichte ϱ sinke in Luft unter dem Einfluß der Erdbeschleunigung g und eines entgegengesetzt gerichteten elektrischen Feldes E zwischen zwei horizontalen Kondensatorplatten mit dem Abstand b nach unten. Aus der Messung der Sinkgeschwindigkeit und der Spannung zwischen den Platten $U = Eb$ läßt sich die Ladung q des Öltröpfchens bestimmen. Im Millikan-Versuch wird diese Methode zur Bestimmung der Elementarladung benutzt. Die Elementarladung beträgt $e \approx 1{,}602 \cdot 10^{-19}$ C.
Bezeichnungen: ϱ Massendichte, m Masse, r Radius, q Ladung des Öltröpfchens; g Erdbeschleunigung; E elektrisches Feld, $U = Eb$ Spannung zwischen den Kondensatorplatten; b Plattenabstand, $R = 6\pi\eta r$ Reibungskoeffizient, η Viskosität der Luft, v Sinkgeschwindigkeit, e Elementarladung, V Volumen, ϱ Ladungsdichte, **F** Kraft.

In das homogene Feld zwischen den horizontalen Platten eines Kondensators bringt man mit einem Zerstäuber feine Öltröpfchen, von denen sich etliche während des Zerstäubungsvorgangs aufladen. Trägt ein Tröpfchen die Ladung q und die Masse m, so wirken auf es die Schwerkraft $\mathbf{F}_\mathrm{g} = m\mathbf{g}$ und die elektrostatische Kraft $\mathbf{F}_\mathrm{e} = q\mathbf{E}$. Bei geeignetem Vorzeichen der Ladung wirken beide in entgegengesetzte Richtungen. Durch Wahl der Spannung U kann die Feldstärke so eingerichtet werden, daß beide Kräfte dem Betrag nach gleich groß sind und sich zu null addieren, so daß das Tröpfchen schwebt. Dann gilt

$$mg = qE = q\frac{U}{b} \quad . \tag{3.6.1}$$

Die Ladung des Tröpfchens

$$q = \frac{mgb}{U}$$

kann direkt aus der Tröpfchenmasse m, der Erdbeschleunigung g, der Spannung U und dem Plattenabstand b bestimmt werden. Nun sind jedoch die Tröpfchen so klein, daß sich ihr Radius r, der durch

$$m = V\varrho = \frac{4\pi}{3}r^3\varrho \tag{3.6.2}$$

(ϱ: Massendichte des Öls) gegeben ist, wegen der Beugungserscheinungen im Beobachtungsmikroskop nicht mehr direkt bestimmen läßt. Man beobachtet

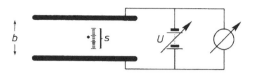

Abb. 3.11. Schema des Millikan-Versuchs

stattdessen die Sinkgeschwindigkeit des Tröpfchens, die sich bei abgeschalteter Spannung unter dem Einfluß der Schwerkraft und der Luftreibung einstellt. Diese Geschwindigkeit ist (nach einer kurzen Anlaufstrecke) konstant und proportional zur Tröpfchenmasse,

$$v = \frac{mg}{R} \quad . \tag{3.6.3}$$

Für kugelförmige Tröpfchen ist der Reibungskoeffizient R nach dem *Stokesschen Gesetz*

$$R = 6\pi\eta r \quad . \tag{3.6.4}$$

Die Konstante η ist die Zähigkeit (oder Viskosität) der Luft. Mit (3.6.4) und (3.6.2) kann man (3.6.3) nach r auflösen,

$$r = \sqrt{\frac{9\eta v}{2\varrho g}} \quad ,$$

und das Ergebnis in (3.6.2) und schließlich in (3.6.1) einsetzen, so daß man

$$q = \frac{6\pi b\eta v}{U}\sqrt{\frac{9\eta v}{2\varrho g}}$$

erhält.

Experiment 3.3. Millikan-Versuch

Zwischen zwei horizontalen Platten wird eine regelbare Spannung angelegt, so daß ein im Mikroskop beobachtetes Tröpfchen schwebt. Die Spannung U wird abgelesen und abgeschaltet. Darauf wird die Sinkgeschwindigkeit $v = s/t$ abgelesen (s ist eine im Mikroskopokular abgelesene Fallstrecke, t die Fallzeit), Abb. 3.11. Die Messung kann wiederholt werden, indem man die Spannung erneut anlegt und zuerst leicht erhöht, so daß das Tröpfchen wieder angehoben wird. Mit

$$
\begin{aligned}
s &= 1{,}05\,\text{mm} = 1{,}05 \cdot 10^{-3}\,\text{m}, \\
t &= 29{,}1\,\text{s}, \\
v &= s/t \approx 3{,}6 \cdot 10^{-5}\,\text{m}\,\text{s}^{-1}, \\
b &= 6\,\text{mm} = 6 \cdot 10^{-3}\,\text{m}, \\
U &= 275\,\text{V}, \\
\varrho &= 875{,}3\,\text{kg}\,\text{m}^{-3}, \\
\eta &= 1{,}81 \cdot 10^{-5}\,\text{N}\,\text{s}\,\text{m}^{-2}, \\
g &= 9{,}81\,\text{m}\,\text{s}^{-2}
\end{aligned}
$$

erhalten wir als Ladung des Tröpfchens:

$$q \approx 1{,}57 \cdot 10^{-19}\,\mathrm{C} \quad .$$

Erstaunlich ist nun, daß bei der Messung vieler verschiedener Tröpfchen nur Ladungswerte auftreten, die diesem Wert sehr ähnlich oder ganzzahlige Vielfache davon sind (abgesehen von durch die Meßungenauigkeit bedingten Schwankungen (Abb. 3.12)).

Abb. 3.12. Graphische Darstellung der Ladungsmessung an 58 verschiedenen Tröpfchen. Abgesehen von einer durch Meßungenauigkeiten bedingten Streuung treten nur die Ladungen $q = e, 2e, 3e, \ldots$ auf

Das Ergebnis des Experiments ist die ursprünglich völlig unvermutete Tatsache, daß es eine kleinste elektrische Ladung, die *Elementarladung* gibt. Sie hat nach genauesten Messungen den Wert

$$e = (1{,}602\,176\,53 \pm 0{,}000\,000\,14) \cdot 10^{-19}\,\mathrm{C} \approx 1{,}602 \cdot 10^{-19}\,\mathrm{C} \quad . \quad (3.6.5)$$

Alle bisher beobachteten Ladungen haben diesen Wert oder sind ganzzahlige (positive oder negative) Vielfache davon. Man spricht auch von der Existenz eines kleinsten *Ladungsquantums* oder der *Quantelung* der Ladung.

3.6.2 Beschleunigung von geladenen Teilchen

Inhalt: Die kinetische Energie eines Teilchens der Ladung q, das die Strecke zwischen den Punkten r_1, r_2 mit den Potentialen φ_1, φ_2 durchlaufen hat, wird um den Betrag $\Delta E_{\mathrm{kin}} = -qU$ geändert. Dabei ist $U = \varphi_1 - \varphi_2$ die Spannung zwischen den beiden Punkten. Die Funktion einer Elektronenquelle kann man folgendermaßen beschreiben: Aus einer beheizten Elektrode treten Elektronen aus, die durch eine Anodenspannung U beschleunigt werden und durch eine Öffnung in der Anode in den feldfreien Außenraum austreten. Die kinetische Energie, die ein Elektron beim Durchlaufen der Spannung von 1 V gewinnt, heißt 1 Elektronenvolt $= 1{,}602 \cdot 10^{-19}\,\mathrm{W\,s}$.

Längs eines Weges, zwischen dessen Enden die Potentialdifferenz $U = \varphi_1 - \varphi_2$ herrscht, z. B. zwischen den Platten eines Kondensators, ändert sich die potentielle Energie einer Ladung q entsprechend (2.7.2) um

$$\Delta E_{\mathrm{pot}} = -q(\varphi_1 - \varphi_2) = -qU \quad .$$

Damit die gesamte Teilchenenergie konstant bleibt, ändert sich die kinetische Energie um

$$\Delta E_{\mathrm{kin}} = -\Delta E_{\mathrm{pot}} = qU \quad .$$

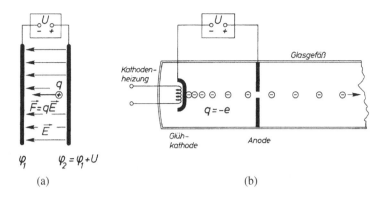

Abb. 3.13. Beschleunigung einer Ladung im elektrischen Feld **(a)**. Elektronenquelle **(b)**

Dieses Prinzip (Abb. 3.13a) wird zur Beschleunigung geladener Teilchen benutzt, insbesondere von *Elektronen*, die die negative Elementarladung $q = -e$ tragen. Abbildung 3.13b zeigt das Schema einer Elektronenquelle oder „*Elektronenkanone*". Aus einer elektrisch beheizten *Kathode*, der Glühkathode, können Elektronen mit sehr geringer Energie austreten (vgl. Abschn. 7.1.3). An der der Kathode gegenüberstehenden, zweiten Platte, der *Anode*, wird ein gegenüber der Kathode positives Potential angelegt; die Elektronen werden zur Anode hin beschleunigt. Einige treten durch eine Öffnung in der Anode in den feldfreien Außenraum. Die Anordnung befindet sich in einem evakuierten Glasgefäß. Die Elektronen besitzen nach der Beschleunigung im Feld die Energie

$$E_{\text{kin}} = qU \quad .$$

Die Energie, die ein Elektron beim Durchlaufen der Potentialdifferenz 1 Volt aufnimmt, heißt 1 *Elektronenvolt* (1 eV). Mit (3.6.5) ist

$$1\,\text{eV} = 1{,}602 \cdot 10^{-19}\,\text{C} \cdot 1\,\text{V} = 1{,}602 \cdot 10^{-19}\,\text{W}\,\text{s} \quad . \tag{3.6.7}$$

Die Einheit 1 eV (bzw. 1 keV, 1 MeV und 1 GeV) wird in Atom-, Kern- und Elementarteilchenphysik häufig benutzt.

3.6.3 Ablenkung geladener Teilchen. Elektronenstrahloszillograph

Inhalt: Ein Teilchen, das sich mit einer Anfangsgeschwindigkeit **v** in einem elektrischen Feld **E** zwischen den Platten eines Kondensators bewegt, durchläuft eine Parabelbahn. Die anfängliche Teilchengeschwindigkeit stehe senkrecht auf der Feldrichtung. Der Winkel α, um den die ursprüngliche Richtung **v** im Feld geändert wird, ist proportional zur Spannung U. Dieser Ablenkmechanismus wird für die Ablenkung eines aus einer Elektronenquelle austretenden Elektronenstrahls im Elektronenstrahloszillographen genutzt.

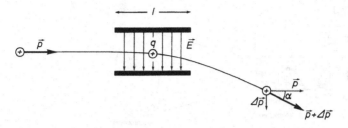

Abb. 3.14. Ablenkung eines geladenen Teilchens beim senkrechten Durchtritt durch das Feld eines Plattenkondensators

Fliegt ein geladenes Teilchen (Masse m, Ladung q, Impuls $\mathbf{p}$, d. h. Geschwindigkeit $\mathbf{v} = \mathbf{p}/m$, kinetische Energie $E_{\text{kin}} = \mathbf{p}^2/(2m)$) senkrecht zur Feldrichtung auf das Feld $\mathbf{E}$ eines Plattenkondensators zu, so bewegt es sich außerhalb des Feldes geradlinig, weil kräftefrei. Im Feld hat die Bahn Parabelform, weil die Kraft

$$\mathbf{F} = q\mathbf{E}$$

konstant ist und somit völlige Analogie zur Bahn eines Massenpunktes unter dem Einfluß der homogenen Schwerkraft $\mathbf{F}_{\text{g}} = m\mathbf{g}$ besteht, die eine (Wurf-) Parabel ist. Der Ablenkwinkel zwischen den Bahngeraden vor und nach Durchlaufen des Feldes (Abb. 3.14) läßt sich damit exakt berechnen: Beim Durchlaufen des Feldes wird der Impuls um

$$\Delta \mathbf{p} = \mathbf{F}\,\Delta t = \mathbf{F}\ell/v = \mathbf{F}\ell m/p$$

geändert. Dabei ist $\Delta t = \ell/v$ die Durchlaufzeit durch den Kondensator (Länge ℓ). Für den Ablenkwinkel aus der ursprünglichen Richtung gilt

$$\alpha \approx \tan \alpha = \frac{\Delta p}{p} = \frac{qEm\ell}{p^2} \ .$$

Drücken wir die Feldstärke $E = U/b$ als Quotient aus Spannung und Plattenabstand aus und berücksichtigen, daß $p^2/(2m)$ die kinetische Energie der Teilchen ist, die durch die Beschleunigungsspannung einer Elektronenquelle entsprechend Abb. 3.13b festgelegt werden kann, so erhalten wir

$$\alpha \approx \frac{q\ell}{2E_{\text{kin}}b}U \ ,$$

d. h. der Ablenkwinkel α ist der Ablenkspannung U direkt proportional. Diese Beziehung ist die Grundlage der Spannungsmessung im *Elektronenstrahloszillographen*.

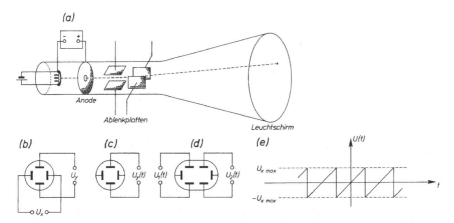

Abb. 3.15. Elektronenstrahloszillograph (**a**), Schaltsymbole für U_x, U_y-Darstellung (**b**) und für Darstellungen mit Zeitablenkung im Einstrahlbetrieb (**c**) bzw. Zweistrahlbetrieb (**d**), Sägezahnspannung (**e**)

Experiment 3.4. Elektronenstrahloszillograph

In einem evakuierten Glasrohr sind hintereinander eine Elektronenkanone und zwei senkrecht zueinander orientierte Paare von Ablenkplatten angeordnet (Abb. 3.15). Hinter den Platten erweitert sich das Rohr zu einem Kolben, der durch einen *Leuchtschirm* abgeschlossen ist, einer Platte, die innen mit Zinksulfid oder einer anderen Substanz beschichtet ist, die beim Auftreffen hinreichend energiereicher Elektronen Licht abgibt. Liegt an beiden Plattenpaaren keine Spannung, so erscheint einfach ein Leuchtpunkt im Mittelpunkt des Schirms, den wir als Ursprung eines (x,y)-Koordinatensystems wählen (Abb. 3.16a). Durch Anlegen der Spannungen U_x und U_y in horizontaler bzw. vertikaler Richtung wird der Leuchtpunkt an einen Punkt (x,y) verschoben, dessen Koordinaten diesen Spannungen proportional sind (Abb. 3.16b). Ändert man eine oder beide Spannungen, so bewegt sich der Punkt über den Schirm und schreibt eine „Leuchtspur". Ist etwa

$$U_x = U_x(t)$$

und

$$U_y = f(U_x) = f(U_x(t)) \quad ,$$

so kann man durch Anlegen einer beliebigen zeitveränderlichen Spannung $U_x(t)$ und der Spannung U_y an die beiden Plattenpaare die Funktion $U_y = f(U_x)$ direkt graphisch auf dem Schirm anzeigen (Abb. 3.16c,d). Das werden wir in vielen Experimenten tun. In Schaltungen stellen wir dann den Oszillographen wie in Abb. 3.15b dar.

Oft benutzt man für $U_x(t)$ eine lineare Zeitabhängigkeit

$$U_x(t) = at + b \quad .$$

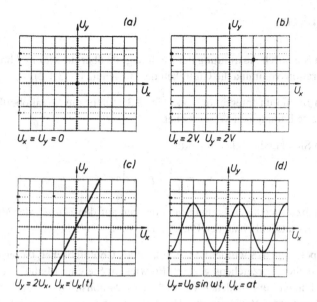

Abb. 3.16 a–d. Aufnahmen vom Leuchtschirm eines Elektronenstrahloszillographen

Dann hängt die x-Koordinate des Leuchtpunkts linear von der Zeit ab, die x-Achse des Schirms kann direkt als Zeitachse aufgefaßt werden. So wird die Zeitabhängigkeit einer an das andere Plattenpaar angelegten Spannung

$$U_y = U_y(t)$$

direkt auf dem Schirm dargestellt. Natürlich steigt U_x nicht beliebig lange linear an. Man wählt vielmehr einen periodischen Spannungsverlauf vom Sägezahn-Typ (Abb. 3.15e). In jeder Periode steigt die Spannung linear von $-U_{x,\mathrm{max}}$ auf $U_{x,\mathrm{max}}$ an, um dann sehr schnell wieder auf $-U_{x,\mathrm{max}}$ zurückzufallen. Hat $U_y(t)$ die gleiche Periode wie die Sägezahnspannung, die vorgewählt werden kann, so erscheint die zeitabhängige Funktion $U_y(t)$ durch Übereinanderschreiben aufeinanderfolgender Perioden als stehendes Bild auf dem Schirm (Abb. 3.16d). Bei dieser Betriebsart des Oszillographen zeichnen wir die Zuführung der Sägezahnspannung nicht mehr in Schaltpläne ein, sondern benutzen das vereinfachte Symbol der Abb. 3.15c.

In vielen Fällen möchte man den zeitlichen Verlauf zweier verschiedener Spannungen $U_1(t)$ und $U_2(t)$ vergleichen. Dazu gibt es *Zweistrahl*-Oszillographen, in denen zwei verschiedene Elektronenstrahlen der gleichen horizontalen Ablenkung, aber verschiedenen vertikalen Ablenkungen unterworfen und anschließend auf dem gleichen Schirm abgebildet werden (Schaltsymbol Abb. 3.15d). (Meist benutzt man allerdings nur einen einzigen Strahl und einen elektronischen Kunstgriff: An die y-Platten werden in sehr schnellem Wechsel für kurze Zeiten die Spannungen $U_1(t)$ bzw. $U_2(t)$ geschaltet, so daß zwei verschiedene Spuren auf dem Leuchtschirm erscheinen.)

3.7 Aufgaben

3.1: Zeigen Sie durch Ausführung der Flußintegrale über die vier in Abb. 3.3 skizzierten Integrationsvolumina die Gültigkeit der Beziehungen (3.1.2).

3.2: Zeigen Sie durch Integration von σ in (3.3.2) über die Metalloberfläche, daß die influenzierte Ladung den Wert $-Q$ hat.

3.3: Zeigen Sie, daß die Schwerpunkte

$$\mathbf{r}_\pm = \frac{1}{Q_\pm} \int \sigma \mathbf{r} \, da$$

der positiven bzw. negativen Ladungsverteilungen auf den Hälften der Metallkugel aus Abschn. 3.4 tatsächlich an den Punkten $\mathbf{b}/2$ bzw. $-\mathbf{b}/2$ liegen.

3.4: Im Experiment 1.3 wurde die Gültigkeit des Coulombschen Gesetzes nur für Ladungen gleichen Vorzeichens gezeigt. Entwickeln Sie eine Methode, das Gesetz auch für Ladungen verschiedener Vorzeichen zu demonstrieren. Beginnen Sie mit der Konstruktion eines Verfahrens zur Herstellung positiver und negativer Ladungen gleichen Betrages.

3.5: Ein leitender Zylinder unendlicher Länge und vom Radius R um die z-Achse trage die Ladung $q_\mathrm{L} = Q/\ell$ je Längeneinheit. Zeigen Sie durch Ausführung von Flußintegralen über beliebige Zylinder mit Radien $r_\perp > R$, daß das Feld außerhalb des Leiters die Form

$$\mathbf{E}(\mathbf{r}) = \frac{q_\mathrm{L}}{2\pi\varepsilon_0} \frac{1}{r_\perp} \hat{\mathbf{r}}_\perp$$

hat. Zeigen Sie weiterhin, daß dieses Feld ein Potential

$$\varphi(\mathbf{r}) = -\frac{q_\mathrm{L}}{2\pi\varepsilon_0} \ln\left(\frac{r_\perp}{R}\right)$$

besitzt.

3.6: **(a)** Berechnen Sie die Kapazität eines *Kugelkondensators*, der aus zwei konzentrischen Metallkugelflächen der Radien R_1 und R_2 besteht, die die Ladungen Q und $-Q$ tragen.

(b) Berechnen Sie die Kapazität einer Metallkugel vom Radius R_1 gegen das Unendliche, d. h. gegen eine sie umgebende Metallkugel von sehr großem Radius.

3.7: Vor einer großen, leitenden Platte befinden sich zwei Punktladungen q_1 und q_2 (siehe Abb. 3.17).

Wie groß ist die Kraft auf q_1?

Hinweis: Benutzen Sie die Methode der Spiegelladungen.

3.8: Zwei unendlich ausgedehnte Metallplatten bilden einen Winkel von $60°$. Im Abstand d von der Berührungslinie sitzt auf der Winkelhalbierenden eine Punktladung q (siehe Abb. 3.18).

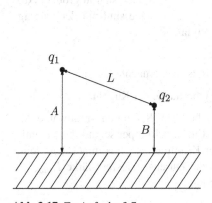

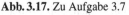

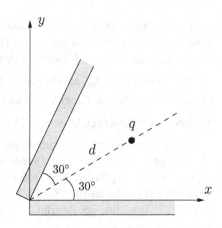

Abb. 3.17. Zu Aufgabe 3.7   **Abb. 3.18.** Zu Aufgabe 3.8

(a) Bestimmen Sie die Orte und die Größen der benötigten Spiegelladungen.

(b) Geben Sie für den Bereich zwischen den Platten das Potential $\varphi(\mathbf{r})$ an.

3.9: **(a)** Eine Punktladung q befindet sich im Abstand d vom Mittelpunkt einer geerdeten, ideal leitenden Kugel vom Radius R (mit $R < d$; siehe Abb. 3.19a). Berechnen Sie das Potential $\varphi(\mathbf{r})$ außerhalb der Kugel. Benutzen Sie die Methode der Spiegelladungen, d. h. setzen Sie eine Spiegelladung an, und bestimmen Sie deren Position und Ladung.

Hinweis: Die Geometrie in dieser Aufgabe ähnelt der in Aufgabe 2.5.

(b) Außerhalb einer geerdeten, ideal leitenden Kugel mit dem Radius R befinden sich zwei Punktladungen q und q' auf gegenüberliegenden Seiten in den Abständen $2R$ bzw. $4R$ vom Mittelpunkt der Kugel, so daß die Ladungen und der Kugelmittelpunkt auf einer Linie liegen (siehe Abb. 3.19b).

Zeigen Sie: Die Ladung q' wird vom Rest der Anordnung abgestoßen, wenn

$$0 < q' < \frac{25}{144}q$$

gilt.

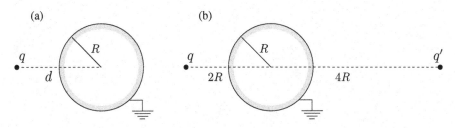

Abb. 3.19 a,b. Zu Aufgabe 3.9

3.10: Zwei Metallkugeln mit den Radien R_1 und R_2 befinden sich in großem Abstand voneinander und sind mit einem Draht verbunden. Sie sind mit der Ladung Q_{ges} aufgeladen und befinden sich auf dem Potential φ_0.

(a) Wie verteilt sich Q_{ges} auf die beiden Kugeln?

Hinweis: Die Ladung auf dem Verbindungsdraht ist zu vernachlässigen.

(b) Berechnen Sie das elektrische Feld an der Oberfläche der Kugeln.

(c) Der in (b) gefundene Zusammenhang zwischen dem Krümmungsradius und der Oberflächenfeldstärke führt zum *Spitzeneffekt*: Ein Metallkörper sei auf das Potential $\varphi_0 = 10^5$ V aufgeladen. Wie groß muß der Krümmungsradius mindestens sein, damit die Feldstärke an der Oberfläche nicht die Durchschlagsfeldstärke $E_{\text{max}} = 20\,\text{kV}\,\text{cm}^{-1}$ von Luft, vgl. Abschn. 5.10, übersteigt?

3.11: Betrachten Sie die in Abb. 2.17 dargestellte Anordnung. Nach dem Prinzip der Spiegelladungen würde sich im Gebiet $(x > 0, y > 0)$ auch das gezeigte Feld einstellen, wenn die Halbebenen $(y = 0, x > 0)$ und $(x = 0, y > 0)$ leitende Flächen wären und sich nur die Ladung $-Q$ am Ort $x = y = L$ befände.

Berechnen Sie für eine solche Anordnung die Flächenladungsdichte $\sigma(x, z)$ auf der leitenden Halbebene $(y = 0, x > 0)$.

4. Elektrostatik in Materie

In diesem Kapitel wollen wir an Hand von einfachen Modellvorstellungen die makroskopischen elektrischen Eigenschaften der Materie als Konsequenz ihrer atomistischen Struktur qualitativ beschreiben. Obwohl wir ohne Rückgriff auf die Quantenmechanik kein vollständiges Bild von den makroskopischen elektrischen Eigenschaften der Materie geben können, ist eine ganze Reihe von Phänomenen auch im Rahmen der klassischen Physik verständlich.

4.1 Einfachste Grundzüge der Struktur der Materie

Alle Materie besteht aus *Atomen*. Diese selbst sind aus *Atomkernen* und einer sie umgebenden *Elektronenhülle* zusammengesetzt. Die positive Ladung Ze des Atomkerns wird durch die entsprechende negative Gesamtladung $-Ze$ der Hülle neutralisiert. Dabei ist $e = 1{,}602 \cdot 10^{-19}$ C die Elementarladung, Z die *Kernladungszahl* und die Anzahl der Elektronen in der Hülle. Ein chemisches Element besteht aus Atomen einer Kernladungszahl Z. Sie ist direkt die *Ordnungszahl eines Elementes im periodischen System*. Die Masse des Atoms liegt im wesentlichen in der Masse des Kerns, er ist größenordnungsmäßig 2000mal schwerer als die Hülle. Typische Kerndurchmesser sind 10^{-14} m, die Abmessungen der Hülle liegen bei 10^{-10} m. Die Elektronen in der Hülle sind verschieden stark an den Kern gebunden. Sie ordnen sich von innen nach außen in Gruppen – den Schalen – um den Kern an. Die Energie, die benötigt wird, um ein Elektron aus einer Schale in den Raum außerhalb des elektrischen Feldes des Restatoms zu bringen, heißt Bindungsenergie des Elektrons. Die Energie, die zur Entfernung des äußersten Elektrons aus der Hülle nötig ist, heißt *Ionisierungsenergie*. Wird einem Atom diese Energie zugeführt, so entsteht ein freies Elektron, der zurückbleibende geladene Atomrumpf heißt positives *Ion*. Negative Ionen entstehen durch Anlagerung von Elektronen an neutrale Atome. Bindungszustände aus Atomen heißen Moleküle oder Kristalle.

Die Kräfte, die die Bindung von Atomen zu Molekülen bewirken, sind elektrischer Natur. Das einfachste Beispiel für Kräfte zweier neutraler Systeme aufeinander ist die Kraft zwischen zwei Dipolen (vgl. Aufgabe 2.1). Die Bindung von Atomen zu Molekülen ist quantitativ allerdings nur mit Hilfe der Quantenmechanik zu verstehen. Wir können sie hier nicht diskutieren.

Gesamtheiten von vielen Atomen oder Molekülen haben verschiedene Erscheinungsformen, die man *Aggregatzustände* einer Substanz nennt. Wir begnügen uns mit der groben Einteilung der Aggregatzustände in den gasförmigen, flüssigen und festen Zustand. Haben die Atome oder Moleküle einer Substanz Abstände voneinander, die groß gegen ihre Hüllendurchmesser sind, so bewegt sich jedes einzelne Teilchen zwischen den Zusammenstößen mit anderen praktisch frei. Die Substanz ist ein *Gas*. Sind die mittleren Teilchenabstände von der Größenordnung ihres Durchmessers, so ist die Substanz flüssig oder fest. Ist die mittlere kinetische Energie eines Teilchens größer als die mittlere potentielle Energie der Bindung an seine Nachbarn, so kann es sich relativ zu ihnen ungeordnet bewegen, die Substanz ist eine *Flüssigkeit*. Im Gegensatz zu Gasen bilden Flüssigkeiten eine Oberfläche aus. Die Ursache dafür ist die *Oberflächenspannung*, die durch das Zusammenwirken der Kräfte vieler Moleküle in der Flüssigkeit auf solche entsteht, die sich an der Oberfläche befinden. Ist die mittlere kinetische Energie eines Teilchens kleiner als seine mittlere Bindungsenergie, so ist das Teilchen elastisch an seinen Ort gebunden. Die Substanz bildet einen *Festkörper*. Im allgemeinen bilden die Ruhelagen der Atome eines Festkörpers eine regelmäßige geometrische Struktur, das *Gitter*.

Die gröbste Unterteilung der verschiedenen Substanzen im Hinblick auf ihre elektrischen Eigenschaften ist die nach *Leitern* und *Nichtleitern*. In leitenden Substanzen gibt es *frei bewegliche Ladungsträger*, in Nichtleitern keine solchen. Da die Atome oder Moleküle in Gasen und Flüssigkeiten frei beweglich sind, ist auch die freie Beweglichkeit von Ladungsträgern einleuchtend, falls überhaupt Ladungsträger vorhanden sind. In leitenden Gasen sind das Elektronen und positive Ionen, in leitenden, nichtmetallischen Flüssigkeiten positive und negative Ionen. In Festkörpern kann es natürlich keine beweglichen Ionen geben. Trotzdem gibt es neben den nichtleitenden auch leitende Festkörper. Die Ladungsträger in ihnen sind Elektronen. In Metallen sind nicht alle Elektronen an die ortsfesten Atomkerne gebunden, sondern zwischen den Atomrümpfen des Gitters befindet sich ein frei bewegliches *Elektronengas* (Abschn. 5.9).

4.2 Materie im homogenen elektrostatischen Feld. Permittivitätszahl. Elektrische Suszeptibilität. Elektrische Polarisation

Inhalt: Nichtleitende Materie im elektrischen Feld wird auch als Dielektrikum bezeichnet. Äußere elektrische Felder wirken auf die Ladungen der Bausteine der nichtleitenden Materie (Elektronen, Atomkerne), die dadurch ihre Positionen verändern. Das elektrische Feld in einem Dielektrikum ist deshalb nicht einfach die Summe des äußeren Feldes und des mikroskopischen Feldes der Ladungsträger vor Anlegen des äußeren Feldes. Die Atome oder Moleküle des Dielektrikums werden im elektrischen Feld polarisiert und erhalten ein Dipolmoment $\mathbf{d}$. Das elektrische Feld in nichtleitender Materie wird durch die Permittivitätszahl ε_r bestimmt. Sie beschreibt das Verhältnis der elektrischen Feldstärken $\mathbf{E}_0$ außerhalb und $\mathbf{E}$ innerhalb der Materie $\mathbf{E}_0 = \varepsilon_r \mathbf{E}$. Die Kapazität C_0 eines mit einem Dielektrikum gefüllten Kondensators steigt um den Faktor ε_r im Vergleich zum leeren Kondensator. Im Dielektrikum wird eine Veränderung des äußeren Feldes $\mathbf{E}_0$ durch das Feld $\mathbf{E}_P = -\chi_e \mathbf{E}$ bewirkt. Die dimensionslose Größe χ_e heißt elektrische Suszeptibilität. Es gilt $\mathbf{E} = \mathbf{E}_0 + \mathbf{E}_P$ und daher $\varepsilon_r = 1 + \chi_e$. Im Plattenkondensator entspricht $\mathbf{E}_P$ einer Oberflächenladungsdichte auf den Oberflächen des Dielektrikums, $\sigma_P = \varepsilon_0 (\mathbf{E}_P \cdot \hat{\mathbf{n}}) = -\varepsilon_0 \chi_e (\mathbf{E} \cdot \hat{\mathbf{n}})$.
Bezeichnungen: Q_0 Ladung, U_0 Spannung, $\mathbf{E}_0$ elektrische Feldstärke, C_0 Kapazität des leeren Plattenkondensators; Q_D Ladung, U_D Spannung, $\mathbf{E}_D$ elektrische Feldstärke, C_D Kapazität des Kondensators mit Dielektrikum; σ_P Flächenladungsdichte auf der Oberfläche des Dielektrikums, b Plattenabstand; ε_r Permittivitätszahl, χ_e Suszeptibilität des Dielektrikums; $\mathbf{P}$ elektrische Polarisation, $\mathbf{E}_P$ durch Polarisation des Dielektrikums verursachte Zusatzfeldstärke, $-\mathbf{E}_P = \mathbf{P}/\varepsilon_0$ Elektrisierung, ε_0 elektrische Feldkonstante.

Bringt man nichtleitende Materie in ein elektrostatisches Feld, so ist das Innere des Materials nicht feldfrei wie bei einem Leiter. Da die Ladungen in einem Isolator nicht frei beweglich sind, können sich die Ladungsträger nicht wie auf der Metalloberfläche in einer solchen Verteilung anordnen, daß keine Feldlinien das Innere des Materials mehr durchdringen. Man nennt die Isolatoren daher auch *Dielektrika*. Ein Dielektrikum ohne äußeres Feld besitzt im Inneren ein mikroskopisches Feld $\mathbf{E}_{mikr}$ zwischen den Ladungsträgern, dessen Mittelwert $\mathbf{E}$ verschwindet. Da die äußeren Felder Kräfte auf die Ladungen der Bausteine (Elektronen, Atomkerne) ausüben, verändern diese ihre Positionen im Dielektrikum. Dies ändert das mikroskopische elektrische Feld im Inneren der Materie, sein Mittelwert ist nicht mehr null. Ein äußeres Feld wird dadurch im Inneren des Dielektrikums verändert.

Experiment 4.1. Materie im Plattenkondensator

Zwei Metallplatten der Größe a stehen sich im Abstand $b \ll \sqrt{a}$ gegenüber. Wir laden diesen Kondensator auf die Spannung U_0 auf, die an einem statischen Voltmeter abgelesen werden kann (Abb. 4.1a). Jetzt füllen wir den Zwischenraum zwischen den Platten mit einer Kunststoffplatte aus. Die Spannung sinkt dabei auf den Wert $U < U_0$ (Abb. 4.1b). Nach Entfernung der Platte steigt die Spannung wieder auf U_0 an.

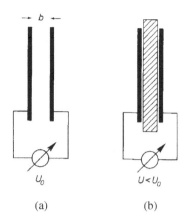

Abb. 4.1 a,b. Die Spannung U_0 eines geladenen Kondensators sinkt, wenn ein Dielektrikum zwischen die Platten gebracht wird

(a)   (b)

Da durch die Anwesenheit des (nichtleitenden) Dielektrikums sicher kein Ladungstransport zwischen den Platten bewirkt werden konnte, enthält der Kondensator nach wie vor die gleiche Ladung Q_0. Nach (3.2.2) muß sich dann mit der Spannung auch die Kapazität geändert haben.

Somit haben wir zwei lineare Gleichungen:

1. für den leeren Kondensator

$$Q_0 = C_0 U_0 \quad ,$$

2. für den mit einem Dielektrikum gefüllten Kondensator

$$Q_0 = C_{\mathrm{D}} U \quad .$$

Wir beobachten somit eine Vergrößerung der Kapazität des Kondensators vom Wert C_0 auf C_{D} um den Faktor

$$\varepsilon_{\mathrm{r}} = \frac{C_{\mathrm{D}}}{C_0} \quad ,$$

wenn wir ein Dielektrikum zwischen den Platten haben. Die Größe ε_{r} ist offenbar eine Konstante, die – wie wir durch Einfüllen verschiedener Substanzen feststellen – charakteristisch für das Material ist. Sie heißt *Permittivitätszahl* oder *relative Permittivität* (früher (relative) Dielektrizitätskonstante) der Substanz (vgl. Tabelle 4.1). Im Mittel wird die Feldstärke im gefüllten Kondensator bei fester Ladung Q_0 auf den Wert

$$E = \frac{U}{b} = \frac{Q_0}{C_{\mathrm{D}} b} = \frac{C_0}{C_{\mathrm{D}}} \frac{U_0}{b} = \frac{1}{\varepsilon_{\mathrm{r}}} E_0$$

abgesunken sein.

Tabelle 4.1. Permittivitätszahl einiger Substanzen

Substanz	ε
Luft	1,000 594
Tetrachlorkohlenstoff	2,2
Quarzglas	3,7
Glyzerin	56
Wasser	81

Im Dielektrikum kann das Feld **E** als die Summe des ursprünglichen Feldes $\mathbf{E}_0$ und eines zusätzlichen Feldes $\mathbf{E_P}$ aufgefaßt werden, das durch die Einwirkung des äußeren Feldes auf das Medium hervorgerufen wird,

$$\frac{1}{\varepsilon_r}\mathbf{E}_0 = \mathbf{E} = \mathbf{E}_0 + \mathbf{E_P} \quad . \tag{4.2.1}$$

Das Zusatzfeld $\mathbf{E_P}$ ist somit proportional zu den Feldern $\mathbf{E}_0$ bzw. **E**,

$$\mathbf{E_P} = \left(\frac{1}{\varepsilon_r} - 1\right)\mathbf{E}_0 = -(\varepsilon_r - 1)\frac{1}{\varepsilon_r}\mathbf{E}_0 = -(\varepsilon_r - 1)\mathbf{E} = -\chi_e\mathbf{E} \quad . \tag{4.2.2}$$

Dabei ist

$$\chi_e = \varepsilon_r - 1 \tag{4.2.3}$$

die *elektrische Suszeptibilität* der Substanz.

Zur Beschreibung des Zusatzfeldes $\mathbf{E_P}$ kann man von der Vorstellung ausgehen, daß das äußere Feld auf den Oberflächen des Dielektrikums Flächenladungen $\pm\sigma_P$ entgegengesetzten Vorzeichens hervorruft (Abb. 4.2a). Diese Oberflächenladungen können natürlich nicht wie Influenzladungen auf einer Metalloberfläche durch Bewegung frei verschieblicher Ladungen im äußeren Feld entstehen, da es im nichtleitenden Dielektrikum keine frei verschieblichen Ladungen gibt. Es können sich jedoch ortsfeste Dipole ausbilden oder bereits vorhandene, ungeordnete Dipole im Feld ausrichten (Einzelheiten werden in den Abschnitten 4.6 und 4.7 diskutiert). Sie führen im Inneren eines homogenen Dielektrikums im homogenen elektrischen Feld nicht zu einer resultierenden Raumladungsdichte, wohl aber zu Oberflächenladungsdichten (Abb. 4.2b). Man spricht von einer *Polarisation* des Dielektrikums.

Durch Flußintegration über die Oberfläche des in Abb. 4.2a angedeuteten flachen Zylinders für die drei Fälle

1. Kondensator ohne Dielektrikum,

2. Kondensator mit Dielektrikum,

3. Dielektrikum allein, jedoch mit der gleichen Oberflächenladung wie im Kondensator

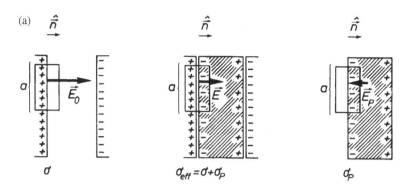

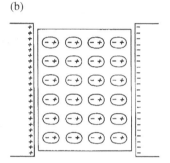

Abb. 4.2 a,b. Die Feldstärke **E** zwischen zwei Kondensatorplatten der Flächenladungsdichte σ kann als Summe der Feldstärke $\mathbf{E}_0$ im Vakuum und einer Feldstärke $\mathbf{E}_\mathbf{P}$ aufgefaßt werden, die durch die Ausbildung der Flächenladungsdichte $\sigma_\mathbf{P}$ auf den Oberflächen des Dielektrikums entsteht (**a**). Diese Oberflächenladung rührt von Dipolen her, die sich im Dielektrikum gebildet oder ausgerichtet haben (**b**)

finden wir in Analogie zu (3.1.1)

$$\mathbf{E}_0 \cdot \hat{\mathbf{n}} = \frac{1}{\varepsilon_0}\sigma \quad , \tag{4.2.4a}$$

$$\mathbf{E} \cdot \hat{\mathbf{n}} = \frac{1}{\varepsilon_0}(\sigma + \sigma_\mathbf{P}) = \frac{1}{\varepsilon_0}\sigma_\text{eff} \quad , \tag{4.2.4b}$$

$$\mathbf{E}_\mathbf{P} \cdot \hat{\mathbf{n}} = \frac{1}{\varepsilon_0}\sigma_\mathbf{P} \quad . \tag{4.2.4c}$$

Dabei ist

$$\sigma_\text{eff} = \sigma + \sigma_\mathbf{P}$$

die *effektive Flächenladungsdichte*, die Summe der von außen auf die Kondensatorplatten aufgebrachten *starren Flächenladungsdichte* σ und der sich unter dem Einfluß des äußeren Feldes auf den Oberflächen des Dielektrikums ausbildenden Dichte $\sigma_\mathbf{P}$. Diese Flächenladungsdichte ist wieder proportional zur äußeren Feldstärke $\mathbf{E}_0$ bzw. zur Feldstärke $\mathbf{E}$ im Dielektrikum bzw. zur starren Flächenladungsdichte σ. Mit (4.2.1)–(4.2.3) erhalten wir nämlich aus (4.2.4c)

$$\sigma_\mathbf{P} = \varepsilon_0(\mathbf{E}_\mathbf{P} \cdot \hat{\mathbf{n}}) = -\varepsilon_0\chi_\text{e}(\mathbf{E} \cdot \hat{\mathbf{n}}) = -\varepsilon_0\frac{\varepsilon_\text{r}-1}{\varepsilon_\text{r}}(\mathbf{E}_0 \cdot \hat{\mathbf{n}}) \quad ,$$

$$\sigma_\mathbf{P} = -\frac{\varepsilon_\text{r}-1}{\varepsilon_\text{r}}\sigma \tag{4.2.5}$$

und

$$\sigma_{\text{eff}} = \left(\sigma - \frac{\varepsilon_r - 1}{\varepsilon_r}\sigma\right) = \frac{1}{\varepsilon_r}\sigma \quad . \tag{4.2.6}$$

Die folgende naive Modellvorstellung stellt einen quantitativen Zusammenhang zwischen dem Zusatzfeld $\mathbf{E_P}$ und den Dipolmomenten im Dielektrikum her, die in Abb. 4.2b angedeutet werden. Das Dipolmoment der beiden Oberflächenladungen auf dem Dielektrikum ist gleich der positiven Ladung $-a\sigma_P$ auf der rechten Oberfläche multipliziert mit dem Abstandsvektor $b\hat{n}$ von der negativen zur positiven Ladung,

$$-\sigma_P ab\hat{n} = -\sigma_P V\hat{n} \quad .$$

Es ist offenbar dem Volumen des Dielektrikums proportional. Andererseits ist es die Summe der Dipolmomente d der einzelnen Moleküle des Dielektrikums. Ist deren Anzahldichte n_d, so gilt

$$n_d dV = -\sigma_P V\hat{n} \quad . \tag{4.2.7}$$

Die Dipolmomentdichte, das Dipolmoment pro Volumeneinheit, heißt *elektrische Polarisation*

$$\mathbf{P} = n_d\mathbf{d} = -\sigma_P\hat{n} = -\varepsilon_0\mathbf{E_P}$$

des Dielektrikums. Mit (4.2.4c) und (4.2.7) gewinnen wir den Zusammenhang

$$\mathbf{P} = -\varepsilon_0\mathbf{E_P}$$

und mit (4.2.2)

$$\mathbf{P} = \varepsilon_0\chi_e\mathbf{E} \quad , \qquad \chi_e = \varepsilon_r - 1 \quad , \tag{4.2.8}$$

zwischen der elektrischen Polarisation und der Zusatzfeldstärke $\mathbf{E_P}$ bzw. der elektrischen Feldstärke $\mathbf{E}$. Die Größe $-\mathbf{E_P} = \mathbf{P}/\varepsilon_0$ heißt *Elektrisierung*.

4.3 Das Feld der elektrischen Flußdichte. Feldgleichungen in Materie

Inhalt: Zur Beschreibung der Verhältnisse bei der Anwesenheit von Dielektrika wird die elektrische Flußdichte $\mathbf{D} = \varepsilon_0\mathbf{E} + \mathbf{P}$ eingeführt. Der elektrische Fluß Ψ ist das Flächenintegral über $\mathbf{D}$. Die Divergenz der elektrischen Flußdichte $\mathbf{D}$ ist gleich der äußeren Ladungsdichte ϱ, $\boldsymbol{\nabla} \cdot \mathbf{D} = \varrho$. Der Zusammenhang zwischen der elektrischen Feldstärke $\mathbf{E}$ und der elektrischen Flußdichte $\mathbf{D}$ lautet $\mathbf{D} = \varepsilon_r\varepsilon_0\mathbf{E}$. Auch in Anwesenheit eines Dielektrikums ist das elektrostatische Feld wirbelfrei, $\boldsymbol{\nabla} \times \mathbf{E} = 0$.
Bezeichnungen: $\mathbf{E}$ elektrisches Feld, $\mathbf{P}$ elektrische Polarisation, $\mathbf{D}$ elektrische Flußdichte, Ψ elektrischer Fluß, Q Ladung, φ Potential, $\mathbf{E_P}$ durch die Polarisation des Dielektrikums verursachte Zusatzfeldstärke, ϱ äußere Ladungsdichte, ϱ_P Polarisationsladungsdichte, σ Flächenladungsdichte, ε_r Permittivitätszahl, ε_0 elektrische Feldkonstante.

Im allgemeinen wollen wir die im Dielektrikum herrschende Feldstärke nicht durch die effektive Ladungsdichte sondern durch die von außen aufgebrachte starre Ladungsdichte ausdrücken, die wir experimentell direkt beeinflussen können. Das kann mit (4.2.6) und (4.2.4b) einfach durch

$$\mathbf{E} \cdot \hat{\mathbf{n}} = \frac{1}{\varepsilon_r \varepsilon_0} \sigma \quad \text{bzw.} \quad \varepsilon_r \varepsilon_0 \mathbf{E} \cdot \hat{\mathbf{n}} = \sigma$$

geschehen. Es hat sich als sehr nützlich erwiesen, ein neues Vektorfeld, die *elektrische Flußdichte* $\mathbf{D}$, gelegentlich auch *dielektrische Verschiebung* genannt, einzuführen:

$$\mathbf{D} = \varepsilon_r \varepsilon_0 \mathbf{E} \quad . \tag{4.3.1}$$

Mit (4.2.1) ist

$$\mathbf{D} = \varepsilon_0 \mathbf{E}_0 = \varepsilon_0 (\mathbf{E} - \mathbf{E_P}) = \varepsilon_0 \mathbf{E} + \mathbf{P} \quad . \tag{4.3.2}$$

Der *elektrische Fluß* durch eine Fläche a ist das Oberflächenintegral der elektrischen Flußdichte $\mathbf{D}$. Der elektrische Fluß durch die Zylinderoberfläche in Abb. 4.2 ist direkt durch die umschlossene, von außen aufgebrachte Ladung Q gegeben,

$$\Psi = \oint_{(V)} \mathbf{D} \cdot \mathrm{d}\mathbf{a} = \int_a (\sigma_{\mathrm{eff}} - \sigma_\mathbf{P}) \, \mathrm{d}a = \int_a \sigma \, \mathrm{d}a = Q \quad .$$

Für Anordnungen mit einer von außen aufgebrachten Raumladungsdichte gilt entsprechend

$$\Psi = \oint_{(V)} \mathbf{D} \cdot \mathrm{d}\mathbf{a} = \int_V \varrho \, \mathrm{d}V \quad .$$

Durch Anwendung des Gaußschen Satzes (B.15.11) gewinnen wir die Beziehung

$$\int_V \boldsymbol{\nabla} \cdot \mathbf{D} \, \mathrm{d}V = \oint_{(V)} \mathbf{D} \cdot \mathrm{d}\mathbf{a} = \int_V \varrho \, \mathrm{d}V$$

für beliebig wählbare Volumina. Damit läßt sich an Stelle der Integralbeziehung auch eine lokale, differentielle Gleichung schreiben, die einfach die Integranden der Volumenintegrale gleichsetzt,

$$\boldsymbol{\nabla} \cdot \mathbf{D} = \varrho \quad . \tag{4.3.3}$$

Bei Anwesenheit von Dielektrika ersetzt diese Gleichung für die elektrische Flußdichte die Divergenzbeziehung für die elektrische Feldstärke, die nicht nur die äußere Ladungsverteilung ϱ, sondern auch die – im allgemeinen unbekannte – Polarisationsdichte $\varrho_\mathbf{P}$ enthält. Die Feldgleichung (4.3.3) ist ganz allgemein in Materie und im Vakuum gültig, wenn man in (4.3.1) die Permittivitätszahl des Vakuums gleich eins setzt.

Die Beziehung für die Rotation der Feldstärke,

$$\nabla \times \mathbf{E} = 0 \quad , \tag{4.3.4}$$

die unabhängig von den vorhandenen Ladungsdichten für elektrostatische Felder stets gilt, bleibt in Materie ungeändert gültig. Damit ist die elektrische Feldstärke auch in Anwesenheit von Dielektrika als Gradient eines Potentials darstellbar,

$$\mathbf{E} = -\nabla \varphi \quad .$$

Die elektrische Flußdichte ist im allgemeinen nicht wirbelfrei, so daß man stets mit den beiden Feldgleichungen (4.3.3) und (4.3.4) für D und E rechnen muß. Dazu tritt eine Materialgleichung, die den Zusammenhang zwischen D und E liefert. Für den einfachsten Fall ist das eine lineare Beziehung, wie etwa (4.3.1).

4.4 Energiedichte des elektrostatischen Feldes

Bei der Annäherung zweier positiver Punktladungen aus ursprünglich großem Abstand muß Energie aufgewandt werden. In der Sprache der klassischen Mechanik findet sie sich als potentielle Energie der Ladungen wieder. Man kann diese Energie jedoch auch dem elektrostatischen Feld zuordnen, indem man ihm eine ortsabhängige Energiedichte zuschreibt. Eine Bestätigung dieser Auffassung findet man bei der Diskussion von Strahlungsvorgängen.

4.4.1 Energiedichte eines Feldes im Vakuum. Selbstenergie

Inhalt: Der Energieinhalt W_{W} einer Verteilung von Punktladungen Q_i, $i = 1, \ldots, N$, im Vakuum wird aus der mechanischen Energie, die zu ihrem Aufbau aufgewendet werden muß, berechnet. Der Energieinhalt W_{e} einer Ladungsdichte einschließlich der Selbstenergie W_{SE} kann bis auf den Faktor $\varepsilon_0/2$ als Volumenintegral über das Quadrat der elektrischen Feldstärke dargestellt werden. Dies führt auf den Ausdruck $w_{\mathrm{e}} = \varepsilon_0 \mathbf{E}^2/2$ für die Energiedichte des elektrischen Feldes im Vakuum.
Bezeichnungen: Q_i, $i = 1, \ldots, N$, Punktladungen im Vakuum; $\mathbf{r}_i$, $i = 1, \ldots, N$, Orte der Punktladungen; φ_{k-1} Potential der Punktladungen Q_i, $i = 1, \ldots, k-1$; W_{W} Energieinhalt der Anordnung von N Punktladungen im Vakuum, W_{e} Energieinhalt einer Ladungsdichte ϱ einschließlich der Selbstenergie W_{SE}, E elektrische Feldstärke, ϱ Ladungsdichte, φ elektrisches Potential einer Ladungsverteilung im Vakuum, ε_0 elektrische Feldkonstante.

Im Abschn. 3.2.4 hatten wir bereits die Energiedichte eines homogenen Feldes E zu $w = \varepsilon_0 \mathbf{E}^2/2$ berechnet. Wir werden jetzt zeigen, daß diese Beziehung allgemein gilt. Wir betrachten ein System von Punktladungen $Q_1, \ldots, Q_{k-1}$ an den Orten $\mathbf{r}_1, \ldots, \mathbf{r}_{k-1}$ im Vakuum. Ihr Potential ist durch

$$\varphi_{k-1}(\mathbf{r}) = \frac{1}{4\pi\varepsilon_0} \sum_{i=1}^{k-1} \frac{Q_i}{|\mathbf{r} - \mathbf{r}_i|}$$

gegeben. Es verschwindet im Unendlichen. Führt man aus dem Unendlichen eine Ladung Q_k an den Ort $\mathbf{r}_k$, so benötigt man die Energie

$$W_k = Q_k\varphi_{k-1}(\mathbf{r}_k) = \frac{Q_k}{4\pi\varepsilon_0} \sum_{i=1}^{k-1} \frac{Q_i}{|\mathbf{r}_k - \mathbf{r}_i|} \quad . \tag{4.4.1}$$

Die beim Aufbau eines Systems von N Punktladungen $Q_1, \ldots, Q_N$ an den Orten $\mathbf{r}_1, \ldots, \mathbf{r}_N$ im Vakuum benötigte Energie ist dann die Summe aller W_k,

$$W_{\mathrm{W}} = \sum_{k=1}^{N} Q_k\varphi_{k-1}(\mathbf{r}_k) = \frac{1}{4\pi\varepsilon_0} \sum_{k=2}^{N} \sum_{i=1}^{k-1} \frac{Q_kQ_i}{|\mathbf{r}_k - \mathbf{r}_i|} \quad . \tag{4.4.2}$$

Da der Term unter der Doppelsumme symmetrisch in den Indizes i und k ist, gilt

$$W_{\mathrm{W}} = \frac{1}{8\pi\varepsilon_0} \sum_{k=1}^{N} \sum_{\substack{i=1 \\ i\neq k}}^{N} \frac{Q_kQ_i}{|\mathbf{r}_k - \mathbf{r}_i|} \quad . \tag{4.4.3}$$

Durch Mittelung mit einer stetigen Verteilung $f(\mathbf{r})$ findet man einen kontinuierlichen Ausdruck:

$$W_{\mathrm{W}} = \frac{1}{8\pi\varepsilon_0} \sum_{i\neq k} \iint Q_kQ_if(\mathbf{r}'')f(\mathbf{r}') \frac{1}{|\mathbf{r}_k + \mathbf{r}'' - (\mathbf{r}_i + \mathbf{r}')|} \, \mathrm{d}V' \, \mathrm{d}V'' \quad .$$

Mit der Substitution $\mathbf{u}'' = \mathbf{r}_k + \mathbf{r}''$, $\mathbf{u}' = \mathbf{r}_i + \mathbf{r}'$ findet man

$$W_{\mathrm{W}} = \frac{1}{8\pi\varepsilon_0} \sum_{i\neq k} \iint Q_kf(\mathbf{u}'' - \mathbf{r}_k)Q_if(\mathbf{u}' - \mathbf{r}_i) \frac{1}{|\mathbf{u}'' - \mathbf{u}'|} \, \mathrm{d}V_{\mathbf{u}}' \, \mathrm{d}V_{\mathbf{u}}'' \quad .$$

Hinzufügen und Abziehen der Diagonalterme $i = k$ liefert

$$W_{\mathrm{W}} = \frac{1}{8\pi\varepsilon_0} \iint \left(\sum_k Q_kf(\mathbf{u}'' - \mathbf{r}_k) \right)$$
$$\times \left(\sum_i Q_if(\mathbf{u}' - \mathbf{r}_i) \right) \frac{1}{|\mathbf{u}'' - \mathbf{u}'|} \, \mathrm{d}V_{\mathbf{u}}' \, \mathrm{d}V_{\mathbf{u}}'' - W_{\mathrm{SE}} \quad ,$$

wobei

$$W_{\mathrm{SE}} = \frac{1}{8\pi\varepsilon_0} \iint \sum_i Q_i^2f(\mathbf{u}'' - \mathbf{r}_i)f(\mathbf{u}' - \mathbf{r}_i) \frac{1}{|\mathbf{u}'' - \mathbf{u}'|} \, \mathrm{d}V_{\mathbf{u}}' \, \mathrm{d}V_{\mathbf{u}}''$$

die im ersten Term eingeschlossenen Summanden $i = k$ der N Ladungen wieder abzieht. Wegen (2.3.2) stellen die beiden Summen über k bzw. i im ersten Term der rechten Seite der obigen Gleichung die gemittelten Ladungsdichten $\varrho(\mathbf{u}'')$ bzw. $\varrho(\mathbf{u}')$ der Ladungsverteilung dar, so daß wir nach Umbenennung der Integrationsvariablen schreiben können

$$W_\mathrm{W} = W_\mathrm{e} - W_\mathrm{SE} \quad , \qquad W_\mathrm{e} = \frac{1}{8\pi\varepsilon_0} \iint \frac{\varrho(\mathbf{r})\varrho(\mathbf{r}')}{|\mathbf{r} - \mathbf{r}'|} \, \mathrm{d}V' \, \mathrm{d}V \quad .$$

Hier ist W_e die Energie der Ladungsverteilung unter Einschluß der Diagonalterme $i = k$, die man als *Selbstenergieterme* bezeichnet. Für Verteilungen von Punktladungen sind die Beiträge W_SE der Selbstenergieterme unendlich groß, wie man an (4.4.2) für $i = k$ sofort ablesen kann. Für kontinuierliche Ladungsdichten $\varrho(\mathbf{r})$ treten keine Unendlichkeiten in W_e auf, vgl. Aufgabe 4.3.

Da am Ort $\mathbf{r}$ das Potential der Ladungsverteilung $\varrho(\mathbf{r})$ durch

$$\varphi(\mathbf{r}) = \frac{1}{4\pi\varepsilon_0} \int \frac{\varrho(\mathbf{r}')}{|\mathbf{r} - \mathbf{r}'|} \, \mathrm{d}V'$$

gegeben ist, gilt auch

$$W_\mathrm{e} = \frac{1}{2} \int \varrho(\mathbf{r})\varphi(\mathbf{r}) \, \mathrm{d}V \quad . \tag{4.4.4}$$

Diese Energie läßt sich mit Hilfe der Poisson-Gleichung

$$\Delta\varphi(\mathbf{r}) = -\frac{1}{\varepsilon_0}\varrho(\mathbf{r})$$

entweder durch das Potential als

$$W_\mathrm{e} = -\frac{\varepsilon_0}{2} \int \varphi(\mathbf{r})\Delta\varphi(\mathbf{r}) \, \mathrm{d}V$$

oder mit

$$\boldsymbol{\nabla} \cdot \mathbf{E} = \frac{1}{\varepsilon_0}\varrho$$

durch die Feldstärke ausdrücken,

$$W_\mathrm{e} = \frac{\varepsilon_0}{2} \int \varphi(\mathbf{r})\boldsymbol{\nabla} \cdot \mathbf{E}(\mathbf{r}) \, \mathrm{d}V \quad .$$

Durch partielle Integration und unter Ausnutzung von $\mathbf{E} = -\boldsymbol{\nabla}\varphi$ gewinnen wir

$$W_\mathrm{e} = \frac{\varepsilon_0}{2} \int \mathbf{E} \cdot \mathbf{E} \, \mathrm{d}V = \frac{\varepsilon_0}{2} \int [\mathbf{E}(\mathbf{r})]^2 \, \mathrm{d}V \quad . \tag{4.4.5}$$

Durch Ausdehnung der Volumenintegration auf den ganzen Raum sind die bei der partiellen Integration auftretenden Randterme im Unendlichen zu nehmen, wo die Feldstärke und das Potential und damit die Randterme verschwinden. Der Ausdruck (4.4.5) legt es nahe, den Integranden

$$w_e(\mathbf{r}) = \frac{\varepsilon_0}{2}[\mathbf{E}(\mathbf{r})]^2 \qquad (4.4.6)$$

als die räumliche *Energiedichte* des elektrostatischen Feldes im Vakuum zu interpretieren.

4.4.2 Energiedichte eines Feldes bei Anwesenheit von Materie

Inhalt: Wir betrachten ein Dielektrikum mit einer allgemeinen nichtlinearen Abhängigkeit $\mathbf{E} = \mathbf{E}(\mathbf{r}, \mathbf{D})$ der Feldstärke $\mathbf{E}$ am Ort $\mathbf{r}$ von der elektrischen Flußdichte $\mathbf{D}$. Die Energiedichte $w_e(\mathbf{r})$ ist dann das Linienintegral der elektrischen Feldstärke über die Flußdichte $\mathbf{D}'$ zwischen den Punkten 0 und $\mathbf{D}$. Für ein lineares, isotropes Dielektrikum gilt $\mathbf{E}(\mathbf{r}, \mathbf{D}) = \mathbf{D}(\mathbf{r})/(\varepsilon_r \varepsilon_0)$. In diesem Fall folgt für die Energiedichte im Dielektrikum $w_e(\mathbf{r}) = \mathbf{E} \cdot \mathbf{D}/2$. Diese Beziehung kann zur experimentellen Bestimmung von Permittivitätszahlen von Dielektrika mit der Steighöhenmethode benutzt werden.
Bezeichnungen: $\mathbf{E} = \mathbf{E}(\mathbf{r}, \mathbf{D})$ elektrische Feldstärke als Funktion der elektrischen Flußdichte $\mathbf{D}$, W_e elektrische Energie, $w_e(\mathbf{r})$ elektrische Energiedichte, ε_r Permittivitätszahl, ε_0 elektrische Feldkonstante.

Der Ausdruck (4.4.1) stellt nach seiner Herleitung diejenige Energie dar, die benötigt wird, um in einem vorgegebenen Potential weitere Ladung ins Feld zu bringen. Er berücksichtigt aber nicht die Arbeit, die erforderlich ist, um den im Dielektrikum sich bei Anwesenheit der weiteren Ladung einstellenden, neuen Polarisationszustand herzustellen. Wegen der Änderung der Polarisation wird das Potential $\varphi(\mathbf{r})$ der bereits vorhandenen Ladungen durch das Hinführen weiterer Ladung verändert, weil die Polarisationsladungen nicht starr sind.

Wir berechnen zunächst die Änderung der Energie δW_e eines Systems, wenn man die Ladungsverteilung um eine infinitesimale Dichteverteilung $\delta\varrho(\mathbf{r})$ ändert. In niedrigster Ordnung ist diese Änderung

$$\delta W_e = \int \varphi(\mathbf{r}) \delta\varrho(\mathbf{r}) \, dV \quad .$$

Dabei wurde die Änderung des Potentials um einen Beitrag, der selbst proportional zu $\delta\varrho(\mathbf{r})$ ist und daher nur in zweiter Ordnung zu δW_e beiträgt, vernachlässigt. Mit Hilfe der Feldgleichung (4.3.3) läßt sich die Dichte $\delta\varrho(\mathbf{r})$ durch die Divergenz einer zugehörigen Änderung $\delta\mathbf{D}(\mathbf{r})$,

$$\delta\varrho(\mathbf{r}) = \boldsymbol{\nabla} \cdot \delta\mathbf{D}(\mathbf{r}) \quad ,$$

ausdrücken. Damit ist die Energieänderung nach partieller Integration (Randterme verschwinden wieder, wegen $\varphi \to 0$ im Unendlichen) wegen $\mathbf{E} = -\boldsymbol{\nabla}\varphi$ durch

$$\delta W_e = \int \mathbf{E}(\mathbf{r}) \cdot \delta \mathbf{D}(\mathbf{r}) \, dV$$

gegeben. In dieser Gleichung ist die elektrische Feldstärke als Funktion von $\mathbf{D}$ aufzufassen, d. h. als Umkehrfunktion von der üblicherweise benutzten Beziehung $\mathbf{D} = \mathbf{D}(\mathbf{E}) = \varepsilon_0 \mathbf{E} + \mathbf{P}(\mathbf{E})$, vgl. (4.3.2). Die beim Aufbau einer Ladungsverteilung $\varrho(\mathbf{r}) = \nabla \cdot \mathbf{D}(\mathbf{r})$ in Anwesenheit von Dielektrika umgesetzte Energie erhält man durch Integration,

$$W_e = \int_V \int_0^{\mathbf{D}(\mathbf{r})} \mathbf{E}(\mathbf{r}, \mathbf{D}'(\mathbf{r})) \cdot d\mathbf{D}'(\mathbf{r}) \, dV \quad .$$

In allen Fällen, die wir betrachtet haben, ist der Zusammenhang zwischen $\mathbf{E}$ und $\mathbf{D}$ lokal, d. h. nur Werte von $\mathbf{E}$ und $\mathbf{D}$ am gleichen Ort sind miteinander verknüpft:

$$\mathbf{E}(\mathbf{r}) = \mathbf{E}(\mathbf{r}, \mathbf{D}(\mathbf{r})) \quad .$$

Das einfachste Beispiel für diese Beziehung ist der Zusammenhang der beiden Größen in einem linearen, isotropen Dielektrikum,

$$\mathbf{E}(\mathbf{r}) = \frac{1}{\varepsilon_0 \varepsilon_r(\mathbf{r})} \mathbf{D}(\mathbf{r}) \quad . \tag{4.4.7}$$

Damit kann die Integration über $d\mathbf{D}(\mathbf{r})$ unabhängig von dem Parameter $\mathbf{r}$ der Volumenintegration durchgeführt werden. Die Größe

$$w_e(\mathbf{r}) = \int_0^{\mathbf{D}(\mathbf{r})} \mathbf{E}(\mathbf{r}, \mathbf{D}') \cdot d\mathbf{D}' \tag{4.4.8}$$

ist dann die Energiedichte des Feldes in Anwesenheit von Dielektrika, die Gesamtenergie im Feld damit

$$W_e = \int_V w_e(\mathbf{r}) \, dV = \int_V \int_0^{\mathbf{D}(\mathbf{r})} \mathbf{E}(\mathbf{r}, \mathbf{D}') \cdot d\mathbf{D}' \, dV \quad .$$

Für ein lineares, isotropes Dielektrikum gilt (4.4.7) und damit

$$\begin{aligned} w_e(\mathbf{r}) &= \frac{1}{\varepsilon_0 \varepsilon_r(\mathbf{r})} \int_0^{\mathbf{D}(\mathbf{r})} \mathbf{D}' \cdot d\mathbf{D}' = \frac{1}{2\varepsilon_0 \varepsilon_r(\mathbf{r})} \mathbf{D}(\mathbf{r}) \cdot \mathbf{D}(\mathbf{r}) \quad , \\ w_e(\mathbf{r}) &= \frac{1}{2} \mathbf{E}(\mathbf{r}) \cdot \mathbf{D}(\mathbf{r}) \quad . \end{aligned} \tag{4.4.9}$$

Die Gesamtenergie im Volumen V eines Feldes in Anwesenheit eines linearen Dielektrikums ist im statischen, d. h. zeitunabhängigen Fall

$$W_e = \frac{1}{2} \int_V \mathbf{E}(\mathbf{r}) \cdot \mathbf{D}(\mathbf{r}) \, dV \quad .$$

Die Gültigkeit dieser beiden Beziehungen kann leicht experimentell verifiziert und zur Messung von Permittivitätszahlen verwendet werden.

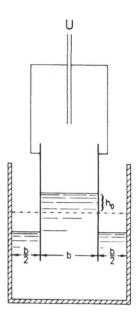

Abb. 4.3. Ein flüssiges Dielektrikum steigt beim Anlegen einer Spannung zwischen zwei Platten auf

Experiment 4.2. Messung von ε_{r} nach der Steighöhenmethode

In ein quaderförmiges Gefäß der Breite $2b$ und der Länge ℓ, das zum Teil mit einer nichtleitenden Flüssigkeit gefüllt ist, tauchen zwei Kondensatorplatten ein, die den Abstand b voneinander haben und ebenfalls die Länge ℓ besitzen, Abb. 4.3. Verbindet man die Platten des Kondensators mit einer Spannungsquelle, so steigt die Flüssigkeit zwischen den Platten an. Nach einem Einschwingvorgang stellt man fest, daß der Flüssigkeitsspiegel um die Höhe h_0 angestiegen ist. Der Einfachheit halber nehmen wir an, daß die Spannungsquelle ein auf die Spannung U aufgeladener Kondensator sehr großer Kapazität ist. Durch das Anheben um die Höhe h nimmt die potentielle Energie der Flüssigkeit zu und zwar um

$$\Delta W_{\mathrm{F}} = \frac{(\varepsilon_{\mathrm{r}} - 1)\varepsilon_0}{2}\ell b h E^2 + g\varrho\ell b h^2 \quad.$$

Der erste Term beschreibt den Zuwachs an elektrostatischer Feldenergie durch die Zunahme $\ell b h$ des Flüssigkeitsvolumens zwischen den Kondensatorplatten. Der zweite Term ist die potentielle Energie im Schwerefeld dieses um die Höhe h gehobenen Flüssigkeitsvolumens. Dabei ist ϱ die Massendichte der Flüssigkeit.

Durch das Anheben der Flüssigkeit vergrößert der Kondensator seine Kapazität um

$$\Delta C = (\varepsilon_{\mathrm{r}} - 1)\varepsilon_0 \frac{\ell}{b} h \quad.$$

Da seine Spannung $U = Eb$ konstant bleibt, nimmt er aus der Spannungsquelle die Ladung

$$\Delta Q = \Delta C\, U = \Delta C\, Eb$$

auf. Der Energieinhalt des Kondensators, der die Spannungsquelle bildet, ändert sich um

$$\Delta W_{\mathrm{C}} = -\Delta Q\, U = -(\varepsilon_{\mathrm{r}} - 1)\varepsilon_0 \ell b h E^2 \quad .$$

Insgesamt ist die Änderung der potentiellen Energie des Gesamtsystems

$$\Delta W = \Delta W_{\mathrm{F}} + \Delta W_{\mathrm{C}} = -\frac{(\varepsilon_{\mathrm{r}} - 1)\varepsilon_0}{2} \ell b h E^2 + g\varrho \ell b h^2 \quad .$$

Sie nimmt ihr Minimum an für

$$0 = \frac{\mathrm{d}\Delta W}{\mathrm{d}h} = -\frac{(\varepsilon_{\mathrm{r}} - 1)\varepsilon_0}{2} \ell b E^2 + 2 g\varrho \ell b h \quad ,$$

d. h. bei

$$h = h_0 = \frac{(\varepsilon_{\mathrm{r}} - 1)\varepsilon_0}{4 g\varrho} E^2 \quad .$$

Mißt man die Spannung $U = Eb$ und die Steighöhe h_0, so findet man die Permittivitätszahl zu

$$\varepsilon_{\mathrm{r}} = 1 + 4\frac{g\varrho h_0}{\varepsilon_0 E^2} = 1 + 2\frac{g\varrho}{\varepsilon_0 E^2} \Delta h \quad .$$

Der so gewonnene Zusammenhang ist nicht von der speziellen Geometrie der Anordnung abhängig, wenn man für h_0 den halben Höhenunterschied Δh des Flüssigkeitsspiegels innerhalb und außerhalb des Kondensators einsetzt.

Wir schließen noch eine Energiebetrachtung an. Bei einer Steighöhe h_0 ändert sich der Energieinhalt der Spannungsquelle um

$$\Delta W_{\mathrm{C}} = -(\varepsilon_{\mathrm{r}} - 1)\varepsilon_0 \ell b h_0 E^2$$

und die potentielle Energie der Flüssigkeit um

$$\begin{aligned}
\Delta W_{\mathrm{F}} &= \frac{(\varepsilon_{\mathrm{r}} - 1)\varepsilon_0}{2} lbh_0 E^2 + g\varrho lbh_0 \frac{(\varepsilon_{\mathrm{r}} - 1)\varepsilon_0}{4} \frac{E^2}{g\varrho} \\
&= \frac{3(\varepsilon_{\mathrm{r}} - 1)\varepsilon_0}{4} lbh_0 E^2 \quad .
\end{aligned}$$

Die potentielle Energie des Gesamtsystems ändert sich um

$$\Delta W = \Delta W_{\mathrm{F}} + \Delta W_{\mathrm{C}} = -\frac{(\varepsilon_{\mathrm{r}} - 1)\varepsilon_0}{4} \ell b h_0 E^2 \quad .$$

Diese Energie ist durch Reibungsverluste in der Flüssigkeit während des Einschwingvorgangs und durch ohmsche Verluste im Stromkreis in Wärme umgewandelt worden. Ohne diese Verluste würde sich kein Gleichgewichtszustand eingestellt haben, sondern der Flüssigkeitsspiegel würde dauernd um die Gleichgewichtslage schwingen.

4.5 Unstetigkeiten der elektrischen Flußdichte. Brechungsgesetz für Feldlinien

Inhalt: Aus der Gleichung $\boldsymbol{\nabla} \cdot \mathbf{D} = \varrho$ für die elektrische Flußdichte folgt die Stetigkeit der Normalkomponente $\mathbf{D} \cdot \hat{\mathbf{n}}$ an der Grenzfläche zweier Dielektrika mit der Normalen $\hat{\mathbf{n}}$. Zusammen mit der Stetigkeit der Tangentialkomponente der elektrischen Feldstärke an dieser Grenzfläche folgt das Brechungsgesetz der elektrischen Feldlinien, $\tan\alpha_1 / \tan\alpha_2 = \varepsilon_{r1}/\varepsilon_{r2}$.

Bezeichnungen: $\mathbf{D}$ elektrische Flußdichte, ϱ äußere Ladungsdichte; $\varepsilon_{r1}, \varepsilon_{r2}$ Permittivitätszahlen aneinandergrenzender Dielektrika; $\hat{\mathbf{n}}$ Normale auf der Grenzfläche zwischen den Dielektrika; α_1, α_2 Winkel der elektrischen Feldlinien gegen die Normale in den beiden Dielektrika, ε_0 elektrische Feldkonstante.

Die Normalkomponente der elektrischen Flußdichte bleibt an einer Grenzfläche zwischen zwei Medien verschiedener Permittivitätszahlen ε_{r1}, ε_{r2} stetig. Der Beweis stützt sich auf den Gaußschen Satz. Als Integrationsvolumen benutzen wir wie im Abschn. 3.5 einen flachen Zylinder, dessen Kreisflächen parallel zur Grenzfläche verlaufen (Abb. 4.4). Da die Dielektrika keine von außen aufgebrachte starre Ladungsdichte enthalten, gilt

$$0 = \int_V \boldsymbol{\nabla} \cdot \mathbf{D} \, dV = \oint_{(V)} \mathbf{D} \cdot d\mathbf{a} = \int_A (\mathbf{D}_1 - \mathbf{D}_2) \cdot \hat{\mathbf{n}} \, da \quad .$$

Da das Volumen beliebig klein gewählt werden kann, folgt

$$(\mathbf{D}_1 - \mathbf{D}_2) \cdot \hat{\mathbf{n}} = 0 \quad . \tag{4.5.1}$$

Auch für eine Grenzfläche zwischen Dielektrika gilt (wegen $\boldsymbol{\nabla} \times \mathbf{E} = 0$), daß die Tangentialkomponenten der elektrischen Feldstärke stetig sind (vgl. Abschn. 3.5). Gleichung (4.5.1) liefert mit den Materialgleichungen eines linearen, isotropen Dielektrikums,

$$\mathbf{D}_1 = \varepsilon_{r1}\varepsilon_0 \mathbf{E}_1 \quad , \qquad \mathbf{D}_2 = \varepsilon_{r2}\varepsilon_0 \mathbf{E}_2 \quad , \tag{4.5.2}$$

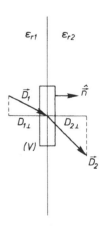

Abb. 4.4. Die Normalkomponente der elektrischen Flußdichte bleibt beim Übergang zwischen zwei Dielektrika stetig

die Beziehung

$$\varepsilon_{r1}\varepsilon_0 \mathbf{E}_1 \cdot \hat{\mathbf{n}} = \mathbf{D}_1 \cdot \hat{\mathbf{n}} = \mathbf{D}_2 \cdot \hat{\mathbf{n}} = \varepsilon_{r2}\varepsilon_0 \mathbf{E}_2 \cdot \hat{\mathbf{n}} \;.$$

Die Normalkomponenten von $\mathbf{E}$ auf den beiden Seiten der Grenzfläche verhalten sich umgekehrt proportional zu den Permittivitätszahlen,

$$\frac{\mathbf{E}_1 \cdot \hat{\mathbf{n}}}{\mathbf{E}_2 \cdot \hat{\mathbf{n}}} = \frac{\varepsilon_{r2}}{\varepsilon_{r1}} \;.$$

Nimmt man die Stetigkeit der Tangentialkomponenten von $\mathbf{E}$ an der Grenzfläche hinzu, erhält man ein *Brechungsgesetz für die elektrischen Feldlinien.* Definiert man die Winkel α_i der Feldlinien zur Senkrechten auf der Grenzfläche durch ($i = 1, 2$)

$$\tan \alpha_i = \frac{E_{i\|}}{E_{i\perp}} = \varepsilon_{ri}\varepsilon_0 \frac{E_{i\|}}{D_{i\perp}} \;,$$

so erhält man

$$\frac{\tan \alpha_1}{\tan \alpha_2} = \frac{\varepsilon_{r1}}{\varepsilon_{r2}} \;. \tag{4.5.3}$$

Abbildung 4.5 veranschaulicht dieses Brechungsgesetz für Feldlinien an der Grenzfläche zweier Medien mit verschiedenen Permittivitätszahlen.

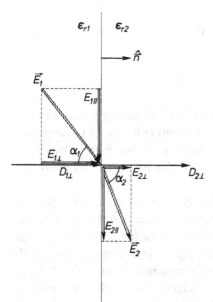

Abb. 4.5. Brechungsgesetz für Feldlinien

Aus (4.5.2) folgt wegen der Stetigkeit der Tangentialkomponenten der elektrischen Feldstärke, daß die Tangentialkomponenten der elektrischen Flußdichte beim Übergang von einem Dielektrikum in ein anderes unstetig sind,

$$(\mathbf{D}_1 - \mathbf{D}_2) \times \hat{\mathbf{n}} = \varepsilon_0(\varepsilon_{r1} - \varepsilon_{r2})\mathbf{E}_1 \times \hat{\mathbf{n}} \;.$$

4.6 *Mikroskopische Begründung der Feldgleichungen des elektrostatischen Feldes in Materie

4.6.1 Mikroskopische und gemittelte Ladungsverteilungen. Feldgleichungen

Inhalt: Die mikroskopischen Ladungsdichten in Materie bestehen aus Punktladungsdichten und Dipolladungsdichten. Ihre Mittelung mit einer Verteilung $f(\mathbf{r})$ führt auf die gemittelten Ladungsdichten $\varrho(\mathbf{r}) = qn(\mathbf{r})$ und Polarisationsladungsdichten $\varrho_{\mathbf{P}} = -\boldsymbol{\nabla} \cdot \mathbf{P}(\mathbf{r})$. Die elektrische Polarisation ist als räumliche Dipolmomentdichte $\mathbf{P} = n_{\mathbf{d}}\mathbf{d}$ durch die Dipoldichte $n_{\mathbf{d}}(\mathbf{r})$ und das Dipolmoment $\mathbf{d}$ der Atome oder Moleküle gegeben. Die gemittelte elektrische Flußdichte $\mathbf{D}$ folgt als $\mathbf{D} = \varepsilon_0\mathbf{E} + \mathbf{P}$. Die Feldgleichungen der Elektrostatik in Dielektrika sind $\boldsymbol{\nabla} \cdot \mathbf{D} = \varrho$ und $\boldsymbol{\nabla} \times \mathbf{E} = 0$. In einem linearen, isotropen Dielektrikum hängen $\mathbf{D}$ und $\mathbf{E}$ über $\mathbf{D} = \varepsilon_{\mathrm{r}}\varepsilon_0\mathbf{E}$ zusammen.

Bezeichnungen: ϱ_{mikr} mikroskopische Ladungsdichte, ϱ gemittelte Ladungsdichte, q Ladung der Punktladungen, n gemittelte Anzahldichte der Punktladungen, $\varrho_{\mathbf{P},\mathrm{mikr}}$ mikroskopische Polarisationsladungsdichte, $\varrho_{\mathbf{P}}$ gemittelte Polarisationsladungsdichte, $n_{\mathbf{d}}$ Anzahldichte der Dipole, $\mathbf{d}$ Dipolmoment; $\mathbf{E}_{\mathrm{mikr}}$ mikroskopische, $\mathbf{E}$ gemittelte elektrische Feldstärke; $\mathbf{P}$ elektrische Polarisation, $\mathbf{D}$ elektrische Flußdichte, ε_0 elektrische Feldkonstante.

Im Vakuum gelten die Feldgleichungen

$$\boldsymbol{\nabla} \times \mathbf{E} = 0 \qquad (4.6.1)$$

und

$$\boldsymbol{\nabla} \cdot \mathbf{E} = \frac{1}{\varepsilon_0}\varrho \quad . \qquad (4.6.2)$$

Das elektrostatische Feld ist aus seinen Quellen vollständig bestimmt, vgl. Abschn. B.17. Bei der Berechnung von Feldern mit Hilfe dieser Lösung muß die Ladungsverteilung $\varrho(\mathbf{r})$ unbeeinflußt vom elektrischen Feld selbst durch äußere Bedingungen vorgegeben sein. Wir bezeichnen sie jetzt als *äußere Ladungsdichte*.

Natürlich ist das elektrostatische Feld auch in Anwesenheit von Materie vollständig durch die Ladungsdichte bestimmt. Allerdings muß jetzt neben einer vorgegebenen äußeren Ladungsverteilung die Ladungsverteilung in der Materie selbst mitberücksichtigt werden. Im allgemeinen interessieren jedoch die Details des *mikroskopischen Feldverlaufs* zwischen Atomkern und -hülle bzw. zwischen benachbarten Atomen oder Molekülen nicht. Von Interesse ist nur der *makroskopische Feldverlauf*, also ein Mittelwert über einen Bereich mit vielen Molekülen. Ein Beispiel für die Bestimmung eines Feldverlaufs, der sich unter dem Einfluß von Materie einstellt, hatten wir bereits bei der Diskussion der Influenz kennengelernt. Die in Leitern frei beweglichen Ladungsträger führten unter dem Einfluß des elektrostatischen Feldes zur Ausbildung einer Ladungsdichteverteilung, die das Feld selbst so veränderte, daß die Leiteroberfläche eine Äquipotentialfläche wurde. Diese Eigenschaft der

Leiteroberfläche definiert eine Randbedingung für die Berechnung des Feldes, eine detaillierte Diskussion der Mittelung über mikroskopische Bereiche im Leiter erübrigte sich. Das Innere des Leiters konnte makroskopisch als feldfrei betrachtet werden.

Für nichtleitende Materie gestalten sich die Verhältnisse komplizierter, weil die Ladungen nicht mehr frei beweglich sind. Wohl aber sind die Ladungsverteilungen der Atome oder Moleküle polarisierbar, d. h. unter dem Einfluß des äußeren Feldes veränderlich. Da die sich einstellende Ladungsverteilung vom elektrischen Feld abhängt, ist sie nicht von vornherein bekannt. Wir werden im folgenden zeigen, daß die in Abschn. 4.3 eingeführte elektrische Flußdichte $\mathbf{D}$ an Stelle der elektrischen Feldstärke $\mathbf{E}$ zur Charakterisierung des Feldes benutzt werden kann. Die Quelle der elektrischen Flußdichte $\mathbf{D}$ wird sich dabei als die äußere Ladungsverteilung ϱ herausstellen, d. h.

$$\operatorname{div} \mathbf{D} = \varrho \quad . \tag{4.6.3}$$

Wir gehen von der Gleichung für das mikroskopische elektrische Feld $\mathbf{E}_{\text{mikr}}$ aus,

$$\boldsymbol{\nabla} \cdot \mathbf{E}_{\text{mikr}} = \frac{1}{\varepsilon_0} \varrho_{\text{mikr}} + \frac{1}{\varepsilon_0} \varrho_{\mathbf{P},\text{mikr}} \quad , \tag{4.6.4}$$

wobei ϱ_{mikr} die äußere mikroskopische Ladungsverteilung und $\varrho_{\mathbf{P},\text{mikr}}$ die sich unter dem Einfluß des Feldes ausbildende mikroskopische Polarisationsladungsdichte des Dielektrikums ist.

Die äußere Ladungsverteilung ϱ_{mikr} besteht aus Punktladungen q_i an den festen Orten $\mathbf{r}_i$,

$$\varrho_{\text{mikr}}(\mathbf{r}) = \sum_i q_i \delta^3(\mathbf{r} - \mathbf{r}_i) \quad .$$

Die Ladungsverteilung $\varrho_{\mathbf{P},\text{mikr}}$ des Dielektrikums setzt sich mikroskopisch aus den Ladungsverteilungen $\varrho_i(\mathbf{r})$ der einzelnen Atome oder Moleküle der Substanz zusammen,

$$\varrho_{\mathbf{P},\text{mikr}}(\mathbf{r}) = \sum_i \varrho_i(\mathbf{r}) \quad ,$$

wie sie sich unter dem Einfluß des elektrischen Feldes ausgebildet haben. Die Moleküle sind elektrisch neutral, das äußere Feld verschiebt jedoch die negativen Ladungen der Elektronenhüllen und die positiven der Atomkerne geringfügig gegeneinander, so daß jedes Molekül näherungsweise durch einen elektrischen Dipol mit dem Dipolmoment $\mathbf{d}_i$ beschrieben werden kann. Seine Ladungsdichte $\varrho_i(\mathbf{r})$ hat dann nach (2.10.11) die Form

$$\varrho_i(\mathbf{r}) = -\mathbf{d}_i \cdot \boldsymbol{\nabla} \delta^3(\mathbf{r} - \mathbf{r}_i) \quad .$$

Das Dipolmoment $\mathbf{d}_i$ ist dabei als Mittelwert der molekularen Dipolmomente aufzufassen, wie sie durch Verschiebungs- und Orientierungspolarisation zustande kommen. Die Divergenz der mikroskopischen elektrischen Feldstärke ist bis auf den Faktor $1/\varepsilon_0$ gleich der Summe der äußeren mikroskopischen Ladungsdichte ϱ_{mikr} und der mikroskopischen Ladungsdichte $\varrho_{\mathbf{P},\text{mikr}}$ der Atome oder Moleküle unter dem Einfluß des äußeren elektrischen Feldes,

$$\boldsymbol{\nabla} \cdot \mathbf{E}_{\text{mikr}}(\mathbf{r}) = \frac{1}{\varepsilon_0} \left(\sum_i q_i \delta^3(\mathbf{r} - \mathbf{r}_i) - \sum_i \mathbf{d}_i \cdot \boldsymbol{\nabla}\delta^3(\mathbf{r} - \mathbf{r}_i) \right) \quad . \quad (4.6.5)$$

Der zu dieser stark variierenden mikroskopischen Ladungsverteilung gehörende Feldverlauf ist in seinen Details für die meisten Fragen ohne Interesse. Es genügt die Kenntnis eines mit einer Verteilung $f(\mathbf{r})$ gemittelten Feldes, vgl. Anhang G,

$$\mathbf{E}(\mathbf{r}) = \int f(\mathbf{r}')\mathbf{E}_{\text{mikr}}(\mathbf{r} + \mathbf{r}')\, \mathrm{d}V' \quad . \quad (4.6.6)$$

Offenbar gilt

$$\begin{aligned} \boldsymbol{\nabla} \cdot \mathbf{E}(\mathbf{r}) &= \int f(\mathbf{r}')\boldsymbol{\nabla} \cdot \mathbf{E}_{\text{mikr}}(\mathbf{r} + \mathbf{r}')\, \mathrm{d}V' \\ &= \frac{1}{\varepsilon_0} \int f(\mathbf{r}')\left(\varrho_{\text{mikr}}(\mathbf{r} + \mathbf{r}') + \varrho_{\mathbf{P},\text{mikr}}(\mathbf{r} + \mathbf{r}')\right) \mathrm{d}V' \\ &= \frac{1}{\varepsilon_0}\left(\varrho(\mathbf{r}) + \varrho_{\mathbf{P}}(\mathbf{r})\right) \end{aligned}$$

und

$$\boldsymbol{\nabla} \times \mathbf{E} = \int f(\mathbf{r}')\boldsymbol{\nabla} \times \mathbf{E}_{\text{mikr}}(\mathbf{r} + \mathbf{r}')\, \mathrm{d}V' = 0 \quad .$$

Die gemittelte Feldstärke $\mathbf{E}(\mathbf{r})$ und Ladungsdichte $\varrho + \varrho_{\mathbf{P}}$ erfüllen Feldgleichungen derselben Form wie die mikroskopischen Größen $\mathbf{E}_{\text{mikr}}$, $\varrho_{\text{mikr}} + \varrho_{\mathbf{P},\text{mikr}}$. Der Bereich, über den gemittelt wird, soll dabei viele Moleküle oder Atome enthalten. Seine Linearabmessung $\Delta\ell$ soll also groß gegen den mittleren Molekül- oder Atomabstand sein. Andererseits soll $\Delta\ell$ hinreichend klein sein gegenüber Abständen, über die sich die Anzahl der Moleküle pro Volumeneinheit deutlich ändert. Für die im Anhang G angegebenen Verteilungen ist der die Linearabmessung bestimmende Parameter für die Rechteckverteilung $\Delta\ell = L$, für die Gauß-Verteilung $\Delta\ell = \sigma$.

In flüssigen oder festen Substanzen ist der Molekülabstand von der Größenordnung 10^{-8} cm, physikalische Apparaturen ermöglichen Variationen von ϱ in der Größenordnung $\approx 10^{-4}$ cm. Man kann also Mittelungsvolumina $\Delta V = (\Delta\ell)^3$ zwischen den Grenzen

$$10^{-24}\, \text{cm}^3 \ll \Delta V \ll 10^{-12}\, \text{cm}^3$$

wählen. Für $\Delta V = 10^{-12}$ cm^3 sind dann etwa 10^{12} Moleküle im Mittelungsvolumen enthalten. Für die äußere Ladungsverteilung liefert der Mittelungsprozeß wie in (2.3.2) die Ladungsdichte

$$\varrho(\mathbf{r}) = \int f(\mathbf{r}') \sum_i q_i \delta^3(\mathbf{r} - \mathbf{r}_i + \mathbf{r}') \, dV' = \sum_i q_i f(\mathbf{r}_i - \mathbf{r}) \quad .$$

Falls die Ladungen q_i an allen Orten $\mathbf{r}_i$ gleich sind (etwa gleich der Elementarladung) finden wir, vgl. (2.3.5),

$$\varrho(\mathbf{r}) = q \sum_i f(\mathbf{r}_i - \mathbf{r}) = qn(\mathbf{r}) \quad . \tag{4.6.7}$$

Hier ist $\varrho(\mathbf{r})$ die makroskopische Ladungsdichte, $n(\mathbf{r})$ die gemittelte Anzahldichte (2.3.5) der Ladungsträger q am Ort $\mathbf{r}$. Denselben Mittelungsprozeß wenden wir jetzt auf den Term $\varrho_{\mathbf{P},\text{mikr}}$ an:

$$
\begin{aligned}
\varrho_{\mathbf{P}}(\mathbf{r}) &= \int f(\mathbf{r}') \varrho_{\mathbf{P},\text{mikr}}(\mathbf{r} + \mathbf{r}') \, dV' \\
&= -\int f(\mathbf{r}') \sum_i \mathbf{d}_i \cdot \boldsymbol{\nabla} \delta(\mathbf{r} - \mathbf{r}_i + \mathbf{r}') \, dV' \quad . \tag{4.6.8}
\end{aligned}
$$

Die Differentiation $\boldsymbol{\nabla}$ kann vor das Integral geschrieben werden, es gilt

$$
\begin{aligned}
\varrho_{\mathbf{P}}(\mathbf{r}) &= -\boldsymbol{\nabla} \cdot \left(\sum_i \int f(\mathbf{r}') \mathbf{d}_i \delta^3(\mathbf{r} - \mathbf{r}_i + \mathbf{r}') \right) dV' \\
&= -\boldsymbol{\nabla} \cdot \left(\sum_i \mathbf{d}_i f(\mathbf{r}_i - \mathbf{r}) \right) \quad . \tag{4.6.9}
\end{aligned}
$$

Falls alle Moleküle das gleiche Dipolmoment $\mathbf{d} = \mathbf{d}_i$ besitzen, vereinfacht sich dieser Ausdruck zu

$$\varrho_{\mathbf{P}}(\mathbf{r}) = -\boldsymbol{\nabla} \cdot \left(\mathbf{d} \sum_i f(\mathbf{r}_i - \mathbf{r}) \right) = -\boldsymbol{\nabla} \cdot (\mathbf{d} n_{\mathbf{d}}(\mathbf{r})) = -\boldsymbol{\nabla} \cdot \mathbf{P}(\mathbf{r}) \quad . \tag{4.6.10}$$

Hier bezeichnet $n_{\mathbf{d}}(\mathbf{r})$ die Anzahldichte der Dipole in der Umgebung von $\mathbf{r}$. Analog zur Ladungsdichte $\varrho = qn(\mathbf{r})$ ist die Polarisation

$$\mathbf{P}(\mathbf{r}) = \mathbf{d} n_{\mathbf{d}}(\mathbf{r}) \tag{4.6.11}$$

die *Dipoldichte* am Ort $\mathbf{r}$.

Die Anwendung des Mittelungsprozesses auf die Feldgleichung (4.6.5) liefert

$$\boldsymbol{\nabla} \cdot \mathbf{E} = \frac{1}{\varepsilon_0} qn(\mathbf{r}) - \frac{1}{\varepsilon_0} \boldsymbol{\nabla} \cdot \mathbf{P}(\mathbf{r}) \tag{4.6.12}$$

oder

$$\boldsymbol{\nabla} \cdot [\varepsilon_0 \mathbf{E}(\mathbf{r}) + \mathbf{P}(\mathbf{r})] = qn(\mathbf{r}) = \varrho(\mathbf{r}) \quad .$$

Für die elektrische Flußdichte

$$\mathbf{D}(\mathbf{r}) = \varepsilon_0 \mathbf{E}(\mathbf{r}) + \mathbf{P}(\mathbf{r}) \tag{4.6.13}$$

gilt dann die Feldgleichung

$$\boldsymbol{\nabla} \cdot \mathbf{D}(\mathbf{r}) = \varrho(\mathbf{r}) \quad . \tag{4.6.14}$$

Die Quelle des Feldes $\mathbf{D}$ ist die makroskopische Ladungsverteilung. Durch Integration von $\mathbf{D}$ über eine geschlossene Oberfläche erhalten wir mit Hilfe des Gaußschen Satzes

$$\oint_{(V)} \mathbf{D} \cdot d\mathbf{a} = \int_V \boldsymbol{\nabla} \cdot \mathbf{D} \, dV = \int_V \varrho \, dV = Q \quad , \tag{4.6.15}$$

die Integralform der Feldgleichung (4.6.14).

Die elektrische Flußdichte $\mathbf{D}$ unterscheidet sich von dem gemittelten elektrischen Feld $\mathbf{E}$ im Dielektrikum (abgesehen von dem Faktor ε_0) durch die Polarisation $\mathbf{P} = d n_{\mathrm{d}}(\mathbf{r})$ des Dielektrikums.

Das mittlere Dipolmoment $\mathbf{d}$ pro Molekül ist eine Funktion der elektrischen Feldstärke $\mathbf{E}(\mathbf{r})$ am Ort $\mathbf{r}$ des Moleküls,

$$\mathbf{d} = \mathbf{d}(\mathbf{E}) \quad .$$

Damit ist auch die Polarisation

$$\mathbf{P} = n_{\mathbf{d}}(\mathbf{r}) \mathbf{d}(\mathbf{E}) = \mathbf{P}(\mathbf{r}, \mathbf{E})$$

eine Funktion der Feldstärke. In vielen Fällen besteht ein linearer Zusammenhang,

$$\mathbf{P}(\mathbf{r}, \mathbf{E}) = (\varepsilon_{\mathrm{r}} - 1)\varepsilon_0 \mathbf{E}(\mathbf{r}) = \chi_{\mathrm{e}} \varepsilon_0 \mathbf{E}(\mathbf{r}) \quad ,$$

so daß die elektrische Flußdichte

$$\mathbf{D}(\mathbf{r}) = \varepsilon_{\mathrm{r}} \varepsilon_0 \mathbf{E}(\mathbf{r}) \tag{4.6.16}$$

ebenfalls linear mit der elektrischen Feldstärke $\mathbf{E}(\mathbf{r})$ verknüpft ist. Diese Materialgleichung berücksichtigt die dielektrischen Eigenschaften einer *linearen, isotropen Substanz*.

Durch die Gleichungen

$$\boldsymbol{\nabla} \cdot \mathbf{D}(\mathbf{r}) = \varrho(\mathbf{r}) \quad , \qquad \boldsymbol{\nabla} \times \mathbf{E}(\mathbf{r}) = 0 \quad \text{und} \quad \mathbf{D}(\mathbf{r}) = \varepsilon_{\mathrm{r}}(\mathbf{r})\varepsilon_0 \mathbf{E}(\mathbf{r}) \tag{4.6.17}$$

ist das elektrostatische Feld in einem solchen Dielektrikum vollständig durch die vorgegebene äußere Ladungsverteilung $\varrho(\mathbf{r})$ und die Materialeigenschaft $\varepsilon_{\mathrm{r}}(\mathbf{r})$ gegeben.

4.6.2 Raum- und Oberflächenladungsdichten durch Polarisation

Inhalt: Eine räumlich veränderliche Polarisation in einem durch die geschlossene Oberfläche $a(\mathbf{r}) = 0$ begrenzten Volumen, für das $a(\mathbf{r}) > 0$ gilt, kann durch $\mathbf{P}(\mathbf{r})\,\Theta(a(\mathbf{r}))$ beschrieben werden. Die Polarisationsladungsdichte besteht aus zwei Anteilen, einer räumlichen Dichte und einer Oberflächenladungsdichte. Für eine im Inneren des Dielektrikums homogene elektrische Polarisation $\mathbf{P}(\mathbf{r}) = \mathbf{P}_0$ tritt keine räumliche Polarisationsladungsdichte auf. Polarisationsladungen befinden sich in diesem Fall nur auf der Oberfläche des Dielektrikums. **Bezeichnungen:** $\mathbf{P}$ elektrische Polarisation, $\varrho_\mathbf{P}$ Polarisationsladungsdichte, $\sigma_\mathbf{P}$ Polarisationsoberflächenladungsdichte.

Gleichung (4.6.10) besagt, daß die negative Divergenz der Polarisation gerade die Ladungsdichte $\varrho_\mathbf{P}$ liefert. Für ein endlich ausgedehntes Dielektrikum ist die Polarisation außerhalb des von der Materie ausgefüllten Gebietes V gleich null, im Inneren ist sie im allgemeinen ein ortsabhängiges Vektorfeld.

Die Oberfläche des Dielektrikums läßt sich am einfachsten mit Hilfe einer geeigneten impliziten Gleichung

$$a(\mathbf{r}) = 0 \qquad (4.6.18)$$

beschreiben. Die Lösungen $\mathbf{r}$ dieser Gleichung stellen eine zweidimensionale Fläche dar, die bei geeigneter Wahl von $a(\mathbf{r})$ gerade die Oberfläche des Dielektrikums beschreibt. Damit hat $a(\mathbf{r})$ keine weiteren Nullstellen. Dann hat a im Inneren des Dielektrikums stets ein und dasselbe Vorzeichen, außerhalb des Dielektrikums das entgegengesetzte. In der Oberfläche des Dielektrikums liegen die Nullstellen von $a(\mathbf{r})$, an denen Vorzeichenwechsel geschieht. Durch geeignete Wahl des gesamten Vorzeichens von a läßt es sich immer so einrichten, daß $a(\mathbf{r}) > 0$ im Inneren des Dielektrikums gilt.

Als Beispiel betrachten wir ein kugelförmiges Dielektrikum des Radius R um den Ursprung. Seine Oberfläche ist dann durch

$$a(\mathbf{r}) = R - |\mathbf{r}| = 0$$

beschreibbar. Im Inneren gilt

$$a(\mathbf{r}) = R - |\mathbf{r}| > 0$$

und außen entsprechend

$$a(\mathbf{r}) = R - |\mathbf{r}| < 0 \quad .$$

Die Polarisation des Dielektrikums läßt sich dann explizit durch

$$\mathbf{P}(\mathbf{r})\,\Theta(a(\mathbf{r})) \qquad (4.6.19)$$

darstellen. Jetzt läßt sich für die Polarisationsladungsdichte (4.6.10) mit der Produktregel

$$\begin{aligned}
\varrho_{\mathbf{P}}(\mathbf{r}) &= -\boldsymbol{\nabla} \cdot \{\mathbf{P}(\mathbf{r}) \, \Theta(a(\mathbf{r}))\} \\
&= -\Theta(a(\mathbf{r}))\boldsymbol{\nabla} \cdot \mathbf{P}(\mathbf{r}) - \mathbf{P}(\mathbf{r}) \cdot \boldsymbol{\nabla}\, \Theta(a(\mathbf{r}))
\end{aligned}$$

ausrechnen. Der zweite Term läßt sich mit der Kettenregel noch umformen:

$$\boldsymbol{\nabla}\, \Theta(a(\mathbf{r})) = \boldsymbol{\nabla} a(\mathbf{r})\frac{\mathrm{d}}{\mathrm{d}a}\, \Theta(a) \quad .$$

Die Ableitung der Stufenfunktion ist gleich der Diracschen Deltafunktion, vgl. (F.1.21),

$$\frac{\mathrm{d}}{\mathrm{d}x}\, \Theta(x) = \delta(x) \quad .$$

Damit gilt einfach

$$\varrho_{\mathbf{P}}(\mathbf{r}) = -\Theta(a(\mathbf{r}))\boldsymbol{\nabla} \cdot \mathbf{P}(\mathbf{r}) - \mathbf{P}(\mathbf{r}) \cdot (\boldsymbol{\nabla} a(\mathbf{r}))\delta(a(\mathbf{r})) \quad . \tag{4.6.20}$$

Der erste Term beschreibt eine Raumladungsdichte $\boldsymbol{\nabla} \cdot \mathbf{P}(\mathbf{r})$, die gleich der Divergenz der Polarisation ist. Sie verschwindet für homogene, d. h. ortsunabhängige Polarisation. Der zweite Term stellt eine auf die Oberfläche des Dielektrikums beschränkte Ladungsverteilung dar. Sie ist nur für verschwindendes Argument

$$a(\mathbf{r}) = 0$$

der Deltafunktion von null verschieden. Dies ist jedoch die Bedingung (4.6.18), die von den Ortsvektoren der Oberfläche des Dielektrikums erfüllt wird. Dieser Beitrag verschwindet auch für im Inneren des Dielektrikums homogene Polarisation $\mathbf{P}$ nicht. Er entspricht genau der Oberflächenladungsdichte (4.2.4c), die wir zu Beginn dieses Kapitels eingeführt haben.

Als Beispiel betrachten wir wieder eine homogen polarisierte, dielektrische Kugel vom Radius R um den Ursprung. Setzen wir die konstante Polarisation

$$\mathbf{P}(\mathbf{r}) = \mathbf{P}_0$$

in (4.6.20) ein, so finden wir für die Ladungsdichte

$$\varrho_{\mathbf{P}}(\mathbf{r}) = -\mathbf{P}_0 \cdot \hat{\mathbf{r}}\delta(|\mathbf{r}| - R) \quad .$$

Wegen der Deltafunktion $\delta(|\mathbf{r}| - R) = \delta(r - R)$ ist sie nur auf der Kugeloberfläche $r = R$ von null verschieden. Durch Integration über r erhalten wir die Oberflächenladungsdichte

$$\sigma_{\mathbf{P}} = \int_0^\infty \varrho_{\mathbf{P}}(\mathbf{r})\,\mathrm{d}r = -\int_0^\infty \mathbf{P}_0 \cdot \hat{\mathbf{r}}\delta(r - R)\,\mathrm{d}r = -\mathbf{P}_0 \cdot \hat{\mathbf{r}} = -P_0 \cos\vartheta \quad .$$

Hier ist ϑ der Winkel zwischen der Richtung der Polarisation $\mathbf{P}_0$ und dem Ortsvektor $\mathbf{r}$.

4.7 Ursachen der Polarisation

Im Abschn. 4.2 haben wir gesehen, daß nichtleitende Materie ein elektrisches Feld verändert. Der Grund dafür liegt in den Dipolmomenten der Atome oder Moleküle. Je nach den Ursachen für die Dipolmomente unterscheidet man

1. *elektronische Polarisation*
   – auch elektronische Verschiebungspolarisation genannt – die durch Deformation der Elektronenhüllen der einzelnen Atome oder Moleküle zustande kommt, Abb. 4.6a,

2. *Orientierungspolarisation*
   die auf der Ausrichtung bereits vorhandener (permanenter) Dipolmomente der Atome oder Moleküle beruht, Abb. 4.6b, und

3. *ionische Polarisation*
   – auch ionische Verschiebungspolarisation genannt – die durch die Verschiebung der einzelnen Ionen des Gitters gegeneinander bewirkt wird, Abb. 4.6c.

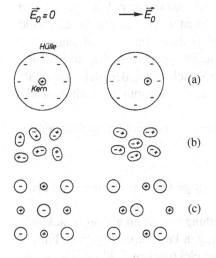

Abb. 4.6 a–c. Schema der elektrischen Verschiebungspolarisation (**a**), der Orientierungspolarisation (**b**) und der ionischen Verschiebungspolarisation (**c**)

4.7.1 Elektronische Polarisation

Inhalt: Das durch Polarisation erzeugte Dipolmoment **d** eines Atoms oder Moleküls im äußeren elektrischen Feld ist proportional zum elektrischen Feld **E**, $\mathbf{d} = \alpha\mathbf{E}$. Die Polarisierbarkeit α ist näherungsweise proportional zum Volumen des Atoms oder Moleküls. Die elektrische Suszeptibilität χ_e des Dielektrikums ist in niedrigster Näherung proportional zur Polarisierbarkeit α und der räumlichen Anzahldichte n_d der Dipole im Dielektrikum, $\chi_e = \alpha n_d/\varepsilon_0$. Dies ist die Näherung erster Ordnung in $\alpha n_d/\varepsilon_0$ der Clausius–Mossottischen Formel.

Bezeichnungen: d Dipolmoment, n_d Anzahldichte der Dipole, α Polarisierbarkeit, V Atom- oder Molekülvolumen, **P** elektrische Polarisation, **E** elektrische Feldstärke, **D** elektrische Flußdichte, χ_e elektrische Suszeptibilität, ε_r Permittivitätszahl, ε_0 elektrische Feldkonstante.

Die Atome oder Moleküle, aus denen die Materie besteht, haben Elektronen- hüllen, die im einfachsten Fall kugelsymmetrische Ladungsverteilungen und damit kein permanentes Dipolmoment haben. Als makroskopisches Modell für die Wirkung eines äußeren homogenen elektrostatischen Feldes $\mathbf{E}_0$ auf eine solche Ladungsverteilung benutzen wir die Influenz des Feldes auf eine Metallkugel vom Radius R. Im Abschn. 3.4 haben wir festgestellt, daß auf der Kugel eine Ladungsverteilung influenziert wird, deren Feld außerhalb der Kugel vollständig durch das Feld eines Dipols am Ort des Kugelmittelpunkts mit dem Moment

$$\mathbf{d} = 4\pi R^3 \varepsilon_0 \mathbf{E}_0 = \alpha \mathbf{E}_0 \quad , \qquad \alpha = 4\pi\varepsilon_0 R^3 \quad , \tag{4.7.1}$$

vgl. (3.4.4), beschrieben wird. Dieses *induzierte Dipolmoment* ist dem äu- ßeren Feld proportional. Den Proportionalitätsfaktor α, der dem Volumen der Kugel proportional ist, nennen wir *Polarisierbarkeit* der Kugel. Das Verhalten von kugelsymmetrischen Atomen oder Molekülen in einem homogenen Feld ist ganz analog. Das induzierte Dipolmoment ist wiederum dem äußeren Feld $\mathbf{E}_0$ proportional. Es entsteht jedoch jetzt nicht durch Influenz auf einem Lei- ter, sondern durch die Verschiebung der negativ geladenen Elektronenhülle relativ zum positiv geladenen Kern. Diese Verschiebung der Elektronenhülle unter der Wirkung des Feldes entspricht der Verschiebung der Leitungselek- tronen auf der Metallkugel.

Die von der leitenden Kugel nahegelegte Volumenproportionalität der Po- larisierbarkeit,

$$\alpha = 4\pi\varepsilon_0 R^3 = 3\varepsilon_0 V \quad ,$$

gibt für kugelsymmetrische Atome die richtige Größenordnung der Polari- sierbarkeit wieder.

Wir betrachten eine ungeordnete Verteilung von Atomen oder Molekülen, wie sie in Gasen, Flüssigkeiten oder amorphen Festkörpern vorliegt. Für die Diskussion des Verhaltens von Materie im elektrischen Feld genügt es, die kugelsymmetrischen Moleküle durch Dipole parallel zum Feld zu ersetzen.

Die elektrische Polarisation ist dann nach (4.6.11) durch $\mathbf{P} = n_d \mathbf{d}$ ge- geben. Das Dipolmoment d ist durch die am Ort des Atoms oder Moleküls herrschende Feldstärke gegeben. Wählen wir für die Feldstärke am Ort des Atoms die gemittelte Feldstärke **E**, vgl. (4.6.6), so ergibt sich

$$\mathbf{d} = \alpha \mathbf{E} \quad . \tag{4.7.2}$$

Damit erhalten wir

$$\mathbf{P} = \alpha n_d \mathbf{E}$$

und

$$D = \varepsilon_0 E + P = \varepsilon_0 \left(1 + \frac{\alpha n_{\mathbf{d}}}{\varepsilon_0}\right) E \quad.$$

Man liest sofort die Permittivitätszahl

$$\varepsilon_{\mathrm{r}} = 1 + \chi_{\mathrm{e}} \tag{4.7.3}$$

mit der elektrischen Suszeptibilität

$$\chi_{\mathrm{e}} = \frac{\alpha n_{\mathbf{d}}}{\varepsilon_0} \tag{4.7.4}$$

ab. Diese beiden Gleichungen gelten nur näherungsweise, da das Feld E im Dielektrikum auch den Beitrag des elektrischen Feldes des jeweils betrachteten Atoms oder Moleküls einschließt, das vom elektrischen Feld polarisiert wird. Dies untersuchen wir im nächsten Abschnitt.

4.7.2 *Clausius–Mossottische Formel

Inhalt: Das gemittelte elektrische Feld E', in dem ein Atom des Materials polarisiert wird und ein Dipolmoment d erhält, ist die Summe des gemittelten Feldes E im Medium und des Lorentz-Terms $P/(3\varepsilon_0)$, d. h. $E' = E + P/(3\varepsilon_0)$. Das durch Polarisation auftretende Dipolmoment ist dann $d = \alpha E'$. Für die Permittivitätszahl ergibt sich die Clausius–Mossotti-Formel.

Bezeichnungen: E_{mikr} mikroskopische und E gemittelte elektrische Feldstärke im Medium, $E_{\mathrm{mikr}}^{(k)}$ die das k-te Einzelatom polarisierende mikroskopische und $E^{(k)}$ bzw. E' entsprechende gemittelte elektrische Feldstärke, $E_{\mathrm{mikr},k}$ mikroskopische und E_k gemittelte elektrische Feldstärke des k-ten Atoms, $E_{\mathbf{d}}$ elektrische Feldstärke eines Dipols, d Dipolmoment, α Polarisierbarkeit, ε_{r} Permittivitätszahl, χ_{e} elektrische Suszeptibilität, ε_0 elektrische Feldkonstante, P Polarisation, $n_{\mathbf{d}}$ Anzahldichte der atomaren oder molekularen Dipole im Medium, V_{A} atomares Mittelungsvolumen und R_{A} dessen Radius, $f(r)$ Mittelungsfunktion, Θ Stufenfunktion, δ^3 Diracsche Deltadistribution.

Im vorigen Abschnitt haben wir für die Feldstärke, die das Einzelatom in der Materie polarisiert, die gemittelte Feldstärke E im Medium gewählt und für das durch Polarisation erzeugte Dipolmoment d des Einzelatoms in der Materie (4.7.2) erhalten. Die gemittelte Feldstärke wird durch Mittelung der mikroskopischen elektrischen Feldstärke

$$E_{\mathrm{mikr}}(\mathbf{r}) = E_0 + \sum_{\ell} E_{\mathrm{mikr},\ell}(\mathbf{r}) \tag{4.7.5}$$

gewonnen, die sich aus der äußeren elektrischen Feldstärke E_0 und der Summe der mikroskopischen Feldstärken ($\mathbf{z}_\ell = \mathbf{r} - \mathbf{r}_\ell$)

$$E_{\mathrm{mikr},\ell}(\mathbf{r}) = E_{\mathbf{d}}(\mathbf{r} - \mathbf{r}_\ell) = \frac{1}{4\pi\varepsilon_0} \frac{3(\mathbf{d} \cdot \hat{\mathbf{z}}_\ell)\hat{\mathbf{z}}_\ell - \mathbf{d}}{z_\ell^3} \Theta(z_\ell - \varepsilon) - \frac{\mathbf{d}}{3\varepsilon_0}\delta^3(\mathbf{z}_\ell)$$

$$\tag{4.7.6}$$

der durch Polarisation entstehenden Dipolmomente **d** der Atome oder Moleküle am Ort $\mathbf{r}_\ell$ im Medium zusammensetzt.

Tatsächlich wird jedes Atom oder Molekül aber nicht durch die gemittelte Feldstärke **E** polarisiert. Vielmehr ist das elektrische Feld $\mathbf{E}^{(k)}$, das das Atom oder Molekül mit der Nummer k am Ort $\mathbf{r}_k$ polarisiert, die Überlagerung des äußeren Feldes $\mathbf{E}_0$ und der Summe der Dipolfelder $\mathbf{E}_\ell$ aller anderen Atome außer dem mit der Nummer k,

$$\mathbf{E}^{(k)}_{\mathrm{mikr}}(\mathbf{r}) = \mathbf{E}_0 + \sum_{\ell \neq k} \mathbf{E}_{\mathrm{mikr},\ell}(\mathbf{r}) = \mathbf{E}_{\mathrm{mikr}}(\mathbf{r}) - \mathbf{E}_{\mathrm{mikr},k}(\mathbf{r}) \quad . \qquad (4.7.7)$$

Das gemittelte Feld $\mathbf{E}^{(k)}(\mathbf{r})$ wird mit einer dreidimensionalen kugelsymmetrischen Verteilung $f(r)$, die also nur vom Betrag r des Ortsvektors $\mathbf{r}$ abhängt, gewonnen. Wir erhalten

$$\int f(r')\mathbf{E}^{(k)}_{\mathrm{mikr}}(\mathbf{r} + \mathbf{r}')\,\mathrm{d}V'$$
$$= \int f(r')\mathbf{E}_{\mathrm{mikr}}(\mathbf{r} + \mathbf{r}')\,\mathrm{d}V' - \int f(r')\mathbf{E}_{\mathrm{mikr},k}(\mathbf{r} + \mathbf{r}')\,\mathrm{d}V' \quad .$$

Der erste Term auf der rechten Seite ist das gemittelte Feld $\mathbf{E}(\mathbf{r})$ im Inneren des Materials. Der zweite Term liefert im Zentrum des Atoms, d. h. für $\mathbf{r} = \mathbf{r}_k$ oder $\mathbf{z}_k = \mathbf{r} - \mathbf{r}_k = 0$, die gemittelte Feldstärke

$$\mathbf{E}_k(\mathbf{r}_k) = \int f(r')\mathbf{E}_{\mathrm{mikr},k}(\mathbf{r}_k + \mathbf{r}')\,\mathrm{d}V' = \int f(r')\mathbf{E}_{\mathbf{d}}(\mathbf{r}')\,\mathrm{d}V' \quad ,$$

die die Polarisierung des k-ten Atoms am Ort $\mathbf{r}_k$ bewirkt. Setzen wir (4.7.6) für $\mathbf{E}_{\mathrm{mikr},k}$ ein, so trägt der Term mit der Stufenfunktion $\Theta(r' - \varepsilon)$ aus Symmetriegründen zum Integral nicht bei. Der zweite liefert

$$\int f(r')\mathbf{E}_{\mathrm{mikr},k}(\mathbf{r}_k + \mathbf{r}')\,\mathrm{d}V' = \int f(r')\left(-\frac{\mathbf{d}}{3\varepsilon_0}\right)\delta^3(\mathbf{r}')\,\mathrm{d}V' = -\frac{\mathbf{d}f(0)}{3\varepsilon_0} \quad .$$

In einer amorphen Substanz der Dipoldichte $n_{\mathbf{d}}$ nimmt das vom Feld $\mathbf{E}^{(k)}$ polarisierte Atom oder Molekül im Mittel ein kugelförmiges Volumen

$$\frac{1}{n_{\mathbf{d}}} = V_{\mathrm{A}} = \frac{4\pi}{3}R_{\mathrm{A}}^3$$

ein. Der Radius R_{A} dieses Volumens bestimmt damit die Längenskala der Mittelung der Feldstärke $\mathbf{E}^{(k)}_{\mathrm{mikr}}$. Daher wählen wir als Verteilung die normierte kugelsymmetrische Stufenverteilung

$$f(r) = \frac{1}{V_{\mathrm{A}}}\,\Theta(R_{\mathrm{A}} - r) = n_{\mathbf{d}}\,\Theta(R_{\mathrm{A}} - r) \quad .$$

Wegen

$$f(0) = \frac{1}{V_A} = n_d$$

gilt

$$\int f(r')\mathbf{E}_{\mathrm{mikr},k}(\mathbf{r}_k + \mathbf{r}')\,\mathrm{d}V' = -\frac{n_d\mathbf{d}}{3\varepsilon_0}$$

und damit

$$\mathbf{E}^{(k)}(\mathbf{r_k}) = \mathbf{E}(\mathbf{r_k}) + \frac{n_d\mathbf{d}}{3\varepsilon_0} \quad .$$

In der von uns betrachteten homogenen Materie hängt die Feldstärke $\mathbf{E}^{(k)}$ nicht mehr von der Atomnummer k ab, daher werden wir statt $\mathbf{E}^{(k)}(\mathbf{r}_k)$ nun einfach $\mathbf{E}'(\mathbf{r})$ schreiben. Mit (4.6.11) führen wir an Stelle von $n_d\mathbf{d}$ die Polarisation $\mathbf{P}$ ein und finden für das Feld $\mathbf{E}'$, das die Polarisation eines Atoms oder Moleküls im Medium bewirkt,

$$\mathbf{E}'(\mathbf{r}) = \mathbf{E}(\mathbf{r}) + \frac{1}{3\varepsilon_0}\mathbf{P} \quad . \tag{4.7.8}$$

Die Differenz $\mathbf{P}/(3\varepsilon_0)$ zwischen dem elektrischen Feld $\mathbf{E}$ im Medium und $\mathbf{E}'$ heißt *Lorentz-Term*. Da das Dipolmoment des Atoms nach (4.7.1) proportional zum Feld $\mathbf{E}'$ an seinem Ort ist, gilt

$$\mathbf{d} = \alpha\mathbf{E}' \quad ,$$

wobei α die Polarisierbarkeit des Atoms bedeutet. Wegen (4.6.11) kann man hier an Stelle des Dipolmoments $\mathbf{d}$ wieder die Polarisation einführen und erhält

$$\frac{1}{n_d}\mathbf{P} = \alpha\mathbf{E}' \quad , \qquad \text{d. h.} \quad \mathbf{E}' = \frac{1}{n_d\alpha}\mathbf{P} \quad .$$

Durch Kombination mit (4.7.8) läßt sich so die Polarisation $\mathbf{P}$ in Abhängigkeit von der mittleren makroskopischen Feldstärke im Material ausdrücken,

$$\frac{1}{n_d\alpha}\mathbf{P} = \mathbf{E}(\mathbf{r}) + \frac{1}{3\varepsilon_0}\mathbf{P} \quad ,$$

so daß wir

$$\mathbf{P} = \frac{n_d\alpha}{1 - n_d\alpha/(3\varepsilon_0)}\mathbf{E}$$

erhalten. Mit (4.2.8) folgt jetzt für die elektrische Suszeptibilität

$$\chi_e = \frac{n_d\alpha/\varepsilon_0}{1 - n_d\alpha/(3\varepsilon_0)} \quad . \tag{4.7.9}$$

Für die Permittivitätszahl ε_r liefert dieses Ergebnis nach (4.2.8)

$$\varepsilon_r = 1 + \chi_e = \frac{1 + 2n_d\alpha/(3\varepsilon_0)}{1 - n_d\alpha/(3\varepsilon_0)} \quad . \tag{4.7.10}$$

Dieser Zusammenhang zwischen der Polarisierbarkeit α eines Atoms, der Dichte n_d der Atome und der Permittivitätszahl ist die *Clausius–Mossottische Formel*. Er gestattet umgekehrt, aus der Permittivitätszahl die Polarisierbarkeit α zu bestimmen,

$$\alpha = \frac{\varepsilon_0}{n_d} \frac{3(\varepsilon_r - 1)}{\varepsilon_r + 2} \quad . \tag{4.7.11}$$

Es sei noch betont, daß das pauschale Mittelungsverfahren über das Kugelvolumen V_A, das dem Atom oder Molekül im Mittel, d. h. bei der Dichte n_d, zur Verfügung steht, nur für amorphe Substanzen gerechtfertigt ist, da sie keine regelmäßige Kristallstruktur besitzen. Es läßt sich darüber hinaus zeigen, daß die Clausius–Mossottische Formel auch für den besonders symmetrischen Fall des kubischen Kristallgitters gilt. Für geringe Dichten, wie sie etwa bei Gasen vorliegen können, gilt

$$\frac{n_d \alpha}{\varepsilon_0} \ll 1 \quad ,$$

und an die Stelle von (4.7.9) tritt die lineare Näherung (4.7.4) für die elektrische Suszeptibilität.

4.7.3 Orientierungspolarisation

Inhalt: Nichtkugelsymmetrische Atome oder Moleküle besitzen in der Regel ein permanentes Dipolmoment **d**. Diese Dipolmomente sind im allgemeinen nicht ausgerichtet. Ein äußeres elektrisches Feld **E** führt jedoch zu einer temperaturabhängigen Orientierungspolarisation.
Bezeichnungen: **d** Dipolmoment von Atomen oder Molekülen, **P** elektrische Polarisation, T absolute Temperatur, k Boltzmann-Konstante.

Nichtkugelsymmetrische atomare oder molekulare Systeme zeigen einen zusätzlichen Polarisierungseffekt, die Orientierungspolarisation. Nichtkugelsymmetrische Ladungsverteilungen besitzen in der Regel ein Dipolmoment. Ein Beispiel ist das Wassermolekül, das aus einem Sauerstoffatom und zwei Wasserstoffatomen besteht, deren Kerne die Ecken eines gleichschenkligen Dreiecks mit einem Winkel von $105°$ bilden. Diese Konfiguration besitzt ein Dipolmoment in Richtung der Winkelhalbierenden (Abb. 4.7).

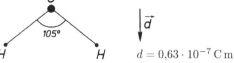

Abb. 4.7. Dipolmoment des Wassermoleküls $d = 0{,}63 \cdot 10^{-7}\,\mathrm{C\,m}$

Wir betrachten nun ein Dielektrikum, dessen Atome oder Moleküle ein permanentes Dipolmoment **d** besitzen. Die Zahl der Teilchen pro Volumeneinheit sei n_d. Solange kein äußeres elektrisches Feld angelegt ist, sind die permanenten Dipolmomente gleichmäßig über alle Winkel verteilt. Mit dem Einschalten des elektrostatischen Feldes **E** existiert eine Vorzugsrichtung, in die sich alle Dipole ausrichten würden, wenn sie nicht durch Stöße untereinander immer wieder desorientiert würden. Diese Desorientierung ist um so stärker, je stärker die Bewegung der Moleküle gegeneinander, je höher also die Temperatur T des Dielektrikums ist. Wir erwarten daher für die elektrische Polarisation einen Ausdruck der Form

$$\mathbf{P} = n_{\mathrm{d}} d f(T) \hat{\mathbf{E}} \quad ,$$

wobei die Funktion $f(T)$ monoton zwischen den Werten

$$f(0) = 1 \quad \text{und} \quad f(\infty) = 0$$

fällt. Den genauen Verlauf von $f(T)$ werden wir in Abschn. 9.7.2 für die der Orientierungspolarisation analoge magnetische Erscheinung vorrechnen, vgl. (9.7.15). Es gilt

$$f(T) = \coth \frac{Ed}{kT} - \frac{kT}{Ed} \quad .$$

Dabei ist k die Boltzmann-Konstante, vgl. (5.4.1), und

$$\coth x = \frac{\cosh x}{\sinh x} = \frac{e^{x} + e^{-x}}{e^{x} - e^{-x}}$$

der Cotangens hyperbolicus des Argumentes x.

4.8 Verschiedene dielektrische Erscheinungen

Inhalt: Für verschiedene Arten von Dielektrika werden verschiedene Abhängigkeiten der elektrischen Polarisation **P** vom elektrischen Feld **E** diskutiert. Für Materialien mit permanenter Polarisation ist $\mathbf{P} = \mathbf{P}_0$ unabhängig vom elektrischen Feld. Für lineare, isotrope Dielektrika gilt $\mathbf{P} = \varepsilon_0(\varepsilon_{\mathrm{r}} - 1)\mathbf{E} = \varepsilon_0 \chi_{\mathrm{e}} \mathbf{E}$. In anisotropen Dielektrika ist die elektrische Suszeptibilität ein Tensor zweiter Stufe, der die beiden Vektoren **P** und **E** linear miteinander verknüpft, $\mathbf{P} = \varepsilon_0 \underset{=}{\chi}_{\mathrm{e}} \mathbf{E}$. In ferroelektrischen Materialien ist die elektrische Polarisation eine nichtlineare Funktion $\mathbf{P} = \mathbf{P}(\mathbf{E})$ der Feldstärke **E**.

Die Diskussion des Einflusses von Materie auf ein elektrisches Feld hat uns auf die Einführung des Begriffes der elektrischen Polarisation **P** der Materie geführt. Die Abhängigkeit der Polarisation vom äußeren Feld $\mathbf{P} = \mathbf{P}(\mathbf{E})$ kann verschiedene Formen haben.

1. Die elektrische Polarisation ist unabhängig vom äußeren Feld,

$$\mathbf{P}(\mathbf{E}) = \mathbf{P}_0 = \text{const} \quad .$$

Solche Materialien mit permanenter elektrischer Polarisation besitzen auch ohne Vorhandensein eines äußeren elektrischen Feldes ein elektrisches Dipolmoment. Auch bei Anlegen eines äußeren Feldes ändert sich ihre Polarisation nicht. Sie sind selbst von einem elektrischen Feld umgeben. Materialien mit diesen Eigenschaften heißen *Pyroelektrika*, weil sich der Wert ihrer Polarisation nur durch Erhitzen – nicht durch ein elektrisches Feld – ändern läßt. Ein Kristall mit pyroelektrischem Verhalten bei Raumtemperatur ist Lithiumniobat $Li\,Nb\,O_3$.

2. Im einfachsten Fall, in dem die elektrische Polarisation vom äußeren Feld abhängig ist, hat sie die gleiche Richtung wie das Feld $\mathbf{E}$ im Material und ist seiner Stärke proportional,

$$\mathbf{P} = \varepsilon_0 \chi_e \mathbf{E} \quad .$$

Als Ursachen für diesen am häufigsten auftretenden Fall hatten wir die elektronische Verschiebungspolarisation und die Orientierungspolarisation kennengelernt. Sie führen für nicht zu große elektrische Feldstärken auf den obigen *linearen* Zusammenhang zwischen $\mathbf{P}$ und $\mathbf{E}$. Allerdings hat $\mathbf{P}$ nur in *isotropen Materialien* die gleiche Richtung wie $\mathbf{E}$. Isotropes dielektrisches Verhalten zeigen Gase, Flüssigkeiten und kubische Kristalle.

3. Auch in *anisotropen Materialien* ist die Abhängigkeit der Polarisation von $\mathbf{E}$ im allgemeinen für nicht zu große Feldstärken linear. Allerdings ist hier die Richtung von $\mathbf{P}$ mit der von $\mathbf{E}$ nicht mehr identisch. Ein solches Verhalten wird durch die nichtkubische Struktur eines Kristalls verursacht. Die Permittivitätszahl ε_r wird in diesen Fällen durch einen symmetrischen Tensor $\underline{\underline{\varepsilon}}_r$ zweiter Stufe ersetzt, und der Zusammenhang zwischen $\mathbf{P}$ und $\mathbf{E}$ hat die Form

$$\mathbf{P} = \varepsilon_0 \left(\underline{\underline{\varepsilon}}_r - \underline{\underline{1}} \right) \mathbf{E} = \varepsilon_0 \underline{\underline{\chi}}_e \mathbf{E} \quad .$$

Der Tensor $\underline{\underline{\chi}}_e = \underline{\underline{\varepsilon}}_r - \underline{\underline{1}}$ der elektrischen Suszeptibilität vermittelt eine lineare Transformation des Vektors $\varepsilon_0 \mathbf{E}$ in den Vektor $\mathbf{P}$, der im allgemeinen eine andere Richtung hat.

4. In *ferroelektrischen* Materialien ist die Polarisation eine *nichtlineare* Funktion der Feldstärke,

$$\mathbf{P} = \mathbf{P}(\mathbf{E}) \quad .$$

Zudem ist die Abhängigkeit der Polarisation von der Feldstärke eine Funktion der Vorgeschichte des Materials. Eine ferroelektrische Substanz ohne permanente Polarisation kann durch Anlegen eines elektrischen Feldes polarisiert werden. Das Ansteigen der Polarisation in

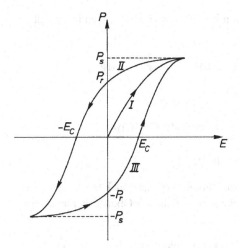

Abb. 4.8. Polarisation einer ferroelektrischen Substanz als Funktion der elektrischen Feldstärke

Abhängigkeit von der Feldstärke wird durch die Kurve I in Abb. 4.8 beschrieben. Bei einer gewissen maximalen Feldstärke, bei der alle atomaren Dipole ausgerichtet sind, tritt beim Wert P_s Sättigung ein. Verringert man nun die Stärke des angelegten elektrischen Feldes, so nimmt auch die Polarisation ab, folgt aber nun der Kurve II der Abb. 4.8, bei der die Polarisation auch für verschwindende Feldstärke noch einen endlichen Wert P_r hat, nämlich die Remanenzpolarisation. Legt man nun ein Feld in umgekehrter Richtung zum ursprünglichen an, so verringert sich die Polarisation weiter, kehrt schließlich nach einem Nulldurchgang bei der Feldstärke $-E_\mathrm{C}$ (der Koerzitivfeldstärke) ihre Richtung um und steigt nun in dieser umgekehrten Richtung bis zum negativen Sättigungswert $-P_\mathrm{s}$ an. Reduziert man nun die Feldstärke wieder, so folgt die Polarisation der Kurve III der Abb. 4.8 von der negativen Sättigung durch einen Nulldurchgang bis zum positiven Sättigungswert P_s. Die soeben beschriebene Kurve heißt *Hystereseschleife*. Kristalline Substanzen, die ferroelektrisches Verhalten bei Raumtemperatur zeigen, sind die Perowskite. Ein Beispiel ist Bariumtitanat $\mathrm{Ba\,Ti\,O_3}$.

4.9 Aufgaben

4.1: Zwischen den Platten (Abstand b) eines großflächigen Kondensators befindet sich ein Dielektrikum mit der räumlich konstanten Polarisation $\mathbf{P} = n_\mathrm{d}\mathbf{d} = \chi_\mathrm{e}\varepsilon_0\mathbf{E}$. Mit Hilfe des Ausdrucks für die Ladungsdichte ϱ_d des einzelnen Dipols berechne man die Ladungsverteilung im bzw. auf dem Dielektrikum,

$$\varrho(\mathbf{r}) = \int_V n_\mathrm{d}\mathbf{d} \cdot \boldsymbol{\nabla}' \delta^3(\mathbf{r} - \mathbf{r}')\,\mathrm{d}V' \quad .$$

Die Volumenintegration über V kann man mit Hilfe von Θ-Funktionen in eine über den ganzen Raum umwandeln,

$$\varrho(\mathbf{r}) = \int [\Theta(\mathbf{r}' \cdot \hat{\mathbf{n}}) - \Theta(\mathbf{r}' \cdot \hat{\mathbf{n}} - b)]\mathbf{P} \cdot \boldsymbol{\nabla}'\delta^3(\mathbf{r} - \mathbf{r}') \, \mathrm{d}V' \quad .$$

Wendet man jetzt partielle Integration

$$\int g(\mathbf{r}')\boldsymbol{\nabla}'\delta^3(\mathbf{r}') \, \mathrm{d}V' = - \int (\boldsymbol{\nabla}'g(\mathbf{r}'))\delta^3(\mathbf{r}') \, \mathrm{d}V'$$

an, so findet man die gesuchte Ladungsverteilung.

4.2: Lösen Sie Aufgabe 4.1 für eine ortsabhängige Polarisation $\mathbf{P}(\mathbf{r})$. Zeigen Sie, daß im Gegensatz zum Fall konstanter Polarisation nicht nur Oberflächenladungen, sondern auch Raumladungen auftreten.

4.3: Zeigen Sie: Die Energie des elektrostatischen Feldes einer homogen geladenen Kugel ist um den Faktor $6/5$ größer als die Feldenergie einer Kugel, bei der nur die Oberfläche geladen ist, wenn beide Kugeln den gleichen Radius und die gleiche Gesamtladung haben.

4.4: In einem Plattenkondensator (Plattenfläche a, Plattenabstand b) befinde sich ein Dielektrikum mit der ortsabhängigen Permittivitätszahl $\varepsilon_{\mathrm{r}}(x) = 1 + \alpha x$ mit $\alpha = \mathrm{const} > 0$ (siehe Abb. 4.9).

Berechnen Sie die elektrische Flußdichte $\mathbf{D}(\mathbf{r})$ im Dielektrikum, das elektrische Feld $\mathbf{E}(\mathbf{r})$ und die elektrische Polarisation $\mathbf{P}(\mathbf{r})$. Wie groß ist die Kapazität C des Kondensators?

4.5: Gegeben ist ein Zylinderkondensator der Länge ℓ. Der Radius des inneren Zylinders sei R_{i}, der des äußeren R_{a}. Es sei $\ell \gg R_{\mathrm{a}}$.

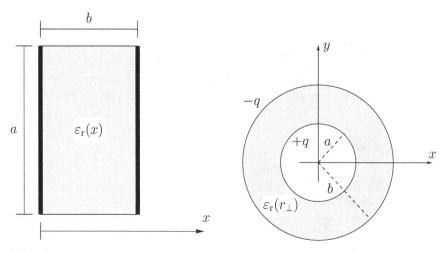

Abb. 4.9. Zu Aufgabe 4.4   **Abb. 4.10.** Zu Aufgabe 4.7

(a) Berechnen Sie die Kapazität.

(b) Berechnen Sie die Energie des elektrischen Feldes.

(c) Ein *Geiger–Müller-Zählrohr* besteht aus einem Zylinderkondensator, dessen innerer Zylinder von einem dünnen Draht gebildet wird. Wie groß ist die elektrische Feldstärke am äußeren Zylinder und wie groß auf der Drahtoberfläche, wenn man folgende Daten annimmt: Zylinderradius $R_a = 1\,\mathrm{cm}$, Drahtradius $R_i = 0{,}0025\,\mathrm{cm}$, angelegte Spannung $U = 850\,\mathrm{V}$?

4.6: Ein Plattenkondensator mit einer Fläche $a = 0{,}1\,\mathrm{m}^2$ und dem Plattenabstand $b = 1\,\mathrm{cm}$ wird auf die Spannung $U_0 = 10\,\mathrm{V}$ aufgeladen. Die Spannungsquelle wird danach abgeklemmt, dann wird ein Dielektrikum mit $\varepsilon_r = 7$ eingeschoben.

(a) Wie groß ist die elektrische Feldstärke, die Kapazität und die Ladung auf dem Kondensator mit und ohne Dielektrikum?

(b) Wie ändern sich diese Größen, wenn der Kondensator während des Einschiebens des Dielektrikums mit der Spannungsquelle verbunden bleibt?

4.7: Der Innenraum eines Zylinderkondensators (Innenradius a, Außenradius b, Länge L mit $a, b \ll L$) ist vollständig von einem inhomogenen Dielektrikum mit der ortsabhängigen Permittivitätszahl

$$\varepsilon_r(r_\perp) = \varepsilon_{r1} + (\varepsilon_{r2} - \varepsilon_{r1})\frac{r_\perp - a}{b - a} \quad \text{mit } \varepsilon_{r1}, \varepsilon_{r2} = \text{const}$$

ausgefüllt (siehe Abb. 4.10). Berechnen Sie die elektrische Flußdichte $\mathbf{D}(\mathbf{r})$, das elektrische Feld $\mathbf{E}(\mathbf{r})$ und die Kapazität C des Kondensators.

Hinweis: Randeffekte können vernachlässigt werden.

4.8: Ein Kondensator bestehe aus drei parallelen Metallplatten. Die Fläche der Platten sei jeweils A, die Abstände der äußeren Platten von der inneren seien d bzw. $2d$. Die Zwischenräume seien mit einem Dielektrikum der Permittivitätszahl ε_r gefüllt (siehe Abb. 4.11). Zunächst werden die äußeren Platten geerdet, und die innere Platte wird auf das Potential φ_0 aufgeladen. Dann werden alle Platten isoliert. Danach wird die innere Platte aus der Anordnung herausgezogen.

(a) Welche Ladungen befinden sich nun auf den äußeren Platten?

(b) Welche Potentialdifferenz besteht zwischen den äußeren Platten? (Drücken Sie das Ergebnis durch φ_0 aus.)

Hinweise: Vernachlässigen Sie Randeffekte. Die Platten seien vom Dielektrikum isoliert. Der Luftspalt, der beim Herausziehen der inneren Platte entsteht, kann vernachlässigt werden.

4.9: Ein Plattenkondensator sei anfangs leer. Wenn ein Dielektrikum eingesetzt wird, das die gesamte Plattenfläche, jedoch nur die halbe Dicke des Kondensators ausfüllt, steigt die Kapazität um ein Drittel des ursprünglichen Wertes. Welchen Wert hat die Permittivitätszahl des eingefügten Materials?

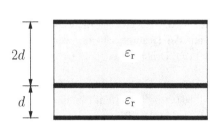

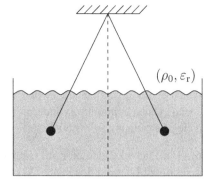

Abb. 4.11. Zu Aufgabe 4.8   **Abb. 4.12.** Zu Aufgabe 4.10

4.10: Zwei kleine, geladene Metallkugeln mit gleichem Radius und gleicher Masse, die an Fäden gleicher Länge aufgehängt sind, werden in ein flüssiges Dielektrikum mit der Massendichte ρ_0 und der Permittivitätszahl ε_r getaucht (siehe Abb. 4.12).

Wie groß muß die Massendichte ρ des Kugelmaterials sein, damit die Auslenkwinkel der Fäden im Vakuum und im Dielektrikum gleich sind?

5. Elektrischer Strom als Ladungstransport

In der Elektrostatik haben wir ausschließlich Anordnungen von Ladungen betrachtet, die statisch sind, d. h. sich im Laufe der Zeit nicht verschieben. Zwar treten bei Polarisations- oder Influenzvorgängen kurzzeitig Ladungsverschiebungen auf. An deren Ende steht jedoch ein statischer Zustand, und nur er wird quantitativ beschrieben.

Elektrische Ladungen, die sich bewegen, stellen einen Strom elektrischer Ladung – kurz einen *elektrischen Strom* – dar. Wir werden in diesem Kapitel einige grundlegende Begriffe und Gesetzmäßigkeiten über Ströme diskutieren und an einfachen Experimenten verifizieren. Einzelheiten des Ladungstransports in Festkörpern und durch Grenzflächen zwischen verschiedenen Materialien, die von großer Bedeutung sind, sind Gegenstand der folgenden beiden Kapitel.

5.1 Elektrischer Strom. Stromdichte

Inhalt: Die Stromdichte $\mathbf{j}(\mathbf{r}) = \varrho(\mathbf{r})\mathbf{v}(\mathbf{r})$ ist das Produkt aus der Raumladungsdichte $\varrho(\mathbf{r})$ und deren Geschwindigkeit $\mathbf{v}(\mathbf{r})$. Der Strom I durch eine Fläche a ist das Oberflächenintegral $\int_a \mathbf{j} \cdot \mathrm{d}\mathbf{a}$. Dabei ist auf die Orientierung der Oberflächennormalen zu achten. In der Zeit $\mathrm{d}t$ durchtritt die Ladung $\mathrm{d}Q = I\,\mathrm{d}t$ die Fläche a in Richtung ihrer Normalen.
Bezeichnungen: ϱ Ladungsdichte, $\mathbf{v}$ Geschwindigkeit, $\mathbf{r}$ Ortsvektor, t Zeit, $\mathbf{j}$ Stromdichte, I Strom, a Fläche, $\mathrm{d}a$ Flächenelement, $\hat{a}$ Flächennormale, Q Ladung.

Existiert in einem Raumbereich eine Ladungsdichte $\varrho(\mathbf{r})$ und bewegt sie sich mit der Geschwindigkeit $\mathbf{v}(\mathbf{r})$, so definieren wir das Produkt aus beiden,

$$\mathbf{j}(\mathbf{r}) = \varrho(\mathbf{r})\mathbf{v}(\mathbf{r}) \quad , \tag{5.1.1}$$

als die *elektrische Stromdichte* am Ort $\mathbf{r}$.

Als *elektrischen Strom* oder *elektrische Stromstärke* durch das orientierte Flächenelement $\mathrm{d}\mathbf{a} = \hat{a}\,\mathrm{d}a$ bezeichnen wir das Skalarprodukt

$$\mathrm{d}I = \mathbf{j} \cdot \mathrm{d}\mathbf{a} \quad , \tag{5.1.2}$$

vgl. Abb. 5.1a. Das Vorzeichen des Stromes ist entscheidend davon abhängig, wie die Flächennormale $\hat{a}$ gewählt wird. Im Beispiel der Abb. 5.1 kann die

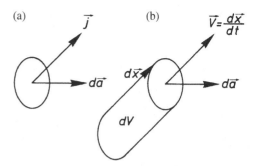

Abb. 5.1. (a) Der Strom dI durch das orientierte Flächenelement da ist als Skalarprodukt aus Stromdichte $\mathbf{j}$ und Flächenelement da definiert. **(b)** Im Zeitintervall dt durchtritt die im Volumen dV befindliche Ladung dQ das Flächenelement da in Richtung seiner Normalen

Richtung von $\hat{a}$, wie eingezeichnet, nach rechts zeigend gewählt werden. Sie kann aber auch nach links zeigen.

Zur Veranschaulichung von (5.1.2) betrachten wie das Produkt dI mit einem kleinen Zeitintervall dt,

$$dI\,dt = \mathbf{j} \cdot d\mathbf{a}\,dt = \varrho\mathbf{v} \cdot d\mathbf{a}\,dt = \varrho\,d\mathbf{a} \cdot d\mathbf{x} \quad . \tag{5.1.3}$$

Hier ist $d\mathbf{x} = \mathbf{v}\,dt$ das Wegstück, das die Ladungsträger in der Zeit dt zurücklegen, Abb. 5.1b. Das Skalarprodukt $d\mathbf{a} \cdot d\mathbf{x}$ ist bis auf das Vorzeichen gleich dem Volumen dV, das die Ladung $\varrho\,dV$ enthält, die in der Zeit dt durch die Oberfläche $d\mathbf{a}$ hindurchtritt. Es gilt

$$d\mathbf{a} \cdot d\mathbf{x} = \mathrm{sign}(d\mathbf{a} \cdot d\mathbf{x})\,dV \quad .$$

Die Vorzeichen- oder Signum-Funktion ist durch

$$\mathrm{sign}(a) = \begin{cases} +1 & , \quad a > 0 \\ -1 & , \quad a < 0 \end{cases}$$

definiert. Da offenbar

$$\mathrm{sign}(d\mathbf{a} \cdot d\mathbf{x}) = \mathrm{sign}(\mathbf{v} \cdot d\mathbf{a}) \quad ,$$

können wir schreiben

$$dI\,dt = \mathrm{sign}(\mathbf{v} \cdot d\mathbf{a})\varrho\,dV \quad . \tag{5.1.4}$$

Damit ist der Strom dI positiv, wenn $\mathbf{v} \cdot d\mathbf{a}$ positiv ist (also $\mathbf{v}$ eine positive Komponente in Richtung $d\mathbf{a}$ hat) und ϱ positiv ist, d. h. positive Ladung das Flächenelement in Richtung der Normalen $d\mathbf{a}$ durchtritt, oder wenn $\mathbf{v} \cdot d\mathbf{a}$ und ϱ negativ sind, d. h. negative Ladung das Flächenelement entgegen der Richtung $d\mathbf{a}$ durchtritt. Der Strom dI ist negativ, wenn die Vorzeichen von $\mathbf{v} \cdot d\mathbf{a}$ und von ϱ verschieden sind. Diese sehr ausführliche Interpretation von (5.1.3) wird gewöhnlich knapper so formuliert: $dI\,dt$ ist die Ladung, die in der Zeit dt das Flächenelement $d\mathbf{a}$ durchtritt.

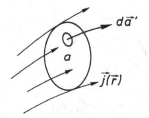

Abb. 5.2. Zur Definition des Stromes durch eine nicht geschlossene Fläche

Der Strom durch eine endliche, nicht geschlossene Fläche a, wie sie in Abb. 5.2 dargestellt ist, ist dann das Integral über alle Teilströme durch die Flächenelemente dieser Fläche,

$$I = \int_a \mathrm{d}I = \int_a \mathbf{j}(\mathbf{r}') \cdot \mathrm{d}\mathbf{a}' \quad . \tag{5.1.5}$$

Dabei ist $\mathbf{j}(\mathbf{r}')$ die Stromdichte am Ort des Flächenelements $\mathrm{d}\mathbf{a}'$. (Das Integral ist natürlich nur sinnvoll definiert, wenn die Normale $\mathrm{d}\mathbf{a}'$ überall zur gleichen Seite von der Fläche a weg zeigt, im Fall der Abb. 5.2 also überall nach rechts.) Entsprechend unserer Diskussion der Beziehung (5.1.3) gilt

$$I \, \mathrm{d}t = \left(\int_a \mathrm{d}I \right) \mathrm{d}t = \left(\int_a \mathbf{j} \cdot \mathrm{d}\mathbf{a}' \right) \mathrm{d}t = \mathrm{d}Q \quad . \tag{5.1.6}$$

Dabei ist jetzt $\mathrm{d}Q$ die Ladung, die in der Zeit $\mathrm{d}t$ die Fläche a in Richtung ihrer Normalen durchtritt.

Die *Einheit des Stromes* ist

$$1 \, \text{Ampère} = 1 \, \text{A} = 1 \, \text{C s}^{-1} \quad .$$

5.2 Kontinuitätsgleichung

Inhalt: Der Strom I, der aus einem Volumen V herausfließt, ist gleich $-\mathrm{d}Q_V/\mathrm{d}t$, der zeitlichen Abnahme der Ladung Q_V im Volumen. Daraus ergibt sich die Kontinuitätsgleichung $\nabla \cdot \mathbf{j} = -\partial \varrho/\partial t$ als Verknüpfung von Stromdichte $\mathbf{j}$ und Ladungsdichte ϱ. Ladungs- und Stromdichten heißen stationär, wenn $\partial \varrho/\partial t = 0$.
Bezeichnungen: V Volumen, $a = (V)$ Oberfläche des Volumens, I Strom, $\mathbf{j}$ Stromdichte, ϱ Ladungsdichte, Q Ladung, Q_V Ladung im Volumen V, t Zeit.

Wir betrachten jetzt den Strom

$$I = \oint_{(V)} \mathbf{j} \cdot \mathrm{d}\mathbf{a}' \tag{5.2.1}$$

durch die geschlossene Oberfläche $a = (V)$ eines einfach zusammenhängenden Volumens V, Abb. 5.3. Bei einer solchen geschlossenen Oberfläche

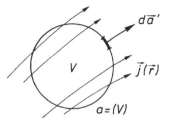

Abb. 5.3. Strom I durch die geschlossene Oberfläche $a = (V)$ eines Volumens V. Das Oberflächenelement da hat stets die Richtung der äußeren (d. h. nach außen zeigenden) Normalen

wählen wir für die Normalenrichtung jedes Flächenelements die sogenannte *äußere Normale*, die in das Gebiet außerhalb des Volumens V zeigt. Entsprechend (5.1.6) ist

$$I \, dt = \left(\oint_{(V)} \mathbf{j} \cdot d\mathbf{a}' \right) dt = dQ$$

die Ladung, die in der Zeit dt die Oberfläche des Volumens nach außen durchtritt, also das Volumen verläßt. Ist

$$Q_V = \int_V \varrho \, dV'$$

die Ladung im Volumen, so gilt

$$dQ_V = -dQ \quad,$$

weil sich die Ladung im Volumen um $-dQ_V$ ändert, wenn aus dem Volumen die Ladung dQ herausfließt. Diese Aussage folgt aus der *Ladungserhaltung*, d. h. aus der Tatsache, daß Ladung nicht erzeugt oder vernichtet werden kann. Damit ist

$$I = \frac{dQ}{dt} = -\frac{dQ_V}{dt} \quad. \tag{5.2.2}$$

Innerhalb des Volumens führt der Abtransport von Ladung im allgemeinen zu einer zeitlichen Änderung der Ladungsdichte an jedem Ort. Die dadurch im Zeitintervall dt im Volumen V auftretende Ladungsänderung ist

$$dQ_V = \left(\int_V \frac{\partial \varrho(t, \mathbf{r}')}{\partial t} \, dV' \right) dt \quad.$$

Die Zeitableitung der Ladungsdichte ist eine partielle Ableitung, weil die Änderung der Ladungsdichte jeweils an dem festgehaltenen Ort $\mathbf{r}'$ berechnet werden muß. Dividieren wir durch dt und multiplizieren mit -1, so folgt

$$-\int_V \frac{\partial \varrho}{\partial t} \, dV' = -\frac{dQ_V}{dt} = I = \oint_{(V)} \mathbf{j} \cdot d\mathbf{a}' \quad. \tag{5.2.3}$$

Umformung der rechten Seite mit Hilfe des Gaußschen Satzes, Abschn. B.15, liefert

$$\oint_{(V)} \mathbf{j} \cdot \mathrm{d}\mathbf{a}' = \int_V \boldsymbol{\nabla} \cdot \mathbf{j} \, \mathrm{d}V'$$

und damit

$$-\int_V \frac{\partial \varrho}{\partial t} \, \mathrm{d}V' = \int_V \boldsymbol{\nabla} \cdot \mathbf{j} \, \mathrm{d}V' \quad .$$

In jeder Umgebung eines Punktes r können wir ein beliebig kleines Volumen V wählen, so daß diese Gleichung die Gleichheit der Integranden auf beiden Seiten beinhaltet,

$$-\frac{\partial \varrho}{\partial t} = \boldsymbol{\nabla} \cdot \mathbf{j} \quad . \tag{5.2.4}$$

Diese Beziehung ist die *Kontinuitätsgleichung*. Sie sagt aus, daß die Divergenz (oder Quellstärke) der Stromdichte gleich der zeitlichen Abnahme der Ladungsdichte ist.

Bei vielen Anordnungen mit Ladungstransport bleibt die Ladungsdichte zeitlich konstant. Man nennt solche Stromdichten bzw. Ströme *stationär*. Für sie vereinfacht sich die Kontinuitätsgleichung auf

$$\boldsymbol{\nabla} \cdot \mathbf{j} = 0 \quad . \tag{5.2.5}$$

5.3 *Mikroskopische Formulierung der Stromdichte

Inhalt: Die mikroskopische Stromdichte einer einzelnen Punktladung ist das Produkt aus mikroskopischer Ladungsdichte und Geschwindigkeit der Punktladung. Bei mehreren Ladungen werden die einzelnen Produkte summiert. Durch räumliche Mittelung der mikroskopischen Stromdichte $\mathbf{j}_{\mathrm{mikr}}$ erhält man die makroskopische (oder mittlere) Stromdichte $\mathbf{j}$.
Bezeichnungen: r Ort, $\mathbf{r}_i$ Ort einer Punktladung, $\mathbf{v}_i$ Geschwindigkeit der Punktladung, t Zeit, Q Ladung, δ^3 Deltafunktion in drei Dimensionen; ϱ_{mikr}, $\mathbf{j}_{\mathrm{mikr}}$, n_{mikr} mikroskopische Ladungsdichte, Stromdichte bzw. Teilchenzahldichte; $f(\mathbf{r})$ zur Mittelung benutzte Verteilung; ϱ, $\mathbf{j}$, n gemittelte (makroskopische) Ladungsdichte, Stromdichte bzw. Teilchenzahldichte; $\mathbf{V}$ gemittelte Geschwindigkeitsdichte, $\mathbf{v}$ mittlere Geschwindigkeit.

Da die elektrische Ladung nicht kontinuierlich verteilt werden kann, sondern in Elementarladungen gequantelt ist, sind Ladungs- und Stromdichten mikroskopisch betrachtet eigentlich diskontinuierliche Verteilungen, die aus Summen von Deltafunktionen bestehen, die jeweils die Ladungsdichten bzw. Stromdichten einzelner Punktladungen beschreiben. Da makroskopische Ladungsdichten jedoch eine große Zahl von Elementarladungen umfassen, ist eine kontinuierliche Ladungs- bzw. Stromdichte leicht durch die Mittelung der diskontinuierlichen Dichten zu gewinnen.

Wir betrachten eine Verteilung von Punktladungen Q_i, die sich auf den Bahnen $\mathbf{r}_i(t)$ mit den Geschwindigkeiten $\mathbf{v}_i = \mathrm{d}\mathbf{r}_i/\mathrm{d}t$ bewegen. Ihre mikroskopische Ladungsdichte ist

$$\varrho_{\mathrm{mikr}}(t, \mathbf{r}) = \sum_i Q_i \delta^3(\mathbf{r} - \mathbf{r}_i(t)) \quad , \tag{5.3.1}$$

entsprechend der Beschreibung (2.2.10) einer Punktladung durch eine Delta-funktion. Analog dazu ist die mikroskopische Stromdichte dieser Ladungen durch

$$\mathbf{j}_{\text{mikr}}(t, \mathbf{r}) = \sum_i Q_i \mathbf{v}_i \delta^3(\mathbf{r} - \mathbf{r}_i(t)) \tag{5.3.2}$$

gegeben. Die mikroskopische Stromdichte einer bewegten Punktladung ist einfach das Produkt aus der mikroskopischen Ladungsdichte und der Ge-schwindigkeit der Punktladung. Bei mehreren Punktladungen werden die-se Produkte aufsummiert. Wir benutzen die Zeitableitung der Deltafunktion nach der Kettenregel

$$\frac{\partial}{\partial t} \delta^3(\mathbf{r} - \mathbf{r}_i(t)) = \boldsymbol{\nabla}_{\mathbf{r}_i} \delta^3(\mathbf{r} - \mathbf{r}_i(t)) \cdot \frac{d\mathbf{r}_i}{dt} = -\frac{d\mathbf{r}_i}{dt} \cdot \boldsymbol{\nabla} \delta^3(\mathbf{r} - \mathbf{r}_i(t))$$

(hier ist $\boldsymbol{\nabla}_{\mathbf{r}_i}$ der Gradient bezüglich $\mathbf{r}_i$ und $\boldsymbol{\nabla}$, wie üblich, der Gradient be-züglich $\mathbf{r}$), um nachzuweisen, daß die Ansätze für ϱ_{mikr} und $\mathbf{j}_{\text{mikr}}$ die Konti-nuitätsgleichung erfüllen:

$$\begin{aligned}
\frac{\partial}{\partial t} \varrho_{\text{mikr}}(t, \mathbf{r}) &= -\sum_i Q_i \frac{d\mathbf{r}_i}{dt} \cdot \boldsymbol{\nabla} \delta^3[\mathbf{r} - \mathbf{r}_i(t)] \\
&= -\boldsymbol{\nabla} \cdot \sum_i Q_i \mathbf{v}_i \delta^3[\mathbf{r} - \mathbf{r}_i(t)] \\
&= -\boldsymbol{\nabla} \cdot \mathbf{j}_{\text{mikr}}(t, \mathbf{r}) \quad .
\end{aligned} \tag{5.3.3}$$

Der Zusammenhang zwischen den mikroskopischen und den gemittelten Ladungs- und Stromdichten $\varrho(t, \mathbf{r})$ bzw. $\mathbf{j}(t, \mathbf{r})$ findet man wieder über eine Mittelung wie in Abschn. 2.3 nach dem im Anhang G angegebenen Verfahren mit Hilfe einer Verteilung $f(\mathbf{r})$,

$$\begin{aligned}
\varrho(t, \mathbf{r}) &= \int f(\mathbf{r}') \varrho_{\text{mikr}}(t, \mathbf{r} + \mathbf{r}') \, dV' \\
&= \sum_i Q_i \int f(\mathbf{r}') \delta^3(\mathbf{r} - \mathbf{r}_i(t) + \mathbf{r}') \, dV' \\
&= \sum_i Q_i f(\mathbf{r}_i(t) - \mathbf{r})
\end{aligned}$$

und

$$\begin{aligned}
\mathbf{j}(t, \mathbf{r}) &= \int f(\mathbf{r}') \mathbf{j}_{\text{mikr}}(t, \mathbf{r} + \mathbf{r}') \, dV' \\
&= \sum_i Q_i \mathbf{v}_i(t) \int f(\mathbf{r}') \delta^3(\mathbf{r} - \mathbf{r}_i(t) + \mathbf{r}') \, dV' \\
&= \sum_i Q_i \mathbf{v}_i(t) f(\mathbf{r}_i(t) - \mathbf{r}) \quad .
\end{aligned}$$

Wie im Anhang G gezeigt, sind die Zeit- und Ortsableitungen gemittelter Größen gleich den gemittelten Zeit- und Ortsableitungen der mikroskopischen Größen. Damit gilt auch für die gemittelten Ladungs- und Stromdichten die Kontinuitätsgleichung

$$\frac{\partial \varrho(t, \mathbf{r})}{\partial t} + \boldsymbol{\nabla} \cdot \mathbf{j}(t, \mathbf{r}) = 0 \quad .$$

Falls nur eine Ladungsträgersorte der Ladung Q auftritt, d. h. falls für alle Ladungen $Q_i = Q$ ist, gilt für die gemittelten Größen

$$\varrho(t, \mathbf{r}) = Q n(t, \mathbf{r}) \quad , \qquad \mathbf{j}(t, \mathbf{r}) = Q \mathbf{V}(t, \mathbf{r}) \quad .$$

Hier ist

$$n(t, \mathbf{r}) = \sum_i \int f(\mathbf{r}') \delta^3(\mathbf{r} - \mathbf{r}_i(t) + \mathbf{r}') \, \mathrm{d}V' = \sum_i f(\mathbf{r}_i(t) - \mathbf{r})$$

die *gemittelte Teilchenzahldichte*, die durch Mittelung aus der mikroskopischen Anzahldichte

$$n_{\mathrm{mikr}}(t, \mathbf{r}) = \sum_i \delta^3(\mathbf{r} - \mathbf{r}_i(t))$$

hervorgeht. Entsprechend ist

$$\mathbf{V}(t, \mathbf{r}) = \sum_i \int f(\mathbf{r}') \mathbf{v}_i(t) \delta^3(\mathbf{r} - \mathbf{r}_i(t) + \mathbf{r}') \, \mathrm{d}V' = \sum_i \mathbf{v}_i(t) f(\mathbf{r}_i(t) - \mathbf{r})$$

die *gemittelte Geschwindigkeitsdichte* der Teilchen.

Für eine überall von null verschiedene Verteilung $f(\mathbf{r})$, etwa eine Gauß-Verteilung in drei Dimensionen, ist die Teilchenzahldichte $n(t, \mathbf{r})$ überall von null verschieden. Daher kann man die Geschwindigkeitsdichte $\mathbf{V}(t, \mathbf{r})$ durch die gemittelte Teilchenzahldichte $n(t, \mathbf{r})$ dividieren und erhält so die *mittlere Geschwindigkeit* der Teilchen,

$$\mathbf{v}(t, \mathbf{r}) = \frac{\mathbf{V}(t, \mathbf{r})}{n(t, \mathbf{r})} \quad .$$

Mit ihrer Hilfe folgt für die gemittelte Stromdichte

$$\mathbf{j}(t, \mathbf{r}) = Q \mathbf{V}(t, \mathbf{r}) = Q n(t, \mathbf{r}) \mathbf{v}(t, \mathbf{r}) = \varrho(t, \mathbf{r}) \mathbf{v}(t, \mathbf{r}) \quad , \qquad (5.3.4)$$

d. h. die gemittelte Stromdichte ist gleich der gemittelten Ladungsdichte multipliziert mit der mittleren Geschwindigkeit.

Falls mehrere Ladungsträgersorten mit verschiedenen Ladungen $Q^{(m)}$, $m = 1, 2, \ldots, M$, am Leitungsvorgang beteiligt sind, betrachtet man ihre einzelnen mikroskopischen Ladungs- und Anzahldichten $\varrho_{\mathrm{mikr}}^{(m)}(t, \mathbf{r})$ bzw. $n_{\mathrm{mikr}}^{(m)}(t, \mathbf{r})$ und gewinnt als gemittelte Größen

$$\varrho(t, \mathbf{r}) = \sum_{m=1}^{M} \varrho^{(m)}(t, \mathbf{r}) = \sum_{m=1}^{M} Q^{(m)} n^{(m)}(t, \mathbf{r})$$

und

$$\mathbf{j}(t,\mathbf{r}) = \sum_{m=1}^{M} \mathbf{j}^{(m)}(t,\mathbf{r}) = \sum_{m=1}^{M} Q^{(m)} \mathbf{V}^{(m)}(t,\mathbf{r}) \quad . \tag{5.3.5}$$

Mit Hilfe der mittleren Geschwindigkeiten der einzelnen Ladungsträgersorten der Ladungen $Q^{(m)}$,

$$\mathbf{v}^{(m)}(t,\mathbf{r}) = \frac{\mathbf{V}^{(m)}(t,\mathbf{r})}{n^{(m)}(t,\mathbf{r})} \quad ,$$

folgt

$$\mathbf{j}(t,\mathbf{r}) = \sum_{m=1}^{M} Q^{(m)} n^{(m)}(t,\mathbf{r}) \mathbf{v}^{(m)}(t,\mathbf{r}) = \sum_{m=1}^{M} \varrho^{(m)}(t,\mathbf{r}) \mathbf{v}^{(m)}(t,\mathbf{r}) \tag{5.3.6}$$

als Verallgemeinerung der Ausdrücke im Falle nur einer Ladungsträgersorte der Ladung Q.

5.4 Strom in Substanzen höherer Dichte. Ohmsches Gesetz

Nachdem wir zur Beschreibung des Transports elektrischer Ladung die Begriffe Strom und Stromdichte definiert haben, müssen wir uns nun damit beschäftigen, wie der Ladungstransport im einzelnen bewerkstelligt wird. Dabei stellt sich heraus, daß ganz verschiedene Phänomene auftreten, je nachdem, in welcher Umgebung die Ladungsträger sich bewegen. Wir beginnen mit der Diskussion eines einfachen Modells, das eine Reihe wichtiger Fälle beschreiben kann.

5.4.1 Einfaches Modell des Ladungstransports. Leitfähigkeit

Inhalt: Aus der Annahme, daß in Substanzen hoher Teilchenzahldichte die Ladungsträger häufig Stöße erleiden und bei jedem Stoß die durch ein äußeres elektrisches Feld $\mathbf{E}$ bewirkte Vorzugsrichtung wieder verlieren, wird für die Stromdichte $\mathbf{j}$ das lokale Ohmsche Gesetz $\mathbf{j} = \kappa \mathbf{E}$ gewonnen. Die elektrische Leitfähigkeit κ ist für die jeweilige Substanz charakteristisch. **Bezeichnungen:** m_i, q_i, $\mathbf{v}_i$ bzw. n_i Masse, Ladung, mittlere Geschwindigkeit bzw. Anzahldichte der Ladungsträgersorte i; $\langle E_{\mathrm{kin}} \rangle$ mittlere kinetische Energie, $\langle v^2 \rangle$ Mittelwert des Geschwindigkeitsquadrats, k Boltzmann-Konstante, T Temperatur, $\mathbf{E}$ elektrische Feldstärke, τ_i mittlere freie Flugzeit zwischen zwei Stößen eines Ladungsträgers der Sorte i, $\mathbf{j}$ Stromdichte, κ Leitfähigkeit, $\mathbf{p}$ Impuls, $\mathbf{F}$ Kraft.

Ein Gebiet, in dem Ladungstransport stattfindet, enthält gewöhnlich neben den Ladungsträgern, d. h. den frei beweglichen Elektronen oder Ionen auch Teilchen, die nicht am Ladungstransport teilnehmen, nämlich neutrale Atome und Moleküle (etwa in einem Gas) oder Ionen, die an feste Plätze gebunden sind (etwa an den Gitterpunkten eines kristallinen Festkörpers), Abb. 5.4. Die

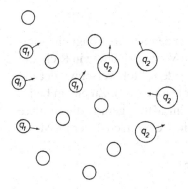

Abb. 5.4. Ladungstransport in einer Substanz mit zwei Ladungsträgerarten und einer weiteren Teilchensorte, die nicht am Ladungstransport beteiligt ist

Stoßvorgänge der Ladungsträger untereinander und mit diesen Teilchen beeinflussen den Ladungstransport. Herrscht in dem Gebiet kein äußeres Feld, so bewegen sich die Ladungsträger ungeordnet. Nach den Gesetzen der klassischen statistischen Mechanik ist die mittlere kinetische Energie frei beweglicher Teilchen

$$\langle E_{\text{kin}} \rangle = \frac{1}{2} m \langle v^2 \rangle = \frac{3}{2} kT$$

proportional zur absoluten Temperatur T, die in der Einheit *Kelvin* (K) gemessen wird. Die Proportionalitätskonstante

$$k = (1,380\,658 \pm 0,000\,012) \cdot 10^{-23}\,\text{W}\,\text{s}\,\text{K}^{-1} \tag{5.4.1}$$

ist die *Boltzmann-Konstante*. Im allgemeinen wird der Strom durch verschiedene Ladungsträgerarten bewirkt, die wir durch einen Index i unterscheiden. Für jede verschwindet der mittlere Geschwindigkeitsvektor, weil keine Vorzugsrichtung herrscht,

$$\langle \mathbf{v}_i \rangle = 0 \quad . \tag{5.4.2}$$

Ein einzelner Ladungsträger bewegt sich geradlinig gleichförmig, bis er mit einem weiteren Ladungsträger oder mit einem anderen Teilchen zusammenstößt. Die *mittlere freie Flugzeit* τ_i bis zum nächsten Stoß hängt neben der Temperatur von der Art des Ladungsträgers, dem Betrag seiner mittleren Geschwindigkeit und auch von der Art und den Dichten der anderen Ladungsträger und Teilchen ab. Sie ist insbesondere um so kleiner, je höher diese Dichten sind. Große Dichten und damit kleine mittlere Flugzeiten liegen in Festkörpern und Flüssigkeiten vor, während in Gasen (insbesondere in Gasen bei niedrigem Druck) geringe Dichten, also große Flugzeiten auftreten.

Betrachten wir nun die Bewegung eines Ladungsträgers der Ladung q unter der Wirkung eines äußeren elektrischen Feldes $\mathbf{E}$, das die Kraft $\mathbf{F} = q\mathbf{E}$ auf ihn ausübt. Hatte er unmittelbar nach dem letzten Stoß den Impuls $\mathbf{p} = m\mathbf{v}$, so besitzt er nach Ablauf der mittleren freien Flugzeit τ zusätzlich den Impuls

$$\Delta\mathbf{p} = \mathbf{F}\tau = q\mathbf{E}\tau \quad .$$

Ist der Betrag dieses Zusatzimpulses klein gegen den des ursprünglichen Impulses $\mathbf{p}$, so wird beim nächsten Stoß die leichte Vorzugsrichtung in Richtung des Feldes wieder zerstört. Unmittelbar nach jedem Stoß verschwindet die mittlere Geschwindigkeit der Teilchen entsprechend (5.4.2). Zu einem beliebigen Zeitpunkt haben die Träger der Sorte i im Mittel gerade die mittlere freie Flugzeit τ_i seit dem letzten Stoß hinter sich. Sie besitzen daher im Mittel die Geschwindigkeit

$$\mathbf{v}_i = \frac{\Delta\mathbf{p}_i}{m_i} = \frac{q_i}{m_i}\tau_i\mathbf{E} \quad .$$

Die mittlere Geschwindigkeit der verschiedenen Ladungsträgerarten mit den Dichten n_i ergibt nach (5.3.6) eine Stromdichte

$$\mathbf{j} = \sum_i n_i q_i \mathbf{v}_i = \left(\sum_i n_i \frac{q_i^2}{m_i}\tau_i\right)\mathbf{E} \quad ,$$

die der Feldstärke proportional ist. Der Proportionalitätsfaktor

$$\kappa = \sum_i n_i \frac{q_i^2}{m_i}\tau_i \tag{5.4.3}$$

hängt von den Eigenschaften des leitenden Mediums ab. Er heißt *elektrische Leitfähigkeit.*

Die lineare Beziehung

$$\mathbf{j} = \kappa\mathbf{E} \tag{5.4.4}$$

heißt *lokale Form des Ohmschen Gesetzes.* Wir erwarten ihre Gültigkeit für Substanzen, bei denen unsere Annahme (geringer Impulszuwachs zwischen zwei Stößen) erfüllt ist. Die Tabelle 5.1 enthält Leitfähigkeiten für eine Reihe von Substanzen. Von besonderer Bedeutung für die technische Anwendung des elektrischen Stromes ist der riesige Unterschied von etwa 20 Zehnerpotenzen in der Leitfähigkeit von guten Leitern und guten Nichtleitern.

Tabelle 5.1. Elektrische Leitfähigkeiten für einige Leiter und Nichtleiter

Substanz	$\kappa\,(\mathrm{A\,V^{-1}\,m^{-1}})$
Silber	$6{,}25 \cdot 10^7$
Kupfer	$5{,}88 \cdot 10^7$
Eisen	$1{,}02 \cdot 10^7$
Quecksilber	$1{,}04 \cdot 10^7$
Porzellan	10^{-12}
Quarzglas	$2 \cdot 10^{-17}$

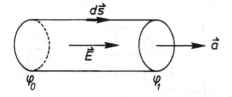

Abb. 5.5. Zur Berechnung des Widerstandes eines Leiters mit konstantem Querschnitt

5.4.2 Strom in ausgedehnten Leitern. Widerstand. Ohmsches Gesetz

Inhalt: Für ausgedehnte Leiter, die aus einer Substanz bestehen, für die das lokale Ohmsche Gesetz gilt, sind der Spannungsabfall U am Leiter und der Strom I durch den Leiter durch das Ohmsche Gesetz $U = RI$ verknüpft, falls einfache geometrische Bedingungen erfüllt sind. Der Widerstand R hängt nur von der Substanz und der Geometrie des Leiters ab.
Bezeichnungen: ℓ Länge und a Querschnitt eines zylindrischen Leiters; φ_0, φ_1 Potentiale an den Leiterenden; U Spannungsabfall am und $\mathbf{E}$ Feldstärke im Leiter, $\mathbf{j}$ Stromdichte, I Strom, κ Leitfähigkeit, R Widerstand.

In einer leitenden Substanz, für die Beziehung (5.4.4) gilt, betrachten wir ein zylindrisches Volumen V, dessen Endflächen Äquipotentialflächen mit den Potentialen φ_0 und φ_1 sind (Abb. 5.5). Ist ℓ die Zylinderlänge und a die Größe einer Endfläche, so gilt für die Potentialdifferenz

$$U = \varphi_0 - \varphi_1 = \int \mathbf{E} \cdot d\mathbf{r} = E\ell$$

und für den Strom durch eine Endfläche

$$I = \int \mathbf{j} \cdot d\mathbf{a} = ja = \kappa Ea = \frac{\kappa a}{\ell} U \quad ,$$

$$I = \frac{U}{R} \quad . \tag{5.4.5}$$

Es besteht ein linearer Zusammenhang zwischen dem Strom durch einen Querschnitt des Zylinders und der an den Endflächen angelegten Spannung. Er heißt *Ohmsches Gesetz*. Die Proportionalitätskonstante heißt *Leitwert*, ihr Kehrwert R heißt (elektrischer) *Widerstand*. Er hängt nur von der speziellen Anordnung, nicht aber von Strom oder Spannung ab. Für einen homogenen, mit leitender Substanz erfüllten Zylinder gilt

$$R = \frac{\ell}{\kappa a} \quad . \tag{5.4.6}$$

Die SI-Einheit des Widerstandes heißt *Ohm*,

$$1\,\text{Ohm} = 1\,\Omega = 1\,\text{V}\,\text{A}^{-1} \quad ,$$

die des Leitwertes *Siemens*,

$$1\,\text{Siemens} = 1\,\text{S} = 1\,\Omega^{-1} = 1\,\text{A}\,\text{V}^{-1} \quad .$$

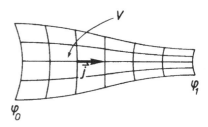

Abb. 5.6. Gebiet, dessen Endflächen Äquipotentialflächen sind und dessen Mantelfläche aus Stromlinien besteht

Das Wort *Widerstand* wird auch für Bauelemente in elektrischen Schaltungen benutzt, deren elektrischer Widerstand hoch gegen den Widerstand der Metalldrähte der Schaltung ist. Ein Widerstand wird z. B. durch einen Draht oder Film großer Länge und geringen Querschnitts realisiert, der auf einen isolierenden Zylinder aufgewickelt ist. Zur Erreichung hoher Widerstandswerte verwendet man anstelle von Metallen Graphit oder andere Substanzen geringer Leitfähigkeit.

Bisher wurde angenommen, daß Leiter einen konstanten Querschnitt und eine ortsunabhängige Leitfähigkeit κ besitzen. Wir wollen jetzt zeigen, daß auch unter viel allgemeineren Bedingungen das Ohmsche Gesetz (5.4.5) gilt, sofern nur das differentielle Ohmsche Gesetz gilt. Das Ohmsche Gesetz (5.4.5) kann nur sinnvoll für Leiter ausgesprochen werden, bei denen die Flächen, durch die der Strom ein- und austritt, Äquipotentialflächen mit den Potentialen φ_0 und φ_1 sind, so daß zwischen diesen Flächen eine wohldefinierte Spannung $U = \varphi_0 - \varphi_1$ besteht (Abb. 5.6). Die Gleichungen, die den Stromfluß in dieser Anordnung beherrschen, sind

1. die Kontinuitätsgleichung für stationäre Ströme

$$\nabla \cdot \mathbf{j} = 0 \quad ,$$

2. der Zusammenhang zwischen Feld und Potential

$$\mathbf{E} = -\nabla \varphi \quad ,$$

3. das differentielle Ohmsche Gesetz

$$\mathbf{j}(\mathbf{r}) = \kappa(\mathbf{r})\mathbf{E}(\mathbf{r}) = -\kappa(\mathbf{r})\nabla \varphi(\mathbf{r}) \quad .$$

Dabei ist $\kappa(\mathbf{r})$ die ortsabhängige Leitfähigkeit.

Aus 1. und 3. folgt nun die Gleichung, die den Potentialverlauf im Leiter zwischen den Äquipotentialflächen bestimmt:

$$\begin{aligned} 0 = \nabla \cdot \mathbf{j}(\mathbf{r}) &= -\nabla \cdot [\kappa(\mathbf{r})\nabla \varphi(\mathbf{r})] \\ &= -\nabla \kappa(\mathbf{r}) \cdot \nabla \varphi(\mathbf{r}) - \kappa(\mathbf{r})\,\Delta \varphi(\mathbf{r}) \quad . \end{aligned} \tag{5.4.7}$$

Dies ist eine homogene, lineare Differentialgleichung für $\varphi(\mathbf{r})$ der Form

$$\Delta\varphi(\mathbf{r}) + \frac{\nabla\kappa(\mathbf{r})}{\kappa(\mathbf{r})} \cdot \nabla\varphi(\mathbf{r}) = 0 \quad . \tag{5.4.8}$$

Als Randbedingungen gehören zu dieser Gleichung die Angabe der Ein- und Austrittsfläche des Stromes mit den Potentialen φ_0 und φ_1. Sind die Potentiale auf den Grenzflächen $\varphi_0' = \alpha\varphi_0$, $\varphi_1' = \alpha\varphi_1$ anstelle von φ_0, φ_1, so erhält man für das Potential $\varphi'(\mathbf{r}) = \alpha\varphi(\mathbf{r})$ und für die Spannung $U' = \alpha U$. Das folgt direkt aus der Linearität und Homogenität der Gleichung (5.4.8). Damit herrscht in diesem Fall im Leiter die Stromdichte

$$\mathbf{j}'(\mathbf{r}) = -\kappa(\mathbf{r})\nabla\left(\alpha\varphi(\mathbf{r})\right) = \alpha\mathbf{j}(\mathbf{r}) \quad .$$

Der in diesem Fall fließende Strom ist

$$I' = \int_a \mathbf{j}' \cdot d\mathbf{a} = \alpha \int_a \mathbf{j} \cdot d\mathbf{a} = \alpha I \quad .$$

Definiert man den ohmschen Widerstand für die angelegte Spannung U durch

$$R = \frac{U}{I} \quad ,$$

so gilt für die Spannung U' und den Strom I' einfach

$$R' = \frac{U'}{I'} = \frac{U}{I} = R \quad .$$

Also ist der Widerstand R eine die leitende Anordnung charakterisierende Konstante.

5.5 Leistung des elektrischen Feldes. Joulesche Verluste

Inhalt: An einem Ort $\mathbf{r}$, an dem das elektrische Feld $\mathbf{E}(\mathbf{r})$ besteht und die Stromdichte $\mathbf{j}(\mathbf{r})$ existiert, erbringt das Feld an den Ladungsträgern die Leistungsdichte $\nu(\mathbf{r}) = \mathbf{j}(\mathbf{r}) \cdot \mathbf{E}(\mathbf{r})$. In einem endlichen Volumen, dessen Stirnflächen Äquipotentialflächen sind, zwischen denen die Spannung U liegt und der Strom I fließt, erbringt das Feld die Leistung $N = UI$. Gilt in diesem Volumen das Ohmsche Gesetz, so wird die von den Ladungsträgern aufgenommene Energie in Stößen wieder abgegeben und tritt als Joulesche Wärme in Erscheinung.
Bezeichnungen: $\mathbf{E}$ elektrische Feldstärke, $\mathbf{F}$ Kraft, q Ladung, $\mathbf{r}$ Ort, t Zeit, $\mathbf{v}$ Geschwindigkeit, W Arbeit, V Volumen, N Leistung, n Ladungsträgeranzahldichte, $\mathbf{j}$ Stromdichte, ν Leistungsdichte, φ Potential, $\mathbf{a} = a\hat{\mathbf{a}}$ Fläche mit Flächennormale $\hat{\mathbf{a}}$, U Spannung, I Strom, R Widerstand.

Auf einen Ladungsträger der Ladung q wirkt in einem elektrischen Feld $\mathbf{E}$ die Kraft

$$\mathbf{F} = q\mathbf{E} \quad .$$

Sie verrichtet an ihm auf dem Weg $\mathrm{d}\mathbf{r}$ die Arbeit

$$\mathrm{d}W = \mathbf{F} \cdot \mathrm{d}\mathbf{r} = q\mathbf{E} \cdot \mathrm{d}\mathbf{r} \quad .$$

Wird dieses Wegstück in der Zeit $\mathrm{d}t$ zurückgelegt, besitzt die Ladung also die Geschwindigkeit $\mathbf{v} = \mathrm{d}\mathbf{r}/\mathrm{d}t$, so bewirkt das Feld die Leistung

$$\frac{\mathrm{d}W}{\mathrm{d}t} = q\mathbf{E} \cdot \frac{\mathrm{d}\mathbf{r}}{\mathrm{d}t} = q\mathbf{E} \cdot \mathbf{v} \quad .$$

Betrachten wir nun statt eines einzelnen Ladungsträgers viele Ladungsträger der Anzahldichte n und der mittleren Geschwindigkeit $\mathbf{v}$, so befinden sich im Volumenelement $\mathrm{d}V$ gerade $n\,\mathrm{d}V$ Ladungsträger, an denen die Leistung

$$\mathrm{d}N = \frac{\mathrm{d}W}{\mathrm{d}t} n\,\mathrm{d}V = nq\mathbf{v} \cdot \mathbf{E}\,\mathrm{d}V$$

erbracht wird. Das Produkt der ersten drei Faktoren auf der rechten Seite identifiziert man als die Stromdichte $\mathbf{j}$, so daß das elektrische Feld $\mathbf{E}$ die *Leistungsdichte*

$$\nu(\mathbf{r}) = \frac{\mathrm{d}N}{\mathrm{d}V} = \mathbf{j}(\mathbf{r}) \cdot \mathbf{E}(\mathbf{r}) \tag{5.5.1}$$

aufbringt. Die in einem Volumen V insgesamt aus dem Feld aufgenommene Leistung N gewinnt man daraus durch Integration,

$$\begin{aligned} N &= \int_V \nu(\mathbf{r})\,\mathrm{d}V = \int_V \mathbf{j} \cdot \mathbf{E}\,\mathrm{d}V \\ &= -\int_V \mathbf{j} \cdot \boldsymbol{\nabla}\varphi\,\mathrm{d}V \quad . \end{aligned} \tag{5.5.2}$$

Wir benutzen zur weiteren Rechnung die Kontinuitätsgleichung (5.2.5) für stationäre Ströme, die es erlaubt, den Integranden in eine Divergenz umzuwandeln,

$$\boldsymbol{\nabla} \cdot (\mathbf{j}\varphi) = (\boldsymbol{\nabla} \cdot \mathbf{j})\varphi + \mathbf{j} \cdot \boldsymbol{\nabla}\varphi = \mathbf{j} \cdot \boldsymbol{\nabla}\varphi \quad .$$

Dann erhält man über den Gaußschen Satz ein Oberflächenintegral über den Rand (V) des Volumens V,

$$N = -\int_V \boldsymbol{\nabla} \cdot (\mathbf{j}\varphi)\,\mathrm{d}V = -\oint_{(V)} \mathbf{j}\varphi \cdot \mathrm{d}\mathbf{a} \quad .$$

Ein besonders einfacher Ausdruck für N kann für ein Volumen gewonnen werden, das durch zwei Äquipotentialflächen, a_0 mit dem Potential φ_0 und

a_1 mit dem Potential φ_1, und eine Mantelfläche a_2 aus Stromlinien, d. h. eine Fläche, deren Normale senkrecht auf den Stromlinien steht (Abb. 5.6),

$$\hat{a} \cdot \mathbf{j} = 0 \quad , \tag{5.5.3}$$

begrenzt wird. Die Leistung ist dann

$$N = - \int_{a_0} \mathbf{j}\varphi_0 \cdot \mathrm{d}\mathbf{a} - \int_{a_1} \mathbf{j}\varphi_1 \cdot \mathrm{d}\mathbf{a} - \int_{a_2} \mathbf{j} \cdot \hat{a}\varphi \,\mathrm{d}a \quad .$$

Wegen (5.5.3) verschwindet der dritte Term, die ersten beiden vereinfachen sich wegen der Konstanz von φ_0 und φ_1 zu

$$-\varphi_0 \int_{a_0} \mathbf{j} \cdot \mathrm{d}\mathbf{a} = \varphi_0 I \quad , \qquad -\varphi_1 \int_{a_1} \mathbf{j} \cdot \mathrm{d}\mathbf{a} = -\varphi_1 I \quad .$$

Das relative Vorzeichen rührt davon her, daß da auf a_0 als äußere Normale dem durch a_0 eintretenden Strom entgegenrichtet ist. Somit ist die an den Ladungsträgern vom Feld verrichtete Leistung

$$N = (\varphi_0 - \varphi_1)I = UI \quad . \tag{5.5.4}$$

Die Bedingungen, die an das Integrationsvolumen zur Herleitung von (5.5.4) gestellt wurden, sind für die üblichen homogenen metallischen Leiter erfüllt. Wegen des lokalen Ohmschen Gesetzes (5.4.4) fallen in ihnen die Stromlinien mit den Feldlinien zusammen. Mit Hilfe des Ohmschen Gesetzes (5.4.5) läßt sich dann die Leistung des Feldes auch durch Strom und Widerstand bzw. Spannung und Widerstand ausdrücken:

$$N = UI = RI^2 = \frac{U^2}{R} \quad . \tag{5.5.5}$$

In Leitern, in denen das Ohmsche Gesetz gilt, nimmt die mittlere Geschwindigkeit der Ladungsträger im Feld nicht zu. Die aufgenommene Energie dient daher nicht zur Erhöhung der mittleren kinetischen Energie der Ladungsträger, sondern wird in den Stößen mit den Bausteinen des Leiters wieder abgegeben und tritt als Wärmeenergie (*Joulesche Wärme*) der Gitteratome eines Festkörpers in Erscheinung. Man nennt die Leistung (5.5.5) die *Verlustleistung*, die beim Transport des Stromes I durch den Widerstand R auftritt. Widerstände (und andere Bauelemente, die einem angelegten elektrischen Feld Leistung entziehen) werden deshalb auch als (Energie-) *Verbraucher* bezeichnet.

Auch in Verbrauchern, in denen das Ohmsche Gesetz nicht gilt, wird dem elektrischen Feld die Leistung (5.5.2) entzogen. Ein Beispiel ist die Beschleunigung eines Elektronenstroms in der Elektronenstrahlröhre mit der Spannung U (Abschn. 3.6.2). In der evakuierten Röhre erleiden die Elektronen keine Stöße und damit keine Jouleschen Verluste. Die dem Feld entnommene Leistung $N = UI$ vergrößert die kinetische Energie der Elektronen. Sie steht bei deren Aufprall auf den Leuchtschirm der Röhre zur Erzeugung von Strahlung zur Verfügung.

5.6 Stromkreis. Technische Stromrichtung

Inhalt: Der einfachste Stromkreis besteht aus einer Spannungsquelle, deren beide Klemmen durch einen äußeren Leiterkreis verbunden sind. Die Stromrichtung verläuft im äußeren Kreis vom Pluspol zum Minuspol und innerhalb der Spannungsquelle vom Minuspol zum Pluspol. Der Strom bezogen auf eine vorgegebene Umlaufrichtung ist an jeder Stelle des Stromkreises gleich. Die Umlaufspannung, d. h. die Summe der Teilspannungen (in Umlaufrichtung berechnet) verschwindet.

Die einfachste stromführende Anordnung ist ein *Stromkreis*. Er besteht aus einer Stromquelle, deren *Klemmen* oder *Pole* über Leitungsdrähte mit einem Verbraucher verbunden sind. Der Widerstand der Leitungsdrähte ist klein gegen den des Verbrauchers und wird hier vernachlässigt. Haben die Klemmen 1 und 2 die Potentiale φ_1 bzw. φ_2 mit $\varphi_1 < \varphi_2$, so heißt die Klemme 2 der *Pluspol* der Stromquelle, dementsprechend heißt die Klemme 1 der *Minuspol* (Abb. 5.7).

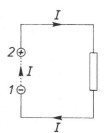

Abb. 5.7. Technische Stromrichtung im Außenteil und in der Quelle eines Stromkreises

Im äußeren Teil des Stromkreises, d. h. in den Leitungsdrähten und im Verbraucher, wird durch den Potentialunterschied zwischen den Klemmen ein Ladungstransport bewirkt. Physisch werden dabei die (negativen) Leitungselektronen in den Drähten in Richtung vom Minus- zum Pluspol bewegt. Als *(technische) Stromrichtung* bezeichnet man jedoch die Richtung des Produkts aus Trägerladung und -geschwindigkeit. Damit verläuft der Strom im äußeren Kreis vom Plus- zum Minuspol.

In der Stromquelle selbst fließt der Strom wieder vom Minuspol zum Pluspol zurück. Das kann natürlich nicht durch die Wirkung der Spannung zwischen den Klemmen geschehen, denn diese bewirkt ja gerade die umgekehrte Stromrichtung. Der Strom in der Quelle hat vielmehr ganz andere Ursachen, etwa chemische bei einer Batterie oder mechanisch–magnetische bei einem Generator. (Ist die Stromquelle ein Kondensator, so tritt an die Stelle des Stromes in der Quelle der Verschiebungsstrom, vgl. Abschn. 11.1.1.)

Für die Diskussion von Spannungen und Strömen in Netzwerken ist eine konsistente Berücksichtigung der Vorzeichen unerläßlich. Dazu formalisieren wir unsere Betrachtung des einfachen Stromkreises und definieren zunächst eine *Umlaufrichtung* im Stromkreis, die es uns gestattet, an jeder Stelle im

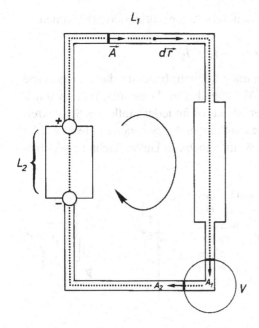

Abb. 5.8. Einfacher Stromkreis (*links* Spannungsquelle, *rechts* Verbraucher). Nach Wahl einer Umlaufrichtung (hier im Uhrzeigersinn) ist an jeder Stelle ein Wegelement d**r** in Umlaufrichtung definiert und eine Querschnittsfläche **A**, deren Normale $\hat{\mathbf{A}}$ ebenfalls in Umlaufrichtung zeigt. Der geschlossene Weg längs des Stromkreises ist in zwei Teilwege zerlegt, den Weg L_1 entlang des äußeren Leiterkreises und den Weg L_2 in der Spannungsquelle. Die geschlossene Oberfläche eines Volumens V schneidet den Stromkreis in zwei Stellen. Die beiden dabei entstehenden Schnittflächen sind (in Umlaufrichtung orientiert) $\mathbf{A}_1$ und $\mathbf{A}_2$

Stromkreis ein Wegelement d**r** und eine gerichtete Querschnittsfläche **A** anzugeben, Abb. 5.8. Es ist bequem, aber keineswegs notwendig, die Umlaufrichtung mit der Richtung der Stromdichte **j** im Stromkreis gleichzusetzen. Aufgrund der Kontinuitätsgleichung bzw. der Rotationsfreiheit der elektrostatischen Feldstärke können wir nun wichtige Aussagen über Ströme bzw. Spannungen im Stromkreis machen.

Ströme In Abb. 5.8 ist ein einfach zusammenhängendes Volumen V so in den Bereich des Stromkreises gelegt, daß die Oberfläche (V) des Volumens V den Stromkreis an zwei Stellen schneidet. Die beiden so entstehenden Querschnittsflächen sind

$$\mathbf{A}_1 = -\mathbf{a}_1 \quad , \qquad \mathbf{A}_2 = \mathbf{a}_2 \quad .$$

Die Flächen $\mathbf{A}_1$, $\mathbf{A}_2$ sind in Richtung des Umlaufsinnes des Stromkreises, die Flächen $\mathbf{a}_1$, $\mathbf{a}_2$ in Richtung der äußeren Normalen des Volumens V orientiert.

Aus der Kontinuitätsgleichung (5.2.5) für die stationäre Stromdichte folgt

$$0 = \int_V \boldsymbol{\nabla} \cdot \mathbf{j}\,\mathrm{d}V = \oint_{(V)} \mathbf{j} \cdot \mathrm{d}\mathbf{a} = \int_{a_1} \mathbf{j} \cdot \mathrm{d}\mathbf{a} + \int_{a_2} \mathbf{j} \cdot \mathrm{d}\mathbf{a}$$
$$= i_1 + i_2 \quad . \tag{5.6.1}$$

Bezeichnen wir mit

$$i_\ell = \int_{a_\ell} \mathbf{j} \cdot \mathrm{d}\mathbf{a} \qquad \text{bzw.} \qquad I_\ell = \int_{A_\ell} \mathbf{j} \cdot \mathrm{d}\mathbf{A} \tag{5.6.2}$$

die Ströme durch die (im allgemeinen verschieden orientierten) Flächen $\mathbf{a}_\ell$ bzw. $\mathbf{A}_\ell$, so gilt

$$0 = i_1 + i_2 = -I_1 + I_2 \quad .$$

Da wir das Volumen V beliebig wählen können, bedeutet das: Die Summe der Ströme, in Richtung aus einem Volumen heraus berechnet, verschwindet. Der Strom I, in Umlaufrichtung berechnet, ist an jeder Stelle des Stromkreises gleich. Die Messung des Stromes mit einem Amperèmeter liefert an jeder Stelle den gleichen Wert, wenn das Amperèmeter in Umlaufrichtung geschaltet ist, Abb. 5.9a.

Abb. 5.9 a,b. Schaltung von Amperèmeter und Voltmeter mit Angabe der Polung der Instrumente. **(a)** Der Zahlwert des angezeigten Stromes ist positiv, wenn die Stromrichtung im Amperèmeter von der Plus- zur Minusklemme zeigt. **(b)** Der Zahlwert der angezeigten Spannung ist positiv, wenn das Potential φ_+ an der Plusklemme des Voltmeters größer als das Potential φ_- an der Minusklemme ist

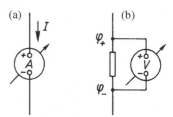

Spannungen Wir definieren jetzt die *Teilspannung*

$$u_k = \int_{L_k} \mathbf{E} \cdot \mathrm{d}\mathbf{r} \tag{5.6.3}$$

als Linienintegral über die Feldstärke längs des Teilweges L_k in Umlaufrichtung. Unterteilen wir unseren einfachen Stromkreis in zwei Teilstücke, den äußeren Leiterkreis L_1 (in Umlaufrichtung von Pluspol zum Minuspol der Spannungsquelle) und den Weg L_2 innerhalb der Spannungsquelle (in Umlaufrichtung vom Minuspol zum Pluspol), dann gilt wegen der Rotationsfreiheit der elektrischen Feldstärke

$$\begin{aligned} 0 &= \int_a \mathrm{rot}\, \mathbf{E} \cdot \mathrm{d}\mathbf{a} = \oint_{(a)} \mathbf{E} \cdot \mathrm{d}\mathbf{r} \\ &= \int_{L_1} \mathbf{E} \cdot \mathrm{d}\mathbf{r} + \int_{L_2} \mathbf{E} \cdot \mathrm{d}\mathbf{r} = u_1 + u_2 \quad . \end{aligned} \tag{5.6.4}$$

Die Spannung u_1 am äußeren Leiterkreis L_1 wird entsprechend Abb. 5.9b gemessen, indem man die Plusklemme des Voltmeters mit dem Pluspol der Spannungsquelle und die Minusklemme mit dem Minuspol verbindet. Für die Messung von u_2 muß dann die Plusklemme mit dem Minuspol und die Minusklemme mit dem Pluspol verbunden werden. Führen wir die Bezeichnungen

$$U_1 = u_1 \quad , \qquad U_2 = -u_2$$

ein, so wird die Spannung U_2 an der Spannungsquelle nicht in Umlaufrichtung, sondern, wie üblich, vom Pluspol zum Minuspol gemessen, und wir erhalten

$$U_1 - U_2 = 0 \quad .$$

5.7 Netzwerke

5.7.1 Kirchhoffsche Regeln. Reihen- und Parallelschaltung ohmscher Widerstände

Inhalt: Ein Knoten ist ein Verzweigungspunkt mehrerer Leitungen, eine Masche ein geschlossener Weg innerhalb eines Netzwerks. Die Knotenregel besagt, daß die Summe aller Ströme (aus dem Knoten herausfließend gerechnet) verschwindet. Die Maschenregel sagt aus, daß die Summe aller Spannungen (konsequent als Linienintegral über die Feldstärke entlang einer in der Masche einheitlichen Umlaufrichtung berechnet) in einer Masche verschwindet. Bei Reihenschaltung von Widerständen addieren sich die Widerstandswerte, bei Parallelschaltung die Leitwerte.

Bezeichnungen: $\mathbf{j}$ Stromdichte; i_ℓ Strom, der im ℓ-ten Zweig eines Knotens vom Knoten weg fließt; N Anzahl der Zweige, $\mathbf{E}$ Feldstärke, u_k Spannung am k-ten Teilstück einer Masche, M Anzahl der Teilstücke, R_i Einzelwiderstand, R Gesamtwiderstand.

Nur im einfachsten Fall fließt der Strom zwischen zwei Punkten bekannter Potentialdifferenz U (den Klemmen einer Stromquelle) nur durch einen einzigen Verbraucher. Im allgemeinen hat man es mit *Netzwerken* von Verbrauchern zu tun wie in der Schaltung von Abb. 5.10a. Dabei sind die Verbraucher als Rechtecke, die Zuleitungsdrähte als Linien gezeichnet. Der Widerstand der Zuleitungen wird als verschwindend klein betrachtet. Die Verallgemeinerung unserer Betrachtungen aus dem vorhergehenden Abschnitt liefert direkt die *Kirchhoffschen Regeln*.

Knotenregel Wir betrachten ein Volumen V, das gerade einen Leitungsknoten enthält, in dem sich die Leitungen $1, 2, \ldots, N$ treffen, und dessen Oberfläche $a = (V)$ alle diese Leitungen schneidet, Abb. 5.10b. Dann gilt in Verallgemeinerung von (5.6.1)

$$0 = \int_V \boldsymbol{\nabla} \cdot \mathbf{j} \, dV = \oint_{(V)} \mathbf{j} \cdot d\mathbf{a} = \sum_{\ell=1}^{N} \int_{a_\ell} \mathbf{j} \cdot d\mathbf{a} = \sum_{\ell=1}^{N} i_\ell \quad . \qquad (5.7.1)$$

Dabei ist die Fläche a_ℓ die Schnittfläche des Leiters ℓ, orientiert in Richtung der äußeren Normalen von a, und

$$i_\ell = \int_{a_\ell} \mathbf{j} \cdot d\mathbf{a} \qquad (5.7.2)$$

der Strom durch den Leiter ℓ in bezug auf die vom Knoten wegführende Richtung.

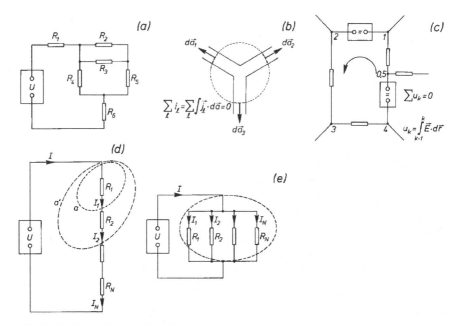

Abb. 5.10. Netzwerk ohmscher Widerstände (**a**). Zur Knotenregel (**b**). Zur Maschenregel (**c**). Spezielle Netzwerke sind die Reihenschaltung (**d**) und die Parallelschaltung (**e**). Die Summe aller Ströme durch eine beliebige geschlossene Fläche a (oder a') verschwindet

Maschenregel Jeder Teil eines Netzwerkes, der in einem geschlossenen Weg durchlaufen werden kann, heißt eine Masche, Abb. 5.10c. Wir zerlegen den Umlaufweg in Teilwege $L_1, L_2, \ldots, L_M$ in Richtung des Umlaufsinnes und erhalten in Verallgemeinerung von (5.6.4)

$$0 = \int_a \mathrm{rot}\, \mathbf{E} \cdot \mathbf{da} = \oint_{(a)} \mathbf{E} \cdot \mathrm{d}\mathbf{r} = \sum_{k=1}^{M} \int_{L_k} \mathbf{E} \cdot \mathrm{d}\mathbf{r} = \sum_{\ell=1}^{M} u_k \quad . \qquad (5.7.3)$$

Dabei ist a die Fläche der Masche, (a) ihr Rand und

$$u_k = \int_{L_k} \mathbf{E} \cdot \mathrm{d}\mathbf{r} \qquad (5.7.4)$$

die Teilspannung längs des Teilweges L_k in Umlaufrichtung.

Beispiele Wir betrachten *Reihen-* und *Parallelschaltung* von ohmschen Widerständen als einfache Anwendungen. Dabei benutzen wir, ähnlich der Diskussion am Ende des letzten Abschnittes, für die Angabe von Strömen und Spannungen zum Teil andere Richtungen als in den Vorschriften (5.7.2) bzw. (5.7.4). Wir bezeichnen Ströme wieder mit I und Spannungen wieder mit U.

Für die *Reihenschaltung* (Abb. 5.10d) bedeutet (5.7.1), daß der Strom überall im Stromkreis den gleichen Wert hat,

$$I = I_1 = I_2 = \ldots = I_N \quad .$$

Wie in Abb. 5.10d angegeben, werden dabei alle Ströme in Umlaufrichtung gezählt, d. h. die Richtung von I zeigt in die geschlossenen Oberflächen a, a' hinein, die von I_1 zeigt aus a heraus, usw. Nach der Maschenregel (5.7.3) gilt für die Spannungsabfälle $u_k = U_k = R_k I$ an den ohmschen Widerständen R_k, $k = 1, 2, \ldots, N$, und die Spannung $U = -u_{N+1}$ der Stromquelle

$$\sum_{k=1}^{N+1} u_k = 0 \quad , \qquad \text{d. h.} \quad U = \sum_{k=1}^{N} U_k = I \sum_{k=1}^{N} R_k = I R \quad ,$$

so daß für den Gesamtwiderstand R der Reihenschaltung gilt:

$$R = \sum_{k=1}^{N} R_k \quad .$$

Für die *Parallelschaltung* ohmscher Widerstände (Abb. 5.10e) liefert die Knotenregel angewendet auf den oberen Knoten von Abb. 5.10e

$$\sum_{k=1}^{N+1} i_k = 0 \quad .$$

Bezeichnen wir mit $I = -i_{N+1}$ den Strom I, der gegen die äußere Normale der Oberfläche in den Knoten einfließt, und mit $i_1 = I_1$, $i_2 = I_2, \ldots, i_N = I_N$ die aus dem Knoten herausfließenden Teilströme, so folgt

$$I = I_1 + I_2 + \cdots + I_N = \sum_{i=1}^{N} I_i \quad .$$

Da jetzt über jedem Widerstand die äußere Spannung U liegt, ist

$$I = \sum_{i=1}^{N} I_i = U \sum_{i=1}^{N} \frac{1}{R_i} = \frac{U}{R} \quad .$$

Damit gilt für die Parallelschaltung

$$\frac{1}{R} = \sum_{i=1}^{N} \frac{1}{R_i} \quad ,$$

d. h. die Leitwerte der Einzelwiderstände addieren sich.

Eine einfache Reihenschaltung ist der *Spannungsteiler* (Abb. 5.11), an dem die Spannung U einer Spannungsquelle in beliebige Bruchteile zerlegt werden kann.

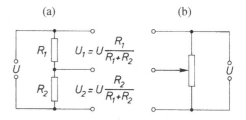

Abb. 5.11 a,b. Spannungsteiler, realisiert durch zwei in Reihe geschaltete Widerstände **(a)** bzw. einen Widerstand mit Schleifkontakt (Potentiometer) **(b)**

5.7.2 Messung von Strom bzw. Spannung mit einem Meßgerät

Inhalt: Für einen genau bekannten Widerstand sind Spannungsabfall und Strom streng miteinander verknüpft. Es genügt, eine der beiden Größen zu messen, um auch die andere zu kennen. Durch Benutzung eines Vorwiderstands (bzw. Parallelwiderstands) kann die Bestimmung einer großen Spannung (eines großen Stromes) durch Messung einer viel kleineren Spannung (eines viel kleineren Stromes) erfolgen.
Bezeichnungen: R_m Meßwiderstand; I_m, U_m Strom durch bzw. Spannungsabfall am Meßwiderstand; I, U zu bestimmender Strom bzw. zu bestimmende Spannung; R_v, R_p Vor- bzw. Parallelwiderstand.

Das Ohmsche Gesetz und die Kirchhoffschen Regeln haben wichtige Konsequenzen für das praktische Messen von Spannungen bzw. Strömen. Das Ohmsche Gesetz erlaubt die Verwendung von Spannungsmeßinstrumenten zur Strommessung und umgekehrt, die Kirchhoffschen Regeln eine bequeme Variation der Meßbereiche beider Instrumentenarten.

Wir haben bisher nur Spannungsmeßinstrumente (Abb. 5.12a) kennengelernt, nämlich das statische Voltmeter (Abschn. 3.2.3) und den Elektronenstrahloszillographen (Abschn. 3.6.3). Solche Voltmeter können aber neben Spannungen auch Ströme bestimmen, indem sie den Spannungsabfall U_m über einem in den Stromkreis gelegten, bekannten Meßwiderstand R_m registrieren (Abb. 5.12b), der dem zu messenden Strom direkt proportional ist,

$$I = \frac{U_\mathrm{m}}{R_\mathrm{m}} \quad .$$

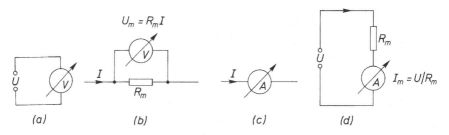

Abb. 5.12. Voltmeter in Spannungsmeßschaltung **(a)** und in Strommeßschaltung **(b)**. Ampèremeter in Strommeßschaltung **(c)** und in Spannungsmeßschaltung **(d)**

Ampèremeter reagieren direkt auf den sie durchfließenden Strom (Abb. 5.12c). (Ihr Funktionsprinzip können wir erst in Abschn. 9.8 erläutern.) Auch sie können aber zur Spannungsmessung verwendet werden, indem man sie in Serie mit einem Meßwiderstand R_m zwischen die Klemmen der Spannungs- quelle schaltet (Abb. 5.12d), deren Spannung gleich dem Produkt aus Meß- widerstand und registriertem Strom,

$$U = R_m I_m \quad ,$$

ist.

Besonders häufig wird im Labor das Drehspulampèremeter zur Messung von Strömen und Spannungen verwendet. Es hat eine hohe *Empfindlichkeit*, wenn bereits ein kleiner Strom (einige μA) den Vollausschlag des Zeigers bewirkt. Mit dem gleichen Instrument können aber auch wesentlich höhe- re Ströme gemessen werden: Man baut eine Stromteilerschaltung auf, in der der Strom durch das Instrument durch einen Vorwiderstand R_v begrenzt wird. Der größte Teil des Stromes wird durch einen Parallelwiderstand R_p am Meß- zweig vorbeigeleitet (Abb. 5.13a). Der Gesamtstrom ist

$$I = I_m + I_p = I_m(1 + R_v/R_p) \quad .$$

In Vielfachmeßinstrumenten können verschiedene Parallelwiderstände mit einem Drehschalter in den Stromkreis eingeführt werden. Das gleiche In- strument kann durch Wahl eines geeigneten Vorschaltwiderstandes R_v zur Spannungsmessung im gewünschten Spannungsbereich benutzt werden (Abb. 5.13b); es ist

$$U = R_v I_m \quad .$$

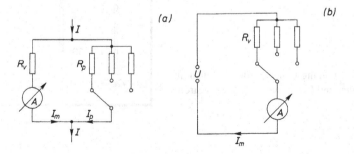

Abb. 5.13. Veränderung des Meßbereichs eines zur Strommessung (a) bzw. Spannungsmes- sung (b) benutzten Ampèremeters durch Wahl geeigneter Parallel- bzw. Vorwiderstände

5.8 Ionenleitung in Flüssigkeiten. Elektrolyse

Inhalt: In leitenden Flüssigkeiten (Elektrolyten) erfolgt der Ladungstransport durch Ionen. Bei der Neutralisierung der Ionen an den Elektroden finden chemische Prozesse statt. Faradaysche Gesetze der Elektrolyse. Definition der Stoffmenge (Einheit 1 mol), der Avogadro-Konstante und der Faraday-Konstante.

Bezeichnungen: q Ladung, n_w Wertigkeit und m Masse eines Ladungsträgers, e Elementarladung, ΔQ Gesamtladung und ΔM Gesamtmasse der in der Zeit Δt an einer Elektrode abgeschiedenen Substanz, I Strom, N_A Avogadro-Konstante, $F = N_A e$ Faraday-Konstante.

In den letzten drei Abschnitten dieses Kapitels wollen wir an Hand einfacher Experimente die realen elektrischen Leitungsvorgänge in Flüssigkeiten, Festkörpern und Gasen kennenlernen. Viele physikalische und technische Einzelheiten können dabei nicht einmal angedeutet werden.

Experiment 5.1. Strom durch eine leitende Flüssigkeit

Ein Glasgefäß enthält eine wäßrige Lösung von Kupfersulfat $Cu\,S\,O_4$. In die Lösung tauchen zwei Aluminiumplatten, an die wir eine Spannung U legen können. Die beiden Platten heißen *Elektroden*, diejenige, deren Potential relativ zur anderen positiv ist, heißt *Anode*, die andere *Kathode*, Abb. 5.14. Kurz nach dem Anlegen der Spannung beobachtet man, daß sich die Kathode mit Kupfer überzieht. An der Anode bilden sich Gasblasen. Die Abscheidung von Stoffen an den Elektroden bezeichnet man als *Elektrolyse*, die Flüssigkeit, in der der Strom fließt, als *Elektrolyt*.

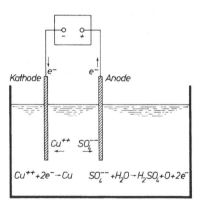

Abb. 5.14. Ladungstransport durch Ionen im Elektrolyten und Elektronen im äußeren Stromkreis

Die Interpretation dieses Befundes beruht darauf, daß das Kupfersulfat in der Lösung in zweifach positiv geladene Kupferionen (Cu^{++}) und zweifach negativ geladene Sulfationen ($S\,O_4^{--}$) dissoziiert. Damit existieren in der Lösung positive und negative Ladungsträger. In dem durch die äußere Spannung bewirkten elektrischen Feld zwischen den Elektroden wandern die negativen Ladungsträger (*Anionen*) zur Anode, die positiven (*Kationen*) zur Kathode.

Hier wird jedes Kupferion durch zwei Leitungselektronen der Metallelektrode neutralisiert,

$$Cu^{++} + 2e^- \to Cu \quad .$$

Das metallische Kupfer lagert sich auf der Aluminiumelektrode ab. An der Anode geben die Sulfationen ihre zwei Elektronen an die Elektrode ab. Das geschieht in einer chemischen Reaktion, in der Sauerstoffgas gebildet wird, nach dem Schema

$$SO_4^{--} + H_2O \to H_2SO_4 + \frac{1}{2}O_2 + 2e^- \quad .$$

Die an der Anode abgegebenen Elektronen durchlaufen den äußeren Stromkreis einschließlich der Stromquelle bis zur Kathode, wo sie zur Neutralisierung der Kupferionen dienen. Die Abscheidung eines Kupferatoms aus der Lösung erfordert den Transport der Ladung $q = n_w e$. Dabei ist $n_w = 2$ die *Wertigkeit* des Kupferions und e die Elementarladung. Ist m_{Cu} die Masse eines Kupferatoms, so wird durch einen stationären Strom der Stärke $I = \Delta Q/\Delta t$ in der Zeit Δt die Masse

$$\Delta M = \frac{\Delta Q}{n_w e} m_{Cu} = \frac{m_{Cu}}{n_w} \frac{I\,\Delta t}{e} \qquad (5.8.1)$$

abgeschieden. Diese Beziehung kann dazu dienen, die Strommessung auf eine Massenbestimmung durch Wägung zurückzuführen. Tatsächlich ist dieses Verfahren lange Zeit zur Definition des Ampère benutzt worden. (Danach war 1 A derjenige Strom, der in 1 s gerade 1,118 mg Silber aus einer Silbernitratlösung abschied, vgl. Aufgabe 5.6.) In der Praxis beruht die Funktion von Ampèremetern allerdings nicht auf elektrolytischen, sondern auf magnetischen Effekten.

Die Beziehung (5.8.1) faßt die beiden *Faradayschen Gesetze der Elektrolyse* zusammen.

1. Die an den Elektroden abgeschiedenen Massen an Zersetzungsprodukten sind der durch den Elektrolyten geflossenen Ladung proportional.

2. Bei gleichem Ladungsdurchfluß verhalten sich die abgeschiedenen Massen verschiedener Stoffe wie deren Atommassen dividiert durch die Wertigkeit der transportierten Ionen.

Es hat sich als praktisch erwiesen, eine bestimmte Menge gleichartiger Teilchen (Atome oder Moleküle) als ein *Mol* zu bezeichnen. Deshalb wurde im SI für die *Stoffmenge* die Einheit 1 mol eingeführt. Die Anzahl der Teilchen in einem Mol ist gleich der Anzahl der Atome des Kohlenstoffisotops ^{12}C, die zusammen die Masse 12 g haben (ursprünglich die Zahl der Wasserstoffatome mit der Gesamtmasse 1 g). Diese Anzahl pro 1 mol heißt *Avogadro-Konstante*

$$N_A = (6{,}022\,136\,7 \pm 0{,}000\,003\,6) \cdot 10^{23}\,\mathrm{mol}^{-1} \quad .$$

Um 1 mol einer einwertigen Substanz aus einem Elektrolyten abzuscheiden, wird die Ladung $F \cdot 1$ mol benötigt. Die Größe

$$F = N_A e = 9{,}65 \cdot 10^4\,\mathrm{C\,mol}^{-1}$$

heißt *Faraday-Konstante*. Unter Benutzung von (5.8.1) kann man elektrolytisch direkt Atommassen (durch Messung von ΔM und ΔQ) bestimmen.

Die Gültigkeit des Ohmschen Gesetzes für elektrolytische Leiter werden wir am Ende des nächsten Abschnitts in einem Experiment zeigen, das ein Beispiel für die Messung einer Strom–Spannungs-Charakteristik ist.

5.9 Elektronenleitung in Metallen. Darstellung von Strom–Spannungs-Kennlinien auf dem Oszillographen

Inhalt: In Metallen erfolgt der Ladungstransport durch „freie" Elektronen, die nicht fest an einzelne Atomkerne gebunden sind. Die Kennlinie eines Verbrauchers X ist das Diagramm $I(U)$ des Stromes I durch X als Funktion des Spannungsabfalls U an X. Angabe einer Schaltung zur Darstellung von Kennlinien auf dem Oszillographen. Kennlinien von Metallen und Elektrolyten.
Bezeichnungen: m Elektronenmasse, **a** Beschleunigung, **F** Kraft, **E** elektrische Feldstärke, e Elementarladung, U Spannung, I Strom, R Widerstand.

Wir haben bereits in vielen Experimenten die elektrische Leitfähigkeit von Metallen erkannt. Sie wird durch folgendes Modell in gröbster Näherung beschrieben: Metallatome enthalten ein oder wenige *Valenzelektronen*, das sind die Elektronen, die den größten mittleren Abstand vom Kern haben. Im Metallgitter sitzen die Atomrümpfe, das sind die Kerne mit den inneren Elektronen, so dicht, daß die Bindung der Valenzelektronen an einen bestimmten Kern verlorengeht, und die Valenzelektronen sich frei im Metallgitter bewegen können. Sie können für viele Fragestellungen als ein Gas freier Teilchen angesehen und nach den Gesetzen der statistischen Mechanik beschrieben werden.

Diese Vorstellung ist von Tolman direkt experimentell bestätigt worden. Seine Experimente beruhen darauf, daß sich in einem ursprünglich mit hoher Geschwindigkeit bewegten und dann plötzlich abgebremsten Metallstück die Elektronen aufgrund ihrer Trägheit weiterbewegen. Bezeichnen wir die beim Bremsvorgang auftretende Beschleunigung des Metallstücks mit $-$**a**, so besitzen die Elektronen relativ zum Metall die Beschleunigung **a**. Sie ist einer Trägheitskraft (m ist die Elektronenmasse)

$$\mathbf{F} = m\mathbf{a}$$

äquivalent, die einer Feldstärke

$$\mathbf{E} = \frac{\mathbf{F}}{-e}$$

entspricht. Durch die Trägheitskraft werden Elektronen so lange in Richtung der Beschleunigung verschoben, bis sie ein elektrisches Feld gleicher Größe und entgegengesetzter Richtung aufgebaut haben. Dieses führt dazu, daß sich zwischen den Enden des Metallstücks der Länge ℓ eine Spannung

$$U = |\mathbf{E}|\ell$$

ausbildet. Im Prinzip kann durch Messung der Spannung U und der Beschleunigung a das Verhältnis $e/m = \ell a/U$ von Elementarladung und Elektronenmasse bestimmt werden. In der Tat erhielt Tolman den gleichen Wert, den man für freie Elektronen mißt (vgl. Experiment 8.4), und konnte so die Hypothese des freien Elektronengases im Metall bestätigen. Wir wollen jetzt die Gültigkeit des Ohmschen Gesetzes in metallischen Leitern nachweisen.

Experiment 5.2.
Nachweis des Ohmschen Gesetzes für metallische Leiter
Ein Stahldraht (Länge $\ell = 0{,}5\,\mathrm{m}$ und Querschnitt $a = 0{,}079\,\mathrm{mm}^2$) ist über Zuleitungen wesentlich größeren Querschnitts und ein Drehspulampèremeter mit den Klemmen einer regelbaren Spannungsquelle verbunden. Die Spannung zwischen den Enden des Drahtes wird mit einem Oszillographen gemessen (Abb. 5.15a). Bei Veränderung der Spannung U erhält man für I die in Abb. 5.15b wiedergegebene lineare Abhängigkeit, die durch das Ohmsche Gesetz vorausgesagt wird. Die graphische Darstellung heißt Strom–Spannungs-Charakteristik, Strom–Spannungs-Kennlinie oder einfach *Kennlinie* des Drahtes. Aus der Steigung der Geraden kann man, vgl. (5.4.5), sofort den Widerstand des Eisendrahtes entnehmen:

$$R = \Delta U/\Delta I = 2\,\mathrm{V}/0{,}94\,\mathrm{A} = 2{,}13\,\Omega \quad .$$

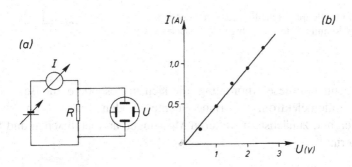

Abb. 5.15 a,b. Schaltung zum Nachweis des Ohmschen Gesetzes. Der als Verbraucher geschaltete Eisendraht ist einfach durch das rechteckige Schaltsymbol eines ohmschen Widerstandes angedeutet (**a**). Meßpunkte und Strom–Spannungs-Kennlinie (**b**)

Mit (5.4.6) kann man daraus die Leitfähigkeit von Eisen bestimmen,

$$\kappa = \frac{\ell}{Ra} = 2{,}97 \cdot 10^6 \, \Omega^{-1} \, \mathrm{m}^{-1} \quad .$$

(Durch systematische Veränderung von ℓ und a kann man vorher die Gültigkeit von (5.4.6) nachweisen.)

Ist das „ohmsche Verhalten" eines Leiters einmal bekannt und hat er den Widerstand R_m, so ist (vgl. Abschn. 5.7.2) der Spannungsabfall $U_\mathrm{m} = R_\mathrm{m} I$ dem Strom durch den Leiter direkt proportional und kann zur Bestimmung des Stromes benutzt werden. Das machen wir uns zunutze, um die Abhängigkeit zwischen Strom und Spannung bei einem beliebigen Verbraucher auf dem Bildschirm des Oszillographen darzustellen.

Experiment 5.3. Oszillographische Darstellung von Kennlinien

Eine Wechselspannungsquelle (ein Gerät, dessen Ausgangsspannung periodisch im Bereich $U_\mathrm{min} < U < U_\mathrm{max}$ variiert) speist einen Stromkreis, in dem der Verbraucher X, dessen Kennlinie bestimmt werden soll, und ein Meßwiderstand R_m hintereinandergeschaltet sind. Der Spannungsabfall U an X wird zur horizontalen, der Spannungsabfall U_m an R_m zur vertikalen Ablenkung eines Oszillographenstrahls benutzt (Abb. 5.16). Da der Strom $I = U_\mathrm{m}/R_\mathrm{m}$ durch den Verbraucher proportional zu U_m ist, kann an der vertikalen Skala auch direkt I abgelesen werden. Auf dem Schirm wird während jeder Periode der Wechselspannung die Funktion $I(U)$ über den ganzen Variationsbereich des Spannungsabfalls U an X dargestellt.

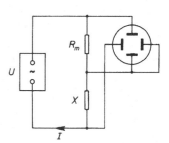

Abb. 5.16. Oszillographische Registrierung der Strom–Spannungs-Kennlinie eines beliebigen Verbrauchers X

Wir benutzen diese Anordnung, die sich insbesondere zur Bestimmung von Kennlinien elektronischer Bauelemente (Dioden, Transistoren usw., vgl. Kap. 7) eignet, zunächst zu weiteren Messungen an metallischen und flüssigen Leitern.

Experiment 5.4. Temperaturabhängigkeit der Leitfähigkeit von Eisen

Als Verbraucher benutzen wir den Eisendraht aus Experiment 5.2. Den Variationsbereich der Wechselspannung wählen wir jetzt so hoch, daß die ohmschen Verluste
nach einiger Zeit zu einer starken Erhitzung und schließlich zum Durchbrennen des
Drahtes führen. Auf dem Bildschirm beobachten wir eine gerade Kennlinie, deren
Steigung mit zunehmender Temperatur fällt. Der Widerstand nimmt also mit steigender Temperatur zu (Abb. 5.17).

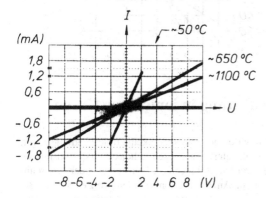

Abb. 5.17. Oszillographisch aufgenommene Kennlinien eines Eisendrahtes bei verschiedenen Temperaturen

Diese Abnahme der Leitfähigkeit ist aus (5.4.3) verständlich, da sich bei
steigender Temperatur die mittlere Fluggeschwindigkeit der Ladungsträger
erhöht und somit die mittlere Zeit zwischen zwei Stößen verringert. Es gibt
jedoch auch Substanzen, in denen die Leitfähigkeit weitgehend temperatur-
unabhängig ist oder sogar mit steigender Temperatur wächst.

Experiment 5.5. Kennlinie von Elektrolyten

Als Verbraucher X in Abb. 5.16 schalten wir jetzt ein Elektrolysegefäß entsprechend Abb. 5.14. Es ist zunächst mit destilliertem Wasser gefüllt, das sich praktisch
als Nichtleiter erweist. Fügen wir nun Kupfersulfatlösung zu, so daß der Elektrolyt
$0,5\%$, 1% bzw. 2% $CuSO_4$ enthält, so steigt die Leitfähigkeit etwa proportional
zur Konzentration (Abb. 5.18). In diesem niedrigen Konzentrationsbereich können
wir vollständige Dissoziation in Cu^{++} und SO_4^{--} annehmen. Damit bestätigt die
Messung die Beziehung (5.4.3), die eine Proportionalität zwischen Leitfähigkeit und
Ionenkonzentration behauptet.

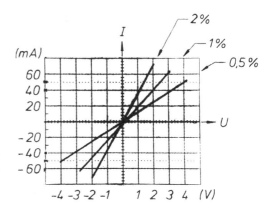

Abb. 5.18. Oszillographische Aufnahmen der Kennlinien von Kupfersulfatlösungen verschiedener Konzentration

5.10 Ionen- und Elektronenleitung in ionisierten Gasen

Inhalt: In einem Gas existieren ohne Einwirkungen von außen keine freien Ladungsträger. Durch Ionisation von Gasatomen oder -molekülen, etwa durch radioaktive oder kosmische Strahlung, können Ladungsträger erzeugt werden. Bei niedriger Feldstärke ist der Strom unabhängig von der Spannung proportional zur Anzahl der Ionisationen pro Zeiteinheit. Bei hoher Feldstärke können die primär erzeugten Ladungsträger weitere Ionisationen im Gasraum auslösen.

Während in Flüssigkeiten dauernd frei bewegliche Ionen und in Festkörpern dauernd Leitungselektronen vorhanden sein können, gibt es in Gasen keine frei beweglichen Ladungsträger. Ein Stromtransport in Gasen kann deshalb nur stattfinden, wenn man durch besondere Vorkehrungen dafür sorgt, daß Ladungen in den Gasraum gelangen oder dort entstehen. Meist spielen dabei die Übergangsflächen zwischen Gas und Zuleitungen eine große Rolle.

Hier beschränken wir uns auf eine *Ionisationskammer*, bei der die Ladungsträger im Gasraum erzeugt werden. Die Strahlung einer Röntgenröhre oder einer radioaktiven Quelle kann die Moleküle eines Gases ionisieren, d. h. in Ionen und Elektronen zerlegen. Befinden sich im Gasraum zwei Elektroden, zwischen denen eine Spannung liegt, so findet ein Ladungstransport im Feld statt: Es fließt ein Strom (Abb. 5.19a). Der Strom ist gleich der durch Ionisation gebildeten Ladung pro Zeiteinheit und damit ein Maß für die Intensität der Strahlung.

Experiment 5.6. Ionisationskammer

Diese Tatsache nutzt man zur Messung der *Strahlungsdosis* aus. Ein Kondensator wird aufgeladen und parallel zu einer Ionisationskammer geschaltet (Abb. 5.19b). Ein empfindliches Voltmeter registriert die Spannung U bzw. die Ladung $Q = CU$ auf dem Kondensator. Eine durch Ionisation gebildete Ladung ΔQ bewirkt durch ihre Beweglichkeit im Gasraum die Entladung des Kondensators um den gleichen Betrag und führt zu einem Spannungsabfall um $\Delta U = \Delta Q/C$.

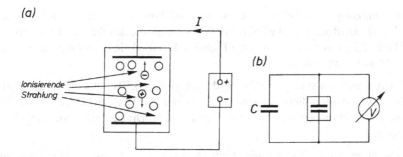

Abb. 5.19. Prinzip der Ionisationskammer (a). Ionisationskammer als Dosimeter (b)

Eine Anordnung aus zwei Elektroden im Gasraum verhält sich bei höheren Spannungen an den Elektroden wesentlich komplizierter als hier dargestellt. Das Studium der *Gasentladungen* ist ein wichtiger Teilbereich der angewandten Physik, auf den wir hier nicht im einzelnen eingehen können. Eine wichtige Eigenschaft ergibt sich jedoch sofort aus folgender Überlegung: Wird die Feldstärke so groß, daß ein einmal in den Gasraum gelangter Ladungsträger pro mittlere freie Weglänge zwischen zwei Stößen so viel Energie aufnimmt, daß er ein Gasmolekül ionisieren kann, so entsteht eine Ladungsträgerlawine: Der Strom steigt rapide an und hängt deutlich nichtlinear mit der angelegten Spannung zusammen. Gasentladungsgefäße sind damit *nichtohmsche Verbraucher*.

Die eben beschriebene Grenzfeldstärke der Lawinenbildung heißt *Durchschlagsfeldstärke* des Gases. Sie beträgt für trockene Luft ca. 20 kV/cm. Sie muß beim Bau von Hochspannungseinrichtungen beachtet werden, da Luft jenseits dieser Feldstärke nicht mehr als Isolator betrachtet werden kann.

5.11 Aufgaben

5.1: Welche Ladungsmenge fließt während der Zeit $t = 10\,\text{s}$ durch einen Leiter, wenn

(a) der Strom den konstanten Wert $I = 10\,\text{A}$ hat,

(b) der Strom linear von $I = 0\,\text{A}$ auf $I = 20\,\text{A}$ ansteigt?

5.2: Der Quotient $u = \langle v \rangle / E$ aus der mittleren Geschwindigkeit der Ladungsträger und der sie verursachenden Feldstärke heißt *Ladungsträgerbeweglichkeit*. In Kupfer gibt es ein frei bewegliches Elektron pro Atom. Bestimmen Sie die Ladungsträgerdichte n aus der *Molmasse* (Masse pro Mol Kupfer) $M_{\text{Cu}} = 63{,}54\,\text{g}\,\text{mol}^{-1}$, der Avogadro-Konstante $N_{\text{A}} = 6{,}022 \cdot 10^{23}\,\text{mol}^{-1}$ und der Massendichte von Kupfer, $\rho = 8{,}93\,\text{g}\,\text{cm}^{-3}$. Berechnen Sie dann die Beweglichkeit der Elektronen in Kupfer unter Benutzung des Tabellenwertes seiner Leitfähigkeit, vgl. Tabelle 5.1. Vergleichen Sie die Driftgeschwindigkeit $\langle v \rangle$ der Elektronen, die den Stromfluß bewirkt, für eine Feldstärke von $1\,\mathrm{V\,cm^{-1}}$ mit der Lichtgeschwindigkeit, die für die Ausbreitung des Feldes charakteristisch ist.

5.3: **(a)** Durch einen Kupferdraht mit der Länge $\ell = 0{,}50\,\mathrm{m}$ und der Querschnittsfläche $a = 2{,}0\,\mathrm{mm^2}$ fließt der konstante Strom $I = 0{,}1\,\mathrm{A}$. Schätzen Sie die Zeit ab, die ein Elektron benötigt, um vom einen Ende des Drahtes zum anderen Ende zu gelangen.

(b) Durch den Draht wird nun ein Wechselstrom $I(t) = I_0 \cos(2\pi\nu t)$ mit der Amplitude $I_0 = 0{,}1\,\mathrm{A}$ und der Frequenz $\nu = 50\,\mathrm{Hz}$ geleitet. Schätzen Sie die Amplitude der Bewegung der freien Elektronen im Draht ab.

Hinweise: Jedes Kupferatom trägt ein freies Elektron zum Strom bei. Die Massendichte von Kupfer beträgt $\rho = 8{,}93\,\mathrm{g\,cm^{-3}}$, seine Molmasse ist $M_{\mathrm{Cu}} = 63{,}54\,\mathrm{g\,mol^{-1}}$.

5.4: Wie groß ist der Gesamtwiderstand des Netzes aus vier Widerständen in Abb. 5.20? Wie groß sind die Ströme in und die Spannungen an den einzelnen Widerständen? Geben Sie zunächst allgemeine Ausdrücke an und setzen Sie dann die folgenden Zahlwerte ein: $U = 6\,\mathrm{V}$, $R_1 = 100\,\Omega$, $R_2 = R_3 = 50\,\Omega$, $R_4 = 75\,\Omega$.

5.5: Zur Ausmessung eines unbekannten Widerstandes R_x wird die *Wheatstonesche Brücke* benutzt (Abb. 5.21). Man regelt den veränderlichen Widerstand R_2 so ein, daß das Ampèremeter stromlos ist. Die Messung wird so weniger abhängig vom Fehler des Instruments. Berechnen Sie R_x aus R_1, R_2, R_3.

5.6: Bestimmen Sie die Länge eines Eisendrahtes von $1\,\mathrm{mm^2}$ Querschnitt so, daß bei einer Spannung von $220\,\mathrm{V}$ eine Verlustleistung von $1\,\mathrm{kW}$ im Draht freigesetzt wird.

5.7: Bestimmen Sie die Molmasse (Masse eines Mols) von Silber und die Masse eines Silberatoms aus den in Abschn. 5.8 angegebenen Zahlenwerten (in einer Silbernitratlösung haben die Silberionen $\mathrm{Ag^+}$ eine Elementarladung).

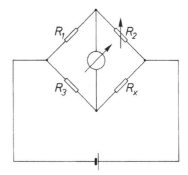

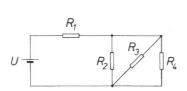

Abb. 5.20. Zu Aufgabe 5.4   **Abb. 5.21.** Wheatstonesche Brücke

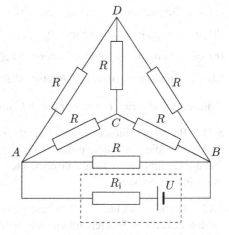

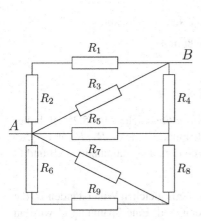

Abb. 5.22. Zu Aufgabe 5.8

Abb. 5.23. Zu Aufgabe 5.9

5.8: Berechnen Sie den Widerstand zwischen den Punkten A und B für das in Abb. 5.22 skizzierte Netzwerk. Dabei sei $R_1 = R_2 = R_4 = R_6 = R_8 = R_9 = 30\,\Omega$ und $R_3 = R_5 = R_7 = 60\,\Omega$.

5.9: Ein aus sechs gleichen Widerständen R bestehendes Netzwerk ist an eine Spannungsquelle mit dem Innenwiderstand R_i angeschlossen (siehe Abb. 5.23).

(a) Wie groß ist der Gesamtwiderstand des Netzwerkes, gemessen zwischen den Punkten A und B?

(b) Geben Sie die Leistung, die das Netzwerk aufnimmt, als Funktion von U, R_i und R an.

(c) Für welchen Wert von R wird diese Leistung maximal?

5.10: Ein aus sieben gleichen Widerständen ($R_i = R$, $i = 1, \ldots, 7$) bestehendes Netzwerk ist an eine Spannungsquelle angeschlossen, die die Spannung U liefert (siehe Abb. 5.24). Berechnen Sie:

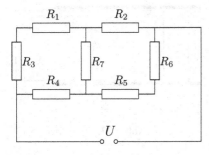

Abb. 5.24. Zu Aufgabe 5.10

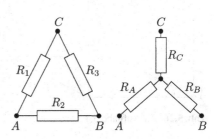

Abb. 5.25. Zu Aufgabe 5.11

(a) den Gesamtwiderstand des Netzwerkes,

(b) die Leistung, die die Spannungsquelle an das Netzwerk abgibt,

(c) den Strom, der durch den Widerstand R_7 fließt und

(d) den Spannungsabfall am Widerstand R_4.

Drücken Sie alle Ergebnisse nur durch U und R aus.

5.11: Berechnen Sie die *Stern–Dreieck-Transformation* (siehe Abb. 5.25), d. h. berechnen Sie die Widerstände R_A, R_B und R_C als Funktionen von R_1, R_2 und R_3, so daß die Gesamtwiderstände zwischen allen Paaren der Anschlußpunkte A, B und C unverändert bleiben.

5.12: Die Kanten eines Würfels bestehen aus jeweils gleichen Widerständen R, die an den Ecken des Würfels miteinander verbunden sind. Eine Spannung U wird an zwei gegenüberliegende Ecken (A und B) einer Seite des Würfels angelegt (siehe Abb. 5.26). Welchen Gesamtwiderstand hat diese Anordnung?

Hinweis: Überlegen Sie sich durch Symmetrieargumente, welche Ströme durch die einzelnen Kanten fließen.

5.13: Ein Plattenkondensator besteht aus zwei quadratischen Platten mit der Seitenlänge a, die sich im Abstand $d \ll a$ voneinander befinden. Eine nichtleitende Platte (Permittivitätszahl ε_r) der Dicke d wird bis zur Strecke x (gemessen von einer Kante des Kondensators aus) in den Kondensator eingeschoben (siehe Abb. 5.27).

(a) Berechnen Sie (unter Vernachlässigung von Randeffekten) die Kapazität des Kondensators.

(b) Der Kondensator wird nun auf die Spannung U aufgeladen und dann mit einem Widerstand R kurzgeschlossen. Mit welcher Geschwindigkeit und in welche Richtung muß das Dielektrikum bewegt werden, damit die Spannung zwischen den Kondensatorplatten konstant bleibt?

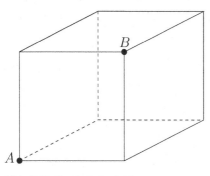

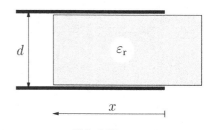

Abb. 5.26. Zu Aufgabe 5.12   **Abb. 5.27.** Zu Aufgabe 5.13

6. *Grundlagen des Ladungstransports in Festkörpern. Bändermodell

In den letzten Abschnitten des vorigen Kapitels konnten wir auf die Ursachen für die Existenz von Ladungsträgern in Leitern und damit auf die Grundlagen des elektrischen Stromes nicht eingehen.

In diesem Kapitel wollen wir uns eingehender mit dem Ladungstransport in Festkörpern und seinen Einzelheiten befassen. Erst durch ein besseres Verständnis der Vorgänge in Festkörpern wurde die Entwicklung technisch bedeutsamer Bauelemente wie Dioden und Transistoren möglich, die wir in Kap. 7 kennenlernen werden. Die hier dargestellten theoretischen Grundlagen brauchen wir zur quantitativen Diskussion der Eigenschaften dieser Bauelemente.

Als mathematisches Hilfsmittel benötigen wir die einfachsten Grundlagen der Wahrscheinlichkeitsrechnung und Statistik. Sie sind im Anhang D zusammengestellt.

6.1 Vielteilchensystem am absoluten Temperaturnullpunkt. Fermi-Grenzenergie

Inhalt: Die Quantenmechanik erlaubt für ein Teilchen, das in einem Gefäß des Volumens V eingesperrt ist, nur diskrete Zustände von Impuls $\mathbf{p}$, Impulsbetrag p oder Energie E. Die Dichten $Z_{\mathbf{p}}$, Z_p und Z_E der Zustände in den Variablen $\mathbf{p}$, p und E werden angegeben. Befinden sich N Elektronen im Volumen, so kann wegen des Pauli-Prinzips jeder Zustand von höchstens zwei Elektronen besetzt werden. Am absoluten Temperaturnullpunkt existiert eine scharfe Grenzenergie, die Fermi-Energie E_{F}. Alle Zustände mit Energien $E < E_{\mathrm{F}}$ sind besetzt, alle mit $E > E_{\mathrm{F}}$ sind unbesetzt.

Bezeichnungen: N gesamte Teilchenzahl, $V = L^3$ Volumen eines Würfels der Kantenlänge L, n Anzahldichte, $\mathbf{p}$ Teilchenimpuls; ℓ_x, ℓ_y, ℓ_z Quantenzahlen mit $\ell^2 = \ell_x^2 + \ell_y^2 + \ell_z^2$; $\hbar$ Plancksches Wirkungsquantum dividiert durch 2π; $Z_{\mathbf{p}}$, Z_p, Z_E Zustandsdichten bezüglich Impuls $\mathbf{p}$, Impulsbetrag p bzw. Energie E; m Teilchenmasse, p_{F} Fermi-Impuls, E_{F} Fermi-Energie, T_{E} Entartungstemperatur; F_E, F_p Besetzungszahlfunktion bezüglich Energie bzw. Impulsbetrag; N_E, N_p Verteilungen bezüglich Energie bzw. Impulsbetrag.

Die einfachste Beschreibung eines Vielteilchensystems geht davon aus, daß Ladungsträger – wir nennen sie oft einfach Teilchen – durch ständige Stöße untereinander oder mit anderen Objekten (Gitteratomen) eine ungeordnete Bewegung ausführen. Dabei wird sich eine Verteilung der Teilchen im Raum und über die möglichen Impulse einstellen, die rein statistisch bestimmt ist. Ohne Einwirkung äußerer Kräfte hat die Verteilung in einem räumlichen Volumen konstante Dichte, solange man Volumenbereiche betrachtet, deren Längenabmessungen groß gegen die mittlere freie Weglänge der Teilchen sind. Bei vorgegebener Gesamtteilchenzahl N im Volumen V stellt sich so die ortsunabhängige Anzahldichte

$$n = \frac{N}{V} \qquad (6.1.1)$$

ein.

Für ein Teilchen in einem endlichen Volumen V, das der Einfachheit halber die Gestalt eines Würfels mit der Kantenlänge L habe, erlaubt die Quantenmechanik nur diskrete Werte des Impulses mit den Komponenten

$$p_x = \frac{2\pi}{L}\hbar\ell_x \quad , \qquad p_y = \frac{2\pi}{L}\hbar\ell_y \quad , \qquad p_z = \frac{2\pi}{L}\hbar\ell_z \quad , \qquad (6.1.2)$$

$$\ell_x, \ell_y, \ell_z = 1, 2, 3, \ldots \quad .$$

Das Quadrat des Impulses kann die Werte

$$\mathbf{p}^2 = \left(\frac{2\pi}{L}\hbar\right)^2 \left(\ell_x^2 + \ell_y^2 + \ell_z^2\right) = \left(\frac{2\pi}{L}\hbar\right)^2 \ell^2 \qquad (6.1.3)$$

annehmen. Dabei ist $\hbar$ das durch 2π dividierte *Plancksche Wirkungsquantum* h,

$$\hbar = h/(2\pi) = (1{,}054\,572\,66 \pm 0{,}000\,000\,63)\cdot 10^{-34}\,\mathrm{W\,s^2} \quad . \qquad (6.1.4)$$

Weil die Zahlen ℓ_x, ℓ_y, ℓ_z nur diskrete Werte annehmen, heißen sie *Quantenzahlen*. Sie charakterisieren die möglichen *Quantenzustände* des Systems. Die Anzahl der Impulszustände in einem Volumenelement $\Delta V_\mathbf{p} = \Delta p_x\,\Delta p_y\,\Delta p_z$ des Impulsraumes ist durch die Anzahl von Quantenzuständen

$$\Delta\ell_x\,\Delta\ell_y\,\Delta\ell_z = \frac{L^3}{(2\pi\hbar)^3}\Delta p_x\,\Delta p_y\,\Delta p_z = \frac{V}{(2\pi\hbar)^3}\,\Delta p_x\,\Delta p_y\,\Delta p_z \qquad (6.1.5)$$

gegeben. Die Größe

$$Z_\mathbf{p} = \left(\frac{L}{2\pi\hbar}\right)^3 = \frac{V}{(2\pi\hbar)^3} \qquad (6.1.6)$$

heißt *Zustandsdichte bezüglich des Impulses*. Sie ist eine Konstante, die nur von der Größe des Volumens V abhängt. Die Anzahl der Zustände im Volumenelement dV_p des Impulsraumes ist

$$Z_p \, dV_p \quad . \tag{6.1.7}$$

Gehen wir durch

$$p_x = p \sin\vartheta \cos\varphi \quad , \qquad p_y = p\sin\vartheta\sin\varphi \quad , \qquad p_z = p\cos\vartheta \tag{6.1.8}$$

zu Kugelkoordinaten im Impuls über, so erhalten wir für das Volumenelement im Impulsraum

$$dV_p = dp_x \, dp_y \, dp_z = p^2 \, dp \, \sin\vartheta \, d\vartheta \, d\varphi \quad . \tag{6.1.9}$$

Interessieren wir uns für die Gesamtzahl der Zustände im Intervall zwischen den Werten p und $p + dp$ des Impulsbetrages, so haben wir (6.1.7) über die Winkel ϑ und φ zu integrieren. Wegen

$$\int_0^{2\pi} \int_0^{\pi} \sin\vartheta \, d\vartheta \, d\varphi = 4\pi \tag{6.1.10}$$

erhalten wir

$$Z_p(p) \, dp = 4\pi Z_p p^2 \, dp \quad .$$

Die Funktion

$$Z_p(p) = \frac{4\pi}{(2\pi\hbar)^3} V p^2 \tag{6.1.11}$$

heißt *Zustandsdichte bezüglich des Impulsbetrages*. Die Zahl der Zustände in einem Intervall der Breite dp wächst also quadratisch mit dem Impulsbetrag.

Zu einem vorgegebenen Intervall dp gehört ein Intervall dE der kinetischen Energie. Ist m die Teilchenmasse, so gilt

$$E = \frac{p^2}{2m} \quad , \qquad dE = \frac{p}{m} \, dp \quad . \tag{6.1.12}$$

Natürlich ist die Zahl der Zustände in den entsprechenden Intervallen gleich. Wir können jetzt auch eine *Zustandsdichte $Z_E(E)$ bezüglich der Energie* einführen. Es gilt

$$\begin{aligned}
Z_E(E) \, dE &= Z_p(p) \, dp = \frac{4\pi}{(2\pi\hbar)^3} V p^2 \, dp \\
&= \frac{4\pi}{8\pi^3\hbar^3} V (2mE) \frac{m}{\sqrt{2mE}} \, dE \quad ,
\end{aligned} \tag{6.1.13}$$

also

$$Z_E(E) = \frac{V}{\sqrt{2}\pi^2\hbar^3} m^{3/2} \sqrt{E} \quad . \tag{6.1.14}$$

Die Zustandsdichte wächst also mit der Wurzel der Teilchenenergie.

Befinden sich insgesamt N Teilchen im Volumen, so läßt es die von der klassischen Mechanik geprägte Anschauung als natürlich erscheinen, daß jeder Zustand von beliebig vielen Teilchen besetzt werden kann. In der Quantenmechanik unterscheidet man zwei Arten von Teilchen,

1. die *Bosonen*, von denen tatsächlich beliebig viele den gleichen Zustand annehmen können,

2. die *Fermionen*, von denen jeweils nur ein Teilchen einen Zustand besetzen kann (*Pauli-Prinzip*).

Die Unterscheidung der Teilchen in diese beiden Arten ist durch ihren *Spin (Eigendrehimpuls)* festgelegt. Teilchen mit einem Spin, der ein ganzzahliges $(0, 1, 2, \ldots)$ Vielfaches von $\hbar$ beträgt, sind Bosonen, Teilchen mit einem Spin, der ein halbzahliges $(1/2, 3/2, 5/2, \ldots)$ Vielfaches von $\hbar$ beträgt, sind Fermionen. Die Elektronen, mit denen wir uns im folgenden zu beschäftigen haben, sind Teilchen mit Spin $1/2$, also Fermionen. Da ein Teilchen mit Spin $1/2$ bei gegebenem Impuls noch zwei verschiedene *Polarisationszustände* (Spineinstellungen im Raum) haben kann, gestattet das Pauli-Prinzip gerade die zweifache Besetzung jedes Impulsraumzustandes mit diesen Teilchen.

Ein auffälliger Unterschied zwischen Vielteilchensystemen aus Fermionen bzw. Bosonen besteht in ihrem Verhalten am *absoluten Temperaturnullpunkt*. Die Bosonen besetzen alle den tiefsten Zustand der Energie

$$E = E_0 \quad . \tag{6.1.15}$$

Damit hat ein System aus N Bosonen, also mit der räumlichen Teilchenzahldichte $n = N/V$, am absoluten Temperaturnullpunkt die Gesamtenergie

$$E = NE_0 = nVE_0 \quad . \tag{6.1.16}$$

Die Elektronen können wegen ihrer zwei Spineinstellungen jeden Impulszustand nur doppelt besetzen, so daß wir für N Elektronen mindestens $N/2$ Impulszustände benötigen. Am Temperaturnullpunkt sind das gerade die $N/2$ dem Koordinatenursprung des Impulsraumes am nächsten liegenden Zustände. Das sind alle Zustände in einer Kugel um den Koordinatenursprung (Abb. 6.1). Der Radius p_F dieser Kugel läßt sich durch Summation aller Zustände bis zur Teilchenzahl N in der Kugel berechnen,

$$N = \int_{|\mathbf{p}| \leq p_F} \frac{2V}{(2\pi\hbar)^3} \, dV_{\mathbf{p}} \quad .$$

Mit den Kugelkoordinaten (6.1.8)–(6.1.10) erhalten wir

$$N = \frac{2V}{(2\pi\hbar)^3} 4\pi \int_0^{p_F} p^2 \, dp = \frac{2V}{(2\pi\hbar)^3} \frac{4\pi}{3} p_F^3 \quad , \tag{6.1.17}$$

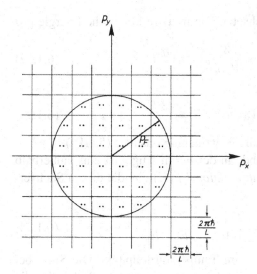

Abb. 6.1. Schnitt durch die Fermi-Kugel ($p_z = 0$). Alle Impulszustände im Inneren sind doppelt besetzt

d. h.

$$p_F = (3\pi^2 n)^{1/3}\hbar \quad . \tag{6.1.18}$$

Die Elektronen an der Oberfläche der Kugel haben dann die Energie

$$E_F = \frac{p_F^2}{2m} = \frac{1}{2m}(3\pi^2 n)^{2/3}\hbar^2 \quad . \tag{6.1.19}$$

In einem Elektronengas am absoluten Nullpunkt sind alle Zustände bis zur Energie E_F besetzt. Sie ist vollständig durch die Teilchendichte n bestimmt. Man nennt die Kugel der besetzten Zustände *Fermi-Kugel*, ihre Oberfläche *Fermi-Fläche*, ihren Radius *Fermi-Impuls* p_F, die Energie E_F der Elektronen auf der Fermi-Fläche *Fermi-Energie*.

Die Gesamtenergie der Elektronen in der Fermi-Kugel ist durch Aufsummation ihrer Energien zu gewinnen,

$$
\begin{aligned}
E &= \int_0^{2\pi}\int_0^{\pi}\int_0^{p_F}\frac{p^2}{2m}\frac{2V}{(2\pi\hbar)^3}p^2\,\mathrm{d}p\,\sin\vartheta\,\mathrm{d}\vartheta\,\mathrm{d}\varphi \\
&= \frac{2V}{(2\pi\hbar)^3}\frac{4\pi}{2m}\int_0^{p_F}p^4\,\mathrm{d}p = \frac{4\pi}{5m}\frac{V}{(2\pi\hbar)^3}p_F^5 \quad . \tag{6.1.20}
\end{aligned}
$$

Durch Einsetzen des expliziten Ausdruckes (6.1.18) für den Fermi-Impuls erhält man

$$E = \frac{3}{10}\frac{nV}{m}(3\pi^2 n)^{2/3}\hbar^2 \sim n^{5/3} \quad . \tag{6.1.21}$$

Formal kann man dieser Gesamtenergie auch am absoluten Temperaturnullpunkt eine Temperatur, die sogenannte *Entartungstemperatur* T_E, zuordnen, indem man wie früher (Abschn. 5.4.1) die mittlere kinetische Energie eines Teilchens mit $3kT_\mathrm{E}/2$ gleichsetzt. Die mittlere kinetische Energie pro Teilchen ist

$$\langle E \rangle = \frac{1}{nV} E = \frac{3}{10\,m} (3\pi^2 n)^{2/3} \hbar^2 \quad , \qquad (6.1.22)$$

so daß die Entartungstemperatur

$$T_\mathrm{E} = \frac{1}{5mk} (3\pi^2 n)^{2/3} \hbar^2 = \frac{2}{5} \frac{E_\mathrm{F}}{k} \qquad (6.1.23)$$

beträgt. (Wie früher bezeichnet k die Boltzmann-Konstante (5.4.1).)

Die *Besetzungszahl* der Zustände in der Fermi-Kugel ist eins, außerhalb null. Man führt eine *Besetzungszahlfunktion* $F_E(E)$ ein, die diesen Sachverhalt wiedergibt,

$$F_E(E) = \Theta(E_\mathrm{F} - E) = \begin{cases} 1, & E < E_\mathrm{F} \\ 0, & E > E_\mathrm{F} \end{cases} \quad . \qquad (6.1.24)$$

Diese heißt *Fermi–Dirac-Funktion* am Temperaturnullpunkt. Die Stufe bei $E = E_\mathrm{F}$ heißt *Fermi-Kante*. Wegen des Zusammenhangs (6.1.12) läßt sich die Besetzungszahlfunktion auch leicht als Funktion des Impulsbetrages schreiben,

$$F_E(E) = F_E \left(\frac{p^2}{2m} \right) = \Theta \left(\frac{p_\mathrm{F}^2}{2m} - \frac{p^2}{2m} \right) \quad . \qquad (6.1.25)$$

Daraus ergibt sich als Besetzungszahlfunktion für den Impulsbetrag

$$F_p(p) = \Theta(p_\mathrm{F} - p) \quad . \qquad (6.1.26)$$

Die Funktionen $F_E(E)$ und $F_p(p)$ sind in Abb. 6.2 dargestellt.

Die Teilchenzahl in einem Energieintervall ist nun einfach gleich der Zahl der Zustände (sie ist unter Berücksichtigung der zwei Spinzustände zu jedem Energiezustand gerade $2Z_E(E)\,\mathrm{d}E$) multipliziert mit der Besetzungszahlfunktion,

$$N_E(E)\,\mathrm{d}E = 2Z_E(E)F_E(E)\,\mathrm{d}E \quad . \qquad (6.1.27)$$

Die mit Hilfe von (6.1.24) und (6.1.14) leicht berechnete Funktion

$$N_E(E) = 2Z_E(E)F_E(E) = \frac{\sqrt{2}V}{\pi^2\hbar^3} m^{3/2} \sqrt{E}\, \Theta(E_\mathrm{F} - E) \qquad (6.1.28)$$

heißt *Energieverteilung* der Elektronen am absoluten Temperaturnullpunkt.

Entsprechend erhält man die *Impulsverteilung* (genauer: die Verteilung bezüglich des Impulsbetrages) aus

$$N_p(p)\,\mathrm{d}p = 2Z_p(p)F_p(p)\,\mathrm{d}p \qquad (6.1.29)$$

mit (6.1.11) und (6.1.26) zu

$$N_p(p) = \frac{V}{\pi^2\hbar^3} p^2\, \Theta(p_\mathrm{F} - p) \quad . \qquad (6.1.30)$$

Die Zustandsdichten Z_E, Z_p und die Verteilungen N_E, N_p sind ebenfalls in Abb. 6.2 dargestellt.

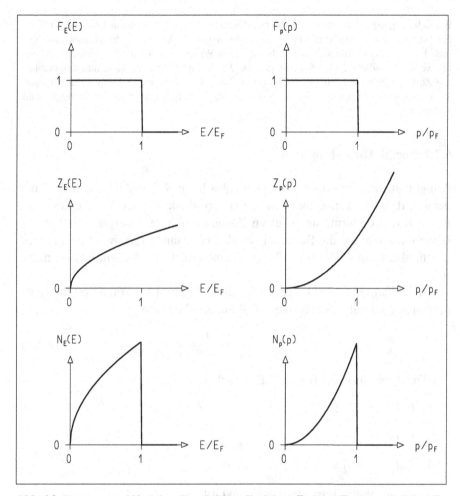

Abb. 6.2. Besetzungszahlfunktion (Fermi–Dirac-Funktion) F_E bzw. F_p, Zustandsdichte Z_E bzw. Z_p und Verteilung $N_E = 2Z_E F_E$ bzw. $N_p = 2Z_p F_p$ bezüglich Energie (*linke Spalte*) bzw. Impulsbetrag (*rechte Spalte*) für Elektronen in einem Metall am absoluten Temperatur-nullpunkt

6.2 Vielteilchensystem bei höheren Temperaturen

Inhalt: Für Temperaturen $T > 0$ wird die Besetzungswahrscheinlichkeit der Energiezustän-de durch die Fermi–Dirac-Funktion $F_E(E)$ beschrieben. Sie wird durch die beiden Parameter ζ und T gekennzeichnet. Für sehr kleine E ist $F_E(E) \approx 1$, für sehr große E ist $F_E(E) \approx 0$, der Übergang erfolgt im wesentlichen im Bereich $E = \zeta \pm kT$. Der Parameter ζ hängt von der Teilchenzahldichte n ab. Für große n (Metalle) ist ζ etwa gleich der Fermi-Energie E_F. Für kleine n (Halbleiter) wird ζ stark negativ, die Fermi–Dirac-Funktion geht (für $E > 0$) in eine abfallende Exponentialfunktion über. Dadurch erhält die Energieverteilung der Elektronen in Metallen die charakteristische Kantenstruktur (Fermi–Dirac-Verteilung), die der Elektronen in Halbleitern wird zu einer Maxwell–Boltzmann-Verteilung eines idealen Gases.

Bezeichnungen: E Energie, $F_E(E)$ Fermi–Dirac-Funktion, k Boltzmann-Konstante, T Temperatur, ζ Symmetriepunkt der Fermi–Dirac-Funktion, N Anzahl der Elektronen im Volumen V, $n = N/V$ Anzahldichte, h Plancksches Wirkungsquantum, $\hbar = h/(2\pi)$, Z_0 effektive Zustandsdichte, $F_{1/2}$ Fermi-Funktion, E_F Fermi-Energie, T_E Entartungstemperatur, Z_E Zustandsdichte bezüglich der Energie, $z_E = Z_E/V$ Zustandsdichte pro Energie- und Volumeneinheit, N_E Energieverteilung, $n_E = N_E/V$ Teilchenzahldichte pro Energie- und Volumeneinheit.

6.2.1 Fermi–Dirac-Funktion

Bringt man ein Fermionensystem vom absoluten Nullpunkt auf höhere Temperatur, d. h. führt man ihm Energie zu, so werden einige Teilchen aus der Fermi-Kugel entfernt, sie besetzen Zustände höherer Energie. Die Fermi–Dirac-Funktion, die die Besetzungszahl der Zustände verschiedener Energie beschreibt, kann daher bei höherer Temperatur keine Stufenfunktion mehr sein.

Im Anhang H.1 wird hergeleitet, daß die Fermi–Dirac-Funktion für Temperaturen oberhalb des absoluten Nullpunktes die Form

$$F_E(E) = \frac{1}{e^{(E-\zeta)/(kT)} + 1} \tag{6.2.1}$$

hat. Diese Funktion hat folgende Eigenschaften:

1. $F_E(E) < 1$,

2. $F_E(E = \zeta) = 1/2$,

3. $F_E(\zeta + \Delta E) = 1 - F_E(\zeta - \Delta E)$,

4. am absoluten Temperaturnullpunkt gilt
   $F_E(E) = \Theta(\zeta - E)$, $T = 0$.

Wieder ist die Zahl der Teilchen im Energieintervall dE durch (6.1.27) gegeben. Die Größe ζ ist durch die Gesamtzahl N der Teilchen im Volumen V bestimmt,

$$N = \int_0^\infty N_E(E)\,dE = \frac{V}{2\pi^2}\left(\frac{2m}{\hbar^2}\right)^{3/2}\int_0^\infty \frac{\sqrt{E}\,dE}{e^{(E-\zeta)/(kT)} + 1} \quad . \tag{6.2.2}$$

Offenbar gilt für $T = 0$ gerade $\zeta = E_F$. Sonst gilt

$$\zeta(T) < E_F ,   T > 0 . \tag{6.2.3}$$

Wir substituieren in (6.2.2)

$$x = \frac{E}{kT} ,   dx = \frac{dE}{kT} ,   \alpha = \frac{\zeta}{kT} \tag{6.2.4}$$

und erhalten für die räumliche Elektronendichte

$$n = \frac{N}{V} = \frac{1}{2\pi^2} \left(\frac{2mkT}{\hbar^2}\right)^{3/2} \int_0^\infty \frac{x^{1/2}\,\mathrm{d}x}{\mathrm{e}^{x-\alpha}+1} = \frac{2}{\sqrt{\pi}} Z_0 F_{1/2}(\alpha) \quad . \quad (6.2.5)$$

Die Größe

$$Z_0 = \frac{1}{4} \left(\frac{2mkT}{\pi\hbar^2}\right)^{3/2} \tag{6.2.6}$$

heißt *effektive Zustandsdichte*, die Funktion

$$F_{1/2}(\alpha) = \int_0^\infty \frac{x^{1/2}\,\mathrm{d}x}{\mathrm{e}^{x-\alpha}+1} \tag{6.2.7}$$

heißt *Fermi-Funktion* zum Index $1/2$.

Die effektive Zustandsdichte ergibt sich für Zimmertemperatur ($T = 300\,\mathrm{K}$) und unter Benutzung der Zahlenwerte der Naturkonstanten des Anhangs J zu

$$Z_0(T = 300\,\mathrm{K}) = 2{,}51 \cdot 10^{25}\,\mathrm{m}^{-3} \quad . \tag{6.2.8}$$

Die Dichte der Leitungselektronen in metallischem Kupfer ist

$$n_\mathrm{Cu} = 8{,}45 \cdot 10^{28}\,\mathrm{m}^{-3} \quad , \tag{6.2.9}$$

für einen typischen Halbleiter vom n-Typ (vgl. Abschn. 6.6) ist sie jedoch um viele Größenordnungen kleiner, z. B.

$$n_\mathrm{Halbleiter} = 10^{20}\,\mathrm{m}^{-3} \quad . \tag{6.2.10}$$

Metallische Leiter und Halbleiter unterscheiden sich also dadurch, daß für Metalle die Dichte der Leitungselektronen sehr viel größer, für Halbleiter aber sehr viel kleiner als die effektive Zustandsdichte ist.

Für diese beiden Fälle lassen sich folgende Näherungsformeln für ζ gewinnen. (Die Näherungen werden im Anhang H.2 diskutiert.)

1. *Für Metalle* ($n \gg Z_0$):

$$\zeta(T) = E_\mathrm{F} \left[1 + \frac{\pi^2}{8}\left(\frac{kT}{E_\mathrm{F}}\right)^2\right]^{-2/3} \quad . \tag{6.2.11}$$

Zwischen der Fermi-Grenzenergie E_F und der Elektronendichte n besteht nach (6.1.19) der Zusammenhang

$$n = \frac{1}{3\pi^2}\left(\frac{2mE_\mathrm{F}}{\hbar^2}\right)^{3/2} \quad . \tag{6.2.12}$$

Die Entartungstemperatur $T_E = 2E_F/(5k)$ für Metalle liegt weit oberhalb der Metalltemperatur (der Temperatur T der Metallgitteratome),

$$kT \ll E_F \quad . \tag{6.2.13}$$

Die Funktion $\zeta(T)$ ist daher nur schwach temperaturabhängig. Sie ändert sich zwischen $0\,\mathrm{K}$ und $300\,\mathrm{K}$ nur um einige Promille. Für grobe Rechnungen darf man daher bei Metallen den temperaturunabhängigen Wert

$$\zeta(T) \approx E_F = \frac{9^{1/3}}{2}\pi^{4/3}\frac{\hbar^2}{m}n^{2/3} \tag{6.2.14}$$

setzen

2. *Für Halbleiter* ($n \ll Z_0$):

$$\zeta(T) = kT\ln\frac{n}{Z_0} = kT\ln\left[4n\left(\frac{\pi\hbar^2}{2mkT}\right)^{3/2}\right] \quad . \tag{6.2.15}$$

Da nach Voraussetzung $\ln(n/Z_0) \ll -1$ ist, ist nicht nur $\zeta(T)$ deutlich von der Fermi-Grenzenergie verschieden, sondern sogar stark negativ,

$$\zeta(T) \ll -kT \quad . \tag{6.2.16}$$

Mit (6.2.11) bzw. (6.2.15) kann die Fermi–Dirac-Funktion (6.2.1) nun für vorgegebene Elektronendichte n und vorgegebene Temperatur T berechnet werden. Sie ist in Abb. 6.3 für die Fälle 1 und 2 dargestellt.

Man beobachtet, daß bei Zimmertemperatur für Metalle kaum Abweichungen von einer Stufenfunktion auftreten. Selbst bei einer Temperatur von $1000\,\mathrm{K}$ ist der Stufencharakter noch deutlich sichtbar. Fast alle Zustände unterhalb $\zeta \approx E_F$ sind besetzt, fast alle Zustände oberhalb unbesetzt. Lediglich in einem Bereich $\zeta \pm kT$ ist die Stufenfunktion aufgeweicht.

Völlig anders ist jedoch die Situation bei Halbleitern. Schreiben wir (6.2.1) in der Form

$$F_E(E) = \left(e^{E/(kT)}e^{-\zeta/(kT)} + 1\right)^{-1} \quad ,$$

so ist wegen (6.2.16) die zweite Exponentialfunktion immer $\gg 1$. Da die erste im Bereich positiver Energien > 1 ist, überwiegt der erste Term in der Klammer. Wir können schreiben:

$$F_E(E) \approx e^{-E/(kT)}e^{\zeta/(kT)} \quad , \qquad E > 0 \quad . \tag{6.2.17}$$

Im (physikalisch allein interessanten) Bereich positiver Energien sind damit auch für niedrige Energien die meisten Zustände unbesetzt, $F_E(E) \ll 1$. Die Besetzungszahlfunktion fällt zudem exponentiell mit der Energie.

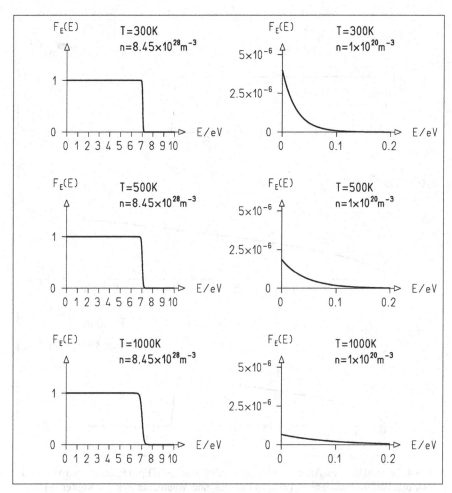

Abb. 6.3. Fermi–Dirac-Funktion bei verschiedenen Temperaturen für zwei Elektronendichten, die den Verhältnissen in Kupfer (*links*) bzw. einem typischen n-Halbleiter (*rechts*) entsprechen

6.2.2 Fermi–Dirac-Verteilung

Wir können nun leicht die Verteilung $N_E(E)$ der Elektronen bezüglich ihrer kinetischen Energie angeben: Aus (6.1.27), (6.1.14) und (6.2.1) erhalten wir

$$N_E(E) = 2Z_E(E)F_E(E) = \frac{\sqrt{2}V}{\pi^2\hbar^3}m^{3/2}\sqrt{E}\left(e^{(E-\varsigma)/(kT)}+1\right)^{-1} \quad . \quad (6.2.18)$$

Durch Division durch V können wir aus der Zustandsdichte $Z_E(E)$ eine Zustandsdichte pro Energie- und Volumeneinheit bilden,

$$z_E(E) = \frac{Z_E(E)}{V} \quad ,$$

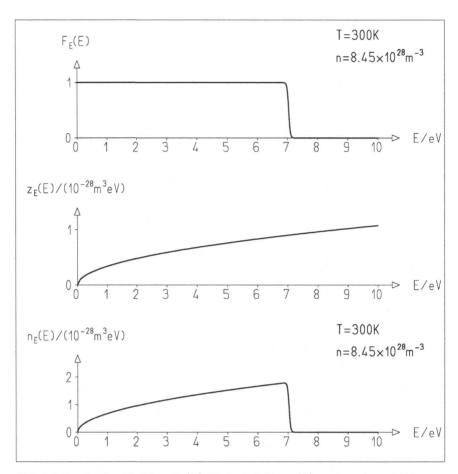

Abb. 6.4. Fermi–Dirac-Funktion $F_E(E)$, Zustandsdichte $z_E(E)$ pro Energie- und Volumeneinheit und Elektronendichte $n_E(E)$ pro Energie- und Volumeneinheit für Kupfer bei Zimmertemperatur

und aus der Energieverteilung $N_E(E)$ die Elektronendichte

$$n_E(E) = \frac{N_E(E)}{V}$$

pro Energie- und Volumeneinheit. Die Größe

$$n_E(E)\,\mathrm{d}E = 2z_E(E)F_E(E)\,\mathrm{d}E$$

ist die Anzahl der Elektronen pro Volumeneinheit im Energieintervall zwischen E und $E + \mathrm{d}E$. In Abb. 6.4 sind für Zimmertemperatur ($T = 300\,\mathrm{K}$) die Fermi–Dirac-Funktion $F_E(E)$ und die Dichten $z_E(E)$ und $n_E(E)$ für Kupfer dargestellt.

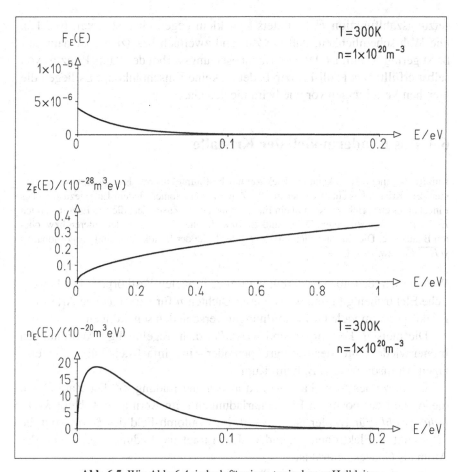

Abb. 6.5. Wie Abb. 6.4, jedoch für einen typischen n-Halbleiter

Für Halbleiter vereinfacht sich der Ausdruck (6.2.18) mit den Näherungen (6.2.15) und (6.2.17) auf

$$N_E = 4\pi N m (2mE)^{1/2} (2\pi mkT)^{-3/2} \exp\left(-\frac{E}{kT}\right) \; . \qquad (6.2.19)$$

Die Abb. 6.5 zeigt die Funktionen $F_E(E)$, $z_E(E)$ und $n_E(E)$ für einen typischen n-Halbleiter. Der Vergleich mit Abb. 6.4 macht deutlich, daß die durch $n_E(E)$ beschriebene Energieverteilung der Elektronen zwar in Metallen eine deutliche Kante bei der Fermi-Energie aufweist, nicht aber bei Halbleitern. Der Vergleich der Funktion $n_E(E)$ in Abb. 6.5 mit der in Abb. E.2 dargestellten Energieverteilung $N_E(E)$ in einem *idealen Gas* zeigt, daß die Fermi–Dirac-Verteilung für geringe Elektronendichten, wie sie bei Halbleitern vorliegen, einfach in die Maxwell–Boltzmann-Verteilung übergeht, die ein ideales Gas beschreibt. Das liegt daran, daß für niedrige Dichten die Besetzungszahlfunktion $F_E(E)$ stets sehr klein gegen eins ist – vgl. (6.2.17). Die Wahrscheinlichkeit, daß ein Zustand zweifach besetzt ist, ist dann äußerst gering. Damit ist das Mehrfachbesetzungsverbot des Pauli-Prinzips von selbst erfüllt. Das Pauli-Prinzip bedeutet keine Einschränkung: Es liegen die gleichen Verteilungen vor wie beim idealen Gas.

6.3 Das Bändermodell der Kristalle

Inhalt: In einem Atom kann ein Elektron nur bestimmte diskrete Energiezustände annehmen. Ein Kristall besteht aus einer großen Zahl N von Atomen. Jedem Energiezustand des Einzelatoms entspricht im Kristall ein Energieband aus N Zuständen, die den Energiebereich $E_u < E < E_o$ überdecken. Dabei sind E_u bzw. E_o die Energien an der unteren bzw. oberen Bandkante. Die Zustandsdichten $Z_E(E)$ der Nähe der Bandkanten sind proportional zu $\sqrt{E - E_u}$ bzw. zu $\sqrt{E_o - E}$.

Wir müssen jetzt noch erklären, warum es in vielen Festkörpern frei bewegliche Elektronen gibt und wieso deren Dichten n für verschiedene Arten von Festkörpern um viele Größenordnungen verschieden sein können.

Die meisten Festkörper sind *Kristalle*, d. h. regelmäßige Anordnungen immer wiederkehrender Atomgruppen oder – im einfachsten Fall – einer einzigen Atomsorte wie z. B. beim Kupfer.

Ein einzelnes Atom hat einen Atomkern der Ladung Ze. Die Zahl Z, die die Anzahl der positiven Elementarladungen e im Kern angibt, heißt *Kernladungszahl*. Für Kupfer ist $Z = 29$. Im Coulomb-Feld des Kerns sind die insgesamt Z Elektronen gebunden. Jedes trägt die Ladung $-e$, so daß das Atom als Ganzes neutral ist.

Im Rahmen der klassischen Physik besteht damit eine Analogie zu einem Planetensystem, bei dem die Planeten im Gravitationsfeld der Sonne gebunden sind. Im Gegensatz den Planeten können die Elektronen jedoch nicht jeden Energiewert annehmen, sondern nur ganz bestimmte diskrete Werte, die *Energieniveaus*, die quantenmechanisch berechnet werden können. In Abb. 6.6a ist schematisch das elektrostatische Potential des Atomkerns als Funktion des Abstandes vom Kern zusammen mit einigen Energieniveaus angegeben. Legen wir den Energienullpunkt so fest, daß er dem Potential im Unendlichen entspricht, so entsprechen alle gebundenen Elektronenzustände negativen Energien; positive Energien entsprechen Zuständen von Elektronen, die sich beliebig weit vom Kern entfernen können. Diese positiven Energien können auch bei Beachtung der Quantenmechanik beliebige (kontinuierliche) Werte annehmen. Gewöhnlich befindet sich ein Atom im *Grundzustand*, das ist der Zustand geringster Energie. Er zeichnet sich dadurch aus, daß die unteren Energiezustände bis zu einer durch die Elektronenzahl gegebenen Grenze lückenlos besetzt sind. Alle darüber liegenden Zustände sind unbesetzt.

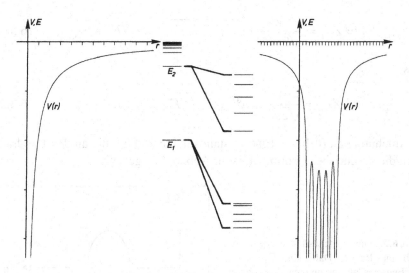

Abb. 6.6. (a) Elektrostatisches Potential eines einfachen Atomkerns und Energieniveaus eines Elektrons in diesem Potential. (b) Resultierendes Potential mehrerer benachbarter Atomkerne (Modell eines Kristallgitters) und Energiebänder

Im Kristallgitter eines Festkörper herrscht ein Potential, das wegen der periodisch im Raum angeordneten Atome selbst eine periodische Struktur besitzt. Es ist schematisch in Abb. 6.6b dargestellt. Man beobachtet, daß das resultierende Potential der Einzelatome überall im Inneren des Kristalls unter null abgesenkt wird, während es an den Rändern wieder auf null ansteigt. Die Energieniveaus der Einzelatome werden durch die gegenseitige Beeinflussung der Atome zu Gruppen von dicht benachbarten Energieniveaus aufgespalten, den sogenannten *Energiebändern*. Jedem Energieniveau eines Einzelatoms entspricht dann ein Band des Kristalls. Jedes Band hat so viele Energieniveaus wie Atome im Kristall vorhanden sind. Die Zahl der Elektronenzustände im Band ist wegen der zwei Spineinstellungen des Elektrons doppelt so groß. Die Bänder sind im allgemeinen durch Energiebereiche ohne Energieniveaus, die *Energielücken* oder *Bandlücken* getrennt. Benachbarte Bänder können aber auch überlappen.

Die Zustandsdichte innerhalb eines Bandes hängt von der Struktur des Kristalls im einzelnen ab und kann nur mit Hilfe der Quantenmechanik bestimmt werden. Für uns genügt es zu bemerken, daß sie sowohl an der unteren Kante E_u wie an der oberen Bandkante E_o mit der Wurzel der Differenzenergie zur Bandkante gegen null geht, ganz entsprechend der Zustandsdichte (6.1.14) des freien Elektronengases, die proportional zur Wurzel aus der Energie ist. (Im freien Gas gibt es keine Bandstruktur. Deshalb existiert dort nur eine untere, nicht aber eine obere besetzbare Energie.) Wir haben dann die Zustandsdichte in der Nähe der unteren bzw. oberen Bandkante,

$$Z_E(E) \approx Z_{E_u} = \frac{V}{\sqrt{2}\pi^2\hbar^3} m^{3/2} \sqrt{E - E_u} \quad , \qquad E \to E_u \quad , \qquad (6.3.1)$$

bzw.

$$Z_E(E) \approx Z_{E_o} = \frac{V}{\sqrt{2}\pi^2\hbar^3} m^{3/2} \sqrt{E_o - E} \quad , \qquad E \to E_o \quad , \qquad (6.3.2)$$

in Anlehnung an (6.1.14). Eine Zustandsdichte $Z_E(E)$, die an den Bandrändern die beschriebene Form hat, ist in Abb. 6.7 dargestellt.

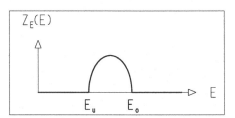

Abb. 6.7. Die Zustandsdichte Z_E innerhalb eines Bandes. Dabei sind E_u und E_o die Energien an der unteren bzw. oberen Bandkante

Entscheidend für die elektrischen Leitungseigenschaften eines Kristalls ist die Frage, ob es nur *vollständig besetzte* und darüber *vollständig leere* Bänder gibt, oder ob eines oder mehrere Bänder *teilweise besetzt* sind. Natürlich kann in leeren Bändern keine elektrische Leitung stattfinden, weil dort keine Elektronen vorhanden sind. Aber auch vollständig besetzte Bänder können zur Leitung nicht beitragen, weil das äußere elektrische Feld, unter dessen Einfluß sich die Leitungselektronen bewegen sollen, keine Verschiebung innerhalb der schon voll besetzten Energie- bzw. Impulszustände des Bandes bewirken kann. Nur durch eine solche Verschiebung, durch die sich ein Vorzugsimpuls und damit eine Vorzugsrichtung ausbilden kann, kommt aber ein Strom zustande. Elektrische Leitung ist damit *nur in teilweise besetzten Bändern* möglich.

6.4 Kristalle am absoluten Temperaturnullpunkt: Leiter und Nichtleiter

Inhalt: Wegen des Pauli-Prinzips sind bei $T = 0$ alle Zustände mit $E < E_F$ besetzt, alle mit $E > E_F$ unbesetzt (E_F ist die Fermi-Grenzenergie). Da jedes Band N Zustände besitzt und damit $2N$ Elektronen aufnehmen kann, gilt für einatomige Kristalle mit nichtüberlappenden Bändern: Kristalle mit gerader Elektronenzahl Z pro Atom sind Nichtleiter, denn die unteren $Z/2$ Bänder sind vollständig besetzt, die oberen unbesetzt. Kristalle mit ungerader Elektronenzahl sind Leiter, denn sie besitzen ein zur Hälfte besetztes Band, in dem Elektronenbewegung möglich ist. Tritt Bandüberlappung auf, so können auch Kristalle mit geradem Z pro Atom Leiter sein.

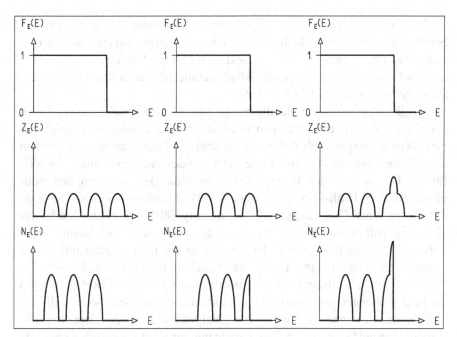

Abb. 6.8. Fermi–Dirac-Funktion $F_E(E)$ am absoluten Temperaturnullpunkt, Zustandsdichte Z_E in einigen Bändern und Elektronenverteilung N_E in diesen Bändern für Nichtleiter (*linke Spalte*), Metalle mit ungerader Elektronenzahl (*mittlere Spalte*) und Metalle mit gerader Elektronenzahl (*rechte Spalte*)

Wie im Fall des freien Elektronengases ergibt sich auch im Bändermodell die Energieverteilung der Elektronen in einem Band als das doppelte Produkt von Zustandsdichte $Z_E(E)$ und Fermi–Dirac-Funktion $F_E(E)$,

$$N_E(E) = 2Z_E(E)F_E(E) \quad . \tag{6.4.1}$$

Wie erwähnt, enthält in einem Kristall aus N gleichen Atomen jedes Band genau N Zustände. Befindet sich der Kristall am absoluten Temperaturnullpunkt $T = 0$, so ist $F_E(E)$ eine Stufenfunktion. Alle Energiezustände unterhalb der Fermi-Grenzenergie sind zweifach besetzt, so daß alle ZN Elektronen einen Zustand möglichst niedriger Energie annehmen. Dafür werden offenbar genau $Z/2$ Bänder benötigt.

Für Atome mit einer geraden Elektronenzahl Z werden also, falls Bänder nicht überlappen, $Z/2$ Bänder vollständig aufgefüllt. Alle übrigen Bänder bleiben leer. Die Fermi-Grenzenergie muß sich so einstellen, daß sie zwischen den Bändern in einer *Bandlücke* liegt (Abb. 6.8, linke Spalte). Kristalle aus Atomen mit gerader Elektronenzahl bilden bei $T = 0$ Nichtleiter, falls keine Bandüberlappung vorliegt. Beispiele sind die Edelgase (Helium, Neon, Argon, Krypton, Xenon mit $Z = 2, 10, 18, 36, 54$) in festem Zustand.

Bei Kristallen aus Atomen mit ungerader Elektronenzahl ist das oberste besetzte Band jedoch nur halb gefüllt (Abb. 6.8, mittlere Spalte). Solche Kristalle sind daher auch bei $T = 0$ elektrisch leitend. Wichtige Beispiele für diese Art von Leitern sind etwa die Alkalimetalle, aber auch Kupfer ($Z = 29$), Silber ($Z = 47$) oder Gold ($Z = 79$).

Es gibt aber auch viele Metalle mit gerader Elektronenzahl, die bei $T = 0$ gute Leiter sind. Hier überlappen mindestens zwei Bänder im Bereich der Fermi-Grenzenergie (Abb. 6.8, rechte Spalte). Im Überlappungsgebiet stehen sowohl die Zustände des einen wie auch die des anderen Bandes zur Verfügung. Da am absoluten Temperaturnullpunkt die Gesamtenergie den minimalen mit dem Pauli-Prinzip verträglichen Wert annimmt, werden die Bänder bis zu einer Grenzenergie E_F derart aufgefüllt, daß beide Bänder für $E < E_F$ vollständig besetzt, für $E > E_F$ völlig leer sind. Damit liegen teilweise besetzte Bänder vor: der Kristall ist ein Leiter. Leiter mit großer Bandüberlappung und guter Leitfähigkeit sind die Erdalkalimetalle oder z. B. Zinn ($Z = 50$), Wolfram ($Z = 74$) oder Platin ($Z = 78$). Überlappen etwa die beiden obersten am absoluten Nullpunkt noch teilweise besetzten Bänder vollständig, so können wir sie als ein einziges Band mit der doppelten Zustandsdichte auffassen. Es ist dann gerade nur zur Hälfte angefüllt, genau wie bei einem Kristall mit ungerader Elektronenzahl je Atom und fehlender Bandüberlappung. Solche Kristalle werden wir im weiteren als Modell für Metalle benutzen. Das halb besetzte Band heißt *Leitungsband* des Metalls.

Manche Kristalle zeigen eine sehr viel geringere Bandüberlappung. Dann ist das untere Band fast völlig besetzt, das obere fast völlig leer. Man findet spezifische Leitfähigkeiten, die um bis zu zwei Größenordnungen kleiner sind als bei Metallen und bezeichnet solche Kristalle als *Halbmetalle*.

6.5 Kristalle bei höherer Temperatur: Leiter, Halbleiter und Nichtleiter

Inhalt: Für $T > 0$ ändert sich die Situation für Leiter nicht wesentlich im Vergleich zu $T = 0$. Die Energieverteilung der Elektronen im (halb besetzten) Leitungsband ist eine Fermi–Dirac-Verteilung. Ist in einem bei $T = 0$ nichtleitenden Kristall die Bandlücke ΔE zwischen dem letzten besetzten Band (Valenzband) und dem ersten unbesetzten Band (Leitungsband) klein, $\Delta E \approx kT$, so ist der Kristall bei $T > 0$ ein Halbleiter: Elektronen treten ins Leitungsband über und hinterlassen Löcher im Valenzband. Die Energieverteilung von Elektronen bzw. Löchern ist eine Maxwell–Boltzmann-Verteilung.

Bezeichnungen: T Temperatur, Z_E Zustandsdichte, F_E Fermi–Dirac-Funktion, E_F Fermi-Energie, ζ Symmetriepunkt der Fermi–Dirac-Funktion, k Boltzmann-Konstante, m Elektronenmasse, h Plancksches Wirkungsquantum, $\hbar = h/(2\pi)$, E_L Leitungsband-Unterkante, E_V Valenzband-Oberkante, N Anzahl der Atome im Kristall, N_e Anzahl der Elektronen im Leitungsband, N_l Anzahl der Löcher im Valenzband.

Für höhere Temperaturen ist die Fermi–Dirac-Funktion keine Stufenfunktion mehr. Dadurch ändert sich die Bandbesetzung im Kristall. Die Verhältnisse bei Leitern und Nichtleitern ändern sich dabei auf recht verschiedene Weise.

6.5.1 Metalle

Verabredungsgemäß betrachten wir ein Metall mit halb besetztem oberen Band. Die Fermi-Grenzenergie E_F liegt in der Mitte des Bandes. Die Zahl der Elektronen in diesem Band ist eins je Atom bei Metallen ohne Bandüberlappung und ungerader Elektronenzahl bzw. zwei bei Metallen gerader Elektronenzahl und vollständiger Bandüberlappung. Die Zahl der Leitungselektronen ist damit gleich groß (oder von der gleichen Größenordnung) wie die Zahl der Atome im Kristall (bei Kupfer $n = 8{,}45 \cdot 10^{28}\,\mathrm{m}^{-3}$). In der Fermi–Dirac-Funktion

$$F_E(E) = \left[\exp\left(\frac{E - \zeta(T)}{kT} \right) + 1 \right]^{-1} \tag{6.5.1}$$

ist dann die Größe $\zeta(T)$ durch die Näherung (6.2.11) oder für grobe Rechnungen sogar durch $\zeta(T) \approx E_F$ gegeben, vgl. (6.2.14). Die Energieverteilung der Elektronen im Band ist

$$N_E(E) = 2Z_E(E)F_E(E) \quad . \tag{6.5.2}$$

Für die Zustandsdichte verwenden wir die Näherung (6.3.1), die in der Nähe der unteren Bandkante gilt,

$$Z_E(E) = \frac{V}{\sqrt{2}\pi^2\hbar^3} m^{3/2} \sqrt{E - E_L} \quad . \tag{6.5.3}$$

Dabei ist E_L die untere Bandkante des Leitungsbandes. Beziehen wir alle Energien auf diese Bandkante, führen also

$$E' = E - E_L \quad , \qquad \zeta'(T) = \zeta(T) - E_L \tag{6.5.4}$$

ein, so ergibt sich als Energieverteilung der Elektronen im Leitungsband

$$N_E(E') = 2Z_E(E')F_E(E') = \frac{\sqrt{2}V}{\pi^2\hbar^3} m^{3/2} \sqrt{E'} \left[\exp\left(\frac{E' - \zeta'}{kT} \right) + 1 \right]^{-1} ,$$
$$\tag{6.5.5}$$

in völliger Analogie zur Energieverteilung (6.2.18) des freien Elektronengases. Für die Elektronen im Leitungsband eines Metalls kann also die Energieverteilung des freien Elektronengases benutzt werden, wenn der Energienullpunkt an die Leitungsbandunterkante gelegt wird. Das wird auch noch einmal durch Vergleich der jeweils unteren Teilbilder von Abb. 6.9 und Abb. 6.4 deutlich. Die dargestellten Energieverteilungen zeigen das gleiche Verhalten, nämlich links einen Anstieg mit $\sqrt{E}$ bzw. $\sqrt{E'}$ und rechts den durch die Fermi–Dirac-Funktion bestimmten Abfall.

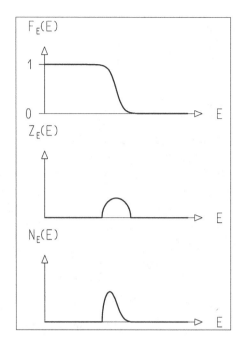

Abb. 6.9. Fermi–Dirac-Funktion $F_E(E)$, Zustandsdichte $Z_E(E)$ und Energieverteilung $N_E(E)$ der Elektronen im Leitungsband eines Metalls bei einer Temperatur $T > 0$

6.5.2 Halbleiter und Isolatoren

Bei Nichtleitern liegt die Fermi-Grenzenergie E_F nicht wie bei Metallen in einem Band sondern zwischen zwei Bändern. Wir bezeichnen das unterhalb E_F gelegene Band als *Valenzband*, das oberhalb gelegene als *Leitungsband*. Der Energiebereich der Breite ΔE zwischen beiden ist die Bandlücke. Bei $T = 0$ ist das Valenzband (und alle tiefer liegenden Bänder) völlig besetzt, das Leitungsband (und alle höher gelegenen Bänder) vollständig leer.

Die Fermi–Dirac-Funktion (6.5.1) hat bei höheren Temperaturen immer noch den Charakter einer Schwelle, die allerdings im Bereich $\zeta \pm kT$ deutlich abgerundet ist. Ist nun die Bandlücke sehr viel breiter als dieser Bereich ($\Delta E \gg kT$), so ist die Fermi–Dirac-Funktion nach wie vor im Bereich des Valenzbandes praktisch gleich eins und im Bereich des Leitungsbandes praktisch gleich null: Der Kristall ist nichtleitend (Abb. 6.10, linke Spalte).

Ist aber die Bandlücke nur schmal ($\Delta E \approx kT$), so bleiben einige Zustände im oberen Teil des Valenzbandes unbesetzt. Dafür werden Zustände im unteren Teil des Leitungsbandes besetzt. In beiden Bändern wird elektrische Leitung möglich (Abb. 6.10, rechte Spalte).

Anders als am absoluten Nullpunkt kann man bei höheren Temperaturen nicht mehr streng zwischen Leitern und Nichtleitern unterscheiden, weil Kristalle, die bei $T = 0$ nichtleitend sind, für hinreichend hohe Temperaturen merkliche Leitung zeigen. Kristalle mit schmaler Bandlücke, die die Bedin-

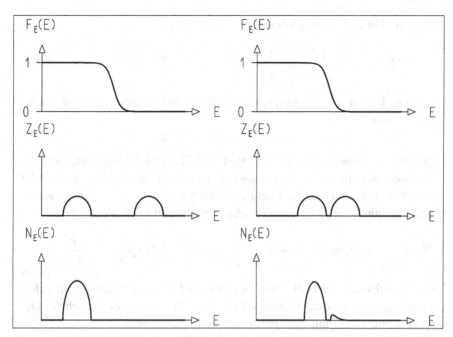

Abb. 6.10. Fermi–Dirac-Funktion $F_E(E)$, Zustandsdichte $Z_E(E)$ und Energieverteilung $N_E(E)$ der Elektronen in Valenzband und Leitungsband eines Isolators (*linke Spalte*) und eines (Ideal-) Halbleiters (*rechte Spalte*)

gung $\Delta E \approx kT$ schon bei Zimmertemperatur erfüllen, nennt man *Halbleiter*, solche mit breiter Bandlücke *Isolatoren*. Der technisch bedeutsamste Halbleiter ist Silizium.

Wie erwähnt, erfolgt die elektrische Leitung in Halbleitern in den beiden teilweise besetzten Bändern, dem fast völlig besetzten Valenzband und dem nur sehr geringfügig besetzten Leitungsband. Wir wollen beide Bänder getrennt untersuchen. Dabei beschränken wir uns in diesem Abschnitt auf *Idealhalbleiter*, d. h. Kristalle ohne Fremdatome. Durch im Kristall eingebaute Fremdatome, die in allen realen Halbleitern auftreten, entstehen zusätzliche Leitungsvorgänge, die uns im nächsten Abschnitt beschäftigen werden.

Freie Elektronen im Leitungsband Wieder messen wir Energien in bezug auf die Leitungsbandunterkante,

$$E' = E - E_{\mathrm{L}} \quad , \qquad \zeta' = \zeta - E_{\mathrm{L}} \quad .$$

Die Zustandsdichte im Leitungsband ist nach (6.3.1) in der Nähe der Bandkante

$$Z_E(E') = \frac{V}{\sqrt{2}\pi^2\hbar^3} m^{3/2}\sqrt{E'} \quad . \tag{6.5.6}$$

Die Fermi–Dirac-Funktion können wir in der Form

$$F_E(E') = \left[\exp\left(\frac{E' - \zeta'}{kT}\right) + 1\right]^{-1} \quad , \qquad \zeta' = \zeta - E_{\mathrm{L}} \quad , \qquad (6.5.7)$$

schreiben. Reicht die Fermi–Dirac-Verteilung nur wenig ins Leitungsband hinein, ist also

$$-\zeta' = E_{\mathrm{L}} - \zeta \gg kT \quad ,$$

so gelten die Näherungen (6.2.15) und (6.2.17). Die Energieverteilung der Elektronen im Leitungsband ist einfach durch unser früheres Ergebnis (6.2.19) gegeben. Wir müssen nur die Energie E durch $E' = E - E_{\mathrm{L}}$ und die Elektronenzahl N durch die Zahl N_{e} der Elektronen im Leitungsband ersetzen,

$$N_E(E) = 4\pi N_{\mathrm{e}} m \left[2m(E - E_{\mathrm{L}})\right]^{1/2} (2\pi mkT)^{-3/2} \exp\left(-\frac{E - E_{\mathrm{L}}}{kT}\right) \quad . \tag{6.5.8}$$

Im Leitungsband eines Halbleiters besitzen die Elektronen damit – wie schon vorweggenommen – eine Maxwell–Boltzmann-Verteilung bezüglich der Differenzenergie E' zur unteren Bandkante.

In Analogie zur Darstellung in Abschn. 6.2 wurde in (6.5.8) die Gesamtzahl N_{e} der Elektronen durch die Integration über das Leitungsband festgelegt,

$$N_{\mathrm{e}} = \int_{E_{\mathrm{L}}}^{\infty} N_E(E)\,\mathrm{d}E = 2\int_0^{\infty} Z_E(E') F_E(E')\,\mathrm{d}E' \quad . \tag{6.5.9}$$

Statt bis zur Leitungsbandoberkante darf bis unendlich integriert werden, weil die Fermi–Dirac-Funktion bereits an der Bandoberkante so klein ist, daß der Integrand oberhalb der Kante keinen merklichen Beitrag zum Integral liefert. Damit folgt, vgl. (6.2.15),

$$\zeta'(T) = kT \ln \frac{n_{\mathrm{e}}}{Z_0}$$

oder

$$n_{\mathrm{e}} = \frac{N_{\mathrm{e}}}{V} = Z_0 \mathrm{e}^{\zeta'(T)/(kT)} \quad .$$

Bei Idealhalbleitern, also Halbleitern ohne Störstellen, muß die Elektronendichte im Leitungsband gerade gleich der Dichte der unbesetzten Zustände im Valenzband sein. Das ist offenbar der Fall, wenn der Symmetriepunkt ζ der Fermi-Verteilung genau zwischen Valenzbandoberkante E_{V} und Leitungsbandunterkante E_{L} liegt,

$$\zeta = \frac{E_{\mathrm{L}} + E_{\mathrm{V}}}{2} \quad , \qquad \zeta' = -\frac{E_{\mathrm{L}} - E_{\mathrm{V}}}{2} \quad . \tag{6.5.10}$$

Damit ist die Elektronendichte direkt durch den Abstand der beiden Bänder gegeben,

$$n_e = Z_0 \exp\left(-\frac{E_L - E_V}{2kT}\right) = \frac{1}{4}\left(\frac{2mkT}{\pi\hbar^2}\right)^{3/2} \exp\left(-\frac{E_L - E_V}{2kT}\right).$$

$$(6.5.11)$$

Löcher im Valenzband Die Leitungsvorgänge im Valenzband, das bei einem Halbleiter im allgemeinen hoch besetzt ist, sind – als Leitungsvorgänge der Elektronen betrachtet – sehr kompliziert, weil den vielen Elektronen des Bandes nur wenige freie Zustände am oberen Bandrand zur Verfügung stehen. Damit spielt das Pauli-Prinzip bei der Bewegung der Elektronen eine große Rolle, wodurch die Bewegung einer großen Zahl von Einschränkungen unterworfen ist.

Die Lösung dieses Problems wird sehr vereinfacht, wenn man sich klarmacht, daß in einem fast vollen Band Leitung dadurch zustande kommt, daß z. B. ein Elektron einen der (wenigen) leeren Zustände besetzt und der frühere Zustand dieses Elektrons von einem anderen Elektron besetzt wird, das selbst einen unbesetzten Zustand hinterläßt, usw.

Ladungstransport in einem fast völlig besetzten Band bedeutet somit immer die Bewegung vieler Elektronen, die der Wanderung eines leeren Zustandes, des *Defektelektrons* oder *Loches* durch den Kristall entspricht. Dies ist dann auch die das Problem wesentlich vereinfachende Betrachtungsweise. Die Wahrscheinlichkeit dafür, daß ein Zustand nicht mit einem Elektron besetzt ist oder – anders gesagt – daß er mit einem Loch besetzt ist, ist gerade durch das Komplement

$$F_{E,l}(E) = 1 - F_E(E) \qquad (6.5.12)$$

der Fermi–Dirac-Funktion gegeben, die die Wahrscheinlichkeit für die Besetzung mit einem Elektron beschreibt. Die Nichtbesetzung in dem fast vollen Valenzband ist also sehr unwahrscheinlich. Daher haben wir für die unbesetzten Zustände im Valenzband, die Löcher, eine Maxwell–Boltzmann-Verteilung – ganz analog zu den Verhältnissen für die Elektronen im Leitungsband. Die Bewegung weniger Fermionen (Elektronen oder Löcher) in einem Phasenraumgebiet großer effektiver Zustandsdichte erlaubt aber die Vernachlässigung des Pauli-Prinzips, und die Anwendung der Bewegungsgleichungen der klassischen Mechanik ist gerechtfertigt. Deshalb beschreiben die Löcher im fast besetzten Valenzband wie Einzelteilchen Bahnen im Kristall, während die Elektronenbewegung nur als Übergang vieler Elektronen zwischen vielen Zuständen des Bandes verstanden werden kann. Dies ist die Begründung für die Einführung des Konzeptes des Defektelektrons oder Loches in einem fast voll besetzten Band. Die an der klassischen Mechanik geformte Anschauung

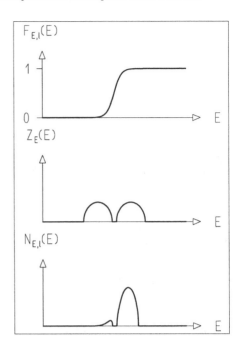

Abb. 6.11. Besetzungsfunktion $F_{E,\mathrm{l}}(E)$, Zustandsdichte $Z_E(E)$ und Verteilung $N_{E,\mathrm{l}}(E)$ der Löcher in Valenzband und Leitungsband eines Idealhalbleiters

der Bewegung eines Teilchens ist für die Löcher im fast vollständig mit Elektronen besetzten Band physikalisch richtig, für die Elektronen dieses Bandes wegen der geringen Zahl freier Zustände jedoch falsch.

Die quantitative Energieverteilung der Löcher kann man leicht in völliger Analogie zur Energieverteilung der Elektronen gewinnen. In Abb. 6.11 ist die Funktion (6.5.12) dargestellt; sie stellt eine Spiegelung der Fermi–Dirac-Funktion bezüglich $\zeta = (E_\mathrm{L} + E_\mathrm{V})/2$ dar. Abbildung 6.11 zeigt auch die Zustandsdichten von Valenz- und Leitungsband und die Verteilung

$$N_{E,\mathrm{l}}(E) = 2Z_E(E)F_{E,\mathrm{l}}(E) \quad .$$

Mit der Näherung (6.3.2),

$$Z_E(E) = \frac{V}{\sqrt{2}\pi^2\hbar^3}m^{3/2}\sqrt{E_\mathrm{V} - E} \quad ,$$

für die Zustandsdichte in der Nähe der Valenzbandoberkante E_V ist auch die Zustandsdichte im Valenzband gleich der am Punkt $\zeta = (E_\mathrm{L} + E_\mathrm{V})/2$ gespiegelten Zustandsdichte im Leitungsband. Dann gilt natürlich auch für die Energieverteilung $N_{E,\mathrm{l}}(E)$ eine entsprechende Spiegelung, so daß wir eine Maxwell–Boltzmann-Verteilung für die Löcher an der Bandoberkante erhalten,

$$N_{E,\mathrm{l}}(E) = 4\pi N_\mathrm{l}m[2m(E_\mathrm{V} - E)]^{1/2}(2\pi mkT)^{-3/2}\exp\left(-\frac{E_\mathrm{V} - E}{kT}\right) \quad .$$

$$(6.5.13)$$

Die Anzahl der Löcher im Valenzband muß im Idealhalbleiter gerade gleich der Anzahl der Elektronen im Leitungsband sein (*Neutralitätsbedingung*). Damit sind auch die Dichten $n_e = N_e/V$ und $n_l = N_l/V$ von Elektronen und Löchern gleich. Die Löcherdichte ist unmittelbar durch (6.5.11) gegeben,

$$n_e = n_l = Z_0 \exp\left(-\frac{E_L - E_V}{2kT}\right) \quad . \qquad (6.5.14)$$

6.6 Dotierte Halbleiter

Inhalt: In einem Halbleiterkristall können gezielt Fremdatome eingebaut werden. Diese werden so ausgewählt, daß sie entweder je ein Elektron ins Leitungsband abgeben und dort Leitung durch (negativ geladene) Elektronen bewirken (man spricht von einem n-dotierten Halbleiter) oder je ein Elektron aus dem Valenzband herausnehmen und dort Leitung durch (positiv geladene) Löcher bewirken (p-dotierter Halbleiter).

Bisher haben wir Idealhalbleiter betrachtet, deren Ladungsdichten allein durch die Temperatur bestimmt waren und bei denen die Ladungsträgerdichten von Elektronen und Löchern gleich sind. Durch gezielten Einbau von Fremdatomen (*Dotation*) in den Kristall läßt sich nun die Konzentration und Art der Ladungsträger in weiten Grenzen beeinflussen. Dabei hält man die Dichte der Fremdatome so gering, daß sich zwischen ihnen jeweils viele Atome des Halbleiters befinden. Die Energieniveaus der Fremdatome können dann keine eigene Bänderstruktur ausbilden. An den Orten der Fremdatome sind deren Energieniveaus den Bändern überlagert. Diese Niveaus können insbesondere auch in der Bandlücke liegen. Fremdatome, deren oberster besetzter Zustand dicht unterhalb der Unterkante des Leitungsbandes liegt, können bei geringer Energiezufuhr ein Elektron in das Leitungsband abgeben. Sie heißen deshalb *Donatoren* (Spender). Da das dadurch freiwerdende Energieniveau nicht Teil eines Bandes ist, entsteht durch die Abgabe des Elektrons kein frei bewegliches Loch. Durch Einbau von Donatoren in einen Kristall wird also die Zahl der negativen Ladungsträger erhöht. Die elektrische Leitung in einem derart dotierten Halbleiter geschieht im wesentlichen durch Elektronen, man nennt ihn daher n-*Leiter*. Umgekehrt kann man die Zahl der Löcher vergrößern. Dazu baut man Fremdatome in den Kristall ein, deren unterster unbesetzter Energiezustand wenig oberhalb der Valenzbandoberkante liegt. In diesem lokalisierten Niveau kann ein Elektron aus dem Valenzband gebunden werden, so daß im Valenzband ein Loch entsteht, ohne daß im Leitungsband ein zusätzliches Elektron auftritt. Fremdatome dieser Art nennt man *Akzeptoren* (Empfänger). Da die elektrische Leitung in Halbleitern, die mit Akzeptoren dotiert sind, über Löcher (positive Ladungsträger) erfolgt, nennt man sie p-*Leiter*. Abbildung 6.12 zeigt ein Energieniveauschema für n- bzw. p-leitende Kristalle. Dabei ist auf der Ordinate die Energie, auf der Abszisse eine Ortskoordinate aufgetragen. Während die Energieniveaus in den Bändern nicht

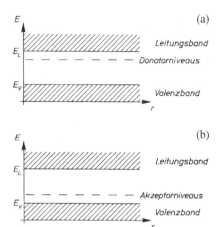

Abb. 6.12 a,b. Energieniveauschemata eines n-Leiters (**a**) und eines p-Leiters (**b**)

ortsabhängig sind, bestehen die Donator- bzw. Akzeptorniveaus nur an den Orten der entsprechenden Atome. Sie sind als kurze horizontale Striche markiert.

Das technisch wichtigste Halbleiter-Material ist Silizium. In Siliziumkristallen werden Phosphoratome als Donatoren, Boratome als Akzeptoren eingebaut.

Die räumliche Dichte der Leitungselektronen im dotierten Halbleiter ist durch einen (6.5.11) entsprechenden Ausdruck gegeben. Die Größe $Z_0 = Z_{0e}$ ist von der Dotierung abhängig, ebenso die Größe

$$\zeta' = \zeta - E_L   , \tag{6.6.1}$$

die nicht mehr der einfachen Bedingung (6.5.10) des Idealhalbleiters genügt. Es gilt

$$n_e = Z_{0e} \exp\left(\frac{\zeta - E_L}{kT} \right) . \tag{6.6.2}$$

Entsprechend ergibt sich für die räumliche Dichte der freien Löcher im Valenzband in einem dotierten Halbleiter

$$n_l = Z_{0l} \exp\left(\frac{E_V - \zeta}{kT} \right) . \tag{6.6.3}$$

Damit sind die Dichten der Elektronen und Löcher im dotierten Halbleiter verschieden voneinander. Sie können durch die Konzentration der Donator- bzw. Akzeptoratome nach Wunsch festgelegt werden.

6.7 Aufgaben

6.1: Bestätigen Sie den Zahlwert (6.2.8) durch Ausrechnen.

6.2: Berechnen Sie die Fermi-Geschwindigkeit v_F von Elektronen in Kupfer, die sich bei $T = 0$ auf der Oberfläche der Fermi-Kugel befinden. Berechnen Sie zum Vergleich die in Abschn. 5.4.1 diskutierte mittlere Geschwindigkeit v der Elektronen in Feldrichtung, die eintritt, wenn an einem Kupferdraht von 1 m Länge die Spannung 1 V angelegt wird.

6.3: *Zweidimensionales Elektronengas.* Auf geeignete Träger lassen sich Kristalle aufbringen, die nur aus einer Lage von Atomen bestehen. In einem solchen Kristall können sich die freien Elektronen nur in zwei Dimensionen bewegen. Berechnen Sie die Zustandsdichte $Z_E^{(2)}(E)$ für diesen Fall analog zur Diskussion in Abschn. 6.1.

6.4: Berechnen Sie die Zustandsdichte $Z_E^{(1)}(E)$ für ein *eindimensionales Elektronengas.*

7. Ladungstransport durch Grenzflächen. Schaltelemente

Bei allen bisherigen Betrachtungen über den Ladungstransport haben wir uns auf den Transport von Ladungen im Inneren von Leitern beschränkt. Beim Durchgang durch *Grenzflächen* treten neue Erscheinungen auf. Sie sind die Grundlage für viele Anwendungen von großer technischer Bedeutung.

Bei der Vielfalt der technisch wichtigen Vorgänge und Bauelemente ist es im Rahmen dieses Buches nicht möglich, sie auch nur annähernd vollständig zu beschreiben. Wir beschränken uns daher auf einige Vorgänge an den Grenzflächen Metall–Vakuum, Metall–Metall und Halbleiter–Halbleiter. Den einzelnen Abschnitten stellen wir Experimente voran, in denen die Eigenschaften solcher Bauelemente, z. B. von Elektronenröhren, Halbleiterdioden und Transistoren studiert werden, die die Grenzflächeneffekte technisch ausnutzen. Daran schließt sich eine Plausibilitätsbetrachtung über die Funktionsweise der Bauelemente an. Für einige technisch besonders wichtige Bauelemente folgen Abschnitte mit ausführlichen Rechnungen nach dem Bändermodell der Kristalle, die die Funktionsweisen der Bauelemente quantitativ beschreiben. Die Abschnitte mit diesen Modellrechnungen sind mit einem * gekennzeichnet.

7.1 Grenzfläche Metall–Vakuum

Inhalt: Elektronen aus dem Leitungsband können bei Zufuhr von hinreichend viel Energie das Metall trotz der an dessen Oberfläche herrschenden, rücktreibenden Kräfte verlassen. Erfolgt die Energiezufuhr durch Erwärmung des Metalls, so spricht man von Thermoemission.

In der Elektronenstrahlröhre, die wir schon in vielen Experimenten benutzt haben, bewegen sich Elektronen aus der metallischen Kathode durch das Vakuum der Röhre zum Leuchtschirm. Wir wollen jetzt den Mechanismus des Elektronenaustritts aus dem Metall im einzelnen untersuchen.

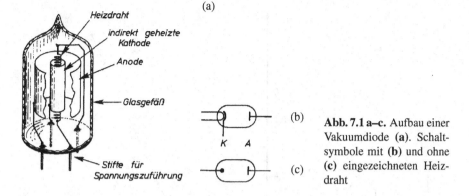

Abb. 7.1 a–c. Aufbau einer Vakuumdiode (**a**). Schaltsymbole mit (**b**) und ohne (**c**) eingezeichneten Heizdraht

7.1.1 Experiment zur thermischen Elektronenemission

Wir benutzen die einfachste im Handel erhältliche Elektronenröhre, eine *Vakuumdiode*. Die Bezeichnung rührt daher, daß das Gerät in einem evakuierten Glaskolben zwei Elektroden (die *Kathode* und die *Anode*) enthält. Beide sind als konzentrische Zylinder ausgeführt (Abb. 7.1a). Die innere Elektrode, die Kathode, enthält einen Heizdraht. Werden seine Enden mit einer Spannungsquelle verbunden, so entstehen durch Joulesche Verluste hohe Temperaturen im Heizdraht und in der Kathode. Die üblichen Schaltsymbole für Dioden sind in Abb. 7.1b und c dargestellt.

Experiment 7.1. Glühemission

Wir schalten ein empfindliches Ampèremeter zwischen Kathode und Anode einer Vakuumdiode und messen den Strom als Funktion der Heizspannung (Abb. 7.2). Da die Jouleschen Verluste mit der Heizspannung anwachsen, wächst auch die Kathodentemperatur mit der Heizspannung. Wir beobachten, daß zwar – wie erwartet – bei niedriger Temperatur kein merklicher Strom durch das Vakuum der Röhre fließt. Bei höheren Temperaturen fließt jedoch ein Strom, dessen Stärke mit steigender Temperatur zunimmt. Die Stromrichtung im Ampèremeter ist von der Kathode zur Anode, in der Röhre also von der Anode zur Kathode. Wir interpretieren das als einen Transport (negativ geladener) Elektronen aus der Kathode durch das Vakuum zur Anode.

7.1.2 Potentialverlauf an der Grenzfläche Metall–Vakuum.
Bildpotential. Austrittsarbeit

Inhalt: Im Inneren des Metalls sind die Leitungselektronen kräftefrei. In der Nähe der Oberfläche wirkt eine Kraft mit dem Potential φ_{m}, die von der mikroskopischen Struktur des Kristalls abhängt. In größerem Abstand $r_{\parallel}$ vom Kristall wirkt die nach dem Prinzip der Spiegelladung konstruierte Bildkraft mit dem Potential φ_{b}. Das Gesamtpotential φ wird im Unendlichen zu null gesetzt. Mit fallendem Abstand $r_{\parallel}$ fällt die potentielle Energie zunächst wegen der Bildkraft wie $1/r_{\parallel}$, erreicht jedoch bei $r_{\parallel} = 0$ wegen der mikroskopischen Kraft

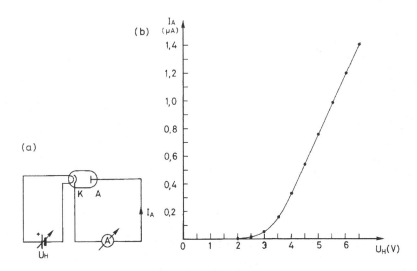

Abb. 7.2 a,b. Schaltung und Meßkurve zu Experiment 7.1

einen endlichen Wert $-(\zeta + W)$. Elektronen, die sich an der Unterkante des Leitungsbandes befinden, haben die Energie $-(\zeta + W)$. Sollen sie das Metall verlassen, muß Ihnen die Energie $\zeta + W$ zugeführt werden. Elektronen an der Fermi-Kante haben die Energie $-W$. Ihnen muß nur noch die Energie W (Austrittsarbeit) zugeführt werden.

Bezeichnungen: $\hat{\mathbf{n}}$ Normale zur Metalloberfläche, $\mathbf{r}$ Ortsvektor, $\mathbf{r} = \mathbf{r}_\parallel + \mathbf{r}_\perp$ mit $\mathbf{r}_\parallel = (\mathbf{r} \cdot \hat{\mathbf{n}})\hat{\mathbf{n}}$, $\mathbf{F}_b$ Bildkraft, φ_b Bildpotential, φ_m mikroskopisches Potential, φ Gesamtpotential, Θ Stufenfunktion, ε_0 elektrische Feldkonstante, e Elementarladung, ζ Fermi-Energie, W Austrittsarbeit.

Während das resultierende elektrische Feld auf ein Leitungselektron im Inneren eines Metalls verschwindet, weil sich die Einflüsse aller übrigen Elektronen und Metallionen auf eine Ladung im Inneren kompensieren, wirkt auf ein Elektron in der Nähe der Metalloberfläche eine resultierende Kraft, die ins Metallinnere gerichtet ist. Sie geht von den positiven Ionen aus.

Zur Vereinfachung der Diskussion betrachten wir eine (unendliche) große, ebene Metalloberfläche (Abb. 7.3). Die rücktreibende Kraft auf ein aus dem Metall entferntes Elektron wird in Abhängigkeit von der Entfernung von der Oberfläche durch verschiedene Effekte bestimmt. Falls der Abstand $r_\parallel = \mathbf{r} \cdot \hat{\mathbf{n}}$ von der Metalloberfläche groß gegen den Gitterabstand a der Metallatome ist,

$$r_\parallel = \mathbf{r} \cdot \hat{\mathbf{n}} \gg a \quad ,$$

ist die Kraft auf das Elektron einfach durch die von ihm auf der Metalloberfläche influenzierte Ladungsverteilung gegeben. Wie wir in Abschn. 3.3 gesehen haben, ist die Kraft auf das Elektron am Ort $\mathbf{r} = \mathbf{r}_\parallel + \mathbf{r}_\perp$ durch die Anziehung der Bildladung, die sich am gespiegelten Ort

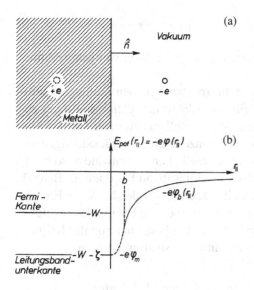

Abb. 7.3 a,b. In größerem Abstand von einer großen, ebenen Metallplatte wirkt auf ein Elektron die durch Influenz hervorgerufene Bildkraft (a). Potentielle Energie eines Elektrons außerhalb des Metalls (*rechts*) und Energiebereiche für Elektronen im Metall (*links*) (b)

$$\mathbf{r}_s = -\mathbf{r}_\parallel + \mathbf{r}_\perp$$

befindet, gegeben. Das Elektron wird damit mit der *Bildkraft*

$$\mathbf{F}_b(\mathbf{r}) = -\frac{1}{4\pi\varepsilon_0}\frac{e^2}{(2r_\parallel)^2}\frac{\mathbf{r}_\parallel}{r_\parallel}$$

zur Metallfläche hingezogen. Eichen wir das Potential gerade so, daß es im Unendlichen verschwindet, $\varphi(\infty) = 0$, so ist das elektrostatische Potential des Elektrons am Ort $\mathbf{r}$ gegeben durch

$$\varphi_b(\mathbf{r}) = \frac{1}{4\pi\varepsilon_0}\frac{e}{4r_\parallel} = \frac{1}{16\pi\varepsilon_0}\frac{e}{r_\parallel} \quad . \tag{7.1.1}$$

Wie man sieht, divergiert dieser Ausdruck für $r_\parallel = 0$, d. h. auf der Metalloberfläche. Wäre er uneingeschränkt für $r_\parallel \geq 0$ gültig, benötigten wir eine unendliche Energie, um das Elektron aus dem Metall abzulösen.

Tatsächlich gilt dieses Potential jedoch nur für Abstände groß gegen den Atomdurchmesser bzw. den Gitterabstand der Atome im Metall. Kommt das Elektron in den Bereich der Hülle der Gitteratome, so bestimmen die Verhältnisse der nächsten Gitteratome, d. h. beispielsweise die Polarisation der Atomhülle, den Verlauf des Potentials. Der genaue Verlauf des Potentials in einem Abstand von der Größenordnung der Gitteratome läßt sich somit nicht aus einem einfachen Modell gewinnen. Er ist allerdings auch für unsere weiteren Überlegungen nicht wesentlich. Wenn das Bildpotential φ_b bis zum Abstand b eine hinreichend gute Beschreibung liefert, können wir das gesamte Potential in der Nähe der Metalloberfläche durch

$$\varphi(r_\parallel) = \varphi_\mathrm{m}(r_\parallel)\,\Theta(b - r_\parallel) + \varphi_\mathrm{b}(r_\parallel)\,\Theta(r_\parallel - b)$$

darstellen. Das mikroskopische Potential $\varphi_\mathrm{m}(r_\parallel)$ ist dabei weitgehend unbekannt.

Nach dem Bändermodell besitzen die frei beweglichen Leitungselektronen im Metall Energien, die nicht für alle Elektronen gleich sind. Am absoluten Temperaturnullpunkt reichen sie von null bis zu einer für das Metall charakteristischen Größe, der Fermi-Grenzenergie ζ. Berücksichtigen wir das gerade diskutierte Potential, das im Unendlichen verschwindet, so besitzen Elektronen innerhalb des Metalls im Leitungsband Energien im Bereich $-\zeta - W < E < -W$. Damit sich ein Elektron mit der höchsten Energie $-W$ aus dem Metall entfernen kann, muß ihm noch die Energie W zugeführt werden. Die Energie W heißt *Austrittsarbeit*. Sie hängt nur von der Kristallstruktur des Metalls ab. Tabelle 7.1 gibt einige Austrittsarbeiten an.

Tabelle 7.1. Austrittsarbeiten verschiedener Substanzen

Substanz	Austrittsarbeit W (eV)
Bariumoxid (Ba O)	0,99
Cäsium (Cs)	1,94
Lithium (Li)	2,46
Barium (Ba)	2,52
Silizium (Si)	3,59
Kupfer (Cu)	4,48
Wolfram (W)	4,53
Eisen (Fe)	4,63

Die Energiezufuhr kann auf verschiedene Weisen geschehen, am einfachsten durch Erwärmung des Metalls, aber auch durch Bestrahlung mit Licht oder energiereichen Teilchen oder durch ein starkes äußeres elektrisches Feld.

7.1.3 Stromdichte des thermischen Emissionsstromes. Richardson-Gleichung

Inhalt: Angabe der Richardson-Gleichung, die die thermische Emissionsstromdichte als Funktion von Temperatur und Austrittsarbeit beschreibt. Der starke Anstieg mit der Temperatur wird aus dem Bändermodell verständlich.

Bezeichnungen: **j** Stromdichte, $\hat{n}$ Normale zur Metalloberfläche, e Elementarladung, m Elektronenmasse, k Boltzmann-Konstante, T Temperatur, h Plancksches Wirkungsquantum, $\hbar = h/(2\pi)$, W Austrittsarbeit.

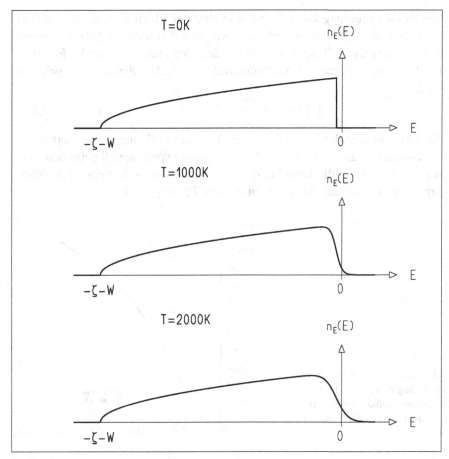

Abb. 7.4. Zur Diskussion der thermischen Emission von Elektronen aus einer Metallober-fläche: Verteilung der Gesamtenergie $E = E_{kin} + E_{pot}$ der Elektronen im Leitungsband. Am absoluten Temperaturnullpunkt (oben) ist der Maximalwert der Energie $E_{max} = -W$ gleich der negativen Austrittsarbeit W. Bei $T > 0$ haben einige Elektronen eine positive Gesamtenergie. Ihre Anzahl steigt stark mit der Energie

In der Abb. 7.4 ist für verschiedene Temperaturen T die Gesamtenergie $E = E_{kin} + E_{pot}$ der Elektronen im Leitungsband dargestellt. Elektronen mit positiver Gesamtenergie $E > 0$ können das Metall verlassen, wenn sie in Richtung der Normalen $\hat{n}$ der Metalloberfläche fliegen. Genauer gesagt, muß der Anteil $E_{\parallel}$ der kinetischen Energie an der Metalloberfläche, der auf die Im-pulskomponente $\mathbf{p}_{\parallel} = p_{\parallel}\hat{n}$, $p_{\parallel} = \mathbf{p} \cdot \hat{n} > 0$, parallel zur Oberflächennormalen $\hat{n}$ entfällt, größer sein als der Betrag $|E_{pot}| = \zeta + W$ der potentiellen Energie an der Metalloberfläche,

$$\frac{p_{\parallel}^2}{2m} = E_{\parallel} > \zeta + W \ .$$

Aus dieser Forderung kann die Stromdichte der Elektronen, die das Metall durch *thermische Emission* verlassen, ausgehend von der in Abb. 7.4 dargestellten Energieverteilung berechnet werden. Wir teilen hier nur das Ergebnis der Rechnung mit, die auf A. Sommerfeld und L. Nordheim zurückgeht. Es lautet

$$\mathbf{j}(T) = -\hat{\mathbf{n}}\frac{emk^2}{2\pi^2\hbar^3}T^2\mathrm{e}^{-W/(kT)} \quad . \tag{7.1.2}$$

Die Abhängigkeit der Stromdichte von Temperatur T und Austrittsarbeit W war bereits im Jahr 1908 von O. W. Richardson experimentell gefunden worden. Deshalb heißt die Beziehung (7.1.2) *Richardson-Gleichung*. Für Wolfram ist die Temperaturabhängigkeit in Abb. 7.5 dargestellt.

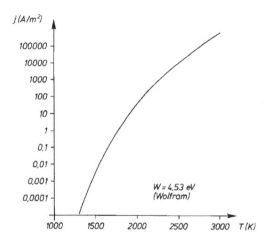

Abb. 7.5. Aus der Richardson-Gleichung berechnete Thermoemissionsstromdichte für Wolfram als Funktion der Temperatur

Die Richardson-Gleichung läßt sich auch in folgender Form schreiben:

$$\mathbf{j}(T) = -\hat{\mathbf{n}}CT^2\mathrm{e}^{-W/(kT)} = \mathbf{j}^{(s)}(T)\mathrm{e}^{-W/(kT)} \quad . \tag{7.1.3}$$

Dabei ist

$$C = \frac{emk^2}{2\pi^2\hbar^3}$$

eine temperaturunabhängige Konstante und

$$\mathbf{j}^{(s)}(T) = -\hat{\mathbf{n}}CT^2$$

eine temperaturabhängige *Sättigungsstromdichte*, die für $W = 0$ erreicht würde, d. h. wenn die Elektronen an der Oberfläche keine Schwelle der potentiellen Energie mehr zu überwinden hätten.

Der Emissionsstrom verschwindet bei $T = 0$ und steigt dann sehr stark mit der Temperatur. Wegen der Proportionalität zu $\exp(-W/(kT))$ hängt er stark von der Austrittsarbeit ab. Für die Konstruktion von Glühkathoden für

Elektronenröhren sind Materialien mit niedriger Austrittsarbeit W und hoher Temperaturbeständigkeit erforderlich. Technisch verwendet man Drähte aus Wolfram (hohe Temperaturbeständigkeit), die mit einer dünnen Schicht Bariumoxid (niedrige Austrittsarbeit) belegt sind.

7.2 *Emissionsstrom bei äußerem Feld

7.2.1 Schottky-Effekt

Inhalt: Durch ein äußeres elektrisches Feld $\mathbf{E}_a = E_a\hat{\mathbf{n}}$ in Richtung der Oberflächennormalen läßt sich die Thermoemissionsstromdichte $\mathbf{j}$ erheblich beeinflussen, da durch die äußere Feldstärke eine Erniedrigung der Potentialschwelle, welche die Elektronen überwinden müssen, bewirkt wird. Eine äußere Feldstärke E_a bewirkt die gleiche Erhöhung der Stromdichte wie eine Erniedrigung der Austrittsarbeit um $(e^3 E_a/(4\pi\varepsilon_0))^{1/2}$.
Bezeichnungen: $\hat{\mathbf{n}}$ Normale zur Metalloberfläche, $\mathbf{r}$ Ortsvektor, $r_\parallel = \mathbf{r} \cdot \hat{\mathbf{n}}$, $\mathbf{p}$ Impuls, $p_\parallel = \mathbf{p} \cdot \hat{\mathbf{n}}$, m Elektronenmasse, $E_\parallel = p_\parallel^2/(2m)$, W Austrittsarbeit, ζ Fermi-Energie; $\mathbf{E}_a = E_a\hat{\mathbf{n}}$ äußere Feldstärke, φ_a deren Potential; φ_b Bildpotential, φ_r resultierendes Potential; r_0 Ort, an dem φ_r maximal wird; E_{pot} potentielle Energie, ΔE_{pot} zum Verlassen des Metalls benötigte Energie, $\mathbf{j}$ Stromdichte, e Elementarladung, ε_0 elektrische Feldkonstante, k Boltzmann-Konstante, T Temperatur, h Plancksches Wirkungsquantum, $\hbar = h/(2\pi)$.

Nachdem wir den thermischen Emissionsstrom betrachtet haben, können wir uns jetzt die Frage stellen, ob dieser Strom durch Anlegen eines äußeren Feldes, das die Elektronen von der Metalloberfläche weg beschleunigt, vergrößert werden kann. Offenbar wäre eine solche Beeinflussung nicht möglich, wenn das Potential, das die Elektronen im Metall bindet, an der Oberfläche exakt Stufenform hätte. Dann könnten nur die Elektronen das Metall verlassen, deren Impulskomponente $p_\parallel = \mathbf{p}\cdot\hat{\mathbf{n}} > 0$ groß genug ist, um die Schwelle der Höhe

$$W + \zeta$$

zu überwinden.

Für einen Potentialverlauf, der – wie das Bildpotential – hinreichend langreichweitig ist, kann die für die Befreiung erforderliche kinetische Energie

$$E_\parallel = \frac{p_\parallel^2}{2m} > \zeta + W$$

durch Verformung des Bildpotentials (7.1.1) herabgesetzt werden. Wir überlagern dem Potential $\varphi_b(r_\parallel)$ ein lineares äußeres Potential,

$$\varphi_a = -\varphi_0 + E_a r_\parallel \quad .$$

Dabei ist E_a die konstante äußere Feldstärke vor der Metalloberfläche. Das resultierende Potential φ_r für die Abstände $r_\parallel \geq b$ ist dann

$$\varphi_r(r_\parallel) = \varphi_b(r_\parallel) + \varphi_a(r_\parallel) \quad , \qquad r \geq b \quad .$$

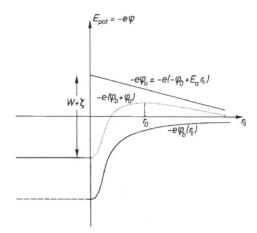

Abb. 7.6. Die Summe von Bildpotential φ_b und äußerem Potential φ_a zeigt einen Extremwert im Abstand r_0 von der Metalloberfläche

Abbildung 7.6 gibt die Verhältnisse für die potentielle Energie qualitativ wieder. Offenbar ist die Differenz zwischen dem Maximum der potentiellen Energie $-e\varphi_r(r_0)$ und dem Wert $-e\varphi_r(0) = -(\zeta + W) + e\varphi_0$ im Inneren des Metalls kleiner als $\zeta + W$. Jedes Elektron, das genügend kinetische Energie

$$E_\| = \frac{p_\|^2}{2m} > -e\varphi_r(r_0)+e\varphi_r(0) = \zeta+W-e\varphi_0-e\varphi_r(r_0) \ , \quad p_\| > 0 \ , \quad (7.2.1)$$

besitzt, wird das Innere des Metalls verlassen und damit zum Emissionsstrom beitragen. Da die äußere Feldstärke stets viel schwächer ist als die Bildfeldstärke in der Nähe der Oberfläche, genügt die Kenntnis von $\varphi_b(r_\|)$, weil dann das Maximum $\varphi_r(r_0)$ stets bei Werten

$$r_0 > b$$

liegt. Die Lage r_0 des Maximums der potentiellen Energie, d. h. des Maximums des elektrostatischen Potentials, läßt sich leicht durch

$$E_r = -\frac{d}{dr_\|}\varphi_r(r_\|) = -\frac{d}{dr_\|}[\varphi_b(r_\|) + \varphi_a(r_\|)] = 0 \ ,$$

d. h. das Verschwinden der resultierenden Feldstärke E_r, berechnen:

$$0 = \frac{1}{4\pi\varepsilon_0}\frac{e}{(2r_0)^2} - E_a \ .$$

Der Ort des Potentialminimums r_0 ist dann durch

$$r_0 = \frac{1}{4}\sqrt{\frac{e}{\pi\varepsilon_0 E_a}} \qquad (7.2.2)$$

gegeben. Der Wert des resultierenden Potentials φ_r an dieser Stelle ist

$$\varphi_r(r_0) = \frac{e}{16\pi\varepsilon_0}\frac{1}{r_0} - \varphi_0 + E_a r_0 \quad,$$

jener der potentiellen Energie

$$E_{pot}(r_0) = -e\varphi_r(r_0) = -\frac{e^2}{16\pi\varepsilon_0}\frac{1}{r_0} + e\varphi_0 - eE_a r_0 \quad.$$

Die Differenz $\Delta E_{pot} = E_{pot}(r_0) - E_{pot}(0)$ zum Wert der potentiellen Energie im Inneren des Metalls,

$$E_{pot}(0) = -e\varphi_r(0) = -(\zeta + W) + e\varphi_0 \quad,$$

ist dann

$$\Delta E_{pot} = -e\varphi_r(r_0) + e\varphi_r(0) = -\frac{e^2}{16\pi\varepsilon_0}\frac{1}{r_0} - eE_a r_0 + \zeta + W \quad.$$

Durch Einsetzen des Ausdrucks (7.2.2) für r_0 gewinnen wir mit (7.2.1)

$$\Delta E_{pot} = \zeta + W - \sqrt{\frac{e^3 E_a}{4\pi\varepsilon_0}}$$

in Abhängigkeit von der äußeren Feldstärke. Analog zur Berechnung der Stromdichte der Thermoemission erhalten wir jetzt

$$\mathbf{j}(T, E_a) = -\hat{\mathbf{n}}\frac{emk^2}{2\pi^2\hbar^3}T^2 \exp\left[-\frac{1}{kT}\left(W - \sqrt{\frac{e^3 E_a}{4\pi\varepsilon_0}}\right)\right] \quad.$$

Für verschwindende äußere Feldstärke, $E_a = 0$, geht die obige Stromdichte in die der Richardson-Gleichung (7.1.2) über,

$$\mathbf{j}(T, 0) = \mathbf{j}(T) \quad.$$

Damit läßt sich durch Anlegen einer äußeren Feldstärke E_a der Thermoemissionsstrom um den Faktor $\exp\{(1/(kT))\sqrt{e^3 E_a/(4\pi\varepsilon_0)}\}$ vergrößern,

$$\mathbf{j}(T, E_a) = \mathbf{j}(T, 0)\exp\left(\frac{1}{kT}\sqrt{\frac{e^3 E_a}{4\pi\varepsilon_0}}\right) \quad. \tag{7.2.3}$$

Diese Vergrößerung der Thermoemission nennt man *Schottky-Effekt*. Sie hat große Bedeutung in einer Reihe von technischen Anwendungen, insbesondere für Elektronenröhren.

7.2.2 Feldemission

Inhalt: Überschreitet die äußere Feldstärke E_a einen kritischen Wert $E_{a,krit} = 4\pi\varepsilon_0 W^2/e^3$, so können Elektronen eine Metalloberfläche auch ohne thermische Energiezufuhr verlassen. Die für diese Feldemission benötigte hohe Feldstärke kann an der Oberfläche einer feinen Metallspitze mit dem kleinen Krümmungsradius R erreicht werden. Im Feldelektronenmikroskop wird die Stromdichteverteilung auf einer Metallspitze (die durch Aufbringen einer Substanz verändert worden sein kann) in starker Vergrößerung auf einem Leuchtschirm sichtbar gemacht.

Für die Elektronen an der Fermi-Kante, die den Impuls $p_\parallel > 0$ mit

$$\frac{p_\parallel^2}{2m} = \zeta(T = 0) = E_F$$

haben, genügt eine Feldstärke E_a, die durch

$$\sqrt{\frac{e^3 E_a}{4\pi\varepsilon_0}} = W$$

gegeben ist, damit sie das Metall schon bei der Temperatur $T = 0$ verlassen können. Man nennt diese äußere Feldstärke

$$E_{a,krit} = \frac{4\pi\varepsilon_0}{e^3}W^2 \quad,$$

bei der die Elektronen das Metall auch schon am absoluten Temperaturnullpunkt verlassen können, *kritische Feldstärke*. Den Vorgang selbst bezeichnet man als *Feldemission*. Für eine Austrittsarbeit von $4{,}5\,eV$, wie Wolfram sie hat, ist die kritische Feldstärke

$$E_{a,krit} = 1{,}4 \cdot 10^{10}\,\mathrm{V\,m^{-1}} \quad.$$

Tatsächlich setzt die Feldemission auch bei tiefen Temperaturen jedoch schon bei einer Feldstärke ein, die etwa ein Hundertstel der kritischen Feldstärke beträgt. Diese Tatsache wird durch den Tunneleffekt verständlich, denn nach der Quantenmechanik sind Potentialwälle auch für Elektronen durchlässig, deren Energie kleiner als die Höhe der Potentialschwelle ist.

Experimentell lassen sich hohe Feldstärken leicht an Metallspitzen erzeugen. An der Oberfläche einer Metallkugel vom Radius R, die sich gegenüber einer wesentlich größeren, sie umgebenden Kugel auf der Spannung U befindet, herrscht die Feldstärke

$$E = U/R$$

(vgl. Aufgabe 4.3). Die gleiche Feldstärke entsteht an der Oberfläche einer Metallspitze vom Krümmungsradius R, wenn sie einer wesentlich weniger gekrümmten Metallfläche in großem Abstand gegenübersteht und zwischen beiden die Spannung U liegt (Abb. 7.7). Auf diese Weise lassen sich leicht Feldstärken erzeugen, die auch bei Zimmertemperatur Elektronen aus einer Metallspitze befreien.

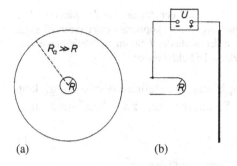

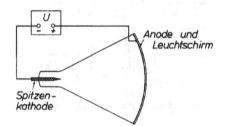

(a)   (b)

Abb. 7.7 a,b. An einer Metalloberfläche mit kleinem Krümmungsradius R kann man leicht eine hohe Feldstärke erzeugen. **(a)** Kugelkondensator, **(b)** Spitze und ebene Platte

Experiment 7.2. Feldelektronenmikroskop

Unter Ausnützung der Feldemission konstruierte E. W. Müller das *Feldelektronenmikroskop*. Es ist eine Elektronenstrahlröhre, die statt der Glühkathode eine ungeheizte Wolframkathode mit einer sehr feinen Spitze enthält (Abb. 7.8). Der Leuchtschirm hat Kugelschalenform mit der Spitze als Mittelpunkt. Er ist mit einer dünnen leitenden Schicht bedampft und kann so als Anode geschaltet werden. Die aus der Kathode austretenden Elektronen laufen längs der radialen Feldlinien zum Leuchtschirm. Da der Emissionsstrom auch von der Mikrostruktur des Kristalls abhängt, entsteht auf dem Leuchtschirm direkt ein projiziertes Bild der Oberfläche der Spitze. Durch Aufbringen verschiedener Substanzen auf die Spitze kann man auch deren Struktur untersuchen. Der Vergrößerungsfaktor beträgt 10^5 bis 10^6.

Anode und Leuchtschirm

Spitzen-kathode

Abb. 7.8. Schema des Feldelektronenmikroskops

7.3 Vakuumdiode

7.3.1 Kennlinie der Vakuumdiode

Inhalt: Die Wirkungsweise einer Vakuumdiode wird durch ihre Kennlinie, d. h. den Zusammenhang $I = I(U_{AK})$ zwischen dem Strom I durch die Diode und der Spannung U_{AK} zwischen Anode und Kathode beschrieben. Für negative Anodenspannung fließt praktisch kein Strom. Für deutlich positive Spannung fließt ein erheblicher Strom. Die Diode wirkt als Gleichrichter. Einzelheiten der Kennlinie werden durch den Schottky-Effekt beschrieben.
Bezeichnungen: φ_A, φ_K Potential auf Anoden- bzw. Kathodenfläche; $U_{AK} = \varphi_A - \varphi_K$ Anodenspannung, φ Potential, φ_0 Potentialminimum; W_A, W_K Austrittsarbeiten des Anoden-

bzw. Kathodenmaterials; e Elementarladung, d Abstand der Anode von der Kathode; b_A, b_K Abstände von Anode bzw. Kathode, jenseits derer mikroskopische Felder vernachlässigt werden können; $r_\parallel$ Abstand eines Punktes von der Kathode, I Strom, I_s Sättigungsstrom, k Boltzmann-Konstante, T Temperatur, ε_0 elektrische Feldkonstante.

Als *Kennlinie* bezeichnet man die graphische Darstellung der Abhängigkeit des Stromes I in der Diode von der Spannung U_{AK} zwischen Anode und Kathode:

$$I = I(U_{AK}) \quad . \tag{7.3.1}$$

Sie kann sehr einfach oszillographisch gemessen werden.

Experiment 7.3. Diodenkennlinie

In Analogie zu Experiment 5.3 benutzen wir die Schaltung in Abb. 7.9a. Auf dem Bildschirm des Oszillographen (Abb. 7.9b) erhält man unmittelbar die Kennlinie (7.3.1). Wie erwartet, beobachten wir, daß für stark negative Anodenspannungen kein Strom fließt. Ohne Anodenspannung fließt ein geringer Strom, der mit steigender positiver Spannung sehr stark anwächst.

(a)   (b)

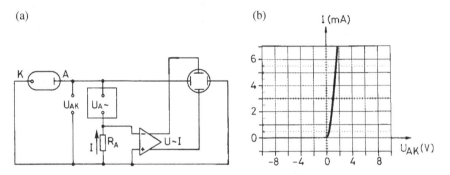

Abb. 7.9. (a) Schaltung zur Aufnahme der Kennlinie einer Vakuumdiode. (b) Diodenkennlinie

7.3.2 Schaltung der Vakuumdiode als Gleichrichter

Das Ergebnis der Kennlinienmessung läßt sich qualitativ so zusammenfassen: Bei negativer Anodenspannung (gegenüber der Kathode) hat die Diode einen sehr hohen, bei positiver Anodenspannung einen sehr niedrigen Widerstand. Die Diode ist damit ein *Gleichrichter*. Sie ermöglicht Stromfluß nur in einer Richtung.

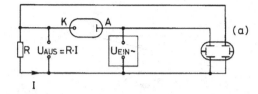

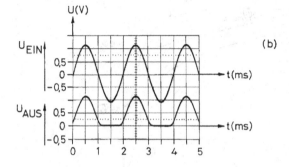

Abb. 7.10. Schaltung **(a)** und Oszillogramm **(b)** zur Demonstration der Gleichrichtung durch eine Vakuumdiode

Experiment 7.4. Vakuumdiode als Gleichrichter

Zwischen die Klemmen einer Wechselspannungsquelle schalten wir eine Diode und einen ohmschen Widerstand R (Abb. 7.10a). Mit einem Zweistrahloszillographen stellen wir die angelegte Spannung U_{ein} und den Spannungsabfall U_{aus} am Widerstand dar. Letzterer ist dem Strom I proportional, $U_{aus} = IR$. Auf dem Oszillogramm (Abb. 7.10b) beobachten wir, wie erwartet, daß nur während der positiven Halbwelle der Eingangsspannung U_{ein} Strom fließt. Die Ausgangsspannung U_{aus} ist eine „wellige" Gleichspannung, die zwar nicht konstant ist, jedoch ihr Vorzeichen nicht wechselt. Bei empfindlicherer Einstellung des Oszillographen findet man, daß ein merklicher Stromfluß schon bei leicht negativer Anodenspannung eintritt, wie schon die Kennlinie Abb. 7.9b angibt.

7.3.3 *Deutung der Diodenkennlinie

Die Kennlinie der Diode läßt sich gut durch den Schottky-Effekt erklären. Dabei ist allerdings zu beachten, daß die äußere Feldstärke E_a nicht einfach gleich dem Quotienten aus der Spannung $U_{AK} = \varphi_A - \varphi_K$ zwischen Anode und Kathode und dem Abstand d zwischen beiden ist. Vielmehr herrscht auch ohne Anlegen eines äußeren Feldes im allgemeinen eine Spannung $\Delta\varphi$. Sie ist gleich der Differenz der Austrittspotentiale von Anoden- und Kathodenmaterial,

$$\Delta\varphi = \Delta W/e = (W_A - W_K)/e \quad .$$

Der Verlauf der potentiellen Energie eines Elektrons ist in Abb. 7.11 (Kurve 0) wiedergegeben. Er ist im Mittelbereich ($b_K < r_\parallel < d - b_A$) durch Überlagerung der Bildpotentiale von Kathode und Anode, in den Randbereichen durch

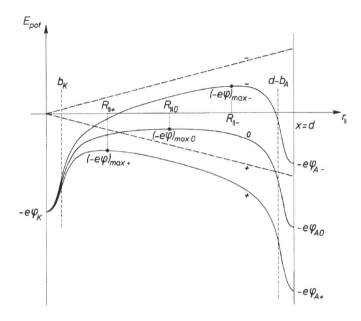

Abb. 7.11. Verlauf der potentiellen Energie eines Elektrons zwischen Kathode und Anode ohne Zusatzfeld zwischen den Elektroden (0) und mit Zusatzfeld durch erhöhte (+) bzw. erniedrigte (−) Anodenspannung. Der lineare Verlauf des Zusatzpotentials ist gestrichelt eingezeichnet. Die Maxima der potentiellen Energie entsprechen Minima des Potentials, $(-e\varphi)_{\max} = -e\varphi_{\min}$

deren mikroskopische Potentiale gegeben. Diesem Potentialverlauf überlagert sich gegebenenfalls noch das lineare Potential eines äußeren Feldes. Die Stromdichte ist bestimmt durch die Differenz zwischen der potentiellen Energie eines Elektrons in der Kathode ($r_\parallel = 0$) und der maximalen potentiellen Energie bei $r_\parallel = R_\parallel$. In Abwesenheit eines äußeren Feldes ist nach (7.1.1)

$$\varphi = \frac{e}{16\pi\varepsilon_0}\left(\frac{1}{r_\parallel} + \frac{1}{d - r_\parallel}\right) \quad . \tag{7.3.2}$$

Das Potential nimmt sein Minimum φ_0 für $r_\parallel = R_\parallel = d/2$ an,

$$\varphi_{\min 0} = \varphi_0 = \frac{e}{4\pi\varepsilon_0 d} \quad .$$

Überlagert man ein äußeres Feld, so verschiebt sich sowohl die Lage von $R_\parallel$ wie die Größe $\varphi_{\min}$. Bleibt $R_\parallel$ im Bereich $b_K < R_\parallel < d - b_A$, so können beide Größen, $R_\parallel$ und $\varphi_{\min}$ aus der Anodenspannung $U_{AK} = \varphi_A - \varphi_K$ näherungsweise berechnet werden. Wir verzichten auf die Rechnung und teilen nur das Ergebnis mit. Dazu unterschieden wir vier Bereiche:

1. *Anlaufbereich:* $-U_{AK} \gg \varphi_0$.
Der Strom wird exponentiell mit der negativen Anodenspannung unterdrückt,

$$I = I_s \exp[(eU_{AK} - W_A)/(kT)] \quad . \tag{7.3.3}$$

2. *Kleine Anodenspannung:* $U_{AK} - \Delta\varphi < 16\varphi_0$.
Der Stromanstieg ist exponentiell, jedoch ist der Exponent nicht linear zur Anodenspannung,

$$I = I_s \exp\left[\frac{1}{2}\frac{U_{AK} - \Delta\varphi}{2\varphi_0}\left(1 - \frac{U_{AK} - \Delta\varphi}{16\varphi_0}\right)\right.$$
$$\left. + \frac{2}{1 - (U_{AK} - \Delta\varphi)/(16\varphi_0)} + \frac{2}{1 + (U_{AK} - \Delta\varphi)/\varphi_0} - \frac{W_K}{kT}\right] \quad . \tag{7.3.4}$$

3. *Große Anodenspannung:* $\varphi_0 \leq U_{AK} \leq (4\varphi_0)^{-1}(e/(16\pi\varepsilon_0 b_K))^2$.
Das Exponentialgesetz vereinfacht sich:

$$I = I_s \exp\left[\left(2e\sqrt{\varphi_0}\sqrt{U_{AK} - \Delta\varphi} - W_K\right)\Big/(kT)\right] \quad . \tag{7.3.5}$$

4. *Sättigungsbereich:* $U_{AK} > (4\varphi_0)^{-1}(e/(16\pi\varepsilon_0 b_K))^2$.
Die Anodenspannung ist so hoch, daß kein Maximum der potentiellen Energie mehr auftritt. Alle Elektronen mit einer Geschwindigkeitskomponente senkrecht zur Oberfläche verlassen die Kathode. Die *Sättigungsstromstärke* wird unabhängig von der Anodenspannung erreicht,

$$I \approx I_s = \text{const} \quad . \tag{7.3.6}$$

Diese Stromstärke wird jedoch bei handelsüblichen Vakuumdioden im zulässigen Betriebsbereich nicht erreicht.

7.4 Triode

Inhalt: Eine Triode enthält eine dritte Elektrode, das Gitter, zwischen Kathode und Anode. Durch Variation der Spannung U_{GK} zwischen Gitter und Kathode kann der Strom I_A zwischen Kathode und Anode gesteuert werden.

Statt den Anodenstrom nur durch die Anodenspannung zu beeinflussen, kann man ihn durch eine unabhängige Spannung steuern, wenn man die Diode durch Einbau einer weiteren Elektrode zwischen Kathode und Anode zu einer *Triode* ergänzt. Diese Steuerelektrode ist als Gitter ausgeführt. Sie hat die Form eines zylindrischen Drahtkäfigs, der zwischen den beiden ebenfalls zylindrischen Elektroden (vgl. Abb. 7.1) angebracht ist. Als Schaltsymbol dient das Schema der Abb. 7.12.

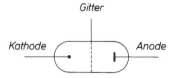

Abb. 7.12. Schaltsymbol einer Triode

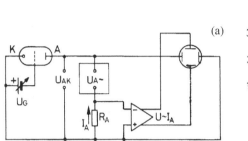

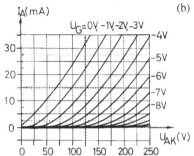

Abb. 7.13. (a) Schaltung zur oszillographischen Aufnahme der I_A-U_{AK}-Kennlinie einer Triode für verschiedene Gitterspannungen U_G, **(b)** Oszillogramm zu (a)

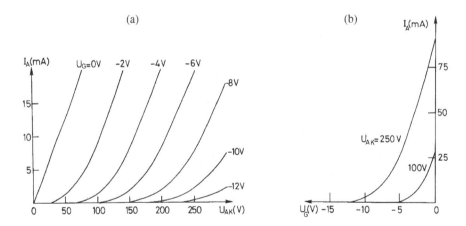

Abb. 7.14. I_A–U_{AK}-Kennlinienfeld **(a)** und I_A–U_G-Kennlinienfeld **(b)** einer Triode

7.4.1 Kennlinienfeld der Triode

Experiment 7.5. Triodenkennlinien

Mit der Schaltung aus Abb. 7.13a können wir leicht die I_A–U_{AK}-Kennlinie einer Triode für verschiedene Gitter–Kathoden-Spannungen U_G aufnehmen. Wir wählen die Spannung U_G stets negativ. Das Ergebnis ist in Abb. 7.13b und 7.14 dargestellt. Man beobachtet, daß die I_A–U_{AK}-Kennlinie die Form der Diodenkennlinie behält, jedoch mit fallender Gitterspannung nach rechts, d. h. zu höheren Werten der Anodenspannung hin verschoben wird. Die I_A–U_G-Kennlinien zeigen, daß der Anodenstrom um so geringer ist, je stärker negativ die Gitterspannung ist.

Das ist qualitativ sofort verständlich, weil durch das Potential des Gitters für die aus der Kathode austretenden Elektronen eine Potentialbarriere geschaffen wird. Bei negativer Gitterspannung treffen nur wenige Elektronen auf die Gitterdrähte, weil dort die Barriere besonders hoch ist. Zwischen den Drähten ist sie niedriger: Etliche Elektronen können dort die Barriere überwinden, jedoch um so weniger, je stärker negativ die Gitterspannung ist. Wichtig für viele Anwendungen ist die Tatsache, daß es einen Bereich gibt, in dem die Funktion $I_A(U_G)$ recht gut linear ist. Es sei noch bemerkt, daß für positive Gitterspannungen ein großer Teil des Stroms zum Gitter statt zur Anode flösse. Dadurch würde das Gitter rasch zerstört.

7.4.2 Triode als Verstärker

Die Möglichkeit, den Anodenstrom I_A einer Triode durch Variation der Gitterspannung U_G zu verändern, ist von großer technischer Bedeutung. Als Beispiel betrachten wir einen Spannungsverstärker.

Experiment 7.6. Triode als Verstärker
In der Schaltung Abb. 7.15a ist die Gitterspannung als Summe einer konstanten Gitterspannung U_G und einer veränderlichen Spannung U_{ein} gegeben. Mit U_{ein} verändert sich der Anodenstrom. Er verursacht im Anodenwiderstand R_A einen Spannungsabfall $U_{aus} = R_A I_A$. Es kann leicht erreicht werden, daß die *Spannungsverstärkung*

$$v = \Delta U_{aus} / \Delta U_{ein}$$

hohe Werte erreicht. Die Verstärkung ist linear, solange die Gitterspannung $U_G + U_{ein}$ im linearen Bereich der I_A–U_G-Kennlinie bleibt. Der zeitliche Verlauf von Eingangs- und Ausgangsspannung ist im Oszillogramm Abb. 7.15b dargestellt.

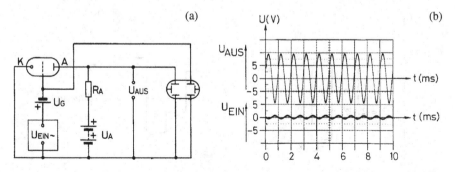

Abb. 7.15. Triode in Verstärkerschaltung **(a)**, Oszillogramm von Eingangs- und Ausgangsspannung **(b)**

7.5 Die Grenzfläche zwischen verschiedenen Metallen. Kontaktspannung

Inhalt: Werden zwei Metalle mit verschiedenen Austrittsarbeiten W_1, W_2 in Kontakt gebracht, so fließen Elektronen vom einen zum anderen Metall bis sich eine gemeinsame Fermi-Energie einstellt. Auf den Oberflächen der beiden Metalle herrschen verschiedene Potentiale. Die Potentialdifferenz ist die Kontaktspannung $U_K = (W_2 - W_1)/e$.

Wir betrachten zwei verschiedene Metallstücke. Ihre Austrittsarbeiten W_1, W_2, die Unterkanten ihrer Leitungsbänder E_{L1}, E_{L2} sowie ihre Fermi-Grenzenergien ζ_1, ζ_2 seien verschieden, wie in Abb. 7.16 dargestellt. Sind die beiden Metallstücke nicht in Kontakt, so haben beide an der Oberfläche das Potential der Umgebung, das wir gleich null setzen. Bringt man dagegen die beiden Metallstücke in Berührung, so sind im ersten Moment Leitungsbandzustände im Metallstück 1 durch Elektronen besetzt, die im Metallstück 2 unbesetzt sind. Wegen der freien Beweglichkeit fließen so lange Elektronen vom Metallstück 1 ins Metallstück 2, bis sich dessen Potential so gegen das von Metallstück 1 verschoben hat, daß die Fermi-Grenzen übereinstimmen. Die Besetzungswahrscheinlichkeiten der Zustände in den Bändern der beiden Metalle stimmen dann überein, so daß kein resultierender Elektronenstrom mehr fließt. Die in das Metallstück 2 übergetretenen Elektronen bilden dort eine negative Überschußladung, die sich auf der Oberfläche ansammelt. Entsprechend entsteht auf der Oberfläche des Metallstückes 1 eine positive Überschußladung. Durch diese Ladungsverschiebung befinden sich die beiden Metallstücke nicht mehr auf dem Potential der Umgebung, sondern auf höherem bzw. auf niedrigerem Potential (vgl. Abb. 7.16). Die Potentialdifferenz zwischen höherem und niedrigerem Potential nennt man *Kontaktspannung*. Die Angleichung der Fermi-Grenzenergien findet durch diese relative Änderung der Potentiale der beiden Metallstücke statt und nicht etwa durch vollständiges Auffüllen der unbesetzten Zustände des Metalls mit der niedri-

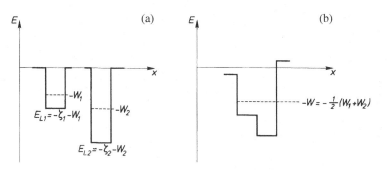

Abb. 7.16 a,b. Leitungsbandunterkanten und Fermi-Grenzenergien zweier Metalle vor dem Kontakt **(a)** und nach dem Kontakt **(b)**

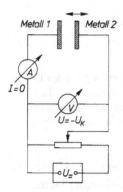

Abb. 7.17. Kelvin-Methode zur Bestimmung der Kontaktspannung zwischen zwei Metallen

geren Fermi-Grenzenergie bei gleichzeitiger Entleerung der Zustände des anderen Metallstückes. Die Kontaktspannung zwischen zwei Metallen ist gleich der Differenz ihrer Ablösepotentiale,

$$U_K = (W_1 - W_2)/e \quad .$$

Experiment 7.7. Kelvin-Methode zur Messung der Kontaktspannung

Im Prinzip kann man Kontaktspannungen elektrostatisch messen, etwa durch Nachweis der elektrostatischen Kräfte zwischen zwei Platten verschiedenen Materials. Tatsächlich benutzt man die Kelvin-Methode, bei der der Abstand zwischen zwei miteinander über einen Stromkreis nach Abb. 7.17 verbundenen Platten verschiedenen Materials periodisch geändert wird. Die Platten bilden einen Kondensator, in dem die Kontaktspannung herrscht. Die Abstandsänderung bewirkt eine periodische Kapazitätsänderung, die wiederum eine periodische Ladungsänderung auf den Platten entsprechend

$$Q(t) = C(t)U_K$$

zur Folge hat. Dieser Ladungsänderung entspricht ein Strom

$$I(t) = \frac{dQ(t)}{dt} = \frac{dC(t)}{dt}U_K$$

im äußeren Kreis. Nur wenn eine Gegenspannung $-U_K$ an den Kondensator gelegt wird, tritt kein Strom auf. Zur Messung der Kontaktspannung stellt man deshalb das Potentiometer in Abb. 7.17 so ein, daß kein Strom fließt, und mißt die Spannung $-U_K$, die über dem Potentiometer liegt.

In geschlossenen Stromkreisen aus verschiedenen Metallen verursachen die Kontaktspannungen keine Ströme. Das macht man sich am einfachsten an einem Stromkreis aus zwei verschiedenen Metalldrähten klar. Die Kontaktspannungen an den beiden Berührungsstellen addieren sich zu null.

7.6 Einfachste Überlegungen und Experimente zur Halbleiterdiode

Inhalt: Der Übergangsbereich zwischen einem p-leitenden und einem n-leitenden Gebiet eines Halbleiters heißt pn-Übergang. Durch Übertreten von Elektronen aus dem n-Leiter in den p-Leiter (und Löchern in der umgekehrten Richtung) kommt es zu einer ortsabhängigen Raumladungsdichte und damit zu einer Potentialschwelle. Deshalb wirkt ein pn-Übergang als Diode.

Grundlage der Möglichkeit, den Strom in Elektronenröhren zu steuern, ist die Existenz einer Potentialschwelle in der Nähe der Kathodenoberfläche, die sich durch äußere Spannungen beeinflussen läßt. Ohne äußere Spannung ist die Form der Schwelle durch die Wahl des Kathodenmaterials völlig festgelegt. Sie ist für alle Materialien so hoch, daß die Kathode stark geheizt werden muß, damit ein technisch nutzbarer Strom von Elektronen die Schwelle überwinden kann. In Halbleitern kann man dagegen durch geeigneten Einbau von Störstellen Potentialschwellen „nach Maß" erzeugen. Dadurch kann der Strom direkt im Inneren des Halbleiters gesteuert werden. Der nur in der Vakuumröhre zu realisierende Übergang Metall–Vakuum kann entfallen, ebenso die Notwendigkeit der Heizung.

Halbleiterbauelemente wie Dioden und Transistoren haben in den letzten Jahrzehnten eine ungeahnte Bedeutung in praktisch allen Bereichen von Naturwissenschaft und Technik gewonnen. Wir wollen uns daher ausführlich mit ihren Prinzipien befassen. Im Vordergrund steht dabei die Diskussion des *pn-Übergangs*, d. h. eines Halbleiterbereichs, in dem die Dotation sich ziemlich abrupt ändert, so daß er in einem Teil p-leitend, im anderen n-leitend ist. Wir werden zunächst die Diodeneigenschaften des pn-Übergangs experimentell feststellen und qualitativ interpretieren, um sie in den folgenden Abschnitten im einzelnen aus dem Bändermodell herzuleiten.

Ein pn-Übergang wird technisch z. B. dadurch realisiert, daß man in einen Halbleiterkristall, der bei seiner Herstellung gleichmäßig mit Donatoratomen dotiert wurde, von einer Seite Akzeptoratome hineindiffundieren läßt. Dadurch entsteht auf dieser Seite ein Überschuß an Akzeptoren, der Kristall ist dort p-leitend. Auf der anderen Seite bleibt er n-leitend. Wir nehmen der Einfachheit halber an, daß sich die Störstellenkonzentration nur längs der x-Richtung ändert, und zwar nur in der Nähe von $x = 0$. Für $x \ll 0$ ist der Kristall ein homogener p-Leiter, für $x \gg 0$ ein homogener n-Leiter. Da im p-Leiter ein Mangel an freien Elektronen herrscht, werden einige aus dem n-Leiter dorthinein übertreten, ebenso freie Löcher aus dem p-Leiter in den n-Leiter (Abb. 7.18a). Dadurch entstehen Raumladungsdichten $\varrho(x)$, die aus elektrostatischen Gründen auf die unmittelbare Umgebung des pn-Übergangs beschränkt bleiben (Abb. 7.18b). Nach den Gesetzen der Elektrostatik hat die Raumladungsdichte eine elektrische Feldstärke und eine Po-

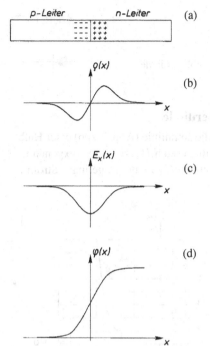

Abb. 7.18. pn-Übergang schematisch **(a)** und qualitativer Verlauf von Raumladungsdichte **(b)**, x-Komponente der Feldstärke **(c)** und Potential **(d)** im Bereich des Übergangs

tentialänderung in x-Richtung zur Folge (Abb. 7.18c und d). Die Poisson-Gleichung $\Delta\varphi = -\varrho/\varepsilon_0$ nimmt die einfache Form $\mathrm{d}^2\varphi/\mathrm{d}x^2 = -\varrho(x)/\varepsilon_0$ an. Der Zusammenhang zwischen Potential und Feldstärke, $\mathbf{E} = -\boldsymbol{\nabla}\varphi$, liefert $E_x = -\mathrm{d}\varphi/\mathrm{d}x$. Das bedeutet, daß (nach Berücksichtigung der Vorzeichen) $E_x(x)$ durch einfache und $\varphi(x)$ durch zweifache Integration von $\varrho(x)$ gegeben ist. Damit erhalten wir die gewünschte Potentialschwelle am pn-Übergang.

Diese Schwelle kann durch Anlegen einer äußeren Spannung

$$U_a = \varphi_n - \varphi_p$$

zwischen den Enden des Kristalls verändert werden. Sie erniedrigt sich offenbar für $U_a < 0$. Dann können mehr Elektronen aus dem n-Leiter in den p-Leiter und Löcher in umgekehrter Richtung übertreten: Es fließt ein Strom, der um so größer ist, je stärker negativ U_a gewählt wird. Bei positiven Werten von U_a wird dieser Strom unterdrückt. Wir erwarten also, daß der pn-Übergang die Gleichrichtereigenschaft einer Diode besitzt, den Stromfluß nur in einer Richtung zu ermöglichen. Man bezeichnet Kristalle mit pn-Übergang als *Halbleiterdioden* und benutzt das Schaltsymbol der Abb. 7.19. (Das Dreieck deutet die von der Diode durchgelassene Stromrichtung an.)

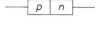

Abb. 7.19. pn-Übergang und Schaltsymbol einer Halbleiterdiode

Experiment 7.8. Kennlinie der Halbleiterdiode

Mit der Schaltung in Abb. 7.20a erhalten wir die Kennlinie (Abb. 7.20b) einer Halbleiterdiode. Wir beobachten, daß der Strom im Bereich $U_a \approx 0$ etwa exponentiell mit $-U_a$ ansteigt. Für höhere positive Spannungen U_a fließt ein geringer Strom in Gegenrichtung, der *Sperrstrom*.

(a)   (b)

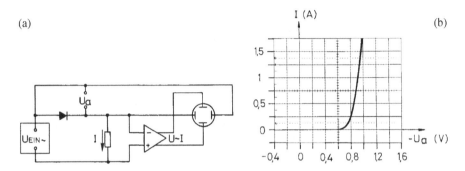

Abb. 7.20 a,b. Schaltung zur oszillographischen Aufnahme der Kennlinie einer Halbleiterdiode **(a)** und Kennlinie **(b)**

7.7 *Bandstruktur im Halbleiter mit räumlich veränderlicher Dotation

Inhalt: In einem Halbleiter mit räumlich veränderlicher Dotation bleibt die Fermi-Energie ζ ortsunabhängig. Dafür werden die Energien E_V (Valenzbandoberkante) und E_L (Leitungsbandunterkante) ortsabhängig. Aufstellung einer Poisson-Gleichung für das Potential $\varphi(\mathbf{r})$ im Halbleiter.
Bezeichnungen: n_e, n_l Elektronen- bzw. Löcherdichte; $\mathbf{r}$ Ortsvektor; Z_{0e}, Z_{0l} effektive Zustandsdichte der Elektronen bzw. Löcher; ζ Fermi-Energie; E_L, E_V Leitungsbandunterkante bzw. Valenzbandoberkante; φ Potential, k Boltzmann-Konstante, T Temperatur, ϱ Ladungsdichte; n_D, n_A Dichte der ionisierten Donator- bzw. Akzeptoratome, ε_0 elektrische Feldkonstante, ε_r Permittivitätszahl.

Bei konstanter Störstellendichte ist auch die Ladungsträgerdichte im Halbleiter räumlich konstant. Variiert die Störstellendichte jedoch von Ort zu Ort, so ist auch die Ladungsträgerdichte im Halbleiter eine Funktion des Ortes. Im thermischen Gleichgewicht ist jedoch die Ladungsträgerdichte $n_e(\mathbf{r})$ bzw.

$n_1(\mathbf{r})$ eindeutig durch den Abstand der Fermi-Grenze ζ von der Bandkante E_L bzw. E_V des Leitungs- bzw. Valenzbandes gegeben (vgl. Abschn. 6.6),

$$n_e(\mathbf{r}) = Z_{0e} \exp \left(\frac{\zeta - E_L}{kT} \right) \quad , \qquad n_1(\mathbf{r}) = Z_{01} \exp \left(\frac{E_V - \zeta}{kT} \right) \ .$$

Die Fermi-Grenzenergie ζ ist im Halbleiter ortsunabhängig, da sonst Diffusionsströme von Ladungsträgern aus Bereichen mit stärkerer Besetzung von Zuständen in solche mit niedrigerer zustande kämen. Damit können nur die Energien der Bandkanten E_L bzw. E_V ortsabhängig sein,

$$E_L(\mathbf{r}) = E_L + (-e)\varphi(\mathbf{r}) \quad , \qquad E_V(\mathbf{r}) = E_V + (-e)\varphi(\mathbf{r}) \ .$$

Die konstanten Werte E_L und E_V sind dabei die bei einer später noch festzulegenden ortsabhängigen Dotation auftretenden Bandkanten. Die Ortsabhängigkeit der Bandkanten kommt durch ein durch Raumladungseffekte im Halbleiter auftretendes Potential $\varphi(\mathbf{r})$ zustande.

Für die Ladungsträgerdichten gilt somit

$$
\begin{aligned}
n_e(\mathbf{r}) &= Z_{0e} \exp\left[(\zeta - E_L + e\varphi(\mathbf{r})) / (kT) \right] = n_{0e} \exp[e\varphi(\mathbf{r})/(kT)] \quad , \\
n_1(\mathbf{r}) &= Z_{01} \exp\left[(E_V - e\varphi(\mathbf{r}) - \zeta) / (kT) \right] = n_{01} \exp[-e\varphi(\mathbf{r})/(kT)]
\end{aligned}
$$

mit den neuen Konstanten

$$n_{0e} = Z_{0e} \exp\left[(\zeta - E_L)/(kT) \right] \quad , \qquad n_{01} = Z_{01} \exp\left[(E_V - \zeta)/(kT) \right] \ .$$

Die räumlichen Dichten $n_D(\mathbf{r})$ und $n_A(\mathbf{r})$ der ionisierten Donator- bzw. Akzeptoratome bestimmen zusammen mit den Dichten $n_e(\mathbf{r})$ und $n_1(\mathbf{r})$ die Raumladungsdichte

$$\varrho(\mathbf{r}) = e[n_D(\mathbf{r}) - n_A(\mathbf{r}) - n_e(\mathbf{r}) + n_1(\mathbf{r})]$$

im Halbleiter. Das Potential $\varphi(\mathbf{r})$ ist dann Lösung der Poisson-Gleichung

$$\Delta\varphi = -\frac{e}{\varepsilon_0 \varepsilon_r}[n_D(\mathbf{r}) - n_A(\mathbf{r}) - n_e(\mathbf{r}) + n_1(\mathbf{r})] \quad ,$$

dabei ist ε_r die Permittivitätszahl des Halbleitermaterials. Durch Einsetzen der Ausdrücke für die Ladungsträgerdichten $n_e(\mathbf{r})$ und $n_1(\mathbf{r})$ gewinnen wir

$$\Delta\varphi(\mathbf{r}) = -\frac{e}{\varepsilon_0 \varepsilon_r}\left[-n_{0e}e^{e\varphi(\mathbf{r})/(kT)} + n_{01}e^{-e\varphi(\mathbf{r})/(kT)} + n_D(\mathbf{r}) - n_A(\mathbf{r}) \right] \quad .$$

Diese Gleichung ist eine komplizierte partielle Differentialgleichung für das Potential φ, deren Lösung im allgemeinen nicht in geschlossener Form angegeben werden kann. Sie beschreibt das Potential im Halbleiter und damit auch die Raumladungsverteilung.

7.8 *Die Grenzfläche zwischen einem p- und einem n-dotierten Halbleiter. pn-Übergang. Schottky-Randschicht

Inhalt: Ausgehend von einem einfach konstruierten Ansatz für die ortsabhängige resultierende Störstellendichte $n_R(x) = n_D(x) - n_A(x)$ wird die Poisson-Gleichung für das Potential $\varphi(x)$ im Bereich des pn-Übergangs aufgestellt und gelöst. Die Diskussion liefert auch die Ortsabhängigkeit der Raumladungsdichte $\varrho(x)$ und der Bandkanten $E_L(x)$, $E_V(x)$.
Bezeichnungen: n_D, n_A Dichten ionisierter Donator- bzw. Akzeptoratome; $n_R = n_D - n_A$, φ Potential, x räumliche Koordinate, k Boltzmann-Konstante, T Temperatur, d halbe Breite des pn-Übergangs, φ_0 halbe Höhe der Potentialschwelle, e Elementarladung, ε_0 elektrische Feldkonstante, ε_r Permittivitätszahl.

Im Bereich eines pn-Übergangs besteht ein großes Konzentrationsgefälle der Ladungsträger. Der p-Halbleiter besitzt eine im Vergleich zum n-Halbleiter große Löcher- und kleine Elektronenkonzentration. Das führt zu einem Diffusionsstrom, der Ladungsträger in das Gebiet geringerer Konzentration bringt. Elektronen fließen vom n-Leiter in den p-Leiter und damit Löcher vom p-Leiter in den n-Leiter. Dieser Ladungsdurchtritt durch die Grenzfläche führt zu einem positiven Ladungsüberschuß im n-Leiter und einem negativen Ladungsüberschuß im p-Leiter. Dadurch existiert zwischen dem p-Halbleiter und dem n-Halbleiter eine Potentialdifferenz, die *Diffusionsspannung* U_D, die einen Gegenstrom zur Folge hat, der im Gleichgewichtszustand den Diffusionsstrom kompensiert, so daß dann der pn-Übergang stromlos ist.

Zur Berechnung des Potentialverlaufs benutzen wir die Gleichungen des vorigen Abschnitts und nehmen wie früher (Abb. 7.18) an, daß die Donator- und Akzeptordichte und die resultierende Störstellendichte

$$n_R(x) = n_D(x) - n_A(x)$$

nur von einer einzigen Variablen abhängen. Die Poisson-Gleichung vereinfacht sich dann zu der gewöhnlichen Differentialgleichung

$$\frac{d^2}{dx^2}\varphi(x) = -\frac{e}{\varepsilon_0\varepsilon_r}\left[-n_{0e}e^{e\varphi(x)/(kT)} + n_{0l}e^{-e\varphi(x)/(kT)} + n_R(x)\right] \quad . \quad (7.8.1)$$

Für die resultierende Dichte $n_R(x)$ der ionisierten Störstellen machen wir in einem einfachen Modell den Ansatz

$$
n_R(x) = \begin{cases}
n_{0e} \exp\left(-\dfrac{e\varphi_0}{kT}\right) - n_{01} \exp\left(\dfrac{e\varphi_0}{kT}\right) , & x < -d , \\[2ex]
n_{0e} \exp\left[\dfrac{e\varphi_0}{2kT}\left(3\dfrac{x}{d} - \dfrac{x^3}{d^3}\right)\right] \\[1ex]
\quad - n_{01} \exp\left[-\dfrac{e\varphi_0}{2kT}\left(3\dfrac{x}{d} - \dfrac{x^3}{d^3}\right)\right] + 3\varphi_0 x , & -d < x < d , \\[2ex]
n_{0e} \exp\left(\dfrac{e\varphi_0}{kT}\right) - n_{01} \exp\left(-\dfrac{e\varphi_0}{kT}\right), & d < x .
\end{cases}
$$

$$(7.8.2)$$

Das Verhalten von n_R ist folgendermaßen charakterisiert:

1. Im Bereich $x < -d$ gilt

$$
n_R(x) = \text{const} , \qquad n_R(x) < 0 , \qquad \text{d. h.} \quad n_A > n_D .
$$

Die Dichte der ionisierten Akzeptoratome ist größer als die der ionisierten Donatoratome. Der Halbleiter ist ein p-Leiter.

2. Im Bereich $-d < x < d$ variiert $n_R(x)$ von negativen zu positiven Werten. Dieser Bereich ist der pn-Übergang.

3. Im Bereich $d < x$ gilt

$$
n_R(x) = \text{const} , \qquad n_R(x) > 0 , \qquad \text{d. h.} \quad n_D > n_A .
$$

Die Dichte der ionisierten Donatoratome ist größer als die der ionisierten Akzeptoratome. Der Halbleiter ist ein n-Leiter.

Der detaillierte Verlauf der resultierenden Dichte $n_R(x)$ ist in Abb. 7.21a dargestellt. Er ist näherungsweise linear im Bereich des pn-Übergangs.

Mit diesem Ansatz hat die Gleichung (7.8.1) eine einfache Lösung für das Potential der Raumladungsdichte,

$$
\varphi(x) = \begin{cases}
-\varphi_0 , & x < -d \\[1ex]
\dfrac{1}{2}\varphi_0\left(3\dfrac{x}{d} - \dfrac{x^3}{d^3}\right) , & -d < x < d \\[1ex]
\varphi_0 , & d < x
\end{cases}.
$$

Die Abb. 7.21b gibt den Verlauf des Potentials wieder. Außerhalb der Übergangsschicht $-d < x < d$ ist das Potential konstant, dazwischen interpoliert sein Verlauf zwischen den Werten $-\varphi_0$ und φ_0. Die Diffusionsspannung in diesem Modell hat den Wert

$$
U_D = \varphi(d) - \varphi(-d) = 2\varphi_0 \tag{7.8.3}
$$

für die Potentialdifferenz in der pn-Übergangsschicht. Für die Raumladung erhalten wir aus

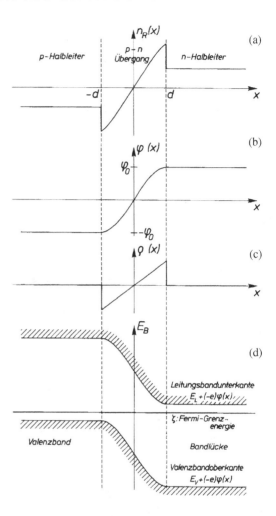

Abb. 7.21 a–d. Verlauf der Größen $n_R(x)$ (resultierende Dichte der ionisierten Störstellen), $\varphi(x)$ (Potential der Raumladung), $\varrho(x)$ (Raumladungsdichte) sowie der Valenzbandoberkante und der Leitungsbandunterkante im Bereich eines pn-Übergangs entsprechend dem Ansatz (7.8.2)

$$\varrho = -\varepsilon_r \varepsilon_0\, \Delta\varphi = -\varepsilon_r \varepsilon_0 \frac{\mathrm{d}^2\varphi}{\mathrm{d}x^2}$$

den Verlauf

$$\varrho(x) = \left\{ \begin{array}{ll} 0\,, & x < -d \\ 3\varepsilon_r\varepsilon_0\varphi_0 x/d^3\,, & -d < x < d \\ 0\,, & d < x \end{array} \right. .$$

Aus Abb. 7.21c entnimmt man tatsächlich, daß für dieses Modell in der Übergangsschicht im p-Leiter ($-d < x < 0$) eine negative, im n-Leiter ($0 < x < d$) eine positive Raumladung auftritt. Die pn-Übergangsschicht, die eine von der Dotierung der Halbleiter abhängige Raumladung trägt, heißt *Schottky-Randschicht*. In unserem Modell ist es der Bereich $-d < x < d$.

Schließlich ist in Abb. 7.21d noch der Verlauf der Valenzbandoberkante und der Leitungsbandunterkante im Bereich des pn-Übergangs dargestellt. Im p-Leiter ohne Variation der resultierenden Dichte n_R ionisierter Störstellen sind die Bandkanten E_V, E_L ortsunabhängig, im Bereich des pn-Übergangs ändern sie sich mit dem Ort und sind im Bereich des n-Leiters, in dem n_R konstant ist, wieder ortsunabhängig:

$$E_{V,L}(x) = \begin{cases} E_{V,L} + e\varphi_0 \, , & x < -d \\ E_{V,L} - e\dfrac{\varphi_0}{2}\left(3\dfrac{x}{d} - \dfrac{x^3}{d^3}\right), & -d < x < d \\ E_{V,L} - e\varphi_0 \, , & d < x \end{cases} .$$

7.9 *Halbleiterdiode

Eine Halbleiterdiode ist ein pn-Übergang, dessen Ausdehnung $2d$ klein gegen die mittlere freie Weglänge λ der Elektronen und Löcher im Halbleiter ist. Wir betrachten der Einfachheit halber einen pn-Übergang, bei dem ein und dasselbe Halbleitermaterial (etwa Silizium) in der linken Hälfte mit Akzeptoren und in der rechten mit Donatoren dotiert ist. An den Enden des Halbleiters seien Zuführungsdrähte aus dem gleichen Metall (etwa Kupfer) angebracht. Auch am Halbleiter–Metall-Übergang treten Raumladungseffekte auf, die dafür sorgen, daß die beiden Enden des so präparierten pn-Übergangs sich auf dem gleichen Potential befinden. (Wenn man die Halbleiterenden mit dem gleichen Metall beschichtet, tritt beim Verbinden dieser Enden keine Kontaktspannung auf, und die beiden Metallbeschichtungen müssen aus Energieerhaltungsgründen das gleiche Potential besitzen). Die ganze Anordnung ist eine Halbleiterdiode. Der Potentialverlauf in der ganzen Anordnung ist in Abb. 7.22 wiedergegeben.

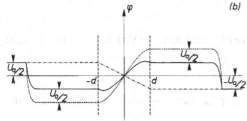

Abb. 7.22. (a) Schema einer Halbleiterdiode mit Zuführungen, **(b)** Potentialverlauf ohne äußere Spannung (*gestrichelt*) bzw. mit äußerer Spannung (*durchgezogen*). Der Verlauf des äußeren Potentials, das über der Grenzschicht linear verläuft, ist *strichpunktiert* eingezeichnet

7.9.1 Halbleiterdiode in einem Stromkreis ohne äußere Stromquelle

Inhalt: Die gesamte Stromdichte läßt sich in eine Summe $\mathbf{j} = \mathbf{j}_{epn} + \mathbf{j}_{lpn} + \mathbf{j}_{enp} + \mathbf{j}_{lnp}$ von Teilstromdichten zerlegen. Die Indizes geben an, ob der Ladungstransport durch Elektronen (e) oder Löcher (l) und ob er in np-Richtung oder in pn-Richtung erfolgt. In der kurzgeschlossenen Diode ist $\mathbf{j} = 0$. Für jede Teilstromdichte ist das Vorzeichen der Potentialschwelle an der Stelle des pn-Übergangs entscheidend. Daraus ergibt sich eine Beziehung zwischen den Sättigungswerten der Teilstromdichten.
Bezeichnungen: n_e, n_l Elektronen- bzw. Löcherdichte; φ Potential, φ_0 halbe Potentialschwelle des pn-Übergangs, $\hat{\mathbf{n}}$ Einheitsvektor in Richtung des pn-Übergangs, $\mathbf{j}$ Stromdichte; $\mathbf{j}_{epn}, \mathbf{j}_{lpn}, \mathbf{j}_{enp}, \mathbf{j}_{lnp}$ Teilstromdichten der Elektronen bzw. Löcher in pn- bzw. np-Richtung; $\mathbf{j}^{(s)}$ Sättigungsstromdichte, $\mathbf{j}_s$ Sperrstromdichte, W Schwelle in der potentiellen Energie, U_D Diffusionsspannung, e Elementarladung, k Boltzmann-Konstante, T Temperatur.

In einer Halbleiterdiode kann man verschiedene Trägerkonzentrationen betrachten. Für unser Modell finden wir im p-Halbleiterbereich ($x < -d$) die Elektronenkonzentration

$$n_e(x < -d) = n_{0e}e^{-e\varphi_0/(kT)} \equiv n_{ep}$$

und die Löcherkonzentration

$$n_l(x < -d) = n_{0l}e^{e\varphi_0/(kT)} \equiv n_{lp}$$

und im n-Halbleiterbereich ($x > d$) die Elektronenkonzentration

$$n_e(x > d) = n_{0e}e^{e\varphi_0/(kT)} \equiv n_{en}$$

bzw. die Löcherkonzentration

$$n_l(x > d) = n_{0l}e^{-e\varphi_0/(kT)} \equiv n_{ln} \quad .$$

Dementsprechend kann man die Ladungsträgerstromdichten in dem geschlossenen Stromkreis betrachten. Sei $\hat{\mathbf{n}}$ die Normale auf der Berührungsfläche, die von der p- zur n-Schicht zeigt. Dann ist

1. $\mathbf{j}_{epn} = -\hat{\mathbf{n}}j_{epn}$
   die elektrische Stromdichte, hervorgerufen von den Elektronen, die von der p-Schicht in die n-Schicht,

2. $\mathbf{j}_{lpn} = \hat{\mathbf{n}}j_{lpn}$
   die elektrische Stromdichte der Löcher, die von der p-Schicht in die n-Schicht,

3. $\mathbf{j}_{enp} = \hat{\mathbf{n}}j_{enp}$
   die elektrische Stromdichte der Elektronen, die von der n-Schicht in die p-Schicht und

4. $\mathbf{j}_{lnp} = -\hat{\mathbf{n}}j_{lnp}$
   die elektrische Stromdichte der Löcher, die von der n-Schicht in die p-Schicht

fließen.

Die Stromdichte von Ladungsträgern aus der p- in die n-Schicht ist dann

$$\mathbf{j}_{pn} = (j_{\mathrm{lpn}} - j_{\mathrm{epn}})\hat{\mathbf{n}}$$

und die von Ladungsträgern aus der n- in die p-Schicht ist

$$\mathbf{j}_{np} = (j_{\mathrm{enp}} - j_{\mathrm{lnp}})\hat{\mathbf{n}} \quad .$$

Die Gesamtstromdichte ist

$$\mathbf{j} = \mathbf{j}_{pn} + \mathbf{j}_{np} = (j_{\mathrm{lpn}} - j_{\mathrm{epn}} - j_{\mathrm{lnp}} + j_{\mathrm{enp}})\hat{\mathbf{n}} \quad .$$

Alle diese Stromdichten sind im allgemeinen Funktionen der Spannung U_{a} einer äußeren Stromquelle im Stromkreis. Für den Fall eines Stromkreises ohne äußere Spannung, d. h. für $U_{\mathrm{a}} = 0$, gilt

$$\mathbf{j} = 0 \quad .$$

Für jeden einzelnen der vier Ströme gilt dieselbe Abhängigkeit von der Höhe der zu überwindenden Schwelle der potentiellen Energie wie in (7.1.3) bei der Thermoemission,

$$\mathbf{j} = \mathbf{j}^{(\mathrm{s})}(T)\mathrm{e}^{-W/(kT)} \quad .$$

Die Sättigungsstromdichte $\mathbf{j}^{(\mathrm{s})}$ fließt stets dann, wenn an der Schwelle für die betrachteten Ladungsträger

$$W \leq 0$$

gilt, da dann alle Ladungsträger mit positiven Geschwindigkeitskomponenten in Stromrichtung die Schwelle überwinden können.

Das Verhalten der vier Teilströme am pn-Übergang hängt von der Änderung der potentiellen Energie beim Durchtritt durch den Übergang ab:

1. Die Potentialschwelle ist für die Elektronen beim Durchtritt von der p- in die n-Schicht, vgl. (7.8.3), negativ,

$$W_{\mathrm{epn}} = (-e)[\varphi(d) - \varphi(-d)] = -eU_{\mathrm{D}} < 0 \quad .$$

Die entsprechende Stromdichte befindet sich somit im Sättigungsbereich,

$$\mathbf{j}_{\mathrm{epn}} = \mathbf{j}_{\mathrm{epn}}^{(\mathrm{s})} = -\hat{\mathbf{n}}j_{\mathrm{epn}}^{(\mathrm{s})} \quad .$$

2. Die Potentialschwelle für die Löcher ist beim Durchtritt von der p- in die n-Schicht positiv,

$$W_{\mathrm{lpn}} = e[\varphi(d) - \varphi(-d)] = eU_{\mathrm{D}} > 0 \quad .$$

Die Löcherstromdichte ist somit im Sperrbereich,

$$\mathbf{j}_{\mathrm{lpn}} = \mathbf{j}_{\mathrm{lpn}}^{(\mathrm{s})}\mathrm{e}^{-eU_{\mathrm{D}}/(kT)} = \hat{\mathbf{n}}j_{\mathrm{lpn}}^{(\mathrm{s})}\mathrm{e}^{-eU_{\mathrm{D}}/(kT)} \quad .$$

3. Die Potentialschwelle für die Elektronen ist beim Durchtritt von der n- zur p-Schicht positiv,

$$W_{enp} = (-e)[\varphi(-d) - \varphi(d)] = eU_\mathrm{D} > 0 \quad .$$

Die von ihnen ausgelöste Stromdichte befindet sich im Sperrbereich,

$$\mathbf{j}_{enp} = \mathbf{j}_{enp}^{(\mathrm{s})} \mathrm{e}^{-eU_\mathrm{D}/(kT)} = \hat{\mathbf{n}} j_{enp}^{(\mathrm{s})} \mathrm{e}^{-eU_\mathrm{D}/(kT)} \quad .$$

4. Für die Löcher gilt beim Durchtritt von der n- zur p-Schicht

$$W_{\mathrm{l}np} = e[\varphi(-d) - \varphi(d)] = -eU_\mathrm{D} < 0 \quad .$$

Die Löcherstromdichte von der n- zur p-Schicht ist gesättigt,

$$\mathbf{j}_{\mathrm{l}np} = \mathbf{j}_{\mathrm{l}np}^{(\mathrm{s})} = -\hat{\mathbf{n}} j_{\mathrm{l}np}^{(\mathrm{s})} \quad .$$

Ohne äußere Spannung gilt

$$0 = \mathbf{j} = \hat{\mathbf{n}} \left(-j_{epn}^{(\mathrm{s})} + j_{\mathrm{l}pn}^{(\mathrm{s})} \mathrm{e}^{-eU_\mathrm{D}/(kT)} + j_{enp}^{(\mathrm{s})} \mathrm{e}^{-eU_\mathrm{D}/(kT)} - j_{\mathrm{l}np}^{(\mathrm{s})} \right) \quad ,$$

also

$$\left(j_{\mathrm{l}pn}^{(\mathrm{s})} + j_{enp}^{(\mathrm{s})} \right) \mathrm{e}^{-eU_\mathrm{D}/(kT)} = j_{epn}^{(\mathrm{s})} + j_{\mathrm{l}np}^{(\mathrm{s})} = j_\mathrm{s} \quad . \tag{7.9.1}$$

In der p-Schicht sind die Löcher die *Majoritäts*-, die Elektronen die *Minoritätsladungsträger*. In der n-Schicht gilt das umgekehrte. Damit bedeuten die obigen Beziehungen, daß in einer Halbleiterdiode die jeweiligen Minoritätsträger einer Schicht in Durchlaßrichtung fließen, ihre Majoritätsträger in Sperrichtung. Ohne äußere Stromquelle im Kreis heben sich die elektrischen Ströme der Majoritäts- und der Minoritätsträger gegenseitig auf.

7.9.2 Belastete Halbleiterdiode

Inhalt: Durch Anlegen einer äußeren Spannung U_a verändern sich die Potentialschwellen für die vier Teilstromdichten. Die daraus resultierende Abhängigkeit der Gesamtstromdichte von U_a ist stark nichtlinear.
Bezeichnungen: U_a äußere Spannung, $U = U_\mathrm{D} + U_\mathrm{a}$ Gesamtspannung am pn-Übergang, I Strom, I_s Sättigungsstrom, λ mittlere Weglänge der Ladungsträger; übrige Bezeichnungen wie in Abschn. 7.9.1.

Wir schalten in den Stromkreis mit einer Halbleiterdiode eine äußere Spannungsquelle mit der Spannung U_a. Der ohmsche Widerstand der Metall–Halbleiter-Übergänge und der beiden dotierten Schichten ist klein. Daher fällt praktisch die ganze Spannung U_a am pn-Übergang ab. Die Spannung zwischen p-Schicht ($x < -d$) und n-Schicht ($x > d$) (außerhalb des pn-Übergangs) beträgt jetzt (Abb. 7.22)

$$U = U_\mathrm{D} + U_\mathrm{a} \quad .$$

Falls der Bereich des pn-Überganges klein gegen die mittlere freie Weglänge λ der Ladungsträger ist,

$$2d \ll \lambda \quad ,$$

ist die von den Majoritätsladungsträgern (Löcher in pn-Richtung, Elektronen in np-Richtung) zu überwindende Energieschwelle gerade eU, die Details des Potentialverlaufs in der pn-Schicht spielen dann keine Rolle. (Das ist eine nachträgliche Rechtfertigung dafür, daß wir den einfachen Ansatz (7.8.2) benutzen dürfen.) Der Strom der Minoritätsträger bleibt für nicht zu große Spannungen im Sättigungsbereich. Es gilt

$$\mathbf{j}_{epn}(U_{\mathrm{a}}) = -\hat{\mathbf{n}} j_{epn}^{(\mathrm{s})} \quad ,$$

$$\mathbf{j}_{lpn}(U_{\mathrm{a}}) = \hat{\mathbf{n}} j_{lpn}^{(\mathrm{s})} \exp\left[-\frac{e(U_{\mathrm{D}}+U_{\mathrm{a}})}{kT}\right] \quad ,$$

$$\mathbf{j}_{enp}(U_{\mathrm{a}}) = \hat{\mathbf{n}} j_{enp}^{(\mathrm{s})} \exp\left[-\frac{e(U_{\mathrm{D}}+U_{\mathrm{a}})}{kT}\right] \quad ,$$

$$\mathbf{j}_{lnp}(U_{\mathrm{a}}) = -\hat{\mathbf{n}} j_{lnp}^{(\mathrm{s})} \quad .$$

Für die Gesamtstromdichte in der Halbleiterdiode erhalten wir

$$\begin{aligned}
\mathbf{j}(U_{\mathrm{a}}) &= \mathbf{j}_{lpn}(U_{\mathrm{a}}) + \mathbf{j}_{enp}(U_{\mathrm{a}}) + \mathbf{j}_{epn}(U_{\mathrm{a}}) + \mathbf{j}_{lnp}(U_{\mathrm{a}}) \\
&= \hat{\mathbf{n}}\left(j_{lpn}^{(\mathrm{s})} + j_{enp}^{(\mathrm{s})}\right) \mathrm{e}^{-e(U_{\mathrm{D}}+U_{\mathrm{a}})/(kT)} - \hat{\mathbf{n}}\left(j_{epn}^{(\mathrm{s})} + j_{lnp}^{(\mathrm{s})}\right) \quad . \quad (7.9.2)
\end{aligned}$$

Wegen der Bedingung der Stromlosigkeit (7.9.1) für verschwindende äußere Spannung finden wir für die resultierende Stromdichte

$$\mathbf{j}(U_{\mathrm{a}}) = \hat{\mathbf{n}} j_{\mathrm{s}}\left(\mathrm{e}^{-eU_{\mathrm{a}}/(kT)} - 1\right) \quad .$$

Durch Integration über den Querschnitt des pn-Übergangs gewinnt man den Strom I, der von der p- zur n-Schicht fließt,

$$I(U_{\mathrm{a}}) = I_{\mathrm{s}}\left(\mathrm{e}^{-eU_{\mathrm{a}}/(kT)} - 1\right) \quad . \quad (7.9.3)$$

Dieser Zusammenhang zwischen Strom und Spannung beschreibt die Kennlinie der Halbleiterdiode. Für hohe positive Spannung $U_{\mathrm{a}} \gg kT/e$ erreicht die Stromdichte durch die Halbleiterdiode die Sperrstromdichte

$$\mathbf{j}_{\mathrm{s}} = \mathbf{j}\left(U_{\mathrm{a}} \gg \frac{kT}{e}\right) = -\hat{\mathbf{n}} j_{\mathrm{s}} \quad .$$

Der Verlauf der Kennlinie ist in Abb. 7.23 dargestellt. Für verschwindende äußere Spannung, $U_{\mathrm{a}} = 0$, verschwindet, wie verlangt, der Strom durch die Diode. Für negative Spannungen steigt er exponentiell an, für positive Spannungen fällt er exponentiell auf den entgegengesetzt fließenden Sperrstrom I_{s} ab.

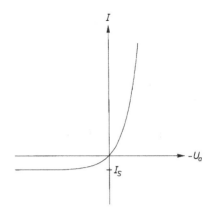

Abb. 7.23. Kennlinie (7.9.3) einer Halbleiterdiode

7.10 Bipolare Transistoren

Inhalt: Ein pnp-Transistor besteht aus p-leitendem Material, das eine dünne n-leitende Schicht enthält. Diese Schicht (Basis) und die beiden p-leitenden Bereiche (Emitter und Kollektor) sind über Metallkontakte anschließbar. Für negative Basis–Emitter-Spannung, $U_{\mathrm{BE}} < 0$, ist die Basis–Emitter-Diode durchlässig. Dann führt auch die Kollektor–Basis-Diode Strom, auch wenn $U_{\mathrm{CB}} < 0$, weil Löcher aus dem Emitter die dünne n-leitende Basis durchlaufen können. Der Kollektorstrom läßt sich über den Basiskreis steuern. Damit ist der Transistor als Verstärker verwendbar.

Die Vakuumdiode ließ sich durch Einbau einer weiteren Elektrode, des Gitters, zur Triode erweitern, in der der Anodenstrom nicht nur durch die Anodenspannung sondern auch durch die Gitterspannung gesteuert werden kann. Eine ähnliche Erweiterung ist auch bei der Halbleiterdiode möglich. Man erzeugt in einem p-leitenden Halbleiterkristall eine relativ dünne n-leitende Zone bzw. in einem n-Leiter eine p-leitende Zone und versieht alle drei Gebiete mit metallischen Anschlüssen. Die so erhaltenen Geräte heißen pnp-*Transistor* bzw. npn-*Transistor*. Im Gegensatz zu den Feldeffekt-Transistoren, die wir im Abschn. 7.12 besprechen, bezeichnet man Transistoren dieser Bauart als *bipolar*, weil am Stromfluß im Transistor, wie in der Diode, beide Ladungsträgerarten (Elektronen und Löcher) beteiligt sind.

Abbildung 7.24 zeigt das Schema des Aufbaus dieser Transistoren. Wir werden hier nur das Verhalten des pnp-Transistors untersuchen. Für den npn-Transistor gelten alle Argumente in analoger Weise. Ein Transistor wird, wie in Abb. 7.24 skizziert, an zwei äußere Spannungsquellen angeschlossen. Die mittlere Halbleiterzone heißt *Basis*, die äußeren heißen *Emitter* bzw. *Kollektor*. Dabei nimmt das Potential beim pnp-Transistor vom Emitter zum Kollektor ab (beim npn-Transistor zu).

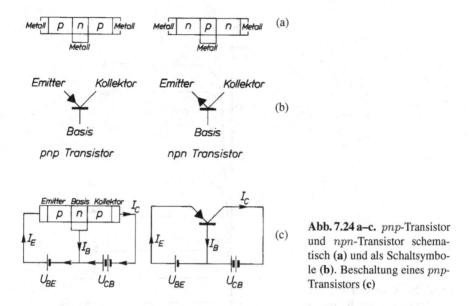

Abb. 7.24 a–c. *pnp*-Transistor und *npn*-Transistor schematisch (**a**) und als Schaltsymbole (**b**). Beschaltung eines *pnp*-Transistors (**c**)

7.10.1 Kennlinienfeld des *pnp*-Transistors

Experiment 7.9. Transistorkennlinie

Mit der Schaltung Abb. 7.25a nehmen wir die Kennlinie für die Abhängigkeit des Kollektorstromes I_C von der Kollektor–Emitter-Spannung U_{CE} für verschiedene Werte des Basisstromes I_B auf. Wir beobachten, daß ein Kollektorstrom I_C fließt, wenn U_{CE} und gleichzeitig U_{BE} negativ sind. Bei festem Wert von U_{CE} ist der Kollektorstrom I_C um so größer, je stärker negativ die Basis–Emitter-Spannung U_{BE} ist, je stärker negativ also der Basisstrom I_B ist (Abb. 7.25b, 7.26).

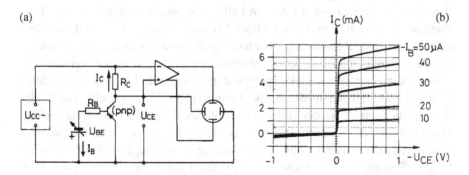

Abb. 7.25. Schaltung zur Aufnahme der I_C–U_{CE}-Kennlinie eines *pnp*-Transistors (**a**) und zugehöriges Oszillogramm (**b**)

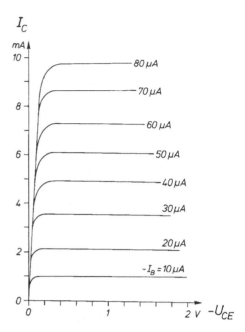

Abb. 7.26. Kennlinienfeld eines *pnp*-Transistors mit Basisstrom als Parameter

Bei einer ersten, qualitativen Erklärung brauchen wir uns nur auf die einfache Gleichrichtereigenschaft des *pn*-Übergangs zu stützen, wie sie im Abschn. 7.6 und 7.9 dargestellt ist. Wir fassen den Transistor als zwei hintereinandergeschaltete *pn*-Übergänge auf, nämlich die Emitter–Basis-Diode, die für $U_{BE} < 0$ durchlässig ist, und die Basis–Kollektor-Diode. Obwohl die Durchlaßrichtung dieser Diode vom Kollektor zur Basis zeigt und ein Strom in dieser Richtung für $U_{CB} > 0$ fließen sollte, beobachten wir einen Strom in umgekehrter Richtung für $U_{CB} < 0$, allerdings nur dann, wenn die Emitter–Basis-Diode Strom führt. In diesem Fall treten positive Ladungsträger (Löcher) aus dem Emitter in die Basis über. Dadurch treten im Basismaterial, das eigentlich *n*-leitend ist, auch Löcher auf. Für diese ist jedoch der *np*-Übergang der Basis–Kollektor-Diode kein Hindernis, wenn $U_{CB} < 0$. Sie werden von dem stärker negativen Kollektorpotential angezogen und bilden den Kollektorstrom. Ein Teil der in die Basis übergetretenen Löcher fließt jedoch als Basisstrom auch direkt durch den Anschluß der Basis ab. Diese Deutung erklärt auch, daß der Kollektorstrom um so stärker ist, je stärker der Zufluß von Ladungsträgern aus dem Emitter zur Basis, je stärker negativ also die Basis–Emitter-Spannung ist. Voraussetzung für das Funktionieren des Transistors ist die geringe Dicke der Basis. Wäre sie wesentlich dicker als die mittlere freie Weglänge der Löcher, so würden diese durch die im Basismaterial überwiegenden Elektronen neutralisiert und könnten nicht bis zum Kollektor gelangen.

(a)

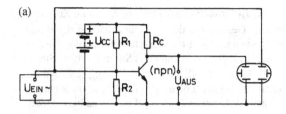

(b)

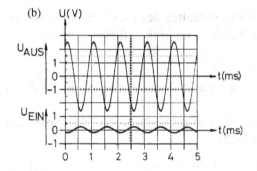

Abb. 7.27 a,b. *npn*-Transistor in Verstärkerschaltung (**a**) und Oszillogramm von Ein- und Ausgangsspannung (**b**)

7.10.2 Transistor als Verstärker

Der Transistor kann nun analog zur Triode als Verstärker benutzt werden.

Experiment 7.10. Transistorverstärker

Für den in Abb. 7.27a skizzierten Transistorverstärker benutzen wir zur Abwechslung einen *npn*-Transistor. Die Gleichspannung U_{CC} ist durch den Spannungsteiler R_1, R_2 so unterteilt, daß $U_{CB} > 0$ und $U_{BE} > 0$ und sowohl ein Basis- wie auch ein Kollektorstrom mittlerer Größe fließt. Durch Veränderung der Basis–Emitter-Spannung mit einer von außen angelegten Eingangsspannung U_{ein} wird der Basisstrom und in verstärktem Maße der Kollektorstrom verändert. Das führt zu einer Veränderung des Spannungsabfalls am Kollektorwiderstand R_C. An ihm oder, wie in unserer Schaltung, direkt am Transistor kann die Ausgangsspannung des Verstärkers abgegriffen werden. In Abb. 7.27b sind Ein- und Ausgangsspannung in ihrem zeitlichen Verlauf auf einem Oszillographen dargestellt.

7.11 *Schematische Berechnung der Transistorkennlinien

Inhalt: Die wesentlichen Züge der Kennlinie eines *pnp*-Transistors lassen sich berechnen, wenn man den Transistor als Hintereinanderschaltung einer *pn*-Diode (Emitter–Basis-Diode) und einer *np*-Diode (Basis–Kollektor-Diode) auffaßt und bedenkt, daß in letzterer auch dann ein Strom fließt, wenn keine Spannung an ihr anliegt, aber die Emitter–Basis-Diode Strom führt.

Bezeichnungen: I_E Strom durch Emitter, I_B Strom im Basiskreis, I_C Strom im Kollektorkreis; $I_E^{(s)}$, $I_B^{(s)}$, $I_C^{(s)}$ Sättigungsströme; I_G Gegenstrom der Majoritätsträger in der Basis–Kollektor-Diode, U_{BE} Basis–Emitter-Spannung, U_{CB} Kollektor–Basis-Spannung, $U_{CE} = U_{CB} + U_{BE}$ Kollektor–Emitter-Spannung, U_D Diffusionsspannung, $\mathbf{j}$ Stromdichte, j_C Stromdichte im Kollektor, j_{C0} Stromdichte für $U_{CB} = 0$; $j_{enp}^{(Cs)}$, $j_{lnp}^{(Cs)}$, $j_{epn}^{(Cs)}$, $j_{lpn}^{(Cs)}$ Sättigungs-Teilstromdichten im Kollektor für Elektronen (e) und Löcher (l) in np- bzw. pn-Richtung; e Elementarladung, k Boltzmann-Konstante, T Temperatur; α, α_1 Proportionalitätsfaktoren, die vom Aufbau des Transistors abhängen; β Stromverstärkungsfaktor.

Zur quantitativen Diskussion der Eigenschaften des pnp-Transistors kehren wir zurück zur Schaltung in Abb. 7.24. Der im Emitter fließende Strom

$$I_E = I_B + I_C$$

teilt sich in einen Strom I_B durch den Basiskreis und einen Strom I_C durch den Kollektorkreis.

Der Emitterstrom wird in Abhängigkeit von der Basis–Emitter-Spannung U_{BE} durch die Diodenkennlinie (7.9.3),

$$I_E(U_{BE}) = I_E^{(s)} \left(e^{-eU_{BE}/(kT)} - 1 \right) \quad , \tag{7.11.1}$$

gegeben. Ist das Potential der Basis stark positiv gegenüber dem des Emitters, d. h. ist $U_{BE} \gg 0$, so fließt nur der Sperrstrom $I_E^{(s)}$ in der Emitter–Basis-Diode.

Die Kennlinie der Basis–Kollektor-Diode unterscheidet sich von der einer einzelnen Diode dadurch, daß für verschwindende Kollektor–Basis-Spannung $U_{CB} = 0$ die Bedingung $\mathbf{j} = 0$ für die Kollektorstromdichte $\mathbf{j}_C(U_{CB}, j_E)$ durch die Diode durch die Bedingung

$$\mathbf{j}_C(0, j_E) = \mathbf{j}_{C0}(j_E)$$

zu ersetzen ist, weil auch ohne Anlegen einer äußeren Kollektor-Basis-Spannung ein Teil der Ladungsträger, die in die Basis eingedrungen sind, durch den Kollektor abfließt. Sie bilden die Stromdichte $\mathbf{j}_{C0}$. Insgesamt ergibt sich dann für die Basis–Kollektor-Diode die Bedingung für $U_{CB} = 0$, vgl. (7.9.1),

$$j_{C0} = -j_{enp}^{(Cs)} e^{-eU_D/(kT)} + j_{lnp}^{(Cs)} + j_{epn}^{(Cs)} - j_{lpn}^{(Cs)} e^{-eU_D/(kT)} \quad . \tag{7.11.2}$$

Dabei ist U_D die Diffusionsspannung, d. h. die Höhe der Potentialschwelle der Basis–Kollektor-Diode. (Da wir die Richtung $\hat{n}$, bezüglich der wir den Strom angeben, im Vergleich zu (7.9.1) nicht ändern, bezüglich dieser Richtung aber nun die n-leitende Zone vor der p-leitenden liegt, sind die Vorzeichen in (7.11.2) und (7.9.1) verschieden.) Die Stromdichte für $U_{CB} \neq 0$ ist dann

$$
\begin{aligned}
j_C(U_{CB}) &= j_{lnp}^{(Cs)} + j_{epn}^{(Cs)} - \left(j_{enp}^{(Cs)} + j_{lpn}^{(Cs)} \right) e^{-e(U_D - U_{CB})/(kT)} \\
&= j_{lnp}^{(Cs)} + j_{epn}^{(Cs)} - \left(j_{lnp}^{(Cs)} + j_{epn}^{(Cs)} - j_{C0} \right) e^{eU_{CB}/(kT)} \\
&= j_{C0} + \left(j_{enp}^{(Cs)} + j_{lpn}^{(Cs)} \right) e^{-eU_D/(kT)} \left(1 - e^{eU_{CB}/(kT)} \right) \quad .
\end{aligned}
$$

Im Gegensatz zu (7.9.2) muß im Exponenten die Spannung $U_D - U_{CB}$ eingesetzt werden, weil U_D nach wie vor die Diffusionsspannung zwischen n-Leiter und p-Leiter ist, die äußere Spannung jedoch $-U_{CB}$ ist. Nun ist der Strom der Majoritätsträger, d. h. der Strom der Elektronen aus der Basis in den Kollektor und der gleichgerichtete Strom der Löcher aus dem Kollektor in die Basis klein, weil die Basis–Kollektor-Diode in dieser Richtung sperrt. Es gilt

$$\left(j_{enp}^{(Cs)} + j_{lpn}^{(Cs)} \right) e^{-eU_D/(kT)} \ll j_{lnp}^{(Cs)} + j_{epn}^{(Cs)} \approx j_{C0} \quad . \tag{7.11.3}$$

Damit ist der Kollektorstrom I_C, den man nach Integration über den Transistorquerschnitt erhält,

$$\begin{aligned}
I_C(U_{CB}) &= I_C^{(s)} - I_G e^{eU_{CB}/(kT)} \\
&= I_C^{(s)} - \left(I_C^{(s)} - I_{C0} \right) e^{eU_{CB}/(kT)} \\
&= I_{C0} + I_G \left(1 - e^{eU_{CB}/(kT)} \right) \quad . \tag{7.11.4}
\end{aligned}$$

Dabei ist

$$I_C^{(s)} = I_{lnp}^{(Cs)} + I_{epn}^{(Cs)}$$

der Sperrstrom der Basis–Kollektor-Diode, der auch bei hohen positiven Kollektor–Basis-Spannungen fließt, I_{C0} der Kollektorstrom für verschwindende Kollektor–Basis-Spannung und

$$I_G = \left(I_{enp}^{(Cs)} + I_{lpn}^{(Cs)} \right) e^{-eU_D/(kT)}$$

der Gegenstrom der Majoritätsträger für $U_{CB} = 0$ in der Basis–Kollektor-Diode. Für verschwindende Kollektor–Basis-Spannung liefert (7.11.4)

$$I_{C0} = I_C^{(s)} - I_G \quad \text{für} \quad U_{CB} = 0 \quad ,$$

und es gilt aufgrund von (7.11.3) die Abschätzung

$$I_G = I_C^{(s)} - I_{C0} \ll I_C^{(s)} \approx I_{C0} \quad \text{für} \quad U_{CB} = 0 \quad .$$

Dann gilt für negative Spannung, $U_{CB} < 0$,

$$I_C \approx I_C^{(s)} \approx I_{C0} \quad ,$$

d. h. der Kollektorstrom ist praktisch konstant. Für positive Kollektor–Basis-Spannung steigt die Exponentialfunktion in (7.11.4) schnell an, und der Kollektorstrom fällt rasch ab.

Der Gegenstrom I_G der Majoritätsträger in der Basis–Kollektor-Diode ist in guter Näherung von der Größe des Emitterstromes, der Löcher in die Basis injiziert, unabhängig, d. h.

$$I_G = \text{const} \quad .$$

Dagegen ist der Strom $I_C^{(s)}$, der die Basis–Kollektor-Diode in Sperrichtung, d. h. in Basis–Kollektor-Richtung durchfließt, in guter Näherung dem Emitterstrom proportional,

$$I_C^{(s)} = \alpha I_E \quad , \qquad \alpha < 1 \quad ,$$

denn er wird von den Löchern getragen, die der Emitter in die Basis injiziert. Dabei ist α eine im wesentlichen vom Aufbau des Transistors bestimmte Konstante. Wir erhalten so als Kennlinie des Kollektorstromes in Abhängigkeit vom Emitterstrom I_E und Kollektor–Basis-Spannung

$$
\begin{aligned}
I_C(I_E, U_{CB}) &= \alpha I_E - I_G e^{eU_{CB}/(kT)} \\
&= \alpha \left(1 - \frac{I_G}{\alpha I_E} e^{eU_{CB}/(kT)} \right) I_E = \alpha_1 I_E \qquad (7.11.5)
\end{aligned}
$$

mit

$$\alpha_1(I_E, U_{CB}) = \alpha \left(1 - \frac{I_G}{\alpha I_E} e^{eU_{CB}/(kT)} \right) \quad .$$

Da im allgemeinen

$$I_G \ll I_E$$

gilt, ist der Kollektorstrom I_C unabhängig von der Kollektor–Basis-Spannung und proportional zum Emitterstrom,

$$I_C \approx \alpha I_E \quad .$$

Das Kennlinienfeld des Kollektorstromes in Abhängigkeit von der Kollektor–Emitter-Spannung

$$U_{CE} = U_{CB} + U_{BE} \qquad (7.11.6)$$

für konstanten Basisstrom

$$I_B = I_E - I_C$$

gewinnt man aus (7.11.5) durch Einsetzen von (7.11.6):

$$I_C = \alpha I_E - I_G \exp\left[\frac{e(U_{CE} - U_{BE})}{kT} \right] \quad . \qquad (7.11.7)$$

Mit Hilfe von (7.11.1) findet man

$$I_C = \alpha I_E - \left(\frac{I_E}{I_E^{(s)}} + 1 \right) I_G e^{eU_{CE}/(kT)}$$

und damit durch Einführung des Basisstromes an Stelle des Emitterstromes schließlich I_C als Funktion von I_B:

$$I_C = \frac{\alpha_2}{1 - \alpha_2} I_B - \frac{e^{eU_{CE}/(kT)}}{1 - \alpha_2} I_G \quad . \qquad (7.11.8)$$

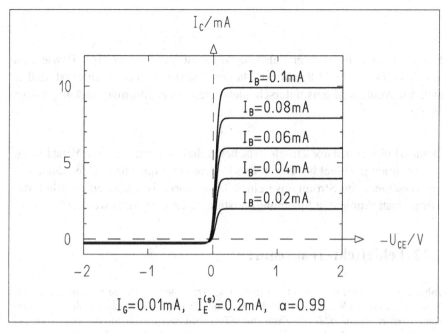

$I_{\rm C}/\rm mA$

$I_{\rm B}=0.1\rm mA$

$I_{\rm B}=0.08\rm mA$

$I_{\rm B}=0.06\rm mA$

$I_{\rm B}=0.04\rm mA$

$I_{\rm B}=0.02\rm mA$

$-U_{\rm CE}/\rm V$

$I_{\rm G}=0.01\rm mA, \quad I_{\rm E}^{(\rm s)}=0.2\rm mA, \quad \alpha=0.99$

Abb. 7.28. Berechnetes Kennlinienfeld eines *pnp*-Transistors

Die Größe α_2 ist abhängig von der Emitter–Kollektor-Spannung,

$$\alpha_2(U_{\rm CE}) = \alpha - \frac{I_{\rm G}}{I_{\rm E}^{(\rm s)}} {\rm e}^{eU_{\rm CE}/(kT)} \quad .$$

Da α nur wenig kleiner als eins ist, ist die Differenz

$$1 - \alpha_2 = 1 - \alpha + \frac{I_{\rm G}}{I_{\rm E}^{(\rm s)}} {\rm e}^{eU_{\rm CE}/(kT)}$$

auf die Spannung $U_{\rm CE}$ empfindlich, so daß damit die etwas größere Abhängigkeit des Kollektorstromes von der Kollektor–Emitter-Spannung bei konstantem Basisstrom deutlich wird. Ein nach dieser Formel berechnetes Kennlinienfeld ist in Abb. 7.28 dargestellt. Es zeigt die experimentell bereits gefundenen Charakteristika, vgl. Abb. 7.25b. Für

$$I_{\rm B} = \frac{I_{\rm G}}{\alpha_2} \exp \left(\frac{eU_{\rm CE}}{kT} \right)$$

verschwindet der Kollektorstrom. Für kleinere Werte des Basisstromes sperrt der Transistor den Kollektorstrom.

Das Verhältnis von Kollektorstrom $I_{\rm C}$ zum Basisstrom $I_{\rm B} = I_{\rm E} - I_{\rm C}$ nennt man den *Stromverstärkungsfaktor*

$$\beta = \frac{I_C}{I_B} \approx \frac{\alpha}{1 - \alpha} \quad .$$

Der Wert von β ist in guter Näherung konstant für $U_{CE} < U_{BE} < 0$, wie man aus (7.11.7) und (7.11.8) abliest. Da der Transistor so konstruiert ist, daß α sich nur wenig von eins unterscheidet, erreicht der Stromverstärkungsfaktor Werte

$$\beta \gg 1 \quad .$$

Dann ist ein Transistor ein elektrisches Schaltelement, das zur Verstärkung von Strömen geeignet ist. Durch den Einbau von ohmschen Widerständen in die verschiedenen Stromkreise eines Transistorkreises können natürlich die Stromverstärkungen in Spannungsverstärkungen umgesetzt werden.

7.12 Feldeffekt-Transistoren

Inhalt: Bei dem bisher betrachteten (bipolaren) Transistor erfolgt die Steuerung des Kollektorstromes durch Veränderung des Basisstromes. Damit ist die Steuerung nicht ohne Leistung möglich. Beim *Feldeffekt-Transistor* (FET) wird dagegen der Strom, ähnlich wie bei einer Vakuumröhre, durch die Spannung an einer Steuerelektrode beeinflußt, ohne daß durch diese ein nennenswerter Strom fließt, so daß im Steuerkreis praktisch keine Leistung aufgebracht werden muß. Man unterscheidet zwei grundsätzlich verschiedene technische Ausführungen der Feldeffekt-Transistoren. Es sind der *Sperrschicht-Feldeffekt-Transistor* und der *Isolierschicht-Feldeffekt-Transistor*. Da beim Isolierschicht-FET die metallische Steuerelektrode gewöhnlich durch eine Siliziumdioxidschicht vom Siliziumhalbleiter isoliert ist, wird er als MOSFET, d. h. Metall–Oxid–Silizium-FET bezeichnet.

7.12.1 Sperrschicht-Feldeffekt-Transistoren

Der Aufbau eines Sperrschicht-FET ist in Abb. 7.29a skizziert. An den Stirnseiten eines länglichen n-leitenden Siliziumkristalls sind zwei Metallelektroden aufgebracht. Außerdem enthält der Kristall seitlich eine p-leitende Insel, die durch Eindiffusion von Akzeptoren erzeugt wurde. Auch sie kann über eine Metallelektrode mit äußeren Schaltkreisen verbunden werden. Die Elektroden heißen *Quelle*, *Senke* und *Tor*. Zur Abkürzung benutzen wir die aus der englischsprachigen Literatur stammenden Symbole S (source), D (drain) und G (gate). An den Elektroden von Tor und Quelle liegt die Spannung U_{GS}. In diesem Stromkreis, dem Torkreis, wirkt der Transistor wie eine pn-Diode. Für negative Torspannung U_{GS} befindet sich die Diode im Sperrbetrieb. Ganz entsprechend Abb. 7.18 bildet sich im n-Leiter ein Bereich aus, in dem eine positive Überschußladung existiert, die (wenigstens zum Teil) aus ionisierten (ortsfesten) Donatoren besteht und deshalb nicht beweglich ist. Wenn man den n-Leiter im Vergleich zum p-Leiter deutlich geringer dotiert, wird die Ausdehnung der von Leitungselektronen entvölkerten Zone weit in den

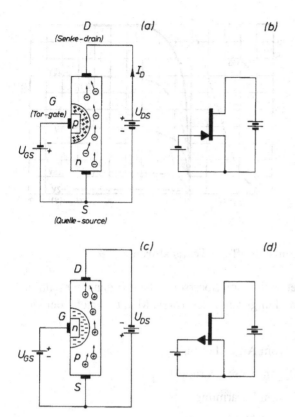

Abb. 7.29 a–d. Schema eines n-Kanal-Sperrschicht-FET mit angelegten Spannungen (**a**) und Darstellung des gleichen Stromkreises mit FET-Schaltsymbol (**b**) sowie entsprechende Darstellungen für einen p-Kanal-Sperrschicht-FET (**c**) bzw. (**d**)

n-Leiter hineinreichen und stark von der Torspannung U_{GS} abhängen. Damit ist der Querschnitt des n-leitenden Bereiches, des sogenannten n-Kanals, zwischen p-Schicht und Wand im n-Leiter und damit der Widerstand des n-Kanals eine Funktion der Torspannung. Dieser Effekt ermöglicht die Benutzung des Sperrschicht-FET als Steuerelement in Schaltkreisen. Dabei ist der Sperrschicht-FET bezüglich Quelle und Senke symmetrisch. Die Senke ist jeweils diejenige der beiden Elektroden, die bezüglich der Quelle auf positiver Spannung liegt. Das Tor muß sich bezüglich der Quelle auf negativer Spannung befinden, da sonst ein Strom im Torkreis fließt. Abbildung 7.30 zeigt die Kennlinienfelder eines n-Kanal-Sperrschicht-FET.

Natürlich kann man auch einen p-Kanal-Sperrschicht-FET herstellen, bei dem ein n-leitender Torbereich in einem p-leitenden Siliziumkristall existiert. Die Leitung zwischen Quelle und Senke wird dann durch die Löcher im Kristall bewerkstelligt (Abb. 7.29c). Beim Betrieb des p-Kanal-FET sind im Vergleich zum n-Kanal-FET alle Spannungen umzukehren. In den Abbildungen 7.29b und d sind die Schaltsymbole der Sperrschicht-FETs wiedergegeben. Der Pfeil am Toranschluß gibt jeweils die Durchlaßrichtung der Quelle–Tor-Diode an.

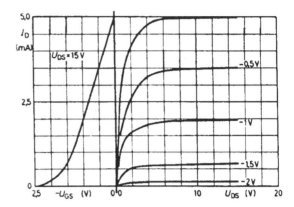

Abb. 7.30. Kennlinienfelder eines n-Kanal-Sperrschicht-FET

7.12.2 Metall–Oxid–Silizium-Feldeffekt-Transistoren

Der MOSFET unterscheidet sich vom Sperrschicht-FET ganz wesentlich durch die Ausführung und Wirkungsweise des Tores. Man unterscheidet vier Typen:

1. den p-Kanal-MOSFET vom Anreicherungstyp,

2. den n-Kanal-MOSFET vom Anreicherungstyp,

3. den p-Kanal-MOSFET vom Verarmungstyp,

4. den n-Kanal-MOSFET vom Verarmungstyp.

Beim p-Kanal-Anreicherungs-MOSFET werden zwei p-leitende Bereiche in einen n-leitenden Siliziumkristall, das *Substrat*, eindiffundiert, wie in Abb. 7.31 veranschaulicht. Die beiden p-leitenden Bereiche sind mit Metallelektroden versehen, über die sie an den Stromkreis angeschlossen werden. Einer von ihnen ist leitend mit dem Substrat verbunden und heißt *Quelle*, der andere *Senke*. Zwischen beiden wird auf das Substrat eine dünne, isolierende Siliziumdioxidschicht aufgebracht und darüber eine metallische *Torelektrode*. Die pnp-Anordnung von Quelle, Substrat und Senke darf keinesfalls mit einem bipolaren pnp-Transistor verwechselt werden, da die n-leitende

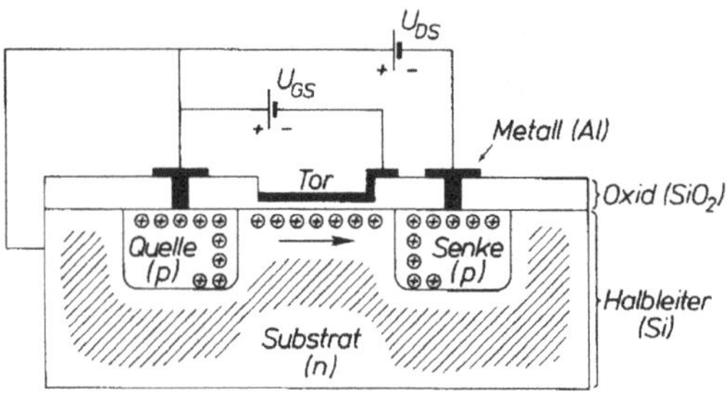

Abb. 7.31. Querschnitt durch einen p-Kanal-MOSFET vom Anreicherungstyp mit äußeren Stromkreisen

Substrat-Schicht des MOSFET wesentlich länger ist als die Basis eines bipolaren pnp-Transistors. Tatsächlich ist die pnp-Anordnung aus Quelle, Substrat und Senke eine Gegeneinanderschaltung zweier Dioden, die in keiner Richtung einen nennenswerten Stromfluß erlaubt. An der Grenze zum Siliziumdioxid treten Elektronen vom Oxid in den Siliziumkristall über, dadurch tritt eine Verformung von Leitungs- und Valenzband im Halbleiter auf. Die Zahl der freien Elektronen im Leitungsband ist in der Nähe der Grenzschicht größer als im Rest des Kristalls. Durch Anlegen einer äußeren Spannung zwischen Torelektrode und Substrat kann die Verformung der Bänder beeinflußt werden. Positive Torspannungen erhöhen die Konzentration an Leitungselektronen weiter, negative Torspannungen vermindern sie und können, wenn sie genügend stark sind, sogar zu einem Überschuß an Löchern in der Grenzzone führen. Ist dies der Fall, so besteht die Anordnung in der Nähe der Grenzfläche zum Oxid aus drei p-leitenden Bereichen: Sie ist nicht sperrend sondern leitend. Ihre Leitfähigkeit hängt von der Löcherkonzentration ab und kann damit durch die Torspannung gesteuert werden, da die Löcherkonzentration im Kanal nahe der Isolierschicht durch negative Torspannungen U_{GS} angereichert wird. Da die Siliziumdioxidschicht zwischen Substrat und Tor sehr gut isoliert, fließt im Torkreis nur ein äußerst geringer Strom. Dies ist eine der wesentlichen Eigenschaften des MOSFET.

Ein Blick auf Abb. 7.31 zeigt, daß sowohl die p-leitenden Bereiche von Quelle und Senke als auch die Oxidschicht und die Metallelektroden durch entsprechende Bearbeitung (Eindiffusion von Dotierungsatomen, Oxydation bzw. Bedampfung mit Metall durch entsprechende Masken) von nur einer Seite des Substrat-Kristalls aufgebracht werden können. Durch Verwendung entsprechender Masken können dann auch sehr viele MOSFETs zusammen mit ihren metallischen Verbindungsleitungen auf einem Kristall angebracht werden: Die MOSFET-Technik erlaubt die Herstellung *Integrierter Schaltungen* auf kleinstem Raum. (Man erreicht Packungsdichten von 10^8 MOSFETs pro cm^2 und mehr.)

Abbildung 7.32a zeigt noch einmal den Anreicherungs-p-Kanal-MOSFET und sein Schaltsymbol. In Abb. 7.32b ist ein weiterer Transistor dargestellt und zwar ein Verarmungs-p-Kanal-MOSFET. Hier besteht zwischen den p-leitenden Zonen von Quelle und Senke ein schmaler p-leitender Kanal unter der Torelektrode, aus dem jedoch durch Anlegen einer positiven Spannung U_{GS} an das Tor die Löcher teilweise oder ganz verdrängt werden können, so daß die Leitfähigkeit des Kanals wiederum eine Funktion der Torspannung ist. Die n-Kanal-MOSFETs beider Typen sind in Abb. 7.32c und d wiedergegeben. In den Schaltsymbolen ist der Anreicherungstyp durch einen durchbrochenen, der Verarmungstyp durch einen durchlaufenden Balken gekennzeichnet. Die Pfeilrichtung macht eine Aussage über die Ladungsträger im Leitungskanal. Sie gibt die Durchlaßrichtung der Diode aus Quelle und Substrat an.

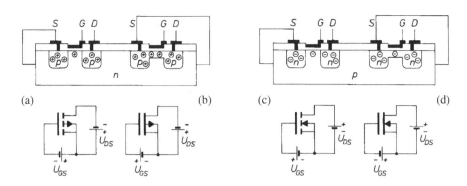

Abb. 7.32. Querschnitte und Schaltsymbole des Anreicherungs-p-Kanal-MOSFET **(a)**, Verarmungs-p-Kanal-MOSFET **(b)**, Anreicherungs-n-Kanal-MOSFET **(c)**, Verarmungs-n-Kanal-MOSFET **(d)**

7.13 Aufgaben

7.1: Berechnen Sie mit Hilfe der Richardson-Gleichung die Stromdichte des Thermoemissionsstromes einer Kathode bei $T = 2000\,\mathrm{K}$

(a) für reines Wolfram ($W = 4{,}53\,\mathrm{eV}$),

(b) für bariumbeschichtetes Wolfram ($W = 2{,}01\,\mathrm{eV}$).

7.2: Als Material einer *Photokathode*, aus der durch Bestrahlung mit Licht Elektronen befreit werden können, kann cäsiumbeschichtetes Wolfram ($W = 1{,}38\,\mathrm{eV}$) benutzt werden. Wird die Kathode bei Zimmertemperatur ($T = 300\,\mathrm{K}$) betrieben, so tritt zusätzlich zum erwünschten Photoemissionsstrom ein unerwünschter Thermoemissionsstrom auf. Berechnen Sie diesen mit Hilfe der Richardson-Gleichung und geben Sie das Ergebnis

(a) in $\mathrm{A\,m^{-2}}$,

(b) in Elektronen pro $\mathrm{m^2}$ und s an.

7.3: Geben Sie die Sättigungswerte des Kollektorstromes (7.11.8) für sehr niedrige und sehr hohe Kollektor–Emitter-Spannung U_{CE} an.

8. Das magnetische Flußdichtefeld des stationären Stromes. Lorentz-Kraft

In den letzten Kapiteln haben wir uns ausführlich mit elektrischen *Leitungsvorgängen* beschäftigt, insbesondere den Mechanismen, die die Existenz des elektrischen Stromes ermöglichen. Wir wenden uns jetzt der *magnetischen* Wirkung des Stromes zu. Darunter verstehen wir die Tatsache, daß zwei Ströme sich gegenseitig durch (magnetische) Kräfte beeinflussen, ähnlich wie zwei Ladungen (Coulomb-) Kräfte aufeinander ausüben.

8.1 Grundlegende Experimente

Inhalt: Untersuchung der Kraft zwischen zwei parallel bzw. antiparallel von Strom durchflossenen Drähten und der Kraft zwischen einem stromdurchflossenen Draht und einem Strom freier Elektronen in Gas, deren Flugrichtung beliebig orientiert werden kann.

In einem besonders einfachen Experiment wollen wir zunächst die magnetische Kraft qualitativ vorstellen, bevor wir in einem zweiten Experiment ihre etwas komplizierte Vektorstruktur aufklären, die durch ein doppeltes Vektorprodukt bestimmt wird.

Experiment 8.1. Kraft zwischen zwei stromdurchflossenen Drähten

Zwei flexible Drähte hängen locker zwischen je zwei Isolatoren. Man beobachtet eine anziehende bzw. abstoßende Kraft zwischen den Drähten, wenn sie parallel bzw. antiparallel von Strom durchflossen werden (Abb. 8.1). Keine Kraft tritt auf, wenn nur ein oder gar kein Draht Strom führt. Mit genaueren Messungen kann man zeigen, daß die Kraft proportional zu jedem der Ströme und umgekehrt proportional zum Abstand zwischen ihnen ist.

Experiment 8.2. Kraft zwischen einem stromdurchflossenen Draht und einem Elektronenstrahl

Wir ersetzen jetzt einen der beiden Drähte durch einen massiven Kupferstab, der über dicke Zuführungskabel an eine leistungsfähige Batterie angeschlossen ist, so daß in

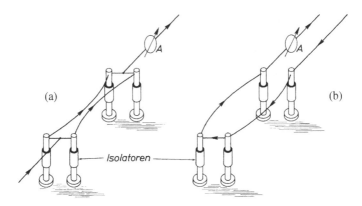

Abb. 8.1 a,b. Demonstration der Kraft zwischen zwei parallelen Leitern, die von parallelen Strömen (**a**) bzw. antiparallelen Strömen (**b**) durchflossen werden

ihm ein hoher Strom I fließt. Statt des anderen Drahtes verwenden wir einen Elektronenstrahl. Er wird von einer Elektronenquelle erzeugt, die sich in einem Glaskolben befindet, der aber im Gegensatz zu den gewöhnlich verwendeten Elektronenstrahlröhren nicht völlig evakuiert ist, sondern eine Gasfüllung von niedrigem Druck besitzt. Die Elektronen regen beim Stoß die Moleküle des Gases zur Lichtemission an, so daß der Elektronenstrahl als leuchtende Spur im Gasraum sichtbar wird (Abb. 8.2). Haben die Elektronen der Anzahldichte n des Strahles die Geschwindigkeit $\mathbf{v}$, so stellen sie eine Stromdichte $\mathbf{j} = -n e \mathbf{v}$ dar, die wegen der negativen Ladung $Q = -e$ des Elektrons entgegengesetzt zur Teilchengeschwindigkeit gerichtet ist. Führen wir Zylinderkoordinaten mit einer z-Achse entgegengesetzt zur Stromrichtung im Stab ein und orientieren wir den Elektronenstrahl nacheinander in die Richtungen $\mathbf{e}_z$ (parallel zum Stab), $-\mathbf{e}_r$ (in Richtung des Lotes auf den Stab zu) und $\mathbf{e}_\varphi$ (senkrecht zum Stab und zum Lot), so beobachten wir in den ersten beiden Fällen Ablenkungen in Richtungen senkrecht zu $\mathbf{v}$, im dritten Fall keine Ablenkung. Es fällt auf, daß die Ablenkung nicht nur senkrecht zur Teilchengeschwindigkeit erfolgt, sondern auch senkrecht zu einer Richtung, die ihrerseits senkrecht zur Stromrichtung und zum Lot ist und damit parallel zu $\mathbf{e}_\varphi$ verläuft.

8.2 Das Feld der magnetischen Flußdichte

Inhalt: Der in $\mathbf{e}_z$-Richtung fließende Strom in einem langen, gestreckten Draht bewirkt ein Feld der magnetischen Flußdichte (**B**-Feld) in $\mathbf{e}_\varphi$-Richtung. Angabe des **B**-Feldes für einen Strom I in einem beliebig geformten Draht und für eine beliebige Stromdichteverteilung. Auf eine Ladung Q, die sich mit der Geschwindigkeit $\mathbf{v}$ bewegt, übt das **B**-Feld die Lorentz-Kraft $\mathbf{F} = Q\mathbf{v} \times \mathbf{B}$ aus.
Bezeichnungen: I Strom, $\hat{\mathbf{n}}$ Stromrichtung, Q Teilchenladung, $\mathbf{v}$ Teilchengeschwindigkeit, $\mathbf{r}_\perp$ Vektor des Abstandes vom langen geraden Draht, $f(r_\perp)$ Funktion des Abstandbetrages, μ_0 magnetische Feldkonstante, ε_0 elektrische Feldkonstante, c Vakuumlichtgeschwindigkeit,

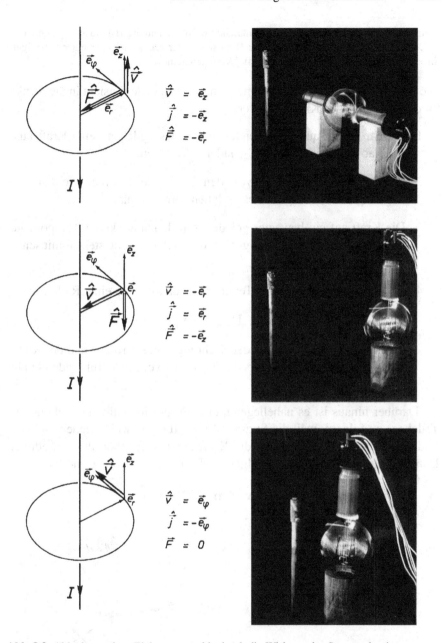

Abb. 8.2. Ablenkung eines Elektronenstrahls durch die Wirkung des Stromes in einem geraden Leiter. Die Photographien sind Doppelbelichtungen, die mit bzw. ohne Strom im Leiter aufgenommen wurden

F Kraft, **B**(**r**) Feld der magnetischen Flußdichte; **r** Ort, an dem das **B**-Feld angegeben wird; **r**′ Ort und **n̂**(**r**′) Richtung eines kurzen Drahtstücks der Länge $d\ell'$ oder einer beliebigen Stromdichte **j**(**r**′), da' Flächenelement, dV' Volumenelement.

Die bisher durchgeführten Experimente haben folgende Einsicht in die Struktur der magnetischen Kräfte geliefert:

1. Ein Strom übt auf ein ruhendes, geladenes Teilchen keine Kraft aus, wohl aber auf ein bewegtes, geladenes Teilchen.

2. Der Betrag der Kraft ist sowohl dem Betrag des Stromes wie dem Betrag der Geschwindigkeit des Teilchens proportional.

3. Die Kraft auf ein bewegtes geladenes Teilchen hat keine Komponente in Richtung der Geschwindigkeit **v** des Teilchens. Sie steht somit senkrecht auf **v**.

4. Die Kraft auf das geladene Teilchen ist senkrecht zu einer Richtung

$$\hat{\mathbf{B}} = \hat{\mathbf{n}} \times \hat{\mathbf{r}}_\perp$$

die ihrerseits senkrecht auf der Richtung **n̂** des Stromes und der Richtung **r̂**$_\perp$ des Abstandsvektors des Teilchens vom stromführenden Draht ist (Abb. 8.3).

Darüber hinaus ist es naheliegend, eine Proportionalität zur Ladung des Teilchens zu folgern, weil die Summe der Kräfte auf zwei Teilchen gleicher Ladung doppelt so groß ist wie die Kraft auf ein Teilchen dieser Ladung. Damit ist nur ein Ausdruck der folgenden Form für die Kraft **F** möglich:

$$\mathbf{F} = 2\frac{\mu_0}{4\pi}QI\mathbf{v} \times (\hat{\mathbf{n}} \times \hat{\mathbf{r}}_\perp)f(r_\perp) \quad .$$

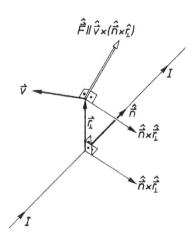

Abb. 8.3. Zusammenhang zwischen Stromrichtung n̂, Richtung der Teilchengeschwindigkeit **v** und der Richtung der Kraft **F**. Der Abstandsvektor zwischen Leiter und Teilchen ist **r**$_\perp$

Die Konvention, die Proportionalitätskonstante in der Form $2\mu_0/(4\pi)$ zu schreiben, wird sich später als vorteilhaft herausstellen.

Die beiden Vektoren $\mathbf{v}$ und $\hat{\mathbf{n}} \times \hat{\mathbf{r}}_\perp$, die als Faktoren in einem Vektorprodukt auftreten, sind im allgemeinen linear unabhängig. Da die Kraft keine Komponenten in Richtung dieser Vektoren hat, ist die obige Darstellung tatsächlich allgemein. Wegen der Linearität des Betrages der Kraft in Q, I, v kann die verbleibende unbekannte Funktion f nur eine Funktion von $r_\perp$ sein. Man beobachtet leicht, daß die Kraft mit dem Abstand $r_\perp$ vom Strom abnimmt. Genauere Messungen zeigen, daß

$$f(r_\perp) = \frac{1}{r_\perp}$$

ist.

Separiert man den Ausdruck

$$\mathbf{F} = 2\frac{\mu_0}{4\pi}QI\mathbf{v} \times \frac{\hat{\mathbf{n}} \times \hat{\mathbf{r}}_\perp}{r_\perp}$$

in zwei Faktoren, von denen einer ($Q\mathbf{v}$) nur Eigenschaften des geladenen Teilchens enthält und der andere als ein ortsabhängiges Vektorfeld

$$\mathbf{B} = 2\frac{\mu_0}{4\pi}I\frac{\hat{\mathbf{n}} \times \hat{\mathbf{r}}_\perp}{r_\perp} \tag{8.2.1}$$

um den Strom aufgefaßt werden kann, so läßt sich die Kraft in der Form

$$\mathbf{F} = Q\mathbf{v} \times \mathbf{B} \tag{8.2.2}$$

schreiben.

Die *magnetische Feldkonstante* μ_0 kann natürlich aus Messungen entnommen werden. Sie ist jedoch keine unabhängige Konstante, sondern durch die elektrische Feldkonstante ε_0 und durch die Lichtgeschwindigkeit c im Vakuum bestimmt: Es gilt

$$\varepsilon_0\mu_0 = \frac{1}{c^2} . \tag{8.2.3}$$

Der Zahlwert (1.2.1) von ε_0 in SI-Einheiten entsteht dadurch, daß im SI die magnetische Feldkonstante zu

$$\mu_0 = 4\pi \cdot 10^{-7}\,\mathrm{V\,s\,A^{-1}\,m^{-1}}$$

festgelegt ist.

In Form der Beziehung (8.2.3) tritt scheinbar völlig unvermittelt die Lichtgeschwindigkeit c im Vakuum auf. Wir werden erst im Kap. 12 vorrechnen, daß tatsächlich $c = 1/\sqrt{\varepsilon_0\mu_0}$ die Ausbreitungsgeschwindigkeit elektromagnetischer Wellen im Vakuum ist. Die Beziehung (8.2.3) folgt auf natürliche Weise aus der relativistischen Elektrodynamik, vgl. Kap. 13, insbesondere Abschn. 13.2.

Das Feld **B**, mit dem wir die magnetischen Erscheinungen beschreiben werden, wird *magnetische Flußdichte*, gelegentlich auch *magnetische Induktion* genannt. Aus (8.2.1) lesen wir die SI-Einheit der magnetischen Flußdichte **B** ab. Sie trägt den Namen

$$1\,\text{Tesla} = 1\,\text{T} = 1\,\text{V}\,\text{s}\,\text{m}^{-2}\quad.$$

Die Kraft (8.2.2), die ein solches Feld auf eine bewegte Ladung ausübt, heißt *Lorentz-Kraft*.

Aus (8.2.1) liest man ab, daß die Feldlinien des **B**-Feldes eines gestreckten Drahtes Kreise sind, deren Mittelpunkte im Draht liegen und deren Flächennormalen in Drahtrichtung zeigen. Die durch (8.2.1) gegebene Richtung der Feldlinien wird anschaulich durch die *Rechte-Hand-Regel* ausgedrückt: *Weist der Daumen einer halbgeöffneten rechten Hand in Stromrichtung, so zeigen die Finger in Feldrichtung* (Abb. 8.4).

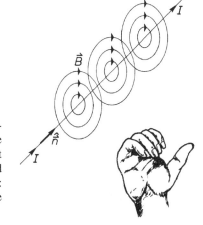

Abb. 8.4. Die Feldlinien des B-Feldes eines strom-durchflossenen, gestreckten Drahtes sind Kreise senkrecht zum Draht, deren Mittelpunkte im Draht liegen. Den Zusammenhang zwischen Strom- und Feldrichtung verdeutlicht die Rechte-Hand-Regel: Weist der Daumen in Stromrichtung, so zeigen die Finger in Feldrichtung

Der oben angegebene Ausdruck für die magnetische Flußdichte beschreibt das Feld um einen (unendlich) langen, geraden Draht, in dem der elektrische Strom I fließt. Für ein beliebig geformtes Drahtstück kann man wegen der Vektoreigenschaft von **B**, wie sie aus (8.2.1) hervorgeht, davon ausgehen, daß jedes Linienelement $\text{d}\boldsymbol{\ell}'$ des Drahtes am Ort **r**′ einen Beitrag d**B** zum Feld **B** am Ort **r** liefert. Das gesamte Feld **B** wird dann durch Integration über alle Elemente $\text{d}\boldsymbol{\ell}'$ gewonnen. Das Element d**B** muß die Gestalt

$$\text{d}\mathbf{B} = \frac{\mu_0}{4\pi} I \frac{\hat{\mathbf{n}}(\mathbf{r}') \times (\mathbf{r} - \mathbf{r}')}{|\mathbf{r} - \mathbf{r}'|^3}\,\text{d}\ell' \tag{8.2.4}$$

haben, damit das Resultat für den langen, geraden Draht durch Integration reproduziert wird. Das zeigt man durch folgende Rechnung: Für einen langen, geraden Draht ist $\hat{\mathbf{n}}$ eine von **r**′ unabhängige Richtung. Es gilt

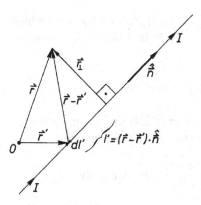

Abb. 8.5. Zur Berechnung des Beitrages eines Elementes $\mathrm{d}\ell'$ am Ort $\mathbf{r}'$ eines stromdurchflossenen Drahtes zum B-Feld am Ort $\mathbf{r}$

$$\hat{\mathbf{n}}(\mathbf{r}') \times (\mathbf{r} - \mathbf{r}') = \hat{\mathbf{n}} \times \mathbf{r}_\perp \qquad (8.2.5)$$

mit dem von $\mathbf{r}'$ unabhängigen Abstandsvektor $\mathbf{r}_\perp$ des Punktes $\mathbf{r}$ vom Draht (Abb. 8.5). Für den Abstand $|\mathbf{r} - \mathbf{r}'|$ des Linienelementes $\mathrm{d}\ell'$ vom Aufpunkt $\mathbf{r}$ gilt

$$|\mathbf{r} - \mathbf{r}'|^2 = \ell'^2 + r_\perp^2 \quad .$$

Dabei ist

$$\ell' = (\mathbf{r} - \mathbf{r}') \cdot \hat{\mathbf{n}}$$

die Projektion von $\mathbf{r} - \mathbf{r}'$ auf die Richtung $\hat{\mathbf{n}}$. Damit läßt sich (8.2.4) über ℓ' von $-\infty$ bis $+\infty$ integrieren,

$$\mathbf{B} = \frac{\mu_0}{4\pi} I (\hat{\mathbf{n}} \times \mathbf{r}_\perp) \int_{-\infty}^{+\infty} \frac{\mathrm{d}\ell'}{(\ell'^2 + r_\perp^2)^{3/2}} \quad .$$

Mit Hilfe der Integralformel

$$\int_{-\infty}^{+\infty} \frac{\mathrm{d}\ell'}{(\ell'^2 + r_\perp^2)^{3/2}} = \frac{\ell'}{r_\perp^2 (\ell'^2 + r_\perp^2)^{1/2}} \Bigg|_{-\infty}^{+\infty} = \frac{2}{r_\perp^2} \qquad (8.2.6)$$

erhalten wir in der Tat das Resultat (8.2.1). Damit ist der Ansatz (8.2.4) gerechtfertigt.

Durch Integration des Elementes $\mathrm{d}\mathbf{B}$ über $\mathrm{d}\ell'$ gewinnen wir als Ausdruck für die magnetische Flußdichte eines beliebig geformten Drahtstückes, in dem der Strom I fließt, das *Biot–Savartsche Gesetz*

$$\mathbf{B}(\mathbf{r}) = \frac{\mu_0}{4\pi} I \int \frac{\hat{\mathbf{n}}(\mathbf{r}') \times (\mathbf{r} - \mathbf{r}')}{|\mathbf{r} - \mathbf{r}'|^3} \, \mathrm{d}\ell' \quad . \qquad (8.2.7)$$

Die Integration ist dabei als Linienintegral über die den Drahtverlauf beschreibende Kurve zu erstrecken.

Eine beliebige Stromdichteverteilung $\mathbf{j}(\mathbf{r}')$ kann man sich aus einzelnen Stromfäden aufgebaut denken. Der Strom I durch die Fläche a ist dann mit $\mathrm{d}\mathbf{a}' = \hat{\mathbf{n}}(\mathbf{r}')\,\mathrm{d}a'$ durch

$$I = \int_a \mathbf{j}(\mathbf{r}') \cdot \mathrm{d}\mathbf{a}' = \int_a \mathbf{j}(\mathbf{r}') \cdot \hat{\mathbf{n}}(\mathbf{r}')\,\mathrm{d}a'$$

gegeben. Durch Einsetzen dieses Ausdruckes in (8.2.4) und Integration über $\mathrm{d}\ell' = \hat{\mathbf{n}}(\mathbf{r}') \cdot \mathrm{d}\mathbf{r}'$ erhalten wir $\mathbf{B}$ in Abhängigkeit von der Stromdichte,

$$\mathbf{B}(\mathbf{r}) = \frac{\mu_0}{4\pi} \int \mathbf{j}(\mathbf{r}') \cdot \hat{\mathbf{n}}(\mathbf{r}') \frac{\hat{\mathbf{n}}(\mathbf{r}') \times (\mathbf{r} - \mathbf{r}')}{|\mathbf{r} - \mathbf{r}'|^3}\,\mathrm{d}a'\,\hat{\mathbf{n}}(\mathbf{r}') \cdot \mathrm{d}\mathbf{r}' \quad .$$

Wegen

$$(\mathbf{j}(\mathbf{r}') \cdot \hat{\mathbf{n}}(\mathbf{r}'))\,\hat{\mathbf{n}}(\mathbf{r}') = \mathbf{j}(\mathbf{r}') \quad \text{und} \quad \mathrm{d}a' \cdot \mathrm{d}\mathbf{r}' = \mathrm{d}V'$$

läßt sich diese Formel zu

$$\mathbf{B}(\mathbf{r}) = \frac{\mu_0}{4\pi} \int \frac{\mathbf{j}(\mathbf{r}') \times (\mathbf{r} - \mathbf{r}')}{|\mathbf{r} - \mathbf{r}'|^3}\,\mathrm{d}V' \tag{8.2.8}$$

zusammenfassen. Die Struktur dieses Ausdruckes ist der des elektrischen Feldes einer Ladungsverteilung (2.2.2) nicht unähnlich. An die Stelle des Produktes der skalaren Ladungsdichte $\varrho(\mathbf{r}')$ mit dem Vektor $\mathbf{r} - \mathbf{r}'$ tritt hier das Vektorprodukt des Stromdichtevektors $\mathbf{j}$ mit $\mathbf{r} - \mathbf{r}'$.

8.3 Messung der magnetischen Flußdichte. Hall-Effekt

Inhalt: Wird ein äußeres $\mathbf{B}$-Feld senkrecht zur Stromrichtung in einem Leiter orientiert, so tritt senkrecht zu Strom- und $\mathbf{B}$-Richtung eine elektrische (Hall-) Feldstärke $\mathbf{E}_{\mathrm{H}}$ auf. Aus deren Messung kann die Stärke des $\mathbf{B}$-Feldes oder, falls diese bekannt ist, die Ladungsträgeranzahldichte im Leiter gewonnen werden.
Bezeichnungen: $\mathbf{B}$ magnetische Flußdichte, q Ladung eines Ladungsträgers, n Anzahldichte der Ladungsträger, $\mathbf{v}$ mittlere Ladungsträgergeschwindigkeit, U_{H} Hall-Spannung, $\mathbf{E}_{\mathrm{H}}$ Hall-Feldstärke, I Strom, $\mathbf{j}$ Stromdichte; b, d Breite bzw. Dicke einer Leiterplatte; R_{H} Hall-Koeffizient, e Elementarladung; n_{e}, n_{l} Anzahldichte von Elektronen bzw. Löchern in einem Halbleiter.

Von den vielen Verfahren zur Messung der magnetischen Flußdichte besprechen wir nur ein technisch besonders häufig verwendetes, das auf dem *Hall-Effekt* beruht.

Bringt man eine metallische Platte in ein Feld $\mathbf{B}$ und läßt man durch Anlegen einer äußeren Spannung einen Strom I senkrecht zu $\mathbf{B}$ fließen, so erfahren die Leitungselektronen im Metall eine Lorentz-Kraft, die senkrecht zum Stromfluß und zum Feld $\mathbf{B}$ gerichtet ist (Abb. 8.6).

Es kommt zu einer Anreicherung von Elektronen auf der einen und Verarmung an Elektronen an der anderen Seite des Leiters. Es entsteht also ein

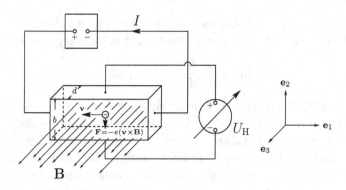

Abb. 8.6. Anordnung zur Messung des Hall-Effekts

elektrisches Feld $\mathbf{E}_H$ senkrecht zum Strom und zum B-Feld, das durch Abgreifen einer äußeren Spannung U_H gemessen werden kann. Im stationären Zustand stellt sich $\mathbf{E}_H$ so ein, daß die dadurch hervorgerufene elektrostatische Kraft die Lorentz-Kraft kompensiert,

$$q\mathbf{E}_H = -q(\mathbf{v} \times \mathbf{B}) \quad .$$

Wir haben hier die Ladung der Ladungsträger mit q bezeichnet, weil wir Beziehungen aufstellen wollen, die auch für Löcherleitung gelten. Wir bezeichnen die technische Stromrichtung in der Platte, also die Richtung der Stromdichte $\mathbf{j} = nq\mathbf{v}$, mit $\mathbf{e}_1$ (in Abb. 8.6 nach rechts). Dabei ist n die Anzahldichte der Ladungsträger. Die Richtung des B-Feldes sei $\mathbf{e}_3$ (nach vorne), und $\mathbf{e}_2$ zeige nach oben. Die Einheitsvektoren $\mathbf{e}_1, \mathbf{e}_2, \mathbf{e}_3$ bilden ein orthogonales Rechtssystem. Die Vektoren $\mathbf{v}, \mathbf{j}, \mathbf{B}$ und $\mathbf{E}_H$ haben dann jeweils nur eine Komponente,

$$\mathbf{v} = v_1\mathbf{e}_1 \quad , \qquad \mathbf{j} = j_1\mathbf{e}_1 = nqv_1\mathbf{e}_1 \quad , \qquad \mathbf{B} = B_3\mathbf{e}_3 \quad , \qquad \mathbf{E}_H = E_{H2}\mathbf{e}_2 \quad ,$$

und es gilt

$$\mathbf{E}_H = E_{H2}\mathbf{e}_2 = -(\mathbf{v} \times \mathbf{B}) = -(v_1\mathbf{e}_1 \times B_3\mathbf{e}_3) = v_1 B_3 \mathbf{e}_2$$

oder

$$E_{H2} = \frac{1}{nq} j_1 B_3 \quad . \tag{8.3.1}$$

Anstelle der *Hall-Feldstärke* E_{H2} können wir auch die *Hall-Spannung* $U_H = E_{H2}b$ betrachten, die über der Platte der Breite b abgegriffen wird. Die Hall-Spannung U_H wird, wie die Hall-Feldstärke E_{H2}, in $\mathbf{e}_2$-Richtung gemessen, die Minusklemme des Meßinstruments wird also mit der unteren Seite der Platte verbunden. Anstelle der Stromdichte $\mathbf{j}$ betrachten wir den Strom $I =$

$j_1 bd$ in e_1-Richtung durch die Platte, die den Querschnitt bd hat, und scheiben B für B_3, weil vereinbarungsgemäß das B-Feld in Richtung e_3 zeigt,

$$U_H = \frac{1}{nq} \frac{I}{d} B = R_H \frac{I}{d} B \quad . \tag{8.3.2}$$

Der Hall-Effekt erlaubt also durch Messung der Hall-Spannung U_H bei bekanntem Wert von B die Bestimmung des Produktes nq aus der Ladungsträgerdichte n und ihrer Ladung q oder, nach Eichung an einem bekannten B-Feld, direkt die Bestimmung der magnetischen Flußdichte B. Die elektrische Feldstärke E_{H2} ist proportional zur Stromdichte j_1 und zur magnetischen Flußdichte B_3. Die Proportionalitätskonstante R_H heißt *Hall-Koeffizient*. In unserem einfachen Modell ist

$$R_H = \frac{1}{nq} \tag{8.3.3}$$

unmittelbar durch die Anzahldichte n der freien Ladungsträger im Leiter gegeben und ist offenbar um so größer, je kleiner diese ist. Das bedeutet jedoch nicht, daß für einen schlechten Leiter die Hall-Feldstärke besonders groß würde, weil die Stromdichte ihrerseits proportional zur Ladungsträgerdichte ist.

In metallischen Leitern sind die Ladungsträger Elektronen mit der Ladung $q = -e$ und der Anzahldichte n_e, und der Hall-Koeffizient erhält die Form

$$R_H = -\frac{1}{n_e e} \quad .$$

Für einen Halbleiter mit den Dichten n_e der Leitungselektronen und n_l der Leitungslöcher gilt dann

$$R_H = -\frac{1}{(n_e - n_l)e} \quad .$$

An dieser Beziehung müssen noch Korrekturen angebracht werden, die von der Kristall- und Bänderstruktur herrühren.

Es fällt auf, daß das Vorzeichen der Hall-Konstanten für n- bzw. p-Halbleiter verschieden ist. Dieser Effekt stimmt mit der Interpretation der Löcher als positive Ladungen überein. Er belegt noch einmal, daß sich die physikalischen Vorgänge in fast vollständig besetzten Bändern als Bewegungen von Defektelektronen oder Löchern beschreiben lassen, die das Verhalten von positiven Teilchen in fast leeren Bändern aufweisen. Der Hall-Effekt ist damit ein direkter Hinweis auf die Bänderstruktur im Kristall.

In technischen Anwendungen wird die Leiterplatte in Abb. 8.6 eine *Hall-Sonde* genannt. Zeigt das B-Feld nicht wie in Abb. 8.6 in Richtung der Normalen auf die Frontfläche der Sonde, so wird mit der Sonde nur die Komponente des B-Feldes in Normalenrichtung gemessen. Durch eine Anordnung von drei Sonden, deren Normalen ein Orthogonalsystem bilden, können die drei Komponenten des B-Vektors gleichzeitig gemessen werden.

8.4 Felder verschiedener stromdurchflossener Anordnungen

8.4.1 Langer, gestreckter Draht

Inhalt: Die Ausmessung des B-Feldes eines stromdurchflossenen, langen, gestreckten Drahtes bestätigt, daß die Feldrichtung azimutal bezüglich der Stromrichtung und der Betrag des Feldes umgekehrt proportional zum Abstand $r_\perp$ vom Draht ist.

Bereits in Abschn. 8.2 haben wir das B-Feld eines langen, gestreckten Drahtes aus dem Biot–Savartschen Gesetz errechnet, vgl. (8.2.5)–(8.2.6). Das Ergebnis wurde schon in (8.2.1) angegeben:

$$\mathbf{B} = \frac{\mu_0}{2\pi} I \frac{\hat{\mathbf{n}} \times \hat{\mathbf{r}}_\perp}{r_\perp} \quad . \tag{8.4.1}$$

Das B-Feld ist nur eine Funktion des senkrechten Abstandes $\mathbf{r}_\perp$ vom Draht. Es hat damit in jeder Ebene senkrecht zum Draht die gleiche Form, und es genügt, irgendeine dieser Ebenen zu betrachten. In einer solchen Ebene hängt der Betrag des Feldes nur vom Abstand $r_\perp$ vom Draht ab,

$$B(r_\perp) = \frac{\mu_0 I}{2\pi} \frac{1}{r_\perp} \quad , \tag{8.4.2}$$

ist also auf Kreisen um den Draht konstant. Die Richtung des Feldes $\hat{\mathbf{n}} \times \hat{\mathbf{r}}_\perp$ ist tangential an diese Kreise. Damit sind die B-Feldlinien Kreise um den Draht (Abb. 8.4).

Experiment 8.3. Ausmessung des B-Feldes mit der Hall-Sonde

Mit Hilfe des Hall-Effekts können wir die Form (8.4.1) des B-Feldes quantitativ verifizieren. Dazu wird eine Hall-Sonde (Abb. 8.6) auf eine Schiene montiert, die senkrecht zur Richtung des Drahtes orientiert ist, dessen B-Feld gemessen werden soll. Zusammen mit der Sonde wird der Abgriffkontakt eines Schleifdrahts bewegt, der als Spannungsteiler einer Gleichspannung U_0 dient (Abb. 8.7). Die Teilspannung ist ein lineares Maß für den Abstand der Hall-Sonde vom Draht. Sie wird zur Betätigung der x-Ablenkung eines Spannungsschreibers benutzt. Die y-Ablenkung wird durch die Hall-Spannung bewirkt. Damit wird bei der Bewegung der Sonde längs der Schiene auf dem Papier des Schreibers eine Kurve geschrieben, die direkt eine Darstellung der Funktion $B = B(r_\perp)$ ist. Nach einer Kalibrierung der Achsen erhalten wir quantitative Übereinstimmung mit (8.4.2). Die Unabhängigkeit des Betrages B des Feldes vom Azimut φ zeigen wir leicht dadurch, daß wir die Sonde auf einer kreisförmigen Schiene mit Schleifdraht um den Draht herumbewegen, dessen B-Feld gemessen wird (Abb. 8.8). Auf dem Schreiber entsteht die Darstellung der konstanten Funktion $B = B(\varphi)$.

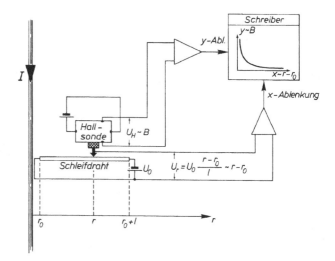

Abb. 8.7. Ausmessung des B-Feldes eines gestreckten Drahtes als Funktion des Abstandes vom Draht

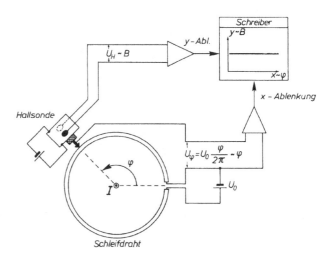

Abb. 8.8. Ausmessung des B-Feldes eines gestreckten Drahtes längs eines Kreises senkrecht zum Draht

8.4.2 Kreisschleife

Inhalt: Berechnung des B-Feldes einer stromdurchflossenen Kreisschleife auf der Schleifenachse. Für große Abstände vom Ort der Schleife fällt der Betrag des Feldes (ähnlich dem eines elektrischen Dipolfeldes) mit der dritten Potenz des Abstandes ab.

Wir legen den Ursprung in den Mittelpunkt der Schleife (Radius R) und die z-Richtung eines Zylinderkoordinatensystems senkrecht zur Schleifenebene (Abb. 8.9). Der Tangentenvektor an die Schleife ist dann $\hat{n} = e'_\varphi$, der Ortsvektor eines Linienelements der Schleife $r' = r'e'_\perp$. Der Strom I hat die Richtung e'_φ. Das Linienelement auf der Schleife hat die Form $d\ell' = R\,d\varphi'$. Wir beschränken uns in diesem Abschnitt auf die Berechnung

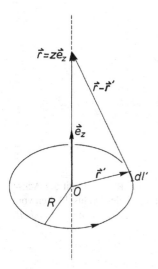

Abb. 8.9. Zur Berechnung des B-Feldes einer stromdurchflossenen Kreisschleife

des Feldes an Orten $\mathbf{r} = z\mathbf{e}_z$ auf der Schleifenachse. Für sie ist der Abstand $\sqrt{z^2 + r'^2} = \sqrt{z^2 + R^2}$ zwischen einem Schleifenelement und dem Aufpunkt $\mathbf{r}$ vom Ort $\mathbf{r}'$ auf der Schleife unabhängig. Das Biot–Savartsche Gesetz (8.2.7) liefert dann einfach

$$\mathbf{B}(z\mathbf{e}_z) = \frac{\mu_0}{4\pi} \frac{I}{(z^2 + R^2)^{3/2}} \left\{ zR \int_0^{2\pi} (\mathbf{e}'_\varphi \times \mathbf{e}_z)\, \mathrm{d}\varphi' - R^2 \int_0^{2\pi} (\mathbf{e}'_\varphi \times \mathbf{e}'_\perp)\, \mathrm{d}\varphi' \right\} .$$

Wegen

$$\int_0^{2\pi} (\mathbf{e}'_\varphi \times \mathbf{e}_z)\, \mathrm{d}\varphi' = \int_0^{2\pi} \mathbf{e}'_\perp\, \mathrm{d}\varphi' = 0$$

und

$$\int_0^{2\pi} (\mathbf{e}'_\varphi \times \mathbf{e}'_\perp)\, \mathrm{d}\varphi' = -\mathbf{e}_z \int_0^{2\pi} \mathrm{d}\varphi' = -2\pi \mathbf{e}_z$$

erhalten wir für Punkte auf der Achse

$$\mathbf{B}(z\mathbf{e}_z) = \frac{2\mu_0 I \pi R^2}{4\pi (z^2 + R^2)^{3/2}} \mathbf{e}_z = \frac{\mu_0 I R^2}{2(z^2 + R^2)^{3/2}} \mathbf{e}_z . \tag{8.4.3}$$

Für große Abstände $z \gg R$ von der Schleife fällt der Betrag der Feldes (wie der eines elektrischen Dipolfeldes) mit der dritten Potenz des Abstandes ab. Bezeichnet $a = \pi R^2$ die Schleifenfläche, so gilt für $z \gg R$

$$\mathbf{B} \approx \frac{2\mu_0 I a}{4\pi z^3} \mathbf{e}_z .$$

8.4.3 Helmholtz-Spule

Inhalt: Im Symmetriezentrum einer Helmholtz-Spule (die aus zwei parallelen, im Abstand R aufgestellten Kreisschleifen vom Radius R besteht) ist das **B**-Feld annähernd homogen.

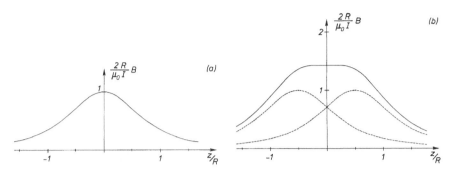

Abb. 8.10. (a) B-Feld einer stromdurchflossenen Kreisschleife vom Radius R auf der Achse der Schleife. Der Schleifenmittelpunkt liegt bei $z = 0$. (b) Felder zweier Drahtschleifen vom Radius R mit gemeinsamer Achse, deren Mittelpunkte bei $z = \pm R/2$ liegen (*gestrichelt*) und die Summe beider Felder (*durchgezogen*)

Der Betrag des Feldes (8.4.3) ist in Abb. 8.10a als Funktion von z dargestellt. Er hat ein flaches Maximum im Schleifenmittelpunkt $z = 0$. Einen nahezu konstanten Feldverlauf über einen bestimmten Bereich erhält man, wenn man zwei Schleifen parallel zueinander im Abstand ihres Radius aufstellt (Abb. 8.10b). Eine solche Anordnung heißt *Helmholtz-Spule*. (In der Praxis ist jede Schleife eine kompakte Spule aus N Windungen, die vom Strom I/N durchflossen wird. Ihr B-Feld ist im wesentlichen gleich dem einer einzelnen vom Strom I durchflossenen Schleife.) Das Feld im Symmetriepunkt $z = R/2$ hat dann wegen (8.4.3) den Betrag

$$B_{\text{Helmholtz}} = 2B(z = R/2) = \frac{\mu_0 I}{(5/4)^{3/2} R} \approx 0{,}716 \, \frac{\mu_0 I}{R} \quad . \tag{8.4.4}$$

Eine Helmholtz-Spule eignet sich zur Erzeugung eines nahezu homogenen B-Feldes in ihrem Innenraum. Den in Abb. 8.10b dargestellten Feldverlauf kann man leicht mit der Methode von Experiment 8.3 verifizieren, indem man auf einer geraden Schiene entlang der Achse der Helmholtz-Spule eine Hall-Sonde bewegt und die Funktionen $B(z)$ auf einem Schreiber darstellt.

8.5 Ablenkung geladener Teilchen im B-Feld. Messung des Ladungs–Masse-Quotienten des Elektrons

Inhalt: In einem homogenen B-Feld ist die Bahn eines Teilchens der Ladung q und der Masse m eine Schraubenlinie vom Radius $R = mv_\perp/(|q|B)$. Der Betrag der Teilchengeschwindigkeit bleibt ungeändert, $v_\perp$ ist der Betrag der Geschwindigkeitskomponente senkrecht zur Feldrichtung. Aus der Messung von R wird der Quotient $m/|q|$ für freie Elektronen bestimmt.

Ein Feld **B** bewirkt durch die Lorentz-Kraft (8.2.2) an einem Teilchen der Masse m, der Ladung q und der Geschwindigkeit **v** die Beschleunigung

$$\dot{\mathbf{v}} = \frac{q}{m}\mathbf{v} \times \mathbf{B} \quad .$$

Da diese Beschleunigung stets senkrecht zur Geschwindigkeit steht, kann sie den Betrag der Geschwindigkeit nicht verändern. Er behält den konstanten Wert $v = v_0$. Durch ein (zeitlich konstantes) B-Feld läßt sich also die kinetische Energie eines Teilchens *nicht* erhöhen.

Wir betrachten nun den Fall eines homogenen, also ortsunabhängigen B-Feldes und zerlegen die Teilchengeschwindigkeit in Anteile parallel und senkrecht zu **B**,

$$\mathbf{v} = \mathbf{v}_{\parallel} + \mathbf{v}_{\perp} \quad .$$

Die Beschleunigung

$$\dot{\mathbf{v}} = \frac{q}{m}(\mathbf{v}_{\parallel} + \mathbf{v}_{\perp}) \times \mathbf{B} = \frac{q}{m}\mathbf{v}_{\perp} \times \mathbf{B}$$

hat keine Komponente in Richtung des B-Feldes. Die Teilchenbewegung in dieser Richtung bleibt gleichförmig. Die Beschleunigung wirkt senkrecht zu **B** und zu $\mathbf{v}_{\perp}$ und hat den konstanten Betrag

$$a = \frac{|q|}{m}v_{\perp}B \quad . \tag{8.5.1}$$

Wählen wir das Koordinatensystem so, daß $\mathbf{e}_3$ in Richtung des B-Feldes zeigt, $\mathbf{B} = B_3\mathbf{e}_3$, so lauten die Bewegungsgleichungen der Komponenten von **v**

$$\frac{\mathrm{d}v_1}{\mathrm{d}t} = \frac{q}{m}v_2B_3 \quad , \qquad \frac{\mathrm{d}v_2}{\mathrm{d}t} = -\frac{q}{m}v_1B_3 \quad , \qquad \frac{\mathrm{d}v_3}{\mathrm{d}t} = 0 \quad . \tag{8.5.2}$$

Die Anfangsbedingungen seien

$$\mathbf{x}(0) = 0 \quad , \qquad \mathbf{v}(0) = \mathbf{e}_1 v_{\mathrm{in}\,1} + \mathbf{e}_3 v_{\mathrm{in}\,3} \quad . \tag{8.5.3}$$

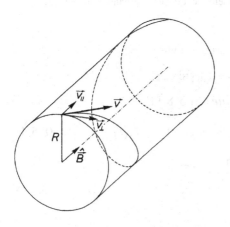

Abb. 8.11. Ein Elektron der Anfangsgeschwindigkeit **v** bewegt sich in einen homogenen B-Feld längs einer Schraubenlinie

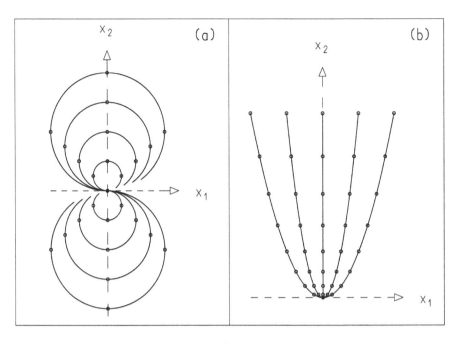

Abb. 8.12. **(a)** Unter dem Einfluß eines **B**-Feldes in 3-Richtung beschreibt ein geladenes Teilchen eine Kreisbahn in der $(1, 2)$-Ebene, wenn seine Anfangsgeschwindigkeit in dieser Ebene liegt. Gezeigt werden verschiedene Bahnen, die ihren Ausgang vom Ursprung nehmen. Die Anfangsgeschwindigkeiten haben nur eine 1-Komponente. Ist sie negativ, so liegt die Bahn in der oberen Halbebene. Die Umlaufzeit ist unabhängig von der Anfangsgeschwindigkeit. Der Abstand zwischen den Zeitmarken entspricht $1/4$ der Umlaufzeit. Die Bahnen sind für etwas weniger als eine Umlaufzeit gezeichnet, um den Umlaufsinn deutlich zu machen. **(b)** Unter dem Einfluß eines **E**-Feldes in 2-Richtung beschreibt ein geladenes Teilchen eine Parabelbahn in der $(1, 2)$-Ebene, wenn seine Anfangsgeschwindigkeit in dieser Ebene liegt. Gezeigt werden verschiedene Bahnen, die vom Ursprung ausgehen und zu Anfangsgeschwindigkeiten in negativer bzw. positiver 1-Richtung gehören. Die Bahn für verschwindende Anfangsgeschwindigkeit ist eine Gerade entlang der 2-Achse. Die Zeitmarken sind nach äquidistanten Zeitintervallen gesetzt. Ganz wie beim freien Fall eines Teilchens im Schwerefeld sind die Bewegungen in Feldrichtung und senkrecht dazu voneinander unabhängig

Als Lösung für die Geschwindigkeiten erhalten wir

$$v_1(t) = v_{\text{in}\,1} \cos \omega t \quad , \qquad v_2(t) = -v_{\text{in}\,1} \sin \omega t \quad , \qquad v_3(t) = v_{\text{in}\,3}$$

und für die Bahnkurve die *Schraubenlinie* (Abb. 8.11)

$$x_1(t) = \frac{1}{\omega} v_{\text{in}\,1} \sin \omega t \ , \quad x_2(t) = \frac{1}{\omega} v_{\text{in}\,1} (\cos \omega t - 1) \ , \quad x_3(t) = v_{\text{in}\,3} t \ . \quad (8.5.4)$$

Die Winkelgeschwindigkeit ω ist durch

$$\omega = \frac{q}{m} B_3 \qquad\qquad (8.5.5)$$

gegeben.

Die Projektion der Schraubenlinie auf die $(1,2)$-Ebene ist ein Kreis, Abb. 8.12a,

$$x_1^2(t) + \left(x_2(t) + \frac{1}{\omega} v_{\text{in}\,1}\right)^2 = \left(\frac{1}{\omega} v_{\text{in}\,1}\right)^2 \tag{8.5.6}$$

mit den Mittelpunktskoordinaten

$$x_{\text{M}\,1} = 0 \quad , \qquad x_{\text{M}\,2} = -\frac{v_{\text{in}\,1}}{\omega} = -\frac{m v_{\text{in}\,1}}{q B_3} = -\frac{p_{\text{in}\,1}}{q B_3} \tag{8.5.7}$$

und dem Radius

$$R = |x_{\text{M}\,2}| = \left|\frac{m v_{\text{in}\,1}}{q B_3}\right| = \frac{m v_\perp}{|q| B} \quad . \tag{8.5.8}$$

Das Teilchen läuft mit der Kreisfrequenz $\omega_{\text{Zykl}} = |\omega| = (|q|/m)B$ auf dem Kreis um. Diese Größe heißt *Zyklotronfrequenz*. (Das *Zyklotron* ist ein Teilchenbeschleuniger, in dem geladene Teilchen in einem Magnetfeld umlaufen und aus einem elektrischen Feld, das sie wiederholt passieren, Energie aufnehmen.)

Experiment 8.4.
Messung des Quotienten aus Ladung und Masse des Elektrons
Wir benutzen die in Abb. 8.13 dargestellte Apparatur. Zwei kompakte Spulen vom Radius $R_{\text{H}} = 20{,}0\,\text{cm}$ (jede besitzt $n = 154$ Windungen) bilden eine Helmholtz-Spule und werden vom Strom $I = 1{,}44\,\text{A}$ durchflossen. Sie erzeugt nach (8.4.4) ein annähernd homogenes Feld der Stärke

$$B = \frac{n\mu_0 I}{(5/4)^{3/2} R_{\text{H}}} \approx 9{,}97 \cdot 10^{-4}\,\text{T} \quad .$$

In diesem Feld befindet sich unser Elektronenstrahlrohr aus Experiment 8.2. Die Beschleunigungsspannung in der Elektronenquelle beträgt $U = 227\,\text{V}$. Sie erteilt den Elektronen die kinetische Energie $mv^2/2 = |q|U$. Die Quelle ist so ausgerichtet, daß die Elektronengeschwindigkeit senkrecht zur Richtung des B-Feldes ist, d. h. $v = v_\perp$ gilt. Wie erwartet, bewegen sich die Elektronen auf einer Kreisbahn, die dadurch sichtbar wird, daß sie beim Stoß mit den Molekülen der Gasfüllung der Röhre die Moleküle entlang der Bahn zum Leuchten anregen. Der Bahnradius ist $R = 5{,}0\,\text{cm}$. Durch Quadrieren von (8.5.7) erhalten wir

$$R^2 = \frac{1}{B^2}\left(\frac{m}{|q|}\right)^2 v^2 = \frac{2}{B^2}\frac{m}{|q|}U$$

oder

$$\frac{|q|}{m} = \frac{2U}{R^2 B^2} \quad .$$

Durch Einsetzen der Zahlwerte für U, R und B erhalten wir

$$\frac{|q|}{m} \approx 1{,}83 \cdot 10^{11}\,\text{C}\,\text{kg}^{-1} \quad .$$

Abb. 8.13. Experimentelle Anordnung zur Bestimmung des Quotienten aus Ladung und Masse des Elektrons

Präzisionsmessungen liefern

$$\frac{|q|}{m} = 1{,}758\,812 \cdot 10^{11}\,\mathrm{C\,kg^{-1}} \quad .$$

Setzen wir für den Betrag der Elektronenladung $|q|$ die Elementarladung (3.6.5) ein, so erhalten wir die Elektronenmasse

$$m_\mathrm{e} = (9{,}109\,398\,7 \pm 0{,}000\,005\,4) \cdot 10^{-31}\,\mathrm{kg} \quad .$$

8.6 Bahnen in gekreuzten elektrischen und magnetischen Feldern. Wien-Filter

Inhalt: Die Bahnen eines Teilchens der Masse m und der Ladung q, das sich in einem homogenen elektrischen Feld $\mathbf{E} = E_2\mathbf{e}_2$ und einem homogenen magnetischen Feld $\mathbf{B} = B_3\mathbf{e}_3$ mit der Anfangsgeschwindigkeit $\mathbf{v}_\mathrm{in} = v_{\mathrm{in}\,1}\mathbf{e}_1$ bewegt, sind Zykloiden. Die Bahn mit der Anfangsgeschwindigkeit $\mathbf{v}_\mathrm{in} = v_\mathrm{R}\mathbf{e}_1 = (E_2/B_3)\mathbf{e}_1$ ist eine Gerade. In einem Bezugssystem, das sich selbst mit der Geschwindigkeit v_R bewegt, sind die Bahnen Kreise. Im homogenen E-Feld allein erhält man Parabelbahnen.

Wir untersuchen die Bahn eines Teilchens in einem homogenen magnetischen Induktionsfeld $\mathbf{B} = B_3\mathbf{e}_3$ und einem dazu senkrecht stehenden homogenen elektrischen Feld $\mathbf{E} = E_2\mathbf{e}_2$. Die Bewegungsgleichung

$$m\frac{\mathrm{d}\mathbf{v}}{\mathrm{d}t} = q(\mathbf{E} + \mathbf{v} \times \mathbf{B})$$

für ein Teilchen der Masse m und der Ladung q lautet dann in Komponenten

$$m\frac{\mathrm{d}v_1}{\mathrm{d}t} = qB_3v_2 \quad , \qquad m\frac{\mathrm{d}v_2}{\mathrm{d}t} = q(E_2 - B_3v_1) \quad , \qquad m\frac{\mathrm{d}v_3}{\mathrm{d}t} = 0 \quad .$$

$$(8.6.1)$$

Wir betrachten jetzt die Bewegung in einem neuen Bezugssystem, das sich gegenüber dem ursprünglichen mit der Relativgeschwindigkeit

$$v_R = \frac{E_2}{B_3}$$

in 1-Richtung bewegt. Die Orts- und Geschwindigkeitskomponenten im neuen System erhält man durch die Galilei-Transformation

$$x_1' = x_1 - v_R t \quad , \qquad x_2' = x_2 \quad , \qquad x_3' = x_3$$

bzw.

$$v_1' = v_1 - v_R \quad , \qquad v_2' = v_2 \quad , \qquad v_3' = v_3 \quad .$$

Für die Geschwindigkeiten im neuen System gelten dann die einfacheren Gleichungen

$$\frac{dv_1'}{dt} = \frac{q}{m} B_3 v_2' \quad , \qquad \frac{dv_2'}{dt} = -\frac{q}{m} B_3 v_1' \quad , \qquad \frac{dv_3'}{dt} = 0 \quad , \qquad (8.6.2)$$

in denen das elektrische Feld nicht mehr explizit auftritt und die völlig den Gleichungen (8.5.2) entsprechen. Die Anfangsbedingungen wählen wir ähnlich wie in (8.5.3), jedoch mit einer Anfangsgeschwindigkeit, die nur eine 1-Komponente besitzt,

$$\mathbf{x}'(0) = 0 \quad , \qquad \mathbf{v}'(0) = \mathbf{e}_1 v_{in1}' \quad . \qquad (8.6.3)$$

Entsprechend (8.5.4) ist die Bahn ein Kreis in der $(1, 2)$-Ebene,

$$x_1'(t) = \frac{1}{\omega} v_{in1}' \sin \omega t \quad , \qquad x_2'(t) = \frac{1}{\omega} v_{in1}' (\cos \omega t - 1) \quad , \qquad (8.6.4)$$

wie in Abb. 8.12a. Durch Rücktransformation ins ursprüngliche System erhalten wir dort für die Bahn

$$x_1(t) = v_R t + \frac{1}{\omega}(v_{in1} - v_R) \sin \omega t \quad , \qquad x_2(t) = \frac{1}{\omega}(v_{in1} - v_R)(\cos \omega t - 1) \quad .$$
$$(8.6.5)$$

Das ist die Darstellung einer *Zykloide* mit der (von den Anfangsbedingungen unabhängigen) Kreisfrequenz $\omega = (q/m)B_3$, Abb. 8.14.

Besitzt das Teilchen gerade die Anfangsgeschwindigkeit $v_{in1} = v_R$, so gilt

$$x_1(t) = v_R t \quad , \qquad x_2(t) = 0 \quad , \qquad (8.6.6)$$

und das Teilchen bewegt sich kräftefrei geradlinig gleichförmig in 1-Richtung.

Für verschwindendes B-Feld geht auch die Kreisfrequenz gegen null. Mit Hilfe der Taylor-Reihen $\sin \omega t = \omega t + \cdots$ und $\cos \omega t - 1 = -(\omega t)^2/2 + \cdots$ folgt dann

$$\lim_{\omega \to 0} \frac{1}{\omega} \sin \omega t = t$$

und

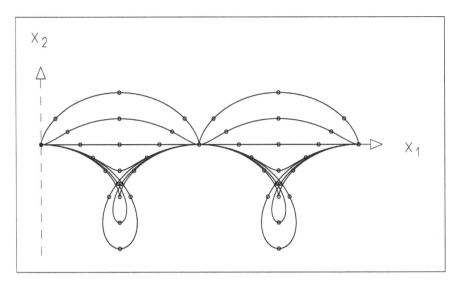

Abb. 8.14. Unter dem Einfluß eines homogenen **E**-Feldes in 2-Richtung und eines homogenen **B**-Feldes in 3-Richtung beschreibt ein geladenes Teilchen eine Zykloidenbahn in der $(1, 2)$-Ebene, da seine Anfangsgeschwindigkeit nur eine 1-Komponente besitzt. Gezeigt werden verschiedene Bahnen, die ihren Ausgang vom Ursprung nehmen. Für die im Bild ganz oben verlaufende Bahn ist die Anfangsgeschwindigkeit $v_{\mathrm{in}\,1} = 0$. Für die weiteren Bahnen ist sie jeweils um $v_{\mathrm{R}}/2 = E_2/(2B_3)$ gesteigert. Für $v_{\mathrm{in}\,1} = v_{\mathrm{R}} = E_2/B_3$ verläuft sie geradlinig entlang der 1-Achse. Alle Bahnen haben die gleiche Periode. Sie tragen Zeitmarken, die jeweils dem Ablauf von einer Viertelperiode entsprechen

$$\lim_{\omega \to 0} \frac{1}{\omega}(v_{\mathrm{in}\,1} - v_{\mathrm{R}})(\cos \omega t - 1)$$

$$= \lim_{B_3 \to 0} \frac{m}{qB_3}\left(v_{\mathrm{in}\,1} - \frac{E_2}{B_3}\right)\left[-\frac{1}{2}\left(\frac{q}{m}B_3\right)^2\right] = \frac{q}{2m}E_2t^2 \quad .$$

Damit wird die Bewegung eines geladenen Teilchens im elektrischen Feld durch

$$x_1(t) = v_{\mathrm{in}\,1}t \quad , \qquad x_2(t) = \frac{q}{2m}E_2t^2 \qquad (8.6.7)$$

beschrieben. Die Bahn ist eine Parabel in der $(1, 2)$-Ebene, Abb. 8.12b. Das war nicht anders zu erwarten, denn die Kraft im homogenen elektrischen Feld entspricht völlig der Gravitationskraft im homogenen Schwerefeld, in dem sich ein Massenpunkt auf einer Wurfparabel bewegt.

Wien-Filter Aus einer Quelle geladener Teilchen treten Elektronen oder Ionen aus, z. B. Elektronen aus einem Glühdraht. Durch geometrische Blenden kann man einen Teilchenstrahl ausblenden, in dem die Teilchen eine feste Richtung, aber verschiedene Geschwindigkeiten haben. Man läßt diesen Strahl auf eine Anordnung aus gekreuzten Feldern, wie oben beschrieben, in

1-Richtung einfallen. Man wählt durch weitere Blenden jene Teilchen aus, die die Anordnung geradlinig durchlaufen. Nur Teilchen mit der Geschwindigkeit $v_R = E_2/B_3$ passieren die Anordnung. Durch Wahl der Felder kann die gewünschte Teilchengeschwindigkeit eingestellt werden. Es sei hervorgehoben, daß alle Überlegungen dieses Abschnitts nur für den *nichtrelativistischen* Fall gelten, in dem die Beträge aller Geschwindigkeiten klein gegen die Lichtgeschwindigkeit sind. Der *relativistische* Fall wird in Abschn. 13.4.6 behandelt.

8.7 Die Feldgleichungen des stationären Magnetfeldes

Inhalt: Herleitung der Differentialgleichungen $\nabla \cdot \mathbf{B} = 0$, $\nabla \times \mathbf{B} = \mu_0 \mathbf{j}$ des stationären B-Feldes.

Bezeichnungen: $\mathbf{E}$ elektrische Feldstärke, ϱ Ladungsdichte; ε_0, μ_0 elektrische und magnetische Feldkonstante; $\mathbf{B}$ magnetische Flußdichte, $\mathbf{j}$ Stromdichte; $\mathbf{r}$ bzw. $\mathbf{r}'$ Orte, an denen $\mathbf{B}$ bzw. $\mathbf{j}$ angegeben werden; $\mathbf{A}$ Vektorpotential, δ^3 Diracsche Deltafunktion in drei Dimensionen, I Strom, R Radius eines Stabes, $r_\perp$ Abstand von der Stabachse.

Das elektrostatische Feld im Vakuum läßt sich durch die Differentialgleichungen

$$\nabla \times \mathbf{E} = 0 \quad , \qquad \nabla \cdot \mathbf{E} = \frac{1}{\varepsilon_0} \varrho$$

beschreiben. Wir suchen nun entsprechende Gleichungen für das stationäre B-Feld.

Unter Benutzung von

$$\nabla \frac{1}{|\mathbf{r} - \mathbf{r}'|} = -\frac{\mathbf{r} - \mathbf{r}'}{|\mathbf{r} - \mathbf{r}'|^3}$$

läßt sich der Ausdruck (8.2.8) für die magnetische Flußdichte in der Form

$$\mathbf{B}(\mathbf{r}) = -\frac{\mu_0}{4\pi} \int \mathbf{j}(\mathbf{r}') \times \nabla \frac{1}{|\mathbf{r} - \mathbf{r}'|} \, dV'$$

schreiben. Da der Gradient ∇ nach der Variablen $\mathbf{r}$ differenziert, kann man ihn vor das Integral ziehen und erhält unter Vertauschung der beiden Faktoren im Kreuzprodukt

$$\mathbf{B} = \nabla \times \frac{\mu_0}{4\pi} \int \frac{\mathbf{j}(\mathbf{r}')}{|\mathbf{r} - \mathbf{r}'|} \, dV' = \nabla \times \mathbf{A}(\mathbf{r}) \tag{8.7.1}$$

mit

$$\mathbf{A}(\mathbf{r}) = \frac{\mu_0}{4\pi} \int \frac{\mathbf{j}(\mathbf{r}')}{|\mathbf{r} - \mathbf{r}'|} \, dV' \quad . \tag{8.7.2}$$

Das Feld $\mathbf{A}(\mathbf{r})$ heißt *Vektorpotential* des B-Feldes. Es wird in Abschn. 8.8 näher diskutiert.

Die Divergenz von B verschwindet,

$$\nabla \cdot \mathbf{B} = \nabla \cdot [\nabla \times \mathbf{A}(\mathbf{r})] = 0 \quad , \tag{8.7.3}$$

weil dieser Ausdruck als Spatprodukt mit zwei gleichen Faktoren verschwindet. Die Rotation von B berechnet man ausgehend von (8.7.1) mit dem Entwicklungssatz $\mathbf{a} \times (\mathbf{b} \times \mathbf{c}) = \mathbf{b}(\mathbf{a} \cdot \mathbf{c}) - \mathbf{c}(\mathbf{a} \cdot \mathbf{b})$ zu

$$\nabla \times \mathbf{B} = \nabla \times [\nabla \times \mathbf{A}(\mathbf{r})] = \nabla [\nabla \cdot \mathbf{A}(\mathbf{r})] - \Delta \mathbf{A}(\mathbf{r}) \quad . \tag{8.7.4}$$

Die Divergenz von A,

$$\nabla \cdot \mathbf{A} = \frac{\mu_0}{4\pi} \int \mathbf{j}(\mathbf{r}') \cdot \nabla \frac{1}{|\mathbf{r} - \mathbf{r}'|} \, \mathrm{d}V' \quad ,$$

berechnet man, indem man zunächst die Differentiation nach $\mathbf{r}$ mit

$$\nabla \frac{1}{|\mathbf{r} - \mathbf{r}'|} = -\nabla' \frac{1}{|\mathbf{r} - \mathbf{r}'|}$$

in eine nach $\mathbf{r}'$ umwandelt und dann durch eine partielle Integration in die Divergenz von j überführt,

$$\nabla \cdot \mathbf{A} = -\frac{\mu_0}{4\pi} \int \mathbf{j}(\mathbf{r}') \cdot \nabla' \frac{1}{|\mathbf{r} - \mathbf{r}'|} \, \mathrm{d}V' = \frac{\mu_0}{4\pi} \int \frac{1}{|\mathbf{r} - \mathbf{r}'|} \nabla' \cdot \mathbf{j}(\mathbf{r}') \, \mathrm{d}V' \quad . \tag{8.7.5}$$

(Für endlich ausgedehnte Stromverteilungen trägt das bei der partiellen Integration auftretende Oberflächenintegral nichts bei.)

Für eine stationäre, d. h. zeitunabhängige Ladungsdichte verschwindet aber die Divergenz der Stromdichte,

$$\nabla' \cdot \mathbf{j}(\mathbf{r}') = 0 \quad ,$$

als Folge der Kontinuitätsgleichung (5.2.4), so daß die Divergenz von A selbst verschwindet,

$$\nabla \cdot \mathbf{A} = 0 \quad . \tag{8.7.6}$$

Der zweite Term in (8.7.4) kann leicht mit Hilfe der Beziehung (2.9.2),

$$\Delta \frac{1}{|\mathbf{r} - \mathbf{r}'|} = -4\pi\delta^3(\mathbf{r} - \mathbf{r}') \quad ,$$

ausgerechnet werden:

$$\begin{aligned} -\Delta \mathbf{A} &= -\frac{\mu_0}{4\pi} \int \mathbf{j}(\mathbf{r}') \Delta \frac{1}{|\mathbf{r} - \mathbf{r}'|} \, \mathrm{d}V' \\ &= \mu_0 \int \mathbf{j}(\mathbf{r}')\delta^3(\mathbf{r} - \mathbf{r}') \, \mathrm{d}V' = \mu_0 \mathbf{j}(\mathbf{r}) \quad . \end{aligned} \tag{8.7.7}$$

Insgesamt erhalten wir für die Rotation der magnetischen Flußdichte die differentielle Form des *Ampèreschen Gesetzes*,

$$\nabla \times \mathbf{B}(\mathbf{r}) = \mu_0 \mathbf{j}(\mathbf{r}) \quad . \tag{8.7.8}$$

Die beiden Beziehungen (8.7.3) und (8.7.8),

$$\nabla \cdot \mathbf{B} = 0 \quad , \qquad \nabla \times \mathbf{B} = \mu_0 \mathbf{j} \quad , \qquad (8.7.9)$$

sind die Gleichungen des stationären B-Feldes im Vakuum, die den Feldgleichungen (2.6.2) des elektrostatischen Feldes entsprechen. Im Gegensatz zu diesem, das wirbelfrei ist und dessen Quellen die elektrischen Ladungen sind, ist das B-Feld quellenfrei, hat aber eine durch die Stromdichte gegebene *Wirbeldichte*. Wegen der Quellenfreiheit hat das B-Feld geschlossene Feldlinien. Da die Rotation der magnetischen Flußdichte nicht verschwindet, kann (im Gegensatz zur elektrischen Feldstärke) B nicht als Gradient eines skalaren Potentials dargestellt werden.

Aus (8.7.8) kann man noch eine Integralbeziehung für B herleiten, wenn man über ein Flächenstück a integriert und den Stokesschen Satz benutzt. Man erhält die Integralform des Ampèreschen Gesetzes,

$$\mu_0 I = \mu_0 \int_a \mathbf{j} \cdot \mathrm{d}\mathbf{a} = \int_a (\nabla \times \mathbf{B}) \cdot \mathrm{d}\mathbf{a} = \oint_{(a)} \mathbf{B} \cdot \mathrm{d}\mathbf{s} \quad . \qquad (8.7.10)$$

Das bedeutet, daß das Umlaufintegral der magnetischen Flußdichte über die Randkurve (a) eines Flächenstückes a dem durch dieses Flächenstück hindurchtretenden Strom I proportional ist.

Beispiel: B-Feld eines stromdurchflossenen Stabes Wir illustrieren dieses Ergebnis, indem wir das B-Feld berechnen, das von einem sich längs der z-Achse erstreckenden, zylindrischen Stab mit dem Radius R erzeugt wird (Abb. 8.15), in dem die konstante Stromdichte $\mathbf{j} = j\mathbf{e}_z$ herrscht. Wegen der Rechte-Hand-Regel und aus Symmetriegründen hat das B-Feld azimutale Richtung, $\mathbf{B} = B(r_\perp)\mathbf{e}_\varphi$.

Als Fläche a wählen wir einen Kreis vom Radius $r_\perp$ um die z-Achse. Das Linienelement auf dem Kreisumfang ist $\mathrm{d}\mathbf{s} = r_\perp \, \mathrm{d}\varphi \, \mathbf{e}_\varphi$. Aus (8.7.10) erhalten wir

$$\mu_0 \mathbf{j} \cdot \int_a \mathrm{d}\mathbf{a} = \mu_0 j a = \oint_{(a)} \mathbf{B} \cdot \mathrm{d}\mathbf{s} = B(r_\perp) r_\perp \int_0^{2\pi} \mathrm{d}\varphi = 2\pi r_\perp B(r_\perp) \quad .$$

Es gilt

$$ja = \begin{cases} I \, , & r_\perp \geq R \\ \dfrac{r_\perp^2}{R^2} I \, , & r_\perp < R \end{cases} \quad ,$$

denn durch die Kreisfläche a fließt der Bruchteil $a/(\pi R^2) = r_\perp^2/R^2$ des Gesamtstromes I, falls $r_\perp < R$. Andernfalls fließt der Gesamtstrom durch a. Damit gilt für den Betrag des B-Feldes

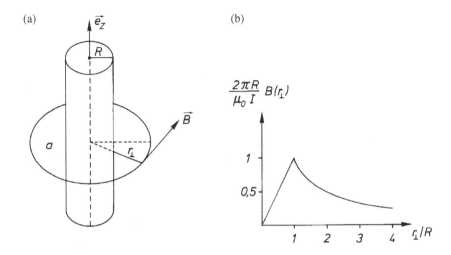

Abb. 8.15. (a) Zur Berechnung des **B**-Feldes eines stromdurchflossenen Stabes. **(b)** Betrag $B(r_\perp)$ des Feldes als Funktion des Abstandes $r_\perp$ von der Stabachse

$$B(r_\perp) = \begin{cases} \dfrac{\mu_0 I}{2\pi}\dfrac{1}{r_\perp}\,, & r_\perp \geq R \\[2ex] \dfrac{\mu_0 I}{2\pi R^2}r_\perp\,, & r_\perp < R \end{cases}\,.$$

Außerhalb des Stabes herrscht also ein **B**-Feld, wie es von einem beliebig dünnen, sich entlang der z-Achse erstreckenden und den Strom I führenden Draht erzeugt wird, vgl. (8.4.2). Es fällt wie $1/r_\perp$ nach außen ab. Innerhalb des Stabes steigt es dagegen linear mit $r_\perp$ an.

8.8 Das Vektorpotential

Inhalt: Jedes **B**-Feld läßt sich als Rotation eines anderen Vektorfeldes, des Vektorpotentials $\mathbf{A}(\mathbf{r})$, darstellen. Dieses ist allerdings nur bis auf den Gradienten $\nabla\chi(\mathbf{r})$ eines beliebig wählbaren Skalarfeldes $\chi(\mathbf{r})$ bestimmt. Die Wahl eines solchen Feldes heißt Eichung. In Coulomb-Eichung gilt $\nabla \cdot \mathbf{A} = 0$ und $\Delta\mathbf{A} = -\mu_0\mathbf{j}$.
Bezeichnungen: **B** magnetische Flußdichte, **A** Vektorpotential, χ skalares Eichfeld, **j** Stromdichte; **r** bzw. **r**$'$ Orte, an denen die Felder **B**, **A**, χ bzw. die Stromdichte **j** angegeben werden, μ_0 magnetische Feldkonstante.

Zwar läßt sich ein **B**-Feld nicht als Gradient eines skalaren Potentials schreiben, im vorigen Abschnitt hatten wir aber das **B**-Feld als Rotation eines Vektorfeldes darstellen können, vgl. (8.7.1) und (8.7.2):

$$\mathbf{A}(\mathbf{r}) = \frac{\mu_0}{4\pi}\int \frac{\mathbf{j}(\mathbf{r}')}{|\mathbf{r} - \mathbf{r}'|}\,\mathrm{d}V' \quad , \tag{8.8.1}$$

$$\mathbf{B}(\mathbf{r}) = \nabla \times \mathbf{A}(\mathbf{r}) \quad . \tag{8.8.2}$$

Das Feld $\mathbf{A}(\mathbf{r})$ ist das Vektorpotential der magnetischen Flußdichte. Allerdings ist das $\mathbf{A}$-Feld durch (8.8.2) nur bis auf den Gradienten einer willkürlichen, skalaren Funktion $\chi(\mathbf{r})$ des Ortes bestimmt. Da die Rotation eines Gradientenfeldes verschwindet, gilt immer

$$\mathbf{B} = \nabla \times (\mathbf{A} + \nabla\chi) = \nabla \times \mathbf{A} + \nabla \times \nabla\chi = \nabla \times \mathbf{A} \quad . \tag{8.8.3}$$

Sowohl das Vektorpotential $\mathbf{A}$ wie auch das *umgeeichte Vektorpotential*

$$\mathbf{A}'(\mathbf{r}) = \mathbf{A}(\mathbf{r}) + \nabla\chi(\mathbf{r})$$

führen somit zum gleichen $\mathbf{B}$-Feld. Eine spezielle Wahl des willkürlichen Feldes χ bezeichnet man als *Eichung* des Vektorpotentials. Sie bewirkt eine ortsabhängige Wahl des Nullpunktes des $\mathbf{A}$-Feldes. Den Übergang von $\mathbf{A}$ nach $\mathbf{A}'$ bezeichnet man als *lokale Eichtransformation*. Die Darstellung (8.8.1) ist somit nur eine mögliche Form von vielen für das Vektorpotential des $\mathbf{B}$-Feldes der Stromdichte $\mathbf{j}(\mathbf{r})$. Sie ist durch die zusätzliche *Eichbedingung*

$$\nabla \cdot \mathbf{A} = 0 \quad , \tag{8.8.4}$$

die es nach (8.7.6) erfüllt, ausgezeichnet. Diese besondere Eichbedingung heißt *Coulomb-Bedingung* oder *Coulomb-Eichung*.

Aus der Feldgleichung (8.7.8) für die Rotation von $\mathbf{B}$ gewinnt man sogleich durch Einsetzen von (8.8.2) die Beziehung

$$\mu_0\mathbf{j} = \nabla \times \mathbf{B} = \nabla \times (\nabla \times \mathbf{A}) = \nabla(\nabla \cdot \mathbf{A}) - \Delta\mathbf{A} \quad .$$

Dies ist ein gekoppeltes Differentialgleichungssystem für die verschiedenen Komponenten von $\mathbf{A}$. In Coulomb-Eichung (8.8.4) erhält man

$$\Delta\mathbf{A} = -\mu_0\mathbf{j} \quad . \tag{8.8.5}$$

In kartesischen Koordinaten sind das drei ungekoppelte Gleichungen für die Komponenten von $\mathbf{A}$,

$$\Delta A_i = -\mu_0 j_i \quad , \qquad i = 1, 2, 3 \quad . \tag{8.8.6}$$

Mit Hilfe der Lösung (2.7.6) der Poisson-Gleichung (2.9.1) sieht man auch hier, daß (8.8.1) die Gleichung (8.8.6) löst.

8.9 Magnetisches Dipolfeld

Inhalt: Eine Kreisschleife vom Radius R mit der Schleifenfläche a wird vom Strom I durchflossen. Ist $\hat{\mathbf{a}}$, die Normale auf der Schleifenfläche, so gewählt, daß die Stromrichtung und $\hat{\mathbf{a}}$ eine Rechtsschraube bilden, so hat die Schleife das magnetische (Dipol-)Moment $\mathbf{m} = m\hat{\mathbf{a}}$, $m = Ia$. Übergang zum punktförmigen magnetischen Dipol ($R \to 0$, $I \to \infty$, $m = Ia = \text{const}$). Berechnung des Vektorpotentials $\mathbf{A}_\mathrm{m}$, des magnetischen Flusses $\mathbf{B}_\mathrm{m}$ und der Stromdichte $\mathbf{j}_\mathrm{m}$ des punktförmigen Dipols. Außerhalb des Dipolortes hat $\mathbf{B}_\mathrm{m}$ die gleiche geometrische Struktur wie das elektrostatische Feld $\mathbf{E}_\mathrm{d}$ eines elektrischen Dipols.

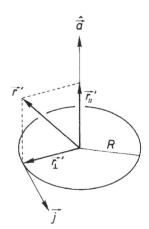

Abb. 8.16. Die Normalenrichtung â einer Kreisschleife ist so gewählt, daß die in der Schleife umlaufende Stromdichte j und die Richtung â eine Rechtsschraube bilden

Bezeichnungen: j Stromdichte, A Vektorpotential, B magnetische Flußdichte; r bzw. r' Orte, an denen die Felder A, B bzw. die Stromdichte j angegeben werden; μ_0 magnetische Feldkonstante, I Strom, R Schleifenradius, a Schleifenfläche, â Schleifennormale, m magnetisches Moment.

Als Beispiel berechnen wir das Vektorpotential einer stromdurchflossenen Kreisschleife vom Radius R und der Fläche $a = \pi R^2$ mit dem Ursprung als Mittelpunkt. Der Normalenvektor auf der Schleifenebene sei â. Die Stromdichte ist mit $\mathbf{r}'_\| = r'_\| \hat{\mathbf{a}} = (\mathbf{r}' \cdot \hat{\mathbf{a}})\hat{\mathbf{a}}$, $\mathbf{r}'_\perp = \mathbf{r}' - \mathbf{r}'_\|$ durch

$$\mathbf{j}(\mathbf{r}') = I\hat{\mathbf{a}} \times \frac{\mathbf{r}'}{r'}\delta(|\mathbf{r}'_\perp| - R)\delta(r'_\|) \tag{8.9.1}$$

gegeben, vgl. Abb. 8.16. Durch Einsetzen in (8.8.1) erhalten wir

$$\mathbf{A}(\mathbf{r}) = \frac{\mu_0}{4\pi}I \int \frac{\hat{\mathbf{a}} \times \hat{\mathbf{r}}'}{|\mathbf{r} - \mathbf{r}'|}\delta(r'_\perp - R)\delta(r'_\|)\,\mathrm{d}V' \quad .$$

Mit Hilfe von Zylinderkoordinaten bezüglich der Symmetrieachse â läßt sich das Volumenelement durch

$$\mathrm{d}V' = r'_\perp\,\mathrm{d}r'_\perp\,\mathrm{d}r'_\|\,\mathrm{d}\varphi'$$

darstellen, so daß das Vektorpotential durch eine Integration über φ' gewonnen werden kann,

$$\mathbf{A}(\mathbf{r}) = \frac{\mu_0}{4\pi}I\hat{\mathbf{a}} \times \int_0^{2\pi} \frac{\mathbf{r}'_\perp}{R|\mathbf{r} - \mathbf{r}'_\perp|}R\,\mathrm{d}\varphi' \quad \text{mit} \quad r'_\perp = R \quad .$$

Im Gegensatz zu Abschn. 8.4.2, in dem wir das B-Feld der Kreisschleife für die Punkte auf der Achse der Schleife ausgerechnet haben, wollen wir nun eine Näherung für das $\mathbf{A}$-Feld für Abstände $|\mathbf{r}| \gg R$ betrachten. Dazu entwickeln wir $|\mathbf{r} - \mathbf{r}'_\perp|^{-1}$ bis zu ersten Ordnung in $\mathbf{r}'_\perp / r$,

$$
|\mathbf{r} - \mathbf{r}'_\perp|^{-1} = \left(r^2 + R^2 - 2\mathbf{r} \cdot \mathbf{r}'_\perp \right)^{-1/2} = (r^2 + R^2)^{-1/2} \left(1 - \frac{2\mathbf{r} \cdot \mathbf{r}'_\perp}{r^2 + R^2} \right)^{-1/2}
$$

$$
= r^{-1} \left(1 + \frac{\mathbf{r} \cdot \mathbf{r}'_\perp}{r^2} \right) + \cdots \quad . \tag{8.9.2}
$$

Durch Einsetzen erhalten wir für $r \gg R$

$$
\mathbf{A}(\mathbf{r}) = \frac{\mu_0}{4\pi} \frac{I}{r} \hat{\mathbf{a}} \times \int_0^{2\pi} \mathbf{r}'_\perp \left(1 + \frac{\mathbf{r} \cdot \mathbf{r}'_\perp}{r^2} \right) d\varphi'
$$

und unter Benutzung von $\mathbf{r}'_\perp = R \hat{\mathbf{r}}'_\perp$ und wegen

$$
\int_0^{2\pi} \hat{\mathbf{r}}'_\perp \, d\varphi' = 0 \quad \text{und} \quad \int_0^{2\pi} \hat{\mathbf{r}}'_\perp \otimes \hat{\mathbf{r}}'_\perp \, d\varphi' = \pi(\underline{\mathbf{1}} - \hat{\mathbf{a}} \otimes \hat{\mathbf{a}})
$$

schließlich

$$
\mathbf{A}(\mathbf{r}) = \frac{\mu_0}{4\pi} \frac{I R^2}{r^3} \hat{\mathbf{a}} \times \left(\int_0^{2\pi} (\hat{\mathbf{r}}'_\perp \otimes \hat{\mathbf{r}}'_\perp) \, d\varphi' \, \mathbf{r} \right) \quad ,
$$

$$
\mathbf{A}(\mathbf{r}) = \frac{\mu_0}{4\pi} I \pi R^2 \hat{\mathbf{a}} \times \frac{\mathbf{r}}{r^3} \quad . \tag{8.9.3}
$$

Da die vernachlässigten Terme höhere Potenzen R/r als die berücksichtigten enthalten, ist das Ergebnis (8.9.3) im Grenzfall $R \to 0$ exakt, falls

$$
\lim_{\substack{R \to 0 \\ I \to \infty}} I \pi R^2 = m \tag{8.9.4}
$$

endlich bleibt. Wir nennen

$$
\mathbf{m} = m \hat{\mathbf{a}} \tag{8.9.5}
$$

das *magnetische Moment* des Stromkreises.

Damit gilt für das Vektorpotential $\mathbf{A}_\mathrm{m}$ eines magnetischen Dipols

$$
\mathbf{A}_\mathrm{m}(\mathbf{r}) = \frac{\mu_0}{4\pi} \mathbf{m} \times \frac{\mathbf{r}}{r^3} = -\frac{\mu_0}{4\pi} (\mathbf{m} \times \boldsymbol{\nabla}) \frac{1}{r} \quad . \tag{8.9.6}
$$

Diese Gleichung ist das Vektoranalogon zum skalaren Potential (2.10.10) eines elektrostatischen Dipols.

Wir wollen nun den Ausdruck (8.9.6) als exaktes Vektorpotential $\mathbf{A}_\mathrm{m}$ eines magnetischen Dipols nehmen und das zugehörige Feld $\mathbf{B}_\mathrm{m}$ und die elektrische Stromdichte $\mathbf{j}$ berechnen, die nicht als Näherung, sondern exakt das Vektorpotential (8.9.6) liefert.

Durch Bildung der Rotation von (8.9.6) gewinnt man die zu $\mathbf{A}_\mathrm{m}$ gehörige magnetische Flußdichte mit Hilfe von (2.10.10) und (2.10.8) und für $\varepsilon \to 0$,

$$
\begin{aligned}
\mathbf{B_m} &= \boldsymbol{\nabla} \times \mathbf{A_m} = \frac{\mu_0}{4\pi} \boldsymbol{\nabla} \times \left(\mathbf{m} \times \frac{\mathbf{r}}{r^3} \right) \\
&= \frac{\mu_0}{4\pi} \mathbf{m} \left(\boldsymbol{\nabla} \cdot \frac{\mathbf{r}}{r^3} \right) - \frac{\mu_0}{4\pi} (\mathbf{m} \cdot \boldsymbol{\nabla}) \frac{\mathbf{r}}{r^3} \\
&= \frac{\mu_0}{4\pi} 4\pi \mathbf{m} \delta^3(\mathbf{r}) - \frac{\mu_0}{4\pi} \Theta(r - \varepsilon) \mathbf{m} \frac{\mathbf{1} - 3\hat{\mathbf{r}} \otimes \hat{\mathbf{r}}}{r^3} - \frac{\mu_0}{4\pi} \mathbf{m} \frac{4\pi}{3} \delta^3(\mathbf{r}) \\
&= \frac{\mu_0}{4\pi} \frac{3(\mathbf{m} \cdot \hat{\mathbf{r}})\hat{\mathbf{r}} - \mathbf{m}}{r^3} \Theta(r - \varepsilon) + \mu_0 \frac{2}{3} \mathbf{m} \delta^3(\mathbf{r}) \quad .
\end{aligned}
\tag{8.9.7}
$$

Für $\mathbf{r} \neq 0$ stimmt das Ergebnis in der Form mit der Gleichung (2.10.7) für den elektrostatischen Dipol überein. Der zweite Term mit der Deltafunktion unterscheidet sich von dem im Fall des elektrostatischen Dipols. Er stellt die Quellenfreiheit von $\mathbf{B_m}$ sicher, wie die folgende Rechnung, die mit der zweiten Zeile von (8.9.7) beginnt, zeigt:

$$
\begin{aligned}
\mu_0^{-1} \boldsymbol{\nabla} \cdot \mathbf{B_m} &= (\mathbf{m} \cdot \boldsymbol{\nabla}) \delta^3(\mathbf{r}) - \frac{1}{4\pi} (\mathbf{m} \cdot \boldsymbol{\nabla}) \boldsymbol{\nabla} \cdot \frac{\mathbf{r}}{r^3} \\
&= (\mathbf{m} \cdot \boldsymbol{\nabla}) \delta^3(\mathbf{r}) - (\mathbf{m} \cdot \boldsymbol{\nabla}) \delta^3(\mathbf{r}) = 0 \quad .
\end{aligned}
\tag{8.9.8}
$$

Darin unterscheidet sich das magnetische Dipolfeld vom elektrischen, dessen Quelldichte gerade gleich $\varrho_d = -\mathbf{d} \cdot \boldsymbol{\nabla} \delta^3(\mathbf{r})$, der Ladungsdichte des Dipols, ist.

Die Stromdichte, die genau das B-Feld (8.9.7) bzw. das A-Feld (8.9.6) verursacht, läßt sich am einfachsten mit Hilfe der Relation (8.8.5) aus (8.9.6) und mit $\boldsymbol{\nabla} \cdot \mathbf{A_m} = 0$ bestimmen:

$$
\begin{aligned}
-\mu_0 \mathbf{j_m}(\mathbf{r}) = \Delta \mathbf{A_m}(\mathbf{r}) &= -\frac{\mu_0}{4\pi} \Delta (\mathbf{m} \times \boldsymbol{\nabla}) \frac{1}{r} = -\frac{\mu_0}{4\pi} (\mathbf{m} \times \boldsymbol{\nabla}) \Delta \frac{1}{r} \\
&= \mu_0 (\mathbf{m} \times \boldsymbol{\nabla}) \delta^3(\mathbf{r}) \quad .
\end{aligned}
$$

Die so gewonnene *Elementarstromdichte* eines magnetischen Dipols,

$$
\mathbf{j_m}(\mathbf{r}) = -(\mathbf{m} \times \boldsymbol{\nabla}) \delta^3(\mathbf{r}) \quad ,
\tag{8.9.9}
$$

ist offenbar das Vektoranalogon zu der skalaren Ladungsdichte ϱ_d eines elektrostatischen Dipols. Durch Einsetzen von (8.9.9) in die Formel (8.8.1) für $\mathbf{A}$ bestätigt man leicht, daß tatsächlich der Ausdruck (8.9.6) herauskommt.

Natürlich erfüllt diese Elementarstromdichte die Kontinuitätsgleichung $\boldsymbol{\nabla} \cdot \mathbf{j}(\mathbf{r}) = 0$ für stationäre Ströme, da das Spatprodukt mit zwei gleichen Vektoren verschwindet,

$$
\boldsymbol{\nabla} \cdot (\mathbf{m} \times \boldsymbol{\nabla}) \delta^3(\mathbf{r}) = 0 \quad .
$$

Wir veranschaulichen das Ergebnis (8.9.9), indem wir anstelle von δ^3 eine Gauß-Verteilung einsetzen, die im Grenzwert verschwindender Breite σ in δ^3 übergeht:

$$
\mathbf{j_M} = -\mathbf{m} \times \boldsymbol{\nabla} \left[\frac{1}{(2\pi)^{3/2} \sigma^3} \exp\left(-\frac{\mathbf{r}^2}{2\sigma^2} \right) \right] = \frac{m r_\perp}{(2\pi)^{3/2} \sigma^5} \exp\left(-\frac{\mathbf{r}^2}{2\sigma^2} \right) \mathbf{e}_\varphi \quad .
\tag{8.9.10}
$$

Dabei wurde $\mathbf{m} = m\mathbf{e}_z$ gesetzt. Wie erwartet, hat diese Stromdichte nur eine φ-Komponente,

$$j_{M\varphi} = \mathbf{j}_M \cdot \mathbf{e}_\varphi \ . \tag{8.9.11}$$

Sie ist rotationssymmetrisch bezüglich der z-Achse und ist in Abb. 8.17 in der (x, y)-Ebene dargestellt. Einen räumlichen Eindruck vermittelt Abb. 8.18. Der dargestellte Torus umschließt 90% des Gesamtstromes. Für $\sigma \to 0$ schrumpft der Torus zu einem Ring infinitesimaler Größe um den Ursprung.

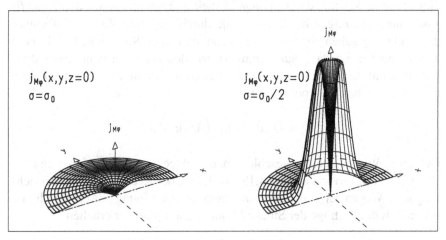

Abb. 8.17. Grenzübergang zur Elementarstromdichte: azimutale Stromdichte (8.9.11) in der (x, y)-Ebene für verschiedene Werte der Breite σ

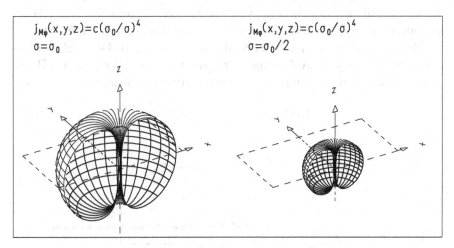

Abb. 8.18. Grenzübergang zur Elementarstromdichte: Im Halbraum $y > 0$ ist die Fläche $j_{M\varphi} = \text{const}$ dargestellt, die 90% des Gesamtstromes umschließt. Der durch diese Fläche dargestellte Torus schrumpft mit sinkender Breite σ

8.10 Feld einer langen Spule

Inhalt: Im Inneren einer Spule, deren Länge L groß im Vergleich zu ihrem Radius R ist, herrscht ein homogenes **B**-Feld in Richtung der Spulenachse vom Betrag $B = \mu_0 nI$. Dabei ist I der Strom in der Spule, n die Anzahl der Windungen pro Längeneinheit und μ_0 die magnetische Feldkonstante.

Wir betrachten eine vom Strom I durchflossene Spule der Länge L vom Radius R mit n Windungen pro Längeneinheit und setzen voraus, daß $L \gg R$. Abbildung 8.19 zeigt einen Längsschnitt durch die Spule. Zur Vereinfachung der Rechnung gehen wir von einer unendlich langen Spule aus. Das **B**-Feld dieser Spule hängt dann aus Symmetriegründen nur noch vom Abstand $r_\perp$ von der Spulenachse $\hat{\mathbf{a}}$ ab und ist parallel zu $\hat{\mathbf{a}}$. Zur Berechnung des Feldes der Spule machen wir von (8.7.10),

$$\oint \mathbf{B} \cdot \mathrm{d}\mathbf{s} = \mu_0 \int \mathbf{j} \cdot \mathrm{d}\mathbf{a} \quad ,$$

Gebrauch. Wir legen einen geschlossenen, rechteckigen Integrationsweg $C = (C_1, C_2, C_3, C_4)$ so wie in Abb. 8.19. Die Länge des Rechtecks in Achsenrichtung sei ℓ. Wegen der Translationsinvarianz der Anordnung in Achsenrichtung heben sich die Beiträge der Stücke C_2 und C_4 auf, und wir erhalten

$$\int_{C_1} \mathbf{B} \cdot \mathrm{d}\mathbf{s} + \int_{C_3} \mathbf{B} \cdot \mathrm{d}\mathbf{s} = \int \mathbf{j} \cdot \mathrm{d}\mathbf{a} = \mu_0 n\ell I \quad , \tag{8.10.1}$$

weil $n\ell$ Windungen mit dem Strom I vom Integrationsweg umschlossen werden und deshalb $n\ell I$ der durch die vom Integrationsweg umschlossene Fläche tretende Strom ist. Da die Beziehung (8.10.1) unabhängig von den Abständen der Teilstücke C_1 und C_3 von der Spulenachse ist, gilt, daß das Feld im Inneren der Spule und im Außenraum der Spule konstante Werte hat. Da B für großen Abstand von der Spule verschwindet, gilt im Außenraum

$$\mathbf{B}(\mathbf{r}) = 0 \quad , \qquad r_\perp > R \quad . \tag{8.10.2}$$

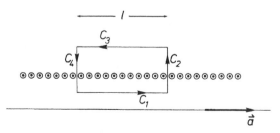

Abb. 8.19. Zur Berechnung des B-Feldes einer langen Spule

Im Inneren der Spule gilt damit

$$\int_{C_1} \mathbf{B} \cdot d\mathbf{s} = B\ell = \mu_0 n\ell I$$

und schließlich

$$\mathbf{B}(\mathbf{r}) = \mu_0 n I \hat{\mathbf{a}} \quad , \qquad r_\perp < R \quad . \tag{8.10.3}$$

Die beiden Ausdrücke (8.10.2) und (8.10.3) lassen sich zusammenfassen in

$$\mathbf{B}(\mathbf{r}) = \mu_0 n I \hat{\mathbf{a}} \, \Theta(R - r_\perp) \quad .$$

8.11 Lorentz-Kraft und elektrischer Antrieb

8.11.1 Stromdurchflossene, drehbare Drahtschleife im B-Feld

Inhalt: Von einem homogenen B-Feld wird auf eine stromdurchflossene Leiterschleife ein Drehmoment ausgeübt, dessen Ursache die Lorentz-Kraft ist, die auf die Leitungselektronen wirkt. Das Drehmoment $\mathbf{D} = \mathbf{m} \times \mathbf{B}$ ist das Vektorprodukt aus dem magnetischen Moment $\mathbf{m}$ der Schleife und dem B-Feld. Ist $\mathbf{m}$ bekannt, so kann durch Messung von $\mathbf{D}$ das B-Feld bestimmt werden. Bei bekanntem B-Feld kann das magnetische Moment $\mathbf{m}$ und damit der es hervorrufende Strom bestimmt werden.
Bezeichnungen: $\boldsymbol{\ell}$, $\mathbf{b}$ Vektoren, die Länge und Breite einer Rechteckschleife kennzeichnen; $\hat{\boldsymbol{\ell}} = \hat{\boldsymbol{\omega}}$ Richtung der Drehachse, I Strom durch die Schleife, $\mathbf{B}$ magnetische Flußdichte, $q = -e$ Ladung des Elektrons, e Elementarladung, $\mathbf{v}_i$ Geschwindigkeit eines Elektrons in Seite i der Schleife, $\mathbf{F}_i$ Lorentz-Kraft auf ein Elektron in Seite i, n Elektronendichte, f Drahtquerschnitt, $\mathbf{a} = \boldsymbol{\ell} \times \mathbf{b} = a\hat{\mathbf{a}}$ Schleifenfläche mit der Flächennormalen $\hat{\mathbf{a}} = \hat{\boldsymbol{\ell}} \times \hat{\mathbf{b}}$, $\mathbf{m} = I\mathbf{a}$ magnetisches Moment der Schleife, $\mathbf{D}$ Drehmoment, $D_{\hat{\omega}}$ Komponente des Drehmoments in Richtung der Drehachse, $\Theta_{\hat{\omega}}$ Trägheitsmoment bzgl. Schleifenachse, M Schleifenmasse, φ Winkel zwischen $\mathbf{m}$ und $\mathbf{B}$, $\alpha = \pi/2 - \varphi$, Ω Kreisfrequenz der Schleifenschwingung, C Richtmoment einer Feder.

Abbildung 8.20 zeigt eine vom Strom I durchflossene rechteckige Drahtschleife in einem äußeren homogenen B-Feld. Die Schleife ist drehbar um eine Achse gelagert, die senkrecht zum B-Feld und parallel zu den Seiten 1 und 3 der Drahtschleife orientiert ist. Auf die Elektronen mit der Ladung $q = -e$, die in den vier Seiten der Schleife mit den Geschwindigkeiten

$$\mathbf{v}_1 = -v\hat{\boldsymbol{\ell}} \quad , \qquad \mathbf{v}_3 = v\hat{\boldsymbol{\ell}} \quad , \qquad \mathbf{v}_2 = -v\hat{\mathbf{b}} \quad , \qquad \mathbf{v}_4 = v\hat{\mathbf{b}}$$

strömen, wirken die Kräfte

$$\begin{aligned} \mathbf{F}_1 &= q(\mathbf{v}_1 \times \mathbf{B}) = -qvB(\hat{\boldsymbol{\ell}} \times \hat{\mathbf{B}}) \quad , & (8.11.1) \\ \mathbf{F}_3 &= -q(\mathbf{v}_1 \times \mathbf{B}) = qvB(\hat{\boldsymbol{\ell}} \times \hat{\mathbf{B}}) = -\mathbf{F}_1 & (8.11.2) \end{aligned}$$

und

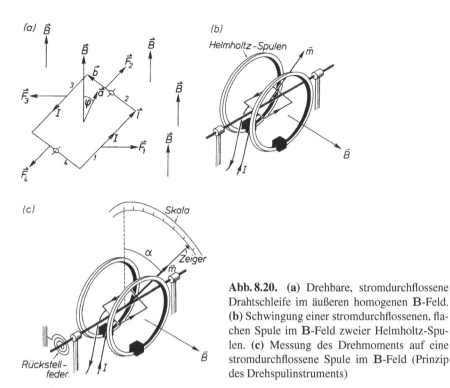

Abb. 8.20. (a) Drehbare, stromdurchflossene Drahtschleife im äußeren homogenen B-Feld. (b) Schwingung einer stromdurchflossenen, flachen Spule im B-Feld zweier Helmholtz-Spulen. (c) Messung des Drehmoments auf eine stromdurchflossene Spule im B-Feld (Prinzip des Drehspulinstruments)

$$\mathbf{F}_2 = q(\mathbf{v}_2 \times \mathbf{B}) = -qvB(\hat{\mathbf{b}} \times \hat{\mathbf{B}}) \quad, \tag{8.11.3}$$

$$\mathbf{F}_4 = -q(\mathbf{v}_2 \times \mathbf{B}) = qvB(\hat{\mathbf{b}} \times \hat{\mathbf{B}}) = -\mathbf{F}_2 \quad. \tag{8.11.4}$$

Die in den Seiten 2 und 4 auftretenden Kräfte wirken in der Schleifenebene und kompensieren sich wegen der Starrheit der Schleife. Die Summe der Kräfte

$$\mathbf{F}_1 + \mathbf{F}_3 = 0$$

verschwindet, aber diese Kräfte führen zu einem resultierenden Drehmoment um die Achse. In den Seiten 1 bzw. 3 befinden sich $nf\ell$ Elektronen. Dabei ist n die Elektronendichte und f der Drahtquerschnitt. Damit ist das resultierende Drehmoment auf die Schleife

$$\begin{aligned}
\mathbf{D} &= nf\ell\left(-\frac{\mathbf{b}}{2} \times \mathbf{F}_1 + \frac{\mathbf{b}}{2} \times \mathbf{F}_3\right) \\
&= -nf\ell\mathbf{b} \times \mathbf{F}_1 = nfvq\mathbf{b} \times (\boldsymbol{\ell} \times \mathbf{B}) \quad. \tag{8.11.5}
\end{aligned}$$

Die ersten vier Faktoren dieses Ausdrucks stellen bis auf das Ladungsvorzeichen den Strom in der Drahtschleife,

$$I = -nfvq = nfve \quad,$$

dar. Mit dieser Definition des Vorzeichens von I ist die Stromrichtung in der Seite 1 die Richtung von ℓ. Der Strom durchläuft die Leiterschleife so, daß er mit der Flächennormalen

$$\hat{a} = \hat{\ell} \times \hat{b}$$

eine Rechtsschraube bildet. Das doppelte Kreuzprodukt läßt sich in der Form

$$
\begin{aligned}
b \times (\ell \times B) &= (b \cdot B)\ell - (b \cdot \ell)B \\
&= (b \cdot B)\ell - (B \cdot \ell)b \\
&= B \times (\ell \times b)
\end{aligned}
\tag{8.11.6}
$$

schreiben, weil

$$b \cdot \ell = 0 \quad \text{und} \quad B \cdot \ell = 0$$

gilt, so daß das Drehmoment um die Achse durch

$$
\begin{aligned}
D &= -I B \times (\ell \times b) = I(\ell \times b) \times B \\
&= I a \times B = I a (\hat{a} \times B)
\end{aligned}
$$

beschrieben werden kann. Man kann auch der stromdurchflossenen, rechteckigen Drahtschleife ein magnetisches Moment – vgl. (8.9.5) –

$$m = I a \hat{a} = I a \tag{8.11.7}$$

zuordnen, weil auch ihr B-Feld für Abstände $r \gg \sqrt{a}$ wie das der Kreisschleife ein Dipolfeld mit dem Moment m ist. Damit wirkt in einem homogenen B-Feld auf ein magnetisches Moment m das Drehmoment

$$D = m \times B \;. \tag{8.11.8}$$

Diese Beziehung ist der für einen elektrischen Dipol analog – vgl. (2.10.16).

Experiment 8.5.
Schwingung einer stromdurchflossenen Drahtschleife im Magnetfeld
Im angenähert homogenen Feld B einer Helmholtz-Spule ist eine rechteckige Drahtschleife um eine Achse senkrecht zum Feld parallel zu den Seiten 1 und 3 drehbar gelagert (Abb. 8.20b). Über dünne, flexible Zuleitungen wird sie mit dem Strom I beschickt. Wird die Schleife zunächst mit der Hand in eine Stellung gebracht, in der die Schleifennormale mit der Feldrichtung einen Winkel $\varphi \neq 0$ einschließt, und dann losgelassen, so schwingt die Schleife mit ihrer Normalen um die Feldrichtung. Die Schwingung ist durch Reibung gedämpft und klingt ab, so daß die Schleife schließlich ruht und die Normale, die mit der Stromrichtung eine Rechtsschraube bildet, schließlich in Feldrichtung zeigt. Bei bekannter Schleifenform und -masse und bekannter Stromstärke kann durch Messung der Schwingungsfrequenz Ω die äußere Feldstärke bestimmt werden. C. F. Gauß hat diese Methode – allerdings mit einer Magnetnadel an Stelle der Schleife – zur Messung des Erdmagnetfeldes benutzt.

Die Schwingung der Schleife wird durch das Trägheitsmoment der Schleife

$$\Theta_{\hat{\omega}} = \left(\frac{\ell}{2} + \frac{b}{6}\right)\frac{1}{2(\ell + b)}Mb^2$$

um die Achse $\hat{\omega}$ und das rücktreibende Drehmoment

$$\mathbf{D} = \mathbf{m} \times \mathbf{B} = -mB\sin\varphi\,\hat{\boldsymbol{\ell}} \qquad (8.11.9)$$

bestimmt. Dabei sind M die Masse, ℓ und b Länge und Breite der Schleife und φ der Winkel zwischen äußerem Feld $\mathbf{B}$ und der Schleifennormalen. Die Komponente des Drehmoments bezüglich der festen Achsenrichtung $\hat{\omega} = \hat{\boldsymbol{\ell}}$ ist

$$D_{\hat{\omega}} = \mathbf{D} \cdot \hat{\omega} = \mathbf{D} \cdot \hat{\boldsymbol{\ell}} = -mB\sin\varphi \quad . \qquad (8.11.10)$$

Die Schwingungsgleichung ist dann

$$\Theta_{\hat{\omega}}\ddot{\varphi} = D_{\hat{\omega}} = -mB\sin\varphi \quad . \qquad (8.11.11)$$

Für kleine φ läßt sich die Gleichung mit $\sin\varphi \approx \varphi$ linearisieren, so daß man aus (8.11.11) abliest, daß die Schleife eine harmonische Drehschwingung mit der Kreisfrequenz

$$\Omega = \sqrt{\frac{mB}{\Theta_{\hat{\omega}}}}$$

ausführt.

Experiment 8.6. Schema des Drehspulinstruments

Eine Spiralfeder mit der Achse $\hat{\boldsymbol{\ell}}$ hält die Drehspule aus Experiment 8.5 bei abgeschaltetem Strom so, daß die Flächennormale senkrecht zur Richtung des $\mathbf{B}$-Feldes steht (Abb. 8.20c). Führt man ihr den Strom I zu, so wirkt nach (8.11.8) das Drehmoment $\mathbf{D} = \mathbf{m} \times \mathbf{B} = mB\sin\varphi\,\hat{\boldsymbol{\ell}}$. Es führt zu einer Auslenkung der Spule aus der Ruhelage um den Winkel α, bis ihm ein dem Betrage nach gleichgroßes, rücktreibendes Moment der Feder, $\mathbf{D_r} = -C\alpha\hat{\boldsymbol{\ell}}$, entgegensteht ($C$ ist das Richtmoment der Feder). Für die neue Gleichgewichtslage erhalten wir mit (8.11.7)

$$IaB\sin\varphi = C\alpha \quad .$$

Dabei ist $\varphi = \sphericalangle(\mathbf{m}, \mathbf{B}) = \pi/2 - \alpha$. Für a ist die effektive Fläche der Spule einzusetzen, für eine Spule von n Windungen also das n-fache der Schleifenfläche. Auflösung nach I liefert

$$I = \frac{C\alpha}{aB\cos\alpha} \quad .$$

Damit ist der Auslenkwinkel α direkt ein Maß für den Strom I. Störend ist der nichtlineare Zusammenhang. Man verwendet daher ein speziell geformtes $\mathbf{B}$-Feld, das in einem weiten Winkelbereich stets senkrecht zu $\mathbf{m}$ steht, so daß $\sin\varphi = 1$ wird, vgl. Abschn. 9.8.

8.11.2 Schema des Gleichstrommotors

Inhalt: Das Drehmoment, das in einem homogenen **B**-Feld auf eine von einem konstanten Strom durchflossene Leiterschleife wirkt, führt zu Schwingungen der Schleife, weil die Komponente $D_{\hat{\omega}} = \mathbf{D} \cdot \hat{\omega}$ des Drehmoments **D** bzgl. der Achsenrichtung $\hat{\omega}$ das Vorzeichen wechselt. Wird aber die Stromrichtung in der Schleife immer bei $D_{\hat{\omega}} = 0$ umgekehrt, so bleibt das Vorzeichen von $D_{\hat{\omega}}$ und damit die Drehrichtung der Schleife erhalten.

In der Anordnung von Experiment 8.5 wirkt das Drehmoment stets auf eine feste Ruhelage hin. Der Winkel zwischen Flächennormale und B-Feld ist dort $\varphi = 0$. Dieses rücktreibende Drehmoment wechselt nach (8.11.9) beim Durchgang der Schleife durch die Ruhelage sein Vorzeichen und versetzt die Schleife in Schwingungen. Soll die Schleife stattdessen eine Drehbewegung ausführen, so muß dafür gesorgt werden, daß beim Durchgang der Schleife durch $\varphi = 0$, d. h. beim Durchgang der Schleifennormalen durch die Feldrichtung, das Drehmoment nicht in ein rücktreibendes umgekehrt wird, sondern seine Richtung beibehält. Das geschieht durch Umkehrung der Stromrichtung in der Schleife beim Nulldurchgang des Drehmomentes (8.11.9) bei $\varphi = 0$.

Experiment 8.7. Modell eines Gleichstrommotors

Technisch wird die Umkehrung der Stromrichtung durch einen *Kommutator* bewerkstelligt, der die Stromrichtung in der Schleife nach jeder halben Drehung umkehrt. Er besteht aus zwei metallischen Halbzylindern, die gegeneinander isoliert zu einem Vollzylinder verbunden sind. Jeder Halbzylinder ist leitend mit einem Schleifenende verbunden. Die Stromzufuhr zur Schleife geschieht dann wie in Abb. 8.21 durch Schleifkontakte. Das Drehmoment, das auf die Schleife wirkt, ist dann an Stelle von (8.11.10)

$$D_{\hat{\omega}} = -mB \, |\sin \varphi| \qquad (8.11.12)$$

und hat stets das gleiche Vorzeichen, so daß eine Drehung der Schleife die Folge ist. Zwar ist für $\varphi = 0$ das Drehmoment $D_{\hat{\omega}} = 0$, aber die Trägheit der Schleife treibt sie über diesen Punkt hinweg, so daß sie ihre Drehrichtung beibehält. Die so ausgebildete Anordnung ist das einfachste Schema eines *Gleichstrommotors*.

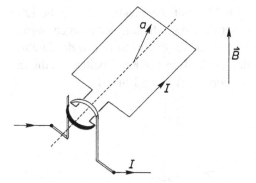

Abb. 8.21. Schema eines Gleichstrommotors

8.12 Lorentz-Kraft und Stromerzeugung

Bei der Bewegung einer Ladung q mit der Geschwindigkeit $\mathbf{v}$ in einem Feld $\mathbf{B}$ wirkt auf die Ladung die Lorentz-Kraft

$$\mathbf{F} = q\,(\mathbf{v} \times \mathbf{B}) \quad . \tag{8.12.1}$$

Rührt die Geschwindigkeit von der Bewegung eines Leiters her, so führt die Lorentz-Kraft zu einer Bewegung der freien Leitungselektronen. Sie verursacht einen Strom im Leiter. Wir betrachten zwei einfache Konfigurationen, in denen diese Erscheinung auftritt.

8.12.1 Einführung einer Drahtschleife in ein homogenes B-Feld

Inhalt: Wird eine Drahtschleife aus einem feldfreien Raumbereich in einen mit einem B-Feld erfüllten Bereich hineingeführt, so wirkt auf die Leitungselektronen in der Schleife die Lorentz-Kraft. Außerdem wird der magnetische Fluß Φ durch die Schleife zeitabhängig. Der Quotient aus Kraft und Elektronenladung kann als induzierte Feldstärke $\mathbf{E}_{\mathrm{ind}}$ aufgefaßt werden, das Umlaufintegral $U_{\mathrm{ind}} = \oint \mathbf{E}_{\mathrm{ind}} \cdot \mathrm{d}\mathbf{s}$ über die ganze Schleife als induzierte Spannung. Diese ist gleich der negativen Zeitableitung des magnetischen Flusses durch die Schleife.
Bezeichnungen: $\mathbf{w}$ Geschwindigkeit der Leiterschleife, $\mathbf{B}$ magnetische Flußdichte, $\mathbf{F}$ Kraft, q Elektronenladung; $\boldsymbol{\ell}$, $\mathbf{b}$ Vektoren, die die Länge und Breite einer Rechteckschleife kennzeichnen, $\mathbf{a} = \boldsymbol{\ell} \times \mathbf{b}$; $\mathbf{E}$ elektrische Feldstärke, n Elektronenanzahldichte, f Drahtquerschnitt, s Schleifenumfang, $x(t)$ Ortskoordinate der Schleife, $\hat{\boldsymbol{\ell}} \cdot \mathbf{P}$ Gesamtimpuls aller Elektronen in Schleifenrichtung, $\hat{\boldsymbol{\ell}} \cdot \mathbf{p}$ mittlerer Impuls eines Elektrons in Schleifenrichtung, m_{e} Elektronenmasse, I Strom, U_{ind} induzierte Spannung, Φ magnetischer Fluß durch die Schleife.

Eine rechteckige Drahtschleife mit vernachlässigbarem elektrischen Widerstand wird mit der Geschwindigkeit $\mathbf{w}(t)$ in der konstanten Richtung $\hat{\mathbf{w}}$,

$$\mathbf{w}(t) = w(t)\hat{\mathbf{w}} \quad ,$$

aus einem feldfreien Gebiet in einen Bereich homogener magnetischer Flußdichte $\mathbf{B}$ geführt. Der Einfachheit halber wählen wir die Geschwindigkeit senkrecht zur Richtung von $\mathbf{B}$ (Abb. 8.22). Auf die Elektronen, die die Ladung $q = -e$ besitzen und sich mit der Geschwindigkeit $\mathbf{w}$ bewegen, wirkt im B-Feld die Lorentz-Kraft $\mathbf{F} = q\mathbf{w} \times \mathbf{B}$. Zu einem Strom in der Drahtschleife können nur solche Komponenten der Lorentz-Kraft beitragen, die in Drahtrichtung zeigen. Das bedeutet in den Teilstücken 1 und 3

$$\mathbf{F}_1 = F_1\hat{\boldsymbol{\ell}} \quad , \qquad \mathbf{F}_3 = F_3\hat{\boldsymbol{\ell}} \quad ,$$

in den Teilstücken 2 und 4

$$\mathbf{F}_2 = F_2\hat{\mathbf{b}} \quad , \qquad \mathbf{F}_4 = F_4\hat{\mathbf{b}} \quad .$$

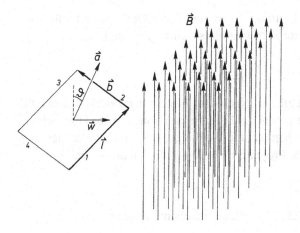

Abb. 8.22. Eine rechteckige Schleife wird mit konstanter Geschwindigkeit **w** in ein homogenes Magnetfeld hineingeführt

In der geometrischen Anordnung der Abb. 8.22 ist

$$\hat{\boldsymbol{\ell}} = -\hat{\mathbf{w}} \times \hat{\mathbf{B}} \quad ,$$

so daß in den Schenkeln 1 und 3 nur die Geschwindigkeitskomponente der Elektronen in w-Richtung zu einem Strom führt. Damit gilt in 1 und 3

$$\mathbf{F}_{1,3} = q(\mathbf{w} \times \mathbf{B}) \quad .$$

Da die Richtung b der Teilstücke 2 und 4 in der von **w** und **B** aufgespannten Ebene liegt, tritt in diesen Teilstücken keine Kraft in Drahtrichtung auf. Insgesamt wirkt nur in den Teilstücken 1 und 3 eine Kraft auf die Elektronen in Richtung des Drahtes. Wenn sich die ganze Schleife im Feld befindet, wirkt in den Teilstücken 1 und 3 dieselbe Kraft, so daß keine Vergrößerung des Stromes eintritt. Nur während der Zeit, in der das Teilstück 3 noch außerhalb des Feldes ist, bewirkt die dann nur im Teilstück 1 auftretende Lorentz-Kraft in Drahtrichtung eine Verstärkung des Stromes.

Die Kraft auf die Elektronen im Draht kann nach Division durch die Ladung q in dem mit der Schleife mitbewegten Koordinatensystem, in dem die Elektronen anfänglich ruhen, als eine elektrische Feldstärke

$$\mathbf{E}_{1,3} = \mathbf{w} \times \mathbf{B} = wB(\hat{\mathbf{w}} \times \hat{\mathbf{B}}) = -w(t)B\hat{\boldsymbol{\ell}} \qquad (8.12.2)$$

interpretiert werden.

Die im Teilstück 1 von allen Elektronen aufgenommene Impulskomponente $\hat{\boldsymbol{\ell}} \cdot \mathbf{P}$ ist proportional zur Anzahl $nf\ell$ der Elektronen auf der Länge ℓ dieses Teilstückes,

$$\begin{aligned}
\hat{\boldsymbol{\ell}} \cdot \mathbf{P}(t) &= nf\ell \int_0^t \hat{\boldsymbol{\ell}} \cdot \mathbf{F}_1 \, \mathrm{d}t' = nf\ell \int_0^t q\hat{\boldsymbol{\ell}} \cdot (\mathbf{w} \times \mathbf{B}) \, \mathrm{d}t' \\
&= -nf\ell qB \int_0^t w(t') \, \mathrm{d}t' = -nfqBx(t)\ell \qquad (8.12.3)
\end{aligned}$$

Dabei ist n die Dichte der Leitungselektronen, f der Drahtquerschnitt, t die seit dem Eintauchen der Seite 1 ins Feld verstrichene Zeit und

$$x(t) = \int_0^t w(t')\,dt'$$

die dabei zurückgelegte Weglänge. Nach dem Eintritt der Seite 3 in das Feld zur Zeit T wird der Gesamtimpuls der Leitungselektronen in der Drahtschleife nicht mehr vergrößert. Die maximale Weglänge, während der der Gesamtimpuls anwächst, ist also die Projektion von b auf die Richtung $\hat{\mathbf{w}}$,

$$x(T) = x_{max} = b\cos\vartheta \quad,$$

wobei ϑ der Neigungswinkel zwischen der Flächennormalen

$$\hat{\mathbf{a}} = \hat{\boldsymbol{\ell}} \times \hat{\mathbf{b}}$$

und dem B-Feld ist. Damit gewinnen wir für den maximalen Impuls, der erreicht wird, wenn sich die ganze Schleife im Feld befindet,

$$\hat{\boldsymbol{\ell}} \cdot \mathbf{P}_{max} = -nfqBx_{max}\ell = -nfqBb\cos\vartheta\,\ell = -nfq(\mathbf{B}\cdot\mathbf{a}) \quad. \quad (8.12.4)$$

Ein Teil des Impulses $\hat{\boldsymbol{\ell}} \cdot \mathbf{P}(t)$ überträgt sich durch Stöße auch auf die Leitungselektronen, die sich nicht im Teilstück 1 befinden, so daß der Impuls $\hat{\boldsymbol{\ell}} \cdot \mathbf{P}$ auf die Gesamtzahl

$$N = 2nf(\ell + b) = nfs$$

der Leitungselektronen im Draht aufgeteilt werden muß. Dabei ist

$$s = 2(\ell + b)$$

der Umfang der Schleife. Damit ist der mittlere Impuls eines Elektrons in Teilstück 1 zur Zeit t in Richtung $\hat{\boldsymbol{\ell}}$

$$\hat{\boldsymbol{\ell}} \cdot \mathbf{p}(t) = \frac{\hat{\boldsymbol{\ell}} \cdot \mathbf{P}(t)}{N} = -\frac{\ell}{s}qBx(t) \quad.$$

Der dadurch entstehende *induzierte Strom* ist (m_e: Elektronenmasse)

$$I(t) = nq\frac{\hat{\boldsymbol{\ell}} \cdot \mathbf{p}(t)}{m_e}f = -\frac{nf\ell x(t)}{s}\frac{q^2}{m_e}B \quad.$$

Er ist offenbar proportional zur Größe des Flächenstückes $\ell x(t)$, das sich im Feld befindet. Der maximal erreichbare Strom wird für $x = x_{max}$ erreicht,

$$I_{max} = -nf\frac{q^2}{m_e}\frac{\mathbf{a}\cdot\mathbf{B}}{s} \quad.$$

Es ist interessant, daß der Strom von der Geschwindigkeit der Schleifenbewegung unabhängig ist. Das liegt daran, daß die Bewegung der Schleife sich nur durch das Integral $\int_0^T w \, dt' = b \cos \vartheta$, also nur durch die effektive Breite der Schleife, in der Berechnung des Stromes niederschlug.

Man kann das Resultat auch mit Hilfe des magnetischen Flusses

$$\Phi = \int_a \mathbf{B} \cdot d\mathbf{a}$$

durch eine Oberfläche a ausdrücken. Für das homogene B-Feld der oben diskutierten Anordnung ist der Fluß durch die Drahtschleife zur Zeit t

$$\Phi(t) = B\ell x(t) \quad , \qquad 0 \le t \le T \quad , \tag{8.12.5}$$

so daß der Strom durch

$$I(t) = -nf \frac{q^2}{m_e} \frac{1}{s} \Phi(t)$$

ausgedrückt werden kann.

Auch die in (8.12.2) angegebene Feldstärke $\mathbf{E}_{1,3}$ läßt sich mit dem Fluß Φ in Beziehung setzen. Während sich die Schleife in das Feld bewegt, liegt am Gesamtumfang (a) der Schleife mit der orientierten Fläche $\mathbf{a}$ die Umlaufspannung, auch *induzierte Spannung* genannt,

$$
\begin{aligned}
U_{\text{ind}} &= \oint_{(a)} \mathbf{E} \cdot d\mathbf{s} \\
&= \int_1 \mathbf{E}_1 \cdot d\mathbf{s} + \int_2 \mathbf{E}_2 \cdot d\mathbf{s} + \int_3 \mathbf{E}_3 \cdot d\mathbf{s} + \int_4 \mathbf{E}_4 \cdot d\mathbf{s} = \int_1 \mathbf{E}_1 \cdot d\mathbf{s} \quad ,
\end{aligned}
\tag{8.12.6}
$$

weil in den Teilstücken 2, 3 und 4 keine Feldstärke auftritt, solange sich 3 noch außerhalb des Feldes befindet. Damit ist die Umlaufspannung

$$U_{\text{ind}}(t) = \mathbf{E}_1 \cdot \boldsymbol{\ell} = -w(t)\ell B \quad .$$

Sie existiert nur, solange das Teilstück 3 noch nicht im Feld ist. Wegen

$$w(t) = \frac{dx}{dt}$$

und (8.12.5) ist die Umlaufspannung an der Schleife somit durch

$$U_{\text{ind}} = -\frac{d\Phi}{dt} \tag{8.12.7}$$

gegeben. Dieser Zusammenhang zwischen Flußänderung und Spannung gilt allgemein und heißt *Faradaysches Induktionsgesetz* (vgl. Abschn. 8.13).

Obwohl die Umlaufspannung U_{ind} das Linienintegral längs eines geschlossenen Weges über eine elektrische Feldstärke ist, verschwindet sie nicht. Damit besitzt die induzierte Feldstärke **E** kein Potential, das von der Induktion herrührende elektrische Feld ist – im Gegensatz zum elektrostatischen Feld – nicht wirbelfrei. Wir werden uns mit elektrischen Wirbelfeldern noch ausführlich in Kap. 11 beschäftigen.

Es sei noch besonders darauf hingewiesen, daß für die Integration über die Feldstärke zur Berechnung der Umlaufspannung in (8.12.6) die Berandung der Fläche a so zu orientieren ist, daß die Umlaufrichtung und die Flächennormale eine Rechtsschraube bilden. Nur dann ist die Beziehung zwischen Flußänderung und Umlaufspannung durch (8.12.7) gegeben.

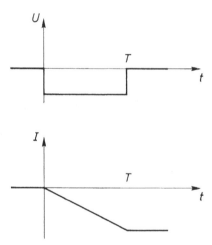

Abb. 8.23. Zeitlicher Verlauf von Spannung U und Strom I in einer mit konstanter Geschwindigkeit in ein homogenes **B**-Feld geführten Leiterschleife verschwindenden ohmschen Widerstandes

Abbildung 8.23 zeigt den zeitlichen Verlauf von Spannung und Strom in der Leiterschleife für den Fall konstanter Geschwindigkeit. Die Spannung ist während des Eintauchvorgangs konstant, der Strom steigt linear von null auf den Maximalwert, den er auch nach dem vollständigen Eintauchen beibehält. Es sei noch darauf hingewiesen, daß für eine Drahtschleife mit ohmschem Widerstand der Strom während des Eintauchens modifiziert wird und danach abklingt. Bei der Rechnung wurde außerdem die Veränderung des B-Feldes durch den Leitungsstrom vernachlässigt.

Es fällt auf, daß in dieser Leiterschleife, in der wir verschwindenden elektrischen Leitungswiderstand angenommen haben, die endliche Spannung U keinen unendlichen Strom zur Folge hat, wie man ihn nach dem Ohmschen Gesetz erwarten würde. Das liegt daran, daß die elektrische Feldstärke die Elektronen beschleunigen muß. Der Strom bleibt wegen der trägen Masse der Elektronen begrenzt.

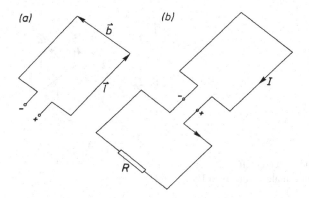

Abb. 8.24 a,b. Im Magnetfeld bewegte Leiterschleife als Spannungsquelle (**a**), als Stromquelle (**b**) eines geschlossenen Stromkreises

Die Anordnung ist im Prinzip geeignet, um als Spannungsquelle für einen äußeren Stromkreis zu dienen. Dazu öffnet man die Schleife – etwa wie in Abb. 8.24a eingezeichnet. An den offenen Enden $+$, $-$ liegt dann die Spannung

$$U_{+,-} = \varphi_+ - \varphi_- = -U_{\mathrm{ind}} = w(t)\ell B \quad ,$$

die positiv ist. Schließt man an die Enden $+$, $-$ einen äußeren Stromkreis an, so fließt in diesem der Strom natürlich im gleichen Umlaufsinn wie in der ursprünglichen Schleife (Abb. 8.24b). Damit fließt der Strom von $+$ nach $-$ im äußeren Stromkreis, in Übereinstimmung mit unserer früheren Konvention. In der Stromschleife, in der der Strom induziert wird, fließt der Strom von $-$ nach $+$. Die induzierte Umlaufspannung U_{ind} bewirkt das gleiche wie eine Pumpe, die in einem (inneren) Teil eines Wasserkreislaufs das Wasser den Berg hinaufpumpt, von dem es dann in einen restlichen (äußeren) Teil des Kreislaufes wieder herunterläuft.

8.12.2 Rotierende Drahtschleife im homogenen B-Feld

Inhalt: Wird eine Drahtschleife in einem homogenen B-Feld mit konstanter Winkelgeschwindigkeit ω um eine feste Achse $\hat{\omega}$ gedreht, die in der Schleifenebene liegt und senkrecht zum B-Feld orientiert ist, so wird in der Schleife eine Wechselspannung induziert. Zwischen der induzierten Spannung $U_{\mathrm{ind}}(t)$ und dem Strom $I(t)$ in der Schleife besteht eine Phasenverschiebung.

Bezeichnungen: ℓ, b Vektoren, die Länge und Breite einer Rechteckschleife kennzeichnen; $\mathbf{a} = \ell \times \mathbf{b}$, $\boldsymbol{\omega} = \omega\hat{\omega}$ Winkelgeschwindigkeit mit $\hat{\omega} = \hat{\ell}$, w Geschwindigkeit, F Kraft, B magnetische Flußdichte, E elektrische Feldstärke, U_{ind} induzierte Spannung, $U_{\sim}$ Spannung im äußeren Kreis, Φ magnetischer Fluß, $\hat{\ell} \cdot$ P Gesamtimpuls aller Elektronen in Schleifenrichtung, $\hat{\ell} \cdot$ p mittlerer Impuls eines Elektrons in Schleifenrichtung, n Elektronenanzahldichte, q Elektronenladung, f Leiterquerschnitt, s Schleifenumfang, I Strom, ν Frequenz, R_{i} innerer Widerstand.

Die im vorigen Abschnitt besprochene Anordnung ist offenbar für den Dauerbetrieb nicht besonders geeignet. Man benutzt deshalb Generatoren mit rotie-

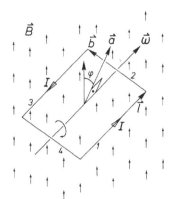

Abb. 8.25. Im B-Feld rotierende Leiterschleife. Für den Winkel φ zwischen der Flächennormalen $\mathbf{a}$ und dem B-Feld gilt $\varphi = \omega t + \pi/2$

renden Spulen, die die zur Spannungserzeugung erforderliche Änderung des magnetischen Flusses bewirken. Abbildung 8.25 zeigt eine stark schematisierte Ausführung eines Generators. Eine rechteckige Drahtschleife wird mit der Winkelgeschwindigkeit $\boldsymbol{\omega}$ um eine Achse gedreht, die in der Schleifenebene liegt und senkrecht auf der Richtung des B-Feldes steht. Wieder kennzeichnen die Vektoren $\boldsymbol{\ell}$ und $\mathbf{b}$ die Länge und Breite der Schleife. Die Schleife hat die Fläche $\mathbf{a} = \boldsymbol{\ell} \times \mathbf{b} = a\hat{\mathbf{a}}$ mit der Flächennormalen $\hat{\mathbf{a}}$. Die Rotationsachse ist parallel zu $\boldsymbol{\ell}$, so daß $\hat{\boldsymbol{\omega}} = \hat{\boldsymbol{\ell}}$ ist. In den Seiten 2 und 4 wirkt wieder keine Lorentz-Kraft in Richtung des Drahtes. Die Geschwindigkeiten der Seiten 1 und 3 sind

$$\mathbf{w}_1 = -\frac{1}{2}\boldsymbol{\omega} \times \mathbf{b} \quad , \qquad \mathbf{w}_3 = \frac{1}{2}\boldsymbol{\omega} \times \mathbf{b} \quad . \tag{8.12.8}$$

Die Lorentz-Kräfte auf die Elektronen in diesen Drahtstücken sind

$$
\begin{aligned}
\mathbf{F}_1 &= -\frac{q}{2}(\boldsymbol{\omega} \times \mathbf{b}) \times \mathbf{B} = \frac{q}{2}(\mathbf{B} \cdot \mathbf{b})\boldsymbol{\omega} \quad , \\
\mathbf{F}_3 &= \frac{q}{2}(\boldsymbol{\omega} \times \mathbf{b}) \times \mathbf{B} = -\frac{q}{2}(\mathbf{B} \cdot \mathbf{b})\boldsymbol{\omega} \quad .
\end{aligned}
\tag{8.12.9}
$$

Im Gegensatz zu der translatorisch bewegten Schleife des vorigen Abschnitts sind die Kräfte in den Seiten 1 und 3 einander entgegengesetzt und tragen damit beide zur Erzeugung eines Stromes bei. Die in den Drahtstücken 1 und 3 herrschenden elektrischen Feldstärken sind

$$\mathbf{E}_1 = \frac{\mathbf{F}_1}{q} = \frac{1}{2}(\mathbf{B} \cdot \mathbf{b})\boldsymbol{\omega} \quad , \qquad \mathbf{E}_3 = \frac{\mathbf{F}_3}{q} = -\frac{1}{2}(\mathbf{B} \cdot \mathbf{b})\boldsymbol{\omega} \quad .$$

Die Umlaufspannung, die an den offenen Enden der Schleife abgenommen werden kann, hat damit den Wert

$$U_{\text{ind}} = \oint_{(a)} \mathbf{E} \cdot d\mathbf{s} = \mathbf{E}_1 \cdot \boldsymbol{\ell} - \mathbf{E}_3 \cdot \boldsymbol{\ell} = (\mathbf{B} \cdot \mathbf{b})\ell\omega \quad .$$

Der Vektor b führt eine Drehbewegung in der Ebene aus, die durch die Vektoren $\hat{\mathbf{B}}$ und $\hat{\boldsymbol{\omega}} \times \hat{\mathbf{B}}$ aufgespannt wird. Für eine gleichförmige Drehung in der angegebenen Richtung und eine Orientierung von b in Richtung B zur Zeit $t = 0$ gilt

$$\mathbf{b} = b \left(\hat{\mathbf{B}} \cos \omega t + \hat{\boldsymbol{\omega}} \times \hat{\mathbf{B}} \sin \omega t \right) \quad .$$

Damit hat die Umlaufspannung den zeitlichen Verlauf

$$U_{\text{ind}} = Bb\ell\omega \cos \omega t = \omega Ba \cos \omega t \quad .$$

Der magnetische Fluß durch die Schleifenfläche

$$
\begin{aligned}
\mathbf{a} = \boldsymbol{\ell} \times \mathbf{b} &= \ell b \hat{\boldsymbol{\omega}} \times \hat{\mathbf{B}} \cos \omega t + \ell b \hat{\boldsymbol{\omega}} \times (\hat{\boldsymbol{\omega}} \times \hat{\mathbf{B}}) \sin \omega t \\
&= a \left(\hat{\boldsymbol{\omega}} \times \hat{\mathbf{B}} \cos \omega t - \hat{\mathbf{B}} \sin \omega t \right)
\end{aligned}
\tag{8.12.10}
$$

ist

$$\Phi = \mathbf{B} \cdot \mathbf{a} = -aB \sin \omega t \quad ,$$

so daß wieder

$$U_{\text{ind}} = -\frac{\mathrm{d}\Phi}{\mathrm{d}t} \tag{8.12.11}$$

gilt.

Den Strom in der kurzgeschlossenen Drahtschleife ohne ohmschen Widerstand berechnen wir wieder über die Impulskomponente in Umlaufrichtung,

$$
\begin{aligned}
\hat{\boldsymbol{\ell}} \cdot \mathbf{P}(t) &= nf2\ell \int_0^t \hat{\boldsymbol{\ell}} \cdot \mathbf{F}_1 \, \mathrm{d}t' = nf\ell q\omega Bb \int_0^t \cos \omega t' \, \mathrm{d}t' \\
&= nfqaB \sin \omega t = -nfq\Phi(t) \quad ,
\end{aligned}
\tag{8.12.12}
$$

die sich auf alle Leitungselektronen verteilt. Der Impuls pro Elektron in Umlaufrichtung ist dann

$$\hat{\boldsymbol{\ell}} \cdot \mathbf{p}(t) = \frac{\hat{\boldsymbol{\ell}} \cdot \mathbf{P}(t)}{2nf(\ell + b)} = -q\frac{\Phi(t)}{s} \quad ,$$

wobei $s = 2(\ell + b)$ der Umfang der Drahtschleife ist. Für den Strom ergibt sich damit wie früher

$$
\begin{aligned}
I(t) &= nfq\frac{\hat{\boldsymbol{\ell}} \cdot \mathbf{p}(t)}{m_{\text{e}}} = -nf\frac{q^2}{m_{\text{e}}}\frac{1}{s}\Phi(t) = nf\frac{q^2}{m_{\text{e}}}\frac{a}{s}B \sin \omega t \\
&= nf\frac{q^2}{m_{\text{e}}}\frac{a}{s}B \cos \left(\omega t - \frac{\pi}{2} \right) \quad .
\end{aligned}
\tag{8.12.13}
$$

Der zeitliche Verlauf von Spannung und Strom ist in Abb. 8.26 dargestellt. Da beide ihr Vorzeichen periodisch wechseln, bezeichnet man sie als *Wechselspannung* bzw. *Wechselstrom* der Frequenz

$$\nu = \frac{\omega}{2\pi} \quad .$$

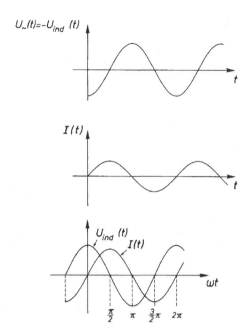

Abb. 8.26. Umlaufspannung und Strom der im **B**-Feld rotierenden Leiterschleife ohne ohmschen Widerstand

Aufgrund der Trägheit der Elektronen eilt der Strom der Spannung um den Phasenwinkel $\pi/2$ nach, man sagt, zwischen Spannung und Strom besteht eine Phasenverschiebung von $\pi/2$. Zum Zeitpunkt $t = 0$ ist die Spannung maximal, der Strom dagegen null. Während die Spannung dann abfällt, steigt der Strom an und erreicht seinen Maximalwert, wenn die Spannung verschwindet. Wieder fällt auf, daß der Maximalwert des Stromes

$$I_{\max} = nf\frac{q^2}{m_e}\frac{a}{s}B$$

endlich bleibt, obgleich wir angenommen haben, daß der Draht ein Leiter ohne ohmschen Widerstand ist.

Das Verhältnis

$$R_i = \frac{U_{\max}}{I_{\max}} = \frac{\omega s m_e}{nf q^2}$$

bezeichnen wir als *inneren Widerstand* der Anordnung. Da wir die Rückwirkung des Feldes des induzierten Stromes auf die Leiterschleife vernachlässigt haben, wird der innere Widerstand nur durch die mechanische Trägheit der Elektronen verursacht. Dementsprechend ist R_i proportional zur Elektronenmasse m_e.

Die in diesem Abschnitt beschriebene Anordnung ist ein einfacher Wechselstromgenerator, wenn man die Drahtschleife öffnet und die Spannung über Schleifringe wie in Abb. 8.27 abgreift, so daß der Strom durch einen äußeren

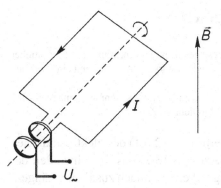

Abb. 8.27. Schema des Wechselspannungsgenerators

Stromkreis fließen kann. Die an den Schleifringen abgegriffene Wechselspannung, d. h. die Spannung im äußeren Kreis ist wieder wie in Abschn. 8.12.1 durch

$$U_\sim = -U_{\mathrm{ind}}$$

gegeben.

Experiment 8.8. Darstellung der in einer rotierenden Drahtschleife induzierten Spannung auf dem Oszillographen

Wie in den letzten Experimenten benutzen wir eine rechteckige Drahtschleife, die um eine Achse in der Schleifenebene drehbar ist. Senkrecht zur Drehachse ist ein annähernd homogenes B-Feld orientiert, das von einer Helmholtz-Spule erzeugt wird (Abb. 8.28). Die Schleife wird durch einen Elektromotor mit konstanter Winkelgeschwindigkeit gedreht. An zwei auf der Drehachse angebrachten Schleifringen, die mit den Schleifenenden verbunden sind, kann die induzierte Spannung abgegriffen und in ihrer Zeitabhängigkeit direkt auf einem Oszillographen dargestellt werden.

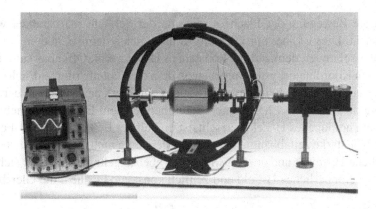

Abb. 8.28. Oszillographische Darstellung der in einer rotierenden Drahtschleife induzierten Wechselspannung

8.13 Faradaysches Induktionsgesetz

Inhalt: Angabe des Faradayschen Induktionsgesetzes in Integralform und in differentieller Form. Angabe der Feldgleichung für die elektrische Feldstärke in Anwesenheit einer zeitlich veränderlichen magnetischen Flußdichte **B**.

Bezeichnungen: a Fläche, (a) Rand der Fläche a, U_{ind} induzierte Spannung, Φ magnetischer Fluß, **E** elektrische Feldstärke, **B** magnetische Flußdichte, t Zeit.

In der Elektrostatik folgte aus der Wirbelfreiheit (2.6.1) des elektrostatischen Feldes **E** mit Hilfe des Stokesschen Satzes (B.13.7) das Verschwinden der Umlaufspannung U_a über die Berandung (a) einer einfach zusammenhängenden Fläche a,

$$U_a = \oint_{(a)} \mathbf{E} \cdot \mathrm{d}\mathbf{s} = \int_a (\boldsymbol{\nabla} \times \mathbf{E}) \cdot \mathrm{d}\mathbf{a} = 0 \quad .$$

Im Abschn. 8.12 haben wir bereits eine elektromagnetische Erscheinung kennengelernt, die *elektromagnetische Induktion*. Sie besteht in der von Faraday entdeckten Tatsache, daß an den Enden einer in einem Magnetfeld bewegten Metallschleife der Berandung (a) eine Umlaufspannung nach der Gleichung

$$\oint_{(a)} \mathbf{E} \cdot \mathrm{d}\mathbf{s} = U_{\mathrm{ind}} = -\frac{\mathrm{d}\Phi}{\mathrm{d}t} = -\frac{\mathrm{d}}{\mathrm{d}t} \int_a \mathbf{B} \cdot \mathrm{d}\mathbf{a} \qquad (8.13.1)$$

auftritt. Dies ist das *Faradaysche Induktionsgesetz*. Im Abschn. 8.12 haben wir das Entstehen der induzierten Spannung auf die Lorentz-Kraft zurückgeführt, die auf die bewegten Elektronen wirkt. In der dort gewählten Anordnung ist die Zeitabhängigkeit des magnetischen Flusses

$$\Phi = \int_a \mathbf{B} \cdot \mathrm{d}\mathbf{a}$$

durch die Bewegung der Fläche a, die von der Schleife (a) berandet wird, verursacht. Dies ist aber nur in einem Koordinatensystem so, in dem der Beobachter relativ zu dem zeitlich konstanten B-Feld ruht. Offenbar kann man sofort ein Koordinatensystem angeben, in dem die Schleife ruht und sich stattdessen das B-Feld, d. h. insbesondere auch sein Rand, bewegt. Da in der Anordnung in Abschn. 8.12.1 in einem Raumbereich kein B-Feld, in einem anderen ein homogenes B-Feld herrscht, ist im Fall der Bewegung des B-Feldes die B-Feldstärke zeitabhängig. Die obige Gleichung muß also für zeitlich veränderliche B-Felder und ortsfeste Schleifen ebenso gelten. Damit läßt sich für zeitlich veränderliches B-Feld und zeitlich konstante Fläche a die Gleichung als

$$\oint_{(a)} \mathbf{E} \cdot \mathrm{d}\mathbf{s} = -\int_a \frac{\partial}{\partial t} \mathbf{B} \cdot \mathrm{d}\mathbf{a} \qquad (8.13.2)$$

schreiben. Mit Hilfe des Stokesschen Satzes (B.13.7) läßt sich das Umlaufintegral der Feldstärke **E** über den Rand (a) der Fläche a in ein Flächenintegral der Rotation von **E** über a umwandeln, so daß

$$\int_a (\nabla \times \mathbf{E}) \cdot d\mathbf{a} = - \int_a \frac{\partial}{\partial t} \mathbf{B} \cdot d\mathbf{a}$$

gilt. Dies gilt für beliebige Flächen a, so daß die Integranden übereinstimmen müssen und wir die Gleichung

$$\nabla \times \mathbf{E} = -\frac{\partial \mathbf{B}}{\partial t} \tag{8.13.3}$$

als *differentielle Form des Faradayschen Induktionsgesetzes* erhalten. Die Rotation eines elektrischen Feldes verschwindet nur für zeitunabhängige, nicht jedoch in Anwesenheit zeitabhängiger B-Felder.

8.14 *Magnetisierbarkeit einer leitenden Kugelschale

Inhalt: Mit Hilfe des Faradayschen Induktionsgesetzes wird das induzierte magnetische Moment $\mathbf{m}_K(t) = -\beta \mathbf{B}(t)$ einer ideal leitenden Kugelschale in einem zeitlich veränderlichen magnetischen Flußdichtefeld $\mathbf{B}(t)$ berechnet. Die Magnetisierbarkeit der Kugelschale ist $\beta = QqR^2/(6m_e)$.

Bezeichnungen: $\mathbf{B}(t)$ homogene, zeitlich veränderliche magnetische Flußdichte, $\mathbf{E}(t, \mathbf{r})$ elektrische Feldstärke, **a** orientierte Kreisfläche, R Kugelradius, **F** Kraft, e Elementarladung, $q = -e$ Elektronenladung, m_e Elektronenmasse, **p** mechanischer Impuls, p_φ azimutale Komponente des Impulses, $R_\perp$ Radius eines Drahtringes, f Querschnittsfläche des Drahtes, n Leitungselektronendichte im Draht, $I(t)$ Strom, **m** magnetisches Moment des Drahtringes, $\mathbf{m}_K$ magnetisches Moment der Kugelschale, β Magnetisierbarkeit, Q Gesamtladung der Leitungselektronen in der Kugelschale.

Wir betrachten einen ideal leitenden, geschlossenen Drahtring, der die Kreisfläche a mit dem Radius $R_\perp$ umschließt, in einem räumlich homogenen magnetischen Flußdichtefeld $\mathbf{B}(t)$, dessen Richtung normal zur Drahtebene sei. Es steige vom Wert $\mathbf{B} = 0$ vor der Zeit $t = 0$ auf den Wert $\mathbf{B}(t)$ zur Zeit t an. Wir wählen ein Koordinatensystem, dessen z-Achse in Richtung der magnetischen Flußdichte zeigt, $\mathbf{B}(t) = B(t)\mathbf{e}_z$. Die Fläche des Drahtringes orientieren wir parallel zu $\mathbf{e}_z$, d. h. $\mathbf{a} = a\mathbf{e}_z$. Im Drahtring wird nach dem Faradayschen Induktionsgesetz (8.13.1) durch die zeitliche Veränderung des B-Feldes eine elektrische Feldstärke induziert, die im Draht zu einer Umlaufspannung

$$U_{\text{ind}}(t) = \oint_{(a)} \mathbf{E}(t, \mathbf{r}) \cdot d\mathbf{s} = -\frac{d}{dt} \int_a \mathbf{B}(t) \cdot d\mathbf{a} = -\frac{d\mathbf{B}(t)}{dt} \cdot \mathbf{a} = -\frac{dB(t)}{dt} a \tag{8.14.1}$$

führt. Auf die Elektronen der Ladung $q = -e$ im Draht wirkt die Kraft

$$\mathbf{F}(t, \mathbf{r}) = -e\mathbf{E}(t, \mathbf{r}) \quad .$$

Da die Kraft nach dem zweiten Newtonschen Gesetz gleich der zeitlichen Änderung des Impulses des Elektrons ist, gilt

$$\frac{d\mathbf{p}}{dt}(t, \mathbf{r}) = \mathbf{F}(t, \mathbf{r}) = -e\mathbf{E}(t, \mathbf{r}) \quad .$$

Aus (8.14.1) folgt nun

$$\frac{1}{e}\frac{d}{dt} \oint_{(a)} \mathbf{p}(t, \mathbf{r}) \cdot d\mathbf{s} = \frac{dB(t)}{dt}a \quad .$$

Da vor der Zeit $t = 0$ die elektrische Feldstärke und die magnetische Flußdichte null waren, ergibt die zeitliche Integration dieser Gleichung von $t' = 0$ bis t

$$\frac{1}{e} \oint_{(a)} \mathbf{p}(t, \mathbf{r}) \cdot d\mathbf{s} = B(t)a \quad .$$

Wir parametrisieren den geschlossenen Umlauf (a) über den Drahtring in einem Zylinderkoordinatensystem mit der oben gewählten z-Richtung in Richtung des B-Feldes durch $\mathbf{r} = R_\perp \mathbf{e}_\perp$. Damit wird das Linienelement

$$d\mathbf{s} = \frac{d\mathbf{r}}{d\varphi} d\varphi = R_\perp \mathbf{e}_\varphi d\varphi \quad .$$

Die Integration der linken Seite über den Drahtring (a) liefert dann einfach

$$\frac{1}{e} \oint_{(a)} \mathbf{p}(t, \mathbf{r}) \cdot d\mathbf{s} = \frac{1}{e} \int_0^{2\pi} \mathbf{p}(t, \mathbf{r}) \cdot \mathbf{e}_\varphi R_\perp d\varphi = \frac{2\pi R_\perp}{e} p_\varphi(t) \quad ,$$

weil die $\mathbf{e}_\varphi$-Komponente des Impulses im Draht für homogenes B-Feld ortsunabhängig ist. Damit haben wir für die Komponente $p_\varphi(t)$ den Wert

$$p_\varphi(t) = \frac{e}{2\pi R_\perp} \mathbf{B}(t) \cdot \mathbf{a} \quad .$$

Die Geschwindigkeitskomponente v_φ der Elektronen (Masse m_e) ist dann

$$v_\varphi = \frac{p_\varphi}{m_e} = \frac{1}{2\pi R_\perp} \frac{e}{m_e} \mathbf{B}(t) \cdot \mathbf{a} \quad .$$

Die räumliche Dichte der Leitungselektronen im Draht sei n, der Drahtquerschnitt f, dann fließt zur Zeit t der Strom

$$I(t) = -enfv_\varphi = -n\frac{1}{2\pi R_\perp} \frac{e^2}{m_e} f\mathbf{B}(t) \cdot \mathbf{a} \tag{8.14.2}$$

im Draht. Das magnetische Moment des stromdurchflossenen Drahtes zur Zeit t ist dann durch

$$\mathbf{m}(t) = I(t)\mathbf{a} = -n\frac{1}{2\pi R_\perp} \frac{e^2}{m_e} a^2 f\mathbf{B}(t)$$

gegeben, weil $\mathbf{a}$ und $\mathbf{B}(t)$ parallel sind.

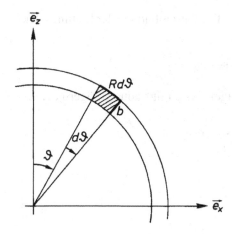

Abb. 8.29. Schnitt durch die leitende Kugelschale vom Radius R und der Dicke b. Schraffiert ist die Querschnittsfläche df eines Ringes mit dem Polarwinkel ϑ und der Winkelbreite $d\vartheta$

Wir nutzen das so gewonnene Resultat für den Drahtring zur Herleitung des magnetischen Momentes einer ideal leitenden Kugelschale. Dazu zerlegen wir eine Kugelschale der Dicke b in Ringe $\vartheta \leq \vartheta' \leq \vartheta + d\vartheta$ des Polarwinkels. Dabei zeige die z-Achse des Kugelkoordinatensystems in die Richtung $\hat{B}$ des Flußdichtefeldes. Der Radius der Kugelschicht ist $R_\perp = R \sin\vartheta$, die von ihr eingeschlossene Fläche ist

$$\mathbf{a} = \pi R^2 \sin^2\vartheta \, \mathbf{e}_z \quad .$$

Die Querschnittsfläche einer solchen Schicht der Winkelbreite $d\vartheta$ ist, vgl. Abb. 8.29,

$$df = bR \, d\vartheta \quad ,$$

der senkrecht dazu fließende Strom ist nach (8.14.2)

$$dI = -n \frac{1}{2\pi R \sin\vartheta} \frac{e^2}{m_e} \pi R^2 \sin^2\vartheta \, bR \, d\vartheta \, B(t) \quad .$$

Das magnetische Moment eines Ringes der Winkelbreite $d\vartheta$ ist durch

$$d\mathbf{m}_K = -n \frac{e^2}{m_e} \frac{\pi}{2} bR^4 \sin^3\vartheta \, d\vartheta \, \mathbf{B}(t)$$

gegeben. Integration über den Polarwinkelbereich $0 \leq \vartheta \leq \pi$ ergibt das magnetische Moment der ganzen Kugelschale,

$$\mathbf{m}_K = -\frac{e^2}{m_e} nb \frac{\pi}{2} R^4 \int_0^\pi \sin^3\vartheta \, d\vartheta \, \mathbf{B}(t) = -\beta \mathbf{B}(t) \quad .$$

Dabei ist

$$\beta = \frac{e^2}{m_e} nb \frac{2\pi}{3} R^4$$

die *Magnetisierbarkeit* der Kugelschale. Die Gesamtladung der Leitungselektronen in der Kugelschale ist

$$Q = -en4\pi R^2 b \quad ,$$

so daß die Magnetisierbarkeit einer Kugelschale mit Ladungsträgern der Ladung $q = -e$ auch durch

$$\beta = \frac{Qq}{6m_e} R^2$$

ausgedrückt werden kann.

8.15 Aufgaben

8.1: Zwei lange, gestreckte Drähte liegen parallel zueinander im Abstand d in einer Ebene.

(a) Berechnen Sie das Flußdichtefeld **B** in dieser Ebene für den Fall, daß die Ströme durch beide Drähte gleich groß und parallel bzw. antiparallel sind.

(b) Berechnen Sie die Kraft je Längeneinheit zwischen den Drähten. Geben Sie ihren Zahlwert für $I = 1\,A$, $d = 1\,m$ für ein Drahtstück von $1\,m$ Länge an.

8.2: Sie haben die Aufgabe, eine „lange" Spule (Länge: $1\,m$, Radius: $0,1\,m$) zu entwerfen, deren Flußdichtefeld **B** $= 1\,T$ betragen soll. Die Spule soll aus einer Lage eines Kupferleiters quadratischen Querschnitts ($1\,cm$ Kantenlänge) gewickelt werden.

(a) Welche Stromstärke wird benötigt?

(b) Welche Spannung müssen Sie an die Enden der Spule legen, um diesen Strom aufrechtzuerhalten?

(c) Wie groß ist die Joulesche Verlustleistung in der Spule?

(d) Wie groß ist der Energieinhalt des Feldes im Inneren der Spule? Vernachlässigen Sie Randeffekte.

8.3: Bestimmen Sie die magnetische Flußdichte **B** im Punkt P für die in Abb. 8.30 skizzierten Leiter.

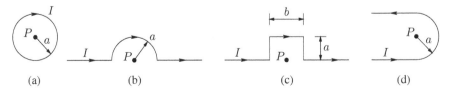

(a)   (b)   (c)   (d)

Abb. 8.30 a–d. Zu Aufgabe 8.3

8.4: Durch eine quadratische Drahtschleife (Seitenlänge a), die in der (x, y)-Ebene eines Koordinatensystems liegt (siehe Abb. 8.31), fließt der Strom I. Berechnen Sie die magnetische Flußdichte $\mathbf{B}$ auf der z-Achse.

8.5: Berechnen Sie die magnetische Flußdichte $\mathbf{B}(\mathbf{r})$, die von einem Strom mit der Stromdichte

$$\mathbf{j}(\mathbf{r}) = \begin{cases} j_0 (r_\perp/a)^{5/2} \mathbf{e}_z \,, & 0 \le r_\perp \le a \\ j_0 e^{-(r_\perp/a)^2} \mathbf{e}_z \,, & r_\perp > a \end{cases}$$

erzeugt wird. Dabei sind j_0 und a Konstanten.

8.6: Gegeben ist das Vektorpotential

$$\mathbf{A}(\mathbf{r}) = \mu_0 j_0 \left\{ \left(\sqrt{x^2 + y^2} + a e^{-\sqrt{x^2+y^2}/a} \right) \mathbf{e}_z + \right.$$
$$\left. + 2y \left(x^2 + y^2 \right)^{-1/2} (x \mathbf{e}_x + y \mathbf{e}_y) \right\} \,.$$

Berechnen Sie

(a) die magnetische Flußdichte $\mathbf{B}(\mathbf{r})$ und

(b) die Stromdichte $\mathbf{j}(\mathbf{r})$.

8.7: Zwei kreisförmige Drahtschleifen (Radius R) sind parallel zueinander mit ihren Mittelpunkten bei $\mathbf{r} = 0$ bzw. $\mathbf{r} = d\mathbf{e}_z$ angebracht. Die z-Achse des Koordinatensystems ist die Symmetrieachse der beiden Schleifen. Sie werden in der gleichen Richtung vom Strom I durchflossen.

(a) Berechnen Sie das $\mathbf{B}$-Feld auf der z-Achse mit Hilfe des Biot–Savartschen Gesetzes.

(b) Wie muß man d wählen, damit an der Stelle $z = d/2$ sowohl $\partial \mathbf{B}/\partial z$ als auch $\partial^2 \mathbf{B}/\partial z^2$ verschwindet?

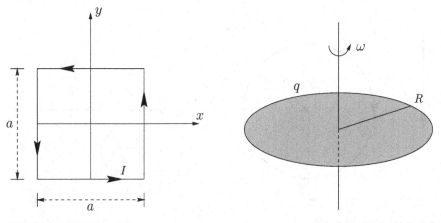

Abb. 8.31. Zu Aufgabe 8.4   **Abb. 8.32.** Zu Aufgabe 8.8

8.8: Eine kreisförmige, auf ihrer Oberfläche homogen geladene Platte (Radius R, Ladung q) rotiert gleichförmig mit der Winkelgeschwindigkeit ω um eine Achse, die senkrecht zur Platte durch den Mittelpunkt verläuft (siehe Abb. 8.32). Berechnen Sie das dabei entstehende **B**-Feld auf der Achse.

Hinweis: Die Ladungsdichte soll bei der Drehung mitgeführt werden.

8.9: Ein unendlich langer, starrer, gerader Draht und eine starre, kreisförmige Drahtschleife (Radius R) liegen in einer Ebene. Der Abstand zwischen dem Zentrum des Kreises und dem geraden Draht sei d (mit $d > R$, siehe Abb. 8.33). Durch den geraden Draht fließt der Strom I_1, durch die Drahtschleife der Strom I_2. Berechnen Sie die Kraft, mit der die Schleife vom geraden Draht angezogen wird.

8.10: Gegeben sei das Vektorfeld

$$\mathbf{W}(\mathbf{r}) = \frac{\alpha}{x^2 + y^2}\left(1 - e^{-(x^2+y^2)/\beta}\right)(x\mathbf{e}_y - y\mathbf{e}_x) \quad ,$$

$\alpha, \beta = $ const. Kann $\mathbf{W}(\mathbf{r})$ als elektrostatisches Feld oder als Flußdichtefeld eines stationären Stromes realisiert werden? Geben Sie gegebenenfalls die zur Erzeugung von $\mathbf{W}(\mathbf{r})$ erforderliche Ladungs- bzw. Stromverteilung an.

8.11: Auf einer geraden Schienenspur mit vernachlässigbarem Widerstand rollt ein durch eine masselose Achse (ohmscher Widerstand R_i) leitend verbundenes Radpaar. Senkrecht zur Schienenebene ist ein konstantes Flußdichtefeld **B** vorhanden, siehe Abb. 8.34. Jedes Rad habe die Masse m, den Radius r und das Trägheitsmoment Θ, die Spurweite sei b. Die Stromzufuhr erfolgt über die Schienen.

(a) Wie bewegt sich das Radpaar, wenn zur Zeit $t = 0$ die konstante Spannung U_0 an die Schienen angelegt wird?

(b) Welche Endgeschwindigkeit wird erreicht?

8.12: Berechnen Sie den zu der Dipolstromdichte (8.9.10) gehörenden, umlaufenden Gesamtstrom.

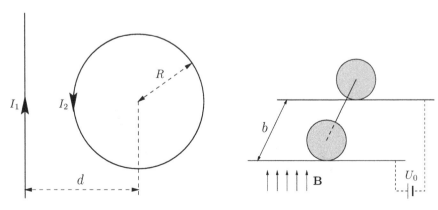

Abb. 8.33. Zu Aufgabe 8.9   **Abb. 8.34.** Zu Aufgabe 8.11

9. Magnetische Erscheinungen in Materie

Ein äußeres magnetisches Flußdichtefeld B kann auf verschiedene Weise mit den Elektronen in der Hülle der Atome wechselwirken. Insbesondere wird durch die Änderung des B-Feldes bei der Einführung eines Atoms in ein Feld ein Kreisstrom in der Hülle induziert, der seinerseits ein B-Feld erzeugt. In vielen Atomen bestehen auch schon in Abwesenheit eines äußeren B-Feldes solche Kreisströme. Damit besitzen diese Atome magnetische Momente, die durch ein äußeres B-Feld beeinflußt werden. In diesem Kapitel werden wir die Veränderung eines B-Feldes studieren, die durch Materie hervorgerufen wird. Dabei werden wir bei manchen Phänomenen weitgehende Analogie zur Veränderung des elektrischen Feldes durch Materie finden, die wir in Kap. 4 behandelt haben. Es werden jedoch auch neue Erscheinungen auftreten, die kein elektrisches Analogon haben.

9.1 Materie im magnetischen Flußdichtefeld. Permeabilität

Inhalt: Das magnetische Flußdichtefeld B_0, das von einer stromdurchflossenen Spule erzeugt wird, wird durch einen Kern aus magnetisch weichem Eisen in der Spule auf $B = \mu_r B_0$ erhöht. Der Faktor μ_r heißt relative Permeabilität des Materials und ist für Eisen von der Größenordnung $\mu_r \approx 1000$. Für kleine Felder B_0 ist μ_r unabhängig von B_0. Für große Beträge B_0 steigt B weniger stark als linear mit B_0 (Sättigung). Bei magnetisch hartem Eisen besteht kein eindeutiger Zusammenhang zwischen B und B_0. Das Feld B hängt nicht nur vom Momentanwert, sondern auch von früheren Werten von B_0 ab (Hysterese). Deshalb kann beim Abschalten von B_0 ein Feld $B = B_R \neq 0$ im Eisen bestehenbleiben (Remanenz). Für ferromagnetische Materialien (Eisen, Kobalt, Nickel) ist $\mu_r \gg 1$, für diamagnetische ($\mu_r < 1$) und paramagnetische ($\mu_r > 1$) ist $\mu_r \approx 1$.

9.1.1 Experimente zum Ferromagnetismus. Hysterese. Elektromagnet

Experiment 9.1. Magnetische Eigenschaften von Weicheisen

Wir schalten zwei gleichartige Spulen in Reihe an eine Spannungsquelle, deren Ausgangsspannung wir nach Größe und Vorzeichen verändern können. (Es ist praktisch, aber keineswegs notwendig, einfach die Spannung des Wechselspannungsnetzes zu

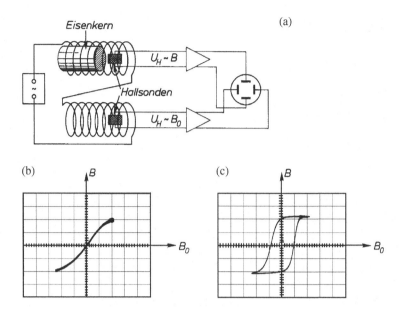

Abb. 9.1. Anordnung zur oszillographischen Beobachtung von Hystereseschleifen (**a**), Oszillogramme für Weicheisen (**b**) und magnetisch hartes Eisen (**c**). Die Maßstäbe in B und B_0 sind stark verschieden gewählt

verwenden). Jede Spule enthält eine Hall-Sonde, deren Ausgangsspannung $U_H(t)$ ein Maß für das **B**-Feld in der Spule ist. Geben wir die Hall-Spannungen über Verstärker an das x- bzw. y-Plattenpaar eines Oszillographen, so erscheint auf dem Schirm ein Geradenstück längs der Winkelhalbierenden des ersten und dritten Quadranten, weil beide Spulen stets das gleiche **B**-Feld enthalten. Bringen wir jedoch in eine Spule ein Stück aus sogenanntem *magnetisch weichem* Eisen (Abb. 9.1a), wie es für den Bau von Transformatoren verwandt wird, so erhalten wir ein völlig verändertes Oszillogramm (Abb. 9.1b).

Wir lesen daraus folgende Ergebnisse ab:

1. Die ursprüngliche magnetische Flußdichte B_0 in Luft (besser: im Vakuum) wird durch die Anwesenheit von Eisen stark erhöht. Wir schreiben

$$\mathbf{B} = \mu_r \mathbf{B}_0 \quad . \qquad (9.1.1)$$

Die Größe μ_r heißt *relative Permeabilität* oder *Permeabilitätszahl* des Eisens. Das Feld **B** verläuft in der ganzen Spule in Richtung der Spulenachse und damit senkrecht zur Grenzfläche des Eisens, vor der die Hall-Sonde steht. Obwohl die Sonde das Feld **B** außerhalb des Eisens mißt, können wir wegen der Quellenfreiheit von **B** annehmen, daß es im Eisen den gleichen Wert hat, vgl. Abschn. 8.7.

2. Für vergleichsweise kleine Werte von B_0 ist die Beziehung (9.1.1) linear, d. h. μ_r ist eine konstante Zahl. Sie hat die Größenordnung $\mu_r \approx 1000$.

3. Für größere Werte von B_0 verlangsamt sich das Anwachsen von B mit B_0. In (9.1.1) ist dann die relative Permeabilität selbst eine Funktion von B_0. Für hohe Werte von B_0 verursacht das Eisen keine wesentliche Steigerung von B. Man nennt diese Erscheinung *magnetische Sättigung* des Eisens. Sie ist für Felder der Größenordnung $B \approx 2\,\mathrm{T} = 2\,\mathrm{V\,s\,m^{-2}}$ erreicht.

Eine andere Eisenart, *magnetisch hartes* Eisen, zeigt ein noch komplizierteres Verhalten.

Experiment 9.2. Magnetische Eigenschaften von hartem Eisen

Abbildung 9.1c zeigt das mit der gleichen Anordnung (Abb. 9.1a) aufgenommene Oszillogramm für gehärteten Stahl. Man beobachtet, daß keine eindeutige Beziehung mehr zwischen $\mathbf{B}_0$ und $\mathbf{B}$ besteht.

Insbesondere bleibt beim Abschalten des von der Spule erzeugten Flußdichtefeldes ($\mathbf{B}_0 = 0$) ein Feld $\mathbf{B} = \mathbf{B}_R \neq 0$ bestehen, das allein vom Eisen herrührt. Man spricht von einer *magnetischen Remanenz* des Eisens. Ihr Betrag B_R hängt vom speziellen Material ab, ihre Richtung von der Richtung des äußeren Feldes vor seinem Abschalten. Die Erscheinung, daß das Feld $\mathbf{B}$ nicht nur vom äußeren Feld $\mathbf{B}_0$ und von einer Materialfunktion μ_r, sondern auch vom früheren magnetischen Zustand des Materials abhängt, bezeichnet man als *magnetische Hysterese*, die Kurve in Abb. 9.1c als *Hystereseschleife*. (Übrigens zeigt auch Weicheisen eine geringe Hysterese. Sie würde in Abb. 9.1b aber erst bei wesentlich größerer Streckung der B_0-Achse sichtbar werden.)

Die hohe Permeabilität von Weicheisen nutzt man auch technisch beim Bau von *Elektromagneten* zur Erzeugung hoher B-Felder aus. Abbildung 9.2a zeigt eine Ringspule mit ringförmigem *Eisenkern* oder *Eisenjoch*, der einen *Luftspalt* besitzt. Wegen der Divergenzfreiheit des B-Feldes herrscht im Luftspalt (abgesehen von dessen Randzonen) das gleiche B-Feld wie im Eisen. Auch andere Jochformen (Abb. 9.2b und c) haben die Eigenschaft, daß die geschlossenen Feldlinien des B-Feldes bis auf einen wohldefinierten Luftspalt im Eisen verlaufen können. Im Luftspalt selbst ist das Feld annähernd homogen. Für die meisten Zwecke ungeeignet ist die einfache gestreckte Jochform (Abb. 9.2d), die zu einer starken Ausbreitung der Feldlinien außerhalb des Eisens und damit dort zu geringen Beträgen von $\mathbf{B}$ führt. Ausgenommen ist nur eine schmale Zone vor den Stirnflächen des Joches.

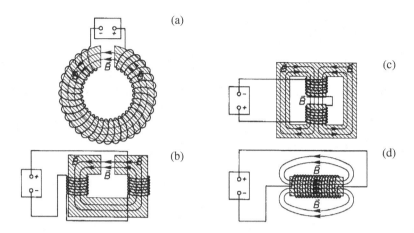

Abb. 9.2. Elektromagnete mit verschiedenen Jochformen. In den Fällen (a), (b), (c) verläuft das magnetische Flußdichtefeld **B** mit Ausnahme eines wohldefinierten Luftspalts völlig im Eisen. Bei einem gestreckten Joch (d) breitet es sich weit im Raum aus

9.1.2 Experimente zum Dia- und Paramagnetismus

Eisen und in deutlich geringerem Maße zwei ihm im periodischen System der Elemente benachbarte Metalle, Kobalt und Nickel, haben hohe relative Permeabilitäten. Man nennt sie *ferromagnetisch*. Alle anderen Substanzen haben relative Permeabilitäten $\mu_r \approx 1$. Dabei treten Zahlwerte größer und kleiner als eins auf. Stoffe mit $\mu_r < 1$ heißen *diamagnetisch*, solche mit $\mu_r > 1$ *paramagnetisch*.

Zur Messung kleiner Permeabilitäten kann man in Analogie zu Experiment 4.2 die Steighöhenmethode benutzen. Wir nehmen vorweg (vgl. Abschn. 9.5.2), daß die Energiedichte des magnetischen Feldes im Vakuum $w_m = B^2/(2\mu_0)$ bzw. in Materie $w_m = B^2/(2\mu_r\mu_0)$ ist.

Experiment 9.3.
Demonstration von Dia- oder Paramagnetismus von Flüssigkeiten
Ein U-Rohr, dessen einer Schenkel in das Feld eines Elektromagneten ragt, ist mit Flüssigkeit gefüllt. Beim Einschalten des Magneten werden manche Flüssigkeiten gegen die Schwerkraft weiter in das Feld hineingehoben, andere weiter herausgedrängt (Abb. 9.3). Die Rechnung entspricht völlig der Diskussion des Experimentes 4.2, Abschn. 4.4.2. Als Ergebnis ergibt sich der Zusammenhang

$$\mu_r = 1 + 2\mu_0\varrho g\,\Delta h/B^2$$

zwischen der relativen Permeabilität μ_r und der Höhendifferenz Δh der Flüssigkeitsoberfläche innerhalb und außerhalb des Feldbereiches. Die Permeabilität ist größer als eins, die Flüssigkeit also paramagnetisch, wenn die Steighöhe positiv ist, d. h. die

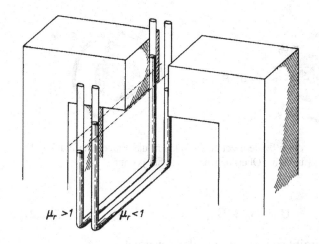

$\mu_r > 1$ $\mu_r < 1$

Abb. 9.3. Messung der Permeabilitätszahl von para- bzw. diamagnetischen Flüssigkeiten

Substanz angehoben wird. Für diamagnetische Substanzen ist $\mu_r < 1$ und $\Delta h < 0$. Zur Demonstration eignen sich z. B. Lösungen von $FeCl_3$ (paramagnetisch) bzw. $Al_2(SO_4)_3$ (diamagnetisch).

9.2 Magnetisierung. Magnetische Suszeptibilität

Inhalt: Die magnetische Flußdichte B in Materie ist um die zusätzliche Flußdichte $B_M = B - B_0$ größer als die Flußdichte B_0 im Vakuum. Das Zusatzfeld $B_M = \mu_0 M$ rührt von der Magnetisierung M, dem magnetischen Moment pro Volumeneinheit der Materie, her. Diese ist gleich dem mittleren Moment m der Atome multipliziert mit deren Anzahldichte. Jedes atomare Moment wird von einer Elementarstromdichte j_m erzeugt. Deren Summe ist die Magnetisierungsstromdichte j_M, die sich in einfachen Fällen nur als Oberflächenstromdichte auf dem Material äußert.

Bezeichnungen: B_0 magnetische Flußdichte im Vakuum, B magnetische Flußdichte in Materie, $B_M = B - B_0$ zusätzliches Feld in Materie, μ_r Permeabilitätszahl, $\chi_m = \mu_r - 1$ magnetische Suszeptibilität, μ_0 magnetische Feldkonstante, j eingeprägte Stromdichte, j_M Magnetisierungsstromdichte, I_M Magnetisierungsstrom, j_a Magnetisierungsstromdichte pro Längeneinheit; ℓ Länge, R Radius und V Volumen eines Zylinders; $\hat{n}$ Achsenrichtung des Zylinders, m magnetisches Moment eines Atoms, n_m Anzahldichte der magnetischen Momente, M Magnetisierung.

Die Experimente zeigen, daß die magnetische Flußdichte B in Materie im Vergleich zu B_0 im Vakuum verändert ist. Wir machen den linearen Ansatz

$$B = \mu_r B_0 \quad . \tag{9.2.1}$$

Die dimensionslose Proportionalitätskonstante μ_r ist die relative Permeabilität oder Permeabilitätszahl des Materials.

Zur Deutung dieses Befundes zerlegen wir das Feld B im Material in das ursprüngliche Feld B_0 im Vakuum, das von der äußeren Stromdichte erzeugt wird, und ein Zusatzfeld B_M,

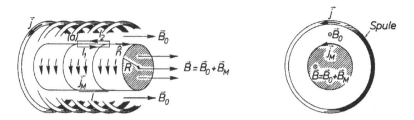

Abb. 9.4. Die Stromdichte **j** in einer Spule erzeugt im Vakuum das Flußdichtefeld $\mathbf{B}_0$. In Materie tritt ein Zusatzfeld $\mathbf{B}_M$ und eine Oberflächenstromdichte $\mathbf{j}_M$ auf

$$\mathbf{B} = \mathbf{B}_0 + \mathbf{B}_M \quad . \tag{9.2.2}$$

Für das Zusatzfeld $\mathbf{B}_M$ ergibt sich mit (9.2.1) der Ausdruck

$$\mathbf{B}_M = (\mu_r - 1)\mathbf{B}_0 = \chi_m \mathbf{B}_0 \quad , \qquad \chi_m = \mu_r - 1 \quad . \tag{9.2.3}$$

Die dimensionslose Materialkonstante χ_m heißt *magnetische Suszeptibilität*.

Da die äußere Stromdichte **j** konstant gehalten wird, muß das Zusatzfeld $\mathbf{B}_M$ von einem Strom herrühren, der im Material fließt. Da das Feld $\mathbf{B}_M$ in der Anordnung des Experimentes 9.1 wie das Feld $\mathbf{B}_0$ parallel zur Spulenachse und homogen innerhalb des Materials ist, muß der es erzeugende Strom von der gleichen geometrischen Struktur sein wie der äußere Strom in der Spule. Wir müssen also annehmen, daß auf der Mantelfläche des zylindrischen Eisenstücks eine Oberflächenstromdichte in azimutaler Richtung herrscht (Abb. 9.4). Die Größe des Oberflächenstromes auf dem Material kann man aus $\mathbf{B}_M$ berechnen. Da im Zwischenraum zwischen Spule und Material das Feld $\mathbf{B}_0$, im Material das Feld **B** herrscht, tritt an der Mantelfläche des Eisenzylinders ein Sprung der B-Feldstärke von der Größe

$$\mathbf{B} - \mathbf{B}_0 = \mathbf{B}_M$$

auf. Führen wir ein Linienintegral über einen geschlossenen Weg (a), vgl. Abb. 9.4, aus, der aus zwei Geradenstücken $\boldsymbol{\ell}_1 = \ell\hat{\mathbf{n}}$, $\boldsymbol{\ell}_2 = -\ell\hat{\mathbf{n}}$ innerhalb und außerhalb des Eisens parallel zur Zylinderachse und zwei weiteren Stücken in radialer Richtung besteht, so folgt aus (8.7.10),

$$\mu_0 \int_a \mathbf{j} \cdot d\mathbf{a} = \int_a (\boldsymbol{\nabla} \times \mathbf{B}) \cdot d\mathbf{a} = \oint_{(a)} \mathbf{B} \cdot d\mathbf{s} \quad ,$$

für unseren speziellen Fall für den *Magnetisierungsstrom* I_M auf der Länge ℓ

$$\begin{aligned}
\mu_0 I_M = \mu_0 \int_a \mathbf{j}_M \cdot d\mathbf{a} &= \int_{\ell_1} \mathbf{B} \cdot d\mathbf{s} + \int_{\ell_2} \mathbf{B}_0 \cdot d\mathbf{s} \\
&= (\mathbf{B} - \mathbf{B}_0) \cdot \hat{\mathbf{n}}\ell = (\mathbf{B}_M \cdot \hat{\mathbf{n}})\ell \quad . \tag{9.2.4}
\end{aligned}$$

Dabei ist $\mathbf{j_M}$ die *Magnetisierungsstromdichte* im Material. Sie entspricht einer Oberflächenstromdichte j_a pro Längeneinheit, $j_a = I_M/\ell$. Diese ist direkt mit dem Zusatzfeld $\mathbf{B_M}$ durch

$$\mu_0 j_a = \mu_0 \frac{I_M}{\ell} = \mathbf{B_M} \cdot \hat{\mathbf{n}} \qquad (9.2.5)$$

verknüpft. Diese Beziehung ist das magnetische Analogon der Gleichung (4.2.4c) für elektrische Phänomene.

Zur Erklärung des Stroms auf der Zylindermantelfläche greifen wir auf die atomistische Struktur der Materie zurück und schreiben jedem Eisenatom einen Kreisstrom zu, der durch das Umlaufen von Elektronen der Atomhülle um den Kern bewirkt wird. Jeder dieser Kreisströme besitzt ein atomares magnetisches Moment m, vgl. (8.9.5). Das gesamte magnetische Moment des Eisenzylinders ist dann

$$n_{\mathrm{m}} \mathbf{m} V = \mathbf{M} V \quad .$$

Dabei ist n_{m} die Anzahldichte der Atome, V das Volumen des Eisenzylinders. Die Größe

$$\mathbf{M} = \mathbf{m} n_{\mathrm{m}} \quad ,$$

die magnetische Momentdichte im Eisen, heißt *Magnetisierung*. Sie ist gleichbedeutend mit dem magnetischen Moment pro Volumeneinheit des Eisens.

Wir können die Größe M aber auch direkt aus der Oberflächenstromdichte j_a berechnen. Der Gesamtstrom auf dem Zylinder der Länge L ist

$$I_M = j_a L \quad .$$

Mit dem Querschnitt πR^2 des Zylinders ergibt sich das gesamte magnetische Moment zu

$$I_M \pi R^2 \hat{\mathbf{n}} = j_a L \pi R^2 \hat{\mathbf{n}} = j_a V \hat{\mathbf{n}} \quad ,$$

und damit das Moment pro Volumeneinheit zu

$$\mathbf{M} = j_a \hat{\mathbf{n}} \quad .$$

Über (9.2.5) führt man das Zusatzfeld $\mathbf{B_M}$ an Stelle von j_a ein und erhält

$$\mathbf{M} = \frac{1}{\mu_0} \mathbf{B_M} \quad ,$$

weil $\mathbf{B_M}$ parallel zu $\hat{\mathbf{n}}$ ist. Damit ergibt (9.2.2)

$$\mathbf{B}_0 = \mathbf{B} - \mu_0 \mathbf{M} \quad . \qquad (9.2.6)$$

Mit (9.2.1) gilt in Materialien mit linearem Zusammenhang zwischen B und $\mathbf{B}_0$ außerdem noch

$$\mathbf{M} = \frac{1}{\mu_0} \left(1 - \frac{1}{\mu_{\mathrm{r}}} \right) \mathbf{B} = \frac{1}{\mu_{\mathrm{r}} \mu_0} \chi_{\mathrm{m}} \mathbf{B} = \chi_{\mathrm{m}} \frac{1}{\mu_0} \mathbf{B}_0 \quad . \qquad (9.2.7)$$

9.3 Die magnetische Feldstärke. Feldgleichungen in Materie

Inhalt: Die magnetische Feldstärke $H = B/\mu_0 - M$ ist allein durch die äußere (eingeprägte) Stromdichte j gegeben: $\nabla \times H = j$. Dagegen wird die magnetische Flußdichte B durch die gesamte Stromdichte $j + j_M$, die die Magnetisierungsstromdichte j_M einschließt, bestimmt: $\nabla \times B = \mu_0(j + j_M)$.
Bezeichnungen: H magnetische Feldstärke, M Magnetisierung, j äußere (eingeprägte) Stromdichte, j_M Magnetisierungsstromdichte, B magnetische Flußdichte, B_0 Anteil von B der nur von j herrührt, μ_0 magnetische Feldkonstante, μ_r relative Permeabilität, χ_m magnetische Suszeptibilität, A Vektorpotential.

Im Fall der elektrostatischen Erscheinungen in Materie hatte es sich als nützlich herausgestellt, neben der elektrischen Feldstärke E noch das Feld der elektrischen Flußdichte D einzuführen, das der Feldgleichung $\nabla \cdot D = \varrho$ genügt und dessen Quelldichte damit allein die äußere Ladungsdichte $\varrho(r)$ ist. Im Fall der magnetischen Erscheinungen verwenden wir ebenfalls ein weiteres Feld, die *magnetische Feldstärke* H, neben dem bisher nur behandelten magnetischen Flußdichtefeld B. Es ist dadurch definiert, daß seine Rotation allein durch die äußere (eingeprägte) Stromdichte j und nicht durch die Magnetisierungsstromdichte j_M beschrieben wird, d. h.

$$\nabla \times H = j \quad . \tag{9.3.1}$$

In der Anordnung des Experimentes 9.1 ist B_0 gerade das Flußdichtefeld der äußeren Stromdichte, das der Gleichung

$$\nabla \times B_0 = \mu_0 j \tag{9.3.2}$$

genügt, so daß H einfach als

$$H = \frac{1}{\mu_0} B_0 \tag{9.3.3}$$

identifiziert werden kann.

Den Zusammenhang mit B, der magnetischen Flußdichte im Material, liefert (9.2.6) durch Multiplikation mit $1/\mu_0$,

$$H = \frac{1}{\mu_0} B - M \quad . \tag{9.3.4}$$

Für Materialien, in denen B und B_0 linear miteinander verknüpft sind, gilt dies auch wegen (9.2.7) und (9.3.3) für M und H,

$$M = \chi_m H \quad , \tag{9.3.5}$$

und für B und H,

$$H = \frac{1}{\mu_0}B - M = \frac{1}{\mu_0}B - \chi_m H \quad ,$$

bzw.

$$H = \frac{1}{\mu_r \mu_0}B \quad .$$

Die Feldgleichungen zeitunabhängiger Magnetfelder B und H sind nun offenbar

$$\nabla \cdot B = 0 \tag{9.3.6}$$

und

$$\nabla \times H = j \tag{9.3.7}$$

mit der Beziehung (9.3.4),

$$H = \frac{1}{\mu_0}B - M \quad ,$$

die für Materialien mit linearem Zusammenhang zwischen M und H in

$$H = \frac{1}{\mu_r \mu_0}B \tag{9.3.8}$$

übergeht.

Da die magnetische Flußdichte B im Gegensatz zur Feldstärke H durch die gesamte Stromdichte, d. h. durch die Summe aus eingeprägter Stromdichte j und Magnetisierungsstromdichte j_M gegeben ist,

$$\nabla \times B = \mu_0(j + j_M) \quad ,$$

und nach (9.2.2)

$$B = B_0 + B_M = B_0 + \mu_0 M$$

gilt, folgt

$$\nabla \times B_0 + \mu_0 \nabla \times M = \mu_0 j + \mu_0 j_M \quad .$$

Mit (9.3.2) erhalten wir für die Magnetisierung die Beziehung

$$\nabla \times M = j_M \quad . \tag{9.3.9}$$

Damit erweist sich, in Analogie zur Polarisation P, vgl. (4.6.10), die Magnetisierung M als eine Feldstärke, die von der Magnetisierungsstromdichte im Material und nicht (wie die magnetische Feldstärke H) von der äußeren Stromdichte herrührt.

Wegen (9.3.6) bleibt auch in magnetischen Materialien das Feld der magnetischen Flußdichte B als Rotation eines Vektorpotentials A darstellbar:

$$B = \nabla \times A \quad . \tag{9.3.10}$$

Das magnetische Feld H ist im allgemeinen nicht quellenfrei, weil die Feldgleichung (9.3.7) nur die äußere Stromdichte berücksichtigt, nicht jedoch die Magnetisierungsstromdichte.

9.4 Unstetigkeiten der magnetischen Feldgrößen B und H

Inhalt: An der Grenzfläche zwischen zwei Stoffen verschiedener Permeabilitätszahl ändern sich die Felder **B** und **H** unstetig. Allerdings bleiben die Komponenten von **B** senkrecht zur Grenzfläche und die Komponenten von **H** parallel zur Grenzfläche stetig.
Bezeichnungen: **B** magnetische Flußdichte, **H** magnetische Feldstärke, $\hat{n}$ Normalenvektor der Grenzfläche, $\mathbf{B}_\perp = (\mathbf{B} \cdot \hat{n})\hat{n}$, $\mathbf{B}_\| = \mathbf{B} - \mathbf{B}_\perp$, $\mathbf{H}_\perp = (\mathbf{H} \cdot \hat{n})\hat{n}$, $\mathbf{H}_\| = \mathbf{H} - \mathbf{H}_\perp$, μ_0 magnetische Feldkonstante, μ_{r1} bzw. μ_{r2} Permeabilitätszahl der Stoffe 1 bzw. 2, α_1 bzw. α_2 Winkel zwischen den Richtungen von **H** und $\hat{n}$ in den Stoffen 1 bzw. 2.

In Abschn. 4.5 haben wir uns mit der Änderung der elektrischen Feldgrößen **E** und **D** an der Grenzfläche zwischen zwei Dielektrika verschiedener Permittivitätszahlen beschäftigt. Aus der Feldgleichung $\nabla \times \mathbf{E} = 0$ gewannen wir die Stetigkeit der Tangentialkomponente von **E** beim Durchgang durch die Grenzfläche. Die Feldgleichung $\nabla \cdot \mathbf{D} = \varrho$ nahm auf der Grenzfläche die einfache Form $\nabla \cdot \mathbf{D} = 0$ an, wenn die Fläche keine von außen aufgebrachten Ladungen enthielt, und lieferte direkt die Stetigkeit der Normalkomponente von **D**. Beide Beziehungen zusammen ergaben das Brechungsgesetz (4.5.3) der elektrischen Feldstärke (Abb. 4.5).

Für die Feldgrößen **B** und **H** gelten die Feldgleichungen $\nabla \cdot \mathbf{B} = 0$ und $\nabla \times \mathbf{H} = \mathbf{j}$. Für gewöhnlich enthält die Grenzfläche zwischen zwei Materialien mit den verschiedenen Permeabilitäten μ_{r1} und μ_{r2} keine von außen aufgeprägte Stromdichte. Dann ist $\mathbf{j} = 0$, d. h. $\nabla \times \mathbf{H} = 0$. Damit ist die Tangentialkomponente der magnetischen Feldstärke **H** und die Normalkomponente der magnetischen Flußdichte **B** stetig:

$$\mathbf{B}_{1\perp} = \mathbf{B}_{2\perp} \quad , \qquad \mathbf{H}_{1\|} = \mathbf{H}_{2\|} \quad . \tag{9.4.1}$$

Gilt in beiden Materialien ein linearer Zusammenhang zwischen Flußdichte und Feldstärke,

$$\mathbf{B}_1 = \mu_{r1}\mu_0\mathbf{H}_1 \quad , \qquad \mathbf{B}_2 = \mu_{r2}\mu_0\mathbf{H}_2 \quad ,$$

so haben wir ein Brechungsgesetz analog zu (4.5.3) für den Vektor der magnetischen Feldstärke **H**,

$$\frac{\tan \alpha_1}{\tan \alpha_2} = \frac{\mu_{r1}}{\mu_{r2}} \quad . \tag{9.4.2}$$

Die Relationen (9.4.1) und (9.4.2) sind in Abb. 9.5 graphisch dargestellt.

Aus dem Brechungsgesetz (9.4.2) kann man sofort ablesen, daß die magnetische Feldstärke in Luft in der Nähe einer Eisenoberfläche auf der Eisenoberfläche dann ziemlich genau senkrecht steht, wenn die Feldstärke im Eisen nicht in etwa parallel zur Oberfläche gerichtet ist. Betrachtet man nämlich die Grenzfläche Eisen–Luft, so ist

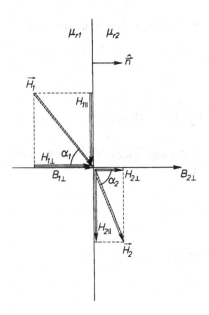

Abb. 9.5. Unstetigkeit des Magnetfeldes an der Grenzfläche zwischen Materialien verschiedener Permeabilitätszahlen

$$\mu_{r1} \gg 1 \quad , \quad \mu_{r2} \approx 1$$

und damit

$$\tan \alpha_2 \approx \frac{\tan \alpha_1}{\mu_{r1}} \approx 0 \quad ,$$

d. h. für $\tan \alpha_1 \lesssim 1$,

$$\alpha_2 \approx 0 \quad .$$

9.5 Kraftdichte und Energiedichte des magnetischen Feldes

9.5.1 Kraftdichte auf eine Stromverteilung. Energie eines Dipols im magnetischen Flußdichtefeld

Inhalt: In einem magnetischen Flußdichtefeld $\mathbf{B}(\mathbf{r})$ wirkt auf eine Stromdichte $\mathbf{j}(\mathbf{r})$ die Kraftdichte $\mathbf{f}(\mathbf{r}) = \mathbf{j}(\mathbf{r}) \times \mathbf{B}(\mathbf{r})$. Auf ein magnetisches Moment $\mathbf{m}$ am Ort $\mathbf{r}$ wirkt die Kraft $\mathbf{F} = \nabla[\mathbf{m} \cdot \mathbf{B}(\mathbf{r})]$. Es besitzt die potentielle Energie $E_{pot} = -\mathbf{m} \cdot \mathbf{B}(\mathbf{r})$.
Bezeichnungen: $\mathbf{F}$ Kraft, $\mathbf{f}$ Kraftdichte, q Ladung, $\mathbf{r}$ Ort, $\mathbf{v}$ Geschwindigkeit, $\mathbf{B}$ magnetische Flußdichte, $\mathbf{j}$ Stromdichte, $\mathbf{j}_q$ Stromdichte einer bewegten Punktladung, $\mathbf{j}_m$ Elementarstromdichte, δ^3 Diracsche Deltafunktion in drei Dimensionen, $\mathbf{m}$ magnetisches Moment, E_{pot} potentielle Energie.

Die Kraft $\mathbf{F}_\ell$ auf eine mit der Geschwindigkeit $\mathbf{v}_\ell$ bewegte Punktladung q_ℓ am Ort $\mathbf{r}_\ell$ im Feld ist nach (8.2.2)

$$\mathbf{F}_\ell = q_\ell \mathbf{v}_\ell \times \mathbf{B}(\mathbf{r}_\ell) \quad .$$

Diesen Ausdruck kann man in ein Integral verwandeln, indem man die Stromdichte

$$\mathbf{j}_{q\ell}(\mathbf{r}) = q_\ell \mathbf{v}_\ell \delta^3(\mathbf{r} - \mathbf{r}_\ell)$$

der Punktladung einführt,

$$\mathbf{F}_\ell = \int q_\ell \delta^3(\mathbf{r} - \mathbf{r}_\ell)\mathbf{v}_\ell \times \mathbf{B}(\mathbf{r})\,\mathrm{d}V = \int \mathbf{j}_{q\ell}(\mathbf{r}) \times \mathbf{B}(\mathbf{r})\,\mathrm{d}V \quad . \qquad (9.5.1)$$

Betrachten wir nun eine Stromverteilung $\mathbf{j}(\mathbf{r})$, die aus den Stromdichten einer großen Zahl N von Punktladungen q_ℓ besteht,

$$\mathbf{j}(\mathbf{r}) = \sum_{\ell=1}^{N} \mathbf{j}_{q\ell}(\mathbf{r}) \quad ,$$

so erhalten wir als Kraft auf die Stromverteilung

$$\mathbf{F} = \sum_{\ell=1}^{N} \mathbf{F}_\ell = \int \mathbf{j}(\mathbf{r}) \times \mathbf{B}(\mathbf{r})\,\mathrm{d}V \quad .$$

Die Kraftdichte auf die Stromverteilung ist offenbar

$$\mathbf{f}(\mathbf{r}) = \mathbf{j}(\mathbf{r}) \times \mathbf{B}(\mathbf{r}) \quad . \qquad (9.5.2)$$

Wir betrachten für $\mathbf{j}(\mathbf{r})$ speziell die Elementarstromdichte (8.9.9) eines magnetischen Moments $\mathbf{m}$ am Ort $\mathbf{r}$,

$$\mathbf{j}_{\mathbf{m}}(\mathbf{r}') = -\mathbf{m} \times \boldsymbol{\nabla}'\delta^3(\mathbf{r}' - \mathbf{r}) \quad .$$

Durch Einsetzen erhalten wir

$$\mathbf{F} = -\int \left[\mathbf{m} \times \boldsymbol{\nabla}'\delta^3(\mathbf{r}' - \mathbf{r})\right] \times \mathbf{B}(\mathbf{r}')\,\mathrm{d}V' \quad .$$

Mit dem Entwicklungssatz für das doppelte Kreuzprodukt finden wir

$$\mathbf{F} = -\int \boldsymbol{\nabla}'\delta^3(\mathbf{r}' - \mathbf{r})\,[\mathbf{m} \cdot \mathbf{B}(\mathbf{r}')]\,\mathrm{d}V' + \int \mathbf{m}\left[\mathbf{B}(\mathbf{r}') \cdot \boldsymbol{\nabla}'\delta^3(\mathbf{r}' - \mathbf{r})\right]\mathrm{d}V' \quad .$$

Wir führen eine partielle Integration aus. Dabei trägt der zweite Term nicht bei, weil die Divergenz von $\mathbf{B}$ verschwindet. Der erste Term liefert

$$\mathbf{F} = \boldsymbol{\nabla}[\mathbf{m} \cdot \mathbf{B}(\mathbf{r})] \quad . \qquad (9.5.3)$$

Das Ergebnis zeigt, daß nur in inhomogenen $\mathbf{B}$-Feldern eine Kraft auf ein magnetisches Moment wirkt.

Wir berechnen nun die potentielle Energie eines magnetischen Dipols in einem Flußdichtefeld. Dazu führen wir den magnetischen Dipol mit dem Moment $\mathbf{m}$ aus dem Unendlichen an den Ort $\mathbf{r}$ im $\mathbf{B}$-Feld und berechnen die

Arbeit, die unter der Wirkung der Kraft (9.5.3) aufgewendet oder gewonnen wird.

Zunächst nehmen wir an, daß bei diesem Vorgang keine Veränderung des Dipolmomentes $\mathbf{m}$ des Dipols oder des äußeren B-Feldes auftritt. Diese Voraussetzungen sind wichtig, weil die Bewegung des Dipolmomentes in dem Stromkreis, der das äußere B-Feld erzeugt, eine Gegenspannung induziert. Diese muß also durch eine Regelvorrichtung im äußeren Stromkreis kompensiert werden. Ebenso wird das Dipolmoment $\mathbf{m}$, wenn es durch bewegte Ladungen eines Stromes hervorgerufen wird, durch Induktion verändert. Das haben wir im Abschn. 8.14 am Beispiel der Einführung einer leitenden Kugelschale in ein Magnetfeld gesehen. Auch hier muß durch Kompensation der induzierten Gegenspannung das Dipolmoment $\mathbf{m}$ während des Bewegungsvorganges konstant gehalten werden.

Nur im Falle von starren magnetischen Momenten, wie sie durch den Spin von Elementarteilchen z. B. bei Elektronen auftreten, bleibt der Betrag des Momentes $\mathbf{m}$ bei der Bewegung im Magnetfeld auch ohne eine solche Kompensation ungeändert. Das rührt daher, daß der Eigendrehimpuls s von Elementarteilchen gequantelt ist, d. h. entweder verschwindet oder halb- oder ganzzahlige Vielfache des Planckschen Wirkungsquantums $\hbar = h/(2\pi)$ annimmt. Die Spins der Elementarteilchen werden nicht durch Rotation einer ausgedehnten Massen- und damit Ladungsverteilung hervorgerufen. Deshalb sind die magnetischen Momente in ihrer Größe nicht veränderlich.

Führt man unter den angegebenen Bedingungen einen Dipol aus dem feldfreien Gebiet im Unendlichen an den Punkt $\mathbf{r}$, so kann man die potentielle Energie des Dipols im Feld durch

$$E_{\text{pot}}(\mathbf{r}) = - \int_{\infty}^{\mathbf{r}} \mathbf{F}(\mathbf{r}') \cdot d\mathbf{r}'$$

berechnen,

$$E_{\text{pot}} = - \int_{\infty}^{\mathbf{r}} \boldsymbol{\nabla}'[\mathbf{m} \cdot \mathbf{B}(\mathbf{r}')] \cdot d\mathbf{r}' \quad .$$

Mit (B.10.7) erhalten wir

$$E_{\text{pot}} = -\mathbf{m} \cdot \mathbf{B}(\mathbf{r}) = -mB \cos \vartheta \quad , \tag{9.5.4}$$

wobei $\vartheta = \sphericalangle[\mathbf{m}, \mathbf{B}(\mathbf{r})]$ der Winkel zwischen Dipolmoment und B-Feld ist. An einem vorgegebenen Ort $\mathbf{r}$ ist die potentielle Energie des Dipols von dem Winkel zur Feldrichtung abhängig und liegt zwischen den Grenzen

$$-mB \leq E_{\text{pot}} \leq mB \quad .$$

Diese Beziehung entspricht (2.10.14) für den elektrischen Dipol.

9.5.2 Magnetische Energiedichte

Inhalt: Ausgehend vom Faradayschen Induktionsgesetz $\nabla \times \mathbf{E} = -\dot{\mathbf{B}}$ wird als Energiedichte w_m im Magnetfeld das Linienintegral der magnetischen Feldstärke $\mathbf{H}$ über die magnetische Flußdichte hergeleitet. Für lineare, isotrope magnetische Materialien gilt $w_m = \mathbf{H} \cdot \mathbf{B}/2$. Die Energie im Magnetfeld ist das Volumenintegral über die magnetische Energiedichte w_m.
Bezeichnungen: $\mathbf{E}$ elektrische Feldstärke, $\mathbf{D}$ elektrische Flußdichte, $\mathbf{B}$ magnetische Flußdichte, $\mathbf{H}$ magnetische Feldstärke, ν elektrische Leistungsdichte, $\mathbf{j}$ elektrische Stromdichte, w_m magnetische Energiedichte, W_m magnetische Energie, $\mathbf{A}$ Vektorpotential der magnetischen Flußdichte, μ_r Permeabilitätszahl, μ_0 magnetische Feldkonstante.

Stromverteilungen im Vakuum oder in Materie bestehen aus bewegten Ladungen. Im Feld der magnetischen Flußdichte $\mathbf{B}$ wirkt auf die bewegten Ladungen die Lorentz-Kraft (8.2.2). Da sie senkrecht zu der Geschwindigkeit der Ladung wirkt, verrichten zeitunabhängige magnetische Flußdichten an Ladungen keine Arbeit. Im Falle zeitabhängiger Flußdichte wird nach dem Faradayschen Induktionsgesetz (8.13.1),

$$\nabla \times \mathbf{E} = -\frac{\partial \mathbf{B}}{\partial t} \quad , \qquad (9.5.5)$$

ein elektrisches Feld $\mathbf{E}$ induziert, das nach (5.5.1) Arbeit an den Ladungen verrichtet. Durch skalare Multiplikation von links mit der magnetischen Feldstärke $\mathbf{H}(t, \mathbf{r})$ erhalten wir

$$\mathbf{H} \cdot (\nabla \times \mathbf{E}) = -\mathbf{H} \cdot \frac{\partial \mathbf{B}}{\partial t} \quad . \qquad (9.5.6)$$

Mit Hilfe der Beziehung

$$\nabla \cdot (\mathbf{E} \times \mathbf{H}) = \mathbf{H} \cdot (\nabla \times \mathbf{E}) - \mathbf{E} \cdot (\nabla \times \mathbf{H}) \qquad (9.5.7)$$

erhält man aus (9.5.6)

$$\nabla \cdot (\mathbf{E} \times \mathbf{H}) + \mathbf{E} \cdot (\nabla \times \mathbf{H}) = -\mathbf{H} \cdot \frac{\partial \mathbf{B}}{\partial t} \quad .$$

In das zweite Glied auf der linken Seite kann mit Hilfe von

$$\nabla \times \mathbf{H} = \mathbf{j} \quad ,$$

vgl. (9.3.1), die Stromdichte eingeführt werden. Durch Integration über die Zeit im Intervall $t_0 \leq t' \leq t$ und über den ganzen Raum ergibt sich dann

$$\int \int_{t_0}^{t} \nabla \cdot (\mathbf{E} \times \mathbf{H}) \, dt' \, dV + \int \int_{t_0}^{t} \mathbf{E} \cdot \mathbf{j} \, dt' \, dV = -\int \int_{t_0}^{t} \mathbf{H} \cdot \frac{\partial \mathbf{B}}{\partial t'} \, dt' \, dV \quad .$$

Nach Vertauschung der Zeit- und Ortsintegration im ersten Glied der linken Seite ergibt sich ein inneres Integral der Divergenz des Vektors $\mathbf{E} \times \mathbf{H}$. Es kann mit Hilfe des Gaußschen Satzes (B.15.11) in ein Oberflächenintegral über eine im Unendlichen liegende, geschlossene Oberfläche umgeformt werden. Für hinreichend schnell im Unendlichen verschwindende Feldstärken $\mathbf{E}$, $\mathbf{H}$ liefert das erste Glied daher keinen Beitrag, und wir erhalten

$$\int \int_{t_0}^{t} \mathbf{E} \cdot \mathbf{j}\, dt'\, dV = -\int \int_{t_0}^{t} \mathbf{H} \cdot \frac{\partial \mathbf{B}}{\partial t'}\, dt'\, dV \quad . \qquad (9.5.8)$$

Die räumliche Leistungsdichte der von der induzierten elektrischen Feldstärke $\mathbf{E}$ an den Ladungen der Stromdichte $\mathbf{j}$ geleisteten Arbeit ist nach (5.5.1)

$$\nu = \mathbf{E} \cdot \mathbf{j} \quad .$$

Damit ist das innere zeitliche Integral auf der linken Seite von (9.5.8) die räumliche Energiedichte der vom elektrischen Feld $\mathbf{E}$ an der Stromdichte $\mathbf{j}$ in der Zeit $t_0 \leq t' \leq t$ geleisteten Arbeit. Die linke Seite ist daher die im ganzen Raum in der Zeit $t_0 \leq t' \leq t$ an den Ladungen geleistete Arbeit. Sie ist in der Zeit $t_0 \leq t' \leq t$ dem Magnetfeld entzogen worden, die magnetische Flußdichte nimmt während dieses Zeitintervalls ab. Ist das Flußdichtefeld zur Zeit t auf null gesunken, so war die anfängliche Energie zur Zeit t_0

$$W_{\mathrm{m}} = -\int \int_{t_0}^{t} \mathbf{H} \cdot \frac{\partial \mathbf{B}}{\partial t'}\, dt'\, dV \quad .$$

Wird im Intervall $t_0 \leq t' \leq t$ das Flußdichtefeld nicht vom Wert $\mathbf{B}(t_0)$ auf den Wert $\mathbf{B}(t) = 0$ abgebaut, sondern wächst es vom Wert $\mathbf{B}(t_0) = 0$ auf den Wert $\mathbf{B}(t)$ an, so ist die im Magnetfeld zur Zeit t gespeicherte Energie

$$W_{\mathrm{m}} = \int \int_{t_0}^{t} \mathbf{H} \cdot \frac{\partial \mathbf{B}}{\partial t'}\, dt'\, dV \quad . \qquad (9.5.9)$$

Betrachten wir die magnetische Feldstärke $\mathbf{H}$ als Funktion der magnetischen Flußdichte $\mathbf{B}'$,

$$\mathbf{H} = \mathbf{H}(\mathbf{r}, \mathbf{B}') \quad ,$$

so kann das innere Integral über die Zeit als ein Linienintegral über $\mathbf{B}'$ geschrieben werden. Es folgt für den Energieinhalt W_{m} eines Feldes, das zur Zeit t_0 mit dem Wert $\mathbf{B} = 0$ beginnend so aufgebaut wird, daß es zur Zeit t den Wert $\mathbf{B}$ erreicht, das Resultat

$$W_{\mathrm{m}} = \int \int_{0}^{\mathbf{B}} \mathbf{H} \cdot d\mathbf{B}'\, dV \quad . \qquad (9.5.10)$$

Durch diesen Ausdruck ist die Energie W_{m} im Magnetfeld als ein Volumenintegral über eine räumliche Energiedichte

$$w_{\mathrm{m}} = \int_{0}^{\mathbf{B}} \mathbf{H} \cdot d\mathbf{B}' \qquad (9.5.11)$$

des magnetischen Feldes dargestellt,

$$W_\mathrm{m} = \int w_\mathrm{m}\,dV \quad .$$

Der so erhaltene Ausdruck für die Energiedichte ist ein Linienintegral der magnetischen Feldstärke $\mathbf{H}(\mathbf{r}, \mathbf{B}')$ über die magnetische Flußdichte $\mathbf{B}'$ beginnend mit dem Wert $\mathbf{B} = 0$ bis zum Wert der magnetischen Flußdichte $\mathbf{B}$ am Ende des Magnetisierungsvorganges.

Der Ausdruck (9.5.11) besitzt eine formale Ähnlichkeit zu der entsprechenden Energiedichte

$$w_\mathrm{e} = \int_0^\mathbf{D} \mathbf{E} \cdot d\mathbf{D}'$$

des elektrischen Feldes in Materie, vgl. (4.4.8). Ein wesentlicher Unterschied besteht jedoch darin, daß die elektrische Feldstärke $\mathbf{E}$ sowohl von der äußeren Ladungsdichte ϱ wie von der Polarisationsladungsdichte $\varrho_\mathbf{P}$ verursacht wird, während die magnetische Feldstärke $\mathbf{H}$ nur von der äußeren Stromdichte $\mathbf{j}$, jedoch nicht von der Magnetisierungsstromdichte $\mathbf{j}_\mathbf{M}$ bestimmt wird.

Für ein lineares, isotropes magnetisches Material gilt, vgl. (9.3.8),

$$\mathbf{H} = \frac{1}{\mu_\mathrm{r}\mu_0}\mathbf{B} \quad ,$$

so daß das Integral über $\mathbf{B}$ explizit ausgerechnet werden kann. Wir erhalten für die magnetische Energiedichte

$$w_\mathrm{m} = \int_0^\mathbf{B} \mathbf{H} \cdot d\mathbf{B}' = \frac{1}{\mu_\mathrm{r}\mu_0} \int_0^\mathbf{B} \mathbf{B}' \cdot d\mathbf{B}' = \frac{1}{2\mu_\mathrm{r}\mu_0}\mathbf{B}^2 = \frac{1}{2}\mathbf{H} \cdot \mathbf{B} \quad . \quad (9.5.12)$$

Für lineare, isotrope Materialien folgt für die Energie im Magnetfeld

$$W_\mathrm{m} = \frac{1}{2} \int \mathbf{H} \cdot \mathbf{B}\,dV \quad .$$

Wegen des Zusammenhangs

$$\mathbf{B} = \mathbf{\nabla} \times \mathbf{A} \qquad\qquad (9.5.13)$$

zwischen dem Flußdichtefeld $\mathbf{B}$ und seinem Vektorpotential $\mathbf{A}$ kann diese Beziehung auch als

$$W_\mathrm{m} = \frac{1}{2} \int \mathbf{H} \cdot (\mathbf{\nabla} \times \mathbf{A})\,dV$$

geschrieben werden. Mit Hilfe von

$$\mathbf{\nabla} \cdot (\mathbf{H} \times \mathbf{A}) = (\mathbf{\nabla} \times \mathbf{H}) \cdot \mathbf{A} - \mathbf{H} \cdot (\mathbf{\nabla} \times \mathbf{A}) = \mathbf{j} \cdot \mathbf{A} - \mathbf{H} \cdot (\mathbf{\nabla} \times \mathbf{A})$$

folgt

$$W_{\mathrm{m}} = \frac{1}{2} \int \mathbf{j} \cdot \mathbf{A} \, \mathrm{d}V \qquad (9.5.14)$$

als magnetische Energie im Magnetfeld in linearen, isotropen magnetischen Materialien.

Mit (9.5.13) kann der Ausdruck (9.5.9) für die magnetische Energie im allgemeinen Fall auch in der Form

$$W_{\mathrm{m}} = \int \int_{t_0}^{t} \mathbf{H} \cdot \left(\boldsymbol{\nabla} \times \frac{\partial}{\partial t'} \mathbf{A} \right) \mathrm{d}t' \, \mathrm{d}V$$

geschrieben werden, weil die partiellen Ableitungen nach der Zeit und dem Ort miteinander vertauschen. Eine Beziehung der Form (9.5.7), hier für die Felder $\mathbf{H}$ und $\partial \mathbf{A}/\partial t'$, führt auf

$$W_{\mathrm{m}} = \int \int_{t_0}^{t} (\boldsymbol{\nabla} \times \mathbf{H}) \cdot \frac{\partial \mathbf{A}}{\partial t'} \, \mathrm{d}t' \, \mathrm{d}V \quad ,$$

weil das Volumenintegral über die Divergenz $\boldsymbol{\nabla} \cdot (\mathbf{H} \times \partial \mathbf{A}/\partial t')$ mit dem Gaußschen Satz wieder in ein Integral über eine im Unendlichen liegende Oberfläche umgeformt werden kann, welches keinen Beitrag liefert. Unter Verwendung von (9.3.7) folgt

$$W_{\mathrm{m}} = \int \int_{t_0}^{t} \mathbf{j} \cdot \frac{\partial \mathbf{A}}{\partial t'} \, \mathrm{d}t' \, \mathrm{d}V \quad .$$

Fassen wir nun die Stromdichte $\mathbf{j}$ als Funktion von $\mathbf{A}$ auf, so erhalten wir an Stelle des inneren Integrals über die Zeit das Wegintegral über $\mathbf{A}$,

$$W_{\mathrm{m}} = \int \int_{0}^{\mathbf{A}} \mathbf{j} \cdot \mathrm{d}\mathbf{A}' \, \mathrm{d}V \quad , \qquad (9.5.15)$$

zwischen den Grenzen $\mathbf{A}' = 0$ für $t' = t_0$ und $\mathbf{A}' = \mathbf{A}$ für $t' = t$.

9.6 *Mikroskopische Begründung der Feldgleichungen des stationären Magnetfeldes in Materie

9.6.1 Mikroskopische und makroskopische Stromverteilungen. Feldgleichungen

Inhalt: Das magnetische Flußdichtefeld $\mathbf{B}$, das im Vakuum den Feldgleichungen $\boldsymbol{\nabla} \times \mathbf{B} = \mu_0 \mathbf{j}$, $\boldsymbol{\nabla} \cdot \mathbf{B} = 0$ genügt, wird durch ein Stromdichtefeld $\mathbf{j}$ erzeugt. Im Vakuum tritt nur die äußere Stromdichte $\mathbf{j}$ auf, die von der Bewegung freier Ladungen herrührt. In Materie tritt die Magnetisierungsstromdichte $\mathbf{j}_{\mathrm{M}}$ hinzu. Ausgehend von den einzelnen freien Ladungen bzw. den magnetischen Momenten der Atome der Materie werden zunächst die mikroskopischen

Stromdichten j_{mikr} und $j_{M,mikr}$ und ein mikroskopisches Flußdichtefeld B_{mikr} gewonnen. Durch Mittelung erhält man aus diesen die makroskopischen Felder j, j_M und B.

Bezeichnungen: B magnetische Flußdichte, j äußere Stromdichte, j_M Magnetisierungsstromdichte; B_{mikr}, j_{mikr}, $j_{M,mikr}$ entsprechende mikroskopische Größen; μ_0 magnetische Feldkonstante, q Ladung, δ^3 Diracsche Deltafunktion in drei Dimensionen, r Ortsvektor, v Geschwindigkeit, m magnetisches Moment, M Magnetisierung, H magnetische Feldstärke, I Strom, n mittlere Anzahldichte der Ladungen, n_m mittlere Anzahldichte der magnetischen Dipole.

Ausgehend von den Feldgleichungen

$$\nabla \times B = \mu_0 j \quad , \qquad \nabla \cdot B = 0 \qquad (9.6.1)$$

für das Feld der magnetischen Flußdichte im Vakuum können wir allgemein die Feldgleichungen in Materie wieder durch einen Mittelungsprozeß über hinreichend große Raumgebiete – analog zu Abschn. 4.6 – gewinnen. Dabei brauchen wir nur die Tatsache zu benutzen, daß sich die mikroskopischen Stromdichten im Material aus der äußeren, vom Magnetfeld unabhängigen Stromdichte j_{mikr} und den vom Feld herrührenden, mikroskopischen Elementarströmen in jedem Atom oder Molekül, also der Magnetisierungsstromdichte $j_{M,mikr}$, zusammensetzen. Dabei ist die äußere Stromdichte von bewegten freien Teilchen der Ladung q verursacht, die sich mit der Geschwindigkeit v_i bewegen,

$$j_{mikr} = \sum_i q v_i \delta^3 (r - r_i) \quad . \qquad (9.6.2)$$

Der vom Magnetfeld am Ort r_i verursachte Elementarstrom mit dem magnetischen Moment m hat die Dichte

$$j_i = -m \times \nabla \delta^3 (r - r_i) = m \times \nabla_i \delta^3 (r - r_i) \quad ,$$

so daß die mikroskopische Magnetisierungsstromdichte die Form

$$j_{M,mikr} = \sum_i m \times \nabla_i \delta^3 (r - r_i) \qquad (9.6.3)$$

erhält. Mittelung der äußeren mikroskopischen Stromdichte j_{mikr} liefert analog (4.6.7) und (5.3.4)

$$j = q v n(r) \quad , \qquad (9.6.4)$$

wobei v die mittlere Geschwindigkeit der Ladungsträger und $n(r)$ ihre mittlere Anzahldichte ist. Der gleiche Prozeß ergibt für die makroskopische Magnetisierungsstromdichte

$$j_M = \nabla \times M \quad , \qquad (9.6.5)$$

mit der mittleren Magnetisierung ($n_m(r)$ ist die mittlere Anzahldichte der magnetischen Dipole)

$$M = m n_m(r) \quad .$$

Das mikroskopische Flußdichtefeld $\mathbf{B}_{\text{mikr}}$ ist durch diese Stromdichte über die Gleichungen

$$\nabla \cdot \mathbf{B}_{\text{mikr}} = 0 \quad , \quad \nabla \times \mathbf{B}_{\text{mikr}} = \mu_0 \mathbf{j}_{\text{mikr}} + \mu_0 \mathbf{j}_{\text{M,mikr}} \qquad (9.6.6)$$

bestimmt. Die Mittelung wie in (4.6.6) führt auf das makroskopische Feld $\mathbf{B}$. Da diese Mittelung die Differentiation nicht berührt, gilt insbesondere danach

$$\nabla \cdot \mathbf{B} = 0$$

für das makroskopische Feld. Die Mittelung der Rotation von $\mathbf{B}_{\text{mikr}}$ in der zweiten Gleichung von (9.6.6) führt entsprechend auf $\nabla \times \mathbf{B}$. Durch Einsetzen der gemittelten Stromdichten in die rechte Seite erhalten wir nach der Mittelung

$$\nabla \times \mathbf{B} = \mu_0 \mathbf{j} + \mu_0 \nabla \times \mathbf{M} \quad .$$

Mit Hilfe der magnetischen Feldstärke

$$\mathbf{H} = \frac{1}{\mu_0} \mathbf{B} - \mathbf{M}$$

erhalten wir schließlich

$$\nabla \times \mathbf{H} = \mathbf{j} \quad .$$

Diese Gleichung liefert mit dem Stokesschen Satz das *Ampèresche Gesetz in Materie*,

$$\oint_{(a)} \mathbf{H} \cdot d\mathbf{s} = \int_a (\nabla \times \mathbf{H}) \cdot d\mathbf{a} = \int_a \mathbf{j} \cdot d\mathbf{a} = I \quad . \qquad (9.6.7)$$

Der durch eine beliebige Fläche a fließende Strom I ist gleich dem Umlaufintegral der magnetischen Feldstärke über die geschlossene Randkurve (a) der Fläche a. Dies ist die für Felder in Materie gültige Form der Gleichung (8.7.10), die ihrerseits nur im Vakuum gilt.

9.6.2 Durch Magnetisierung erzeugte Stromdichte

Inhalt: Bei ausdrücklicher Berücksichtigung der geometrischen Form des Materials zerfällt die Magnetisierungsstromdichte $\mathbf{j}_{\text{M}}$ in zwei Terme, von denen einer überall im Material und der andere nur auf der Oberfläche auftritt.

Die Gleichung (9.6.5) verknüpft die Magnetisierungsstromdichte $\mathbf{j}_{\text{M}}$ mit der Magnetisierung $\mathbf{M}$ des Materials. Die Magnetisierung des Materials hat unter expliziter Darstellung der Oberfläche des Materials wie in (4.6.19) die Form

$$\mathbf{M}(\mathbf{r}) \, \Theta(a(\mathbf{r})) \quad ,$$

wobei die Gleichung

$$a(\mathbf{r}) = 0$$

die Materialoberfläche beschreibt. Die Argumentation verläuft ganz analog zu der in Abschn. 4.6.2, indem wir die Rotation nach der Produktregel bilden,

$$
\begin{aligned}
j_M &= \nabla \times \{M(r)\,\Theta(a(r))\} \\
&= \Theta(a(r))\nabla \times M(r) + \delta(a(r))[\nabla a(r)] \times M(r) \quad .
\end{aligned}
\tag{9.6.8}
$$

Der erste Term stellt eine räumliche Stromdichte dar. Sie verschwindet für homogene Magnetisierung $M = $ const. Der zweite Term ist eine Stromdichte an der Oberfläche des Materials, die auch für homogene Magnetisierung als Gesamteffekt der atomaren Elementarströme auftritt und die wir bereits in Abschn. 9.2 diskutiert haben.

9.7 Ursachen der Magnetisierung

Es gibt grundsätzlich zwei verschiedene Ursachen für das Auftreten von Magnetisierungen in Materie, nämlich die *Induktion von magnetischen Momenten* in Atomhüllen und die *Orientierung* von schon vorhandenen Dipolmomenten von Atomen oder freien Elektronen durch ein äußeres Feld. Diese Vorgänge führen zu verschiedenen magnetischen Eigenschaften der Materie:

1. *Diamagnetismus* entsteht durch Induktion magnetischer Momente durch das äußere Feld, die diesem entgegengerichtet sind und es schwächen, d. h. $\mu_r < 1$.

2. *Paramagnetismus* entsteht durch Orientierung der permanenten magnetischen Momente des Materials in Feldrichtung. Das Feld wird verstärkt, d. h. $\mu_r > 1$. Auch in paramagnetischen Substanzen werden zusätzliche magnetische Momente induziert. Die Orientierungsmagnetisierung überwiegt jedoch in paramagnetischen Substanzen.

3. *Ferromagnetismus* ist ein Orientierungseffekt nicht an Einzelatomen oder -molekülen sondern an großen Gruppen von Atomen – den *Weissschen Bezirken*. Innerhalb jedes Bezirks sind die Dipolmomente bereits vor Anlegen eines Magnetfeldes parallel zueinander. Dieser Effekt führt zu sehr großen Werten $\mu_r \gg 1$. Er tritt in Eisen und in geringerem Maße auch in Kobalt und Nickel auf.

9.7.1 *Diamagnetismus freier Atome

Inhalt: Für ein diamagnetisches Atom betrachten wir als Modell eine leitende Kugelschale. In ihr wird ein magnetisches Moment induziert, daß dem äußeren **B**-Feld proportional und entgegengerichtet ist. Dadurch wird die magnetische Suszeptibilität von diamagnetischen Substanzen kleiner als null.

Bezeichnungen: e Elementarladung, Q Gesamtladung auf der Kugelschale, R Radius der Kugelschale, σ Oberflächenladung auf der Kugelschale, β Magnetisierbarkeit, $\mathbf{B}$ magnetische Flußdichte; $\mathbf{B}'$ magnetische Flußdichte, die für die Magnetisierung eines Atoms oder Moleküls wirksam ist; $\mathbf{H}$ magnetische Feldstärke, $\mathbf{m}$ magnetisches Moment, $\mathbf{M}$ Magnetisierung, m_e Elektronenmasse, n_m Anzahldichte der Atome, N_a Anzahl der Elektronen in der äußeren Schale, μ_0 magnetische Feldkonstante, μ_r Permeabilitätszahl, χ_m magnetische Suszeptibilität.

In der quantenmechanischen Beschreibung eines Atoms befinden sich die Z Elektronen des Atoms in verschiedenen Schalen $k = 1, 2, \ldots$, die durch deutlich verschiedene mittlere quadratische Abstände $\sqrt{\langle R_k^2 \rangle}$ gekennzeichnet sind. Die Anzahl der Elektronen in der äußeren Schale bezeichnen wir mit N_a, den mittleren quadratischen Radius dieser Schale mit R. Zur Berechnung des Diamagnetismus freier Atome betrachten wir das Atom als eine leitende Kugelschale mit dem Radius R, der Flächenladungsdichte σ und der Gesamtladung

$$Q = -N_a e = 4\pi R^2 \sigma \quad . \tag{9.7.1}$$

In Abschn. 8.14 haben wir gesehen, daß ein B-Feld auf einer Kugelschale eine Stromdichte induziert, die ein magnetisches Moment

$$\mathbf{m} = -\beta \mathbf{B} \tag{9.7.2}$$

bewirkt, das dem Feld B entgegengerichtet ist. Für den Proportionalitätsfaktor β, die Magnetisierbarkeit der Kugel, gilt

$$\beta = \frac{2\pi}{3} R^4 \sigma \frac{q}{m_q} \quad .$$

Mit Elektronen der Masse $m_q = m_e$ und der Ladung $q = -e$ als Ladungsträgern und mit der durch (9.7.1) gegebenen Flächenladungsdichte erhalten wir für die Magnetisierbarkeit eines Atoms

$$\beta = \frac{N_a e^2}{6 m_e} R^2 \quad .$$

Ist n_m die Anzahldichte der magnetisierten Atome, so ist

$$\mathbf{M} = n_m \mathbf{m} = -\beta n_m \mathbf{B} \tag{9.7.3}$$

die Magnetisierung des Materials und

$$\mathbf{H} = \frac{1}{\mu_0} \mathbf{B} - \mathbf{M} = \frac{1}{\mu_0}(1 + \mu_0 \beta n_m)\mathbf{B} = \frac{1}{\mu_0 \mu_r} \mathbf{B}$$

die magnetische Feldstärke. Damit ergibt sich für die Permeabilitätszahl

$$\mu_r = \frac{1}{1 + \mu_0 \beta n_m} \quad .$$

Für diamagnetische Substanzen ist stets $\mu_0 \beta n_{\mathrm{m}} \ll 1$, so daß wir auch

$$\mu_{\mathrm{r}} = 1 - \mu_0 \beta n_{\mathrm{m}} \tag{9.7.4}$$

schreiben können. Die magnetische Suszeptibilität ist dann

$$\chi_{\mathrm{m}} = -\mu_0 \beta n_{\mathrm{m}} \quad . \tag{9.7.5}$$

Berücksichtigt man (entsprechend der Diskussion im Abschn. 4.7.2 bei der Berechnung der Polarisation), daß vom B-Feld am Ort eines Atoms der Beitrag gerade dieses Atoms abgezogen werden muß, so erhält man für das B-Feld, das die Magnetisierung bewirkt, nicht das gemittelte Feld B in Materie, sondern

$$\mathbf{B}' = \mathbf{B} - \frac{2}{3}\mu_0 \mathbf{M} \quad . \tag{9.7.6}$$

An die Stelle von (9.7.3) tritt dann

$$\mathbf{M} = n_{\mathbf{m}}\mathbf{m} = -\beta n_{\mathbf{m}}\mathbf{B}' = -\beta n_{\mathbf{m}}\mathbf{B} + \frac{2}{3}\mu_0 \beta n_{\mathbf{m}}\mathbf{M}$$

bzw.

$$\mathbf{M} = -\frac{\beta n_{\mathbf{m}}}{1 - \frac{2}{3}\mu_0 \beta n_{\mathbf{m}}}\mathbf{B} \tag{9.7.7}$$

und an die Stelle von (9.7.5)

$$\chi_{\mathrm{m}} = -\frac{M}{H} = -\frac{\mu_0 M}{B - \mu_0 M} = -\mu_0 \beta n_{\mathbf{m}} \frac{1}{1 + \mu_0 \beta n_{\mathbf{m}}/3} \quad . \tag{9.7.8}$$

Für kleine Magnetisierbarkeit β oder kleine Dichte n_{m}, d. h. für $\mu_0 \beta n_{\mathbf{m}} \ll 1$, geht dieser Ausdruck in die einfachere Beschreibung (9.7.5) über.

9.7.2 *Paramagnetismus freier Atome

Inhalt: Paramagnetische Atome besitzen auch in Abwesenheit eines äußeren Feldes ein magnetisches Moment m. In paramagnetischen Substanzen werden diese Momente durch ein äußeres Feld ausgerichtet und verstärken dieses. Unter Annahme einer Maxwell–Boltzmann-Verteilung für die potentielle Energie der Momente im B-Feld kann die Temperaturabhängigkeit der magnetischen Suszeptibilität berechnet werden.
Bezeichnungen: m magnetisches Moment, B magnetische Flußdichte, $\vartheta = \sphericalangle(\mathbf{m}, \mathbf{B})$, E potentielle Energie eines Moments im äußeren B-Feld, k Boltzmann-Konstante, T Temperatur, $Z_\Omega(\vartheta, \varphi)$ Zustandsdichte bezüglich des Raumwinkels, $N_\Omega(\vartheta, \varphi)$ Raumwinkelverteilung, N Gesamtzahl der Momente, C Normierungskonstante, M Magnetisierung, $\mathbf{M}_{\mathrm{S}}$ Sättigungsmagnetisierung, n_{m} Anzahldichte der Momente, $\mathbf{B}_0$ Flußdichte ohne Material, μ_0 magnetische Feldkonstante, L Langevin-Funktion, χ_{m} magnetische Suszeptibilität.

Der im vorigen Abschnitt besprochene Diamagnetismus ist der einzige wesentliche Magnetisierungseffekt bei freien Atomen, die kein resultierendes magnetisches Moment besitzen. Bei Atomen mit resultierendem magnetischen Moment **m** tritt zu dem durch Induktion auftretenden Diamagnetismus noch eine Magnetisierung durch die vom äußeren Feld verursachte Orientierung der atomaren magnetischen Dipole hinzu.

In Abschn. 9.5 haben wir gesehen, daß ein magnetisches Moment **m** im Flußdichtefeld **B** die potentielle Energie

$$E = -\mathbf{m} \cdot \mathbf{B} = -mB \cos \vartheta \quad , \qquad \vartheta = \sphericalangle (\mathbf{m}, \mathbf{B}) \quad , \qquad (9.7.9)$$

besitzt. Die Verteilung der magnetischen Momente über verschiedene Richtungen relativ zu **B** beschreiben wir in einem Kugelkoordinatensystem mit $\hat{\mathbf{B}}$ als z-Achse. Für sie können wir die Boltzmann-Verteilung der Statistik, vgl. Anhang E, benutzen. Sie besagt, daß die Anzahl $N_\Omega(\vartheta, \varphi)\,d\Omega$ der Momente im Raumwinkelelement $d\Omega$ proportional zu der mit dem Boltzmann-Faktor

$$\mathrm{e}^{-E/(kT)} = \mathrm{e}^{\mathbf{m}\cdot\mathbf{B}/(kT)} \qquad (9.7.10)$$

gewichteten Zustandsdichte $Z_\Omega(\vartheta, \varphi)$ bezüglich des Raumwinkels ist, vgl. Kap. 6,

$$N_\Omega(\vartheta, \varphi)\,d\Omega = C\mathrm{e}^{-E(\vartheta,\varphi)/(kT)} Z_\Omega(\vartheta, \varphi)\,d\Omega \quad . \qquad (9.7.11)$$

Da alle räumlichen Orientierungen eines Dipolmoments **m** für verschwindendes B-Feld gleich wahrscheinlich sind, ist die Zustandsdichte $Z_\Omega(\vartheta, \varphi)$ bezüglich des Raumwinkels konstant und ergibt sich zu

$$Z_\Omega(\vartheta, \varphi)\,d\Omega = \frac{N}{4\pi}\,d\Omega \quad \text{mit} \quad \int Z_\Omega(\vartheta, \varphi)\,d\Omega = N \quad .$$

Dabei ist N die Gesamtzahl der Atome im Material. Einsetzen in (9.7.11) liefert

$$N_\Omega(\vartheta, \varphi)\,d\Omega = \frac{CN}{4\pi} \exp\left(\frac{mB}{kT} \cos\vartheta\right) \sin\vartheta\,d\vartheta\,d\varphi \quad . \qquad (9.7.12)$$

Die Proportionalitätskonstante C ergibt sich durch die Bedingung

$$\int N_\Omega(\vartheta, \varphi)\,d\Omega = N \quad . \qquad (9.7.13)$$

Dieses Normierungsintegral läßt sich nun leicht berechnen,

$$
\begin{aligned}
N &= \frac{CN}{4\pi} \int_0^{2\pi} d\varphi \int_0^{\pi} \exp\left(\frac{mB}{kT} \cos\vartheta\right) \sin\vartheta\,d\vartheta \\
&= \frac{CN}{2} \int_{-1}^{1} \exp\left(\frac{mB}{kT} \cos\vartheta\right) d\cos\vartheta \\
&= \frac{CN}{2} \frac{kT}{mB} \left(\mathrm{e}^{mB/(kT)} - \mathrm{e}^{-mB/(kT)}\right) = CN \frac{kT}{mB} \sinh \frac{mB}{kT} \quad ,
\end{aligned}
$$

so daß für die Normierungskonstante

$$C = \frac{mB/(kT)}{\sinh(mB/(kT))}$$

gewählt werden muß.

Die Magnetisierung M des Materials ergibt sich nun als der mit N_Ω gewichtete Mittelwert des Dipolmomentes m aller Atome im Volumen V,

$$\mathbf{M} = \frac{1}{V} \int \mathbf{m} N_\Omega(\vartheta, \varphi) \, d\Omega = \frac{CN}{4\pi V} \int_0^{2\pi} d\varphi \int_{-1}^{1} \mathbf{m} \exp\left(\frac{mB}{kT} \cos\vartheta\right) d\cos\vartheta .$$

Die Zerlegung des magnetischen Momentes im oben gewählten Kugelkoordinatensystem ($\hat{\mathbf{B}} = \mathbf{e}_z$) lautet

$$\mathbf{m} = m \sin\vartheta \cos\varphi \, \mathbf{e}_x + m \sin\vartheta \sin\varphi \, \mathbf{e}_y + m \cos\vartheta \, \mathbf{e}_z \quad .$$

Die Mittelung über die zu $\hat{\mathbf{B}}$ senkrechten Komponenten von m verschwindet aufgrund der φ-Integration, so daß nur der Beitrag der $\hat{\mathbf{B}}$-Komponente übrigbleibt,

$$\mathbf{M} = \frac{CNm}{2V} \hat{\mathbf{B}} \int_{-1}^{1} \cos\vartheta \exp\left(\frac{mB}{kT} \cos\vartheta\right) d\cos\vartheta \quad .$$

Durch partielle Integration läßt sich das Integral ausrechnen, und man erhält für die Magnetisierung

$$\mathbf{M} = n_{\mathbf{m}} m \left(\coth\frac{mB}{kT} - \frac{kT}{mB}\right) \hat{\mathbf{B}} \quad . \tag{9.7.14}$$

Dabei ist

$$n_{\mathbf{m}} = \frac{N}{V}$$

die räumliche Anzahldichte der Atome.

Da die Magnetisierung positiv ist, ist die magnetische Flußdichte

$$\mathbf{B} = \mathbf{B}_0 + \mu_0 \mathbf{M}$$

im Material größer als die Flußdichte $\mathbf{B}_0$ ohne Material. Diese Verstärkung des äußeren Feldes heißt *Paramagnetismus* des Materials. Er ist als Orientierungseffekt natürlich temperaturabhängig.

Ganz offenbar ist die Verknüpfung (9.7.14) zwischen M und B nicht linear. Wir diskutieren ihren Verlauf im folgenden unter Betrachtung der Grenzfälle kleiner und großer Flußdichte. Die Funktion des hyperbolischen Kotangens ist analog zum gewöhnlichen Kotangens definiert:

$$\coth x = \frac{\cosh x}{\sinh x} = \frac{e^x + e^{-x}}{e^x - e^{-x}} \quad .$$

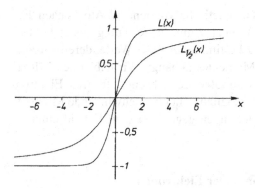

Abb. 9.6. Langevin-Funktion $L(x)$ und Brillouin-Funktion $L_{1/2}(x)$

Der Ausdruck in der Klammer in (9.7.14),

$$L(x) = \coth x - \frac{1}{x} \quad , \qquad x = \frac{mB}{kT} \quad , \tag{9.7.15}$$

wird als *Langevin-Funktion* bezeichnet. Ihr Verlauf ist in Abb. 9.6 dargestellt. Für $x \ll 1$ liefert die Taylor-Entwicklung bis zur zweiten Ordnung

$$L(x) = \frac{1}{3}x \quad , \qquad x \ll 1 \quad . \tag{9.7.16}$$

Für den entgegengesetzten Extremfall großer x gilt

$$L(x) = 1 - \frac{1}{x} \quad , \qquad x \gg 1 \quad . \tag{9.7.17}$$

Führen wir die *Sättigungsmagnetisierung* $\mathbf{M}_S$ ein, die für kleine Temperaturen oder große B-Werte, $mB \gg kT$, erreicht wird,

$$\mathbf{M}_S = n_\mathbf{m} m \hat{\mathbf{B}} \quad ,$$

so läßt sich (9.7.14) mit Hilfe der Langevin-Funktion als

$$\mathbf{M} = \mathbf{M}_S L \left(\frac{mB}{kT} \right) \tag{9.7.18}$$

darstellen.

Für kleine Werte der Flußdichte, $mB \ll kT$, ist also wegen (9.7.16) die Magnetisierung

$$\mathbf{M} = n_\mathbf{m} m L \left(\frac{mB}{kT} \right) \hat{\mathbf{B}} \approx \frac{n_\mathbf{m} m^2}{3kT} \mathbf{B} \tag{9.7.19}$$

proportional zur Flußdichte. Die Suszeptibilität hat den Wert

$$\chi_\mathbf{m} \approx \mu_0 \frac{n_\mathbf{m} m^2}{3kT} \quad .$$

Es sei noch angemerkt, daß das magnetische Moment des Atoms nach der Quantenmechanik nicht beliebige Winkel ϑ mit der Richtung des B-Feldes einschließen darf, sondern nur ganz bestimmte diskrete Werte, deren Anzahl von der Größe des magnetischen Momentes abhängt. Wir haben den Effekt hier vernachlässigt, werden ihn aber im folgenden Abschnitt für freie Elektronen berücksichtigen, die das kleinstmögliche, nichtverschwindende Moment besitzen, das nur zwei Winkeleinstellungen gegenüber dem B-Feld einnehmen kann.

9.7.3 *Para- und Diamagnetismus freier Elektronen

Inhalt: Das magnetische Moment $\mathbf{m} = e\hbar/(2m_e)$ eines Elektrons kann nur parallel oder antiparallel zum B-Feld orientiert sein. Berücksichtigung dieser Tatsache für die Verteilung der potentiellen Energien $E = -\mathbf{m} \cdot \mathbf{B}$ erlaubt die Berechnung der paramagnetischen Suszeptibilität $\chi_{m\,para}$ freier Elektronen. Die Quantenmechanik liefert zusätzlich eine diamagnetische Suszeptibilität $\chi_{m\,dia} = -\chi_{m\,para}/3$.
Bezeichnungen: e Elementarladung, m_e Elektronenmasse, h Plancksches Wirkungsquantum, $\hbar = h/(2\pi)$, $L_{1/2}$ Brillouin-Funktion, sonst wie in Abschn. 9.7.2.

In Metallen und Halbleitern gibt es neben den in Atomen gebundenen Elektronen noch das freie Elektronengas. Es trägt ebenfalls zur Magnetisierung der Materie bei, weil die Elektronen neben ihrer elektrischen Ladung auch ein magnetisches Moment $\mathbf{m}$ besitzen, das vom Eigendrehimpuls, dem Spin, des Elektrons herrührt. Es hat den Betrag

$$m = \frac{1}{2}e\hbar/m_e \approx 9{,}27 \cdot 10^{-24}\,\mathrm{J\,T^{-1}} \quad .$$

Wieder werden die Momente unter der Einwirkung eines B-Feldes ausgerichtet und führen zu einer resultierenden Magnetisierung, dem Paramagnetismus des Elektronengases. Wie wir schon in Abschn. 6.1 beschrieben haben, hat der Elektronenspin zwei mögliche Einstellungsrichtungen in jedem Zustand. Im äußeren Feld sind die beiden Richtungen gerade parallel oder antiparallel zum Feld B. Die Anzahlen der Elektronen mit dem Momenten $\mathbf{m} = \pm m\hat{\mathbf{B}}$ sind für ein nichtentartetes Elektronengas (d. h. ein Elektronengas niedriger Entartungstemperatur (6.1.23)) proportional zum entsprechenden Boltzmann-Faktor (9.7.10). Da nur zwei Einstellungsmöglichkeiten existieren, ist die Normierung nun durch

$$N = C\left(\mathrm{e}^{mB/(kT)} + \mathrm{e}^{-mB/(kT)}\right)$$

gegeben, d. h.

$$C = N\left(\mathrm{e}^{mB/(kT)} + \mathrm{e}^{-mB/(kT)}\right)^{-1} = \frac{2N}{\cosh(mB/(kT))} \quad .$$

Die Anzahlen der Elektronen mit den Ausrichtungen $\mathbf{m} = \pm m\hat{\mathbf{B}}$ sind also

$$N_{\pm} = Ce^{\pm mB/(kT)} \quad.$$

Die Magnetisierung des Elektronengases ist dann

$$\mathbf{M} = \frac{1}{V}\left(m\hat{\mathbf{B}}N_{+} - m\hat{\mathbf{B}}N_{-}\right) = \frac{m\hat{\mathbf{B}}}{V}(N_{+} - N_{-}) \quad.$$

Durch Einsetzen erhält man

$$\mathbf{M} = n_{\mathbf{m}}m\tanh\left(\frac{mB}{kT}\right)\hat{\mathbf{B}} = n_{\mathbf{m}}mL_{1/2}\left(\frac{mB}{kT}\right)\hat{\mathbf{B}} = \mathbf{M}_{S}L_{1/2}\left(\frac{mB}{kT}\right) \quad.$$

$$(9.7.20)$$

Die Funktion

$$L_{1/2}(x) = \tanh(x)$$

heißt *Brillouin-Funktion* zum Drehimpuls $1/2$ (Abb. 9.6). Sie tritt an die Stelle der Langevin-Funktion in (9.7.18). Die Magnetisierung verstärkt das Feld ohne Material. Für kleine Feldstärken $mB \ll kT$ erhalten wir in linearer Näherung

$$\mathbf{M} = n_{\mathbf{m}}\frac{m^2}{kT}\mathbf{B} \quad,$$

und die paramagnetische Suszeptibilität in dieser Näherung ist

$$\chi_{\mathrm{m\,para}} \approx \mu_0 n_{\mathbf{m}}\frac{m^2}{kT} \quad.$$

Für das entartete Elektronengas ist an Stelle der Boltzmann-Verteilung die Fermi–Dirac-Verteilung zu benutzen. Ein entartetes Elektronengas, wie es etwa im Metall auftritt, hat eine hohe Entartungstemperatur T_{E}, vgl. (6.1.23), von typischerweise $10\,000$ K. Seine paramagnetische Suszeptibilität ist größenordnungsmäßig um den Faktor

$$T/T_{\mathrm{E}} \approx 10^2 \dots 10^3$$

kleiner als die eines nichtentarteten Gases.

Neben dem Paramagnetismus zeigt das freie Elektronengas einen Diamagnetismus, der zu einer Magnetisierung des entgegengesetzten Vorzeichens führt und dessen Suszeptibilität $\chi_{\mathrm{m\,dia}}$ den Wert

$$\chi_{\mathrm{m\,dia}} = -\frac{1}{3}\chi_{\mathrm{m\,para}}$$

hat. Da dieser Effekt nur quantenmechanisch erklärt werden kann, verzichten wir hier auf eine weitere Erörterung.

Die resultierende Suszeptibilität des Elektronengases ist

$$\chi_{\mathrm{m}} = \chi_{\mathrm{m\,para}} + \chi_{\mathrm{m\,dia}} = \frac{2}{3}\chi_{\mathrm{m\,para}} \quad.$$

Damit ist das Elektronengas paramagnetisch. Für viele Substanzen, z. B. alle Alkalimetalle, liefert das freie Elektronengas den größten Anteil zur Magnetisierung, da die Atomrümpfe kein permanentes Moment besitzen und ihr Diamagnetismus gering ist.

9.7.4 *Ferromagnetismus

Inhalt: In ferromagnetischem Material (Eisen, Kobalt, Nickel) sind die vorhandenen magnetischen Momente der Atome innerhalb der sogenannten Weissschen Bezirke parallel. In einem äußeren Feld werden nur noch die Momente der einzelnen Bezirke ausgerichtet. Für den Zusammenhang zwischen dem magnetisierenden Feld $\mathbf{B}'$, dem mittleren Flußdichtefeld $\mathbf{B}$ und der Magnetisierung $\mathbf{M}$ wird der Weisssche Ansatz $\mathbf{B}' = \mathbf{B} + \mu_0 W \mathbf{M}$ mit der Weissschen Konstante $W \gg 1$ gemacht. Die Abhängigkeit $\mathbf{M} = \mathbf{M}(\mathbf{H})$ der Magnetisierung von der magnetischen Feldstärke ist für niedrige Temperatur ($T < T_C$, T_C ist die Curie-Temperatur) nicht eindeutig. Dann hängt $\mathbf{M}$ nicht nur von $\mathbf{H}$, sondern von der Magnetisierung zu früherer Zeit ab.
Bezeichnungen: $\mathbf{B}'$ magnetisierende Flußdichte, $\mathbf{B}$ mittlere Flußdichte im Material, W Weisssche Konstante, $\mathbf{H}$ magnetische Feldstärke, μ_0 magnetische Feldkonstante, $\mathbf{m}$ magnetisches Moment, k Boltzmann-Konstante, T Temperatur, $L_{1/2}$ Brillouin-Funktion, T_C Curie-Temperatur, M_R remanente Magnetisierung, M_S Sättigungsmagnetisierung, $\hat{\mathbf{n}}$ Einheitsvektor in fester Richtung, w_m magnetische Energiedichte.

Der Ferromagnetismus ist ein kollektives Ordnungsphänomen der magnetischen Momente, die auch ohne äußeres Feld innerhalb kleiner Bereiche im Material, den Weissschen Bezirken, bereits geordnet sind. Die Magnetisierung der einzelnen Bezirke kann so orientiert sein, daß die resultierende Magnetisierung des ganzen Materials verschwindet oder sehr klein ist. Die ohne äußeres Feld vorhandene, parallele Ausrichtung der magnetischen Momente eines Bezirkes ist auf starke Kräfte zwischen den magnetischen Momenten von nahe benachbarten Atomen zurückzuführen. Beim Anlegen eines äußeren Magnetfeldes werden nur noch die verschiedenen Richtungen der Magnetisierungen dieser Bezirke in die des äußeren Feldes ausgerichtet. Dies ist die Erklärung, die P. Weiss für den Ferromagnetismus gegeben hat.

Anstelle des Einflusses des Flußdichtefeldes auf ein einzelnes Atom wird also der Einfluß auf einen ganzen Bezirk betrachtet. Dabei darf entsprechend den Überlegungen am Ende von Abschn. 9.7.1 das von diesem Bezirk selbst herrührende Feld nicht mit berücksichtigt werden. Das wirksame Flußdichtefeld ist deshalb in Analogie zu (9.7.6)

$$\mathbf{B}' = \mathbf{B} + \mu_0 W \mathbf{M} \quad . \tag{9.7.21}$$

Hier ist W die *Weisssche Konstante*. Sie tritt an die Stelle des Faktors $-2/3$ in (9.7.6) und ist von der Größenordnung $10\,000$. Der hohe Betrag rührt daher, daß das Eigenfeld des Bezirks wegen der Parallelität der Momente aller Atome sehr groß ist. Diese Momente sind auch ohne magnetisierendes Feld vorhanden. Sie werden in diesem nur ausgerichtet und verstärken es deshalb. Im diamagnetischen Material werden dagegen die Momente der Atome erst durch das Feld induziert, sind diesem deshalb nach der Lenzschen Regel, vgl. Abschn. 10.7, entgegengerichtet und schwächen es. Daher rührt das negative Vorzeichen im Faktor $-2/3$ in (9.7.6).

Für das Verhalten eines Ferromagneten kann man nun direkt die Beziehungen des Paramagnetismus verwenden. Dabei ist das dort verwendete $\mathbf{B}$ durch das in (9.7.21) angegebene $\mathbf{B}'$ zu ersetzen.

Die Magnetisierung $\mathbf{M}$ ist dann nach (9.7.18) bzw. (9.7.20) durch

$$\mathbf{M} = \mathbf{M}_S L_{1/2}\left(m(B + \mu_0 WM)/kT\right) \tag{9.7.22}$$

gegeben. Dabei ist $\mathbf{M}_S$ die Sättigungsmagnetisierung, bei der alle Elementarmagnete (die von den Weissschen Bezirken gebildet werden) parallel in Richtung des äußeren Feldes stehen. Die Benutzung der Brillouin-Funktion $L_{1/2}$ an Stelle der Langevin-Funktion L berücksichtigt die Tatsache, daß die magnetischen Momente im Ferromagneten überwiegend gleich dem magnetischen Moment des Elektrons sind. Um $\mathbf{M}$ als Funktion der magnetischen Feldstärke $\mathbf{H}$ zu erhalten, ersetzen wir in (9.7.22) das Feld $\mathbf{B}$ mit Hilfe der Relation

$$\mathbf{B} = \mu_0(\mathbf{H} + \mathbf{M}) \quad .$$

Die gesuchte Abhängigkeit $\mathbf{M}(\mathbf{H})$ ist dann Lösung der Gleichung

$$L_{1/2}\left(\frac{\mu_0 m[H + (W+1)M]}{kT}\right) - \frac{M}{M_S} = 0 \quad . \tag{9.7.23}$$

Wir suchen die Lösungen dieser Gleichung für M mit einer graphischen Methode auf. Dazu benutzen wir die dimensionslose Variable

$$x = \frac{\mu_0 m}{kT}[H + (W+1)M] \quad ,$$

die durch Auflösung nach M und Division durch M_S die Beziehung

$$\frac{M}{M_S} = \frac{kT}{\mu_0 m(W+1)M_S}x - \frac{H}{(W+1)M_S} \tag{9.7.24}$$

liefert. Sie beschreibt eine Gerade in einem Diagramm, in dem die Abszisse durch x und die Ordinate durch M/M_S gegeben ist (Abb. 9.7a). Ihre Steigung ist für gegebene Materialkonstanten m, W, M_S durch die Temperatur T gegeben,

$$\frac{\mathrm{d}}{\mathrm{d}x}\left(\frac{M}{M_S}\right) = \frac{kT}{\mu_0 m(W+1)M_S} \quad .$$

Ihr Ordinatenabschnitt ist durch die Feldstärke H bestimmt. Tragen wir nun die Funktion $L_{1/2}(x)$ in dasselbe Diagramm ein, so liefert jeder Schnittpunkt von $L_{1/2}(x)$ mit der Geraden $M(x)/M_S$ eine Lösung der Gleichung (9.7.23).

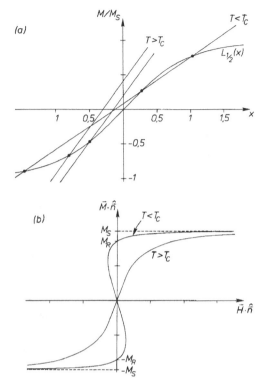

Abb. 9.7. (a) Graphische Methode zur Lösung der Gleichung (9.7.23). (b) Magnetisierung eines Ferromagneten als Funktion der Feldstärke entsprechend (9.7.23) für je einen Temperaturwert oberhalb bzw. unterhalb der Curie-Temperatur

Die Steigung von $L_{1/2}(x)$ ist bei $x = 0$ am größten und fällt für wachsende und fallende x ab. Bei $x = 0$ hat sie den Wert

$$\frac{\mathrm{d}L_{1/2}}{\mathrm{d}x}(0) = 1 \quad .$$

Je nachdem, ob die Steigung der Geraden kleiner oder größer als eins ist, haben wir mehrdeutige oder eindeutige Lösungen. Die beiden Bereiche entsprechen zwei Temperaturbereichen

$$T < T_{\mathrm{C}} \quad \text{bzw.} \quad T > T_{\mathrm{C}} \quad ,$$

wobei die *Curie-Temperatur* T_{C} durch

$$\frac{kT_{\mathrm{C}}}{\mu_0 m(W + 1)M_{\mathrm{S}}} = 1$$

gegeben ist. Sie beträgt für Eisen 1043 K, für Nickel 627 K und für Kobalt 1388 K. In den beiden Temperaturbereichen zeigt das Material deutlich verschiedene Eigenschaften:

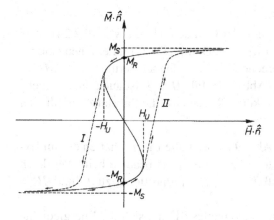

Abb. 9.8. Magnetisierung nach (9.7.23) (*ausgezogene Kurve*) und beobachtete Magnetisierungsschleife (*durch Pfeile gekennzeichnet*)

- $T < T_C$

Wie man aus Abb. 9.7a abliest, besitzen die Geraden für große Feldstärken H nur einen Schnittpunkt mit $L_{1/2}(x)$, für Feldstärken in der Nähe von null jedoch drei. Für große negative Feldstärken bleibt wieder nur ein Schnittpunkt. Trägt man die Werte der Magnetisierung an den Schnittpunkten in Abhängigkeit von H auf, Abb. 9.7b, so erhält man eine Kurve, die für große Beträge von H eindeutig, für kleine Beträge mehrdeutig ist. Für große $|H|$ nähert sie sich der Sättigungsmagnetisierung $|M_S|$ an.

Wir betrachten die Magnetisierung $\mathbf{M}$ einer ferromagnetischen Substanz als Funktion der Feldstärke $\mathbf{H}$. Dabei halten wir $\mathbf{H}$ stets parallel oder antiparallel zu einer festen Richtung $\hat{n}$. Wir beginnen mit großen positiven Werten von $\mathbf{H} \cdot \hat{n}$ und lassen die Feldstärke langsam absinken. Dabei fällt auf, daß auch am Punkt $H = 0$ noch eine erhebliche positive Magnetisierung $\mathbf{M}_R \cdot \hat{n}$, die *remanente Magnetisierung*, vorhanden ist. Kehrt man die Feldstärke $\mathbf{H}$ um, d. h. wählt man negative Werte von $\mathbf{H} \cdot \hat{n}$, so sinkt die Magnetisierung unter den Remanenzwert. Von den in der Abb. 9.8 zwei möglichen positiven Magnetisierungswerten wird nur der größere angenommen. Verkleinert man die Feldstärke weiter über den Wert $\mathbf{H} \cdot \hat{n} = -H_U$ hinaus, so geht die Magnetisierung zwar nicht unstetig zu den von der Kurve beschriebenen negativen Werten über, fällt aber sehr schnell zu negativen Werten ab und nähert sich entlang der in der Abbildung gestrichelten Linie I schließlich dem Wert $\mathbf{M} \cdot \hat{n} = -M_S$. Verfolgt man den Prozeß in umgekehrter Richtung von negativen zu positiven Werten von $\mathbf{H} \cdot \hat{n}$, so folgt die Magnetisierung der Kurve bis zum Punkt $\mathbf{H} \cdot \hat{n} = H_U$ und folgt dann der gestrichelten Linie II zum Sättigungswert $\mathbf{M} \cdot \hat{n} = M_S$. Der mittlere Teil der ausgezogenen S-Kurve ist unphysikalisch.

- $T > T_C$

  In diesem Fall ist die Steigung der Geraden M/M_S, vgl. (9.7.24), stets größer als die der Funktion $L_{1/2}(x)$. Damit gibt es immer einen eindeutigen Schnittpunkt. Entsprechend ist die Magnetisierung $M = M(H)$ eine eindeutige Funktion (Abb. 9.7). Für $H = 0$ ist auch die Magnetisierung gleich null. Es gibt keine Remanenz, die Substanz verhält sich wie ein Paramagnet.

Die Magnetisierungskurve (Abb. 9.8) zeigt alle Eigenschaften der im Experiment 9.2 beobachteten Hystereseschleife. (Man beachte beim Vergleich von Abb. 9.1 mit Abb. 9.8, daß $B_0 = \mu_0 H$ proportional zu H und $B = \mu_0(H + M)$ ist.)

Bei Durchlaufen des Flußdichteelementes dB hat sich die Energiedichte im Feld nach (9.5.11) jeweils um

$$dw_m = \mathbf{H} \cdot d\mathbf{B}$$

verändert. Bei einmaligem Umlaufen der Magnetisierungskurve erhält man

$$w_m = \oint \mathbf{H(B)} \cdot d\mathbf{B} \neq 0 \quad .$$

Diese von außen aufgewandte Energie pro Volumeneinheit tritt als Wärme in der ferromagnetischen Substanz in Erscheinung, weil die Feldenergie selbst nach einem vollen Umlauf wieder den gleichen Wert hat. Bei Verwendung von Eisen in periodisch wechselnden Magnetfeldern sind solche Verluste unvermeidbar. Sie sind jedoch um so geringer, je kleiner die Fläche der Hystereseschleife ist. Man verwendet daher z. B. in Transformatoren, Abschn. 10.5, Weicheisen.

9.8 Permanentmagnete. Drehspulinstrument

Inhalt: In magnetisch hartem Eisen kann auch ohne äußere Ströme eine permanente Magnetisierungsstromdichte existieren. Durch Wahl der geometrischen Form eines Permanentmagneten kann das von ihm erzeugte **B**-Feld beeinflußt werden. So kann es erreicht werden, daß im Drehspulinstrument das Feld stets senkrecht zur Normalen der Drehspule steht.

Im Abschn. 9.7.4 hatten wir festgestellt, daß Eisen auch bei verschwindendem äußeren Magnetfeld eine erhebliche Restmagnetisierung besitzen kann. Ein vormagnetisiertes Eisenstück heißt *Permanentmagnet* und dient zur Bereitstellung von magnetischen Flußdichtefeldern unabhängig von elektrischen Energiequellen. Die geometrische Form von Permanentmagneten wird oft analog zu den Jochformen von Elektromagneten (Abb. 9.2) gewählt. Ein annähernd homogenes Flußdichtefeld erhält man durch eine Hufeisenform mit angesetzten *Polschuhen* (Abb. 9.9).

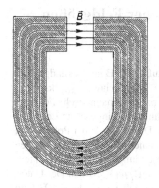

Abb. 9.9. Permanentmagnet in Hufeisenform mit Polschuhen

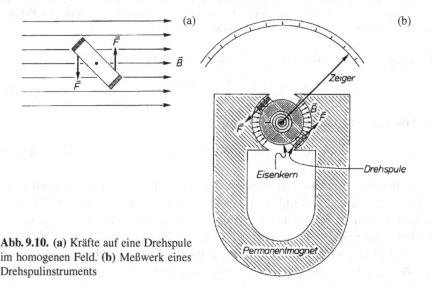

Abb. 9.10. (a) Kräfte auf eine Drehspule im homogenen Feld. **(b)** Meßwerk eines Drehspulinstruments

Im Experiment 8.6 haben wir das Prinzip des Drehspulinstruments kennengelernt: Ein magnetisches Flußdichtefeld **B** übt auf eine stromdurchflossene, drehbare Spule ein Drehmoment **D** = **m** × **B** aus. Das magnetische Moment der Spule ist unmittelbar dem Strom I proportional. Das Drehmoment wird durch Vergleich mit dem rücktreibenden Drehmoment einer Spiralfeder gemessen. Es ist dann direkt proportional zum Auslenkwinkel. Der Auslenkwinkel ist aber nur dann direkt proportional zum Strom, wenn **B** stets senkrecht zu **m** steht, d. h. in der Spulenebene verläuft. Das gelingt durch Verwendung eines Permanentmagneten mit Polschuhen, zwischen denen ein zylinderförmiger Luftspalt besteht (Abb. 9.10b). Achse der Drehspule ist die Zylinderachse. Die Spule enthält einen Weicheisenkern. Das B-Feld steht auf den Eisenoberflächen senkrecht, vgl. Abschn. 9.4, und liegt damit in der Spulenebene.

9.9 Vergleich elektrischer und magnetischer Feldgrößen in Materie

Inhalt: Die elektrische Feldstärke $\mathbf{E}$ und die magnetische Flußdichte $\mathbf{B}$ sind Grundgrößen, die durch die gesamte Ladungsdichte $\varrho + \varrho_{\mathbf{P}}$ bzw. die gesamte Stromdichte $\mathbf{j} + \mathbf{j}_{\mathbf{M}}$ bestimmt werden. Abgeleitete Größen sind die elektrische Flußdichte $\mathbf{D}$ bzw. die magnetische Feldstärke $\mathbf{H}$. Sie sind gerade so konstruiert, daß sie ausschließlich durch die eingeprägte Ladungsdichte ϱ bzw. die eingeprägte Stromdichte $\mathbf{j}$ bestimmt werden. Die Felder $\mathbf{P}$ der Polarisation bzw. $\mathbf{M}$ der Magnetisierung, die durch die in Materie auftretenden atomaren elektrischen Dipole $\mathbf{d}$ bzw. magnetischen Momente $\mathbf{m}$ (oder besser deren Ladungs- bzw. Stromdichten) entstehen, stellen die Verknüpfungen $\mathbf{D} = \varepsilon_0 \mathbf{E} + \mathbf{P}$ bzw. $\mathbf{H} = \mathbf{B}/\mu_0 - \mathbf{M}$ her. Der Unterschied im Vorzeichen auf der rechten Seite dieser Formeln erklärt sich daraus, daß das $\mathbf{B}$-Feld eines magnetischen Moments $\mathbf{m}$ am Ort des Moments selbst parallel zu $\mathbf{m}$ ist, das $\mathbf{E}$-Feld eines Dipols $\mathbf{d}$ am Ort des Dipols jedoch antiparallel zu $\mathbf{d}$ ist.

Betrachten wir die Gleichungen des elektrostatischen Feldes,

$$\boldsymbol{\nabla} \times \mathbf{E} = 0 \quad , \qquad \boldsymbol{\nabla} \cdot \mathbf{D} = \varrho \quad , \tag{9.9.1}$$

und die des stationären Magnetfeldes,

$$\boldsymbol{\nabla} \cdot \mathbf{B} = 0 \quad , \qquad \boldsymbol{\nabla} \times \mathbf{H} = \mathbf{j} \quad , \tag{9.9.2}$$

so stellen wir zunächst eine gewisse Asymmetrie in den Beziehungen fest. Klar ist, daß die Grundgrößen die elektrische Feldstärke $\mathbf{E}$ und die die magnetische Flußdichte $\mathbf{B}$ sind. Sie genügen den Gleichungen für die gesamte Ladungsverteilung $\varrho + \varrho_{\mathbf{P}}$ bzw. die gesamte Stromdichte $\mathbf{j} + \mathbf{j}_{\mathbf{M}}$. Die Größen elektrische Flußdichte $\mathbf{D}$ und magnetische Feldstärke $\mathbf{H}$ sind abgeleitete Größen, die nicht durch die gesamten, sondern nur durch die eingeprägten Dichten ϱ bzw. $\mathbf{j}$ bestimmt sind. Zwischen den beiden Arten elektromagnetischer Feldgrößen bestehen die Zusammenhänge

$$\mathbf{D} = \varepsilon_0 \mathbf{E} + \mathbf{P} \quad , \tag{9.9.3}$$

$$\mathbf{H} = \frac{1}{\mu_0} \mathbf{B} - \mathbf{M} \quad . \tag{9.9.4}$$

Ein Vektorfeld ist nach Abschn. B.17 durch die Angabe von Divergenz und Rotation eindeutig für vorgegebene Randbedingungen bestimmt. Die Gleichungen (9.9.1) und (9.9.2) genügen nicht zur Festlegung der vier Vektorfelder $\mathbf{E}$, $\mathbf{D}$, $\mathbf{B}$ und $\mathbf{H}$. Erst die Angabe der Größen $\mathbf{P}$ und $\mathbf{M}$ in Abhängigkeit von $\mathbf{E}$ bzw. $\mathbf{B}$,

$$\mathbf{P} = \mathbf{P}(\mathbf{E}) \quad , \qquad \mathbf{M} = \mathbf{M}(\mathbf{B}) \quad ,$$

reduziert das Problem auf die Bestimmung von zwei Feldern, z. B. $\mathbf{E}$ und $\mathbf{B}$ aus vier vektoriellen Differentialgleichungen, wenn man (9.9.3) und (9.9.4) ausnutzt. An Stelle dieser beiden Gleichungen kann man natürlich auch direkt die weiter unten noch einmal angegebenen linearen Zusammenhänge (9.9.7) und (9.9.8) benutzen, wenn die Materialien „linear" sind. Die zusätzlich auftretenden Vektorfelder Polarisation $\mathbf{P}$ und Magnetisierung $\mathbf{M}$ beschreiben die Reaktion der Materie auf das äußere Feld in makroskopischer, d. h. gemittelter Weise. Die Polarisation ist die elektrische Dipoldichte

$$\mathbf{P} = n_{\mathrm{d}}\mathbf{d} \quad , \tag{9.9.5}$$

wobei n_{d} die Anzahldichte der Atome und $\mathbf{d}$ ihr elektrisches Dipolmoment ist. Im allgemeinen sind natürlich beide Größen ortsabhängig. Die Magnetisierung ist die magnetische Dipoldichte

$$\mathbf{M} = n_{\mathrm{m}}\mathbf{m} \quad , \tag{9.9.6}$$

wobei entsprechend n_{m} die Anzahldichte der magnetischen Dipole und $\mathbf{m}$ ihr magnetisches Moment ist.

Bei Betrachtung der Gleichungen (9.9.3) und (9.9.4) fällt ebenfalls eine Asymmetrie auf. Sie könnte natürlich auf einer verschiedenen Definition der Größen $\mathbf{P}$ und $\mathbf{M}$ beruhen. Dagegen spricht jedoch deren Zusammenhang mit den mikroskopischen Momenten $\mathbf{d}$ nach (9.9.5) bzw. $\mathbf{m}$ nach (9.9.6), der für beide in gleicher Weise besteht.

Bevor wir zur Diskussion der Gründe für diese offensichtliche Verschiedenheit des Materialverhaltens übergehen, sei noch auf einen weiteren physikalischen Unterschied zwischen dem Verhalten von Materie im elektrischen und im magnetischen Feld hingewiesen. Die linearen Beziehungen zwischen $\mathbf{D}$ und $\mathbf{E}$,

$$\mathbf{D} = \varepsilon_{\mathrm{r}}\varepsilon_0\mathbf{E} \quad , \tag{9.9.7}$$

und $\mathbf{H}$ und $\mathbf{B}$,

$$\mathbf{H} = \frac{1}{\mu_{\mathrm{r}}\mu_0}\mathbf{B} \quad , \tag{9.9.8}$$

enthalten die Permittivitätszahl ε_{r} bzw. die Permeabilitätszahl μ_{r}. Während stets

$$\varepsilon_{\mathrm{r}} \geq 1$$

gilt, kann $\mu_{\mathrm{r}} - 1$ positive und negative Werte annehmen.

Wir haben gesehen, daß für die Orientierung von bereits vorhandenen elementaren elektrischen bzw. magnetischen Dipolmomenten im elektrischen bzw. magnetischen Feld die potentielle Energie der Dipole im jeweiligen Feld maßgebend ist. Es gelten analoge Formeln in beiden Fällen:

$$E_{\mathrm{pot}} = -\mathbf{d} \cdot \mathbf{E} \quad , \qquad E_{\mathrm{pot}} = -\mathbf{m} \cdot \mathbf{B} \quad .$$

Damit ist die stabile Lage der Dipole in den Feldern, d. h. die Lage minimaler potentieller Energie, in beiden Fällen die zum Feld parallele Lage,

$$\mathbf{d} \parallel \mathbf{E} \quad , \qquad \mathbf{m} \parallel \mathbf{B} \quad .$$

Deshalb sind im Fall der Polarisation bzw. Magnetisierung von Materie durch Orientierung der elementaren Dipole d bzw. m die Größen P und M nach Mittelung über die Richtungen der Elementardipole parallel zum jeweiligen Feld,

$$\mathbf{P} \parallel \mathbf{E} \quad , \qquad \mathbf{M} \parallel \mathbf{B} \quad .$$

Trotzdem ist ihr Einfluß auf das sie hervorrufende Feld gerade entgegengesetzt. Die Polarisation P schwächt das Feld $\mathbf{E}_0 = \mathbf{D}/\varepsilon_0$ der äußeren Ladungen:

$$\mathbf{D} = \varepsilon_0 \mathbf{E} + \mathbf{P} \quad , \qquad \text{d. h.} \quad \mathbf{E} = \frac{1}{\varepsilon_0}(\mathbf{D} - \mathbf{P}) = \mathbf{E}_0 - \frac{1}{\varepsilon_0}\mathbf{P} \quad ,$$

während die Magnetisierung das Feld $\mathbf{B}_0 = \mu_0 \mathbf{H}$ stärkt:

$$\mathbf{H} = \frac{1}{\mu_0}\mathbf{B} - \mathbf{M} \quad , \qquad \text{d. h.} \quad \mathbf{B} = \mu_0(\mathbf{H} + \mathbf{M}) = \mathbf{B}_0 + \mu_0 \mathbf{M} \quad .$$

Der Grund für die Verschiedenheit des Beitrages liegt in den Grundgleichungen der mikroskopischen Felder. Das mikroskopische elektrische Feld wird durch

$$\boldsymbol{\nabla} \times \mathbf{E}_{\text{mikr}} = 0 \quad , \qquad \boldsymbol{\nabla} \cdot \mathbf{E}_{\text{mikr}} = \frac{1}{\varepsilon_0}\varrho_{\text{mikr}}$$

festgelegt. Die mikroskopische Dipolladungsdichte

$$\varrho_{\mathbf{P},\text{mikr}} = -\sum_i \mathbf{d}_i \cdot \boldsymbol{\nabla}\delta^3(\mathbf{r} - \mathbf{r}_i)$$

führt nach Mittelung insbesondere zu Flächenladungsdichten auf den Oberflächen des Materials, die das ursprüngliche Feld schwächen. Nach Abschn. 4.2 ist die Oberflächenladungsdichte auf der Materialoberfläche, die der positiv geladenen Kondensatorplatte zugewandt ist, negativ. Entsprechend ist sie positiv auf der Materialoberfläche gegenüber der negativ geladenen Kondensatorplatte. Dies führt zu einem das Vakuumfeld schwächenden Zusatzfeld im materieerfüllten Kondensator. Im Fall der Magnetisierung liegt eine andere Situation vor. Die Grundgleichungen für das mikroskopische Flußdichtefeld enthalten keine Ladungsdichten, sondern verknüpfen die Rotation von $\mathbf{B}_{\text{mikr}}$ mit der mikroskopischen Stromdichte $\mathbf{j}_{\text{mikr}}$,

$$\boldsymbol{\nabla} \cdot \mathbf{B}_{\text{mikr}} = 0 \quad , \qquad \boldsymbol{\nabla} \times \mathbf{B}_{\text{mikr}} = \mu_0 \mathbf{j}_{\text{mikr}} \quad .$$

Die mikroskopische Magnetisierungsstromdichte setzt sich aus den Elementarstromdichten der magnetischen Momente zusammen,

$$\mathbf{j}_{\mathbf{M},\text{mikr}} = -\sum_i \mathbf{m}_i \times \boldsymbol{\nabla}\delta^3(\mathbf{r} - \mathbf{r}_i) \quad .$$

Diese führen nach Mittelung insbesondere zu den Flächenstromdichten auf den Oberflächen des Materials im B-Feld, die das ursprüngliche Feld verstärken. In unserem Beispiel eines Eisenzylinders (Abb. 9.4) in einer zylindrischen Spule ist der Oberflächenstrom auf dem Mantel des Eisenzylinders parallel zum Strom I in der Spule, weil ihre Momente

$$\mathbf{m} = I\pi R^2 \hat{\mathbf{a}} \quad , \qquad \mathbf{m}' = I'\pi R^2 \hat{\mathbf{a}}$$

parallel sind, so daß auch ihre Felder parallel sind.

Die verschiedenen Ergebnisse der Aufsummation der Felder elektrischer Dipole und magnetischer Dipole rühren von den am Dipolort auftretenden und für elektrische und magnetische Dipole verschiedenen Deltafunktionsbeiträgen her. Wir hatten in (2.10.7)

$$\mathbf{E_d}(\mathbf{r}) = \frac{1}{4\pi\varepsilon_0} \frac{3(\mathbf{d}\cdot\hat{\mathbf{r}})\hat{\mathbf{r}} - \mathbf{d}}{r^3} \, \Theta(r-\varepsilon) - \frac{\mathbf{d}}{\varepsilon_0}\frac{1}{3}\delta^3(\mathbf{r}) \qquad (9.9.9)$$

und in (8.9.7)

$$\mathbf{B_m}(\mathbf{r}) = \frac{\mu_0}{4\pi} \frac{3(\mathbf{m}\cdot\hat{\mathbf{r}})\hat{\mathbf{r}} - \mathbf{m}}{r^3} \, \Theta(r-\varepsilon) + \mu_0\mathbf{m}\frac{2}{3}\delta^3(\mathbf{r}) \quad . \qquad (9.9.10)$$

Diese δ-Beiträge sind die Reste der Innenfelder der Dipole im Grenzfall verschwindender Ausdehnung und stellen sicher, daß für $\mathbf{E_d}$

$$\nabla \times \mathbf{E_d} = 0 \quad , \qquad \nabla \cdot \mathbf{E_d} = -\frac{1}{\varepsilon_0}\mathbf{d} \cdot \nabla\delta^3(\mathbf{r})$$

gilt und für $\mathbf{B_m}$

$$\nabla \cdot \mathbf{B_m} = 0 \quad , \qquad \nabla \times \mathbf{B_m} = -\mu_0\mathbf{m} \times \nabla\delta^3(\mathbf{r}) \quad , \qquad (9.9.11)$$

also die Feldgleichungen für die Dipolladungsdichte bzw. Elementarstromdichte erfüllt sind. Die ersten Summanden in (9.9.9) bzw. (9.9.10), die die gleiche Gestalt haben, erfüllen diese Feldgleichungen allein nicht. Erst durch die Hinzunahme des zweiten Summanden in (9.9.9) werden die Gleichungen für die elektrische Feldstärke erfüllt. Daß die Feldgleichungen für die magnetische Flußdichte (9.9.11) von (9.9.10) befriedigt werden, ist dann einleuchtend, weil sich die beiden Ausdrücke für $\mathbf{E}$ und $\mathbf{B}$ bis auf den in diesem Zusammenhang trivialen Faktor $\varepsilon_0^{-1}\mathbf{d}$ bzw. $\mu_0\mathbf{m}$ gerade durch $\delta^3(\mathbf{r})$ unterscheiden. Auch anschaulich ist der Effekt sofort klar, wenn man bedenkt, daß das Feld eines ausgedehnten elektrischen Dipols, der für große Abstände den gleichen Feldverlauf wie ein magnetischer Dipol zeigt, zwischen den Ladungen gerade die entgegengesetzte Feldrichtung wie der magnetische Dipol innerhalb der Stromschleife besitzt (Abb. 9.11). Bei der Aufsummation darf der Effekt des elektrischen Feldes zwischen den Dipolladungen, bzw. des Feldes im Inneren der Drahtschleife nicht vernachlässigt werden. Er bewirkt die verschiedenen Beiträge von elektrischen und magnetischen Dipoldichten der Materie zum äußeren Feld.

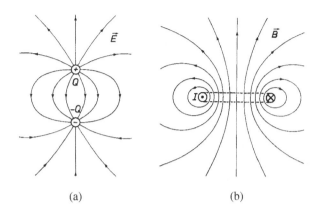

Abb. 9.11. Felder eines elektrischen und eines magnetischen Dipols
(a)   (b)

Daß der Diamagnetismus einen das magnetische Flußdichtefeld im Vakuum schwächenden Beitrag liefert, liegt daran, daß die induzierten Dipolmomente dem sie induzierenden Feld entgegengerichtet sind, vgl. (9.7.2). Die Magnetisierung M ist dann auch gegen das induzierende Feld gerichtet und schwächt es in der Materie.

9.10 Aufgaben

9.1: Ein Teilchen der Ladung q und der Masse m fällt mit dem Impuls **p** senkrecht auf ein Feld **B** ein, das zwischen den Polschuhen eines Magneten besteht und in **p**-Richtung über die Strecke ℓ ausgedehnt ist. Zeigen Sie, daß das Teilchen um den Winkel $\alpha = qB\ell/p$ abgelenkt wird.

9.2: Ein homogen magnetisierter, zylindrischer Permanentmagnet der Länge $L = 0{,}1\,\text{m}$ und des Radius $R = 0{,}01\,\text{m}$ enthält ein näherungsweise homogenes Flußdichtefeld in Achsenrichtung vom Betrag $B = 1\,\text{T}$. Welcher Magnetisierungsstrom umfließt den Zylindermantel? Warum erleidet dieser Strom keine Jouleschen Verluste?

9.3: Die Felder **B** und **H** in Materie mißt man mit Sonden, die in engen, langen Schlitzen des Materials angebracht sind. Ein Schlitz A sei parallel, ein Schlitz B sei senkrecht zur Feldrichtung orientiert. Benutzen Sie die Stetigkeitseigenschaften der Felder an Grenzflächen, um zu entscheiden, in welchem Schlitz Sie **H** bzw. **B** messen.

10. Quasistationäre Vorgänge. Wechselstrom

10.1 Übergang von zeitunabhängigen zu quasistationären Feldern

Inhalt: Elektrische bzw. magnetische Felder heißen quasistationär, wenn sie sich in der Zeit $\Delta t = d/c$ nur wenig ändern. Dabei ist d der Durchmesser des interessierenden felderfüllten Raumbereichs und c die Vakuumlichtgeschwindigkeit; Δt ist also die Zeit, die das Licht braucht, um die Strecke d zu durchlaufen.
Bezeichnungen: $\mathbf{E}$ elektrische Feldstärke, t Zeit, $\mathbf{D}$ elektrische Flußdichte, ϱ Ladungsdichte, ε_r Permittivitätszahl, ε_0 elektrische Feldkonstante, $\mathbf{H}$ magnetische Feldstärke, $\mathbf{j}$ Stromdichte, $\mathbf{B}$ magnetische Flußdichte, μ_r Permeabilitätszahl, μ_0 magnetische Feldkonstante.

Bisher haben wir ausführlich zwei verschiedene Phänomene studiert: die elektrischen Felder (elektrische Feldstärke $\mathbf{E}$, elektrische Flußdichte $\mathbf{D}$) einer statischen, also zeitlich unveränderlichen Ladungsdichteverteilung $\varrho(\mathbf{r})$ und die magnetischen Felder (magnetische Feldstärke $\mathbf{H}$, magnetische Flußdichte $\mathbf{B}$) einer stationären, ebenfalls zeitlich unveränderlichen Stromdichteverteilung $\mathbf{j}(\mathbf{r})$. Die vier Feldstärken blieben dabei stets zeitlich konstant. Unsere Befunde konnten wir in den Feldgleichungen der *Elektrostatik*,

$$\nabla \times \mathbf{E} = 0 \ , \tag{10.1.1a}$$
$$\nabla \cdot \mathbf{D} = \varrho \ , \tag{10.1.1b}$$
$$\mathbf{D} = \varepsilon_r \varepsilon_0 \mathbf{E} \ , \tag{10.1.1c}$$

und der *Magnetostatik*,

$$\nabla \times \mathbf{H} = \mathbf{j} \ , \tag{10.1.1d}$$
$$\nabla \cdot \mathbf{B} = 0 \ , \tag{10.1.1e}$$
$$\mathbf{B} = \mu_r \mu_0 \mathbf{H} \ , \tag{10.1.1f}$$

zusammenfassen. (Die Beziehungen (10.1.1c) und (10.1.1f) gelten nur in linearen, isotropen Materialien.)

Wir interessieren uns nun für zeitlich veränderliche Ladungsverteilungen, Ströme und Felder. In Abschn. 8.13 haben wir bereits gesehen, daß die Rotation des elektrischen Feldes $\mathbf{E}(t, \mathbf{r})$ für zeitabhängige magnetische Flußdichte

$\mathbf{B}(t, \mathbf{r})$ nicht mehr gleich null, sondern gleich der negativen Zeitableitung der magnetischen Flußdichte ist, vgl. (8.13.3),

$$\nabla \times \mathbf{E} = -\frac{\partial \mathbf{B}}{\partial t} \quad . \tag{10.1.2}$$

Die Erweiterung der Feldgleichung (10.1.1d), die die Rotation der magnetischen Feldstärke beschreibt, auf zeitabhängige Felder und Stromdichten werden wir in Abschn. 11.1.1 durchführen. Zusammen mit den beiden Gleichungen für die Divergenz der elektrischen Feldstärke und der magnetischen Flußdichte erhalten wir damit den vollständigen Satz der Maxwellschen Gleichungen des elektromagnetischen Feldes.

Für langsam veränderliche, d. h. *quasistationäre* Felder genügt es allerdings, nur die Gleichung (10.1.1a) durch (10.1.2) zu ersetzen. Ein Feld ist dann langsam veränderlich, wenn es sich in der Zeit $\Delta t = d/c$ nur wenig ändert, die das Licht braucht, um den Durchmesser d der uns interessierenden Anordnung zu durchlaufen. Für technischen Wechselstrom der Periode $T = (1/50)$ s erfolgt eine relative Feldänderung von ca. 1%, in $\Delta t = 10^{-4}$ s. Der charakteristische Durchmesser, für den die quasistationäre Beschreibung gilt, ist $d = ct \approx 30$ km. Für das Netzwerk in einem Rundfunkempfänger ($d \approx 10$ cm) ist sie entsprechend für kürzere Perioden bzw. höhere Frequenzen zulässig.

In quasistationärer Näherung haben wir somit das folgende System von Feldgleichungen:

$$\nabla \times \mathbf{E} = -\frac{\partial}{\partial t}\mathbf{B} \quad , \tag{10.1.3a}$$

$$\nabla \cdot \mathbf{D} = \varrho \quad , \tag{10.1.3b}$$

$$\mathbf{D} = \varepsilon_{\mathrm{r}}\varepsilon_0 \mathbf{E} \quad , \tag{10.1.3c}$$

$$\nabla \times \mathbf{H} = \mathbf{j} \quad , \tag{10.1.3d}$$

$$\nabla \cdot \mathbf{B} = 0 \quad , \tag{10.1.3e}$$

$$\mathbf{B} = \mu_{\mathrm{r}}\mu_0 \mathbf{H} \quad . \tag{10.1.3f}$$

10.2 Gegeninduktion und Selbstinduktion

Inhalt: Fließt in einem Leiterkreis 1 der zeitabhängige Strom $I_1(t)$, so wird dadurch in einem benachbarten Leiterkreis 2 die Umlaufspannung $U^{\mathrm{ind}}(t) = -L_{21}\dot{I}_1(t)$ induziert. In einem einzelnen Leiterkreis induziert der dort fließende Strom I eine Umlaufspannung $U^{\mathrm{ind}}(t) = -L\dot{I}(t)$. Die Gegeninduktivität L_{21} und die Induktivität L hängen dabei nur von der Geometrie der jeweiligen Anordnung ab.
Bezeichnungen: Die Indizes $i = 1, 2$ an den Größen beziehen sich auf die Leiterschleifen 1 und 2. $\mathbf{B}$ magnetische Flußdichte, Φ magnetischer Fluß, $\mathbf{E}'$ induzierte Feldstärke, $\mathbf{A}$ Vektorpotential, $\mathbf{j}$ Stromdichte, I Strom; $\mathbf{g}(\mathbf{r})$ Funktion, die die räumliche Verteilung der Stromdichte $\mathbf{j}(t, \mathbf{r}) = I(t)\mathbf{g}(\mathbf{r})$ beschreibt; $\mathrm{d}\mathbf{a} = \hat{\mathbf{a}}\,\mathrm{d}a$ Flächenelement, $\mathrm{d}\mathbf{s} = \hat{\mathbf{s}}\,\mathrm{d}s$ Linienelement,

$\mathrm{d}V$ Volumenelement, U^{ind} induzierte Umlaufspannung, L_{21} Gegeninduktivität, $L = L_{22}$ Induktivität, μ_0 magnetische Feldkonstante, μ_{r} Permeabilitätszahl.

In Abb. 10.1 sind zwei Stromkreise 1 und 2 skizziert, in denen unter dem Einfluß der äußeren *treibenden* oder *eingeprägten* Spannungen $U_{\mathrm{e}1}(t)$ und $U_{\mathrm{e}2}(t)$ die zeitabhängigen Ströme $I_1(t)$ und $I_2(t)$ fließen. Dadurch entstehen um beide Stromkreise zeitlich veränderliche Flußdichtefelder $\mathbf{B}_1(t)$ und $\mathbf{B}_2(t)$, die zu zusätzlichen elektrischen Feldstärken $\mathbf{E}'_1(t)$ und $\mathbf{E}'_2(t)$ führen. Nach (10.1.3a) gilt

$$\nabla \times \mathbf{E}'_1 = -\dot{\mathbf{B}}_1 \quad , \qquad \nabla \times \mathbf{E}'_2 = -\dot{\mathbf{B}}_2 \quad . \tag{10.2.1}$$

Wir können nun die Tatsache ausnutzen, daß sich nach (8.8.2) jedes Flußdichtefeld $\mathbf{B}$ als Rotation eines anderen Vektorfeldes, des Vektorpotentials $\mathbf{A}$, schreiben läßt,

$$\mathbf{B}_1 = \nabla \times \mathbf{A}_1 \quad , \qquad \mathbf{B}_2 = \nabla \times \mathbf{A}_2 \quad ,$$

und erhalten

$$\nabla \times \mathbf{E}'_1 = -\nabla \times \dot{\mathbf{A}}_1 \quad , \qquad \nabla \times \mathbf{E}'_2 = -\nabla \times \dot{\mathbf{A}}_2 \quad .$$

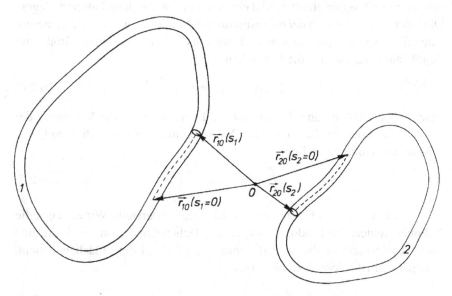

Abb. 10.1. Gegeninduktion zweier Stromkreise. Die gestrichelte Linie im Leiter 1 ist eine Stromlinie, d. h. sie hat die Richtung $\hat{\mathbf{s}}_1$, die gleich der Richtung der Stromdichte ist. Verschiedene Punkte $\mathbf{r}_{10}(s_1)$ auf dieser Linie unterscheiden sich durch die Bogenlänge s_1, d. h. die Länge längs der Linie, gerechnet von einem festen Punkt $s_1 = 0$. Angedeutet ist eine Querschnittsfläche durch den Leiter 1 an der Stelle s_1. Die Fläche ist senkrecht zum Leiter, daher gilt für die Flächennormale $\hat{\mathbf{a}}_1 = \hat{\mathbf{s}}_1$. Der Ort der Querschnittsfläche wird mit $\mathbf{r}_1(s_1)$ bezeichnet. Entsprechende Bezeichnungen gelten für den Leiter 2

Nach (8.8.1) sind die Vektorpotentiale (zur Zeit t am Ort $\mathbf{r}$) der Stromkreise 1 und 2 durch

$$\mathbf{A}_i(t, \mathbf{r}) = \frac{\mu_0}{4\pi} \int_{V_i} \frac{\mathbf{j}(t, \mathbf{r}_i)}{|\mathbf{r} - \mathbf{r}_i|} \, dV_i \quad , \qquad i = 1, 2 \quad , \tag{10.2.2}$$

gegeben. Dabei ist die Integration über die Stromdichte $\mathbf{j}(t, \mathbf{r}_i)$ im Leiter 1 bzw. 2 zu erstrecken. Die Stromdichte ist im allgemeinen nicht frei vorgebbar, sondern stellt sich unter dem Einfluß insbesondere ihres eigenen Magnetfeldes in bestimmter Weise ein. Wir wollen auf die Berechnung der Stromdichteverteilung im Leiter verzichten und später annehmen, daß sie im wesentlichen homogen ist. Das ist – wie auch die obige Gleichung für das Vektorpotential – nur für langsam veränderliche Felder richtig. Für das Folgende wollen wir nun annehmen, daß die Stromdichte in ihrer Verteilung über den Leiterquerschnitt räumlich konstant ist, sich also nur durch einen allein zeitabhängigen Faktor ändert. Dann läßt sich die Darstellung der Vektorpotentiale (10.2.2) in einen zeitabhängigen Gesamtstrom

$$I_i(t) = \int_{a_i} \mathbf{j}(t, \mathbf{r}_i) \cdot d\mathbf{a}_i \tag{10.2.3}$$

durch den Leiterquerschnitt a_i und einen nur ortsabhängigen Faktor zerlegen. Die Stromstärke I_i hat in der quasistationären Näherung, wie wir sie in diesem Kapitel verwenden, auf der ganzen Länge des Leiters die gleiche Größe und Zeitabhängigkeit, so daß die Stromdichte durch

$$\mathbf{j}(t, \mathbf{r}_i) = I_i(t) \mathbf{g}(\mathbf{r}_i) \tag{10.2.4}$$

beschrieben werden kann. Dabei gibt die Funktion $\mathbf{g}(\mathbf{r}_i)$ die Verteilung der Stromdichte über den Leiter wieder. Natürlich muß für jede beliebige Querschnittsfläche durch den Leiter

$$\int_{a_i} \mathbf{g}(\mathbf{r}_i) \cdot d\mathbf{a}_i = 1 \tag{10.2.5}$$

gelten, damit $I_i(t)$ den Gesamtstrom nach (10.2.3) darstellt. Wir zerlegen die Volumenelemente in Produkte aus einem Flächenelement $d\mathbf{a}_i = \hat{\mathbf{a}}_i \, da_i$ und einem Linienelement $d\mathbf{s}_i = \hat{\mathbf{s}}_i \, ds_i$, das senkrecht auf dem Flächenelement, d. h. parallel zu seiner Normalen $\hat{\mathbf{a}}_i$ steht,

$$\hat{\mathbf{a}}_i \cdot \hat{\mathbf{s}}_i = 1 \quad , \qquad i = 1, 2 \quad .$$

Damit gilt

$$dV_i = d\mathbf{a}_i \cdot d\mathbf{s}_i = \hat{\mathbf{a}}_i \cdot \hat{\mathbf{s}}_i \, da_i \, ds_i = da_i \, ds_i \quad . \tag{10.2.6}$$

Entsprechend Abb. 10.1 ist der Vektor $\hat{\mathbf{s}}_i$ an jedem Ort parallel zur Richtung der Stromdichte, $\hat{\mathbf{s}}_i \parallel \mathbf{j}(\mathbf{r}_i)$ bzw. $\hat{\mathbf{s}}_i \parallel \mathbf{g}(\mathbf{r}_i)$. Damit lassen sich die Vektorpotentiale der beiden Stromkreise durch

$$\mathbf{A}_i(t,\mathbf{r}) = \frac{\mu_0}{4\pi} I_i(t) \int_{V_i} \frac{\mathbf{g}(\mathbf{r}_i)}{|\mathbf{r}-\mathbf{r}_i|}(\mathrm{d}\mathbf{a}_i \cdot \mathrm{d}\mathbf{s}_i) = \frac{\mu_0}{4\pi} I_i(t) \oint_{s_i} \int_{a_i} \frac{\mathbf{g}(\mathbf{r}_i)\cdot \mathrm{d}\mathbf{a}_i}{|\mathbf{r}-\mathbf{r}_i|}\mathrm{d}\mathbf{s}_i$$

$$(10.2.7)$$

darstellen. Dabei haben wir von der Parallelität der drei Vektoren im Zähler des Integranden Gebrauch gemacht.

Wir berechnen jetzt die Zusatzspannungen $U_{21}^{\mathrm{ind}}(t)$ und $U_{22}^{\mathrm{ind}}(t)$, die im Stromkreis 2 von den Strömen $I_1(t)$ und $I_2(t)$ induziert werden. Dazu integrieren wir die Zusatzfeldstärken $\mathbf{E}_1'$ und $\mathbf{E}_2'$ längs des Stromkreises 2. Wegen der Ausdehnung der Leiter 1 und 2 sind verschiedene Integrationswege in den Leitern möglich. Tatsächlich ergeben sich bei Leitern, deren Radius nicht klein gegen den Abstand vom nächstgelegenen Leiter ist, auch je nach Integrationsweg verschiedene Resultate für die induzierten Spannungen. Auch hier wollen wir von der bereits oben eingeführten Annahme Gebrauch machen, daß die Leiterquerschnitte klein gegen die anderen Abstände im Stromkreis und gegen die Länge der typischen Variation der Stromstärke sind. Dann werden die Potentiale im Leiterquerschnitt senkrecht zur Leiterachse in hinreichend guter Näherung den gleichen Wert haben.

Wir erhalten durch Anwendung des Stokesschen Satzes

$$\begin{aligned} U_{21}^{\mathrm{ind}}(t) &= \oint_{s_2} \mathbf{E}_1' \cdot \mathrm{d}\mathbf{s}_2 = -\oint_{s_2} \dot{\mathbf{A}}_1 \cdot \mathrm{d}\mathbf{s}_2 \\ &= -\dot{I}_1(t)\frac{\mu_0}{4\pi} \oint_{s_2} \oint_{s_1} \int_{a_1} \frac{\mathbf{g}(\mathbf{r}_1)\cdot \mathrm{d}\mathbf{a}_1}{|\mathbf{r}_2-\mathbf{r}_1|}(\mathrm{d}\mathbf{s}_1 \cdot \mathrm{d}\mathbf{s}_2) \\ &= -\dot{I}_1(t)L_{21} \quad . \end{aligned}$$

$$(10.2.8)$$

Die Größe L_{21} ist der *Gegeninduktionskoeffizient* oder die *Gegeninduktivität* von Stromkreis 1 auf Stromkreis 2,

$$L_{21} = \frac{\mu_0}{4\pi} \oint_{s_2} \oint_{s_1} \int_{a_1} \frac{\mathbf{g}(\mathbf{r}_1)\cdot \mathrm{d}\mathbf{a}_1}{|\mathbf{r}_2-\mathbf{r}_1|}(\mathrm{d}\mathbf{s}_1 \cdot \mathrm{d}\mathbf{s}_2) \quad . \qquad (10.2.9)$$

Ganz entsprechend erhalten wir für die vom Strom I_2 im eigenen Leiterkreis induzierte Spannung

$$U_{22}^{\mathrm{ind}} = -\dot{I}_2 L_{22} \qquad (10.2.10)$$

mit

$$L_{22} = \frac{\mu_0}{4\pi} \oint_{s_2} \oint_{s_2} \int_{a_2} \frac{\mathbf{g}(\mathbf{r}_2')\cdot \mathrm{d}\mathbf{a}_2'}{|\mathbf{r}_2-\mathbf{r}_2'|}(\mathrm{d}\mathbf{s}_2' \cdot \mathrm{d}\mathbf{s}_2) \quad . \qquad (10.2.11)$$

Die Konstante L_{22} heißt *Selbstinduktionskoeffizient* oder *Induktivität* der Leiterschleife 2. Für einen einzelnen Stromkreis können wir die Indizes in der Gleichung (10.2.10) weglassen und erhalten als Zusammenhang von Strom und induzierter Spannung

$$U^{\mathrm{ind}} = -L\dot{I} \quad . \qquad (10.2.12)$$

Die Einheit der Induktivität ist gleich der Einheit von μ_0 multipliziert mit der Längeneinheit. Sie trägt den Namen

$$1\,\text{Henry} = 1\,\text{H} = 1\,\text{V}\,\text{s}\,\text{A}^{-1}\quad.$$

Die Integrale (10.2.9) und (10.2.11) hängen ausschließlich von der Form und der gegenseitigen Anordnung der Leiter ab, nicht aber von Spannungen oder Strömen. Gegeninduktions- und Selbstinduktionskoeffizienten sind damit *Apparatekonstanten* wie die Kapazität. Die Berechnung ist nur für einfache Anordnungen (etwa für kreisförmige Drahtschleifen mit kreisförmigem Querschnitt) in geschlossener Form möglich. Die Größen können aber durch Messung bestimmt werden, die Selbstinduktion z. B. durch Messung des komplexen Wechselstromwiderstandes, vgl. Abschn. 10.9.

Für eine lange, gestreckte Spule können wie die Induktivität L aus folgender Überlegung gewinnen. Die Spule habe die Länge ℓ, den Querschnitt a und die Windungszahl N, d. h. $n = N/\ell$ Windungen pro Längeneinheit. Wird sie vom Strom I durchflossen, so entsteht nach (8.10.3) in ihrem Inneren ein homogenes Flußdichtefeld vom Betrag

$$B = \mu_0 nI = \mu_0 IN/\ell\quad.$$

Der magnetische Fluß durch den Spulenquerschnitt ist $\Phi = Ba$. Die in der ganzen Spule induzierte Spannung erhält man aus (8.13.1) durch Integration über alle N Windungen,

$$U^{\text{ind}} = -N\dot{\Phi} = -\dot{I}\mu_0 N^2 a/\ell\quad.$$

Der Vergleich mit (10.2.12) liefert als Selbstinduktionskoeffizienten einer langen Spule

$$L = \mu_0 N^2 a/\ell\quad.\tag{10.2.13}$$

Enthält die Spule Materie der Permeabilitätszahl μ_{r}, so ist die Selbstinduktion

$$L = \mu_{\text{r}}\mu_0 N^2 a/\ell\quad,\tag{10.2.14}$$

da sich das B-Feld in der Spule um den Faktor μ_{r} ändert.

10.3 Magnetische Energie eines Leiterkreises

Inhalt: Die magnetische Energie W_{m} eines vom Strom I durchflossenen, beliebigen Leiterkreises der Induktivität L ist $W_{\text{m}} = LI^2/2$.
Bezeichnungen: W_{m} magnetische Energie, sonst wie in Abschn. 10.2.

Im Abschn. 9.5 haben wir den Energieinhalt von Magnetfeldern berechnet und in (9.5.14) den Ausdruck

$$W_{\mathrm{m}} = \frac{1}{2} \int \mathbf{j}(\mathbf{r}) \cdot \mathbf{A}(\mathbf{r}) \, \mathrm{d}V$$

gefunden. Mit Hilfe von (10.2.2) gewinnen wir für die magnetische Energie eines Stromkreises mit der Stromdichte $\mathbf{j}(\mathbf{r})$ den Ausdruck

$$W_{\mathrm{m}} = \frac{1}{2} \frac{\mu_0}{4\pi} \iint \frac{\mathbf{j}(\mathbf{r}) \cdot \mathbf{j}(\mathbf{r}')}{|\mathbf{r} - \mathbf{r}'|} \, \mathrm{d}V' \, \mathrm{d}V \quad,$$

aus dem wir mit der Faktorisierung (10.2.4) der Stromdichte in zeitabhängigen Strom $I(t)$ und ortsabhängige Stromverteilungsfunktion $\mathbf{g}(\mathbf{r})$ die einfache Form

$$W_{\mathrm{m}} = \frac{1}{2} L I^2 \qquad (10.3.1)$$

gewinnen. Der Selbstinduktionskoeffizient

$$L = \frac{\mu_0}{4\pi} \iint \frac{\mathbf{g}(\mathbf{r}') \cdot \mathbf{g}(\mathbf{r})}{|\mathbf{r} - \mathbf{r}'|} \, \mathrm{d}V' \, \mathrm{d}V \qquad (10.3.2)$$

hat zunächst eine andere Gestalt als der Ausdruck (10.2.11), der mit Hilfe des Volumenelementes (10.2.6) in die Form

$$L_{22} = \frac{\mu_0}{4\pi} \int_{s_2} \int_{V_2} \frac{\mathbf{g}(\mathbf{r}_2') \cdot \mathrm{d}\mathbf{s}_2}{|\mathbf{r}_2 - \mathbf{r}_2'|} \, \mathrm{d}V_2' \qquad (10.3.3)$$

gebracht werden kann. Unser Ausdruck (10.3.2) läßt sich sofort auf diese Form bringen, wenn man bedenkt, daß unter den in Abschn. 10.2 gemachten Annahmen die induzierte Spannung im Leiterquerschnitt sich nicht stark ändert. Wir zerlegen $\mathrm{d}V$ analog zu (10.2.6) in Linien- und Flächenelemente, die parallel zur Stromrichtung $\mathbf{g}$ sind. Dann läßt sich das Integral leicht zerlegen in ein Linien- und ein Flächenintegral:

$$L = \frac{\mu_0}{4\pi} \int_s \int_V \int_a \frac{(\mathbf{g}(\mathbf{r}') \cdot \mathrm{d}\mathbf{s}) \, (\mathbf{g}(\mathbf{r}) \cdot \mathrm{d}\mathbf{a})}{|\mathbf{r} - \mathbf{r}'|} \, \mathrm{d}V' \quad.$$

Das Flächenintegral läßt sich ausführen, wenn die induzierte Spannung im Leiterquerschnitt nicht vom Integrationsweg abhängt, so daß wir mit (10.2.5) gerade

$$L = \frac{\mu_0}{4\pi} \int_s \int_V \frac{\mathbf{g}(\mathbf{r}') \cdot \mathrm{d}\mathbf{s}}{|\mathbf{r} - \mathbf{r}'|} \, \mathrm{d}V'$$

in Übereinstimmung mit (10.3.3) erhalten.

10.4 Ein- und Ausschaltvorgänge

10.4.1 Reihenschaltung aus Widerstand und Induktivität

Inhalt: Wegen des Induktionsgesetzes verschwindet die Umlaufspannung längs eines Stromkreises, der eine Induktivität enthält, im allgemeinen nicht. Für eine Reihenschaltung aus ohmschem Widerstand R und Induktivität L, an die eine äußere Spannung U_e angelegt wird und durch die ein Strom I fließt, gilt $U_e = RI + L\dot{I}$. Nach abruptem Einschalten der Spannung (U_e springt von null auf U_0) steigt der Strom mit der Zeitkonstanten $\tau = L/R$ exponentiell auf den Wert U_0/R.

Bezeichnungen: U_e eingeprägte Spannung, U_0 deren Maximalwert; U_R Spannung am Widerstand, U_L Spannung an der Spule; I Strom, I_0 dessen Maximalwert; Θ Stufenfunktion, t Zeit, δ Diracsche Deltafunktion, $\mathbf{E}$ elektrische Feldstärke, $\mathbf{r}$ Ortsvektor, R Widerstand, L Induktivität, τ Zeitkonstante, $\lambda = 1/\tau$.

An einen einfachen Stromkreis, der aus einem ohmschen Widerstand R und einer Spule der Induktivität L besteht (Abb. 10.2a), legen wir zur Zeit $t = 0$ eine äußere Gleichspannung U_0. Der Zeitverlauf der eingeprägten Spannung entspricht also der Stufenfunktion

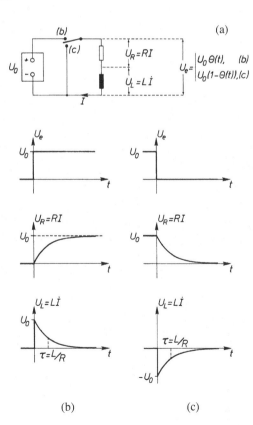

Abb. 10.2 a–c. Ein- bzw. Ausschaltverhalten eines RL-Kreises **(a)**. Durch Umlegen des Schalters von c nach b (b nach c) zur Zeit $t = 0$ wird am RL-Kreis der Spannungsverlauf des Einschaltens (Ausschaltens) hervorgerufen. Der zeitliche Verlauf der einzelnen Spannungen bzw. des Stromes im Kreis und seiner Zeitableitung sind sowohl für den Einschaltvorgang **(b)** als auch für den Ausschaltvorgang **(c)** dargestellt

$$U_e = U_0 \, \Theta(t) \quad . \tag{10.4.1}$$

Wir betrachten den Stromkreis, der den Widerstand und die Spule und (nach dem Umlegen des Schalters auch) die Spannungsquelle enthält. Als Umlaufrichtung wählen wir die Richtung des Stromes, also die Uhrzeigerrichtung in Abb. 10.2. Wäre die Spule nicht vorhanden, so wäre nach (5.7.3) die Umlaufspannung null, und es gälte

$$\oint \mathbf{E} \cdot d\mathbf{r} = -U_e + U_R = 0 \quad .$$

Wegen der Selbstinduktion der Spule müssen wir aber jetzt das Induktionsgesetz (8.13.1) anwenden. Für die Umlaufspannung gilt daher mit (10.2.12)

$$\oint \mathbf{E} \cdot d\mathbf{r} = -U_e + U_R = -L\dot{I} \quad .$$

Dabei ist U_e die eingeprägte Spannung (die verabredungsgemäß, vgl. Abschn. 5.6, entgegen der Umlaufrichtung, also von der Plusklemme zur Minusklemme gemessen wird), $U_R = RI$ ist die Spannung am Widerstand (gemessen entlang der Umlaufrichtung). Wir schreiben diese Beziehung in der Form

$$U_e = U_R + U_L = RI + L\dot{I} \quad . \tag{10.4.2}$$

Damit tritt eine (in Umlaufrichtung gemessene) zusätzliche Spannung

$$U_L = L\dot{I} \tag{10.4.3}$$

auf.

Mit (10.4.1) erhält (10.4.2) die Form

$$L\dot{I} + RI = U_0 \, \Theta(t) \quad . \tag{10.4.4}$$

Zur Lösung dieser Differentialgleichung für den Strom I machen wir den Ansatz

$$I = I_0(1 - e^{-\lambda t}) \, \Theta(t)$$

mit der Ableitung, vgl. (F.1.21),

$$\dot{I} = \lambda I_0 e^{-\lambda t} \, \Theta(t) + I_0(1 - e^{-\lambda t})\delta(t) = \lambda I_0 e^{-\lambda t} \, \Theta(t) \quad .$$

Einsetzen in (10.4.4) liefert

$$(\lambda L - R)I_0 e^{-\lambda t} + RI_0 = U_0 \quad .$$

Da sowohl U_0 wie auch RI_0 zeitlich konstant sind, muß $\lambda L - R = 0$ und $RI_0 = U_0$ oder

$$\lambda = R/L \quad , \qquad I_0 = U_0/R$$

gelten. Damit ist

$$I = \frac{U_0}{R} \left[1 - \exp\left(-\frac{R}{L}t\right) \right] \Theta(t) \quad , \tag{10.4.5}$$

d. h. der Strom steigt, beginnend von null, langsam an und erreicht den durch den ohmschen Widerstand festgelegten Wert U_0/R erst für Zeiten

$$t \gg \tau = \frac{1}{\lambda} = \frac{L}{R} \quad .$$

Die *Zeitkonstante* τ ist charakteristisch für die Anstiegszeit.

Sind der ohmsche Widerstand und die Induktivität im Stromkreis räumlich streng getrennt, wie in Abb. 10.2 angedeutet, d. h. hat die Spule einen Widerstand $\ll R$ und der ohmsche Widerstand eine Induktivität $\ll L$, so lassen sich die Spannungen (Abb. 10.2b)

$$U_R = RI = U_0 \left[1 - \exp\left(-\frac{R}{L}t\right) \right] \Theta(t)$$

und

$$U_L = L\dot{I} = U_0 \exp\left(-\frac{R}{L}t\right) \Theta(t)$$

getrennt abgreifen und auf dem Oszillographen darstellen, vgl. Experiment 10.1 in Abschn. 10.4.5. Die Differentialgleichung (10.4.4) und ihre Lösung (10.4.5) bleiben jedoch auch richtig, wenn Widerstand und Induktivität nicht räumlich getrennt sind, sondern etwa R der ohmsche Widerstand einer Spule (oder einer beliebigen Leiteranordnung) der Induktivität L ist.

Wir betrachten jetzt den Ausschaltvorgang, bei welchem die Enden des RL-Kreises, an denen die Spannung U_0 liegt, zur Zeit $t = 0$ kurzgeschlossen werden (Abb. 10.2a). An Stelle von (10.4.1) tritt dann

$$U_e = U_0[1 - \Theta(t)] \quad ,$$

und statt (10.4.4) erhalten wir die Differentialgleichung

$$L\dot{I} + RI = U_0[1 - \Theta(t)] \quad ,$$

die wir mit dem Ansatz

$$I = I_0[1 - \Theta(t) + e^{-\lambda t}\,\Theta(t)]$$

lösen. Wie oben erhalten wir $\lambda = R/L$. Der zeitliche Verlauf der Teilspannungen ist

$$U_R = RI = U_0[1 - \Theta(t) + e^{-\lambda t}\,\Theta(t)] \quad , \tag{10.4.6}$$

$$U_L = L\dot{I} = -U_0 e^{-\lambda t}\,\Theta(t) \quad . \tag{10.4.7}$$

Er ist in Abb. 10.2c graphisch dargestellt, aus der man natürlich auch den Verlauf des Stromes I und seiner zeitlichen Ableitung ablesen kann. Man beobachtet, daß der Strom nicht unmittelbar nach dem Kurzschluß zu fließen aufhört, sondern mit der Zeitkonstanten $\tau = L/R$ abklingt.

10.4.2 Energieinhalt einer stromdurchflossenen Spule

Inhalt: In einer Spule der Induktivität L, die von einem Strom I_0 durchflossen wird, ist die magnetische Feldenergie $W_\mathrm{m} = LI_0^2/2$ gespeichert.

Nach dem Kurzschluß ist der RL-Kreis von jeder äußeren Spannungsquelle abgeschaltet. Der verbleibende Stromfluß hat seine Ursache im Kreis selbst, und zwar in der in der Spule gespeicherten magnetischen Feldenergie. Beim Einschaltvorgang wird von der Spule die Leistung

$$N_L(t) = U_L I = U_0 I_0 \left[1 - \exp\left(-\frac{R}{L}t \right) \right] \exp\left(-\frac{R}{L}t \right)$$

aufgenommen. Bis zum Abklingen des Einschaltvorganges entspricht das der Energie

$$
\begin{aligned}
W_\mathrm{m} &= \int_0^\infty N_L(t)\,\mathrm{d}t = U_0 I_0 \int_0^\infty \left[\exp\left(-\frac{R}{L}t \right) - \exp\left(-\frac{2R}{L}t \right) \right] \mathrm{d}t \\
&= \frac{1}{2} U_0 I_0 \frac{L}{R} = \frac{1}{2} L I_0^2
\end{aligned}
\tag{10.4.8}
$$

in Übereinstimmung mit (10.3.1) für die im Magnetfeld gespeicherte Energie. Nach dem Ausschalten bewirkt diese Energie ein Weiterfließen des Stromes, bis sie vom ohmschen Widerstand des Kreises aufgezehrt ist.

10.4.3 Reihenschaltung aus Widerstand und Kapazität

Inhalt: Für eine Reihenschaltung aus Widerstand R und Kapazität C, an die die äußere Spannung U_e angelegt wird und durch die der Strom I fließt, gilt $\dot{U}_\mathrm{e} = R\dot{I} + I/C$. Nach abruptem Einschalten der Spannung (U_e springt von null auf U_0) fällt der Strom vom Anfangswert U_0/R mit der Zeitkonstanten $\tau = RC$ exponentiell auf null.
Bezeichnungen: U_e eingeprägte Spannung, U_0 deren Maximalwert; U_R Spannung am Widerstand, U_C Spannung am Kondensator; I Strom, I_0 dessen Maximalwert; Θ Stufenfunktion, t Zeit, δ Diracsche Deltafunktion, $\mathbf{E}$ elektrische Feldstärke, $\mathbf{r}$ Ortsvektor, R Widerstand, C Kapazität, Q Ladung, τ Zeitkonstante, $\lambda = 1/\tau$.

Wir untersuchen jetzt das Ein- und Ausschaltverhalten eines Serienstromkreises aus einem Widerstand R und einer Kapazität C (Abb. 10.3). Wieder betrachten wir die Umlaufspannung längs des Stromkreises, der den Widerstand, die Kapazität und die Spannungsquelle enthält, wählen als Umlaufrichtung den Uhrzeigersinn in Abb. 10.3 und erhalten

$$\oint \mathbf{E} \cdot \mathrm{d}\mathbf{r} = -U_\mathrm{e} + U_R + U_C = 0 \quad .
\tag{10.4.9}$$

Dabei ist wieder U_e die eingeprägte Spannung (die entgegen der Umlaufrichtung von der Plusklemme zur Minusklemme gemessen wird), $U_R = RI$ die

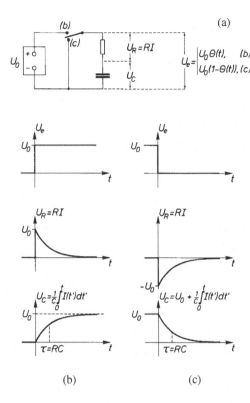

Abb. 10.3 a–c. Ein- bzw. Ausschaltverhalten eines RC-Kreises

Spannung am Widerstand (gemessen in Umlaufrichtung) und U_C die Spannung am Kondensator (gemessen in Umlaufrichtung). Die Umlaufspannung verschwindet, weil der Stromkreis keine Induktivität enthält. Für den Zusammenhang zwischen der Ladung Q auf den Kondensatorplatten und der Spannung U_C am Kondensator gilt, vgl. (3.2.2),

$$Q = CU_C \quad . \qquad (10.4.10)$$

Damit sich die Ladung ändern kann, muß der Strom $I = \mathrm{d}Q/\mathrm{d}t$ in den Zuleitungen des Kondensators fließen,

$$I = \mathrm{d}Q/\mathrm{d}t = \dot{Q} = C\dot{U}_C \quad . \qquad (10.4.11)$$

Wir schreiben (10.4.9) in der Form

$$U_\mathrm{e} = U_R + U_C = RI + Q/C \quad .$$

Einmalige Zeitableitung liefert mit (10.4.11) die Differentialgleichung

$$R\dot{I} + \frac{1}{C}I = \dot{U}_\mathrm{e} \quad . \qquad (10.4.12)$$

Für die Einschaltfunktion

$$U_e = U_0\,\Theta(t) \quad , \qquad \dot{U}_e = U_0\delta(t) \quad ,$$

lösen wir sie mit dem Ansatz

$$I = I_0 e^{-\lambda t}\,\Theta(t) \quad , \qquad \dot{I} = -\lambda I_0 e^{-\lambda t}\,\Theta(t) + I_0\delta(t) \quad .$$

Einsetzen in (10.4.12) liefert

$$\left(\frac{1}{C} - R\lambda\right) I_0 e^{-\lambda t}\,\Theta(t) + RI_0\delta(t) = U_0\delta(t)$$

und nach Koeffizientenvergleich

$$\lambda = \frac{1}{\tau} = \frac{1}{RC} \quad , \qquad U_0 = RI_0 \quad .$$

Damit gilt für den Strom

$$I = I_0 \exp\left(-\frac{t}{RC}\right)\Theta(t) \quad .$$

Nach dem Einschalten fließt ein Strom im RC-Kreis, der den Kondensator auflädt und der mit der *Zeitkonstanten* $\tau = RC$ abklingt. Zur Zeit $t = \tau$ ist der Strom nur noch der Bruchteil I_0/e des anfänglichen Stromes I_0. Ein Dauerstrom kann nicht fließen, da die Kondensatorplatten den Leiterkreis unterbrechen und keinen konstanten Strom zulassen.

Der Spannungsverlauf am Widerstand ist nach dem Ohmschen Gesetz

$$U_R = RI = RI_0 e^{-t/(RC)}\,\Theta(t) \quad .$$

Den Spannungsverlauf am Kondensator gewinnen wir durch Integration von (10.4.11):

$$\begin{aligned} U_C &= \int_0^t \dot{U}_C(t')\,\mathrm{d}t' = \frac{1}{C}\int_0^t I(t')\,\mathrm{d}t' = \frac{I_0}{C}\int_0^t e^{-t'/(RC)}\,\mathrm{d}t' \\ &= RI_0(1 - e^{-t/(RC)}) = U_0(1 - e^{-t/(RC)}) \quad . \end{aligned} \qquad (10.4.13)$$

Die Spannung am Kondensator steigt also mit der gleichen Zeitkonstanten $\tau = RC$ von null auf den Endwert U_0 an (Abb. 10.3b).

Ganz analog erhält man bei Kurzschluß des RC-Stromkreises mit zuvor aufgeladenem Kondensator, also dem Verlauf

$$U_e = U_0[1 - \Theta(t)]$$

der eingeprägten Spannung, den Strom

$$I = -I_0 e^{-t/(RC)}\,\Theta(t)$$

und die Spannungen

$$U_R = -U_0 \mathrm{e}^{-t/(RC)}\,\Theta(t) \quad \text{und} \quad U_C = U_0 \mathrm{e}^{-t/(RC)}\,\Theta(t)$$

am Widerstand bzw. Kondensator. Der Kondensator entlädt sich mit der Zeitkonstanten $\tau = RC$. Dabei fließt der Strom natürlich im Vergleich zum Aufladevorgang in entgegengesetzter Richtung.

10.4.4 Energieinhalt eines aufgeladenen Kondensators

Inhalt: In einem Kondensator der Kapazität C, zwischen dessen Platten die Spannung U besteht, ist die elektrische Feldenergie $W_\mathrm{e} = CU^2/2$ gespeichert.

Während des Ladevorgangs nimmt der Kondensator die Leistung

$$N(t) = U_C I = U_0 I_0 (1 - \mathrm{e}^{-t/(RC)})\mathrm{e}^{-t/(RC)}\,\Theta(t)$$

auf. Durch Integration, vgl. Abschn. 10.4.2, erhält man die nach Beendigung des Ladevorgangs im Kondensator gespeicherte Energie

$$W_\mathrm{e} = \int_0^\infty N(t')\,\mathrm{d}t' = \frac{1}{2}U_0 I_0 RC = \frac{1}{2}CU_0^2 \quad .$$

Die im elektrischen Feld eines Kondensators der Kapazität C gespeicherte elektrische Feldenergie ist also

$$W_\mathrm{e} = \frac{1}{2}CU_0^2 = \frac{1}{2C}Q^2 \quad , \tag{10.4.14}$$

wenn am Kondensator die Spannung U_0 anliegt. Dieses Ergebnis hatten wir in ganz anderem Zusammenhang bereits im Abschn. 3.2.4 gewonnen.

10.4.5 Experimente zu RL- und RC-Kreisen

Inhalt: Experimentelle Überprüfung der Rechnungen in Abschn. 10.4.1 und 10.4.3.

Experiment 10.1.
Ein- und Ausschaltvorgänge an RL- und RC-Kreisen
Ein *Rechteckgenerator* liefert eine Ausgangsspannung, die periodisch und praktisch sprunghaft zwischen $U = 0$ und $U = U_0$ wechselt. Wir legen sie an einen RL-Kreis bzw. einen RC-Kreis (Abb. 10.4a bzw. c) und beobachten oszillographisch in der Tat die zuvor berechneten Spannungsverläufe (Abb. 10.4b bzw. d). Eine rasch ansteigende (abfallende) Spannung am RC-Glied führt zu einer positiven (negativen) Spannungsspitze am Widerstand. Die Zeit, während der diese Spannungsspitze (in der Technik spricht man von einem *Spannungsimpuls* oder einfach Impuls) andauert, ist durch die Zeitkonstante $\tau_{RC} = RC$ charakterisiert.

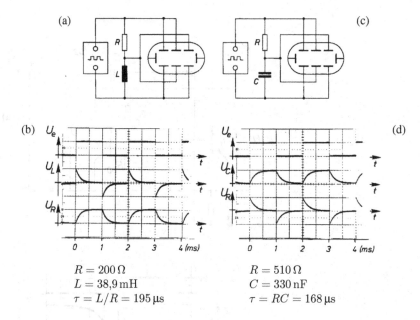

$$R = 200\,\Omega$$
$$L = 38{,}9\,\text{mH}$$
$$\tau = L/R = 195\,\mu\text{s}$$

$$R = 510\,\Omega$$
$$C = 330\,\text{nF}$$
$$\tau = RC = 168\,\mu\text{s}$$

Abb. 10.4 a–d. An einen RL-Serienkreis wird die Spannung $U_e(t)$ eines Rechteckgenerators gelegt (**a**). Sowohl die Eingangsspannung U_e, wie die am Widerstand und an der Induktivität auftretenden Spannungen werden oszillographisch dargestellt (**b**). Analog sind Schaltbild (**c**) und Oszillogramm (**d**) für einen RC-Kreis

10.4.6 Einstellbare Zeitverzögerung zwischen zwei Spannungsimpulsen. Univibrator

Inhalt: Die Zeitkonstante $\tau = RC$ eines RC-Gliedes bestimmt die Zeit zwischen Eingangsimpuls und Ausgangsimpuls einer Univibratorschaltung.

Eine Univibratorschaltung dient dazu, eine feste Zeit nach dem Eintreffen eines Spannungsimpulses einen zweiten Impuls zu erzeugen. Die beiden Transistoren T_1 und T_2 in Abb. 10.5a sind so geschaltet, daß zunächst T_1 leitet und T_2 sperrt. Die Basis von T_1 ist nämlich über R_B direkt mit der positiven Batteriespannung U_B verbunden. Der Strom durch T_1 bewirkt einen erheblichen Spannungsabfall im Kollektorwiderstand R_{C1}. Die verbleibende, geringe Spannung U_{C1} über T_1 wird durch den aus R_K und R_{B0} gebildeten Spannungsteiler weiter herabgesetzt und an die Basis von T_2 gelegt. Sie ist so niedrig, daß dieser Transistor nicht leitet. Die Spannung über ihm ist deshalb gleich der Batteriespannung. Der Kondensator C ist praktisch auf Batteriespannung aufgeladen, weil $U_{C2} = U_B$ und $U_{B1} \approx 0$ gilt. Wird nun auf die Basis von T_1 ein negativer Spannungsimpuls gegeben (etwa über das unten links eingezeichnete RC-Glied), so sperrt T_1 sofort. Dadurch wird U_{C1} und damit U_{B2} angehoben und T_2 leitet. Die Polarität der Spannung am Konden-

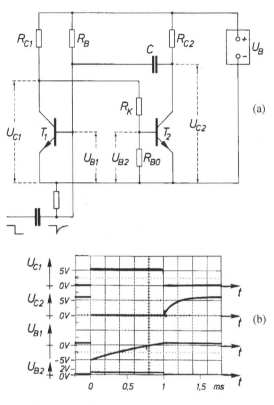

Abb. 10.5 a,b. Univibratorschaltung **(a)** und Spannungsverlauf an Kollektoren und Basen der beiden Transistoren **(b)**

$U_\mathrm{B} = 6\,\mathrm{V}$, $R_\mathrm{C1} = R_\mathrm{C2} = R_\mathrm{C} = 2\,\mathrm{k\Omega}$,
$R_\mathrm{B} = R_\mathrm{B0} = R_\mathrm{K} = 20\,\mathrm{k\Omega}$, $C = 70\,\mathrm{nF}$

sator C kehrt ihr Vorzeichen um. Die Umladung des Kondensators bewirkt einen mit der Zeit exponentiell abklingenden Strom in R_B. Durch den Spannungsabfall an R_B wird U_B1 zunächst stark negativ ($\approx -U_\mathrm{B}$) und steigt dann exponentiell in Richtung $+U_\mathrm{B}$ an. Kurz nach dem Nulldurchgang von U_B1 (nach der Zeit $\tau \approx 0{,}7\,R_\mathrm{B}C$) wird T_1 wieder leitend und T_2 nichtleitend. Der Spannungsabfall an T_2 verschwindet jedoch nicht sofort, weil der Kondensator jetzt durch einen Strom durch R_C2 mit der Zeitkonstanten $\tau_2 = R_\mathrm{C2}C$ wieder in der ursprünglichen Weise aufgeladen wird.

Experiment 10.2. Univibrator

Abbildung 10.5b zeigt das Oszillogramm der Kollektor- und Basisspannungen einer Univibratorschaltung, die zur Zeit $t = 0$ durch einen negativen Impuls auf die Basis von T_1 ausgelöst wird. Am Kollektor von T_1 tritt eine positive Spannung auf, die nach der Zeit $\tau \approx 0{,}7\,R_\mathrm{B}C$ wieder verschwindet. Aus diesem plötzlichen Abfall der Spannung kann über ein RC-Glied ein zweiter – verzögerter – negativer Impuls gewonnen werden.

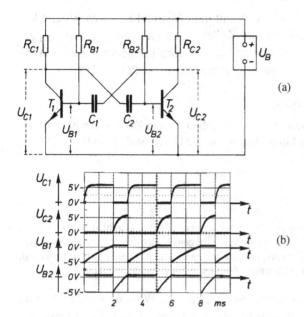

(a)

(b)

$U_B = 6\,\mathrm{V}$, $R_{C1} = R_{C2} = 2\,\mathrm{k\Omega}$,
$R_{B1} = R_{B2} = 20\,\mathrm{k\Omega}$, $C_1 = 70\,\mathrm{nF}$, $C_2 = 140\,\mathrm{nF}$

Abb. 10.6. Schaltung (a)
und Spannungsablauf (b)
eines Multivibrators

10.4.7 Erzeugung von Rechteckspannungen. Multivibrator

Inhalt: Eine Multivibratorschaltung kann periodisch Rechteckimpulse erzeugen, deren Länge und Wiederholfrequenz durch Dimensionierung zweier RC-Glieder einstellbar sind.

Die Univibratorschaltung läßt sich leicht so verändern, daß der Wechsel in der Stromführung zwischen den beiden Transistoren periodisch eintritt, ohne daß es eines Anstoßes von außen bedarf. Man erhält einen Multivibrator, dessen Schaltung in Abb. 10.6a wiedergegeben ist. Gehen wir davon aus, daß zur Zeit $t = 0$ der Transistor T_2 gerade vom sperrenden in den leitenden Zustand übergegangen ist, so ist zu diesem Zeitpunkt seine Kollektorspannung U_{C2} von U_B auf etwa null gesunken. Der zuvor aufgeladene Kondensator C_1 entlädt sich durch R_{B1} und führt zunächst zu einer stark negativen ($\approx -U_B$) Basisspannung U_{B1}, die dann mit der Zeitkonstanten $\tau_{B1} = R_{B1}C_1$ in Richtung auf $+U_{B1}$ ansteigt. Obwohl T_1 zur Zeit $t = 0$ sofort sperrt, hört der Stromfluß durch R_{C1} nicht sofort auf, da zunächst C_2 mit der Zeitkonstanten $\tau_{C1} = R_{C1}C_2$ aufgeladen wird. Zur Zeit $\tau_1 \approx 0{,}7\,\tau_{B1} = 0{,}7\,R_{B1}C_1$ überschreitet die Basisspannung U_{B1} den Wert null: T_1 öffnet und T_2 sperrt. Jetzt beginnt die Entladung von C_2 mit der Zeitkonstanten $\tau_{B2} = R_{B2}C_2$ und die Aufladung von C_1 mit der Zeitkonstanten $\tau_{C2} = R_{C2}C_1$. Nach Verstreichen der weiteren Zeitspanne $\tau_2 \approx 0{,}7\,\tau_{B2} = 0{,}7\,R_{B2}C_2$ wird U_{B2} positiv. Der

Anfangszustand ist wieder erreicht. Wählt man R_{C1} und R_{C2} wesentlich kleiner als R_{B1} und R_{B2}, so nehmen die Kollektorspannungen U_{C1} und U_{C2} als Funktion der Zeit praktisch Rechteckform an. Ihre Länge kann durch Wahl der Werte C_1, C_2, R_{B1}, R_{B2} in weiten Grenzen eingestellt werden.

Experiment 10.3. Multivibrator
Der oszillographisch gemessene Spannungsverlauf an den Kollektoren bzw. Basen der beiden Transistoren eines Multivibrators ist in Abb. 10.6b dargestellt.

10.5 Transformator

Inhalt: Ein Transformator besteht aus zwei Spulen mit den Windungszahlen N_1 bzw. N_2, in denen der gleiche magnetische Fluß herrscht. Das wird gewöhnlich durch einen gemeinsamen Eisenkern bewirkt. Wird an die Primärspule eine zeitveränderliche Spannung $U_1(t)$ angelegt, so wird in der Sekundärspule eine Spannung $U_2(t) = -U_1(t)N_2/N_1$ induziert.

Ein Transformator besteht aus zwei Spulen mit den Windungszahlen N_1 und N_2, die auf ein gemeinsames, geschlossenes Joch aus voneinander isolierten Weicheisenblechen gewickelt sind (Abb. 10.7). An eine der Spulen, die Primärspule, legen wir eine zeitlich veränderliche Spannung $U_1(t)$, die etwa von einem Wechselspannungsgenerator erzeugt wird, dessen Prinzip wir in Abschn. 8.12.2 kennengelernt haben. Es fließt ein zeitlich veränderlicher Strom, der eine Flußänderung $\dot{\Phi}$ im Eisenjoch zur Folge hat. Vernachlässigen wir den ohmschen Widerstand der Spule, so ist die durch Selbstinduktion in der Primärspule induzierte Spannung

$$U_1^{\text{ind}}(t) = -U_1(t) = -N_1\dot{\Phi}(t) \quad .$$

In der Sekundärspule wird durch die gleiche Flußänderung die Spannung

$$U_2(t) = -N_2\dot{\Phi}(t)$$

induziert. Damit gilt für den Quotienten aus Primär- und Sekundärspannung

$$\frac{U_1(t)}{U_2(t)} = -\frac{N_1}{N_2} \quad . \tag{10.5.1}$$

Zeitlich veränderliche Spannungen können also durch einen Transformator um einen Faktor verändert werden, der gleich dem Windungsverhältnis von Primär- und Sekundärspule ist. (Dies ist einer der Gründe für den Bau von Wechselspannungsnetzen.) Eine weitere vorteilhafte Eigenschaft eines Transformators ist die *galvanische Trennung* von Primär- und Sekundärkreis. Da die Spulen nicht leitend (galvanisch) verbunden sind, kann etwa eine der Zuleitungen zur Primärspule geerdet sein, während eine der Sekundärleitungen auf ein beliebiges, festes Potential gelegt wird.

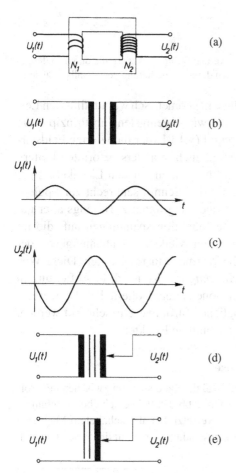

Abb. 10.7 a–e. Transformator schematisch skizziert (**a**) und als Schaltsymbol (**b**). Spannungsverlauf an Primär- und Sekundärwicklung (**c**). Beim Regeltransformator (**d**) kann durch einen Schieber an einer Wicklung eine beliebige Windungszahl abgegriffen werden. Beim Spartransformator (**e**) wird die Sekundärspannung an der gleichen Spule abgegriffen, an der die Primärspannung anliegt

Ein Spannungsverhältnis nach Wahl läßt sich mit einem *Regeltransformator* einstellen (Abb. 10.7d). Mit einer statt zwei Wicklungen kommt der *Spartransformator* aus (Abb. 10.7e). Allerdings geht dann der Vorteil der galvanischen Trennung verloren.

Natürlich treten in Transformatoren Leistungsverluste auf, und zwar nicht nur die sogenannten *Kupferverluste* durch Joulesche Wärmeentwicklung in den Spulen, sondern auch durch *Eisenverluste* im Joch. Das sind *Hystereseverluste*, die durch das unvermeidliche, periodische Umfahren der Hystereseschleife des Eisens entstehen, vgl. Abschn. 9.7.4, und *Wirbelstromverluste*, die wir im nächsten Abschnitt besprechen.

Transformatoren zur Übertragung erheblicher Leistungen besitzen stets einen geschlossenen Eisenkern. Es gibt jedoch auch Transformatoren mit gestrecktem Kern (Funkeninduktoren) oder gar eisenfreie Transformatoren, die in der Hochfrequenztechnik verwandt werden.

10.6 Wirbelströme

Inhalt: Auch in ausgedehnten Metallstücken werden Ströme induziert, die durch Joulesche Verluste dem Feld Energie entziehen. Sie werden durch Lamellierung des Metalls reduziert.

Bisher haben wir nur Induktionsvorgänge in geometrisch wohldefinierten Leiterkreisen aus Drähten betrachtet, für die wir – wenigstens im Prinzip – die induzierte Spannung als das Linienintegral (8.13.1) der induzierten Feldstärke angeben konnten. Aber natürlich treten auch in anders geformten Leitern Induktionsspannungen auf. Als Beispiel betrachten wir den Eisenkern einer Spule. Abbildung 10.8 zeigt schematisch den Schnitt senkrecht zur Spulenachse durch einen Kern. Bei einer Flußänderung treten z. B. längs aller geschlossenen Wege in der Zeichenebene Induktionsspannungen auf, die im Leiter sofort zu Strömen führen, bei denen wiederum – abhängig von der Leitfähigkeit des Materials – Joulesche Wärmeverluste auftreten. Diese Wirbelstromverluste können durch *Lamellierung* des Kerns, d. h. Aufteilung in viele durch Papier- oder Lackschichten voneinander isolierte Bleche, wesentlich reduziert werden, weil so die möglichen Stromwege beschränkt werden. Wirbelströme haben jedoch nicht nur nachteilige Effekte:

Experiment 10.4. Wirbelstrombremse

Eine Metallscheibe ist drehbar so montiert, daß ihr Rand sich frei zwischen den Polschuhen eines Elektromagneten bewegen kann (Abb. 10.9). Die Scheibe ist reibungsarm gelagert und rotiert, einmal in Rotation versetzt, bei abgeschaltetem Magneten praktisch ungehindert. Wird der Magnet eingeschaltet, so kommt die Scheibe jedoch

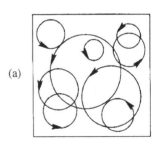

(a)

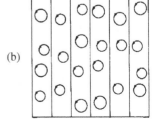

(b)

Abb. 10.8 a,b. Mögliche Strompfade von Wirbelströmen in einem massiven Metallblock (**a**) und in einem lamellierten Block, der aus untereinander isolierten Blechen besteht (**b**). Der Vektor $\dot{B}$ steht auf der Zeichenebene senkrecht

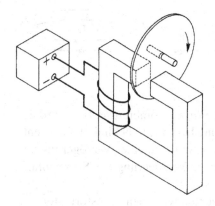

Abb. 10.9. Prinzip der Wirbelstrombremse: Eine rotierende Scheibe kommt nach dem Einschalten des Magneten schnell zur Ruhe

bald zur Ruhe. Beim Übergang vom feldfreien Raum ins Feld (vgl. Abschn. 8.12.1) und umgekehrt werden im Metall Wirbelströme induziert. Die entstehende Wärmeenergie wird der Bewegungsenergie der Scheibe entzogen.

Die Wirbelstrombremse arbeitet berührungsfrei und damit ohne Materialabrieb. Die Bremskraft ist der Geschwindigkeit des Metalls proportional, weil diese die Flußänderung $\dot{\Phi}$ bestimmt.

10.7 Lenzsche Regel

Inhalt: Die Richtung der Induktionsströme ist stets so, daß sie den Induktionsvorgang hemmen.

Wir haben jetzt eine ganze Reihe recht unterschiedlicher Induktions- oder Selbstinduktionsphänomene kennengelernt, die sämtlich auf dem Induktionsgesetz (8.13.1),

$$U_{\text{ind}} = \oint_{(a)} \mathbf{E} \cdot d\mathbf{s} = -\frac{\partial}{\partial t} \int_a \mathbf{B} \cdot d\mathbf{a} = -\dot{\Phi} \quad , \qquad (10.7.1)$$

beruhen. Die längs eines geschlossenen Weges (a) induzierte Spannung ist gleich der negativen Änderung des magnetischen Flusses, durch eine beliebige Fläche a, die vom Weg (a) berandet wird. In einem Leiter führt die induzierte Spannung zu einem Strom, dieser zu einem B-Feld und dieses schließlich zu einer neuen Flußänderung. Das Minuszeichen in (10.7.1) sagt aus, daß diese Flußänderung stets der ursprünglichen, den Induktionsvorgang auslösenden Flußänderung entgegenwirkt.

Diese Tatsache wird gewöhnlich in Form der *Lenzschen Regel* ausgesprochen: *Die Richtung der Induktionsströme ist stets so, daß sie den Induktionsvorgang hemmen.*

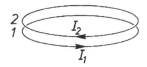

Abb. 10.10. Der in Schleife 2 hervorgerufene Induktions-
strom I_2 ist dem ihn verursachenden Strom I_1 entgegengerichtet

Ein Beispiel für diese Regel liefert die Wirbelstrombremse. Hier wird die
Bewegung des Metalls, die die Flußänderung hervorruft, behindert. Ganz entsprechend führt die Selbstinduktion in einer Spule zu einer Verzögerung des
Stromanstiegs beim Einschalten und zu einer Verzögerung des Stromabfalls
beim Ausschalten der Spule.

Als besonders einfaches Beispiel betrachten wir einen Transformator, der
nur aus zwei eng benachbarten Leiterschleifen besteht (Abb. 10.10). Für die
zeitabhängigen Spannungen U_1 und U_2 in Primär- und Sekundärwindung gilt
dann nach (10.5.1) wegen $N_1 = N_2 = 1$

$$U_2 = -U_1 \quad .$$

Der Strom I_2 in der Sekundärspule fließt in der dem Primärstrom I_1 entgegengesetzten Richtung und schwächt das Flußdichtefeld $\mathbf{B}_1$ dieses Stromes. Da
die Leiter antiparallel durchflossen werden, bildet sich zwischen ihnen eine
abstoßende Kraft aus.

Der zuletzt genannte Effekt kann eindrucksvoll demonstriert werden:

Experiment 10.5. Wirbelstromlevitometer

Zwei flache Spulen sind konzentrisch auf einer Eisenplatte montiert. Je ein kurzes
Eisenrohr ist im Inneren und zwischen den beiden Spulen auf die Platte aufgesetzt.
Schließt man nun beide Spulen derart an eine Wechselspannungsquelle an, daß die
Stromrichtungen einander entgegengesetzt sind, so bildet sich zwischen den Enden
des Eisenjochs ein **B**-Feld aus, wie es in Abb. 10.11a skizziert ist. Betrag und Richtung ändern sich entsprechend der Frequenz der Wechselspannung. Legt man eine Metallplatte auf diese von M. Ponizovskii angegebene Anordnung, so wird sie
durch die vom Feld der inneren Spule herrührende Wirbelstromwirkung angehoben
(Abb. 10.11b) und zwar (innerhalb gewisser Grenzen) um so höher, je *dicker* die Platte ist. Das Feld der äußeren Spule sorgt dafür, daß die Platte nicht zur Seite abgleitet,
denn die von ihm hervorgerufenen Wirbelströme bewirken eine rücktreibende Kraft
zum Zentrum hin.

Experiment 10.6. Magnetischer Druck

Die Tatsache, daß die Ströme I_1 und I_2 in Abb. 10.10 in entgegengesetzter Richtung
fließen, wird auch in einem von A. W. DeSilva angegebenen Versuch demonstriert.
Der Aufbau ist in Abb. 10.12 skizziert. Ein Kondensator der Kapazität $C = 250\,\mu\text{F}$
wird durch Schließen des Schalters S_1 auf die Spannung $U = 2500\,\text{V}$ aufgeladen und

(a)

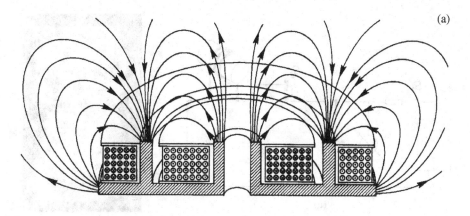

(b)

Abb. 10.11 a,b. Wirbelstromlevitometer. Schnitt durch die beiden gegenläufig durchströmten Spulen und das Eisenjoch mit eingezeichneten Feldlinien für einen festen Zeitpunkt (**a**). Auf Grund der Wirbelstromwirkung schwebt eine Metallplatte frei über dem Levitometer (**b**)

dann durch Öffnen von S_1 wieder von der Spannungsquelle getrennt. Nach Schließen des Schalters S_2 entlädt er sich durch eine Spule mit nur drei Windungen aus dickem Kupferdraht. Bei der Entladung fließt ein Wechselstrom hoher Amplitude, vgl. Abschn. 10.8. In der Spule befindet sich eine Dose aus Aluminiumblech, in deren Mantelfläche ein Strom in Gegenrichtung induziert wird. Durch die Lorentz-Kraft auf die Träger dieses Stromes wird die Dose zusammengedrückt. Wir berechnen die Richtung der Kraft in einem Zylinderkoordinatensystem bezüglich der Spulenachse $\mathbf{e}_z$. Während einer Halbperiode ist die Stromdichte in der Spule $\mathbf{j}_1 = j_1 \mathbf{e}_\varphi$. Dann hat das $\mathbf{B}$-Feld die Richtung $\hat{\mathbf{B}} = \mathbf{e}_z$. Mit der induzierten Stromdichte $\mathbf{j}_2 = -j_2 \mathbf{e}_\varphi$ ist die Richtung der Kraft $\hat{\mathbf{F}} = \hat{\mathbf{j}}_2 \times \hat{\mathbf{B}} = -\mathbf{e}_\varphi \times \mathbf{e}_z = -\mathbf{e}_\perp$ zur Achse hin gerichtet. In der anderen Halbperiode sind die Richtungen von $\mathbf{j}_1$, $\mathbf{B}$ und $\mathbf{j}_2$ umgekehrt. Die Richtung $\hat{\mathbf{F}}$ bleibt unverändert.

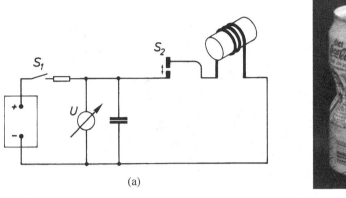

(a)

(b)

Abb. 10.12. Anordnung (a) zur Demonstration des magnetischen Druckes auf eine Aluminiumdose (b)

10.8 Der Schwingkreis

Inhalt: Der Strom I in einem Schwingkreis mit Widerstand R, Induktivität L und Kapazität C erfüllt die Differentialgleichung $L\ddot{I} + R\dot{I} + I/C = 0$, die völlig analog zur Schwingungsgleichung eines mechanischen Federpendels ist. Für $R^2 < 4L/C$ (Schwingfall) oszilliert I mit fallender Amplitude, für $R^2 > 4L/C$ bzw. $R^2 = 4L/C$ (Kriechfall bzw. aperiodischer Grenzfall) fällt I für große Zeiten exponentiell ab. Ungedämpfte Schwingungen lassen sich mit einer Rückkopplungsschaltung erzeugen, die die Energieverluste im Schwingkreis ausgleicht.
Bezeichnungen: U_e eingeprägte Spannung, R Widerstand, t Zeit, C Kapazität; U_R, U_L, U_C Spannungen am Widerstand, an der Induktivität und an der Kapazität; Q Ladung, I Strom; I_0, $\dot{I}_0$ Anfangsbedingungen für den Strom; $\gamma = R/(2L)$ Dämpfungskonstante, $\omega_0 = (LC)^{-1/2}$ Eigenfrequenz, $\omega_R = (\omega_0^2 - \gamma^2)^{1/2}$, A Amplitudenfaktor, δ Phase, τ Zeitkonstante; W_e, W_m elektrische bzw. magnetische Energie; W Gesamtenergie.

Wir kehren jetzt zu unserer Diskussion von Stromkreisen mit Induktivität, Kapazität und ohmschem Widerstand zurück und betrachten einen Kreis, der alle diese drei Komponenten in Reihe enthält (Abb. 10.13). Die anliegende äußere Spannung U_e teilt sich dann auf in

$$U_L + U_R + U_C = U_e \quad . \tag{10.8.1a}$$

Dabei gilt wie in Abschn. 10.4 für die Teilspannungen $U_L = L\dot{I}$, $U_R = RI$ und $U_C = Q/C$ bzw. $\dot{U}_C = I/C$ ein, so erhalten wir

$$L\dot{I} + RI + Q/C = U_e \tag{10.8.1b}$$

bzw. nach einmaliger Ableitung

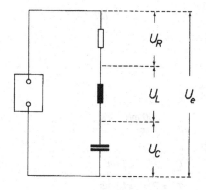

Abb. 10.13. Äußere Spannung U_e und Teilspannungen am Schwingkreis

$$L\ddot{I} + R\dot{I} + \frac{1}{C}I = \dot{U}_e \qquad (10.8.2)$$

als Differentialgleichung für den Strom I im Kreis.

10.8.1 Gedämpfte Schwingungen

Die Differentialgleichung (10.8.2) wird homogen, d. h. sie enthält nur Terme in I und Ableitungen von I, wenn die eingeprägte Spannung dauernd konstant ist ($\dot{U}_e(t) = 0$), insbesondere, wenn sie dauernd verschwindet ($U_e(t) = 0$). Sie lautet dann

$$L\ddot{I} + R\dot{I} + \frac{1}{C}I = 0 \qquad (10.8.3)$$

und ist mathematisch völlig äquivalent der Differentialgleichung für die Auslenkung x eines Federpendels der Masse m und der Federkonstanten D mit dem Reibungskoeffizienten R,

$$m\ddot{x} + R\dot{x} + Dx = 0 \ .$$

Die Stromstärke I unseres Kreises verhält sich ganz entsprechend zur Auslenkung x des mechanischen harmonischen Oszillators: Sie führt *gedämpfte Schwingungen* aus. Entsprechend bezeichnen wir den RLC-Kreis als *Schwingkreis*.

Experiment 10.7. Gedämpfte Schwingungen

Wir benutzen die in Abb. 10.14a skizzierte Schaltung. Befindet sich der Schalter in der Stellung (1), so wird der Kondensator über den Widerstand R auf die Spannung U_0 aufgeladen. Wir legen anschließend den Schalter nach (2) um, so daß keine äußere Spannung mehr am Schwingkreis anliegt. Den Zeitverlauf des Stromes beobachten wir oszillographisch über den von ihm hervorgerufenen Spannungsabfall am Widerstand. Die Oszillogramme der Abbildungen 10.14b–d sind für verschiedene Kombinationen der Werte von R, L und C aufgenommen. Wir identifizieren sie als

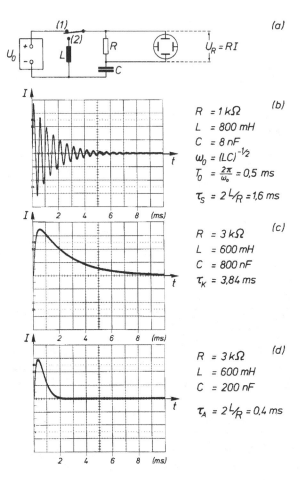

Abb. 10.14 a–d. Erzeugung gedämpfter Schwingungen durch Kurzschluß eines Schwingkreises nach Aufladung des Kondensators (**a**). Oszillographische Beobachtung des Stromes zeigt für verschiedene Werte von R, C und L Schwingfall (**b**), Kriechfall (**c**) und aperiodischen Grenzfall (**d**)

graphische Darstellungen der drei Lösungstypen von (10.8.3), die wir vom mechanischen harmonischen Oszillator unter den Bezeichnungen Schwingfall, Kriechfall bzw. aperiodischer Grenzfall kennen.

Wir vollziehen diese Identifikation nun auch kurz an Hand der Formeln. Dazu bringen wir zunächst (10.8.3) in die Form

$$\ddot{I} + 2\gamma\dot{I} + aI = 0 \tag{10.8.4}$$

mit

$$2\gamma = R/L \quad , \qquad a = 1/(LC) \quad . \tag{10.8.5}$$

Für den Strom I benutzen wir den komplexen Ansatz

$$I = c\,e^{i\omega t} \quad,$$

der mit (10.8.4) auf die *charakteristische Gleichung*

$$\omega^2 - 2i\omega\gamma - a = 0$$

führt, die die Lösungen

$$\omega = \Omega_\pm = i\gamma \pm \omega_R \quad,$$

$$\omega_R = \sqrt{\omega_0^2 - \gamma^2} = \sqrt{\frac{1}{LC} - \frac{R^2}{4L^2}} \quad, \qquad \omega_0 = \frac{1}{\sqrt{LC}} \quad, \qquad (10.8.6)$$

hat. Die Kreisfrequenz ω_0 heißt *Eigenfrequenz* des Schwingkreises. Die allgemeine Lösung von (10.8.4) hat für $\Omega_+ \neq \Omega_-$ die Form

$$I = c_1 e^{i\Omega_+ t} + c_2 e^{i\Omega_- t} \quad,$$

deren Konstanten c_1 und c_2 durch die Anfangsbedingungen $I_0 = I(t = 0)$, $\dot I_0 = \dot I(t = 0)$ festgelegt sind. Die Lösungen sind deutlich verschieden, je nachdem, ob ω_R reell, imaginär oder null ist. Man erhält

1. im *Schwingfall* ($R^2 < 4L/C$, d. h. ω_R reell),

$$I(t) = A e^{-\gamma t} \cos(\omega_R t - \delta) \quad, \qquad (10.8.7)$$

$$A = \left[I_0^2 + \left(\frac{\dot I_0 + \gamma I_0}{\omega_R} \right)^2 \right]^{1/2} \quad, \qquad \tan\delta = \frac{\dot I_0 + \gamma I_0}{I_0 \omega_R} \quad,$$

eine Schwingung der Kreisfrequenz ω_R, deren Amplitude mit der Zeitkonstanten

$$\tau_S = \frac{1}{\gamma} = \frac{2L}{R}$$

exponentiell abfällt;

2. im *Kriechfall* ($R^2 > 4L/C$, d. h. $\omega_R = i\lambda$ rein imaginär),

$$I(t) = \frac{1}{2} e^{-\gamma t} \left(a_1 e^{-\lambda t} + a_2 e^{\lambda t} \right) \quad,$$

$$a_{1,2} = I_0 \mp \frac{1}{\lambda}(\dot I_0 + \gamma I_0) \quad,$$

einen Strom, der für $a_2 \neq 0$ und $t \gg 1/\lambda$ nur ein exponentielles Abfallverhalten mit der Zeitkonstanten

$$\tau_K = \frac{1}{\gamma - \lambda} = \frac{2LC}{RC - \sqrt{R^2 C^2 - 4LC}}$$

zeigt;

3. im *aperiodischen Grenzfall* ($R^2 = 4L/C$, d. h. $\omega_R = 0$),

$$I(t) = e^{-\gamma t}[I_0 + (\dot{I}_0 + \gamma I_0)t] \quad ,$$

einen Strom, der für große Zeiten mit

$$\tau_A = \frac{1}{\gamma} = \frac{2L}{R}$$

im wesentlichen exponentiell abfällt.

10.8.2 Analogien zwischen elektrischen und mechanischen Schwingungen

Wir haben festgestellt, daß sich die Stromstärke im Schwingkreis zeitlich nach Betrag und Vorzeichen verhält wie die Auslenkung eines gedämpften Federpendels aus seiner Ruhelage, obwohl es sich um zwei völlig verschiedene physikalische Größen handelt. Einander entsprechende Größen sind die Teilenergien in beiden Systemen. Wir betrachten sie für den Spezialfall der ungedämpften Schwingung, $\gamma = 0$. Dann nimmt (10.8.7) die einfache Form

$$I(t) = A\cos(\omega_0 t - \delta) \quad , \qquad A^2 = I^2 + \dot{I}_0^2/\omega_0^2 \quad ,$$

an. Die magnetische Feldenergie W_m in der Spule ist nach (10.4.8)

$$W_\mathrm{m} = \frac{1}{2}LI^2 = \frac{1}{2}LA^2\cos^2(\omega_0 t - \delta) \quad .$$

Die elektrische Feldenergie W_e im Kondensator gewinnen wir aus (10.4.14) mit (10.4.10) und (10.4.11). Für die Spannung U_C am Kondensator gilt zunächst

$$U_C = \frac{1}{C}\int_{\delta/\omega_0}^{t} I(t')\,dt' = \frac{A}{C\omega_0}\sin(\omega_0 t - \delta)$$

und damit

$$W_\mathrm{e} = \frac{1}{2}CU_C^2 = \frac{1}{2}\frac{A^2}{C\omega_0^2}\sin^2(\omega_0 t - \delta) \quad .$$

Die Gesamtenergie im ungedämpften Schwingkreis,

$$W = W_\mathrm{e} + W_\mathrm{m} = \frac{1}{2}A^2 L = \text{const} \quad ,$$

ist jedoch konstant. Die Schwingung kann als fortgesetzter Austausch zwischen elektrischer und magnetischer Feldenergie aufgefaßt werden. Beim mechanischen Oszillator tritt entsprechend ein Austausch zwischen der in der Feder gespeicherten potentiellen Energie $E_\mathrm{pot} = Dx^2/2$ und der Bewegungsenergie $E_\mathrm{kin} = m\dot{x}^2/2$ des Schwingers auf, während die Gesamtenergie erhalten bleibt. Ist die Schwingung gedämpft, so nimmt allerdings die Gesamtenergie ab, weil ein Teil der Energie durch Reibungsverluste (beim mechanischen Oszillator) bzw. Joulesche Verluste (beim Schwingkreis) in Wärmeenergie übergeht.

10.8.3 Erzeugung ungedämpfter elektrischer Schwingungen

Ungedämpfte Schwingungen kann man dauernd aufrechterhalten, wenn man die prinzipiell unvermeidbaren Energieverluste dadurch ausgleicht, daß man dem schwingenden System als Ersatz Energie von außen zuführt. So wird bei einer Pendeluhr das schwingende Perpendikel bei jeder Schwingung einmal derart angestoßen, daß sich seine kinetische Energie erhöht. Da das Pendel selbst die Energiezuführung auslöst, spricht man von *Rückkopplung* zwischen Pendel und Energiespender.

Experiment 10.8. Meißner-Schaltung

Eine Rückkopplungsschaltung, die *Meißner-Schaltung*, zur Erzeugung ungedämpfter elektrischer Schwingungen zeigt Abb. 10.15. Der Schwingkreis befindet sich im Anodenkreis einer Triode. Die Induktivität L des Kreises ist gleichzeitig eine Wicklung eines Transformators. Sie induziert in der zweiten Wicklung L_1 eine Spannung, die der Spannung an L entgegengerichtet ist. Da L_1 im Gitterkreis der Röhre liegt, wird dadurch der Anodenstrom der Röhre gesteuert. Fließt der Strom durch L in der in Abb. 10.15 eingezeichneten Pfeilrichtung, so steigt die Gitterspannung. Dadurch wird der Anodenstrom, also auch der Strom durch L, vergrößert. Fließt er aber gegen die Pfeilrichtung, so sperrt die Röhre; der Anodenstrom, der nur in Pfeilrichtung fließen kann, behindert den Strom im Schwingkreis nicht.

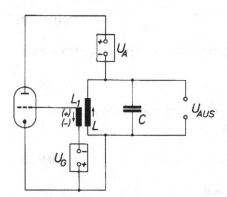

Abb. 10.15. Meißnersche Rückkopplungsschaltung zur Erzeugung ungedämpfter Schwingungen

Durch geeignete Wahl von L und C können mit dieser oder einer ähnlichen Schaltung ungedämpfte Schwingungen der Kreisfrequenz

$$\omega_0 \approx \frac{1}{\sqrt{LC}}$$

in einem sehr großen Frequenzbereich (ca. 1 Hz … 100 MHz) erzeugt werden. Die Ausgangsspannung der Zeitabhängigkeit

$$U_{\mathrm{aus}} = U_0 \cos \omega_0 t$$

kann direkt am Schwingkreis abgenommen werden.

10.9 Wechselstrom

10.9.1 Komplexe Schreibweise für Spannung, Stromstärke und Widerstand

Inhalt: Eine harmonische Wechselspannung der Kreisfrequenz ω und der Phase δ_U kann als komplexe Größe $U_c = U_0 \exp\{i(\omega t - \delta_U)\}$ geschrieben werden. Die physikalische Spannung ist deren Realteil, $U = \text{Re}\{U_c\}$. Entsprechend ist der komplexe Strom $I_c = I_0 \exp\{i(\omega t - \delta_I)\}$ und der physikalische Strom $I = \text{Re}\{I_c\}$. Anstelle der Amplituden U_0, I_0 von Spannung und Strom werden oft deren Effektivwerte $U_{\text{eff}} = U_0/\sqrt{2}$, $I_{\text{eff}} = I_0/\sqrt{2}$ angegeben. Liegt an einem Teil eines Stromkreises die Spannung U_c und fließt in ihm der Strom I_c, so heißt der Quotient $Z = U_c/I_c = |Z| \exp\{i\varphi\}$ komplexer Widerstand und sein Kehrwert $Y = Z^{-1}$ komplexer Leitwert.

In den letzten Abschnitten haben wir das Verhalten von Stromkreisen ohne äußere Spannung oder beim Ein- bzw. Ausschalten einer äußeren Gleichspannung untersucht. Wir betrachten jetzt eine allgemeinere Zeitabhängigkeit der äußeren Spannung, und zwar die der technisch viel benutzten harmonischen Wechselspannung

$$U = U_0 \cos(\omega t - \delta_U) \quad . \tag{10.9.1a}$$

Statt dieser Form werden wir oft die *komplexe Spannung*

$$U_c = U_0 e^{i(\omega t - \delta_U)} \tag{10.9.1b}$$

benutzen und verstehen dann unter der physikalischen Spannung deren Realteil

$$U = \text{Re}\{U_c\} \quad . \tag{10.9.1c}$$

Wir betrachten jetzt einen Wechselstrom gleicher Kreisfrequenz, aber anderer Phase. Er hat die allgemeine Form

$$I = I_0 \cos(\omega t - \delta_I) \tag{10.9.2a}$$

oder, als *komplexe Stromstärke* geschrieben,

$$I_c = I_0 e^{i(\omega t - \delta_I)} \quad . \tag{10.9.2b}$$

Ihr Realteil

$$I = \text{Re}\{I_c\} \tag{10.9.2c}$$

ist die physikalische Stromstärke. Wir werden im Abschn. 10.10.3 zeigen, daß in jedem Stromkreisstück, das nur ohmschen Widerstand, Induktivität und Kapazität enthält und an das eine Spannung (10.9.1) angelegt wird, (nach dem Abklingen von Einschwingvorgängen) ein Strom der Form (10.9.2) fließt.

Wird in einem Teil eines Kreises die anliegende Spannung durch U, der Strom durch I beschrieben, so bilden wir den (im allgemeinen) *komplexen Widerstand* Z als Quotienten aus komplexer Spannung und komplexem Strom,

$$Z = \frac{U_c}{I_c} = \frac{U_0}{I_0} \exp[-\mathrm{i}(\delta_U - \delta_I)] = \frac{U_0}{I_0} \mathrm{e}^{\mathrm{i}\varphi} \quad . \tag{10.9.3a}$$

Sein Betrag

$$|Z| = \frac{U_0}{I_0} \tag{10.9.3b}$$

ist gleich dem Quotienten der Amplituden von Spannung und Strom. Er heißt *Impedanz* des Leiterkreisstücks. Seine Phase

$$\varphi = \delta_I - \delta_U \tag{10.9.3c}$$

ist gleich der Differenz der Phasen von Strom und Spannung. Damit gibt der komplexe Widerstand Z durch seinen Betrag analog zum Gleichstromwiderstand R das Amplitudenverhältnis von Spannung und Strom an, durch seine Phase φ aber auch deren Phasendifferenz. Zerlegt man den komplexen Widerstand

$$Z = \mathrm{Re}\{Z\} + \mathrm{i}\,\mathrm{Im}\{Z\} = |Z| \cos\varphi + \mathrm{i}\,|Z| \sin\varphi$$

explizit in Realteil und Imaginärteil, so bezeichnet man den Realteil als *Wirkwiderstand* und den Imaginärteil als *Blindwiderstand*. Der Kehrwert des komplexen Widerstandes heißt *Leitwert*

$$Y = \frac{1}{Z} = \frac{1}{|Z|} \mathrm{e}^{-\mathrm{i}\varphi} \quad . \tag{10.9.4}$$

Die komplexen Größen U_c, I_c, Z und Y werden oft durch *Zeigerdiagramme* wie in Abb. 10.16 veranschaulicht.

In der Wechselstromtechnik ist es üblich, oft an Stelle der Amplituden U_0, I_0 von Spannung und Strom die Wurzeln aus den zeitlichen Mittelwerten ihrer Quadrate anzugeben und sie als *Effektivwerte* von Spannung bzw. Stromstärke zu bezeichnen. Bei einer harmonischen Wechselspannung erhält man bei Mittelung über eine Periode $T = 2\pi/\omega$ wegen

$$\left\langle \cos^2(\omega t) \right\rangle = \frac{1}{T} \int_0^T \cos^2(\omega t)\, \mathrm{d}t = \frac{1}{2}$$

$$U_{\text{eff}} = \frac{1}{\sqrt{2}} U_0 \quad , \qquad I_{\text{eff}} = \frac{1}{\sqrt{2}} I_0 \quad . \tag{10.9.5}$$

Eine Wechselspannung, deren Effektivwert $U_{\text{eff}} = 220\,\text{V}$ beträgt, hat damit die Amplitude

$$U_0 = \sqrt{2} \cdot 220\,\text{V} \approx 311\,\text{V} \quad .$$

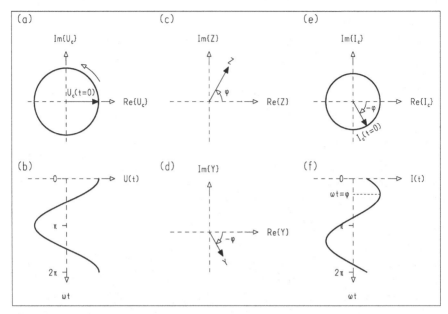

Abb. 10.16 a–f. Im *Zeigerdiagramm* wird die komplexe Wechselspannung als Vektor der konstanten Länge U_0 in der komplexen Ebene aufgetragen, der mit konstanter Winkelgeschwindigkeit ω um den Ursprung rotiert (**a**). Die physikalische Spannung U ergibt sich durch Projektion auf die reelle Achse (**b**). Der komplexe Widerstand Z und der Leitwert $Y = 1/Z$ sind zeitlich konstante Vektoren (**c,d**). Die komplexe Stromstärke I_c erhält man zu jeder Zeit durch komplexe Multiplikation von U_c mit Y, d. h. graphisch durch Streckung des Vektors U_c um den Faktor $|Y|$ und anschließende Drehung um den Winkel $-\varphi$ (**e**). Projektion auf die reelle Achse ergibt die physikalische Stromstärke I (**f**)

10.9.2 Leistung im Wechselstromkreis

Inhalt: Hat ein Verbraucher den komplexen Widerstand $Z = |Z| \exp\{i\varphi\}$, also den Leitwert $Y = Z^{-1}$, so ist die von ihm im Zeitmittel aufgenommene Leistung $\langle N \rangle = I_{\text{eff}}^2 \operatorname{Re}\{Z\} = U_{\text{eff}}^2 \operatorname{Re}\{Y\}$. Dabei sind I_{eff} bzw. U_{eff} die Effektivwerte des Stromes durch den bzw. der Spannung am Verbraucher.

Die vom Stromkreis aus der Spannungsquelle aufgenommene Leistung ist nach (5.5.4)

$$
\begin{aligned}
N(t) &= U I = \operatorname{Re}\{U_c\} \operatorname{Re}\{I_c\} = \frac{1}{4}(U_c + U_c^*)(I_c + I_c^*) \\
&= \frac{1}{4} U_0 I_0 \left(e^{i(2\omega t - 2\delta_U - \varphi)} + e^{-i(2\omega t - 2\delta_U - \varphi)} + e^{i\varphi} + e^{-i\varphi} \right) \\
&= \frac{1}{2} U_0 I_0 \left[\cos(2\omega t - 2\delta_U - \varphi) + \cos\varphi \right] \quad .
\end{aligned} \tag{10.9.6}
$$

Bei zeitlicher Mittelung verschwindet der um null oszillierende erste Term in der Klammer, und wir erhalten als mittlere Leistung

$$\langle N \rangle = \frac{1}{2} U_0 I_0 \cos \varphi = U_{\text{eff}} I_{\text{eff}} \cos \varphi \quad .$$

Herrscht keine Phasenverschiebung zwischen Strom und Spannung, so ist der *Leistungsfaktor* $\cos \varphi$ gleich eins, und die Leistungsaufnahme im Mittel ist $\langle N \rangle = U_{\text{eff}} I_{\text{eff}}$. Dieser Ausdruck entspricht der Gleichstromformel $N = UI$ und ist der Grund für die Definition (10.9.5) der Effektivwerte. Mit (10.9.3) und (10.9.4) erhält die mittlere Leistungsaufnahme die Form

$$\langle N \rangle = \frac{1}{2} I_0^2 \, |Z| \cos \varphi = \frac{1}{2} I_0^2 \, \text{Re}\{Z\} = I_{\text{eff}}^2 \, \text{Re}\{Z\} \qquad (10.9.7a)$$

bzw.

$$\langle N \rangle = \frac{1}{2} U_0^2 \, |Y| \cos \varphi = \frac{1}{2} U_0^2 \, \text{Re}\{Y\} = U_{\text{eff}}^2 \, \text{Re}\{Y\} \quad . \qquad (10.9.7b)$$

Sie ist gleich dem Produkt aus dem Quadrat des Effektivwertes des Stromes und dem Wirkwiderstand $\text{Re}\{Z\}$.

10.9.3 Wechselstromkreis mit ohmschem Widerstand oder Induktivität oder Kapazität

Inhalt: Die komplexen Widerstände (bezüglich eines Wechselstromes der Kreisfrequenz ω) eines einzelnen ohmschen Widerstandes R, einer einzelnen Induktivität L bzw. einer einzelnen Kapazität C sind $Z_R = R$, $Z_L = \mathrm{i}\omega L$ bzw. $Z_C = -\mathrm{i}/(\omega C)$. Die Phasenverschiebungen $\varphi = \delta_I - \delta_U$ zwischen Strom und Spannung sind $\varphi_R = 0$, $\varphi_L = \pi/2$, $\varphi_C = -\pi/2$.

Wir betrachten jetzt drei einfache Stromkreise, die neben den (als widerstandsfrei betrachteten) Zuleitungen zur Spannungsquelle nur einen ohmschen Widerstand R bzw. eine Induktivität L bzw. eine Kapazität C enthalten, Abb. 10.17.

Wechselstromkreis mit rein ohmschem Widerstand Das Ohmsche Gesetz $U = RI$ liefert für die komplexe Verallgemeinerung von Strom und Spannung

$$U_{\text{c}} = R I_{\text{c}} \quad .$$

Der Vergleich mit (10.9.3) zeigt, daß der komplexe Widerstand $Z = Z_R$ in diesem Fall rein reell ist und die Phasenverschiebung φ verschwindet,

$$Z_R = R \quad , \qquad |Z_R| = R \quad , \qquad \varphi_R = 0 \quad . \qquad (10.9.8)$$

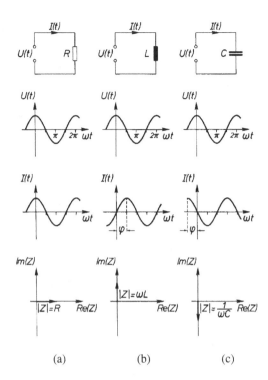

Abb. 10.17 a–c. Spannung U, Stromstärke I und komplexer Widerstand Z von Wechselstromkreisen, die nur einen ohmschen Widerstand (**a**), eine Induktivität (**b**) bzw. eine Kapazität (**c**) besitzen

(a)   (b)   (c)

Wechselstromkreis mit Induktivität Hier gehen wir von der Beziehung (10.4.2) aus, die für $R \neq 0$ besagt, daß die in der Induktivität induzierte Spannung $U_{\mathrm{ind}} = -L\dot{I}$ in jedem Moment entgegengesetzt gleich der äußeren Spannung U ist, d. h. $L\dot{I} = U$ oder, in komplexen Größen,

$$L\dot{I}_{\mathrm{c}} = U_{\mathrm{c}} \quad .$$

Mit (10.9.1) und (10.9.2) erhält man

$$L I_0 \omega \mathrm{i} \mathrm{e}^{\mathrm{i}(\omega t - \delta_I)} = L I_0 \omega \mathrm{e}^{\mathrm{i}(\omega t - \delta_I + \pi/2)} = U_0 \mathrm{e}^{\mathrm{i}(\omega t - \delta_U)} \quad .$$

Koeffizientenvergleich liefert

$$|Z| = |Z_L| = \frac{U_0}{I_0} = \omega L \quad , \qquad \varphi = \varphi_L = \delta_I - \delta_U = \frac{\pi}{2} \quad ,$$

und damit ist der komplexe Widerstand

$$Z_L = \omega L \mathrm{e}^{\mathrm{i}\pi/2} = \mathrm{i}\omega L \tag{10.9.9}$$

rein imaginär. Die Impedanz einer Induktivität ist proportional zu L, verschwindet für Gleichstrom und nimmt proportional zur Frequenz zu. Das liegt daran, daß die den Stromfluß behindernde induzierte Spannung proportional zu $\dot{I}$ und damit zu ω ist. Die Phasenverschiebung zwischen Strom und Spannung ist $\pi/2$, d. h. der Strom ist stets um eine Viertelperiode im Vergleich zur Spannung verzögert.

Wechselstromkreis mit Kapazität In den Zuleitungen zum Kondensator fließt ein Strom, der stets die Beziehung $Q = CU$ zwischen Ladung, Spannung und Kapazität aufrechterhält. Durch Differentiation erhalten wir den Strom $I = \dot{Q} = C\dot{U}$ oder, mit komplexen Größen,

$$I_c = C\dot{U}_c \quad .$$

Einsetzen von (10.9.1) und (10.9.2) liefert

$$I_0 e^{i(\omega t - \delta_I)} = CU_0 \omega i e^{i(\omega t - \delta_U)} = CU_0 \omega e^{i(\omega t - \delta_U + \pi/2)} \quad ,$$

also

$$|Z| = |Z_C| = \frac{U_0}{I_0} = \frac{1}{\omega C} \quad , \qquad \varphi = \varphi_C = \delta_I - \delta_U = -\frac{\pi}{2} \quad ,$$

und damit den komplexen Widerstand

$$Z_C = \frac{1}{\omega C} e^{-i\pi/2} = -\frac{i}{\omega C} \quad . \tag{10.9.10}$$

Wiederum ist der komplexe Widerstand rein imaginär. Jedoch eilt der Strom gegenüber der Spannung jetzt um eine Viertelperiode vor. Die Impedanz ist umgekehrt proportional zur Kapazität und zur Frequenz. Insbesondere ist sie für Gleichstrom ($\omega = 0$) unendlich hoch. In einem (durch den Kondensator) unterbrochenen Kreis kann kein Gleichstrom fließen. Für eine zeitabhängige Spannung ist jedoch $I = \dot{Q} = C\dot{U}$. Damit ist der Strom proportional zu C und bei harmonischer Wechselspannung zu deren Frequenz.

10.9.4 Kirchhoffsche Regeln für Wechselstromkreise

Inhalt: Bei Berücksichtigung der an Kapazitäten und Induktivitäten auftretenden Besonderheiten können Maschenregel und Knotenregel auch für Wechselstromkreise formal aufrechterhalten werden. Bei Reihenschaltung komplexer Widerstände addieren sich die komplexen Widerstände selbst, bei Parallelschaltung addieren sich die Leitwerte.
Bezeichnungen: e Elementarladung, $\mathbf{j}$ Stromdichte, ϱ Ladungsdichte, Q Ladung, V Volumen, a Fläche, i_k Strom in Zweig k in Richtung vom Knoten fort, $\mathbf{E}$ elektrische Feldstärke, $\mathbf{B}$ magnetische Flußdichte, $\mathbf{A}$ Vektorpotential, t Zeit, $\mathbf{r}$ Ortsvektor, φ Potential, u_n Spannung in Maschenabschnitt n in Umlaufrichtung, $u_{cn} = u_{an} \exp\{i\omega t\}$ komplexe Spannung mit $u_n = \mathrm{Re}\{u_{cn}\}$, u_{an} komplexe Spannungsamplitude, ω Kreisfrequenz, R Widerstand, C Kapazität, L Induktivität, Z komplexer Widerstand, Y komplexer Leitwert.

Für Wechselstromnetze mit verschiedenen Bauelementen (ohmschen Widerständen, Induktivitäten, Kapazitäten) gelten die Kirchhoffschen Regeln wie in Gleichstromnetzwerken. Um das zu zeigen, brauchen wir nur die Ausgangsgleichungen (5.7.1), (5.7.3) des Abschnitts 5.7.1 für die Knotenregel

$$\nabla \cdot \mathbf{j} = 0 \quad , \qquad \text{d. h.} \quad \oint_{(V)} \mathbf{j} \cdot d\mathbf{a} = 0 \quad , \qquad (10.9.11)$$

und für die Maschenregel

$$\oint_{(a)} \mathbf{E} \cdot d\mathbf{s} = 0 \qquad (10.9.12)$$

für geeignete Netzabschnitte zu etablieren. Die Stationarität des Stromes (10.9.11) gilt nicht an allen beliebigen Stellen des Wechselstromkreises, etwa nicht, wenn die geschlossene Oberfläche (V) nur eine Kondensatorplatte enthält. Wir müssen vielmehr von der allgemeinen Kontinuitätsgleichung (5.2.3) ausgehen (Q_V ist die Gesamtladung innerhalb des Volumens V):

$$\oint_{(V)} \mathbf{j} \cdot d\mathbf{a} = -\frac{d}{dt} \int_V \varrho \, dV = -\frac{dQ_V}{dt} \quad .$$

Legen wir die geschlossenen Oberflächen der Volumina V jedoch stets so, daß sie die Schaltelemente, insbesondere die Kondensatoren, vollständig enthalten, so kann man die kleinen Ladungsdichten und ihre für kleine Wechselstromfrequenzen kleinen zeitlichen Änderungen auf den Oberflächen der Leitungen vernachlässigen. Dann gilt wegen der Neutralität des Gesamtkondensators und damit aller Schaltelemente $Q = 0$, $dQ/dt = 0$ und insgesamt

$$\oint_{(V)} \mathbf{j} \cdot d\mathbf{a} = -\frac{dQ_V}{dt} = 0 \quad ,$$

wenn das Volumen V keine Schaltelemente nur teilweise enthält. Für die Ströme an einem Knoten gilt also auch im Wechselstromkreis die *Knotenregel*

$$\sum_{k=1}^{M} i_k = 0 \quad .$$

Wie in Abschn. 5.7.1 ist der Strom i_k durch den k-ten Zweig des Knotens in bezug auf die äußere Normale des den Knoten umfassenden Volumens V angegeben.

Für den Wechselstrom führen wir komplexe Ansätze, vgl. Abschn. 10.9.1,

$$i_{ck} = i_{ak} e^{i\omega t} \quad , \qquad i_{ak} = i_{0k} e^{-i\delta_{Ik}} \quad ,$$

mit der komplexen Stromamplitude i_{ak} ein und erhalten

$$\sum_{k=1}^{M} i_{ak} = 0$$

für die komplexen Stromamplituden. Dies ist die *Kirchhoffsche Knotenregel* für den Wechselstromkreis.

Für die Maschenregel muß man von (10.1.3a) ausgehen und erhält durch Anwendung des Stokesschen Satzes

$$\oint_{(a)} \mathbf{E} \cdot d\mathbf{s} + \int_a \frac{\partial}{\partial t} \mathbf{B} \cdot d\mathbf{a} = 0 \qquad (10.9.13)$$

an Stelle von (10.9.12). Das magnetische Flußdichtefeld drücken wir wieder als Rotation $\mathbf{B}(t, \mathbf{r}) = \boldsymbol{\nabla} \times \mathbf{A}(t, \mathbf{r})$ des Vektorpotentials $\mathbf{A}(t, \mathbf{r})$ aus und erhalten mit Hilfe des Stokesschen Satzes

$$\int_a \frac{\partial \mathbf{B}(t, \mathbf{r})}{\partial t} \cdot d\mathbf{a} = \int_a \left[\boldsymbol{\nabla} \times \frac{\partial \mathbf{A}(t, \mathbf{r})}{\partial t} \right] \cdot d\mathbf{a} = \oint_{(a)} \frac{\partial \mathbf{A}(t, \mathbf{r})}{\partial t} \cdot d\mathbf{s} \quad ,$$

so daß (10.9.13) die Gestalt

$$\oint_{(a)} \left[\mathbf{E}(t, \mathbf{r}) + \frac{\partial \mathbf{A}(t, \mathbf{r})}{\partial t} \right] \cdot d\mathbf{s} = 0$$

annimmt. Da die Masche beliebige Gestalt haben kann, bedeutet diese Gleichung, daß $\partial \mathbf{A}/\partial t + \mathbf{E}$ wirbelfrei ist, vgl. Abschn. 2.7, so daß der Ausdruck in der Klammer als negativer Gradient

$$\mathbf{E}(t, \mathbf{r}) + \frac{\partial \mathbf{A}(t, \mathbf{r})}{\partial t} = -\boldsymbol{\nabla} \varphi(t, \mathbf{r}) \qquad (10.9.14)$$

eines zeitabhängigen Potentials $\varphi(t, \mathbf{r})$ dargestellt werden kann. Damit gilt

$$- \oint_{(a)} \boldsymbol{\nabla} \varphi(t, \mathbf{r}) \cdot d\mathbf{s} = 0 \quad ,$$

das Umlaufintegral über die Masche (a) verschwindet. Unterteilen wir die Masche in N Einzelabschnitte zwischen den Orten $\mathbf{r}_{n-1}$ und $\mathbf{r}_n, n = 1, \ldots, N$, mit jeweils einem Bauelement, d. h. einer Spannungsquelle oder einer Induktivität, einem ohmschen Widerstand oder einem Kondensator, so finden wir

$$0 = - \oint_{(a)} \boldsymbol{\nabla} \varphi(t, \mathbf{r}) \cdot d\mathbf{s} = - \sum_{n=1}^{N} \int_{\mathbf{r}_{n-1}}^{\mathbf{r}_n} \boldsymbol{\nabla} \varphi(t, \mathbf{r}) \cdot d\mathbf{s} = \sum_{n=1}^{N} u_n(t) \quad .$$

$$(10.9.15)$$

Dabei sind die $u_n(t)$ die Spannungen

$$u_n(t) = \varphi(t, \mathbf{r}_{n-1}) - \varphi(t, \mathbf{r}_n)$$

zwischen den Punkten $\mathbf{r}_{n-1}$ und $\mathbf{r}_n$ in der Masche. Je nach Bauelementtyp ist der Zusammenhang zwischen der Spannung u_n und dem Strom I_n, der in dem Maschenabschnitt zwischen $\mathbf{r}_{n-1}$ und $\mathbf{r}_n$ fließt, verschieden. Für jeden ohmschen Widerstand mit dem Widerstand $R_i, i = 1, \ldots, N_R$, in der Masche gilt

$$u_i^{(R)}(t) = \varphi(t, \mathbf{r}_{i-1}^{(R)}) - \varphi(t, \mathbf{r}_i^{(R)}) = R_i I_i^{(R)} \quad , \tag{10.9.16}$$

für jede Induktivität mit dem Selbstinduktionskoeffizienten $L_j, j = 1, \ldots, N_L$,

$$u_j^{(L)}(t) = \varphi(t, \mathbf{r}_{j-1}^{(L)}) - \varphi(t, \mathbf{r}_j^{(L)}) = L_j \dot{I}_j^{(L)} \quad , \tag{10.9.17}$$

für jeden Kondensator mit der Kapazität C_k, $k = 1, \ldots, N_C$,

$$u_k^{(C)}(t) = \varphi(t, \mathbf{r}_{k-1}^{(C)}) - \varphi(t, \mathbf{r}_k^{(C)}) = \frac{1}{C_k} \int_{t_0}^t I_k^{(C)}(t')\, \mathrm{d}t' \quad . \tag{10.9.18}$$

und für die Spannungsquellen S_ℓ, $\ell = 1, \ldots, N_S$,

$$u_\ell^{(S)}(t) = \varphi(t, \mathbf{r}_{\ell-1}^{(S)}) - \varphi(t, \mathbf{r}_\ell^{(S)}) \quad . \tag{10.9.19}$$

Für den Wechselstrom können wir die Spannungen und Ströme durch komplexe Ansätze ausdehnen, vgl. Abschn. 10.9.1,

$$u_{cn}(t) = u_{an}\mathrm{e}^{\mathrm{i}\omega t} \quad , \qquad u_{an} = u_{0n}\mathrm{e}^{-\mathrm{i}\delta_{Un}} \quad ; \qquad I_{cn}(t) = I_{an}\mathrm{e}^{\mathrm{i}\omega t} \quad ,$$

mit den komplexen Amplituden u_{an} bzw. I_{an} für Spannung und Strom. Für die verschiedenen Bauelemente erhalten wir damit als Zusammenhang zwischen den Amplituden u_{an}, I_{an} von Spannungen und Strömen für

$$\text{ohmsche Widerstände:} \quad u_{ai}^{(R)} = R_i I_{ai}^{(R)} \quad ,$$
$$\text{Induktivitäten:} \quad u_{aj}^{(L)} = \mathrm{i}\omega L_j I_{aj}^{(L)} \quad ,$$
$$\text{Kondensatoren:} \quad u_{ak}^{(C)} = -\mathrm{i}\frac{1}{\omega C_k} I_{ak}^{(C)} \quad .$$

Die Spannungsamplituden der Spannungsquellen werden stets als das Ergebnis einer Messung dargestellt, die

$$\mathrm{Re}\{U_{a\ell}\mathrm{e}^{\mathrm{i}\omega t}\} = \mathrm{Re}\{U_{c\ell}(t)\} = \varphi(t, \mathbf{r}_\ell^{(S)}) - \varphi(t, \mathbf{r}_{\ell-1}^{(S)}) = -\mathrm{Re}\{u_{a\ell}^{(S)}\mathrm{e}^{\mathrm{i}\omega t}\}$$

liefert, d. h. die gemessene Spannungsamplitude ist

$$U_{a\ell} = -u_{a\ell}^{(S)} \quad .$$

Für die einzelne Masche eines Wechselstromkreises gilt nun wegen (10.9.15) die *Maschenregel*

$$0 = \sum_{n=1}^N u_{an} = \sum_{i=1}^{N_R} u_{ai}^{(R)} + \sum_{j=1}^{N_L} u_{aj}^{(L)} + \sum_{k=1}^{N_C} u_{ak}^{(C)} - \sum_{\ell=1}^{N_S} U_{a\ell} \quad .$$

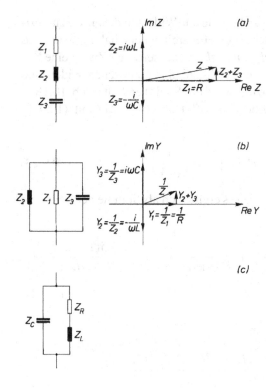

Abb. 10.18. Reihenschaltung (a), Parallelschaltung (b) und gemischte Schaltung (c) von Wechselstromwiderständen. Die Anordnungen (a) bzw. (c) aus ohmschem Widerstand, Induktivität und Kapazität heißen Serien- bzw. Parallelresonanzkreis. Zu (a) und (b) sind die Zeigerdiagramme zur Konstruktion des Gesamtwiderstandes bzw. -leitwertes angegeben, zu (c) ist je eine dieser Konstruktionen nötig

Einsetzen der Ausdrücke für die Spannungen $u_{ai}^{(R)}$, $u_{aj}^{(L)}$, $u_{ak}^{(C)}$ liefert dann die Maschenregel in der Form

$$\sum_{i=1}^{N_R} R_i I_{ai}^{(R)} + \mathrm{i} \sum_{j=1}^{N_L} \omega L_j I_{aj}^{(L)} - \mathrm{i} \sum_{k=1}^{N_C} \frac{1}{\omega C_k} I_{ak}^{(C)} = \sum_{\ell=1}^{N_S} U_{a\ell} \quad . \qquad (10.9.20)$$

Mit Hilfe von Knoten- und Maschenregel lassen sich die komplexen Widerstände beliebiger Netzwerke ausrechnen. Für Reihen- und Parallelschaltung geben wir die Ergebnisse hier an.

In einer *Reihenschaltung* aus N Bauelementen (Abb. 10.18a) addieren sich die Teilspannungen, der Strom bleibt erhalten. Damit addieren sich die komplexen Widerstände Z_n zum Gesamtwiderstand

$$Z = Z_1 + Z_2 + \cdots + Z_N \quad . \qquad (10.9.21)$$

In einer *Parallelschaltung* (Abb. 10.18b) addieren sich die Ströme, während an allen Elementen die gleiche Spannung liegt. Damit addieren sich die einzelnen Leitwerte $Y_n = 1/Z_n$ zum Gesamtleitwert

$$Y = Y_1 + Y_2 + \cdots + Y_N \quad , \qquad \frac{1}{Z} = \frac{1}{Z_1} + \frac{1}{Z_2} + \cdots + \frac{1}{Z_N} \quad . \qquad (10.9.22)$$

Als Beispiele berechnen wir die komplexen Widerstände für einen *Serienresonanzkreis* (Abb. 10.18a), der durch Hintereinanderschaltung von R, L und C entsteht, und einen *Parallelresonanzkreis*, dessen einer Zweig eine Kapazität und dessen anderer eine Induktivität und einen ohmschen Widerstand (gewöhnlich einfach als Leitungswiderstand der Spule) enthält (Abb. 10.18c). Für den Serienresonanzkreis ergibt sich sofort aus (10.9.21) mit (10.9.8), (10.9.9) und (10.9.10):

$$Z = Z_R + Z_L + Z_C = R + \mathrm{i}\left(\omega L - \frac{1}{\omega C}\right) \quad . \tag{10.9.23}$$

Der Leitwert des Parallelresonanzkreises ergibt sich als Summe der Leitwerte der beiden Zweige,

$$
\begin{aligned}
Y &= \frac{1}{Z_C} + \frac{1}{Z_R + Z_L} = -\frac{\omega C}{\mathrm{i}} + \frac{1}{R + \mathrm{i}\omega L} = \frac{-\omega R C + \mathrm{i}(1 - \omega^2 L C)}{\mathrm{i}R - \omega L} \\
&= \frac{R + \mathrm{i}\omega(R^2 C - L + \omega^2 L^2 C)}{R^2 + \omega^2 L^2} \quad .
\end{aligned}
\tag{10.9.24}
$$

Damit ist sein komplexer Widerstand

$$Z = \frac{1}{Y} = \frac{R + \mathrm{i}\omega(L - R^2 C - \omega^2 L^2 C)}{\omega^2 R^2 C^2 + (1 - \omega^2 L C)^2} \quad .$$

10.10 Resonanz

10.10.1 Leistungsaufnahme des Serienresonanzkreises. Resonanz

Inhalt: Ein Serienresonanzkreis ist eine Reihenschaltung aus ohmschem Widerstand R, Kapazität C und Induktivität L. Bei angelegter Wechselspannung $U = U_0 \cos(\omega t)$ wird die Amplitude I_0 des Stromes $I = I_0 \cos(\omega t - \varphi)$ maximal bei der Resonanzfrequenz $\omega_0 = (LC)^{-1/2}$. Ebenfalls maximal wird die zeitgemittelte Leistungsaufnahme $\langle N \rangle = I_0^2 R/2$. Die Phasenverschiebung φ zwischen Strom und Spannung verschwindet.

In einem Serienresonanzkreis mit dem komplexen Widerstand, vgl. (10.9.23),

$$Z = R + \mathrm{i}\left(\omega L - \frac{1}{\omega C}\right) \tag{10.10.1a}$$

und dem Leitwert

$$Y = \frac{1}{Z} = \frac{R - \mathrm{i}(\omega L - \frac{1}{\omega C})}{R^2 + (\omega L - \frac{1}{\omega C})^2} \tag{10.10.1b}$$

ist die mittlere Leistungsaufnahme nach (10.9.7b)

$$\langle N \rangle = \frac{1}{2} U_0^2 \, \mathrm{Re}\{Y\} = \frac{1}{2} U_0^2 \frac{R}{R^2 + (\omega L - \frac{1}{\omega C})^2} \quad . \tag{10.10.2}$$

Bei festgehaltener Amplitude U_0 der angelegten Spannung und veränderlicher Frequenz erreicht $\langle N \rangle$ offenbar ein Maximum, wenn die Klammer im Nenner verschwindet, d. h. für die Eigenfrequenz (10.8.6),

$$\omega = \omega_0 = \frac{1}{\sqrt{LC}} \quad , \tag{10.10.3}$$

des Schwingkreises. Wie in der Mechanik bezeichnen wir die Erscheinung maximaler Leistungsaufnahme als *Resonanz* und die Frequenz (10.10.3) als *Resonanzfrequenz*. Bei dieser Frequenz wird offenbar der Leitwert Y und damit auch der komplexe Widerstand Z rein reell: Die Phasenverschiebung φ verschwindet. Da nach (10.10.1a) die Impedanz $|Z|$ bei der Resonanzfrequenz ein Minimum hat, wird dort auch die Amplitude $I_0 = U_0 / |Z|$ der Stromstärke maximal.

Insgesamt ergibt sich für die verschiedenen Größen eines Serienresonanzkreises folgender Frequenzverlauf.

1. *Phasenwinkel:*

$$\tan \varphi = \frac{\mathrm{Im}\{Z\}}{\mathrm{Re}\{Z\}} = \frac{\omega L - \frac{1}{\omega C}}{R} = \frac{\omega^2 - \omega_0^2}{2\gamma\omega} \quad . \tag{10.10.4}$$

Dabei ist der Dämpfungsfaktor γ wie in (10.8.5) durch

$$\gamma = \frac{R}{2L}$$

gegeben.

2. *Stromamplitude:*

$$I_0 = \frac{U_0}{|Z|} = \frac{U_0}{\sqrt{R^2 + (\omega L - \frac{1}{\omega C})^2}} = \frac{U_0}{R} \frac{2\gamma\omega}{\sqrt{4\gamma^2\omega^2 + (\omega^2 - \omega_0^2)^2}} \quad . \tag{10.10.5}$$

3. *Leistungsaufnahme:*

$$\langle N \rangle = \frac{1}{2} \frac{U_0^2}{R} \frac{4\gamma^2\omega^2}{4\gamma^2\omega^2 + (\omega^2 - \omega_0^2)^2} = \frac{1}{2} I_0^2 R \quad . \tag{10.10.6}$$

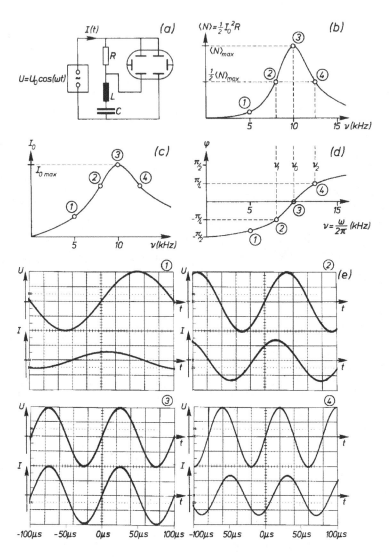

Abb. 10.19 a–e. Schaltung zur oszillographischen Beobachtung der Resonanz im Serienresonanzkreis (**a**). Berechnete Kurven für die Frequenzabhängigkeit der Leistungsaufnahme (**b**), Stromamplitude (**c**) und Phasenverschiebung (**d**) mit Meßwerten. Oszillogramme von Strom und Spannung bei verschiedenen Frequenzen, aus denen die Meßwerte entnommen wurden (**e**)

Experiment 10.9. Resonanz im Wechselstromkreis

In einem *Frequenzgenerator* wird nach dem Prinzip von Abschn. 10.8.3 eine Wechselspannung konstanter Amplitude, aber wählbarer Frequenz erzeugt und an einen Serienresonanzkreis gelegt (Abb. 10.19a). Spannung und Strom (letzterer über den ihm proportionalen Spannungsabfall am Widerstand) werden in ihrem Zeitverlauf für verschiedene Frequenzen oszillographisch dargestellt (Abb. 10.19e). Die aus den Oszillogrammen abgelesenen Werte für Stromamplitude und Phase sind in Abb. 10.19c,d eingetragen. Sie liegen auf den aus (10.10.5) bzw. (10.10.4) berechneten Kurven. Die Resonanzkurve der mittleren Leistungsaufnahme (Abb. 10.19b) wurde nach (10.10.6) berechnet. Die eingetragenen Meßwerte wurden aus der Stromamplitude über $\langle N \rangle = I_0^2 R/2$ gewonnen.

10.10.2 Resonanzbreite

Inhalt: Die Breite der Resonanzkurve ist die Größe $\omega_2 - \omega_1$ des Frequenzbereiches, in dem die zeitgemittelte Leistungsaufnahme größer ist als der halbe Maximalwert. Es gilt $\omega_2 - \omega_1 = 2\gamma = R/L$. Dabei ist R der Widerstand und L die Induktivität des Resonanzkreises.

Wir berechnen jetzt die Breite der Resonanzkurve in Abb. 10.19b, d. h. die Differenz $\omega_2 - \omega_1$ der Kreisfrequenzen, bei denen die Leistung $\langle N \rangle$ ihren halben Maximalwert erreicht. Für diese Frequenzen gilt mit (10.10.2)

$$\left(\omega L - \frac{1}{\omega C} \right)^2 = R^2$$

oder mit (10.10.6)

$$\left(\omega^2 - \omega_0^2 \right)^2 = 4\gamma^2 \omega^2$$

oder

$$\omega^2 - \omega_0^2 = \pm 2\gamma\omega \quad .$$

Daraus folgt für die Werte, bei denen die Leistung $\langle N \rangle$ ihren halben Maximalwert erreicht,

$$\omega_{1,2} = \sqrt{\omega_0^2 + \gamma^2} \mp \gamma \quad .$$

Ihre Differenz ist die *Resonanzbreite*

$$\omega_2 - \omega_1 = 2\gamma = R/L \quad .$$

Sie ist um so geringer, je kleiner die Dämpfung des Resonanzkreises ist. Ein Resonanzkreis eignet sich daher zur Frequenzanalyse einer Überlagerung von Wechselspannungen verschiedener Frequenzen. Bildet ein solches Gemisch die Eingangsspannung eines Resonanzkreises geringer Dämpfung, so führt jeweils nur der Frequenzbereich $\omega_0 \pm \Delta\omega = \omega_0 \pm \gamma$ zu erheblicher Leistungsaufnahme im Kreis. Durch *Durchstimmen* des Kreises, d. h. Veränderung seiner Eigenfrequenz $\omega_0 = 1/\sqrt{LC}$, etwa mit einem veränderlichen Kondensator, können beliebige Frequenzbereiche ausgewählt werden. Nach diesem Prinzip wird ein Rundfunkempfänger an die Frequenz des gewünschten Senders angepaßt.

10.10.3 Analogien zur Mechanik. Einschwingvorgänge

Inhalt: Die Differentialgleichung für den Strom $I(t)$ im Serienresonanzkreis als Funktion einer äußeren erregenden Wechselspannung $U = U_0 \cos(\omega t - \delta_U)$ ist mathematisch äquivalent zur Bewegungsgleichung der erzwungenen Schwingung eines gedämpften harmonischen Oszillators. Aus dem Vergleich mit diesem System folgt, daß Einschwingvorgänge mit der größeren der beiden Zeitkonstanten $\tau_{RL} = L/R$ bzw. $\tau_{RC} = RC$ abklingen.

Wir haben im vorigen Abschnitt die Eigenschaften des Serienresonanzkreises aus seinem komplexen Widerstand, der die Summe der Teilwiderstände $Z = Z_R + Z_L + Z_C$ ist, gewonnen. Mit Hilfe von (10.8.1b) können wir jedoch auch explizit den Zusammenhang zwischen der Spannung U, dem Strom I und der Ladung des Kondensators Q angeben:

$$L\dot{I} + RI + Q/C = U_e = U_0 \cos(\omega t - \delta_U) \quad . \tag{10.10.7a}$$

Wir wählen – ohne Einschränkung der Allgemeinheit, da es sich nur um eine Festlegung des Zeitnullpunktes handelt – als Phase $\delta_U = \pi/2$ und erhalten nach einmaliger Ableitung

$$L\ddot{I} + R\dot{I} + \frac{1}{C}I = \omega U_0 \cos \omega t \quad .$$

Nach Division durch L ergibt sich die Form

$$\ddot{I} + 2\gamma \dot{I} + aI = k \cos \omega t$$

mit

$$2\gamma = \frac{R}{L} \quad , \qquad a = \omega_0^2 = \frac{1}{LC} \quad , \qquad k = \frac{\omega U_0}{L} \quad . \tag{10.10.7b}$$

Dies ist die Differentialgleichung der erzwungenen Schwingung eines gedämpften Oszillators mit harmonischer Erregung. Wir ersetzen sie durch die entsprechende komplexe Differentialgleichung

$$\ddot{I}_c + 2\gamma \dot{I}_c + aI_c = k e^{i\omega t} \quad .$$

Bereits in Abschn. 10.9.1 haben wir den Zusammenhang zwischen Strom und Spannung in der Form

$$I_c = Y U_c = |Y| U_0 e^{i(\omega t - \varphi)}$$

geschrieben. Durch Einsetzen bestätigt man leicht, daß dieser Ansatz eine Lösung der komplexen Differentialgleichung ist, wobei der Leitwert Y in der Tat die Form (10.10.1b) hat.

Die erzwungene Schwingung wird in Lehrbüchern der Mechanik ausführlich diskutiert. Man beachte allerdings, daß in der Mechanik die Amplitude

k der Erregung gewöhnlich konstant ist, während sie in unserem Fall proportional zu ω ist. Daraus ergibt sich, daß bei der Resonanzfrequenz neben der Leistungsaufnahme auch die Stromamplitude maximal wird. In der Mechanik ist bei der Resonanzfrequenz die Leistungsaufnahme maximal, nicht aber die Amplitude der Auslenkung x des Oszillators. In der Mechanik wird auch gezeigt, daß unmittelbar nach dem Einschalten der Erregung (hier der äußeren Wechselspannung) ein Einschwingvorgang stattfindet, der aber für Zeiten

$$t \gg 1/\gamma \quad \text{bzw.} \quad t \gg \left(\gamma - \sqrt{\gamma^2 - \omega_0^2}\right)^{-1}$$

abgeklungen ist. (Je nachdem, ob $\gamma^2 < \omega_0^2$ oder $\gamma^2 > \omega_0^2$, je nachdem also, ob $R^2 < 4L/C$ oder $R^2 > 4L/C$ gilt, muß die erste oder die zweite Bedingung erfüllt sein.) Mit (10.10.7b) zeigt man leicht, daß die Forderungen in jedem Fall erfüllt sind, wenn

$$t \gg \tau_{RL} = \frac{L}{R} \quad \text{und} \quad t \gg \tau_{RC} = RC$$

gilt. Die Dauer des Einschwingvorgangs ist durch die größere der beiden Zeitkonstanten gegeben, die wir in Abschn. 10.4 bei den Einschaltvorgängen im RL- und RC-Kreis kennengelernt haben.

10.10.4 Momentane Leistung im Serienresonanzkreis

Inhalt: Die Leistungsaufnahme $N(t)$ ist die Summe aus Wirkleistung $N_\mathrm{W}(t) = I^2(t)R$ und Blindleistung $N_\mathrm{B}(t) = \dot{W}_\mathrm{e} + \dot{W}_\mathrm{m}$. Für die zeitlichen Mittelwerte gilt $\langle N_\mathrm{W} \rangle = I_0^2 R/2$, $\langle N_\mathrm{B} \rangle = 0$.
Bezeichnungen: t Zeit, I Strom, I_0 Stromamplitude, U Spannung, R Widerstand, L Induktivität, C Kapazität, Q Ladung, Z komplexer Widerstand, W_e elektrische Feldenergie, W_m magnetische Feldenergie.

Wir berechnen jetzt noch einmal die momentane Leistungsaufnahme $N(t) = UI$ eines Wechselstromkreises (vgl. Abschn. 10.9.2), und zwar für den Fall des Serienresonanzkreises. Dazu multiplizieren wir (10.10.7a) mit I und erhalten direkt

$$
\begin{aligned}
N(t) = UI &= I^2 R + LI\dot{I} + \frac{1}{C}IQ \\
&= I^2 R + \frac{\mathrm{d}}{\mathrm{d}t}\left(\frac{1}{2}LI^2\right) + \frac{\mathrm{d}}{\mathrm{d}t}\left(\frac{1}{2C}Q^2\right) \\
&= I^2 R + \dot{W}_\mathrm{m} + \dot{W}_\mathrm{e} \quad . \tag{10.10.8}
\end{aligned}
$$

Der erste Term heißt momentane *Wirkleistung* und ist gleich der Jouleschen Verlustleistung $N_\mathrm{W}(t) = I^2(t)R$ im ohmschen Widerstand. Die beiden weiteren Terme beschreiben die Änderung der in der Induktivität gespeicherten, magnetischen Feldenergie W_m und der in der Kapazität gespeicherten, elektrischen Feldenergie W_e. Die Summe dieser Terme heißt momentane *Blindleistung* $N_B(t)$. Der Vergleich mit (10.9.7a) zeigt sofort, daß der zeitliche Mittelwert der Leistung gleich der mittleren Wirkleistung ist:

$$\langle N(t) \rangle = \left\langle I^2(t) \right\rangle R = \frac{1}{2} I_0^2 R = \frac{1}{2} I_0^2 \operatorname{Re}\{Z\} = \langle N_W(t) \rangle \quad .$$

Der Zeitmittelwert der Blindleistung verschwindet, denn die zum Aufbau eines elektrischen oder magnetischen Feldes der Spannungsquelle entzogene Energie wird ihr bei dessen Abbau wieder zugeführt.

10.11 Aufgaben

10.1: Fernleitungen für elektrische Energie arbeiten im allgemeinen mit einer hohen Wechselspannung (z. B. $U_{\mathrm{eff}} = 220\,000\,\mathrm{V}$), während Generatoren und Verbraucher niedrigere Arbeitsspannungen haben. Zeigen Sie, daß für gegebenen Widerstand R der Leitung der Wirkungsgrad $\eta = (N - \Delta N)/N$ der Leitung (ΔN: ohmsche Verlustleistung der Leitung, N: Leistung von Verbraucher und Leitung) mit der Spannung zunimmt, so daß sich der Einbau von Transformatoren an den Enden der Leitungen lohnt.

10.2: Konstruieren Sie die Wheatstonesche Brücke aus Aufgabe 5.6 zu einer *Wechselstrombrücke* um, indem Sie die Gleichspannungsquelle durch eine Wechselspannungsquelle und den unbekannten Widerstand R_x und einen weiteren Widerstand durch Induktivitäten L_x und L bzw. Kapazitäten C_x und C ersetzen. Erläutern Sie die Arbeitsweise der Brücke.

10.3: In Kap. 7 wurde die Gleichrichtereigenschaft von Dioden diskutiert. Die *Einwegschaltung* der Abb. 10.20a verursacht am Verbraucher R den skizzierten Spannungsverlauf. Man spricht von einer *pulsierenden Gleichspannung*. Berechnen Sie deren Effektivwert.

10.4: Skizzieren Sie den Spannungsverlauf am Verbraucher für die *Zweiwegschaltung* in Abb. 10.20b und geben Sie ihren Effektivwert an.

10.5: Ein Wechselstromkreis bestehe aus einer Hintereinanderschaltung zweier ohmscher Widerstände R_S und R und einem parallel zu R geschalteten Kondensator der Kapazität C (siehe Abb. 10.21). Die an das Netzwerk angelegte Spannung bestehe aus einer Gleichspannung U_G und einer Wechselspannung der Kreisfrequenz ω, so daß in komplexer Schreibweise

$$U_c(t) = U_G + U_a e^{i\omega t} \quad ,$$

mit der komplexen Amplitude U_a der Wechselspannung, gilt.

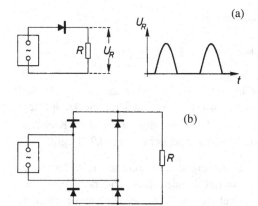

(a)

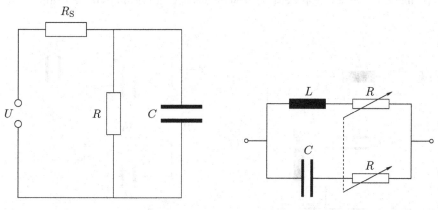

(b)

Abb. 10.20. (a) Einweg-Gleichrichter-schaltung mit Spannungsverlauf am Verbraucher. (b) Zweiweg-Gleichrich-terschaltung (*Graetz-Schaltung*)

(a) Berechnen Sie die Ströme I_R durch R, I_C durch C und den Strom I durch R_S im stationären Zustand des Wechselstromnetzwerkes.

(b) In welchem Grenzfall wird der Strom durch den Widerstand R ein Gleichstrom?

10.6: Wir betrachten ein Wechselstromnetzwerk mit Spannungsquellen, deren zeit-abhängige Spannungen

$$u_{c\ell}^{(S)}(t) = -U_{c\ell}(t) = -\sum_{m=1}^{M} U_{a\ell}^{(m)} e^{i\omega_m t}$$

lineare Überlagerungen von Wechselspannungen verschiedener Kreisfrequenzen ω_m, $m = 1, \ldots, M$, sind.

(a) Stellen Sie die Kirchhoffsche Maschenregel mit Hilfe der Gleichungen (10.9.15) bis (10.9.19) für die oben angegebenen Spannungen $u_{c\ell}^{(S)}(t)$ auf.

Abb. 10.21. Zu Aufgabe 10.5   **Abb. 10.22.** Zu Aufgabe 10.7

(b) Zeigen Sie mit Hilfe des Lösungsansatzes

$$I_{c\ell}^{(A)}(t) = \sum_{m=1}^{M} I_{a\ell}^{(Am)} e^{i\omega_m t} \quad , \qquad A = R, L, C \quad ,$$

für die zeitabhängigen komplexen Ströme durch die Widerstände ($A = R$), die Induktivitäten ($A = L$) und die Kapazitäten ($A = C$), daß für die komplexen Spannungs- und Stromamplituden $U_{a\ell}^{(m)}$ bzw. $I_{a\ell}^{(Am)}$ mit den zugehörigen Kreisfrequenzen ω_m für jedes m eine gesonderte Maschenregel der Form (10.9.20) gilt.

10.7: In der in Abb. 10.22 skizzierten Schaltung sind die ohmschen Widerstände gleich groß. Durch einen gemeinsamen Antrieb können diese Widerstände gleichmäßig verändert werden. Die Schaltung liegt an einer Wechselspannungsquelle mit fester Kreisfrequenz ω. Man berechne den komplexen Widerstand Z. Dieser Widerstand soll für alle Werte R rein ohmsch sein. Welche Beziehung muß zwischen der Induktivität L und der Kapazität C bestehen, damit diese Forderung erfüllt wird? Man berechne für diesen Fall $Z(R)$.

10.8: Berechnen Sie für das skizzierte Netzwerk (Abb. 10.23) die Induktivität L, die man wählen muß, damit bei gegebenen R, C, ω und gegebener Amplitude der Wechselspannung $U(t)$ die Amplitude der Spannung U_A maximal wird.

10.9: Schaltung (a) soll bei fester Kreisfrequenz ω durch Schaltung (b) ersetzt werden (siehe Abb. 10.24). Die Größen R_r, C_r und ω sind gegeben. Man berechne R_p und C_p so, daß bei der gegebenen Frequenz der komplexe Widerstand von Schaltung (a) gleich dem von Schaltung (b) wird.

10.10: In der skizzierten Schaltung (Abb. 10.25) sind die Spannung $U(t) = U_0 \sin \omega t$ und die Größen L und C gegeben.

(a) Für welche Kreisfrequenz ω wird $U_2(t)$ gleich null?

(b) Gibt es einen oder mehrere Werte von ω, für die die Amplituden der Spannungen $U(t)$ und $U_2(t)$ gleich groß werden? Man berechne gegebenenfalls diese Werte.

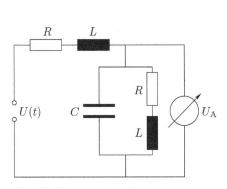

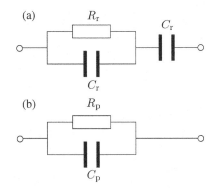

Abb. 10.23. Zu Aufgabe 10.8   **Abb. 10.24 a,b.** Zu Aufgabe 10.9

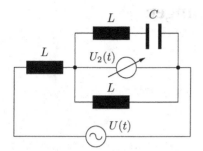

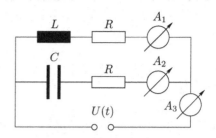

Abb. 10.25. Zu Aufgabe 10.10   **Abb. 10.26.** Zu Aufgabe 10.11

10.11: In dem in Abb. 10.26 skizzierten Netzwerk zeigen die drei Wechselstrom-Ampèremeter A_1, A_2 und A_3 alle den gleichen Strom an. Bekannt sind die Spannungsamplitude U_0, die Kreisfrequenz ω und die Widerstände R. Berechnen Sie L und C.

10.12: Die in Abb. 10.27 skizzierte Schaltung wird als *kompensierter Spannungsteiler* bezeichnet.

Zeigen Sie: Die Amplitude und die Phase der zwischen den Punkten A und B abgegriffenen Spannung ist genau dann unabhängig von der Frequenz der Wechselspannung U_E, wenn

$$R_1 C_1 = R_2 C_2$$

gilt.

10.13: **(a)** Geben Sie für den in Abb. 10.28 skizzierten *Vierpol* (ohne das Schaltelement Z) die Spannung U_2 und den Strom I_2 als Funktionen von U_1 und I_1 an.

(b) Die Schaltung wird nun mit einem Schaltelement Z abgeschlossen. Wie muß Z gewählt werden, so daß $U_2/I_2 = U_1/I_1$ gilt?

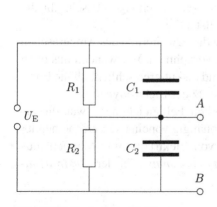

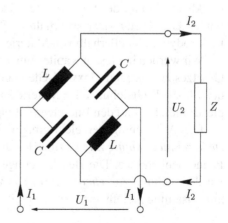

Abb. 10.27. Zu Aufgabe 10.12   **Abb. 10.28.** Zu Aufgabe 10.13

11. Die Maxwellschen Gleichungen

In Kap. 10 haben wir die Feldgleichungen für zeitunabhängige, statische Ladungsverteilungen und ebenfalls zeitunabhängige, stationäre Stromdichteverteilungen dadurch auf den Fall langsam veränderlicher – quasistationärer – Felder verallgemeinert, daß wir die Beziehung $\nabla \times \mathbf{E} = 0$ durch das Induktionsgesetz $\nabla \times \mathbf{E} = -\dot{\mathbf{B}}$ ersetzten. Es wird auch *erste Maxwellsche Gleichung* genannt und verknüpft die Rotation des elektrischen Feldes $\mathbf{E}$ mit der Zeitableitung der magnetischen Flußdichte $\mathbf{B}$. Außerhalb von Materie sind die Materialgrößen ε_{r} und μ_{r} gleich eins, so daß dort die Feldgleichungen die Form

$$\nabla \times \mathbf{E} = -\dot{\mathbf{B}} \quad , \tag{11.0.1a}$$

$$\nabla \cdot \mathbf{E} = \varrho/\varepsilon_0 \quad , \tag{11.0.1b}$$

$$\nabla \times \mathbf{B} = \mu_0 \mathbf{j} \quad , \tag{11.0.1c}$$

$$\nabla \cdot \mathbf{B} = 0 \tag{11.0.1d}$$

annehmen. Bei beliebiger Zeitabhängigkeit müssen wir auch die zweite Rotationsbeziehung, das *Ampèresche Gesetz* (11.0.1c), abändern. In der dann gewonnenen, *zweiten Maxwellschen Gleichung* wird neben der magnetischen Flußdichte $\mathbf{B}$ und der Stromdichte $\mathbf{j}$ auch die Zeitableitung des elektrischen Feldes $\mathbf{E}$ auftreten. Der so erhaltene Satz von Gleichungen beschreibt die Elektrodynamik außerhalb von Materie vollständig.

Wir werden in diesem Kapitel zunächst die Erweiterung des Ampèreschen Gesetzes zur zweiten Maxwell-Gleichung vornehmen. Wir wenden uns dann den Maxwell-Gleichungen in Materie zu und diskutieren schließlich die Energiestromdichte und den Energieerhaltungssatz der Elektrodynamik.

Die Aufstellung der elektromagnetischen Feldgleichungen war die erste *Vereinheitlichung* zweier zunächst unabhängig voneinander erscheinender Phänomenbereiche. Die Beschreibungen von Elektrizität und Magnetismus wurden dadurch zur *Theorie des Elektromagnetismus* oder der *Elektrodynamik* zusammengefaßt.

11.1 Maxwellsche Gleichungen in Abwesenheit von Materie

11.1.1 Differentielle Form der Maxwellschen Gleichungen

Inhalt: Die bisher aufgestellten Feldgleichungen für die elektrische Feldstärke $\mathbf{E}$ und die magnetische Flußdichte $\mathbf{B}$ gelten exakt nur für stationäre Ströme, $\nabla \cdot \mathbf{j}(t, \mathbf{r}) = 0$. Durch Erweiterung der Gleichung für die Rotation von $\mathbf{B}$ um die Verschiebungsstromdichte $\varepsilon_0 \partial \mathbf{E} / \partial t$ erhält man die Maxwell-Gleichung $\nabla \times \mathbf{B} = \mu_0 \mathbf{j} + (1/c^2) \partial \mathbf{E} / \partial t$. Diese, zusammen mit den drei Gleichungen $\nabla \times \mathbf{E} = -\dot{\mathbf{B}}$, $\nabla \cdot \mathbf{E} = \varrho / \varepsilon_0$ und $\nabla \cdot \mathbf{B} = 0$, beschreibt das elektromagnetische Feld vollständig, aus ihnen folgt die Erhaltung der Ladung, d. h. die Kontinuitätsgleichung $\nabla \cdot \mathbf{j} = -\partial \varrho / \partial t$. Die physikalischen Erscheinungen der Elektrizität und des Magnetismus stellen sich damit als zwei Aspekte des Phänomenbereichs des Elektromagnetismus heraus.

Bezeichnungen: $\mathbf{E}$ elektrische Feldstärke, $\mathbf{D}$ elektrische Flußdichte, $\mathbf{B}$ magnetische Flußdichte, $\mathbf{H}$ magnetische Feldstärke, ϱ Ladungsdichte, $\mathbf{j}$ Stromdichte, I Strom, U Spannung, C Kapazität, Q Ladung, R Widerstand, V Volumen, a Fläche, Q^V Ladung im Volumen, Ψ elektrischer Fluß, $\partial \Psi / \partial t$ Verschiebungsstrom, $\partial \mathbf{D} / \partial t$ Verschiebungsstromdichte, ε_0 elektrische Feldkonstante, μ_0 magnetische Feldkonstante, c Vakuumlichtgeschwindigkeit.

Die Gleichungen (11.0.1) sind insoweit noch unvollständig, als sie exakt nur Vorgänge mit stationären Strömen,

$$\nabla \cdot \mathbf{j} = 0 \quad , \qquad \text{d. h.} \quad \frac{\partial \varrho}{\partial t} = 0 \quad , \tag{11.1.1}$$

beschreiben. Diese Einschränkung wurde nicht nur bei der Herleitung der Gleichung (11.0.1c) in Abschn. 8.7 benutzt, sondern ist auch eine Konsequenz dieser Relation, wie man durch Divergenzbildung sieht,

$$\nabla \cdot (\mu_0 \mathbf{j}) = \nabla \cdot (\nabla \times \mathbf{B}) = 0 \quad ,$$

weil ein Spatprodukt mit zwei gleichen Vektoren verschwindet.

Für nichtstationäre Vorgänge widerspricht die Beziehung (11.0.1c) also der Kontinuitätsgleichung

$$\nabla \cdot \mathbf{j} = -\frac{\partial \varrho}{\partial t} \tag{11.1.2}$$

und damit der Ladungserhaltung. Wie die Stationaritätsbedingungen (11.1.1) zeigen, muß eine stationäre Stromdichte nicht unbedingt zeitunabhängig sein, sie muß nur quellenfrei sein.

Ein Beispiel für ein System, in dem ein zeitabhängiger, stationärer Strom fließt, ist ein Wechselstrom in einem (ideal leitenden) metallischen Leitersystem, z. B. im geschlossenen Sekundärkreis eines Transformators. Ein solcher Stromkreis darf aber keine Kapazitäten enthalten. Da die metallischen Leiter überall lokal neutral sind, gilt also stets

$$\varrho = 0 \quad , \qquad \text{d. h. insbesondere} \quad \frac{\partial \varrho}{\partial t} = 0 \quad ,$$

damit gilt auch

$$\nabla \cdot \mathbf{j} = 0 \quad ,$$

und die Voraussetzungen für die Gleichungen (11.0.1) sind erfüllt.

Die Situation ändert sich jedoch, wenn in den Stromkreis auch ein Kondensator eingeschaltet wird. Wir betrachten als einfachstes Beispiel einen Stromkreis, in dem sich eine Gleichspannungsquelle, ein ohmscher Widerstand und ein Kondensator befinden (Abb. 10.3). Dieses System haben wir in Abschn. 10.4.3 durchgerechnet. Nach dem Einschalten fließt im metallischen Teil des Stromkreises ein Strom

$$I(t) = I_0 \exp\left(-\frac{t}{RC}\right) \quad , \qquad I_0 = \frac{U}{R} \quad . \tag{11.1.3}$$

Zwischen den Platten des Kondensators fließt kein Strom. Statt dessen sammelt sich auf ihrer Oberfläche eine Ladung, deren zeitliche Ableitung durch

$$\frac{\mathrm{d}Q}{\mathrm{d}t} = I$$

gegeben ist. Gleichzeitig baut sich zwischen den Platten ein zeitabhängiges elektrisches Feld auf. Es ist durch die Ladungsdichte auf den Platten gegeben, vgl. (11.0.1b),

$$\nabla \cdot \mathbf{E} = \frac{1}{\varepsilon_0}\varrho \quad . \tag{11.1.4}$$

Durch Integration über ein zylinderförmiges Volumen V, das eine der beiden Kondensatorplatten enthält, gewinnen wir mit dem Gaußschen Satz für den elektrischen Fluß durch die Oberfläche des Zylindervolumens

$$\Psi = \oint_{(V)} \mathbf{D} \cdot \mathrm{d}\mathbf{a} = \varepsilon_0 \oint_{(V)} \mathbf{E} \cdot \mathrm{d}\mathbf{a} = \int_V \varrho \, \mathrm{d}V = Q \quad ,$$

wobei Q die Ladung auf der einen Kondensatorplatte ist. Da bei einem Plattenkondensator mit großen Platten und kleinem Abstand das elektrische Feld praktisch nur zwischen den Platten vorhanden ist, gilt bei Integration über eine halbdosenartige Teiloberfläche a_1 des Zylinders (Abb. 11.1)

$$\Psi = \varepsilon_0 \int_{a_1} \mathbf{E} \cdot \mathrm{d}\mathbf{a} = Q \quad ,$$

denn der weggelassene Zylinderdeckel a_2 außerhalb des Kondensators liefert keinen Beitrag. Durch Differentiation folgt daraus, daß die zeitliche Änderung des elektrischen Flusses durch den Strom bestimmt ist,

$$I = \frac{\mathrm{d}\Psi}{\mathrm{d}t} \quad .$$

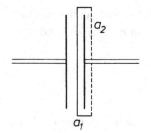

Abb. 11.1. Stromführender Leiter, der durch einen Kondensator unterbrochen ist. Die beiden eingezeichneten Teiloberflächen a_1 und a_2 eines Zylinders V haben den gleichen Rand (a), jedoch schneidet nur a_2 den Leiter

Wenden wir uns nun dem vom Strom I verursachten Flußdichtefeld **B** zu. Ist **j** die Stromdichte, so ist **B** durch (11.0.1c),

$$\nabla \times \mathbf{B} = \mu_0 \mathbf{j} \quad, \tag{11.1.5}$$

bestimmt. Durch Integration über eine Fläche a_2, die den Leiterquerschnitt enthält, erhalten wir nach Anwendung des Stokesschen Satzes

$$\oint_{(a_2)} \mathbf{B} \cdot \mathrm{d}\mathbf{s} = \mu_0 \int_{a_2} \mathbf{j} \cdot \mathrm{d}\mathbf{a} = \mu_0 I \quad. \tag{11.1.6}$$

Natürlich können wir an Stelle einer Fläche a_2, die den Leiterquerschnitt enthält, auch eine Fläche mit dem gleichen Rand wählen, die gerade zwischen den Kondensatorplatten verläuft. Das kann etwa die halbdosenartige Fläche a_1 der Abb. 11.1 sein. Offenbar liefert das Integral über die Stromdichte bei dieser Wahl der Fläche

$$\int_{a_1} \mathbf{j} \cdot \mathrm{d}\mathbf{a} = 0 \quad,$$

so daß ein Widerspruch zu (11.1.6) für den Fall entsteht, daß der Stromkreis eine Kapazität enthält. Offenbar muß die rechte Seite des Umlaufintegrals über **B** durch den Term $\mathrm{d}\Psi/\mathrm{d}t$ ergänzt werden, so daß man

$$\oint_{(a)} \mathbf{B} \cdot \mathrm{d}\mathbf{s} = \mu_0 \left(I + \frac{\mathrm{d}\Psi}{\mathrm{d}t} \right)$$

erhält. Hier übernimmt der Zusatzterm für den Bereich des Kondensators die Rolle des Leitungsstromes. Die Größe $\mathrm{d}\Psi/\mathrm{d}t$ heißt *Verschiebungsstrom*, und wegen

$$\frac{\mathrm{d}\Psi}{\mathrm{d}t} = \varepsilon_0 \oint_a \frac{\partial \mathbf{E}}{\partial t} \cdot \mathrm{d}\mathbf{a} = \varepsilon_0 \int_{a_1} \frac{\partial \mathbf{E}}{\partial t} \cdot \mathrm{d}\mathbf{a}$$

heißt $\varepsilon_0 \partial \mathbf{E}/\partial t$ *Verschiebungsstromdichte*. Multiplikation der Verschiebungsstromdichte mit μ_0 führt auf $\mu_0 \varepsilon_0 \partial \mathbf{E}/\partial t$. In Kap. 12 wird sich herausstellen, daß das Produkt $\varepsilon_0 \mu_0$ das Inverse des Quadrates der Lichtgeschwindigkeit im Vakuum ist,

$$\varepsilon_0 \mu_0 = \frac{1}{c^2} \quad. \tag{11.1.7}$$

Damit ist der Zusatzterm, der in (11.1.5) erforderlich ist, um auch nichtstationäre Vorgänge beschreiben zu können, von der Form $c^{-2}\partial\mathbf{E}/\partial t$, und wir finden die Gleichung

$$\boldsymbol{\nabla} \times \mathbf{B} = \mu_0\mathbf{j} + \frac{1}{c^2}\frac{\partial\mathbf{E}}{\partial t} \quad .$$

Die Verschiebungsstromdichte kann man auch direkt gewinnen, ohne die spezielle Anordnung aus Abb. 11.1 diskutieren zu müssen: In der Kontinuitätsgleichung (11.1.2) ersetzen wir mit Hilfe der Maxwell-Gleichung (11.0.1b) den Term $\partial\varrho/\partial t$ durch

$$\frac{\partial\varrho}{\partial t} = \boldsymbol{\nabla} \cdot \left(\varepsilon_0\frac{\partial\mathbf{E}}{\partial t}\right)$$

und erhalten

$$0 = \boldsymbol{\nabla} \cdot \mathbf{j} + \frac{\partial\varrho}{\partial t} = \boldsymbol{\nabla} \cdot \left(\mathbf{j} + \varepsilon_0\frac{\partial\mathbf{E}}{\partial t}\right) \quad . \tag{11.1.8}$$

Offenbar ist die Größe

$$\mathbf{j} + \varepsilon_0\frac{\partial\mathbf{E}}{\partial t}$$

gerade stationär. Das Verschwinden ihrer Divergenz ist äquivalent zur Kontinuitätsgleichung, wie (11.1.8) zeigt.

James Clerk Maxwell erweiterte in den Jahren 1861–1864 die Gültigkeit der Feldgleichungen (11.0.1) auf nichtstationäre Systeme, indem er an die Stelle des Ampèreschen Gesetzes (11.0.1c) die allgemeinere Gleichung

$$\boldsymbol{\nabla} \times \mathbf{B} = \mu_0\left(\mathbf{j} + \varepsilon_0\frac{\partial\mathbf{E}}{\partial t}\right) = \mu_0\mathbf{j} + \frac{1}{c^2}\frac{\partial\mathbf{E}}{\partial t}$$

setzte. Diese Form geht für stationäre Ströme wegen $\partial\mathbf{E}/\partial t = 0$ sofort in das ursprüngliche Ampèresche Gesetz über und ist andererseits – wie man durch Divergenzbildung und mit Hilfe von (11.1.4) sieht – mit der Kontinuitätsgleichung (11.1.2) für nichtstationäre Ströme verträglich.

Insgesamt lauten die das elektromagnetische Feld in Abwesenheit von Materie beschreibenden Gleichungen nun

$$\boldsymbol{\nabla} \times \mathbf{E} = -\frac{\partial\mathbf{B}}{\partial t} \quad , \tag{11.1.9a}$$

$$\boldsymbol{\nabla} \cdot \mathbf{E} = \frac{1}{\varepsilon_0}\varrho \quad , \tag{11.1.9b}$$

$$\boldsymbol{\nabla} \times \mathbf{B} = \mu_0\mathbf{j} + \frac{1}{c^2}\frac{\partial\mathbf{E}}{\partial t} \quad , \tag{11.1.9c}$$

$$\boldsymbol{\nabla} \cdot \mathbf{B} = 0 \quad . \tag{11.1.9d}$$

Sie bestimmen Divergenz und Rotation der beiden Vektorfelder **E** und **B**. Sie sind vollständig, denn wir haben in Abschn. B.17 gesehen, daß die Angabe von Divergenz und Rotation eines Vektorfeldes dieses für vorgegebene Randbedingungen eindeutig festlegt.

Man nennt die Beziehungen (11.1.9) die *Maxwellschen Gleichungen für das elektromagnetische Feld im Vakuum.* Durch Einführung der elektrischen Flußdichte

$$\mathbf{D} = \varepsilon_0 \mathbf{E}$$

im Vakuum und der magnetischen Feldstärke

$$\mathbf{H} = \frac{1}{\mu_0}\mathbf{B}$$

im Vakuum lassen sich die Maxwellschen Gleichungen im Vakuum in eine Gestalt bringen, die allgemeiner auch in Materie gültig ist, wie wir später zeigen werden,

$$\boldsymbol{\nabla} \times \mathbf{E} = -\frac{\partial \mathbf{B}}{\partial t} \quad , \tag{11.1.10a}$$

$$\boldsymbol{\nabla} \cdot \mathbf{D} = \varrho \quad , \tag{11.1.10b}$$

$$\boldsymbol{\nabla} \times \mathbf{H} = \mathbf{j} + \frac{\partial \mathbf{D}}{\partial t} \quad , \tag{11.1.10c}$$

$$\boldsymbol{\nabla} \cdot \mathbf{B} = 0 \quad . \tag{11.1.10d}$$

Zum Schluß fügen wir noch eine Bemerkung über quasistationäre Vorgänge, wie wir sie in Kap. 10 behandelt haben, an. Wir haben in diesem Abschnitt gesehen, daß die quasistationären Gleichungen (11.0.1) nur für stationäre Ströme

$$\boldsymbol{\nabla} \cdot \mathbf{j}(t,\mathbf{r}) = 0$$

exakt gültig sind. Das bedeutet, daß die Ladungsdichte $\varrho(t,\mathbf{r})$ überall zeitunabhängig sein muß, d. h.

$$\frac{\partial \varrho(t,\mathbf{r})}{\partial t} = 0 \quad .$$

Diese Bedingung ist aber insbesondere für den Kondensator nicht gegeben. Für die Berechnung von Wechselstromkreisen benutzt man trotzdem die quasistationären Gleichungen. Man verlangt die genäherte Gültigkeit der Kontinuitätsgleichung nur für Volumina, die entweder keinen Kondensator enthalten oder aber einen Kondensator vollständig enthalten. Für die Ladungsänderung in einem solchen Volumen V gilt

$$-\frac{\mathrm{d}Q^V}{\mathrm{d}t} = -\int_V \frac{\partial \varrho(t,\mathbf{r})}{\partial t}\,\mathrm{d}V = \int_V \boldsymbol{\nabla}\cdot\mathbf{j}(t,\mathbf{r})\,\mathrm{d}V = \oint_{(V)}\mathbf{j}(t,\mathbf{r})\cdot\mathrm{d}\mathbf{a} = I(t) \quad .$$

Die rechte Seite ist im Rahmen der quasistationären Behandlung gleich null, weil die durch die Zuleitung und Ableitung des Kondensators fließenden Ströme einander aufheben. Es gilt also für so gewählte Volumina

$$\int_V \boldsymbol{\nabla} \cdot \mathbf{j}(t, \mathbf{r}) \, dV = \oint_{(V)} \mathbf{j}(t, \mathbf{r}) \cdot d\mathbf{a} = 0 \quad .$$

Nur diese Beziehung wurde in Abschn. 10.9.4 zur Herleitung der Kirchhoffschen Regeln für Wechselstromkreise benutzt.

11.1.2 Integralform der Maxwellschen Gleichungen

Inhalt: Es wird die elektrische Umlaufspannung $U^{(a)}$ als Linienintegral der elektrischen Feldstärke $\mathbf{E}$ über die geschlossene Randkurve (a) einer einfach zusammenhängenden Fläche a definiert, die magnetische Umlaufspannung $U_{\mathrm{m}}^{(a)}$ analog als Linienintegral der magnetischen Feldstärke $\mathbf{H}$ über die Randkurve (a). Die Integralformen der Maxwell-Gleichungen lauten $U^{(a)} = -d\Phi^a/dt$ (Faradaysches Induktionsgesetz), $\Psi^{(V)} = Q^V$ (Gaußsches Flußgesetz), $\Phi^{(V)} = 0$ (Oerstedsches Flußgesetz), $U_{\mathrm{m}}^{(a)} = I^a + d\Psi^a/dt$ (Maxwellsches Verschiebungsstromgesetz).

Bezeichnungen: a einfach zusammenhängende Fläche, (a) geschlossene Randkurve von a, V einfach zusammenhängendes Volumen, (V) geschlossene Randfläche von V, $\mathbf{E}$ elektrische Feldstärke, $U^{(a)}$ elektrische Umlaufspannung um (a), $\mathbf{D}$ elektrische Flußdichte, Ψ^a elektrischer Fluß durch a, $\mathbf{B}$ magnetische Flußdichte, Φ^a magnetischer Fluß durch a, $\mathbf{H}$ magnetische Feldstärke, $U_{\mathrm{m}}^{(a)}$ magnetische Umlaufspannung um (a), ϱ Ladungsdichte, $\mathbf{j}$ Stromdichte, Q^V elektrische Ladung in V, I^a elektrischer Strom durch a, $d\Psi^a/dt$ Verschiebungsstrom durch a.

Neben der Formulierung der Maxwellschen Gleichungen als Differentialgleichungen für die lokalen Feldgrößen $\mathbf{E}$, $\mathbf{D}$, $\mathbf{B}$ und $\mathbf{H}$ mit den Ladungs- und Stromdichten ϱ und $\mathbf{j}$ kann man auch eine Integralform der Maxwellschen Gleichungen angeben, die in vielen Fällen direkte Anwendung erfährt. Die meisten dieser Beziehungen haben wir bereits kennengelernt, wir wollen sie hier aber nochmals zusammenstellen. Dazu betrachten wir zunächst einen Satz von globalen Größen – an Stelle der Felder die Spannungen und Flüsse und an Stelle der Dichten die Ladungen und Ströme –, die sich mit Linien-, Oberflächen- und Volumenintegralen aus den lokalen Größen gewinnen lassen.

1. Die *elektrische Spannung* U^C zwischen den Endpunkten der Kurve C ist das Linienintegral der elektrischen Feldstärke $\mathbf{E}$ über das Kurvenstück C,

$$U^C = \int_C \mathbf{E} \cdot d\mathbf{s} \quad .$$

Diese Spannung ist wegen der im allgemeinen in $\mathbf{E}$ vorhandenen Wirbel nicht wegunabhängig.

2. Der *elektrische Fluß* Ψ^a durch die Fläche a ist das Oberflächenintegral der elektrischen Flußdichte über das orientierte Flächenstück a,

$$\Psi^a = \int_a \mathbf{D} \cdot \mathbf{da} \quad .$$

Da $\mathbf{D}$ nicht quellenfrei zu sein braucht, ist Ψ^a nicht nur von der Randkurve (a) des Flächenstückes a abhängig.

3. Der *magnetische Fluß* Φ^a durch die Fläche a ist analog zu 2. das Oberflächenintegral der magnetischen Flußdichte über das orientierte Flächenstück a,

$$\Phi^a = \int_a \mathbf{B} \cdot \mathbf{da} \quad .$$

Da die Flußdichte quellenfrei ist, ist Φ^a nur vom Rand (a) des Flächenstückes a abhängig.

4. Die *magnetische Spannung* zwischen den Endpunkten des Kurvenstückes C ist das Linienintegral der magnetischen Feldstärke $\mathbf{H}$ über das Kurvenstück C,

$$U_\mathrm{m}^C = \int_C \mathbf{H} \cdot \mathbf{ds} \quad .$$

Da $\mathbf{H}$ nicht wirbelfrei ist, hängt U_m^C vom Verlauf der Kurve C zwischen den Endpunkten ab.

5. Die *elektrische Ladung* Q^V im Volumen V ist das Volumenintegral der Ladungsdichte ϱ über das Volumen V,

$$Q^V = \int_V \varrho \, dV \quad .$$

6. Der *elektrische Strom* I^a durch das Flächenstück a ist das Oberflächenintegral der Stromdichte $\mathbf{j}$ über das orientierte Flächenstück a,

$$I^a = \int_a \mathbf{j} \cdot \mathbf{da} \quad .$$

Da der Strom im allgemeinen nicht quellenfrei ist, hängt dieses Integral von der Wahl der Fläche und nicht nur von ihrem Rand ab.

Die Integralform der Maxwell-Gleichungen und der Kontinuitätsgleichung erhält man nun durch Anwendung des Gaußschen und Stokesschen Integralsatzes auf die Gleichungen (11.1.10).

1. *Faradaysches Induktionsgesetz*:

$$U^{(a)} = \oint_{(a)} \mathbf{E} \cdot \mathbf{ds} = -\frac{d}{dt} \int_a \mathbf{B} \cdot \mathbf{da} = -\frac{d}{dt} \Phi^a \quad .$$

Die elektrische Umlaufspannung $U^{(a)}$ über den Rand (a) des einfach zusammenhängenden Flächenstückes a ist gleich der negativen zeitlichen Änderung des magnetischen Flusses Φ^a durch dieses Flächenstück.

2. *Gaußsches Flußgesetz*:

$$\Psi^{(V)} = \oint_{(V)} \mathbf{D} \cdot \mathrm{d}\mathbf{a} = \int_V \varrho \, \mathrm{d}V = Q^V \quad .$$

Der elektrische Fluß $\Psi^{(V)}$ durch den Rand (V) des Volumens V ist gleich der Gesamtladung Q^V in diesem Volumen.

3. *Oerstedsches Flußgesetz* (Nichtexistenz magnetischer Ladungen):

$$\Phi^{(V)} = \oint_{(V)} \mathbf{B} \cdot \mathrm{d}\mathbf{a} = 0 \quad .$$

Der magnetische Fluß $\Phi^{(V)}$ durch die geschlossene Oberfläche (V) des Volumens V verschwindet. In einer Interpretation in Analogie zum Gaußschen Flußgesetz besagt dies, daß keine magnetischen Ladungen existieren.

4. *Maxwellsches Verschiebungsstromgesetz*:

$$U_{\mathrm{m}}^{(a)} = \oint_{(a)} \mathbf{H} \cdot \mathrm{d}\mathbf{s} = \int_a \mathbf{j} \cdot \mathrm{d}\mathbf{a} + \frac{\mathrm{d}}{\mathrm{d}t} \int_a \mathbf{D} \cdot \mathrm{d}\mathbf{a} = I^a + \frac{\mathrm{d}}{\mathrm{d}t} \Psi^a \quad .$$

Die magnetische Umlaufspannung $U_{\mathrm{m}}^{(a)}$ über den Rand (a) der einfach zusammenhängenden Fläche a ist gleich der Summe aus elektrischem Strom I^a und Verschiebungsstrom $\mathrm{d}\Psi^a/\mathrm{d}t$ durch diese Fläche. Der Verschiebungsstrom ist gleich der zeitlichen Änderung des elektrischen Flusses Ψ^a.

5. *Kontinuitätsgleichung, Ladungserhaltung*: Die Kontinuitätsgleichung hat in Integralform die Gestalt

$$-\frac{\mathrm{d}}{\mathrm{d}t} Q^V = -\frac{\mathrm{d}}{\mathrm{d}t} \int_V \varrho \, \mathrm{d}V = \oint_{(V)} \mathbf{j} \cdot \mathrm{d}\mathbf{a} = I^{(V)} \quad .$$

Die negative zeitliche Änderung der Ladung im Volumen V ist gleich dem Strom durch seine Oberfläche (V). In der Kontinuitätsgleichung ist die *Erhaltung der Ladung* formuliert.

Die Maxwell-Gleichungen in differentieller oder Integralform liefern sehr interessante Verknüpfungen zwischen dem elektrischen und magnetischen Feld. In Abwesenheit von Ladungen und Strömen bestimmt die zeitliche Änderung eines der Felder vollständig die Rotation des jeweils anderen Feldes. Wir werden in Kap. 12 nur andeuten können, welcher Reichtum an Phänomenen durch diese Gleichungen gedeutet und beschrieben werden kann.

11.2 Die Potentiale des elektromagnetischen Feldes. Eichtransformationen. D'Alembertsche Gleichungen

11.2.1 Vektorpotential und skalares Potential

Inhalt: Ausgehend von ihrer Divergenzfreiheit wird die magnetische Flußdichte $B(t, r)$ als Rotation $B = \nabla \times A$ des zeitabhängigen Vektorpotentials $A(t, r)$ dargestellt. Aus dem Faradayschen Induktionsgesetz folgt die Wirbelfreiheit der Größe $E + \partial A/\partial t$, die deshalb als negativer Gradient $-\nabla \varphi$ des zeitabhängigen skalaren Potentials $\varphi(t, r)$ aufgefaßt werden kann. Damit hat die zeitabhängige elektrische Feldstärke die Darstellung $E = -\nabla \varphi - \partial A/\partial t$. Die Maxwell-Gleichungen sind dann äquivalent zu den Gleichungen $\Box A = \mu_0 j - \nabla \left[(1/c)^2 \partial \varphi/\partial t + \nabla \cdot A\right]$ und $\Box \varphi = \varrho/\varepsilon_0 + \partial/\partial t \left[(1/c)^2 \partial \varphi/\partial t + \nabla \cdot A\right]$.
Bezeichnungen: $B(t, r)$ magnetische Flußdichte, $E(t, r)$ elektrische Feldstärke, $\varphi(t, r)$ skalares Potential, $A(t, r)$ Vektorpotential, c Vakuumlichtgeschwindigkeit, $\Box = (1/c^2)\partial^2/\partial t^2 - \Delta$ d'Alembert-Operator, $\varrho(t, r)$ elektrische Ladungsdichte, $j(t, r)$ elektrische Stromdichte; ε_0, μ_0 elektrische bzw. magnetische Feldkonstante.

Im Abschn. 11.1 haben wir die Maxwellschen Gleichungen (11.1.9) zur Berechnung des elektromagnetischen Feldes E, B aus vorgegebener Ladungsdichte $\varrho(t, r)$ und vorgegebener Stromdichte $j(t, r)$ kennengelernt. Für das elektrostatische Feld hatten wir wegen seiner Wirbelfreiheit ein Potential φ einführen können, für die stationäre magnetische Flußdichte wegen seiner Quellenfreiheit ein Vektorpotential A. Die Gleichung (11.1.9a) zeigt, daß das zeitlich veränderliche elektrische Feld nicht wirbelfrei ist, seine Wirbeldichte ist gerade durch die zeitliche Änderung von B bestimmt. Die Quellenfreiheit der magnetischen Flußdichte ist jedoch auch für nichtstationäre B-Felder gültig, wie (11.1.9d) zeigt. Damit läßt sich analog zu Abschn. 8.8 ein jetzt zeitabhängiges Vektorpotential $A(t, r)$ einführen, dessen Rotation gerade die magnetische Flußdichte B ist,

$$B(t, r) = \nabla \times A(t, r) \quad . \tag{11.2.1}$$

Durch diese Darstellung ist die Quellenfreiheit des B-Feldes wieder gewährleistet, da

$$\nabla \cdot B = \nabla \cdot (\nabla \times A) = 0$$

gilt.
Durch Einsetzen des so bestimmten B-Feldes in die Gleichung (11.1.9a) läßt sich diese in die Form

$$\nabla \times \left(E + \frac{\partial}{\partial t}A\right) = 0$$

bringen, die besagt, daß das Feld $E + \partial A/\partial t$ wirbelfrei ist. Damit läßt sich dieses Feld in Analogie zu unserem Vorgehen in der Elektrostatik, Abschn. 2.7, als Gradient eines nun allerdings zeitabhängigen, skalaren Potentials $\varphi(t, \mathbf{r})$ schreiben,

$$\mathbf{E}(t, \mathbf{r}) + \frac{\partial}{\partial t}\mathbf{A}(t, \mathbf{r}) = -\boldsymbol{\nabla}\varphi(t, \mathbf{r}) \quad .$$

Für bekanntes Vektorpotential $\mathbf{A}$ und skalares Potential φ ist dann die elektrische Feldstärke durch

$$\mathbf{E}(t, \mathbf{r}) = -\boldsymbol{\nabla}\varphi(t, \mathbf{r}) - \frac{\partial}{\partial t}\mathbf{A}(t, \mathbf{r}) \tag{11.2.2}$$

bestimmt, so daß zusammen mit (11.2.1) beide Felder $\mathbf{E}$ und $\mathbf{B}$ aus den Potentialen φ und $\mathbf{A}$ berechnet werden können.

Die beiden Gleichungen (11.1.9b) und (11.1.9c) dienen nun als Feldgleichungen für die Potentiale, wie man sieht, wenn man (11.2.1) und (11.2.2) einsetzt. Für (11.1.9b) ergibt das

$$\frac{1}{\varepsilon_0}\varrho = \boldsymbol{\nabla} \cdot \mathbf{E} = \boldsymbol{\nabla} \cdot \left(-\boldsymbol{\nabla}\varphi - \frac{\partial}{\partial t}\mathbf{A}\right) \quad ,$$

was wegen $\boldsymbol{\nabla} \cdot \boldsymbol{\nabla} = \Delta$, vgl. Abschn. B.8, die Gleichung

$$-\Delta\varphi - \frac{\partial}{\partial t}\boldsymbol{\nabla} \cdot \mathbf{A} = \frac{1}{\varepsilon_0}\varrho \tag{11.2.3}$$

liefert. Sie unterscheidet sich von der Poisson-Gleichung (2.9.1), die das elektrostatische Potential mit der Ladungsdichte ϱ verknüpft, gerade um die Zeitableitung der Divergenz von $\mathbf{A}$.

Schließlich drücken wir jetzt noch die Rotation der magnetischen Flußdichte durch das $\mathbf{A}$-Feld aus,

$$\boldsymbol{\nabla} \times \mathbf{B} = \boldsymbol{\nabla} \times (\boldsymbol{\nabla} \times \mathbf{A}) = \boldsymbol{\nabla}(\boldsymbol{\nabla} \cdot \mathbf{A}) - \Delta\mathbf{A} \quad ,$$

ebenso mit Hilfe von (11.2.2) die Zeitableitung von $\mathbf{E}$,

$$\frac{\partial\mathbf{E}}{\partial t} = -\frac{\partial}{\partial t}\boldsymbol{\nabla}\varphi - \frac{\partial^2}{\partial t^2}\mathbf{A} \quad .$$

Die Gleichung (11.1.9c) gewinnt damit die Gestalt

$$\boldsymbol{\nabla}(\boldsymbol{\nabla} \cdot \mathbf{A}) - \Delta\mathbf{A} = \mu_0\mathbf{j} + \frac{1}{c^2}\left(-\boldsymbol{\nabla}\frac{\partial\varphi}{\partial t} - \frac{\partial^2}{\partial t^2}\mathbf{A}\right)$$

oder, durch andere Zusammenfassung der Summanden,

$$\square\mathbf{A} = \frac{1}{c^2}\frac{\partial^2}{\partial t^2}\mathbf{A} - \Delta\mathbf{A} = \mu_0\mathbf{j} - \boldsymbol{\nabla}\left(\frac{1}{c^2}\frac{\partial}{\partial t}\varphi + \boldsymbol{\nabla} \cdot \mathbf{A}\right) \quad . \tag{11.2.4}$$

Dabei ist das Symbol □ als Raum–Zeit-Verallgemeinerung des Laplace-Operators Δ durch

$$\square = \frac{1}{c^2}\frac{\partial^2}{\partial t^2} - \Delta \qquad (11.2.5)$$

definiert und wird *d'Alembert-Operator* genannt.

Durch Hinzufügen des Terms $(\partial^2\varphi/\partial t^2)/c^2$ auf den beiden Seiten von (11.2.3) erhalten wir

$$\square\varphi = \frac{1}{c^2}\frac{\partial^2}{\partial t^2}\varphi - \Delta\varphi = \frac{1}{\varepsilon_0}\varrho + \frac{\partial}{\partial t}\left(\frac{1}{c^2}\frac{\partial}{\partial t}\varphi + \nabla\cdot\mathbf{A}\right) \quad . \qquad (11.2.6)$$

Wir werden im Abschn. 11.2.3 auf diese beiden gekoppelten Differentialgleichungen für die Potentiale φ und $\mathbf{A}$ zurückkommen.

11.2.2 Eichtransformationen

Inhalt: Die Darstellungen der magnetischen Flußdichte als Rotation $\mathbf{B} = \nabla \times \mathbf{A}$ des Vektorpotentials $\mathbf{A}$ und der elektrischen Feldstärke als $\mathbf{E} = -\nabla\varphi - \partial\mathbf{A}/\partial t$ bestimmen das skalare Potential und das Vektorpotential für vorgegebene $\mathbf{E}(t, \mathbf{r})$ und $\mathbf{B}(t, \mathbf{r})$ nicht eindeutig. Skalares Potential φ und Vektorpotential $\mathbf{A}$ können durch Eichtransformation mit einer skalaren Funktion $\chi(t, \mathbf{r})$ in andere Potentiale $\varphi' = \varphi - \partial\chi/\partial t$, $\mathbf{A}' = \mathbf{A} + \nabla\chi$ umgeeicht werden. Auch φ' und $\mathbf{A}'$ liefern die gleiche elektrische Feldstärke $\mathbf{E} = -\nabla\varphi' - \partial\mathbf{A}'/\partial t$ und magnetische Flußdichte $\mathbf{B} = \nabla \times \mathbf{A}'$.
Bezeichnungen: $\mathbf{E}(t, \mathbf{r})$ elektrische Feldstärke, $\mathbf{B}(t, \mathbf{r})$ magnetische Flußdichte; $\varphi(t, \mathbf{r})$, $\varphi'(t, \mathbf{r})$ skalare Potentiale, $\mathbf{A}(t, \mathbf{r})$, $\mathbf{A}'(t, \mathbf{r})$ Vektorpotentiale in zwei Eichungen; $\chi(t, \mathbf{r})$ Eichfunktion.

Wir wenden uns nun der Frage zu, welche Potentiale φ und $\mathbf{A}$ zu den gleichen Feldern $\mathbf{E}$ und $\mathbf{B}$ führen. Wir hatten in den Abschnitten 2.7 und 8.8 bereits gesehen, daß man durch Eichtransformationen zu anderen Potentialen gelangen kann, die jedoch nach Differentiation die gleichen Felder $\mathbf{E}$ und $\mathbf{B}$ ergeben. Da nach Abschn. B.17 ein Vektorfeld durch Randbedingungen festgelegt ist, wenn Rotation und Divergenz festgelegt sind, bestimmt (11.2.1) das Vektorfeld $\mathbf{A}$ nicht eindeutig. Wir können, wie wir bereits in Abschn. 8.8 gesehen haben, noch seine nun zeitabhängige Divergenz als differenzierbare Funktion vorgeben, die wir $\eta(t, \mathbf{r})$ nennen:

$$\nabla\cdot\mathbf{A}(t, \mathbf{r}) = \eta(t, \mathbf{r}) \quad .$$

Da die Divergenz des Vektorpotentials willkürlich vorgegeben werden kann, fragen wir uns, welche Freiheit wir in der Wahl von $\mathbf{A}$ haben. Wir betrachten zwei Vektorpotentiale $\mathbf{A}$ und $\mathbf{A}'$, die das gleiche B-Feld liefern,

$$\nabla\times\mathbf{A} = \mathbf{B} \quad , \qquad \nabla\times\mathbf{A}' = \mathbf{B} \quad ,$$

aber verschiedene Divergenzen besitzen,

$$\nabla \cdot \mathbf{A} = \eta \quad , \qquad \nabla \cdot \mathbf{A}' = \eta' \quad .$$

Das Differenzfeld $\mathbf{A}' - \mathbf{A}$ ist offenbar wirbelfrei,

$$\nabla \times (\mathbf{A}' - \mathbf{A}) = 0 \quad ,$$

und hat die Divergenz

$$\nabla \cdot (\mathbf{A}' - \mathbf{A}) = \eta' - \eta \quad .$$

Aus der Wirbelfreiheit folgt, daß das Differenzfeld als Gradient einer skalaren Funktion $\chi(t, \mathbf{r})$ – die Zeit spielt hier die Rolle eines Parameters – dargestellt werden kann,

$$\mathbf{A}'(t, \mathbf{r}) - \mathbf{A}(t, \mathbf{r}) = \nabla \chi(t, \mathbf{r}) \quad . \tag{11.2.7}$$

Die skalare Funktion χ läßt sich dann wegen

$$\nabla \cdot (\mathbf{A}' - \mathbf{A}) = \nabla \cdot \nabla \chi(t, \mathbf{r}) = \Delta \chi(t, \mathbf{r})$$

für vorgegebene Divergenzen η', η der Potentiale durch eine Gleichung vom Typ der Poisson-Gleichung,

$$\Delta \chi(t, \mathbf{r}) = \eta'(t, \mathbf{r}) - \eta(t, \mathbf{r}) \quad ,$$

bestimmen. Damit ist klar, daß die allgemeinste Differenz zwischen zwei Vektorpotentialen $\mathbf{A}'$, $\mathbf{A}$ nach (11.2.7) der Gradient einer beliebigen, skalaren Funktion $\chi(t, \mathbf{r})$ ist:

$$\mathbf{A}'(t, \mathbf{r}) = \mathbf{A}(t, \mathbf{r}) + \nabla \chi(t, \mathbf{r}) \quad . \tag{11.2.8}$$

Wir müssen nun untersuchen, unter welchen Bedingungen diese Umeichung das E-Feld ungeändert läßt. Dazu setzen wir das A-Feld in (11.2.2) ein und stellen fest, daß wegen

$$\frac{\partial \mathbf{A}(t, \mathbf{r})}{\partial t} = \frac{\partial \mathbf{A}'(t, \mathbf{r})}{\partial t} - \frac{\partial}{\partial t} \nabla \chi(t, \mathbf{r})$$

für zeitabhängige χ die Darstellung (11.2.2) für die elektrische Feldstärke in

$$\begin{aligned}
\mathbf{E}(t, \mathbf{r}) &= -\nabla \varphi(t, \mathbf{r}) + \nabla \frac{\partial}{\partial t} \chi(t, \mathbf{r}) - \frac{\partial}{\partial t} \mathbf{A}'(t, \mathbf{r}) \\
&= -\nabla \left[\varphi(t, \mathbf{r}) - \frac{\partial}{\partial t} \chi(t, \mathbf{r}) \right] - \frac{\partial}{\partial t} \mathbf{A}'(t, \mathbf{r}) \quad (11.2.9)
\end{aligned}$$

übergeht. Wir lesen ab, daß wir mit der Umeichung von $\mathbf{A}$ nach (11.2.8) auch eine Umeichung des skalaren Potentials nach

$$\varphi'(t, \mathbf{r}) = \varphi(t, \mathbf{r}) - \frac{\partial}{\partial t}\chi(t, \mathbf{r})$$

vornehmen müssen, um die ungeänderte elektrische Feldstärke $\mathbf{E}(t, \mathbf{r})$ in der Form

$$\mathbf{E}(t, \mathbf{r}) = -\boldsymbol{\nabla}\varphi'(t, \mathbf{r}) - \frac{\partial}{\partial t}\mathbf{A}'(t, \mathbf{r})$$

darstellen zu können.

Insgesamt haben wir gelernt, daß alle Potentiale

$$\varphi'(t, \mathbf{r}) = \varphi(t, \mathbf{r}) - \frac{\partial}{\partial t}\chi(t, \mathbf{r}) \quad , \tag{11.2.10a}$$

$$\mathbf{A}'(t, \mathbf{r}) = \mathbf{A}(t, \mathbf{r}) + \boldsymbol{\nabla}\chi(t, \mathbf{r}) \tag{11.2.10b}$$

zu den gleichen Feldern $\mathbf{E}$ und $\mathbf{B}$ führen. Die Gleichungen (11.2.10) stellen die allgemeinste Eichtransformation der elektromagnetischen Potentiale φ und $\mathbf{A}$ dar. Die Freiheit der Wahl der Eichung kann in vielen Fällen zur Vereinfachung von Problemen genutzt werden.

11.2.3 D'Alembertsche Gleichung. Lorentz-Eichung. Coulomb-Eichung

Inhalt: Durch geeignete Wahl der Eichfunktion χ können dem Term $(1/c^2)\partial\varphi/\partial t + \boldsymbol{\nabla}\cdot\mathbf{A}$ in den Differentialgleichungen für die Potentiale φ und $\mathbf{A}$ verschiedene Formen gegeben werden. Wird er durch eine Eichtransformation zum Verschwinden gebracht, gelten die d'Alembert-Gleichungen $\Box\varphi^{(L)} = \varrho/\varepsilon_0$, $\Box\mathbf{A}^{(L)} = \mu_0\mathbf{j}$ für die Potentiale $\varphi^{(L)}$, $\mathbf{A}^{(L)}$ in Lorentz-Eichung. In Coulomb-Eichung gilt $\Delta\varphi^{(C)} = -\varrho/\varepsilon_0$, $\Box A^{(C)} = \mu_0\mathbf{j} - (1/c^2)\boldsymbol{\nabla}\partial\varphi^{(C)}/\partial t$.

Bezeichnungen: $\varphi(t, \mathbf{r})$, $\mathbf{A}(t, \mathbf{r})$ skalares bzw. Vektorpotential; $\varphi^{(L)}$, $\mathbf{A}^{(L)}$ Potentiale in Lorentz-Eichung; $\varphi^{(C)}$, $\mathbf{A}^{(C)}$ Potentiale in Coulomb-Eichung; $\varrho(t, \mathbf{r})$ Ladungsdichte; $\mathbf{j}(t, \mathbf{r})$ Stromdichte; $\chi(t, \mathbf{r})$ Eichfunktion, $\Box = (1/c^2)\partial^2/\partial t^2 - \Delta$ d'Alembert-Operator; ε_0, μ_0 elektrische bzw. magnetische Feldkonstante.

Ein sehr grundlegendes Beispiel für die Nutzung der Eichfreiheit zur Vereinfachung eines Problems ist die Herleitung der d'Alembertschen Gleichungen für das skalare und das Vektorpotential. In Abschn. 11.2.1 hatten wir die Differentialgleichungen (11.2.4) und (11.2.6) für φ und $\mathbf{A}$ erhalten. In ihnen treten beide Potentiale auf: Die Gleichungen sind gekoppelt. Natürlich bedeutet es eine weitreichende Vereinfachung, wenn man die beiden Gleichungen entkoppeln kann, d. h. je eine Gleichung für jedes Potential allein erhält. Das kann tatsächlich durch geeignete Umeichung der Potentiale φ und $\mathbf{A}$ erreicht werden.

Lorentz-Eichung Als Funktion χ, die die Umeichung bewerkstelligt, wählen wir eine Lösung der Gleichung

$$\Box\chi(t, \mathbf{r}) = \frac{1}{c^2}\frac{\partial^2}{\partial t^2}\chi(t, \mathbf{r}) - \Delta\chi(t, \mathbf{r}) = \frac{1}{c^2}\frac{\partial}{\partial t}\varphi(t, \mathbf{r}) + \boldsymbol{\nabla}\cdot\mathbf{A}(t, \mathbf{r}) \quad . \tag{11.2.11}$$

Führen wir nun die Potentiale

$$\varphi^{(\mathrm{L})} = \varphi - \frac{\partial}{\partial t}\chi \quad , \qquad \mathbf{A}^{(\mathrm{L})} = \mathbf{A} + \boldsymbol{\nabla}\chi \qquad (11.2.12)$$

ein, so gilt

$$\frac{1}{c^2}\frac{\partial}{\partial t}\varphi^{(\mathrm{L})} + \boldsymbol{\nabla}\cdot\mathbf{A}^{(\mathrm{L})} = \frac{1}{c^2}\frac{\partial}{\partial t}\varphi + \boldsymbol{\nabla}\cdot\mathbf{A} - \Box\chi \quad ,$$

so daß sich mit der angegebenen Wahl (11.2.11) von χ die *Lorentz-Bedingung*

$$\frac{1}{c^2}\frac{\partial}{\partial t}\varphi^{(\mathrm{L})} + \boldsymbol{\nabla}\cdot\mathbf{A}^{(\mathrm{L})} = 0 \qquad (11.2.13)$$

ergibt. Jede Eichung, in der die Potentiale φ und $\mathbf{A}$ diese Beziehung erfüllen, nennt man *Lorentz-Eichung*. Sie ist keineswegs eindeutig, da χ durch die Gleichung (11.2.11) nicht eindeutig bestimmt ist. Man kann stets eine Umeichung mit einer Funktion $\chi^{(\mathrm{L})}$ vornehmen, die die homogene Gleichung

$$\Box\chi^{(\mathrm{L})} = 0$$

erfüllt, und Potentiale in einer Lorentz-Eichung gehen über in eine andere Lorentz-Eichung. Wegen (11.2.13) erfüllen Potentiale in Lorentz-Eichung an Stelle von (11.2.4) die Beziehungen

$$\Box\varphi^{(\mathrm{L})} = \frac{1}{\varepsilon_0}\varrho \quad , \qquad \Box\mathbf{A}^{(\mathrm{L})} = \mu_0\mathbf{j} \quad . \qquad (11.2.14)$$

Diese beiden *d'Alembertschen Gleichungen* sind dadurch ausgezeichnet, daß $\varphi^{(\mathrm{L})}$ und $\mathbf{A}^{(\mathrm{L})}$ nicht mehr gekoppelt auftreten und daß auch keine Kopplung der kartesischen Komponenten von $\mathbf{A}^{(\mathrm{L})}$ mehr auftritt.

Coulomb-Eichung Eine andere Wahl der Eichung, die *Coulomb-Eichung*, führt zwar nicht zur vollständigen Entkopplung der Gleichungen (11.2.4) und (11.2.6), erlaubt aber doch eine sukzessive Lösung, weil die Gleichung für das skalare Potential das Vektorpotential nicht enthält. Die Funktion χ, die die Laplace-Gleichung

$$\Delta\chi(t,\mathbf{r}) = \boldsymbol{\nabla}\cdot\mathbf{A}(t,\mathbf{r})$$

erfüllt, definiert die Potentiale $\varphi^{(\mathrm{C})}$ und $\mathbf{A}^{(\mathrm{C})}$ in Coulomb-Eichung:

$$\varphi^{(\mathrm{C})} = \varphi - \frac{\partial}{\partial t}\chi \quad , \qquad \mathbf{A}^{(\mathrm{C})} = \mathbf{A} + \boldsymbol{\nabla}\chi \quad . \qquad (11.2.15)$$

An Stelle der Lorentz-Bedingung (11.2.13) gilt in dieser Eichung die *Coulomb-Bedingung*

$$\boldsymbol{\nabla}\cdot\mathbf{A}^{(\mathrm{C})} = 0 \quad . \qquad (11.2.16)$$

Die Bestimmungsgleichungen (11.2.3) und (11.2.4) lauten in Coulomb-Eichung

$$\Delta\varphi^{(C)} = -\frac{1}{\varepsilon_0}\varrho \quad , \qquad \Box\mathbf{A}^{(C)} = \mu_0\mathbf{j} - \frac{1}{c^2}\frac{\partial}{\partial t}\boldsymbol{\nabla}\varphi^{(C)} \quad . \tag{11.2.17}$$

Die erste dieser beiden Gleichungen ist identisch mit der Poisson-Gleichung der Elektrostatik. Das zeitabhängige skalare Potential ist völlig durch die momentane Ladungsverteilung $\varrho(t,\mathbf{r})$ bestimmt. Nach Lösung der ersten Gleichung ist dann die zweite eine Beziehung für $\mathbf{A}^{(C)}$ allein.

11.2.4 Die quasistationären Vorgänge als Näherung der Maxwell-Gleichungen

Inhalt: Es wird gezeigt, daß die quasistationäre Näherung der Maxwell-Gleichungen, die den Beitrag der Verschiebungsstromdichte $(1/c^2)\partial\mathbf{E}/\partial t$ vernachlässigt, auf die Gleichungen $\Delta\varphi^{(C)} = -\varrho/\varepsilon_0$, $\Delta\mathbf{A}^{(C)} = -\mu_0\mathbf{j}$ für die elektromagnetischen Potentiale in Coulomb-Eichung führt. Diese Gleichungen zeigen keine Retardierung, d. h. die Werte der Ladungsdichte $\varrho(t,\mathbf{r})$ und der Stromdichte $\mathbf{j}(t,\mathbf{r})$ bestimmen die Werte der elektromagnetischen Potentiale $\varphi^{(C)}(t,\mathbf{r})$, $\mathbf{A}^{(C)}(t,\mathbf{r})$ zur gleichen Zeit t.
Bezeichnungen: $\mathbf{E}(t,\mathbf{r})$ elektrische Feldstärke, $\mathbf{B}(t,\mathbf{r})$ magnetische Flußdichte, $\mathbf{D}(t,\mathbf{r})$ elektrische Flußdichte; $\varphi^{(C)}(t,\mathbf{r})$, $\mathbf{A}^{(C)}(t,\mathbf{r})$ elektromagnetische Potentiale in Coulomb-Eichung; ε_0, μ_0 elektrische bzw. magnetische Feldkonstante.

Im Kap. 10 haben wir die Gleichungen (10.1.3) für die Behandlung quasistationärer Vorgänge benutzt. Sie unterscheiden sich von den vollständigen Maxwell-Gleichungen durch das Fehlen des Terms $\partial\mathbf{D}/\partial t$ in (10.1.3d). Die Frage, unter welchen Bedingungen diese Näherung gut ist, läßt sich am leichtesten beantworten, wenn wir analog zu Abschn. 11.2.1 die Gleichungen für das skalare und das Vektorpotential betrachten, die aus den quasistationären Gleichungen (10.1.3) folgen. Wir gehen wieder von

$$\mathbf{B} = \boldsymbol{\nabla}\times\mathbf{A} \tag{11.2.18}$$

aus und gewinnen aus (10.1.3a) wieder

$$\boldsymbol{\nabla}\times\left(\mathbf{E} + \frac{\partial}{\partial t}\mathbf{A}\right) = 0 \quad , \tag{11.2.19}$$

so daß es – wie in Abschn. 11.2.1 – wieder ein skalares Potential gibt, mit dessen Hilfe die elektrische Feldstärke sich als

$$\mathbf{E} = -\boldsymbol{\nabla}\varphi - \frac{\partial\mathbf{A}}{\partial t} \tag{11.2.20}$$

darstellen läßt. Einsetzen von (11.2.18) und (11.2.20) in die quasistationären Gleichungen (10.1.3) ergibt für $\varepsilon_{\mathrm{r}} = 1$, $\mu_{\mathrm{r}} = 1$

$$\Delta\varphi = -\frac{1}{\varepsilon_0}\varrho - \frac{\partial}{\partial t}\boldsymbol{\nabla}\cdot\mathbf{A} \quad , \qquad \Delta\mathbf{A} = -\mu_0\mathbf{j} + \boldsymbol{\nabla}(\boldsymbol{\nabla}\cdot\mathbf{A}) \quad .$$

In Coulomb-Eichung (11.2.16),

$$\boldsymbol{\nabla}\cdot\mathbf{A}^{(C)} = 0 \quad ,$$

erhalten wir schließlich die entkoppelten Differentialgleichungen vom Poisson-Typ

$$\Delta\varphi^{(C)} = -\frac{1}{\varepsilon_0}\varrho \quad , \qquad \Delta\mathbf{A}^{(C)} = -\mu_0\mathbf{j} \quad . \tag{11.2.21}$$

Sie unterscheiden sich von den korrekten, vollständigen Gleichungen (11.2.17) in Coulomb-Eichung durch das Fehlen der Terme mit Zeitableitungen. In den Gleichungen in quasistationärer Näherung ist die Zeit ein Parameter. Die momentanen Werte der Ladungs- und Stromdichte bestimmen die Feldwerte an allen Raumpunkten *instantan*, d. h. ohne Verzögerung. Die Potentiale lauten, vgl. Abschn. 8.8,

$$\varphi(t, \mathbf{r}) = \frac{1}{4\pi\varepsilon_0}\int\frac{\varrho(t, \mathbf{r}')}{|\mathbf{r} - \mathbf{r}'|}\,\mathrm{d}V' \quad , \qquad \mathbf{A}(t, \mathbf{r}) = \frac{\mu_0}{4\pi}\int\frac{\mathbf{j}(t, \mathbf{r}')}{|\mathbf{r} - \mathbf{r}'|}\,\mathrm{d}V' \quad , \tag{11.2.22}$$

im Gegensatz zu den im Abschn. 12.4 diskutierten retardierten Lösungen (12.4.5) der Maxwell-Gleichungen. Wegen des Fehlens der Retardierung muß das elektromagnetische System eine Ausdehnung

$$d \ll cT$$

haben, bei der T eine für die zeitlichen Änderungen typische Konstante, etwa die zeitliche Periode einer Schwingung, und c die Vakuumlichtgeschwindigkeit ist. In diesem Fall ist die Vernachlässigung von $\dot{\mathbf{D}}$, wie in der Einleitung von Kap. 10 behauptet, tatsächlich gerechtfertigt.

11.3 Maxwellsche Gleichungen in Anwesenheit von Materie

11.3.1 Zeitabhängige Polarisation und Magnetisierung. Polarisationsstrom

Inhalt: Im Falle zeitabhängiger elektrischer und magnetischer Felder wird auch die Polarisationsladungsdichte $\varrho_P(t, \mathbf{r})$ zeitabhängig. Die Kontinuitätsgleichung führt auf eine Polarisationsstromdichte $\mathbf{j}_P(t, \mathbf{r}) = \partial\mathbf{P}/\partial t$. Sie tritt zusätzlich zur Magnetisierungsstromdichte $\mathbf{j}_M = \boldsymbol{\nabla}\times\mathbf{M}$ in der Maxwell-Gleichung für die Rotation der magnetischen Flußdichte auf, so daß auch in Materie $\boldsymbol{\nabla}\times\mathbf{H} = \mathbf{j} + \partial\mathbf{D}/\partial t$ gilt. Die Gleichung für die elektrische Flußdichte behält auch für das zeitabhängige Feld $\mathbf{D}(t, \mathbf{r})$ die Form $\boldsymbol{\nabla}\cdot\mathbf{D} = \varrho$. Die homogenen Gleichungen für $\mathbf{E}(t, \mathbf{r})$ und $\mathbf{B}(t, \mathbf{r})$ bleiben unverändert, $\boldsymbol{\nabla}\times\mathbf{E} = -\partial\mathbf{B}/\partial t$, $\boldsymbol{\nabla}\cdot\mathbf{B} = 0$. Die Gestalt der zeitabhängigen elektrischen Flußdichte bleibt $\mathbf{D} = \varepsilon_0\mathbf{E} + \mathbf{P}$, die der magnetischen Feldstärke $\mathbf{H} = (1/\mu_0)\mathbf{B} - \mathbf{M}$. Für lineare, isotrope Materialien gilt $\mathbf{D} = \varepsilon_r\varepsilon_0\mathbf{E}$, $\mathbf{H} = (\mu_r\mu_0)^{-1}\mathbf{B}$.

Bezeichnungen: $\mathbf{E}(t, \mathbf{r})$ elektrische Feldstärke, $\mathbf{D}(t, \mathbf{r})$ elektrische Flußdichte, $\mathbf{B}(t, \mathbf{r})$ magnetische Flußdichte, $\mathbf{H}(t, \mathbf{r})$ magnetische Feldstärke, $\mathbf{P}(t, \mathbf{r})$ elektrische Polarisation, $\mathbf{M}(t, \mathbf{r})$ Magnetisierung, $\varrho(t, \mathbf{r})$ äußere Ladungsdichte, $\mathbf{j}(t, \mathbf{r})$ äußere Stromdichte, $\varrho_{\mathbf{P}}(t, \mathbf{r})$ Polarisationsladungsdichte, $\mathbf{j}_{\mathbf{P}}(t, \mathbf{r})$ Polarisationsstromdichte, $\mathbf{j}_{\mathbf{M}}(t, \mathbf{r})$ Magnetisierungsstromdichte, $\varepsilon_{\mathbf{r}}$ Permittivitätszahl, $\mu_{\mathbf{r}}$ Permeabilitätszahl; ε_0, μ_0 elektrische bzw. magnetische Feldkonstante; c Vakuumlichtgeschwindigkeit, $c_{\mathbf{M}}$ Lichtgeschwindigkeit im Material.

In den Abschnitten 4.3 und 9.3 haben wir das Verhalten von Materie in elektrostatischen bzw. magnetostatischen Feldern untersucht und festgestellt, daß die Feldgrößen $\mathbf{D}$ und $\mathbf{E}$ bzw. $\mathbf{H}$ und $\mathbf{B}$ in Materie durch die Beziehungen

$$\mathbf{D} = \varepsilon_0 \mathbf{E} + \mathbf{P} \tag{11.3.1a}$$

und

$$\mathbf{H} = \frac{1}{\mu_0} \mathbf{B} - \mathbf{M} \tag{11.3.1b}$$

verknüpft sind. Zu diesen Beziehungen sind wir durch eine Diskussion der Erscheinungen beim Einbringen von Materie in Felder gelangt. Die Polarisation $\mathbf{P}$ wird durch die Veränderung der atomaren Ladungsdichten der Materie in einem äußeren Feld $\mathbf{E}$ verursacht, die Magnetisierung $\mathbf{M}$ durch die Veränderung der atomaren Stromdichten durch ein äußeres $\mathbf{B}$-Feld. Da die Ladungs- bzw. Stromdichten ϱ und $\mathbf{j}$ nur in den zwei Maxwell-Gleichungen (11.1.9b) und (11.1.9c) auftreten, werden nur diese Gleichungen durch die Einflüsse der Materie abgeändert. Die Gleichungen (11.1.9a) und (11.1.9d) bleiben ungeändert in Anwesenheit von Materie.

Die Abänderung der Gleichung (11.1.9b) besteht wieder darin, daß die Polarisationsladungsdichte $\varrho_{\mathbf{P}}$ als negative Divergenz der Polarisation,

$$\varrho_{\mathbf{P}} = -\boldsymbol{\nabla} \cdot \mathbf{P} \quad , \tag{11.3.2a}$$

vgl. (4.6.10), zusätzlich zur äußeren Ladungsdichte ϱ auf der rechten Seite von (11.1.9b) auftritt,

$$\varepsilon_0 \boldsymbol{\nabla} \cdot \mathbf{E} = \varrho + \varrho_{\mathbf{P}} = \varrho - \boldsymbol{\nabla} \cdot \mathbf{P} \quad ,$$

so daß man mit (11.3.1a) die Gleichung

$$\boldsymbol{\nabla} \cdot \mathbf{D} = \varrho$$

erhält. Dabei bedeutet ϱ ausschließlich die von außen eingeprägte Ladungsverteilung.

Die Zeitabhängigkeit der elektromagnetischen Felder führt natürlich zu einer Zeitabhängigkeit der Polarisationsladungsdichte $\varrho_{\mathbf{P}}$. Da sie wegen der Erhaltung der Ladung eine Kontinuitätsgleichung erfüllt,

$$\frac{\partial \varrho_{\mathbf{P}}}{\partial t} + \mathbf{\nabla} \cdot \mathbf{j_P} = 0 \quad,$$

muß eine Polarisationsstromdichte $\mathbf{j_P}$ auftreten, die der Verschiebung der atomaren Ladungsdichten bei Polarisationsveränderung entspricht. Durch Einsetzen von (11.3.2a) in die Kontinuitätsgleichung,

$$-\mathbf{\nabla} \cdot \frac{\partial \mathbf{P}}{\partial t} + \mathbf{\nabla} \cdot \mathbf{j_P} = 0 \quad,$$

vermutet man, daß

$$\mathbf{j_P} = \frac{\partial \mathbf{P}}{\partial t} \tag{11.3.2b}$$

gilt. Die Rechtfertigung für diesen Ansatz liefert der folgende Abschnitt.

Die in der Maxwell-Gleichung (11.1.9c) auftretende Stromdichte setzt sich nun aus der äußeren Stromdichte $\mathbf{j}$, der Magnetisierungsstromdichte $\mathbf{j_M} = \mathbf{\nabla} \times \mathbf{M}$ und der Polarisationsstromdichte $\mathbf{j_P}$ zusammen, vgl. (9.3.9),

$$\mathbf{\nabla} \times \mathbf{B} = \mu_0 \left(\mathbf{j} + \mathbf{\nabla} \times \mathbf{M} + \frac{\partial \mathbf{P}}{\partial t} \right) + \frac{1}{c^2} \frac{\partial \mathbf{E}}{\partial t} \quad.$$

Der Term mit der Magnetisierung $\mathbf{M}$ läßt sich nach (11.3.1b) wieder mit $\mu_0^{-1} \mathbf{B}$ zur magnetischen Feldstärke $\mathbf{H}$ zusammenfassen. Wegen $\varepsilon_0 = (\mu_0 c^2)^{-1}$ bildet das Glied mit der Polarisation zusammen mit $\mathbf{E}$ nach (11.3.1a) gerade die elektrische Flußdichte $\mathbf{D}$, so daß sich insgesamt

$$\mathbf{\nabla} \times \mathbf{H} = \mathbf{j} + \frac{\partial \mathbf{D}}{\partial t}$$

ergibt. Insgesamt lauten die Maxwell-Gleichungen in Materie

$$\mathbf{\nabla} \times \mathbf{E} = -\frac{\partial \mathbf{B}}{\partial t} \quad, \tag{11.3.3a}$$

$$\mathbf{\nabla} \cdot \mathbf{D} = \varrho \quad, \tag{11.3.3b}$$

$$\mathbf{\nabla} \times \mathbf{H} = \mathbf{j} + \frac{\partial \mathbf{D}}{\partial t} \quad, \tag{11.3.3c}$$

$$\mathbf{\nabla} \cdot \mathbf{B} = 0 \quad. \tag{11.3.3d}$$

Materialien, in denen die Beziehungen

$$\mathbf{D} = \varepsilon_{\mathrm{r}} \varepsilon_0 \mathbf{E} \quad, \qquad \mathbf{B} = \mu_{\mathrm{r}} \mu_0 \mathbf{H} \tag{11.3.4}$$

gelten, sind lineare, isotrope Materialien. Falls das Material zusätzlich noch homogen ist, d. h. diese Beziehungen mit ortsunabhängigen Konstanten ε_{r} und μ_{r} gelten, lauten die Maxwell-Gleichungen für $\mathbf{E}$ und $\mathbf{B}$

$$\nabla \times \mathbf{E} = -\frac{\partial \mathbf{B}}{\partial t} \,, \tag{11.3.5a}$$

$$\nabla \cdot \mathbf{E} = \frac{1}{\varepsilon_r \varepsilon_0} \varrho \,, \tag{11.3.5b}$$

$$\nabla \times \mathbf{B} = \mu_r \mu_0 \mathbf{j} + \frac{1}{c_M^2} \frac{\partial}{\partial t} \mathbf{E} \,, \tag{11.3.5c}$$

$$\nabla \cdot \mathbf{B} = 0 \,, \tag{11.3.5d}$$

wobei die *Lichtgeschwindigkeit in Materie*

$$c_M = \frac{1}{\sqrt{\varepsilon_r \varepsilon_0 \mu_r \mu_0}} = \frac{c}{\sqrt{\varepsilon_r \mu_r}}$$

die Lichtgeschwindigkeit c im Vakuum ersetzt, vgl. (12.1.14).

11.3.2 *Mikroskopische Begründung der Feldgleichungen in Materie. Magnetoelektrischer Effekt

Inhalt: Im zeitabhängigen elektrischen Feld $\mathbf{E}(t, \mathbf{r})$ besitzen die Atome nicht nur zeitabhängige elektrische Ladungsdichten, sondern auch zeitabhängige elektrische Stromdichten. Aus ihnen werden durch Mittelung die zeitabhängige Polarisation $\mathbf{P}(t, \mathbf{r})$ und die zeitabhängige Polarisationsladungsdichte $\varrho_P(t, \mathbf{r}) = -\nabla \cdot \mathbf{P}(t, \mathbf{r})$ als negative Divergenz von $\mathbf{P}$ und die zeitabhängige elektrische Polarisationsstromdichte als $\mathbf{j}_P(t, \mathbf{r}) = \partial \mathbf{P}(t, \mathbf{r})/\partial t$ berechnet. Der allgemeinste lineare Zusammenhang, in dem Polarisation $\mathbf{P}(t, \mathbf{r})$ und Magnetisierung $\mathbf{M}(t, \mathbf{r})$ mit dem elektrischen und magnetischen Feld $\mathbf{E}(t, \mathbf{r})$ bzw. $\mathbf{H}(t, \mathbf{r})$ zum gleichen Zeitpunkt verknüpft sind, hat tensoriellen Charakter. Es gelten die allgemeinen Beziehungen $\mathbf{P} = \underset{\approx e}{\chi} \varepsilon_0 \mathbf{E} + \underset{\approx me}{\chi} c^{-1} \mathbf{H}$, $\mathbf{M} = \underset{\approx me}{\chi^+} \varepsilon_0 c \mathbf{E} + \underset{\approx m}{\chi} \mathbf{H}$. Neben den Tensoren $\underset{\approx e}{\chi}$ der elektrischen und $\underset{\approx m}{\chi}$ der magnetischen Suszeptibilität tritt der Tensor der magnetoelektrischen Suszeptibilität $\underset{\approx me}{\chi}$ auf. Sein Auftreten ist die Grundlage des magnetoelektrischen Effekts.

Bezeichnungen: $\mathbf{E}$, $\mathbf{H}$ elektrische bzw. magnetische Feldstärke; $\mathbf{D}$, $\mathbf{B}$ elektrische bzw. magnetische Flußdichte; $\varrho_{P,\mathrm{mikr}}$ mikroskopische Polarisationsladungsdichte; $\mathbf{j}_{P,\mathrm{mikr}}$, $\mathbf{j}_{M,\mathrm{mikr}}$ mikroskopische Polarisations- bzw. Magnetisierungsstromdichte; ϱ_P makroskopische Polarisationsladungsdichte; $\mathbf{j}_P$, $\mathbf{j}_M$ makroskopische Polarisations- bzw. Magnetisierungsstromdichte; $\mathbf{P}$ elektrische Polarisation, $\mathbf{M}$ Magnetisierung, $\underset{\approx e}{\chi}$ elektrischer Suszeptibilitätstensor, $\underset{\approx m}{\chi}$ magnetischer Suszeptibilitätstensor, $\underset{\approx me}{\chi}$ magnetoelektrischer Suszeptibilitätstensor, $\mathbf{d}$ elektrisches Dipolmoment, $\mathbf{m}$ magnetisches Moment, ε_0 elektrische Feldkonstante, μ_0 magnetische Feldkonstante, c Vakuumlichtgeschwindigkeit.

Wir gehen von den Maxwell-Gleichungen für die mikroskopischen Größen aus,

$$\nabla \times \mathbf{E}_{\mathrm{mikr}} = -\frac{\partial \mathbf{B}_{\mathrm{mikr}}}{\partial t} \,, \tag{11.3.6a}$$

$$\nabla \cdot \mathbf{E}_{\mathrm{mikr}} = \frac{1}{\varepsilon_0} \varrho_{\mathrm{mikr}} \,, \tag{11.3.6b}$$

$$\nabla \times \mathbf{B}_{\mathrm{mikr}} = \mu_0 \mathbf{j}_{\mathrm{mikr}} + \frac{1}{c^2} \frac{\partial \mathbf{E}_{\mathrm{mikr}}}{\partial t} \,, \tag{11.3.6c}$$

$$\nabla \cdot \mathbf{B}_{\mathrm{mikr}} = 0 \,. \tag{11.3.6d}$$

Führt man nun das gleiche räumliche Mittelungsverfahren in jedem Zeitpunkt t an den zeitabhängigen mikroskopischen Größen $\mathbf{E}_{\mathrm{mikr}}(t, \mathbf{r})$ und $\mathbf{B}_{\mathrm{mikr}}(t, \mathbf{r})$ aus, so macht man wieder mit der Mittelung (4.6.6),

$$\mathbf{E}(t, \mathbf{r}) = \int f(\mathbf{r}')\mathbf{E}_{\mathrm{mikr}}(t, \mathbf{r} + \mathbf{r}')\,\mathrm{d}V' \quad,$$

$$\mathbf{B}(t, \mathbf{r}) = \int f(\mathbf{r}')\mathbf{B}_{\mathrm{mikr}}(t, \mathbf{r} + \mathbf{r}')\,\mathrm{d}V' \quad,$$

die Feststellung, daß Differentiationen nach dem Ort und jetzt auch der Zeit mit dem Mittelungsverfahren vertauschbar sind, vgl. (G.13) und (G.14). Die Gleichungen (11.3.6a) und (11.3.6d), die keine Ladungs- bzw. Stromdichten enthalten, gelten somit auch für die gemittelten Größen $\mathbf{E}, \mathbf{B}$ in Materie,

$$\boldsymbol{\nabla} \times \mathbf{E}(t, \mathbf{r}) = -\frac{\partial \mathbf{B}(t, \mathbf{r})}{\partial t} \quad, \qquad (11.3.7)$$

$$\boldsymbol{\nabla} \cdot \mathbf{B}(t, \mathbf{r}) = 0 \quad. \qquad (11.3.8)$$

Vor der Diskussion der inhomogenen Gleichungen (11.3.6b) und (11.3.6c) müssen wir eine Mittelung der Ladungsdichte ϱ_{mikr} und der Stromdichte $\mathbf{j}_{\mathrm{mikr}}$ durchführen, um zu den zugehörigen makroskopischen Dichten zu gelangen. Bei der Diskussion der Ladungs- und Stromdichten in Materie in den Abschnitten 4.6 bzw. 9.6 haben wir die thermische Bewegung der Moleküle, die eine Zeitabhängigkeit der mikroskopischen Dichten bewirkt, völlig außer acht gelassen. Wir haben nur die thermische Unordnung der Molekülausrichtungen berücksichtigt. Sofern man sich nicht für die thermische Abstrahlung einer Substanz interessiert und nur Systeme im thermischen Gleichgewicht betrachtet, ist die Zeitabhängigkeit der mikroskopischen Ladungs- und Stromdichte ohne Einfluß auf die makroskopischen elektromagnetischen Vorgänge. Für Mittelungsvolumina ΔV mit einer hinreichend großen Zahl von Teilchen führt die ungeordnete thermische Bewegung im Mittel nicht zu resultierenden makroskopischen Beiträgen. Das gilt allerdings nur unter zwei Annahmen:

1. Der Mittelwert der Geschwindigkeiten aller Moleküle im Mittelungsvolumen vor dem Anlegen äußerer Felder verschwindet, d. h. das Material hat keine resultierende makroskopische Geschwindigkeit. Anders gesagt bedeutet das, daß die Substanz im ganzen ruht und in der Substanz keine makroskopischen Strömungen auftreten.

2. Die Einstellung des thermischen Gleichgewichtes ist abgewartet worden, es treten somit keine Wärmeströmungen infolge von Temperaturschwankungen auf.

Unter diesen Bedingungen kann das räumliche Mittelungsverfahren für jeden Zeitpunkt ausgeführt werden. Ferner ist es gerechtfertigt – wie in den

Abschnitten 4.6 und 9.6 geschehen – die durch die thermische Bewegung verursachte Zeitabhängigkeit der mikroskopischen Größen unbeachtet zu lassen, weil sie bei der Mittelung zu zeitlich konstanten Größen führt, wenn die äußeren Felder und Dichten selbst nicht zeitabhängig sind. Da wir jetzt zeitabhängige äußere Felder und Dichten betrachten, werden die mikroskopischen Größen nun durch zwei verschiedene Zeitabhängigkeiten bestimmt:

1. Einerseits bewirkt die thermische Bewegung der Moleküle eine statistische Zeitabhängigkeit der Dipolmomente, die jedoch wieder wegen ihrer ungeordneten Struktur durch das Mittelungsverfahren verschwindet.

2. Andererseits hat die Zeitabhängigkeit der äußeren Felder durch Induktion oder Orientierung der molekularen Dipolmomente eine Zeitabhängigkeit der Momente

$$\mathbf{d}_i = \mathbf{d}_i(t) \quad , \quad \mathbf{m}_i = \mathbf{m}_i(t) \qquad (11.3.9)$$

zur Folge, die von der gleichen Art wie die der Felder ist. Da sie allen Dipolmomenten gemeinsam ist, verschwindet sie nicht durch Mittelung.

Die Zeitabhängigkeit der Dipolmomente $\mathbf{d}_i(t)$ ergibt sich aus der von den zeitabhängigen äußeren Feldern bewirkten Zeitabhängigkeit der Ladungsschwerpunkte

$$\mathbf{r}_{i+}(t) = \mathbf{r}_i + \mathbf{b}_{i+}(t) \quad , \quad \mathbf{r}_{i-}(t) = \mathbf{r}_i + \mathbf{b}_{i-}(t)$$

der positiven bzw. negativen Ladungsdichten der Atome oder Moleküle. Deren Ladungsverteilungen sind dann durch

$$
\begin{aligned}
\varrho_i(t,\mathbf{r}) &= q_i \left[\delta^3(\mathbf{r} - \mathbf{r}_{i+}(t)) - \delta^3(\mathbf{r} - \mathbf{r}_{i-}(t)) \right] \\
&= q_i \left[\delta^3(\mathbf{r} - \mathbf{r}_i - \mathbf{b}_{i+}(t)) - \delta^3(\mathbf{r} - \mathbf{r}_i - \mathbf{b}_{i-}(t)) \right]
\end{aligned}
$$

beschreibbar. Taylor-Entwicklung um $\mathbf{r} - \mathbf{r}_i$ liefert wegen des Verschwindens der Summe der Glieder nullter Ordnung in $\mathbf{b}_{i+}$ und $\mathbf{b}_{i-}$

$$\varrho_{\mathrm{d}i}(t,\mathbf{r}) = -q_i \left[\mathbf{b}_{i+}(t) - \mathbf{b}_{i-}(t) \right] \cdot \boldsymbol{\nabla}\delta^3(\mathbf{r} - \mathbf{r}_i) = \boldsymbol{\nabla} \cdot \left[-\mathbf{d}_i(t)\delta^3(\mathbf{r} - \mathbf{r}_i) \right] \quad ,$$

so daß wir als zeitabhängiges Dipolmoment

$$\mathbf{d}_i(t) = q_i \left[\mathbf{b}_{i+}(t) - \mathbf{b}_{i-}(t) \right]$$

erhalten. Die zugehörige Stromdichte

$$\mathbf{j}_i(t,\mathbf{r}) = q_i \left[\mathbf{v}_{i+}(t)\delta^3(\mathbf{r} - \mathbf{r}_{i+}(t)) - \mathbf{v}_{i-}(t)\delta^3(\mathbf{r} - \mathbf{r}_{i-}(t)) \right]$$

ist die Summe der Stromdichten der Ladungen q_i und $-q_i$. Die Geschwindigkeiten $\mathbf{v}_{i+}, \mathbf{v}_{i-}$ sind durch

$$\mathbf{v}_{i\pm} = \frac{\mathrm{d}\mathbf{r}_{i\pm}}{\mathrm{d}t} = \frac{\mathrm{d}\mathbf{b}_{i\pm}}{\mathrm{d}t}$$

gegeben. Hier liefert bereits der Term nullter Ordnung der Taylor-Entwicklung einen Beitrag

$$
\begin{aligned}
\mathbf{j}_{\mathbf{d}i}(t, \mathbf{r}) &= q_i \left[\mathbf{v}_{i+}(t) - \mathbf{v}_{i-}(t)\right] \delta^3(\mathbf{r} - \mathbf{r}_i) \\
&= \frac{\partial}{\partial t} \Big(q_i \left[\mathbf{b}_{i+}(t) - \mathbf{b}_{i-}(t)\right] \delta^3(\mathbf{r} - \mathbf{r}_i) \Big) \quad,
\end{aligned}
$$

so daß die *Polarisationsstromdichte* des Dipols mit zeitabhängigem Dipolmoment $\mathbf{d}_i$ durch

$$\mathbf{j}_{\mathbf{d}i}(t, \mathbf{r}) = \frac{\partial}{\partial t} \Big(\mathbf{d}_i(t) \delta^3(\mathbf{r} - \mathbf{r}_i) \Big) \tag{11.3.10}$$

bestimmt ist. Summation von $\varrho_{\mathbf{d}i}$ bzw. $\mathbf{j}_{\mathbf{d}i}$ über alle Atome liefert die *mikroskopische Polarisationsladungsdichte*

$$\varrho_{\mathbf{P},\mathrm{mikr}}(t, \mathbf{r}) = -\boldsymbol{\nabla} \cdot \sum_i \mathbf{d}_i(t) \delta^3(\mathbf{r} - \mathbf{r}_i)$$

und die *mikroskopische Polarisationsstromdichte*

$$\mathbf{j}_{\mathbf{P},\mathrm{mikr}}(t, \mathbf{r}) = \frac{\partial}{\partial t} \sum_i \mathbf{d}_i(t) \delta^3(\mathbf{r} - \mathbf{r}_i) \quad.$$

Hier hat die Summe $\sum_i \mathbf{d}_i \delta^3(\mathbf{r} - \mathbf{r}_i)$ die physikalische Bedeutung der *mikroskopischen Dipolmomentdichte*. Die Größen $\varrho_{\mathbf{P},\mathrm{mikr}}$ und $\mathbf{j}_{\mathbf{P},\mathrm{mikr}}$ sind beide zeitabhängig und erfüllen die Kontinuitätsgleichung

$$\frac{\partial \varrho_{\mathbf{P},\mathrm{mikr}}}{\partial t} + \boldsymbol{\nabla} \cdot \mathbf{j}_{\mathbf{P},\mathrm{mikr}} = 0 \quad,$$

wie man sofort nachrechnet.

Mittelung mit einer Verteilung $f(\mathbf{r})$, vgl. (4.6.6), führt auf die *makroskopische Polarisationsladungsdichte*

$$\varrho_{\mathbf{P}}(t, \mathbf{r}) = \int f(\mathbf{r}') \varrho_{\mathbf{P},\mathrm{mikr}}(t, \mathbf{r} + \mathbf{r}') \, \mathrm{d}V' = -\boldsymbol{\nabla} \cdot \mathbf{P}(t, \mathbf{r}) \tag{11.3.11}$$

und die *makroskopische Polarisationsstromdichte*

$$\mathbf{j}_{\mathbf{P}}(t, \mathbf{r}) = \int f(\mathbf{r}') \mathbf{j}_{\mathbf{P},\mathrm{mikr}}(t, \mathbf{r} + \mathbf{r}') \, \mathrm{d}V' = \frac{\partial}{\partial t} \mathbf{P}(t, \mathbf{r}) \quad, \tag{11.3.12}$$

die damit tatsächlich – wie im vorigen Abschnitt angenommen – als Zeitableitung der elektrischen Polarisation

$$\mathbf{P}(t,\mathbf{r}) = \int f(\mathbf{r}') \sum_i \mathbf{d}_i(t) \delta^3(\mathbf{r} - \mathbf{r}_i + \mathbf{r}') \, dV' \qquad (11.3.13)$$

geschrieben werden kann.

Im Falle zeitabhängiger äußerer Magnetfelder werden auch die einzelnen magnetischen Momente $\mathbf{m}_i$ der Atome oder Moleküle zeitabhängig, so daß auch deren Magnetisierungsstromdichte

$$\mathbf{j}_{\mathbf{m}i}(t,\mathbf{r}) = -\mathbf{m}_i(t) \times \boldsymbol{\nabla}\delta^3(\mathbf{r} - \mathbf{r}_i)$$

zeitabhängig wird. Da diese auch als zeitabhängige Größe divergenzfrei ist, $\boldsymbol{\nabla} \cdot \mathbf{j}_{\mathbf{M}i}(t,\mathbf{r}) = 0$, gilt das auch für die *mikroskopische Magnetisierungsstromdichte*

$$\mathbf{j}_{\mathbf{M},\mathrm{mikr}}(t,\mathbf{r}) = \boldsymbol{\nabla} \times \sum_i \mathbf{m}_i(t)\delta^3(\mathbf{r} - \mathbf{r}_i) \quad .$$

Durch Mittelung mit einer Verteilung $f(\mathbf{r})$ gewinnen wir die *makroskopische Magnetisierungsstromdichte*

$$\mathbf{j}_{\mathbf{M}}(t,\mathbf{r}) = \boldsymbol{\nabla} \times \mathbf{M}(t,\mathbf{r}) \qquad (11.3.14)$$

mit der zeitabhängigen Magnetisierung

$$\mathbf{M}(t,\mathbf{r}) = \int f(\mathbf{r}') \sum_i \mathbf{m}_i(t)\delta^3(\mathbf{r} - \mathbf{r}_i + \mathbf{r}') \, dV' \quad . \qquad (11.3.15)$$

Auch in zeitabhängigen Fall tritt daher keine Magnetisierungsladungsdichte auf. Daran ändert auch die Mittelung mit einer zeitunabhängigen räumlichen Verteilung $f(\mathbf{r})$ nichts. Die makroskopische Magnetisierungsstromdichte

$$\mathbf{j}_{\mathbf{M}}(t,\mathbf{r}) = \int f(\mathbf{r}')\mathbf{j}_{\mathbf{M},\mathrm{mikr}}(t,\mathbf{r} + \mathbf{r}') \, dV'$$

ist stationär,

$$\boldsymbol{\nabla} \cdot \mathbf{j}_{\mathbf{M}}(t,\mathbf{r}) = 0 \quad .$$

Die Erfüllung der Kontinuitätsgleichung erfordert damit keine Magnetisierungsladungsdichte.

Nun lassen sich auch die inhomogenen Maxwell-Gleichungen (11.3.6b) und (11.3.6c) durch Mittelung in Gleichungen für die makroskopischen Größen überführen. Wir erhalten aus (11.3.6b) mit (11.3.11)

$$\boldsymbol{\nabla} \cdot \mathbf{E}(t,\mathbf{r}) = \frac{1}{\varepsilon_0}\varrho(t,\mathbf{r}) - \frac{1}{\varepsilon_0}\boldsymbol{\nabla} \cdot \mathbf{P}(t,\mathbf{r}) \quad . \qquad (11.3.16)$$

Dabei ist

$$\varrho(t,\mathbf{r}) = \int f(\mathbf{r}')\varrho_{\mathrm{mikr}}(t,\mathbf{r} + \mathbf{r}') \, dV'$$

die durch Mittelung aus der äußeren mikroskopischen Ladungsdichte $\varrho_{\mathrm{mikr}}(t, \mathbf{r})$ hervorgehende, makroskopische äußere Ladungsdichte. In (11.3.16) läßt sich wieder die elektrische Flußdichte $\mathbf{D} = \varepsilon_0 \mathbf{E} + \mathbf{P}$, Gl. (4.3.2), einführen, so daß wir wie früher

$$\boldsymbol{\nabla} \cdot \mathbf{D}(t, \mathbf{r}) = \varrho(t, \mathbf{r}) \tag{11.3.17}$$

finden. Die gesamte makroskopische Stromdichte, die in der Gleichung für die Rotation der makroskopischen magnetischen Flußdichte auftritt, ist durch

$$\mathbf{j}_{\mathrm{tot}}(t, \mathbf{r}) = \mathbf{j}(t, \mathbf{r}) + \mathbf{j}_{\mathbf{P}}(t, \mathbf{r}) + \mathbf{j}_{\mathbf{M}}(t, \mathbf{r})$$

gegeben. Hier ist

$$\mathbf{j}(t, \mathbf{r}) = \int f(\mathbf{r}') \mathbf{j}_{\mathrm{mikr}}(t, \mathbf{r} + \mathbf{r}') \, \mathrm{d}V'$$

die durch Mittelung aus der äußeren mikroskopischen Stromdichte $\mathbf{j}_{\mathrm{mikr}}(t, \mathbf{r})$ hervorgehende, makroskopische äußere Stromdichte. Damit liefert (11.3.6c) nach räumlicher Mittelung unter Zuhilfenahme von (11.3.12) und (11.3.14)

$$\boldsymbol{\nabla} \times \mathbf{B}(t, \mathbf{r}) = \mu_0 \mathbf{j}(t, \mathbf{r}) + \mu_0 \boldsymbol{\nabla} \times \mathbf{M}(t, \mathbf{r}) + \mu_0 \frac{\partial \mathbf{P}(t, \mathbf{r})}{\partial t} + \frac{1}{c^2} \frac{\partial \mathbf{E}(t, \mathbf{r})}{\partial t} \quad .$$

Nach Multiplikation mit $1/\mu_0$ und mit $(\mu_0 c^2)^{-1} = \varepsilon_0$, vgl. (11.1.7), gilt

$$\boldsymbol{\nabla} \times \mathbf{H}(t, \mathbf{r}) = \mathbf{j}(t, \mathbf{r}) + \frac{\partial \mathbf{D}(t, \mathbf{r})}{\partial t} \quad . \tag{11.3.18}$$

Die Gleichungen (11.3.7), (11.3.8), (11.3.17) und (11.3.18) sind die Maxwell-Gleichungen für Felder in Materie. Sie stimmen formal mit den Vakuumgleichungen (11.1.10) überein. Die äußeren Ladungs- und Stromdichten $\varrho(t, \mathbf{r})$ und $\mathbf{j}(t, \mathbf{r})$ genügen aus Ladungserhaltungsgründen der Kontinuitätsgleichung.

Offenbar sind die Maxwell-Gleichungen nicht ausreichend zur Bestimmung der vier Feldgrößen $\mathbf{E}, \mathbf{D}, \mathbf{B}$ und $\mathbf{H}$, weil sie nicht die Divergenzen und Rotationen aller vier Felder festlegen. Auch die Beziehungen (11.3.1) helfen nicht, weil sie die Paare $\mathbf{E}$ und $\mathbf{D}$ bzw. $\mathbf{B}$ und $\mathbf{H}$ nur unter Einführung anderer, unbekannter Felder $\mathbf{P}$ bzw. $\mathbf{M}$ verknüpfen. Die Beziehungen (11.3.1) sind aber völlig identisch mit den früheren Definitionen von $\mathbf{D}$ und $\mathbf{H}$ im statischen bzw. stationären Fall. Damit können wir auch hier als einfachste Annahme über die Abhängigkeit der Polarisation und Magnetisierung von den Feldern die linearen Relationen (4.2.8) bzw. (9.3.5) annehmen, so daß auch $\mathbf{D}$ und $\mathbf{E}$ bzw. $\mathbf{H}$ und $\mathbf{B}$ linear miteinander zusammenhängen,

$$\mathbf{D}(t, \mathbf{r}) = \varepsilon_{\mathrm{r}}(\mathbf{r}) \varepsilon_0 \mathbf{E}(t, \mathbf{r}) \quad , \qquad \mathbf{B}(t, \mathbf{r}) = \mu_{\mathrm{r}}(\mathbf{r}) \mu_0 \mathbf{H}(t, \mathbf{r}) \quad . \tag{11.3.19}$$

Für diesen Fall sind die Maxwell-Gleichungen zur Bestimmung von $\mathbf{E}$ und $\mathbf{B}$ vollständig, und ihre Lösungen sind durch Rand- bzw. Anfangsbedingungen eindeutig bestimmt.

Der lineare Zusammenhang zwischen $\mathbf{D}$ und $\mathbf{E}$ bzw. $\mathbf{B}$ und $\mathbf{H}$ kann auch noch allgemeinere Formen haben. So sind die Größen $\mathbf{D}$ und $\mathbf{E}$ bzw. $\mathbf{B}$ und $\mathbf{H}$ nicht notwendig parallel. Das ist in speziellen Kristallgittern der Fall. Dann sind die Permittivitätszahl ε_{r} bzw. die Permeabilitätszahl μ_{r} keine skalaren, sondern tensorielle Funktionen. Darüber hinaus können die durch die magnetische Flußdichte auf die in Atomen oder Molekülen bewegten Ladungen ausgeübten Kräfte neben magnetischen auch zu elektrischen Dipolen führen, ebenso wie auch umgekehrt die elektrischen Felder zu magnetischen Momenten führen können. Damit haben die allgemeinen linearen Abhängigkeiten der elektrischen bzw. magnetischen Dipolmomente der Atome oder Moleküle im Material an den Orten $\mathbf{r}_i$ die Form

$$\mathbf{d}_i(t) = \underline{\underline{\alpha}}_i \mathbf{E}(t, \mathbf{r}_i) + \underline{\underline{\gamma}}_i \mu_0 \mathbf{H}(t, \mathbf{r}_i) \quad ,$$

$$\mathbf{m}_i(t) = \underline{\underline{\gamma}}_i^+ \mathbf{E}(t, \mathbf{r}_i) - \underline{\underline{\beta}}_i \mu_0 \mathbf{H}(t, \mathbf{r}_i) \quad .$$

Hier sind die Größen $\underline{\underline{\alpha}}_i$, $\underline{\underline{\beta}}_i$ symmetrische Tensoren, während $\underline{\underline{\gamma}}_i$ nicht notwendigerweise symmetrisch ist; $\underline{\underline{\gamma}}_i^+$ ist der zu $\underline{\underline{\gamma}}_i$ adjungierte Tensor. Die Tensoren in diesem Ausdruck haben die folgenden physikalischen Bedeutungen: $\underline{\underline{\alpha}}_i$ beschreibt die *elektrische Polarisierbarkeit*, $\underline{\underline{\beta}}_i$ die *Magnetisierbarkeit* und $\underline{\underline{\gamma}}_i$ den *magnetoelektrischen Effekt*.

Sie führen auf mikroskopische Polarisationsladungsdichten, Polarisationsstromdichten bzw. Magnetisierungsstromdichten

$$\varrho_{\mathrm{P,mikr}} = -\boldsymbol{\nabla} \cdot \sum_i \mathbf{d}_i(t)\delta^3(\mathbf{r} - \mathbf{r}_i)$$

$$= -\boldsymbol{\nabla} \cdot \left(\sum_i \delta^3(\mathbf{r} - \mathbf{r}_i)\underline{\underline{\alpha}}_i \mathbf{E}(t, \mathbf{r}) + \sum_i \delta^3(\mathbf{r} - \mathbf{r}_i)\underline{\underline{\gamma}}_i \mu_0 \mathbf{H}(t, \mathbf{r}) \right) \quad ,$$

$$\mathbf{j}_{\mathrm{P,mikr}} = \frac{\partial}{\partial t} \sum_i \mathbf{d}_i(t)\delta^3(\mathbf{r} - \mathbf{r}_i)$$

$$= \frac{\partial}{\partial t} \left(\sum_i \delta^3(\mathbf{r} - \mathbf{r}_i)\underline{\underline{\alpha}}_i \mathbf{E}(t, \mathbf{r}) + \sum_i \delta^3(\mathbf{r} - \mathbf{r}_i)\underline{\underline{\gamma}}_i \mu_0 \mathbf{H}(t, \mathbf{r}) \right) \quad ,$$

$$\mathbf{j}_{\mathrm{M,mikr}} = \boldsymbol{\nabla} \times \sum_i \mathbf{m}_i(t)\delta^3(\mathbf{r} - \mathbf{r}_i)$$

$$= \boldsymbol{\nabla} \times \left(\sum_i \delta^3(\mathbf{r} - \mathbf{r}_i)\underline{\underline{\gamma}}_i^+ \mathbf{E}(t, \mathbf{r}) - \sum_i \delta^3(\mathbf{r} - \mathbf{r}_i)\underline{\underline{\beta}}_i \mu_0 \mathbf{H}(t, \mathbf{r}) \right) \quad .$$

Mit dem räumlichen Mittelungsverfahren erhalten wir wieder als makroskopische Größen

$$\varrho_{\mathrm{P}} = -\boldsymbol{\nabla} \cdot \mathbf{P} \quad , \qquad \mathbf{j}_{\mathrm{P}} = \frac{\partial \mathbf{P}}{\partial t} \quad , \qquad \mathbf{j}_{\mathrm{M}} = \boldsymbol{\nabla} \times \mathbf{M} \quad ,$$

wobei die Polarisation und die Magnetisierung nun durch

$$\mathbf{P}(t,\mathbf{r}) = \underset{=\mathrm{e}}{\chi}\,\varepsilon_0\mathbf{E}(t,\mathbf{r}) + \underset{=\mathrm{me}}{\chi}\,\frac{1}{c}\mathbf{H}(t,\mathbf{r}) \quad,$$

$$\mathbf{M}(t,\mathbf{r}) = \underset{=\mathrm{me}}{\chi^{+}}\,\varepsilon_0 c\mathbf{E}(t,\mathbf{r}) + \underset{=\mathrm{m}}{\chi}\,\mathbf{H}(t,\mathbf{r})$$

mit der elektrischen Feldstärke und der magnetischen Feldstärke verknüpft sind. Der *elektrische Suszeptibilitätstensor* $\underset{=\mathrm{e}}{\chi}$ und der *magnetische Suszeptibilitätstensor* $\underset{=\mathrm{m}}{\chi}$ sind symmetrische Tensoren, der *magnetoelektrische Suszeptibilitätstensor* $\underset{=\mathrm{me}}{\chi}$ ist im allgemeinen nicht symmetrisch. Sie sind Materialgrößen und ergeben sich aus den entsprechenden Polarisierbarkeiten und Magnetisierbarkeiten in erster Ordnung der $\underset{=}{\alpha}_i$, $\underset{=}{\beta}_i$, $\underset{=}{\gamma}_i$ wie die skalare elektrische Suszeptibilität χ_e aus der skalaren Polarisierbarkeit, vgl. Abschn. 4.7.1. Der Effekt der magnetoelektrischen Polarisation wird bei Anlegen eines Magnetfeldes an ein geeignetes Material durch das Auftreten einer elektrischen Polarisation des Materials oder durch das Auftreten einer Magnetisierung bei Anlegen eines elektrischen Feldes nachgewiesen. Ein Beispiel für ein Material, das einen magnetoelektrischen Effekt zeigt, ist Chrom(III)-Oxid.

11.3.3 Nachwirkungseffekte

Inhalt: Im allgemeinen hängen die Werte der Polarisation $\mathbf{P}(t,\mathbf{r})$ und der Magnetisierung $\mathbf{M}(t,\mathbf{r})$ zur Zeit t von allen Werten der elektrischen bzw. magnetischen Feldstärke $\mathbf{E}(t',\mathbf{r})$ bzw. $\mathbf{H}(t',\mathbf{r})$ zu früheren Zeiten $t' \le t$ ab. Der Zusammenhang zwischen $\mathbf{P}(t,\mathbf{r})$ bzw. $\mathbf{M}(t,\mathbf{r})$ einerseits und $\mathbf{E}(t',\mathbf{r})$ bzw. $\mathbf{H}(t',\mathbf{r})$ andererseits wird durch eine zeitliche Integration der Integranden $\chi_\mathrm{e}(t-t')\mathbf{E}(t',\mathbf{r})$ bzw. $\chi_\mathrm{m}(t-t')\mathbf{H}(t',\mathbf{r})$ über alle Zeiten $-\infty < t' < t$ beschrieben.
Bezeichnungen: $\mathbf{P}$ Polarisation, $\mathbf{M}$ Magnetisierung; $\mathbf{E}$ elektrische, $\mathbf{H}$ magnetische Feldstärke; $\chi_\mathrm{e}(t)$, $\chi_\mathrm{m}(t)$ zeitabhängige elektrische bzw. magnetische Suszeptibilität; ε_0, μ_0 elektrische bzw. magnetische Feldkonstante.

Eine weitere Verallgemeinerung des Zusammenhangs zwischen den Feldern $\mathbf{D}$ und $\mathbf{E}$ bzw. $\mathbf{B}$ und $\mathbf{H}$ erhält man, wenn man berücksichtigt, daß die Größen $\mathbf{P}(t,\mathbf{r})$ und $\mathbf{M}(t,\mathbf{r})$ nicht nur von den momentanen Werten von $\mathbf{E}(t,\mathbf{r})$ und $\mathbf{H}(t,\mathbf{r})$, sondern von der ganzen Vorgeschichte des Systems zu Zeiten $t' < t$ abhängen können. Man spricht von elektromagnetischer *Nachwirkung* oder *Relaxation*. Als ein Beispiel solcher Nachwirkung haben wir im Abschn. 9.1.1 die magnetische Hysterese kennengelernt. Die Abhängigkeit kann die Gestalt von Integraltransformationen annehmen, die an die Stelle von $\mathbf{P} = \chi_\mathrm{e}\varepsilon_0\mathbf{E}$ bzw. $\mathbf{M} = \chi_\mathrm{m}\mathbf{H}$ treten,

$$\mathbf{P}(t,\mathbf{r}) = \varepsilon_0\int_{-\infty}^{\infty}\Theta(t-t')\chi_\mathrm{e}(t-t',\mathbf{r})\mathbf{E}(t',\mathbf{r})\,\mathrm{d}t' \quad, \quad (11.3.20\mathrm{a})$$

$$\mathbf{M}(t,\mathbf{r}) = \int_{-\infty}^{\infty}\Theta(t-t')\chi_\mathrm{m}(t-t',\mathbf{r})\mathbf{H}(t',\mathbf{r})\,\mathrm{d}t' \quad. \quad (11.3.20\mathrm{b})$$

Die Struktur dieser Darstellungen ist neben der Annahme der Linearität durch folgende grundlegende Forderungen festgelegt:

1. *Kausalität*: Die Wirkung einer Ursache bei t' kann nur für Werte $t > t'$ die Entwicklung eines Systems beeinflussen. Für die obigen Formeln wird diese Forderung durch die Stufenfunktion $\Theta(t - t')$ erfüllt.

2. *Zeitliche Translationsinvarianz*: Die Wirkung des Feldes $\mathbf{E}(t', \mathbf{r})$ auf $\mathbf{P}(t, \mathbf{r})$ und entsprechend die von $\mathbf{H}(t', \mathbf{r})$ auf $\mathbf{M}(t, \mathbf{r})$ hängt nur von der zeitlichen Differenz $t - t'$ ab. In den Darstellungen (11.3.20) ist das gewährleistet durch die Abhängigkeit von χ_e und χ_m von der Differenz $t - t'$.

Alternativ lassen sich die beiden Beziehungen auch nach einer Variablensubstitution $t' = t - \tau$ als

$$\mathbf{P}(t, \mathbf{r}) = \varepsilon_0 \int_{-\infty}^{\infty} \Theta(\tau)\chi_e(\tau, \mathbf{r})\mathbf{E}(t - \tau, \mathbf{r}) \, d\tau \quad ,$$

$$\mathbf{M}(t, \mathbf{r}) = \int_{-\infty}^{\infty} \Theta(\tau)\chi_m(\tau, \mathbf{r})\mathbf{H}(t - \tau, \mathbf{r}) \, d\tau$$

schreiben.

Die elektrische und die magnetische Flußdichte erhalten mit Hilfe der Beziehungen (11.3.1) die Form

$$\mathbf{D}(t, \mathbf{r}) = \varepsilon_0 \mathbf{E}(t, \mathbf{r}) + \varepsilon_0 \int \Theta(\tau)\chi_e(\tau, \mathbf{r})\mathbf{E}(t - \tau, \mathbf{r}) \, d\tau \quad , \qquad (11.3.21a)$$

$$\mathbf{B}(t, \mathbf{r}) = \mu_0 \mathbf{H}(t, \mathbf{r}) + \mu_0 \int \Theta(\tau)\chi_m(\tau, \mathbf{r})\mathbf{H}(t - \tau, \mathbf{r}) \, d\tau \quad . \qquad (11.3.21b)$$

Die Integralbeziehungen zwischen den Feldgrößen beschreiben physikalisch die Möglichkeit, daß die Substanz sich erst mit einer gewissen Verzögerung auf die möglicherweise schnellen Veränderungen der Feldstärken einstellt. Sie stellen bei Außerachtlassung des magnetoelektrischen Effektes für isotrope Medien die allgemeine lineare Beziehung dar, die unter Beachtung der grundlegenden Prinzipien der Kausalität und der zeitlichen Translationsinvarianz die lineare Materialreaktion wiedergibt. Die Linearität geht verloren, sobald χ_e bzw. χ_m auch Funktionen der Felder werden, wie das etwa für χ_m bei Eisen der Fall ist.

11.3.4 Analogien zwischen elektrischen und magnetischen Feldgrößen

Inhalt: Aufgrund der Struktur der Maxwell-Gleichungen bestehen zwei Arten von Entsprechungen zwischen elektrischen und magnetischen Feldgrößen. Unterscheidung zwischen homogenen und inhomogenen Gleichungen führt zu den Entsprechungen $\mathbf{E} \leftrightarrow \mathbf{B}$ bzw. $\mathbf{D} \leftrightarrow \mathbf{H}$. Unterscheidung nach den Differentialoperatoren Rotation und Divergenz zu den Analogien $\mathbf{E} \leftrightarrow \mathbf{H}$ bzw. $\mathbf{D} \leftrightarrow \mathbf{B}$.
Bezeichnungen: $\mathbf{E}$ elektrische Feldstärke, $\mathbf{H}$ magnetische Feldstärke, $\mathbf{D}$ elektrische Flußdichte, $\mathbf{B}$ magnetische Flußdichte; U, U_m elektrische bzw. magnetische Umlaufspannung; Ψ, Φ elektrischer bzw. magnetischer Fluß; w_e, w_m elektrische bzw. magnetische Energiedichte.

Schon in Abschn. 9.9 haben wir uns mit der Frage der Analogien zwischen elektrischen und magnetischen Feldgrößen beschäftigt. Nachdem wir nun die allgemeinen Gleichungen für die zeitabhängigen Felder in Materie kennengelernt haben, wollen wir noch kurz einige ergänzende Bemerkungen anfügen.

Der Vergleich zwischen elektrischen und magnetischen Feldgrößen stützt sich auf zwei mathematische Strukturen der Maxwell-Gleichungen:

1. die Unterscheidung nach homogenen und inhomogenen Gleichungen, wobei Ladungs- und Stromdichte als Inhomogenitäten angesehen werden,

2. die Unterscheidung nach der Struktur des Differentialoperators in den Gleichungen, d. h. nach Divergenz oder Rotation.

Der erste Gesichtspunkt führt zu einer Analogie von elektrischer Feldstärke $\mathbf{E}$ und magnetischer Flußdichte $\mathbf{B}$ einerseits und elektrischer Flußdichte $\mathbf{D}$ und magnetischer Feldstärke $\mathbf{H}$ andererseits. Die elektrische Feldstärke $\mathbf{E}$ sowie die magnetische Flußdichte $\mathbf{B}$ erfüllen homogene Differentialgleichungen, die Größen $\mathbf{D}$ und $\mathbf{H}$ erfüllen inhomogene Gleichungen.

Die Entsprechung

$$\mathbf{E} \leftrightarrow \mathbf{B} \quad \text{bzw.} \quad \mathbf{D} \leftrightarrow \mathbf{H}$$

ist auch im Hinblick auf die Beeinflussung der Feldgrößen durch Materie konsequent. Die Divergenz von $\mathbf{D}$ bzw. die Rotation von $\mathbf{H}$ werden durch die äußeren Ladungs- bzw. Stromdichten ϱ und $\mathbf{j}$ bestimmt. Die entsprechenden Maxwell-Gleichungen in Materie gehen aus denjenigen für die Divergenz von $\mathbf{E}$ bzw. die Rotation von $\mathbf{B}$ hervor, in denen in Anwesenheit von Materie zusätzlich die Polarisationsladungsdichte $\varrho_{\mathbf{P}} = -\boldsymbol{\nabla} \cdot \mathbf{P}$ bzw. die Polarisations- und Magnetisierungsstromdichten $\mathbf{j_P} = \partial \mathbf{P}/\partial t$ und $\mathbf{j_M} = \boldsymbol{\nabla} \times \mathbf{M}$ im Material auftreten. Da sie a priori unbekannt sind, werden die Polarisation $\mathbf{P}$ bzw. die Magnetisierung $\mathbf{M}$ über die Beziehungen

$$\mathbf{D} = \varepsilon_0 \mathbf{E} + \mathbf{P} \quad \text{bzw.} \quad \mathbf{H} = \frac{1}{\mu_0}\mathbf{B} - \mathbf{M}$$

in den Größen $\mathbf{D}$ bzw. $\mathbf{H}$ mitberücksichtigt. Für $\mathbf{E}$ und $\mathbf{B}$ bleiben in Anwesenheit von Materie nur die ungeänderten homogenen Gleichungen für die Rotation von $\mathbf{E}$ und die Divergenz von $\mathbf{B}$.

Die Unterscheidung nach der Struktur der Differentialoperatoren Rotation und Divergenz legt natürlich die Analogien

$$\mathbf{E} \leftrightarrow \mathbf{H} \quad \text{und} \quad \mathbf{D} \leftrightarrow \mathbf{B} \qquad (11.3.22)$$

nahe. Sie kommt in der Integralformulierung der Maxwell-Gleichungen zum Ausdruck, in der einerseits die elektrische bzw. magnetische Umlaufspannung

$$U = \oint_{(a)} \mathbf{E} \cdot d\mathbf{s} \quad \text{bzw.} \quad U_{\mathrm{m}} = \oint_{(a)} \mathbf{H} \cdot d\mathbf{s}$$

auftritt und andererseits der elektrische bzw. magnetische Fluß

$$\Psi = \oint_{(V)} \mathbf{D} \cdot d\mathbf{a} \quad \text{bzw.} \quad \Phi = \oint_{(V)} \mathbf{B} \cdot d\mathbf{a} \quad.$$

Ein anderer Zusammenhang, der die Analogie (11.3.22) nahelegt, besteht in den Ausdrücken (4.4.8) für die elektrische und (9.5.11) für die magnetische Energiedichte,

$$w_{\mathrm{e}} = \int \mathbf{E} \cdot d\mathbf{D} \quad \text{und} \quad w_{\mathrm{m}} = \int \mathbf{H} \cdot d\mathbf{B} \quad.$$

Die formale Analogie (11.3.22) ergibt sich in dem unphysikalischen Zugang zum Elektromagnetismus, in dem zeitunabhängige B- und H-Felder (der Magnetostatik) nicht über die magnetischen Flußdichten stationärer Ströme, sondern über die fiktive Existenz magnetischer Ladungen eingeführt werden. Diese fiktiven magnetischen Ladungen sind dann von einer magnetischen Feldstärke umgeben. Auf diese Weise tritt die magnetische Feldstärke **H** als physikalische Grundgröße auf, deren Divergenz dann durch die magnetische Ladungsdichte bestimmt wäre und **B** als eine abgeleitete Größe, die durch **H** und **M** bestimmt ist.

11.4 Energieerhaltungssatz. Poynting-Vektor

Inhalt: Ausgehend von den Maxwell-Gleichungen wird für lineare, isotrope Materialien der Energiesatz als Kontinuitätsgleichung für die elektromagnetische Energiedichte $w_{\mathrm{em}} = \mathbf{E} \cdot \mathbf{D}/2 + \mathbf{B} \cdot \mathbf{H}/2$, für die Energiedichte w_{A} der Arbeit der elektrischen Feldstärke an den Ladungen und für die Energiestromdichte $\mathbf{S} = \mathbf{E} \times \mathbf{H}$, auch Poynting-Vektor genannt, hergeleitet. Die Kontinuitätsgleichung lautet $\partial(w_{\mathrm{em}} + w_{\mathrm{A}})/\partial t + \nabla \cdot \mathbf{S} = 0$. Für nichtlineare Materialien, in denen die elektrische Feldstärke $\mathbf{E} = \mathbf{E}(t, \mathbf{r}, \mathbf{D})$ als Funktion der elektrischen Flußdichte **D** und die magnetische Feldstärke $\mathbf{H} = \mathbf{H}(t, \mathbf{r}, \mathbf{B})$ als Funktion der magnetischen Flußdichte **B** betrachtet werden können, ist die elektrische Energiedichte w_{e} das Linienintegral von $\mathbf{E}(t, \mathbf{r}, \mathbf{D})$ über **D**, die magnetische Energiedichte w_{m} das Linienintegral von $\mathbf{H}(t, \mathbf{r}, \mathbf{B})$ über **B**. Die elektromagnetische Energiedichte ist die Summe der beiden, $w_{\mathrm{em}} = w_{\mathrm{e}} + w_{\mathrm{m}}$. Die Ausdrücke für w_{A} und **S** und die Form der Kontinuitätsgleichung bleiben unverändert.

Bezeichnungen: **E**, **H** elektrische bzw. magnetische Feldstärke; **D**, **B** elektrische bzw. magnetische Flußdichte; w_{e}, w_{m} elektrische bzw. magnetische Energiedichte; **j** Stromdichte; $w_{\mathrm{em}} = w_{\mathrm{e}} + w_{\mathrm{m}}$ elektromagnetische Energiedichte, w_{A} Energiedichte der von der elektrischen Feldstärke an den Ladungen geleisteten Arbeit, ν elektrische Leistungsdichte; **S** Poynting-Vektor, Energiestromdichte; ε_0 elektrische Feldkonstante, μ_0 magnetische Feldkonstante, ε_{r} Permittivitätszahl, μ_{r} Permeabilitätszahl.

In den Abschnitten 4.4 bzw. 9.5 haben wir für das elektrostatische Feld bzw. das stationäre Magnetfeld die Energiedichten w_{e} und w_{m} kennengelernt. Für zeitabhängige Felder werden diese Dichten zeitabhängig. Für lineare Beziehungen der Form (11.3.4) zwischen $\mathbf{E}$ und $\mathbf{D}$ bzw. $\mathbf{B}$ und $\mathbf{H}$ haben sie die Gestalt

$$w_{\mathrm{e}}(t, \mathbf{r}) = \frac{1}{2}\mathbf{E}(t, \mathbf{r}) \cdot \mathbf{D}(t, \mathbf{r}) \quad , \qquad w_{\mathrm{m}}(t, \mathbf{r}) = \frac{1}{2}\mathbf{B}(t, \mathbf{r}) \cdot \mathbf{H}(t, \mathbf{r}) \quad ,$$
(11.4.1)

vgl. (4.4.9) bzw. (9.5.12). Aus den Maxwell-Gleichungen (11.3.3) kann man eine Aussage über ihre zeitliche Änderung gewinnen. Dazu ist es günstig, die Ableitungen der Skalarprodukte von $\mathbf{E}$ und $\mathbf{D}$ bzw. $\mathbf{B}$ und $\mathbf{H}$ auszurechnen. Wir erhalten zunächst

$$\frac{\partial}{\partial t}(\mathbf{E} \cdot \mathbf{D}) = \frac{\partial \mathbf{E}}{\partial t} \cdot \mathbf{D} + \mathbf{E} \cdot \frac{\partial \mathbf{D}}{\partial t} \quad .$$

Der zweite Term kann auf den ersten zurückgeführt werden, wenn $\mathbf{E}$ und $\mathbf{D}$ durch die lineare Beziehung $\mathbf{D} = \varepsilon_{\mathrm{r}}\varepsilon_0\mathbf{E}$ verknüpft sind,

$$\mathbf{E} \cdot \frac{\partial \mathbf{D}}{\partial t} = \mathbf{E}\varepsilon_0\varepsilon_{\mathrm{r}} \cdot \frac{\partial \mathbf{E}}{\partial t} = \mathbf{D} \cdot \frac{\partial \mathbf{E}}{\partial t} \quad ,$$
(11.4.2)

so daß insgesamt

$$\frac{\partial}{\partial t}(\mathbf{E} \cdot \mathbf{D}) = 2\mathbf{E} \cdot \frac{\partial \mathbf{D}}{\partial t} = 2\frac{\partial}{\partial t}w_{\mathrm{e}}$$
(11.4.3)

gilt. Ganz analog folgt aus $\mathbf{B} = \mu_{\mathrm{r}}\mu_0\mathbf{H}$

$$\frac{\partial}{\partial t}(\mathbf{B} \cdot \mathbf{H}) = 2\mathbf{B} \cdot \frac{\partial \mathbf{H}}{\partial t} = 2\frac{\partial}{\partial t}w_{\mathrm{m}} \quad .$$
(11.4.4)

Es sei ausdrücklich bemerkt, daß für die allgemeineren Beziehungen (11.3.21a) und (11.3.21b) die Gleichungen (11.4.3) und (11.4.4) nicht gültig sind. Auf die Berechnung der Energiedichten in diesem Fall kommen wir später in diesem Abschnitt zurück.

Wir sind jetzt in der Lage, die Maxwell-Gleichungen zur Berechnung der zeitlichen Änderung der Energiedichte zu benutzen. Dazu multiplizieren wir (11.3.3a) skalar mit $\mathbf{H}$ und erhalten

$$\mathbf{H} \cdot (\boldsymbol{\nabla} \times \mathbf{E}) = -\mathbf{H} \cdot \frac{\partial \mathbf{B}}{\partial t} \quad ,$$
(11.4.5a)

was mit (11.4.4) auf

$$\mathbf{H} \cdot (\boldsymbol{\nabla} \times \mathbf{E}) = -\frac{1}{2}\frac{\partial}{\partial t}(\mathbf{H} \cdot \mathbf{B}) = -\frac{\partial w_{\mathrm{m}}}{\partial t}$$
(11.4.5b)

führt. Analog folgt durch skalare Multiplikation von (11.3.3c) mit $\mathbf{E}$

$$\mathbf{E} \cdot (\boldsymbol{\nabla} \times \mathbf{H}) = \mathbf{E} \cdot \mathbf{j} + \frac{1}{2}\mathbf{E} \cdot \frac{\partial \mathbf{D}}{\partial t} \quad . \tag{11.4.6a}$$

Mit Hilfe von (11.4.3) folgt

$$\mathbf{E} \cdot (\boldsymbol{\nabla} \times \mathbf{H}) = \mathbf{E} \cdot \mathbf{j} + \frac{1}{2}\frac{\partial}{\partial t}(\mathbf{E} \cdot \mathbf{D}) = \mathbf{E} \cdot \mathbf{j} + \frac{\partial w_e}{\partial t} \quad . \tag{11.4.6b}$$

Durch Subtraktion der Beziehungen (11.4.6b) und (11.4.5b) erhalten wir auf der rechten Seite die zeitliche Änderung der gesamten *elektromagnetischen Energiedichte*

$$w_{em} = w_e + w_m \quad , \tag{11.4.7}$$

nämlich

$$\frac{\partial}{\partial t}w_{em} = \frac{\partial}{\partial t}\left[\frac{1}{2}(\mathbf{E} \cdot \mathbf{D} + \mathbf{B} \cdot \mathbf{H})\right]$$

und die *elektrische Leistungsdichte* (5.5.1),

$$\nu(t, \mathbf{r}) = \mathbf{j}(t, \mathbf{r}) \cdot \mathbf{E}(t, \mathbf{r}) \quad , \tag{11.4.8}$$

die als Zeitableitung der Dichte $w_A(t, \mathbf{r})$ der vom elektrischen Feld an den Ladungsträgern geleisteten Arbeit definiert ist,

$$\frac{\partial}{\partial t}w_A = \nu = \mathbf{j} \cdot \mathbf{E} \quad , \qquad w_A = \int_{t_0}^{t} \mathbf{j} \cdot \mathbf{E}\, dt' \quad .$$

Die linke Seite der Differenz der Gleichungen (11.4.5b) und (11.4.6b) kann mit Hilfe der Produktregel wegen der zyklischen Vertauschbarkeit der Faktoren des Spatproduktes zur negativen Divergenz des Vektorproduktes aus $\mathbf{E}$ und $\mathbf{H}$ zusammengefaßt werden:

$$\mathbf{E} \cdot (\boldsymbol{\nabla} \times \mathbf{H}) - \mathbf{H} \cdot (\boldsymbol{\nabla} \times \mathbf{E}) = -\boldsymbol{\nabla} \cdot (\mathbf{E} \times \mathbf{H}) \quad .$$

Mit der Einführung des *Poynting-Vektors*

$$\mathbf{S} = \mathbf{E} \times \mathbf{H} \tag{11.4.9}$$

erhalten wir den *Poyntingschen Satz*

$$\frac{\partial}{\partial t}w_{em} + \boldsymbol{\nabla} \cdot \mathbf{S} + \nu = 0 \quad . \tag{11.4.10}$$

Er drückt die Energieerhaltung im System aus elektromagnetischem Feld und Stromdichte aus. Die Abnahme, d. h. die negative zeitliche Änderung, der Energiedichte w_{em} des elektromagnetischen Feldes findet sich in der elektrischen Leistungsdichte (11.4.8) und in der Divergenz des Poynting-Vektors wieder. Der Poynting-Vektor hat also die Bedeutung einer *Energiestromdichte*. Ihre Quelldichte ist die zeitliche Ableitung der Summe aus elektromagnetischer Energiedichte w_{em} und elektrischer Arbeitsdichte w_A,

$$-\frac{\partial}{\partial t}(w_{em} + w_A) = \boldsymbol{\nabla} \cdot \mathbf{S} \quad .$$

Durch Integration über ein beliebiges Volumen V ergibt sich die Energiebilanz für dieses Volumen,

$$-\frac{d}{dt}\int_V w_{em}\, dV = \int_V \boldsymbol{\nabla}\cdot \mathbf{S}\, dV + \int_V \mathbf{j}\cdot\mathbf{E}\, dV \quad .$$

Der erste Term der rechten Seite läßt sich mit Hilfe des Gaußschen Satzes in ein Integral über die Oberfläche (V) des Volumens V überführen, so daß wir

$$-\frac{d}{dt}W_{em} = \oint_{(V)} \mathbf{S}\cdot d\mathbf{a} + N$$

erhalten. Diese Gleichung besagt nun, daß die negative zeitliche Änderung der elektromagnetischen Feldenergie in V,

$$W_{em} = \int_V w_{em}\, dV \quad ,$$

sich in der elektrischen Leistung

$$N = \int_V \mathbf{j}\cdot\mathbf{E}\, dV$$

an den Ladungsträgern, vgl. (5.5.2), und dem durch die Oberfläche (V) des Volumens hindurchfließenden *Energiefluß* oder *Energiestrom*

$$\oint_{(V)} \mathbf{S}\cdot d\mathbf{a}$$

wiederfindet. Falls die elektrische Leistungsdichte ν verschwindet, ist der Poyntingsche Satz (11.4.10) die *Kontinuitätsgleichung für Energiedichte und Energiestromdichte* des elektromagnetischen Feldes, die die Energieerhaltung ausdrückt.

Für nichtlineare Relationen zwischen **E** und **D** bzw. **H** und **B**, aber auch für die allgemeinen kausalen, linearen Beziehungen (11.3.21) zwischen den Feldgrößen sind die oben angegebenen Ausdrücke (11.4.1) für die elektrische und magnetische Energiedichte nicht richtig, weil die Gleichungen (11.4.3) und (11.4.4) für diesen Fall nicht gelten. Wir geben jetzt die allgemeinen Ausdrücke für die Energiedichten für nichtlineare Medien und solche mit zeitlich verzögerter, linearer Reaktion an. Um die auf den rechten Seiten der Gleichungen (11.4.5a) bzw. (11.4.6a) auftretenden Ausdrücke als Zeitableitungen von Energiedichten,

$$\frac{\partial}{\partial t}w_m = \mathbf{H}\cdot\frac{\partial\mathbf{B}}{\partial t} \quad , \qquad \frac{\partial}{\partial t}w_e = \mathbf{E}\cdot\frac{\partial\mathbf{D}}{\partial t} \quad ,$$

interpretieren zu können, müssen die magnetische und die elektrische Energiedichte als Integrale

$$w_{\mathrm{m}}(t, \mathbf{r}) = \int_{t_0}^{t} \mathbf{H}(t', \mathbf{r}) \cdot \frac{\partial \mathbf{B}(t', \mathbf{r})}{\partial t'} \, \mathrm{d}t' \quad , \tag{11.4.11}$$

$$w_{\mathrm{e}}(t, \mathbf{r}) = \int_{t_0}^{t} \mathbf{E}(t', \mathbf{r}) \cdot \frac{\partial \mathbf{D}(t', \mathbf{r})}{\partial t'} \, \mathrm{d}t' \tag{11.4.12}$$

dargestellt werden. Der Zeitpunkt t_0 ist durch die Zeit gegeben, zu der der Anfangszustand des Systems festgelegt ist. Er kann insbesondere den Wert $t_0 = -\infty$ haben. Die gesamte elektromagnetische Energiedichte ist natürlich wieder durch (11.4.7) als Summe der elektrischen und magnetischen Energiedichte gegeben. Mit diesen Definitionen, die an die Stelle von (11.4.1) treten, wenn die Beziehungen zwischen $\mathbf{E}$ und $\mathbf{D}$ bzw. $\mathbf{H}$ und $\mathbf{B}$ nichtlinear sind oder die allgemeinen kausalen Darstellungen (11.3.21) gelten, folgt dann genauso wie oben wieder der Poyntingsche Satz (11.4.10). Seine Interpretation bleibt ebenfalls ungeändert. Die Darstellungen (11.4.12) und (11.4.11) für die elektrische und magnetische Energiedichte berücksichtigen als Integrale über die zwischen t_0 und t verflossene Zeit den zeitlichen Ablauf der Polarisation und der Magnetisierung des Materials. Damit sind auch hier die Nachwirkungen in der Reaktion des Materials auf die Felder in Rechnung gestellt. Im übrigen sind sie spezielle Formen der schon früher diskutierten Darstellung (4.4.8) für die elektrische Energiedichte und ihr magnetisches Analogon (9.5.11). Für den speziellen Fall der Gültigkeit der Relationen (11.3.19) führen die Integrale (11.4.11) und (11.4.12) natürlich wegen (11.4.2) und (11.4.4) auf die Darstellungen (11.4.1) zurück.

Als ein erstes Beispiel für die Interpretation des Poyntingschen Satzes betrachten wir einen langen metallischen Draht mit dem Radius R und dem Querschnitt $a = \pi R^2$ und der Leitfähigkeit κ. Im Draht herrsche die homogene Stromdichte $\mathbf{j}$, so daß nach dem Ohmschen Gesetz (5.4.4) im Draht die homogene Feldstärke

$$\mathbf{E} = \frac{1}{\kappa}\mathbf{j}$$

vorliegt. Damit ist das elektrische Feld im ganzen Raum homogen und gleich dem Feld im Draht, weil die Lösung der Laplace-Gleichung

$$\Delta \varphi = 0$$

zu vorgegebenen Randbedingungen eindeutig ist. Wegen des Widerstandes wird im Draht ständig Wärme erzeugt. Die Verlustleistungsdichte ist nach (5.5.1)

$$\nu = \mathbf{E} \cdot \mathbf{j} = \kappa E^2 \quad .$$

Auf einem Stück der Länge ℓ des Drahtes mit dem Querschnitt a ist die Verlustleistung

$$N = \nu \ell a = \kappa \ell a E^2 \quad .$$

Der gesamte im Draht fließende Strom ist

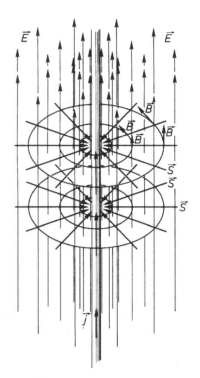

Abb. 11.2. Energiefluß aus dem elektromagnetischen Feld in den Draht

$$I = \mathbf{j} \cdot \mathbf{a} = ja \quad .$$

Es umgibt ihn die magnetische Flußdichte (8.2.1),

$$\mathbf{B} = \frac{\mu_0}{2\pi} a \frac{\mathbf{j} \times \hat{\mathbf{r}}_\perp}{r_\perp} = \frac{\mu_0 \kappa a}{2\pi r_\perp} \mathbf{E} \times \hat{\mathbf{r}}_\perp \quad ,$$

wie wir aus Abschn. 8.2 wissen. Der Poynting-Vektor dieses Systems ist außerhalb des Drahtes durch

$$\mathbf{S} = \frac{1}{\mu_0} \mathbf{E} \times \mathbf{B} = -\frac{\kappa a}{2\pi r_\perp} E^2 \hat{\mathbf{r}}_\perp \tag{11.4.13}$$

gegeben. Er zeigt überall radial auf den Draht hin, so daß aus dem elektromagnetischen Feld **E**, **B**, das den Draht umgibt, ein ständiger Energiefluß der angegebenen Dichte in den Draht strömt (Abb. 11.2). Auf dem Drahtstück der Länge ℓ ist die Leistung, die durch die Oberfläche in den Draht fließt, durch das Oberflächenintegral über die Energieflußdichte gegeben (d**a** ist wie üblich die äußere Normale):

$$-\int \mathbf{S} \cdot \mathrm{d}\mathbf{a} = \int_0^\ell \int_0^{2\pi} \frac{\kappa a}{2\pi R} E^2 R \, \mathrm{d}\varphi \, \mathrm{d}z = \kappa \ell a E^2 \quad . \tag{11.4.14}$$

Die durch die Elektronenstöße im Draht an die Metallatome übertragene Verlustleistung (5.5.2), die als Wärme auftritt, ist offenbar gleich der aus dem elektromagnetischen Feld durch die Oberfläche in den Draht einfließenden Leistung. Dabei ist aus (11.4.14) sofort ersichtlich, daß der Energiefluß natürlich für jeden Zylinder der Länge ℓ mit beliebigem Radius $R' > R$ denselben Wert hat. Seine Dichte nimmt nach außen mit $1/r_\perp$ ab, wie (11.4.13) zeigt.

Auf diese Weise läßt sich der elektromagnetische Feldaspekt jedes Netzwerkes aus metallischen Leitern beschreiben. Die von den Elektronen in ohmschen Verbrauchern abgegebene Verlustleistung wird durch den Energiefluß aus dem elektromagnetischen Feld in den Draht beschrieben.

11.5 Impulserhaltungssatz. Maxwellscher Spannungstensor

Inhalt: Der Impulserhaltungssatz für den Impuls des elektromagnetischen Feldes und den mechanischen Impuls der geladenen Teilchen wird als Kontinuitätsgleichung für die elektromagnetische Impulsdichte $(1/c_{\mathrm{M}}^2)\mathbf{S}(t,\mathbf{r})$, die mechanische Impulsdichte $\mathbf{p}_{\mathrm{mech}}(t,\mathbf{r})$, definiert durch die Zeitableitung $\partial\mathbf{p}_{\mathrm{mech}}/\partial t = \varrho\mathbf{E} + \mathbf{j}\times\mathbf{B}$, und die Impulsstromdichte $\underline{J} = -\underline{T}$ hergeleitet. Der Tensor $\underline{T}$ ist der Maxwellsche Spannungstensor, definiert durch $\underline{T} = \mathbf{D}\otimes\mathbf{E} + \mathbf{B}\otimes\mathbf{H} - w_{\mathrm{em}}\underline{1}$. Die Kontinuitätsgleichung lautet dann $\partial[(1/c_{\mathrm{M}}^2)\mathbf{S} + \mathbf{p}_{\mathrm{mech}}]/\partial t + \boldsymbol{\nabla}(-\underline{T}) = 0$.
Bezeichnungen: $\mathbf{E}, \mathbf{H}$ elektrische bzw. magnetische Feldstärke; $\mathbf{D}, \mathbf{B}$ elektrische bzw. magnetische Flußdichte; $\mathbf{S}$ Poynting-Vektor, $\mathbf{p}_{\mathrm{em}} = (1/c_{\mathrm{M}}^2)\mathbf{S}$ elektromagnetische Impulsstromdichte, $\mathbf{p}_{\mathrm{mech}}$ mechanische Impulsdichte, $\mathbf{P}_{\mathrm{mech}}$ mechanischer Impuls, $\mathbf{p}$ Gesamtimpulsdichte, $\mathbf{P}$ Gesamtimpuls, $\underline{T}$ Maxwellscher Spannungstensor, $\underline{J} = -\underline{T}$ tensorielle Impulsstromdichte $\mathbf{f}$ Kraftdichte, $\mathbf{F}$ Kraft, $\mathbf{r}$ Ortsvektor, $\mathbf{v}$ Geschwindigkeit, q Ladung, $\mathbf{j}$ Stromdichte, ϱ Ladungsdichte, w_{e} elektrische Energiedichte, w_{m} magnetische Energiedichte, w_{em} elektromagnetische Energiedichte, ε_{r} Permittivitätszahl, μ_{r} Permeabilitätszahl, c Vakuumlichtgeschwindigkeit, c_{M} Lichtgeschwindigkeit in Materie, ε_0, μ_0 elektrische bzw. magnetische Feldkonstante.

Die Maxwellschen Gleichungen erlauben auch die Herleitung des Erhaltungssatzes für die Summe der Impulse des elektromagnetischen Feldes und der geladenen Teilchen. Wir beschränken uns darauf, den Impulserhaltungssatz für homogene, lineare, isotrope Medien herzuleiten, d. h. für Medien, für die die Beziehungen

$$\mathbf{D} = \varepsilon_{\mathrm{r}}\varepsilon_0\mathbf{E} \quad , \qquad \mathbf{H} = \frac{1}{\mu_{\mathrm{r}}\mu_0}\mathbf{B} \qquad (11.5.1)$$

mit ortsunabhängiger Permittivitätszahl ε_{r} und Permeabilitätszahl μ_{r} gelten. Dazu multiplizieren wir die Gleichung für die Rotation der elektrischen Feldstärke von links vektoriell mit $\mathbf{D}$, die für die Rotation der magnetischen Feldstärke von rechts vektoriell mit $\mathbf{B}$. Anschließende Subtraktion der beiden Gleichungen voneinander liefert

$$\frac{\partial}{\partial t}(\mathbf{D}\times\mathbf{B}) + \mathbf{j}\times\mathbf{B} = (\boldsymbol{\nabla}\times\mathbf{H})\times\mathbf{B} - \mathbf{D}\times(\boldsymbol{\nabla}\times\mathbf{E}) \quad . \qquad (11.5.2)$$

Das Vektorprodukt $\mathbf{D} \times \mathbf{B}$ auf der linken Seite läßt sich für lineare, isotrope Materialien sofort mit dem Poynting-Vektor (11.4.9) in Beziehung setzen:

$$\mathbf{D} \times \mathbf{B} = \varepsilon_r \varepsilon_0 \mu_r \mu_0 \mathbf{E} \times \mathbf{H} = \frac{1}{c_M^2} \mathbf{S} \quad . \tag{11.5.3}$$

In Abschn. 12.1 werden wir zeigen, daß die Lichtgeschwindigkeit c_M in einem linearen, isotropen Material mit der Vakuumlichtgeschwindigkeit c durch

$$c_M^2 = \frac{1}{\varepsilon_r \mu_r \varepsilon_0 \mu_0} = \frac{1}{\varepsilon_r \mu_r} c^2 \quad , \qquad c^2 = \frac{1}{\varepsilon_0 \mu_0} \quad ,$$

verknüpft ist.

Anwendung des Entwicklungssatzes (A.1.31) für doppelte Vektorprodukte führt auf

$$-\mathbf{D} \times (\boldsymbol{\nabla} \times \mathbf{E}) = (\mathbf{D} \cdot \boldsymbol{\nabla})\mathbf{E} - (\boldsymbol{\nabla} \otimes \mathbf{E})\mathbf{D} \quad , \tag{11.5.4a}$$

$$(\boldsymbol{\nabla} \times \mathbf{H}) \times \mathbf{B} = (\mathbf{B} \cdot \boldsymbol{\nabla})\mathbf{H} - (\boldsymbol{\nabla} \otimes \mathbf{H})\mathbf{B} \quad . \tag{11.5.4b}$$

Die ersten Terme auf den rechten Seiten der beiden Gleichungen lassen sich durch Addieren und Subtrahieren der Terme $(\boldsymbol{\nabla} \cdot \mathbf{D})\mathbf{E}$ bzw. $(\boldsymbol{\nabla} \cdot \mathbf{B})\mathbf{H}$ in die Form

$$(\mathbf{D} \cdot \boldsymbol{\nabla})\mathbf{E} = \boldsymbol{\nabla}(\mathbf{D} \otimes \mathbf{E}) - (\boldsymbol{\nabla} \cdot \mathbf{D})\mathbf{E} = \boldsymbol{\nabla}(\mathbf{D} \otimes \mathbf{E}) - \varrho \mathbf{E} \quad , \tag{11.5.5a}$$

$$(\mathbf{B} \cdot \boldsymbol{\nabla})\mathbf{H} = \boldsymbol{\nabla}(\mathbf{B} \otimes \mathbf{H}) - (\boldsymbol{\nabla} \cdot \mathbf{B})\mathbf{H} = \boldsymbol{\nabla}(\mathbf{B} \otimes \mathbf{H}) \tag{11.5.5b}$$

bringen. Hier wurden die Gleichungen $\boldsymbol{\nabla} \cdot \mathbf{D} = \varrho$ bzw. $\boldsymbol{\nabla} \cdot \mathbf{B} = 0$ für die zweite Umformung genutzt.

Die zweiten Terme in den beiden Gleichungen (11.5.4) kann man wegen der Beschränkung (11.5.1) auf homogene, lineare, isotrope Medien auch durch

$$(\boldsymbol{\nabla} \otimes \mathbf{E})\mathbf{D} = \frac{1}{2}\boldsymbol{\nabla}(\mathbf{E} \cdot \mathbf{D}) = \boldsymbol{\nabla} w_e \quad , \tag{11.5.6a}$$

$$(\boldsymbol{\nabla} \otimes \mathbf{H})\mathbf{B} = \frac{1}{2}\boldsymbol{\nabla}(\mathbf{H} \cdot \mathbf{B}) = \boldsymbol{\nabla} w_m \quad , \tag{11.5.6b}$$

d. h. nach (11.4.1) als Gradienten der elektrischen bzw. magnetischen Energiedichte $w_e = \mathbf{E} \cdot \mathbf{D}/2$, $w_m = \mathbf{H} \cdot \mathbf{B}/2$ ausdrücken.

Setzen wir die Zwischenresultate (11.5.3), (11.5.4), (11.5.5) und (11.5.6) in die Ausgangsgleichung (11.5.2) ein, so erhalten wir

$$\frac{1}{c_M^2}\frac{\partial \mathbf{S}}{\partial t} + \varrho \mathbf{E} + \mathbf{j} \times \mathbf{B} = \boldsymbol{\nabla}(\mathbf{D} \otimes \mathbf{E} + \mathbf{B} \otimes \mathbf{H}) - \boldsymbol{\nabla}(w_e + w_m) \quad . \tag{11.5.7}$$

Wir untersuchen nun die physikalische Bedeutung der verschiedenen Terme in dieser Gleichung. Dazu betrachten wir den Ausdruck $\varrho \mathbf{E} + \mathbf{j} \times \mathbf{B}$ für die

Ladungs- und Stromdichte der Punktladungen q_i, $i = 1, \ldots, N$, an den Orten $\mathbf{r}_i(t)$ mit den Geschwindigkeiten $\mathbf{v}_i(t)$ zur Zeit t,

$$\varrho = \sum_i q_i \delta^3(\mathbf{r} - \mathbf{r}_i(t)) \;\;, \quad \mathbf{j} = \sum_i q_i \mathbf{v}_i(t) \delta^3(\mathbf{r} - \mathbf{r}_i(t)) \;\;, \quad \mathbf{v}_i(t) = \frac{\mathrm{d}\mathbf{r}_i(t)}{\mathrm{d}t} \;\;.$$

Einsetzen liefert

$$\varrho \mathbf{E} + \mathbf{j} \times \mathbf{B} = \sum_i \left(q_i \mathbf{E}(t, \mathbf{r}) + q_i \mathbf{v}_i(t) \times \mathbf{B}(t, \mathbf{r}) \right) \delta^3(\mathbf{r} - \mathbf{r}_i(t)) \;\;,$$

und Integration über den ganzen Raum ergibt

$$\int (\varrho \mathbf{E} + \mathbf{j} \times \mathbf{B}) \, \mathrm{d}V = \sum_i \left[q_i \mathbf{E}(t, \mathbf{r}_i(t)) + q_i \mathbf{v}_i(t) \times \mathbf{B}(t, \mathbf{r}_i(t)) \right] \;\;.$$

Der Ausdruck auf der rechten Seite ist die Summe der Coulomb- und Lorentz-Kräfte auf die N Punktladungen q_i, die sich im elektrischen Feld $\mathbf{E}(t, \mathbf{r})$ und dem Feld der magnetischen Flußdichte $\mathbf{B}(t, \mathbf{r})$ zur Zeit t an den Orten $\mathbf{r}_i(t)$, $i = 1, \ldots, N$, befinden. Er stellt die Gesamtkraft $\mathbf{F}$ auf das System der Punktladungen q_i im elektromagnetischen Feld dar. Beschreiben wir $\mathbf{F}$ als ein Volumenintegral über eine räumliche Kraftdichte $\mathbf{f}(t, \mathbf{r})$,

$$\mathbf{F}(t) = \int \mathbf{f}(t, \mathbf{r}) \, \mathrm{d}V \;\;,$$

so erkennen wir die Identität

$$\mathbf{f}(t, \mathbf{r}) = \varrho(t, \mathbf{r}) \mathbf{E}(t, \mathbf{r}) + \mathbf{j}(t, \mathbf{r}) \times \mathbf{B}(t, \mathbf{r}) \;\;,$$

d. h. $\varrho \mathbf{E} + \mathbf{j} \times \mathbf{B}$ ist die räumliche Kraftdichte auf die Ladungsverteilung. Die räumliche Kraftdichte für die betrachtete Ladungsverteilung hat die Darstellung

$$\mathbf{f}(t, \mathbf{r}) = \sum_i \left(q_i \mathbf{E}(t, \mathbf{r}) + q_i \mathbf{v}_i(t) \times \mathbf{B}(t, \mathbf{r}) \right) \delta^3(\mathbf{r} - \mathbf{r}_i(t)) \;\;.$$

Die Gesamtkraft $\mathbf{F}$ auf die Ladungsverteilung ist nach dem zweiten Newtonschen Gesetz gerade gleich der zeitlichen Änderung des mechanischen Gesamtimpulses $\mathbf{P}_{\mathrm{mech}}$ der Ladungsverteilung,

$$\frac{\mathrm{d}\mathbf{P}_{\mathrm{mech}}(t)}{\mathrm{d}t} = \mathbf{F}(t) \;\;. \tag{11.5.8}$$

Wir stellen auch den Gesamtimpuls als Volumenintegral über eine *räumliche mechanische Impulsdichte* $\mathbf{p}_{\text{mech}}(t, \mathbf{r})$ dar,

$$\mathbf{P}_{\text{mech}}(t) = \int \mathbf{p}_{\text{mech}}(t, \mathbf{r}) \, dV \quad .$$

Für unsere Punktladungsverteilung hat diese räumliche mechanische Impulsdichte die explizite Darstellung

$$\mathbf{p}_{\text{mech}}(t, \mathbf{r}) = \sum_i m_i \mathbf{v}_i(t) \delta^3(\mathbf{r} - \mathbf{r}_i(t)) \quad , \qquad \mathbf{v}_i(t) = \frac{d\mathbf{r}_i(t)}{dt} \quad .$$

Entsprechend (11.5.8) gilt damit

$$\frac{\partial \mathbf{p}_{\text{mech}}}{\partial t} = \mathbf{f} = \varrho \mathbf{E} + \mathbf{j} \times \mathbf{B} \quad . \tag{11.5.9}$$

Damit haben wir die Summe der letzten beiden Terme auf der linken Seite von (11.5.7) als Zeitableitung der mechanischen Impulsdichte erkannt. Im ersten Glied der rechten Seite von (11.5.7) wird der Vektoroperator $\boldsymbol{\nabla}$ von links auf den Tensor $\mathbf{D} \otimes \mathbf{E} + \mathbf{B} \otimes \mathbf{H}$ angewendet, das Ergebnis ist ein Vektor,

$$\begin{aligned}
\boldsymbol{\nabla} \left(\mathbf{D} \otimes \mathbf{E} + \mathbf{B} \otimes \mathbf{H} \right) &= \sum_{ij} \left(\frac{\partial D_i}{\partial x_i} E_j + \frac{\partial B_i}{\partial x_i} H_j \right) \mathbf{e}_j \\
&+ \sum_{ij} \left(D_i \frac{\partial E_j}{\partial x_i} + B_i \frac{\partial H_j}{\partial x_i} \right) \mathbf{e}_j \quad .
\end{aligned}$$

Der zweite Term auf der rechten Seite von (11.5.7) ist der Gradient der skalaren Größe $w_{\text{e}} + w_{\text{m}} = w_{\text{em}}$, die die gesamte elektromagnetische Energiedichte (11.4.7) darstellt. Sie kann ebenfalls tensoriell geschrieben werden, wenn der Skalar w_{em} durch Multiplikation mit dem Einheitstensor in einen Tensor übergeführt wird. Damit läßt sich die rechte Seite insgesamt als *Maxwellscher Spannungstensor*

$$\underline{\underline{T}} = \mathbf{D} \otimes \mathbf{E} + \mathbf{B} \otimes \mathbf{H} - \underline{\underline{1}} w_{\text{em}} \tag{11.5.10}$$

schreiben, auf den der Nabla-Operator angewandt wird. Mit (11.5.9) erhalten wir aus (11.5.7) die Beziehung

$$\frac{\partial}{\partial t} \left(\frac{1}{c_{\text{M}}^2} \mathbf{S} + \mathbf{p}_{\text{mech}} \right) = \frac{\partial}{\partial t} \mathbf{p} = \boldsymbol{\nabla} \underline{\underline{T}} \quad . \tag{11.5.11}$$

Dabei ist

$$\mathbf{p} = \frac{1}{c_{\text{M}}^2} \mathbf{S} + \mathbf{p}_{\text{mech}} \tag{11.5.12}$$

als Gesamtimpulsdichte des Feldes und der Teilchen eingeführt worden, siehe unten. Die zeitliche Änderung der Gesamtimpulsdichte ist gleich der Divergenz des Tensors $\underline{\underline{T}}$.

Die Gleichung (11.5.11) hat die Form einer Kontinuitätsgleichung, allerdings für eine vektorielle Dichte p und eine tensorielle Stromdichte

$$\underline{J} = -\underline{\underline{T}} \quad . \tag{11.5.13}$$

Das Auftreten der mechanischen Impulsdichte p_{mech} in (11.5.12) führt auf die Interpretation von

$$\frac{1}{c_M^2} S = p_{em}$$

als *Impulsdichte des elektromagnetischen Feldes* und von $p = p_{em} + p_{mech}$ als *Gesamtimpulsdichte* des Feldes und der Teilchen. Damit ist $\underline{J} = -\underline{\underline{T}}$ die tensorielle *Impulsstromdichte*. Diese Impulsdichte und die Impulsstromdichte erfüllen die Kontinuitätsgleichung

$$\frac{\partial}{\partial t} p + \nabla \underline{J} = \frac{\partial}{\partial t} \left(\frac{1}{c_M^2} S + p_{mech} \right) + \nabla(-\underline{\underline{T}}) = 0 \quad , \tag{11.5.14}$$

die in Komponenten die Form

$$\frac{\partial}{\partial t} p_k + \sum_{i=1}^{3} \frac{\partial}{\partial x_i}(-T_{ik})$$

$$= \frac{\partial}{\partial t} \left(\frac{1}{c_M^2} S_k + p_{mech,k} \right) + \sum_{i=1}^{3} \frac{\partial}{\partial x_i}(-T_{ik}) = 0 \quad , \qquad k = 1, 2, 3 \quad ,$$

besitzt. Sie besagt, daß jede Komponente

$$P_k(t) = \int \left[\frac{1}{c_M^2} S_k(t, \mathbf{r}) + p_{mech,k}(t, \mathbf{r}) \right] dV$$

des Gesamtimpulses, die man durch Integration über den ganzen Raum erhält, zeitlich konstant ist, wie man unter Zuhilfenahme des Gaußschen Satzes (B.15.11) leicht nachrechnet.

Die Impulsstromdichte $\underline{J} = -\underline{\underline{T}}$ und damit der Maxwellsche Spannungstensor $\underline{\underline{T}}$ sind symmetrische Tensoren, wie man sofort sieht, wenn man die Beziehungen (11.5.1) zwischen D und E bzw. B und H für homogene, lineare, isotrope Materie in den Ausdruck (11.5.10) für $\underline{\underline{T}}$ einsetzt,

$$\underline{\underline{T}} = \varepsilon_r \varepsilon_0 \mathbf{E} \otimes \mathbf{E} + \frac{1}{\mu_r \mu_0} \mathbf{B} \otimes \mathbf{B} - \underline{\underline{1}} w_{em} = \underline{\underline{T}}^+ \quad .$$

Die Impulsstromdichte ist notwendigerweise ein Tensor, da sie neben der Richtung der Strömung auch die Richtung des transportierten Impulses wiedergeben muß.

Die Eulersche Bewegungsgleichung für die zeitliche Änderung der mechanischen Impulsdichte eines homogenen, isotropen, elastischen Mediums ohne Einwirkung äußerer Kräfte hat die gleiche Gestalt wie (11.5.11). Die physikalische Interpretation des Analogons des Tensors $\underline{\underline{T}}$ ist in der Eulerschen Bewegungsgleichung der Spannungstensor $\underline{\underline{\sigma}}$ des elastischen Materials. Diese Analogie ist der Hintergrund der Bezeichnung Maxwellscher „Spannungstensor" für $\underline{\underline{T}}$.

Abschließend sei noch bemerkt, daß die in diesem Abschnitt gegebene Diskussion des Impulserhaltungssatzes nicht einfach auf den Fall von Materie mit Nachwirkungseffekten übertragen werden kann.

Wie zu erwarten, lassen sich auch eine *Drehimpulsdichte* und *Drehimpulsstromdichte* des Systems elektromagnetisches Feld und Teilchen definieren, deren Erhaltung ebenfalls durch eine Kontinuitätsgleichung für diese beiden Größen ausgedrückt wird.

11.6 Aufgaben

11.1: Zeigen Sie, daß die Kontinuitätsgleichung für nichtstationäre Ströme,

$$\frac{\partial \varrho}{\partial t} + \boldsymbol{\nabla} \cdot \mathbf{j} = 0 \quad ,$$

aus den Maxwell-Gleichungen (11.1.9) hergeleitet werden kann.

11.2: Berechnen Sie die elektrische Feldstärke und die magnetische Flußdichte zu den Potentialen

$$\varphi = a\omega e^{i(\omega t - \mathbf{k}\cdot\mathbf{r})} \quad , \qquad \mathbf{A} = a\mathbf{k}e^{i(\omega t - \mathbf{k}\cdot\mathbf{r})} \quad , \qquad \omega = c|\mathbf{k}| \quad , \qquad a = \text{const} \quad .$$

Zeigen Sie, daß die Potentiale durch Wahl einer geeigneten Eichung zum Verschwinden gebracht werden können.

11.3: Zeigen Sie, daß die Potentiale

$$\varphi(t, \mathbf{r}) = \frac{\partial}{\partial t}\eta(t, \mathbf{r}) \quad , \qquad \mathbf{A}(t, \mathbf{r}) = -\boldsymbol{\nabla}\eta(t, \mathbf{r})$$

des elektromagnetischen Feldes *reine Eichungen* sind, d. h. daß die Potentiale durch Umeichung zum Verschwinden gebracht werden können.

(a) Berechnen Sie die elektrische Feldstärke **E** und die magnetische Flußdichte **B**.

(b) Mit welcher Eichfunktion können die Potentiale φ und **A** zu null transformiert werden?

(c) Berechnen Sie die Ladungsdichte ϱ und die Stromdichte **j**, für die die Potentiale φ und **A** die Gleichungen (11.2.4) und (11.2.6) erfüllen.

(d) Welche Bedingung muß die Funktion η erfüllen, damit φ und **A** die Lorentz-Bedingung erfüllen?

11.4: **(a)** Berechnen Sie die elektrische Feldstärke und die magnetische Flußdichte für die Potentiale $\varphi(t, \mathbf{r}) = 0$, $\mathbf{A}(t, \mathbf{r}) = \mathbf{e}_2 A_0 \cos(\omega t - \mathbf{k} \cdot \mathbf{r})$ mit dem in $\mathbf{e}_1$-Richtung zeigenden Wellenvektor $\mathbf{k} = k\mathbf{e}_1$ und der Kreisfrequenz $\omega = ck$.

(b) Zeigen Sie, daß die elektrische Feldstärke und die magnetische Flußdichte die Maxwell-Gleichungen für verschwindende Ladungs- und Stromdichten erfüllen.

11.5: **(a)** Zeigen Sie, daß die Potentiale $\varphi(t, \mathbf{r}) = 0$, $\mathbf{A}(t, \mathbf{r}) = \mathbf{e}_2 A_0 \cos(\omega t - \mathbf{k} \cdot \mathbf{r})$ die Lorentz-Bedingung erfüllen.

(b) Berechnen Sie die Ladungs- und Stromdichte $\varrho(t, \mathbf{r})$ bzw. $\mathbf{j}(t, \mathbf{r})$, für die die obigen Potentiale die d'Alembert-Gleichungen $\Box \varphi = \varrho/\varepsilon_0$, $\Box \mathbf{A} = \mu_0 \mathbf{j}$ erfüllen.

11.6: **(a)** Zeigen Sie, daß die elektromagnetischen Potentiale der Form

$$\varphi(t, \mathbf{r}) = -\frac{1}{\varepsilon_0} \boldsymbol{\nabla} \cdot \mathbf{N}(t, \mathbf{r}) \quad , \qquad \mathbf{A} = \mu_0 \frac{\partial \mathbf{N}(t, \mathbf{r})}{\partial t} \quad ,$$

die mit einem beliebig gewählten *Hertzschen Vektor* $\mathbf{N}(t, \mathbf{r})$ gebildet werden, die Lorentz-Bedingung erfüllen.

(b) Welchen Differentialgleichungen muß der Hertzsche Vektor genügen, wenn die elektrische Ladungs- und Stromdichte durch

$$\varrho(t, \mathbf{r}) = -\boldsymbol{\nabla} \cdot \mathbf{J}(t, \mathbf{r}) \quad , \qquad \mathbf{j}(t, \mathbf{r}) = \frac{\partial \mathbf{J}(t, \mathbf{r})}{\partial t}$$

dargestellt sind? Dabei kann $\mathbf{J}(t, \mathbf{r})$ beliebig gewählt werden.

11.7: **(a)** Mit welcher Eichfunktion $\chi(t, \mathbf{r})$ können die elektromagnetischen Potentiale $\varphi(t, \mathbf{r})$, $\mathbf{A}(t, \mathbf{r})$ so umgeeicht werden, daß für den neuen Satz von Potentialen $\varphi^{(\mathrm{T})}(t, \mathbf{r})$, $\mathbf{A}^{(\mathrm{T})}(t, \mathbf{r})$ das skalare Potential $\varphi^{(\mathrm{T})}(t, \mathbf{r})$ verschwindet? Die so erhaltene Eichung heißt *temporale Eichung*.

(b) Wie lautet die Wellengleichung für $\mathbf{A}^{(\mathrm{T})}$?

11.8: **(a)** Berechnen Sie die elektrische Feldstärke $\mathbf{E}(t, \mathbf{r})$ und die magnetische Flußdichte $\mathbf{B}(t, \mathbf{r})$ aus den quasistationären Näherungsformeln (11.2.22) für die elektromagnetischen Potentiale $\varphi(t, \mathbf{r})$ und $\mathbf{A}(t, \mathbf{r})$.

(b) Bestätigen Sie explizit, daß die so erhaltenen Ausdrücke die Feldgleichungen (10.1.3) der quasistationären Näherung im Vakuum (d. h. für $\varepsilon_\mathrm{r} = \mu_\mathrm{r} = 1$) erfüllen.

11.9: **(a)** Berechnen Sie die elektromagnetischen Potentiale $\varphi(t, \mathbf{r})$, $\mathbf{A}(t, \mathbf{r})$ in quasistationärer Näherung (11.2.22) für die elektrische Ladungs- und Stromdichte

$$\varrho(t, \mathbf{r}) = -\mathbf{d}(ct) \cdot \boldsymbol{\nabla} \delta^3(\mathbf{r}) \quad , \qquad \mathbf{j}(t, \mathbf{r}) = \dot{\mathbf{d}}(ct) \delta^3(\mathbf{r})$$

eines Dipols mit dem zeitlich langsam veränderlichen Dipolmoment $\mathbf{d}(ct)$.

(b) Bestimmen Sie aus den in quasistationärer Näherung berechneten elektromagnetischen Potentialen die elektrische Feldstärke und die magnetische Flußdichte für $\mathbf{r} \neq 0$.

(c) Berechnen Sie in quasistationärer Näherung die elektrische Feldstärke und die magnetische Flußdichte für das zeitabhängige Dipolmoment

$$\mathbf{d}(ct) = \mathbf{d}_0 \cos \omega t \quad .$$

11.10: (a) Berechnen Sie die Energieflußdichte für die in Aufgabe 11.9b in quasistationärer Näherung berechnete elektrische Feldstärke und magnetische Flußdichte.

(b) Berechnen Sie die Energieflußdichte in quasistationärer Näherung für das Dipolmoment $\mathbf{d}(ct) = \mathbf{d}_0 \cos \omega t$.

(c) Berechnen Sie den zeitlichen Mittelwert

$$\langle \mathbf{S} \rangle = \frac{1}{T} \int_0^T \mathbf{S}(t, \mathbf{r})\, \mathrm{d}t$$

über eine Periode $T = 2\pi/\omega$ der unter (b) berechneten Energieflußdichte und erläutern Sie das Ergebnis.

12. Elektromagnetische Wellen

Der Satz der vollständigen Maxwell-Gleichungen (11.1.9) besitzt – wie wir in diesem Kapitel sehen werden – Lösungen, die Wellencharakter haben. Das sind Verteilungen von räumlich veränderlichen elektrischen und magnetischen Feldern, die sich im ganzen Raum ausbreiten können. Die Ausbreitung kann insbesondere auch im Vakuum vor sich gehen. Sie geschieht dann mit Lichtgeschwindigkeit. Die Vorhersage der elektromagnetischen Wellen durch James Clerk Maxwell und ihre Erzeugung und Auffindung durch Heinrich Hertz ist eine der größten wissenschaftlichen Leistungen. Sie hat darüber hinaus überragende technische Bedeutung erlangt. Elektromagnetische Wellen unterscheiden sich durch ihre Wellenlänge λ, die, wie wir sehen werden, über $\nu\lambda = c$ mit der Frequenz ν und der Lichtgeschwindigkeit c verknüpft sind. Die von Hertz ursprünglich mit seinen Apparaturen erzeugten Wellen haben Wellenlängen von etwa 1 m und mehr. Auf seinen Experimenten beruht die Rundfunk- und Fernsehtechnik, die diesen Wellenlängenbereich benutzt. Sehr viel kurzwelligere elektromagnetische Strahlung wird von einzelnen Atomen oder beschleunigten Einzelladungen, etwa Elektronen, ausgesandt. Ein Teil dieser Strahlung ist als Wärmestrahlung oder Licht von jeher bekannt, andere, wie Mikrowellen, Röntgen- und γ-Strahlen sind erst in jüngerer Zeit entdeckt und technisch nutzbar gemacht worden. Einen Überblick über die verschiedenen Wellenlängenbereiche gibt Abb. 12.1.

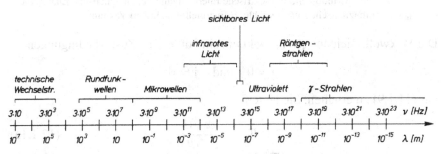

Abb. 12.1. Das Spektrum der elektromagnetischen Wellen

Wir werden in diesem abschließenden Kapitel zunächst die Eigenschaften elektromagnetischer Wellen aus den Maxwell-Gleichungen gewinnen und uns insbesondere den Erscheinungen von Polarisation und Interferenz zuwenden, Erscheinungen, die auch das sichtbare Licht zeigt und die zu dessen Identifizierung als Welle dienten. Darüber hinaus betrachten wir die Aussendung von elektromagnetischen Wellen durch schwingende Dipole oder – allgemeiner – beschleunigte Ladungen.

12.1 Ebene Wellen als Lösungen der Maxwell-Gleichungen im Vakuum

Inhalt: Die elektrische Feldstärke $\mathbf{E}(t, \mathbf{x})$ und die magnetische Flußdichte $\mathbf{B}(t, \mathbf{x})$ von ebenen Wellen als Lösungen der Maxwell-Gleichungen im Vakuum lassen sich als Realteile der komplexen elektrischen Feldstärke $\mathbf{E}_c(t, \mathbf{x})$ und der komplexen magnetischen Flußdichte $\mathbf{B}_c(t, \mathbf{x})$ darstellen. Die komplexen Größen $\mathbf{E}_c(t, \mathbf{x})$, $\mathbf{B}_c(t, \mathbf{x})$ sind bis auf Amplitudenfaktoren $\mathbf{E}_0$, $\mathbf{B}_0$ komplexe Exponentialfunktionen des Argumentes $\pm\mathrm{i}(\omega t - \mathbf{k} \cdot \mathbf{x})$. Dabei ist $\mathbf{k}$ ein beliebiger, reeller Wellenvektor, die Kreisfrequenz ist auf den positiven Wert $\omega = ck$ festgelegt. Die Richtungen $\hat{\mathbf{E}}(t, \mathbf{x})$, $\hat{\mathbf{B}}(t, \mathbf{x})$ und $\hat{\mathbf{k}}$ bilden zu jedem Zeitpunkt t und an jedem Ort $\mathbf{x}$ ein rechtshändiges kartesisches Koordinatensystem. Die Geschwindigkeit der elektromagnetischen Welle im Vakuum ist $c = 1/\sqrt{\varepsilon_0\mu_0}$. Die Frequenz der Welle ist $\nu = \omega/(2\pi)$, die zeitliche Periode $T = 1/\nu = 2\pi/\omega$, die Wellenlänge $\lambda = 2\pi/k$. Die elektrische bzw. magnetische Energiedichte der ebenen Welle im Vakuum ist gleich $w_e = \varepsilon_0\mathbf{E}^2/2 = w_m$. Die Energieflußdichte $\mathbf{S} = w_{em}c\hat{\mathbf{k}}$ ist gleich dem Produkt aus der elektromagnetischen Energiedichte $w_{em} = w_e + w_m$ mit der Vakuumlichtgeschwindigkeit c in Richtung des Wellenvektors $\hat{\mathbf{k}}$. In Materie mit der Permittivitätszahl ε_r und der Permeabilitätszahl μ_r ist die Geschwindigkeit der elektromagnetischen Welle $c_M = c/n$ mit dem Brechungsindex $n = \sqrt{\varepsilon_r\mu_r}$.
Bezeichnungen: $\mathbf{E}(t, \mathbf{x})$ elektrische Feldstärke, $\mathbf{B}(t, \mathbf{x})$ magnetische Flußdichte, $\mathbf{E}_c(t, \mathbf{x})$ komplexe elektrische Feldstärke, $\mathbf{B}_c(t, \mathbf{x})$ komplexe magnetische Flußdichte der ebenen Welle; $\mathbf{E}_0$, $\mathbf{B}_0$ reelle und $\mathbf{E}_{c0}$, $\mathbf{B}_{c0}$ komplexe Amplitudenfaktoren; c Geschwindigkeit im Vakuum, $\mathbf{k}$ Wellenvektor, ω Kreisfrequenz, ν Frequenz, T Periode, λ Wellenlänge, α Phase der ebenen Welle; ε_0, μ_0 elektrische und magnetische Feldkonstante; ε_r Permittivitätszahl, μ_r Permeabilitätszahl, n Brechungsindex, λ_M Wellenlänge, c_M Geschwindigkeit in Materie; v_P Phasengeschwindigkeit, w_e elektrische Energiedichte, w_m magnetische Energiedichte, w_{em} elektromagnetische Energiedichte, $\mathbf{S}$ Energieflußdichte im Vakuum.

Die Maxwell-Gleichungen im Vakuum sind durch die Zusatzbedingungen

$$\varrho = 0 \quad \text{und} \quad \mathbf{j} = 0$$

aus (11.1.9) zu erhalten. Sie lauten

$$\boldsymbol{\nabla} \times \mathbf{E} = -\frac{\partial \mathbf{B}}{\partial t} \quad , \tag{12.1.1a}$$

$$\boldsymbol{\nabla} \cdot \mathbf{E} = 0 \quad , \tag{12.1.1b}$$

$$\boldsymbol{\nabla} \times \mathbf{B} = \frac{1}{c^2}\frac{\partial \mathbf{E}}{\partial t} \quad , \tag{12.1.1c}$$

$$\boldsymbol{\nabla} \cdot \mathbf{B} = 0 \quad . \tag{12.1.1d}$$

Diese linearen, homogenen Differentialgleichungen löst man durch komplexe Exponentialansätze,

$$\mathbf{E}_c(t, \mathbf{x}) = \mathbf{E}_{c0} e^{-i(\omega t - \mathbf{k} \cdot \mathbf{x})} \quad , \tag{12.1.2a}$$

$$\mathbf{B}_c(t, \mathbf{x}) = \mathbf{B}_{c0} e^{-i(\omega' t - \mathbf{k}' \cdot \mathbf{x})} \quad . \tag{12.1.2b}$$

Hier sind $\mathbf{k}$ und $\mathbf{k}'$ zunächst beliebige reelle Vektoren, ω und ω' beliebige Kreisfrequenzen und die Vektoren $\mathbf{E}_{c0}$ und $\mathbf{B}_{c0}$ zunächst beliebige, komplexe Amplitudenfaktoren. Den Ortsvektor bezeichnen wir bei ebenen Wellen oft auch mit $\mathbf{x}$. Die physikalischen Felder, die reell sind, ergeben sich als die Realteile der komplexen Felder $\mathbf{E}_c$, $\mathbf{B}_c$. Durch Einsetzen in die erste Maxwell-Gleichung folgt

$$\mathbf{k} \times \mathbf{E}_c = \omega' \mathbf{B}_c \tag{12.1.3}$$

oder ausführlich

$$\mathbf{k} \times \mathbf{E}_{c0} e^{-i(\omega t - \mathbf{k} \cdot \mathbf{x})} = \omega' \mathbf{B}_{c0} e^{-i(\omega' t - \mathbf{k}' \cdot \mathbf{x})} \quad .$$

Offenbar muß

$$\omega = \omega' \quad , \qquad \mathbf{k} = \mathbf{k}'$$

gelten, damit die obigen Ansätze die erste Maxwell-Gleichung lösen, und ferner

$$\mathbf{B}_{c0} = \frac{1}{\omega} \mathbf{k} \times \mathbf{E}_{c0} \quad .$$

Der Vektor $\mathbf{k}$ heißt *Wellenvektor*. Er ist durch die Maxwell-Gleichungen eng mit der Kreisfrequenz ω verknüpft. Die zweite Gleichung in (12.1.1) verlangt

$$\mathbf{k} \cdot \mathbf{E}_c = 0 \quad , \qquad \text{d. h.} \quad \mathbf{k} \cdot \mathbf{E}_{c0} = 0 \quad , \tag{12.1.4}$$

die dritte

$$\mathbf{k} \times \mathbf{B}_c = -\frac{1}{c^2} \omega \mathbf{E}_c \quad , \qquad \text{d. h.} \quad \mathbf{k} \times \mathbf{B}_{c0} = -\frac{\omega}{c^2} \mathbf{E}_{c0} \quad , \tag{12.1.5}$$

schließlich die letzte

$$\mathbf{k} \cdot \mathbf{B}_c = 0 \quad , \qquad \text{d. h.} \quad \mathbf{k} \cdot \mathbf{B}_{c0} = 0 \quad . \tag{12.1.6}$$

Durch Einsetzen von (12.1.3) mit $\omega' = \omega$ in (12.1.5) folgt noch

$$-\frac{1}{\omega} \mathbf{k} \times (\mathbf{k} \times \mathbf{E}_c) = \frac{\omega}{c^2} \mathbf{E}_c \quad .$$

Durch Anwendung des Entwicklungssatzes für doppelte Vektorprodukte vereinfacht sich dieser Ausdruck, wenn man (12.1.4) benutzt, zu

$$\frac{k^2}{\omega} \mathbf{E}_c = \frac{\omega}{c^2} \mathbf{E}_c \quad ,$$

so daß

$$\omega^2 = c^2 k^2 \quad , \qquad \text{d. h.} \quad \omega_{\pm} = \pm ck \quad , \tag{12.1.7}$$

folgt.

Damit sind die Maxwell-Gleichungen vollständig gelöst. Für jeden Vektor **k** existieren zwei Lösungen mit den Kreisfrequenzen $\omega_+ = ck$ bzw. $\omega_- = -ck$. Wir wollen uns im folgenden stets auf den positiven Wert $\omega = \omega_+ = ck$ der Kreisfrequenz festlegen. Dann gilt für einen festen Wellenvektor $\mathbf{k}' = -\mathbf{k}$ für den Fall der Lösung mit $\omega_- = -ck = -\omega$

$$\mathbf{E}_{c0} e^{-i(\omega_- t - \mathbf{k}' \cdot \mathbf{x})} = \mathbf{E}_{c0} e^{-i(-\omega t - \mathbf{k}' \cdot \mathbf{x})} = \mathbf{E}_{c0} e^{i(\omega t + \mathbf{k}' \cdot \mathbf{x})} = \mathbf{E}_{c0} e^{i(\omega t - \mathbf{k} \cdot \mathbf{x})} \quad .$$

Für jeden reellen Vektor $\mathbf{k}'$ ist die linke Seite dieser Gleichung eine Lösung der Maxwell-Gleichungen, also ist die rechte Seite für jeden beliebigen reellen Vektor **k** eine solche Lösung. Daher können wir den Satz der Lösungen der Maxwell-Gleichungen für beliebige Wellenvektoren **k** in der Form

$$\mathbf{E}_c^{(\pm)} = \mathbf{E}_{c0} e^{\pm i(\omega t - \mathbf{k} \cdot \mathbf{x})} \quad , \tag{12.1.8a}$$

$$\mathbf{B}_c^{(\pm)} = \frac{1}{c} \hat{\mathbf{k}} \times \mathbf{E}_c^{(\pm)} = \frac{1}{c} \hat{\mathbf{k}} \times \mathbf{E}_{c0}^{(\pm)} e^{\pm i(\omega t - \mathbf{k} \cdot \mathbf{x})} \tag{12.1.8b}$$

mit positiver Kreisfrequenz $\omega = ck$ angeben. Im folgenden werden wir an den Feldern $\mathbf{E}_c$, $\mathbf{B}_c$ die Kennzeichnung $(\pm)$ nur wenn nötig ausschreiben.

Die komplexe Amplitude $\mathbf{E}_{c0}$ schreiben wir in der Form

$$\mathbf{E}_{c0} = E_0 e^{i\alpha} \mathbf{e}_1 \quad , \qquad \mathbf{E}_0 = E_0 \mathbf{e}_1 \quad , \tag{12.1.9a}$$

als Produkt der reellen Amplitude E_0, des komplexen Phasenfaktors $e^{i\alpha}$ mit der Phase α und des Einheitsvektors in 1-Richtung. Entsprechend schreiben wir

$$\mathbf{B}_{c0} = B_0 e^{i\alpha} \mathbf{e}_2 = \frac{1}{c} E_0 e^{i\alpha} \mathbf{e}_2 \quad , \qquad \mathbf{B}_0 = B_0 \mathbf{e}_2 \quad . \tag{12.1.9b}$$

Dann ist

$$\mathbf{k} = k \mathbf{e}_3 \quad .$$

Mit diesen Festlegungen sind die Beziehungen (12.1.8) erfüllt; die drei Vektoren $\mathbf{E}_0$, $\mathbf{B}_0$, **k** bilden ein orthogonales rechtshändiges Dreibein (Abb. 12.2). Die komplexen Felder haben damit die Gestalt

$$\mathbf{E}_c = E_0 e^{-i(\omega t - \mathbf{k} \cdot \mathbf{x} - \alpha)} \mathbf{e}_1 \quad , \qquad \mathbf{B}_c = \frac{1}{c} E_0 \mathbf{e}_2 \quad . \tag{12.1.10}$$

Die physikalischen Amplituden erhalten wir nun als Realteile der komplexen Felder:

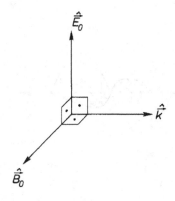

Abb. 12.2. Die Richtungen des Wellenvektors **k**, der elektrischen Feldstärke $\mathbf{E}_0$ und der magnetischen Flußdichte $\mathbf{B}_0$ bilden ein rechtwinkliges Dreibein

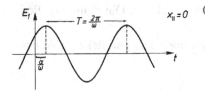

Abb. 12.3 a,b. Komponente E der elektrischen Feldstärke $\mathbf{E} = E_1\mathbf{e}_1$ in Feldrichtung als Funktion der Zeit für feste Ortskoordinate $x_\parallel = \hat{\mathbf{k}} \cdot \mathbf{x} = 0$ (a), als Funktion der Ortskoordinate $x_\parallel = \hat{\mathbf{k}} \cdot \mathbf{x}$ in Ausbreitungsrichtung für verschiedene feste Zeiten (b)

$$
\begin{aligned}
\mathbf{E} &= \frac{1}{2}(\mathbf{E}_c + \mathbf{E}_c^*) = E_0 \cos(\omega t - \mathbf{k} \cdot \mathbf{x} - \alpha)\,\mathbf{e}_1 = E_1(t, \mathbf{x})\mathbf{e}_1 \quad , \\
\mathbf{B} &= \frac{1}{2}(\mathbf{B}_c + \mathbf{B}_c^*) = \frac{1}{\omega}\mathbf{k} \times \mathbf{E} = \frac{1}{c}\hat{\mathbf{k}} \times \mathbf{E} \\
&= \frac{1}{c}E_0 \cos(\omega t - \mathbf{k} \cdot \mathbf{x} - \alpha)\,\mathbf{e}_2 = B_2(t, \mathbf{x})\mathbf{e}_2 \quad .
\end{aligned}
\tag{12.1.11a}
$$

Der räumliche und zeitliche Verlauf von $E_1(t, \mathbf{x}) = \mathbf{E}(t, \mathbf{x}) \cdot \mathbf{e}_1$ ist in Abb. 12.3 dargestellt, die Vektoren $\mathbf{E}$ und $\mathbf{B}$ zeigt Abb. 12.4 für einen gegebenen Zeitpunkt. Der Faktor $\cos(\omega t - \mathbf{k} \cdot \mathbf{x} - \alpha)$ durchläuft für festen Ort $\mathbf{x}$ in der Zeit

$$
T = \frac{2\pi}{\omega}
$$

eine volle *Periode*. Für feste Zeiten t finden wir nach einer Verschiebung im Raum in Richtung $\hat{\mathbf{k}}$ um

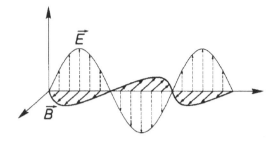

Abb. 12.4. Die Vektoren **E** und **B** einer ebenen Welle als Funktion des Ortes $x_\parallel$ längs der Richtung **k** des Wellenvektors zu fester Zeit

$$\Delta x_\parallel = \Delta \mathbf{x} \cdot \hat{\mathbf{k}} = \frac{2\pi}{k} = \lambda$$

ebenfalls wieder den gleichen Wert des Kosinusfaktors. Die räumliche Periode λ heißt *Wellenlänge*.

Wir zerlegen den Ortsvektor in eine Komponente $\mathbf{x}_\parallel$ parallel zum Wellenvektor und eine Vertikalkomponente $\mathbf{x}_\perp$,

$$\mathbf{x} = \mathbf{x}_\parallel + \mathbf{x}_\perp \quad \text{mit} \quad \mathbf{x}_\parallel = x_\parallel \hat{\mathbf{k}} \quad \text{und} \quad \mathbf{k} \cdot \mathbf{x}_\perp = 0 \quad , \qquad \mathbf{k} \cdot \mathbf{x} = k x_\parallel \quad .$$

Wegen (12.1.7) können wir die ebene Welle (12.1.9) auch noch in der Gestalt

$$\mathbf{E}_c^{(\pm)} = \mathbf{E}_{c0} \exp[\pm \mathrm{i}k(ct - x_\parallel)] = \mathbf{E}_{c0} \exp\left[\pm \mathrm{i}\omega\left(t - \frac{x_\parallel}{c}\right)\right] \qquad (12.1.12)$$

schreiben. Flächen konstanter Phase δ dieser Wellen sind offenbar die Ebenen, für die

$$ct - x_\parallel = \delta \quad , \qquad \text{d. h.} \quad x_\parallel = ct - \delta \quad ,$$

gilt. Sie bestehen aus den Punkten mit den Ortsvektoren

$$\mathbf{x} = (ct - \delta)\hat{\mathbf{k}} + \mathbf{x}_\perp$$

für beliebige Vektoren $\mathbf{x}_\perp$ (Abb. 12.5). Diese Flächen bewegen sich mit der *Phasengeschwindigkeit*

$$v_\mathrm{P} = \frac{\omega}{k} = c$$

in die Richtung des Wellenvektors **k**.

Die Ausbreitungsgeschwindigkeit c der Wellen ist im Vakuum durch die Vakuumlichtgeschwindigkeit

$$c = \frac{1}{\sqrt{\varepsilon_0 \mu_0}} \qquad (12.1.13)$$

gegeben. Für Wellen im materieerfüllten Raum mit den Materialkonstanten ε_r und μ_r ist dann aufgrund der Gleichungen (11.3.5) die Ausbreitungsgeschwindigkeit durch

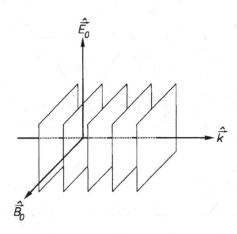

Abb. 12.5. Die Phasenflächen einer ebenen Welle sind Ebenen senkrecht zum Wellenvektor $\hat{\mathbf{k}}$. Sie bewegen sich mit der Phasengeschwindigkeit $v_P = \omega/k$ in Richtung $\hat{\mathbf{k}}$

$$c_M^2 = \frac{1}{\varepsilon_r \varepsilon_0 \mu_r \mu_0} = \frac{c^2}{n^2} \quad , \quad n^2 = \varepsilon_r \mu_r \qquad (12.1.14)$$

bestimmt. Das Verhältnis der Geschwindigkeiten

$$n = \frac{c}{c_M} = \sqrt{\varepsilon_r \mu_r} \qquad (12.1.15)$$

heißt in der Optik *Brechungsindex*.

Wir betrachten nun die Energiedichten und den Energiestrom im Feld der ebenen Welle. Dabei können wir nicht einfach die Produkte der komplexen Größen bilden, sondern müssen tatsächlich die Realteile der Feldgrößen in die Produkte einsetzen. Die elektrische Energiedichte im Vakuum ist

$$w_e = \frac{\varepsilon_0}{2} \mathbf{E} \cdot \mathbf{E} = \frac{\varepsilon_0}{8} \left(\mathbf{E}_c^2 + \mathbf{E}_c^{*2} + 2\mathbf{E}_c \cdot \mathbf{E}_c^* \right) \quad . \qquad (12.1.16a)$$

Die magnetische Energiedichte der ebenen Welle läßt sich über (12.1.11) auf die elektrische zurückführen,

$$w_m = \frac{1}{2\mu_0} \mathbf{B} \cdot \mathbf{B} = \frac{1}{2\mu_0} \frac{1}{\omega^2} (\mathbf{k} \times \mathbf{E}) \cdot (\mathbf{k} \times \mathbf{E}) = \frac{1}{2\mu_0} \frac{1}{c^2 k^2} \mathbf{k} \cdot [\mathbf{E} \times (\mathbf{k} \times \mathbf{E})]$$

$$= \frac{1}{2\mu_0 c^2} \frac{1}{k^2} k^2 \mathbf{E}^2 = \frac{\varepsilon_0}{2} \mathbf{E}^2 = w_e \quad . \qquad (12.1.16b)$$

Dabei wurde die zyklische Vertauschbarkeit der Faktoren eines Spatproduktes ausgenutzt.

Insgesamt ist also die elektromagnetische Energiedichte

$$w_{em} = w_e + w_m = \varepsilon_0 \mathbf{E}^2$$

bzw.

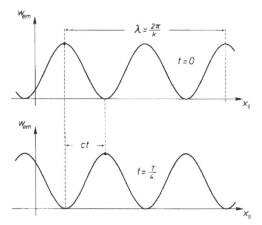

Abb. 12.6. Energiedichte w_{em} einer ebenen Welle als Funktion der Ortskoordinate $x_\| = \mathbf{x} \cdot \hat{\mathbf{k}}$ in Ausbreitungsrichtung. Die Energieflußdichte $\mathbf{S}$ zeigt stets in Ausbreitungsrichtung und ist proportional zu w_{em}

$$w_{em} = \frac{\varepsilon_0}{4}\left(\mathbf{E}_c^2 + \mathbf{E}_c^{*2} + 2\mathbf{E}_c \cdot \mathbf{E}_c^*\right) = \frac{\varepsilon_0}{2}\left(\mathrm{Re}\{\mathbf{E}_c^2\} + |\mathbf{E}_c|^2\right) \quad . \quad (12.1.17)$$

Mit der Darstellung (12.1.10) gilt

$$w_{em} = \frac{\varepsilon_0}{2}E_0^2[\cos 2(\omega t - \mathbf{k} \cdot \mathbf{x} - \alpha) + 1] = \varepsilon_0 E_0^2 \cos^2(\omega t - \mathbf{k} \cdot \mathbf{x} - \alpha) \quad .$$

In Abb. 12.6 ist die räumliche Verteilung der Energiedichte einer ebenen Welle für verschiedene Zeiten dargestellt. Die Energiedichte besteht aus einem räumlich und zeitlich konstanten Anteil und einer Welle mit im Vergleich zur Feldstärke doppelten Frequenz und Wellenzahl. Sie variiert zwischen null und $\varepsilon_0 E_0^2$. Im zeitlichen Mittel verschwindet der Anteil des ersten Terms, und es gilt

$$\langle w_{em} \rangle = \frac{\varepsilon_0}{2}E_0^2 = \frac{\varepsilon_0}{4}\left(\mathbf{E}_c \cdot \mathbf{E}_c^* + c^2 \mathbf{B}_c \cdot \mathbf{B}_c^*\right) = \frac{\varepsilon_0}{2}\mathbf{E}_c \cdot \mathbf{E}_c^* \quad .$$

Die Energieflußdichte, gegeben durch den Poynting-Vektor, läßt sich nun leicht auf die Energiedichte zurückführen,

$$\mathbf{S} = \frac{1}{\mu_0}\mathbf{E} \times \mathbf{B} = \frac{1}{\mu_0\omega}\mathbf{E} \times (\mathbf{k} \times \mathbf{E})$$

$$= \frac{\mathbf{E}^2}{\mu_0 ck}\mathbf{k} = \varepsilon_0 E^2 c\hat{\mathbf{k}} = c\hat{\mathbf{k}}w_{em} \quad . \quad (12.1.18)$$

Die Energieflußdichte hat die Richtung des Wellenvektors $\mathbf{k}$ und besitzt wie die Energiedichte zwei Anteile. Ihr zeitlicher Mittelwert ist durch

$$\langle \mathbf{S} \rangle = c\hat{\mathbf{k}}\frac{\varepsilon_0}{2}E_0^2 = \frac{1}{4\mu_0}\left(\mathbf{E}_c \times \mathbf{B}_c^* + \mathbf{E}_c^* \times \mathbf{B}_c\right) = \frac{1}{2\mu_0}\mathbf{E}_c \times \mathbf{B}_c^* \quad (12.1.19)$$

gegeben. Die Energieflußdichte variiert zwischen null und $2\langle \mathbf{S} \rangle$.

12.2 Erzeugung und Nachweis elektromagnetischer Wellen

Inhalt: Elektromagnetische Wellen werden von einer Dipolantenne abgestrahlt, die von einem Schwingkreis gespeist wird. Wellen können über ihr elektrisches Feld mit einer Dipolantenne und über ihr magnetisches Feld mit einer Rahmenantenne nachgewiesen werden. Beim Übergang von Vakuum in Materie mit der Permittivitätszahl ε_r und der Permeabilitätszahl μ_r verringert sich die Ausbreitungsgeschwindigkeit der Wellen von c auf $c_M = c(\varepsilon_r \mu_r)^{-1/2}$. Die Wellenlänge verringert sich um den gleichen Faktor.

Wir bestätigen nun die aus den Maxwellschen Gleichungen abgelesenen Eigenschaften elektromagnetischer Wellen in einer Reihe von Versuchen. Sie entsprechen in ihren wesentlichen Zügen den berühmten Experimenten von Heinrich Hertz, der 1887 Experimente zur Erzeugung und zum Nachweis der von Maxwell vorhergesagten Wellen ersann und ausführte. Da wir die Erzeugung elektromagnetischer Wellen erst später (im Abschn. 12.5) diskutieren, beschränken wir uns hier darauf, den Aufbau eines *Senders* elektromagnetischer Wellen anzugeben. Er besteht aus einem (vorzugsweise ungedämpften) elektrischen Schwingkreis (Abschn. 10.8.3), der über eine Leitung mit einer *Dipolantenne* verbunden ist, einer Anordnung aus zwei Metallstäben gleicher Länge, die voneinander isoliert in einer Linie angeordnet sind (Abb. 12.7).

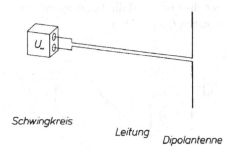

Schwingkreis

Leitung

Dipolantenne

Abb. 12.7. Schema eines Senders elektromagnetischer Wellen

Zum Nachweis der vom Sender abgestrahlten Wellen benutzen wir *Empfangsantennen*. Richten wir einen stabförmigen Leiter in Richtung der elektrischen Feldstärke aus, so bewirkt diese einen Stromfluß längs des Leiters. Das hochfrequente Wechselfeld einer Welle führt zu einem Wechselstrom im Leiter, der, falls er genügend groß ist, eine in die Mitte des Stabes eingefügte Glühlampe zum Leuchten bringt. Zum Nachweis geringerer Ströme ersetzt man die Lampe durch eine Diode und weist den so gleichgerichteten Strom mit dem Drehspulinstrument nach. (Sehr geringe Ströme werden zunächst verstärkt.) Diese Anordnung zum Nachweis elektrischer Hochfrequenzfelder heißt *(elektrische) Dipolantenne* (Abb. 12.8a,b).

Hochfrequente B-Felder weisen wir über ihre Induktionswirkung nach. In einer flachen Spule aus einer oder mehreren Windungen induzieren sie einen Strom, der – falls genügend stark – mit einer Glühlampe, sonst nach

Abb. 12.8. Dipolantenne **(a,b)** zum Nachweis hochfrequenter elektrischer Felder und Rahmenantenne **(c,d)** zum Nachweis hochfrequenter magnetischer Flußdichtefelder. Sehr große Signale lassen eine Glühlampe in der Antenne aufleuchten **(a,c)**. Kleinere Signale werden nach Gleichrichtung (und ggf. Verstärkung) mit einem Drehspulinstrument nachgewiesen **(b,d)**

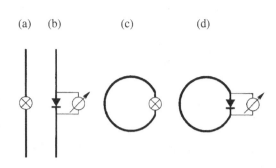

Gleichrichtung und nötigenfalls Verstärkung mit einem Ampèremeter angezeigt wird. Solche flachen Spulen (Abb. 12.8c,d) heißen *Rahmenantennen* oder *magnetische Dipolantennen*.

Experiment 12.1. Nachweis elektromagnetischer Wellen

Wir untersuchen das elektromagnetische Feld unseres Senders in der Symmetrieebene senkrecht zum Senderdipol. Durch Orientierung eines Empfangsdipols in verschiedene Richtungen weisen wir nach, daß das elektrische Feld in dieser Ebene parallel zur Richtung des Senderdipols ausgerichtet ist. Wird die Empfangsantenne senkrecht dazu ausgerichtet, zeigt sie kein Signal an (Abb. 12.9a).

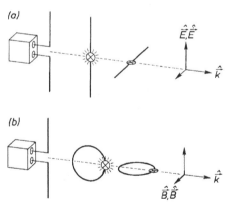

Abb. 12.9 a,b. Experimente mit einer Dipolantenne **(a)** bzw. einer Rahmenantenne **(b)** zeigen, daß das elektrische Feld **E** einer Welle parallel zur Sendeantenne, das magnetische Flußdichtefeld **B** senkrecht dazu orientiert ist. Beide stehen senkrecht auf der Ausbreitungsrichtung $\hat{\mathbf{k}}$, die vom Sender zum Empfänger zeigt

Die Rahmenantenne, die das ihre Fläche durchdringende magnetische Wechselfeld nachweist, gibt maximale Anzeige, wenn die Flächennormale senkrecht zur Dipolrichtung des Senders (E-Richtung) und der Verbindungslinie von Sender und Empfänger (k-Richtung) orientiert ist (Abb. 12.9b). Mit der Rahmenantenne läßt sich also nicht nur die B-Richtung, sondern durch Drehung um die E-Richtung – *Peilung* – auch die Lage des Senders feststellen. Insgesamt haben wir damit bestätigt, daß die Ausbreitungsrichtung **k**, die elektrische Feldstärke **E** und die magnetische Flußdichte **B** senkrecht aufeinander stehen. Mit größerem Abstand der Antennen vom Sender fällt allerdings das Signal schnell ab. Wir haben daher keine ebenen Wellen vor uns, in denen die Amplitude der Feldstärke vom Ort unabhängig ist.

Interessant ist es, einen Empfangsdipol relativ zum Sender am gleichen Ort zu lassen, aber in seiner Länge zu verändern. Obwohl die Feldstärke dadurch nicht geändert wird, hängt das angezeigte Signal empfindlich von der Dipollänge ab.

Experiment 12.2.
Abstimmung eines Empfangsdipols auf die Wellenlänge
Der Schwingkreis unseres Senders aus Experiment 12.1 hat die Frequenz $\nu = \omega/(2\pi) \approx 10^8$ Hz. Damit ist die Wellenlänge der abgestrahlten Wellen

$$\lambda = c/\nu \approx 3 \cdot 10^8 \, \mathrm{m\,s^{-1}}/(10^8 \, \mathrm{s^{-1}}) = 3 \, \mathrm{m} \quad .$$

Von einer Reihe von Empfangsdipolen verschiedener Länge ℓ zeigt der mit $\ell = 1{,}5 \, \mathrm{m} \approx \lambda/2$ das höchste Signal an (Abb. 12.10).

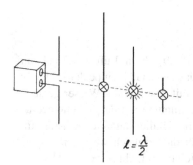

Abb. 12.10. In verschieden langen Dipolantennen treten bei gleicher eingestrahlter Feldstärke verschieden hohe Leistungen auf. Das Leistungsmaximum, d. h. Resonanz, ergibt sich, wenn die Länge der Dipolantenne eine halbe Wellenlänge ist

Wir deuten diesen Befund wie folgt. Der Empfangsdipol einschließlich Glühlampe bzw. Meßgerät stellt einen elektrischen Schwingkreis dar, dessen Leistungsaufnahme, angezeigt durch die in der Glühlampe verbrauchte Leistung, von der Frequenz des erregenden Feldes abhängt. Wir schließen aus dem Experiment, daß die Resonanzfrequenz ω_0 einer Dipolantenne der Länge ℓ im Vakuum (oder in Luft) durch

$$\omega_0 = 2\pi\nu_0 = \frac{2\pi c}{\lambda_0} = \pi \frac{c}{\ell}$$

gegeben ist. Auch die Beziehung (10.10.3),

$$\omega_0 = \frac{1}{\sqrt{LC}} \quad ,$$

zwischen Eigenfrequenz ω_0, Induktivität L und Kapazität C kann auf den Dipol übertragen werden, wenn man seine Induktivität und Kapazität geeignet definiert.

Pflanzt sich die Welle statt im Vakuum in nichtleitender Materie mit den Materialkonstanten ε_r und μ_r fort, so tritt in den Wellengleichungen statt der Lichtgeschwindigkeit im Vakuum die Lichtgeschwindigkeit in Materie,

$$c_M = \frac{1}{\sqrt{\varepsilon_r \mu_r}\sqrt{\varepsilon_0 \mu_0}} = \frac{1}{\sqrt{\varepsilon_r \mu_r}}c = \frac{c}{n} \quad , \qquad (12.2.1)$$

auf. Da die Frequenz, d. h. die Anzahl der Schwingungen der Feldvektoren **E** und **B** je Zeiteinheit, beim Übergang einer Welle aus dem Vakuum in Materie erhalten bleibt, muß sich die Wellenlänge von λ in λ_M ändern, damit das Produkt aus beiden die Fortpflanzungsgeschwindigkeit bleibt. Damit gilt

$$\nu\lambda = c \quad \text{bzw.} \quad \nu\lambda_M = c_M$$

im Vakuum bzw. in Materie und schließlich

$$\lambda_M = \frac{1}{\sqrt{\varepsilon_r \mu_r}}\lambda = \frac{\lambda}{n} \quad .$$

Experiment 12.3. Wellenlänge in Materie

Ein Empfangsdipol der Länge $\ell = 16{,}6\,\text{cm} \approx \lambda/(2 \cdot 9)$, der in Luft so schlecht auf die Wellenlänge unseres Senders abgestimmt ist, daß seine Glühlampe dunkel bleibt, liefert ein starkes Signal, sobald er in ein Gefäß mit destilliertem Wasser getaucht wird (Abb. 12.11). Dieser Befund ist in Übereinstimmung mit den Tabellenwerten $\varepsilon_r \approx 81$, $\mu_r \approx 1$ für Wasser. Man beachte jedoch, daß die Materialkonstanten frequenzabhängig sind. Der angegebene Wert gilt für die vergleichsweise „niedrigen" Frequenzen $\nu \approx 10^8\,\text{sec}^{-1}$ unseres Senders. Für sichtbares Licht ($\nu \approx 5 \cdot 10^{14}\,\text{sec}^{-1}$) ist $\varepsilon_r \approx 1{,}78$. Damit sind Geschwindigkeit und Wellenlänge von sichtbarem Licht in Wasser nur um den Faktor 1,33 geringer als im Vakuum oder in Luft.

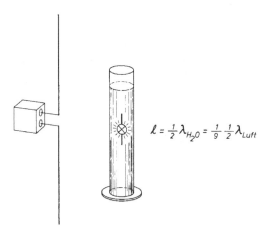

$$\ell = \tfrac{1}{2}\lambda_{H_2O} = \tfrac{1}{9}\tfrac{1}{2}\lambda_{Luft}$$

Abb. 12.11. An der Verkürzung der Resonanzlänge einer Dipolantenne liest man ab, daß die Wellenlänge im Wasser gegenüber der in Luft um den Faktor $\sqrt{\varepsilon_r} \approx 9$ verringert ist

12.3 Überlagerung von Wellen. Superpositionsprinzip

Inhalt: Aus der Linearität und der Homogenität der Maxwell-Gleichungen im Vakuum folgt das Superpositionsprinzip: Zwei Lösungen $\mathbf{E}_1, \mathbf{B}_1$ und $\mathbf{E}_2, \mathbf{B}_2$ zu den gleichen Randbedingungen können mit beliebigen reellen Koeffizienten zu einer neuen Lösung $\mathbf{E} = a\mathbf{E}_1 + b\mathbf{E}_2$, $\mathbf{B} = a\mathbf{B}_1 + b_2\mathbf{B}_2$ linear kombiniert werden.

Die Maxwell-Gleichungen im Vakuum sind lineare homogene Differentialgleichungen. Sind

$$\mathbf{E}_1 \quad , \qquad \mathbf{B}_1 = \frac{1}{c}\hat{\mathbf{k}}_1 \times \mathbf{E}_1$$

und

$$\mathbf{E}_2 \quad , \qquad \mathbf{B}_2 = \frac{1}{c}\hat{\mathbf{k}}_2 \times \mathbf{E}_2$$

zwei Lösungen, so ist auch ihre Summe oder Superposition

$$\mathbf{E} = \mathbf{E}_1 + \mathbf{E}_2 \quad , \qquad \mathbf{B} = \mathbf{B}_1 + \mathbf{B}_2$$

Lösung der Maxwellschen Gleichungen. Allgemeiner gesagt, stellt jede beliebige Linearkombination

$$\mathbf{E} = a\mathbf{E}_1 + b\mathbf{E}_2 \quad , \qquad \mathbf{B} = a\mathbf{B}_1 + b\mathbf{B}_2$$

mit reellen Koeffizienten a, b aus Lösungen der homogenen Maxwell-Gleichungen zu vorgegebenen Randbedingungen selbst wieder eine Lösung dar. Diese Tatsache, die auf der Linearität der Gleichungen beruht, heißt *Superpositionsprinzip*. Die Superposition zweier oder mehrerer Wellen führt zur physikalischen Erscheinung der *Interferenz*.

12.3.1 Lineare, zirkulare und elliptische Polarisation

Inhalt: Es wird die Superposition zweier ebener Wellen $\mathbf{E}_{c1}, \mathbf{B}_{c1}$ bzw. $\mathbf{E}_{c2}, \mathbf{B}_{c2}$ gleichen Wellenvektors $\mathbf{k}$, aber verschiedener Phasen α_1, α_2 und verschiedener Polarisationen untersucht. In Abhängigkeit von der Phasendifferenz zwischen den beiden ebenen Wellen und von ihren Amplituden ist ihre Überlagerung linear, zirkular oder elliptisch polarisiert. Experimenteller Nachweis der verschiedenen Polarisationen.
Bezeichnungen: $\mathbf{E}_{c1}, \mathbf{B}_{c1}, \mathbf{E}_{c2}, \mathbf{B}_{c2}$ komplexe elektrische Feldstärken bzw. magnetische Flußdichten zweier ebener elektromagnetischer Wellen; $\mathbf{k}$ Wellenvektor, ω Kreisfrequenz; η_{c1}, η_{c2} komplexe Amplituden und α_1, α_2 Phasen der beiden Wellen; $\mathbf{E}_c, \mathbf{B}_c$ komplexe elektrische Feldstärke bzw. magnetische Flußdichte der Superposition der beiden ebenen elektromagnetischen Wellen.

Tatsächlich ist das Problem der Überlagerung von elektromagnetischen Wellen komplizierter als bei skalaren Wellen wie z. B. Schallwellen in Luft, weil die Lösungen selbst Vektorcharakter haben. Dadurch tritt das Phänomen der *Polarisation* hinzu.

Wir haben im vorigen Abschnitt die ebenen Wellen (12.1.9) als Lösungen der Maxwell-Gleichungen studiert. Sie sind dadurch ausgezeichnet, daß die Richtungen der Feldvektoren **E** und **B** zeitunabhängig sind. Eine Welle dieser Art nennt man *linear polarisiert*. Als *Polarisationsrichtung* bezeichnet man die Richtung des elektrischen Feldvektors **E**. Wir betrachten nun zwei ebene Wellen mit gleichem Wellenvektor **k** und gleicher Kreisfrequenz $\omega = ck$, aber verschiedenen linearen Polarisationen. Es ist dabei völlig ausreichend, die beiden Polarisationen orthogonal anzunehmen, weil man sonst stets eine orthogonale Zerlegung vornehmen kann.

Es seien nun

$$\mathbf{E}_{c1} = E_{01}e^{i\alpha_1}\mathbf{e}_1 e^{-i(\omega t - \mathbf{k}\cdot\mathbf{x})} \quad , \qquad \mathbf{B}_{c1} = \frac{1}{c}\hat{\mathbf{k}} \times \mathbf{E}_{c1} \quad ,$$

$$\mathbf{E}_{c2} = E_{02}e^{i\alpha_2}\mathbf{e}_2 e^{-i(\omega t - \mathbf{k}\cdot\mathbf{x})} \quad , \qquad \mathbf{B}_{c2} = \frac{1}{c}\hat{\mathbf{k}} \times \mathbf{E}_{c2} \qquad (12.3.1)$$

zwei linear polarisierte ebene Wellen. Ihre Superposition ist dann durch

$$\mathbf{E}_c = \mathbf{E}_{c1} + \mathbf{E}_{c2} = (E_{01}e^{i\alpha_1}\mathbf{e}_1 + E_{02}e^{i\alpha_2}\mathbf{e}_2)e^{-i(\omega t - \mathbf{k}\cdot\mathbf{x})}$$

und

$$\mathbf{B}_c = \mathbf{B}_{c1} + \mathbf{B}_{c2} = \frac{1}{c}\hat{\mathbf{k}} \times \mathbf{E}_c$$

gegeben. Dann hat die komplexe Feldstärke die Gestalt

$$\mathbf{E}_c = E_{01}\exp[-i(\omega t - \mathbf{k}\cdot\mathbf{x} - \alpha_1)]\,\mathbf{e}_1 + E_{02}\exp[-i(\omega t - \mathbf{k}\cdot\mathbf{x} - \alpha_2)]\,\mathbf{e}_2 \quad ,$$

so daß wir als reelle, physikalische Feldstärke

$$\mathbf{E} = E_{01}\cos(\omega t - \mathbf{k}\cdot\mathbf{x} - \alpha_1)\,\mathbf{e}_1 + E_{02}\cos(\omega t - \mathbf{k}\cdot\mathbf{x} - \alpha_2)\,\mathbf{e}_2 \qquad (12.3.2)$$

erhalten. Für gleiche Phasen, $\alpha_1 = \alpha_2$, ist dies eine linear polarisierte Welle mit der Polarisationsrichtung $\mathbf{E}_0 = E_{01}\mathbf{e}_1 + E_{02}\mathbf{e}_2$. Für

$$E_{01} = E_{02} \quad \text{und} \quad \alpha_2 = \alpha_1 - \frac{\pi}{2}$$

ist (12.3.2) für festen Ort **x** die zeitliche Parameterdarstellung eines Kreises. Man sagt, die Welle ist *zirkular polarisiert*. Bei dem gleichen Phasenunterschied von $\pi/2$, aber verschiedenen Amplituden $E_{01} \neq E_{02}$ erhält man eine Ellipse, deren Hauptachsen zu den Basisvektoren $\mathbf{e}_1$, $\mathbf{e}_2$ parallel sind. Falls die Amplituden verschieden sind und die Phasendifferenz von $\pi/2$ verschieden ist, ist (12.3.2) die Darstellung einer im allgemeinen nicht achsenparallelen Ellipse. In den beiden letzten Fällen nennt man die Polarisation *elliptisch*.

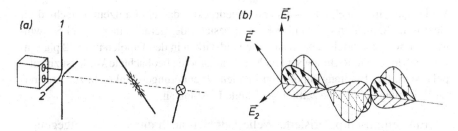

Abb. 12.12 a,b. Superposition zweier linear polarisierter Wellen gleicher Phase zu einer linear polarisierten Welle. Experimentelle Anordnung (**a**), momentane elektrische Feldstärken (**b**)

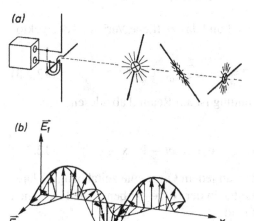

Abb. 12.13 a,b. Superposition zweier linear polarisierter Wellen mit einer Phasenverschiebung von $\pi/2$ zu einer zirkular polarisierten Welle. Experimentelle Anordnung (**a**), momentane elektrische Feldstärken (**b**)

Experiment 12.4.
Superposition zweier linear polarisierter Wellen gleicher Phase

Die lineare Polarisation der von einem Dipol abgestrahlten Welle in Richtung dieses Dipols haben wir schon in Experiment 12.1 gezeigt. Wir verbinden nun zwei Dipole über gleich lange Leitungen mit dem Schwingkreis des Senders, so daß sie in gleicher Phase schwingen, bringen die Zentren der Dipole an den gleichen Ort (Abb. 12.12) und richten sie senkrecht zueinander aus. Mit einem Empfangsdipol stellen wir fest, daß in der Richtung senkrecht zu den beiden Sendedipolen eine Welle abgestrahlt wird. Ihre Polarisationsrichtung ist eine Winkelhalbierende der Sendedipole. In dieser Richtung zeigt der Empfangsdipol maximale Feldstärke an, in der dazu senkrechten Richtung keine Feldstärke.

Experiment 12.5. Erzeugung einer zirkular polarisierten Welle

Wir benutzen die gleiche Anordnung wie in Experiment 12.4, jedoch sind nun die Leitungen zwischen Schwingkreis und Dipolen verschieden lang (Abb. 12.13). Die Längendifferenz $\Delta\ell$ ist gerade so gewählt, daß sie $\lambda_M/4$ beträgt, also ein Viertel der

Wellenlänge im Kabel, oder – anders ausgedrückt – daß ein Laufzeitunterschied für elektrische Signale in den beiden Kabeln besteht, der gerade einer viertel Schwingungsperiode entspricht. Damit sind die Feldstärken in den Dipolen um $\pi/2$ phasenverschoben. Die in Richtung senkrecht zu den Dipolen beobachtete Welle ist zirkular polarisiert. Der Empfangsdipol zeigt in allen Orientierungen senkrecht zur Ausbreitungsrichtung die gleiche zeitlich gemittelte Leistung an.

Eine elliptisch polarisierte Welle läßt sich auch durch zwei entgegengesetzte zirkulare Polarisationen darstellen. Das sieht man am leichtesten ein, wenn man an Stelle der Vektoren $\mathbf{e}_1$, $\mathbf{e}_2$ die komplexen Vektoren

$$\mathbf{e}_{c0}^{\pm} = \frac{1}{\sqrt{2}}(\mathbf{e}_1 \pm i\mathbf{e}_2)$$

zur Darstellung der Feldstärke benutzt und das zeitliche Verhalten der Vektoren

$$\mathbf{e}_c^{\pm}(t,\mathbf{x}) = (\mathbf{e}_1 \pm i\mathbf{e}_2)e^{-i(\omega t - \mathbf{k}\cdot\mathbf{x} - \alpha^{\pm})} = \sqrt{2}\mathbf{e}_{c0}^{\pm}e^{-i(\omega t - \mathbf{k}\cdot\mathbf{x} - \alpha^{\pm})} \quad . \quad (12.3.3)$$

betrachtet. Ihre physikalische Bedeutung ist am Realteil abzulesen:

$$\begin{aligned}
\mathbf{e}^{\pm}(t,\mathbf{x}) &= \mathrm{Re}\{\mathbf{e}_c^{\pm}(t,\mathbf{x})\} \\
&= \mathbf{e}_1 \cos(\omega t - \mathbf{k}\cdot\mathbf{x} - \alpha^{\pm}) \pm \mathbf{e}_2 \sin(\omega t - \mathbf{k}\cdot\mathbf{x} - \alpha^{\pm}) \quad . \quad (12.3.4)
\end{aligned}$$

Die reellen Vektoren $\mathbf{e}^{\pm}$ beschreiben an jedem Ort $\mathbf{x}$ eine zeitabhängige Drehung mit der Winkelgeschwindigkeit ω in der $(\mathbf{e}_1, \mathbf{e}_2)$-Ebene. Die Positionen zu verschiedenen Zeiten am Ort $\mathbf{x}$ sind

$$\begin{aligned}
t &= \frac{1}{\omega}\left(\mathbf{k}\cdot\mathbf{x} + \alpha^{\pm}\right) &&: \mathbf{e}^{\pm}(t,\mathbf{x}) = \mathbf{e}_1 \quad , \\
t &= \frac{1}{\omega}\left(\mathbf{k}\cdot\mathbf{x} + \alpha^{\pm} + \pi/2\right) &&: \mathbf{e}^{\pm}(t,\mathbf{x}) = \pm\mathbf{e}_2 \quad , \\
t &= \frac{1}{\omega}\left(\mathbf{k}\cdot\mathbf{x} + \alpha^{\pm} + \pi\right) &&: \mathbf{e}^{\pm}(t,\mathbf{x}) = -\mathbf{e}_1 \quad , \\
t &= \frac{1}{\omega}\left(\mathbf{k}\cdot\mathbf{x} + \alpha^{\pm} + 3\pi/2\right) &&: \mathbf{e}^{\pm}(t,\mathbf{x}) = \mp\mathbf{e}_2 \quad . \quad (12.3.5)
\end{aligned}$$

Die Drehrichtung von $\mathbf{e}^+$ bildet mit der Richtung des Wellenvektors $\mathbf{k}$ eine Rechtsschraube, die von $\mathbf{e}^-$ eine Linksschraube. Sie beschreiben positive bzw. negative zirkulare Polarisation. Mit Hilfe der Vektoren $\mathbf{e}_{c0}^{\pm}$ zerlegen wir eine beliebige Feldstärke $\mathbf{E}_c$ in zwei Anteile:

$$\mathbf{E}_c = \frac{1}{\sqrt{2}}[(A_1 + iA_2)\mathbf{e}_{c0}^+ + (A_1 - iA_2)\mathbf{e}_{c0}^-]e^{-i(\omega t - \mathbf{k}\cdot\mathbf{x})} \quad .$$

Wir bezeichnen die Absolutbeträge durch

$$A^{\pm} = |A_1 \pm iA_2|$$

und stellen die Quotienten

$$\frac{1}{A^{\pm}}(A_1 \pm \mathrm{i}A_2) = \mathrm{e}^{\mathrm{i}\alpha^{\pm}} \quad ,$$

deren Betrag gleich eins ist, durch die komplexen Phasen $\alpha^{\pm}$ dar. Damit hat die komplexe Feldstärke $\mathbf{E}_c$ die Form

$$\begin{aligned}
\mathbf{E}_c &= \frac{1}{\sqrt{2}}\left(A^+\mathrm{e}^{\mathrm{i}\alpha^+}\mathbf{e}_{c0}^+ + A^-\mathrm{e}^{\mathrm{i}\alpha^-}\mathbf{e}_{c0}^-\right)\mathrm{e}^{-\mathrm{i}(\omega t - \mathbf{k}\cdot\mathbf{x})} \\
&= \frac{1}{2}\left(A^+\mathbf{e}_c^+(t,\mathbf{x}) + A^-\mathbf{e}_c^-(t,\mathbf{x})\right) \quad ,
\end{aligned}$$

und die physikalische Feldstärke $\mathbf{E}$ als Realteil von $\mathbf{E}_c$ ist

$$\mathbf{E} = \frac{1}{2}\left(A^+\mathbf{e}^+(t,\mathbf{x}) + A^-\mathbf{e}^-(t,\mathbf{x})\right) \quad .$$

Damit ist gezeigt, daß die Feldstärke $\mathbf{E}$ die Überlagerung zweier zirkular polarisierter Wellen ist. Falls einer der reellen Koeffizienten A^+ oder A^- verschwindet, ist $\mathbf{E}$ selbst zirkular polarisiert. Lineare und zirkulare Polarisation sind zwei Möglichkeiten, mit denen jede beliebige Polarisationsform von elektromagnetischen Wellen beschrieben werden kann.

12.3.2 Stehende Wellen

Inhalt: Überlagerung zweier komplexer ebener Wellen $\mathbf{E}_c^{(+)}, \mathbf{E}_c^{(-)}$ mit gleichem Amplitudenbetrag, gleicher linearer Polarisation, gleicher Kreisfrequenz, aber entgegengesetzt gleichen Wellenvektoren $\mathbf{k}$ bzw. $-\mathbf{k}$. Die Feldstärke der Überlagerung ist eine stehende Welle, d. h. die Feldstärke ist ein Produkt aus einem zeitabhängigen und einem ortsabhängigen Faktor.
Bezeichnungen: $\mathbf{E}_c^{(+)}, \mathbf{E}_c^{(-)}$ komplexe elektrische Feldstärken ebener Wellen mit den Wellenvektoren $\mathbf{k}$ bzw. $-\mathbf{k}$ und den Phasen $\alpha^{(+)}, \alpha^{(-)}$; $\beta^{(\pm)} = (\alpha^{(+)} \pm \alpha^{(-)})/2$ Summe bzw. Differenz der beiden Phasen, $\mathbf{E}_0$ Amplitude der elektrischen Feldstärke.

Ein weiteres spezielles Phänomen der Überlagerung von Wellen tritt auf, wenn zwei Wellen gleichen Amplitudenbetrages und gleicher linearer Polarisation mit der Kreisfrequenz ω, aber zwei entgegengesetzt gleich großen Wellenvektoren $\mathbf{k}$ und $-\mathbf{k}$ den Raum erfüllen,

$$\mathbf{E}_c^{(+)} = \mathbf{E}_0\mathrm{e}^{-\mathrm{i}(\omega t - \mathbf{k}\cdot\mathbf{x} + \alpha^{(+)})} \quad , \qquad \mathbf{E}_c^{(-)} = \mathbf{E}_0\mathrm{e}^{-\mathrm{i}(\omega t + \mathbf{k}\cdot\mathbf{x} + \alpha^{(-)})} \quad . \quad (12.3.6)$$

Mit

$$\beta^{(\pm)} = \frac{1}{2}\left(\alpha^{(+)} \pm \alpha^{(-)}\right) \quad , \qquad \text{d. h.} \quad \alpha^{(\pm)} = \beta^{(+)} \pm \beta^{(-)} \quad ,$$

gilt für die Überlagerung

$$\mathbf{E}_c = \mathbf{E}_c^{(+)} + \mathbf{E}_c^{(-)} \;=\; \mathbf{E}_0 e^{-i(\omega t + \beta^{(+)})} \left[e^{i(\mathbf{k}\cdot\mathbf{x} - \beta^{(-)})} + e^{-i(\mathbf{k}\cdot\mathbf{x} - \beta^{(-)})} \right]$$

$$= 2\mathbf{E}_0 e^{-i(\omega t + \beta^{(+)})} \cos(\mathbf{k}\cdot\mathbf{x} - \beta^{(-)}) \quad . \quad (12.3.7)$$

Die reelle, physikalische Amplitude

$$\mathbf{E} = 2\mathbf{E}_0 \cos(\omega t + \beta^{(+)}) \cos(\mathbf{k}\cdot\mathbf{x} - \beta^{(-)})$$

stellt eine linear polarisierte, *stehende Welle* dar. Im Gegensatz zu früher diskutierten, räumlich und zeitlich periodischen Wellenvorgängen stellt dieser einen Vorgang dar, bei dem die Phasenflächen, die wieder Ebenen sind, durch

$$\mathbf{k}\cdot\mathbf{x} - \beta^{(-)} = \delta$$

festgelegt und damit zeitunabhängig sind. Der Faktor $\mathbf{E}_0 \cos(\omega t + \beta^{(+)})$ ist eine zeitabhängige (schwingende) Amplitude, der Faktor $\cos(\mathbf{k}\cdot\mathbf{x} - \beta^{(-)})$ stellt einen im Raum stehenden, periodischen Vorgang dar (Abb. 12.14). Natürlich lassen sich durch Überlagerung zweier senkrecht zueinander linear polarisierter, stehender Wellen auch stehende Wellen zirkularer oder elliptischer Polarisation verwirklichen. Experimentell stellt man stehende Wellen am einfachsten durch die Spiegelung einer ebenen Welle in sich selbst her.

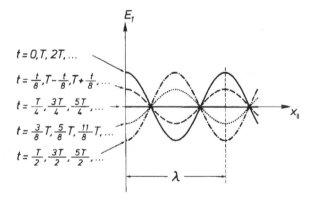

Abb. 12.14. Komponente E_1 der elektrischen Feldstärke $\mathbf{E} = E_1\mathbf{e}_1$ in Polarisationsrichtung einer stehenden ebenen Welle als Funktion der Ortskoordinate $x_\parallel = \mathbf{x}\cdot\hat{\mathbf{k}}$

12.3.3 Interferenz ebener Wellen

Inhalt: Es wird die Überlagerung zweier ebener Wellen gleicher Polarisationsrichtung, aber verschiedener Wellenvektoren $\mathbf{k}, \mathbf{k}'$, Amplituden E, E' und Phasen α, α' untersucht. Für verschiedene Beträge $k \neq k'$ der Wellenvektoren ergeben sich im Raum fortschreitende Interferenzmuster, für gleiche Beträge $k = k'$ befindet sich das Interferenzmuster im Raum in Ruhe.

Bezeichnungen: $\mathbf{E}_c$, $\mathbf{E}_c'$ komplexe elektrische Feldstärken, ω, ω' Kreisfrequenzen, $\mathbf{k}, \mathbf{k}'$ Wellenvektoren, E, E' Amplituden, α, α' Phasen zweier ebener Wellen; $\omega^{(\pm)} = (\omega \pm \omega')/2$, $\mathbf{k}^{(\pm)} = (\mathbf{k} \pm \mathbf{k}')/2$, $E^{(\pm)} = (E \pm E')/2$, $\alpha^{(\pm)} = (\alpha \pm \alpha')/2$; $\mathbf{E}$ elektrische Feldstärke, $\zeta(\omega^{(-)}t - \mathbf{k}^{(-)}\cdot\mathbf{x})$ Amplitudenmodulation, $\varphi(\omega^{(-)}t - \mathbf{k}^{(-)}\cdot\mathbf{x})$ zeit- und ortsabhängige Phase.

Zum Abschluß betrachten wir die räumliche Überlagerung zweier ebener Wellen mit den elektrischen Feldstärken $\mathbf{E}_c$, $\mathbf{E}'_c$ und gleicher linearer Polarisationsrichtung $\mathbf{e}_1$, aber verschiedener Wellenvektoren $\mathbf{k}, \mathbf{k}'$, Amplituden E, E' und Phasen α, α':

$$\mathbf{E}_c = E e^{-i(\omega t - \mathbf{k}\cdot\mathbf{x} + \alpha)}\mathbf{e}_1 \quad , \qquad \mathbf{E}'_c = E' e^{-i(\omega' t - \mathbf{k}'\cdot\mathbf{x} + \alpha')}\mathbf{e}_1 \quad . \qquad (12.3.8)$$

Die Kreisfrequenzen hängen mit den Wellenvektoren über $\omega = ck$, $\omega' = ck'$ zusammen. Mit Hilfe der halben Summen und Differenzen

$$\omega^{(\pm)} = (\omega \pm \omega')/2 \quad , \quad \mathbf{k}^{(\pm)} = (\mathbf{k} \pm \mathbf{k}')/2 \quad ,$$
$$E^{(\pm)} = (E \pm E')/2 \quad , \quad \alpha^{(\pm)} = (\alpha \pm \alpha')/2 \qquad (12.3.9)$$

läßt sich die Zerlegung

$$
\begin{aligned}
\mathbf{E}_c + \mathbf{E}'_c &= \left\{ E^{(+)} \left[e^{i(\omega^{(-)}t - \mathbf{k}^{(-)}\cdot\mathbf{x} + \alpha^{(-)})} + e^{-i(\omega^{(-)}t - \mathbf{k}^{(-)}\cdot\mathbf{x} + \alpha^{(-)})} \right] \right. \\
&\quad \left. + E^{(-)} \left[e^{-i(\omega^{(-)}t - \mathbf{k}^{(-)}\cdot\mathbf{x} + \alpha^{(-)})} - e^{i(\omega^{(-)}t - \mathbf{k}^{(-)}\cdot\mathbf{x} + \alpha^{(-)})} \right] \right\} \\
&\quad \times e^{-i(\omega^{(+)}t - \mathbf{k}^{(+)}\cdot\mathbf{x} + \alpha^{(+)})}\mathbf{e}_1 \\
&= 2 \left\{ E^{(+)} \cos(\omega^{(-)}t - \mathbf{k}^{(-)}\cdot\mathbf{x} + \alpha^{(-)}) \right. \\
&\quad \left. - i E^{(-)} \sin(\omega^{(-)}t - \mathbf{k}^{(-)}\cdot\mathbf{x} + \alpha^{(-)}) \right\} e^{-i(\omega^{(+)}t - \mathbf{k}^{(+)}\cdot\mathbf{x} + \alpha^{(+)})}\mathbf{e}_1
\end{aligned}
$$

gewinnen. Die physikalische Feldstärke ist der Realteil von $\mathbf{E}_c + \mathbf{E}'_c$,

$$
\begin{aligned}
\mathbf{E}^{(s)} = 2 \left\{ E^{(+)} \cos(\omega^{(-)}t - \mathbf{k}^{(-)}\cdot\mathbf{x} + \alpha^{(-)}) \cos(\omega^{(+)}t - \mathbf{k}^{(+)}\cdot\mathbf{x} + \alpha^{(+)}) \right. \\
\left. - E^{(-)} \sin(\omega^{(-)}t - \mathbf{k}^{(-)}\cdot\mathbf{x} + \alpha^{(-)}) \sin(\omega^{(+)}t - \mathbf{k}^{(+)}\cdot\mathbf{x} + \alpha^{(+)}) \right\} \mathbf{e}_1 \quad .
\end{aligned}
$$

Die physikalische Interpretation dieses Wellenvorgangs wird deutlich, wenn man an Stelle der Faktoren

$$
\begin{aligned}
\xi &= 2E^{(+)} \cos(\omega^{(-)}t - \mathbf{k}^{(-)}\cdot\mathbf{x} + \alpha^{(-)}) \quad , \\
\eta &= 2E^{(-)} \sin(\omega^{(-)}t - \mathbf{k}^{(-)}\cdot\mathbf{x} + \alpha^{(-)})
\end{aligned}
$$

die raum- und zeitabhängige Amplitude

$$\zeta(\omega^{(-)}t - \mathbf{k}^{(-)}\cdot\mathbf{x}) = \sqrt{\xi^2 + \eta^2} \qquad (12.3.10)$$

und die durch

$$\cos\varphi(\omega^{(-)}t - \mathbf{k}^{(-)}\cdot\mathbf{x}) = \frac{\xi}{\zeta} \quad , \qquad \sin\varphi(\omega^{(-)}t - \mathbf{k}^{(-)}\cdot\mathbf{x}) = \frac{\eta}{\zeta}$$

definierte Phase $\varphi(\omega^{(-)}t - \mathbf{k}^{(-)}\cdot\mathbf{x})$ als Funktionen von $\omega^{(-)}t - \mathbf{k}^{(-)}\cdot\mathbf{x}$ einführt. Man erhält

$$\mathbf{E} = \zeta(\omega^{(-)}t - \mathbf{k}^{(-)} \cdot \mathbf{x}) \cos(\omega^{(+)}t - \mathbf{k}^{(+)} \cdot \mathbf{x} + \alpha^{(+)} + \varphi)\,\mathbf{e}_1 \quad . \quad (12.3.11)$$

Dieser Ausdruck stellt eine mit dem Faktor $\zeta(\omega^{(-)}t - \mathbf{k}^{(-)} \cdot \mathbf{x})$ amplituden-modulierte Welle mit der Kreisfrequenz $\omega^{(+)}$ und dem Wellenvektor $\mathbf{k}^{(+)}$ dar.

Wenn die beiden Wellenvektoren $\mathbf{k}, \mathbf{k}'$ nach Betrag und Richtung nicht sehr verschieden sind, d. h.

$$|\mathbf{k} - \mathbf{k}'| \ll k \quad , \qquad |\omega - \omega'| \ll \omega \quad ,$$

so sind der Summenvektor $\mathbf{k}^{(+)}$ und der Differenzvektor $\mathbf{k}^{(-)}$ stark verschie-den. Der Wellenvektor $\mathbf{k}^{(+)}$ kennzeichnet einen im Vergleich zu $\mathbf{k}^{(-)}$ räumlich wie zeitlich schnell veränderlichen Wellenvorgang. Dementsprechend sind $\zeta(\omega^{(-)}t - \mathbf{k}^{(-)} \cdot \mathbf{x})$ und $\varphi(\omega^{(-)}t - \mathbf{k}^{(-)} \cdot \mathbf{x})$ im Vergleich zum Kosinusfak-tor in (12.3.11) langsam veränderlich. Die Welle, die der Kosinusfaktor be-schreibt, heißt *Trägerwelle*. Ihre Fortpflanzungsrichtung ist durch die halbe Summe der ursprünglichen Wellenvektoren – vgl. (12.3.9) – gegeben. Der Faktor $\zeta(\omega^{(-)}t - \mathbf{k}^{(-)} \cdot \mathbf{x})$, der durch (12.3.10) definiert ist, heißt *Amplitu-denmodulation*. Als Funktion von $\omega^{(-)}t - \mathbf{k}^{(-)} \cdot \mathbf{x}$ ist ihre Periode in Raum und Zeit viel größer als die der Trägerwelle, ihre Fortpflanzungsrichtung ist durch $\mathbf{k}^{(-)}$ bestimmt und damit verschieden von $\mathbf{k}^{(+)}$. Durch den Amplituden-faktor ist der Trägerwelle eine zeitlich und räumlich langsamer veränderliche Modulation überlagert, der die *Interferenz* der beiden ursprünglichen Wellen deutlich macht. An Stellen, an denen ζ große (kleine) Werte annimmt, tritt *konstruktive (destruktive) Interferenz* auf.

Falls die beiden Wellenvektoren $\mathbf{k}$ und $\mathbf{k}'$ die gleichen Beträge haben,

$$k = |\mathbf{k}| = |\mathbf{k}'| = k' \quad , \qquad (12.3.12)$$

verschwindet die Kreisfrequenz $\omega^{(-)}$, so daß der Ausdruck

$$\omega^{(-)}t - \mathbf{k}^{(-)} \cdot \mathbf{x} = -\frac{1}{2}(\mathbf{k} - \mathbf{k}') \cdot \mathbf{x}$$

zeitunabhängig ist. Damit sind die Amplitudenmodulation ζ und die Phase φ zeitunabhängig und nur räumlich veränderlich. Das führt zu einem im Raum stehenden *Interferenzmuster*, so daß die Amplituden an festen Stellen stets zeitlich unveränderliche Werte haben (Abb. 12.15 und 12.16).

Der Wellenvektor der Trägerwelle,

$$\mathbf{k}^{(+)} = \frac{1}{2}(\mathbf{k} + \mathbf{k}') \quad ,$$

und der der Amplitudenmodulation,

$$\mathbf{k}^{(-)} = \frac{1}{2}(\mathbf{k} - \mathbf{k}') \quad ,$$

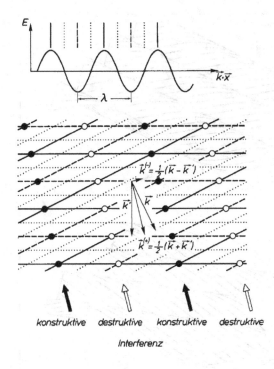

Abb. 12.15. Zur Interferenz zweier ebener Wellen gleicher Wellenzahl $k = k'$ (d. h. auch gleicher Wellenlänge $\lambda = \lambda'$), aber verschiedener Ausbreitungsrichtung $\hat{\mathbf{k}}$ bzw. $\hat{\mathbf{k}}'$. Die Wellenvektoren $\mathbf{k}$ und $\mathbf{k}'$ spannen die Zeichenebene auf. Die eingezeichneten Geraden sind die Schnittlinien zwischen den Phasenebenen der Wellen und der Zeichenebene. Durchgezogene, gestrichelte bzw. punktierte Linien bedeuten Phasenebenen zu maximaler, minimaler bzw. verschwindender Feldstärke. Durch (konstruktive) Interferenz hat die Feldstärke an den ausgefüllten Kreisen maximalen Betrag. Sie verschwindet durch (destruktive) Interferenz an den offenen Kreisen

stehen in diesem Fall wegen (12.3.12) senkrecht zueinander,

$$\mathbf{k}^{(+)} \cdot \mathbf{k}^{(-)} = \frac{1}{4}(\mathbf{k}^2 - \mathbf{k}'^2) = 0 \quad .$$

Die Amplitudenmodulation

$$\zeta(\omega^{(-)}t - \mathbf{k}^{(-)} \cdot \mathbf{x}) = \zeta(-\mathbf{k}^{(-)} \cdot \mathbf{x})$$

ist dann konstant auf jeder Ebene, die durch

$$-\mathbf{k}^{(-)} \cdot \mathbf{x} = a$$

gegeben ist und senkrecht auf $\mathbf{k}^{(-)}$ steht, variiert jedoch von Ebene zu Ebene. Die Wellenamplitude zeigt also ein Streifenmuster mit einander abwechselnden Streifen hoher und geringer Amplitude, die senkrecht zur Richtung von $\mathbf{k}^{(-)}$ verlaufen. Dies ist ein spezieller Fall eines stehenden Interferenzmusters, wie es für kohärente Wellen auftritt. Der Einfachheit halber haben wir das Phänomen der Interferenz für linear polarisierte Wellen studiert. Die Argumente laufen für andere Polarisationen völlig analog, weil sie aus den beiden linearen Polarisationen überlagert werden können.

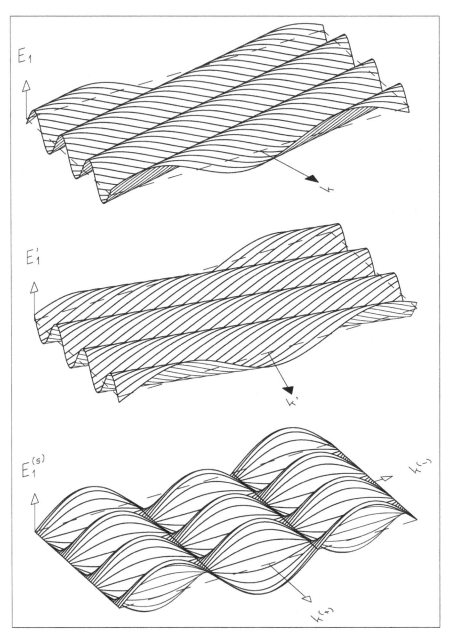

Abb. 12.16. Darstellung zweier ebener Wellen $\mathbf{E} = E_1(t, \mathbf{x})\mathbf{e}_1$ und $\mathbf{E}' = E_1'(t, \mathbf{x})\mathbf{e}_1$ und ihrer Summe $\mathbf{E}^{(s)} = E_1^{(s)}(t, \mathbf{x})\mathbf{e}_1$ für feste Zeit t in der $(\mathbf{e}_2, \mathbf{e}_3)$-Ebene, die auch die Wellenvektoren $\mathbf{k}$, $\mathbf{k}'$, $\mathbf{k}^{(+)}$, $\mathbf{k}^{(-)}$ enthält

12.4 Lösungen der inhomogenen d'Alembert-Gleichung

12.4.1 Die Green-Funktion der d'Alembert-Gleichung

Inhalt: Für vorgegebene elektrische Ladungs- und Stromdichten $\varrho(t, \mathbf{r})$, $\mathbf{j}(t, \mathbf{r})$ sind die d'Alembert-Gleichungen für die elektromagnetischen Potentiale $\varphi(t, \mathbf{r})$ und $\mathbf{A}(t, \mathbf{r})$ inhomogen. Ihre allgemeine Lösung ist eine Summe aus einer Partikularlösung der inhomogenen d'Alembert-Gleichungen und der allgemeinen Lösung der homogenen Gleichungen. Die Partikularlösung kann als Integral des Produktes aus Ladungs- bzw. Stromdichte und der retardierten Green-Funktion $G(t - t', \mathbf{r} - \mathbf{r}')$ dargestellt werden. Dabei wird berücksichtigt, daß die Ausbreitung der Wirkung einer Änderung der Ladungs- bzw. Stromdichte zur Zeit t' am Ort $\mathbf{r}'$ mit der Geschwindigkeit c der elektromagnetischen Wellen erfolgt und daher am Ort $\mathbf{r}$ erst zur Zeit $t = t' + |\mathbf{r} - \mathbf{r}'|/c$ wirkt. Diese Verzögerung wird als Retardierung bezeichnet. **Bezeichnungen:** $\varphi(t, \mathbf{r})$, $\mathbf{A}(t, \mathbf{r})$ elektromagnetische Potentiale; ε_0, μ_0 elektrische bzw. magnetische Feldkonstante; $\varrho(t', \mathbf{r}')$, $\mathbf{j}(t', \mathbf{r}')$ elektrische Ladungs- bzw. Stromdichte; $G(t, \mathbf{r}, t', \mathbf{r}') = G(t - t', \mathbf{r} - \mathbf{r}')$ retardierte Green-Funktion, $\Box = (1/c^2)\partial^2/\partial t^2 - \Delta$ d'Alembert-Operator, c Vakuumlichtgeschwindigkeit.

In den bisherigen Abschnitten dieses Kapitels haben wir spezielle Lösungen der homogenen Maxwell-Gleichungen und damit der homogenen d'Alembert-Gleichungen studiert. Damit konnten wir die Ausbreitung elektromagnetischer Felder im Vakuum, nicht aber ihre Erzeugung beschreiben. Um ein Verfahren zur Erzeugung von elektromagnetischen Wellen zu finden, liegt es nahe, die Ausbreitung schwingender Felder in Kondensatoren oder Spulen in den Raum hinaus zur Grundlage zu machen. Damit muß man die Ankopplung der Felder an bewegte Ladungen studieren. Das erfordert die Lösung der inhomogenen d'Alembert-Gleichung. Die Inhomogenitäten sind die äußeren zeitlich veränderlichen Ladungs- und Stromverteilungen.

An Stelle der Maxwell-Gleichungen betrachten wir nun die inhomogenen d'Alembert-Gleichungen (11.2.14) für das skalare Potential $\varphi(t, \mathbf{r})$ und das Vektorpotential $\mathbf{A}(t, \mathbf{r})$ in Lorentz-Eichung,

$$\Box\varphi(t, \mathbf{r}) = \frac{1}{\varepsilon_0}\varrho(t, \mathbf{r}) \quad , \qquad \Box\mathbf{A}(t, \mathbf{r}) = \mu_0\mathbf{j}(t, \mathbf{r}) \quad . \tag{12.4.1}$$

Da beide Gleichungen vom selben Typ sind, studieren wir zunächst die Lösung der skalaren Gleichung

$$\Box G(t, \mathbf{r}, t', \mathbf{r}') = 4\pi\delta(ct - ct')\delta^3(\mathbf{r} - \mathbf{r}') \quad . \tag{12.4.2}$$

Dabei sind die Variablen t' und $\mathbf{r}'$ zunächst Parameter, die festlegen, wo die Deltafunktionen von null verschieden sind; der d'Alembert-Operator bezieht sich auf die Variablen t und $\mathbf{r}$. Die Inhomogenität auf der rechten Seite von (12.4.2) besteht nur zur Zeit $t = t'$ am Punkt $\mathbf{r} = \mathbf{r}'$. Durch Integration über t' und $\mathbf{r}'$ mit geeigneten Faktoren lassen sich daraus beliebige Inhomogenitäten wie in (12.4.1) bilden.

Eine Ladungs- oder Stromdichteänderung zur Zeit t' am Ort $\mathbf{r}'$ kann wegen der endlichen Ausbreitungsgeschwindigkeit c eines Signals erst nach der Laufzeit

$$t - t' = \frac{|\mathbf{r} - \mathbf{r}'|}{c} \quad , \qquad \text{d. h.} \quad ct - ct' - |\mathbf{r} - \mathbf{r}'| = 0 \quad ,$$

eine Änderung der Potentiale φ und $\mathbf{A}$ am Ort $\mathbf{r}$ bewirken. Man nennt diesen Effekt *Retardierung* (Verspätung). Andererseits wissen wir aus der statischen und stationären Darstellung (11.2.22) für φ bzw. $\mathbf{A}$, daß die räumliche Ausbreitungsfunktion $1/|\mathbf{r} - \mathbf{r}'|$ die Schwächung mit dem Abstand berücksichtigt. Insgesamt werden wir also für die retardierte *Green-Funktion*, die (12.4.2) lösen soll, den Ansatz

$$G(t, \mathbf{r}, t', \mathbf{r}') = \frac{\delta(ct - ct' - |\mathbf{r} - \mathbf{r}'|)}{|\mathbf{r} - \mathbf{r}'|} \tag{12.4.3}$$

versuchen. Tatsächlich werden wir im folgenden zeigen, daß er die inhomogene d'Alembert-Gleichung löst. Zunächst sei noch bemerkt, daß die Green-Funktion offensichtlich zeitlich und räumlich translationsinvariant ist,

$$G(t, \mathbf{r}, t', \mathbf{r}') = G(t - t', \mathbf{r} - \mathbf{r}') \quad ,$$

d. h. nur von den Differenzen $t - t'$, $\mathbf{r} - \mathbf{r}'$ der Variablen abhängt. Durch Differentiation nach den Ortsvariablen finden wir

$$\begin{aligned}
&\boldsymbol{\nabla} G(t - t', \mathbf{r} - \mathbf{r}') \\
&= -\frac{\delta'(ct - ct' - |\mathbf{r} - \mathbf{r}'|)}{|\mathbf{r} - \mathbf{r}'|} \boldsymbol{\nabla}|\mathbf{r} - \mathbf{r}'| + \delta(ct - ct' - |\mathbf{r} - \mathbf{r}'|) \boldsymbol{\nabla}\frac{1}{|\mathbf{r} - \mathbf{r}'|} \quad ,
\end{aligned}$$

und mit

$$\boldsymbol{\nabla}|\mathbf{r} - \mathbf{r}'| = \frac{\mathbf{r} - \mathbf{r}'}{|\mathbf{r} - \mathbf{r}'|}$$

und der Ableitung der Diracschen Deltafunktion, vgl. Abschn. F.2.3, gilt

$$\begin{aligned}
&\Delta G(t - t', \mathbf{r} - \mathbf{r}') = \boldsymbol{\nabla} \cdot \boldsymbol{\nabla} G(t, \mathbf{r}, t', \mathbf{r}') \\
&= \frac{\delta''(ct - ct' - |\mathbf{r} - \mathbf{r}'|)}{|\mathbf{r} - \mathbf{r}'|} + \frac{\delta'(ct - ct' - |\mathbf{r} - \mathbf{r}'|)}{|\mathbf{r} - \mathbf{r}'|^3}(\mathbf{r} - \mathbf{r}') \cdot \boldsymbol{\nabla}|\mathbf{r} - \mathbf{r}'| \\
&\quad - \frac{\delta'(ct - ct' - |\mathbf{r} - \mathbf{r}'|)}{|\mathbf{r} - \mathbf{r}'|} \Delta|\mathbf{r} - \mathbf{r}'| \\
&\quad + \delta'(ct - ct' - |\mathbf{r} - \mathbf{r}'|)\boldsymbol{\nabla}(|\mathbf{r} - \mathbf{r}'|) \cdot \frac{\mathbf{r} - \mathbf{r}'}{|\mathbf{r} - \mathbf{r}'|^3} \\
&\quad + \delta(ct - ct' - |\mathbf{r} - \mathbf{r}'|) \Delta\frac{1}{|\mathbf{r} - \mathbf{r}'|} \quad .
\end{aligned}$$

Wegen

$$\Delta|\mathbf{r} - \mathbf{r}'| = \nabla \cdot \frac{\mathbf{r} - \mathbf{r}'}{|\mathbf{r} - \mathbf{r}'|} = \frac{2}{|\mathbf{r} - \mathbf{r}'|}$$

und (2.9.2) bleibt nur

$$\Delta G(t - t', \mathbf{r} - \mathbf{r}') = \frac{\delta''(ct - ct' - |\mathbf{r} - \mathbf{r}'|)}{|\mathbf{r} - \mathbf{r}'|} - 4\pi\delta(ct - ct' - |\mathbf{r} - \mathbf{r}'|)\delta^3(\mathbf{r} - \mathbf{r}') \ .$$

Da die doppelte Zeitableitung im d'Alembert-Operator einfach

$$\frac{1}{c^2}\frac{\partial^2}{\partial t^2}G(t - t', \mathbf{r} - \mathbf{r}') = \frac{\delta''(ct - ct' - |\mathbf{r} - \mathbf{r}'|)}{|\mathbf{r} - \mathbf{r}'|}$$

liefert, gilt nun tatsächlich

$$\square G(t - t', \mathbf{r} - \mathbf{r}') = 4\pi\delta(ct - ct')\delta^3(\mathbf{r} - \mathbf{r}') \ . \tag{12.4.4}$$

Mit Hilfe der Green-Funktion der d'Alembert-Gleichung läßt sich eine partikuläre Lösung der inhomogenen d'Alembert-Gleichungen für beliebige Inhomogenitäten $\varrho(t', \mathbf{r}')$, $\mathbf{j}(t', \mathbf{r}')$ gewinnen:

$$\varphi(t, \mathbf{r}) = \frac{c}{4\pi\varepsilon_0} \iint \frac{\delta(ct - ct' - |\mathbf{r} - \mathbf{r}'|)}{|\mathbf{r} - \mathbf{r}'|}\varrho(t', \mathbf{r}')\, dt'\, dV' \ , \tag{12.4.5a}$$

$$\mathbf{A}(t, \mathbf{r}) = \frac{c\mu_0}{4\pi} \iint \frac{\delta(ct - ct' - |\mathbf{r} - \mathbf{r}'|)}{|\mathbf{r} - \mathbf{r}'|}\mathbf{j}(t', \mathbf{r}')\, dt'\, dV' \ . \tag{12.4.5b}$$

Daß diese Ansätze tatsächlich Lösungen der inhomogenen Gleichungen (12.4.1) liefern, rechnet man leicht nach. Der d'Alembert-Operator $\square$, der auf die Variablen t und $\mathbf{r}$ wirkt, kann mit den Integrationen in (12.4.5) vertauscht werden. Das liefert wegen (12.4.4) nur noch Deltafunktionen in der Zeit und den Ortskoordinaten, die nach Integration zusammen mit den Faktoren ϱ bzw. $\mathbf{j}$ gerade die rechten Seiten von (12.4.1) ergeben. Ebenso rechnet man leicht nach, daß für die Lösungen (12.4.5) die Lorentz-Bedingung erfüllt ist, denn es gilt

$$\frac{1}{c^2}\frac{\partial\varphi^{(L)}}{\partial t} + \nabla \cdot \mathbf{A}^{(L)} =$$

$$\frac{c\mu_0}{4\pi} \iint \frac{\delta(ct - ct' - |\mathbf{r} - \mathbf{r}'|)}{|\mathbf{r} - \mathbf{r}'|}\left(\frac{\partial\rho(t', \mathbf{r}')}{\partial t'} + \nabla' \cdot \mathbf{j}'(t', \mathbf{r}')\right) dt'\, dV' = 0 \ .$$

Die rechte Seite ist gleich null, weil die Kontinuitätsgleichung (5.2.4) den zweiten Faktor im Integranden verschwinden läßt.

Da die Gleichungen (12.4.1) in den Zeitableitungen von zweiter Ordnung sind, werden Anfangsbedingungen für die Potentiale wie für ihre ersten Zeitableitungen für die Zeit $t = t_0$ benötigt. Falls diese Anfangsbedingungen bei $t = t_0$ gleich den Werten $\varphi(t_0, \mathbf{r})$, $\dot\varphi(t_0, \mathbf{r})$, $\mathbf{A}(t_0, \mathbf{r})$, $\dot{\mathbf{A}}(t_0, \mathbf{r})$ der Partikularlösungen (12.4.5) sind, so sind diese Partikularlösungen eindeutig, weil die Lösungen der homogenen Gleichungen, die noch zugefügt werden müssen, für diese Anfangsbedingungen identisch verschwinden.

12.5 Erzeugung elektromagnetischer Wellen

Nachdem wir im vorigen Abschnitt die Lösung der inhomogenen d'Alembert-Gleichung kennengelernt haben, können wir berechnen, wie sich die zeitlichen Veränderungen von Ladungs- und Stromdichten in die elektromagnetischen Felder in der Umgebung ausbreiten. Wir betrachten zwei Fälle, den einer schwingenden Dipolladungsverteilung und den eines schwingenden Kreisstromes.

12.5.1 Abstrahlung eines schwingenden elektrischen Dipols

Inhalt: Für die zeitabhängige Ladungs- und Stromdichte eines schwingenden elektrischen Dipols mit dem zeitabhängigen Dipolmoment $\mathbf{d}(ct)$ werden mit Hilfe der retardierten Green-Funktion $G(t - t', \mathbf{r} - \mathbf{r}')$ die elektromagnetischen Potentiale $\varphi_{\mathrm{e}}(t, \mathbf{r}) = -\boldsymbol{\nabla} \cdot \mathbf{N}_{\mathrm{e}}/\varepsilon_0$ und $\mathbf{A}_{\mathrm{e}}(t, \mathbf{r}) = \mu_0 \partial \mathbf{N}_{\mathrm{e}}/\partial t$ berechnet. Hier ist $\mathbf{N}_{\mathrm{e}}(t, \mathbf{r})$ der Hertzsche Vektor, der für die Ladungs- und Stromdichte $\varrho(t, \mathbf{r}) = -\mathbf{d}(ct) \cdot \boldsymbol{\nabla} \delta^3(\mathbf{r})$ bzw. $\mathbf{j}(t, \mathbf{r}) = \dot{\mathbf{d}}(ct)\delta^3(\mathbf{r})$ die Form $\mathbf{N}_{\mathrm{e}}(t, \mathbf{r}) = -1/(4\pi r)\mathbf{d}(ct - r)$ hat. Aus den elektromagnetischen Potentialen $\varphi_{\mathrm{e}}(t, \mathbf{r})$ und $\mathbf{A}_{\mathrm{e}}(t, \mathbf{r})$ werden die elektrische Feldstärke $\mathbf{E}_{\mathrm{e}} = -\boldsymbol{\nabla}\varphi_{\mathrm{e}} - \partial \mathbf{A}_{\mathrm{e}}/\partial t$ und die magnetische Flußdichte $\mathbf{B}_{\mathrm{e}} = \boldsymbol{\nabla} \times \mathbf{A}_{\mathrm{e}}$ berechnet. In der Fern- oder Wellenzone, d. h. für $kr \gg 1$, fallen die dominanten Beiträge für die elektrische Feldstärke und die magnetische Flußdichte wie $1/r$ ab. Sie sind proportional zur Beschleunigung der Ladungen im schwingenden elektrischen Dipol. Damit fällt in der Wellenzone der dominante Beitrag zur Energieflußdichte $\mathbf{S}$ wie $1/r^2$ ab und ist proportional zum Quadrat der Beschleunigung der Ladungen im schwingenden elektrischen Dipol. Durch jede geschlossene Oberfläche, die den schwingenden elektrischen Dipol einschließt, fließt in der Wellenzone der gleiche dominante Beitrag zur Leistung. Die über eine zeitliche Periode gemittelte, von einem schwingenden elektrischen Dipol abgestrahlte Leistung ist $\langle N \rangle = \mu_0 \omega^4 d_0^2/(12\pi c)$.
Bezeichnungen: $\mathbf{d}(ct)$ zeitabhängiges elektrisches Dipolmoment, $\mathbf{d}_{\mathrm{c}}(ct)$ komplexes elektrisches Dipolmoment, $\mathbf{d}_0$ (reelles) Dipolmoment, $\varphi_{\mathrm{e}}(t, \mathbf{r})$, $\mathbf{A}_{\mathrm{e}}(t, \mathbf{r})$ elektromagnetische Potentiale, $\mathbf{N}_{\mathrm{e}}(t, \mathbf{r})$ Hertzscher Vektor des schwingenden elektrischen Dipols; $\mathbf{E}_{\mathrm{e}}$, $\mathbf{B}_{\mathrm{e}}$ elektrische Feldstärke bzw. magnetische Flußdichte, $\mathbf{E}_{\mathrm{ec}}$, $\mathbf{B}_{\mathrm{ec}}$ komplexe elektrische Feldstärke bzw. komplexe magnetische Flußdichte des schwingenden elektrischen Dipols; ϱ Ladungsdichte, $\mathbf{j}$ Stromdichte, ω Kreisfrequenz der harmonischen Schwingung des elektrischen Dipolmomentes, $T = 2\pi/\omega$ Periode einer Schwingung, $k = \omega/c$ Wellenzahl, λ Wellenlänge; ε_0, μ_0 elektrische bzw. magnetische Feldkonstante; c Vakuumlichtgeschwindigkeit, N abgestrahlte elektromagnetische Leistung; $\langle N \rangle$ über eine Periode gemittelte, abgestrahlte elektromagnetische Leistung; $\mathbf{S}_{\mathrm{e}}$ Energieflußdichte des schwingenden elektrischen Dipols.

In Abschn. 2.10.1 haben wir gesehen, daß sich die Ladungsdichte eines Dipols im Grenzfall verschwindender Ausdehnung der Ladungsverteilung am Ort $\mathbf{r} = 0$ durch

$$\varrho = -\mathbf{d} \cdot \boldsymbol{\nabla} \delta^3(\mathbf{r}) \qquad (12.5.1)$$

beschreiben läßt. Wir betrachten nun eine zeitabhängige Ladungsdichte am Ort $\mathbf{r} = 0$, die das zeitabhängige Dipolmoment

$$\mathbf{d} = \mathbf{d}(ct) \qquad (12.5.2)$$

habe. Eine zeitabhängige Ladungsverteilung hat nach der Kontinuitätsgleichung einen Strom zur Folge. Es gilt

$$\nabla \cdot \mathbf{j} = -\frac{\partial \varrho}{\partial t} = \frac{\mathrm{d}}{\mathrm{d}t}\mathbf{d} \cdot \nabla \delta^3(\mathbf{r}) = c\mathbf{d}' \cdot \nabla \delta^3(\mathbf{r})$$

mit

$$\mathbf{d}'(\xi) = \frac{\mathrm{d}}{\mathrm{d}\xi}\mathbf{d}(\xi) \quad , \qquad \xi = ct \quad ,$$

so daß die Stromdichte

$$\mathbf{j} = \dot{\mathbf{d}}\delta^3(\mathbf{r}) = c\mathbf{d}'\delta^3(\mathbf{r}) \tag{12.5.3}$$

erforderlich ist, um die Kontinuitätsgleichung zu erfüllen. Wenn man zwei Ladungen Q und $-Q$ so um die Ruhelage $\mathbf{r} = 0$ schwingen läßt, daß sie das zeitabhängige Dipolmoment $\mathbf{d}(ct)$ besitzen, so ergibt sich im Grenzfall verschwindender Amplitude und divergierender Ladung Q gerade der obige Ausdruck für die Stromdichte, vgl. (11.3.10).

Die Berechnung der von $\varrho(t, \mathbf{r})$ und $\mathbf{j}(t, \mathbf{r})$ verursachten elektromagnetischen Potentiale φ_e und $\mathbf{A}_\mathrm{e}$ des elektrischen Dipols ist nun wegen (12.4.5) leicht mit der Green-Funktion (12.4.3) durchzuführen:

$$\begin{aligned}
\varphi_\mathrm{e}(t, \mathbf{r}) &= -\frac{c}{4\pi\varepsilon_0} \iint \frac{\delta(ct - ct' - |\mathbf{r} - \mathbf{r}'|)}{|\mathbf{r} - \mathbf{r}'|}\mathbf{d}(ct') \cdot \nabla'\delta^3(\mathbf{r}')\,\mathrm{d}t'\,\mathrm{d}V' \\
&= -\frac{1}{4\pi\varepsilon_0} \int \frac{\mathbf{d}(ct - |\mathbf{r} - \mathbf{r}'|)}{|\mathbf{r} - \mathbf{r}'|} \cdot \nabla'\delta^3(\mathbf{r}')\,\mathrm{d}V' \quad .
\end{aligned}$$

Durch partielle Integration erhalten wir

$$\varphi_\mathrm{e}(t, \mathbf{r}) = -\frac{1}{4\pi\varepsilon_0} \int \delta^3(\mathbf{r}')\nabla \cdot \frac{\mathbf{d}(ct - |\mathbf{r} - \mathbf{r}'|)}{|\mathbf{r} - \mathbf{r}'|}\,\mathrm{d}V' \quad .$$

Das Minuszeichen, das dabei auftritt, ist beim Übergang vom Gradienten ∇' zum Gradienten ∇ wieder kompensiert worden. Insgesamt erhalten wir für das skalare Potential des elektromagnetischen Feldes eines zeitlich veränderlichen elektrischen Dipols am Ursprung des Koordinatensystems

$$\varphi_\mathrm{e}(t, \mathbf{r}) = -\frac{1}{4\pi\varepsilon_0}\nabla \cdot \frac{\mathbf{d}(ct - r)}{r} = -\frac{1}{\varepsilon_0}\nabla \cdot \mathbf{N}_\mathrm{e}(t, \mathbf{r}) \quad .$$

Hier ist

$$\mathbf{N}_\mathrm{e}(t, \mathbf{r}) = \frac{1}{4\pi r}\mathbf{d}(ct - r) \tag{12.5.4}$$

der *Hertzsche Vektor* für die Ladungs- und Stromdichte (12.5.1) bzw. (12.5.3) mit einem zeitabhängigen Dipolmoment $\mathbf{d}(ct)$. Analog berechnet man das zugehörige Vektorpotential und erhält

$$\mathbf{A}_e(t, \mathbf{r}) = \frac{\mu_0}{4\pi} \frac{\dot{\mathbf{d}}(ct - r)}{r} = \frac{\mu_0}{4\pi} c \frac{\mathbf{d}'(ct - r)}{r} = \mu_0 \frac{\partial \mathbf{N}_e(t, \mathbf{r})}{\partial t} \quad .$$

Offenbar erfüllen die beiden Potentiale die Lorentz-Bedingung (11.2.13). Das skalare Potential kann man mit Hilfe von $\nabla r = \mathbf{r}/r = \hat{\mathbf{r}}$ und

$$
\begin{aligned}
\nabla \cdot \frac{\mathbf{d}(ct - r)}{r} &= -\frac{\mathbf{d}'(ct - r)}{r} \cdot \hat{\mathbf{r}} - \mathbf{d}(ct - r) \cdot \frac{\mathbf{r}}{r^3} \\
&= -\left[\mathbf{d}'(ct - r) + \frac{\mathbf{d}(ct - r)}{r} \right] \cdot \frac{\mathbf{r}}{r^2}
\end{aligned}
$$

explizit durch

$$\varphi_e(t, \mathbf{r}) = \frac{1}{4\pi\varepsilon_0} \left[\frac{\mathbf{r} \cdot \mathbf{d}'(ct - r)}{r^2} + \frac{\mathbf{r} \cdot \mathbf{d}(ct - r)}{r^3} \right]$$

ausdrücken.

Wir sehen, daß sich die von einem zeitabhängigen Dipolmoment ausgehenden Änderungen der Potentiale auf den *Kugelflächen*

$$r = ct$$

mit der Geschwindigkeit c vom Zentrum $r = 0$ ausgehend ausbreiten.

Für die Felder $\mathbf{E}_e$ und $\mathbf{B}_e$ erhalten wir mit Hilfe von $\mathbf{E}_e = -\nabla\varphi_e - \dot{\mathbf{A}}_e$ und $\mathbf{B}_e = \nabla \times \mathbf{A}_e$ aus den Potentialen für $r \neq 0$

$$
\begin{aligned}
\mathbf{E}_e &= \frac{1}{4\pi\varepsilon_0} \left[-\frac{\mathbf{d}''}{r} + \frac{(\mathbf{d}'' \cdot \mathbf{r})\mathbf{r}}{r^3} - \frac{\mathbf{d}'}{r^2} + \frac{3(\mathbf{d}' \cdot \mathbf{r})\mathbf{r}}{r^4} \right. \\
&\qquad\qquad \left. -\frac{\mathbf{d}}{r^3} + \frac{3(\mathbf{d} \cdot \mathbf{r})\mathbf{r}}{r^5} \right] \quad , \\[4pt]
\mathbf{B}_e &= \frac{\mu_0 c}{4\pi} \left(\frac{\mathbf{d}'' \times \mathbf{r}}{r^2} + \frac{\mathbf{d}' \times \mathbf{r}}{r^3} \right) \quad .
\end{aligned}
$$

$$\text{(12.5.5a)}$$
$$\text{(12.5.5b)}$$

Man sieht, daß die Felder Terme mit verschiedenen Potenzen von r enthalten.

Feld des harmonisch schwingenden Dipols Wenn wir eine *harmonische Schwingung* als die Zeitabhängigkeit des Dipolmomentes

$$\mathbf{d}_c(ct) = \mathbf{d}_0 e^{-i\omega t} = \mathbf{d}_0 \exp\left(-i\frac{\omega}{c} ct \right) = \mathbf{d}_0 e^{-ikct} \quad ,$$

mit der Kreisfrequenz ω und der zugehörigen Wellenzahl

$$k = \frac{\omega}{c} \quad ,$$

annehmen, so ist

$$\mathbf{d}'_c(ct) = \mathbf{d}_0 \frac{\mathrm{d}}{\mathrm{d}(ct)} e^{-ikct} = -ik\mathbf{d}_c(ct)$$

und

$$\mathbf{d}''_c(ct) = -k^2 \mathbf{d}_c(ct) \ .$$

Der Einfachheit halber haben wir ein komplexes Dipolmoment $\mathbf{d}_c$ definiert. Seine Amplitude $\mathbf{d}_0$ sei reell. Das physikalische Dipolmoment ist

$$\mathbf{d} = \mathrm{Re}\{\mathbf{d}_c\} = \mathbf{d}_0 \cos \omega t = \mathbf{d}_0 \cos(kct) \ .$$

Jetzt lassen sich die komplexen Feldstärken als

$$\begin{aligned}
\mathbf{E}_{ec} &= \frac{1}{4\pi\varepsilon_0} \frac{\exp[-i(\omega t - kr)]}{r^3} \left\{ \left[(kr)^2 + i(kr) - 1 \right] \mathbf{d}_0 \right. \\
&\quad \left. - \left[(kr)^2 + 3i(kr) - 3 \right] (\mathbf{d}_0 \cdot \hat{\mathbf{r}})\hat{\mathbf{r}} \right\}
\end{aligned} \tag{12.5.6a}$$

und

$$\mathbf{B}_{ec} = -\frac{\mu_0 \omega}{4\pi} \frac{\exp[-i(\omega t - kr)]}{r^2} (kr + i)(\mathbf{d}_0 \times \hat{\mathbf{r}}) \tag{12.5.6b}$$

schreiben. Aus diesen Ausdrücken liest man ab, daß sie Anteile enthalten, die in verschiedenen Raumbereichen mit verschiedenen Größenordnungen beitragen. Ihre Größenordnung wird vom Produkt (kr) bestimmt. Wir unterscheiden grob zwei Bereiche, in denen einfache Näherungen für die Felder gelten.

Nahfeldnäherung, $kr \ll 1$. Die physikalische Bedeutung der Bedingung ist wegen des Zusammenhanges von Wellenzahl k und Wellenlänge λ,

$$k = \frac{2\pi}{\lambda} \ ,$$

zu $r \ll \lambda$ äquivalent. Das sind Raumbereiche, deren Abstand vom Dipol klein gegen die Wellenlänge λ ist. Man nennt diesen Raumbereich die *Nahzone*. In ihr gilt näherungsweise ($r \neq 0$)

$$\mathbf{E}_{ec} = \frac{1}{4\pi\varepsilon_0} \frac{\exp[-i(\omega t - kr)]}{r^3} [-\mathbf{d}_0 + 3(\mathbf{d}_0 \cdot \hat{\mathbf{r}})\hat{\mathbf{r}}] \ , \tag{12.5.7a}$$

$$\mathbf{B}_{ec} = -\frac{\mu_0 i\omega}{4\pi} \frac{\exp[-i(\omega t - kr)]}{r^2} (\mathbf{d}_0 \times \hat{\mathbf{r}}) \tag{12.5.7b}$$

oder allgemein ($r \neq 0$)

$$\mathbf{E}_e = \frac{1}{4\pi\varepsilon_0}\frac{3(\mathbf{d}\cdot\hat{\mathbf{r}})\hat{\mathbf{r}}-\mathbf{d}}{r^3} \quad, \tag{12.5.8a}$$

$$\mathbf{B}_e = \frac{\mu_0 c}{4\pi}\frac{\mathbf{d}'\times\hat{\mathbf{r}}}{r^2} \quad. \tag{12.5.8b}$$

Die beiden Formeln geben das zeitabhängige elektrische Dipolfeld und das zugehörige zeitabhängige magnetische Flußdichtefeld wieder. In der Nahfeldnäherung ist die elektrische Feldstärke einfach die des elektrostatischen Dipols, vgl. (2.10.3), dessen Dipolmoment allerdings jetzt eine Zeitabhängigkeit besitzt.

Fernfeldnäherung, $kr \gg 1$. Physikalisch beinhaltet die Ungleichung, daß die Abstände $r \gg \lambda$ vom Dipol groß gegen die Wellenlänge sind. Dieser Raumbereich heißt *Fern-* oder *Wellenzone*. Hier sind die Felder des harmonisch schwingenden Dipols näherungsweise

$$\mathbf{E}_{ec} = \frac{k^2}{4\pi\varepsilon_0}\frac{\exp[-\mathrm{i}(\omega t - kr)]}{r}[\mathbf{d}_0 - (\mathbf{d}_0\cdot\hat{\mathbf{r}})\hat{\mathbf{r}}] \quad, \tag{12.5.9a}$$

$$\mathbf{B}_{ec} = -\frac{\mu_0 c k^2}{4\pi}\frac{\exp[-\mathrm{i}(\omega t - kr)]}{r}(\mathbf{d}_0\times\hat{\mathbf{r}}) \quad. \tag{12.5.9b}$$

In einem Kugelkoordinatensystem, in dem die z-Achse die Richtung des elektrischen Dipols hat, lassen sich $\mathbf{E}_{ec}$ und $\mathbf{B}_{ec}$ durch die Basisvektoren $\mathbf{e}_\vartheta$ bzw. $\mathbf{e}_\varphi$ beschreiben,

$$\mathbf{E}_{ec} = -\frac{k^2}{4\pi\varepsilon_0}\frac{\exp[-\mathrm{i}(\omega t - kr)]}{r}d_0\sin\vartheta\,\mathbf{e}_\vartheta \quad, \tag{12.5.9c}$$

$$\mathbf{B}_{ec} = -\frac{\mu_0 c k^2}{4\pi}\frac{\exp[-\mathrm{i}(\omega t - kr)]}{r}d_0\sin\vartheta\,\mathbf{e}_\varphi \quad. \tag{12.5.9d}$$

Die elektrische Feldstärke ist tangential zum Längenkreis, die magnetische Flußdichte tangential zum Breitenkreis der Kugel des Kugelkoordinatensystems (Abb. 12.17). Für allgemeine Zeitabhängigkeit des Dipolmomentes $\mathbf{d}$ gilt in der Fernzone

$$\mathbf{E}_e = \frac{1}{4\pi\varepsilon_0}\frac{(\mathbf{d}''\cdot\hat{\mathbf{r}})\hat{\mathbf{r}}-\mathbf{d}''}{r} = \frac{1}{4\pi\varepsilon_0}\frac{(\mathbf{d}''\times\hat{\mathbf{r}})\times\hat{\mathbf{r}}}{r} \quad, \tag{12.5.10a}$$

$$\mathbf{B}_e = \frac{\mu_0 c}{4\pi}\frac{\mathbf{d}''\times\hat{\mathbf{r}}}{r} = \frac{1}{4\pi\varepsilon_0 c}\frac{\mathbf{d}''\times\hat{\mathbf{r}}}{r} \quad. \tag{12.5.10b}$$

Offenbar erfüllen $\mathbf{E}_e$, $\mathbf{B}_e$ wie $\mathbf{E}_{ec}$, $\mathbf{B}_{ec}$ in der Wellenzone wegen $\varepsilon_0\mu_0 = c^{-2}$ die Beziehungen

$$\mathbf{B}_e = \frac{1}{c}(\hat{\mathbf{r}}\times\mathbf{E}_e) \quad, \qquad \mathbf{E}_e = c(\mathbf{B}_e\times\hat{\mathbf{r}}) \quad.$$

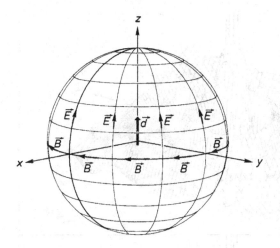

Abb. 12.17. Die elektrischen Feldlinien des elektromagnetischen Feldes eines schwingenden elektrischen Dipols in der Fernzone bilden Längenkreise, die magnetischen Flußdichtelinien bilden Breitenkreise von konzentrischen Kugeln um den Dipol, deren Polarachse die Dipolrichtung ist. Die Kugeloberflächen laufen mit der Geschwindigkeit c nach außen

Wie bei einer ebenen Welle bilden in der Fernzone $\mathbf{E}_e$, $\mathbf{B}_e$ und die Ausbreitungsrichtung $\hat{\mathbf{r}}$ vom Dipol zum Punkt $\mathbf{r}$ ein rechtshändiges Dreibein. In der Fernzone werden die Felder durch *Kugelwellen* beschrieben. Legen wir die z-Achse eines Koordinatensystems in die Richtung des Dipolmomentes $\mathbf{d}_0$, so liest man an den Gleichungen (12.5.9) ab, daß die elektrische Feldstärke und die magnetische Flußdichte in Dipolrichtung verschwinden,

$$\mathbf{E}_{ec}(z\mathbf{e}_z) = 0 \quad , \qquad \mathbf{B}_{ec}(z\mathbf{e}_z) = 0 \quad ,$$

und in der (x, y)-Ebene maximal sind. Die Richtungen der Felder sind ortsabhängig, damit also auch die Polarisation der Welle.

Graphische Veranschaulichung Wir haben gesehen, vgl. (12.5.9), daß in der Fernfeldnäherung das E-Feld nur eine ϑ-Komponente und das B-Feld nur eine φ-Komponente besitzt,

$$\mathbf{E}_{ec} = E_\vartheta \mathbf{e}_\vartheta \quad , \qquad \mathbf{B}_{ec} = B_\varphi \mathbf{e}_\varphi \quad .$$

In Abb. 12.18 und 12.19 sind die Realteile dieser Komponenten für den festen Zeitpunkt $t = 0$ in der (x, y)-Ebene und in der (x, z)-Ebene dargestellt. Man erkennt deutlich die Rotationssymmetrie bezüglich der z-Achse und die Proportionalität zu $\sin \vartheta$. Es sind die Komponenten der exakten Feldstärken (12.5.6) dargestellt, die im Außenbereich $r \gg \lambda$ in die Feldstärken (12.5.9) der Fernfeldnäherung übergehen.

Die Abb. 12.20 zeigt für die feste Zeit $t = 0$ Feldlinien der elektrischen Feldstärke in einer Ebene, die die z-Achse, also die Dipolrichtung, enthält. In der Nähe des Dipols ähneln die Feldlinien denen eines elektrostatischen Dipols: Sie beginnen und enden am Ort des Dipols und verlaufen dort in Dipolrichtung. Weiter außen bilden sie jedoch geschlossene Linien, die den Dipol nicht mehr berühren.

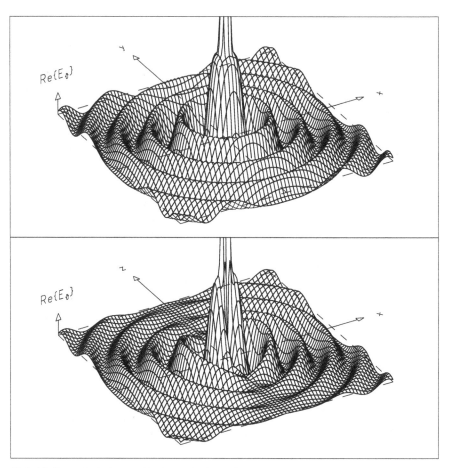

Abb. 12.18. Elektrisches Feld eines schwingenden Dipols für den festen Zeitpunkt $t = 0$: Gezeigt ist die ϑ-Komponente der elektrischen Feldstärke in der (x, y)-Ebene (*oben*) und in der (x, z)-Ebene (*unten*). Der Dipol befindet sich im Ursprung des Koordinatensystems und ist in z-Richtung orientiert

Die zeitliche Entwicklung des Feldes während einer Halbperiode $0 \leq t < T/2$ der Dipolschwingung wird in Abb. 12.21 gezeigt. Während das quasistatische Feld in unmittelbarer Nähe des Dipols in dieser Zeit das Vorzeichen wechselt, laufen die Gruppen geschlossener Feldlinien mit der Vakuumlichtgeschwindigkeit c nach außen. In der Zeit $T/8 \leq t < T/4$ lösen sich Feldlinien vom quasistatischen Feld ab. Dieser Vorgang ist im Detail in Abb. 12.22 dargestellt. Zur Zeit $t = T/4$ verschwindet das Dipolmoment: Es existieren nur geschlossene Feldlinien. Das Feldlinienbild für $t = T/2$ (nicht dargestellt) ist identisch mit dem für $t = 0$, bis auf die Tatsache, daß sich der Umlaufsinn aller Feldlinien umgekehrt hat.

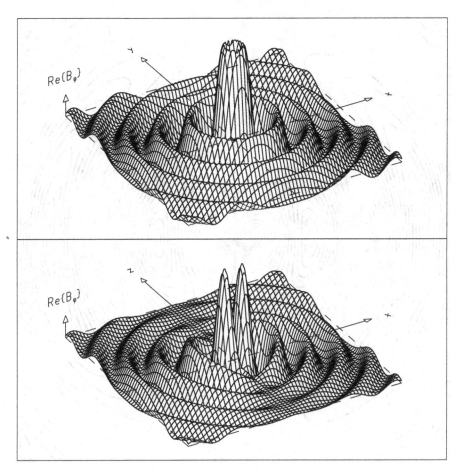

Abb. 12.19. Magnetisches Flußdichtefeld eines schwingenden Dipols für den festen Zeit-punkt $t = 0$: Gezeigt ist die φ-Komponente der magnetischen Flußdichte in der (x, y)-Ebene (*oben*) und in der (x, z)-Ebene (*unten*)

Energiefluß im Fernfeld Der Poynting-Vektor gibt die Energieflußdichte an und ergibt sich zu

$$\mathbf{S}_e = \mathbf{E}_e \times \mathbf{H}_e = \mu_0^{-1}\mathbf{E}_e \times \mathbf{B}_e = \frac{c}{16\pi^2\varepsilon_0}(\mathbf{d}'' \times \hat{\mathbf{r}})^2\frac{\hat{\mathbf{r}}}{r^2} = \frac{c}{16\pi^2\varepsilon_0}\frac{\hat{\mathbf{r}}}{r^2}\mathbf{d}''^2\sin^2\vartheta \quad,$$

$$(12.5.11)$$

wobei ϑ der Winkel zwischen $\mathbf{r}$ und $\mathbf{d}''$ ist. Für den harmonischen Fall ist ϑ auch der Winkel zwischen $\mathbf{r}$ und $-\mathbf{d}$.

Für einen harmonisch schwingenden Dipol ist

$$\mathbf{d} = \mathbf{d}_0\cos(kct) \quad, \qquad \mathbf{d}'' = -k^2\mathbf{d}_0\cos(kct) \quad.$$

Für den zeitlichen Mittelwert von $\mathbf{d}''^2$ gilt

Abb. 12.20. Elektrisches Feld eines schwingenden Dipols für den festen Zeitpunkt $t = 0$. Gezeigt sind die Feldlinien in einer Ebene, die den Dipol und dessen Orientierung, die z-Achse, enthält. Benachbarte Gruppen von verschiedener Strichstärke haben entgegengesetzten Umlaufsinn

$$\langle \mathbf{d}''^2 \rangle = \frac{1}{2} k^4 \mathbf{d}_0^2 \quad .$$

Damit ist das Zeitmittel des Energieflusses

$$\langle \mathbf{S}_e \rangle = \frac{ck^4}{32\pi^2 \varepsilon_0} d_0^2 \frac{\hat{\mathbf{r}}}{r^2} \sin^2 \vartheta \quad .$$

Es ist proportional zu $\sin^2 \vartheta$ und umgekehrt proportional zum Abstand vom Dipol. Durch Multiplikation mit $r^2 \hat{\mathbf{r}}$ erhalten wir den mittleren Energiefluß pro Raumwinkeleinheit,

$$\frac{\mathrm{d} \langle N \rangle}{\mathrm{d}\Omega} = r^2 \langle \mathbf{S}_e \cdot \hat{\mathbf{r}} \rangle = \frac{ck^4}{32\pi^2 \varepsilon_0} d_0^2 \sin^2 \vartheta \quad . \tag{12.5.12}$$

Abb. 12.21. Elektrische Feldlinien des schwingenden Dipols für acht äquidistante Zeitpunkte während einer Halbperiode der Schwingung

Abb. 12.22. Elektrische Feldlinien in unmittelbarer Nähe des schwingenden Dipols, gezeigt für vier äquidistante Zeiten während einer Achtelperiode der Schwingung, in der sich Feldlinien vom Dipol ablösen

Er ist zeitlich konstant und hängt nicht vom Abstand r des Aufpunktes vom Ort des schwingenden Dipols ab. Die Beziehung (12.5.12) wird als *Abstrahlungscharakteristik* des Dipols bezeichnet und ist in Abb. 12.23 graphisch dargestellt. Das Diagramm hat folgende Bedeutung: Eine vom Ursprung aus unter beliebiger Richtung gezogene Gerade schneidet die dargestellte Fläche im Abstand $d\langle N\rangle/d\Omega$. Der Abstand vom Ursprung zur Fläche ist also gleich dem mittleren Energiefluß pro Raumwinkeleinheit in dieser Richtung.

Durch Integration von (12.5.12) über den vollen Raumwinkel erhalten wir schließlich die gesamte, vom Dipol abgestrahlte, zeitlich gemittelte Leistung

$$\langle N\rangle = \frac{ck^4}{32\pi^2\varepsilon_0}d_0^2\int_0^{2\pi}\int_{-1}^1\sin^2\vartheta\,d\cos\vartheta\,d\varphi$$

$$= \frac{ck^4}{12\pi\varepsilon_0}d_0^2 = \frac{\mu_0c^3k^4}{12\pi}d_0^2 = \frac{\mu_0}{12\pi c}\omega^4d_0^2\quad.$$

Diese Leistung ist proportional zur vierten Potenz der Schwingungsfrequenz.

Die Rechnungen dieses Abschnitts erklären nachträglich die Funktion des Senders, den wir z. B. in Experiment 12.1 benutzt haben. Durch Anlegen der dem Schwingkreis entnommenen Wechselspannung werden in der Antenne Ladungen verschoben, so daß sie ein Dipolmoment $\mathbf{d} = d_z\mathbf{e}_z$ erhält, dessen

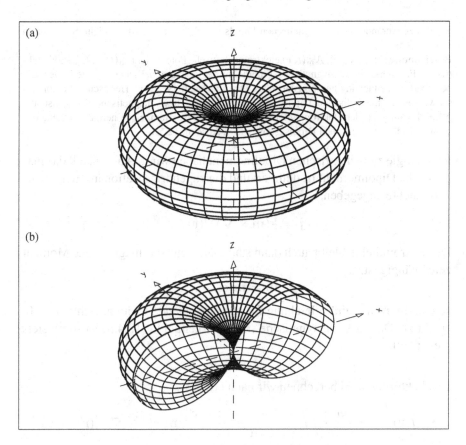

Abb. 12.23 a,b. Abstrahlungscharakteristik eines strahlenden Dipols $\mathbf{d}_0 = d_0 \mathbf{e}_z$, im ganzen Raum (a), im Halbraum $y > 0$ (b)

Komponente d_z sich harmonisch ändert. Allerdings ist die Sendeantenne nicht punktförmig, wie von dem strahlenden Dipol in den Rechnungen dieses Abschnitts angenommen. Sie hat die nichtverschwindende Länge ℓ. Damit kann das Feld in Abständen von der Antenne, die von der Größenordnung ℓ sind, von der Rechnung signifikant abweichen, nicht jedoch für Abstände, die groß im Vergleich zu ℓ sind.

12.5.2 Abstrahlung eines schwingenden magnetischen Dipols

Inhalt: Ausgehend von einem zeitveränderlichen Dipolmoment $\mathbf{m}(ct)$ eines magnetischen Dipols werden aus der stationären Stromdichte $\mathbf{j} = -\mathbf{m}(ct) \times \boldsymbol{\nabla}\delta^3(\mathbf{r})$ die elektromagnetischen Potentiale $\varphi_\mathrm{m}(t, \mathbf{r}) = 0$ und $\mathbf{A}_\mathrm{m}(t, \mathbf{r}) = \mu_0/(4\pi)\boldsymbol{\nabla} \times [\mathbf{m}(ct - r)/r]$ berechnet. Die elektrische Feldstärke $\mathbf{E}_\mathrm{m}(t, \mathbf{r})$ des schwingenden magnetischen Dipols ist durch $\mathbf{E}_\mathrm{m} = -c\mathbf{B}_\mathrm{e}$ gegeben, die magnetische Flußdichte durch $\mathbf{B}_\mathrm{m} = \mathbf{E}_\mathrm{e}/c$, wenn man das elektrische Dipolmoment $\mathbf{d}$ in den Größen $\mathbf{E}_\mathrm{e}$, $\mathbf{B}_\mathrm{e}$ durch $\mathbf{m}/c$ ersetzt. Für die Energieflußdichte

$\mathbf{S}_{\mathrm{m}}$ des zeitveränderlichen magnetischen Dipols gilt $\mathbf{S}_{\mathrm{m}} = \mathbf{S}_{\mathrm{e}}$ für die gleiche Substitution $\mathbf{d} \to \mathbf{m}/c$ in $\mathbf{S}_{\mathrm{e}}$.

Bezeichnungen: $\varphi_{\mathrm{m}}(t, \mathbf{r})$, $\mathbf{A}_{\mathrm{m}}(t, \mathbf{r})$ elektromagnetische Potentiale, $\mathbf{E}_{\mathrm{m}}(t, \mathbf{r})$, $\mathbf{B}_{\mathrm{m}}(t, \mathbf{r})$ elektrische Feldstärke bzw. magnetische Flußdichte des zeitveränderlichen magnetischen Dipols; $\mathbf{m}(ct)$ zeitabhängiges magnetisches Dipolmoment, $\mathbf{N}_{\mathrm{m}}(t, \mathbf{r})$ Hertzscher Vektor des schwingenden magnetischen Dipols; ε_0, μ_0 elektrische bzw. magnetische Feldkonstante, c Geschwindigkeit der elektromagnetischen Wellen im Vakuum, $\mathbf{S}_{\mathrm{m}}$ Energieflußdichte des schwingenden magnetischen Dipols, sonst wie in Abschn. 12.5.1.

In Analogie zum elektrischen Dipolmoment haben wir in Abschn. 8.9 das magnetische Dipolmoment $\mathbf{m}$ definiert und die zugehörige stationäre Elementarstromdichte angegeben,

$$\mathbf{j} = -(\mathbf{m} \times \boldsymbol{\nabla})\delta^3(\mathbf{r}) \quad .$$

Diese Stromdichte bleibt auch dann stationär, wenn das magnetische Moment zeitabhängig ist,

$$\mathbf{m} = \mathbf{m}(ct) \quad ,$$

so daß die Kontinuitätsgleichung für verschwindende Ladungsdichte, $\varrho = 0$, erfüllt ist. Das elektromagnetische skalare Potential in (12.4.5) ist somit stets gleich null,

$$\varphi_{\mathrm{m}}(t, \mathbf{r}) = 0 \quad .$$

Das Vektorpotential berechnen wir nach (12.4.5),

$$
\begin{aligned}
\mathbf{A}_{\mathrm{m}}(t, \mathbf{r}) &= -\frac{\mu_0 c}{4\pi} \iint \frac{\delta(ct - ct' - |\mathbf{r} - \mathbf{r}'|)}{|\mathbf{r} - \mathbf{r}'|} \mathbf{m}(ct') \times \boldsymbol{\nabla}'\delta^3(\mathbf{r}') \, \mathrm{d}t' \, \mathrm{d}V' \\
&= -\frac{\mu_0}{4\pi} \int \frac{\mathbf{m}(ct - |\mathbf{r} - \mathbf{r}'|)}{|\mathbf{r} - \mathbf{r}'|} \times \boldsymbol{\nabla}'\delta^3(\mathbf{r}') \, \mathrm{d}V' \\
&= \frac{\mu_0}{4\pi} \boldsymbol{\nabla} \times \frac{\mathbf{m}(ct - r)}{r} \quad .
\end{aligned}
\tag{12.5.13}
$$

Als Hertzschen Vektor kann man im Fall des schwingenden magnetischen Dipolmoments

$$\mathbf{N}_{\mathrm{m}} = \frac{1}{4\pi} \boldsymbol{\nabla} \times \int_{t_0}^{t} \frac{\mathbf{m}(ct' - r)}{r} \, \mathrm{d}t'$$

wählen. Dann gilt

$$\varphi_{\mathrm{m}}(t, \mathbf{r}) = -\frac{1}{\varepsilon_0} \boldsymbol{\nabla} \cdot \mathbf{N}_{\mathrm{m}}(t, \mathbf{r}) = 0 \quad , \qquad \mathbf{A}_{\mathrm{m}}(t, \mathbf{r}) = \mu_0 \frac{\partial \mathbf{N}_{\mathrm{m}}(t, \mathbf{r})}{\partial t} \quad .$$

Die elektrische Feldstärke berechnen wir wegen $\varphi_{\mathrm{m}} = 0$ als

$$
\begin{aligned}
\mathbf{E}_{\mathrm{m}} &= -\frac{\partial}{\partial t} \mathbf{A}_{\mathrm{m}} = -\frac{\mu_0 c}{4\pi} \boldsymbol{\nabla} \times \frac{\mathbf{m}'(ct - r)}{r} \\
&= -\frac{\mu_0 c}{4\pi} \left(\frac{\mathbf{m}'' \times \mathbf{r}}{r^2} + \frac{\mathbf{m}' \times \mathbf{r}}{r^3} \right) \quad .
\end{aligned}
\tag{12.5.14}
$$

Der Vergleich mit (12.5.5b) zeigt, daß die magnetische Flußdichte des elektrischen Dipols und die elektrische Feldstärke des magnetischen Dipols bis auf den Faktor $-c$ übereinstimmen, wenn man das elektrische Dipolmoment d durch das magnetische Dipolmoment mit der Substitution $d = m/c$ ersetzt,

$$\mathbf{E}_m = -c\mathbf{B}_e\big|_{d=m/c} \quad . \tag{12.5.15}$$

Das Feld der magnetischen Flußdichte berechnet man mit Hilfe des Entwicklungssatzes für $r \neq 0$,

$$
\begin{aligned}
\mathbf{B}_m &= \boldsymbol{\nabla} \times \mathbf{A}_m = \frac{\mu_0}{4\pi} \boldsymbol{\nabla} \times \left[\boldsymbol{\nabla} \times \frac{\mathbf{m}(ct - r)}{r} \right] \\
&= \frac{\mu_0}{4\pi} \left[\boldsymbol{\nabla}\left(\boldsymbol{\nabla} \cdot \frac{\mathbf{m}}{r} \right) - \Delta\frac{\mathbf{m}}{r} \right] \\
&= \frac{\mu_0}{4\pi} \left[-\frac{\mathbf{m}''}{r} + \frac{(\mathbf{m}'' \cdot \mathbf{r})\mathbf{r}}{r^3} - \frac{\mathbf{m}'}{r^2} + 3\frac{(\mathbf{m}' \cdot \mathbf{r})\mathbf{r}}{r^4} \right. \\
&\quad \left. - \frac{\mathbf{m}}{r^3} + 3\frac{(\mathbf{m} \cdot \mathbf{r})\mathbf{r}}{r^5} \right] \quad .
\end{aligned}
\tag{12.5.16}
$$

Hier sehen wir durch Vergleich mit (12.5.5a), daß die Flußdichte des schwingenden magnetischen Dipols bis auf den Faktor $1/c$ gleich der elektrischen Feldstärke des elektrischen Dipols ist, wenn man das elektrische Dipolmoment d durch m/c ersetzt,

$$\mathbf{B}_m = \frac{1}{c}\mathbf{E}_e\bigg|_{d=m/c} \quad . \tag{12.5.17}$$

Alle anderen Aussagen über das Strahlungsfeld des elektrischen Dipols können entsprechend mit den Substitutionen (12.5.15) und (12.5.17) übertragen werden. Insbesondere ist die Polarisation der elektromagnetischen Welle eines strahlenden magnetischen Dipols mit dem Moment

$$\mathbf{m} = c\mathbf{d}$$

senkrecht zu der des elektrischen Dipols mit dem Moment d. Der Poynting-Vektor des magnetischen Dipols mit dem Moment $\mathbf{m} = c\mathbf{d}$ ist

$$
\begin{aligned}
\mathbf{S}_m &= \frac{1}{\mu_0}\mathbf{E}_m \times \mathbf{B}_m = -\frac{1}{\mu_0}\left(c\mathbf{B}_e \times \frac{1}{c}\mathbf{E}_e \right)_{d=m/c} \\
&= \frac{1}{\mu_0}(\mathbf{E}_e \times \mathbf{B}_e)_{d=m/c} = \mathbf{S}_e\big|_{d=m/c} \quad ,
\end{aligned}
\tag{12.5.18}
$$

also gleich dem eines elektrischen Dipols mit dem Moment $d = m/c$.

In Analogie zu den Überlegungen am Ende des vorigen Abschnitts erwarten wir, daß von einer an einen Schwingkreis angeschlossenen, kleinen Kreisschleife, in der sich die Stromstärke harmonisch ändert, das Strahlungsfeld eines magnetischen Dipols erzeugt wird.

12.6 Strahlung eines bewegten geladenen Teilchens

12.6.1 Liénard–Wiechert-Potentiale. Elektromagnetische Felder

Inhalt: Aus der Ladungs- und Stromdichte $\varrho(t, \mathbf{r}) = q\delta^3(\mathbf{r} - \mathbf{r}_0(t))$ bzw. $\mathbf{j}(t, \mathbf{r}) = q\mathbf{v}_0(t)\delta^3(\mathbf{r} - \mathbf{r}_0(t))$ eines Teilchens der Ladung q, das sich auf der Bahn $\mathbf{r}_0(t)$ bewegt, werden die elektromagnetischen Potentiale $\varphi(t, \mathbf{r})$ und $\mathbf{A}(t, \mathbf{r})$, die Liénard–Wiechert-Potentiale, berechnet. Mit diesen werden die elektrische Feldstärke und die magnetische Flußdichte des bewegten Teilchens bestimmt.

Bezeichnungen: $\varrho(t, \mathbf{r})$, $\mathbf{j}(t, \mathbf{r})$ elektrische Ladungs- und Stromdichte, $\mathbf{r}_0(t)$ Bahnkurve, $\mathbf{v}_0(t)$ Geschwindigkeit, $\beta = \mathbf{v}_0/c$, q Ladung des bewegten Teilchens; $\mathbf{z}(t) = \mathbf{r} - \mathbf{r}_0(t)$ Abstandsvektor des Aufpunktes $\mathbf{r}$ vom Teilchenort $\mathbf{r}_0$; $\varphi(t, \mathbf{r})$, $\mathbf{A}(t, \mathbf{r})$ Liénard–Wiechert-Potentiale; $\mathbf{E}(t, \mathbf{r})$, $\mathbf{B}(t, \mathbf{r})$ elektrische Feldstärke bzw. magnetische Flußdichte; ε_0, μ_0 elektrische und magnetische Feldkonstante; c Geschwindigkeit der elektromagnetischen Wellen im Vakuum.

In den Abschnitten 2.2 und 5.3 haben wir gesehen, daß die Ladungs- und Stromdichte eines Teilchens mit der Ladung q die Formen

$$\varrho(t, \mathbf{r}) = q\delta^3(\mathbf{r} - \mathbf{r}_0(t)) \quad , \qquad \mathbf{j}(t, \mathbf{r}) = q\mathbf{v}_0(t)\delta^3(\mathbf{r} - \mathbf{r}_0(t)) \qquad (12.6.1)$$

haben, wenn das Teilchen sich zur Zeit t am Ort $\mathbf{r}_0(t)$ befindet und die Geschwindigkeit $\mathbf{v}_0 = \mathrm{d}\mathbf{r}_0(t)/\mathrm{d}t$ hat. Die Bahn des Teilchens ist durch die vorgegebene Funktion $\mathbf{r}_0(t)$ bestimmt. Die elektromagnetischen Potentiale φ und $\mathbf{A}$, die von der Ladungs- und Stromdichte des Teilchens ausgehen, berechnen wir wieder mit Hilfe der Darstellungen (12.4.5). Wegen der dreidimensionalen Deltafunktionen in (12.6.1) lassen sich die Integrale über $\mathrm{d}V'$ in (12.4.5) sofort ausführen, so daß nur Integrale über ct' übrigbleiben,

$$\varphi(t, \mathbf{r}) = \frac{q}{4\pi\varepsilon_0} \int \frac{\delta(ct - ct' - |\mathbf{r} - \mathbf{r}_0(t')|)}{|\mathbf{r} - \mathbf{r}_0(t')|} \, \mathrm{d}[ct'] \quad , \qquad (12.6.2a)$$

$$\mathbf{A}(t, \mathbf{r}) = \frac{\mu_0 q}{4\pi} \int \frac{\mathbf{v}_0(t')\delta(ct - ct' - |\mathbf{r} - \mathbf{r}_0(t')|)}{|\mathbf{r} - \mathbf{r}_0(t')|} \, \mathrm{d}[ct'] \quad . \quad (12.6.2b)$$

Die Ausführung der ct'-Integration ist wegen der Abhängigkeit von $\mathbf{r}_0$ von t' im Argument der Deltafunktionen nicht unmittelbar möglich. Wir führen daher eine Variablensubstitution

$$u = -ct + ct' + |\mathbf{r} - \mathbf{r}_0(t')|$$

durch. Das Differential $\mathrm{d}[ct']$ rechnet man mit Hilfe von

$$\begin{aligned}
\frac{\mathrm{d}u}{\mathrm{d}[ct']} &= 1 + \frac{\mathrm{d}|\mathbf{r} - \mathbf{r}_0(t')|}{\mathrm{d}[ct']} = 1 - \frac{1}{c}\frac{\mathrm{d}\mathbf{r}_0(t')}{\mathrm{d}t'} \cdot \boldsymbol{\nabla}|\mathbf{r} - \mathbf{r}_0(t')| \\
&= 1 - \frac{\mathbf{v}_0(t')}{c} \cdot \frac{\mathbf{r} - \mathbf{r}_0(t')}{|\mathbf{r} - \mathbf{r}_0(t')|}
\end{aligned}$$

um:

$$d[ct'] = \left(1 - \frac{\mathbf{v}_0(t')}{c} \cdot \frac{\mathbf{r} - \mathbf{r}_0(t')}{|\mathbf{r} - \mathbf{r}_0(t')|}\right)^{-1} du \quad . \tag{12.6.3}$$

Die Integrale liefern dann die Form

$$
\begin{aligned}
\varphi(t,\mathbf{r}) &= \frac{q}{4\pi\varepsilon_0}\left[\frac{1}{|\mathbf{r} - \mathbf{r}_0(t')| - (\mathbf{v}_0(t')/c) \cdot [\mathbf{r} - \mathbf{r}_0(t')]}\right]_{t'=t-|\mathbf{r}-\mathbf{r}_0(t')|/c} \;, \\
\mathbf{A}(t,\mathbf{r}) &= \frac{\mu_0 q}{4\pi}\left[\frac{\mathbf{v}_0(t')}{|\mathbf{r} - \mathbf{r}_0(t')| - (\mathbf{v}_0(t')/c) \cdot [\mathbf{r} - \mathbf{r}_0(t')]}\right]_{t'=t-|\mathbf{r}-\mathbf{r}_0(t')|/c} \\
&= \frac{\varphi(t,\mathbf{r})}{c^2}[\mathbf{v}_0(t')]_{t'=t-|\mathbf{r}-\mathbf{r}_0(t')|/c} \quad . \tag{12.6.4}
\end{aligned}
$$

Wegen der Deltafunktion in (12.6.2) müssen die Argumente t' an der Stelle $u = 0$, also für

$$t' = t - |\mathbf{r} - \mathbf{r}_0(t')|/c \quad , \tag{12.6.5}$$

ausgewertet werden, d. h. für den t'-Wert, der Lösung dieser Gleichung ist. Diese Vorschrift berücksichtigt die Laufzeit der Felder vom Teilchenort $\mathbf{r}_0$ zum Aufpunkt $\mathbf{r}$. Diese elektromagnetischen Potentiale eines beliebig bewegten Teilchens heißen *Liénard–Wiechert-Potentiale*.

Wegen der Bedingung für t' in den Ausdrücken für die Potentiale ist die Berechnung der Feldstärken einfacher aus den Integraldarstellungen (12.6.2) der Potentiale durchzuführen. Mit Hilfe der Formeln für $\mathbf{E}$ und $\mathbf{B}$, (11.2.2) bzw. (11.2.1), erhalten wir mit dem zeitabhängigen Vektor

$$\mathbf{z}(t') = \mathbf{r} - \mathbf{r}_0(t') \tag{12.6.6}$$

vom Teilchenort $\mathbf{r}_0$ zur Zeit t' zum Feldaufpunkt $\mathbf{r}$

$$
\begin{aligned}
\mathbf{E}(t,\mathbf{r}) &= \frac{q}{4\pi\varepsilon_0}\int\left[\frac{\mathbf{z}}{z^3}\delta(u) - \left(\frac{\mathbf{z}}{z^2} - \frac{\mathbf{v}_0}{cz}\right)\frac{\mathrm{d}\delta(u)}{\mathrm{d}u}\right]\mathrm{d}[ct'] \quad , \\
\mathbf{B}(t,\mathbf{r}) &= \frac{\mu_0 q}{4\pi}\int\left[-\frac{\mathbf{z} \times \mathbf{v}_0}{z^3}\delta(u) + \frac{\mathbf{z} \times \mathbf{v}_0}{z^2}\frac{\mathrm{d}\delta(u)}{\mathrm{d}u}\right]\mathrm{d}[ct'] \quad .
\end{aligned}
$$

Die Ableitung der Deltafunktion nach u wandeln wir mit partieller Integration in eine Differentiation des Vorfaktors um und benutzen dazu

$$\frac{\mathrm{d}}{\mathrm{d}u} = \frac{\mathrm{d}[ct']}{\mathrm{d}u}\frac{\mathrm{d}}{\mathrm{d}[ct']} = \frac{1}{1 - (\mathbf{v}_0/c) \cdot (\mathbf{z}/z)}\frac{\mathrm{d}}{\mathrm{d}[ct']} \quad ,$$

vgl. (12.6.3). So gewinnen wir

$$\mathbf{E}(t,\mathbf{r}) = \frac{q}{4\pi\varepsilon_0}\int\left[\frac{\mathbf{z}}{z^3} + \frac{\mathrm{d}}{\mathrm{d}[ct']}\left(\frac{c\mathbf{z} - z\mathbf{v}_0}{z(cz - \mathbf{v}_0 \cdot \mathbf{z})}\right)\right]\delta(u)\,\mathrm{d}[ct']$$

und

$$\mathbf{B}(t, \mathbf{r}) = \frac{\mu_0 q}{4\pi} \int \left[-\frac{\mathbf{z} \times \mathbf{v}_0}{z^3} - \frac{\mathrm{d}}{\mathrm{d}[ct']} \left(\frac{c\mathbf{z} \times \mathbf{v}_0}{z(cz - \mathbf{v}_0 \cdot \mathbf{z})} \right) \right] \delta(u) \, \mathrm{d}[ct'] \quad .$$

Die Integration über ct' bedeutet, daß der Integrand mit (12.6.3) beim Wert $u = 0$ ausgewertet werden muß, so daß wir schließlich mit

$$\boldsymbol{\beta} = \mathbf{v}_0/c \quad ,$$

der üblichen Beziehung für das Verhältnis von Teilchengeschwindigkeit zu Vakuumlichtgeschwindigkeit, die Ausdrücke

$$\mathbf{E}(t, \mathbf{r}) = \frac{q}{4\pi\varepsilon_0} \left[\frac{(c\mathbf{z} - z\mathbf{v}_0)c^2(1 - \beta^2) + \mathbf{z} \times [(c\mathbf{z} - z\mathbf{v}_0) \times \mathbf{a}_0]}{(cz - \mathbf{v}_0 \cdot \mathbf{z})^3} \right]_{t'=t-z/c} ,$$

(12.6.7a)

$$\mathbf{B}(t, \mathbf{r}) = \frac{\mu_0 cq}{4\pi} \left[\frac{(\mathbf{v}_0 \times \mathbf{z})c^2(1 - \beta^2) + \hat{\mathbf{z}} \times (\mathbf{z} \times [(c\mathbf{z} - z\mathbf{v}_0) \times \mathbf{a}_0])}{(cz - \mathbf{v}_0 \cdot \mathbf{z})^3} \right]_{t'=t-z/c}$$

(12.6.7b)

erhalten. Hier ist $\mathbf{a}_0 = \dot{\mathbf{v}}_0$ die Beschleunigung des Teilchens. Im folgenden werden wir die Angabe von

$$t' = t - \frac{1}{c}z \tag{12.6.8}$$

in den Formeln unterdrücken. Alle t'-abhängigen Größen sind nach der Gleichung (12.6.8) auszuwerten.

Für die elektromagnetischen Felder der Abstrahlung eines Teilchens gilt offenbar mit $\mu_0 c = (\varepsilon_0 c)^{-1}$

$$\mathbf{B} = \frac{1}{c}\hat{\mathbf{z}} \times \mathbf{E} \quad , \tag{12.6.9}$$

so daß der Vektor $\mathbf{B}$ stets auf $\mathbf{E}$ und dem Abstandsvektor $\mathbf{z}$ vom Teilchenort $\mathbf{r}_0$ zur Zeit $t' = t - z/c$ zum Aufpunkt $\mathbf{r}$ senkrecht steht.

12.6.2 Diskussion der Felder. Abstrahlung

Inhalt: Die Felder $\mathbf{E}(t, \mathbf{r}), \mathbf{B}(t, \mathbf{r})$ werden in beschleunigungsunabhängige ($\mathbf{E}^{(1)}, \mathbf{B}^{(1)}$) und beschleunigungsabhängige Glieder ($\mathbf{E}^{(2)}, \mathbf{B}^{(2)}$) zerlegt. Die Terme $\mathbf{E}^{(1)}, \mathbf{B}^{(1)}$ wie $1/z^2$, d. h. wie die Felder des ruhenden Teilchens, ab. Dabei ist z der Abstand vom Teilchen. Dagegen zeigen $\mathbf{E}^{(2)}, \mathbf{B}^{(2)}$ ein $(1/z)$-Verhalten. Für große z liefern daher die Felder ($\mathbf{E}^{(2)}, \mathbf{B}^{(2)}$) den dominanten Beitrag. Sie führen zu dem Beitrag zur Energieflußdichte $\mathbf{S}$, der ein $(1/z^2)$-Verhalten zeigt. Er ist zum Quadrat der Beschleunigung $\mathbf{a}_0$ des Teilchens proportional.
Bezeichnungen: $\mathbf{E}(t, \mathbf{r}), \mathbf{B}(t, \mathbf{r})$ elektrische Feldstärke bzw. magnetische Flußdichte; q Ladung, $\mathbf{r}_0(t)$ Bahnkurve, $\mathbf{z}(t) = \mathbf{r} - \mathbf{r}_0(t)$ Abstandsvektor des Aufpunktes $\mathbf{r}$ vom Teilchenort $\mathbf{r}_0$, $\mathbf{v}_0 = \mathrm{d}\mathbf{r}_0/\mathrm{d}t$ Geschwindigkeit, $\beta = \mathbf{v}_0/c$, $\mathbf{a}_0 = \mathrm{d}\mathbf{v}_0/\mathrm{d}t$ Beschleunigung des geladenen Teilchens; $\mathbf{E}^{(1)}, \mathbf{B}^{(1)}$ beschleunigungsunabhängige Beiträge, $\mathbf{E}^{(2)}, \mathbf{B}^{(2)}$ beschleunigungsabhängige Beiträge zum elektromagnetischen Feld; $\mathbf{S}$ Energieflußdichte; ε_0, μ_0 elektrische bzw. magnetische Feldkonstante; c Geschwindigkeit elektromagnetischer Wellen im Vakuum.

Die rechten Seiten der Formeln (12.6.7) zerfallen in zwei Anteile:

1. Glieder, die von der Beschleunigung des Teilchens unabhängig sind:

$$\mathbf{E}^{(1)} = \frac{q}{4\pi\varepsilon_0} \frac{c^2(1-\beta^2)(c\mathbf{z} - z\mathbf{v}_0)}{(cz - \mathbf{v}_0 \cdot \mathbf{z})^3} \quad , \qquad (12.6.10a)$$

$$\mathbf{B}^{(1)} = \frac{\mu_0 cq}{4\pi} \frac{c^2(1-\beta^2)\mathbf{v}_0 \times \mathbf{z}}{(cz - \mathbf{v}_0 \cdot \mathbf{z})^3} \quad . \qquad (12.6.10b)$$

Sie fallen mit z wie z^{-2} ab, d. h. wie statische bzw. stationäre Felder von Punktladungen. Es gilt

$$\mathbf{B}^{(1)} = \frac{1}{c^2}\mathbf{v}_0 \times \mathbf{E}^{(1)} = \frac{1}{c}\hat{\mathbf{z}} \times \mathbf{E}^{(1)} \quad .$$

2. Glieder, die von der Beschleunigung des Teilchens abhängen:

$$\mathbf{E}^{(2)} = \frac{q}{4\pi\varepsilon_0} \frac{\mathbf{z} \times [(c\mathbf{z} - z\mathbf{v}_0) \times \mathbf{a}_0]}{(cz - \mathbf{v}_0 \cdot \mathbf{z})^3} \quad , \qquad (12.6.11a)$$

$$\mathbf{B}^{(2)} = \frac{1}{c}\hat{\mathbf{z}} \times \mathbf{E}^{(2)} \quad . \qquad (12.6.11b)$$

Diese Beiträge fallen wie $1/z$ ab. Sie sind linear in der Beschleunigung $\mathbf{a}_0$ der Ladung. Wie bei einer ebenen Welle bilden $\mathbf{E}, \mathbf{B}$ und $\mathbf{z}$ ein rechtshändiges Dreibein.

Für den Poynting-Vektor der beschleunigungsabhängigen Felder finden wir

$$\mathbf{S} = \frac{1}{\mu_0}\mathbf{E}^{(2)} \times \mathbf{B}^{(2)} = \frac{1}{\mu_0 c}\mathbf{E}^{(2)} \times (\hat{\mathbf{z}} \times \mathbf{E}^{(2)})$$

$$= \frac{1}{\mu_0 c}\left(\mathbf{E}^{(2)} \cdot \mathbf{E}^{(2)}\right)\hat{\mathbf{z}} = \frac{q^2\mu_0}{16\pi^2 c}\frac{\hat{\mathbf{z}}}{z^2}\frac{|\hat{\mathbf{z}} \times [(\hat{\mathbf{z}} - \boldsymbol{\beta}) \times \mathbf{a}_0]|^2}{(1-\boldsymbol{\beta} \cdot \hat{\mathbf{z}})^6} \quad .$$

Ausrechnen des Quadrates im Zähler liefert

$$\mathbf{S} = \hat{\mathbf{z}}\frac{q^2\mu_0}{16\pi^2}\frac{1}{z^2} \qquad (12.6.12)$$

$$\cdot \frac{(\hat{\mathbf{z}} \times \mathbf{a}_0)^2 - 2(\boldsymbol{\beta} \times \mathbf{a}_0) \cdot (\hat{\mathbf{z}} \times \mathbf{a}_0) + (\boldsymbol{\beta} \times \mathbf{a}_0)^2 - [\hat{\mathbf{z}} \cdot (\boldsymbol{\beta} \times \mathbf{a}_0)]^2}{(1-\boldsymbol{\beta} \cdot \hat{\mathbf{z}})^6} \quad .$$

Der Poynting-Vektor hat offenbar die Richtung $\hat{\mathbf{z}}$ vom Teilchenort $\mathbf{r}_0$ zur Zeit $t' = t - z/c$ zum Feldaufpunkt $\mathbf{r}$. Die Größenordnung der verschiedenen Terme im Zähler relativ zueinander ist durch die Größe von $\beta = v_0/c$ bestimmt. Für kleine Geschwindigkeiten, $\beta \ll 1$, trägt nur das erste Glied bei, für Geschwindigkeiten nahe der Lichtgeschwindigkeit sind schließlich alle vier Terme wichtig: Der Poynting-Vektor beschreibt den Energiefluß pro Zeit- und Flächeneinheit. Die Energie dE, die in der Zeit dt durch das Flächenelement $d\mathbf{a}$ am Ort $\mathbf{r}$ hindurchtritt, ist durch

$$dE = \mathbf{S} \cdot d\mathbf{a}\, dt$$

gegeben. Wollen wir die Energie, die das Teilchen pro Zeiteinheit dt' durch das Flächenelement da abstrahlt, berechnen, so müssen wir in den obigen Ausdruck dt' einführen,

$$dE = \mathbf{S} \cdot d\mathbf{a} \frac{dt}{dt'} dt' \quad .$$

Mit (12.6.5) finden wir den Differentialquotienten

$$\frac{dt}{dt'} = 1 - \frac{\mathbf{v}_0(t')}{c} \cdot \frac{\mathbf{r} - \mathbf{r}_0(t')}{|\mathbf{r} - \mathbf{r}_0(t')|} = 1 - \boldsymbol{\beta} \cdot \hat{\mathbf{z}} \quad .$$

Das Flächenelement stellen wir durch den Abstandsvektor $\mathbf{z}$ vom strahlenden Teilchen und den Raumwinkel $d\Omega$ dar,

$$d\mathbf{a} = \hat{\mathbf{z}} z^2 d\Omega \quad .$$

Damit ist die vom Teilchen pro Zeiteinheit in den Raumwinkel $d\Omega$ abgestrahlte Energie, also die Leistung,

$$dN = d\left(\frac{dE}{dt'}\right) = (\mathbf{S} \cdot \hat{\mathbf{z}})(1 - \boldsymbol{\beta} \cdot \hat{\mathbf{z}}) z^2 d\Omega \quad . \tag{12.6.13}$$

Die pro Raumwinkeleinheit abgestrahlte Leistung ist

$$
\begin{aligned}
\frac{dN}{d\Omega} &= z^2(\mathbf{S} \cdot \hat{\mathbf{z}})(1 - \boldsymbol{\beta} \cdot \hat{\mathbf{z}}) = \frac{q^2 \mu_0}{16\pi^2 c} \frac{|\hat{\mathbf{z}} \times [(\hat{\mathbf{z}} - \boldsymbol{\beta}) \times \mathbf{a}_0]|^2}{(1 - \boldsymbol{\beta} \cdot \hat{\mathbf{z}})^5} \\
&= \frac{q^2 \mu_0 a_0^2}{16\pi^2 c} \frac{[\hat{\mathbf{z}} \times (\hat{\mathbf{z}} \times \hat{\mathbf{a}}_0) + \beta \hat{\mathbf{z}} \times (\hat{\mathbf{a}}_0 \times \hat{\boldsymbol{\beta}})]^2}{(1 - \boldsymbol{\beta} \cdot \hat{\mathbf{z}})^5} \quad . \tag{12.6.14}
\end{aligned}
$$

Die Größe der abgestrahlten Leistung ist dem Quadrat der Beschleunigung proportional. Die Winkelabhängigkeit der Abstrahlungsleistung ist je nach der Größe von $\boldsymbol{\beta}$ durch verschiedene Terme bestimmt.

Wir zeigen graphische Darstellungen der Abstrahlungscharakteristik für die beiden Fälle, in denen Beschleunigung und Geschwindigkeit parallel bzw. senkrecht zueinander stehen.

In Abb. 12.24 sind sowohl $\mathbf{a}_0$ wie auch $\boldsymbol{\beta}$ in z-Richtung orientiert. Für $\boldsymbol{\beta} = 0$ beobachten wir eine Charakteristik, die die gleiche Winkelverteilung hat wie der schwingende Dipol. Die Abstrahlung ist maximal in der (x, y)-Ebene, also bei einem Winkel $\vartheta_{\max} = \pi/2$ gegen die z-Achse. Mit wachsender Geschwindigkeit wird der Winkel $\vartheta_{\max}$ immer kleiner. Die Abstrahlung erfolgt im wesentlichen innerhalb eines immer enger werdenden Kegels um die z-Achse. Diese Art von Abstrahlung tritt in *Röntgengeräten* auf, in denen man Elektronen in Metall abbremst. Die dabei auftretende, hohe Beschleunigung führt zu einer Form von *Röntgenstrahlung*, die deshalb auch *Bremsstrahlung* heißt.

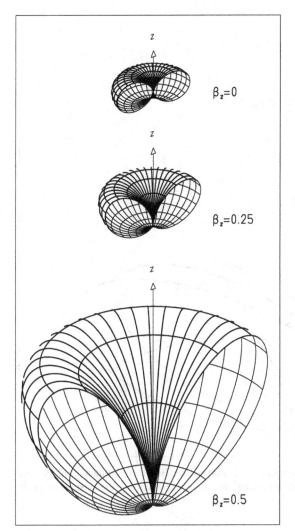

Abb. 12.24. Abstrahlungscharakteristik einer geradlinig beschleunigten Ladung für drei verschiedene Geschwindigkeiten. Geschwindigkeit und Beschleunigung zeigen in z-Richtung

Die in Abb. 12.25 gezeigten Charakteristiken beschreiben den Fall, daß die Beschleunigung a_0 in z-Richtung, die Geschwindigkeit β aber in x-Richtung zeigt. Auch hier bildet sich mit wachsender Geschwindigkeit immer deutlicher eine Vorzugsrichtung aus, nämlich die Richtung von β. In Teilchenbeschleunigern mit kreisförmiger Teilchenbahn, insbesondere im Elektronensynchrotron (oder Speicherring) stehen (Zentripetal-) Beschleunigung und (Tangential-) Geschwindigkeit senkrecht aufeinander. Die auftretende Strahlung heißt *Synchrotronstrahlung*. Sie überdeckt einen breiten Frequenzbereich vom Infraroten bis zum Röntgenlicht und stellt ein wichtiges Hilfsmittel für viele Zweige der experimentellen Naturwissenschaften dar.

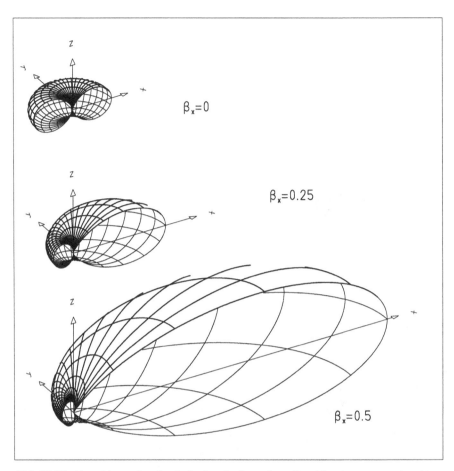

$\beta_x = 0$

$\beta_x = 0.25$

$\beta_x = 0.5$

Abb. 12.25. Abstrahlungscharakteristik einer Ladung, deren Beschleunigung $\mathbf{a}_0$ senkrecht zu ihrer Geschwindigkeit β steht. Die Beschleunigung zeigt in z-Richtung, die Geschwindigkeit in x-Richtung

Abschließend wollen wir die an Hand der Graphiken geführte, qualitative Diskussion für drei Spezialfälle quantitativ durchführen, die sich auf sehr niedrige (nichtrelativistische) Geschwindigkeiten ($\beta \ll 1$) bzw. sehr hohe (ultrarelativistische) Geschwindigkeiten ($\beta \to 1$) beziehen.

Nichtrelativistischer Fall Für kleine Geschwindigkeiten $\beta \ll 1$ ist die Winkelverteilung durch das erste Glied des Zählers von (12.6.14) bestimmt und hat die Form

$$\frac{\mathrm{d}N}{\mathrm{d}\Omega} = \frac{q^2 \mu_0 a_0^2}{16\pi^2 c} \sin^2 \vartheta \quad , \qquad \beta \ll 1 \quad , \tag{12.6.15}$$

wobei ϑ der Winkel zwischen der Beschleunigung und der Ausstrahlungsrichtung ist.

Ultrarelativistischer Fall, geradlinige Bewegung Falls Geschwindigkeit und Beschleunigung parallel zueinander sind, $\beta \times a_0 = 0$, bleibt nur der erste Term im Zähler; es gilt

$$\frac{dN}{d\Omega} = \frac{q^2\mu_0 a_0^2}{16\pi^2 c} \frac{\sin^2 \vartheta}{(1 - \beta\cos\vartheta)^5} \quad . \tag{12.6.16}$$

Durch Nullsetzen der ersten Ableitung dieses Ausdruckes nach ϑ erhalten wir den Winkel der maximalen Abstrahlung,

$$\vartheta_{max} = \arccos\frac{\sqrt{15\beta^2 + 1} - 1}{3\beta} \quad ,$$

der für β-Werte in der Nähe von eins durch

$$\vartheta_{max} \approx \frac{1}{2}\sqrt{1 - \beta^2} = \frac{1}{2\gamma}$$

approximiert werden kann. Die Größe $\gamma = (1 - \beta^2)^{-1/2}$ heißt *Lorentz-Faktor*. Für $\beta \to 1$ erfolgt die Abstrahlung offenbar in eine enge, um die Geschwindigkeitsrichtung zylindersymmetrische Keule. Durch Integration über alle Winkel erhält man für die totale abgestrahlte Leistung für Beschleunigungen parallel zur Geschwindigkeit

$$N = \frac{2}{3}\frac{\mu_0 q^2}{4\pi c} a_0^2 \gamma^6 \quad . \tag{12.6.17}$$

Ultrarelativistischer Fall, Kreisbewegung Falls Geschwindigkeit und Beschleunigung orthogonal zueinander sind, wählen wir zur Berechnung der verschiedenen Winkelabhängigkeiten in (12.6.14) ein Koordinatensystem, in dem die Geschwindigkeit β in 1-Richtung, die Beschleunigung a_0 in 3-Richtung zeigt. Die 2-Richtung ist dann durch

$$e_2 = \hat{a}_0 \times \hat{\beta}$$

gegeben. In Kugelkoordinaten, die sich auf dieses System beziehen, gilt

$$\hat{z} \times (\hat{z} \times \hat{a}_0) = (\hat{z} \cdot \hat{a}_0)\hat{z} - \hat{a}_0 = \cos\vartheta\,\hat{z} - e_3$$
$$\hat{z} \times (\hat{a}_0 \times \hat{\beta}) = (\hat{z} \cdot \hat{\beta})\hat{a}_0 - (\hat{z} \cdot \hat{a}_0)\hat{\beta} = \sin\vartheta\cos\varphi\,e_3 - \cos\vartheta\,e_1 \quad .$$

Mit Hilfe dieser Ausdrücke berechnet man

$$\left[\hat{z} \times (\hat{z} \times \hat{a}_0) + \beta\hat{z} \times (\hat{a}_0 \times \hat{\beta})\right]^2 = (1 - \beta\sin\vartheta\cos\varphi)^2 - (1 - \beta^2)\cos^2\vartheta \quad .$$

Für die pro Raumwinkeleinheit abgestrahlte Leistung liefert (12.6.14) nun

$$\frac{dN}{d\Omega} = \frac{\mu_0 q^2 a_0^2}{16\pi^2 c} \frac{1}{(1 - \beta\sin\vartheta\cos\varphi)^3}\left(1 - \frac{\cos^2\vartheta}{\gamma^2(1 - \beta\sin\vartheta\cos\varphi)^2}\right)$$

oder, wieder durch Skalarprodukte ausgedrückt,

$$\frac{dN}{d\Omega} = \frac{\mu_0 q^2 a_0^2}{16\pi^2 c} \frac{1}{[1 - \beta(\hat{\boldsymbol{\beta}} \cdot \hat{\mathbf{z}})]^3} \left(1 - \frac{(\hat{\mathbf{z}} \cdot \hat{\mathbf{a}}_0)^2}{\gamma^2 [1 - \beta(\hat{\boldsymbol{\beta}} \cdot \hat{\mathbf{z}})]^2}\right) \quad . \tag{12.6.18}$$

Man sieht, daß der Nenner für den Fall, daß die $\hat{\mathbf{z}}$-Richtung parallel zur $\hat{\boldsymbol{\beta}}$-Richtung ist, minimal wird. Das Maximum des ganzen Ausdruckes liegt wieder bei kleinen Winkeln in der Nähe der Vorwärtsrichtung der Teilchenbewegung. Die insgesamt abgestrahlte Leistung bei Beschleunigungen vertikal zur Geschwindigkeit ist

$$N = \frac{2}{3} \frac{\mu_0 q^2}{4\pi c} a_0^2 \gamma^4 \quad . \tag{12.6.19}$$

12.7 Aufgaben

12.1: Geben Sie den Energiestromdichtevektor $\mathbf{S}$ für eine stehende Welle (12.3.7) mit $\beta^{(+)} = 0$ und $\beta^{(-)} = \alpha$ an, und berechnen Sie seinen zeitlichen Mittelwert $\langle \mathbf{S} \rangle$.

12.2: Berechnen Sie $\mathbf{S}$ und $\langle \mathbf{S} \rangle$ für das Interferenzproblem in Abschn. 12.3.3 für gleiche Amplitude $E' = E$ der überlagerten elektrischen Feldstärken $\mathbf{E}_c$, $\mathbf{E}'_c$ und gleiche Kreisfrequenzen $\omega' = \omega$.

12.3: **(a)** Berechnen Sie die Impulsdichte und die Impulsstromdichte der ebenen, linear in 1-Richtung polarisierten elektromagnetischen Welle mit der Ausbreitungsrichtung $\mathbf{e}_3$.

(b) Verifizieren Sie die Erhaltung des Impulses für die ebene Welle.

(c) Erläutern Sie die tensorielle Struktur der Impulsstromdichte $\underline{J} = -\underline{\underline{T}}$.

12.4: **(a)** Finden Sie den Vektor $\mathbf{J}_d(t, \mathbf{r})$, der mit Hilfe der Beziehungen

$$\varrho_d = -\boldsymbol{\nabla} \cdot \mathbf{J}_d \quad \text{und} \quad \mathbf{j}_d = \frac{\partial}{\partial t} \mathbf{J}_d$$

die Ladungs- und Stromdichte des elektrischen Dipols mit dem zeitabhängigen Dipolmoment $\mathbf{d}_c(ct) = \mathbf{d}_0 e^{-i\omega t} = \mathbf{d}_0 e^{-ikct}$ bestimmt.

(b) Zeigen Sie, daß der Hertzsche Vektor $\mathbf{N}_e = (4\pi r)^{-1} \mathbf{d}_c(ct - r)$ die Gleichung $\Box \mathbf{N}_e = \mathbf{J}_d$ erfüllt.

12.5: **(a)** Berechnen Sie die Realteile $\mathbf{E}_e$, $\mathbf{B}_e$ der komplexen elektrischen Feldstärke $\mathbf{E}_{ec}$ und der magnetischen Flußdichte $\mathbf{B}_{ec}$ des schwingenden elektrischen Dipols für $\mathbf{r} \neq 0$.

(b) Zerlegen Sie die beiden reellen Feldstärken in die Fernfelder $\mathbf{E}_e^{(F)}$, $\mathbf{B}_e^{(F)}$ und die restlichen Terme $\mathbf{E}_e^{(N)}$, $\mathbf{B}_e^{(N)}$, so daß die Darstellungen

$$\mathbf{E}_e = \mathbf{E}_e^{(F)} + \mathbf{E}_e^{(N)} \quad , \qquad \mathbf{B}_e = \mathbf{B}_e^{(F)} + \mathbf{B}_e^{(N)}$$

gelten.

(c) Berechnen Sie die Energieflußdichten

$$\mathbf{S}_e^{(F)} = \frac{1}{\mu_0} \mathbf{E}_e^{(F)} \times \mathbf{B}_e^{(F)}$$

und

$$\mathbf{S}_e^{(N)} = \frac{1}{\mu_0} \left(\mathbf{E}_e^{(F)} \times \mathbf{B}_e^{(N)} + \mathbf{E}_e^{(N)} \times \mathbf{B}_e^{(F)} + \mathbf{E}_e^{(N)} \times \mathbf{B}_e^{(N)} \right) \ .$$

Zeigen Sie, daß $\mathbf{S}_e^{(F)}$ in einen zeitlich konstanten und einen mit der doppelten Kreisfrequenz 2ω zeitlich veränderlichen Beitrag zerlegt werden kann. Zeigen Sie außerdem, daß $\mathbf{S}_e^{(N)}$ nur aus Beiträgen besteht, die mit der doppelten Kreisfrequenz zeitlich veränderlich sind und mit Potenzen von $(1/r)$ abfallen, die alle größer als zwei sind.

(d) Berechnen Sie die zeitlichen Mittelwerte

$$\left\langle \mathbf{S}_e^{(F)} \right\rangle = \frac{1}{T} \int_0^T \mathbf{S}_e^{(F)}(t, \mathbf{r}) \, dt \quad \text{und} \quad \left\langle \mathbf{S}_e^{(N)} \right\rangle = \frac{1}{T} \int_0^T \mathbf{S}_e^{(N)}(t, \mathbf{r}) \, dt \ .$$

Erläutern Sie das Ergebnis.

12.6: (a) Berechnen Sie die komplexen elektrischen Feldstärken im Fernfeld zweier harmonisch schwingender elektrischer Dipole an den Orten $\mathbf{b}$ und $-\mathbf{b}$ mit gleichem Dipolmoment $\mathbf{d}_0$, aber einem Phasenunterschied 2α der harmonischen Schwingung. Der Betrag b des Vektors $\mathbf{b}$ sei klein gegen den betrachteten Abstand vom Ursprung, $b \ll r$. Vernachlässigen Sie b im Amplitudenfaktor der elektrischen Feldstärke. Berücksichtigen Sie im Exponenten Beiträge proportional zu b/r in erster Ordnung.

(b) Überlagern Sie die beiden elektrischen Feldstärken, und berechnen Sie die physikalische Feldstärke als Realteil der Superposition.

(c) Suchen Sie Winkel $\vartheta_{kb}^{(0)}$ zwischen den Richtungen $\hat{\mathbf{r}}$ und $\hat{\mathbf{b}}$ auf, für die die Amplitude der elektrischen Feldstärke verschwindet.

(d) Erläutern Sie den Unterschied zwischen der Superposition der Feldstärken der beiden Dipole und der Feldstärke eines Dipols doppelter Amplitude am Ort $\mathbf{r} = 0$.

12.7: *Antenne der Länge L mit räumlich konstanter Stromdichte.*

(a) Berechnen Sie die Ladungsdichte ϱ_L, die durch die Superposition von Dipolladungsdichten $\varrho_d = -\mathbf{d}(ct) \cdot \nabla \delta^3(\mathbf{r} - \mathbf{r}_d)$ mit den Dipolmomenten $\mathbf{d}(ct) = d_z(ct)\mathbf{e}_z$ an den Orten $\mathbf{r}_d = z'\mathbf{e}_z$ im Bereich $-L/2 \leq z' \leq L/2$ in der Form $\varrho_L = -(1/L) \int_{-L/2}^{L/2} \mathbf{d} \cdot \nabla \delta^3(\mathbf{r} - z'\mathbf{e}_z) \, dz'$ gebildet wird.

(b) Berechnen Sie die Stromdichte $\mathbf{j}_L(t, \mathbf{r})$, die durch die Superposition von Dipolstromdichten $\mathbf{j}_d = \dot{\mathbf{d}}(ct)\delta^3(\mathbf{r} - \mathbf{r}_d)$ mit den zeitabhängigen Dipolmomenten $\mathbf{d}(ct) = d_z(ct)\mathbf{e}_z$ an den Orten $\mathbf{r}_d = z'\mathbf{e}_z$ im Bereich $-L/2 \leq z' \leq L/2$ gebildet wird. Überlagern Sie dazu die Stromdichten $\mathbf{j}_d = \dot{\mathbf{d}}(ct)\delta^3(\mathbf{r} - \mathbf{r}_d)$ in der Form $\mathbf{j}_L = (1/L) \int_{-L/2}^{L/2} \dot{\mathbf{d}}(ct)\delta^3(\mathbf{r} - z'\mathbf{e}_z) \, dz'$.

(c) Zeigen Sie, daß die Ladungsdichte ϱ_L der Überlagerung von Dipolen aus (a) und die unter (b) berechnete Stromdichte $\mathbf{j}_L$ die Kontinuitätsgleichung erfüllen.

12.8: *Antenne der Länge L mit räumlich sinusförmiger Stromdichte.*

(a) Berechnen Sie die Stromdichte $\mathbf{j}_S$ eines Dipols durch die Überlagerung der Dipolstromdichten $\mathbf{j}_d = \dot{\mathbf{d}}(ct)\delta^3(\mathbf{r} - z'\mathbf{e}_z)$ mit der Gewichtsfunktion $(2/L)\sin(kL/2 - k|z'|)$ im Bereich $-L/2 \leq z' \leq L/2$. Es sei $\mathbf{d}(ct) = d_z(ct)\mathbf{e}_z$.

(b) Bestimmen Sie die zugehörige Ladungsdichte ϱ_S.

(c) Zeigen Sie, daß ϱ_S und $\mathbf{j}_S$ die Kontinuitätsgleichung erfüllen.

12.9: *Abstrahlung von einer Antenne der Länge L mit räumlich konstanter Stromdichte.*

(a) Berechnen Sie die komplexe elektrische Feldstärke $\mathbf{E}_{ec}$ und die magnetische Flußdichte $\mathbf{B}_{ec}$ in Fernfeldnäherung von einer Ladungs- und Stromdichte der Form

$$\varrho_L = (d_z(ct)/L)[\delta(z - L/2) - \delta(z + L/2)]\delta(x)\delta(y) \quad,$$

$$\mathbf{j}_L = (\dot{d}_z(ct)\mathbf{e}_z/L)[\Theta(z + L/2) - \Theta(z - L/2)]\delta(x)\delta(y) \quad,$$

die sich als Überlagerungen der Dipolladungs- und -stromdichte mit $\mathbf{d}(ct) = d_z(ct)\mathbf{e}_z$ darstellen lassen, vgl. Aufgabe 12.7. Die zeitliche Änderung des komplexen Dipolmomentes sei harmonisch, d. h. $\mathbf{d}_c(t) = d_0\mathbf{e}_z e^{-i\omega t}$. Die Rechnung soll näherungsweise so durchgeführt werden, daß die Abhängigkeit von z (mit $-L/2 \leq z \leq L/2$) nur im Argument der Exponentialfunktion und dort nur in erster Ordnung in z berücksichtigt wird.

(b) Diskutieren Sie den Einfluß der Länge L auf die Abstrahlung.

12.10: *Abstrahlung von einer Antenne der Länge L mit räumlich sinusförmiger Stromdichte.*

(a) Berechnen sie die komplexe elektrische Feldstärke $\mathbf{E}_{ec}$ und die magnetische Flußdichte $\mathbf{B}_{ec}$ in Fernfeldnäherung von einer Ladungs- und Stromdichte der Form

$$\varrho_S = \frac{2}{L}d_z(ct)k\,\mathrm{sign}(z)\cos(kL/2 - k|z|)\delta(x)\delta(y) \quad,$$

$$\mathbf{j}_S = \frac{2}{L}\dot{d}_z(ct)\mathbf{e}_z\sin(kL/2 - k|z|)\delta(x)\delta(y)$$

mit $-L/2 \leq z \leq L/2$, die sich als lineare Überlagerungen der Dipolladungs- und -stromdichte ϱ_d, $\mathbf{j}_d$ mit $\mathbf{d}(ct) = d_z(ct)\mathbf{e}_z$ darstellen lassen, vgl. Aufgabe 12.8. Die zeitliche Änderung des komplexen Dipolmomentes sei harmonisch, d. h. $\mathbf{d}_c(ct) = d_0\mathbf{e}_z e^{-i\omega t}$. Die Rechnung werde in der gleichen Näherung durchgeführt, wie in Aufgabe 12.9 beschrieben.

(b) Diskutieren Sie den Einfluß von L auf die Abstrahlung für den Fall $kL/2 = \pi/2$.

13. Relativistische Elektrodynamik

13.1 Einsteins Spezielle Relativitätstheorie

13.1.1 Unabhängigkeit der Lichtgeschwindigkeit vom Bezugssystem

Inhalt: Die Tatsache, daß in zwei gegeneinander geradlinig gleichförmig bewegten Bezugssystemen die Lichtgeschwindigkeit die gleiche ist, erzwingt es, daß beim Übergang zwischen den beiden Systemen nicht nur die Ortskoordinaten sondern auch die Zeit transformiert werden muß.

Wir definieren zunächst zwei Bezugssysteme K und K', Abb. 13.1. Sie fallen zur Zeit $t = 0$ zusammen. Der Ursprung O' von K' bewegt sich gegenüber K mit der Geschwindigkeit v in x-Richtung. Im Ursprung O von K befinde sich eine Lichtquelle, die zur Zeit $t = 0$ ein Lichtsignal aussendet, das sich mit der Lichtgeschwindigkeit c in x-Richtung ausbreitet. Der Beobachter befinde sich im Ursprung von K'. Zur Zeit t sind die Orte x_B des Beobachters und x_L des Lichtsignals im System K

$$x_B = vt \quad , \quad x_L = ct \quad . \tag{13.1.1}$$

Nach der Galilei-Transformation der klassischen Mechanik sind im System K' die Geschwindigkeiten v und c jeweils um v vermindert,

$$x'_B = v't = (v - v)t = 0 \quad , \quad x'_L = c't = (c - v)t \quad . \tag{13.1.2}$$

Im Gegensatz zu der Aussage der Galilei-Transformation liefert die Beobachtung, insbesondere das *Experiment von Michelson und Morley*, daß die Lichtgeschwindigkeit vom Bezugssystem unabhängig ist, also $c' = c$. Wir sind daher gezwungen, die Galilei-Transformation aufzugeben.

13.1.2 Lorentz-Transformation

Inhalt: Die Lorentz-Transformation erlaubt es, die Orts- und Zeitkoordinaten bezüglich des Bezugssystems K in die Koordinaten bezüglich eines Systems K' umzurechnen, das sich gegenüber K geradlinig gleichförmig bewegt. Sie folgt eindeutig aus den Forderungen, daß die Transformation linear ist, daß die Bezugssysteme gleichwertig sind (Reziprozität) und daß die Lichtgeschwindigkeit in ihnen gleich ist.

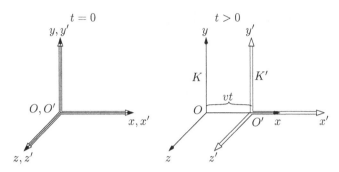

Abb. 13.1. Die beiden Koordinatensysteme K und K' haben parallele Achsen. K' bewegt sich relativ zu K mit der Geschwindigkeit v in x-Richtung. Beide Systeme fallen zur Zeit $t = 0$ zusammen (*links*). Zu einer beliebigen Zeit t haben ihre Ursprünge den Abstand vt voneinander

Bezeichnungen: c Lichtgeschwindigkeit; t Zeit, $x^0 = ct$ Zeitkoordinate und x^1, x^2, x^3 Ortskoordinaten im Bezugssystem K; x'^0, x'^1, x'^2, x'^3 Koordinaten im System K'; v Geschwindigkeit, mit der sich K' gegen K in 1-Richtung bewegt; $\beta = v/c$ dimensionslose Relativgeschwindigkeit, $\gamma = (1 - \beta^2)^{-1/2}$ Lorentz-Faktor.

Nomenklatur In der gesuchten Transformation müssen wir nicht nur den Ort, sondern auch die Zeit transformieren. Um die neue Art der Transformation kenntlich zu machen, schreiben wir für die Ortskoordinaten x, y, z jetzt x^1, x^2, x^3 mit hochgestellten Indizes. Anstelle der Zeit t wählen wir die Größe

$$x^0 = ct \quad , \tag{13.1.3}$$

die der Zeit entspricht, aber die Dimension eines Ortes hat.

Für den Ort des Lichtsignals in 1-Richtung in beiden Bezugssystemen muß gelten

$$x^1_{\mathrm{L}} = ct = x^0_{\mathrm{L}} \;, \quad x'^1_{\mathrm{L}} = ct' = x'^0_{\mathrm{L}} \;, \quad x^2_{\mathrm{L}} = x'^2_{\mathrm{L}} = 0 \;, \quad x^3_{\mathrm{L}} = x'^3_{\mathrm{L}} = 0 \;. \tag{13.1.4}$$

Linearität Wir setzen eine *lineare Transformation* der Orts- und Zeitkoordinaten an,

$$\begin{aligned} x'^0 &= \gamma(x^0 - \beta x^1) \quad , \\ x'^1 &= \gamma'(-\beta' x^0 + x^1) \quad . \end{aligned} \tag{13.1.5}$$

Trotz der speziellen Gestalt der Koeffizienten ist die Transformation völlig allgemein, weil sie die Koordinaten x^0, x^1 über vier unabhängige Koeffizienten $\gamma, \gamma\beta, \gamma', \gamma'\beta'$ mit den Koordinaten x'^0, x'^1 verknüpft.

Die Umkehrtransformation lautet

$$\begin{aligned} x^0 &= \frac{1}{D}(\gamma' x'^0 + \gamma\beta x'^1) \quad , \\ x^1 &= \frac{1}{D}(\gamma'\beta' x'^0 + \gamma x'^1) \end{aligned} \tag{13.1.6}$$

mit der Determinante

$$D = \gamma\gamma'(1 - \beta\beta') \qquad (13.1.7)$$

der Transformation.

Zusammenhang mit der Relativgeschwindigkeit Der Ort $x_{O'}'^1 = 0$ des Ursprungs O' von K' bewegt sich in K nach der Gleichung

$$x_{O'}^1 = vt \quad .$$

Aus (13.1.5) folgt dann

$$0 = x_{O'}'^1 = \gamma'(-\beta'x^0 + x_{O'}^1)$$

und damit $x_{O'}^1 = \beta'x^0$, so daß

$$vt = x_{O'}^1 = \beta'x^0 = \beta'ct \quad ,$$

also

$$\beta' = \frac{v}{c}$$

gilt. Der Ort x_O^1 des Ursprungs O im System K bewegt sich in K' nach der Gleichung

$$x_O'^1 = -vt' \quad .$$

Aus (13.1.6) folgt

$$-\gamma vt' = \gamma x_O'^1 = -\gamma'\beta'x'^0 = -\gamma'\beta'ct' \quad ,$$

also

$$\frac{\gamma'}{\gamma}\beta' = \frac{v}{c} = \beta'$$

und daher

$$\gamma' = \gamma \quad .$$

Somit kann die Transformation als

$$\begin{aligned} x'^0 &= \gamma(x^0 - \beta x^1) \quad , \\ x'^1 &= \gamma(-\beta'x^0 + x^1) \end{aligned}$$

geschrieben werden.

Konstanz der Lichtgeschwindigkeit Mit der Beschreibung des Lichtsignals in K durch $x_L^1 = ct$ bzw. in K' durch $x_L'^1 = ct'$ und mit $x^0 = ct$ bzw. $x'^0 = ct'$ erhalten wir durch Einsetzen in (13.1.5)

$$ct' = x'^0 = \gamma(ct - \beta x_L^1) = \gamma(1 - \beta)ct \quad ,$$
$$ct' = x_L'^1 = \gamma(-\beta'ct + ct) = \gamma(1 - \beta')ct \quad ,$$

so daß

$$\beta' = \beta \quad .$$

Insgesamt hat die Transformation und ihre Umkehrung nun die Gestalt

$$x'^0 = \gamma(x^0 - \beta x^1) \quad , \quad x^0 = \frac{1}{D}\gamma(x'^0 + \beta x'^1) \quad ,$$

$$x'^1 = \gamma(-\beta x^0 + x^1) \quad , \quad x^1 = \frac{1}{D}\gamma(\beta x'^0 + x'^1) \quad ,$$

$$D = \gamma^2(1 - \beta^2) \quad .$$

$$(13.1.8)$$

Reziprozität Für die entgegengesetzte Relativbewegung der Koordinatensysteme, d. h. für die Ersetzung $\beta \rightarrow -\beta$, erhält man anstelle von (13.1.8)

$$x'^0 = \gamma(x^0 + \beta x^1) \quad , \quad x^0 = \frac{1}{D}\gamma(x'^0 - \beta x'^1) \quad ,$$

$$x'^1 = \gamma(\beta x^0 + x^1) \quad , \quad x^1 = \frac{1}{D}\gamma(-\beta x'^0 + x'^1) \quad .$$

$$(13.1.9)$$

Da sich aber nun K gegen K' so bewegt wie vorher K' gegen K, müssen die Transformationen (13.1.8) und (13.1.9) *reziprok* zueinander sein, d. h. durch Vertauschung von ungestrichenen und gestrichenen Größen auseinander hervorgehen. Das führt auf

$$D = 1$$

und damit zu

$$\gamma^2 = \frac{1}{1 - \beta^2} \quad . \tag{13.1.10}$$

Lorentz-Transformation Die so gewonnene Transformation und ihre Umkehrung,

$$x'^0 = \gamma(x^0 - \beta x^1) \quad , \quad x^0 = \gamma(x'^0 + \beta x'^1) \quad ,$$

$$x'^1 = \gamma(-\beta x^0 + x^1) \quad , \quad x^1 = \gamma(\beta x'^0 + x'^1) \quad , \tag{13.1.11}$$

$$\gamma^2 = \frac{1}{1 - \beta^2} \quad , \quad \beta = \frac{v}{c} \quad ,$$

heißt *Lorentz-Transformation*. Ihre Parameter γ und β sind durch die Relativgeschwindigkeit v gegeben. Dabei ist $\beta = v/c$ die Komponente v der Relativgeschwindigkeit, ausgedrückt in Einheiten der Lichtgeschwindigkeit. Die

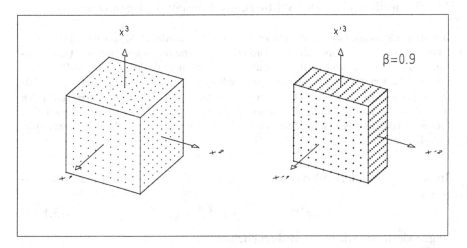

Abb. 13.2. Würfel mit regelmäßigem Punktmuster im System K (*links*) und im System K'
(*rechts*). Die Orte der Punkte wurden jeweils zur gleichen Zeit t in K bzw. zur gleichen Zeit t'
in K' bestimmt. Das System K' bewegt sich gegenüber K mit 90% der Lichtgeschwindigkeit

ebenfalls dimensionslose Größe γ heißt *Lorentz-Faktor*. Bei einer Relativgeschwindigkeit in 1-Richtung bleiben wegen der Translationsinvarianz für jede
einzelne Koordinate die 2- und die 3-Koordinate ungeändert,

$$x'^2 = x^2 \quad , \qquad x'^3 = x^3 \quad . \tag{13.1.12}$$

Längenkontraktion Wir betrachten einen in 1-Richtung orientierten Stab.
Seine Endpunkte haben im System K die x^1-Koordinaten x_a^1, x_b^1. Der Stab hat
dort die Länge $\ell = x_b^1 - x_a^1$. Wir bestimmen nun seine Länge im System K',
indem wir dort die Koordinaten $x_a'^1, x_b'^1$ *zur gleichen Zeit* $t' = x'^0/c$ messen
und die Differenz bilden. Mit dieser Vorschrift erhalten wir

$$\ell' = x_b'^1 - x_a'^1 = \frac{1}{\gamma}(x_b^1 - x_a^1) - \beta(x_b'^0 - x_a'^0) = \frac{1}{\gamma}(x_b^1 - x_a^1) = \frac{1}{\gamma}\ell \quad .$$

Im bewegten System K' erscheinen Abstände in 1-Richtung also gegenüber
dem ruhenden System K um einen Faktor $1/\gamma$ kontrahiert, Abb. 13.2.

Zeitdilatation Wir betrachten eine im System K ruhende Uhr. Sie zeigt an,
daß zwischen den Augenblicken t_a und t_b die Zeitdifferenz $\Delta t = t_b - t_a$
abgelaufen ist. Transformiert ins System K' erhalten wir, wegen $x_a^1 = x_b^1$,
eine um den Faktor γ vergrößerte Zeitdifferenz

$$
\begin{aligned}
\Delta t' &= \frac{1}{c}(x_b'^0 - x_a'^0) = \frac{1}{c}\gamma\left((x_b^0 - x_a^0) - \beta(x_b^1 - x_a^1)\right) = \frac{1}{c}\gamma(x_b^0 - x_a^0) \\
&= \gamma\Delta t \quad .
\end{aligned}
$$

13.1.3 Vierdimensionaler Vektorraum. Minkowski-Geometrie

Inhalt: Die Zeit- und Ortskoordinaten x^μ, $\mu = 0, 1, 2, 3$, werden als Komponenten eines Vierervektors $\underset{\sim}{x} = x^\mu \underset{\sim}{e}_\mu$ aufgefaßt; hier wird über alle Werte des Index μ summiert (Einstein-Konvention). Die Basisvektoren $\underset{\sim}{e}_\mu$ spannen den vierdimensionalen Minkowski-Raum auf. Für das Skalarprodukt zweier Vierervektoren gilt $\underset{\sim}{x} \cdot \underset{\sim}{y} = x^\mu g_{\mu\nu} y^\nu$. Dabei ist $g_{\mu\nu}$ das metrische Symbol. Die im Minkowski-Raum geltende Minkowski-Geometrie unterscheidet sich wesentlich von der euklidischen Geometrie in dreidimensionalen Raum. Die Lorentz-Transformation läßt sich als Multiplikation eines Vierervektors in Spaltenschreibweise mit einer (4×4)-Matrix formulieren.

Invarianz des Viererabstandes Die Lorentz-Transformation läßt den Ausdruck

$$(x^0)^2 - (x^1)^2 - (x^2)^2 - (x^3)^2 \tag{13.1.13}$$

ungeändert, wie wir leicht nachrechnen, denn

$$
\begin{aligned}
&(x'^0)^2 - (x'^1)^2 - (x'^1)^2 - (x'^1)^2 \\
={}& \gamma^2(x^0 - \beta x^1)^2 - \gamma^2(\beta x^0 - x^1)^2 - (x^2)^2 - (x^3)^2 \\
={}& \gamma^2(1 - \beta^2)(x^0)^2 - \gamma^2(1 - \beta^2)(x^1)^2 - (x^2)^2 - (x^3)^2 \\
={}& (x^0)^2 - (x^1)^2 - (x^2)^2 - (x^3)^2 \quad .
\end{aligned}
\tag{13.1.14}
$$

Wir bezeichnen die Größe (13.1.13) als *Quadrat eines Vierervektors* und ihre Quadratwurzel als *Betrag eines Vierervektors* und stellen eine gewisse Ähnlichkeit zum Verhalten des Quadrats bzw. des Betrages eines Vektors im gewöhnlichen dreidimensionalen Ortsraum fest.

Dreidimensionaler Ortsraum In diesem Raum bleibt der Betrag und damit das Quadrat eines Ortsvektors,

$$\mathbf{x} \cdot \mathbf{x} = x_1^2 + x_2^2 + x_3^2 \quad , \tag{13.1.15}$$

unabhängig davon, ob ein Koordinatensystem mit den Basisvektoren $\mathbf{e}_1, \mathbf{e}_2, \mathbf{e}_2$ benutzt wird, in dem die Vektorkomponenten x_1, x_2, x_3 lauten, oder ein um den Ursprung gedrehtes System $\mathbf{e}'_1, \mathbf{e}'_2, \mathbf{e}'_2$, in dem der Vektor die Komponenten x'_1, x'_2, x'_3 hat. In den beiden Systemen hat der Vektor die Darstellungen

$$\mathbf{x} = \sum_{i=1}^{3} x_i \mathbf{e}_i = \sum_{i=1}^{3} x'_i \mathbf{e}'_i \quad . \tag{13.1.16}$$

Als einfaches Beispiel betrachten wir eine Rotation um die $\mathbf{e}_3$-Achse, $\mathbf{e}'_3 = \mathbf{e}_3$, bei der die $(1, 2)$-Ebene um einen Winkel α gedreht wird, Abb. 13.3. Für die Transformation der Koordinaten gilt

$$(\mathbf{x}') = (\underline{R})(\mathbf{x}) \quad . \tag{13.1.17}$$

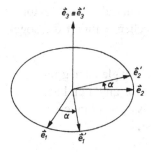

Abb. 13.3. Rotation des Basissystems um die e_3-Achse um den Winkel α

Dabei sind $(\mathbf{x})$ und $(\mathbf{x}')$ die Spaltenvektoren der Komponenten und $(\underline{R})$ ist die Matrix des Rotationstensors,

$$(\mathbf{x}') = \begin{pmatrix} x_1' \\ x_2' \\ x_3' \end{pmatrix} \quad , \quad (\mathbf{x}) = \begin{pmatrix} x_1 \\ x_2 \\ x_3 \end{pmatrix} \quad , \quad (\underline{R}) = \begin{pmatrix} \cos\alpha & \sin\alpha & 0 \\ -\sin\alpha & \cos\alpha & 0 \\ 0 & 0 & 1 \end{pmatrix} \quad . \tag{13.1.18}$$

Für die einzelnen Komponenten gilt also

$$x_i' = \sum_{k=1}^{3} R_{ik} x_k \quad , \quad i = 1, 2, 3 \quad . \tag{13.1.19}$$

Im allgemeinen Fall sind die Matrixelemente des Rotationstensors

$$R_{ik} = \mathbf{e}_i' \cdot \mathbf{e}_k \quad . \tag{13.1.20}$$

Die einfache Schreibweise (13.1.15) für das Quadrat eines Vektors ist dadurch begründet, daß für die Basisvektoren die *Orthogonalitätsrelationen*

$$\mathbf{e}_i \cdot \mathbf{e}_j = \delta_{ij} = \begin{cases} 1 & , \quad i = j \\ 0 & , \quad i \neq j \end{cases} \tag{13.1.21}$$

gelten, die die Skalarprodukte zwischen den Basisvektoren definieren.

Vierervektoren. Minkowski-Geometrie Wir wollen einen Vektor mit vier Komponenten (einer zeitlichen und drei räumlichen) konstruieren, für den das Quadrat (13.1.13) bei Lorentz-Transformationen erhalten bleibt. Dabei ist allerdings zu beachten, daß dieses Quadrat eine andere Struktur hat als das Quadrat (13.1.15) des Ortsvektors. Wir definieren zunächst ein Basissystem aus vier Basisvektoren $\varrho_0, \varrho_1, \varrho_2, \varrho_3$ und konstruieren dann einen Vierervektor analog zu (13.1.16) als Linearkombination dieser Basisvektoren, wobei unsere Koordinaten x^0, x^1, x^2, x^3 als Koeffizienten dienen,

$$\underline{x} = \sum_{\mu=0}^{3} x^\mu \varrho_\mu = x^\mu \varrho_\mu \quad . \tag{13.1.22}$$

(Man beachte, daß die Komponenten den Index oben und die Basisvektoren den Index unten tragen.) Das zweite Gleichheitszeichen definiert die sogenannte *Einsteinsche Summenkonvention*:

> Treten in einem Produkt zwei Faktoren auf, die den gleichen griechischen Index tragen, und zwar an einem Faktor unten und am anderen oben, so ist über diesen Index von 0 bis 3 zu summieren, auch wenn kein Summenzeichen angegeben ist.

Wir treffen noch zwei weitere Vereinbarungen:

- In Ausdrücken, die sich nur auf die räumlichen Indizes $1, 2, 3$ beziehen, wird als Index ein lateinischer Buchstabe benutzt. Falls eine Summation vorkommt, wird das Summenzeichen geschrieben.

- Bei einem Vektor mit drei Komponenten, z. B. dem Vektor der Geschwindigkeit $\mathbf{v} = (v_1, v_2, v_3)$, der nicht durch Hinzufügen einer Null-Komponente zu einem Vierervektor erweitert werden kann, werden zur Kennzeichnung der Komponenten stets nur untere Indizes benutzt.

Damit nun das Quadrat $\underset{\sim}{x} \cdot \underset{\sim}{x}$ eines Vierervektors die Form (13.1.13) erhält, darf man sich in bezug auf die Skalarprodukte zwischen den Basisvektoren nicht einfach an den Orthogonalitätsrelationen (13.1.21) orientieren, sondern muß *Pseudo-Orthogonalitätsrelationen* der Form

$$\underset{\sim}{e}_\mu \cdot \underset{\sim}{e}_\nu = g_{\mu\nu} = \begin{cases} 1 & , & \mu = \nu = 0 \\ -1 & , & \mu = \nu = m \\ 0 & , & \mu \neq \nu \end{cases} , \quad m = 1, 2, 3 \quad ,$$

(13.1.23)

fordern. Für das Skalarprodukt zweier Vektoren $\underset{\sim}{x} = x^\mu \underset{\sim}{e}_\mu$ und $\underset{\sim}{y} = y^\nu \underset{\sim}{e}_\nu$ erhält man dann

$$\underset{\sim}{x} \cdot \underset{\sim}{y} = x^\mu (\underset{\sim}{e}_\mu \cdot \underset{\sim}{e}_\nu) y^\nu = x^\mu g_{\mu\nu} y^\nu = x^0 y^0 - x^1 y^1 - x^2 y^2 - x^3 y^3 \quad (13.1.24)$$

in Übereinstimmung mit der Beziehung (13.1.13) für den Fall $\underset{\sim}{x} = \underset{\sim}{y}$.

Das Skalarprodukt im Viererraum hat also eine kompliziertere Struktur als das im Ortsraum. Dabei tritt insbesondere das *metrische Symbol* $g_{\mu\nu}$ auf. Man sagt auch, der Ortsraum sei durch die *euklidische Geometrie* bestimmt, der Viererraum durch die *Minkowski-Geometrie*. Den hier konstruierten Viererraum bezeichnet man auch als *Minkowski-Raum*.

Lorentz-Transformation in Viererschreibweise In Analogie zur Rotation (13.1.17) können wir jetzt die Lorentz-Transformation als

$$(\underset{\sim}{x})' = (\underset{\approx}{\Lambda})(\underset{\sim}{x}) \tag{13.1.25}$$

schreiben. Dabei sind $(\underset{\sim}{x})'$ und $(\underset{\sim}{x})$ Vierer-Spaltenvektoren und $(\underset{\approx}{\Lambda})$ die Matrix eines *Vierertensors* $\underset{\approx}{\Lambda}$, der die Lorentz-Transformation beschreibt,

$$(\underset{\sim}{x})' = (\underset{\approx}{\Lambda})(\underset{\sim}{x})$$

mit

$$(\underset{\sim}{x})' = \begin{pmatrix} x'^0 \\ x'^1 \\ x'^2 \\ x'^3 \end{pmatrix} \;,\; (\underset{\sim}{x}) = \begin{pmatrix} x^0 \\ x^1 \\ x^2 \\ x^3 \end{pmatrix} \;,\; (\underset{\approx}{\Lambda}) = \begin{pmatrix} \Lambda^0{}_0 & \Lambda^0{}_1 & \Lambda^0{}_2 & \Lambda^0{}_3 \\ \Lambda^1{}_0 & \Lambda^1{}_1 & \Lambda^1{}_2 & \Lambda^1{}_3 \\ \Lambda^2{}_0 & \Lambda^2{}_1 & \Lambda^2{}_2 & \Lambda^2{}_3 \\ \Lambda^3{}_0 & \Lambda^3{}_1 & \Lambda^3{}_2 & \Lambda^3{}_3 \end{pmatrix} .$$

$$(13.1.26)$$

Aus (13.1.11) und (13.1.12) entnehmen wir, daß die Matrix $(\underset{\approx}{\Lambda})$ für den Fall der Relativbewegung von K und K' in 1-Richtung explizit die Form

$$(\underset{\approx}{\Lambda}) = \begin{pmatrix} \gamma & -\beta\gamma & 0 & 0 \\ -\beta\gamma & \gamma & 0 & 0 \\ 0 & 0 & 1 & 0 \\ 0 & 0 & 0 & 1 \end{pmatrix} \tag{13.1.27}$$

hat.

Durch Ausführung der Multiplikation des Spaltenvektors $(\underset{\sim}{x})$ mit der Matrix $(\underset{\approx}{\Lambda})$ erhalten wir für die vier Komponenten von $(\underset{\sim}{x})'$

$$x'^\mu = \Lambda^\mu{}_\nu x^\nu \;, \qquad \mu = 0, 1, 2, 3 \;. \tag{13.1.28}$$

Dabei ist wieder die Einstein-Konvention zu beachten, also hier die Summation über ν. Die Schreibweise $\Lambda^\mu{}_\nu$ mit einem oberen und einem unteren Index für die Matrixelemente wurde natürlich passend zur Einstein-Konvention gewählt. Mit (13.1.27) rechnet man sofort nach, daß der kompakte Ausdruck (13.1.28) nichts anderes ist als die Lorentz-Transformation (13.1.11), (13.1.12).

Die Lorentz-Transformation $(\underset{\approx}{\Lambda}^{-1})$ ist durch

$$(\underset{\approx}{\Lambda}^{-1})^\mu{}_\nu \Lambda^\nu{}_\lambda = g^\mu{}_\lambda = \begin{cases} 1 & , \quad \lambda = \mu \;, \\ 0 & ; \quad \lambda \neq \mu \;. \end{cases} \tag{13.1.29}$$

definiert. Sie lautet in expliziter Form

$$(\underset{\approx}{\Lambda}^{-1}) = \begin{pmatrix} \gamma & \beta\gamma & 0 & 0 \\ \beta\gamma & \gamma & 0 & 0 \\ 0 & 0 & 1 & 0 \\ 0 & 0 & 0 & 1 \end{pmatrix} \tag{13.1.30}$$

mit

$$x^\mu = (\underset{\approx}{A}^{-1})^\mu{}_\nu x'^\nu \quad , \qquad \mu = 0, 1, 2, 3 \quad . \tag{13.1.31}$$

Damit folgt

$$\underset{\sim}{x} = \underset{\sim}{e}_\mu x^\mu = \underset{\sim}{e}_\mu (\underset{\approx}{A}^{-1})^\mu{}_\nu x'^\nu = \underset{\sim}{e}'_\nu x'^\nu \tag{13.1.32}$$

mit den transformierten Basisvektoren

$$\underset{\sim}{e}'_\nu = \underset{\sim}{e}_\mu (\underset{\approx}{A}^{-1})^\mu{}_\nu \quad . \tag{13.1.33}$$

Die Beschreibung des Vierervektors $\underset{\sim}{x}$ geschieht im Koordinatensystem K mit den Komponenten x^μ und den Basisvektoren $\underset{\sim}{e}_\mu$, im Koordinatensystem K' mit den Komponenten x'^ν und den Basisvektoren $\underset{\sim}{e}'_\nu$.

Kurzschreibweise Um Schreibarbeit und Platz zu sparen, wird ein Vierer-Spaltenvektor statt ausführlich wie in (13.1.26) manchmal kurz in der Form

$$(\underset{\sim}{x}) = (x^\mu) = \begin{pmatrix} x^0 \\ \mathbf{x} \end{pmatrix} \tag{13.1.34}$$

geschrieben. Dabei sind die drei räumlichen Komponenten in dem herkömmlichen Vektorsymbol $\mathbf{x}$ zusammengefaßt. Auch wir werden diese Kurzschreibweise gelegentlich verwenden, insbesondere, wenn wir Ergebnisse kompakt zusammenfassen wollen. Das sollte aber in keinem Fall zur Verwirrung führen.

13.1.4 Relativistische Mechanik eines Massenpunktes

Inhalt: An die Stelle der Newtonschen Bewegungsgleichung $d\mathbf{p}/dt = \mathbf{F}$ tritt die Gleichung $d\underset{\sim}{p}/d\tau = \underset{\sim}{K}$. Dabei werden die Vektoren des Impulses bzw. der Kraft durch den Vierer-impuls $\underset{\sim}{p}$ und den Vierervektor $\underset{\sim}{K}$ der Minkowski-Kraft ersetzt und die Ableitung nach der Zeit durch eine Ableitung nach der Eigenzeit τ, die unter Lorentz-Transformationen invariant bleibt. Die Null-Komponente der neuen Bewegungsgleichung entspricht für eine konservative Kraft dem Energieerhaltungssatz. Dabei ist die Größe $cp^0 = mc^2$ für ein ruhendes Teilchen, $\mathbf{p} = 0$, das Energieäquivalent der Masse.
Bezeichnungen: $\underset{\sim}{x}$ Vierer-Ortsvektor, $\underset{\sim}{u}$ Vierergeschwindigkeit, $\underset{\sim}{p}$ Viererimpuls, $\underset{\sim}{K}$ Min-kowski-Kraft, τ Eigenzeit, c Lichtgeschwindigkeit, γ Lorentz-Faktor, m Ruhemasse, $M = \gamma m$ geschwindigkeitsabhängige Masse, $\mathbf{x}$ Ortsvektor, $\mathbf{v}_T$ Geschwindigkeitsvektor, $\mathbf{p}$ Impuls-vektor, $\mathbf{F}$ Newton-Kraft, V Potential der Newton-Kraft.

Eigenzeit Wir betrachten die Bewegung eines Teilchens im Bezugssystem K. Der Ort $\mathbf{x}_T$ des Teilchens ist eine Funktion der Zeit t in diesem System. Sie beschreibt die *Bahnkurve* des Teilchens,

$$\mathbf{x}_T = \mathbf{x}_T(t) = \sum_{m=1}^{3} x_T^m(t)\mathbf{e}_m \quad . \tag{13.1.35}$$

Der Vierervektor der Teilchenbahn ist dann durch

$$\underline{x}_{\mathrm{T}}(t) = x_{\mathrm{T}}^\mu(t)\,\underline{e}_\mu = ct\,\underline{e}_0 + \sum_{m=1}^{3} x_{\mathrm{T}}^m(t)\,\underline{e}_m$$

gegeben. Unter Lorentz-Transformation wird auch die Zeit t' in K' geändert. Damit werden die in K durch

$$\mathbf{v}_{\mathrm{T}} = \sum_{m=1}^{3} v_{\mathrm{T}m}\,\mathbf{e}_m \quad , \qquad v_{\mathrm{T}m} = \frac{\mathrm{d}x_{\mathrm{T}}^m(t)}{\mathrm{d}t} \quad , \qquad m = 1, 2, 3 \quad , \quad (13.1.36)$$

definierten Geschwindigkeitskomponenten $v_{\mathrm{T}m}$ nicht nach den gleichen Transformationsformeln von K nach K' übertragen wie die Ortskomponenten x_{T}^m.

In der Definition (13.1.36) der Geschwindigkeit wird nach der Zeit differenziert. Unser Problem wäre behoben, wenn nach einem Parameter differenziert würde, der bei einer Lorentz-Transformation invariant bleibt. Anstelle der Null-Komponente $\mathrm{d}x^0 = c\,\mathrm{d}t$ des Vierervektors

$$\mathrm{d}\underline{x} = \mathrm{d}x_{\mathrm{T}}^\mu\,\underline{e}_\mu$$

betrachten wir dessen Quadrat

$$\mathrm{d}s^2 = \mathrm{d}\underline{x}_{\mathrm{T}}\cdot\mathrm{d}\underline{x}_{\mathrm{T}} = (\mathrm{d}x_{\mathrm{T}}^0)^2 - (\mathrm{d}x_{\mathrm{T}}^1)^2 - (\mathrm{d}x_{\mathrm{T}}^2)^2 - (\mathrm{d}x_{\mathrm{T}}^3)^2 = c^2(\mathrm{d}t)^2 - (\mathrm{d}\mathbf{x}_{\mathrm{T}})^2 \quad ,$$

das unter Lorentz-Transformationen ungeändert bleibt. Die positive Quadratwurzel dieser Invarianten heißt *invariante Bogenlänge*,

$$\mathrm{d}s = c\sqrt{1 - \frac{1}{c^2}\left(\frac{\mathrm{d}\mathbf{x}_{\mathrm{T}}}{\mathrm{d}t}\right)^2}\,\mathrm{d}t = c\sqrt{1 - \left(\frac{v_{\mathrm{T}}}{c}\right)^2}\,\mathrm{d}t \quad . \qquad (13.1.37)$$

Daraus erhalten wir ein invariantes Zeitintervall

$$\mathrm{d}\tau = \frac{1}{c}\,\mathrm{d}s = \sqrt{1 - \left(\frac{v_{\mathrm{T}}}{c}\right)^2}\,\mathrm{d}t = \frac{1}{\gamma}\,\mathrm{d}t \qquad (13.1.38)$$

mit dem Lorentz-Faktor

$$\gamma = \frac{1}{\sqrt{1 - \left(\dfrac{v_{\mathrm{T}}}{c}\right)^2}} \quad . \qquad (13.1.39)$$

Die physikalische Bedeutung von τ ergibt sich aus der Betrachtung eines ruhenden Teilchens, $v = v_{\mathrm{R}} = 0$, d. h. $\gamma = 1$. Wir erhalten

$$\mathrm{d}\tau = \mathrm{d}t_{\mathrm{R}} \quad .$$

Dabei ist dt_R das Zeitintervall im Ruhesystem des Teilchens. Die *invariante Zeit* oder *Eigenzeit* τ verläuft im Ruhesystem des Teilchens wie die Null-Komponente x_R^0 des Ortsvektors,

$$\tau = \frac{1}{c} x_R^0 \quad .$$

Allgemein gilt

$$\tau(t) = \int_0^t \sqrt{1 - \left(\frac{v_T}{c}\right)^2} \, dt = \frac{1}{c} \int_0^{ct} \sqrt{1 - \left(\frac{v_T}{c}\right)^2} \, dx^0 \qquad (13.1.40)$$

als Zusammenhang zwischen der Eigenzeit τ und der Zeit t bzw. der Null-Komponente x^0 im System K, in dem das Teilchen die Geschwindigkeit $\mathbf{v}_T = d\mathbf{x}_T/dt$ besitzt.

Mit Hilfe der Umkehrung der Gleichung

$$\tau = \tau(t)$$

oder, anders gesprochen, ihrer Auflösung nach t, erhalten wir für die Zeit t im System K

$$t = t(\tau)$$

als Funktion der Eigenzeit τ. Der Vierer-Ortsvektor der Teilchenbahn läßt sich damit als Funktion der Eigenzeit τ des Teilchens darstellen,

$$\underset{\sim}{x}_T(t) = \underset{\sim}{x}_T(t(\tau)) = \underset{\sim}{x}(\tau) = x^\mu(\tau)\underset{\sim}{e}_\mu \quad .$$

Im folgenden werden wir die Unterscheidung zwischen $\underset{\sim}{x}_T(t)$ und $\underset{\sim}{x}(\tau)$ nicht beibehalten und nur das Symbol $\underset{\sim}{x}$ verwenden. Bei Ableitungen $d\underset{\sim}{x}/dt$ ist stets $d\underset{\sim}{x}_T/dt$ gemeint. Entsprechend schreiben wir einfach $\mathbf{v}$ an Stelle von $\mathbf{v}_T$.

Minkowski-Geschwindigkeit und Viererimpuls eines Teilchens Die Differentiation des zeitabhängigen Vierervektors $\underset{\sim}{x}(\tau)$ nach der Eigenzeit τ führt wegen der Lorentz-Invarianz von τ auf einen Vierervektor

$$\underset{\sim}{u} = \frac{d\underset{\sim}{x}}{d\tau} = \frac{dx^\mu}{d\tau}\underset{\sim}{e}_\mu \quad , \qquad (13.1.41)$$

den wir als *Minkowski-Geschwindigkeit* bezeichnen. Der Zusammenhang mit der (Dreier-)Geschwindigkeit im Ortsraum $\mathbf{v} = d\mathbf{x}/dt$ ergibt sich wegen $d\tau = dt/\gamma$ zu

$$\underset{\sim}{u} = \frac{d\underset{\sim}{x}}{d\tau} = \gamma\frac{dx^\mu}{dt}\underset{\sim}{e}_\mu \quad ,$$

und damit sind die Komponenten der Minkowski-Geschwindigkeit

$$u^0 = \gamma \frac{\mathrm{d}x^0}{\mathrm{d}t} = \gamma \frac{\mathrm{d}ct}{\mathrm{d}t} = \gamma c \quad , \qquad u^m = \gamma \frac{\mathrm{d}x^m}{\mathrm{d}t} = \gamma v_m \quad , \qquad m = 1, 2, 3 \quad .$$

Das Quadrat der Minkowski-Geschwindigkeit eines Teilchens

$$\underset{\sim}{u} \cdot \underset{\sim}{u} = \underset{\sim}{u}^2 = \gamma^2 (c^2 - v^2) = c^2$$

ist einfach gleich dem Quadrat der Lichtgeschwindigkeit und damit eine Invariante.

Wir definieren jetzt den *Viererimpuls* eines Teilchens als Produkt seiner *Ruhemasse* m, d. h. der Masse, die es besitzt, wenn es sich in Ruhe befindet, mit der Vierergeschwindigkeit,

$$\underset{\sim}{p} = m \underset{\sim}{u} = m \frac{\mathrm{d}\underset{\sim}{x}}{\mathrm{d}\tau} = m\gamma \frac{\mathrm{d}\underset{\sim}{x}}{\mathrm{d}t} \quad . \tag{13.1.42}$$

Er hat die Komponenten

$$p^0 = m\gamma c \quad , \qquad p^\ell = m\gamma v_\ell \quad , \qquad \ell = 1, 2, 3 \quad .$$

Es fällt auf, daß die Komponenten p^ℓ des Viererimpulses als Produkte einer *geschwindigkeitsabhängige Masse*

$$M = m\gamma = \frac{m}{\sqrt{1 - \left(\dfrac{v}{c}\right)^2}} \tag{13.1.43}$$

mit den Komponenten v_ℓ der Dreier-Geschwindigkeit auftreten. Das Quadrat des Viererimpulses eines Teilchens ist wiederum eine Invariante,

$$\underset{\sim}{p} \cdot \underset{\sim}{p} = \underset{\sim}{p}^2 = m^2 c^2 \quad .$$

Relativistische Bewegungsgleichung. Minkowski-Kraft Newtons Formulierung der Bewegungsgleichung lautet

$$\frac{\mathrm{d}}{\mathrm{d}t}\mathbf{p} = \mathbf{F} \quad .$$

Da nun aber die Zeit in verschiedenen Bezugssystemen nicht die gleiche ist, ist die Newtonsche Gleichung allenfalls unter Angabe des Bezugssystems K mit der Zeit t gültig.

Eine relativistische Verallgemeinerung der Bewegungsgleichung hat offenbar die Form

$$\frac{\mathrm{d}}{\mathrm{d}\tau}\underset{\sim}{p} = \underset{\sim}{K} \quad , \qquad \frac{\mathrm{d}}{\mathrm{d}\tau}p^\mu = K^\mu \quad . \tag{13.1.44}$$

Dabei ist $\underset{\sim}{p}$ der bereits definierte Vierervektor des Impulses, $\underset{\sim}{K}$ der noch näher zu untersuchende Vierervektor der *Minkowski-Kraft*, und die Ableitung erfolgt nach der invarianten Eigenzeit. Wegen $\mathrm{d}\tau = \mathrm{d}t/\gamma$ erhalten wir

$$\gamma \frac{\mathrm{d}}{\mathrm{d}t} \underset{\sim}{p} = \frac{\mathrm{d}}{\mathrm{d}\tau} \underset{\sim}{p} = \underset{\sim}{K} \quad ,$$

also für die räumlichen Komponenten

$$\gamma \frac{\mathrm{d}p^\ell}{\mathrm{d}t} = \frac{\mathrm{d}p^\ell}{\mathrm{d}\tau} = K^\ell \quad , \qquad \ell = 1, 2, 3 \quad . \tag{13.1.45}$$

Damit ergeben sich die räumlichen Komponenten der Minkowski-Kraft

$$K^\ell = \gamma F_\ell \quad , \qquad \ell = 1, 2, 3 \quad , \tag{13.1.46}$$

als Produkte des Lorentz-Faktors γ mit den entsprechenden Komponenten F_m der jetzt als *Newton-Kraft* bezeichneten Kraft **F**.

Die Null-Komponente der Minkowski-Kraft gewinnen wir wie folgt. Wir bilden zunächst das Skalarprodukt aus Minkowski-Geschwindigkeit und Minkowski-Kraft und stellen fest, daß es verschwindet,

$$\begin{aligned}
\underset{\sim}{u} \cdot \underset{\sim}{K} &= \underset{\sim}{u} \cdot \frac{\mathrm{d}}{\mathrm{d}\tau} \underset{\sim}{p} = m \underset{\sim}{u} \cdot \frac{\mathrm{d}}{\mathrm{d}\tau} \underset{\sim}{u} \\
&= \frac{m}{2} \left(\underset{\sim}{u} \cdot \frac{\mathrm{d}\underset{\sim}{u}}{\mathrm{d}\tau} + \frac{\mathrm{d}\underset{\sim}{u}}{\mathrm{d}\tau} \cdot \underset{\sim}{u} \right) = \frac{m}{2} \frac{\mathrm{d}}{\mathrm{d}\tau} (\underset{\sim}{u} \cdot \underset{\sim}{u}) = \frac{m}{2} \frac{\mathrm{d}c^2}{\mathrm{d}\tau} = 0 \quad .
\end{aligned}$$

Schreiben wir es nun als Summe von Komponentenprodukten, so lautet es

$$0 = \underset{\sim}{u} \cdot \underset{\sim}{K} = u^0 K^0 - \mathbf{u} \cdot \mathbf{K} = \gamma c K^0 - (\gamma \mathbf{v}) \cdot (\gamma \mathbf{F}) \quad ,$$

und daraus folgt

$$K^0 = \frac{\gamma}{c} \mathbf{v} \cdot \mathbf{F} \quad . \tag{13.1.47}$$

Energieerhaltungssatz Die Null-Komponente der Bewegungsgleichung (13.1.44) lautet damit

$$\gamma \frac{\mathrm{d}p^0}{\mathrm{d}t} = \frac{\mathrm{d}p^0}{\mathrm{d}\tau} = K^0 = \frac{\gamma}{c} \mathbf{v} \cdot \mathbf{F} \quad .$$

Für eine konservative Kraft, die über $\mathbf{F} = -\boldsymbol{\nabla} V(\mathbf{x})$ aus einem Potential $V(\mathbf{x})$ folgt, gilt dann

$$\mathbf{v} \cdot \mathbf{F} = \frac{\mathrm{d}\mathbf{x}}{\mathrm{d}t} \cdot (-\boldsymbol{\nabla} V(\mathbf{x})) = -\frac{\mathrm{d}V(\mathbf{x})}{\mathrm{d}t}$$

und damit

$$0 = \frac{\mathrm{d}}{\mathrm{d}t} (p^0 c + V(\mathbf{x})) = \frac{\mathrm{d}}{\mathrm{d}t} (m\gamma c^2 + V(\mathbf{x})) = \frac{\mathrm{d}}{\mathrm{d}t} \varepsilon \quad .$$

Das ist der relativistische Satz von der Erhaltung der Gesamtenergie ε. Sie ist die Summe aus der Bewegungsenergie $p^0 c = m\gamma c^2$, dem Energieäquivalent der Bewegungsmasse $m\gamma$, und der potentiellen Energie V. Zusammen mit (13.1.45) und (13.1.46) lauten die vier Komponenten der Bewegungsgleichung für eine konservative Newton-Kraft

$$\frac{\mathrm{d}}{\mathrm{d}t}(p^0 c + V(\mathbf{x})) = 0 \ ,$$

$$\frac{\mathrm{d}}{\mathrm{d}t}p^m = F_m \ , \quad F_m = -\frac{\partial}{\partial x^m}V(x^1, x^2, x^3) \ . \tag{13.1.48}$$

13.2 Die magnetische Induktion als relativistischer Effekt

Inhalt: Eine Ladung q_a, die in einem Bezugssystem K ruht, bewirkt in diesem System nur ein elektrostatisches Feld **E**. Auf eine Ladung q_b, die eine Geschwindigkeit $\mathbf{v}_b$ besitzt, übt sie nur eine Coulomb-Kraft aus. In einem System K', das sich gegen K mit der Geschwindigkeit **v** bewegt, gibt q_a aber Anlaß zu einem elektrischen Feld $\mathbf{E}'$ und einem magnetischen Induktionsfeld $\mathbf{B}'$. Diese Felder können offenbar aus **E** durch Transformation gewonnen werden. Da die Felder durch die Coulomb- bzw. Lorentz-Kraft auf die Probeladung q_b definiert sind und in diesen Kräften Dreiervektoren von Ort und Geschwindigkeit auftreten, wird die Transformation in Einzelschritte zerlegt: Übergang von Dreier- zu Vierervektoren, Lorentz-Transformation der Vierervektoren, Rückkehr zu Dreiervektoren, Trennung von Coulomb- und Lorentz-Kraft im System K', aus denen schließlich die Feldstärken $\mathbf{E}'$ und $\mathbf{B}'$ abgelesen werden. Weil die Feldstärken **E** und **B** eng miteinander verknüpft sind, lassen sie sich nicht zu zwei getrennten Vierervektoren erweitern.
Bezeichnungen: $\mathbf{v} = (v_1, 0, 0)$ Geschwindigkeit des Bezugssystems K' im System K, $\beta_1 = v_1/c$ dimensionslose 1-Komponente, $\mathbf{v}'_a = -\mathbf{v}$ Geschwindigkeit der Ladung q_a in K', $\gamma = \gamma'_a$ Lorentz-Faktor dieser Geschwindigkeiten.

Die experimentellen Befunde über die magnetischen Erscheinungen haben uns zu der Schlußfolgerung geführt, daß jeder Strom sich mit einem magnetischen Induktionsfeld umgibt. Dann muß das aber auch für eine bewegte Ladung der Fall sein. Da wir das Feld einer ruhenden Ladung kennen und damit auch die Kraft, die sie auf eine andere Ladung ausübt, liegt die Vermutung nahe, daß die magnetischen Erscheinungen bewegter Ladungen mit Hilfe der speziellen Relativitätstheorie aus dem elektrischen Feld der ruhenden Ladungen gewonnen werden können. Falls sich diese Vermutung als richtig herausstellt, sind die magnetischen Felder bewegter Ladungen als Beschreibung des elektrostatischen Feldes in einem bewegten Bezugssystem gedeutet. Zudem wäre das Coulomb-Gesetz der elektrostatischen Kräfte als einfachste Gesetzmäßigkeit der elektrischen Erscheinungen auch die Grundlage der magnetischen Phänomene.

Zur Entscheidung der aufgeworfenen Frage betrachten wir als einfachsten Fall die Kraft zwischen einer ruhenden und einer bewegten Punktladung, Abb. 13.4. Die ruhende Ladung q_a befinde sich am Ort $\mathbf{r}_a$, die bewegte q_b am Ort $\mathbf{r}_b$.

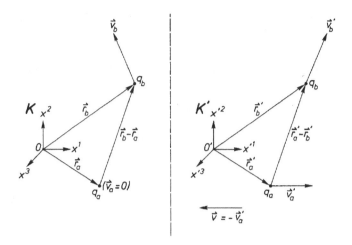

Abb. 13.4. Die zwei Ladungen q_a, q_b in einem System K, in dem q_a ruht, und in einem System K', das sich gegenüber K mit der Geschwindigkeit v bewegt

Letztere habe die Geschwindigkeit $\mathbf{v}_b$. Der Ursprung O des Koordinatensystems K, auf das sich diese Vektoren beziehen, ruhe relativ zu q_a. Die Kraft, die q_a auf q_b ausübt, ist dann durch das Coulombsche Gesetz gegeben,

$$\mathbf{F} = \frac{q_a q_b}{4\pi\varepsilon_0} \frac{\mathbf{r}_b - \mathbf{r}_a}{|\mathbf{r}_b - \mathbf{r}_a|^3} \quad .$$

Es besteht der Zusammenhang

$$\mathbf{F}(\mathbf{r}_b) = q_b \mathbf{E}$$

mit der elektrischen Feldstärke

$$\mathbf{E}(\mathbf{r}) = \frac{q_a}{4\pi\varepsilon_0} \frac{\mathbf{r} - \mathbf{r}_a}{|\mathbf{r} - \mathbf{r}_a|^3} \quad . \tag{13.2.1}$$

der Ladung q_a.

Wir beschreiben jetzt denselben Sachverhalt in einem Koordinatensystem K', in dem sich die Ladung q_a mit der Geschwindigkeit $\mathbf{v}'_a$ bewegt. Dabei behandeln wir die Ladung eines Teilchens als Lorentz-Invariante oder Lorentz-Skalar, d. h. als eine Größe, die sich beim Übergang in ein anderes Koordinatensystem nicht ändert. Dies stützt sich auf experimentelle Befunde, die die Unabhängigkeit der Ladung von der Wahl des Bezugssystems belegen. Wir legen die 1-Achsen der Koordinatensysteme K und K' in die Richtung von $\mathbf{v}'_a$. So erhält $\mathbf{v}'_a$ die Komponentendarstellung $(\mathbf{v}'_a) = (v'_{a1}, 0, 0)$. Die Geschwindigkeit des Ursprungs von K' in K ist dann

$$\mathbf{v} = -\mathbf{v}'_a \quad .$$

Die Größen β_1 und γ der Lorentz-Transformation in 1-Richtung sind

$$\beta_1 = \frac{v_1}{c} = -\frac{v'_{a1}}{c} = -\beta'_{a1} \quad , \quad \gamma = (1 - \beta_1^2)^{-1/2} = (1 - \beta'^2_{a1})^{-1/2} = \gamma'_a \ .$$
(13.2.2)

Sie sind auf einfache Weise verknüpft mit den entsprechenden Größen der Ladung q_a im System K', die in Beziehungen der Form

$$u'^0_a = \gamma'_a c = \gamma c \quad , \quad u'^1_a = \gamma'_a \beta'_{a1} c = -\gamma \beta_1 c$$
(13.2.3)

zwischen Newton- und Minkowski-Geschwindigkeit der Ladung q_a im Koordinatensystem K' auftreten.

Die Lorentz-Transformation zwischen den beiden Koordinatensystemen lautet

$$x'^0 = \gamma(x^0 - \beta_1 x^1) \quad , \quad x'^1 = \gamma(-\beta_1 x^0 + x^1) \quad , \quad x'^2 = x^2 \quad , \quad x'^3 = x^3 \ .$$

13.2.1 Lorentz-Transformation der Geschwindigkeit

Inhalt: Aus der Geschwindigkeit $\mathbf{v}_b$ der Ladung q_b im System K wird die Vierergeschwindigkeit $\underset{\sim}{u}_b$ mit den Komponenten u^μ_b gebildet. Im System K' hat sie die Komponenten u'^μ_b. Aus ihnen wird die Geschwindigkeit $\mathbf{v}'_b$ gewonnen.

Bezeichnungen: $\mathbf{v} = (v_1, 0, 0)$ Geschwindigkeit des Bezugssystems K' im System K, $\beta_1 = v_1/c$ dimensionslose 1-Komponente, γ zugehöriger Lorentz-Faktor; $\boldsymbol{\beta}_b = \mathbf{v}_b/c$ dimensionslose Geschwindigkeit der Ladung q_b in K, β_{b1} 1-Komponente, γ_b zugehöriger Lorentz-Faktor; $\mathbf{v}'_b$ Geschwindigkeit der Ladung q_b in K', γ'_b zugehöriger Lorentz-Faktor.

Die Geschwindigkeit $\mathbf{v}_b$ der Ladung q_b im Koordinatensystem K läßt sich leicht in die Geschwindigkeit $\mathbf{v}'_b$ in K' umrechnen. Dazu betrachten wir die zu $\mathbf{v}_b$ gehörige Vierergeschwindigkeit $\underset{\sim}{u}_b$. Sie hat in K die Darstellung

$$\underset{\sim}{u}_b = u^\lambda_b \underset{\sim}{e}_\lambda$$

mit den Komponenten

$$u^0_b = \gamma_b c \quad , \quad u^1_b = \gamma_b v_{b1} \quad , \quad u^2_b = \gamma_b v_{b2} \quad , \quad u^3_b = \gamma_b v_{b3} \ .$$
(13.2.4)

Dabei ist

$$\gamma_b = (1 - \beta_b^2)^{-1/2} \quad , \quad \beta_b = \frac{\mathbf{v}_b}{c} \ .$$

Im Koordinatensystem K' hat der Vierervektor $\underset{\sim}{u}_b$ die Darstellung

$$\underset{\sim}{u}_b = u'^\lambda_b \underset{\sim}{e}'_\lambda$$

mit den transformierten Komponenten

$$\begin{aligned}
u'^0_b &= \gamma(u^0_b - \beta_1 u^1_b) = \gamma\gamma_b(c - \beta_1 v_{b1}) \quad , \\
u'^1_b &= \gamma(-\beta_1 u^0_b + u^1_b) = \gamma\gamma_b(-\beta_1 c + v_{b1}) \quad , \\
u'^2_b &= u^2_b = \gamma_b v_{b2} \quad , \\
u'^3_b &= u^3_b = \gamma_b v_{b3} \ .
\end{aligned}$$
(13.2.5)

Hier sind die Komponenten $u_b'^\lambda$ mit der Geschwindigkeit $\mathbf{v}_b'$ im Koordinatensystem K' analog zu (13.2.4) verknüpft,

$$u_b'^0 = \gamma_b' c \quad , \qquad u_b'^1 = \gamma_b' v_{b1}' \quad , \qquad u_b'^2 = \gamma_b' v_{b2}' \quad , \qquad u_b'^3 = \gamma_b' v_{b3}' \quad .$$
$$(13.2.6)$$

Den Lorentz-Faktor γ_b' entnimmt man direkt aus dem Vergleich von (13.2.5) mit (13.2.6),

$$\gamma_b' c = u_b'^0 = \gamma \gamma_b (c - \beta_1 v_{b1}) = \gamma \gamma_b (1 - \beta_1 \beta_{b1}) c \quad ,$$

d. h.

$$\gamma_b' = \gamma \gamma_b (1 - \beta_1 \beta_{b1}) \qquad (13.2.7)$$

mit

$$\beta_{b1} = \frac{v_{b1}}{c} \quad .$$

Auf diese Weise erhalten wir für die Komponenten der transformierten Geschwindigkeit

$$
\begin{aligned}
v_{b1}' &= \frac{1}{\gamma_b'} u_b'^1 = \frac{\gamma \gamma_b}{\gamma_b'} (-v_1 + v_{b1}) = \frac{v_{b1} - v_1}{1 - \beta_1 \beta_{b1}} \quad , \\
v_{b2}' &= \frac{1}{\gamma_b'} u_b'^2 = \frac{\gamma_b}{\gamma_b'} v_{b2} \quad , \\
v_{b3}' &= \frac{1}{\gamma_b'} u_b'^3 = \frac{\gamma_b}{\gamma_b'} v_{b3} \quad .
\end{aligned}
\qquad (13.2.8)
$$

13.2.2 Lorentz-Transformation der Coulomb-Kraft

Inhalt: Aus der Coulomb-Kraft $\mathbf{F} = q_b \mathbf{E}$ auf die Ladung q_b im Bezugssystem K wird die Minkowski-Kraft $\underset{\sim}{K}$ gebildet. Aus den Komponenten der Minkowski-Kraft im System K' wird die Kraft $\mathbf{F}'$ im System K' gewonnen als Funktion der Ladung q_b, der ursprünglichen Feldstärke $\mathbf{E}$ und der Geschwindigkeiten der Ladungen q_a und q_b im System K'.
Bezeichnungen: $\mathbf{v} = (v_1, 0, 0) = -\mathbf{v}_a'$ Geschwindigkeit des Bezugssystems K' im System K, $\beta_1 = v_1/c$ dimensionslose 1-Komponente, $\gamma = \gamma_a'$ zugehöriger Lorentz-Faktor; $\boldsymbol{\beta}_b = \mathbf{v}_b/c$ dimensionslose Geschwindigkeit der Ladung q_b in K, β_{b1} 1-Komponente, γ_b zugehöriger Lorentz-Faktor; $\mathbf{v}_b'$ Geschwindigkeit der Ladung q_b in K', γ_b' zugehöriger Lorentz-Faktor.

Die Newton-Kraft $\mathbf{F} = q_b \mathbf{E}$ hängt nach (13.1.46) und (13.1.47) über

$$K^0 = \frac{\gamma_b}{c} \mathbf{v}_b \cdot \mathbf{F} \quad , \qquad K^1 = \gamma_b F_1 \quad , \qquad K^2 = \gamma_b F_2 \quad , \qquad K^3 = \gamma_b F_3$$
$$(13.2.9)$$

mit der Minkowski-Kraft

$$\underset{\sim}{K} = K^\mu \underset{\sim}{e}_\mu$$

zusammen. Diese hat im Koordinatensystem K' die Darstellung

$$\underset{\sim}{K} = K'^{\mu} \underset{\sim}{e}'_{\mu}$$

mit den Komponenten

$$K'^0 = \gamma(K^0 - \beta_1 K^1) \ , \quad K'^1 = \gamma(-\beta_1 K^0 + K^1) \ , \quad K'^2 = K^2 \ , \quad K'^3 = K^3 \ .$$
$$(13.2.10)$$

Die transformierten Komponenten K'^{λ} der Minkowski-Kraft hängen mit den Komponenten F'_{ℓ} der Newton-Kraft im System K' entsprechend (13.2.9) über

$$K'^0 = \frac{\gamma'_b}{c} \mathbf{v}'_b \cdot \mathbf{F}' \ , \qquad K'^1 = \gamma'_b F'_1 \ , \qquad K'^2 = \gamma'_b F'_2 \ , \qquad K'^3 = \gamma'_b F'_3$$
$$(13.2.11)$$

zusammen.

Beginnen wir mit den Transversalkomponenten K'^2 und K'^3. Wegen (13.2.10) gilt

$$\gamma'_b F'_{\ell} = K'^{\ell} = K^{\ell} = \gamma_b F_{\ell} = q_b \gamma_b E_{\ell} \ , \qquad \ell = 2, 3 \ . \qquad (13.2.12)$$

Damit haben wir für die Transversalkomponenten der Newton-Kraft im System K' das Ergebnis

$$F'_{\ell} = q_b \frac{\gamma_b}{\gamma'_b} E_{\ell} \ , \qquad \ell = 2, 3 \ . \qquad (13.2.13)$$

Der Ausdruck auf der rechten Seite läßt sich durch Einsetzen von (13.2.7) in die Form

$$F'_{\ell} = q_b \frac{\gamma_b}{\gamma \gamma_b (1 - \beta_1 \beta_{b1})} E_{\ell} = q_b \frac{1}{\gamma^2 (1 - \beta_1 \beta_{b1})} \gamma E_{\ell} \ , \qquad \ell = 2, 3 \ , \quad (13.2.14)$$

bringen.

Untersuchen wir nun auch die 1-Komponente im bewegten System. Aus (13.2.10) folgt mit (13.2.9)

$$\begin{aligned}
K'^1 &= \gamma(-\beta_1 K^0 + K^1) = \gamma \left(-\beta_1 \gamma_b \frac{\mathbf{v}_b}{c} \cdot \mathbf{F} + \gamma_b F_1 \right) \\
&= \gamma \gamma_b \left(-\beta_1 \frac{\mathbf{v}_b}{c} \cdot \mathbf{F} + F_1 \right) \\
&= \gamma \gamma_b \left[\left(1 - \beta_1 \frac{v_{b1}}{c} \right) F_1 - \beta_1 \frac{v_{b2}}{c} F_2 - \beta_1 \frac{v_{b3}}{c} F_3 \right] \ .
\end{aligned}$$

Mit Hilfe von (13.2.8) lassen sich v_{b2} und v_{b3} durch die Geschwindigkeitskomponenten v'_{b2} und v'_{b3} der Ladung q_b im System K' ersetzen,

$$K'^1 = \gamma \gamma_b \left[(1 - \beta_1 \beta_{b1}) F_1 - \beta_1 \frac{\gamma_b}{\gamma'_b} \left(\frac{v'_{b2}}{c} F_2 + \frac{v'_{b3}}{c} F_3 \right) \right] \ .$$

Wir benutzen den Zusammenhang (13.2.7) zwischen γ_b, γ und γ_b' und finden

$$K'^1 = \gamma_b' \left[F_1 - \beta_1 \gamma \left(\frac{v_{b2}'}{c} F_2 + \frac{v_{b3}'}{c} F_3 \right) \right] \quad .$$

Die Newton-Kraft $\mathbf{F}'$ im System K' ist durch (13.2.11) gegeben, insbesondere ist $F_1' = K'^1/\gamma_b'$. Wir erhalten also

$$
\begin{aligned}
F_1' &= F_1 - v_{b2}'\frac{\beta_1}{c}\,\gamma F_2 - v_{b3}'\frac{\beta_1}{c}\,\gamma F_3 \\
&= q_b \left(E_1 + v_{b2}'\frac{v_{a1}'}{c^2}\,\gamma_a' E_2 + v_{b3}'\frac{v_{a1}'}{c^2}\,\gamma_a' E_3 \right) \quad .
\end{aligned}
\tag{13.2.15}
$$

Hier haben wir die Newton-Geschwindigkeit der Ladung q_a im System K' verwendet und $\beta_1 = -v_{a1}'/c$ benutzt.

13.2.3 Zerlegung der transformierten Newton-Kraft in Coulomb- und Lorentz-Kraft

Inhalt: Die Kraft $\mathbf{F}'$ auf die Ladung q_b im Bezugssystem K' wird in zwei Summanden zerlegt, von denen der erste nicht von der Geschwindigkeit der Probeladung q_b abhängt, wohl aber der zweite. Der erste wird mit der Coulomb-Kraft $\mathbf{F}_{\mathrm{C}}'$, der zweite mit der Lorentz-Kraft $\mathbf{F}_{\mathrm{L}}'$ im System K' identifiziert. So können das elektrische Feld $\mathbf{E}'$ und das Feld $\mathbf{B}'$ der magnetischen Induktion im System K' definiert werden.
Bezeichnungen: $\mathbf{v} = (v_1, 0, 0) = -\mathbf{v}_a'$ Geschwindigkeit des Bezugssystems K' im System K, $\beta_1 = v_1/c$ dimensionslose 1-Komponente, $\gamma = \gamma_a'$ zugehöriger Lorentz-Faktor; $\boldsymbol{\beta}_b = \mathbf{v}_b/c$ dimensionslose Geschwindigkeit der Ladung q_b in K, β_{b1} 1-Komponente, γ_b zugehöriger Lorentz-Faktor; $\mathbf{v}_b'$ Geschwindigkeit der Ladung q_b in K', γ_b' zugehöriger Lorentz-Faktor.

Mit (13.2.13) und (13.2.15) haben wir die Newton-Kraft $\mathbf{F}'$ auf die Ladung q_b im bewegten System berechnet. Offenbar ist es nicht sinnvoll, den Quotienten $\mathbf{F}'/q_b$ als transformierte elektrische Feldstärke der Ladung q_a im bewegten System aufzufassen, weil diese Größe auch von der Geschwindigkeit der Ladung q_b im bewegten System abhängt. Eine elektrische Feldstärke sollte aber nur von Eigenschaften der sie erzeugenden Ladung abhängen. Wir wollen deshalb versuchen, die Kraft $\mathbf{F}'$ in zwei Anteile zu zerlegen, von denen einer gar nicht von der Geschwindigkeit der Ladung q_b abhängt und der zweite die Geschwindigkeit nur als einen Faktor enthält. Das gelingt für die Komponente F_1', wenn wir den ersten Term in der Klammer von (13.2.15) als 1-Komponente der transformierten elektrischen Feldstärke $\mathbf{E}'$ definieren,

$$E_1' = E_1 \quad .$$

Der zweite und der dritte Term werden als 1-Komponente eines Vektorprodukts aufgefaßt,

$$v'_{b2} \frac{v'_{a1}}{c^2} \gamma'_a E_2 + v'_{b3} \frac{v'_{a1}}{c^2} \gamma'_a E_3 = v'_{b2} B'_3 - v'_{b3} B'_2 = (\mathbf{v}'_b \times \mathbf{B}')_1 \quad .$$

Die Faktoren dieses Vektorprodukts sind der Vektor der transformierten Geschwindigkeit $\mathbf{v}'_b$ und ein neues Vektorfeld $\mathbf{B}'$ im System K'. Dieses Feld $\mathbf{B}'$ hat selbst die Form eines Vektorprodukts aus der Geschwindigkeit $(v'_{a1}) = (v'_{a1}, 0, 0)$ der Ladung q_a relativ zum System K' und der Feldstärke $\mathbf{E}$ in K, das noch mit dem Faktor γ'_a/c^2 multipliziert ist,

$$\mathbf{B}' = \frac{\gamma'_a}{c^2} \mathbf{v}'_{a1} \times \mathbf{E} \quad .$$

Es hat die 2- und 3-Komponenten

$$B'_2 = -\frac{\gamma'_a}{c^2} v'_{a1} E_3 \quad , \qquad B'_3 = \frac{\gamma'_a}{c^2} v'_{a1} E_2 \quad . \tag{13.2.16}$$

Da die hier betrachtete Relativgeschwindigkeit $\mathbf{v}'_a = v'_{a1}\mathbf{e}_1$ in 1-Richtung zeigt, verschwindet B'_1. Für die 1-Komponente der transformierten Newton-Kraft gilt damit

$$F'_1 = q_b E'_1 + q_b (\mathbf{v}'_b \times \mathbf{B}')_1 \quad . \tag{13.2.17}$$

Die 2- und 3-Komponenten von $\mathbf{F}'$ können in ähnlicher Weise zerlegt werden. Dazu schreiben wir zunächst den Bruch in (13.2.14) um,

$$\frac{1}{\gamma^2(1 - \beta_1\beta_{b1})} = \frac{1 - \beta_1^2}{1 - \beta_1\beta_{b1}} = 1 + \frac{\beta_1\beta_{b1} - \beta_1^2}{1 - \beta_1\beta_{b1}} = 1 + \frac{v_{b1} - v_1}{1 - \beta_1\beta_{b1}} \frac{\beta_1}{c} \quad .$$

Bis auf den Faktor β_1/c stellt sich der letzte Summand als 1-Komponente (13.2.8) der transformierten Geschwindigkeit der Ladung q_b heraus,

$$\frac{v_{b1} - v_1}{1 - \beta_1\beta_{b1}} = v'_{b1} \quad .$$

Damit erhalten wir für die 2- und 3-Komponenten von $\mathbf{F}'$

$$F'_\ell = q_b \left(\gamma E_\ell + v'_{b1} \frac{\beta_1}{c} \gamma E_\ell \right) = q_b \left(\gamma'_a E_\ell - v'_{b1} \frac{v'_{a1}}{c^2} \gamma'_a E_\ell \right) \quad , \qquad \ell = 2, 3 \quad . \tag{13.2.18}$$

Mit der Identifikation

$$E'_\ell = \gamma E_\ell = \gamma'_a E_\ell \quad , \qquad \ell = 2, 3 \quad ,$$

für die transformierten 2- und 3-Komponenten der elektrischen Feldstärke und den Definitionen (13.2.16) von B'_2 und B'_3 finden wir

$$F'_2 = q_b E'_2 - q_b v'_{b1} B'_3 \quad , \qquad F'_3 = q_b E'_3 + q_b v'_{b1} B'_2 \quad .$$

Zusammen mit (13.2.17) können wir die Komponenten von $\mathbf{F}'$ zusammenfassen in der Form

$$\mathbf{F}' = q_b \mathbf{E}' + q_b (\mathbf{v}'_b \times \mathbf{B}') \tag{13.2.19}$$

mit

$$E'_1 = E_1 \quad , \qquad E'_2 = \gamma'_a E_2 \quad , \qquad E'_3 = \gamma'_a E_3 \tag{13.2.20}$$

und

$$\mathbf{B}' = \frac{1}{c^2} \mathbf{v}'_a \times \mathbf{E}' \quad . \tag{13.2.21}$$

Das Feld $\mathbf{B}'$ ist die magnetische Induktion im System K', welche durch die Ladung q_a erzeugt wird, weil diese sich in K' mit der Geschwindigkeit $\mathbf{v}'_a = -\mathbf{v}$ bewegt. Die Newton-Kraft in diesem System besitzt zwei Anteile,

$$\mathbf{F}' = \mathbf{F}'_C + \mathbf{F}'_L \quad , \tag{13.2.22}$$

die wir als *Coulomb-Kraft*

$$\mathbf{F}'_C = q_b \mathbf{E}' \tag{13.2.23}$$

und *Lorentz-Kraft*

$$\mathbf{F}'_L = q_b (\mathbf{v}'_b \times \mathbf{B}') \tag{13.2.24}$$

identifizieren.

Diese Gleichungen sind tatsächlich nicht nur durch die Struktur der Beziehungen (13.2.13) und (13.2.15) nahegelegt worden, sondern sie folgen *eindeutig* aus ihnen, weil man durch Rotationen der Koordinatensysteme beliebige nichtverschwindende Geschwindigkeitskomponenten von $\mathbf{v} = -\mathbf{v}'_a$ erzeugen kann. Wir erhalten dann statt der speziellen Ausdrücke (13.2.13) und (13.2.15) die Kraft $\mathbf{F}'$ in voller Allgemeinheit. Unsere spezielle Orientierung der Koordinatensysteme hat die Rechnung aber wesentlich einfacher gestaltet.

13.2.4 Explizite Darstellung der transformierten Feldstärken

Inhalt: Die Felder $\mathbf{E}'$ und $\mathbf{B}'$ im Bezugssystem K', deren Ursache eine Ladung q_a am Ort $\mathbf{x}'_a$ mit der Geschwindigkeit $\mathbf{v}'_a$ ist, werden als Funktion von $q_a, \mathbf{x}'_a, \mathbf{v}'_a$ und des Aufpunktes $\mathbf{x}'$ angegeben. Sie können auch durch q_a und die Komponenten x'^μ_a, u'^μ_a und x'^μ der entsprechenden Vierervektoren $\underset{\sim}{x}_a$, $\underset{\sim}{u}_a$ und $\underset{\sim}{x}$ im System K' ausgedrückt werden.
Bezeichnungen: $\gamma = \gamma'_a$ Lorentz-Faktor der Geschwindigkeit der Ladung q_a im System K'.

Die elektrische Feldstärke im bewegten System ist explizit durch

$$
\begin{aligned}
E'_1 &= E_1(\mathbf{x}) &= \frac{q_a}{4\pi\varepsilon_0} \frac{x^1 - x^1_a}{|\mathbf{x} - \mathbf{x}_a|^3} \quad , \\
E'_2 &= \gamma'_a E_2(\mathbf{x}) &= \frac{q_a}{4\pi\varepsilon_0} \gamma \frac{x^2 - x^2_a}{|\mathbf{x} - \mathbf{x}_a|^3} \quad , \\
E'_3 &= \gamma'_a E_3(\mathbf{x}) &= \frac{q_a}{4\pi\varepsilon_0} \gamma \frac{x^3 - x^3_a}{|\mathbf{x} - \mathbf{x}_a|^3}
\end{aligned}
\tag{13.2.25}
$$

gegeben, allerdings ausgedrückt in den Koordinaten x^n, x_a^n des Koordinatensystems K. Mit Hilfe der Lorentz-Transformation (13.1.11) können wir die Koordinaten des bewegten Systems K' einführen,

$$
\begin{aligned}
x^0 - x_a^0 &= \gamma\left[x'^0 - x_a'^0 + \beta_1(x'^1 - x_a'^1)\right] \\
&= \frac{1}{c}u_a'^0(x'^0 - x_a'^0) - \frac{1}{c}u_a'^1(x'^1 - x_a'^1) \quad, \\
x^1 - x_a^1 &= \gamma\left[\beta_1(x'^0 - x_a'^0) + x'^1 - x_a'^1\right] \\
&= -\frac{1}{c}u_a'^1(x'^0 - x_a'^0) + \frac{1}{c}u_a'^0(x'^1 - x_a'^1) \quad, \\
x^2 - x_a^2 &= x'^2 - x_a'^2 \quad, \\
x^3 - x_a^3 &= x'^3 - x_a'^3 \quad.
\end{aligned}
$$

Dabei wurden die Komponenten der Vierergeschwindigkeit der Ladung q_a in K' benutzt,

$$
u_a'^0 = \gamma c = \gamma_a' c \quad, \qquad u_a'^1 = -\gamma v_1 = \gamma_a' v_{a1}' \quad, \qquad u_a'^2 = 0 \quad, \qquad u_a'^3 = 0 \quad.
$$

Für das Quadrat des Abstandes $d = |\mathbf{x} - \mathbf{x}_a|$ in K' erhält man wegen $(u_a'^0)^2 - (u_a'^1)^2 = c^2$

$$
\begin{aligned}
d^2 &= (\mathbf{x} - \mathbf{x}_a)^2 \\
&= \frac{1}{c^2}\left[\left(-u_a'^1(x'^0 - x_a'^0) + u_a'^0(x'^1 - x_a'^1)\right)^2 \right. \\
&\quad \left. + c^2(x'^2 - x_a'^2)^2 + c^2(x'^3 - x_a'^3)^2\right] \\
&= \frac{1}{c^2}\left[(u_a'^1)^2(x'^0 - x_a'^0)^2 + (u_a'^0)^2(x'^1 - x_a'^1)^2 \right. \\
&\quad \left. - 2u_a'^0 u_a'^1(x'^0 - x_a'^0)(x'^1 - x_a'^1) + c^2(x'^2 - x_a'^2)^2 + c^2(x'^3 - x_a'^3)^2\right] \\
&= \frac{1}{c^2}\left[\left((u_a'^0)^2 - c^2\right)(x'^0 - x_a'^0)^2 + \left((u_a'^1)^2 + c^2\right)(x'^1 - x_a'^1)^2 \right. \\
&\quad \left. - 2u_a'^0 u_a'^1(x'^0 - x_a'^0)(x'^1 - x_a'^1) + c^2(x'^2 - x_a'^2)^2 + c^2(x'^3 - x_a'^3)^2\right] \\
&= \frac{1}{c^2}\left[\left(u_a'^0(x'^0 - x_a'^0) - u_a'^1(x'^1 - x_a'^1)\right)^2 \right. \\
&\quad \left. - c^2\left((x'^0 - x_a'^0)^2 - (x'^1 - x_a'^1)^2 - (x'^2 - x_a'^2)^2 - (x'^3 - x_a'^3)^2\right)\right] \quad,
\end{aligned}
$$

also die koordinatenunabhängige Form

$$
d^2 = (\mathbf{x} - \mathbf{x}_a)^2 = \frac{1}{c^2}\left[\left(\underline{u}_a \cdot (\underline{x} - \underline{x}_a)\right)^2 - c^2(\underline{x} - \underline{x}_a)^2\right] \quad. \tag{13.2.26}
$$

Die Komponenten der elektrischen Feldstärke können damit wegen $u_a'^2 = u_a'^3 = 0$ als

$$
E'_1 = \frac{q_a}{4\pi\varepsilon_0} \frac{1}{c} \frac{u'^0_a(x'^1 - x'^1_a) - (x'^0 - x'^0_a)u'^1_a}{d^3} \quad ,
$$

$$
E'_2 = \frac{q_a}{4\pi\varepsilon_0} \frac{1}{c} \frac{u'^0_a(x'^2 - x'^2_a) - (x'^0 - x'^0_a)u'^2_a}{d^3} \quad , \qquad (13.2.27)
$$

$$
E'_3 = \frac{q_a}{4\pi\varepsilon_0} \frac{1}{c} \frac{u'^0_a(x'^3 - x'^3_a) - (x'^0 - x'^0_a)u'^3_a}{d^3}
$$

geschrieben werden. Ganz entsprechend erhalten wir für das Feld der magnetischen Induktion

$$
B'_1 = \frac{q_a}{4\pi\varepsilon_0} \frac{1}{c^2} \frac{u'^2_a(x'^3 - x'^3_a) - (x'^2 - x'^2_a)u'^3_a}{d^3} \quad ,
$$

$$
B'_2 = \frac{q_a}{4\pi\varepsilon_0} \frac{1}{c^2} \frac{u'^3_a(x'^1 - x'^1_a) - (x'^3 - x'^3_a)u'^1_a}{d^3} \quad , \qquad (13.2.28)
$$

$$
B'_3 = \frac{q_a}{4\pi\varepsilon_0} \frac{1}{c^2} \frac{u'^1_a(x'^2 - x'^2_a) - (x'^1 - x'^1_a)u'^2_a}{d^3} \quad .
$$

In den Abbildungen 13.5 und 13.6 sind das ursprüngliche Feld $\mathbf{E}$ und die transformierten Felder $\mathbf{E}'$ und $\mathbf{B}'$ graphisch dargestellt.

13.2.5 Vergleich mit Ergebnissen aus dem Experiment

Inhalt: Im vorigen Abschnitt wurden Felder $\mathbf{E}'$ und $\mathbf{B}'$ angegeben, die aus dem elektrostatischen Feld einer im Bezugssystem K ruhenden Ladung q_a durch Lorentz-Transformation in ein System K' gewonnen wurden. Dabei bewegt sich K' relativ zu K mit der Geschwindigkeit $\mathbf{v}$. Diese Felder werden mit denjenigen verglichen, die sich nach unserer früheren, nichtrelativistischen Beschreibung für eine Ladung ergeben, die sich in K' mit der Geschwindigkeit $\mathbf{v}'_a = -\mathbf{v}$ bewegt. Die Unterschiede sind von der Größenordnung $\gamma - 1 = \gamma'_a - 1$. Für die Geschwindigkeit von Leitungselektronen in Drähten, die die Ursache der bisher untersuchten Magnetfelder waren, sind diese Unterschiede vernachlässigbar.
Bezeichnungen: $\mathbf{E}', \mathbf{B}'$ durch Lorentz-Transformation gewonnene Felder; $\mathbf{E}, \mathbf{B}$ Felder entsprechend nichtrelativistischer Beschreibung; $\mathbf{x}'_a, \mathbf{v}'_a$ Ort und Geschwindigkeit der Ladung q_a, $\mathbf{x}'$ Aufpunkt, $\gamma = \gamma'_a$ Lorentz-Faktor der Geschwindigkeit der Ladung q_a im System K'.

Die Feldstärken $\mathbf{E}'$ bzw. $\mathbf{B}'$ in (13.2.27) bzw. (13.2.28) sind Funktionen von Zeit und Ort, die auch die endliche Ausbreitungsgeschwindigkeit des Lichtes berücksichtigen. Unsere ursprünglich aus dem Experiment abgelesenen, nichtrelativistischen Beschreibungen der Feldstärken $\mathbf{E}$ bzw. $\mathbf{B}$ in den Abschnitten 2.1 bzw. 8.2 gehen dagegen von der Kraft als *Fernwirkung* aus; eine endliche Ausbreitungsgeschwindigkeit der Kraftwirkung tritt dort nicht auf. Bei einem Vergleich müssen wir deshalb auch in den Ausdrücken (13.2.27) und (13.2.28) die Zeitdifferenz zu null setzen,

$$
x'^0 - x'^0_a = c(t' - t'_a) = 0 \quad .
$$

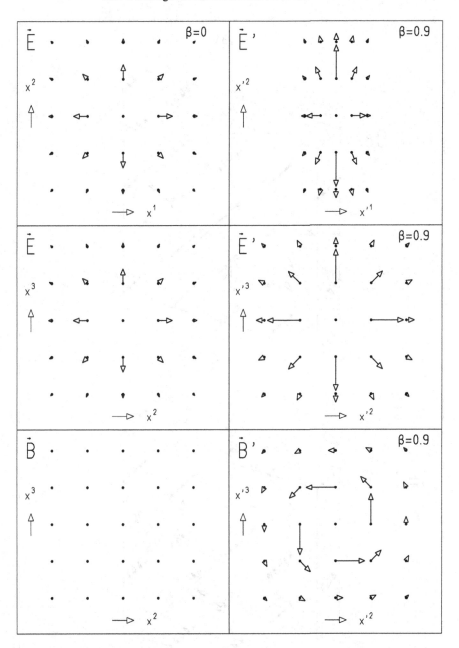

Abb. 13.5. Eine Punktladung q_a befindet sich im Ursprung des Koordinatensystems. Dargestellt sind in der linken Spalte die von ihr hervorgerufenen Felder $\mathbf{E}$ und $\mathbf{B} = 0$ an verschiedenen Raumpunkten im System K, in welchem die Ladung ruht. Die rechte Spalte enthält die transformierten Felder $\mathbf{E}'$, (13.2.27), und $\mathbf{B}'$, (13.2.28), dargestellt an den transformierten Raumpunkten. Gezeigt werden das elektrische Feld in der $(1, 2)$-Ebene (*oben*) und in der $(2, 3)$-Ebene (*Mitte*) sowie das Feld der magnetischen Induktion in der $(2, 3)$-Ebene (*unten*). Das $\mathbf{B}$-Feld hat keine 1-Komponente

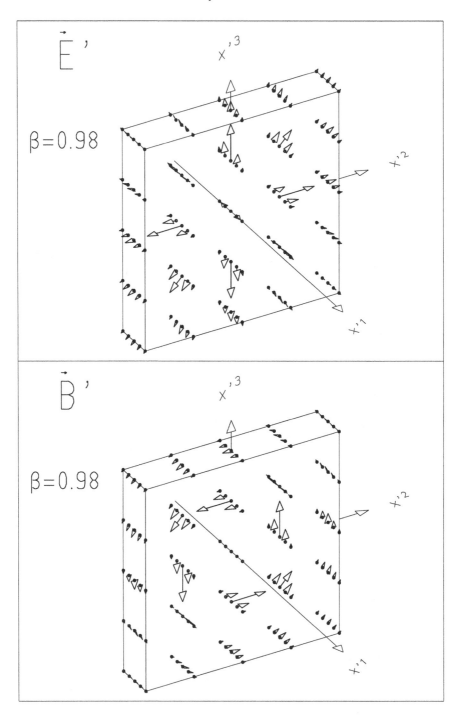

Abb. 13.6. Die Felder $\mathbf{E}'$ und $\mathbf{B}'$ wie in Abb. 13.5, dargestellt im dreidimensionalen (x'^1, x'^2, x'^3)-Raum. Die Punkte, für die die Feldvektoren gezeigt werden, sind im System K, in dem die Ladung ruht, regelmäßig in einem Würfel angeordnet. Im System K' wird dieser Würfel wegen der Lorentz-Kontraktion zu einem flachen Quader verformt

Damit erhalten wir für das Abstandsquadrat (13.2.26)

$$d^2 = (\mathbf{x} - \mathbf{x}_a)^2 = \gamma_a'^2(x'^1 - x_a'^1)^2 + (x'^2 - x_a'^2)^2 + (x'^3 - x_a'^3)^2 \quad (13.2.29)$$

und für die beiden Feldstärken

$$\mathbf{E}'(0, \mathbf{x}') = \frac{q_a}{4\pi\varepsilon_0}\gamma_a'\frac{\mathbf{x}' - \mathbf{x}_a'}{d^3} \quad (13.2.30)$$

bzw.

$$\mathbf{B}'(0, \mathbf{x}') = \frac{q_a}{4\pi\varepsilon_0 c^2}\gamma_a'\frac{\mathbf{v}_a' \times (\mathbf{x}' - \mathbf{x}_a')}{d^3} \quad . \quad (13.2.31)$$

Wir vergleichen jetzt (13.2.30) mit dem ursprünglich aus dem Experiment entnommenen Ausdruck

$$\mathbf{E}(\mathbf{x}') = \frac{q_a}{4\pi\varepsilon_0}\frac{\mathbf{x}' - \mathbf{x}_a'}{|\mathbf{x}' - \mathbf{x}_a'|^3} \quad , \quad (13.2.32)$$

von dem wir stillschweigend angenommen hatten, daß er in allen Inertialsystemen gültig sei. Der Unterschied besteht darin, daß in (13.2.30) zweimal ein Faktor γ_a' auftritt, und zwar einmal im Zähler und zusätzlich an der 1-Komponente $(x'^1 - x_a'^1)$, die im Ausdruck für den Abstand d auftritt. Der aus dem Coulomb-Experiment abgelesene Ausdruck (13.2.32) gilt also streng nur im Ruhesystem der Ladung q_a. Genau davon sind wir ausgegangen.

Die Geschwindigkeiten von Ladungsträgern in materiellen Leitern oder Halbleitern sind allerdings stets sehr klein gegen die Lichtgeschwindigkeit. Typisch ist $\beta_{a1}' = v_{a1}'/c \approx 3 \cdot 10^{-10}$. Damit ist der relative Unterschied der beiden Ausdrücke für das elektrische Feld

$$\gamma_a' - 1 = (1 - \beta_{a1}'^2)^{-1/2} - 1 \approx \frac{1}{2}\beta_{a1}'^2 \approx 5 \cdot 10^{-20} \quad .$$

Deshalb kann für technische Felder einfach weiter der Ausdruck (13.2.32) verwendet werden.

Der Vergleich von (13.2.31) mit der ursprünglich aus dem Experiment abgelesenen Relation (8.2.8),

$$\mathbf{B}(\mathbf{x}') = \frac{\mu_0}{4\pi}\int\frac{\mathbf{j}(\mathbf{r}') \times (\mathbf{x}' - \mathbf{r}')}{|\mathbf{x}' - \mathbf{r}'|^3}\,\mathrm{d}V' \quad , \quad (13.2.33)$$

für die magnetische Induktion wird möglich, wenn wir für die Stromdichte, die die bewegte Ladung q_a beschreibt, den Ausdruck für ein Teilchen am Ort $\mathbf{x}_a'$ einsetzen,

$$\mathbf{j}_a(\mathbf{r}') = q_a\mathbf{v}_a'\delta^3(\mathbf{r}' - \mathbf{x}_a') \quad .$$

Wir erhalten

$$\mathbf{B}(\mathbf{x}') = \frac{\mu_0}{4\pi}q_a\frac{\mathbf{v}_a' \times (\mathbf{x}' - \mathbf{x}_a')}{|\mathbf{x}' - \mathbf{x}_a'|^3} \quad . \quad (13.2.34)$$

Der Unterschied im orts- und geschwindigkeitsabhängigen Faktor zwischen der durch relativistische Betrachtungen gewonnenen Formel (13.2.31) und der aus dem Experiment abgelesenen Beziehung (13.2.34) besteht wieder im Auftreten des Lorentz-Faktors γ'_a im Zähler und im Abstand d im Nenner von (13.2.31). Die Größenordnung der relativen Abweichung ist die gleiche wie beim elektrischen Feld, wenn man Felder betrachtet, die durch stromdurchflossene Spulen oder dergleichen erzeugt werden. Daher kann man in diesen Fällen die Formel (13.2.34) verwenden.

Der Vergleich von (13.2.31) und (13.2.34) liefert auch sofort den Zusammenhang

$$c^2 = \frac{1}{\varepsilon_0 \mu_0} \tag{13.2.35}$$

zwischen der Lichtgeschwindigkeit c, der elektrischen Feldkonstanten ε_0 und der magnetischen Feldkonstanten μ_0, die bei unseren Experimenten zur magnetischen Induktion zusätzlich auftrat. Die Erkenntnis, daß elektrische und magnetische Felder über die spezielle Relativitätstheorie miteinander verknüpft sind, liefert auf natürliche Weise auch die Verknüpfung der zugehörigen Feldkonstanten mit der Lichtgeschwindigkeit. Wie schon in Abschn. 8.2 erwähnt, wird im internationalen Maßsystem SI die magnetische Feldkonstante als

$$\mu_0 = 4\pi \cdot 10^{-7}\,\mathrm{V\,s\,A^{-1}\,m^{-1}}$$

definiert. Der Zahlwert von ε_0 ergibt sich dann aus (13.2.35).

13.2.6 Ladungserhaltung

Inhalt: Elektrische Ladung und elektrischer Kraftfluß sind Invarianten unter Lorentz-Transformationen.

Beim Übergang zwischen verschiedenen Bezugssystemen haben wir Koordinaten, Geschwindigkeiten, Kräfte und Feldstärken transformiert, Ladungen jedoch ungeändert gelassen. Da dieses Vorgehen ein mit dem Experiment verträgliches Ergebnis geliefert hat, können wir feststellen: Die Ladung ist vom Bezugssystem unabhängig. Sie ist eine *relativistische Invariante*, d. h. ein *Skalar* unter Lorentz-Transformationen.

Der elektrische Fluß durch die Oberfläche (V) eines Volumens V, in dessen Inneren sich die Ladung q_a befindet, ist, wie wir in Abschn. 2.4 gesehen haben,

$$\Psi_{q_a} = \varepsilon_0 \oint_{(V)} \mathbf{E} \cdot \mathrm{d}\mathbf{a} = q_a \quad .$$

Dabei wurde die – nur für im System K ruhende Ladungen korrekte – Gleichung (13.2.32) für die elektrische Feldstärke verwendet.

Das gleiche Ergebnis erhält man allerdings auch dann, wenn man für die Feldstärke den Ausdruck (13.2.30) verwendet und in den Differentialen dx'^m die Längenkontraktion der 1-Komponente berücksichtigt,

$$dx'^1 = \frac{1}{\gamma'_a} dx^1 \quad , \qquad dx'^2 = dx^2 \quad , \qquad dx'^3 = dx^3 \quad .$$

Der Einfachheit halber betrachten wir ein in K' ruhendes würfelförmiges Volumen der Kantenlänge $2L'$ und erhalten

$$\Psi'_{q_a} = \varepsilon_0 \oint_{(V')} \mathbf{E}'(0, \mathbf{x}') \cdot d\mathbf{a}'$$

$$= \varepsilon_0 \iint \left[E'_1(0, x'^1 + L', x'^2, x'^3) - E'_1(0, x'^1 - L', x'^2, x'^3) \right] dx'^2 dx'^3$$

$$+ \varepsilon_0 \iint \left[E'_2(0, x'^1, x'^2 + L', x'^3) - E'_2(0, x'^1, x'^2 - L', x'^3) \right] dx'^3 dx'^1$$

$$+ \varepsilon_0 \iint \left[E'_3(0, x'^1, x'^2, x'^3 + L') - E'_3(0, x'^1, x'^2, x'^3 - L') \right] dx'^1 dx'^2 \quad .$$

Die gestrichenen Argumente werden mit Hilfe von

$$x'^0 = 0 \quad : \qquad x^1 = \gamma'_a x'^1 \quad , \qquad x^0 = -\beta'_{a1} \gamma'_a x'^1 = -\beta'_{a1} x^1$$

durch die ungestrichenen Koordinaten ausgedrückt. Da das elektrische Feld E im Ruhesystem der Ladung zeitunabhängig ist, kann die Zeitkoordinate in den Argumenten der E_i unterdrückt werden. So erhält man

$$\Psi'_{q_a} = \varepsilon_0 \iint \left[E_1(x^1 + \gamma'_a L', x^2, x^3) - E_1(x^1 - \gamma'_a L', x^2, x^3) \right] dx^2 dx^3$$

$$+ \varepsilon_0 \iint \gamma'_a \left[E_2(x^1, x^2 + L', x^3) - E_2(x^1, x^2 - L', x^3) \right] dx^3 \frac{1}{\gamma'_a} dx^1$$

$$+ \varepsilon_0 \iint \gamma'_a \left[E_3(x^1, x^2, x^3 + L') - E_3(x^1, x^2, x^3 - L') \right] \frac{1}{\gamma'_a} dx^1 dx^2$$

$$= q_a = \Psi_{q_a} \quad .$$

Nach Kürzung der Faktoren γ'_a erhält man das Oberflächenintegral in K über die Feldstärke und damit den Wert q_a der Ladung.

Damit ist die Lorentz-Invarianz des elektrischen Flusses Ψ_{q_a} und der Ladung q_a bestätigt.

13.3 Die Differentialgleichungen des E- und des B-Feldes im bewegten System

Inhalt: In Abschn. 13.2 wurden aus dem elektrostatischen Feld einer Ladung q_a in ihrem Ruhesystem K durch Lorentz-Transformation in ein System K' die Felder $\mathbf{E}'$ und $\mathbf{B}'$ gewonnen. Ausgehend von den elektrostatischen Feldgleichungen und der Zeitunabhängigkeit des elektrostatischen Feldes $\mathbf{E}$ in K wird gezeigt, daß im Lorentz-transformierten Koordinatensystem K' die Maxwell-Gleichungen für die Felder $\mathbf{E}'$ und $\mathbf{B}'$ in der in Kap. 11 gewonnenen Form gelten.

Bezeichnungen: $\mathbf{E}, \mathbf{B}, \rho, \mathbf{j}$ Felder, Ladungs- und Stromdichte im System K; $\mathbf{E}', \mathbf{B}', \rho', \mathbf{j}'$ entsprechende Größen in K'; $\mathbf{v}'_a = (v'_{a1}, 0, 0)$ Geschwindigkeit der Ladung q_a in K', $\beta'_{a1} = v'_{a1}/c$ die 1-Komponente der dimensionslosen Geschwindigkeit, γ'_a zugehöriger Lorentz-Faktor.

In Abschn. 13.2 hatten wir gesehen, daß die Kraftwirkung einer bewegten Punktladung durch ein elektrisches und ein magnetisches Feld beschrieben werden muß. Da alle Felder bewegter Ladungsverteilungen durch Superposition bewegter Punktladungen gewonnen werden können, genügt es, die Feldgleichungen für die Felder einer bewegten Punktladung herzuleiten; für Ladungsverteilungen gelten wegen der linearen Superposition der Felder dieselben Gleichungen.

Die Gleichungen des elektrostatischen Feldes sind – wie schon mehrfach betont –

$$\nabla \times \mathbf{E} = 0 \quad , \tag{13.3.1}$$

$$\nabla \cdot \mathbf{E} = \frac{1}{\varepsilon_0} \rho \quad . \tag{13.3.2}$$

Dazu tritt die Beziehung, die ausdrückt, daß $\mathbf{E}$ zeitunabhängig ist,

$$\frac{\partial \mathbf{E}}{\partial t} = 0 \quad . \tag{13.3.3}$$

Um die Feldgleichungen im bewegten System schreiben zu können, benötigen wir den Zusammenhang zwischen den Differentialquotienten nach den Koordinaten x'^μ im bewegten System K' und denen nach den x^μ im Ruhesystem K, Abb. 13.4, der elektrischen Ladung q_a. Die beiden Systeme K und K' sind durch die Lorentz-Transformationen (13.1.11), (13.1.12) miteinander verknüpft. Mit den Beziehungen (13.2.3) zwischen der Relativgeschwindigkeit $\mathbf{v}$ der Koordinatensysteme K und K' und der Geschwindigkeit $\mathbf{v}'_a = -\mathbf{v}$ der Ladung q_a in K' gilt für die Umrechnung der Ableitungen, vgl. Anhang C,

$$\frac{\partial}{\partial x'^0} = \gamma'_a \frac{\partial}{\partial x^0} - \beta'_{a1}\gamma'_a \frac{\partial}{\partial x^1} \quad , \qquad \frac{\partial}{\partial x'^1} = -\beta'_{a1}\gamma'_a \frac{\partial}{\partial x^0} + \gamma'_a \frac{\partial}{\partial x^1} \quad ,$$

$$\frac{\partial}{\partial x'^2} = \frac{\partial}{\partial x^2} \quad , \qquad \frac{\partial}{\partial x'^3} = \frac{\partial}{\partial x^3} \quad ,$$

$$\tag{13.3.4}$$

und

$$\frac{\partial}{\partial x^0} = \gamma'_a \frac{\partial}{\partial x'^0} + \beta'_{a1}\gamma'_a \frac{\partial}{\partial x'^1} \quad , \qquad \frac{\partial}{\partial x^1} = \beta'_{a1}\gamma'_a \frac{\partial}{\partial x'^0} + \gamma'_a \frac{\partial}{\partial x'^1} \quad ,$$

$$\frac{\partial}{\partial x^2} = \frac{\partial}{\partial x'^2} \quad , \qquad \frac{\partial}{\partial x^3} = \frac{\partial}{\partial x'^3} \quad .$$

$$\tag{13.3.5}$$

13.3.1 Rotation des elektrischen Feldes

Ausgehend von den Beziehungen (13.2.20),

$$E_1' = E_1 \quad , \qquad E_2' = \gamma_a' E_2 \quad , \qquad E_3' = \gamma_a' E_3 \quad , \qquad (13.3.6)$$

berechnen wir jetzt die Rotation und die Divergenz des elektrischen Feldes $\mathbf{E}'$ im bewegten System K'. Dazu benutzen wir (13.3.1) und (13.3.2) und schließlich die Relationen (13.2.21), die sich mit $\beta_{a1}' = v_{a1}'/c$ in der Form

$$B_1' = 0 \quad , \qquad B_2' = -\frac{1}{c}\beta_{a1}'\gamma_a' E_3 = -\frac{1}{c}\beta_{a1}' E_3' \quad , \qquad B_3' = \frac{1}{c}\beta_{a1}'\gamma_a' E_2 = \frac{1}{c}\beta_{a1}' E_2'$$
$$(13.3.7)$$

darstellen lassen.

Die Berechnung der ersten Komponente von $\boldsymbol{\nabla} \times \mathbf{E}$ ist einfach,

$$
\begin{aligned}
(\boldsymbol{\nabla}' \times \mathbf{E}')_1 &= \frac{\partial}{\partial x'^2}E_3' - \frac{\partial}{\partial x'^3}E_2' = \frac{\partial}{\partial x^2}\gamma_a' E_3 - \frac{\partial}{\partial x^3}\gamma_a' E_2 \\
&= \gamma_a'\left(\frac{\partial}{\partial x^2}E_3 - \frac{\partial}{\partial x^3}E_2\right) = \gamma_a'(\boldsymbol{\nabla} \times \mathbf{E})_1 = 0 \quad .
\end{aligned}
$$
$$(13.3.8)$$

Die zweite Komponente erfordert etwas mehr Mühe,

$$
\begin{aligned}
(\boldsymbol{\nabla}' \times \mathbf{E}')_2 &= \frac{\partial}{\partial x'^3}E_1' - \frac{\partial}{\partial x'^1}E_3' \\
&= \frac{\partial}{\partial x^3}E_1 - \left(-\beta_{a1}'\gamma_a'\frac{\partial}{\partial x^0} + \gamma_a'\frac{\partial}{\partial x^1}\right)\gamma_a' E_3 \\
&= \frac{\partial}{\partial x^3}E_1 - \frac{\partial}{\partial x^1}E_3 + \left[\beta_{a1}'\gamma_a'^2\frac{\partial}{\partial x^0} + (1-\gamma_a'^2)\frac{\partial}{\partial x^1}\right]E_3 \quad .
\end{aligned}
$$

Durch Abziehen und Hinzufügen von $(\partial/\partial x^1)E_3$ haben wir in den ersten beiden Termen die zweite Komponente der Rotation von $\mathbf{E}$ gewonnen, die als Rotation eines elektrostatischen Feldes verschwindet. Es bleibt

$$
\begin{aligned}
(\boldsymbol{\nabla}' \times \mathbf{E}')_2 &= \left[\beta_{a1}'\gamma_a'^2\frac{\partial}{\partial x^0} + (1-\gamma_a'^2)\frac{\partial}{\partial x^1}\right]E_3 \\
&= \left(\gamma_a'\frac{\partial}{\partial x^0} - \beta_{a1}'\gamma_a'\frac{\partial}{\partial x^1}\right)\beta_{a1}'\gamma_a' E_3 \quad .
\end{aligned}
$$

Für die letzte Identität haben wir

$$1 - \gamma_a'^2 = 1 - \frac{1}{1-\beta_{a1}'^2} = -\frac{\beta_{a1}'^2}{1-\beta_{a1}'^2} = -\beta_{a1}'^2\gamma_a'^2$$

benutzt. Wegen (13.3.4) identifizieren wir den Differentialoperator in den runden Klammern mit $\partial/\partial x'^0$ und wegen (13.3.7) $\beta_{a1}'\gamma_a' E_3$ mit $-cB_2'$, so daß wir

$$(\boldsymbol{\nabla}' \times \mathbf{E}')_2 = -c \frac{\partial}{\partial x'^0} B'_2 = -\frac{\partial}{\partial t'} B'_2$$

erhalten. Auf die gleiche Weise gewinnt man für die dritte Komponente von $\mathbf{E}'$ im bewegten System K'

$$(\boldsymbol{\nabla}' \times \mathbf{E}')_3 = -\frac{\partial}{\partial t'} B'_3 \quad .$$

Da wegen der speziellen Wahl des bewegten Koordinatensystems K', bei der die 1-Richtung in Richtung der Geschwindigkeit $\mathbf{v}'_a$ zeigt, nach (13.3.7) die Komponente B'_1 verschwindet, kann für (13.3.8) auch

$$(\boldsymbol{\nabla}' \times \mathbf{E}')_1 = -\frac{\partial}{\partial t'} B'_1$$

geschrieben werden. Damit erhalten wir insgesamt die Gleichung

$$\boldsymbol{\nabla}' \times \mathbf{E}' = -\frac{\partial}{\partial t'} \mathbf{B}' \quad . \tag{13.3.9}$$

Sie hat genau die Form der Faradayschen Induktionsgleichung (11.1.9a).

13.3.2 Divergenz des elektrischen Feldes

Die Divergenz des elektrischen Feldes $\mathbf{E}'$ im System K' ist

$$\boldsymbol{\nabla}' \cdot \mathbf{E}' = \frac{\partial}{\partial x'^1} E'_1 + \frac{\partial}{\partial x'^2} E'_2 + \frac{\partial}{\partial x'^3} E'_3 \quad . \tag{13.3.10}$$

Unter Benutzung von (13.3.4) und (13.3.6) führen wir Differentiation und Feldstärke auf Größen im ungestrichenen System zurück,

$$\begin{aligned}
\boldsymbol{\nabla}' \cdot \mathbf{E}' &= \left(-\beta_{a1} \gamma'_a \frac{\partial}{\partial x^0} + \gamma'_a \frac{\partial}{\partial x^1} \right) E_1 + \gamma'_a \frac{\partial}{\partial x^2} E_2 + \gamma'_a \frac{\partial}{\partial x^3} E_3 \\
&= -\beta_{a1} \gamma'_a \frac{\partial}{\partial x^0} E_1 + \gamma'_a \boldsymbol{\nabla} \cdot \mathbf{E} \quad .
\end{aligned}$$

Wegen (13.3.2) und (13.3.3) gilt somit

$$\boldsymbol{\nabla}' \cdot \mathbf{E}' = \frac{1}{\varepsilon_0} \gamma'_a \rho \quad . \tag{13.3.11}$$

Wir machen auch hier wieder Gebrauch von der Lorentz-Invarianz der Ladung, die besagt, daß

$$\int \rho \, dV = Q = \int \rho' \, dV' \quad .$$

Die Diskussion der Koordinatentransformationen in Volumenintegralen in Abschn. B.12 liefert die Beziehung

$$dV = dx^1\, dx^2\, dx^2 = \frac{\partial(x^1, x^2, x^3)}{\partial(x'^1, x'^2, x'^3)}\, dx'^1\, dx'^2\, dx'^3$$

mit der Jacobi-Determinante der Lorentz-Transformation (13.1.11), (13.1.12)

$$\frac{\partial(x^1, x^2, x^3)}{\partial(x'^1, x'^2, x'^3)} = \begin{vmatrix} \dfrac{\partial x^1}{\partial x'^1} & \dfrac{\partial x^1}{\partial x'^2} & \dfrac{\partial x^1}{\partial x'^3} \\[2mm] \dfrac{\partial x^2}{\partial x'^1} & \dfrac{\partial x^2}{\partial x'^2} & \dfrac{\partial x^2}{\partial x'^3} \\[2mm] \dfrac{\partial x^3}{\partial x'^1} & \dfrac{\partial x^3}{\partial x'^2} & \dfrac{\partial x^3}{\partial x'^3} \end{vmatrix} = \begin{vmatrix} \gamma'_a & 0 & 0 \\ 0 & 1 & 0 \\ 0 & 0 & 1 \end{vmatrix} = \gamma'_a \quad .$$

Damit gilt

$$dV = \gamma'_a\, dV' \quad .$$

Die Invarianzbeziehung der Ladung

$$\int \rho\, dV = \int \rho \gamma'_a\, dV' = Q = \int \rho'\, dV'$$

liefert dann die Transformationsbeziehung

$$\rho' = \gamma'_a \rho$$

für die Ladungsdichten in den Systemen K' und K.

Damit ist die rechte Seite von (13.3.11) direkt als ρ'/ε_0 identifiziert, und auch im bewegten System ist die Divergenz der elektrischen Feldstärke $\mathbf{E}'$ durch die Ladungsdichte ρ' in K' gegeben,

$$\boldsymbol{\nabla}' \cdot \mathbf{E}' = \frac{1}{\varepsilon_0}\rho' \quad . \tag{13.3.12}$$

13.3.3 Rotation des Feldes der magnetischen Induktion

Die Gleichungen (13.3.7) lassen sich zu

$$\mathbf{B}' = \frac{\gamma'_a}{c^2}(\mathbf{v}'_a \times \mathbf{E}) = \frac{1}{c^2}(\mathbf{v}'_a \times \mathbf{E}') \tag{13.3.13}$$

zusammenfassen, wie wir schon in (13.2.21) gesehen haben. Bevor wir jedoch zur Berechnung der Rotation von $\mathbf{B}'$ kommen, führen wir noch eine Nebenrechnung aus, deren Resultat wir später benutzen werden. Da das elektrische Feld der Punktladung in ihrem Ruhesystem die Bedingung (13.3.3) erfüllt, gilt mit (13.3.6)

$$\frac{\partial \mathbf{E}'}{\partial x^0} = \frac{\partial \mathbf{E}}{\partial x^0} = 0 \quad .$$

Durch Ersetzung der Differentiation nach x^0 durch die nach x'^0, vgl. (13.3.5), folgt daraus ($\beta'_{a1} = v'_{a1}/c$)

$$0 = \frac{\partial \mathbf{E}'}{\partial x^0} = \left(\gamma'_a \frac{\partial}{\partial x'^0} + \beta'_{a1} \gamma'_a \frac{\partial}{\partial x'^1} \right) \mathbf{E}' = \gamma'_a \left(\frac{\partial}{\partial x'^0} + \frac{v'_{a1}}{c} \frac{\partial}{\partial x'^1} \right) \mathbf{E}' \quad ,$$

d. h.

$$v'_{a1} \frac{\partial \mathbf{E}'}{\partial x'^1} = -c \frac{\partial \mathbf{E}'}{\partial x'^0} \quad .$$

Wegen der speziellen Wahl der Systeme K und K', in denen $\mathbf{v}'_a$ die Darstellung $(\mathbf{v}'_a) = (v'_{a1}, 0, 0)$ hat, ist für beliebig orientierte Koordinatensysteme die Ersetzung

$$v'_{a1} \frac{\partial \mathbf{E}'}{\partial x'^1} \ \rightarrow \ (\mathbf{v}'_a \cdot \boldsymbol{\nabla}') \mathbf{E}'$$

vorzunehmen. Damit gilt allgemein

$$(\mathbf{v}'_a \cdot \boldsymbol{\nabla}') \mathbf{E}' = -c \frac{\partial \mathbf{E}'}{\partial x'^0} = -\frac{\partial \mathbf{E}'}{\partial t'} \quad . \tag{13.3.14}$$

Jetzt kann die Rotation von $\mathbf{B}'$ ausgehend von (13.3.13) relativ leicht mit Hilfe des Entwicklungssatzes ausgerechnet werden,

$$\boldsymbol{\nabla}' \times \mathbf{B}' = \frac{1}{c^2} \boldsymbol{\nabla}' \times (\mathbf{v}'_a \times \mathbf{E}') = \frac{1}{c^2} [\mathbf{v}'_a (\boldsymbol{\nabla}' \cdot \mathbf{E}') - (\mathbf{v}'_a \cdot \boldsymbol{\nabla}') \mathbf{E}'] \quad .$$

Wegen (13.3.12) und (13.3.14) erhalten wir

$$\boldsymbol{\nabla}' \times \mathbf{B}' = \frac{1}{c^2} \left(\frac{1}{\varepsilon_0} \mathbf{v}'_a \rho' + \frac{\partial \mathbf{E}'}{\partial t'} \right) \quad .$$

Die Größe $\mathbf{v}'_a \rho'$ ist gerade die Stromdichte $\mathbf{j}'$, die von der Ladungsverteilung ρ', die sich in K' mit der Geschwindigkeit $\mathbf{v}'_a$ bewegt, verursacht wird,

$$\mathbf{j}' = \rho' \mathbf{v}'_a \quad .$$

Nach (13.2.35) ist $(\varepsilon_0 c^2)^{-1}$ gleich μ_0, so daß wir schließlich

$$\boldsymbol{\nabla}' \times \mathbf{B}' = \mu_0 \mathbf{j}' + \frac{1}{c^2} \frac{\partial \mathbf{E}'}{\partial t'} = \mu_0 \left(\mathbf{j}' + \varepsilon_0 \frac{\partial \mathbf{E}'}{\partial t'} \right) \tag{13.3.15}$$

erhalten. Damit zeigt sich, daß die in Abschn. 11.1 vermutete Maxwellsche Gleichung (11.1.9c) tatsächlich durch Lorentz-Transformation aus den Gleichungen (13.3.1) und (13.3.2) des elektrostatischen Feldes gewonnen werden kann. Die Zeitableitung des elektrischen Feldes bestimmt – bis auf den Faktor ε_0 – den Verschiebungsstrom.

13.3.4 Divergenz des Feldes der magnetischen Induktion

Wieder ausgehend von (13.3.13) erhalten wir für die Divergenz wegen der zyklischen Vertauschbarkeit der Faktoren im Spatprodukt

$$\boldsymbol{\nabla}' \cdot \mathbf{B}' = \frac{1}{c^2}\boldsymbol{\nabla}' \cdot (\mathbf{v}'_a \times \mathbf{E}') = -\frac{1}{c^2}\boldsymbol{\nabla}' \cdot (\mathbf{E}' \times \mathbf{v}'_a) = -\frac{1}{c^2}\mathbf{v}'_a \cdot (\boldsymbol{\nabla}' \times \mathbf{E}') \quad .$$

Die Rotation von $\mathbf{E}'$ hatten wir in (13.3.9) berechnet, so daß wir auch

$$\boldsymbol{\nabla}' \cdot \mathbf{B}' = \frac{1}{c^2}\mathbf{v}'_a \cdot \frac{\partial}{\partial t'}\mathbf{B}' = \frac{1}{c^2}\frac{\partial}{\partial t'}(\mathbf{v}'_a \cdot \mathbf{B}')$$

schreiben können. Mit (13.3.13) folgt dann sofort das Verschwinden der Divergenz von $\mathbf{B}'$,

$$\boldsymbol{\nabla}' \cdot \mathbf{B}' = \frac{1}{c^4}\frac{\partial}{\partial t'}[\mathbf{v}'_a \cdot (\mathbf{v}'_a \times \mathbf{E}')] = 0 \quad , \tag{13.3.16}$$

weil das Spatprodukt, das zwei gleiche Faktoren enthält, null ist.

Zusammenfassend stellen wir fest, daß wir in diesem Abschnitt die Maxwellschen Gleichungen für die Felder $\mathbf{E}'$ und $\mathbf{B}'$ im bewegten System durch Lorentz-Transformation aus den Feldgleichungen (13.3.1) und (13.3.2) des elektrostatischen Feldes herleiten konnten. Zwar sind wir von Ausdrücken für $\mathbf{E}'$ und $\mathbf{B}'$ ausgegangen, die einer bewegten Punktladung entsprechen, jedoch läßt sich durch lineare Überlagerung von Feldern dieser Art das Feld jeder beliebigen Ladungsverteilung aufbauen. Damit ist gezeigt, daß die vier Maxwellschen Gleichungen (11.1.9) für allgemeine Ladungs- und Stromdichteverteilungen gelten, die der Kontinuitätsgleichung genügen.

13.4 Das elektromagnetische Feld in relativistischer Formulierung

13.4.1 Das Feld als antisymmetrischer Tensor

Inhalt: Die Vektorkomponenten des elektrischen Feldes und des Feldes der magnetischen Induktion werden in der Matrix eines antisymmetrischen Feldstärketensors zusammengefaßt. Die Matrix wird für den Fall einer Ladung q_a, die sich im System K' mit der Geschwindigkeit $\mathbf{v}'_a$ bewegt, angegeben. Der Feldstärketensor selbst ist vom Koordinatensystem unabhängig. Seine mathematische Struktur besitzt Ähnlichkeit mit der des elektrischen Feldes einer ruhenden Ladung.
Bezeichnungen: $\underset{\approx}{F}$ Feldstärketensor, $F'^{\mu\nu}$ seine Matrixelemente im System K'; $\underset{\sim}{x}_a, \underset{\sim}{u}_a$ Vierervektoren von Ort und Geschwindigkeit der Ladung q_a; $\underset{\sim}{x}$ Vierervektor des Aufpunkts, $\mathbf{E}$ elektrische Feldstärke im Ruhesystem K der Ladung q_a.

Wir haben in Abschn. 13.2 festgestellt, daß zwar im Ruhesystem K der Ladung q_a nur ein elektrisches Feld $\mathbf{E}$ auftritt, in dem diesem gegenüber bewegten System K' jedoch ein transformiertes elektrisches Feld $\mathbf{E}'$ und zusätzlich ein magnetisches Flußdichtefeld $\mathbf{B}'$. Die E- und B-Felder haben jedes für sich keine koordinatensystemunabhängige Bedeutung. Ihre insgesamt 6 Komponenten (13.2.27), (13.2.28) lassen sich aber in einfacher Weise als Matrixelemente eines antisymmetrischen *Feldstärketensors* darstellen,

$$F'^{\mu\nu} = \frac{c}{4\pi\varepsilon_0} q_a \frac{(x'^\mu - x_a'^\mu)u_a'^\nu - u_a'^\mu(x'^\nu - x_a'^\nu)}{\left[\left(\underset{\sim}{u}_a \cdot (\underset{\sim}{x} - \underset{\sim}{x}_a)\right)^2 - c^2(\underset{\sim}{x} - \underset{\sim}{x}_a)^2\right]^{3/2}} \quad . \tag{13.4.1}$$

Ordnen wir die $F'^{\mu\nu}$ in einer Matrix an, so erhalten wir

$$(F'^{\mu\nu}) = \begin{pmatrix} 0 & -\frac{1}{c}E_1' & -\frac{1}{c}E_2' & -\frac{1}{c}E_3' \\ \frac{1}{c}E_1' & 0 & -B_3' & B_2' \\ \frac{1}{c}E_2' & B_3' & 0 & -B_1' \\ \frac{1}{c}E_3' & -B_2' & B_1' & 0 \end{pmatrix} \quad . \tag{13.4.2}$$

Die Faktoren $1/c$ sorgen dafür, daß alle Matrixelemente in den gleichen Einheiten ausgedrückt sind, nämlich in Tesla $= \text{T} = \text{V s m}^{-2}$.

Wir können (vgl. Anhang C) den Tensor

$$\underset{\approx}{F} = F'^{\mu\nu} \underset{\sim}{e}_\mu' \otimes \underset{\sim}{e}_\nu'$$

unabhängig von jedem Koordinatensystem schreiben,

$$\underset{\approx}{F} = \frac{c}{4\pi\varepsilon_0} q_a \frac{(\underset{\sim}{x} - \underset{\sim}{x}_a) \otimes \underset{\sim}{u}_a - \underset{\sim}{u}_a \otimes (\underset{\sim}{x} - \underset{\sim}{x}_a)}{\left[\left(\underset{\sim}{u}_a \cdot (\underset{\sim}{x} - \underset{\sim}{x}_a)\right)^2 - c^2(\underset{\sim}{x} - \underset{\sim}{x}_a)^2\right]^{3/2}} \quad . \tag{13.4.3}$$

Beim Vergleich der Tensorstruktur von (13.4.3) mit der Vektorstruktur des Ausdrucks

$$\mathbf{E} = \frac{1}{4\pi\varepsilon_0} q_a \frac{\mathbf{x} - \mathbf{x}_a}{|\mathbf{x} - \mathbf{x}_a|^3} \tag{13.4.4}$$

stellen wir eine Ähnlichkeit fest. Schreiben wir nämlich $\mathbf{d} = \mathbf{x} - \mathbf{x}_a$, so lautet (13.4.4) einfach

$$\mathbf{E} = \frac{1}{4\pi\varepsilon_0} q_a \frac{\mathbf{d}}{(\mathbf{d} \cdot \mathbf{d})^{3/2}} \quad .$$

Ganz ähnlich läßt sich mit der Bezeichnung

$$\underset{\approx}{D} = (\underset{\sim}{x} - \underset{\sim}{x}_a) \otimes \underset{\sim}{u}_a - \underset{\sim}{u}_a \otimes (\underset{\sim}{x} - \underset{\sim}{x}_a)$$

der Feldstärketensor in die Form

$$\underset{\approx}{F} = \frac{c}{4\pi\varepsilon_0}\, q_a \frac{\underset{\approx}{D}}{\left(\frac{1}{2}\underset{\approx}{D}\cdot\underset{\approx}{D}\right)^{3/2}}$$

bringen.

Wir können den Nenner in dieser Form schreiben, weil das Skalarprodukt zweier Tensoren gleich der Spur ihres Produktes ist, hier also ($\underset{\sim}{u}_a^2 = c^2$)

$$\begin{aligned}
\underset{\approx}{D}\cdot\underset{\approx}{D} &= \mathrm{Sp}\{\underset{\approx}{D}\underset{\approx}{D}\}\\
&= \mathrm{Sp}\Big\{\big(\underset{\sim}{u}_a\cdot(\underset{\sim}{x}-\underset{\sim}{x}_a)\big)(\underset{\sim}{x}-\underset{\sim}{x}_a)\otimes\underset{\sim}{u}_a - \underset{\sim}{u}_a^2(\underset{\sim}{x}-\underset{\sim}{x}_a)\otimes(\underset{\sim}{x}-\underset{\sim}{x}_a)\\
&\quad -(\underset{\sim}{x}-\underset{\sim}{x}_a)^2\underset{\sim}{u}_a\otimes\underset{\sim}{u}_a + \big((\underset{\sim}{x}-\underset{\sim}{x}_a)\cdot\underset{\sim}{u}_a\big)\underset{\sim}{u}_a\otimes(\underset{\sim}{x}-\underset{\sim}{x}_a)\Big\}\\
&= 2\Big\{\big(\underset{\sim}{u}_a\cdot(\underset{\sim}{x}-\underset{\sim}{x}_a)\big)^2 - c^2(\underset{\sim}{x}-\underset{\sim}{x}_a)^2\Big\}\quad.
\end{aligned}$$

Der Faktor 2 tritt wegen der Konstruktion von $\underset{\approx}{D}$ als antisymmetrischer Tensor auf.

13.4.2 Retardierte elektromagnetische Feldstärke

Im Koordinatensystem K ruht die Ladung q_a am Ort $(\mathbf{x}_a) = (x_a^1, x_a^2, x_a^3)$. In K' beschreibt ihr Ort eine geradlinig gleichförmige Trajektorie, die sich aus

$$x_a^1 = \gamma(\beta x_a'^0 + x_a'^1)\quad,\qquad x_a^2 = x_a'^2\quad,\qquad x_a^3 = x_a'^3$$

zu

$$x_a'^1(t_a') = \frac{1}{\gamma}x_a^1 - \beta x_a'^0 = x_{a\,\mathrm{in}}' + v_{a1}'t_a'\,,\quad x_a'^2 = x_{a\,\mathrm{in}}'^2 = x_a^2\,,\quad x_a'^3 = x_{a\,\mathrm{in}}'^3 = x_a^3$$

bestimmt. Hier haben wir $x_a'^0 = ct_a'$ benutzt und $\mathbf{x}_{a\,\mathrm{in}}'$ als Anfangsort der Trajektorie zur Zeit $t_a' = 0$ eingeführt. Es gilt $x_{a\,\mathrm{in}}'^1 = x_a^1/\gamma$. Der Faktor $1/\gamma$ beschreibt die Längenkontraktion der 1-Koordinate beim Übergang von K nach K'. Vektoriell geschrieben lautet die Gleichung der Trajektorie

$$\mathbf{x}_a'(t_a') = \mathbf{x}_{a\,\mathrm{in}}' + \mathbf{v}_a't_a'$$

mit

$$(\mathbf{x}_{a\,\mathrm{in}}') = (x_{a\,\mathrm{in}}'^1, x_{a\,\mathrm{in}}'^2, x_{a\,\mathrm{in}}'^3)\quad,\qquad (\mathbf{v}_a') = (v_{a1}', 0, 0)\quad.$$

Für jedes Paar von Zeitpunkten $x'^0 = ct'$ und $x_a'^0 = ct_a'$ geben die Beziehungen (13.2.27), (13.2.28) den Verlauf der Feldstärken $\mathbf{E}'$ und $\mathbf{B}'$ der Punktladung q_a im System K' wieder. Befindet sich nun eine Ladung q_b zur Zeit t' am Ort $\mathbf{x}'$ und hat die Geschwindigkeit $\mathbf{v}_b'$, so sind die durch diese Feldstärken ausgeübten Coulomb- und Lorentz-Kräfte nicht zu finden, wenn man $t' = t'_a$ setzt. Vielmehr muß die durch die Endlichkeit der Lichtgeschwindigkeit bedingte Laufzeit

$$t' - t'_a = \frac{|\mathbf{x}' - \mathbf{x}'_a(t'_a)|}{c} \tag{13.4.5}$$

berücksichtigt werden. Aus dieser Bedingung folgt die Lorentz-invariante Beziehung

$$(\underset{\sim}{x} - \underset{\sim}{x}_a)^2 = (x'^\mu - x'^\mu_a)(x'_\mu - x'_{a\mu}) = 0 \quad . \tag{13.4.6}$$

Mit dieser Laufzeitbedingung folgen aus den Ausdrücken (13.2.27), (13.2.28) die *retardierten Feldstärken*

$$\mathbf{E}'_{\text{ret}} =$$
$$\frac{q_a}{4\pi\varepsilon_0}\left[1 - \left(\frac{\mathbf{v}'_a}{c}\right)^2\right] \frac{(\mathbf{x}' - \mathbf{x}'_a(t'_a)) - \mathbf{v}'_a|\mathbf{x}' - \mathbf{x}'_a(t'_a)|/c}{(|\mathbf{x}' - \mathbf{x}'_a(t'_a)| - \mathbf{v}'_a \cdot (\mathbf{x}' - \mathbf{x}'_a(t'_a))/c)^3}\bigg|_{t'-t'_a=|\mathbf{x}'-\mathbf{x}'_a(t'_a)|/c} \tag{13.4.7}$$

und

$$\mathbf{B}'_{\text{ret}} = \frac{\mathbf{v}'_a}{c} \times \frac{1}{c}\,\mathbf{E}'_{\text{ret}} \quad . \tag{13.4.8}$$

Diese Feldstärken stimmen mit den in Abschn. 12.6.1 berechneten Feldstärken (12.6.7) überein, wenn man diese auf den Fall einer geradlinig gleichförmig bewegten Ladung beschränkt und folgende Ersetzungen vornimmt:

$$t \to t' = x'^0/c \quad , \qquad t' \to t'_a \quad , \qquad \mathbf{r} \to \mathbf{x}' \quad ,$$
$$\mathbf{r}_0(t) \to \mathbf{x}'_a(t'_a) \quad , \qquad \mathbf{v}_0(t) \to \mathbf{v}'_a(t'_a) \quad , \qquad \mathbf{a}_0 = 0 \quad . \tag{13.4.9}$$

Mit Hilfe von (13.4.3) bzw. (13.4.1) erhält man den Tensor der retardierten Feldstärken und seine Matrixelemente,

$$\underset{\approx}{F}_{\text{ret}} = \frac{c}{4\pi\varepsilon_0}\,q_a\,\frac{(\underset{\sim}{x} - \underset{\sim}{x}_a) \otimes \underset{\sim}{u}_a - \underset{\sim}{u}_a \otimes (\underset{\sim}{x} - \underset{\sim}{x}_a)}{(\underset{\sim}{u}_a \cdot (\underset{\sim}{x} - \underset{\sim}{x}_a))^3}\bigg|_{t'-t'_a=|\mathbf{x}'-\mathbf{x}'_a(t'_a)|/c} \quad , \tag{13.4.10}$$

$$F'^{\mu\nu}_{\text{ret}} = \frac{c}{4\pi\varepsilon_0}\,q_a\,\frac{(x'^\mu - x'^\mu_a)u'^\nu_a - u'^\mu_a(x'^\nu - x'^\nu_a)}{(\underset{\sim}{u}_a \cdot (\underset{\sim}{x} - \underset{\sim}{x}_a))^3}\bigg|_{t'-t'_a=|\mathbf{x}'-\mathbf{x}'_a(t'_a)|/c} \quad . \tag{13.4.11}$$

13.4.3 Feldstärketensor und Minkowski-Kraft

Inhalt: Die Minkowski-Kraft auf eine Ladung q_b mit der Vierergeschwindigkeit $\underset{\sim}{u}_b$ ist das Produkt aus Ladung, retardiertem Feldstärketensor und Vierergeschwindigkeit, $\underset{\sim}{K} = q_b\underset{\approx}{F}_{\text{ret}}\underset{\sim}{u}_b$. Diese Gleichung ist die relativistische Zusammenfassung der nichtrelativistischen Beziehungen über Coulomb-Kraft und Lorentz-Kraft.
Bezeichnungen: $\mathbf{v}'_b$ Geschwindigkeit der Ladung q_b im System K', γ'_b zugehöriger Lorentz-Faktor.

Aus den Gleichungen (13.2.15) und (13.2.18) für die Komponenten der Newton-Kraft im bewegten System K' oder aus (13.2.19) gewinnen wir nach (13.2.11) die räumlichen Komponenten der Minkowski-Kraft, die die Ladung q_a auf die Ladung q_b ausübt, mit Hilfe der im vorigen Abschnitt berechneten retardierten Felder (13.4.7), (13.4.8),

$$
\begin{aligned}
K'^1 &= \gamma_b' F'_{\text{ret}\,1} = q_b \gamma_b'(E'_{\text{ret}\,1} + v'_{b2} B'_{\text{ret}\,3} - v'_{b3} B'_{\text{ret}\,2}) \\
&= q_b(\frac{1}{c} E'_{\text{ret}\,1} u_b'^0 + B'_{\text{ret}\,3} u_b'^2 - B'_{\text{ret}\,2} u_b'^3) \quad , \\
K'^2 &= \gamma_b' F'_{\text{ret}\,2} = q_b \gamma_b'(E'_{\text{ret}\,2} + v'_{b3} B'_{\text{ret}\,1} - v'_{b1} B'_{\text{ret}\,3}) \\
&= q_b(\frac{1}{c} E'_{\text{ret}\,2} u_b'^0 + B'_{\text{ret}\,1} u_b'^3 - B'_{\text{ret}\,3} u_b'^1) \quad , \\
K'^3 &= \gamma_b' F'_{\text{ret}\,3} = q_b \gamma_b'(E'_{\text{ret}\,3} + v'_{b1} B'_{\text{ret}\,2} - v'_{b2} B'_{\text{ret}\,1}) \\
&= q_b(\frac{1}{c} E'_{\text{ret}\,3} u_b'^0 + B'_{\text{ret}\,2} u_b'^1 - B'_{\text{ret}\,1} u_b'^2) \quad .
\end{aligned}
$$

Die Null-Komponente errechnet sich nach (13.2.11) zu

$$
\begin{aligned}
K'^0 = \frac{1}{c} \mathbf{v}_b' \cdot \mathbf{K}' = \; q_b \Bigg\{ & \frac{v'_{b1}}{c} \left(\frac{1}{c} E'_{\text{ret}\,1} u_b'^0 + B'_{\text{ret}\,3} u_b'^2 - B'_{\text{ret}\,2} u_b'^3 \right) \\
& + \frac{v'_{b2}}{c} \left(\frac{1}{c} E'_{\text{ret}\,2} u_b'^0 + B'_{\text{ret}\,1} u_b'^3 - B'_{\text{ret}\,3} u_b'^1 \right) \\
& + \frac{v'_{b3}}{c} \left(\frac{1}{c} E'_{\text{ret}\,3} u_b'^0 + B'_{\text{ret}\,2} u_b'^1 - B'_{\text{ret}\,1} u_b'^2 \right) \Bigg\} \quad .
\end{aligned}
$$

Wegen

$$
v'_{bm} u_b'^n = v'_{bm} \gamma_b' v'_{bn} = u_b'^m v'_{bn} \quad , \qquad m, n = 1, 2, 3 \quad ,
$$

heben die Terme mit den Faktoren $B'_{\text{ret}\,k}$ einander auf, und es bleibt

$$
K'^0 = q_b \left(\frac{1}{c} E'_{\text{ret}\,1} u_b'^1 + \frac{1}{c} E'_{\text{ret}\,2} u_b'^2 + \frac{1}{c} E'_{\text{ret}\,3} u_b'^3 \right) \quad .
$$

Wegen (siehe Anhang C bzgl. metrisches Symbol $g^{\mu\nu}$ mit oben stehenden Indizes und Vierervektor-Komponenten x_μ mit unten stehendem Index)

$$
u_b'^0 = g^{0\lambda} u'_{b\lambda} = u'_{b0}
$$

und

$$
u_b'^n = g^{n\lambda} u'_{b\lambda} = -u'_{bn} \quad , \qquad n = 1, 2, 3 \quad ,
$$

lassen sich die vier Gleichungen für die K'^μ mit Hilfe des Feldstärketensors (13.4.2) zu einer relativistisch kovarianten Gleichung zusammenfassen,

$$
K'^\mu = q_b F'^{\mu\nu}_{\text{ret}} u'_{b\nu} \quad . \tag{13.4.12}
$$

Koordinatenunabhängig geschrieben lautet diese Beziehung

$$\underset{\sim}{K} = q_b \underset{\approx}{F}_{\text{ret}} \underset{\sim}{u}_b \quad . \tag{13.4.13}$$

Sie verknüpft Minkowski-Kraft, Feldstärketensor und Vierergeschwindigkeit. Die Beziehung (13.4.12) bestimmt die zunächst freie Wahl des Vorzeichens in der Definition der $F'^{\mu\nu}$ in (13.4.2).

13.4.4 Die Lorentz-Transformation des elektromagnetischen Feldstärketensors

Inhalt: Der Feldstärketensor ist unabhängig vom Bezugssystem. Die Lorentz-Transformation seiner Matrixelemente lautet $F^{\mu\nu} \to F'^{\mu\nu} = \Lambda^\mu{}_\lambda \Lambda^\nu{}_\rho F^{\lambda\rho}$.
Bezeichnungen: $\underset{\sim}{x}$ Vierervektor; x^μ, x'^μ Komponenten und $\underset{\sim}{e}_\mu, \underset{\sim}{e}'_\mu$ Basisvektoren in den Koordinatensystemen K bzw. K'; $\underset{\approx}{F}$ Feldstärketensor; $F^{\mu\nu}, F'^{\mu\nu}$ seine Matrixelemente in beiden Systemen; $\Lambda^\mu{}_\nu$ Matrixelemente der Lorentz-Transformation; $\mathbf{E}, \mathbf{E}'$ elektrische Feldstärken; $\mathbf{B}, \mathbf{B}'$ Felder der magnetischen Induktion; $\mathbf{v} = (v_1, 0, 0)$ Geschwindigkeit von K' gegen K, $\beta = v_1/c$ dimensionslose 1-Komponente, γ zugehöriger Lorentz-Faktor.

Der Vierervektor der Raumzeit hat in den Bezugssystemen K bzw. K' nach (13.1.32) die Darstellungen

$$\underset{\sim}{x} = \underset{\sim}{e}_\nu x^\nu = \underset{\sim}{e}'_\nu x'^\nu \quad .$$

Mit Hilfe der Lorentz-Transformation der Basisvektoren folgt für die Basistensoren

$$\underset{\sim}{e}_\lambda \otimes \underset{\sim}{e}_\rho = (\underset{\sim}{e}'_\mu \Lambda^\mu{}_\lambda) \otimes (\underset{\sim}{e}'_\nu \Lambda^\nu{}_\rho) = \underset{\sim}{e}'_\mu \otimes \underset{\sim}{e}'_\nu \Lambda^\mu{}_\lambda \Lambda^\nu{}_\rho \quad .$$

Aus der Darstellung des elektromagnetischen Feldstärketensors

$$\underset{\approx}{F} = \underset{\sim}{e}_\lambda \otimes \underset{\sim}{e}_\rho F^{\lambda\rho}$$

im System K folgt dann direkt

$$\underset{\approx}{F} = \underset{\sim}{e}'_\mu \otimes \underset{\sim}{e}'_\nu \Lambda^\mu{}_\lambda \Lambda^\nu{}_\rho F^{\lambda\rho} = \underset{\sim}{e}'_\mu \otimes \underset{\sim}{e}'_\nu F'^{\mu\nu}$$

oder

$$F'^{\mu\nu} = \Lambda^\mu{}_\lambda \Lambda^\nu{}_\rho F^{\lambda\rho} \tag{13.4.14}$$

als Transformation der Matrixelemente $F^{\lambda\rho}$ bezüglich K in die Matrixelemente $F'^{\mu\nu}$ bezüglich K'.

Als Koordinatensystem K wählen wir wieder dasjenige, in dem die Ladung q_a ruht. In diesem System hat der Feldstärketensor die einfache Gestalt

$$\underset{\approx}{F} = \underset{\sim}{e}_\mu \otimes \underset{\sim}{e}_\nu F^{\mu\nu}$$

mit

$$
(\underset{\approx}{F}) = (F^{\mu\nu}) = \begin{pmatrix} 0 & -\dfrac{1}{c}E_1 & -\dfrac{1}{c}E_2 & -\dfrac{1}{c}E_3 \\[2mm] \dfrac{1}{c}E_1 & 0 & 0 & 0 \\[2mm] \dfrac{1}{c}E_2 & 0 & 0 & 0 \\[2mm] \dfrac{1}{c}E_3 & 0 & 0 & 0 \end{pmatrix} . \qquad (13.4.15)
$$

Die Lorentz-Transformation in ein System K', dessen Ursprung sich in K mit der Geschwindigkeit $(\mathbf{v}) = (v_1, 0, 0)$ bewegt, hat die Gestalt

$$
(\underset{\approx}{\varLambda}) = (\varLambda^\mu{}_\nu) = \begin{pmatrix} \gamma & -\beta\gamma & 0 & 0 \\ -\beta\gamma & \gamma & 0 & 0 \\ 0 & 0 & 1 & 0 \\ 0 & 0 & 0 & 1 \end{pmatrix} , \quad \beta = \frac{v_1}{c} , \quad \gamma = \frac{1}{\sqrt{1-\beta^2}} .
$$
$$\qquad (13.4.16)$$

Die Lorentz-Transformation der Matrixelemente liefert in Übereinstimmung mit (13.4.2)

$$
\begin{aligned}
(F'^{\mu\nu}) &= \begin{pmatrix} 0 & -\dfrac{1}{c}E_1 & -\dfrac{1}{c}\gamma E_2 & -\dfrac{1}{c}\gamma E_3 \\[2mm] \dfrac{1}{c}E_1 & 0 & \dfrac{v_1}{c^2}\gamma E_2 & \dfrac{v_1}{c^2}\gamma E_3 \\[2mm] \dfrac{1}{c}\gamma E_2 & -\dfrac{v_1}{c^2}\gamma E_2 & 0 & 0 \\[2mm] \dfrac{1}{c}\gamma E_3 & -\dfrac{v_1}{c^2}\gamma E_3 & 0 & 0 \end{pmatrix} \\[4mm]
&= \begin{pmatrix} 0 & -\dfrac{1}{c}E'_1 & -\dfrac{1}{c}E'_2 & -\dfrac{1}{c}E'_3 \\[2mm] \dfrac{1}{c}E'_1 & 0 & -B'_3 & B'_2 \\[2mm] \dfrac{1}{c}E'_2 & B'_3 & 0 & -B'_1 \\[2mm] \dfrac{1}{c}E'_3 & -B'_2 & B'_1 & 0 \end{pmatrix} , \qquad (13.4.17)
\end{aligned}
$$

wie man durch Vergleich mit (13.2.20) und (13.2.21) feststellt.

Diese Matrix des Feldstärketensors läßt sich mit Hilfe der (3×3)-Matrix mit den Matrixelementen

$$F'^{mn} = -\sum_{\ell=1}^{3} \varepsilon_{mn\ell} B'_\ell = (-\underline{\underline{\varepsilon}} \mathbf{B}')_{mn}$$

auch in der Blockform

$$(F'^{\mu\nu}) = \begin{pmatrix} 0 & -\dfrac{1}{c}\mathbf{E}' \\[2ex] \dfrac{1}{c}\mathbf{E}' & -\underline{\underline{\varepsilon}}\mathbf{B}' \end{pmatrix} \tag{13.4.18}$$

schreiben.

13.4.5 Gekreuzte elektrische und magnetische Felder

Inhalt: Zur Illustration des Transformationsverhaltens der Matrixelemente des Feldstärketensors werden Fälle betrachtet, in denen allein durch Lorentz-Transformation die elektrische Feldstärke $\mathbf{E}$ oder die magnetische Induktion $\mathbf{B}$ zum Verschwinden gebracht werden können. Für räumlich und zeitlich konstante, aufeinander senkrecht stehende Felder $\mathbf{E} = E_2\mathbf{e}_2, \mathbf{B} = B_3\mathbf{e}_3$ im Bezugssystem K gelingt das durch Lorentz-Transformation in ein System K', das sich gegen K mit der Geschwindigkeit $\mathbf{v} = v_1\mathbf{e}_1$ bewegt. Es gilt $\mathbf{B}' = 0$ für $B \leq E/c$ und $v_1 = c^2 B_3/E_2$ bzw. $\mathbf{E}' = 0$ für $E/c \leq B$ und $v_1 = E_2/B_3$.
Bezeichnungen: $\beta = v_1/c$ dimensionslose Geschwindigkeit in 1-Richtung, γ zugehöriger Lorentz-Faktor.

In Abschn. 13.2.3 haben wir gefunden, daß sich die Kraft auf eine Ladung in bezugssystemabhängiger Weise aus der Coulomb- und aus der Lorentz-Kraft zusammensetzt und damit von einem $\mathbf{E}$- und einem $\mathbf{B}$-Feld herrührt, die beide vom Bezugssystem abhängen. Es stellt sich nun die Frage, inwieweit allein durch geeignete Wahl des Bezugssystems eines der beiden Felder auf Kosten des anderen verkleinert oder völlig zum Verschwinden gebracht werden kann. Da die Parameter β, γ der Lorentz-Transformation orts- und zeitunabhängig sind, läßt sich eine zu allen Zeiten und an allen Orten geltende Gewichtung der beiden Felder nur für ein orts- und zeitunabhängiges $\mathbf{E}$- und $\mathbf{B}$-Feld erreichen oder für $\mathbf{E}$- und $\mathbf{B}$-Felder, deren Orts- und Zeitabhängigkeit in besonderer Weise miteinander verknüpft sind.

Wir betrachten hier den Fall orts- und zeitunabhängiger Felder, die aber zunächst beliebige Richtungen haben sollen. Im System K lautet die Matrix des Feldstärketensors

$$(F^{\mu\nu}) = \begin{pmatrix} 0 & -\dfrac{1}{c}E_1 & -\dfrac{1}{c}E_2 & -\dfrac{1}{c}E_3 \\[2ex] \dfrac{1}{c}E_1 & 0 & -B_3 & B_2 \\[2ex] \dfrac{1}{c}E_2 & B_3 & 0 & -B_1 \\[2ex] \dfrac{1}{c}E_3 & -B_2 & B_1 & 0 \end{pmatrix} . \tag{13.4.19}$$

Die Lorentz-Transformation (13.4.16) ergibt für die Elemente

$$(F'^{\mu\nu}) =$$

$$\begin{pmatrix} 0 & -\frac{1}{c}E_1 & -\gamma\left(\frac{1}{c}E_2 - \beta B_3\right) & -\gamma\left(\frac{1}{c}E_3 + \beta B_2\right) \\ \frac{1}{c}E_1 & 0 & \gamma\left(\beta\frac{1}{c}E_2 - B_3\right) & \gamma\left(\beta\frac{1}{c}E_3 + B_2\right) \\ \gamma\left(\frac{1}{c}E_2 - \beta B_3\right) & -\gamma\left(\beta\frac{1}{c}E_2 - B_3\right) & 0 & -B_1 \\ \gamma\left(\frac{1}{c}E_3 + \beta B_2\right) & -\gamma\left(\beta\frac{1}{c}E_3 + B_2\right) & B_1 & 0 \end{pmatrix}$$

$$(13.4.20)$$

im System K', das sich gegenüber K mit der Geschwindigkeit $\mathbf{v} = v\mathbf{e}_1 = \beta c\mathbf{e}_1$ bewegt. Wir stellen fest, daß die Feldstärkekomponenten E_1, B_1 parallel zur Geschwindigkeit $\mathbf{v} = v\mathbf{e}_1$ unverändert bleiben. Da wir aber hier das Ziel haben, die Felder durch Lorentz-Transformation zu verändern, wählen wir $E_1 = 0$ und $B_1 = 0$.

Bedingungen für das Verschwinden des transformierten B-Feldes Damit $B_2' = 0$ und $B_3' = 0$ wird, muß offenbar β so gewählt werden, daß die beiden Bedingungen

$$\beta\frac{1}{c}E_2 - B_3 = 0 \quad , \qquad \beta\frac{1}{c}E_3 + B_2 = 0$$

erfüllt sind, d. h. die beiden Bedingungen

$$\beta = \frac{cB_3}{E_2} \quad , \qquad \beta = -\frac{cB_2}{E_3} \quad .$$

Das ist nur möglich, wenn

$$E_2 B_2 + E_3 B_3 = 0 \quad .$$

Weil wir aber $E_1 = 0$ und $B_1 = 0$ gewählt haben, bedeutet diese Bedingung

$$\mathbf{E} \cdot \mathbf{B} = 0 \quad .$$

Die beiden Felder stehen also senkrecht aufeinander. Der Einfachheit halber orientieren wir $\mathbf{e}_2$ in Richtung $\mathbf{E}$ und $\mathbf{e}_3$ in Richtung $\mathbf{B}$,

$$\mathbf{E} = E\mathbf{e}_2 \quad , \qquad \mathbf{B} = B\mathbf{e}_3 \quad , \qquad E = |\mathbf{E}| \quad , \qquad B = |\mathbf{B}| \quad . \quad (13.4.21)$$

Damit lautet unsere Bedingung

$$\beta = c\frac{B}{E} \quad . \tag{13.4.22}$$

Da stets $\beta = v/c \leq 1$ gilt, kann sie nur dann erfüllt werden, wenn

$$B_3 = B \leq \frac{1}{c} E = \frac{1}{c} E_2 \quad .$$

Das bedeutet, das B-Feld kann durch Lorentz-Transformation zum Verschwinden gebracht werden, allerdings nur dann, wenn es dem Betrage nach ursprünglich kleiner oder höchstens gleich dem elektrischen Feld (gemessen in den gleichen Einheiten) war. Bei Gleichheit muß die Geschwindigkeit zwischen den Bezugssystemen gleich der Lichtgeschwindigkeit sein, die allerdings für materielle Systeme nicht erreichbar ist.

Wir betrachten nun den Fall, daß tatsächlich $B < E/c$ und $\beta = cB/E$ gilt. Dann ist $\mathbf{B'} = 0$, und wir müssen nur noch $\mathbf{E'}$ berechnen. Diese Feldstärke hat nur eine 2-Komponente. Für sie liefert die Lorentz-Transformation, vgl. (13.4.20),

$$\frac{1}{c} E_2' = \gamma \left(\frac{1}{c} E_2 - \beta B_3 \right) = \gamma \left(\frac{1}{c} E - \frac{cB}{E} B \right) = \frac{\gamma c}{E} \left(\left(\frac{1}{c} E \right)^2 - B^2 \right) \quad .$$

Nun gilt mit (13.4.22) für den Lorentz-Faktor γ

$$\gamma^{-2} = 1 - \beta^2 = 1 - \frac{c^2 B^2}{E^2} = \frac{c^2}{E^2} \left(\left(\frac{1}{c} E \right)^2 - B^2 \right) \quad ,$$

und wir erhalten

$$E_2' = \frac{1}{\gamma} E = \frac{1}{\gamma} E_2$$

in Analogie zu (13.2.20), wenn man beachtet, daß hier nicht E_2 sondern E_2' die Feldstärkekomponente in einem Koordinatensystem mit verschwindender Feldstärke $\mathbf{B'}$ ist.

Bedingungen für das Verschwinden des transformierten E-Feldes Damit $E_2' = 0$ und $E_3' = 0$ wird, muß offenbar gelten

$$\beta = \frac{1}{c} \frac{E_2}{B_3} \quad , \qquad \beta = -\frac{1}{c} \frac{E_3}{B_2} \quad .$$

Wieder folgt $\mathbf{E} \cdot \mathbf{B} = 0$. Mit der Konvention (13.4.21) für die Wahl der Basisvektoren folgt

$$\beta = \frac{1}{c} \frac{E}{B} \quad . \tag{13.4.23}$$

Da natürlich auch jetzt $\beta \leq 1$ gilt, kann die elektrische Feldstärke nur zum Verschwinden gebracht werden, wenn

$$\frac{1}{c} E_2 = \frac{1}{c} E \leq B = B_3 \quad .$$

Für das verbleibende B-Feld finden wir, nach einer ähnlichen Rechnung wie oben,

$$B_3' = \frac{1}{\gamma} B = \frac{1}{\gamma} B_3 \quad .$$

Zusammenfassung Wir stellen fest, daß zueinander orthogonale, homogene, zeitunabhängige E- und B-Felder durch Übergang in ein Bezugssystem K' so transformiert werden können, daß eines der beiden Felder verschwindet.

Für den Fall $B < E/c$ ist die bestimmende Geschwindigkeit der Lorentz-Transformation

$$\mathbf{v} = \frac{(\mathbf{E}/c) \times \mathbf{B}}{(\mathbf{E}/c)^2} c \quad .$$

Dann verschwindet $\mathbf{B}'$, und das transformierte elektrische Feld ist

$$\mathbf{E}' = \frac{1}{\gamma} \mathbf{E} \quad .$$

Falls $E/c < B$, so ist die Geschwindigkeit

$$\mathbf{v} = \frac{(\mathbf{E}/c) \times \mathbf{B}}{\mathbf{B}^2} c \quad ,$$

es verschwindet $\mathbf{E}'$, und das transformierte Feld der magnetischen Flußdichte ist

$$\mathbf{B}' = \frac{1}{\gamma} \mathbf{B} \quad .$$

Verallgemeinerung auf orts- und zeitabhängige Felder Auf der Basis der Gleichung (13.4.20) lassen sich unsere Resultate auf nichthomogene Felder $\mathbf{E}(t, \mathbf{x})$ und $\mathbf{B}(t, \mathbf{x})$ verallgemeinern, deren Orts- und Zeitabhängigkeiten untereinander verknüpft sind.

Bedingungen für das Verschwinden des transformierten B-Feldes Wir setzen voraus, daß $\mathbf{E}(t, \mathbf{x})$ und $\mathbf{B}(t, \mathbf{x})$ orthogonal zueinander sind und durch

$$\mathbf{B}(t, \mathbf{x}) = \beta \hat{\mathbf{n}} \times \frac{1}{c} \mathbf{E}(t, \mathbf{x})$$

miteinander verknüpft sind, wobei $\beta < 1$ eine orts- und zeitunabhängige Konstante und $\hat{\mathbf{n}}$ ein orts- und zeitunabhängiger Einheitsvektor ist. Dann geht das Koordinatensystem K', in dem $\mathbf{B}'$ verschwindet, aus K durch eine Lorentz-Transformation mit der Relativgeschwindigkeit

$$\mathbf{v} = \beta c \hat{\mathbf{n}}$$

hervor. Für den Anteil $\mathbf{E}'_\perp$ senkrecht zu $\mathbf{v}$ und zu $\mathbf{B}$ ergibt sich in K'

$$\mathbf{E}'_\perp = \frac{1}{\gamma}\,(\underline{\underline{1}} - \hat{\mathbf{n}} \otimes \hat{\mathbf{n}})\mathbf{E} = \frac{1}{\gamma}\,(\mathbf{E} - (\mathbf{E} \cdot \hat{\mathbf{n}})\hat{\mathbf{n}})\quad.$$

Der Anteil $\mathbf{E}'_\parallel$ parallel zu $\hat{\mathbf{n}}$ bleibt ungeändert,

$$\mathbf{E}'_\parallel = \mathbf{E}_\parallel = (\mathbf{E} \cdot \hat{\mathbf{n}})\hat{\mathbf{n}}\quad.$$

Bedingungen für das Verschwinden des transformierten E-Feldes Hier setzen wir (mit den gleichen Einschränkungen bezüglich β und $\hat{\mathbf{n}}$) voraus, daß

$$\frac{1}{c}\,\mathbf{E}(t,\mathbf{x}) = -\beta\hat{\mathbf{n}} \times \mathbf{B}(t,\mathbf{x})\quad.$$

Durch eine Lorentz-Transformation mit der Geschwindigkeit $\mathbf{v} = \beta c\hat{\mathbf{n}}$ verschwindet jetzt das elektrische Feld $\mathbf{E}'$ in K'. Der Anteil des Feldes $\mathbf{B}'$ senkrecht zu $\mathbf{v}$ und $\mathbf{E}$ ist

$$\mathbf{B}'_\perp = \frac{1}{\gamma}\,(\underline{\underline{1}} - \hat{\mathbf{n}} \otimes \hat{\mathbf{n}})\mathbf{B} = \frac{1}{\gamma}\,(\mathbf{B} - (\mathbf{B} \cdot \hat{\mathbf{n}})\hat{\mathbf{n}})\quad,$$

während der Anteil $\mathbf{B}'_\parallel = \mathbf{B}_\parallel = (\mathbf{B} \cdot \hat{\mathbf{n}})\hat{\mathbf{n}}$ ungeändert bleibt.

Ein Beispiel für ein Paar orthogonaler orts- und zeitabhängiger Felder, von denen das B-Feld durch Lorentz-Transformation zum Verschwinden gebracht werden kann, liefert die geradlinig gleichförmig bewegte elektrische Ladung durch Transformation in ihr Ruhesystem. In Abschn. 13.2 haben wir diesen Fall betrachtet, allerdings den umgekehrten Weg von der ruhenden zur bewegten Ladung beschritten.

13.4.6 Teilchenbahnen in gekreuzten Feldern

Inhalt: Für räumlich und zeitlich konstante, aufeinander senkrecht stehende Felder $\mathbf{E} = E_2\mathbf{e}_2$, $\mathbf{B} = B_3\mathbf{e}_3$ im Bezugssystem K wird die Bahn eines Teilchens der Masse m und der Ladung q betrachtet, das die Anfangsgeschwindigkeit $\mathbf{v}_{\mathrm{in}} = v_{\mathrm{in}\,1}\mathbf{e}_1$ besitzt. Je nachdem, ob E/c kleiner oder größer ist als B, sind die Bahnen periodisch oder nicht. Durch Lorentz-Transformation in 1-Richtung werden die Bahnen in verschiedenen Bezugssystemen betrachtet. Sie sind besonders einfach in einem System, in dem eines der beiden Felder verschwindet. Für diese Fälle werden die Bahnen durch Lösung der relativistischen Bewegungsgleichungen berechnet.
Bezeichnungen: $\mathbf{F}$ Newton-Kraft; $\underset{\sim}{K}$ Minkowski-Kraft; $\mathbf{x}, \mathbf{v}, \mathbf{p}$ Ort, Geschwindigkeit und Impuls des Teilchens; $\mathbf{v}_{\mathrm{in}}$ Anfangsgeschwindigkeit, γ_{in} anfänglicher Lorentz-Faktor, φ elektrostatisches Potential, ε Gesamtenergie, ω Zyklotronfrequenz, R Kreisbahnradius.

Zur Illustration der Eigenschaften elektromagnetischer Felder und ihres Verhaltens unter Lorentz-Transformationen betrachten wir die Bahnen eines geladenen Teilchens in gekreuzten Feldern. Dabei lassen wir allerdings die Abstrahlung elektromagnetischer Wellen durch das von den Feldern beschleunigte Teilchen außer Acht. Wegen des Energieverlustes durch die Abstrahlung werden die Teilchenbahnen gegenüber den hier betrachteten verändert.

Periodische Bahnen Wir beginnen mit dem Fall $B_3 > E_2/c$, in welchem das E-Feld durch Lorentz-Transformation zum Verschwinden gebracht werden kann. Dann sind die Teilchenbahnen periodisch, Abb. 13.7. Allerdings ist, im Gegensatz zum nichtrelativistischen Fall, den wir in Abschn. 8.6 behandelt und in Abb. 8.14 dargestellt haben, die Periode nicht mehr unabhängig von der Anfangsgeschwindigkeit des Teilchens. Hat das Teilchen die Anfangsgeschwindigkeit $v_{\text{in}\,1} = E_2/B_3$ in 1-Richtung, so bewegt es sich kräftefrei geradlinig gleichförmig. In Abschn. 8.6 haben wir das dahingehend interpretiert, daß Coulomb-Kraft und Lorentz-Kraft einander gerade kompensieren. Hier können wir aber auch anders argumentieren. In einem Bezugssystem, in dem das Teilchen mit dieser Anfangsgeschwindigkeit ruht, verschwindet das E-Feld und damit die Coulomb-Kraft. Da das Teilchen in diesem System keine Geschwindigkeit besitzt, verschwindet aber auch die Lorentz-Kraft, das Teilchen ist kräftefrei.

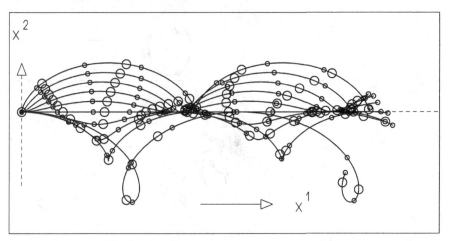

Abb. 13.7. Bahnen eines geladenen Teilchens unter dem Einfluß eines E-Feldes in 2-Richtung und eines B-Feldes in 3-Richtung. Für das Beispiel wurde $B_3 = 2E_2/c$ gewählt. Die Anfangsgeschwindigkeit besitzt nur eine 1-Komponente $v_{\text{in}\,1}$. Alle Bahnen beginnen am Ursprung. Sie tragen Zeitmarken, die äquidistant in der Eigenzeit (*große Marken*) bzw. der Zeit in dem im Bild gezeigten Koordinatensystem (*kleine Marken*) sind. Die Anfangsgeschwindigkeiten variieren zwischen $v_{\text{in}\,1} = 0$ (*Bahn ganz oben*) und $v_{\text{in}\,1} = 0{,}9\,c$ (*Bahn ganz unten*). Für $v_{\text{in}\,1} = 0{,}5\,c = E_2/B_3$ ist die Bahn eine Gerade in 1-Richtung

Wir überprüfen diese Interpretation, indem wir die Situation in verschiedenen Lorentz-Systemen betrachten. Abbildung 13.8 zeigt die gleichen Bahnen im ursprünglichen System und, Lorentz-transformiert, in drei weiteren Bezugssystemen. In dem System, das sich gegen das ursprüngliche mit der Geschwindigkeit $v_{\text{in}\,1} = E_2/B_3$ bewegt, werden tatsächlich alle Bahnen Kreise, wie man es bei Verschwinden des E-Feldes, also im homogenen B-Feld allein, erwarten würde.

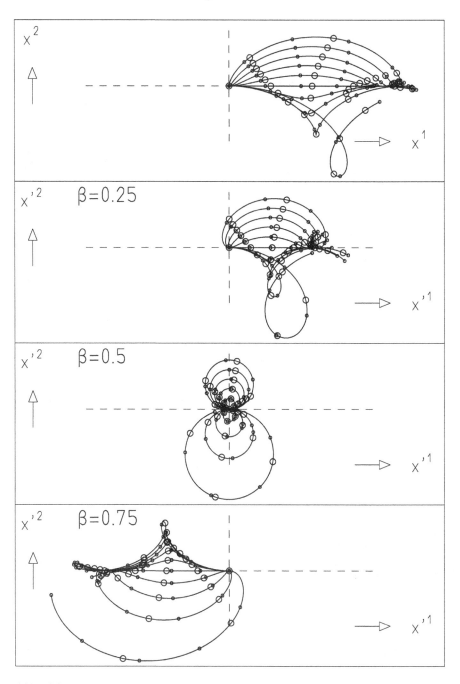

Abb. 13.8. Bahnen eines geladenen Teilchens wie in Abb. 13.7, jetzt gezeigt für einen kürzeren Zeitraum. Die Bahnen sind im ursprünglichen System (*oben*) dargestellt und in drei weiteren Systemen, die sich gegenüber dem ursprünglichen mit der Geschwindigkeit $v = \beta c$ in 1-Richtung bewegen. In dem System zu $\beta = 0,5 = E_2/(B_3 c)$ verschwindet das **E**-Feld, und die Bahnen sind Kreise

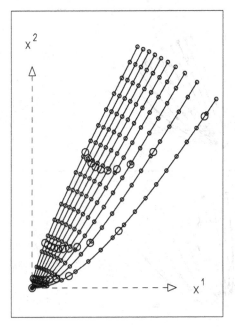

Abb. 13.9. Bahnen eines geladenen Teilchens unter dem Einfluß eines **E**-Feldes in 2-Richtung und eines **B**-Feldes in 3-Richtung. Für das Beispiel wurde $E_2/c = 2B_3$ gewählt. Die Anfangsgeschwindigkeit besitzt nur eine 1-Komponente $v_{\text{in}\,1}$. Alle Bahnen beginnen am Ursprung. Sie tragen Zeitmarken, die äquidistant in der Eigenzeit (*große Marken*) bzw. der Zeit in dem im Bild gezeigten Koordinatensystem (*kleine Marken*) sind. Die Anfangsgeschwindigkeiten variieren zwischen $v_{\text{in}\,1} = 0$ (*Bahn ganz links*) und $v_{\text{in}\,1} = 0{,}9\,c$ (*Bahn ganz rechts*). Für alle Anfangsbedingungen nähert sich die Teilchengeschwindigkeit der Lichtgeschwindigkeit und die Bahn einer Geraden. Wegen der hohen Teilchengeschwindigkeit ist der Unterschied zwischen Eigenzeit und Systemzeit besonders groß

Nichtperiodische Bahnen Für den Fall $E_2/c > B_3$ ergeben sich nichtperiodische Bahnen, Abb. 13.9, weil die Wirkung des **E**-Feldes überwiegt. Das Teilchen nimmt fortwährend Energie aus dem Feld auf. Deshalb nähert sich seine Geschwindigkeit der Lichtgeschwindigkeit. In gleichem Maße nähert sich die Teilchenbahn einer Geraden.

Wir erwarten, daß in diesem Fall das **B**-Feld durch Lorentz-Transformation zum Verschwinden gebracht werden kann und betrachten die Bahnen wieder in verschiedenen Lorentz-Systemen, Abb. 13.10. In der Tat beobachten wir, daß sich in dem Bezugssystem, das sich gegenüber dem ursprünglichen mit der Geschwindigkeit $v = (B_3/E_2)c^2$ in 1-Richtung bewegt, die Bahn des Teilchens, dessen Anfangsgeschwindigkeit im ursprünglichen System gerade diese Geschwindigkeit v war, nun eine Gerade in 2-Richtung ist, also allein unter dem Einfluß des **E**-Feldes verläuft.

Berechnung der Bahnen aus der relativistischen Bewegungsgleichung Es liegt jetzt nahe, die Bahnberechnung in gekreuzten Feldern so zu gestalten, daß man die Berechnung in dem Lorentz-System durchführt, in dem eines der beiden Felder verschwindet, und anschließend eine Lorentz-Transformation anwendet, die in das eigentlich gewünschte System führt. Wir lösen deshalb in den folgenden beiden Abschnitten die relativistische Bewegungsgleichung im homogenen elektrischen bzw. im homogenen magnetischen Feld. Dabei wird sich als wesentlicher Unterschied zur Bewegung mit nichtrelativistischen Geschwindigkeiten (Abschn. 8.6) herausstellen, daß im elektrischen

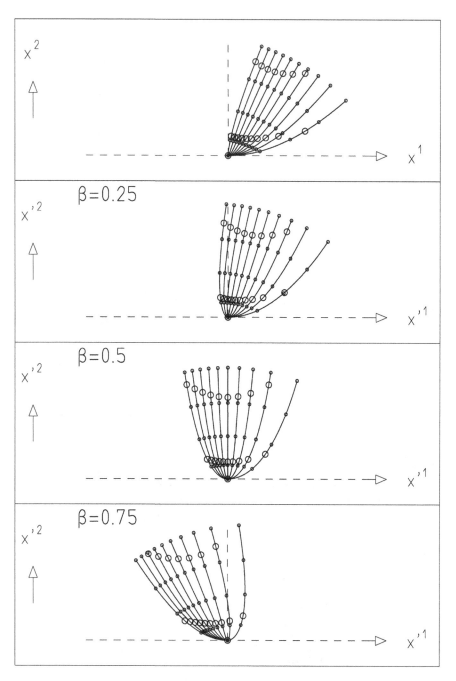

Abb. 13.10. Bahnen eines geladenen Teilchens wie in Abb. 13.9, jetzt gezeigt für einen kürzeren Zeitraum. Die Bahnen sind im ursprünglichen System (*oben*) dargestellt und in drei weiteren Systemen, die sich gegenüber dem ursprünglichen mit der Geschwindigkeit $v = \beta c$ in 1-Richtung bewegen. In dem System zu $\beta = 0{,}5 = B_3 c / E_2$ verschwindet das **B**-Feld. Die Bahn, für die die Anfangsgeschwindigkeit im ursprünglichen System gerade βc war, wird dann eine Gerade in 2-Richtung

Feld die Bahnen nicht mehr Parabeln sind. Im Magnetfeld sind sie zwar noch Kreise, jedoch ist deren Umlauffrequenz nicht mehr unabhängig von der Anfangsgeschwindigkeit.

Teilchenbahn im homogenen elektrischen Feld Die relativistische Bewegungsgleichung (13.1.44) für ein Teilchen der Ruhemasse m und der Ladung q in einem E-Feld lautet

$$\frac{\mathrm{d}}{\mathrm{d}t}p^0 = \frac{1}{\gamma}K^0 = \frac{q}{c}\mathbf{v}(t)\cdot\mathbf{E} \quad ,$$
$$\frac{\mathrm{d}}{\mathrm{d}t}\mathbf{p} = \frac{1}{\gamma}\mathbf{K} = \mathbf{F} = q\mathbf{E} \quad . \tag{13.4.24}$$

Hier ist der Viererimpuls durch

$$p^0(t) = m\gamma c \quad , \qquad \mathbf{p} = m\gamma\mathbf{v}(t) \tag{13.4.25}$$

mit

$$\mathbf{v}(t) = \frac{\mathrm{d}\mathbf{x}}{\mathrm{d}t} \quad , \qquad \gamma(t) = \left(1 - \frac{\mathbf{v}^2}{c^2}\right)^{-1/2}$$

gegeben. In der Bewegungsgleichung für die Null-Komponente des Impulses können wir die rechte Seite als Zeitableitung

$$\frac{q}{c}\mathbf{v}(t)\cdot\mathbf{E} = -\frac{q}{c}\frac{\mathrm{d}}{\mathrm{d}t}\varphi(\mathbf{x})$$

des elektrostatischen Potentials entlang der Bahnkurve des Teilchens,

$$\varphi(\mathbf{x}) = -q\mathbf{E}\cdot\mathbf{x} = -qE_2x^2 \quad ,$$

schreiben. Die Richtung des elektrischen Feldes $\mathbf{E} = E_2\mathbf{e}_2$ ist, wie immer in diesem Abschnitt, die 2-Richtung. Damit erhält diese Bewegungsgleichung die Form des relativistischen Energieerhaltungssatzes (13.1.48),

$$\frac{\mathrm{d}}{\mathrm{d}t}(p^0c + q\varphi(\mathbf{x})) = \frac{\mathrm{d}}{\mathrm{d}t}\varepsilon = 0 \quad .$$

Mit ε haben wir die Gesamtenergie bezeichnet. Wegen $p^0 = mc\gamma$ ist der Lorentz-Faktor

$$\gamma = \frac{1}{mc^2}(\varepsilon + qE_2x^2) \quad .$$

Als Anfangsbedingungen zur Zeit $t = 0$ wählen wir wieder

$$\mathbf{x}_{\mathrm{in}} = 0 \quad , \qquad \mathbf{v}_{\mathrm{in}} = v_{\mathrm{in}\,1}\mathbf{e}_1 \quad , \tag{13.4.26}$$

und aus v_{in} bestimmen wir den Anfangswert γ_{in} des Lorentz-Faktors. Die Bewegungsgleichungen für die räumlichen Impulskomponenten lauten nun

$$\frac{\mathrm{d}p^1}{\mathrm{d}t} = 0 \quad , \qquad \frac{\mathrm{d}p^2}{\mathrm{d}t} = qE_2 \quad , \qquad \frac{\mathrm{d}p^3}{\mathrm{d}t} = 0 \quad .$$

Wegen der Anfangsbedingungen, insbesondere $x_{\text{in}}^3 = 0, v_{\text{in}\,3} = 0$, folgt aus der dritten Gleichung

$$\frac{\mathrm{d}p^3}{\mathrm{d}t} = \frac{\mathrm{d}}{\mathrm{d}t}\left(m\gamma\frac{\mathrm{d}x^3}{\mathrm{d}t}\right) = \frac{\mathrm{d}}{\mathrm{d}t}\left(\frac{1}{c^2}(\varepsilon + qE_2 x^2)\frac{\mathrm{d}x^3}{\mathrm{d}t}\right) = 0 \quad ,$$

d. h.

$$\frac{1}{c^2}(\varepsilon + qE_2 x^2)\frac{\mathrm{d}x^3}{\mathrm{d}t} = \frac{1}{c^2}(\varepsilon + qE_2 x_{\text{in}}^2)v_{\text{in}\,3} = 0 \quad ,$$

und damit sofort $v_3(t) = 0$ und $x^3(t) = 0$, die Bewegung verläuft also in der $(1,2)$-Ebene nach den Gleichungen

$$\frac{\mathrm{d}}{\mathrm{d}t}\left[\frac{1}{c^2}(\varepsilon + qE_2 x^2)\frac{\mathrm{d}x^1}{\mathrm{d}t}\right] = 0 \quad , \qquad \frac{\mathrm{d}}{\mathrm{d}t}\left[\frac{1}{c^2}(\varepsilon + qE_2 x^2)\frac{\mathrm{d}x^2}{\mathrm{d}t}\right] = qE_2 \quad .$$

$$(13.4.27)$$

Mit unseren Anfangsbedingungen hat die zweite dieser Gleichungen die Lösung

$$\left(x^2 + \frac{\varepsilon}{qE_2}\right)^2 - (ct)^2 = \left(\frac{\varepsilon}{qE_2}\right)^2 \quad .$$

Diese Gleichung beschreibt in einer von $x^0 = ct$ und x^2 aufgespannten Ebene eine Hyperbel mit den Asymptoten

$$x_{\text{as}}^2 = \pm ct - \frac{\varepsilon}{qE_2} \quad .$$

Für unsere Anfangsbedingungen und für $q > 0$ ist der physikalische Zweig der Lösung

$$x^2(t) = \sqrt{(ct)^2 + \left(\frac{\varepsilon}{qE_2}\right)^2} - \frac{\varepsilon}{qE_2} \quad . \tag{13.4.28}$$

Für x^1 liefert die linke der Gleichungen (13.4.27)

$$x^1(t) = \frac{\varepsilon}{qE_2}\frac{v_{\text{in}\,1}}{c}\ln\left\{\frac{\varepsilon}{qE_2}\left(ct + \sqrt{(ct)^2 + \left(\frac{\varepsilon}{qE_2}\right)^2}\right)\right\} \quad . \tag{13.4.29}$$

Die beiden Gleichungen (13.4.28) und (13.4.29) sind die Parameterdarstellung der Teilchenbahn, die in Abb. 13.11b für verschiedene Anfangsgeschwindigkeiten dargestellt ist. Während die Geschwindigkeitskomponente

v_2 in Richtung des **E**-Feldes sich asymptotisch der Lichtgeschwindigkeit nähert, geht $|v_1(t)|$ für große Zeiten gegen null,

$$|v_1(t)| \xrightarrow[t \to \infty]{} \frac{\varepsilon}{qE_2} \frac{v_{\text{in}}}{c} \frac{1}{t} \ .$$

Auf diese Weise bleibt der Betrag $|\mathbf{v}|$ der Geschwindigkeit stets kleiner als c. Die Bewegungen in 1- und in 2-Richtung sind aber, im Gegensatz zum nichtrelativistischen Fall, nicht mehr unabhängig voneinander. Das zeigt auch der Vergleich von Abb. 13.11b mit Abb. 8.12b.

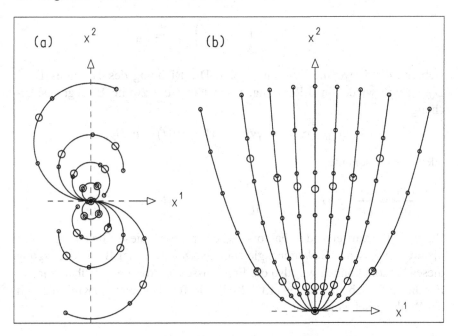

Abb. 13.11. (a) Unter dem Einfluß eines **B**-Feldes in 3-Richtung beschreibt ein geladenes Teilchen eine Kreisbahn in der $(1, 2)$-Ebene, wenn seine Anfangsgeschwindigkeit in dieser Ebene liegt. Gezeigt werden verschiedene Bahnen, die ihren Ausgang vom Ursprung nehmen. Die Anfangsgeschwindigkeiten haben nur eine 1-Komponente $v_{\text{in}\,1}$. Die gezeigten Bahnen entsprechen $v_{\text{in}\,1} = -0{,}8\,c, -0{,}6\,c, \ldots, 0{,}8\,c$. Die großen Zeitmarken auf den Bahnen sind äquidistant in der Eigenzeit, die kleinen in der Systemzeit. Alle Bahnen wurden für das gleiche Zeitintervall in der Systemzeit gezeichnet. Man sieht deutlich, daß die Umlauffrequenz mit dem Betrag der Anfangsgeschwindigkeit abnimmt. (b) Bahnen eines geladenen Teilchens unter dem Einfluß eines **E**-Feldes in 2-Richtung. Sie liegen in der $(1, 2)$-Ebene, wenn die Anfangsgeschwindigkeit in dieser Ebene liegt. Diese hat die gleichen Werte wie in Teilbild (a). Im Gegensatz zum nichtrelativistischen Fall sind die Bewegungen in Feldrichtung und senkrecht dazu nicht mehr unabhängig voneinander

Teilchenbahn im homogenen Magnetfeld Die relativistische Bewegungsgleichung (13.1.44) für ein Teilchen der Ruhemasse m und der Ladung q in einem B-Feld lautet

$$\frac{\mathrm{d}}{\mathrm{d}t}p^0 = \frac{1}{\gamma}K^0 = q\frac{\mathbf{v}(t)}{c} \cdot (\mathbf{v}(t) \times \mathbf{B}) = 0 \quad ,$$

$$\frac{\mathrm{d}}{\mathrm{d}t}\mathbf{p} = \frac{1}{\gamma}\mathbf{K} = \mathbf{F} = q\mathbf{v}(t) \times \mathbf{B} \quad .$$

(13.4.30)

Aus der ersten Gleichung folgt, daß der Lorentz-Faktor

$$\gamma = \frac{\varepsilon}{mc^2} = \left(1 - \frac{\mathbf{v}_{\mathrm{in}}^2}{c^2}\right)^{-1/2} = \gamma_{\mathrm{in}}$$

während der Bewegung konstant bleibt. Die Richtung des B-Feldes $\mathbf{B} = B_3\mathbf{e}_3$ zeige wieder in 3-Richtung. Dann lautet die zweite Bewegungsgleichung

$$m\gamma_{\mathrm{in}}\frac{\mathrm{d}}{\mathrm{d}t}\mathbf{v}(t) = q\mathbf{v}(t) \times \mathbf{B} = q\mathbf{v}(t) \times \mathbf{e}_3 B_3$$

oder, in Komponenten,

$$\frac{\mathrm{d}v_1}{\mathrm{d}t} = \frac{q}{m\gamma_{\mathrm{in}}}v_2 B_3 \quad , \qquad \frac{\mathrm{d}v_2}{\mathrm{d}t} = -\frac{q}{m\gamma_{\mathrm{in}}}v_1 B_3 \quad , \qquad \frac{\mathrm{d}v_3}{\mathrm{d}t} = 0 \quad .$$

Bis auf das Auftreten des Faktors γ_{in} entsprechen diese Gleichungen den nichtrelativistischen Bewegungsgleichungen (8.5.2). Unter Berücksichtigung dieses Faktors können wir also die Ergebnisse aus Abschn. 8.5 übernehmen: Für die Anfangsbedingungen (13.4.26) ist die Teilchenbahn ein Kreis, der mit der Winkelgeschwindigkeit

$$\omega = \frac{q}{m\gamma_{\mathrm{in}}} B_3 = \frac{qc^2}{\varepsilon} B_3$$

durchlaufen wird und den Radius

$$R = \left|\frac{m\gamma_{\mathrm{in}}v_{\mathrm{in}\,1}}{qB_3}\right| = \left|\frac{p_{\mathrm{in}}^1}{qB_3}\right|$$

besitzt. Im Unterschied zum nichtrelativistischen Fall ist die *Zyklotronfrequenz* ω und damit auch die Periode $T = 2\pi/\omega$, mit der eine Kreisbahn durchlaufen wird, abhängig von der Anfangsgeschwindigkeit bzw. dem Anfangsimpuls des Teilchens. Das wird auch in Abb. 13.11a deutlich, die Bahnen für verschiedene Anfangsgeschwindigkeiten zeigt.

13.4.7 Das Viererpotential des elektromagnetischen Feldes

Inhalt: Der Feldstärketensor $\underset{\approx}{F}$ kann durch antisymmetrische Ableitung aus einem Viererpotential $\underset{\sim}{A}$ gewonnen werden, das die relativistische Zusammenfassung des elektrostatischen Potentials φ und des Vektorpotentials **A** ist.

Die Matrixelemente $F'^{\mu\nu}$ des Feldstärketensors in (13.4.1) lassen sich als antisymmetrische Ableitungen

$$F'^{\mu\nu} = \partial'^{\mu} A'^{\nu} - \partial'^{\nu} A'^{\mu} \tag{13.4.31}$$

der Komponenten A'^{μ} eines *Viererpotentials* schreiben. Dabei sind die

$$\partial'^{\mu} = \frac{\partial}{\partial x'_{\mu}} = g^{\mu\nu} \frac{\partial}{\partial x'^{\nu}} = g^{\mu\nu} \partial'_{\nu} \tag{13.4.32}$$

die Komponenten des *Vierergradienten*, vgl. Anhang C.4,

$$\underset{\sim}{\partial} = \underset{\sim}{e}'_{\mu} \partial'^{\mu} \tag{13.4.33}$$

im Koordinatensystem K'.

Die Komponenten des Viererpotentials einer Ladung q_a in diesem Koordinatensystem sind

$$A'^{\mu} = \frac{\mu_0 c}{4\pi} q_a \frac{u'^{\mu}_a}{\left[\left(\underset{\sim}{u}_a \cdot (\underset{\sim}{x} - \underset{\sim}{x}_a)\right)^2 - c^2(\underset{\sim}{x} - \underset{\sim}{x}_a)^2\right]^{1/2}} \quad , \tag{13.4.34}$$

wie man mit (13.4.31) und (13.4.1) leicht verifiziert. Die Komponente A'^0 ist mit dem transformierten elektrostatischen Potential φ' über

$$A'^0 = \frac{1}{c} \varphi'$$

verknüpft.

In koordinatenunabhängiger Formulierung gilt

$$\underset{\approx}{F} = \underset{\sim}{\partial} \otimes \underset{\sim}{A} - (\underset{\sim}{\partial} \otimes \underset{\sim}{A})^{+} \tag{13.4.35}$$

mit

$$\underset{\sim}{A} = \frac{\mu_0 c}{4\pi} q_a \frac{\underset{\sim}{u}_a}{\left[\left(\underset{\sim}{u}_a \cdot (\underset{\sim}{x} - \underset{\sim}{x}_a)\right)^2 - c^2(\underset{\sim}{x} - \underset{\sim}{x}_a)^2\right]^{1/2}} \quad . \tag{13.4.36}$$

Wir spezialisieren A'^{μ} jetzt noch auf den Fall des Viererpotentials des elektromagnetischen Feldes als Fernwirkungsfeld. Wie in Abschn. 13.2.5 wird dann der Nenner in (13.4.34) in den durch (13.2.29) gegebenen Abstand d übergeführt. Wir erhalten

$$A'^0 = \frac{\mu_0}{4\pi} q_a \gamma'_a c \frac{1}{d} \quad , \qquad \mathbf{A}' = \frac{\mu_0}{4\pi} q_a \gamma'_a \frac{\mathbf{v}'_a}{d} \quad . \tag{13.4.37}$$

Diese beiden Ausdrücke sind – wieder bis auf die Faktoren γ'_a im Zähler und im Abstand d – gleich dem durch c dividierten Potential φ des $\mathbf{E}$-Feldes und dem Vektorpotential $\mathbf{A}$ des $\mathbf{B}$-Feldes, wie wir sie aus dem nichtrelativistischen Zusammenhang kennen,

$$\varphi = \frac{\mu_0 c^2}{4\pi} q_a \frac{1}{|\mathbf{x} - \mathbf{x}_a|} = \frac{1}{4\pi\varepsilon_0} q_a \frac{1}{|\mathbf{x} - \mathbf{x}_a|} \quad , \qquad \mathbf{A} = \frac{\mu_0}{4\pi} q_a \frac{\mathbf{v}_a}{|\mathbf{x} - \mathbf{x}_a|} \quad .$$

13.4.8 Das Viererpotential des retardierten elektromagnetischen Feldes

Unter Berücksichtigung der Laufzeitbedingung (13.4.5) erhalten wir aus (13.4.34) das retardierte Viererpotential

$$A'^0_{\text{ret}} = \frac{\varphi_{\text{ret}}}{c} = \frac{\mu_0 c q_a}{4\pi} \left. \frac{1}{|\mathbf{x}' - \mathbf{x}'_a(t'_a)| - \mathbf{v}'_a \cdot (\mathbf{x}' - \mathbf{x}'_a(t'_a))/c} \right|_{t'-t'_a = |\mathbf{x}' - \mathbf{x}'_a(t'_a)|/c} ,$$

$$\mathbf{A}'_{\text{ret}} = \frac{\mu_0 q_a}{4\pi} \left. \frac{\mathbf{v}'_a}{|\mathbf{x}' - \mathbf{x}'_a(t'_a)| - \mathbf{v}'_a \cdot (\mathbf{x}' - \mathbf{x}'_a(t'_a))/c} \right|_{t'-t'_a = |\mathbf{x}' - \mathbf{x}'_a(t'_a)|/c} .$$

Diese Ausdrücke stimmen mit den Liénard–Wiechert-Potentialen (12.6.4) überein, wenn man die Ersetzungen (13.4.9) vornimmt.

13.5 Relativistische Feldgleichungen

Inhalt: Von den vier Maxwell-Gleichungen enthalten die beiden homogenen Gleichungen, $\nabla \times \mathbf{E} + \partial\mathbf{B}/\partial t = 0$ und $\nabla \cdot \mathbf{B} = 0$, ausschließlich die Feldstärken, die beiden inhomogenen, $\nabla \cdot \mathbf{E} = \rho/\varepsilon_0$ und $\nabla \times \mathbf{B} - (1/c^2)\partial\mathbf{E}/\partial t = \mu_0 \mathbf{j}$, zusätzlich die Ladungs- bzw. die Stromdichte. Diese beiden Größen werden zur Viererstromdichte $\underset{\sim}{j}$ zusammengefaßt. In relativistischer Formulierung reduziert sich die Zahl der Maxwell-Gleichungen auf zwei. Die inhomogene, $\underset{\sim}{\partial} \underset{\approx}{F} = \mu_0 \underset{\sim}{j}$, enthält den Feldstärketensor und die Viererstromdichte, die homogene, $\underset{\sim}{\partial} \, {}^*\!\underset{\approx}{F} = 0$, nur den dualen Feldstärketensor ${}^*\!\underset{\approx}{F}$. Der Feldstärketensor wird durch antisymmetrische Ableitung aus dem Viererpotential $\underset{\sim}{A}$ gewonnen, $\underset{\approx}{F} = \underset{\sim}{\partial} \otimes \underset{\sim}{A} - (\underset{\sim}{\partial} \otimes \underset{\sim}{A})^+$. In Lorentz-Eichung gilt $\underset{\sim}{\partial}^2 \underset{\sim}{A} = \mu_0 \underset{\sim}{j}$.

13.5.1 Herleitung der Feldgleichungen durch Lorentz-Transformation aus den Gleichungen der Elektrostatik

Inhalt: Es werden die Gleichungen des elektrostatischen Feldes $\mathbf{E}$ einer im Bezugssystem K ruhenden Ladungsdichte ρ zusammengestellt, und es wird der Übergang zu einem System K' vorbereitet, in dem sich die Ladungsdichte mit der Geschwindigkeit $\mathbf{v}'_{\text{L}}$ bewegt. K' bewegt sich gegen K mit $\mathbf{v} = -\mathbf{v}'_{\text{L}}$.

Bezeichnungen: $\beta_1 = v_1/c$ dimensionslose 1-Komponente von $\mathbf{v}$, $\beta = -\beta'_{L\,1}$ entsprechend für $\mathbf{v}'_L$, $\gamma = \gamma'_L$ zugehörige Lorentz-Faktoren.

Um die allgemeinen Feldgleichungen (11.1.9) in explizit kovarianter Form anzugeben, müssen wir die Ableitungen ∇, $\partial/\partial t$ und die Felder $\mathbf{E}, \mathbf{B}$ durch die explizit kovarianten Größen $\underset{\sim}{\partial}$ und $\underset{\approx}{F}$ ersetzen, sowie die Ladungsdichte ρ und die Stromdichte $\mathbf{j}$ zu einem ebenfalls kovarianten Ausdruck $\underset{\sim}{j}$, der *Viererstromdichte*, zusammenfassen. Wir ziehen es allerdings vor, von den besonders einfachen Gleichungen (13.3.1)–(13.3.3),

$$\nabla \times \mathbf{E} = 0 \ , \tag{13.5.1a}$$

$$\nabla \cdot \mathbf{E} = \frac{1}{\varepsilon_0}\rho \ , \tag{13.5.1b}$$

$$\frac{\partial}{\partial x^0}\mathbf{E} = 0 \ , \tag{13.5.1c}$$

des elektrostatischen Feldes einer ruhenden Ladungsverteilung ρ auszugehen. In dem Koordinatensystem K, in dem ρ ruht, haben $\underset{\approx}{F}$ und $\underset{\sim}{j}$ besonders einfache Komponentendarstellungen, deren allgemeine Form wir anschließend durch Lorentz-Transformation in ein anderes System finden. In diesem System K' soll sich die Ladungsverteilung mit der Geschwindigkeit $\mathbf{v}'_L$ bewegen. Deshalb muß der Ursprung von K' im System K die Geschwindigkeit $\mathbf{v} = -\mathbf{v}'_L$ haben. Wir wählen die 1-Achsen der Koordinatensysteme K und K' in Richtung $\mathbf{v}'_L$. Dann hat $\mathbf{v}'_L$ die Komponentendarstellung $(\mathbf{v}'_L) = (v'_{L\,1}, 0, 0)$. Ganz entsprechend gilt $(\mathbf{v}) = (v_1, 0, 0)$ mit

$$v_1 = -v'_{L\,1} \ . \tag{13.5.2}$$

Die Größen β und γ der Lorentz-Transformation sind dann

$$\beta_1 = \frac{v_1}{c} = -\frac{v'_{L\,1}}{c} = -\beta'_{L\,1} \ , \qquad \gamma = (1-\beta_1^2)^{-1/2} = (1-\beta'^2_{L\,1})^{-1/2} = \gamma'_L \ .$$

13.5.2 Lorentz-Transformation der Ladungs- und Stromdichte

Inhalt: Ausgehend von der im System K ruhenden Ladungsdichte ρ werden im System K', in dem sie sich mit der Geschwindigkeit $\mathbf{v}'_L$ bewegt, die Ladungsdichte ρ' und die Stromdichte $\mathbf{j}'$ zur Viererstromdichte $\underset{\sim}{j}$ zusammengefaßt.

Aus der Erhaltung der elektrischen Ladung folgt für die Ladungsdichte ρ' und die Stromdichte $\mathbf{j}'$ im System K' die Kontinuitätsgleichung

$$\frac{\partial\rho'}{\partial t'} + \nabla' \cdot \mathbf{j}' = 0 \ .$$

Wir führen die Vierer-Ortskoordinaten $x'^0 = ct', x'^1, x'^2, x'^3$ ein und erhalten

$$\frac{\partial \rho' c}{\partial x'^0} + \sum_{m=1}^{3} \frac{\partial}{\partial x'^m} j'^m = 0$$

oder, in kovarianter Schreibweise,

$$\partial_\mu j'^\mu = \frac{\partial}{\partial x'^\mu} j'^\mu = 0 \quad , \qquad j'^0 = \rho' c \quad .$$

Wir schließen daraus, daß die elektrische Stromdichte in relativistischer Formulierung ein Vierervektor

$$\underset{\sim}{j} = \underset{\sim}{e}'_\mu j'^\mu \tag{13.5.3}$$

ist, der die Null-Komponente $j'^0 = \rho' c$ und den räumlichen Anteil $\mathbf{j}'$ hat. Die Kontinuitätsgleichung besagt, daß das Skalarprodukt aus dem Vierergradienten und der Viererstromdichte verschwindet,

$$\underset{\sim}{\partial} \cdot \underset{\sim}{j} = 0 \quad . \tag{13.5.4}$$

Wir sehen, daß die Kontinuitätsgleichung als Skalarprodukt zweier Vierervektoren eine Lorentz-invariante Bedingung ist.

Für den Fall ruhender Ladungen, d. h. im System K, verschwindet der räumliche Anteil der Stromdichte, $j^m = 0$, $m = 1, 2, 3$, und es gilt

$$\frac{\partial j^0}{\partial x^0} = \frac{\partial \rho c}{\partial x^0} = \frac{\partial \rho}{\partial t} = 0 \quad ,$$

und die Viererstromdichte hat die einfache Form

$$\underset{\sim}{j} = \underset{\sim}{e}_0 \rho c \quad . \tag{13.5.5}$$

Im System K' haben die Ladungen die Geschwindigkeit $\mathbf{v}'_L$. Den Übergang zwischen den Koordinatensystemen vermittelt die Lorentz-Transformation

$$\underset{\sim}{e}_\mu = \underset{\sim}{e}'_\nu \Lambda^\nu{}_\mu \quad .$$

Damit hat die Viererstromdichte auch die Darstellung

$$\underset{\sim}{j} = \underset{\sim}{e}'_\nu \Lambda^\nu{}_0 \rho c = \underset{\sim}{e}'_0 \gamma \rho c - \underset{\sim}{e}'_1 \gamma \beta \rho c = \underset{\sim}{e}'_0 \rho' c + \underset{\sim}{e}'_1 \rho' v'_{L1} \quad .$$

Für die Komponenten der Viererstromdichte im System K' gilt damit

$$j'^0 = \rho' c = \rho \gamma'_L c \quad , \qquad j'^1 = \rho' v'_{L1} = \rho \gamma'_L v'_{L1}$$

oder, unabhängig von unserer speziellen Wahl der 1-Richtung in Richtung von $\mathbf{v}'_L$,

$$\begin{aligned} j'^0 &= \rho' c &= \rho \gamma'_L c \quad , \\ \mathbf{j}' &= \rho' \mathbf{v}'_L &= \rho \gamma'_L \mathbf{v}'_L \quad . \end{aligned}$$

13.5.3 Kovariante Form der inhomogenen Maxwell-Gleichungen

Inhalt: Mit Hilfe des vierdimensionalen Gradienten $\underset{\sim}{\partial}$ wird, ausgehend von der Poisson-Gleichung über die Divergenz des elektrostatischen Feldes, die kovariante inhomogene Maxwell-Gleichung formuliert, und zwar zunächst für die im System K statische Ladungsverteilung. Durch Übergang in ein System K' mittels Lorentz-Transformation erhält sie allgemeine Gestalt.

Bezeichnungen: $\underset{\approx}{F}$ Feldstärketensor, $\underset{\sim}{j}$ Viererstromdichte, $\underset{\approx}{\varLambda}$ Tensor der Lorentz-Transformation $K \to K'$.

Der Feldstärketensor $\underset{\approx}{F}$ hat im System K der ruhenden Ladungen die Gestalt

$$\underset{\approx}{F} = \underset{\sim}{e}_0 \otimes \underset{\sim}{e}_\lambda F^{0\lambda} + \underset{\sim}{e}_\lambda \otimes \underset{\sim}{e}_0 F^{\lambda 0}$$

mit den Matrixelementen, vgl. (13.4.15),

$$F^{00} = 0 \quad , \qquad F^{\ell 0} = \frac{1}{c} E_\ell = -F^{0\ell} \quad , \qquad \ell = 1, 2, 3 \quad .$$

Die beiden Gleichungen (13.5.1b,c) lassen sich mit dem in Anhang C.4 eingeführten vierdimensionalen Gradienten $\underset{\sim}{\partial}$ zu einer einzigen Gleichung zusammenfassen. Es gilt

$$\begin{aligned}
\underset{\sim}{\partial}\underset{\approx}{F} &= \underset{\sim}{e}^\sigma \partial_\sigma \left[\underset{\sim}{e}_0 \otimes \underset{\sim}{e}_\lambda F^{0\lambda} + \underset{\sim}{e}_\lambda \otimes \underset{\sim}{e}_0 F^{\lambda 0} \right] \\
&= \underset{\sim}{e}_\lambda \partial_0 F^{0\lambda} + \underset{\sim}{e}_0 \partial_\lambda F^{\lambda 0} \\
&= \sum_{\ell=1}^3 \left[\underset{\sim}{e}_\ell \frac{\partial}{\partial x^0} \left(-\frac{1}{c} E_\ell \right) + \underset{\sim}{e}_0 \frac{\partial}{\partial x^\ell} \left(\frac{1}{c} E_\ell \right) \right] \quad .
\end{aligned}$$

Mit Hilfe von (13.5.1b,c) erhalten wir

$$\underset{\sim}{\partial}\underset{\approx}{F} = \underset{\sim}{e}_0 \frac{1}{c} \boldsymbol{\nabla} \cdot \mathbf{E} = \underset{\sim}{e}_0 \frac{1}{\varepsilon_0 c} \rho = \underset{\sim}{e}_0 \mu_0 \rho c = \mu_0 \underset{\sim}{e}_0 j^0 = \mu_0 \underset{\sim}{j} \quad .$$

Natürlich läßt sich diese Beziehung auch in den Komponenten $F'^{\mu\nu}$ bzw. j'^ν von Feldstärketensor und Stromdichte im System K' darstellen, und zwar wieder mit Hilfe der Lorentz-Transformation

$$\underset{\sim}{e}_\sigma = \underset{\sim}{e}'_\rho \varLambda^\rho{}_\sigma \quad .$$

Wir erhalten

$$\begin{aligned}
\underset{\sim}{\partial}\underset{\approx}{F} &= \underset{\sim}{e}^\sigma \partial_\sigma \left[\underset{\sim}{e}_0 \otimes \underset{\sim}{e}_\lambda F^{0\lambda} + \underset{\sim}{e}_\lambda \otimes \underset{\sim}{e}_0 F^{\lambda 0} \right] \\
&= \underset{\sim}{e}'^\rho \varLambda_\rho{}^\sigma \partial_\sigma \left[(\underset{\sim}{e}'_\mu \varLambda^\mu{}_0) \otimes (\underset{\sim}{e}'_\nu \varLambda^\nu{}_\lambda) F^{0\lambda} + (\underset{\sim}{e}'_\mu \varLambda^\mu{}_\lambda) \otimes (\underset{\sim}{e}'_\nu \varLambda^\nu{}_0) F^{\lambda 0} \right] \\
&= \underset{\sim}{e}'^\rho \partial'_\rho \left[\underset{\sim}{e}'_\mu \otimes \underset{\sim}{e}'_\nu F'^{\mu\nu} \right] = \underset{\sim}{e}'_\nu \partial'_\mu F'^{\mu\nu} \quad .
\end{aligned}$$

Hier wurde die Lorentz-Transformation des Gradienten benutzt, vgl. Anhang C.4. Dabei sind die

$$F'^{\mu\nu} = \Lambda^{\mu}{}_{0}\Lambda^{\nu}{}_{\lambda}F^{0\lambda} + \Lambda^{\mu}{}_{\lambda}\Lambda^{\nu}{}_{0}F^{\lambda 0}$$

die Matrixelemente des koordinatensystemunabhängigen Feldstärketensors, dargestellt im System K',

$$\underset{\approx}{F} = \underset{\sim}{e}'_{\mu} \otimes \underset{\sim}{e}'_{\nu}F'^{\mu\nu} \quad .$$

Mit der Viererstromdichte (13.5.3), die wir ebenfalls im System K' dargestellt haben,

$$\underset{\sim}{j} = \underset{\sim}{e}'_{\nu}j'^{\nu} \quad ,$$

folgt dann die Beziehung

$$\partial'_{\mu}F'^{\mu\nu} = \mu_0 j'^{\nu} \tag{13.5.6}$$

als kovariante Form der inhomogenen Maxwell-Gleichungen (13.3.12) und (13.3.15). In koordinatenunabhängiger Schreibweise lautet sie

$$\underset{\sim}{\partial}\underset{\approx}{F} = \mu_0 \underset{\sim}{j} \quad . \tag{13.5.7}$$

13.5.4 Kovariante Form der homogenen Maxwell-Gleichungen

Inhalt: Ausgehend von der Gleichung $\nabla \times \mathbf{E} = 0$ für das elektrostatische Feld wird die kovariante homogene Maxwell-Gleichung $\underset{\sim}{\partial}\,{}^{*}\underset{\approx}{F} = 0$ gewonnen. Durch Übergang in ein System K' mittels Lorentz-Transformation erhält sie allgemeine Gestalt. Dabei ist ${}^{*}\underset{\approx}{F}$ der zum Feldstärketensor $\underset{\approx}{F}$ duale Tensor. Seine Matrixelemente ${}^{*}F^{\mu\nu}$ werden mit Hilfe des vierdimensionalen Levi-Civita-Symbols $\varepsilon_{\mu\nu\rho\sigma}$ aus denen des Feldstärketensors gewonnen. Dieses Symbol bewirkt die vierdimensionale Verallgemeinerung des Vektorprodukts in der Ausgangsgleichung.
Bezeichnungen: $\underset{\approx}{\Lambda}$ Tensor der Lorentz-Transformation $K \to K'$.

In den Überlegungen des vorigen Abschnitts wurde noch kein Gebrauch von der Beziehung (13.5.1a), d. h. von $\nabla \times \mathbf{E} = 0$, gemacht. Unter Benutzung des Levi-Civita-Symbols $\varepsilon_{k\ell m}$ in drei Dimensionen können wir die einzelnen Komponenten dieser Gleichung wie folgt schreiben,

$$0 = (\nabla \times \mathbf{E})_m = \sum_{r,s=1}^{3} \varepsilon_{mrs}\frac{\partial}{\partial x^r}E_s \quad , \qquad m = 1, 2, 3 \quad .$$

Wir benutzen jetzt das im Anhang C.2 eingeführte Levi-Civita-Symbol $\varepsilon_{\mu\nu\rho\sigma}$ in vier Dimensionen mit der Eigenschaft

$$\varepsilon_{mrs0} = -\varepsilon_{mrs} \quad , \qquad m = 1, 2, 3 \quad , \qquad r = 1, 2, 3 \quad , \qquad s = 1, 2, 3 \quad .$$

Wegen $E_s/c = F^{s0} = -F^{0s}$ und $\varepsilon_{mr0s} = -\varepsilon_{mrs0}$ folgt

$$
0 = -\frac{1}{c}\left(\boldsymbol{\nabla}\times\mathbf{E}\right)_m = \sum_{r,s=1}^{3} \varepsilon_{mrs0}\frac{\partial}{\partial x^r}F^{s0}
$$

$$
= \frac{1}{2}\sum_{r,s=1}^{3}\left(\varepsilon_{mrs0}\frac{\partial}{\partial x^r}F^{s0} + \varepsilon_{mr0s}\frac{\partial}{\partial x^r}F^{0s}\right) \quad .
$$

Da das ε-Symbol für zwei gleiche Indizes verschwindet, können wir die Summation über r und s auf die Werte $r = 0$ und $s = 0$ ausdehnen und schreiben unter Benutzung von $\partial/\partial x^r = -\partial/\partial x_r$ $(r = 1, 2, 3)$

$$
0 = \frac{1}{2}\left(\varepsilon_{m\rho\sigma0}\frac{\partial}{\partial x_\rho}F^{\sigma0} + \varepsilon_{m\rho0\sigma}\frac{\partial}{\partial x_\rho}F^{0\sigma}\right) = \partial^\rho\frac{1}{2}\left[\varepsilon_{m\rho\sigma0}F^{\sigma0} + \varepsilon_{m\rho0\sigma}F^{0\sigma}\right] \quad .
$$

Diese Gleichung kann wegen (vgl. Anhang C.2)

$$
\varepsilon_{0\rho\sigma0} = \varepsilon_{0\rho0\sigma} = 0
$$

von $m = 1, 2, 3$ auf $\mu = 0, 1, 2, 3$ erweitert werden, d. h.

$$
0 = \partial^\rho\frac{1}{2}\left[\varepsilon_{\mu\rho\sigma0}F^{\sigma0} + \varepsilon_{\mu\rho0\sigma}F^{0\sigma}\right] \quad .
$$

Da die Matrixelemente F^{sn} des Feldstärketensors für $s, n = 1, 2, 3$ verschwinden, kann die obige Gleichung auch in der Form

$$
0 = \partial^\rho\varepsilon_{\mu\rho\sigma\nu}F^{\sigma\nu} = \partial^\rho F^{\sigma\nu}\varepsilon_{\mu\rho\sigma\nu}
$$

geschrieben werden. Mit Hilfe von

$$
\partial^\rho = \partial'^\alpha\Lambda_\alpha{}^\rho
$$

und

$$
F^{\sigma\nu} = F'^{\beta\gamma}\Lambda_\beta{}^\sigma\Lambda_\gamma{}^\nu
$$

erhalten wir

$$
0 = \left(\partial'^\alpha\Lambda_\alpha{}^\rho\right)F'^{\beta\gamma}\Lambda_\beta{}^\sigma\Lambda_\gamma{}^\nu\varepsilon_{\mu\rho\sigma\nu} \quad .
$$

Multiplikation beider Seiten der Gleichung mit $\Lambda_\lambda{}^\mu$ führt auf

$$
0 = \partial'^\alpha F'^{\beta\gamma}\Lambda_\lambda{}^\mu\Lambda_\alpha{}^\rho\Lambda_\beta{}^\sigma\Lambda_\gamma{}^\nu\varepsilon_{\mu\rho\sigma\nu} \quad .
$$

Wegen der Lorentz-Invarianz des Levi-Civita-Symbols, vgl. Anhang C.3, haben wir schließlich

$$
0 = \partial'^\alpha\varepsilon_{\lambda\alpha\beta\gamma}F'^{\beta\gamma} \quad .
$$

Mit der Definition

$$^{*}F'_{\alpha\lambda} = \frac{1}{2}\varepsilon_{\alpha\lambda\beta\gamma}F'^{\beta\gamma} \tag{13.5.8}$$

der Komponenten des *dualen Feldstärketensors*

$$^{*}\underset{\approx}{F} = {}^{*}F'_{\alpha\lambda}\underset{\sim}{e}'^{\alpha} \otimes \underset{\sim}{e}'^{\lambda} \tag{13.5.9}$$

erhalten wir als die kovariante Form der homogenen Maxwell-Gleichungen

$$\partial'^{\alpha*}F'_{\alpha\lambda} = \partial'^{\alpha}\frac{1}{2}\varepsilon_{\alpha\lambda\beta\gamma}F'^{\beta\gamma} = 0 \tag{13.5.10}$$

und damit die koordinatenunabhängige Gleichung

$$\underset{\sim}{\partial}\,{}^{*}\underset{\approx}{F} = 0 \quad . \tag{13.5.11}$$

Die Matrixdarstellung des dualen Feldstärketensors hat die Form

$$(^{*}F'_{\mu\nu}) = \begin{pmatrix} 0 & -B'_1 & -B'_2 & -B'_3 \\ B'_1 & 0 & -\dfrac{1}{c}E'_3 & \dfrac{1}{c}E'_2 \\ B'_2 & \dfrac{1}{c}E'_3 & 0 & -\dfrac{1}{c}E'_1 \\ B'_3 & -\dfrac{1}{c}E'_2 & \dfrac{1}{c}E'_1 & 0 \end{pmatrix} \quad , \tag{13.5.12}$$

bzw.

$$(^{*}F'^{\mu\nu}) = \begin{pmatrix} 0 & B'_1 & B'_2 & B'_3 \\ -B'_1 & 0 & -\dfrac{1}{c}E'_3 & \dfrac{1}{c}E'_2 \\ -B'_2 & \dfrac{1}{c}E'_3 & 0 & -\dfrac{1}{c}E'_1 \\ -B'_3 & -\dfrac{1}{c}E'_2 & \dfrac{1}{c}E'_1 & 0 \end{pmatrix} \tag{13.5.13}$$

oder, in Blockform,

$$(^{*}F^{\mu\nu}) = \begin{pmatrix} 0 & \mathbf{B}' \\ -\mathbf{B}' & -\underset{=}{\varepsilon}\mathbf{E}' \end{pmatrix} \quad . \tag{13.5.14}$$

Für den elektrostatischen Feldstärketensor hat sie die Gestalt

$$(^{*}F^{\mu\nu}) = \begin{pmatrix} 0 & 0 & 0 & 0 \\ 0 & 0 & -\dfrac{1}{c}E_3 & \dfrac{1}{c}E_2 \\ 0 & \dfrac{1}{c}E_3 & 0 & -\dfrac{1}{c}E_1 \\ 0 & -\dfrac{1}{c}E_2 & \dfrac{1}{c}E_1 & 0 \end{pmatrix} \quad . \tag{13.5.15}$$

Die homogene Gleichung für den dualen Tensor $\overset{*}{\underset{\approx}{F}}$ läßt sich auch in eine Gestalt bringen, in der der ursprüngliche Tensor $\underset{\approx}{F}$ auftritt. Das sieht man am einfachsten, wenn man drei Schreibweisen der homogenen Maxwell-Gleichung betrachtet, die durch zyklische Vertauschung dreier Indizes auseinander hervorgehen,

$$\varepsilon_{\mu\nu\rho\sigma}\partial'^{\nu}F'^{\rho\sigma} = 0 \quad , \qquad \varepsilon_{\mu\nu\rho\sigma}\partial'^{\rho}F'^{\sigma\nu} = 0 \quad , \qquad \varepsilon_{\mu\nu\rho\sigma}\partial'^{\sigma}F'^{\nu\rho} = 0 \quad .$$

Die Summe der drei Gleichungen führt auf

$$\varepsilon_{\mu\nu\rho\sigma}\left(\partial'^{\nu}F'^{\rho\sigma} + \partial'^{\rho}F'^{\sigma\nu} + \partial'^{\sigma}F'^{\nu\rho}\right) = 0 \quad .$$

Da das vierdimensionale Levi-Civita-Symbol in den hinteren drei Indizes für festen ersten Index gerade die gegen zyklische Vertauschung invariante Form herausprojiziert und die Klammer gerade einen Ausdruck enthält, der gegen zyklische Vertauschung invariant ist, kann man $\varepsilon_{\mu\nu\rho\sigma}$ weglassen, und es gilt

$$\partial'^{\nu}F'^{\rho\sigma} + \partial'^{\rho}F'^{\sigma\nu} + \partial'^{\sigma}F'^{\nu\rho} = 0 \quad , \qquad (13.5.16)$$

äquivalent zu (13.5.10).

13.5.5 Relativistisches Vektorpotential

Inhalt: Die Gleichungen über den Zusammenhang der Feldstärken **E** und **B** mit dem elektrostatischen Potential φ und dem Vektorpotential **A** lassen sich zu einer relativistisch kovarianten Gleichung zusammenfassen, die den Feldstärketensor $\underset{\approx}{F}$ als antisymmetrische Ableitung des Viererpotentials $\underset{\sim}{A}$ darstellt, $\underset{\approx}{F} = \underset{\sim}{\partial} \otimes \underset{\sim}{A} - (\underset{\sim}{\partial} \otimes \underset{\sim}{A})^{+}$. Durch Einsetzen in die Maxwell-Gleichungen ergibt sich für das Viererpotential in Lorentz-Eichung $\underset{\sim}{\partial}^{2}\underset{\sim}{A}^{\mathrm{L}} = \mu_{0}\underset{\sim}{j}$.

Mit Hilfe des relativistischen Gradienten

$$\underset{\sim}{\partial} = \underset{\sim}{e}^{\mu}\partial_{\mu} \quad , \qquad \partial_{\mu} = \frac{\partial}{\partial x^{\mu}} \quad ,$$

bringen wir nun die Beziehungen (11.2.2) und (11.2.1),

$$\mathbf{E} = -\boldsymbol{\nabla}\varphi - c\partial_{0}\mathbf{A} \quad , \qquad \mathbf{B} = \boldsymbol{\nabla} \times \mathbf{A} \quad ,$$

zwischen den Feldstärken **E**, **B** und den Potentialen φ, **A** in eine relativistisch kovariante Form. Nach (13.4.2) entsprechen den Feldstärken die Matrixelemente $F^{\mu\nu}$ des Feldstärketensors. Es gilt insbesondere

$$F^{0n} = -\frac{1}{c}E_{n} = \partial_{n}\frac{1}{c}\varphi + \partial_{0}A^{n} \quad , \qquad n = 1, 2, 3 \quad .$$

Wegen

$$\partial_{0} = \partial^{0} \quad , \qquad \partial_{n} = g_{nn}\partial^{n} = -\partial^{n} \quad , \qquad n = 1, 2, 3 \quad ,$$

vgl. (C.4.3), kann man dann schreiben

$$F^{0n} = \partial^0 A^n - \partial^n A^0 \quad ,$$

wenn man

$$A^0 = \frac{1}{c} \varphi$$

setzt. Analog liefert der Zusammenhang zwischen Feldstärketensor und **B** in (13.4.2)

$$F^{mn} = -\sum_{\ell=1}^{3} \varepsilon_{mn\ell} B_\ell = -\partial_m A^n + \partial_n A^m = \partial^m A^n - \partial^n A^m \quad , \quad m, n = 1, 2, 3 \ .$$

Da die Diagonalelemente des Feldstärketensors verschwinden, gilt offenbar insgesamt

$$F^{\mu\nu} = \partial^\mu A^\nu - \partial^\nu A^\mu \quad .$$

Wir schreiben diese Ergebnisse noch einmal in vektorieller bzw. tensorieller Form,

$$\begin{aligned}
\underset{\approx}{F} &= \underset{\sim}{e}_\mu \otimes \underset{\sim}{e}_\nu F^{\mu\nu} = \underset{\sim}{e}_\mu \otimes \underset{\sim}{e}_\nu (\partial^\mu A^\nu - \partial^\nu A^\mu) \\
&= (\underset{\sim}{e}_\mu \partial^\mu) \otimes (\underset{\sim}{e}_\nu A^\nu) - (\underset{\sim}{e}_\mu A^\mu) \otimes (\underset{\sim}{e}_\nu \overleftarrow{\partial^\nu}) \\
&= \underset{\sim}{\partial} \otimes \underset{\sim}{A} - \underset{\sim}{A} \otimes \overleftarrow{\underset{\sim}{\partial}} = \underset{\sim}{\partial} \otimes \underset{\sim}{A} - (\underset{\sim}{\partial} \otimes \underset{\sim}{A})^+ \quad . \quad (13.5.17)
\end{aligned}$$

Dabei bedeutet der nach links gerichtete Pfeil über dem Differentiationssymbol, daß die Differentiation, anders als sonst üblich, auf eine links davon stehende Größe wirkt.

Mit diesem Ansatz für $\underset{\approx}{F}$ ist die homogene Maxwell-Gleichung (13.5.10) identisch erfüllt,

$$\partial^\mu \varepsilon_{\mu\nu\rho\sigma} F^{\rho\sigma} = \partial^\mu \varepsilon_{\mu\nu\rho\sigma} (\partial^\rho A^\sigma - \partial^\sigma A^\rho) \quad ,$$

denn die Kontraktion des antisymmetrischen Tensors $\varepsilon_{\mu\nu\rho\sigma}$ mit dem symmetrischen Tensor $\partial^\mu \partial^\nu$ verschwindet,

$$\varepsilon_{\mu\nu\rho\sigma} \partial^\mu \partial^\nu = -\varepsilon_{\nu\mu\rho\sigma} \partial^\nu \partial^\mu = -\varepsilon_{\mu\nu\rho\sigma} \partial^\mu \partial^\nu \quad .$$

Damit bleibt nur noch die inhomogene Maxwell-Gleichung (13.5.7) als Bedingung an $\underset{\sim}{A}$,

$$\mu_0 \underset{\sim}{j} = \underset{\sim}{\partial} \underset{\approx}{F} = \underset{\sim}{\partial}(\underset{\sim}{\partial} \otimes \underset{\sim}{A} - \underset{\sim}{A} \otimes \overleftarrow{\underset{\sim}{\partial}}) = (\underset{\sim}{\partial} \cdot \underset{\sim}{\partial})\underset{\sim}{A} - \underset{\sim}{\partial}(\underset{\sim}{\partial} \cdot \underset{\sim}{A}) \quad .$$

Diese Gleichung läßt sich mit der Lorentz-Bedingung (11.2.13), die relativistisch kovariant die Form

$$\underset{\sim}{\partial} \cdot \underset{\sim}{A}^{\mathrm{L}} = \partial_\mu A^{\mathrm{L}\mu} = 0$$

hat, in die einfache Gestalt

$$\underset{\sim}{\partial}^2 \underset{\sim}{A}^{\mathrm{L}} = \underset{\sim}{\partial} \cdot \underset{\sim}{\partial} \underset{\sim}{A}^{\mathrm{L}} = \partial_\mu \partial^\mu \underset{\sim}{A}^{\mathrm{L}} = \left(\frac{1}{c^2} \frac{\partial^2}{\partial t^2} - \Delta \right) \underset{\sim}{A}^{\mathrm{L}} = \mu_0 \underset{\sim}{j}$$

bringen. Sie lautet also

$$\Box \underset{\sim}{A}^{\mathrm{L}} = \underset{\sim}{\partial}^2 \underset{\sim}{A}^{\mathrm{L}} = \mu_0 \underset{\sim}{j} \tag{13.5.18}$$

bzw., in Komponenten,

$$\Box A^{\mathrm{L}\mu} = \mu_0 j^\mu \quad . \tag{13.5.19}$$

Diese Beziehung ist identisch mit den Gleichungen (11.2.14). Kovariante Eichungen von $\underset{\sim}{A}$ gehen aus dieser Lorentz-Eichung durch

$$\underset{\sim}{A}^{\mathrm{L}} \rightarrow \underset{\sim}{A}' = \underset{\sim}{A}^{\mathrm{L}} - \underset{\sim}{\partial}\chi \tag{13.5.20}$$

hervor, wobei χ eine beliebige Lorentz-skalare Funktion des Virervektors $\underset{\sim}{x}$ ist. Für den Fall, daß χ die d'Alembert-Gleichung $\Box\chi = 0$ erfüllt, ist $\underset{\sim}{A}' = \underset{\sim}{A}'^{\mathrm{L}}$ wieder ein Viererpotential in Lorentz-Eichung.

13.6 Erhaltungssätze. Energie–Impuls-Tensor

Inhalt: Energieerhaltung und Poyntingscher Satz lassen sich mit der Minkowski-Kraftdichte $\underset{\sim}{k}$ und dem Energie–Impuls-Tensor $\underset{\approx}{T}$ in der Form $\underset{\sim}{k} = \underset{\sim}{\partial}\,\underset{\approx}{T}$ zusammenfassen.

13.6.1 Kraftdichte des elektromagnetischen Feldes

Inhalt: Die Dichte **f** der Newton-Kraft auf eine statische Ladungsverteilung wird zum Virervektor $\underset{\sim}{k}$ der Minkowski-Kraftdichte erweitert. Sie kann als Produkt $\underset{\sim}{k} = \underset{\approx}{F}\,\underset{\sim}{j}$ des Feldstärketensors und der Virerstromdichte geschrieben werden. Diese Beziehung faßt in kovarianter Weise die Dichten von Coulomb- und Lorentz-Kraft auf eine bewegte Ladungsverteilung zusammen.

Im elektrischen Feld **E** ist die Kraft **F** auf eine ruhende Ladung q_a am Ort $\mathbf{x}_a$

$$\mathbf{F} = q_a \mathbf{E}(\mathbf{x}_a) = \int \mathbf{E}(\mathbf{x}) q_a \delta^3(\mathbf{x} - \mathbf{x}_a)\, dV \quad . \tag{13.6.1}$$

Das Produkt der Ladung q_a und der Delta-Funktion ist die Ladungsdichte

$$\rho(\mathbf{x}) = q_a \delta^3(\mathbf{x} - \mathbf{x}_a)$$

der Punktladung q_a am Ort $\mathbf{x}_a$. Der Integrand in (13.6.1) ist die räumliche *Kraftdichte*

$$\mathbf{f}(\mathbf{x}) = \mathbf{E}(\mathbf{x})\rho(\mathbf{x}) \quad .$$

Diese Gleichung gilt ebenso für eine ausgedehnte ruhende Ladungsdichte $\rho(\mathbf{x})$.

Die *Minkowski-Kraftdichte* $\underset{\sim}{k}$ ist dann durch

$$k^0 = 0 \quad , \qquad \mathbf{k} = \mathbf{E}(\mathbf{x})\rho(\mathbf{x}) \tag{13.6.2}$$

gegeben. Wir können diese Gleichungen auch in der kompakten Form

$$\underset{\sim}{k} = \underset{\approx}{F}\,\underset{\sim}{j} \qquad (13.6.3)$$

schreiben, denn im System K, in dem die Ladungsverteilung ruht, ist die Viererstromdichte

$$\underset{\sim}{j} = c\rho\,\underset{\sim}{e}_0 \quad,$$

und der Feldstärketensor ist

$$\underset{\approx}{F} = -\sum_{\ell=1}^{3} \frac{1}{c}\,E_\ell \left(\underset{\sim}{e}_0 \otimes \underset{\sim}{e}_\ell - \underset{\sim}{e}_\ell \otimes \underset{\sim}{e}_0\right) \quad.$$

Die Gleichung (13.6.3) ist als relativistisch kovariante Beziehung vom Koordinatensystem unabhängig. In Komponenten lautet sie im System K'

$$k'^\mu = F'^{\mu\nu} j'_\nu$$

oder, wegen $F'^{00} = 0$,

$$
\begin{aligned}
k'^0 &= F'^{0\nu} j'_\nu = \sum_{n=1}^{3} F'^{0n} j'_n = \frac{1}{c}\,\mathbf{E}' \cdot \mathbf{j}' \quad, \\
k'^m &= F'^{m\nu} j'_\nu \quad, \qquad m = 1, 2, 3 \quad,
\end{aligned}
$$

d. h.,

$$\mathbf{k}' = \rho' \mathbf{E}' + \mathbf{j}' \times \mathbf{B}' \quad,$$

wenn man die Matrixelemente (13.4.2) des Feldstärketensors einsetzt. Die räumlichen Komponenten liefern die relativistische Kraftdichte, d. h. die zeitliche Änderung der räumlichen Impulsdichte, vgl. auch (11.5.9). Die Null-Komponente ist bis auf den Faktor $1/c$ die räumliche Dichte der mechanischen Leistung, vgl. (5.5.1), die das Feld an den Ladungsträgern des Stromes verrichtet.

13.6.2 Energie–Impuls-Tensor. Maxwellscher Spannungstensor

Inhalt: Unter Benutzung der inhomogenen Maxwell-Gleichung kann die Minkowski-Kraftdichte in der Form $\underset{\sim}{k} = (1/\mu_0)\underset{\approx}{F}(\partial\underset{\approx}{F}) = \partial\underset{\approx}{T}$ geschrieben werden. Die Matrix des Energie–Impuls-Tensors $\underset{\approx}{T}$ enthält, in Blockform geschrieben, die elektromagnetische Energiedichte w_{em}, den Poynting-Vektor $\mathbf{S}$ und den Maxwellschen Spannungstensor $\underline{\underline{T}}$.
Bezeichnungen: $\underset{\approx}{F}$ Feldstärketensor, $\mathbf{E}$ elektrische Feldstärke, $\mathbf{B}$ magnetische Induktion, $\mathbf{S}$ Poynting-Vektor.

In einem abgeschlossenen System aus Ladungen und elektromagnetischem Feld kann man in dem Ausdruck (13.6.3) für die Minkowski-Kraftdichte die Viererstromdichte $\underset{\sim}{j}$ durch die linke Seite der inhomogenen Maxwell-Gleichungen (13.5.6) ersetzen. Man erhält

$$\underset{\sim}{k} = \frac{1}{\mu_0} \underset{\sim}{F}(\partial \underset{\sim}{F}) \quad , \qquad \text{d. h.} \qquad k^\mu = \frac{1}{\mu_0} F^{\mu\lambda} \partial^\nu F_{\nu\lambda} \quad . \qquad (13.6.4)$$

Die rechte Seite dieses Ausdrucks kann als Divergenz des symmetrischen *Energie–Impuls-Tensors* mit Spur null,

$$\underset{\approx}{T} = \frac{1}{\mu_0} \left[\frac{1}{4} \underset{\approx}{1} \operatorname{Sp}(\underset{\approx}{F} \underset{\approx}{F}) - \underset{\approx}{F} \underset{\approx}{F} \right] \quad , \qquad (13.6.5)$$

in Komponenten

$$T^{\mu\nu} = \frac{1}{\mu_0} \left(\frac{1}{4} g^{\mu\nu} F^{\kappa\lambda} F_{\lambda\kappa} - F^{\mu\rho} g_{\rho\lambda} F^{\lambda\nu} \right) \quad , \qquad (13.6.6)$$

geschrieben werden, d. h. in der Form

$$\underset{\sim}{k} = \underset{\approx}{\partial} \underset{\approx}{T} \qquad \text{bzw.} \qquad k^\mu = \partial_\nu T^{\nu\mu} \quad . \qquad (13.6.7)$$

Das verifiziert man am einfachsten in der Komponentendarstellung,

$$\begin{aligned}
\mu_0 \partial_\nu T^{\nu\mu} &= \partial_\nu \left(\frac{1}{4} g^{\nu\mu} F^{\kappa\lambda} F_{\lambda\kappa} - F^{\nu\rho} g_{\rho\lambda} F^{\lambda\mu} \right) \\
&= \frac{1}{2} \left(\partial^\mu F^{\kappa\lambda} \right) F_{\lambda\kappa} - \left(\partial_\nu F^{\nu\rho} \right) g_{\rho\lambda} F^{\lambda\mu} - F^{\nu\rho} g_{\rho\lambda} \partial_\nu F^{\lambda\mu} \\
&= \frac{1}{2} \left(\partial^\mu F^{\kappa\lambda} \right) F_{\lambda\kappa} - \left(\partial^\nu F_{\nu\lambda} \right) F^{\lambda\mu} - F_{\nu\lambda} \partial^\nu F^{\lambda\mu} \quad .
\end{aligned}$$

Mit der Indexumbenennung $\nu \to \kappa$ bzw. $\nu \to \lambda, \lambda \to \kappa$ erhalten wir, wegen der Antisymmetrie $F_{\kappa\lambda} = -F_{\lambda\kappa}$,

$$\begin{aligned}
F_{\nu\lambda} \partial^\nu F^{\lambda\mu} &= \frac{1}{2} F_{\kappa\lambda} \partial^\kappa F^{\lambda\mu} + \frac{1}{2} F_{\lambda\kappa} \partial^\lambda F^{\kappa\mu} \\
&= -\frac{1}{2} F_{\lambda\kappa} \partial^\kappa F^{\lambda\mu} - \frac{1}{2} F_{\lambda\kappa} \partial^\lambda F^{\mu\kappa} \quad ,
\end{aligned}$$

so daß die Divergenz des Energie–Impuls-Tensors die Form

$$\mu_0 \partial_\nu T^{\nu\mu} = -\left(\partial^\nu F_{\nu\lambda} \right) F^{\lambda\mu} + \frac{1}{2} \left(\partial^\mu F^{\kappa\lambda} + \partial^\kappa F^{\lambda\mu} + \partial^\lambda F^{\mu\kappa} \right) F_{\lambda\kappa}$$

annimmt. Die Summe in der Klammer verschwindet wegen der homogenen Maxwell-Gleichung (13.5.16), so daß schließlich wegen der Antisymmetrie von $F^{\lambda\mu}$ und (13.6.4) für die Divergenz von $\underset{\approx}{T}$ der Ausdruck

$$\partial_\nu T^{\nu\mu} = \frac{1}{\mu_0} F^{\mu\lambda} \partial^\nu F_{\nu\lambda} = k^\mu \qquad (13.6.8)$$

bzw., in koordinatenunabhängiger Form,

$$\partial_{\sim}\underset{\approx}{T} = \frac{1}{\mu_0}\underset{\approx}{F}\left(\partial\underset{\approx}{F}\right) = \underset{\sim}{k} \qquad (13.6.9)$$

bleibt.

Um die physikalische Bedeutung der Matrixelemente des Energie–Impuls-Tensors zu verstehen, rechnen wir seine Matrix mit Hilfe von (13.4.18) explizit aus. Wir betrachten zunächst die Komponenten von $\underset{\approx}{F}\underset{\approx}{F}$,

$$(\underset{\approx}{F}\underset{\approx}{F})^{\mu\nu} = (F^{\mu\lambda}g_{\lambda\rho}F^{\rho\nu}) = \begin{pmatrix} \dfrac{1}{c^2}\mathbf{E}^2 \cdot & \dfrac{1}{c}\mathbf{E}\times\mathbf{B} \\[2mm] \dfrac{1}{c}\mathbf{E}\times\mathbf{B} & -\dfrac{1}{c^2}\mathbf{E}\otimes\mathbf{E} - \mathbf{B}\otimes\mathbf{B} + \mathbf{B}^2\underset{=}{1} \end{pmatrix} \cdot$$

Dabei haben wir die Rechenregel

$$\sum_{\ell=1}^{3}\varepsilon_{ik\ell}\varepsilon_{\ell mn} = g_{im}g_{kn} - g_{in}g_{km} \quad , \qquad i,k,m,n = 1,2,3 \quad ,$$

benutzt. Für die Spur des obigen Tensors erhalten wir

$$\mathrm{Sp}(\underset{\approx}{F}\underset{\approx}{F}) = F^{\mu\lambda}F_{\lambda\mu} = 2\left(\frac{1}{c^2}\mathbf{E}^2 - \mathbf{B}^2\right) \quad ,$$

so daß der Energie–Impuls-Tensor (13.6.5) die Gestalt

$$(\underset{\approx}{T})^{\mu\nu} =$$

$$\begin{pmatrix} -\dfrac{1}{2}\left(\varepsilon_0\mathbf{E}^2 + \dfrac{1}{\mu_0}\mathbf{B}^2\right) & -\dfrac{1}{\mu_0 c}\mathbf{E}\times\mathbf{B} \\[4mm] -\dfrac{1}{\mu_0 c}\mathbf{E}\times\mathbf{B} & \varepsilon_0\mathbf{E}\otimes\mathbf{E} + \dfrac{1}{\mu_0}\mathbf{B}\otimes\mathbf{B} - \dfrac{1}{2}\underset{=}{1}\left(\varepsilon_0\mathbf{E}^2 + \dfrac{1}{\mu_0}\mathbf{B}^2\right) \end{pmatrix}$$
$$(13.6.10)$$

annimmt.

Wir erkennen das Element

$$T^{00} = -\frac{1}{2}\left(\varepsilon_0\mathbf{E}^2 + \frac{1}{\mu_0}\mathbf{B}^2\right) = -w_{\mathrm{em}}$$

als negative elektromagnetische Energiedichte, vgl. (11.4.1), und

$$T^{0i} = -\frac{1}{\mu_0 c}(\mathbf{E}\times\mathbf{B})_i = -\frac{1}{c}S_i \quad , \qquad i = 1,2,3 \quad ,$$

als proportional zu den Komponenten des Poynting-Vektors $\mathbf{S}$ wieder, vgl. (11.4.9). Den (3×3)-Tensor in der unteren rechten Ecke bezeichnet man als *Maxwellschen Spannungstensor*, vgl. (11.5.10) für $\varepsilon_{\mathrm{r}} = 1$, $\mu_{\mathrm{r}} = 1$,

$$\underline{\underline{T}} = \varepsilon_0 \mathbf{E} \otimes \mathbf{E} + \frac{1}{\mu_0} \mathbf{B} \otimes \mathbf{B} - \frac{1}{2} \underline{\underline{1}} \left(\varepsilon_0 \mathbf{E}^2 + \frac{1}{\mu_0} \mathbf{B}^2 \right) \tag{13.6.11}$$

mit den Matrixelementen

$$T^{mn} = \varepsilon_0 E_m E_n + \frac{1}{\mu_0} B_m B_n - \frac{1}{2} \delta_{mn} \left(\varepsilon_0 \mathbf{E}^2 + \frac{1}{\mu_0} \mathbf{B}^2 \right) \quad . \tag{13.6.12}$$

Seine physikalische Bedeutung wird im nächsten Abschnitt klar werden. Damit läßt sich der Energie–Impuls-Tensor in folgende einfache Blockform bringen:

$$(\underline{\underline{T}})^{\mu\nu} = \begin{pmatrix} -w_{\mathrm{em}} & -\dfrac{1}{c} \mathbf{S} \\ -\dfrac{1}{c} \mathbf{S} & \underline{\underline{T}} \end{pmatrix} \quad . \tag{13.6.13}$$

13.6.3 Energie–Impuls-Erhaltungssatz

Inhalt: Die im vorigen Abschnitt gewonnene Gleichung $\underline{k} = \partial \underline{\underline{T}}$ erweist sich als die kovariante Form des Erhaltungssatzes für Energie und Impuls eines Systems aus Ladungen und elektromagnetischem Feld.
Bezeichnungen: j Stromdichte, $\underline{k}$ Minkowski-Kraftdichte, **E** elektrische Feldstärke, **S** Poynting-Vektor, $\underline{\underline{T}}$ Maxwellscher Spannungstensor, $\mathbf{F}^V$ Kraft auf Volumen V; $\mathbf{p}_{\mathrm{m}}^V$, $\mathbf{p}_{\mathrm{f}}^V$ mechanischer Impuls bzw. Feld-Impuls in V.

Wir erkennen die Null-Komponente der Divergenz (13.6.8) des Energie–Impuls-Tensors,

$$\frac{1}{c} \mathbf{E} \cdot \mathbf{j} = k^0 = \partial_\lambda T^{\lambda 0} = -\frac{1}{c} \frac{\partial}{\partial t} w_{\mathrm{em}} - \frac{1}{c} \boldsymbol{\nabla} \cdot \mathbf{S} \quad , \tag{13.6.14}$$

als den Poyntingschen Satz (11.4.10), also den *Energieerhaltungssatz* für das elektromagnetische Feld und die Stromdichte, hier im Fall der Abwesenheit von Materie, wieder.

Die räumlichen Komponenten der Beziehung (13.6.8) erhalten mit der Definition des Maxwellschen Spannungstensors (13.6.11), (13.6.12) die Form

$$\mathbf{k} = -\frac{1}{c^2} \frac{\partial}{\partial t} \mathbf{S} - \boldsymbol{\nabla} (-\underline{\underline{T}}) \quad , \tag{13.6.15}$$

vgl. (11.5.14), wobei $\mathbf{f} = \partial \mathbf{p}_{\mathrm{mech}} / \partial t = \mathbf{k}$ gilt, in Komponenten

$$k^i = -\frac{1}{c^2} \frac{\partial}{\partial t} S_i - \sum_{k=1}^{3} \frac{\partial}{\partial x^k} (-T^{ki}) \quad , \qquad i = 1, 2, 3 \quad .$$

Die physikalische Bedeutung dieser Beziehung wird durch Integration über das Volumen V deutlich. Das Volumenintegral über die Kraftdichte

$$\int_V \mathbf{k}(\underset{\sim}{x})\, dV = \mathbf{F}^V$$

gibt die Kraft auf die Ladungen im Volumen V wieder. Die Tatsache, daß als Ergebnis nicht etwa der Raumanteil $\mathbf{K}$ der Minkowski-Kraft auftritt, sollte nicht überraschen, weil das dreidimensionale Volumenelement keine Invariante unter Lorentz-Transformationen ist.

Nach der Newtonschen Bewegungsgleichung ist die Kraft gleich der zeitlichen Änderung des mechanischen Impulses $\mathbf{p}^V_{\text{mech}}$ der Ladungen in diesem Volumen,

$$\mathbf{F}^V = \frac{d\mathbf{p}^V_{\text{mech}}}{dt} \quad .$$

Das Integral über die Energieflußdichte,

$$\int_V \frac{1}{c^2}\, \mathbf{S}(\underset{\sim}{x})\, dV = \mathbf{p}^V_{\text{f}} \quad ,$$

ist dann proportional zum Impuls $\mathbf{p}^V_{\text{f}}$ des Feldes im Volumen V. Das Volumenintegral des Maxwellschen Spannungstensors $\underset{\approx}{T}$, $\underset{\approx}{T}^+ = \underset{\approx}{T}$, kann man mit dem Gaußschen Satz in ein Oberflächenintegral

$$\int_V \boldsymbol{\nabla}\underset{\approx}{T}(\underset{\sim}{x})\, dV = \int_{(V)} \underset{\approx}{T}(\underset{\sim}{x})\, d\mathbf{a}$$

über die Oberfläche $a = (V)$ des Volumens V verwandeln. Die Beziehung (13.6.15) erweist sich dann in integrierter Form als *Impulserhaltungssatz* für das elektromagnetische Feld und die Ladungen im Volumen V. Wir können schreiben

$$\frac{d}{dt}\left(\mathbf{p}^V_{\text{mech}} + \mathbf{p}^V_{\text{f}}\right) = -\int_{(V)}\left(-\underset{\approx}{T}(\underset{\sim}{x})\right) d\mathbf{a} \quad . \qquad (13.6.16)$$

Die linke Seite ist die zeitliche Änderung der Summe $\left(\mathbf{p}^V_{\text{mech}} + \mathbf{p}^V_{\text{f}}\right)$ aus mechanischem und Feld-Impuls im Volumen V. Das Oberflächenintegral muß daher gleich dem Impuls sein, der pro Zeiteinheit in das Volumen *hinein* fließt, denn d$\mathbf{a}$ hat, wie immer, die Richtung der äußeren Normalen. Der negative Maxwellsche Spannungstensor $-\underset{\approx}{T}(\underset{\sim}{x}) = \underset{\approx}{J}(\underset{\sim}{x})$, der ein symmetrischer (3×3)-Tensor ist, ist damit als Tensor der *Impulsflußdichte* des Feldes erkannt, vgl. (11.5.13).

Also ist (13.6.15) die lokale Form der Impulserhaltungssatzes für das System aus Feld und Ladungen. Insgesamt ist

$$\underset{\sim}{k} = \underset{\approx}{\partial T} \quad , \qquad \int_V \underset{\sim}{k}\, dV = \int_V \underset{\approx}{\partial T}\, dV \qquad (13.6.17)$$

die relativistische Form der *Energie–Impuls-Erhaltung* in einem System aus Ladungen und elektromagnetischem Feld.

13.7 Zusammenfassung der relativistischen Elektrodynamik

Inhalt: Die wichtigsten Beziehungen werden noch einmal in knappem Zusammenhang dargestellt.

Kovariante Form der Maxwell-Gleichungen Aus den Feldgleichungen der Elektrostatik,

$$\frac{\partial}{\partial x^0}\mathbf{E} = 0 \quad , \qquad \nabla \cdot \mathbf{E} = \frac{1}{\varepsilon_0}\rho \quad , \qquad \nabla \times \mathbf{E} = 0 \quad ,$$

die in einem Koordinatensystem gelten, in dem die Ladungsdichte ρ ruht, haben wir in einem zweiten System, in dem sich diese Ladungsdichte mit der Geschwindigkeit v_L bewegt, die Viererstromdichte $\underset{\sim}{j}$ eingeführt und die Maxwell-Gleichungen in der kovarianten Form

$$\underset{\sim}{\partial}\underset{\approx}{F} = \mu_0\underset{\sim}{j} \quad , \qquad \underset{\sim}{\partial}\,{}^*\!\underset{\approx}{F} = 0 \tag{13.7.1}$$

gewonnen. Der Feldstärketensor $\underset{\approx}{F}$ und der dazu duale Tensor ${}^*\!\underset{\approx}{F}$ haben die Gestalt

$$\underset{\approx}{F} = \underset{\sim}{e}_\mu \otimes \underset{\sim}{e}_\nu F^{\mu\nu} \quad , \qquad {}^*\!\underset{\approx}{F} = \underset{\sim}{e}{}^\mu \otimes \underset{\sim}{e}{}^\nu \frac{1}{2}\varepsilon_{\mu\nu\rho\sigma}F^{\rho\sigma} \quad .$$

Hier haben wir jetzt die bei der Herleitung sorgfältig beachtete Unterscheidung zwischen ungestrichenen Größen (im System ruhender Ladungen) und gestrichenen Größen (im System bewegter Ladungen) aufgegeben. Basisvektoren $\underset{\sim}{e}_\mu$ und Matrixelemente $F^{\mu\nu}$ sind natürlich bei Betrachtungen in verschiedenen Koordinatensystemen verschieden zu kennzeichnen.

Der Feldstärketensor ist antisymmetrisch,

$$\underset{\approx}{F} = -\underset{\approx}{F}{}^+ \quad , \qquad F^{\mu\nu} = -F^{\nu\mu} \quad .$$

Seine Matrixelemente sind die (durch c dividierten) Komponenten der elektrischen Feldstärke $\mathbf{E}$ und die der magnetischen Induktion $\mathbf{B}$. Der Tensor hat die Form

$$\underset{\approx}{F} = \sum_{m=1}^{3}\left(\underset{\sim}{e}_m \otimes \underset{\sim}{e}_0 - \underset{\sim}{e}_0 \otimes \underset{\sim}{e}_m\right)\frac{1}{c}E_m$$
$$+ \sum_{k=1}^{3}\sum_{n=1}^{3}\sum_{m=1}^{n-1}\left(\underset{\sim}{e}_m \otimes \underset{\sim}{e}_n - \underset{\sim}{e}_n \otimes \underset{\sim}{e}_m\right)\varepsilon_{nmk}B_k$$

und seine Matrix die Gestalt

$$
(F^{\mu\nu}) = \begin{pmatrix} 0 & -\dfrac{1}{c}E_1 & -\dfrac{1}{c}E_2 & -\dfrac{1}{c}E_3 \\[2mm] \dfrac{1}{c}E_1 & 0 & -B_3 & B_2 \\[2mm] \dfrac{1}{c}E_2 & B_3 & 0 & -B_1 \\[2mm] \dfrac{1}{c}E_3 & -B_2 & B_1 & 0 \end{pmatrix} \, . \tag{13.7.2}
$$

Ladungserhaltung. Kovariante Form der Kontinuitätsgleichung Aus der inhomogenen Maxwell-Gleichung folgt durch Divergenzbildung

$$
\mu_0 \underset{\sim}{\partial} \cdot \underset{\sim}{j} = \underset{\sim}{\partial} \cdot \left(\underset{\sim}{\partial} \underset{\approx}{F} \right) = \left(\underset{\sim}{\partial} \otimes \underset{\sim}{\partial} \right) \cdot \underset{\approx}{F} = 0 \quad ,
$$

weil das Skalarprodukt des symmetrischen Tensors $(\underset{\sim}{\partial} \otimes \underset{\sim}{\partial}) = (\underset{\sim}{\partial} \otimes \underset{\sim}{\partial})^+$ mit dem antisymmetrischen Tensor $\underset{\approx}{F} = -\underset{\approx}{F}^+$ verschwindet. Damit ergibt sich die Kontinuitätsgleichung

$$
\underset{\sim}{\partial} \cdot \underset{\sim}{j} = 0 \tag{13.7.3}
$$

und also auch die Ladungserhaltung als Konsequenz der inhomogenen Maxwell-Gleichung.

Viererpotential Der Feldstärketensor läßt sich als antisymmetrische Ableitung eines Viererpotentials $\underset{\sim}{A}$ schreiben,

$$
\underset{\approx}{F} = (\underset{\sim}{\partial} \otimes \underset{\sim}{A}) - (\underset{\sim}{\partial} \otimes \underset{\sim}{A})^+ \quad , \tag{13.7.4}
$$

in welchem elektrostatisches und Vektor-Potential zusammengefaßt sind. Wählt man für das Viererpotential die Lorentz-Eichung $\underset{\sim}{\partial} \cdot \underset{\sim}{A}^{\mathrm{L}} = 0$, so erhält man durch Einsetzen von (13.7.4) in (13.7.1) die Beziehung

$$
\underset{\sim}{\partial}^2 \underset{\sim}{A}^{\mathrm{L}} = \square \underset{\sim}{A}^{\mathrm{L}} = \mu_0 \underset{\sim}{j} \quad . \tag{13.7.5}
$$

Minkowski-Kraftdichte Die Minkowski-Kraftdichte, die ein Feld $\underset{\approx}{F}$ auf eine Stromdichte $\underset{\sim}{j}$ ausübt, ist

$$
\underset{\sim}{k} = \underset{\approx}{F} \underset{\sim}{j} \quad . \tag{13.7.6}
$$

Die Beziehung faßt die Coulomb- und die Lorentz-Kraft pro Volumeneinheit zusammen, die auf eine Ladungsdichte wirkt.

Energie–Impuls-Tensor Durch Einsetzen der inhomogenen Maxwell-Gleichung aus (13.7.1) in (13.7.6) erhält man

$$
\underset{\sim}{k} = \frac{1}{\mu_0} \underset{\approx}{F} (\underset{\sim}{\partial} \underset{\approx}{F}) = \underset{\sim}{\partial} \underset{\approx}{T} \quad . \tag{13.7.7}
$$

Dabei ist $\underset{\approx}{T}$ der Energie–Impuls-Tensor

$$\underset{\approx}{T} = \frac{1}{\mu_0} \left[\frac{1}{4} \underset{\approx}{1} \, \mathrm{Sp}(\underset{\approx}{F}\underset{\approx}{F}) - \underset{\approx}{F}\underset{\approx}{F} \right] \quad . \tag{13.7.8}$$

Mit der elektromagnetischen Energiedichte w_{em}, dem Poynting-Vektor $\mathbf{S}$ und dem Maxwellschen Spannungstensor $\underset{=}{T}$ kann er in der Blockform

$$(T^{\mu\nu}) = \begin{pmatrix} -w_{\mathrm{em}} & -\dfrac{1}{c}\,\mathbf{S} \\[2mm] -\dfrac{1}{c}\,\mathbf{S} & \underset{=}{T} \end{pmatrix} \tag{13.7.9}$$

dargestellt werden.

Energie- und Impulserhaltung Die Null-Komponente der Gleichung (13.7.7) ist der Energieerhaltungssatz. Nach Multiplikation mit c erhält man mit der Bezeichnung $\nu = \mathbf{E} \cdot \mathbf{j}$ für die Leistungsdichte, die das Feld an den Ladungsträgern erbringt, den Poyntingschen Satz

$$\frac{1}{c}\,k^0 = \mathbf{E} \cdot \mathbf{j} = \nu = -\frac{\partial}{\partial t}\,w_{\mathrm{em}} - \boldsymbol{\nabla} \cdot \mathbf{S} \quad , \tag{13.7.10}$$

also die Energieerhaltung. Die drei räumlichen Komponenten entsprechen dem Impulserhaltungssatz.

13.8 Klassifikation physikalischer Größen und Gesetze unter Lorentz-Transformationen

Inhalt: In diesem Abschnitt werden formale Aspekte der Lorentz-Transformation in den Vordergrund gestellt. Physikalische Größen lassen sich so definieren, daß sie ein bestimmtes Verhalten unter Lorentz-Transformationen zeigen, z. B. das von Skalaren, Vektoren oder Tensoren. Solche Größen lassen sich einerseits unabhängig von einer bestimmten Basis ausdrücken. Andererseits lassen sich ein Skalar S bzw. die Komponenten w^μ eines Vierervektors bezüglich einer bestimmten Basis auch als Funktionen von Argumenten angeben, die ihrerseits Skalare, Vektorkomponenten oder Matrixelemente eines Tensors sind. Beim Wechsel zu einer anderen Basis zeigen diese Funktionen ein einfaches Verhalten. Als Beispiel dient die Gewinnung der Maxwell-Gleichungen aus den Feldgleichungen der Elektrostatik durch einen Basiswechsel.

13.8.1 Vorbemerkungen: Rotationen im Dreidimensionalen

Inhalt: Als Vorbereitung wird das Verhalten von Skalaren S, Vektoren $\mathbf{w}$ und Tensoren $\underset{=}{T}$ unter Rotationen im dreidimensionalen Raum diskutiert. Beim Wechsel von einer Vektorbasis $\mathbf{e}_1, \mathbf{e}_3, \mathbf{e}_3$ zu einer Basis $\mathbf{e}_1', \mathbf{e}_3', \mathbf{e}_3'$ gilt folgendes: Die funktionale Abhängigkeit eines

Skalars von seinen Argumenten (die z. B. Komponenten von Vektoren sind) ist unabhängig von der Basis, in der die Argumente angegeben sind. Die Vektorkomponenten w_i bzgl. der ursprünglichen Basis haben die gleiche Abhängigkeit von Argumenten bzgl. dieser Basis wie die Vektorkomponenten w_i' bzgl. der gedrehten Basis von Argumenten in bezug auf die gedrehte Basis. Entsprechendes gilt für die Matrixelemente von Tensoren.

Bevor wir uns den Lorentz-Transformationen zuwenden, betrachten wir das Verhalten von Größen unter Rotationen im gewöhnlichen dreidimensionalen Raum. Bereits in Abschn. 13.1.3 haben wir einen Vektor $\mathbf{x}$ in zwei Basissystemen $\mathbf{e}_1, \mathbf{e}_2, \mathbf{e}_3$ bzw. $\mathbf{e}_1', \mathbf{e}_2', \mathbf{e}_3'$ dargestellt. Dabei ging das zweite System aus dem ersten durch eine Rotation hervor. Es gilt

$$\mathbf{x} = \sum_{i=1}^{3} \mathbf{e}_i x_i = \sum_{i=1}^{3} \mathbf{e}_i' x_i' \quad , \tag{13.8.1}$$

$$x_i' = \sum_{k=1}^{3} R_{ik} x_k \quad , \qquad x_i = \sum_{k=1}^{3} R_{ik}^{+} x_k' \quad , \tag{13.8.2}$$

$$R_{ik} = \mathbf{e}_i' \cdot \mathbf{e}_k \quad , \quad R_{ik}^{+} = \mathbf{e}_i \cdot \mathbf{e}_k' \quad , \quad R_{ik}^{+} = R_{ki} \quad , \quad \sum_{k=1}^{3} R_{ik} R_{k\ell}^{+} = \delta_{i\ell} \quad . \tag{13.8.3}$$

Wir betrachten jetzt einen Skalar, einen Vektor und einen Tensor in bezug auf ihre Darstellungen in den ungestrichenen bzw. den gestrichen Koordinaten.

Skalar unter Rotationen Als Beispiel für einen Skalar nehmen wir das Skalarprodukt zweier Vektoren $\mathbf{a}$ und $\mathbf{b}$. Es lautet in koordinatenunabhängiger Form, die wir durch den Index U kennzeichnen,

$$S_{\mathrm{U}} = \mathbf{a} \cdot \mathbf{b} \quad .$$

Schreiben wir es als Funktion der ungestrichenen Komponenten, so erhalten wir

$$S(a_1, a_2, a_3, b_1, b_2, b_3) = \sum_i a_i b_i \quad .$$

Mit (13.8.2) gilt

$$\begin{aligned}
\sum_i a_i b_i &= \sum_i \left(\sum_k R_{ik}^{+} a_k' \right) \left(\sum_\ell R_{i\ell}^{+} b_\ell' \right) = \sum_i \left(\sum_k a_k' R_{ki} \right) \left(\sum_\ell R_{i\ell}^{+} b_\ell' \right) \\
&= \sum_{k\ell} a_k' b_\ell' \sum_i R_{ki} R_{i\ell}^{+} = \sum_{k\ell} a_k' b_\ell' \delta_{k\ell} = \sum_k a_k' b_k' \quad .
\end{aligned}$$

Wir finden, daß die funktionale Abhängigkeit des Skalarprodukts von den Komponenten im ungestrichenen und im gestrichenen Koordinatensystem die gleiche ist,

$$S(a_1, a_2, a_3, b_1, b_2, b_3) = S'(a_1', a_2', a_3', b_1', b_2', b_3') = S(a_1', a_2', a_3', b_1', b_2', b_3') \quad .$$

Formal haben wir das durch Weglassen des Striches an der letzten der drei Funktionen ausgedrückt, weil die Funktionen S und S' jeweils die gleichen Funktionen ihrer sechs Variablen sind.

Vektor unter Rotationen Unser Beispiel, die Summe zweier Vektoren a und b, hat die koordinatenunabhängige Form

$$\mathbf{w}_U = \mathbf{a} + \mathbf{b} \quad .$$

Die Vektorkomponenten im ursprünglichen System sind

$$w_i(a_1, a_2, a_3, b_1, b_2, b_3) = \mathbf{e}_i \cdot (\mathbf{a} + \mathbf{b}) = a_i + b_i$$

und die im gestrichenen System

$$
\begin{aligned}
w_i'&(a_1', a_2', a_3', b_1', b_2', b_3') \\
&= \mathbf{e}_i' \cdot (\mathbf{a} + \mathbf{b}) = \mathbf{e}_i' \cdot \left\{ \sum_k \mathbf{e}_k(a_k + b_k) \right\} \\
&= \sum_k \mathbf{e}_i' \cdot \mathbf{e}_k \left(\sum_\ell R_{k\ell}^+ a_\ell' + \sum_\ell R_{k\ell}^+ b_\ell' \right) = \sum_\ell \sum_k R_{ik} R_{k\ell}^+ (a_\ell' + b_\ell') \\
&= \sum_\ell \delta_{i\ell}(a_\ell' + b_\ell') = a_i' + b_i' = \sum_j R_{ij}(a_j + b_j) \quad .
\end{aligned}
$$

Aus diesen Bedingungen ziehen wir folgende Schlußfolgerungen:

$$w_i'(a_1', a_2', a_3', b_1', b_2', b_3') = a_i' + b_i' = w_i(a_1', a_2', a_3', b_1', b_2', b_3')$$

und

$$w_i'(a_1', a_2', a_3', b_1', b_2', b_3') = \sum_j R_{ij}(a_j + b_j) = \sum_j R_{ij} w_i(a_1, a_2, a_3, b_1, b_2, b_3) \quad .$$

Die erste der beiden Beziehungen besagt, daß die funktionale Abhängigkeit der gestrichenen Komponenten w_i' vom Argument $(a_1', a_2', a_3', b_1', b_2', b_3')$ die gleiche ist wie die funktionale Abhängigkeit der ungestrichenen Komponenten w_i vom gleichen Argument. Die zweite Gleichung stellt die Beziehung her zwischen den Werten der Funktionen w_i', $i = 1, 2, 3$, für das gestrichene Argument $(a_1', a_2', a_3', b_1', b_2', b_3')$ und den Werten der Funktionen w_j, $j = 1, 2, 3$, für das ungestrichene Argument $(a_1, a_2, a_3, b_1, b_2, b_3)$. Insgesamt gilt also für die Vektorkomponenten

$$
\begin{aligned}
\sum_j R_{ij} w_j(a_1, a_2, a_3, b_1, b_2, b_3) &= w_i'(a_1', a_2', a_3', b_1', b_2', b_3') \\
&= w_i(a_1', a_2', a_3', b_1', b_2', b_3') \quad .
\end{aligned}
$$

Tensor unter Rotationen Ein einfacher Tensor ist

$$\underline{\underline{T}} = \mathbf{a} \otimes \mathbf{b} = \sum_{i,k} a_i b_k \mathbf{e}_i \otimes \mathbf{e}_k$$

mit den Matrixelementen

$$T_{ik}(a_1, a_2, a_3, b_1, b_2, b_3) = \mathbf{e}_i \underline{\underline{T}} \mathbf{e}_k = a_i b_k \quad .$$

Für das Matrixelement bezüglich des rotierten Basissystems gilt

$$
\begin{aligned}
T'_{ik}&(a'_1, a'_2, a'_3, b'_1, b'_2, b'_3) \\
&= \mathbf{e}'_i \underline{\underline{T}} \mathbf{e}'_k = \mathbf{e}'_i (\mathbf{a} \otimes \mathbf{b}) \mathbf{e}'_k = \mathbf{e}'_i \left(\sum_{\ell,m} a_\ell b_m \mathbf{e}_\ell \otimes \mathbf{e}_m \right) \mathbf{e}'_k = \sum_{\ell,m} a_\ell b_m R_{i\ell} R^+_{mk} \\
&= \sum_\ell R_{i\ell} a_\ell \left(\sum_m R_{km} b_m \right) = a'_i b'_k = T_{ik}(a'_1, a'_2, a'_3, b'_1, b'_2, b'_3) \quad ,
\end{aligned}
$$

d. h. als direkte Verallgemeinerungen der Beziehungen für Vektorkomponenten haben wir

$$
\begin{aligned}
T'_{ik}&(a'_1, a'_2, a'_3, b'_1, b'_2, b'_3) \\
&= a'_i b'_k = T_{ik}(a'_1, a'_2, a'_3, b'_1, b'_2, b'_3) \\
&= \sum_{j\ell} R_{ij} R_{k\ell} a_j b_\ell = \sum_{j\ell} R_{ij} R_{k\ell} T_{j\ell}(a_1, a_2, a_3, b_1, b_2, b_3) \quad .
\end{aligned}
$$

Damit haben auch die gestrichenen Matrixelemente die gleiche funktionale Abhängigkeit von den gestrichenen Argumenten wie die ungestrichenen Matrixelemente von den ungestrichenen Argumenten. Insgesamt gilt entsprechend

$$
\begin{aligned}
\sum_{j\ell} R_{ij} R_{k\ell} T_{j\ell}(a_1, a_2, a_3, b_1, b_2, b_3) &= T'_{ik}(a'_1, a'_2, a'_3, b'_1, b'_2, b'_3) \\
&= T_{ik}(a'_1, a'_2, a'_3, b'_1, b'_2, b'_3) \quad .
\end{aligned}
$$

Zusammenfassung und Ausblick auf die Lorentz-Transformationen Die besprochenen Eigenschaften sind Konstruktionsmerkmale der mathematischen Objekte Skalar, Vektor und Tensor. Wir haben es als vorteilhaft empfunden, physikalische Größen als Skalare, Vektoren oder Tensoren aufzufassen, weil diese Objekte das Verhalten der Größen im dreidimensionalen Raum widerspiegeln. Wir übernehmen die gleiche Konstruktion bei der Erweiterung des dreidimensionalen euklidischen Raumes zum vierdimensionalen Minkowski-Raum, so daß die an diesen Raum angepaßten Größen ganz ähnliche Eigenschaften unter Lorentz-Transformationen besitzen. Da allerdings das Konzept des Minkowski-Raumes keineswegs so offensichtlich ist wie das des euklidischen Raumes, liefert das Transformationsverhalten physikalischer Größen unter Lorentz-Transformationen neue Einsichten, insbesondere die Verknüpfung von Elektrostatik und Magnetismus.

13.8.2 Klassifikation physikalischer Größen

Inhalt: Es werden physikalische Größen benannt, die sich wie Skalare S, Vektoren $\underset{\sim}{w}$ bzw. Tensoren $\underset{\approx}{T}$ unter Lorentz-Transformationen verhalten.

Physikalische Größen können nach ihrem Verhalten unter Symmetrietransformationen in Klassen eingeteilt werden. Für die Lorentz-Transformationen sind solche Klassen

- *Invarianten* oder *Skalare S*, z. B. Teilchenmasse m, Lichtgeschwindigkeit c, Ladung q, Eigenzeit τ;

- *Vektoren* $\underset{\sim}{w}$, z. B. Ortsvektor $\underset{\sim}{x}$, Vierergeschwindigkeit $\underset{\sim}{u}$, Viererimpuls $\underset{\sim}{p}$, Viererstromdichte $\underset{\sim}{j}$, Gradient $\underset{\sim}{\partial}$;

- *Tensoren* $\underset{\approx}{T}$, z. B. Identität $\underset{\approx}{1}$, Feldstärke $\underset{\approx}{F}$, Energie–Impuls-Tensor $\underset{\approx}{T}$;

- je nach physikalischem Gebiet auch weitere Größen.

Ein physikalischer Vorgang kann in verschiedenen Bezugssystemen K und K' betrachtet werden. Dazu werden verschiedene Basissysteme $\underset{\sim}{e}_\mu$ und $\underset{\sim}{e}'_\mu$ eingeführt, die über eine Lorentz-Transformation miteinander verknüpft sind. Damit ergeben sich die Komponenten von Vektoren zu

$$w^\mu = \underset{\sim}{e}^\mu \cdot \underset{\sim}{w} \quad , \qquad w'^\mu = \underset{\sim}{e}'^\mu \cdot \underset{\sim}{w} \tag{13.8.4}$$

und die Matrixelemente von Tensoren zu

$$T^{\rho\sigma} = \underset{\sim}{e}^\rho \underset{\approx}{T} \underset{\sim}{e}^\sigma \quad , \qquad T'^{\rho\sigma} = \underset{\sim}{e}'^\rho \underset{\approx}{T} \underset{\sim}{e}'^\sigma \quad . \tag{13.8.5}$$

Zur Vereinfachung der Schreibweise der im folgenden behandelten Gleichungen fassen wir die Klassen mit folgenden Bezeichnungen zusammen:

$$\begin{aligned}
\text{Invarianten, Skalare:} \quad \{I\} &= \{m, c, q, \tau, \ldots\} \quad , \\
\text{Vektoren:} \quad \{\underset{\sim}{w}\} &= \{\underset{\sim}{x}, \underset{\sim}{u}, \underset{\sim}{p}, \underset{\sim}{j}, \underset{\sim}{\partial}, \ldots\} \quad , \\
\text{Tensoren:} \quad \{\underset{\approx}{T}\} &= \{\underset{\approx}{1}, \underset{\approx}{F}, {}^*\!\underset{\approx}{F}, \ldots\} \quad .
\end{aligned}$$

13.8.3 Klassifikation physikalischer Gesetze

Inhalt: Ein physikalisches Gesetz läßt sich als Gleichung schreiben, deren rechte Seite verschwindet. Ist die linke Seite ein Skalar S oder ein Vektor $\underset{\sim}{V}$ unter Lorentz-Transformationen, so läßt sie sich unabhängig von einer Vektorbasis schreiben. Ist die linke Seite ein Skalar und schreibt man diesen als Funktion von Argumenten, die von der Vektorbasis abhängen (etwa als Funktion von Vektorkomponenten und Matrixelementen), so ist die funktionale Abhängigkeit unabhängig von der gewählten Vektorbasis. Ist die Funktion ein Vierervektor, so ist die funktionale Abhängigkeit seiner Komponenten $\Lambda^\alpha{}_\beta V^\beta$ bzgl. einer Vektorbasis $\underset{\sim}{e}_\mu$ von Argumenten bzgl. der gleichen Basis dieselbe wie die der Komponenten V'^α bzgl. einer Basis $\underset{\sim}{e}'_\mu$ von Argumenten in bezug auf diese Basis.

Physikalische Gesetze lassen sich immer als Gleichungen formulieren, deren rechte Seite verschwindet. Wir können daher Gesetze genauso klassifizieren wie Funktionen, z. B.

$$\text{skalare Gesetze:} \quad S_U(\{I\}, \{\underset{\sim}{w}\}, \{\underset{\approx}{T}\}, \ldots) = 0 \quad , \quad (13.8.6)$$

$$\text{vektorielle Gesetze:} \quad \underset{\sim}{V}_U(\{I\}, \{\underset{\sim}{w}\}, \{\underset{\approx}{T}\}, \ldots) = 0 \quad . \quad (13.8.7)$$

Die rechte Seite der zweiten Gleichung ist ein *Nullvektor*, dessen sämtliche Komponenten null sind und die sich deshalb bei Lorentz-Transformationen nicht ändern. Der Index U an den Größen weist darauf hin, daß diese Funktionen von Klassen von Variablen $\{I\}, \{\underset{\sim}{w}\}, \{\underset{\approx}{T}\}, \ldots$ abhängen, die ohne Bezug auf ein Koordinatensystem geschrieben sind.

Wir betrachten jetzt den Skalar S und die Vektorkomponenten V^α als Funktionen der Komponenten bzw. Matrixelemente der Argumente. In bezug auf das System K gilt

$$S(\{w^\mu\}, \{T^{\rho\sigma}\}, \ldots) := S_U(\{I\}, \{\underset{\sim}{e}_\mu w^\mu\}, \{\underset{\sim}{e}_\rho \otimes \underset{\sim}{e}_\sigma T^{\rho\sigma}\}, \ldots) \quad , \quad (13.8.8)$$

$$V^\alpha(\{w^\mu\}, \{T^{\rho\sigma}\}, \ldots) := \underset{\sim}{e}^\alpha \cdot \underset{\sim}{V}_U(\{I\}, \{\underset{\sim}{e}_\mu w^\mu\}, \{\underset{\sim}{e}_\rho \otimes \underset{\sim}{e}_\sigma T^{\rho\sigma}\}, \ldots) \quad . \tag{13.8.9}$$

Hier haben wir in S und V^α die Abhängigkeit von den invarianten Größen unterdrückt, weil diese sich bei Lorentz-Transformationen nicht ändern. Die physikalischen Gesetze (13.8.6), (13.8.7) haben dann im System K die Form

$$S(\{w^\mu\}, \{T^{\rho\sigma}\}, \ldots) = 0 \quad , \quad (13.8.10)$$

$$V^\alpha(\{w^\mu\}, \{T^{\rho\sigma}\}, \ldots) = 0 \quad . \quad (13.8.11)$$

Beim Übergang in ein anderes Koordinatensystem K' mit den Basisvektoren $\underset{\sim}{e}'_\mu$ durch die Lorentz-Transformation

$$\underset{\sim}{e}_\nu = \underset{\sim}{e}'_\mu \Lambda^\mu{}_\nu \quad , \qquad \underset{\sim}{e}^\nu = \underset{\sim}{e}'^\mu \Lambda_\mu{}^\nu \quad , \qquad \underset{\sim}{e}'_\mu = \Lambda_\mu{}^\nu \underset{\sim}{e}_\nu \quad , \qquad \underset{\sim}{e}'^\mu = \Lambda^\mu{}_\nu \underset{\sim}{e}^\nu$$

werden die Komponentendarstellungen entsprechend (13.8.8), (13.8.9)

$$S'(\{w'^\mu\}, \{T'^{\rho\sigma}\}, \ldots) := S_U(\{I\}, \{\underset{\sim}{e}'_\mu w'^\mu\}, \{\underset{\sim}{e}'_\rho \otimes \underset{\sim}{e}'_\sigma T'^{\rho\sigma}\}, \ldots) \quad , \tag{13.8.12}$$

$$V'^\alpha(\{w'^\mu\}, \{T'^{\rho\sigma}\}, \ldots) := \underset{\sim}{e}'^\alpha \cdot \underset{\sim}{V}_U(\{I\}, \{\underset{\sim}{e}'_\mu w'^\mu\}, \{\underset{\sim}{e}'_\rho \otimes \underset{\sim}{e}'_\sigma T'^{\rho\sigma}\}, \ldots) \quad . \tag{13.8.13}$$

Aus $\underset{\sim}{e}'_\mu w'^\mu = \underset{\sim}{e}_\mu w^\mu$ und $\underset{\sim}{e}'_\rho \otimes \underset{\sim}{e}'_\sigma T'^{\rho\sigma} = \underset{\sim}{e}_\rho \otimes \underset{\sim}{e}_\sigma T^{\rho\sigma}$ erhalten wir die Beziehung zwischen S und S',

$$\begin{aligned} S'(\{w'^\mu\}, \{T'^{\rho\sigma}\}, \ldots) &= S_U(\{I\}, \{\underset{\sim}{e}_\mu w^\mu\}, \{\underset{\sim}{e}_\rho \otimes \underset{\sim}{e}_\sigma T^{\rho\sigma}\}, \ldots) \\ &= S(\{w^\mu\}, \{T^{\rho\sigma}\}, \ldots) \quad . \end{aligned} \tag{13.8.14}$$

Für V'^α erhalten wir den Zusammenhang

$$V'^\alpha(\{w'^\mu\}, \{T'^{\rho\sigma}\}, \ldots)$$

$$= \underset{\sim}{e}'^\alpha \cdot \chi_U(\{I\}, \{\underset{\sim}{e}'_\mu w'^\mu\}, \{\underset{\sim}{e}'_\rho \otimes \underset{\sim}{e}'_\sigma T'^{\rho\sigma}\}, \ldots)$$

$$= \left(\Lambda^\alpha{}_\beta \underset{\sim}{e}^\beta\right) \cdot \chi_U(\{I\}, \{\underset{\sim}{e}'_\mu w'^\mu\}, \{\underset{\sim}{e}'_\rho \otimes \underset{\sim}{e}'_\sigma T'^{\rho\sigma}\}, \ldots)$$

$$= \Lambda^\alpha{}_\beta V_U^\beta(\{I\}, \{\underset{\sim}{e}'_\mu w'^\mu\}, \{\underset{\sim}{e}'_\rho \otimes \underset{\sim}{e}'_\sigma T'^{\rho\sigma}\}, \ldots)$$

$$= \Lambda^\alpha{}_\beta V_U^\beta(\{I\}, \{\underset{\sim}{e}_\mu w^\mu\}, \{\underset{\sim}{e}_\rho \otimes \underset{\sim}{e}_\sigma T^{\rho\sigma}\}, \ldots)$$

und damit schließlich

$$V'^\alpha(\{w'^\mu\}, \{T'^{\rho\sigma}\}, \ldots) = \Lambda^\alpha{}_\beta V^\beta(\{w^\mu\}, \{T^{\rho\sigma}\}, \ldots) \quad . \tag{13.8.15}$$

13.8.4 Lorentz-Kovarianz der Gesetze

Inhalt: Zeigt ein physikalisches Gesetz das im vorangegangenen Abschnitt beschriebene Verhalten, so wird es als Lorentz-kovariant bezeichnet.

Die experimentelle Feststellung, daß die Lichtgeschwindigkeit im Vakuum nicht von der Relativgeschwindigkeit von Meßapparatur und Lichtquelle abhängt, hat zur Folge, daß Vorgänge in identischen Experimenten in verschiedenen Inertialsystemen, die sich relativ zueinander geradlinig gleichförmig bewegen, den gleichen Gesetzen folgen. Dann muß die Skalarfunktion S' die gleiche Funktion wie S sein, d. h. für die gleiche Wahl der Argumente in S' und S, z. B. $\{w'^\mu\}$, $\{T'^{\rho\sigma}\}$, $\ldots$, müssen S' und S die gleichen Werte besitzen,

$$S'(\{w'^\mu\}, \{T'^{\rho\sigma}\}, \ldots) = S(\{w'^\mu\}, \{T'^{\rho\sigma}\}, \ldots) \quad . \tag{13.8.16}$$

Analog muß gelten

$$V'^\alpha(\{w'^\mu\}, \{T'^{\rho\sigma}\}, \ldots) = V^\alpha(\{w'^\mu\}, \{T'^{\rho\sigma}\}, \ldots) \quad . \tag{13.8.17}$$

Mit den Beziehungen (13.8.14), (13.8.15) erhalten wir als Bedingung für die Lorentz-Kovarianz der Funktion S und der Komponentenfunktionen V^α

$$S(\{w'^\mu\}, \{T'^{\rho\sigma}\}, \ldots) = S(\{\Lambda^\mu{}_\nu w^\nu\}, \{\Lambda^\rho{}_\gamma \Lambda^\sigma{}_\delta T^{\gamma\delta}\}, \ldots)$$

$$= S(\{w^\mu\}, \{T^{\rho\sigma}\}, \ldots) \quad , \tag{13.8.18}$$

$$V^\alpha(\{w'^\mu\}, \{T'^{\rho\sigma}\}, \ldots) = V^\alpha(\{\Lambda^\mu{}_\nu w^\nu\}, \{\Lambda^\rho{}_\gamma \Lambda^\sigma{}_\delta T^{\gamma\delta}\}, \ldots)$$

$$= \Lambda^\alpha{}_\beta V^\beta(\{w^\mu\}, \{T^{\rho\sigma}\}, \ldots) \quad . \tag{13.8.19}$$

Mit (13.8.16), (13.8.17) lauten die physikalischen Gesetze (13.8.6), (13.8.7) im Inertialsystem K'

$$S(\{w'^\mu\}, \{T'^{\rho\sigma}\}, \ldots) = 0 \quad , \tag{13.8.20}$$

$$V^\alpha(\{w'^\mu\}, \{T'^{\rho\sigma}\}, \ldots) = 0 \quad . \tag{13.8.21}$$

Sie besagen, daß die Funktionen auf der linken Seite der Gleichungen (13.8.18), (13.8.19) dieselbe Form der Abhängigkeit von den Komponenten $\{w'^\mu\}, \{T'^{\rho\sigma}\}$ im Inertialsystem K' haben wie in den Gleichungen (13.8.10), (13.8.11) von den Komponenten im Inertialsystem K. Diese Eigenschaft wird als *Forminvarianz* physikalischer Gesetze unter Lorentz-Transformationen bezeichnet.

Als Ergebnisse experimenteller Untersuchungen werden physikalische Gesetze im einfachsten Fall zunächst als Gleichungen der Form (13.8.8), (13.8.9) zwischen den Komponenten $\{w^\mu\}, \{T^{\rho\sigma}\}$ physikalischer Größen in einem Koordinatensystem K formuliert, das als Inertialsystem betrachtet werden kann. Falls die Funktionen S bzw. V^α die rechten Gleichungen der Beziehungen (13.8.18), (13.8.19) erfüllen, gilt die Forminvarianz in der Gestalt (13.8.20), (13.8.21). Dann können aus S und V^α mit Hilfe von (13.8.8), (13.8.9) S_U und $\underset{\sim}{V}_\mathrm{U}$ als koordinatenunabhängige Skalar- bzw. Vektorfunktionen konstruiert werden. Für sie gelten dann die Gleichungen (13.8.6), (13.8.7) als Lorentz-invariante bzw. Lorentz-kovariante Gesetze.

Das in diesem Abschnitt beschriebene Verfahren der Klassifikation von physikalischen Größen und Gesetzen beim Wechsel des Bezugssystems hat sich seit der Entdeckung des Relativitätsprinzips durch Albert Einstein und seine Formulierung der speziellen Relativitätstheorie im Jahre 1905 als wissenschaftlich außerordentlich fruchtbar erwiesen. Das gilt für alle physikalischen Theorien, insbesondere aber in der Elementarteilchenphysik, wo diese Methode ein unverzichtbares Hilfsmittel zur Formulierung theoretischer Ansätze ist.

13.8.5 Beispiel: Relativistische Elektrodynamik

Inhalt: Die physikalischen Größen (Ladungsdichte, Stromdichte, Feldstärke) werden zunächst in eine Lorentz-kovariante Form gebracht (Viererstromdichte, Feldstärketensor). Sie werden dann in einem Bezugssystem, in dem die Ladungsdichte ruht, zur Formulierung der Feldgleichungen der Elektrostatik benutzt. Durch Lorentz-Transformation in ein gegen das ursprüngliche bewegtes System werden allein aus der Kovarianz der Feldgleichungen die Maxwell-Gleichungen in allgemeiner Form gewonnen.

Inertialsystem der ruhenden Ladung Wir wählen als Inertialsystem K das Koordinatensystem, in dem die Ladungsdichte ρ ruht, und können deshalb von den Feldgleichungen der Elektrostatik ausgehen. Es gilt für $m = 1, 2, 3$

$$\frac{\partial E_m}{\partial t} = c^2 \frac{\partial}{\partial x^0}\left(\frac{1}{c}E_m\right) = 0 \quad , \qquad \sum_{m=1}^{3}\frac{\partial}{\partial x^m}\left(\frac{1}{c}E_m\right) = \frac{1}{\varepsilon_0 c}\rho = \mu_0\rho c \quad ,$$
$$\tag{13.8.22}$$

$$\sum_{k,\ell=1}^{3}\varepsilon_{mk\ell}\frac{\partial}{\partial x^k}\left(\frac{1}{c}E_\ell\right) = 0 \quad . \tag{13.8.23}$$

Kontinuitätsgleichung Für die Ladungsdichte gilt

$$\frac{\partial \rho}{\partial t} = \frac{\partial \rho c}{\partial x^0} = 0 \quad , \tag{13.8.24}$$

weil die Ladungen ruhen. Mit dem Ansatz $j^0 = \rho c, j^m = 0$ für die Komponenten der Stromdichte als Komponenten eine Vierervektors und mit $\partial/(\partial x^\mu) = \partial_\mu$ als Komponenten des Gradienten im System K kann (13.8.24) in der Form

$$\partial_\mu j^\mu = 0 \quad ,$$

also in der Form einer skalaren Gleichung vom Typ (13.8.10) geschrieben werden. Mit $\{w^\mu\} = (j^\mu), (\partial_\mu)$ gilt

$$S\left((j^\mu), (\partial_\mu)\right) = \partial_\mu j^\mu = 0 \quad .$$

Als Skalarprodukt der Komponenten (∂_μ) und (j^μ) ist die Funktion S unter Lorentz-Transformationen invariant. Daher gilt auch

$$S\left((j'^\mu), (\partial'_\mu)\right) = \partial'_\mu j'^\mu = 0 \quad ,$$

oder, in koordinatenunabhängiger Form,

$$\underset{\sim}{\partial} \cdot \underset{\sim}{j} = 0 \quad . \tag{13.8.25}$$

Inhomogene Maxwell-Gleichung Die Gleichungen (13.8.22) stellen mit der Klassifikation von $\rho c = j^0$ als Null-Komponente des Komponentenvektors (j^μ) und der Ableitungen als Komponentenvektor $(\partial_\mu) = (\partial_0, \partial_1, \partial_2, \partial_3)$ Bedingungen an die Matrix $(F^{\mu\nu})$ dar mit den Elementen

$$F^{m0} = \frac{1}{c} E_m \quad , \qquad F^{0m} = -\frac{1}{c} E_m \quad , \qquad F^{mn} = 0 \quad . \tag{13.8.26}$$

Die Gleichungen (13.8.22) werden dann zu

$$\partial_\mu F^{\mu\nu} - \mu_0 j^\nu = 0$$

zusammengefaßt. Das ist eine vektorielle Gleichung vom Typ (13.8.11). Mit $\{w^\mu\} = (j^\mu), (\partial_\mu)$ und $\{T^{\mu\nu}\} = (F^{\mu\nu})$ gilt

$$V^\alpha((j^\mu), (\partial_\mu), (F^{\mu\nu})) = \partial_\mu F^{\mu\alpha} - \mu_0 j^\alpha = 0 \quad .$$

Die Komponentenvektorfunktion (V^α) ist eine Differenz der beiden Terme $(\partial_\mu F^{\mu\alpha})$ und $(\mu_0 j^\alpha)$, die beide Komponentenvektoren sind. Damit ist die Bedingung (13.8.19) erfüllt,

$$V^\alpha((j'^\mu), (\partial'_\mu), (F'^{\mu\nu})) = \partial'_\mu F'^{\mu\alpha} - \mu_0 j'^\alpha$$
$$= \Lambda^\alpha_{\ \lambda}(\partial_\mu F^{\mu\lambda} - \mu_0 j^\lambda) = \Lambda^\alpha_{\ \lambda} V^\lambda((j^\mu), (\partial_\mu), (F^{\mu\nu})) \quad .$$

In koordinatenunabhängiger Formulierung gilt daher

$$\underset{\sim}{\partial} \underset{\sim}{F} - \mu_0 \underset{\sim}{j} = 0 \quad . \tag{13.8.27}$$

Homogene Maxwell-Gleichung Die Gleichung (13.8.23) läßt sich mit den Identifikationen (13.8.26) in die Form

$$\varepsilon_{\rho\sigma m0}\partial^\rho F^{m0} + \varepsilon_{\rho\sigma 0m}\partial^\rho F^{0m} = 0$$

und wegen $F^{mn} = 0$ in die Gestalt

$$\varepsilon_{\rho\sigma\mu\nu}\partial^\rho F^{\mu\nu} = \partial^\rho \varepsilon_{\rho\sigma\mu\nu} F^{\mu\nu} = 0$$

bringen. Mit der Definition $\frac{1}{2}\varepsilon_{\rho\sigma\mu\nu} F^{\mu\nu} = {}^*F_{\rho\sigma}$ gilt dann

$$\partial^{\rho *}F_{\rho\sigma} = 0 \quad .$$

Diese Gleichung ist ebenfalls eine vektorielle Gleichung vom Typ (13.8.11) mit der Vektorkomponentenfunktion

$$V_\alpha((\partial_\rho),({}^*F_{\rho\sigma})) = \partial^{\rho *}F_{\rho\alpha} \quad .$$

Auch sie erfüllt die Bedingung (13.8.19). In koordinatenunabhängiger Form folgt

$$\underset{\sim}{\partial}\,{}^*\!\underset{\approx}{F} = 0 \quad .$$

13.9 Aufgaben

13.1: Zeigen Sie durch Einsetzen der Komponenten $x'^0 = \gamma(x^0 - \beta x^1)$, $x'^1 = \gamma(-\beta x^0 + x^1)$, $x'^2 = x^2$, $x'^3 = x^3$ in die entsprechenden Gleichungen für x^0, x^1, x^2, x^3, (13.1.11), daß die Transformationen $(x^\mu) \to (x'^\mu)$ und $(x'^\mu) \to (x^\mu)$ invers zueinander sind.

13.2: Der Vierervektor der Geschwindigkeit eines Teilchens in Ruhe ist durch $(u^\nu) = (c, 0, 0, 0)$ gegeben. Wie lautet dieser Vierervektor der Geschwindigkeit in einem Koordinatensystem K', das sich mit der Geschwindigkeit $(\mathbf{v}) = (-v, 0, 0)$, $v > 0$ gegen das Ruhesystem des Teilchens bewegt?

13.3: Für den Betrag jeder einzelnen Komponente der Geschwindigkeit $\mathbf{v}$ gilt, daß sie $\leq c$ ist. Gilt eine entsprechende Grenze auch für die Komponenten der Vierergeschwindigkeit?

13.4: Berechnen Sie die Eigenzeit τ eines Teilchens, das sich mit konstanter Geschwindigkeit $\mathbf{v}$ bewegt.

13.5: Berechnen Sie für die Bewegung einen Teilchens der Masse m im Potential $V(\mathbf{x})$ den Lorentz-Faktor γ als Funktion des Ortes $\mathbf{x}$ aus dem relativistischen Energiesatz.

13.6: Die Newton-Kraft im homogenen Schwerefeld ist im System K durch $(\mathbf{F}) = (0, 0, -mg)$ gegeben.

(a) Wie hängt der Ort eines Körpers von der Zeit t ab, der zur Zeit $t = 0$ vom Koordinatenursprung $\mathbf{x} = 0$ aus ohne Anfangsgeschwindigkeit fällt?

(b) Wie lautet das Fallgesetz für kleine Zeiten?

(c) Wie lautet das Fallgesetz für große Zeiten?

(d) Wie hängt $\beta = v_3/c$ von der Zeit ab?

(e) Wie hängt der Lorentz-Faktor von der Zeit ab?

(f) Wie ändert sich die Bewegungsmasse $M = m\gamma$ für große Zeiten?

(g) Wie lautet der Zusammenhang zwischen Eigenzeit τ und Systemzeit t für die betrachtete Bewegung?

13.7: Wir betrachten das elektromagnetische Feld $F'^{\mu\nu}$, (13.4.1), einer mit der Geschwindigkeit $(v'_{a1}, 0, 0)$ geradlinig gleichförmig bewegten Ladung q_a. Zeigen Sie, daß das **B**-Feld bei Transformation ins Ruhesystem der Ladung verschwindet.

13.8: Wir betrachten das Viererpotential A'^{μ}, (13.4.37), einer mit der Geschwindigkeit $(v'_{a1}, 0, 0)$ geradlinig gleichförmig bewegten Ladung q_a. Zeigen Sie, daß dessen räumlicher Anteil $\mathbf{A}'$ bei Transformation ins Ruhesystem der Ladung verschwindet.

13.9: Im Ruhesystem K der Ladungen sei die Ladungsdichte durch die Gauß-Verteilung

$$\rho(\mathbf{x}) = \frac{q_a}{(2\pi)^{3/2}\sigma^3} \exp\left\{-\frac{(\mathbf{x} - \mathbf{x}_a)^2}{2\sigma^2}\right\}$$

mit der Gesamtladung q_a beschrieben.

(a) Welche Verteilung gilt für den Grenzfall $\sigma \to 0$?

(b) Zeigen Sie, daß für ein gegen K in 1-Richtung geradlinig gleichförmig bewegtes System K' gilt: $\rho'(\mathbf{x}')\,dV' = \rho(\mathbf{x})\,dV$.

(c) Welche Gestalt hat $\rho'(\mathbf{x}')$?

(d) Wie lautet die Verteilung $\rho'(\mathbf{x}')$ im Grenzfall $\sigma \to 0$?

13.10: **(a)** Zeigen Sie, daß das Viererpotential der ebenen elektromagnetischen Welle

$$A^\mu = A_0^\mu \cos(k_\lambda x^\lambda - \alpha) \quad , \qquad k_0 = \pm\omega/c = \pm|\mathbf{k}| \quad , \qquad \omega = c|\mathbf{k}| \quad ,$$

Lösung der d'Alembert-Gleichung

$$\Box A^\mu = \left\{(\partial^0)^2 - \sum_{m=1}^{3}(\partial^m)^2\right\} A^\mu = 0$$

ist. Dabei ist (A_0^μ) ein zeit- und ortsunabhängiger Amplitudenvektor.

(b) Unter welcher Bedingung erfüllt A^μ die Lorentz-Bedingung $\partial_\mu A^\mu = 0$?

(c) Zeigen Sie, daß (k^λ) ein Vierervektor ist.

(d) Wir betrachten eine ebene Welle, die sich in K in 1-Richtung ausbreitet, $(k^\mu) = (\omega/c, k^1, 0, 0)$. Welche Kreisfrequenz hat diese Welle im Koordinatensystem K', das sich in K mit der Geschwindigkeit $(\mathbf{v}) = (v, 0, 0)$ bewegt?

A. Formeln zur Vektoralgebra

In diesem und dem folgenden Abschnitt werden die wichtigsten Formeln zur Vektorrechnung noch einmal im Zusammenhang angegeben. Für eine ausführlichere Darstellung verweisen wir auf unseren Band *Mechanik*[1].

A.1 Vektoren

Koordinaten eines Punktes Im *dreidimensionalen Raum* besteht ein *orthogonales Koordinatensystem* aus drei zueinander senkrechten (unendlich langen) Linien, den *Koordinatenachsen*, die sich im Punkt O, dem *Koordinatenursprung* schneiden. Man bezeichnet die drei Koordinatenachsen als x-Achse, y-Achse und z-Achse oder häufig auch als 1-, 2- und 3-Achse. Zeigt die x-Achse in die Richtung des Daumens, die y-Achse in die des Zeigefingers und die z-Achse in die des Mittelfingers dieser drei senkrecht zueinander gestreckten Finger der rechten Hand, heißt das Koordinatensystem *rechtshändig*. Ein rechtshändiges orthogonales Koordinatensystem bezeichnet man als *kartesisches Koordinatensystem*.

Ein beliebiger Punkt P wird dann durch die Längen x, y, z – auch häufig als x_1, x_2, x_3 bezeichnet – der Koordinatenachsenabschnitte beschrieben, die sich bei senkrechter Projektion des Punktes P auf jede der drei Koordinatenachsen ergeben, vgl. Abb. A.1.

Ortsvektor eines Punktes Als *Ortsvektor* $\mathbf{r}$ bezeichnet man die vom Koordinatenursprung O zum Punkt P verlaufende, *gerichtete Strecke* OP. Die Koordinaten x, y, z des Punktes P werden als *Komponenten* x, y, z des Ortsvektors $\mathbf{r}$ bezeichnet, ihre Anordnung

$$(\mathbf{r}) = \begin{pmatrix} x \\ y \\ z \end{pmatrix} \tag{A.1.1}$$

in einem *Spaltentripel* heißt *Komponentendarstellung* $(\mathbf{r})$ des Ortsvektors $\mathbf{r}$.

---

[1]S. Brandt, H. D. Dahmen: *Mechanik*, 4. Aufl., Springer-Verlag Berlin, Heidelberg, 2004.

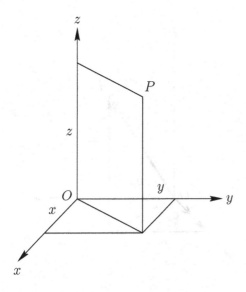

Abb. A.1. Koordinaten x, y, z des Punktes P im rechtshändigen orthogonalen Koordinatensystem im dreidimensionalen Raum

Basisvektoren eines kartesischen Koordinatensystems Die Ortsvektoren der Länge 1 vom Ursprung des kartesischen Koordinatensystems zu den drei Punkten auf den Achsen mit den Koordinaten $(x = 1, y = 0, z = 0)$, $(x = 0, y = 1, z = 0)$ und $(x = 0, y = 0, z = 1)$ heißen *Basisvektoren* $\mathbf{e}_x, \mathbf{e}_y, \mathbf{e}_z$ des Koordinatensystems, vgl. Abb. A.2. Sie haben die Komponentendarstellungen

$$(\mathbf{e}_x) = \begin{pmatrix} 1 \\ 0 \\ 0 \end{pmatrix} \quad , \quad (\mathbf{e}_y) = \begin{pmatrix} 0 \\ 1 \\ 0 \end{pmatrix} \quad , \quad (\mathbf{e}_z) = \begin{pmatrix} 0 \\ 0 \\ 1 \end{pmatrix} \quad . \quad \text{(A.1.2)}$$

Die Basisvektoren werden häufig auch mit Zahlen indiziert:

$$\mathbf{e}_1 = \mathbf{e}_x \quad , \quad \mathbf{e}_2 = \mathbf{e}_y \quad , \quad \mathbf{e}_3 = \mathbf{e}_z \quad . \quad \text{(A.1.3)}$$

Darstellung des Ortsvektors durch Basisvektoren Die Komponentendarstellung des Ortsvektors $\mathbf{r}$ eines Punktes P mit den Koordinaten x, y, z läßt sich in die Komponentendarstellungen der Basisvektoren zerlegen:

$$(\mathbf{r}) = x(\mathbf{e}_1) + y(\mathbf{e}_2) + z(\mathbf{e}_3) \quad . \quad \text{(A.1.4)}$$

Für den Ortsvektor $\mathbf{r}$ als gerichtete Strecke führt das auf die Zerlegung

$$\mathbf{r} = x\mathbf{e}_1 + y\mathbf{e}_2 + z\mathbf{e}_3 \quad \text{(A.1.5)}$$

in die Basisvektoren $\mathbf{e}_1, \mathbf{e}_2, \mathbf{e}_3$ als gerichteten Strecken, vgl. Abb. A.2.

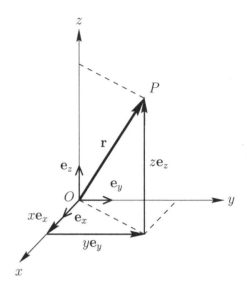

Abb. A.2. Zerlegung des Ortsvektors $\mathbf{r}$ in die Basisvektoren $\mathbf{e}_x, \mathbf{e}_y, \mathbf{e}_z$

Vektoren Die Ortsvektoren sind gerichtete Strecken, die vom Koordinatenursprung ausgehen. Gerichtete Strecken können auch von anderen Punkten ausgehen. Das führt auf das Konzept des Vektors.

Ein *Vektor* $\mathbf{a}$ wird durch das Komponententripel

$$(\mathbf{a}) = \begin{pmatrix} a_x \\ a_y \\ a_z \end{pmatrix} \tag{A.1.6}$$

dargestellt. Auch die Basisvektoren $\mathbf{e}_x, \mathbf{e}_y, \mathbf{e}_z$ können von jedem Punkt ausgehen. Damit kann der Vektor $\mathbf{a}$ durch

$$\mathbf{a} = a_x\mathbf{e}_x + a_y\mathbf{e}_y + a_z\mathbf{e}_z \tag{A.1.7}$$

dargestellt werden. An die Spitze des Vektors $a_x\mathbf{e}_x$ wird der Vektor $a_y\mathbf{e}_y$ und daran schließlich $a_z\mathbf{e}_z$ angesetzt.

Addition von Vektoren Die Summe $\mathbf{a} + \mathbf{b}$ zweier Vektoren

$$\mathbf{a} = a_x\mathbf{e}_x + a_y\mathbf{e}_y + a_z\mathbf{e}_z \quad , \qquad \mathbf{b} = b_x\mathbf{e}_x + b_y\mathbf{e}_y + b_z\mathbf{e}_z \tag{A.1.8}$$

ist durch

$$\mathbf{a} + \mathbf{b} = (a_x + b_x)\mathbf{e}_x + (a_y + b_y)\mathbf{e}_y + (a_z + b_z)\mathbf{e}_z \tag{A.1.9}$$

oder in Komponenten,

$$(\mathbf{a} + \mathbf{b}) = \begin{pmatrix} a_x + b_x \\ a_y + b_y \\ a_z + b_z \end{pmatrix} \quad , \tag{A.1.10}$$

definiert.

Multiplikation eines Vektors mit einer Zahl

$$\alpha\mathbf{a} = \alpha a_x\mathbf{e}_x + \alpha a_y\mathbf{e}_y + \alpha a_z\mathbf{e}_z \quad . \tag{A.1.11}$$

Für $\alpha = -1$ ergibt sich das Negative eines Vektors,

$$-\mathbf{b} = -b_x\mathbf{e}_x - b_y\mathbf{e}_y - b_z\mathbf{e}_z \quad . \tag{A.1.12}$$

Als Differenz zweier Vektoren $\mathbf{a}$, $\mathbf{b}$ folgt damit

$$\mathbf{a} - \mathbf{b} = \mathbf{a} + (-\mathbf{b}) = (a_x - b_x)\mathbf{e}_x + (a_y - b_y)\mathbf{e}_y + (a_z - b_z)\mathbf{e}_z \quad . \tag{A.1.13}$$

Allgemein gilt für die *Linearkombination zweier Vektoren*

$$\alpha\mathbf{a} + \beta\mathbf{b} = (\alpha a_x + \beta b_x)\mathbf{e}_x + (\alpha a_y + \beta b_y)\mathbf{e}_y + (\alpha a_z + \beta b_z)\mathbf{e}_z \quad . \tag{A.1.14}$$

Die Vektoren bilden einen *linearen Vektorraum.*

Skalarprodukt Das *Skalarprodukt der Basisvektoren* $\mathbf{e}_i, \mathbf{e}_j$ ist durch

$$\mathbf{e}_i \cdot \mathbf{e}_j = (\mathbf{e}_i) \cdot (\mathbf{e}_j) = \delta_{ij} \tag{A.1.15}$$

gegeben. Hier ist δ_{ij} das *Kronecker-Symbol*, definiert durch

$$\delta_{ii} = 1 \quad , \qquad \delta_{ij} = 0 \quad \text{für} \quad i \neq j \quad . \tag{A.1.16}$$

Damit ergibt sich für

$$\mathbf{a} = \sum_{i=1}^{3} a_i\mathbf{e}_i \quad , \qquad \mathbf{b} = \sum_{j=1}^{3} b_j\mathbf{e}_j \tag{A.1.17}$$

als *Skalarprodukt zweier Vektoren*

$$\mathbf{a} \cdot \mathbf{b} = \sum_{ij} a_i b_j \mathbf{e}_i \cdot \mathbf{e}_j = \sum_{ij} a_i b_j \delta_{ij} = \sum_{i} a_i b_i \quad . \tag{A.1.18}$$

Der *Betrag* des Vektors $\mathbf{a}$ ist

$$|\mathbf{a}| = a = \sqrt{\mathbf{a} \cdot \mathbf{a}} = \sqrt{a_1^2 + a_2^2 + a_3^2} \quad .$$

Damit gilt für das Skalarprodukt

$$\mathbf{a} \cdot \mathbf{b} = ab\cos\vartheta$$

mit $\vartheta = \sphericalangle(\mathbf{a}, \mathbf{b})$, dem Winkel zwischen den beiden Vektoren. Der *Einheitsvektor* in Richtung von $\mathbf{a}$ ist

$$\hat{\mathbf{a}} = \frac{\mathbf{a}}{|\mathbf{a}|} \quad , \qquad |\hat{\mathbf{a}}| = 1 \quad .$$

Vektorprodukt Die *Vektorprodukte der Basisvektoren* sind durch

$$\mathbf{e}_1 \times \mathbf{e}_2 = \mathbf{e}_3 \quad , \qquad \mathbf{e}_2 \times \mathbf{e}_3 = \mathbf{e}_1 \quad , \qquad \mathbf{e}_3 \times \mathbf{e}_1 = \mathbf{e}_2 \qquad \text{(A.1.19)}$$

und

$$\mathbf{e}_i \times \mathbf{e}_j = -\mathbf{e}_j \times \mathbf{e}_i \quad , \qquad \mathbf{e}_i \times \mathbf{e}_i = 0 \quad , \qquad i,j = 1,2,3 \quad , \quad \text{(A.1.20)}$$

gegeben. Das *Levi-Civita-Symbol* ist durch

$$\varepsilon_{ijk} = \begin{cases} 1 & \text{für} & (i,j,k) = (1,2,3),\ (2,3,1),\ (3,1,2) \\ -1 & \text{für} & (i,j,k) = (2,1,3),\ (1,3,2),\ (3,2,1) \\ 0 & \text{für jede andere Wahl der Indizes } i,j,k \end{cases} \qquad \text{(A.1.21)}$$

definiert. Es folgen die Relationen

$$\varepsilon_{jik} = \varepsilon_{ikj} = \varepsilon_{kji} = -\varepsilon_{ijk} \quad , \qquad \varepsilon_{iik} = \varepsilon_{kii} = \varepsilon_{iki} = 0 \quad . \qquad \text{(A.1.22)}$$

Damit gilt

$$\mathbf{e}_i \times \mathbf{e}_j = \sum_{k=1}^{3} \varepsilon_{ijk} \mathbf{e}_k \quad . \qquad \text{(A.1.23)}$$

Das Vektorprodukt folgt der *Rechte-Hand-Regel*: Die Anordnungen $(2,3,1)$ und $(3,1,2)$ sind *gerade Permutationen* von $(1,2,3)$. Für diese Permutationen gilt: Zeigt der links im Vektorprodukt stehende Basisvektor $\mathbf{e}_i$ in Richtung des Daumens, der rechts im Vektorprodukt stehende $\mathbf{e}_j$ in Richtung des Zeigefingers, so zeigt der das Resultat des Produktes angebende Basisvektor $\mathbf{e}_k$ in Richtung des Mittelfingers der rechten Hand. Das *Vektorprodukt zweier Vektoren* $\mathbf{a}, \mathbf{b}$ ist mit Hilfe der Darstellungen

$$\mathbf{a} = \sum_{i=1}^{3} a_i \mathbf{e}_i \quad , \qquad \mathbf{b} = \sum_{j=1}^{3} b_j \mathbf{e}_j \qquad \text{(A.1.24)}$$

durch

$$\mathbf{c} = \mathbf{a} \times \mathbf{b} = \sum_{ij} a_i b_j (\mathbf{e}_i \times \mathbf{e}_j) = \sum_{ijk} \varepsilon_{ijk} a_i b_j \mathbf{e}_k \qquad \text{(A.1.25)}$$

definiert. Der Vektor $\mathbf{c} = \sum_k c_k \mathbf{e}_k$ hat die Komponenten

$$c_k = \sum_{ij} \varepsilon_{ijk} a_i b_j = \sum_{ij} \varepsilon_{kij} a_i b_j \quad . \qquad \text{(A.1.26)}$$

Für das Levi-Civita-Symbol gelten die Rechenregeln

$$\sum_{m=1}^{3} \varepsilon_{ijm} \varepsilon_{klm} = \sum_{m=1}^{3} \varepsilon_{ijm} \varepsilon_{mkl} = \delta_{ik}\delta_{j\ell} - \delta_{i\ell}\delta_{jk} \quad ,$$

$$\sum_{m,\ell=1}^{3} \varepsilon_{i\ell m} \varepsilon_{klm} = \sum_{\ell=1}^{3} (\delta_{ik} - \delta_{i\ell}\delta_{\ell k}) = 3\delta_{ik} - \delta_{ik} = 2\delta_{ik} \quad . \quad \text{(A.1.27)}$$

Spatprodukt *Spatprodukt der Basisvektoren:*

$$(\mathbf{e}_i \times \mathbf{e}_j) \cdot \mathbf{e}_k = \left(\sum_{\ell=1}^{3} \varepsilon_{ij\ell} \mathbf{e}_\ell \right) \cdot \mathbf{e}_k = \sum_{\ell=1}^{3} \varepsilon_{ij\ell} \delta_{\ell k} = \varepsilon_{ijk} \quad . \tag{A.1.28}$$

Spatprodukt von drei Vektoren:

$$(\mathbf{a} \times \mathbf{b}) \cdot \mathbf{c} = \sum_{ijk} a_i b_j c_k (\mathbf{e}_i \times \mathbf{e}_j) \cdot \mathbf{e}_k = \sum_{ijk} \varepsilon_{ijk} a_i b_j c_k \quad . \tag{A.1.29}$$

Doppeltes Vektorprodukt. Entwicklungssatz Doppeltes Vektorprodukt von drei Basisvektoren:

$$
\begin{aligned}
\mathbf{e}_i \times (\mathbf{e}_j \times \mathbf{e}_k) &= \mathbf{e}_i \times \left(\sum_{\ell=1}^{3} \varepsilon_{\ell jk} \mathbf{e}_\ell \right) = \sum_{\ell=1}^{3} \mathbf{e}_i \times \mathbf{e}_\ell \varepsilon_{\ell jk} \\
&= \sum_{\ell m} (\varepsilon_{i\ell m} \mathbf{e}_m) \varepsilon_{\ell jk} = -\sum_m \sum_\ell (\varepsilon_{\ell im} \varepsilon_{\ell jk}) \mathbf{e}_m \\
&= -\sum_m (\delta_{ij}\delta_{mk} - \delta_{ik}\delta_{jm}) \mathbf{e}_m = \delta_{ik}\mathbf{e}_j - \delta_{ij}\mathbf{e}_k \\
&= (\mathbf{e}_i \cdot \mathbf{e}_k)\mathbf{e}_j - (\mathbf{e}_i \cdot \mathbf{e}_j)\mathbf{e}_k \quad .
\end{aligned}
\tag{A.1.30}
$$

Doppeltes Vektorprodukt von **a**, **b**, **c**:

$$
\begin{aligned}
\mathbf{a} \times (\mathbf{b} \times \mathbf{c}) &= \sum_{i,j,k=1}^{3} a_i b_j c_k \mathbf{e}_i \times (\mathbf{e}_j \times \mathbf{e}_k) \\
&= (\mathbf{a} \cdot \mathbf{c})\mathbf{b} - (\mathbf{a} \cdot \mathbf{b})\mathbf{c} \quad .
\end{aligned}
\tag{A.1.31}
$$

A.2 Tensoren

Tensorielles Produkt Als *tensorielles Produkt* zweier Vektoren a, b oder auch als ihre *Dyade* bezeichnet man das geordnete Paar

$$\mathbf{a} \otimes \mathbf{b} = (\mathbf{a}, \mathbf{b}) \tag{A.2.1}$$

der beiden Vektoren. Für Vektoren im dreidimensionalen Raum bilden die tensoriellen Produkte

$$\mathbf{a} \otimes \mathbf{b} = \sum_{i,j=1}^{3} a_i b_j \mathbf{e}_i \otimes \mathbf{e}_j \tag{A.2.2}$$

einen neundimensionalen Raum, weil sie sich alle durch die neun *Basistensoren*

$$\mathbf{e}_i \otimes \mathbf{e}_j = (\mathbf{e}_i, \mathbf{e}_j) \quad , \qquad i, j = 1, 2, 3 \quad , \tag{A.2.3}$$

linear kombinieren lassen:

$$\mathbf{a} \otimes \mathbf{b} = \sum_{ij} c_{ij} \mathbf{e}_i \otimes \mathbf{e}_j \quad , \qquad c_{ij} = a_i b_j \quad . \tag{A.2.4}$$

Tensor zweiter Stufe Eine Linearkombination der $\mathbf{e}_i \otimes \mathbf{e}_j$ mit beliebigen Koeffizienten A_{ij} ergibt die allgemeine Basiszerlegung

$$\underline{\underline{A}} = \sum_{i,j=1}^{3} A_{ij}\mathbf{e}_i \otimes \mathbf{e}_j \qquad (A.2.5)$$

eines Tensors zweiter Stufe. Die Koeffizienten A_{ij} heißen auch *Tensorkomponenten*. Sie werden in einer Matrix

$$(\underline{\underline{A}}) = \begin{pmatrix} A_{11} & A_{12} & A_{13} \\ A_{21} & A_{22} & A_{23} \\ A_{31} & A_{32} & A_{33} \end{pmatrix} \qquad (A.2.6)$$

zusammengefaßt. Die Tensorkomponenten A_{ij} werden daher auch als Matrixelemente der Matrix $(\underline{\underline{A}})$ bezeichnet.

Durch die Definition der *Multiplikation eines Tensors mit einer Zahl*,

$$\alpha\underline{\underline{A}} = \sum_{i,j=1}^{3} \alpha A_{ij}\mathbf{e}_i \otimes \mathbf{e}_j \quad , \qquad (A.2.7)$$

und der *Addition zweier Tensoren*,

$$\underline{\underline{A}} + \underline{\underline{B}} = \sum_{i,j=1}^{3} (A_{ij} + B_{ij})\mathbf{e}_i \otimes \mathbf{e}_j \quad , \qquad (A.2.8)$$

erhält die Menge der Tensoren zweiter Stufe die Struktur eines neundimensionalen Vektorraumes. Die natürliche Basis in diesem Raum ist die durch die Basisvektoren $\mathbf{e}_1, \mathbf{e}_2, \mathbf{e}_3$ des Vektorraumes induzierte Basis ihrer tensoriellen Produkte $\mathbf{e}_i \otimes \mathbf{e}_j$.

Adjungierter Tensor Der zu $\underline{\underline{A}}$, Gl. (A.2.5), *adjungierte Tensor* ist durch

$$\begin{aligned} \underline{\underline{A}}^{+} &= \left(\sum_{i,j=1}^{3} A_{ij}\mathbf{e}_i \otimes \mathbf{e}_j \right)^{+} = \sum_{i,j=1}^{3} A_{ij} (\mathbf{e}_i \otimes \mathbf{e}_j)^{+} \\ &= \sum_{i,j=1}^{3} A_{ij}\mathbf{e}_j \otimes \mathbf{e}_i = \sum_{i,j=1}^{3} A_{ji}\mathbf{e}_i \otimes \mathbf{e}_j \end{aligned} \qquad (A.2.9)$$

definiert. Seine Matrix hat die Darstellung

$$(\underline{\underline{A}}^{+}) = \begin{pmatrix} A_{11} & A_{21} & A_{31} \\ A_{12} & A_{22} & A_{32} \\ A_{13} & A_{23} & A_{33} \end{pmatrix} \quad . \qquad (A.2.10)$$

Ein *symmetrischer Tensor* genügt der Bedingung

$$\underline{\underline{A}}^{+} = \underline{\underline{A}} \quad . \qquad (A.2.11)$$

Seine Matrixelemente erfüllen die Gleichung

$$A_{ki} = A_{ik} \quad . \qquad (A.2.12)$$

Produkt eines Tensors mit einem Vektor Mit Hilfe des Skalarproduktes der Basisvektoren e_k läßt sich das *Linksprodukt* eines Basistensors $e_i \otimes e_j$ mit dem Basisvektor e_k durch

$$(e_i \otimes e_j)e_k = \delta_{jk}e_i \qquad (A.2.13)$$

definieren. Entsprechend gilt für das *Rechtsprodukt*

$$e_k \cdot (e_i \otimes e_j) = \delta_{ik}e_j \qquad (A.2.14)$$

Das Ergebnis ist null oder selbst ein Basisvektor. Über die Zerlegungen eines Tensors $\underline{\underline{A}}$ in Basistensoren und die Komponentendarstellung eines Vektors a erhält man das Links- bzw. Rechtsprodukt eines Tensors mit einem Vektor,

$$\underline{\underline{A}}a = \sum_{ij} A_{ij}a_j e_i = \sum_i (\underline{\underline{A}}a)_i e_i = c \qquad (A.2.15)$$

mit

$$(\underline{\underline{A}}a)_i = \sum_j A_{ij}a_j \quad .$$

Das Ergebnis der Multiplikation eines Tensors zweiter Stufe mit einem Vektor a ist ein Vektor. Der Tensor zweiter Stufe leistet eine *lineare Abbildung* des Vektors a in den Vektor c. Der *Einheitstensor*

$$\underline{\underline{1}} = \sum_{i=1}^{3} e_i \otimes e_i = \sum_{i,j=1}^{3} \delta_{ij} e_i \otimes e_j \qquad (A.2.16)$$

vermittelt die identische Abbildung:

$$\underline{\underline{1}}a = \sum_{i=1}^{3} e_i \otimes e_i \left(\sum_{j=1}^{3} a_j e_j \right) = \sum_{j=1}^{3} a_j e_j = a \quad ,$$

$$a\underline{\underline{1}} = \left(\sum_{j=1}^{3} a_j e_j \right) \sum_{i=1}^{3} e_i \otimes e_i = \sum_{j=1}^{3} a_j e_j = a \quad . \qquad (A.2.17)$$

Die Darstellung (A.2.16) wird auch häufig als *Zerlegung der Einheit* bezeichnet.

Die Komponenten des Einheitstensors sind durch das Kronecker-Symbol gegeben. Sie sind die Matrixelemente der *Einheitsmatrix*

$$(\underline{\underline{1}}) = \begin{pmatrix} 1 & 0 & 0 \\ 0 & 1 & 0 \\ 0 & 0 & 1 \end{pmatrix} \quad . \qquad (A.2.18)$$

Produkt zweier Tensoren Mit Hilfe des Skalarproduktes der Basisvektoren $\mathbf{e}_i$ läßt sich das *Produkt der Basistensoren* $\mathbf{e}_i \otimes \mathbf{e}_j$ und $\mathbf{e}_k \otimes \mathbf{e}_\ell$ durch

$$(\mathbf{e}_i \otimes \mathbf{e}_j)(\mathbf{e}_k \otimes \mathbf{e}_\ell) = \delta_{jk}\mathbf{e}_i \otimes \mathbf{e}_\ell \qquad (A.2.19)$$

definieren, das selbst null oder wieder ein Basistensor zweiter Stufe ist. Unter Verwendung der Zerlegungen zweier Tensoren $\underline{\underline{A}}$, $\underline{\underline{B}}$ in ihre Basistensoren erhalten wir als *Produkt zweier Tensoren*

$$\underline{\underline{A}}\,\underline{\underline{B}} = \sum_{i,j,\ell=1}^{3} A_{ij}B_{j\ell}\mathbf{e}_i \otimes \mathbf{e}_\ell = \sum_{i,\ell=1}^{3} (\underline{\underline{A}}\,\underline{\underline{B}})_{i\ell}\mathbf{e}_i \otimes \mathbf{e}_\ell \qquad (A.2.20)$$

mit

$$(\underline{\underline{A}}\,\underline{\underline{B}})_{i\ell} = \sum_{j=1}^{3} A_{ij}B_{j\ell} \quad . \qquad (A.2.21)$$

Skalarprodukt zweier Tensoren Das *Skalarprodukt zweier Basistensoren* $\mathbf{e}_i \otimes \mathbf{e}_j$ und $\mathbf{e}_k \otimes \mathbf{e}_\ell$ ist durch

$$(\mathbf{e}_i \otimes \mathbf{e}_j) \cdot (\mathbf{e}_k \otimes \mathbf{e}_\ell) = \delta_{ik}\delta_{j\ell} \qquad (A.2.22)$$

definiert, das *Skalarprodukt* zweier Tensoren $\underline{\underline{A}}$, $\underline{\underline{B}}$ mit Hilfe ihrer Basistensorzerlegung entsprechend durch

$$\underline{\underline{A}} \cdot \underline{\underline{B}} = \sum_{i,j=1}^{3} A_{ij}B_{ij} \quad . \qquad (A.2.23)$$

Spur eines Tensors Als Spur eines Tensors $\underline{\underline{A}}$ wird das Skalarprodukt des Tensors $\underline{\underline{A}}$ mit dem Einheitstensor $\underline{\underline{1}}$ bezeichnet,

$$\mathrm{Sp}\,\underline{\underline{A}} = \underline{\underline{A}} \cdot \underline{\underline{1}} = \underline{\underline{1}} \cdot \underline{\underline{A}} \quad . \qquad (A.2.24)$$

Mit Hilfe von (A.2.23) erhalten wir

$$\mathrm{Sp}\,\underline{\underline{A}} = \sum_{i,j=1}^{3} A_{ij}\delta_{ij} = \sum_{i=1}^{3} A_{ii} \quad , \qquad (A.2.25)$$

die Summe der Hauptdiagonalelemente der Matrix der Tensorkomponenten. Die Spur einer Dyade $\mathbf{a} \otimes \mathbf{b}$ ergibt sich zu

$$\mathrm{Sp}(\mathbf{a} \otimes \mathbf{b}) = \mathbf{a} \cdot \mathbf{b} \quad , \qquad (A.2.26)$$

dem Skalarprodukt der beiden Vektoren.

Levi-Civita-Tensor dritter Stufe In Verallgemeinerung der Tensoren zweiter Stufe kann man Tensoren dritter Stufe bilden als Tensorprodukt der Tensoren zweiter Stufe mit Vektoren. Als Basistensoren dritter Stufe erhalten wir die 27 Produkte

$$\mathbf{e}_i \otimes \mathbf{e}_j \otimes \mathbf{e}_k \quad , \qquad i, j, k = 1, 2, 3 \quad . \tag{A.2.27}$$

Der Levi-Civita-Tensor $\underset{=}{\varepsilon}$ ist die vollständig antisymmetrische Linearkombination der Basistensoren. Sie läßt sich am einfachsten mit Hilfe des Levi-Civita-Symbols (A.1.21) darstellen,

$$\underset{=}{\varepsilon} = \sum_{i,j,k=1}^{3} \varepsilon_{ijk} \mathbf{e}_i \otimes \mathbf{e}_j \otimes \mathbf{e}_k \quad . \tag{A.2.28}$$

Die *Multiplikation des Levi-Civita-Tensors mit einem Vektor* a kann auf drei verschiedene Weisen geschehen:

$$\begin{aligned}
\mathbf{a}\underset{=}{\varepsilon} &= \sum_{ijk} a_i \varepsilon_{ijk} \mathbf{e}_j \otimes \mathbf{e}_k \quad , \\
[\underset{=}{\varepsilon}\mathbf{a}] &= \sum_{ijk} \varepsilon_{ijk} a_j \mathbf{e}_i \otimes \mathbf{e}_k \quad , \\
\underset{=}{\varepsilon}\mathbf{a} &= \sum_{ijk} \varepsilon_{ijk} a_k \mathbf{e}_i \otimes \mathbf{e}_j \quad .
\end{aligned} \tag{A.2.29}$$

Es gilt

$$\mathbf{a}\underset{=}{\varepsilon} = -[\underset{=}{\varepsilon}\mathbf{a}] = \underset{=}{\varepsilon}\mathbf{a} \quad . \tag{A.2.30}$$

Das Ergebnis der Multiplikation des Levi-Civita-Tensors mit einem Vektor ist ein Tensor zweiter Stufe.

B. Formeln zur Vektoranalysis

B.1 Differentiation eines Vektors nach einem Parameter

Vektor als Funktion eines Parameters Die Beschreibung des Ortsvektors $\mathbf{x}$ eines bewegten Massenpunktes führt auf den Ortsvektor $\mathbf{x}(t)$ als Funktion eines Parameters t, in diesem Fall der Zeit t. Die Zerlegung in kartesische Koordinaten liefert

$$\mathbf{x}(t) = x_1(t)\mathbf{e}_1 + x_2(t)\mathbf{e}_2 + x_3(t)\mathbf{e}_3 \quad . \tag{B.1.1}$$

Differentiation nach einem Parameter Die Geschwindigkeit des Massenpunktes ist durch die *Differentiation des Vektors nach der Zeit*,

$$\frac{\mathrm{d}\mathbf{x}}{\mathrm{d}t} = \lim_{\Delta t \to 0} \frac{\mathbf{x}(t + \Delta t) - \mathbf{x}(t)}{\Delta t} \quad , \tag{B.1.2}$$

definiert, in kartesischen Koordinaten gilt

$$\frac{\mathrm{d}\mathbf{x}}{\mathrm{d}t} = \frac{\mathrm{d}x_1}{\mathrm{d}t}\mathbf{e}_1 + \frac{\mathrm{d}x_2}{\mathrm{d}t}\mathbf{e}_2 + \frac{\mathrm{d}x_3}{\mathrm{d}t}\mathbf{e}_3 \quad . \tag{B.1.3}$$

Rechenregeln Sei $a(t)$ eine skalare Funktion des Parameters t, seien außerdem $\mathbf{x}(t)$, $\mathbf{y}(t)$ zwei Vektorfunktionen, so gelten die folgenden *Produktdifferentiationsregeln*:

$$\frac{\mathrm{d}}{\mathrm{d}t}[a(t)\mathbf{x}(t)] = \frac{\mathrm{d}a(t)}{\mathrm{d}t}\mathbf{x}(t) + a(t)\frac{\mathrm{d}\mathbf{x}(t)}{\mathrm{d}t} \quad , \tag{B.1.4}$$

$$\frac{\mathrm{d}}{\mathrm{d}t}[\mathbf{x}(t) \cdot \mathbf{y}(t)] = \frac{\mathrm{d}\mathbf{x}(t)}{\mathrm{d}t} \cdot \mathbf{y}(t) + \mathbf{x}(t) \cdot \frac{\mathrm{d}\mathbf{y}(t)}{\mathrm{d}t} \quad , \tag{B.1.5}$$

$$\frac{\mathrm{d}}{\mathrm{d}t}[\mathbf{x}(t) \times \mathbf{y}(t)] = \frac{\mathrm{d}\mathbf{x}(t)}{\mathrm{d}t} \times \mathbf{y}(t) + \mathbf{x}(t) \times \frac{\mathrm{d}\mathbf{y}(t)}{\mathrm{d}t} \tag{B.1.6}$$

und die *Kettenregel*

$$\frac{\mathrm{d}\mathbf{x}(a(t))}{\mathrm{d}t} = \frac{\mathrm{d}a(t)}{\mathrm{d}t}\frac{\mathrm{d}\mathbf{x}(a)}{\mathrm{d}a} \quad . \tag{B.1.7}$$

Höhere Ableitungen können durch wiederholte Differentiation gebildet werden:

$$\frac{d^2\mathbf{x}}{dt^2} = \frac{d}{dt}\frac{d\mathbf{x}}{dt} = \frac{d^2x_1}{dt^2}\mathbf{e}_1 + \frac{d^2x_2}{dt^2}\mathbf{e}_2 + \frac{d^2x_3}{dt^2}\mathbf{e}_3 \quad . \tag{B.1.8}$$

B.2 Koordinatensysteme

Kartesisches Koordinatensystem Ein kartesisches Koordinatensystem ist ein ortsunabhängiges, rechtshändiges *Orthonormalsystem* mit den Basisvektoren

$$\mathbf{e}_1 = \mathbf{e}_x \quad , \qquad \mathbf{e}_2 = \mathbf{e}_y \quad , \qquad \mathbf{e}_3 = \mathbf{e}_z \quad . \tag{B.2.1}$$

Die Basisvektoren sind orthonormal,

$$\mathbf{e}_i \cdot \mathbf{e}_j = \delta_{ij} \quad , \tag{B.2.2}$$

das Koordinatensystem ist rechtshändig, $\mathbf{e}_1 \times \mathbf{e}_2 = \mathbf{e}_3, \mathbf{e}_2 \times \mathbf{e}_3 = \mathbf{e}_1, \mathbf{e}_3 \times \mathbf{e}_1 = \mathbf{e}_2$, d. h.

$$\mathbf{e}_i \times \mathbf{e}_j = \sum_k \varepsilon_{ijk}\mathbf{e}_k \quad , \tag{B.2.3}$$

vgl. (A.1.23). Jeder Vektor $\mathbf{r}$ läßt sich in Basisvektoren zerlegen,

$$\mathbf{r} = \sum_{i=1}^{3} x_i\mathbf{e}_i \quad , \qquad x_i = \mathbf{r} \cdot \mathbf{e}_i \quad . \tag{B.2.4}$$

Mit Hilfe der Zerlegung der Einheit, vgl. (A.2.16), läßt sich die erste Beziehung auch durch

$$\mathbf{r} = \mathbf{r}\underline{\underline{1}} = \mathbf{r}\left(\sum_{i=1}^{3} \mathbf{e}_i \otimes \mathbf{e}_i\right) = \sum_{i=1}^{3}(\mathbf{r} \cdot \mathbf{e}_i)\mathbf{e}_i = \sum_{i=1}^{3} x_i\mathbf{e}_i \tag{B.2.5}$$

gewinnen. Die Zerlegung der Einheit (A.2.16) wird auch als *Vollständigkeitsrelation*,

$$\sum_{i=1}^{3} \mathbf{e}_i \otimes \mathbf{e}_i = \underline{\underline{1}} \quad , \tag{B.2.6}$$

bezeichnet.

Die Basisvektoren $\mathbf{e}_i$ sind ortsunabhängig, damit gilt

$$\frac{\partial \mathbf{e}_i}{\partial x_j} = 0 \quad . \tag{B.2.7}$$

Kugelkoordinatensystem Im Kugelkoordinatensystem, vgl. Abb. B.1, benutzt man Koordinaten r, ϑ, φ mit

$$x = r \sin \vartheta \cos \varphi \quad , \qquad y = r \sin \vartheta \sin \varphi \quad , \qquad z = r \cos \vartheta \quad ,$$

$$r = \sqrt{x^2 + y^2 + z^2} \quad , \qquad \cos \vartheta = \frac{z}{r} \quad , \qquad \sin \vartheta = \frac{\sqrt{x^2 + y^2}}{r} \quad ,$$

$$\cos \varphi = \frac{x}{\sqrt{x^2 + y^2}} \quad , \qquad \sin \varphi = \frac{y}{\sqrt{x^2 + y^2}} \quad .$$

Der Winkel ϑ wird als Polarwinkel, φ wird als Azimut bezeichnet. Das Basissystem ist ein ortsabhängiges, rechtshändiges Orthonormalsystem mit den Basisvektoren

$$\mathbf{e}_1 = \mathbf{e}_r(\vartheta, \varphi) \quad , \qquad \mathbf{e}_2 = \mathbf{e}_\vartheta(\vartheta, \varphi) \quad , \qquad \mathbf{e}_3 = \mathbf{e}_\varphi(\vartheta, \varphi) \quad . \tag{B.2.8}$$

Ihre Zerlegung in kartesische Koordinaten lautet

$$\begin{aligned}
\mathbf{e}_r &= \sin \vartheta \cos \varphi \, \mathbf{e}_x + \sin \vartheta \sin \varphi \, \mathbf{e}_y + \cos \vartheta \, \mathbf{e}_z \quad , \\
\mathbf{e}_\vartheta &= \cos \vartheta \cos \varphi \, \mathbf{e}_x + \cos \vartheta \sin \varphi \, \mathbf{e}_y - \sin \vartheta \, \mathbf{e}_z \quad , \\
\mathbf{e}_\varphi &= -\sin \varphi \, \mathbf{e}_x + \cos \varphi \, \mathbf{e}_y \quad .
\end{aligned} \tag{B.2.9}$$

Der Ortsvektor hat die Darstellung

$$\mathbf{r} = r \mathbf{e}_r(\vartheta, \varphi) \quad .$$

Die Basisvektoren sind orthonormal,

$$\mathbf{e}_i \cdot \mathbf{e}_j = \delta_{ij} \quad , \tag{B.2.10}$$

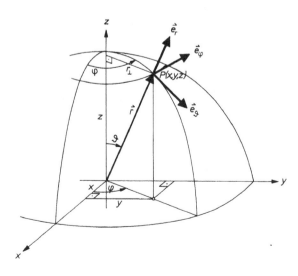

Abb. B.1. Kugelkoordinaten

das Koordinatensystem ist rechtshändig,

$$\mathbf{e}_i \times \mathbf{e}_j = \sum_k \varepsilon_{ijk} \mathbf{e}_k \quad . \tag{B.2.11}$$

Die Vollständigkeitsrelation der Basisvektoren des Kugelkoordinatensystems lautet

$$\mathbf{e}_r \otimes \mathbf{e}_r + \mathbf{e}_\vartheta \otimes \mathbf{e}_\vartheta + \mathbf{e}_\varphi \otimes \mathbf{e}_\varphi = \underline{1} \quad . \tag{B.2.12}$$

Die Ableitungen der Basisvektoren nach den Kugelkoordinaten lauten

$$\frac{\partial \mathbf{e}_i}{\partial r} = 0 \quad , \qquad i = 1, 2, 3 \quad ,$$

$$\frac{\partial \mathbf{e}_r}{\partial \vartheta} = \mathbf{e}_\vartheta \quad , \qquad \frac{\partial \mathbf{e}_\vartheta}{\partial \vartheta} = -\mathbf{e}_r \quad , \qquad \frac{\partial \mathbf{e}_\varphi}{\partial \vartheta} = 0 \quad , \tag{B.2.13}$$

$$\frac{\partial \mathbf{e}_r}{\partial \varphi} = \mathbf{e}_\varphi \sin \vartheta \quad , \qquad \frac{\partial \mathbf{e}_\vartheta}{\partial \varphi} = \mathbf{e}_\varphi \cos \vartheta \quad , \qquad \frac{\partial \mathbf{e}_\varphi}{\partial \varphi} = -\mathbf{e}_r \sin \vartheta - \mathbf{e}_\vartheta \cos \vartheta \quad .$$

Zylinderkoordinatensystem Im Zylinderkoordinatensystem, vgl. Abb. B.2, benutzt man die Koordinaten $r_\perp, \varphi, z$ mit

$$x = r_\perp \cos \varphi \quad , \qquad y = r_\perp \sin \varphi \quad , \qquad z = z \quad ,$$

$$r_\perp = \sqrt{x^2 + y^2} \quad , \qquad \cos \varphi = \frac{x}{\sqrt{x^2 + y^2}} \quad , \qquad \sin \varphi = \frac{y}{\sqrt{x^2 + y^2}} \quad .$$

Das Basissystem ist ein ortsabhängiges, rechtshändiges Orthonormalsystem mit den Basisvektoren

$$\mathbf{e}_1 = \mathbf{e}_\perp(\varphi) \quad , \qquad \mathbf{e}_2 = \mathbf{e}_\varphi(\varphi) \quad , \qquad \mathbf{e}_3 = \mathbf{e}_z \quad . \tag{B.2.14}$$

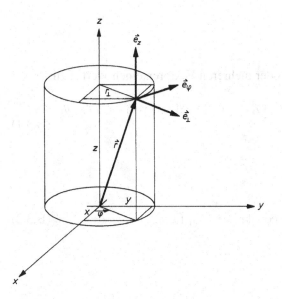

Abb. B.2. Zylinderkoordinaten

Die Zerlegung der Basisvektoren $\mathbf{e}_\perp, \mathbf{e}_\varphi$ in kartesische Koordinaten lautet

$$\mathbf{e}_\perp = \cos\varphi\,\mathbf{e}_x + \sin\varphi\,\mathbf{e}_y \quad, \qquad \mathbf{e}_\varphi = -\sin\varphi\,\mathbf{e}_x + \cos\varphi\,\mathbf{e}_y \quad . \quad \text{(B.2.15)}$$

Der Ortsvektor hat die Darstellung

$$\mathbf{r} = r_\perp \mathbf{e}_\perp(\varphi) + z\mathbf{e}_z \quad .$$

Die Basisvektoren sind orthonormal,

$$\mathbf{e}_i \cdot \mathbf{e}_j = \delta_{ij} \quad , \qquad \text{(B.2.16)}$$

das Koordinatensystem ist rechtshändig,

$$\mathbf{e}_i \times \mathbf{e}_j = \sum_k \varepsilon_{ijk}\mathbf{e}_k \quad . \qquad \text{(B.2.17)}$$

Die Vollständigkeitsrelation der Basisvektoren des Zylinderkoordinatensystems lautet

$$\mathbf{e}_\perp \otimes \mathbf{e}_\perp + \mathbf{e}_\varphi \otimes \mathbf{e}_\varphi + \mathbf{e}_z \otimes \mathbf{e}_z = \underline{\underline{1}} \quad . \qquad \text{(B.2.18)}$$

Die Ableitungen der Basisvektoren nach den Zylinderkoordinaten $r_\perp$, φ, z sind

$$\frac{\partial \mathbf{e}_i}{\partial r_\perp} = \frac{\partial \mathbf{e}_i}{\partial z} = 0 \quad \text{für} \quad i = 1, 2, 3 \quad ,$$

$$\frac{\partial \mathbf{e}_\perp}{\partial \varphi} = \mathbf{e}_\varphi \quad , \qquad \frac{\partial \mathbf{e}_\varphi}{\partial \varphi} = -\mathbf{e}_\perp \quad , \qquad \frac{\partial \mathbf{e}_z}{\partial \varphi} = 0 \quad . \qquad \text{(B.2.19)}$$

B.3 Skalarfeld

Ein Skalarfeld ordnet einem oder mehreren Vektoren einen Wert S zu:

$$S(\mathbf{r}) = s(x, y, z) \quad , \qquad S(\mathbf{r}_1, \mathbf{r}_2, \ldots, \mathbf{r}_N) = s(x_1, y_1, z_1, \ldots, x_N, y_N, z_N) \quad . \qquad \text{(B.3.1)}$$

Beispiele

Homogenes Skalarfeld

$$S_\mathrm{H}(\mathbf{r}) = a = \text{const} \quad , \qquad s_\mathrm{H}(x, y, z) = a \quad , \qquad \text{(B.3.2)}$$

vgl. Abb. B.3 oben links.

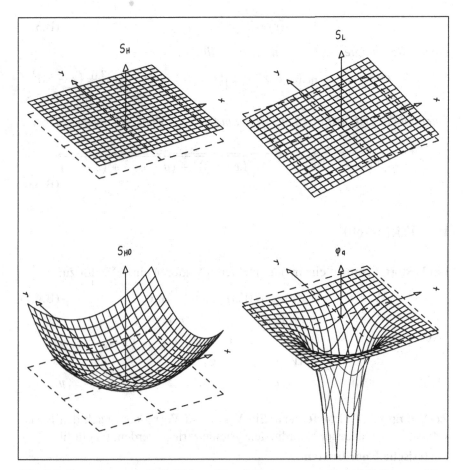

Abb. B.3. Darstellung von Skalarfeldern. *Oben links:* homogenes Skalarfeld $S_H = a$. *Oben rechts:* lineares Skalarfeld $S_L = \mathbf{a} \cdot \mathbf{r}$, $a = a_x \mathbf{e}_x + a_y \mathbf{e}_y$. *Unten links:* Potential des harmonischen Oszillators $S_{HO} = ar^2$. *Unten rechts:* Potential des elektrostatischen Potentials φ_q einer Punktladung $q < 0$ am Ort $\mathbf{r}_0 = 0$

Lineares Skalarfeld

Ein lineares Skalarfeld, vgl. Abb. B.3 oben rechts, ist eine lineare Funktion des Ortsvektors:

$$S_L(\mathbf{r}) = \mathbf{a} \cdot \mathbf{r} \quad ,$$
$$s_L(x, y, z) = a_x x + a_y y + a_z z \quad . \tag{B.3.3}$$

Hier ist $\mathbf{a} = a_x \mathbf{e}_x + a_y \mathbf{e}_y + a_z \mathbf{e}_z$ ein ortsunabhängiger Vektor.

Zentrales Skalarfeld

Ein zentrales Skalarfeld hängt nur vom Betrag der Differenz $|\mathbf{r} - \mathbf{r}_0|$ des Ortsvektors $\mathbf{r}$ und des Zentrums $\mathbf{r}_0$ ab:

$$S_Z(\mathbf{r}) = f(|\mathbf{r} - \mathbf{r}_0|) \quad . \tag{B.3.4}$$

Potentielle Energie des harmonischen Oszillators:

$$S_{HO}(\mathbf{r}) = a|\mathbf{r} - \mathbf{r}_0|^2 \;, \quad s_{HO}(x, y, z) = a\left[(x - x_0)^2 + (y - y_0)^2 + (z - z_0)^2\right] . \tag{B.3.5}$$

Potential des elektrostatischen Feldes am Ort $\mathbf{r}$ der Punktladung q am Ort $\mathbf{r}_0$:

$$\varphi_q(\mathbf{r}) = \frac{q}{4\pi\varepsilon_0} \frac{1}{|\mathbf{r} - \mathbf{r}_0|} = \frac{q}{4\pi\varepsilon_0} \frac{1}{\sqrt{(x - x_0)^2 + (y - y_0)^2 + (z - z_0)^2}} \quad . \tag{B.3.6}$$

B.4 Vektorfeld

Ein Vektorfeld ordnet einem oder mehreren Vektoren einen Vektor zu:

$$\begin{aligned}
\mathbf{W}(\mathbf{r}) &= W_x(\mathbf{r})\mathbf{e}_x + W_y(\mathbf{r})\mathbf{e}_y + W_z(\mathbf{r})\mathbf{e}_z \quad, & \text{(B.4.1)}\\
W_a(\mathbf{r}) &= w_a(x, y, z) \quad, \qquad a = x, y, z \quad,\\
\mathbf{W}(\mathbf{r}_1, \ldots, \mathbf{r}_N) &= W_x(\mathbf{r}_1, \ldots, \mathbf{r}_N)\mathbf{e}_x + W_y(\mathbf{r}_1, \ldots, \mathbf{r}_N)\mathbf{e}_y\\
&\quad + W_z(\mathbf{r}_1, \ldots, \mathbf{r}_N)\mathbf{e}_z \quad,\\
W_a(\mathbf{r}_1, \ldots, \mathbf{r}_N) &= w_a(x_1, y_1, z_1, \ldots, x_N, y_N, z_N) \quad, \qquad a = x, y, z \quad.
\end{aligned}$$

Zerlegung von Vektorfeldern Ein Vektorfeld $\mathbf{W}(\mathbf{r})$ kann nach den Basisvektoren verschiedener Koordinatensysteme zerlegt werden. Es gilt für
kartesische Koordinaten

$$\mathbf{W}(\mathbf{r}) = w_x(x, y, z)\mathbf{e}_x + w_y(x, y, z)\mathbf{e}_y + w_z(x, y, z)\mathbf{e}_z \quad, \tag{B.4.2}$$

Kugelkoordinaten

$$\mathbf{W}(\mathbf{r}) = w_r(r, \vartheta, \varphi)\mathbf{e}_r + w_\vartheta(r, \vartheta, \varphi)\mathbf{e}_\vartheta + w_\varphi(r, \vartheta, \varphi)\mathbf{e}_\varphi \quad, \tag{B.4.3}$$

Zylinderkoordinaten

$$\mathbf{W}(\mathbf{r}) = w_\perp(r_\perp, \varphi, z)\mathbf{e}_\perp + w_\varphi(r_\perp, \varphi, z)\mathbf{e}_\varphi + w_z(r_\perp, \varphi, z)\mathbf{e}_z \quad . \tag{B.4.4}$$

Beispiele

Homogenes Vektorfeld
Ein homogenes Vektorfeld ist ortsunabhängig:

$$\mathbf{W}_H(\mathbf{r}) = \mathbf{a} \quad, \tag{B.4.5}$$

$$w_{Hx}(x, y, z) = a_x \quad, \qquad w_{Hy}(x, y, z) = a_y \quad, \qquad w_{Hz}(x, y, z) = a_z \quad,$$

vgl. Abb. B.4 oben links.

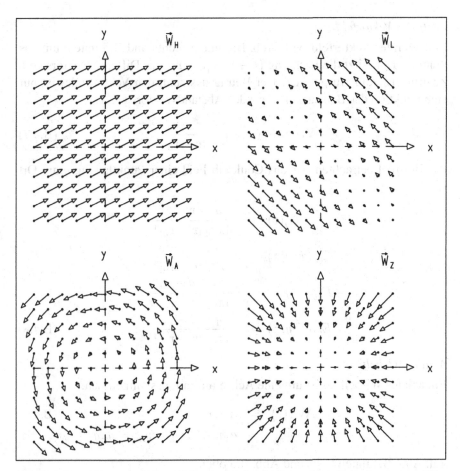

Abb. B.4. Darstellung von Vektorfeldern in der (x, y)-Ebene. *Oben links:* homogenes Vektorfeld $\mathbf{W_H} = \mathbf{a}$. *Oben rechts:* lineares Vektorfeld $\mathbf{W_L} = \mathbf{a}(\hat{\mathbf{n}} \cdot \mathbf{r})$, mit $\mathbf{a}$ und $\hat{\mathbf{n}}$ in der (x, y)-Ebene. *Unten links:* axiales Wirbelfeld $\mathbf{W_A} = \mathbf{a} \times \mathbf{r}$, $\mathbf{a} = a\mathbf{e}_z$. *Unten rechts:* zentrales Vektorfeld $\mathbf{W_Z} = f(r)\hat{\mathbf{r}}$, $f(r) = -cr^2$

Lineares Vektorfeld

Ein lineares Vektorfeld, vgl. Abb. B.4 oben rechts, ist in linearer Weise vom Ortsvektor abhängig:

$$\mathbf{W_L} = \mathbf{a}(\hat{\mathbf{n}} \cdot \mathbf{r}) \quad,$$

$$w_{Hx}(x, y, z) = a_x(\hat{\mathbf{n}} \cdot \mathbf{r}) \quad, \quad w_{Hy}(x, y, z) = a_y(\hat{\mathbf{n}} \cdot \mathbf{r}) \quad,$$

$$w_{Hz}(x, y, z) = a_z(\hat{\mathbf{n}} \cdot \mathbf{r}) \quad, \quad \hat{\mathbf{n}} \cdot \mathbf{r} = n_x x + n_y y + n_z z \quad, \quad \text{(B.4.6)}$$

hier ist $\mathbf{a}$ ein ortsunabhängiger Vektor und $\hat{\mathbf{n}} = n_x\mathbf{e}_x + n_y\mathbf{e}_y + n_z\mathbf{e}_z$ ein ortsunabhängiger Einheitsvektor.

Zentrales Vektorfeld

Ein zentrales Vektorfeld, vgl. Abb. B.4 unten rechts und B.5 unten, um das Zentrum $\mathbf{r}_0$ besitzt die Richtung $(\mathbf{r} - \mathbf{r}_0)/|\mathbf{r} - \mathbf{r}_0|$ des Differenzvektors vom Zentrum $\mathbf{r}_0$ zum Aufpunkt $\mathbf{r}$. Der Betrag des zentralen Vektorfeldes ist nur eine Funktion des Betrages $|\mathbf{r} - \mathbf{r}_0|$ des Abstandsvektors $\mathbf{r} - \mathbf{r}_0$,

$$\mathbf{W}(\mathbf{r}) = f(|\mathbf{r} - \mathbf{r}_0|) \frac{\mathbf{r} - \mathbf{r}_0}{|\mathbf{r} - \mathbf{r}_0|} \quad . \tag{B.4.7}$$

Als Beispiel betrachten wir das Coulomb-Feld einer Punktladung q am Ort $\mathbf{r}_0$:

$$\begin{aligned}
\mathbf{E}_q(\mathbf{r}) &= \frac{q}{4\pi\varepsilon_0} \frac{\mathbf{r} - \mathbf{r}_0}{|\mathbf{r} - \mathbf{r}_0|^3} \quad , \\
E_{qx}(x, y, z) &= \frac{q}{4\pi\varepsilon_0} \frac{x - x_0}{|\mathbf{r} - \mathbf{r}_0|^3} \quad , \\
E_{qy}(x, y, z) &= \frac{q}{4\pi\varepsilon_0} \frac{y - y_0}{|\mathbf{r} - \mathbf{r}_0|^3} \quad , \\
E_{qz}(x, y, z) &= \frac{q}{4\pi\varepsilon_0} \frac{z - z_0}{|\mathbf{r} - \mathbf{r}_0|^3} \quad .
\end{aligned} \tag{B.4.8}$$

Axiales Wirbelfeld

Ein axiales Wirbelfeld ist um eine Achse $\mathbf{a}$ rotationssymmetrisch:

$$\mathbf{W}_A(\mathbf{r}) = \mathbf{a} \times \mathbf{r} \quad , \tag{B.4.9}$$

$$w_{Ax} = a_y z - a_z y \, , \quad w_{Ay} = a_z x - a_x z \, , \quad w_{Az} = a_x y - a_y x \, ,$$

vgl. Abb. B.4 unten links und Abb. B.5 oben.

B.5 Partielle Ableitung. Richtungsableitung. Gradient

Für Funktionen $S(\mathbf{r}) = s(x, y, z)$ mehrerer Veränderlicher können verschiedene Ableitungen definiert werden. Wir gehen die gebräuchlichsten im folgenden durch:

Partielle Ableitung Die partielle Ableitung einer Funktion $S(\mathbf{r}) = s(x, y, z)$ mehrerer Variablen, vgl. Abb. B.6, ist der Differentialquotient in einer Variablen bei festgehaltenen anderen Veränderlichen:

$$\begin{aligned}
\frac{\partial}{\partial x} s(x, y, z) &= \left. \frac{ds}{dx}(x, y, z) \right|_{y,z=\text{const}} = \lim_{h \to 0} \frac{s(x + h, y, z) - s(x, y, z)}{h} \\
&= \lim_{h \to 0} \frac{S(\mathbf{r} + h\mathbf{e}_x) - S(\mathbf{r})}{h} \quad .
\end{aligned} \tag{B.5.1}$$

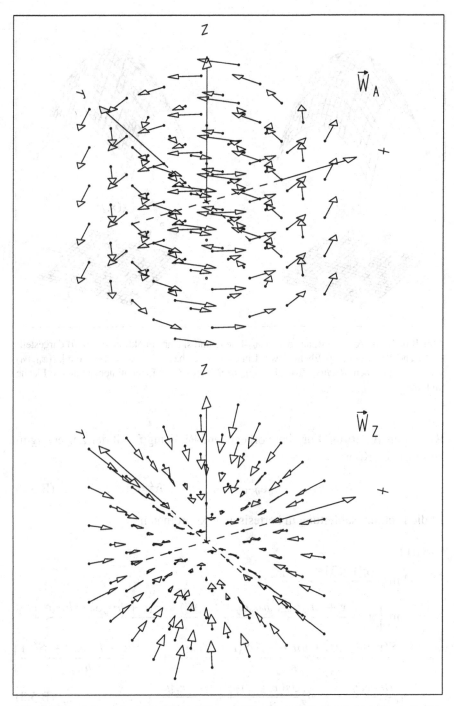

Abb. B.5. Darstellung der Vektorfelder $\mathbf{W}_A$ und $\mathbf{W}_Z$ wie in Abb. B.4, jedoch für ein Punkt-gitter im Raum

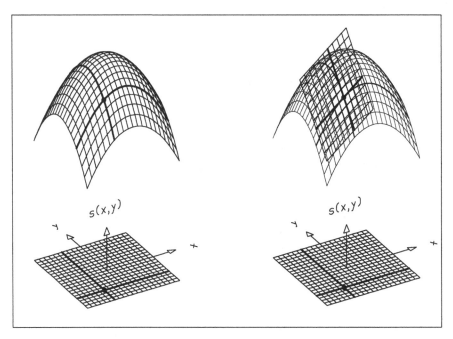

Abb. B.6. *Links:* Ausschnitt aus der (x, y)-Ebene und skalare Funktion $s(x, y, 0)$ dargestellt als Fläche über der (x, y)-Ebene. Zwei Linien $x = x_0$ bzw. $y = y_0$ und der Punkt (x_0, y_0) sind hervorgehoben. *Rechts:* Zusätzlich eingezeichnet ist die Tangentialebene an die Fläche im Punkt (x_0, y_0)

Richtungsableitung Für eine vorgegebene Richtung $\hat{\mathbf{n}}$ mit der Zerlegung in kartesischen Koordinaten

$$\hat{\mathbf{n}} = n_x \mathbf{e}_x + n_y \mathbf{e}_y + n_z \mathbf{e}_z \quad , \qquad \hat{\mathbf{n}}^2 = 1 \quad , \tag{B.5.2}$$

ist die Richtungsableitung in kartesischen Koordinaten:

$$
\begin{aligned}
S_{\hat{\mathbf{n}}}(\mathbf{r}) \\
&= \lim_{h \to 0} \frac{S(\mathbf{r} + h\hat{\mathbf{n}}) - S(\mathbf{r})}{h} \\
&= \lim_{h \to 0} \left\{ n_x \frac{S(\mathbf{r} + hn_x \mathbf{e}_x + hn_y \mathbf{e}_y + hn_z \mathbf{e}_z) - S(\mathbf{r} + hn_y \mathbf{e}_y + hn_z \mathbf{e}_z)}{hn_x} \right. \\
&\quad \left. + n_y \frac{S(\mathbf{r} + hn_y \mathbf{e}_y + hn_z \mathbf{e}_z) - S(\mathbf{r} + hn_z \mathbf{e}_z)}{hn_y} + n_z \frac{S(\mathbf{r} + hn_z \mathbf{e}_z) - S(\mathbf{r})}{hn_z} \right\} \\
&= n_x \frac{\partial s(x, y, z)}{\partial x} + n_y \frac{\partial s(x, y, z)}{\partial y} + n_z \frac{\partial s(x, y, z)}{\partial z} \quad . \tag{B.5.3}
\end{aligned}
$$

Gradient Der Gradient einer Skalarfunktion ist das Mittel des Produktes aus Richtung n und Richtungsableitung über alle Richtungen,

$$\boldsymbol{\nabla}S(\mathbf{r}) = \frac{3}{4\pi}\int \hat{\mathbf{n}}S_{\hat{\mathbf{n}}}(\mathbf{r})\,\mathrm{d}\Omega_{\hat{\mathbf{n}}} = \frac{3}{4\pi}\int_0^{2\pi}\int_{-1}^{1}\hat{\mathbf{n}}S_{\hat{\mathbf{n}}}(\mathbf{r})\,\mathrm{d}\cos\vartheta_n\,\mathrm{d}\varphi_n \quad ,$$
(B.5.4)

wobei ϑ_n und φ_n Polar- und Azimutwinkel der Richtung $\hat{\mathbf{n}}$ sind. Das Raum-winkelelement $\mathrm{d}\Omega$ wird in (B.11.14) definiert. Die Richtungsableitung läßt sich auch als

$$S_{\hat{\mathbf{n}}} = \hat{\mathbf{n}}\cdot\boldsymbol{\nabla}S(\mathbf{r})$$

schreiben.

Gradient in kartesischen Koordinaten:

$$\boldsymbol{\nabla}S(\mathbf{r}) = \frac{3}{4\pi}\int_0^{2\pi}\int_{-1}^{1}\hat{\mathbf{n}}\left(n_x\frac{\partial s}{\partial x} + n_y\frac{\partial s}{\partial y} + n_z\frac{\partial s}{\partial z}\right)\mathrm{d}\cos\vartheta_n\,\mathrm{d}\varphi_n \quad . \text{ (B.5.5)}$$

Mit

$$\frac{3}{4\pi}\int \hat{\mathbf{n}}n_i\,\mathrm{d}\Omega_n = \mathbf{e}_i\frac{3}{4\pi}\int_0^{2\pi}\int_{-1}^{1}n_i^2\,\mathrm{d}\cos\vartheta_n\,\mathrm{d}\varphi_n = \mathbf{e}_i$$
(B.5.6)

folgt

$$\boldsymbol{\nabla}S(\mathbf{r}) = \mathbf{e}_x\frac{\partial s}{\partial x} + \mathbf{e}_y\frac{\partial s}{\partial y} + \mathbf{e}_z\frac{\partial s}{\partial z} \quad . \tag{B.5.7}$$

An Stelle von $\boldsymbol{\nabla}S(\mathbf{r})$ schreibt man auch $\operatorname{grad}S(\mathbf{r})$,

$$\boldsymbol{\nabla}S(\mathbf{r}) = \operatorname{grad}S(\mathbf{r}) \quad .$$

In kartesischen Koordinaten hat der *Nabla-Operator* $\boldsymbol{\nabla}$ die Form

$$\boldsymbol{\nabla} = \mathbf{e}_x\frac{\partial}{\partial x} + \mathbf{e}_y\frac{\partial}{\partial y} + \mathbf{e}_z\frac{\partial}{\partial z} \quad . \tag{B.5.8}$$

Gradient und lineare Approximation

$$S(\mathbf{r}+\mathrm{d}\mathbf{r}) = S(\mathbf{r}) + \mathrm{d}\mathbf{r}\cdot\boldsymbol{\nabla}S(\mathbf{r}) \quad . \tag{B.5.9}$$

Richtungsableitung in Kugelkoordinaten Für die vorgegebene Richtung $\hat{\mathbf{n}}$ mit der Zerlegung in Kugelkoordinaten

$$\hat{\mathbf{n}} = n_r\mathbf{e}_r + n_\vartheta\mathbf{e}_\vartheta + n_\varphi\mathbf{e}_\varphi \quad , \tag{B.5.10}$$

$$n_r = \cos\vartheta_n \quad , \qquad n_\vartheta = \sin\vartheta_n\cos\varphi_n \quad , \qquad n_\varphi = \sin\vartheta_n\sin\varphi_n \tag{B.5.11}$$

ist die Richtungsableitung in Kugelkoordinaten:

$S_{\hat{n}}(\mathbf{r})$

$$= \lim_{h \to 0} \left\{ n_r \frac{S(\mathbf{r} + hn_r \mathbf{e}_r + hn_\vartheta \mathbf{e}_\vartheta + hn_\varphi \mathbf{e}_\varphi) - S(\mathbf{r} + hn_\vartheta \mathbf{e}_\vartheta + hn_\varphi \mathbf{e}_\varphi)}{hn_r} \right.$$

$$+ n_\vartheta \frac{S(\mathbf{r} + hn_\vartheta \mathbf{e}_\vartheta + hn_\varphi \mathbf{e}_\varphi) - S(\mathbf{r} + hn_\varphi \mathbf{e}_\varphi)}{hn_\vartheta}$$

$$\left. + n_\varphi \frac{S(\mathbf{r} + hn_\varphi \mathbf{e}_\varphi) - S(\mathbf{r})}{hn_\varphi} \right\} \quad , \tag{B.5.12}$$

woraus folgt:

$$S_{\hat{n}}(\mathbf{r}) = n_r \frac{\partial s(r, \vartheta, \varphi)}{\partial r} + \frac{n_\vartheta}{r} \frac{\partial s(r, \vartheta, \varphi)}{\partial \vartheta} + \frac{n_\varphi}{r \sin \vartheta} \frac{\partial s(r, \vartheta, \varphi)}{\partial \varphi} \quad . \tag{B.5.13}$$

Gradient in Kugelkoordinaten Als Mittelwert des Produktes aus Richtung $\hat{n}$ und Richtungsableitung über alle Richtungen folgt

$$\begin{aligned} \boldsymbol{\nabla} S(\mathbf{r}) &= \frac{3}{4\pi} \int \hat{\mathbf{n}} S_{\hat{n}}(\mathbf{r}) \, d\Omega_n \\ &= \mathbf{e}_r \frac{\partial s}{\partial r} + \mathbf{e}_\vartheta \frac{1}{r} \frac{\partial s}{\partial \vartheta} + \mathbf{e}_\varphi \frac{1}{r \sin \vartheta} \frac{\partial s}{\partial \varphi} \quad . \end{aligned} \tag{B.5.14}$$

Der Nabla-Operator hat in Kugelkoordinaten die Gestalt

$$\boldsymbol{\nabla} = \mathbf{e}_r \frac{\partial}{\partial r} + \mathbf{e}_\vartheta \frac{1}{r} \frac{\partial}{\partial \vartheta} + \mathbf{e}_\varphi \frac{1}{r \sin \vartheta} \frac{\partial}{\partial \varphi} \quad . \tag{B.5.15}$$

Richtungsableitung in Zylinderkoordinaten Für vorgegebene Richtung $\hat{n}$ mit der Zerlegung in Zylinderkoordinaten

$$\hat{\mathbf{n}} = n_\perp \mathbf{e}_\perp + n_\varphi \mathbf{e}_\varphi + n_z \mathbf{e}_z \quad , \tag{B.5.16}$$

$$n_\perp = \sin \vartheta_n \cos \varphi_n \quad , \qquad n_\varphi = \sin \vartheta_n \sin \varphi_n \quad , \qquad n_z = \cos \vartheta_n$$

ist die Richtungsableitung in Zylinderkoordinaten:

$S_{\hat{n}}(\mathbf{r})$

$$= \lim_{h \to 0} \left\{ n_\perp \frac{S(\mathbf{r} + hn_\perp \mathbf{e}_\perp + hn_\varphi \mathbf{e}_\varphi + hn_z \mathbf{e}_z) - S(\mathbf{r} + hn_\varphi \mathbf{e}_\varphi + hn_z \mathbf{e}_z)}{hn_\perp} \right.$$

$$\left. + n_\varphi \frac{S(\mathbf{r} + hn_\varphi \mathbf{e}_\varphi + hn_z \mathbf{e}_z) - S(\mathbf{r} + hn_z \mathbf{e}_z)}{hn_\varphi} + \frac{S(\mathbf{r} + hn_z \mathbf{e}_z) - S(\mathbf{r})}{hn_z} \right\}$$

$$= n_\perp \frac{\partial s(r_\perp, \varphi, z)}{\partial r_\perp} + \frac{n_\varphi}{r_\perp} \frac{\partial s(r_\perp, \varphi, z)}{\partial \varphi} + n_z \frac{\partial s(r_\perp, \varphi, z)}{\partial z} \quad . \tag{B.5.17}$$

Gradient in Zylinderkoordinaten

$$\nabla S(\mathbf{r}) \;=\; \frac{3}{4\pi} \int \hat{\mathbf{n}} S_{\hat{\mathbf{n}}}(\mathbf{r})\, d\Omega_n \quad,$$

$$\nabla S(\mathbf{r}) \;=\; \mathbf{e}_\perp \frac{\partial s}{\partial r_\perp} + \mathbf{e}_\varphi \frac{1}{r_\perp} \frac{\partial s}{\partial \varphi} + \mathbf{e}_z \frac{\partial s}{\partial z} \quad. \tag{B.5.18}$$

Der Nabla-Operator hat in Zylinderkoordinaten die Gestalt

$$\nabla = \mathbf{e}_\perp \frac{\partial}{\partial r_\perp} + \mathbf{e}_\varphi \frac{1}{r_\perp} \frac{\partial}{\partial \varphi} + \mathbf{e}_z \frac{\partial}{\partial z} \quad. \tag{B.5.19}$$

Beispiele: Gradienten von Skalarfeldern

Zentrales Skalarfeld:

$$\nabla S_{\mathrm{Z}}(\mathbf{r}) = \frac{df}{dr} \mathbf{e}_r \quad, \tag{B.5.20}$$

Lineares Skalarfeld:

$$\nabla S_{\mathrm{L}}(\mathbf{r}) = \mathbf{a} \quad, \tag{B.5.21}$$

Elektrostatisches Potential:

$$-\nabla \varphi_q(\mathbf{r}) = \mathbf{E}_q(\mathbf{r}) \quad, \tag{B.5.22}$$

vgl. Abb. B.7.

B.6 Divergenz

Die Divergenz eines Vektorfeldes ist als Skalarprodukt des Nabla-Operators mit dem Vektorfeld definiert,

$$\operatorname{div} \mathbf{W}(\mathbf{r}) = \nabla \cdot \mathbf{W}(\mathbf{r}) \quad. \tag{B.6.1}$$

Der explizite Ausdruck für die Divergenz ist je nach Koordinatenwahl verschieden. Man erhält für

kartesische Koordinaten

$$\nabla \cdot \mathbf{W}(\mathbf{r}) = \frac{\partial w_x(x,y,z)}{\partial x} + \frac{\partial w_y(x,y,z)}{\partial y} + \frac{\partial w_z(x,y,z)}{\partial z} \quad, \tag{B.6.2}$$

Kugelkoordinaten

$$\nabla \cdot \mathbf{W}(\mathbf{r}) \;=\; \frac{1}{r^2} \frac{\partial}{\partial r} \left\{ r^2 w_r(r,\vartheta,\varphi) \right\} + \frac{1}{r \sin\vartheta} \frac{\partial}{\partial \vartheta} \left\{ \sin\vartheta\, w_\vartheta(r,\vartheta,\varphi) \right\}$$
$$+ \frac{1}{r \sin\vartheta} \frac{\partial}{\partial \varphi} w_\varphi(r,\vartheta,\varphi) \quad, \tag{B.6.3}$$

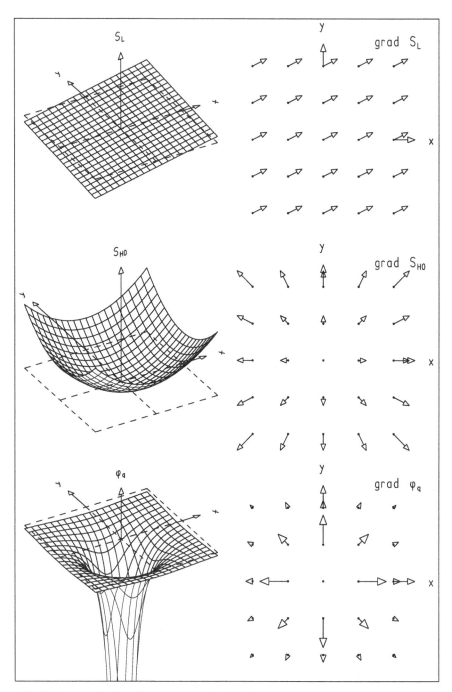

Abb. B.7. *Linke Spalte:* die skalaren Felder S_L, S_{HO}, φ_q wie in Abb. B.3 dargestellt als Flächen über der (x, y)-Ebene. *Rechte Spalte:* die Gradienten dieser Felder, dargestellt durch Vektoren in der (x, y)-Ebene

Zylinderkoordinaten

$$\boldsymbol{\nabla} \cdot \mathbf{W}(\mathbf{r}) \;=\; \frac{1}{r_\perp} \frac{\partial}{\partial r_\perp} \{ r_\perp w_\perp(r_\perp, \varphi, z) \} + \frac{1}{r_\perp} \frac{\partial}{\partial \varphi} w_\varphi(r_\perp, \varphi, z)$$

$$+ \frac{\partial}{\partial z} w_z(r_\perp, \varphi, z) \quad . \tag{B.6.4}$$

Beispiele:

Homogenes Vektorfeld:

$$\operatorname{div} \mathbf{W_H} = \boldsymbol{\nabla} \cdot \mathbf{a} = 0 \quad ,$$

Lineares Vektorfeld:

$$\operatorname{div} \mathbf{W_L} = \boldsymbol{\nabla} \cdot \{ \mathbf{a}(\hat{\mathbf{n}} \cdot \mathbf{r}) \} = \mathbf{a} \cdot \hat{\mathbf{n}} \quad ,$$

vgl. Abb. B.8.

B.7 Rotation

Die Rotation eines Vektorfeldes ist als Vektorprodukt des Nabla-Operators mit dem Vektorfeld definiert,

$$\operatorname{rot} \mathbf{W}(\mathbf{r}) = \boldsymbol{\nabla} \times \mathbf{W}(\mathbf{r}) \quad . \tag{B.7.1}$$

Der explizite Ausdruck für die Rotation hängt von der Wahl des Koordinatensystems ab. Man erhält für

kartesische Koordinaten

$$\begin{aligned} \boldsymbol{\nabla} \times \mathbf{W}(\mathbf{r}) \;=\;\; & \mathbf{e}_x \left\{ \frac{\partial}{\partial y} w_z(x, y, z) - \frac{\partial}{\partial z} w_y(x, y, z) \right\} \\ & + \mathbf{e}_y \left\{ \frac{\partial}{\partial z} w_x(x, y, z) - \frac{\partial}{\partial x} w_z(x, y, z) \right\} \\ & + \mathbf{e}_z \left\{ \frac{\partial}{\partial x} w_y(x, y, z) - \frac{\partial}{\partial y} w_x(x, y, z) \right\} \quad , \tag{B.7.2} \end{aligned}$$

Kugelkoordinaten

$$\begin{aligned} \boldsymbol{\nabla} \times \mathbf{W}(\mathbf{r}) \;=\;\; & \mathbf{e}_r \frac{1}{r \sin \vartheta} \left\{ \frac{\partial}{\partial \vartheta} [w_\varphi(r, \vartheta, \varphi) \sin \vartheta] - \frac{\partial}{\partial \varphi} w_\vartheta(r, \vartheta, \varphi) \right\} \\ & + \mathbf{e}_\vartheta \frac{1}{r \sin \vartheta} \left\{ \frac{\partial}{\partial \varphi} w_r(r, \vartheta, \varphi) - \frac{\partial}{\partial r} [r w_\varphi(r, \vartheta, \varphi) \sin \vartheta] \right\} \\ & + \mathbf{e}_\varphi \frac{1}{r} \left\{ \frac{\partial}{\partial r} [r w_\vartheta(r, \vartheta, \varphi)] - \frac{\partial}{\partial \vartheta} w_r(r, \vartheta, \varphi) \right\} \quad , \tag{B.7.3} \end{aligned}$$

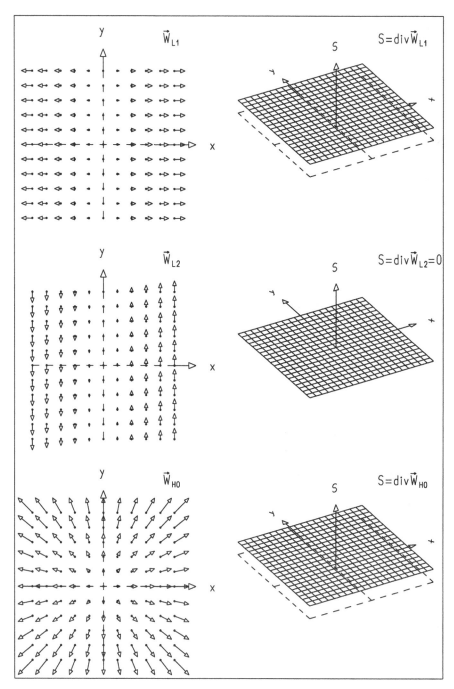

Abb. B.8. *Linke Spalte:* die linearen Vektorfelder $\mathbf{W}_{L1} = \mathbf{e}_x(\mathbf{e}_x \cdot \mathbf{r})$ und $\mathbf{W}_{L2} = \mathbf{e}_y(\mathbf{e}_x \cdot \mathbf{r})$ und das zentrale Vektorfeld $\mathbf{W}_{HO}$, dargestellt durch Vektoren in der (x, y)-Ebene. *Rechte Spalte:* die Divergenzen dieser Felder, dargestellt als Flächen über der (x, y)-Ebene

Zylinderkoordinaten

$$\nabla \times \mathbf{W}(\mathbf{r})$$

$$= \mathbf{e}_\perp \frac{1}{r_\perp} \left\{ \frac{\partial}{\partial \varphi} w_z(r_\perp, \varphi, z) - \frac{\partial}{\partial z}[r_\perp w_\varphi(r_\perp, \varphi, z)] \right\}$$

$$+ \mathbf{e}_\varphi \left\{ \frac{\partial}{\partial z} w_\perp(r_\perp, \varphi, z) - \frac{\partial}{\partial r_\perp} w_z(r_\perp, \varphi, z) \right\}$$

$$+ \mathbf{e}_z \frac{1}{r_\perp} \left\{ \frac{\partial}{\partial r_\perp}[r_\perp w_\vartheta(r_\perp, \varphi, z)] - \frac{\partial}{\partial \varphi} w_\perp(r_\perp, \varphi, z) \right\} \quad . \quad \text{(B.7.4)}$$

Beispiele:

Homogenes Vektorfeld:

$$\text{rot } \mathbf{W}_\mathrm{H} = \nabla \times \mathbf{a} = 0 \quad , \tag{B.7.5}$$

Lineares Vektorfeld:

$$\text{rot } \mathbf{W}_\mathrm{L} = \nabla \times \{\mathbf{a}(\hat{\mathbf{n}} \cdot \mathbf{r})\} = \hat{\mathbf{n}} \times \mathbf{a} \quad , \tag{B.7.6}$$

Axiales Wirbelfeld:

$$\text{rot } \mathbf{W}_\mathrm{A} = \nabla \times (\mathbf{a} \times \mathbf{r}) = 2\mathbf{a} \quad , \tag{B.7.7}$$

vgl. Abb. B.9.

B.8 Laplace-Operator

Der Laplace-Operator ist das Skalarprodukt des Nabla-Operators mit sich selbst,

$$\Delta = \nabla \cdot \nabla = \nabla^2 \quad . \tag{B.8.1}$$

Man erhält für

kartesische Koordinaten

$$\Delta = \frac{\partial^2}{\partial x^2} + \frac{\partial^2}{\partial y^2} + \frac{\partial^2}{\partial z^2} \quad , \tag{B.8.2}$$

Zylinderkoordinaten

$$\Delta = \frac{1}{r_\perp} \frac{\partial}{\partial r_\perp} r_\perp \frac{\partial}{\partial r_\perp} + \frac{1}{r_\perp^2} \frac{\partial^2}{\partial \varphi^2} + \frac{\partial^2}{\partial z^2} \quad , \tag{B.8.3}$$

Kugelkoordinaten

$$\Delta = \frac{1}{r} \frac{\partial^2}{\partial r^2} r + \frac{1}{r^2 \sin \vartheta} \frac{\partial}{\partial \vartheta} \sin \vartheta \frac{\partial}{\partial \vartheta} + \frac{1}{r^2 \sin^2 \vartheta} \frac{\partial^2}{\partial \varphi^2} \quad . \tag{B.8.4}$$

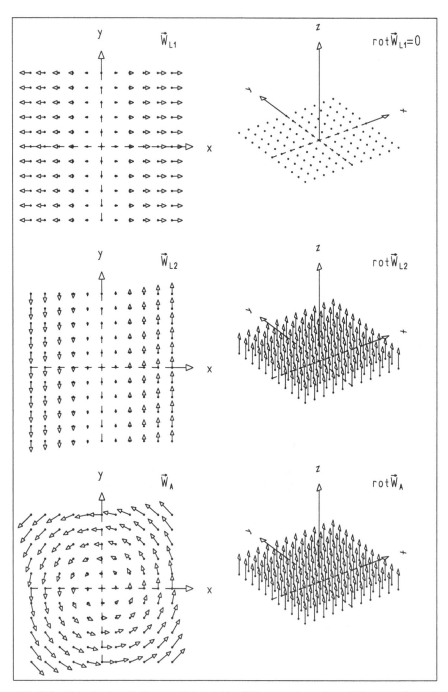

Abb. B.9. *Linke Spalte:* die linearen Vektorfelder $\mathbf{W}_{L1} = \mathbf{e}_x(\mathbf{e}_x \cdot \mathbf{r})$ und $\mathbf{W}_{L2} = \mathbf{e}_y(\mathbf{e}_x \cdot \mathbf{r})$ und das axiale Wirbelfeld $\mathbf{W}_A$, dargestellt durch Vektoren in der (x, y)-Ebene. *Rechte Spalte:* die Rotationen dieser Felder, ebenfalls dargestellt in der (x, y)-Ebene

B.9 Rechenregeln für den Nabla-Operator

$$\operatorname{div}\operatorname{grad} S \;=\; \nabla \cdot \nabla S = \Delta S \quad,$$
$$\operatorname{rot}\operatorname{grad} S \;=\; \nabla \times \nabla S = 0 \quad,$$
$$\operatorname{div}\operatorname{rot} \mathbf{W} \;=\; \nabla \cdot (\nabla \times \mathbf{W}) = (\nabla \times \nabla) \cdot \mathbf{W} = 0 \quad,$$
$$\operatorname{rot}\operatorname{rot} \mathbf{W} \;=\; \nabla \times (\nabla \times \mathbf{W}) = \nabla(\nabla \cdot \mathbf{W}) - (\nabla \cdot \nabla)\mathbf{W}$$
$$\;=\; \nabla(\nabla \cdot \mathbf{W}) - \Delta \mathbf{W} = \operatorname{grad}\operatorname{div} \mathbf{W} - \Delta \mathbf{W} \quad.$$

B.10 Linienintegral

Jeder Punkt mit dem Ortsvektor $\mathbf{r}$ auf einer Kurve C, vgl. Abb. B.10, im Dreidimensionalen kann mit Hilfe eines *Parameters* s durch eine *Parameterdarstellung* $\mathbf{r}(s)$,

$$\mathbf{r} = \mathbf{r}(s) = x(s)\mathbf{e}_x + y(s)\mathbf{e}_y + z(s)\mathbf{e}_z \quad, \tag{B.10.1}$$

beschrieben werden.

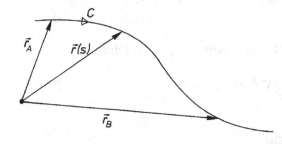

Abb. B.10. Integrationsweg eines Linienintegrals

Der Vektor

$$\frac{\mathrm{d}\mathbf{r}(s)}{\mathrm{d}s} = \frac{\mathrm{d}x(s)}{\mathrm{d}s}\mathbf{e}_x + \frac{\mathrm{d}y(s)}{\mathrm{d}s}\mathbf{e}_y + \frac{\mathrm{d}z(s)}{\mathrm{d}s}\mathbf{e}_z \tag{B.10.2}$$

besitzt die Richtung der Tangente an die Kurve C im Punkt $\mathbf{r} = \mathbf{r}(s)$. Als *Tangentialvektor* an die Kurve C bezeichnet man das Differential

$$\mathrm{d}\mathbf{r} = \frac{\mathrm{d}\mathbf{r}}{\mathrm{d}s}\,\mathrm{d}s \quad. \tag{B.10.3}$$

Mit seiner Hilfe wird das *Linien-* oder *Kurvenintegral* eines Vektorfeldes $\mathbf{W}(\mathbf{r})$ über das Stück der Kurve C zwischen den Punkten A, B mit den Ortsvektoren $\mathbf{r}_A$, $\mathbf{r}_B$ durch die Parameterdarstellung

$$\int_{\mathbf{r}_A,C}^{\mathbf{r}_B} \mathbf{W}(\mathbf{r}) \cdot d\mathbf{r} = \int_{s_A}^{s_B} \mathbf{W}(\mathbf{r}(s)) \cdot \frac{d\mathbf{r}}{ds} ds \qquad (B.10.4)$$

definiert. Hier sind s_A und s_B die zu den Punkten A, B gehörigen Parameterwerte von s,

$$\mathbf{r}_A = \mathbf{r}(s_A) \quad , \qquad \mathbf{r}_B = \mathbf{r}(s_B) \quad . \qquad (B.10.5)$$

In kartesischen Koordinaten hat die Parameterdarstellung die Form

$$
\begin{aligned}
\int_{\mathbf{r}_A,C}^{\mathbf{r}_B} \mathbf{W}(\mathbf{r}) \cdot d\mathbf{r} = {} & \int_{s_A}^{s_B} w_x(x(s),y(s),z(s)) \frac{dx}{ds} ds \\
& + \int_{s_A}^{s_B} w_y(x(s),y(s),z(s)) \frac{dy}{ds} ds \\
& + \int_{s_A}^{s_B} w_z(x(s),y(s),z(s)) \frac{dz}{ds} ds \quad . \qquad (B.10.6)
\end{aligned}
$$

Beispiel:
Gradientenfeld $\mathbf{W}(\mathbf{r}) = \boldsymbol{\nabla} S(\mathbf{r})$:

$$
\begin{aligned}
\int_{\mathbf{r}_A,C}^{\mathbf{r}_B} (\boldsymbol{\nabla} S(\mathbf{r})) \cdot d\mathbf{r} = {} & \int_{s_A}^{s_B} \boldsymbol{\nabla} S(\mathbf{r}) \cdot \frac{d\mathbf{r}}{ds} ds = \int_{s_A}^{s_B} \frac{dS(\mathbf{r}(s))}{ds} ds \\
= {} & S(\mathbf{r}(s_B)) - S(\mathbf{r}(s_A)) = S(\mathbf{r}_B) - S(\mathbf{r}_A) \quad .
\end{aligned}
$$
$$(B.10.7)$$

Für den Spezialfall einer geschlossenen Kurve, $\mathbf{r}_A = \mathbf{r}_B$, folgt

$$\oint_{\mathbf{r}_A,C}^{\mathbf{r}_A} (\boldsymbol{\nabla} S(\mathbf{r})) \cdot d\mathbf{r} = 0 \quad . \qquad (B.10.8)$$

B.11 Oberflächenintegral

Jeder Punkt mit dem Ortsvektor $\mathbf{r}$ auf einer Fläche A im Raum kann mit Hilfe zweier Parameter u_1, u_2 durch eine Parameterdarstellung $\mathbf{r}(u_1, u_2)$,

$$\mathbf{r} = \mathbf{r}(u_1, u_2) = x(u_1, u_2)\mathbf{e}_1 + y(u_1, u_2)\mathbf{e}_2 + z(u_1, u_2)\mathbf{e}_3 \quad , \qquad (B.11.1)$$

beschrieben werden. Die Vektoren

$$\frac{\partial \mathbf{r}(u_1, u_2)}{\partial u_i} = \frac{\partial x(u_1, u_2)}{\partial u_i}\mathbf{e}_1 + \frac{\partial y(u_1, u_2)}{\partial u_i}\mathbf{e}_2 + \frac{\partial z(u_1, u_2)}{\partial u_i}\mathbf{e}_3 \quad , \qquad i = 1, 2 \quad ,$$
$$(B.11.2)$$

besitzen die Richtungen von zwei Tangenten an die Fläche A im Punkt $\mathbf{r} = \mathbf{r}(u_1, u_2)$. Als *Tangentialvektoren* an die Fläche bezeichnet man die Differentiale

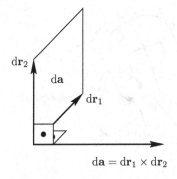

$$da = dr_1 \times dr_2$$

Abb. B.11. Definition des orientierten Flächenelementes da

$$dr_1 = \frac{\partial r(u_1, u_2)}{\partial u_1} du_1 \quad , \qquad dr_2 = \frac{\partial r(u_1, u_2)}{\partial u_2} du_2 \quad . \qquad \text{(B.11.3)}$$

Mit ihrer Hilfe kann das *Flächenelement*, vgl. Abb. B.11, durch

$$da = dr_1 \times dr_2 = \frac{\partial r(u_1, u_2)}{\partial u_1} \times \frac{\partial r(u_1, u_2)}{\partial u_2} du_1 \, du_2 \qquad \text{(B.11.4)}$$

dargestellt werden. Das Flächenstück A wird in einfachen Fällen in den Parametern u_1, u_2 durch die Bedingungen

$$u_{2A}(u_1) \le u_2 \le u_{2B}(u_1) \quad , \qquad u_{1A} \le u_1 \le u_{1B} \qquad \text{(B.11.5)}$$

beschrieben, vgl. Abb. B.12. Dabei gilt

$$u_{2A}(u_{1A}) = u_{2B}(u_{1A}) \quad , \qquad u_{2A}(u_{1B}) = u_{2B}(u_{1B}) \quad . \qquad \text{(B.11.6)}$$

Damit lautet die Parameterdarstellung des Oberflächenintegrals:

$$\int_A W(r) \cdot da \;=\; \int_{u_{1A}}^{u_{1B}} \int_{u_{2A}(u_1)}^{u_{2B}(u_1)} W(r(u_1, u_2)) \qquad \text{(B.11.7)}$$
$$\cdot \left(\frac{\partial r}{\partial u_1}(u_1, u_2) \times \frac{\partial r}{\partial u_2}(u_1, u_2) \right) du_2 \, du_1 \quad .$$

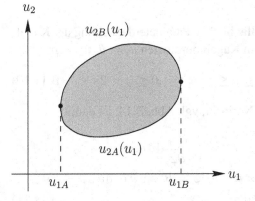

Abb. B.12. Darstellung des Bereichs der Parameter u_1, u_2, der durch die Parameterdarstellung $r(u_1, u_2)$ auf das Flächenstück A des Oberflächenintegrals abgebildet wird. Die Kurvenstücke $u_{2A}(u_1)$ und $u_{2B}(u_1)$ begrenzen den Parameterbereich im Intervall $u_{1A} \le u_1 \le u_{1B}$

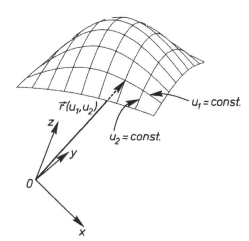

Abb. B.13. Flächenstück im Raum als Darstellung einer Funktion $\mathbf{r}(u_1, u_2)$ zweier Parameter. Die Linien auf der Fläche entstehen, wenn jeweils ein Parameter festgehalten wird

Mit der Parameterdarstellung der kartesischen Koordinaten, vgl. Abb. B.13,

$$x = x(u_1, u_2) \quad , \qquad y = y(u_1, u_2) \quad , \qquad z = z(u_1, u_2) \qquad \text{(B.11.8)}$$

erhält man

$$
\begin{aligned}
\int_A & \mathbf{W}(\mathbf{r}) \cdot \mathrm{d}\mathbf{a} \\
&= \int_{u_{1A}}^{u_{1B}} \int_{u_{2A}(u_1)}^{u_{2B}(u_1)} \left[w_x(x,y,z) \left(\frac{\partial y}{\partial u_1} \frac{\partial z}{\partial u_2} - \frac{\partial z}{\partial u_1} \frac{\partial y}{\partial u_2} \right) \right. \\
&\qquad\qquad + w_y(x,y,z) \left(\frac{\partial z}{\partial u_1} \frac{\partial x}{\partial u_2} - \frac{\partial x}{\partial u_1} \frac{\partial z}{\partial u_2} \right) \\
&\qquad\qquad \left. + w_z(x,y,z) \left(\frac{\partial x}{\partial u_1} \frac{\partial y}{\partial u_2} - \frac{\partial y}{\partial u_1} \frac{\partial x}{\partial u_2} \right) \right] \mathrm{d}u_2 \, \mathrm{d}u_1 \quad .
\end{aligned}
\tag{B.11.9}
$$

Flächenelement der Kugeloberfläche Die Parameterdarstellung der Kugeloberfläche mit dem Radius R ist in Kugelkoordinaten $u_1 = \vartheta$, $u_2 = \varphi$:

$$\mathbf{r}(\vartheta, \varphi) = R\mathbf{e}_r(\vartheta, \varphi) \quad , \qquad 0 \le \vartheta \le \pi \quad , \qquad 0 \le \varphi < 2\pi \quad . \tag{B.11.10}$$

Das Flächenelement mit äußerer Normale, vgl. Abb. B.14, ist damit

$$
\begin{aligned}
\mathrm{d}\mathbf{a} &= \mathrm{d}\mathbf{r}_\vartheta \times \mathrm{d}\mathbf{r}_\varphi = R^2 \frac{\partial \mathbf{e}_r}{\partial \vartheta} \times \frac{\partial \mathbf{e}_r}{\partial \varphi} \, \mathrm{d}\vartheta \, \mathrm{d}\varphi \\
&= R^2 \sin\vartheta \, \mathbf{e}_\vartheta \times \mathbf{e}_\varphi \, \mathrm{d}\vartheta \, \mathrm{d}\varphi = R^2 \sin\vartheta \, \mathbf{e}_r \, \mathrm{d}\vartheta \, \mathrm{d}\varphi \\
&= -R^2 \, \mathrm{d}\cos\vartheta \, \mathrm{d}\varphi \, \mathbf{e}_r \quad .
\end{aligned}
\tag{B.11.11}
$$

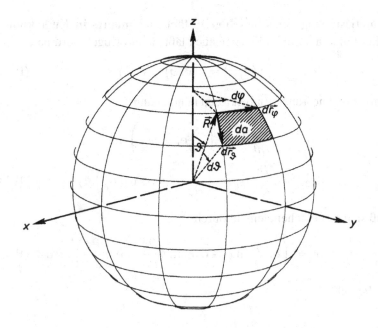

Abb. B.14. Flächenelement auf der Kugeloberfläche

Entsprechend dem Wert $\vartheta = 0$ der unteren Grenze der ϑ-Integration und dem oberen $\vartheta = \pi$ erhält man als untere Integrationsgrenze für $\cos\vartheta$ den Wert $\cos 0 = 1$ und als obere $\cos\pi = -1$. Es ist üblich, die Integration über $\cos\vartheta$ jedoch mit der unteren Grenze $\cos\pi = -1$ und der oberen Grenze $\cos 0 = 1$ auszuführen. Für diesen Fall ist die äußere Normale durch

$$\mathrm{d}\mathbf{a} = R^2\, \mathrm{d}\cos\vartheta\, \mathrm{d}\varphi\, \mathbf{e}_r \qquad (B.11.12)$$

beschrieben. Damit ergibt sich als der Flächeninhalt der Kugeloberfläche (K)

$$\oint_{(K)} \mathbf{e}_r(\vartheta, \varphi) \cdot \mathrm{d}\mathbf{a} = R^2 \int_{-1}^{1} \int_{0}^{2\pi} \mathrm{d}\cos\vartheta\, \mathrm{d}\varphi = 4\pi R^2 \quad , \qquad (B.11.13)$$

der zusätzliche Kreis im Integralsymbol auf der linken Seite der Gleichung weist darauf hin, daß das Integral über eine geschlossene Oberfläche erstreckt wird. Das *Raumwinkelelement* ist durch

$$\mathrm{d}\Omega = \frac{1}{R^2}\, \mathrm{d}\mathbf{a} = \mathbf{e}_r \sin\vartheta\, \mathrm{d}\vartheta\, \mathrm{d}\varphi = -\mathbf{e}_r\, \mathrm{d}\cos\vartheta\, \mathrm{d}\varphi \qquad (B.11.14)$$

definiert. Sein Betrag ist dann

$$\mathrm{d}\Omega = \sin\vartheta\, \mathrm{d}\vartheta\, \mathrm{d}\varphi = -\mathrm{d}\cos\vartheta\, \mathrm{d}\varphi \quad , \qquad (B.11.15)$$

und damit wird der volle Raumwinkel

$$\int \mathrm{d}\Omega = 4\pi \quad . \qquad (B.11.16)$$

Parametrisierung eines beliebigen Flächenelementes in Kugelkoordinaten Ein Punkt auf einem Flächenstück läßt sich in Kugelkoordinaten durch

$$\mathbf{r}(\vartheta, \varphi) = r(\vartheta, \varphi)\mathbf{e}_r(\vartheta, \varphi) \tag{B.11.17}$$

beschreiben. Die Tangentialvektoren lauten dann

$$
\begin{aligned}
\mathrm{d}\mathbf{r}_1 &= \frac{\partial \mathbf{r}}{\partial \vartheta}\,\mathrm{d}\vartheta = \left(\frac{\partial r}{\partial \vartheta}\mathbf{e}_r + r\mathbf{e}_\vartheta\right)\mathrm{d}\vartheta \quad, \\
\mathrm{d}\mathbf{r}_2 &= \frac{\partial \mathbf{r}}{\partial \varphi}\,\mathrm{d}\varphi = \left(\frac{\partial r}{\partial \varphi}\mathbf{e}_r + r\sin\vartheta\,\mathbf{e}_\varphi\right)\mathrm{d}\varphi \quad,
\end{aligned}
\tag{B.11.18}
$$

so daß sich das Flächenelement durch

$$\mathrm{d}\mathbf{a} = \mathrm{d}\mathbf{r}_1 \times \mathrm{d}\mathbf{r}_2 = \left(\mathbf{e}_r r^2 \sin\vartheta - \mathbf{e}_\vartheta r\sin\vartheta\frac{\partial r}{\partial \vartheta} - \mathbf{e}_\varphi r\frac{\partial r}{\partial \varphi}\right)\mathrm{d}\vartheta\,\mathrm{d}\varphi \tag{B.11.19}$$

darstellen läßt.

B.12 Volumenintegral

Ein Punkt $\mathbf{r}$ im Raum kann mit Hilfe von drei Parametern u_1, u_2, u_3 durch eine Parameterdarstellung

$$
\begin{aligned}
\mathbf{r} &= \mathbf{r}(u_1, u_2, u_3) \\
&= x(u_1, u_2, u_3)\mathbf{e}_1 + y(u_1, u_2, u_3)\mathbf{e}_2 + z(u_1, u_2, u_3)\mathbf{e}_3 \tag{B.12.1}
\end{aligned}
$$

beschrieben werden. Ein Volumen V wird in den Parametern durch das Gebiet G in der Form

$$
\begin{aligned}
u_{3A}(u_1, u_2) &\leq u_3 \leq u_{3B}(u_1, u_2) \quad, \\
u_{2A}(u_1) &\leq u_2 \leq u_{2B}(u_1) \quad, \\
u_{1A} &\leq u_1 \leq u_{1B} \tag{B.12.2}
\end{aligned}
$$

dargestellt. Als Tangentialvektoren werden definiert

$$\mathrm{d}\mathbf{r}_1 = \frac{\partial \mathbf{r}}{\partial u_1}\,\mathrm{d}u_1 \quad, \qquad \mathrm{d}\mathbf{r}_2 = \frac{\partial \mathbf{r}}{\partial u_2}\,\mathrm{d}u_2 \quad, \qquad \mathrm{d}\mathbf{r}_3 = \frac{\partial \mathbf{r}}{\partial u_3}\,\mathrm{d}u_3 \quad. \tag{B.12.3}$$

Durch sie stellt sich das *Volumenelement*, vgl. Abb. B.15, als

$$\mathrm{d}V = (\mathrm{d}\mathbf{r}_1 \times \mathrm{d}\mathbf{r}_2)\cdot\mathrm{d}\mathbf{r}_3 = \left(\frac{\partial \mathbf{r}}{\partial u_1}\times\frac{\partial \mathbf{r}}{\partial u_2}\right)\cdot\frac{\partial \mathbf{r}}{\partial u_3}\,\mathrm{d}u_1\,\mathrm{d}u_2\,\mathrm{d}u_3 \tag{B.12.4}$$

dar.

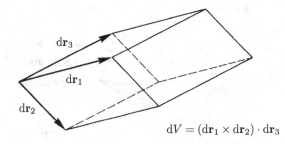

$$dV = (d\mathbf{r}_1 \times d\mathbf{r}_2) \cdot d\mathbf{r}_3$$

Abb. B.15. Das Volumen eines Parallelepipedes ist das Spatprodukt seiner drei Kantenvektoren

Das Volumenintegral eines skalaren Feldes

$$S(\mathbf{r}) = S(\mathbf{r}(u_1, u_2, u_3)) = s(u_1, u_2, u_3) \qquad \text{(B.12.5)}$$

über das Volumen V wird dann als

$$\int_V S(\mathbf{r}) \, dV = \int_V S(\mathbf{r})(d\mathbf{r}_1 \times d\mathbf{r}_2) \cdot d\mathbf{r}_3 \qquad \text{(B.12.6)}$$

$$= \int_{u_{1A}}^{u_{1B}} \int_{u_{2A}(u_1)}^{u_{2B}(u_1)} \int_{u_{3A}(u_1,u_2)}^{u_{3B}(u_1,u_2)} s(u_1, u_2, u_3) \left(\frac{\partial \mathbf{r}}{\partial u_1} \times \frac{\partial \mathbf{r}}{\partial u_2} \right) \cdot \frac{\partial \mathbf{r}}{\partial u_3} \, du_3 \, du_2 \, du_1$$

beschrieben. In kartesischen Koordinaten lautet diese Darstellung

$$\int_V S(\mathbf{r}) \, dV = \qquad \text{(B.12.7)}$$

$$\int_{u_{1A}}^{u_{1B}} \int_{u_{2A}(u_1)}^{u_{2B}(u_1)} \int_{u_{3A}(u_1,u_2)}^{u_{3B}(u_1,u_2)} S(\mathbf{r}(u_1, u_2, u_3)) \frac{\partial(x, y, z)}{\partial(u_1, u_2, u_3)} \, du_3 \, du_2 \, du_1 \quad ,$$

wobei der Quotient $\partial(x, y, z)/\partial(u_1, u_2, u_3)$ die Gestalt einer Determinante,

$$\frac{\partial(x, y, z)}{\partial(u_1, u_2, u_3)} = \begin{vmatrix} \dfrac{\partial x}{\partial u_1} & \dfrac{\partial x}{\partial u_2} & \dfrac{\partial x}{\partial u_3} \\ \dfrac{\partial y}{\partial u_1} & \dfrac{\partial y}{\partial u_2} & \dfrac{\partial y}{\partial u_3} \\ \dfrac{\partial z}{\partial u_1} & \dfrac{\partial z}{\partial u_2} & \dfrac{\partial z}{\partial u_3} \end{vmatrix} \quad , \qquad \text{(B.12.8)}$$

besitzt. Sie wird *Jacobi-Determinante* genannt. Wählt man als Parameter die kartesischen Koordinaten, d. h. $u_1 = x$, $u_2 = y$, $u_3 = z$, so besitzt die Jacobi-Determinante den Wert

$$\frac{\partial(x, y, z)}{\partial(x, y, z)} = 1 \quad , \qquad \text{(B.12.9)}$$

so daß gilt

$$dV = dx \, dy \, dz \quad . \qquad \text{(B.12.10)}$$

Wählt man die Kugelkoordinaten, vgl. Abb. B.16, als Parameter,

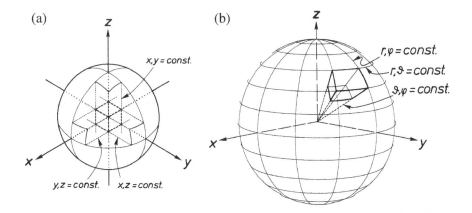

Abb. B.16 a,b. Aufteilung eines Volumens durch Koordinatenlinien in Volumenelemente am Beispiel einer Kugel, die in **(a)** durch x-, y- und z-Linien, in **(b)** durch r-, ϑ- und φ-Linien geteilt ist

$$u_1 = r \quad , \qquad u_2 = \vartheta \quad , \qquad u_3 = \varphi \quad , \tag{B.12.11}$$

so gelten die Beziehungen

$$x = r \sin\vartheta \cos\varphi \quad , \qquad y = r \sin\vartheta \sin\varphi \quad , \qquad z = r \cos\vartheta \tag{B.12.12}$$

und für die Jacobi-Determinante

$$\left(\frac{\partial \mathbf{r}}{\partial r} \times \frac{\partial \mathbf{r}}{\partial \vartheta} \right) \cdot \frac{\partial \mathbf{r}}{\partial \varphi} = \frac{\partial(x,y,z)}{\partial(r,\vartheta,\varphi)} = r^2 \sin\vartheta \, (\mathbf{e}_r \times \mathbf{e}_\vartheta) \cdot \mathbf{e}_\varphi$$

$$= r^2 \sin\vartheta \quad . \tag{B.12.13}$$

Damit erhält man für das Volumenelement

$$\mathrm{d}V = r^2 \sin\vartheta \, \mathrm{d}r \, \mathrm{d}\vartheta \, \mathrm{d}\varphi = -r^2 \, \mathrm{d}r \, \mathrm{d}\cos\vartheta \, \mathrm{d}\varphi$$

$$= \frac{\partial(x,y,z)}{\partial(r,\vartheta,\varphi)} \, \mathrm{d}r \, \mathrm{d}\vartheta \, \mathrm{d}\varphi \quad . \tag{B.12.14}$$

B.13 Integralsatz von Stokes

Wir betrachten eine Parameterdarstellung der Fläche A,

$$\mathbf{r} = \mathbf{r}(u_1, u_2) \quad , \tag{B.13.1}$$

in dem Parameterbereich

$$u_{2A}(u_1) \le u_2 \le u_{2B}(u_1) \quad , \qquad u_{1A} \le u_1 \le u_{1B} \quad . \tag{B.13.2}$$

Die betrachtete Fläche A sei im folgenden stets *einfach zusammenhängend*. Das bedeutet, jede geschlossene Kurve, die ganz innerhalb von A verläuft, läßt sich auf einen Punkt in A zusammenziehen, ohne daß die Kurve dabei A verläßt. Anschaulich bedeutet das, daß A keine Löcher enthält. Die Randkurve $C = (A)$ des Flächenstückes A ist in einfachen Fällen durch zwei Kurvenstücke C_A, C_B mit den Parameterwerten, vgl. Abb. B.12,

$$C_A : \qquad u_2 = u_{2A}(u_1) \quad , \qquad u_{1A} \leq u_1 \leq u_{1B} \quad ,$$
$$C_B : \qquad u_2 = u_{2B}(u_1) \quad , \qquad u_{1A} \leq u_1 \leq u_{1B} \quad ,$$

gegeben. Die zugehörigen Ortsvektoren der Randkurvenstücke von A sind dann durch

$$C_A : \qquad \mathbf{r}_A(u_1) = \mathbf{r}(u_1, u_{2A}(u_1)) \quad , \qquad u_{1A} \leq u_1 \leq u_{1B} \quad ,$$
$$C_B : \qquad \mathbf{r}_B(u_1) = \mathbf{r}(u_1, u_{2B}(u_1)) \quad , \qquad u_{1A} \leq u_1 \leq u_{1B} \quad ,$$

beschrieben. Für die Anfangs- und Endpunkte der beiden Kurvenstücke gilt

$$\mathbf{r}_A(u_{1A}) = \mathbf{r}_B(u_{1A}) \quad , \qquad \mathbf{r}_A(u_{1B}) = \mathbf{r}_B(u_{1B}) \quad . \tag{B.13.3}$$

Die beiden Kurvenstücke C_A, C_B zusammen bilden eine geschlossene Kurve, die Randkurve C des Flächenstückes A. Die beiden Tangentialvektoren an die Fläche A sind durch

$$\mathrm{d}\mathbf{r}_1 = \frac{\partial \mathbf{r}}{\partial u_1} \, \mathrm{d}u_1 \quad , \qquad \mathrm{d}\mathbf{r}_2 = \frac{\partial \mathbf{r}}{\partial u_2} \, \mathrm{d}u_2 \tag{B.13.4}$$

gegeben und damit das Flächenelement da durch

$$\mathrm{d}\mathbf{a} = \mathrm{d}\mathbf{r}_1 \times \mathrm{d}\mathbf{r}_2 = \left(\frac{\partial \mathbf{r}}{\partial u_1} \times \frac{\partial \mathbf{r}}{\partial u_2} \right) \mathrm{d}u_1 \, \mathrm{d}u_2 \quad . \tag{B.13.5}$$

Die Tangentialvektoren an die Randkurvenstücke C_A und C_B sind durch

$$\mathrm{d}\mathbf{r}_A = \frac{\mathrm{d}\mathbf{r}_A(u_1)}{\mathrm{d}u_1} \, \mathrm{d}u_1 \quad , \qquad \mathrm{d}\mathbf{r}_B = \frac{\mathrm{d}\mathbf{r}_B(u_1)}{\mathrm{d}u_1} \, \mathrm{d}u_1 \tag{B.13.6}$$

bestimmt.

Der *Satz von Stokes* besagt, daß das Flächenintegral der Rotation $\boldsymbol{\nabla} \times \mathbf{W}(\mathbf{r})$ eines Vektorfeldes $\mathbf{W}(\mathbf{r})$ über ein einfach zusammenhängendes Flächenstück A durch das Wegintegral des Vektorfeldes $\mathbf{W}(\mathbf{r})$ über die Randkurve (A) des Flächenstückes gegeben ist:

$$\int_A (\boldsymbol{\nabla} \times \mathbf{W}(\mathbf{r})) \cdot \mathrm{d}\mathbf{a} = \oint_{(A)} \mathbf{W}(\mathbf{r}) \cdot \mathrm{d}\mathbf{r} \quad . \tag{B.13.7}$$

Hier ist der Umlaufsinn im geschlossenen Linienintegral so zu wählen, daß er mit den Normalen da eine Rechtsschraube bildet. In der Darstellung durch die Parameter u_1, u_2 lautet der Satz von Stokes

$$\int_{u_{1A}}^{u_{1B}} \int_{u_{2A}(u_1)}^{u_{2B}(u_1)} [\boldsymbol{\nabla} \times \mathbf{W}(\mathbf{r})]_{\mathbf{r}=\mathbf{r}(u_1, u_2)} \cdot \left(\frac{\partial \mathbf{r}(u_1, u_2)}{\partial u_1} \times \frac{\partial \mathbf{r}(u_1, u_2)}{\partial u_2} \right) du_2 \, du_1$$

$$= \int_{u_{1A}}^{u_{1B}} \mathbf{W}(\mathbf{r}_A(u_1)) \cdot \frac{d\mathbf{r}_A(u_1)}{du_1} \, du_1 + \int_{u_{1B}}^{u_{1A}} \mathbf{W}(\mathbf{r}_B(u_1)) \cdot \frac{d\mathbf{r}_B(u_1)}{du_1} \, du_1$$

$$= \int_{u_{1A}}^{u_{1B}} \mathbf{W}(\mathbf{r}_A(u_1)) \cdot \frac{d\mathbf{r}_A(u_1)}{du_1} \, du_1 - \int_{u_{1A}}^{u_{1B}} \mathbf{W}(\mathbf{r}_B(u_1)) \cdot \frac{d\mathbf{r}_B(u_1)}{du_1} \, du_1 \quad .$$

$$\text{(B.13.8)}$$

Der Stokessche Satz läßt sich nutzen, um eine von (B.7.1) abweichende Definition der Rotation eines Vektorfeldes zu gewinnen, die in manchen Fällen nützlich ist. Für den Grenzfall eines kleinen Flächenstückes ΔA am Ort $\mathbf{r}$ kann das Flächenintegral auf der linken Seite von (B.13.7) durch das Produkt aus dem Wert des Integranden $\boldsymbol{\nabla} \times \mathbf{W}(\mathbf{r})$ und dem vektoriellen Flächenstück $\Delta A \hat{\mathbf{n}}$ approximiert werden. Nach Division durch ΔA erhält man im Limes $\Delta A \to 0$

$$\lim_{\Delta A \to 0} \frac{1}{\Delta A} \int_{\Delta A} (\boldsymbol{\nabla} \times \mathbf{W}(\mathbf{r})) \cdot d\mathbf{a} = (\boldsymbol{\nabla} \times \mathbf{W}(\mathbf{r})) \cdot \hat{\mathbf{n}} \quad .$$

Der Stokessche Satz liefert in diesem Grenzfall

$$(\boldsymbol{\nabla} \times \mathbf{W}(\mathbf{r})) \cdot \hat{\mathbf{n}} = \lim_{\Delta A \to 0} \frac{1}{\Delta A} \oint_{(\Delta A)} \mathbf{W}(\mathbf{r}) \cdot d\mathbf{r} \quad . \tag{B.13.9}$$

B.14 Wegunabhängiges Linienintegral

Wir betrachten ein wirbelfreies Feld $\mathbf{W}(\mathbf{r})$, d. h. ein Feld mit

$$\boldsymbol{\nabla} \times \mathbf{W}(\mathbf{r}) = 0 \quad . \tag{B.14.1}$$

Für jede Fläche A, die wie (B.13.2) parametrisierbar ist, gilt dann

$$\oint_{(A)} \mathbf{W}(\mathbf{r}) \cdot d\mathbf{r} = 0 \tag{B.14.2}$$

oder in der Parameterdarstellung

$$\int_{u_{1A}}^{u_{1B}} \mathbf{W}(\mathbf{r}_A(u_1)) \cdot \frac{d\mathbf{r}_A(u_1)}{du_1} \, du_1 - \int_{u_{1A}}^{u_{1B}} \mathbf{W}(\mathbf{r}_B(u_1)) \cdot \frac{d\mathbf{r}_B(u_1)}{du_1} \, du_1 = 0 \quad .$$

$$\text{(B.14.3)}$$

Das Linienintegral über den Rand der Fläche A verschwindet. Da die Fläche A beliebig ist, sind auch die Wegstücke $\mathbf{r}_A(u_1)$ und $\mathbf{r}_B(u_1)$ zwischen den

Punkten $\mathbf{r}_1 = \mathbf{r}_A(u_{1A}) = \mathbf{r}_B(u_{1A})$ und $\mathbf{r}_2 = \mathbf{r}_A(u_{1B}) = \mathbf{r}_B(u_{1B})$ beliebig. Deshalb gilt auch, daß das Wegintegral über das wirbelfreie Vektorfeld $\mathbf{W}(\mathbf{r})$ wegunabhängig ist,

$$\int_{\mathbf{r}_1,C_A}^{\mathbf{r}_2} \mathbf{W}(\mathbf{r}) \cdot d\mathbf{r} = \int_{u_{1A}}^{u_{1B}} \mathbf{W}(\mathbf{r}_A(u_1)) \frac{d\mathbf{r}_A(u_1)}{du_1} du_1 \qquad (B.14.4)$$

$$= \int_{u_{1A}}^{u_{1B}} \mathbf{W}(\mathbf{r}_B(u_1)) \frac{d\mathbf{r}_B(u_1)}{du_1} du_1 = \int_{\mathbf{r}_1,C_B}^{\mathbf{r}_2} \mathbf{W}(\mathbf{r}) \cdot d\mathbf{r} \quad .$$

Ein wirbelfreies Vektorfeld $\mathbf{W}(\mathbf{r})$ läßt sich stets als Gradient einer skalaren Funktion $S(\mathbf{r})$ darstellen:

$$\mathbf{W}(\mathbf{r}) = \boldsymbol{\nabla} S(\mathbf{r}) \quad . \qquad (B.14.5)$$

B.15 Integralsatz von Gauß

Wir parametrisieren ein Volumen V durch die Darstellung

$$\mathbf{r} = \mathbf{r}(u_1, u_2, u_3) \quad . \qquad (B.15.1)$$

In den drei Parametern u_1, u_2, u_3 sei das Volumen V durch das Gebiet G, definiert durch die drei Ungleichungen

$$u_{3A}(u_1, u_2) \leq u_3 \leq u_{3B}(u_1, u_2) \quad ,$$
$$u_{2A}(u_1) \leq u_2 \leq u_{2B}(u_1) \quad ,$$
$$u_{1A} \leq u_1 \leq u_{1B} \quad , \qquad (B.15.2)$$

beschrieben. Die Randfläche (V) des Volumens setzt sich aus zwei Teilflächen A_A, A_B zusammen, deren Parameterwerte durch die Darstellungen

$$A_A \; : \; u_{3A} = u_{3A}(u_1, u_2) \; ,$$
$$u_{2A}(u_1) \leq u_2 \leq u_{2B}(u_1) \quad , \qquad u_{1A} \leq u_1 \leq u_{1B} \quad , \quad (B.15.3)$$

und

$$A_B \; : \; u_{3B} = u_{3B}(u_1, u_2) \quad ,$$
$$u_{2A}(u_1) \leq u_2 \leq u_{2B}(u_1) \quad , \qquad u_{1A} \leq u_1 \leq u_{1B} \quad , \quad (B.15.4)$$

definiert werden. Die Randkurven der beiden Flächenstücke stimmen überein, die Fläche (V) ist eine geschlossene Fläche. Die Parameterdarstellungen der Ortsvektoren der beiden Teilflächen A_A, A_B sind

$$\mathbf{r}_A(u_1, u_2) = \mathbf{r}(u_1, u_2, u_{3A}(u_1, u_2)) \quad ,$$
$$u_{2A}(u_1) \leq u_2 \leq u_{2B}(u_1) \quad , \qquad u_{1A} \leq u_1 \leq u_{1B} \quad , \quad (B.15.5)$$

und

$$\mathbf{r}_B(u_1, u_2) = \mathbf{r}(u_1, u_2, u_{3B}(u_1, u_2)) \quad ,$$
$$u_{2A}(u_1) \le u_2 \le u_{2B}(u_1) \quad , \qquad u_{1A} \le u_1 \le u_{2B} \quad . \qquad \text{(B.15.6)}$$

Die Tangentialvektoren der Parameterdarstellung des Volumens sind

$$\mathrm{d}\mathbf{r}_i = \frac{\partial \mathbf{r}(u_1, u_2, u_3)}{\partial u_i} \, \mathrm{d}u_i \quad , \qquad i = 1, 2, 3 \quad , \qquad \text{(B.15.7)}$$

die Tangentialvektoren an die Teilflächen A_A, A_B der geschlossenen Oberfläche (V) lauten

$$A_A: \quad \mathrm{d}\mathbf{r}_{A1} = \frac{\partial \mathbf{r}_A(u_1, u_2)}{\partial u_1} \, \mathrm{d}u_1 \quad , \qquad \mathrm{d}\mathbf{r}_{A2} = -\frac{\partial \mathbf{r}_A(u_1, u_2)}{\partial u_2} \, \mathrm{d}u_2 \quad ,$$

$$A_B: \quad \mathrm{d}\mathbf{r}_{B1} = \frac{\partial \mathbf{r}_B(u_1, u_2)}{\partial u_1} \, \mathrm{d}u_1 \quad , \qquad \mathrm{d}\mathbf{r}_{B2} = \frac{\partial \mathbf{r}_B(u_1, u_2)}{\partial u_2} \, \mathrm{d}u_2 \quad .$$
$$\text{(B.15.8)}$$

Damit lassen sich die Flächenelemente an die Teilflächen A_A, A_B durch

$$A_A: \quad \mathrm{d}\mathbf{a}_A = \mathrm{d}\mathbf{r}_{A1} \times \mathrm{d}\mathbf{r}_{A2} = -\left(\frac{\partial \mathbf{r}_A}{\partial u_1} \times \frac{\partial \mathbf{r}_A}{\partial u_2}\right) \mathrm{d}u_1 \, \mathrm{d}u_2 \qquad \text{(B.15.9)}$$

und

$$A_B: \quad \mathrm{d}\mathbf{a}_B = \mathrm{d}\mathbf{r}_{B1} \times \mathrm{d}\mathbf{r}_{B2} = \left(\frac{\partial \mathbf{r}_B}{\partial u_1} \times \frac{\partial \mathbf{r}_B}{\partial u_2}\right) \mathrm{d}u_1 \, \mathrm{d}u_2 \qquad \text{(B.15.10)}$$

beschreiben.

Der *Satz von Gauß* besagt, daß das Integral der Divergenz $\boldsymbol{\nabla} \cdot \mathbf{W}(\mathbf{r})$ eines Vektorfeldes $\mathbf{W}(\mathbf{r})$ über ein Volumen V gleich dem Integral des Vektorfeldes über die geschlossene Randfläche (V) ist:

$$\int_V \boldsymbol{\nabla} \cdot \mathbf{W}(\mathbf{r}) \, \mathrm{d}V = \oint_{(V)} \mathbf{W}(\mathbf{r}) \cdot \mathrm{d}\mathbf{a} \quad . \qquad \text{(B.15.11)}$$

Hier sind die Volumenelemente $\mathrm{d}V$ positiv und die Flächenelemente $\mathrm{d}\mathbf{a}$ äußere Normalen. In der Parameterdarstellung u_1, u_2, u_3 lautet er

$$\int_{u_{1A}}^{u_{1B}} \int_{u_{2A}(u_1)}^{u_{2B}(u_1)} \int_{u_{3A}(u_1,u_2)}^{u_{3B}(u_1,u_2)} \boldsymbol{\nabla} \cdot \mathbf{W}(\mathbf{r}) \left(\frac{\partial \mathbf{r}}{\partial u_1} \times \frac{\partial \mathbf{r}}{\partial u_2}\right) \cdot \frac{\partial \mathbf{r}}{\partial u_3} \, \mathrm{d}u_3 \, \mathrm{d}u_2 \, \mathrm{d}u_1$$

$$= \int_{u_{1A}}^{u_{1B}} \int_{u_{2A}(u_1)}^{u_{2B}(u_1)} \mathbf{W}(\mathbf{r}_A(u_1, u_2)) \cdot \mathrm{d}\mathbf{a}_A + \int_{u_{1A}}^{u_{1B}} \int_{u_{2A}(u_1)}^{u_{2B}(u_1)} \mathbf{W}(\mathbf{r}_B(u_1, u_2)) \cdot \mathrm{d}\mathbf{a}_B$$

$$= \int_{u_{1A}}^{u_{1B}} \int_{u_{2A}(u_1)}^{u_{2B}(u_1)} \mathbf{W}(\mathbf{r}_A(u_1, u_2)) \cdot \left(\frac{\partial \mathbf{r}_A}{\partial u_1} \times \frac{\partial \mathbf{r}_A}{\partial u_2}\right) \mathrm{d}u_2 \, \mathrm{d}u_1$$

$$- \int_{u_{1A}}^{u_{1B}} \int_{u_{2A}(u_1)}^{u_{2B}(u_1)} \mathbf{W}(\mathbf{r}_B(u_1, u_2)) \cdot \left(\frac{\partial \mathbf{r}_B}{\partial u_1} \times \frac{\partial \mathbf{r}_B}{\partial u_2}\right) \mathrm{d}u_2 \, \mathrm{d}u_1 \quad . \qquad \text{(B.15.12)}$$

Der Gaußsche Satz kann dazu genutzt werden, eine von (B.6.1) abweichende Definition der Divergenz eines Vektorfeldes zu gewinnen. Dazu betrachten wir ein Volumen ΔV am Ort $\mathbf{r}$, das klein genug ist, damit die linke Seite von (B.15.11) durch das Produkt aus der Divergenz am Ort $\mathbf{r}$ und dem Volumen ΔV approximiert werden kann. Nach Division durch ΔV erhält man im Limes $\Delta V \to 0$

$$\lim_{\Delta V \to 0} \frac{1}{\Delta V} \int_{\Delta V} \boldsymbol{\nabla} \cdot \mathbf{W}(\mathbf{r}) \, dV = \boldsymbol{\nabla} \cdot \mathbf{W}(\mathbf{r}) \quad .$$

In diesem Grenzfall liefert der Gaußsche Satz eine Definition der Divergenz eines Vektorfeldes als Grenzwert des Quotienten aus dem Oberflächenintegral über die geschlossene Oberfläche (ΔV) und dem Volumeninhalt ΔV:

$$\boldsymbol{\nabla} \cdot \mathbf{W}(\mathbf{r}) = \lim_{\Delta V \to 0} \frac{1}{\Delta V} \oint_{(\Delta V)} \mathbf{W}(\mathbf{r}) \cdot d\mathbf{a} \quad . \qquad (\text{B.15.13})$$

Man bezeichnet den Quotienten auf der rechten Seite dieser Gleichung auch als *Quellstärke* des Feldes $\mathbf{W}(\mathbf{r})$.

B.16 Greensche Sätze

Wir betrachten das Vektorfeld

$$\mathbf{f}(\mathbf{r}) = \varphi_1(\mathbf{r}) \boldsymbol{\nabla} \varphi_2(\mathbf{r}) \quad . \qquad (\text{B.16.1})$$

Dabei sind φ_1, φ_2 zwei skalare Funktionen des Ortsvektors $\mathbf{r}$. Die Divergenz dieses Vektorfeldes ist

$$\boldsymbol{\nabla} \cdot \mathbf{f}(\mathbf{r}) = (\boldsymbol{\nabla}\varphi_1) \cdot (\boldsymbol{\nabla}\varphi_2) + \varphi_1 \boldsymbol{\nabla}^2 \varphi_2 = \varphi_1 \Delta\varphi_2 + (\boldsymbol{\nabla}\varphi_1) \cdot (\boldsymbol{\nabla}\varphi_2) \quad . \ (\text{B.16.2})$$

Damit gilt wegen des Gaußschen Satzes die Beziehung

$$\int_V [\varphi_1 \Delta\varphi_2 + (\boldsymbol{\nabla}\varphi_1) \cdot (\boldsymbol{\nabla}\varphi_2)] \, dV = \oint_{(V)} \varphi_1 \boldsymbol{\nabla}\varphi_2 \cdot d\mathbf{a} \quad . \qquad (\text{B.16.3})$$

Dieses ist der *erste Greensche Satz*.

Da das Flächenelement $d\mathbf{a}$ in Richtung der äußeren Normalen $\hat{\mathbf{n}}$ von (V) zeigt, gilt

$$d\mathbf{a} = \hat{\mathbf{n}} \, da \quad ,$$

und wir erhalten den ersten Greenschen Satz in der alternativen Gestalt

$$\int_V [\varphi_1 \Delta\varphi_2 + (\boldsymbol{\nabla}\varphi_1) \cdot (\boldsymbol{\nabla}\varphi_2)] \, dV = \oint_{(V)} \varphi_1 (\hat{\mathbf{n}} \cdot \boldsymbol{\nabla}\varphi_2) \, da \quad . \qquad (\text{B.16.4})$$

Das Skalarprodukt

$$\hat{\mathbf{n}} \cdot \boldsymbol{\nabla} \varphi_2 = (\hat{\mathbf{n}} \cdot \boldsymbol{\nabla}) \varphi_2 \qquad \text{(B.16.5)}$$

ist die Ableitung von φ_2 in Richtung der Normalen $\hat{\mathbf{n}}$ (vgl. Abschn. B.5), die als Normalenableitung bezeichnet wird.

Durch Vertauschung der beiden Funktionen φ_1 und φ_2 erhalten wir den zu (B.16.3) permutierten Ausdruck und durch Differenzbildung

$$\int_V (\varphi_1 \Delta \varphi_2 - \varphi_2 \Delta \varphi_1)\, dV = \oint_{(V)} (\varphi_1 \boldsymbol{\nabla} \varphi_2 - \varphi_2 \boldsymbol{\nabla} \varphi_1) \cdot d\mathbf{a} \quad . \qquad \text{(B.16.6)}$$

Dies ist der *zweite Greensche Satz*, der sich mit Hilfe der Normalenableitung in die Form

$$\int_V (\varphi_1 \Delta \varphi_2 - \varphi_2 \Delta \varphi_1)\, dV = \oint_{(V)} [\varphi_1 (\hat{\mathbf{n}} \cdot \boldsymbol{\nabla}) \varphi_2 - \varphi_2 (\hat{\mathbf{n}} \cdot \boldsymbol{\nabla}) \varphi_1]\, da$$

$$\text{(B.16.7)}$$

bringen läßt.

Insbesondere der zweite Greensche Satz spielt eine wichtige Rolle bei der Lösung elliptischer partieller Differentialgleichungen.

B.17 Eindeutige Bestimmung eines Vektorfeldes durch Divergenz und Rotation

Ein Vektorfeld $\mathbf{W}$, dessen Divergenz und Rotation

$$\boldsymbol{\nabla} \cdot \mathbf{W}(\mathbf{r}) = q(\mathbf{r}) \quad , \qquad \boldsymbol{\nabla} \times \mathbf{W}(\mathbf{r}) = \boldsymbol{\omega}(\mathbf{r}) \qquad \text{(B.17.1)}$$

in einem Volumen V gegeben sind, ist für feste Randbedingungen, nämlich bei vorgegebener Normalkomponente auf der Oberfläche (V) des Volumens, eindeutig bestimmt. Dieser Satz hat für elektromagnetische Felder grundsätzliche Bedeutung, da man in vielen Fällen die Quellen und Wirbel der Felder kennt. Die Felder selbst sind dann für vorgegebene Randbedingungen eindeutig bestimmt.

Zum Beweis nehmen wir an, es gäbe zwei Felder $\mathbf{W}_1$ und $\mathbf{W}_2$, die beide die Gleichungen (B.17.1) erfüllen. Das Differenzfeld

$$\mathbf{d}(\mathbf{r}) = \mathbf{W}_1(\mathbf{r}) - \mathbf{W}_2(\mathbf{r}) \qquad \text{(B.17.2)}$$

befriedigt dann die homogenen Gleichungen

$$\boldsymbol{\nabla} \cdot \mathbf{d} = 0 \quad , \qquad \boldsymbol{\nabla} \times \mathbf{d} = 0 \quad \text{in } V \qquad \text{(B.17.3)}$$

mit der Randbedingung verschwindender Normalkomponente auf dem Rand (V) von V,

$$\hat{\mathbf{n}} \cdot \mathbf{d} = 0 \quad \text{auf } (V) \quad . \qquad \text{(B.17.4)}$$

Wegen $\boldsymbol{\nabla} \times \mathbf{d} = 0$ kann man ein Potential D für $\mathbf{d}$ angeben:

$$\mathbf{d}(\mathbf{r}) = -\boldsymbol{\nabla} D(\mathbf{r}) \quad , \qquad \text{(B.17.5)}$$

das wegen der Divergenzfreiheit von $\mathbf{d}$ die Laplace-Gleichung

$$\boldsymbol{\nabla} \cdot \mathbf{d} = -\boldsymbol{\nabla} \cdot \boldsymbol{\nabla} D = -\Delta D = 0 \quad \text{in } V \tag{B.17.6}$$

erfüllt und wegen (B.17.4) und (B.17.5) der Randbedingung

$$(\hat{\mathbf{n}} \cdot \boldsymbol{\nabla}) D(\mathbf{r}) = 0 \quad \text{auf } (V) \tag{B.17.7}$$

genügt. Der erste Greensche Satz (B.16.4) liefert mit der Wahl $\varphi_1 = \varphi_2 = D$ wegen (B.17.6) und (B.17.7)

$$\int_V (\boldsymbol{\nabla} D) \cdot (\boldsymbol{\nabla} D) \, \mathrm{d}V = \oint_{(V)} D(\hat{\mathbf{n}} \cdot \boldsymbol{\nabla} D) \, \mathrm{d}a = 0 \quad, \tag{B.17.8}$$

so daß

$$\int_V \mathbf{d}^2 \, \mathrm{d}V = 0 \tag{B.17.9}$$

gilt. Da der Integrand stets größer oder gleich null ist, erzwingt die Beziehung (B.17.9)

$$\mathbf{d} = 0 \quad, \tag{B.17.10}$$

d. h.

$$\mathbf{W}_1 = \mathbf{W}_2 \quad, \tag{B.17.11}$$

wie behauptet.

B.18 Aufgaben

B.1: Berechnen Sie

(a) $\boldsymbol{\nabla} r$, $\boldsymbol{\nabla}(1/r)$, $\boldsymbol{\nabla} r^2$;

(b) $\boldsymbol{\nabla}(1/r^3)$ für $r \neq 0$, $\boldsymbol{\nabla} \cdot \mathbf{r}$;

(c) $\boldsymbol{\nabla} \otimes \mathbf{r}$, $\boldsymbol{\nabla} \otimes \hat{\mathbf{r}}$;

B.2: Betrachten Sie den Ortsvektor $\mathbf{r}$ in kartesischen und in Kugelkoordinaten: $\mathbf{r} = \sum_i x_i \mathbf{e}_i = r \mathbf{e}_r(\vartheta, \varphi)$. Es gilt

$$\begin{aligned} \mathbf{e}_r &= \sin\vartheta\cos\varphi\,\mathbf{e}_1 + \sin\vartheta\sin\varphi\,\mathbf{e}_2 + \cos\vartheta\,\mathbf{e}_3 \quad, \\ \mathbf{e}_\vartheta &= \cos\vartheta\cos\varphi\,\mathbf{e}_1 + \cos\vartheta\sin\varphi\,\mathbf{e}_2 - \sin\vartheta\,\mathbf{e}_3 \quad, \\ \mathbf{e}_\varphi &= -\sin\varphi\,\mathbf{e}_1 + \cos\varphi\,\mathbf{e}_2 \quad. \end{aligned} \tag{B.18.1}$$

(a) Zeigen Sie (ausgehend von der Definition $\mathbf{e}_i = (\partial\mathbf{r}/\partial x_i)/|\partial\mathbf{r}/\partial x_i|$, $i = 1, 2, 3$, bzw. $\mathbf{e}_\xi = (\partial\mathbf{r}/\partial\xi)/|\partial\mathbf{r}/\partial\xi|$, $\xi = r, \vartheta, \varphi$)

$$\mathbf{e}_i = \frac{\partial r}{\partial x_i}\mathbf{e}_r + r\frac{\partial\vartheta}{\partial x_i}\mathbf{e}_\vartheta + r\sin\vartheta\frac{\partial\varphi}{\partial x_i}\mathbf{e}_\varphi \quad, \qquad i = 1, 2, 3 \quad.$$

(b) Berechnen Sie mit Hilfe von (a) die Umkehrung der Transformation (B.18.1).

(c) Das System $\{e_1' = e_r, e_2' = e_\vartheta, e_3' = e_\varphi\}$ ist wie $\{e_1, e_2, e_3\}$ ein Rechts-Orthonormalsystem, daher muß die Transformation (B.18.1) orthogonal sein:

$$e_i' = \underline{\underline{T}}e_i = \sum_{j=1}^{3} T_{ji}e_j \quad , \qquad \underline{\underline{T}}^+ = \underline{\underline{T}}^{-1} \quad .$$

Überprüfen Sie unter Benutzung dieser Informationen explizit Ihre Ergebnisse aus (b).

B.3: In dieser Aufgabe soll gezeigt werden, daß man den Stokesschen Integralsatz in einfachen Fällen als Spezialfall des Gaußschen herleiten kann:

Gegeben sei ein von z unabhängiges Vektorfeld der Form $\mathbf{v}(\mathbf{r}) = v_x(x,y)e_x + v_y(x,y)e_y$ und eine Fläche A in der (x,y)-Ebene, die von einer Kurve $C : \mathbf{r}(\lambda) = \mathbf{r}_\perp(\lambda) = x(\lambda)e_x + y(\lambda)e_y$, $\lambda_0 \leq \lambda \leq \lambda_1$, berandet wird. Durch Verschieben von A entlang der z-Achse zu $z = \pm h$ entsteht ein Volumen V (siehe Abb. B.17).

(a) Zeigen Sie durch Anwenden des Gaußschen Integralsatzes auf das Volumen V die Beziehung

$$\int_A \left(\frac{\partial v_x}{\partial x} + \frac{\partial v_y}{\partial y}\right) \mathrm{d}x\,\mathrm{d}y = \int_{\lambda_0}^{\lambda_1} \left(-v_y\frac{\mathrm{d}x}{\mathrm{d}\lambda} + v_x\frac{\mathrm{d}y}{\mathrm{d}\lambda}\right)\mathrm{d}\lambda \quad . \tag{B.18.2}$$

(b) Zeigen Sie, daß (B.18.2) der Stokessche Satz für das um $90°$ um die z-Achse gedrehte Feld $\mathbf{w} = -v_y e_x + v_x e_y$ ist. Welche geometrische Bedeutung hat diese Drehung?

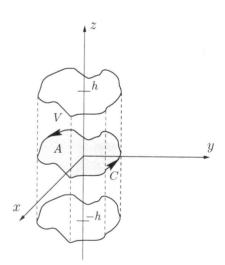

Abb. B.17. Zu Aufgabe B.3

C. Vierervektoren und Vierertensoren

C.1 Minkowski-Raum. Vierervektoren

Der dreidimensionale Ortsraum mit den Basisvektoren $\mathbf{e}_1, \mathbf{e}_2, \mathbf{e}_3$ wird zum vierdimensionalen *Minkowski-Raum* mit den *kovarianten Basisvektoren* $\underset{\sim}{e}_0$, $\underset{\sim}{e}_1, \underset{\sim}{e}_2, \underset{\sim}{e}_3$ erweitert, der dreidimensionale Ortsvektor $\sum_{i=1}^{3} \mathbf{e}_i x_i$ zum *Vierervektor*

$$\underset{\sim}{x} = \sum_{\mu=0}^{3} \underset{\sim}{e}_\mu x^\mu =: \underset{\sim}{e}_\mu x^\mu \quad .$$

Die Definition rechts ist die *Einstein-Konvention*. Sie bedeutet, daß über einen griechischen Index zu summieren ist, wenn er einmal oben und einmal unten steht. Größen mit unten stehendem Index heißen *kovariant*, solche mit oben stehendem Index *kontravariant*. Ein Vierervektor $\underset{\sim}{x}$ hat in dieser Basis die Komponentendarstellung

$$(\underset{\sim}{x}) = (x^\mu) = \begin{pmatrix} x^0 \\ x^1 \\ x^2 \\ x^3 \end{pmatrix} \quad .$$

Die oben indizierten, also kontravarianten Komponenten geben die physikalischen Größen wieder. Die Null-Komponente $x^0 = ct$ entspricht der Zeit t. Durch Multiplikation mit der *Lichtgeschwindigkeit* c besitzt auch sie die Dimension eines Ortes.

Von entscheidender Bedeutung für die *Minkowski-Geometrie* im Gegensatz zur euklidischen Geometrie sind die *Pseudo-Orthogonalitätsrelationen* zwischen den Basisvektoren

$$\underset{\sim}{e}_\mu \cdot \underset{\sim}{e}_\nu = g_{\mu\nu}$$

mit dem *metrischen Symbol* $g_{\mu\nu}$, dessen Werte hier in der Matrix des *metrischen Tensors* angeordnet sind,

$$(g_{\mu\nu}) = \begin{pmatrix} 1 & 0 & 0 & 0 \\ 0 & -1 & 0 & 0 \\ 0 & 0 & -1 & 0 \\ 0 & 0 & 0 & -1 \end{pmatrix} \ .$$

Für Vierervektoren gelten die folgenden Definitionen und Rechenregeln.

Multiplikation mit einer Zahl $a\underset{\sim}{x} = \underset{\sim}{e}_\mu(ax^\mu)$.

Addition $\underset{\sim}{x} + \underset{\sim}{y} = \underset{\sim}{e}_\mu x^\mu + \underset{\sim}{e}_\mu y^\mu = \underset{\sim}{e}_\mu(x^\mu + y^\mu)$.

Skalarprodukt, kontravariante Komponenten

$$\underset{\sim}{x} \cdot \underset{\sim}{y} = (\underset{\sim}{e}_\mu x^\mu) \cdot (\underset{\sim}{e}_\nu y^\nu) = x^\mu g_{\mu\nu} y^\nu = x^0 y^0 - x^1 y^1 - x^2 y^2 - x^3 y^3 \ .$$

Inverser metrischer Tensor Er hat die Matrixelemente $g^{\mu\nu}$, für die Matrizen gilt $(g^{\mu\lambda}) := (g_{\mu\lambda})^{-1}$, d. h.

$$g^{\mu\lambda}g_{\lambda\nu} = g^\mu{}_\nu \quad , \qquad g_{\mu\lambda}g^{\lambda\nu} = g_\mu{}^\nu \quad , \qquad (g^{\mu\lambda}) = \begin{pmatrix} 1 & 0 & 0 & 0 \\ 0 & -1 & 0 & 0 \\ 0 & 0 & -1 & 0 \\ 0 & 0 & 0 & -1 \end{pmatrix} \ .$$

Dabei sind die metrischen Symbole $g^\mu{}_\nu$ und $g_\mu{}^\nu$ durch die Einheitsmatrix definiert,

$$(g^\mu{}_\nu) = (g_\mu{}^\nu) = \begin{pmatrix} 1 & 0 & 0 & 0 \\ 0 & 1 & 0 & 0 \\ 0 & 0 & 1 & 0 \\ 0 & 0 & 0 & 1 \end{pmatrix} \ .$$

Das metrische Symbol mit gemischten Indizes, $g^\mu{}_\nu, g_\mu{}^\nu$, spielt die Rolle des Kronecker-Symbols, $g^\mu{}_\nu = \delta^\mu_\nu, g_\mu{}^\nu = \delta^\nu_\mu$.

Kontravariante Basis $\underset{\sim}{e}^\mu := g^{\mu\nu}\underset{\sim}{e}_\nu$, d. h.

$$\underset{\sim}{e}^0 = \underset{\sim}{e}_0 \quad , \qquad \underset{\sim}{e}^1 = -\underset{\sim}{e}_1 \quad , \qquad \underset{\sim}{e}^2 = -\underset{\sim}{e}_2 \quad , \qquad \underset{\sim}{e}^3 = -\underset{\sim}{e}_3 \ .$$

Pseudo-Orthogonalitätsrelationen

$$\underset{\sim}{e}^\mu \cdot \underset{\sim}{e}^\nu = g^{\mu\rho}\underset{\sim}{e}_\rho \cdot \underset{\sim}{e}_\sigma g^{\sigma\nu} = g^{\mu\rho}g_{\rho\sigma}g^{\sigma\nu} = g^\mu{}_\sigma g^{\sigma\nu} = g^{\mu\nu} \ .$$

Orthogonalitätsrelationen $\underset{\sim}{e}^\mu \cdot \underset{\sim}{e}_\nu = g^{\mu\rho}\underset{\sim}{e}_\rho \cdot \underset{\sim}{e}_\nu = g^{\mu\rho}g_{\rho\nu} = g^\mu{}_\nu$.

Kontravariante Vektorkomponenten $\underset{\sim}{e}^{\mu} \cdot \underset{\sim}{x} = \underset{\sim}{e}^{\mu} \cdot \underset{\sim}{e}_{\rho} x^{\rho} = g^{\mu}{}_{\rho} x^{\rho} = x^{\mu} \, .$

Kovariante Vektorkomponenten $\underset{\sim}{e}_{\mu} \cdot \underset{\sim}{x} = \underset{\sim}{e}_{\mu} \cdot \underset{\sim}{e}_{\rho} x^{\rho} = g_{\mu\rho} x^{\rho} = x_{\mu} \, ,$ d. h.

$$x_0 = x^0 \quad , \qquad x_1 = -x^1 \quad , \qquad x_2 = -x^2 \quad , \qquad x_3 = -x^3 \quad .$$

Mit den Beziehungen

$$g_{\mu\nu} x^{\rho} = x_{\mu} \quad \text{bzw.} \qquad g^{\nu\sigma} x_{\sigma} = x^{\nu}$$

wird der Index an der Komponente eines Vierervektors „herunter" bzw. „herauf" gezogen.

Vektordarstellung in ko- und in kontravarianter Basis

$$\underset{\sim}{x} = \underset{\sim}{e}_{\rho} x^{\rho} = \underset{\sim}{e}_{\mu} g^{\mu}{}_{\rho} x^{\rho} = \underset{\sim}{e}_{\mu} g^{\mu\nu} g_{\nu\rho} x^{\rho} = \underset{\sim}{e}^{\nu} x_{\nu} \quad .$$

Skalarprodukt, kovariante Komponenten

$$\underset{\sim}{x} \cdot \underset{\sim}{y} = (\underset{\sim}{e}^{\mu} x_{\mu}) \cdot (\underset{\sim}{e}^{\nu} y_{\nu}) = x_{\mu} g^{\mu\nu} y_{\nu} = x_0 y_0 - x_1 y_1 - x_2 y_2 - x_3 y_3 \quad .$$

Skalarprodukt, gemischte Komponenten

$$\underset{\sim}{x} \cdot \underset{\sim}{y} = (\underset{\sim}{e}_{\mu} x^{\mu}) \cdot (\underset{\sim}{e}^{\nu} y_{\nu}) = x^{\mu} g_{\mu}{}^{\nu} y_{\nu} = x^{\mu} y_{\mu} = x^0 y_0 + x^1 y_1 + x^2 y_2 + x^3 y_3 \quad .$$

C.2 Vierertensoren

Basistensoren Aus den kovarianten bzw. kontravarianten Basisvektoren lassen sich vier äquivalente Systeme aus *Basistensoren* bilden, *kovariante*, $\underset{\sim}{e}_{\mu} \otimes \underset{\sim}{e}_{\nu}$, *kontravariante*, $\underset{\sim}{e}^{\mu} \otimes \underset{\sim}{e}^{\nu}$, und zwei Arten von *gemischten*, $\underset{\sim}{e}_{\mu} \otimes \underset{\sim}{e}^{\nu}$ und $\underset{\sim}{e}^{\mu} \otimes \underset{\sim}{e}_{\nu}$. Zwischen ihnen bestehen offenbar die Relationen

$$\underset{\sim}{e}^{\mu} \otimes \underset{\sim}{e}^{\nu} = \underset{\sim}{e}^{\mu} \otimes \underset{\sim}{e}_{\sigma} g^{\sigma\nu} = g^{\mu\rho} \underset{\sim}{e}_{\rho} \otimes \underset{\sim}{e}^{\nu} = g^{\mu\rho} \underset{\sim}{e}_{\rho} \otimes \underset{\sim}{e}_{\sigma} g^{\sigma\nu} \quad .$$

Produkte von Basistensoren mit Basisvektoren

$$\begin{aligned}
(\underset{\sim}{e}^{\mu} \otimes \underset{\sim}{e}^{\nu}) \underset{\sim}{e}^{\rho} &:= \underset{\sim}{e}^{\mu} (\underset{\sim}{e}^{\nu} \cdot \underset{\sim}{e}^{\rho}) = \underset{\sim}{e}^{\mu} g^{\nu\rho} \quad , \\
(\underset{\sim}{e}^{\mu} \otimes \underset{\sim}{e}^{\nu}) \underset{\sim}{e}_{\rho} &:= \underset{\sim}{e}^{\mu} (\underset{\sim}{e}^{\nu} \cdot \underset{\sim}{e}_{\rho}) = \underset{\sim}{e}^{\mu} g^{\nu}{}_{\rho} \quad .
\end{aligned}$$

Produkte von Basistensoren miteinander

$$\begin{aligned}
(\underset{\sim}{e}^{\mu} \otimes \underset{\sim}{e}^{\nu})(\underset{\sim}{e}^{\rho} \otimes \underset{\sim}{e}^{\sigma}) &:= (\underset{\sim}{e}^{\mu} \otimes \underset{\sim}{e}^{\sigma})(\underset{\sim}{e}^{\nu} \cdot \underset{\sim}{e}^{\rho}) = \underset{\sim}{e}^{\mu} \otimes \underset{\sim}{e}^{\sigma} g^{\nu\rho} \quad , \\
(\underset{\sim}{e}^{\mu} \otimes \underset{\sim}{e}^{\nu})(\underset{\sim}{e}_{\rho} \otimes \underset{\sim}{e}_{\sigma}) &:= (\underset{\sim}{e}^{\mu} \otimes \underset{\sim}{e}_{\sigma})(\underset{\sim}{e}^{\nu} \cdot \underset{\sim}{e}_{\rho}) = \underset{\sim}{e}^{\mu} \otimes \underset{\sim}{e}_{\sigma} g^{\nu}{}_{\rho} \quad .
\end{aligned}$$

Skalarprodukte von Basistensoren

$$
\begin{aligned}
(\underset{\sim}{e}^\mu \otimes \underset{\sim}{e}^\nu) \cdot (\underset{\sim}{e}^\rho \otimes \underset{\sim}{e}^\sigma) &:= (\underset{\sim}{e}^\mu \cdot \underset{\sim}{e}^\sigma)(\underset{\sim}{e}^\nu \cdot \underset{\sim}{e}^\rho) = g^{\mu\sigma} g^{\nu\rho} \\
&=: \mathrm{Sp}\{(\underset{\sim}{e}^\mu \otimes \underset{\sim}{e}^\nu)(\underset{\sim}{e}^\rho \otimes \underset{\sim}{e}^\sigma)\} \quad .
\end{aligned}
$$

Vierertensor

$$
\underset{\approx}{T} = T^{\mu\nu} \underset{\sim}{e}_\mu \otimes \underset{\sim}{e}_\nu = T^\mu{}_\nu \underset{\sim}{e}_\mu \otimes \underset{\sim}{e}^\nu = T_\mu{}^\nu \underset{\sim}{e}^\mu \otimes \underset{\sim}{e}_\nu = T_{\mu\nu} \underset{\sim}{e}^\mu \underset{\sim}{e}^\nu \quad .
$$

Matrixelemente eines Vierertensors

$$
\text{kontravariant} \quad T^{\mu\nu} = \underset{\sim}{e}^\mu \underset{\approx}{T} \underset{\sim}{e}^\nu = \underset{\approx}{T} \cdot (\underset{\sim}{e}^\nu \otimes \underset{\sim}{e}^\mu) \quad ,
$$

$$
\text{kovariant} \quad T_{\mu\nu} = \underset{\sim}{e}_\mu \underset{\approx}{T} \underset{\sim}{e}_\nu = \underset{\approx}{T} \cdot (\underset{\sim}{e}_\nu \otimes \underset{\sim}{e}_\mu) \quad ,
$$

$$
\text{gemischt} \quad T^\mu{}_\nu = \underset{\sim}{e}^\mu \underset{\approx}{T} \underset{\sim}{e}_\nu = \underset{\approx}{T} \cdot (\underset{\sim}{e}_\nu \otimes \underset{\sim}{e}^\mu) \quad ,
$$

$$
T_\mu{}^\nu = \underset{\sim}{e}_\mu \underset{\approx}{T} \underset{\sim}{e}^\nu = \underset{\approx}{T} \cdot (\underset{\sim}{e}^\nu \otimes \underset{\sim}{e}_\mu) \quad .
$$

Herunter- und Heraufziehen von Tensorindizes

$$
\begin{array}{lll}
T_\mu{}^\nu = g_{\mu\rho} T^{\rho\nu} \quad, & T^\mu{}_\nu = T^{\mu\sigma} g_{\sigma\nu} \quad, & T_{\mu\nu} = g_{\mu\rho} T^{\rho\sigma} g_{\sigma\nu} \quad, \\
T_\mu{}^\nu = T_{\mu\sigma} g^{\sigma\nu} \quad, & T^\mu{}_\nu = g^{\mu\rho} T_{\rho\nu} \quad, & T^{\mu\nu} = g^{\mu\rho} T_{\rho\sigma} g^{\sigma\nu} \quad, \\
T^{\mu\nu} = g^{\mu\rho} T_\rho{}^\nu \quad, & T_{\mu\nu} = T_\mu{}^\sigma g_{\sigma\nu} \quad, & T_\mu{}^\nu = g_{\mu\rho} T^\rho{}_\sigma g^{\sigma\nu} \quad .
\end{array}
$$

Adjunktion Der zu $\underset{\approx}{T} = T^{\mu\nu} \underset{\sim}{e}_\mu \otimes \underset{\sim}{e}_\nu$ *adjungierte Tensor* ist definiert als

$$
\underset{\approx}{T}^+ := T^{\mu\nu} \underset{\sim}{e}_\nu \otimes \underset{\sim}{e}_\mu = T^{\nu\mu} \underset{\sim}{e}_\mu \otimes \underset{\sim}{e}_\nu = T^{+\,\mu\nu} \underset{\sim}{e}_\mu \otimes \underset{\sim}{e}_\nu \quad .
$$

Kontra- bzw. kovariante Matrixelemente entstehen aus denen des ursprünglichen Tensors durch Vertauschung der Indizes,

$$
T^{+\,\mu\nu} = T^{\nu\mu} \quad , \qquad T^+_{\mu\nu} = T_{\nu\mu} \quad .
$$

Für Matrixelemente mit gemischten Indizes gilt

$$
T^{+\nu}_\mu = g_{\mu\rho} T^{+\rho\nu} = g_{\mu\rho} T^{\nu\rho} = T^{\nu\rho} g_{\rho\mu} = T^\nu{}_\mu \quad .
$$

Symmetrischer Tensor Es gilt $\underset{\approx}{T}^+ = \underset{\approx}{T}$, $T^{\mu\nu} = T^{\nu\mu}$.

Antisymmetrischer Tensor Es gilt $\underset{\approx}{T}^+ = -\underset{\approx}{T}$, $T^{\mu\nu} = -T^{\nu\mu}$.

Einheitstensor $\underset{\approx}{1}$ bildet einen Vierervektor auf sich selbst ab, $\underset{\approx}{1} \underset{\sim}{x} = \underset{\sim}{x}$,

$$
\underset{\approx}{1} := \underset{\sim}{e}^\mu \otimes \underset{\sim}{e}_\mu = \underset{\sim}{e}_\mu \otimes \underset{\sim}{e}^\mu = g^{\mu\nu} \underset{\sim}{e}_\mu \otimes \underset{\sim}{e}_\nu = g_{\mu\nu} \underset{\sim}{e}^\mu \otimes \underset{\sim}{e}^\nu \quad .
$$

Abbildung eines Vierervektors durch Multiplikation mit einem Vierertensor

$$\underset{\sim}{y} = \underset{\approx}{T}\underset{\sim}{x} = T^{\mu\nu}(\underline{e}_\mu \otimes \underline{e}_\nu)(\underline{e}_\rho x^\rho) = \underline{e}_\mu T^{\mu\nu} g_{\nu\rho} x^\rho = \underline{e}_\mu T^{\mu\nu} x_\nu = \underline{e}_\mu y^\mu \quad ,$$

$$y^\mu = T^{\mu\nu} x_\nu \quad .$$

Produkt zweier Vierertensoren $\underset{\approx}{R} = R^{\mu\rho}\underline{e}_\mu \otimes \underline{e}_\rho, \underset{\approx}{T} = T^{\sigma\nu}\underline{e}_\sigma \otimes \underline{e}_\nu$

$$
\begin{aligned}
\underset{\approx}{R}\underset{\approx}{T} &= R^{\mu\rho}(\underline{e}_\mu \otimes \underline{e}_\rho)(\underline{e}_\sigma \otimes \underline{e}_\nu)T^{\sigma\nu} = (\underline{e}_\mu \otimes \underline{e}_\nu)R^{\mu\rho}T^{\sigma\nu}(\underline{e}_\rho \cdot \underline{e}_\sigma) \\
&= (\underline{e}_\mu \otimes \underline{e}_\nu)R^{\mu\rho}T^{\sigma\nu}g_{\rho\sigma} = (\underline{e}_\mu \otimes \underline{e}_\nu)R^\mu{}_\sigma T^{\sigma\nu} \quad .
\end{aligned}
$$

Skalarprodukt zweier Vierertensoren

$$
\begin{aligned}
\underset{\approx}{R} \cdot \underset{\approx}{T} &= R^{\mu\rho}(\underline{e}_\mu \otimes \underline{e}_\rho) \cdot (\underline{e}_\sigma \otimes \underline{e}_\nu)T^{\sigma\nu} = R^{\mu\rho}(\underline{e}_\mu \cdot \underline{e}_\nu)(\underline{e}_\rho \cdot \underline{e}_\sigma)T^{\sigma\nu} \\
&= R^{\mu\rho}g_{\mu\nu}g_{\rho\sigma}T^{\sigma\nu} = R^{\mu\rho}g_{\mu\nu}T_\rho{}^\nu = R^{\mu\rho}T_{\rho\mu} = \mathrm{Sp}\{\underset{\approx}{R}\underset{\approx}{T}\} = \mathrm{Sp}\{\underset{\approx}{T}\underset{\approx}{R}\} \\
&= \underset{\approx}{T} \cdot \underset{\approx}{R} \quad .
\end{aligned}
$$

Levi-Civita-Symbol in vier Dimensionen

$$
\varepsilon_{\mu\nu\rho\sigma} := \begin{cases} 1 & \text{für gerade Permutationen von } (0,1,2,3) \\ -1 & \text{für ungerade Permutationen von } (0,1,2,3) \\ 0 & \text{für zwei oder mehr gleiche Indizes} \end{cases} \quad .
$$

Seine geometrische Bedeutung liegt im Volumen

$$V = \varepsilon_{\mu\nu\rho\sigma} w^\mu x^\nu y^\rho z^\sigma$$

eines vierdimensionalen Parallelepipeds (Spats) mit den vier Kantenvektoren $\underset{\sim}{w} = w^\mu \underline{e}_\mu$, $\underset{\sim}{x} = x^\nu \underline{e}_\nu$, $\underset{\sim}{y} = y^\rho \underline{e}_\rho$ und $\underset{\sim}{z} = z^\sigma \underline{e}_\sigma$.

Determinante eines Vierertensors $\det(\underset{\approx}{T}) = \varepsilon_{\mu\nu\rho\sigma} T^{\mu 0} T^{\nu 1} T^{\rho 2} T^{\sigma 3}$.

Vollständig antisymmetrisches Viererprodukt

$$
\begin{aligned}
\varepsilon_{\mu\nu\rho\sigma} T^\mu{}_0 T^\nu{}_1 T^\rho{}_2 T^\sigma{}_3 &= \det(\underset{\approx}{T})\varepsilon_{0123} \quad , \\
\varepsilon_{\mu\nu\rho\sigma} T^\mu{}_\alpha T^\nu{}_\beta T^\rho{}_\gamma T^\sigma{}_\delta &= \det(\underset{\approx}{T})\varepsilon_{\alpha\beta\gamma\delta} \quad .
\end{aligned}
$$

Dualer Vierertensor Der zu $\underset{\approx}{T} = T^{\rho\sigma}\underline{e}_\rho \otimes \underline{e}_\sigma$ duale Tensor ist definiert als

$$^*\underset{\approx}{T} = \frac{1}{2}\underline{e}^\mu \otimes \underline{e}^\nu \varepsilon_{\mu\nu\rho\sigma} T^{\rho\sigma} \quad .$$

C.3 Lorentz-Transformationen

Transformation der Basisvektoren

$$\underset{\sim}{e}_\mu = \underset{\approx}{\varLambda}\, \underset{\approx}{e}'_\mu = \underset{\approx}{e}'_\mu\, \underset{\approx}{\varLambda}^+ \quad , \qquad \underset{\sim}{e}^\mu = g^{\mu\rho}\underset{\sim}{e}_\rho = g^{\mu\rho}\underset{\approx}{\varLambda}\,\underset{\approx}{e}'_\rho = \underset{\approx}{\varLambda}\,\underset{\approx}{e}'^\mu = \underset{\sim}{e}'^\mu\, \underset{\approx}{\varLambda}^+ \quad .$$

Tensor der Lorentz-Transformation

$$\underset{\approx}{\varLambda} := \underset{\sim}{e}_\lambda \otimes \underset{\sim}{e}'^\lambda = g_{\lambda\nu}\underset{\sim}{e}^\nu \otimes \underset{\sim}{e}'^\lambda = \underset{\sim}{e}_\lambda \otimes \underset{\sim}{e}'_\nu g^{\nu\lambda} = \underset{\sim}{e}^\lambda \otimes \underset{\sim}{e}'_\lambda \quad .$$

Adjungierte Transformation

$$\underset{\approx}{\varLambda}^+ := \underset{\sim}{e}'^\sigma \otimes \underset{\sim}{e}_\sigma = \underset{\sim}{e}'^\sigma \otimes \underset{\sim}{e}^\nu g_{\nu\sigma} = \underset{\sim}{e}'_\nu \otimes \underset{\sim}{e}_\sigma g^{\sigma\nu} = \underset{\sim}{e}'_\sigma \otimes \underset{\sim}{e}^\sigma \quad ,$$

$$\underset{\approx}{\varLambda}^+\underset{\approx}{\varLambda} = (\underset{\sim}{e}'^\sigma \otimes \underset{\sim}{e}_\sigma)(\underset{\sim}{e}_\lambda \otimes \underset{\sim}{e}'^\lambda) = \underset{\sim}{e}'^\sigma \otimes \underset{\sim}{e}'^\lambda g_{\sigma\lambda} = \underset{\sim}{e}'_\lambda \otimes \underset{\sim}{e}'^\lambda = \underset{\approx}{1} \quad ,$$

$$\underset{\approx}{\varLambda}\,\underset{\approx}{\varLambda}^+ = (\underset{\sim}{e}_\lambda \otimes \underset{\sim}{e}'^\lambda)(\underset{\sim}{e}'^\sigma \otimes \underset{\sim}{e}_\sigma) = \underset{\sim}{e}_\lambda \otimes \underset{\sim}{e}_\sigma g^{\lambda\sigma} = \underset{\sim}{e}_\lambda \otimes \underset{\sim}{e}^\lambda = \underset{\approx}{1} \quad .$$

Inverse Transformation $\underset{\approx}{\varLambda}^+ = \underset{\approx}{\varLambda}^{-1}$.

Umkehrtransformation $\underset{\sim}{e}'_\mu = \underset{\approx}{\varLambda}^+\underset{\sim}{e}_\mu = \underset{\sim}{e}_\mu\underset{\approx}{\varLambda}$.

Zerlegung von $\underset{\approx}{\varLambda}$ **nach Basistensoren** $\underset{\sim}{e}_\rho \otimes \underset{\sim}{e}^\sigma$

$$\underset{\approx}{\varLambda} = \underset{\approx}{1}\,\underset{\approx}{\varLambda}\,\underset{\approx}{1} = (\underset{\sim}{e}_\mu \otimes \underset{\sim}{e}^\mu)\underset{\approx}{\varLambda}(\underset{\sim}{e}_\nu \otimes \underset{\sim}{e}^\nu) = (\underset{\sim}{e}^\mu\underset{\approx}{\varLambda}\underset{\sim}{e}_\nu)\underset{\sim}{e}_\mu \otimes \underset{\sim}{e}^\nu = \varLambda^\mu{}_\nu \underset{\sim}{e}_\mu \otimes \underset{\sim}{e}^\nu \quad .$$

Matrixelement bzgl. der Basis $\underset{\sim}{e}_\mu \otimes \underset{\sim}{e}^\nu$

$$\varLambda^\mu{}_\nu = \underset{\sim}{e}^\mu\underset{\approx}{\varLambda}\underset{\sim}{e}_\nu \quad .$$

Berechnung des Matrixelements zur Basis $\underset{\sim}{e}_\mu \otimes \underset{\sim}{e}^\nu$

$$\begin{aligned}
\underset{\approx}{\varLambda} &= \underset{\approx}{\varLambda}\,\underset{\approx}{1} = (\underset{\sim}{e}_\mu \otimes \underset{\sim}{e}'^\mu)(\underset{\sim}{e}_\nu \otimes \underset{\sim}{e}^\nu) \\
&= (\underset{\sim}{e}'^\mu \cdot \underset{\sim}{e}_\nu)(\underset{\sim}{e}_\mu \otimes \underset{\sim}{e}^\nu) = \varLambda^\mu{}_\nu(\underset{\sim}{e}_\mu \otimes \underset{\sim}{e}^\nu) \quad , \\
\varLambda^\mu{}_\nu &= \underset{\sim}{e}'^\mu \cdot \underset{\sim}{e}_\nu \quad .
\end{aligned}$$

Zerlegung von $\underset{\approx}{\varLambda}$ **nach Basistensoren** $\underset{\sim}{e}'_\rho \otimes \underset{\sim}{e}'^\sigma$

$$\underset{\approx}{\varLambda} = \underset{\approx}{1}\,\underset{\approx}{\varLambda}\,\underset{\approx}{1} = (\underset{\sim}{e}'_\mu \otimes \underset{\sim}{e}'^\mu)\underset{\approx}{\varLambda}(\underset{\sim}{e}'_\nu \otimes \underset{\sim}{e}'^\nu) = (\underset{\sim}{e}'^\mu\underset{\approx}{\varLambda}\underset{\sim}{e}'_\nu)\underset{\sim}{e}'_\mu \otimes \underset{\sim}{e}'^\nu \quad .$$

Berechnung des Matrixelements zur Basis $\underset{\sim}{e}'_\mu \otimes \underset{\sim}{e}'^\nu$

$$\underset{\approx}{\Lambda} = \underset{\approx}{1}\underset{\approx}{\Lambda} = (\underset{\sim}{e}'_\mu \otimes \underset{\sim}{e}'^\mu)(\underset{\sim}{e}_\nu \otimes \underset{\sim}{e}''^\nu) = (\underset{\sim}{e}'^\mu \cdot \underset{\sim}{e}_\nu)(\underset{\sim}{e}'_\mu \otimes \underset{\sim}{e}''^\nu) \quad ,$$

$$\underset{\sim}{e}'^\mu \underset{\approx}{\Lambda} \underset{\sim}{e}'_\nu = \underset{\sim}{e}'^\mu \cdot \underset{\sim}{e}_\nu = \Lambda^\mu{}_\nu = \underset{\sim}{e}^\mu \underset{\approx}{\Lambda} \underset{\sim}{e}_\nu \quad .$$

Zerlegung von $\underset{\approx}{\Lambda}^+$ nach Basistensoren

$$\underset{\approx}{\Lambda}^+ = \underset{\approx}{1}\underset{\approx}{\Lambda}^+\underset{\approx}{1} = \Lambda^+{}_\mu{}^\nu(\underset{\sim}{e}^\mu \otimes \underset{\sim}{e}_\nu) \quad , \qquad \Lambda^+{}_\mu{}^\nu = \underset{\sim}{e}_\mu \underset{\approx}{\Lambda}^+ \underset{\sim}{e}^\nu \quad .$$

Berechnung der Matrixelemente von $\underset{\approx}{\Lambda}^+$

$$\underset{\approx}{\Lambda}^+ = \underset{\approx}{1}\underset{\approx}{\Lambda}^+ = (\underset{\sim}{e}^\mu \otimes \underset{\sim}{e}_\mu)(\underset{\sim}{e}''^\nu \otimes \underset{\sim}{e}_\nu) = (\underset{\sim}{e}_\mu \cdot \underset{\sim}{e}''^\nu)(\underset{\sim}{e}^\mu \otimes \underset{\sim}{e}_\nu) \quad ,$$

$$\Lambda^+{}_\mu{}^\nu = \underset{\sim}{e}_\mu \cdot \underset{\sim}{e}''^\nu = \underset{\sim}{e}''^\nu \cdot \underset{\sim}{e}_\mu = \Lambda^\nu{}_\mu \quad , \qquad \Lambda^+{}_\mu{}^\nu = \Lambda^\nu{}_\mu \quad .$$

Determinante der Lorentz-Transformation

$$1 = \det(\underset{\approx}{1}) = \det(\underset{\approx}{\Lambda}\underset{\approx}{\Lambda}^+) = \det(\Lambda^\mu{}_\nu)\det(\Lambda^{+\rho}{}_\sigma) = \det(\Lambda^\mu{}_\nu)\det(\Lambda_\sigma{}^\rho)$$

$$= [\det(\Lambda^\mu{}_\nu)]^2 \quad , \qquad \det(\underset{\approx}{\Lambda}) = \pm 1 \quad , \qquad \det(\underset{\approx}{\Lambda}^+) = \pm 1 \quad .$$

Das negative Vorzeichen tritt nur auf, falls die Lorentz-Transformation Spiegelungen der Koordinaten enthält. Diesen Fall betrachten wir jedoch nicht.

Darstellung der Basisvektoren $\underset{\sim}{e}_\nu$ durch die Basisvektoren $\underset{\sim}{e}'_\mu$

$$\underset{\sim}{e}_\nu = \underset{\approx}{\Lambda}\underset{\sim}{e}'_\nu = \underset{\sim}{e}'_\mu \otimes \underset{\sim}{e}'^\mu \underset{\approx}{\Lambda}\underset{\sim}{e}'_\nu = \underset{\sim}{e}'_\mu \Lambda^\mu{}_\nu = \Lambda^+{}_\nu{}^\mu \underset{\sim}{e}'_\mu \quad .$$

Darstellung der Basisvektoren $\underset{\sim}{e}'_\mu$ durch die Basisvektoren $\underset{\sim}{e}_\nu$

$$\underset{\sim}{e}'_\mu = \underset{\sim}{e}_\mu \underset{\approx}{\Lambda} = \underset{\sim}{e}_\mu \underset{\approx}{\Lambda} \underset{\sim}{e}^\nu \otimes \underset{\sim}{e}_\nu = \Lambda_\mu{}^\nu \underset{\sim}{e}_\nu = \underset{\sim}{e}_\nu \Lambda^{+\nu}{}_\mu \quad .$$

Vektor in den Basissystemen $\underset{\sim}{e}_\mu, \underset{\sim}{e}'_\mu$

$$\underset{\sim}{w} = \underset{\sim}{e}_\nu w^\nu = \underset{\sim}{e}'_\mu \Lambda^\mu{}_\nu w^\nu = \underset{\sim}{e}'_\mu w'^\mu \quad .$$

Transformation der Vektorkomponenten $w'^\mu = \Lambda^\mu{}_\nu w^\nu$.

Tensor in den Basissystemen $\underset{\sim}{e}_\rho \otimes \underset{\sim}{e}_\sigma, \underset{\sim}{e}'_\alpha \otimes \underset{\sim}{e}'_\beta$

$$\underset{\approx}{T} = \underset{\sim}{e}_\rho \otimes \underset{\sim}{e}_\sigma T^{\rho\sigma} = (\underset{\sim}{e}'_\alpha \Lambda^\alpha{}_\rho) \otimes (\underset{\sim}{e}'_\beta \Lambda^\beta{}_\sigma) T^{\rho\sigma} = (\underset{\sim}{e}'_\alpha \otimes \underset{\sim}{e}'_\beta) T'^{\alpha\beta} \quad .$$

Transformation der Matrixelemente $T'^{\alpha\beta} = \Lambda^\alpha{}_\rho \Lambda^\beta{}_\sigma T^{\rho\sigma} = \Lambda^\alpha{}_\rho T^{\rho\sigma} \Lambda^+{}_\sigma{}^\beta$.

Invariante Symbole Obwohl diese Symbole Matrizen sind, bleiben sie unter Lorentz-Transformationen invariant, wie hier vorgerechnet wird.

- *Metrisches Symbol*

$$\Lambda^\mu{}_\rho \Lambda_\nu{}^\sigma g^\rho{}_\sigma = \Lambda^\mu{}_\rho \Lambda_\nu{}^\rho = \Lambda^\mu{}_\rho \Lambda^+{}^\rho{}_\nu = g^\mu{}_\nu \quad ,$$

$$\Lambda^\mu{}_\rho \Lambda^\nu{}_\sigma g^{\rho\sigma} = \Lambda^\mu{}_\rho \Lambda^{\nu\rho} = \Lambda^\mu{}_\rho \Lambda_\lambda{}^\rho g^{\lambda\nu} = \Lambda^\mu{}_\rho \Lambda^+{}^\rho{}_\lambda g^{\lambda\nu} = g^\mu{}_\lambda g^{\lambda\nu} = g^{\mu\nu} \quad .$$

- *Levi-Civita-Symbol*

$$\begin{aligned}
\Lambda_\mu{}^\alpha \Lambda_\nu{}^\beta \Lambda_\rho{}^\gamma \Lambda_\sigma{}^\delta \varepsilon_{\alpha\beta\gamma\delta} &= \varepsilon_{\alpha\beta\gamma\delta} \Lambda^+{}^\alpha{}_\mu \Lambda^+{}^\beta{}_\nu \Lambda^+{}^\gamma{}_\rho \Lambda^+{}^\delta{}_\sigma \\
&= \det(\underset{\approx}{\Lambda}^+) \varepsilon_{\mu\nu\rho\sigma} = \varepsilon_{\mu\nu\rho\sigma} \quad .
\end{aligned}$$

C.4 Nabla-Operator im Minkowski-Raum

Vierergradient Wir gehen analog zur Argumentation im Dreidimensionalen vor und betrachten eine Funktion $F(\underset{\sim}{x})$ des Virervektors $\underset{\sim}{x} = \underset{\sim}{e}_\mu x^\mu$. Wir können sie als Funktion der Vektorkomponenten x^μ schreiben,

$$F(\underset{\sim}{x}) = F(\underset{\sim}{e}_\mu x^\mu) = f(x^0, x^1, x^2, x^3) = f((x^\mu)) \quad .$$

Den Vierergradienten $\underset{\sim}{\partial}$ definieren wir über das Glied erster Ordnung

$$\Delta \underset{\sim}{x} = \Delta x^\mu \underset{\sim}{e}_\mu$$

in der Taylor-Entwicklung der Differenz

$$F(\underset{\sim}{x} + \Delta \underset{\sim}{x}) - F(\underset{\sim}{x}) = \Delta \underset{\sim}{x} \cdot \underset{\sim}{\partial} F(\underset{\sim}{x}) + \cdots \quad .$$

Mit Hilfe der Funktion f erhalten wir

$$\begin{aligned}
& f(x^0 + \Delta x^0, x^1 + \Delta x^1, x^2 + \Delta x^2, x^3 + \Delta x^3) - f(x^0, x^1, x^2, x^3) \\
&= \Delta x^\mu \frac{\partial}{\partial x^\mu} f(x^0, x^1, x^2, x^3) + \cdots = \Delta x^\mu g_\mu{}^\nu \frac{\partial}{\partial x^\nu} f(x^0, x^1, x^2, x^3) + \cdots \\
&= \Delta x^\mu \underset{\sim}{e}_\mu \cdot \underset{\sim}{e}^\nu \frac{\partial}{\partial x^\nu} f(x^0, x^1, x^2, x^3) + \cdots \\
&= \Delta \underset{\sim}{x} \cdot \underset{\sim}{\partial} f(x^0, x^1, x^2, x^3) + \cdots \quad ,
\end{aligned}$$

und der Vierergradient der Funktion F kann als

$$\underset{\sim}{\partial} F(\underset{\sim}{x}) = \underset{\sim}{e}^\nu \frac{\partial}{\partial x^\nu} f(x^0, x^1, x^2, x^3) \tag{C.4.1}$$

geschrieben werden. Wir bezeichnen das Symbol

$$\underset{\sim}{\partial} = \underset{\sim}{e}^{\nu} \frac{\partial}{\partial x^{\nu}} = \underset{\sim}{e}^{\nu} \partial_{\nu} \quad , \qquad \partial_{\nu} = \frac{\partial}{\partial x^{\nu}} \quad , \qquad (\text{C.4.2})$$

als *Nabla-Operator im Minkowski-Raum*. Mit

$$x_{\mu} = x^{\nu} g_{\nu\mu} \quad , \qquad \frac{\partial x_{\mu}}{\partial x^{\nu}} = g_{\nu\mu} \quad ,$$

gewinnen wir

$$\partial_{\nu} = \frac{\partial}{\partial x^{\nu}} = \frac{\partial x_{\mu}}{\partial x^{\nu}} \frac{\partial}{\partial x_{\mu}} = g_{\nu\mu} \frac{\partial}{\partial x_{\mu}} \quad ,$$

d. h.

$$\partial_{0} = \frac{\partial}{\partial x^{0}} = \frac{\partial}{\partial x_{0}} = \partial^{0} \quad , \qquad \partial_{m} = \frac{\partial}{\partial x^{m}} = -\frac{\partial}{\partial x_{m}} = -\partial^{m} \quad . \quad (\text{C.4.3})$$

Einsetzen in (C.4.2) liefert als alternative Darstellung des Nabla-Operators

$$\underset{\sim}{\partial} = \underset{\sim}{e}^{\nu} g_{\nu\mu} \frac{\partial}{\partial x_{\mu}} = \underset{\sim}{e}_{\mu} \frac{\partial}{\partial x_{\mu}} = \underset{\sim}{e}_{\mu} \partial^{\mu} \quad , \qquad \partial^{\mu} = \frac{\partial}{\partial x_{\mu}} \quad . \quad (\text{C.4.4})$$

Vierer-Divergenz Die Divergenz eines Vierervektors

$$\underset{\sim}{w} = w^{\nu}(\underset{\sim}{x}) \underset{\sim}{e}_{\nu} \quad , \qquad w^{\nu}(\underset{\sim}{x}) = w^{\nu}(\underset{\sim}{e}_{\lambda} x^{\lambda}) = w^{\nu}(x^{0}, x^{1}, x^{2}, x^{3}) = w^{\nu}((x^{\lambda})) \quad ,$$

ist das Skalarprodukt von links mit dem Nabla-Operator,

$$\underset{\sim}{\partial} \cdot \underset{\sim}{w} = (\underset{\sim}{e}^{\mu} \partial_{\mu}) \cdot (w^{\nu} \underset{\sim}{e}_{\nu}) = g^{\mu}{}_{\nu} \partial_{\mu} w^{\nu}((x^{\lambda})) = \partial_{\mu} w^{\mu}((x^{\lambda})) = \partial^{\mu} w_{\mu}((x^{\lambda})) \quad .$$

D'Alembert-Operator

$$\Box = \underset{\sim}{\partial}^{2} = \underset{\sim}{\partial} \cdot \underset{\sim}{\partial} = \partial_{\mu} \partial^{\mu} = \frac{\partial}{\partial x^{\mu}} \frac{\partial}{\partial x_{\mu}} = \left(\frac{\partial}{\partial x^{0}} \right)^{2} - \boldsymbol{\nabla}^{2} \quad .$$

Lorentz-Transformationen Gehen wir mit $\underset{\sim}{e}^{\nu} = \underset{\sim}{e}'^{\kappa} \Lambda_{\kappa}{}^{\nu}$ vom Koordinaten-system K zu einem System K' über, so gilt für die Komponenten $x'^{\mu} = \Lambda^{\mu}{}_{\nu} x^{\nu}$ und

$$\partial_{\nu} = \frac{\partial}{\partial x^{\nu}} = \frac{\partial x'^{\mu}}{\partial x^{\nu}} \frac{\partial}{\partial x'^{\mu}} = \frac{\partial}{\partial x'^{\mu}} \Lambda^{\mu}{}_{\nu} = \partial'_{\mu} \Lambda^{\mu}{}_{\nu} = \Lambda^{+}{}_{\nu}{}^{\mu} \frac{\partial}{\partial x'^{\mu}} = \Lambda^{+}{}_{\nu}{}^{\mu} \partial'_{\mu}$$

und als Umkehrung

$$\partial'_{\mu} = \frac{\partial}{\partial x'^{\mu}} = \Lambda_{\mu}{}^{\nu} \frac{\partial}{\partial x^{\nu}} = \Lambda_{\mu}{}^{\nu} \partial_{\nu} \quad .$$

Für den Gradienten gilt dann

$$\underset{\sim}{\partial} = \underset{\sim}{e}^{\nu} \partial_{\nu} = \underset{\sim}{e}'^{\kappa} \Lambda_{\kappa}{}^{\nu} \frac{\partial}{\partial x^{\nu}} = \underset{\sim}{e}'^{\kappa} \frac{\partial}{\partial x'^{\kappa}} = \underset{\sim}{e}'^{\kappa} \partial_{\kappa}' \quad .$$

Für die Divergenz gilt

$$\begin{aligned}
\underset{\sim}{\partial} \cdot \underset{\sim}{w}(\underset{\sim}{x}) &= (\underset{\sim}{e}^{\mu} \partial_{\mu}) \cdot (w^{\nu}(\underset{\sim}{x}) \underset{\sim}{e}_{\nu}) = (\underset{\sim}{e}'^{\mu} \partial_{\mu}') \cdot (w'^{\nu}(\underset{\sim}{x}) \underset{\sim}{e}_{\nu}') \\
&= g^{\mu}{}_{\nu} \partial_{\mu}' w'^{\nu}((x^{\lambda})) = \partial_{\mu}' w'^{\mu}((x^{\lambda})) \\
&= \partial_{\mu}' w'^{\mu}((\Lambda^{+\lambda}{}_{\alpha} x'^{\alpha})) \quad .
\end{aligned}$$

Der d'Alembert-Operator behält seine Form,

$$\square = \underset{\sim}{\partial} \cdot \underset{\sim}{\partial} = (\underset{\sim}{e}'^{\kappa} \partial_{\kappa}') \cdot (\underset{\sim}{e}_{\lambda}' \partial'^{\lambda}) = \partial_{\lambda}' \partial'^{\lambda} = \frac{\partial}{\partial x'^{\lambda}} \frac{\partial}{\partial x_{\lambda}'} \quad .$$

D. Wahrscheinlichkeiten und Wahrscheinlichkeitsdichten

In diesem Anhang werden einige Beziehungen über Wahrscheinlichkeitsrechnung und über Verteilungen zusammengestellt, die den Umgang mit Distributionen und Mittelungen und mit den Energie- und Impulsverteilungen nach Maxwell–Boltzmann bzw. Fermi–Dirac erleichtern.

D.1 Wahrscheinlichkeiten

Läßt sich das Ergebnis eines Experiments durch Angabe einer einzigen Größe x charakterisieren, und kann diese Größe nur verschiedene, *diskrete* Werte x_1, $x_2, \ldots$ annehmen, so gehört zu jedem Wert x_i eine Zahl

$$p_i = p(x_i) \quad , \tag{D.1.1}$$

die die Wahrscheinlichkeit dafür angibt, daß eine Messung gerade das Ergebnis x_i liefert. Führt ein Experiment mit Sicherheit immer zum gleichen Ergebnis x_E, so ist dessen Wahrscheinlichkeit gleich eins,

$$p(x_E) = 1 \quad . \tag{D.1.2}$$

Führt dagegen ein Experiment nie zum Ergebnis x_0, so ist

$$p(x_0) = 0 \quad . \tag{D.1.3}$$

Schließen die Ergebnisse x_i und x_j sich gegenseitig aus, so ist die Wahrscheinlichkeit für das Auftreten von $x_i \vee x_j$ (x_i *oder* x_j)

$$p(x_i \vee x_j) = p(x_i) + p(x_j) \tag{D.1.4}$$

(und entsprechend für $x_i \vee x_j \vee x_k$ usw.). Da bei jedem Experiment mit Sicherheit irgendein Ergebnis – also entweder x_1 oder x_2 oder $\ldots$ – eintritt, gilt wegen (D.1.2)

$$p(x_1 \lor x_2 \lor \cdots) = \sum_i p_i = \sum_i p(x_i) = 1 \quad . \tag{D.1.5}$$

Sind schließlich zwei verschiedene Experimente *unabhängig* voneinander und führen sie zu den Ergebnissen x_i bzw. x_j, so ist die Beobachtung von x_i im einen *und* von x_j im anderen Experiment ($x_i \land x_j$)

$$p(x_i \land x_j) = p(x_i)p(x_j) \quad . \tag{D.1.6}$$

Als *Erwartungswert* oder *Mittelwert* $\langle x \rangle$ der Größe x bezeichnen wir das mit den Wahrscheinlichkeiten p_i gewichtete Mittel

$$\langle x \rangle = \sum_i p_i x_i \quad . \tag{D.1.7}$$

Entsprechend können wir auch den Erwartungswert einer Funktion $h(x)$ der Variablen x definieren:

$$\langle h(x) \rangle = \sum_i p_i h(x_i) \quad . \tag{D.1.8}$$

Als Illustration betrachten wir das Würfelspiel. Das Ergebnis des Wurfs eines Würfels wird durch eine der sechs Zahlen

$$x_i = i \quad , \qquad i = 1, 2, \ldots, 6 \quad ,$$

gekennzeichnet. Mit (D.1.5) gilt

$$p_1 + p_2 + \cdots + p_6 = 1$$

und aus Symmetriegründen

$$p_i = \frac{1}{6} \quad , \qquad i = 1, 2, \ldots, 6 \quad .$$

Für das Auftreten einer geraden Augenzahl ist die Wahrscheinlichkeit nach (D.1.4)

$$p_2 + p_4 + p_6 = \frac{3}{6} = \frac{1}{2} \quad .$$

Der Erwartungswert für die Augenzahl eines Wurfes ist nach (D.1.7)

$$\langle i \rangle = \sum_{i=1}^{6} p_i i = \frac{1}{6} \sum_{i=1}^{6} i = 3,5 \quad .$$

Für das Auftreten zweier Sechsen in zwei unabhängigen Würfen gilt nach (D.1.6)

$$p_6 p_6 = \frac{1}{36} \quad .$$

D.2 Wahrscheinlichkeitsdichten

Kann die Größe x, die das Ergebnis eines Experiments beschreibt, nicht mehr durch diskrete Werte x_i gekennzeichnet werden, sondern ist x eine *kontinuierliche Variable*, so kann man den Wertebereich von x durch willkürliche diskrete Werte x_i in Intervalle (x_i, x_{i+1}) einteilen, wie in Abb. D.1 skizziert. Die Wahrscheinlichkeit dafür, daß ein Experiment zu einem Ergebnis x führt, welches im Intervall (x_i, x_{i+1}) liegt, bezeichnen wir mit $p(x_i, x_{i+1})$. Da das Experiment zu irgendeinem Ergebnis führt, gilt entsprechend (D.1.5)

$$\sum_{i=-\infty}^{\infty} p(x_i, x_{i+1}) = 1 \quad . \tag{D.2.1}$$

Für ein beliebiges Intervall $(x, x + \Delta x)$ betrachten wir nun den Grenzwert

$$f(x) = \lim_{\Delta x \to 0} \frac{p(x, x + \Delta x)}{\Delta x} \quad . \tag{D.2.2}$$

Wir bezeichnen ihn als die *Wahrscheinlichkeitsdichte* an der Stelle x. Die Wahrscheinlichkeit, für die Meßgröße gerade einen Wert im Intervall zwischen x und $x + \mathrm{d}x$ zu beobachten, ist dann

$$f(x)\,\mathrm{d}x \quad .$$

Für das endliche Intervall $(x_i, x_i + \Delta x_i)$ erhält man (Abb. D.1)

$$p(x_i, x_i + \Delta x_i) = \int_{x=x_i}^{x=x_i+\Delta x_i} f(x)\,\mathrm{d}x \quad . \tag{D.2.3}$$

Allgemein ist die Wahrscheinlichkeit dafür, daß x im Intervall $a \leq x \leq b$ liegt,

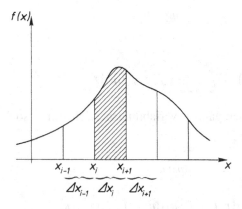

Abb. D.1. Wahrscheinlichkeitsdichte einer Variablen x. Das schraffierte Gebiet entspricht der Wahrscheinlichkeit, bei einem Experiment x gerade im Intervall $(x_i, x_i + \Delta x_i)$ zu beobachten

$$p(a \leq x \leq b) = \int_a^b f(x)\,\mathrm{d}x \qquad\qquad\text{(D.2.4)}$$

und insbesondere – vgl. (D.2.1) –

$$\int_{-\infty}^{\infty} f(x)\,\mathrm{d}x = 1 \quad. \qquad\qquad\text{(D.2.5)}$$

Der *Erwartungswert* der Variablen x bzw. einer Funktion $h(x)$ ist jetzt durch die Mittelungsvorschrift

$$\langle x \rangle = \int_{-\infty}^{\infty} x f(x)\,\mathrm{d}x \qquad\qquad\text{(D.2.6)}$$

bzw.

$$\langle h(x) \rangle = \int_{-\infty}^{\infty} h(x) f(x)\,\mathrm{d}x \qquad\qquad\text{(D.2.7)}$$

gegeben.

Wird ein Experiment durch mehrere Meßgrößen x, y, ... mit den Wahrscheinlichkeitsdichten $f_x(x)$, $f_y(y)$, ... gekennzeichnet, so sind die Wahrscheinlichkeiten für die Beobachtung der ersten im Intervall $(x, x + \mathrm{d}x)$, der zweiten in $(y, y + \mathrm{d}y)$, ... durch

$$f_x(x)\,\mathrm{d}x \quad, \qquad f_y(y)\,\mathrm{d}y \quad, \qquad \cdots$$

gegeben. Sind die Meßgrößen *unabhängig* voneinander, so ist nach (D.1.6) die Wahrscheinlichkeit dafür, die erste Größe im Intervall $(x, x + \mathrm{d}x)$ und die zweite im Intervall $(y, y + \mathrm{d}y)$, usw. zu beobachten, gleich dem Produkt

$$f(x, y, \ldots)\,\mathrm{d}x\,\mathrm{d}y \cdots = f_x(x)\,\mathrm{d}x f_y(y)\,\mathrm{d}y \cdots \quad. \qquad\text{(D.2.8)}$$

Die Funktion $f(x, y, \ldots)$ heißt *gemeinsame Wahrscheinlichkeitsdichte* der Variablen x, y, ... Die Wahrscheinlichkeit, daß x *und* y in den endlichen Intervallen

$$a \leq x \leq b \quad, \qquad c \leq y \leq d$$

liegen, ist

$$p(a \leq x \leq b\,,\, c \leq y \leq d) = \int_{x=a}^b \int_{y=c}^d f(x, y)\,\mathrm{d}y\,\mathrm{d}x \quad.$$

Setzt man für das zweite Intervall den ganzen Variabilitätsbereich von y, so erhält man – wie erwartet –

$$\begin{aligned} p(a \leq x \leq b) &= \int_{x=a}^b \int_{y=-\infty}^{\infty} f(x, y)\,\mathrm{d}y\,\mathrm{d}x \\ &= \int_{x=a}^b f_x(x)\,\mathrm{d}x \int_{-\infty}^{\infty} f_y(y)\,\mathrm{d}y = \int_a^b f_x(x)\,\mathrm{d}x \quad. \end{aligned}$$

Für unabhängige Variablen kann so eine Wahrscheinlichkeitsdichte mehrerer Variablen durch Integration über eine oder mehrere Variablen auf eine Wahrscheinlichkeitsdichte von weniger Variablen reduziert werden,

$$f_x(x) = \int_{-\infty}^{\infty} f(x, y) \, dy \quad . \tag{D.2.9}$$

Als Beispiel betrachten wir die in Mathematik und Physik gleichermaßen wichtige Wahrscheinlichkeitsdichte der *Normalverteilung* oder *Gauß-Verteilung* um den Nullpunkt:

$$f(x) = \frac{1}{\sigma\sqrt{2\pi}} \exp\left(-\frac{x^2}{2\sigma^2}\right) \quad . \tag{D.2.10}$$

Sie ist in Abb. D.2 dargestellt und kennzeichnet z. B. die Wahrscheinlichkeit für eine Abweichung x zwischen dem wahren Wert einer Meßgröße und ihrem (fehlerbehafteten) Meßwert.

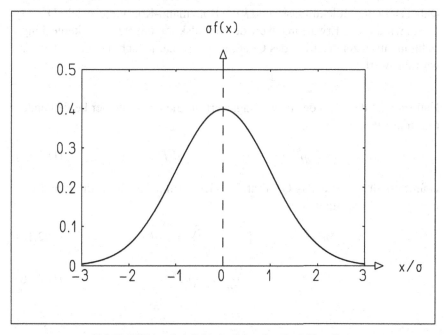

Abb. D.2. Wahrscheinlichkeitsdichte der Gauß-Verteilung

Wegen der Symmetrie der Gauß-Verteilung verschwindet der Erwartungswert von x:

$$\langle x \rangle = \int_{-\infty}^{\infty} x f(x) \, dx = 0 \quad . \tag{D.2.11}$$

Für das Beispiel bedeutet das, daß die Differenz zwischen Meßgröße und wahrem Wert *im Mittel* verschwindet, denn die Differenz kann beide Vorzeichen besitzen. Das gilt jedoch nicht für ihr Quadrat. Die *mittlere quadratische*

Abweichung ist

$$\langle x^2 \rangle = \int_{-\infty}^{\infty} x^2 f(x)\, \mathrm{d}x = \sigma^2 \quad . \tag{D.2.12}$$

Der Parameter σ heißt *Breite* oder *Standard-Abweichung* der Gauß-Verteilung.

Die Normalverteilung beschreibt auch eine wichtige Eigenschaft des sogenannten *idealen Gases*, d. h. einer Gesamtheit aus vielen Atomen im thermischen Gleichgewicht bei der Temperatur T. Geben wir eine x-Richtung vor und betrachten wir die Impuls-Komponente p_x eines Gasmoleküls in dieser Richtung, so ist die Wahrscheinlichkeitsdichte der Größe p_x gerade eine Normalverteilung

$$f_{p_x}(p_x) = \frac{1}{\sigma\sqrt{2\pi}} \exp\left(-\frac{p_x^2}{2\sigma^2} \right) \tag{D.2.13}$$

mit

$$\sigma^2 = mkT \quad .$$

Dabei ist m die Molekülmasse und k die Boltzmann-Konstante. Nach (D.2.11) verschwindet der Erwartungswert der Impulskomponente, weil keine Flugrichtung ausgezeichnet ist; das Quadrat von p_x hat jedoch den endlichen Erwartungswert

$$\langle p_x^2 \rangle = \sigma^2 = mkT \quad .$$

Natürlich ist das auch der Erwartungswert für die Quadrate der beiden anderen Impulskomponenten,

$$\langle p_x^2 \rangle = \langle p_y^2 \rangle = \langle p_z^2 \rangle = mkT \quad . \tag{D.2.14}$$

Damit erhält man für das Quadrat des Gesamtimpulses bzw. die kinetische Energie die Erwartungswerte

$$\langle p^2 \rangle = \langle p_x^2 \rangle + \langle p_y^2 \rangle + \langle p_z^2 \rangle = 3mkT \quad , \tag{D.2.15}$$

$$\langle E_{\mathrm{kin}} \rangle = \frac{\langle p^2 \rangle}{2m} = \frac{3}{2}kT \quad . \tag{D.2.16}$$

E. Maxwell–Boltzmann-Verteilung

Wir betrachten ein ideales Gas mit insgesamt N Atomen, die sich in einem abgeschlossenen Volumen V befinden, für das wir der Einfachheit halber einen Würfel der Kantenlänge $L = V^{1/3}$ wählen, wie in Abb. E.1 skizziert. Da die Wahrscheinlichkeit dafür, daß ein bestimmtes Atom einen vorgegebenen Wert der x-Koordinate hat, offenbar gar nicht von x abhängt, gilt

$$f_x(x) = \text{const} \quad , \quad \int_{x=0}^{L} f_x(x)\,\mathrm{d}x = f_x L = 1 \quad , \quad f_x(x) = \frac{1}{L} \quad , \quad \text{(E.1)}$$

und entsprechend

$$f_y(y) = f_z(z) = \frac{1}{L} \quad . \tag{E.2}$$

Die Wahrscheinlichkeit, dieses Atom im Intervall $\mathrm{d}x$ innerhalb des Volumens V zu beobachten, ist einfach

$$f_x(x)\,\mathrm{d}x = \frac{\mathrm{d}x}{L} \quad .$$

Ist N hinreichend groß, so ist die Zahl der tatsächlich in diesem Intervall beobachteten Atome in sehr guter Näherung

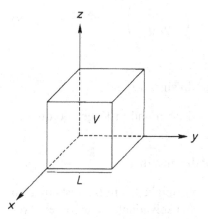

Abb. E.1. Würfel zum Einschluß eines idealen Gases

$$N_x(x)\,\mathrm{d}x = N f_x(x)\,\mathrm{d}x \quad . \tag{E.3}$$

Die Funktion $N_x(x)$ heißt *Verteilung* der Atome *bezüglich der Variablen* x. Für eine Wahrscheinlichkeitsdichte mehrerer Variablen gilt entsprechend

$$N_{x,y,\dots}(x,y,\dots) = N f(x,y,\dots) \quad . \tag{E.4}$$

Für die Verteilung bezüglich aller drei Raumkoordinaten gilt dann

$$N_{x,y,z}(x,y,z) = N_{\mathbf{x}}(\mathbf{x}) = N f_x(x) f_y(y) f_z(z) = \frac{N}{L^3} = \frac{N}{V} = n \quad . \tag{E.5}$$

Die Verteilung im Raum ist die (konstante) *räumliche Teilchenzahldichte* $n = N/V$.

Betrachten wir nun die Verteilung bezüglich der Impulskomponente p_x. Gleichung (D.2.13) liefert

$$N_{p_x}(p_x) = \frac{N}{(2\pi mkT)^{1/2}} \exp\left(-\frac{p_x^2}{2mkT}\right) \quad . \tag{E.6}$$

Sie ist in Abb. E.2a für verschiedene Werte der Temperatur dargestellt. Man beobachtet, daß bei niedrigen Temperaturen ein größerer Teil der Atome kleinere Impulsbeträge besitzt als bei höheren. Das Integral über die verschiedenen Verteilungen ist gleich der Teilchenzahl N, z. B.

$$\int_{-\infty}^{\infty} N_{p_x}(p_x)\,\mathrm{d}p_x = N \int_{-\infty}^{\infty} f_{p_x}(p_x)\,\mathrm{d}p_x = N \quad . \tag{E.7}$$

Die Verteilung bezüglich aller drei Impulskomponenten ist nach (E.4) und (D.2.8)

$$
\begin{aligned}
N_{\mathbf{p}}(\mathbf{p}) &= \frac{N}{(2\pi mkT)^{3/2}} \exp\left(-\frac{p_x^2 + p_y^2 + p_z^2}{2mkT}\right) \\
&= \frac{N}{(2\pi mkT)^{3/2}} \exp\left(-\frac{p^2}{2mkT}\right) \quad .
\end{aligned} \tag{E.8}
$$

In einem Volumenelement

$$\mathrm{d}V_{\mathbf{p}} = \mathrm{d}p_x\,\mathrm{d}p_y\,\mathrm{d}p_z = p^2\,\mathrm{d}p\,\sin\vartheta\,\mathrm{d}\vartheta\,\mathrm{d}\varphi$$

des Impulsraumes – wir haben es in kartesischen und in Kugelkoordinaten angegeben – befinden sich dann

$$N_{\mathbf{p}}(\mathbf{p})\,\mathrm{d}V_{\mathbf{p}} = N_{\mathbf{p}}(\mathbf{p})p^2\,\mathrm{d}p\,\sin\vartheta\,\mathrm{d}\vartheta\,\mathrm{d}\varphi$$

Atome. Interessieren wir uns nur für die Abhängigkeit vom Impulsbetrag, so können wir entsprechend (D.2.9) über die Winkelvariablen integrieren. Wegen

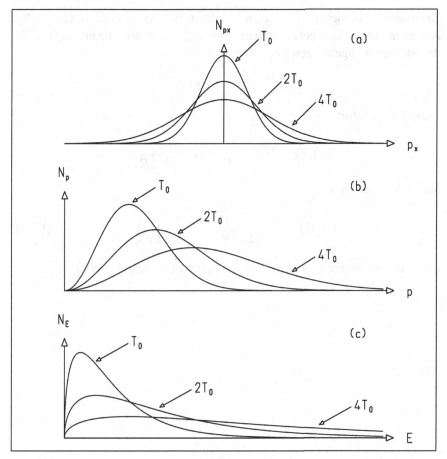

Abb. E.2. Maxwell–Boltzmann-Verteilung **(a)** einer Impulskomponente, **(b)** des Impulsbetrages und **(c)** der kinetischen Energie der Atome eines idealen Gases bei verschiedenen Temperaturen

erhalten wir

$$\int_{\varphi=0}^{2\pi} \int_{\vartheta=0}^{\pi} \sin\vartheta \, \mathrm{d}\vartheta \, \mathrm{d}\varphi = 4\pi$$

$$
\begin{aligned}
N_p(p) \, \mathrm{d}p &= 4\pi N_{\mathbf{p}}(\mathbf{p}) p^2 \, \mathrm{d}p \quad, \\
N_p(p) &= \frac{4\pi N p^2}{(2\pi mkT)^{3/2}} \exp\left(-\frac{p^2}{2mkT}\right) \quad.
\end{aligned}
\tag{E.9}
$$

Diese Verteilung des Impulsbetrages heißt *Maxwell–Boltzmann-Verteilung* und ist in Abb. E.2b dargestellt. Wollen wir aus der Verteilung des Impulsbetrages p die Verteilung der kinetischen Energie

$$E = \frac{p^2}{2m}$$

gewinnen, so brauchen wir nur zu beachten, daß die Anzahl $N_p(p)\,\mathrm{d}p$ der Atome in einem vorgegebenen Intervall von p gleich der Anzahl $N_E(E)\,\mathrm{d}E$ der Atome im zugehörigen Energieintervall $\mathrm{d}E$ ist:

$$N_E(E)\,\mathrm{d}E = N_p(p)\,\mathrm{d}p \quad .$$

Daraus folgt sofort

$$N_E(E) = N_p(p)\frac{\mathrm{d}p}{\mathrm{d}E} = N_p(p)\sqrt{\frac{m}{2E}} \quad .$$

Mit (E.9) erhalten wir

$$N_E(E) = \frac{4\pi N(2E)^{1/2}}{(2\pi kT)^{3/2}}\exp\left(-\frac{E}{kT}\right) \quad , \tag{E.10}$$

die Maxwell–Boltzmann-Verteilung bezüglich der Energie (Abb. E.2c).

F. Distributionen

In diesem Anhang stellen wir einige grundlegende Definitionen der Theorie der Distributionen zusammen. Wir beschränken uns dabei auf die temperierten Distributionen, die in vielen Anwendungen in der Physik völlig ausreichen. Außerdem diskutieren wir die für die Elektrodynamik wesentlichen Beispiele der Dirac-Distribution und der Ableitungen von $1/r$. Im Abschn. F.1 führen wir auf anschauliche Weise die Diracsche Deltadistribution ein. Im Abschn. F.2 geben wir eine mehr formale Definition der Distributionen und behandeln damit die Ableitungen von $1/r$.

F.1 Anschauliche Vorbereitung

F.1.1 Diracsche Deltadistribution

Als einfachste Idealisierung einer Einschaltfunktion wird für viele Zwecke die *Stufenfunktion* oder *Θ-Funktion*

$$\Theta(x) = \begin{cases} 0 & , \quad x < 0 \\ 1 & , \quad x > 0 \end{cases} , \tag{F.1.1}$$

die auch *Heavyside-Funktion* genannt wird, eingeführt. Sie ist bei $x = 0$ weder differenzierbar noch stetig. Der Wert $\Theta(0)$ der Funktion bei $x = 0$ bleibt hier undefiniert. In einer weiter unten in diesem Abschnitt zu diskutierenden Darstellung von $\Theta(x)$ als Limes einer Folge von differenzierbaren Funktionen ergibt sich als Grenzwert $\Theta(0) = 1/2$. In der Elektrodynamik tritt die Stufenfunktion zur Beschreibung des Spannungsverlaufs bei Einschaltvorgängen auf.

Rechteckfolge Mit Hilfe der Stufenfunktion können Schaltimpulse oder *Rechteckverteilungen*, die in einem Intervall $-L/2 < x < L/2$ einen konstanten Wert besitzen und deren Integral auf eins normiert ist, als *normierte Verteilungen* durch

$$f_{\mathrm{R}}(x, L) = \frac{1}{L} \left[\Theta\left(x + \frac{L}{2}\right) - \Theta\left(x - \frac{L}{2}\right) \right] \qquad \text{(F.1.2)}$$

dargestellt werden. Offenbar existiert der Grenzwert einer sehr schmalen Verteilung für $L \to 0$ nicht als Funktion im üblichen Sinne. Allerdings ist $f_{\mathrm{R}}(x, L)$ als Verteilung für eine Mittelung einer stetigen und beschränkten Funktion $g(x)$, vgl. Anhang G,

$$G(x) = \int f_{\mathrm{R}}(x', L)\, g(x + x')\, \mathrm{d}x' \qquad \text{(F.1.3)}$$

auch im Grenzfall $L \to 0$ wohldefiniert, weil das Integral existiert. Es gilt in diesem Fall

$$G(x) = \lim_{L \to 0} \frac{1}{L} \int_{-L/2}^{L/2} g(x + x')\, \mathrm{d}x' \quad . \qquad \text{(F.1.4)}$$

Für hinreichend kleine Werte von L kann das Integral durch das Produkt aus dem Wert $g(x)$ und der Intervallänge L angenähert werden, so daß im Limes $L \to 0$

$$G(x) = g(x)$$

gilt. Als Verteilung, die nur als Faktor in einem geeigneten Integranden verwendet wird, kann man eine Verteilung $\delta(x)$ als Grenzfall der Rechteckverteilung für $L \to 0$,

$$f_{\mathrm{R}}(x, L) = \frac{1}{L} \left[\Theta\left(x + \frac{L}{2}\right) - \Theta\left(x - \frac{L}{2}\right) \right] \xrightarrow[L \to 0]{} \delta(x) \quad , \qquad \text{(F.1.5)}$$

definieren. Für jede Folge von Werten L_n, $n = 1, 2, 3, \ldots$ mit $\lim_{n \to \infty} L_n = 0$, ist die Funktionenfolge (F.1.5) eine δ-*Folge*. Die Grenzverteilung $\delta(x)$ bezeichnet man als *Diracsche Deltadistribution* oder kürzer auch als *Deltadistribution* oder – ungenauer – oft auch als *Deltafunktion*. Man sieht, daß viele verschiedene Funktionenfolgen δ-Folgen sind. Einige Elemente der Funktionenfolge $f_{\mathrm{R}}(x, L_n)$ sind in der linken Spalte von Abb. F.1 dargestellt.

cosh^{-2}-Folge Eine andere Art von δ-Folge ist die Funktion

$$f_{\mathrm{C}}(x, L) = \frac{1}{2L \cosh^2(x/L)} \quad , \qquad L \to 0 \quad . \qquad \text{(F.1.6)}$$

Hier ist die Funktion cosh, der *Cosinus hyperbolicus*, eine der *hyperbolischen Winkelfunktionen*, definiert durch

$$\cosh u = \frac{1}{2}(\mathrm{e}^u + \mathrm{e}^{-u}) \quad . \qquad \text{(F.1.7)}$$

Der Cosinus hyperbolicus ist eine überall positive Funktion. Seine Ableitung ist

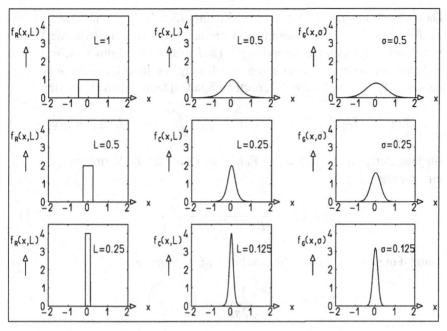

Abb. F.1. δ-Folgen: Rechteckfolge (*linke Spalte*), $\cosh^{-2}$-Folge (*mittlere Spalte*), Gauß-Folge (*rechte Spalte*)

$$\frac{\mathrm{d}\cosh u}{\mathrm{d}u} = \frac{1}{2}(\mathrm{e}^u - \mathrm{e}^{-u}) = \sinh u \quad ,$$

der *Sinus hyperbolicus*. Mit seiner Hilfe läßt sich der *Tangens hyperbolicus* definieren:

$$\tanh u = \frac{\sinh u}{\cosh u} = \frac{\mathrm{e}^u - \mathrm{e}^{-u}}{\mathrm{e}^u + \mathrm{e}^{-u}} \quad . \tag{F.1.8}$$

Offenbar gilt

$$\lim_{u \to \pm\infty} \tanh u = \pm 1 \quad .$$

Die Ableitung des Tangens hyperbolicus läßt sich leicht berechnen, man findet

$$\frac{\mathrm{d}\tanh u}{\mathrm{d}u} = \frac{1}{\cosh^2 u} \quad . \tag{F.1.9}$$

Damit läßt sich die Funktion f_C auch als

$$f_C(x, L) = \frac{1}{2}\frac{\mathrm{d}\tanh(x/L)}{\mathrm{d}x} \tag{F.1.10}$$

darstellen. Diese Formel erlaubt für $L > 0$ die Berechnung der Norm der Verteilung:

$$\int_{-\infty}^{\infty} f_C(x, L)\,\mathrm{d}x = \frac{1}{2}\int_{-\infty}^{\infty} \frac{\mathrm{d}\tanh(x/L)}{\mathrm{d}x}\,\mathrm{d}x = \frac{1}{2}\tanh\frac{x}{L}\bigg|_{-\infty}^{\infty} = 1 \quad .$$

Da die Funktion $f_C(x, L)$ überall positiv und für alle $L > 0$ normiert ist, ist sie für jedes $L > 0$ eine normierte Verteilung. Für kleiner werdende Werte von L schmiegt sich die Verteilung $f_C(x, L)$ für $x \neq 0$ immer mehr an die x-Achse an, in der Umgebung von $x = 0$ steigt sie jedoch immer steiler auf den Wert $1/(2L)$, vgl. Abb. F.1, mittlere Spalte. Damit gilt auch für sie

$$\lim_{L \to 0} \int_{-\infty}^{\infty} f_C(x', L) g(x + x') \, dx' = g(x) \int_{-\infty}^{\infty} f_C(x', L) \, dx' = g(x)$$

für jede stetige und beschränkte Funktion. Daher ist die Verteilung $f_C(x, L)$ eine δ-Folge,

$$f_C(x, L) = \frac{1}{2L \cosh^2(x/L)} \xrightarrow[L \to 0]{} \delta(x) \quad . \tag{F.1.11}$$

Gauß-Folge Ganz ähnlich bilden die *Gauß-Verteilungen*

$$f_G(x, \sigma) = \frac{1}{\sqrt{2\pi}\sigma} \exp\left(-\frac{x^2}{2\sigma^2}\right) \quad ,$$

die für jeden Wert des Parameters σ normiert sind, vgl. (D.2.10), normierte Verteilungen. Für einige fallende Werte von σ sind die Gauß-Verteilungen in Abb. F.1, rechte Spalte, gezeigt. Für kleiner werdende Werte $\sigma \to 0$ bilden die Gauß-Verteilungen eine δ-Folge,

$$f_G(x, \sigma) = \frac{1}{\sqrt{2\pi}\sigma} \exp\left(-\frac{x^2}{2\sigma^2}\right) \xrightarrow[\sigma \to 0]{} \delta(x) \quad . \tag{F.1.12}$$

Alle hier betrachteten Verteilungen f_R, f_C, f_G sind symmetrische Verteilungen,

$$f(x) = f(-x) \quad ,$$

so daß auch die Deltadistribution symmetrisch ist.

Rechenregeln für die Deltadistribution Als einfache Rechenregeln für die Diracsche Deltadistribution halten wir fest:

$$\delta(x) = \delta(-x) \quad , \tag{F.1.13}$$

$$\int_{-\infty}^{\infty} \delta(x') \, dx' = 1 \quad , \tag{F.1.14}$$

$$\int_{-\infty}^{\infty} \delta(x - x') f(x') \, dx' = \int_{-\infty}^{\infty} \delta(x') f(x + x') \, dx' = f(x) \quad . \tag{F.1.15}$$

Mit diesen Rechenregeln folgt auch sofort

$$\delta(\alpha x) = \frac{1}{|\alpha|}\delta(x) \quad . \tag{F.1.16}$$

Zur Herleitung führt man die Variablensubstitution $\xi = \alpha x'$,

$$\int_{-\infty}^{\infty} \delta(\alpha x')f(x + x')\,\mathrm{d}x' = \frac{1}{|\alpha|}\int_{-\infty}^{\infty}\delta(\xi)f\left(x + \frac{1}{\alpha}\xi\right)\mathrm{d}\xi = \frac{1}{|\alpha|}f(x) \quad ,$$

aus. Die rechte Seite der Gleichungskette kann auch durch

$$\frac{1}{|\alpha|}f(x) = \int_{-\infty}^{\infty}\frac{1}{|\alpha|}\delta(x')f(x + x')\,\mathrm{d}x'$$

ausgedrückt werden. Damit ist die Beziehung (F.1.16) bewiesen.

Deltadistributionen in drei Dimensionen sind in kartesischen Koordinaten als Produkt von drei eindimensionalen Distributionen gegeben:

$$\delta^3(\mathbf{r}) = \delta(x)\delta(y)\delta(z) \quad . \tag{F.1.17}$$

F.1.2 Diracsche Deltadistribution als Ableitung der Stufenfunktion

Wir zeigen noch, daß die Deltadistribution im Sinne der Gleichheit zweier δ-Folgen als Ableitung der Stufenfunktion dargestellt werden kann. Dazu stellen wir die Stufenfunktion $\Theta(x)$, Gl. (F.1.1), als Grenzfall $L \to 0$ der differenzierbaren Funktionen

$$\Theta_L(x, L) = \frac{1}{2}\left(1 + \tanh\frac{x}{L}\right) \tag{F.1.18}$$

dar. Der Verlauf von $\Theta_L(x, L)$ ist in Abb. F.2, linke Spalte, für verschiedene Werte von L dargestellt. Für kleiner werdende L schmiegt sich die Funktion Θ_L im Bereich $x < 0$ immer mehr an die x-Achse, für $x > 0$ immer mehr an den Wert eins an. In der Umgebung von $x = 0$ steigt $\Theta_L(x, L)$ für kleiner werdende L-Werte immer schneller von kleinen auf Werte in der Nähe von eins an. Offenbar gilt

$$\Theta_L(x, L) \xrightarrow[L \to 0]{} \Theta(x) \quad . \tag{F.1.19}$$

Bei diesem Grenzübergang ergibt der Wert der Stufenfunktion bei $x = 0$ als $\Theta(0) = 1/2$.

Die Ableitung von $\Theta_L(x, L)$, vgl. Abb. F.2, rechte Spalte, ist durch

$$\frac{\mathrm{d}\,\Theta_L(x, L)}{\mathrm{d}x} = \frac{1}{2L\cosh^2(x/L)} = f_C(x, L) \quad , \tag{F.1.20}$$

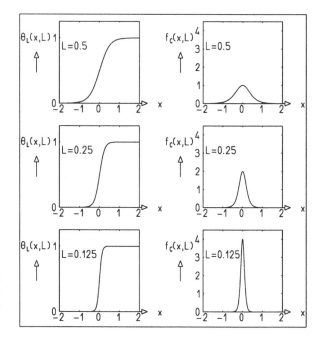

Abb. F.2. Die *linke Spalte* enthält eine Folge von Funktionen Θ_L, die *rechte Spalte* deren Ableitungen f_C

vgl. (F.1.9), und damit durch die normierten Verteilungen $f_C(x, L)$ gegeben, die ihrerseits für kleiner werdende Werte von L eine δ-Folge bilden. Damit gilt

$$\lim_{L \to 0} \int_{-\infty}^{\infty} \frac{\mathrm{d}\,\Theta_L(x', L)}{\mathrm{d}x'} g(x+x')\, \mathrm{d}x' = \lim_{L \to 0} \int_{-\infty}^{\infty} f_C(x', L) g(x+x')\, \mathrm{d}x' = g(x)\ .$$

Diese Feststellungen fassen wir in der Beziehung

$$\frac{\mathrm{d}\,\Theta(x)}{\mathrm{d}x} = \delta(x) \tag{F.1.21}$$

zwischen Distributionen zusammen.

F.2 Mathematische Definition der Distributionen

F.2.1 Testfunktionen

Definition: Testfunktionenraum $\mathcal{S}$ schnell abfallender Funktionen. Sei $\mathcal{S}$ der lineare Vektorraum der im Intervall $-\infty < \xi < \infty$ beliebig oft stetig differenzierbaren Funktionen $g(\xi)$, die schnell abfallen, d. h. die die Bedingung ($m \geq 0, p \geq 0$ beliebig, ganzzahlig)

$$\lim_{|\xi|\to\infty} |\xi|^m \frac{\mathrm{d}^p g}{\mathrm{d}\xi^p}(\xi) = 0 \qquad\qquad \text{(F.2.1)}$$

erfüllen. Die Funktionen $g(\xi)$ heißen *Grund-* oder *Testfunktionen*. Der Raum S heißt *Grundraum* oder *Testfunktionenraum*.

Als Beispiel einer beliebig oft differenzierbaren, schnell abfallenden Funktionen geben wir an:

$$g(\xi) = \mathrm{e}^{-\alpha\xi^2} \quad, \qquad \alpha > 0 \quad.$$

Definition: Nullfolge von Testfunktionen. Eine Folge von Funktionen $\{g_\ell(\xi), \ell = 1, 2, 3, \ldots\}$ heißt dann und nur dann nach null konvergent oder eine Nullfolge, wenn für jedes Paar $m \geq 0$, $p \geq 0$ die Folge

$$\left\{|\xi|^m g_\ell^{(p)}(\xi)\right\} \quad, \qquad g_\ell^{(p)}(\xi) = \frac{\mathrm{d}^p g_\ell}{\mathrm{d}\xi^p}(\xi) \quad,$$

gleichförmig für alle $-\infty < \xi < \infty$ nach null konvergiert.

Definition: Konvergente Folge in S. Eine Folge von Testfunktionen $\{g_\ell(\xi)\}$ konvergiert gegen eine Testfunktion $g_0(\xi) \in S$,

$$\lim_{\ell\to\infty} g_\ell(\xi) = g_0(\xi) \quad \text{bzw.} \quad g_\ell(\xi) \to g_0(\xi) \quad,$$

wenn $\{g_\ell(\xi) - g_0(\xi)\}$ eine Nullfolge ist.

F.2.2 Temperierte Distributionen

Die Distributionen, auch verallgemeinerte Funktionen genannt, sind die linearen stetigen Funktionale über dem Grundraum S. Wir geben die einfachsten Definitionen.

Definition: Funktional auf dem Raum S. Ein Funktional über dem Raum S ist eine Abbildung T, die jeder Funktion $g(\xi) \in S$ eine komplexe Zahl α zuordnet,

$$\alpha = T(g) = \langle T \,|\, g \rangle \quad.$$

Definition: Lineares Funktional. Ein Funktional T heißt linear genau dann, wenn für zwei beliebige Testfunktionen $g_1, g_2 \in S$ und zwei beliebige komplexe Zahlen α_1, α_2 gilt

$$\langle T \,|\, \alpha_1 g_1 + \alpha_2 g_2 \rangle = \alpha_1 \langle T \,|\, g_1 \rangle + \alpha_2 \langle T \,|\, g_2 \rangle \quad.$$

Definition: Im Sinne von $\mathcal{S}$ stetiges Funktional. Das Funktional T ist genau dann stetig im Sinne von $\mathcal{S}$, wenn für jede beliebige konvergente Folge von Testfunktionen $g_\ell \to g_0$ aus $\mathcal{S}$ gilt

$$\lim_{\ell \to \infty} \langle T | g_\ell \rangle = \left\langle T \left| \lim_{\ell \to \infty} g_\ell \right. \right\rangle = \langle T | g_0 \rangle \quad .$$

Definition: Temperierte Distribution. Distributionenraum $\mathcal{S}'$. Eine temperierte Distribution T ist ein im Sinne von $\mathcal{S}$ stetiges, lineares Funktional auf dem Testfunktionenraum $\mathcal{S}$. Der Raum der temperierten Distributionen wird mit $\mathcal{S}'$ bezeichnet.

Definition: Ableitung einer temperierten Distribution. Für eine temperierte Distribution $T \in \mathcal{S}'$ definieren wir die Ableitung T' durch

$$\langle T' | g \rangle = - \langle T | g' \rangle \quad \text{für alle} \quad g \in \mathcal{S} \quad , \quad g' = \frac{\mathrm{d}g}{\mathrm{d}\xi} \quad . \tag{F.2.2}$$

Die Ableitung der Ordnung k ist entsprechend durch

$$\left\langle T^{(k)} \middle| g \right\rangle = (-1)^k \left\langle T \middle| g^{(k)} \right\rangle \quad \text{für alle} \quad g \in \mathcal{S}$$

gegeben.

Satz: Für jedes $T \in \mathcal{S}'$ ist auch die k-te Ableitung $T^{(k)}$ eine temperierte Distribution, $T^{(k)} \in \mathcal{S}'$.
Der Beweis folgt daraus, daß mit $g \in \mathcal{S}$ auch $g^{(k)} \in \mathcal{S}$ ist. Damit ist $T^{(k)}$ ein lineares Funktional auf $\mathcal{S}$. Ferner gilt für $\{g_\ell\} \to g_0 \in \mathcal{S}$ auch $\{g_\ell^{(k)}\} \to g_0^{(k)} \in \mathcal{S}$. Damit ist auch

$$\begin{aligned}
\lim_{\ell \to \infty} \left\langle T^{(k)} \middle| g_\ell \right\rangle &= (-1)^k \lim_{\ell \to \infty} \left\langle T \middle| g_\ell^{(k)} \right\rangle = (-1)^k \left\langle T \middle| \lim_{\ell \to \infty} g_\ell^{(k)} \right\rangle \\
&= (-1)^k \left\langle T \middle| g_0^{(k)} \right\rangle = \left\langle T^{(k)} \middle| g_0 \right\rangle \quad ,
\end{aligned}$$

d. h. $T^{(k)}$ ist ein im Sinne von $\mathcal{S}$ stetiges, lineares Funktional. Die Bedeutung dieses Satzes besteht in der Aussage, daß jede temperierte Distribution beliebig oft differenzierbar ist.

Definition: Unbestimmtes Integral einer Distribution. Sei $T \in \mathcal{S}'$ eine temperierte Distribution. Eine Distribution I, die die Bedingung

$$\langle I' | g \rangle = \langle T | g \rangle \quad \text{für alle} \quad g \in \mathcal{S} \tag{F.2.3}$$

erfüllt, ist ein unbestimmtes Integral von T.

Erweitert man den Grund- oder Testfunktionenraum der schnell abfallenden Funktionen auf einen Raum von mehreren Variablen, so lassen sich ganz analog Distributionen über Funktionen mehrerer Variablen erklären. Wir verzichten auf die Angabe der Definitionen, die sich aus denen für eine Variable verallgemeinern lassen.

F.2.3 Anwendungen

Diracsche Deltadistribution
Wir gehen von der stetigen Funktion

$$(x - x_0)_+ = \begin{cases} 0 & \text{für} \quad x - x_0 < 0 \\ x - x_0 & \text{für} \quad x - x_0 \geq 0 \end{cases}$$

aus. Sie definiert für $g \in \mathcal{S}$ eine temperierte Distribution durch

$$\langle (x - x_0)_+ | g \rangle = \int_{-\infty}^{\infty} (x - x_0)_+ g(x) \, \mathrm{d}x = \int_{x_0}^{\infty} (x - x_0) g(x) \, \mathrm{d}x \quad .$$

Ihre Ableitung ist dann durch

$$\left\langle (x - x_0)'_+ \big| g \right\rangle = - \left\langle (x - x_0)_+ \big| g' \right\rangle = - \int_{x_0}^{\infty} (x - x_0) \frac{\mathrm{d}}{\mathrm{d}x} g(x) \, \mathrm{d}x$$

definiert. Durch partielle Integration der rechten Seite erhalten wir

$$\begin{aligned} \left\langle (x - x_0)'_+ \big| g \right\rangle &= \left[-(x - x_0) g(x) \right]_{x=x_0}^{\infty} + \int_{x_0}^{\infty} g(x) \, \mathrm{d}x = \int_{x_0}^{\infty} g(x) \, \mathrm{d}x \\ &= \int_{-\infty}^{\infty} \Theta(x - x_0) g(x) \, \mathrm{d}x = \langle \Theta_{x_0} | g \rangle \quad , \end{aligned}$$

wobei $\Theta(x - x_0)$ die Stufenfunktion (F.1.1) ist, die die Θ_{x_0}-Distribution über die letzte Gleichheit definiert. Damit haben wir die Aussage

$$(x - x_0)'_+ = \Theta_{x_0} \quad . \tag{F.2.4}$$

Sie stimmt mit der naiven Ableitung der Funktion $(x - x_0)_+$ nach x völlig überein. Die Stufenfunktion ist als Ableitung der temperierten Distribution $(x - x_0)_+$ selbst eine temperierte Distribution, wie auch aus ihrer Definition hervorgeht,

$$\langle \Theta_{x_0} | g \rangle = \int_{-\infty}^{\infty} \Theta(x - x_0) g(x) \, \mathrm{d}x = \int_{x_0}^{\infty} g(x) \, \mathrm{d}x \quad .$$

Als nächstes betrachten wir die Ableitung der Stufendistribution Θ_{x_0},

$$\left\langle \Theta'_{x_0} \big| g \right\rangle = - \langle \Theta_{x_0} | g' \rangle = - \int_{x_0}^{\infty} \frac{\mathrm{d}}{\mathrm{d}x} g(x) \, \mathrm{d}x = -g(x) \big|_{x_0}^{\infty} = g(x_0) \quad .$$

Die Ableitung der Θ_{x_0}-Distribution ergibt bei Anwendung auf eine Testfunktion $g(x)$ den Wert dieser Funktion bei x_0. Dies definiert gerade die Diracsche Deltadistribution,

$$\langle \delta_{x_0} | g \rangle = g(x_0) \quad ,$$

so daß wir die Formel

$$\Theta'_{x_0} = \delta_{x_0} \tag{F.2.5}$$

haben. Stellt man die Dirac-Distribution formal auch durch ein Integral über die „Deltafunktion" $\delta(x - x_0)$ dar,

$$\langle \delta_{x_0} | g \rangle = \int_{-\infty}^{\infty} \delta(x - x_0) g(x) \, \mathrm{d}x = g(x_0) \quad ,$$

so gilt die formale Beziehung

$$\frac{\mathrm{d}}{\mathrm{d}x} \Theta(x - x_0) = \delta(x - x_0) \quad . \tag{F.2.6}$$

Damit ist die mit Hilfe von Funktionenfolgen hergeleitete Beziehung (F.1.21) auch im Rahmen der Theorie der Distributionen nachgewiesen. Sie liefert eine distributionstheoretische Behandlung der Unstetigkeit bei $x = x_0$, deren Ableitung im Sinne der reellen Analysis nicht existiert. Da im Sinne reeller Funktionen jedoch

$$\frac{\mathrm{d}}{\mathrm{d}x} \Theta(x - x_0) = \begin{cases} 0 & \text{für} \quad x < 0 \quad , \\ \text{nicht existent} & \text{für} \quad x = x_0 \quad , \\ 0 & \text{für} \quad x > 0 \end{cases}$$

gilt, hat die Deltadistribution die Werte

$$\delta(x - x_0) = \begin{cases} 0 & \text{für} \quad x < 0 \quad , \\ \text{nicht erklärt} & \text{für} \quad x = x_0 \quad , \\ 0 & \text{für} \quad x > 0 \quad . \end{cases} \tag{F.2.7}$$

Mit der Definition der Ableitung einer temperierten Distribution gilt

$$\left\langle \delta'_{x_0} \Big| g \right\rangle = - \langle \delta_{x_0} | g' \rangle = -g'(x_0) \quad ,$$

in Integralschreibweise

$$\int_{-\infty}^{\infty} \delta'(x - x_0) g(x) \, \mathrm{d}x = -g'(x_0) \tag{F.2.8}$$

und analog für höhere Ableitungen der Deltadistribution.

Ableitungen von r^{-1} Sowohl das Coulombsche Gesetz wie das Newtonsche Gravitationsgesetz lassen sich aus einem Potential, das bis auf konstante Faktoren die Form

$$\varphi(\mathbf{r}) = \frac{1}{r} \qquad \text{(F.2.9)}$$

hat, durch Gradientenbildung herleiten. Offenbar ist die Funktion r^{-1} nur für Werte $r \neq 0$ differenzierbar im Sinne der Theorie der reellen Funktionen. Bei $r = 0$ hat sie eine Singularität. Wir wollen untersuchen, ob $\varphi = r^{-1}$ als Funktional auf dem von uns gewählten Grundraum aufgefaßt werden kann. Da die Funktionale auf dem Testfunktionenraum beliebig oft differenzierbar sind, wäre auf diese Weise auch die Ableitung im Punkt $r = 0$ als Distribution wohldefiniert. In drei Dimensionen ist das Funktional

$$\langle \varphi | g \rangle = \int_{\mathbb{R}^3} \varphi(\mathbf{r}) g(\mathbf{r}) \, dV \quad , \qquad \text{(F.2.10)}$$

das durch die Integration über den ganzen dreidimensionalen Raum $\mathbb{R}^3$ erklärt ist, trotz der Singularität von φ bei $r = 0$ wohldefiniert. Das sieht man am leichtesten in Kugelkoordinaten:

$$g_{\mathrm{P}}(r, \vartheta, \varphi) = g(r \mathbf{e}_r(\vartheta, \varphi)) \quad ,$$

$$\langle \varphi | g \rangle = \int_0^{2\pi} \int_{-1}^{1} \int_0^{\infty} \frac{1}{r} g_{\mathrm{P}}(r, \vartheta, \varphi) r^2 \, dr \, d\cos\vartheta \, d\varphi \quad .$$

Wegen des Faktors r^2 im Volumenelement besitzt der Integrand bei $r = 0$ keine Singularität, und die obige Gleichung definiert eine temperierte Distribution über dem Grundfunktionenraum. Damit läßt sich die Ableitung des Funktionals φ durch (F.2.2) definieren. Das verallgemeinern wir sofort auf den Gradienten,

$$\langle \boldsymbol{\nabla}\varphi | g \rangle = - \langle \varphi | \boldsymbol{\nabla} g \rangle = - \int_{\mathbb{R}^3} \varphi(\mathbf{r}) \boldsymbol{\nabla} g(\mathbf{r}) \, dV \quad .$$

Das Funktional $\boldsymbol{\nabla}\varphi$ ist aber auch selbst über dem Grundfunktionenraum durch eine Integraldarstellung wohldefiniert, weil $\varphi(\mathbf{r})$ außerhalb des Punktes $\mathbf{r} = 0$ differenzierbar ist,

$$\boldsymbol{\nabla}\varphi = -\frac{\mathbf{r}}{r^3} = -\frac{\hat{\mathbf{r}}}{r^2} \quad ,$$

und nur eine $(1/r^2)$-Singularität besitzt, die – wie man in Kugelkoordinaten am einfachsten sieht – noch vom r^2 im Volumenelement aufgehoben wird:

$$\int_{\mathbb{R}^3} \left(-\frac{\hat{\mathbf{r}}}{r^2} \right) g(\mathbf{r}) r^2 \, dr \, d\cos\vartheta \, d\varphi = - \int_{\mathbb{R}^3} \hat{\mathbf{r}} g(\mathbf{r}) \, dr \, d\cos\vartheta \, d\varphi \quad .$$

Auch $\boldsymbol{\nabla}\varphi(\mathbf{r})$ ist somit selbst eine dreidimensional integrierbare Funktion. Tatsächlich tritt zum erstenmal ein Problem mit der Singularität am Ursprung für die zweifache Gradientenbildung auf. Außerhalb des Punktes $\mathbf{r} = 0$ ist $\boldsymbol{\nabla}\varphi$ gewöhnlich differenzierbar, und damit gilt

$$\boldsymbol{\nabla}\otimes\boldsymbol{\nabla}\frac{1}{r} = -\frac{1}{r^3}(\underline{\underline{1}} - 3\hat{\mathbf{r}}\otimes\hat{\mathbf{r}}) \quad , \qquad r \neq 0 \quad .$$

Die bei $r = 0$ auftretende Singularität wird vom Volumenelement nicht mehr aufgehoben, so daß $\langle\boldsymbol{\nabla}\otimes\boldsymbol{\nabla}(1/r)\,|\,g\rangle$ kein gewöhnlich lokal integrierbares Funktional mehr ist. Die Definition als Distribution über dem Grundfunktionenraum geschieht jetzt mit Hilfe der Definition der Ableitung einer Distribution durch (F.2.2),

$$\left\langle\boldsymbol{\nabla}\otimes\boldsymbol{\nabla}\frac{1}{r}\,\bigg|\,g\right\rangle = -\left\langle\boldsymbol{\nabla}\frac{1}{r}\,\bigg|\,\boldsymbol{\nabla}g\right\rangle = \left\langle\frac{1}{r}\,\bigg|\,\boldsymbol{\nabla}\otimes\boldsymbol{\nabla}g\right\rangle \quad .$$

Da sowohl $1/r$ wie $\boldsymbol{\nabla}(1/r)$ lokal integrierbare Funktionale sind, sind beide Formen auf der rechten Seite sinnvoll. Wir gehen aus von der mittleren Form. Sie lautet explizit ausgeschrieben

$$\left\langle\boldsymbol{\nabla}\otimes\boldsymbol{\nabla}\frac{1}{r}\,\bigg|\,g\right\rangle = -\left\langle\boldsymbol{\nabla}\frac{1}{r}\,\bigg|\,\boldsymbol{\nabla}g\right\rangle = \left\langle\frac{\hat{\mathbf{r}}}{r^2}\,\bigg|\,\boldsymbol{\nabla}g\right\rangle \quad .$$

Die Integralform lautet

$$\left\langle\boldsymbol{\nabla}\otimes\boldsymbol{\nabla}\frac{1}{r}\,\bigg|\,g\right\rangle = -\int_{\mathbb{R}^3}\boldsymbol{\nabla}\frac{1}{r}\otimes\boldsymbol{\nabla}g(\mathbf{r})\,\mathrm{d}V = \int_{\mathbb{R}^3}\frac{\hat{\mathbf{r}}}{r^2}\otimes\boldsymbol{\nabla}g(\mathbf{r})\,\mathrm{d}V \quad .$$

Die beiden Integrale sind wohldefiniert. Daher können sie auch als Grenzwerte $\varepsilon \to 0$ von Integralen über Bereiche aufgefaßt werden, aus denen Kugeln des Radius $r = \varepsilon$ um den Punkt $r = 0$ ausgestanzt wurden,

$$\left\langle\boldsymbol{\nabla}\otimes\boldsymbol{\nabla}\frac{1}{r}\,\bigg|\,g\right\rangle = \lim_{\varepsilon\to 0}\int_{r\geq\varepsilon}\frac{\hat{\mathbf{r}}}{r^2}\otimes\boldsymbol{\nabla}g(\mathbf{r})\,\mathrm{d}V \quad .$$

Im Gebiet $r \geq \varepsilon$ ist aber $\hat{\mathbf{r}}/r^2$ differenzierbar, so daß man durch Anwendung der partiellen Integration in der Variablen r erhält:

$$\begin{aligned}
&\left\langle\boldsymbol{\nabla}\otimes\boldsymbol{\nabla}\frac{1}{r}\,\bigg|\,g\right\rangle \\
&= \lim_{\varepsilon\to 0}\left\{\int_{r\geq\varepsilon}\left(-\boldsymbol{\nabla}\otimes\frac{\hat{\mathbf{r}}}{r^2}\right)g(\mathbf{r})\,\mathrm{d}V + \oint_{r=\varepsilon}\frac{\hat{\mathbf{r}}}{r^2}g(\mathbf{r})\otimes\mathrm{d}\mathbf{a}\right\} \\
&= \lim_{\varepsilon\to 0}\left\{\int_{r\geq\varepsilon}\left(-\frac{1}{r^3}\right)(\underline{\underline{1}} - 3\hat{\mathbf{r}}\otimes\hat{\mathbf{r}})g(\mathbf{r})\,\mathrm{d}V + \oint_{r=\varepsilon}\frac{\hat{\mathbf{r}}}{r^2}g(\mathbf{r})\otimes\mathrm{d}\mathbf{a}\right\} \quad .
\end{aligned}$$

Für die Kugeloberfläche $r = \varepsilon$ gilt

$$\mathbf{r} = \varepsilon\hat{\mathbf{r}} \quad , \qquad d\mathbf{a} = -\hat{\mathbf{r}}\varepsilon^2 \, d\cos\vartheta \, d\varphi = -\hat{\mathbf{r}}\varepsilon^2 \, d\Omega \quad .$$

Das Minuszeichen tritt auf, weil die äußere Normale des Volumens $r \geq \varepsilon$ zum Kugelmittelpunkt, d. h. in Richtung $-\hat{\mathbf{r}}$ zeigt. Nun kann der letzte Term so ausgerechnet werden:

$$\oint_{r=\varepsilon} \frac{\hat{\mathbf{r}}}{r^2} g(\mathbf{r}) \otimes d\mathbf{a} = -\int_0^{2\pi} \int_{-1}^{+1} \frac{\hat{\mathbf{r}} \otimes \hat{\mathbf{r}}}{\varepsilon^2} g(\varepsilon\hat{\mathbf{r}})\varepsilon^2 \, d\cos\vartheta \, d\varphi \quad .$$

Da wir später den Grenzfall $\varepsilon \to 0$ betrachten, kann mit Hilfe des Mittelwertsatzes $g(\varepsilon\hat{\mathbf{r}})$ als $g(0)$ aus dem Integral herausgezogen werden, und es gilt

$$\lim_{\varepsilon\to 0} \oint_{r=\varepsilon} \frac{\hat{\mathbf{r}}}{r^2} g(\mathbf{r}) \otimes d\mathbf{a} = -g(0) \int \hat{\mathbf{r}} \otimes \hat{\mathbf{r}} \, d\Omega \quad .$$

Mit Hilfe der Kugelkoordinatendarstellung von $\hat{\mathbf{r}}$ errechnen wir für das Integral direkt

$$\int \hat{\mathbf{r}} \otimes \hat{\mathbf{r}} \, d\Omega = \frac{4\pi}{3}\underline{\underline{1}} \quad .$$

Das sieht man auch direkt ein. Da das Integral einen symmetrischen Tensor darstellt, in dem die Winkelabhängigkeiten ausintegriert sind, kann es nur proportional zum Einheitstensor sein,

$$\int \hat{\mathbf{r}} \otimes \hat{\mathbf{r}} \, d\Omega = \alpha\underline{\underline{1}} \quad .$$

Die Konstante berechnet man am einfachsten über die Spur der Tensoren auf beiden Seiten,

$$\mathrm{Sp}(\hat{\mathbf{r}} \otimes \hat{\mathbf{r}}) = \hat{\mathbf{r}}^2 = 1 \quad , \qquad \mathrm{Sp}\,\underline{\underline{1}} = 3 \quad ,$$

so daß als Integral

$$\int d\Omega = 4\pi$$

verbleibt und α durch $4\pi = 3\alpha$, d. h. $\alpha = 4\pi/3$ bestimmt wird.

Damit erhalten wir

$$\lim_{\varepsilon\to 0} \oint_{r=\varepsilon} \frac{\hat{\mathbf{r}}}{r^2} g(\mathbf{r}) \otimes d\mathbf{a} = -\frac{4\pi}{3}\underline{\underline{1}}g(0) = -\int_{\mathbb{R}^3} \frac{4\pi}{3}\underline{\underline{1}}\delta^3(\mathbf{r})g(\mathbf{r}) \, dV \quad .$$

Die letzte Identität gilt wegen der Eigenschaften der Deltafunktion. Insgesamt folgt somit, daß das Funktional durch

$$\left\langle \boldsymbol{\nabla} \otimes \boldsymbol{\nabla}\frac{1}{r} \middle| g \right\rangle = \lim_{\varepsilon\to 0} \int_{r\geq\varepsilon} \left(-\frac{1}{r^3}\right) (\underline{\underline{1}} - 3\hat{\mathbf{r}} \otimes \hat{\mathbf{r}})g(\mathbf{r}) \, dV - \frac{4\pi}{3}\underline{\underline{1}}g(0)$$

gegeben wird und die Distribution $\boldsymbol{\nabla} \otimes \boldsymbol{\nabla}(1/r)$ durch

$$\nabla \otimes \nabla \frac{1}{r} = \lim_{\varepsilon \to 0} \frac{\Theta(r - \varepsilon)}{r^3}(3\hat{\mathbf{r}} \otimes \hat{\mathbf{r}} - \underline{\underline{1}}) - \frac{4\pi}{3}\underline{\underline{1}}\delta^3(\mathbf{r}) \qquad \text{(F.2.11)}$$

dargestellt werden kann. Das schreibt man auch in etwas großzügiger Form ohne den Limes,

$$\nabla \otimes \nabla \frac{1}{r} = -\nabla \otimes \frac{\mathbf{r}}{r^3} = \frac{1}{r^3}(3\hat{\mathbf{r}} \otimes \hat{\mathbf{r}} - \underline{\underline{1}})\,\Theta(r - \varepsilon) - \frac{4\pi}{3}\underline{\underline{1}}\delta^3(\mathbf{r}) \quad . \text{ (F.2.12)}$$

Die Behandlung des Integrals über den ersten Term geschieht, wie der oben angegebene Grenzwert $\varepsilon \to 0$ zeigt, in r im Sinne der in drei Dimensionen kugelsymmetrischen Verallgemeinerung des *Hauptwertes*. Die Kugelsymmetrie des Hauptwertes rührt davon her, daß ein Kugelvolumen vom Radius ε zur Behandlung der Singularität (Regularisierung) gewählt wurde. Das ist hier insofern wichtig, als andere Formen des Hauptwertes zu anderen Faktoren vor dem Deltafunktionsterm führen können.

Durch Bildung der Spur des Tensors $\nabla \otimes \nabla$ erhält man

$$\mathrm{Sp}(\nabla \otimes \nabla) = \Delta \quad ,$$

und damit gilt

$$\Delta \frac{1}{r} = \mathrm{Sp}\left(\nabla \otimes \nabla \frac{1}{r}\right) = \lim_{\varepsilon \to 0} \frac{\Theta(r - \varepsilon)}{r^3}\,\mathrm{Sp}(3\hat{\mathbf{r}} \otimes \hat{\mathbf{r}} - \underline{\underline{1}}) - \frac{4\pi}{3}\delta^3(\mathbf{r})\,\mathrm{Sp}\,\underline{\underline{1}} \quad .$$

Wegen

$$\mathrm{Sp}\,\underline{\underline{1}} = 3 \quad \text{und} \quad \mathrm{Sp}(\hat{\mathbf{r}} \otimes \hat{\mathbf{r}}) = \hat{\mathbf{r}} \cdot \hat{\mathbf{r}} = 1$$

folgt für die Anwendung des Laplace-Operators auf r^{-1}

$$\Delta \frac{1}{r} = -4\pi\delta^3(\mathbf{r}) \quad . \qquad \text{(F.2.13)}$$

Da

$$\nabla \otimes \nabla \frac{1}{r} = \frac{1}{r^3}(3\hat{\mathbf{r}} \otimes \hat{\mathbf{r}} - \underline{\underline{1}})\,\Theta(r - \varepsilon) - \frac{4\pi}{3}\underline{\underline{1}}\delta^3(\mathbf{r})$$

ein symmetrischer Tensor ist, verschwindet sein antisymmetrischer Anteil,

$$\underline{\underline{\varepsilon}}\left(\nabla \otimes \nabla \frac{1}{r}\right) = \nabla\underline{\underline{\varepsilon}}\nabla \frac{1}{r} = 0 \quad , \qquad \text{(F.2.14)}$$

vgl. (A.2.28).

Wegen

$$\underline{\underline{\varepsilon}}(\nabla \otimes \nabla) = \nabla\underline{\underline{\varepsilon}}\nabla = \nabla \times \nabla \qquad \text{(F.2.15)}$$

gilt also

$$\nabla \times \nabla \frac{1}{r} = \nabla \times \left(\frac{-\mathbf{r}}{r^3}\right) = 0 \quad ,$$

d. h. das Feld $\nabla(1/r)$ ist wirbelfrei, auch im Sinne der Theorie der Distributionen.

F.3 Aufgaben

F.1: Zeigen Sie (es sei $\varepsilon, A > 0$):

(a) Es sei $f(x)$ eine beliebige Funktion mit $\int_{-\infty}^{\infty} f(x)\,\mathrm{d}x = 1$. Dann gilt

$$\lim_{\varepsilon \to 0} \frac{1}{\varepsilon} f\left(\frac{x}{\varepsilon}\right) = \delta(x) \quad .$$

(b) $\displaystyle \lim_{\varepsilon \to 0} \mathrm{Im} \frac{1}{x - \mathrm{i}\varepsilon} = \lim_{\varepsilon \to 0} \frac{\varepsilon}{x^2 + \varepsilon^2} = \pi\delta(x) \quad ,$

(c) $\displaystyle \lim_{A \to \infty} \int_{-A}^{A} \cos(\alpha x)\,\mathrm{d}\alpha = 2\pi\delta(x) \quad .$

F.2: Berechnen Sie für die Integration über den ganzen Raum

(a) $\int S(\mathbf{r})\boldsymbol{\nabla}\delta^3(\mathbf{r})\,\mathrm{d}V,$

(b) $\int \mathbf{W}(\mathbf{r}) \cdot \boldsymbol{\nabla}\delta^3(\mathbf{r})\,\mathrm{d}V,$

(c) $\int \mathbf{W}(\mathbf{r}) \times \boldsymbol{\nabla}\delta^3(\mathbf{r})\,\mathrm{d}V,$

(d) $\int (\boldsymbol{\nabla}\delta^3(\mathbf{r})) \otimes \mathbf{W}(\mathbf{r})\,\mathrm{d}V,$

(e) $\int \mathbf{W}(\mathbf{r}) \otimes \boldsymbol{\nabla}\delta^3(\mathbf{r})\,\mathrm{d}V.$

F.3: Berechnen Sie für die Integration über den ganzen Raum

(a) $\int S(\mathbf{r}')\boldsymbol{\nabla}'\delta^3(\mathbf{r} - \mathbf{r}')\,\mathrm{d}V',$

(b) $\int \mathbf{W}(\mathbf{r}') \cdot \boldsymbol{\nabla}'\delta^3(\mathbf{r} - \mathbf{r}')\,\mathrm{d}V',$

(c) $\int \mathbf{W}(\mathbf{r}') \times \boldsymbol{\nabla}'\delta^3(\mathbf{r} - \mathbf{r}')\,\mathrm{d}V',$

(d) $\int (\boldsymbol{\nabla}'\delta^3(\mathbf{r} - \mathbf{r}')) \otimes \mathbf{W}(\mathbf{r}')\,\mathrm{d}V',$

(e) $\int \mathbf{W}(\mathbf{r}') \otimes \boldsymbol{\nabla}'\delta^3(\mathbf{r} - \mathbf{r}')\,\mathrm{d}V'.$

F.4: **(a)** Berechnen Sie $\Delta(1/|\mathbf{r}|)$ für $\mathbf{r} \neq 0$.

(b) Zeigen Sie

$$\lim_{\varepsilon \to 0} \Delta \frac{1}{\sqrt{\mathbf{r}^2 + \varepsilon^2}} = -4\pi\delta^3(\mathbf{r}) \quad .$$

(c) Zeigen Sie

$$\lim_{\varepsilon \to 0} \Delta \frac{1}{|\mathbf{r}| + \varepsilon} = -4\pi\delta^3(\mathbf{r}) \quad .$$

Hinweis: Verallgemeinern Sie für (b) und (c) die Beziehung aus Aufgabe F.1 (a) auf die $\delta^3(\mathbf{r})$-Distribution.

G. Räumliche Mittelungen physikalischer Größen

Wir betrachten $G_{\mathrm{mikr}}(\mathbf{r})$, eine physikalische Größe, die vom Ort $\mathbf{r}$ abhängt. In der Materie kann eine solche Größe wegen des geringen gegenseitigen Abstandes der Bausteine der Materie sehr große Variationen aufweisen. Häufig spielen diese schnellen Variationen für die physikalischen Phänomene keine Rolle. Der schnelle Wechsel der Massendichte zwischen masseerfüllten Raumbereichen, in denen sich die Atomkerne befinden und den fast massefreien Bereichen zwischen ihnen spielt für die Größe des Trägheitsmomentes eines Körpers praktisch keine Rolle. Für einen Körper aus gleichen Atomen genügt die Kenntnis der über viele Atome gemittelten Massendichte des Materials. In ähnlicher Weise ist der auf kurzen Abständen schnell veränderliche Verlauf der elektrischen Felder der Atome in einem Körper für viele elektromagnetische Erscheinungen unerheblich. In vielen Fällen spielt nur die über einen geeigneten Bereich gemittelte Feldstärke eine Rolle.

Im folgenden bezeichnen wir die physikalische Größe, deren Variation auf einer atomaren oder molekularen Längenskala liegt, als G_{mikr}, die räumlich gemittelte Größe mit einer Variation auf einer größeren Längenskala als G.

Wir beschreiben hier ein einfaches Mittelungsverfahren und beginnen mit der Darstellung in einer Raumdimension. Die Funktion $f(x)$ sei eine überall nichtnegative normierte Verteilung in der Variablen x mit der Normierung

$$\int_{-\infty}^{\infty} f(x)\,\mathrm{d}x = 1 \quad .$$

Beispiele für eine solche Funktion sind die *Rechteck-* und die *Gauß-Verteilung*. Die Rechteckverteilung besitzt im Intervall $-L/2 < x < L/2$ den Wert $1/L$ und ist sonst null. Mit Hilfe der Stufenfunktion

$$\Theta(x) = \left\{ \begin{array}{lll} 0 & , & x < 0 \\ 1 & , & x > 0 \end{array} \right. \quad ,$$

die auf der positiven x-Achse gleich eins und sonst null ist, kann die Rechteckverteilung durch

$$f_{\mathrm{R}}(x) = \frac{1}{L}\left[\Theta\left(x + \frac{L}{2}\right) - \Theta\left(x - \frac{L}{2}\right)\right] \qquad (\text{G.1})$$

beschrieben werden. Die Gauß-Verteilung ist durch

$$f_{\mathrm{G}}(x) = \frac{1}{\sqrt{2\pi}\sigma}\exp\left(-\frac{x^2}{2\sigma^2}\right) \qquad (\text{G.2})$$

gegeben.

Mit Hilfe der Verteilung $f(x)$ definieren wir die aus der mikroskopischen Größe G_{mikr} zu gewinnende gemittelte Größe $G(x)$ durch

$$G(x) = \int_{-\infty}^{\infty} f(x')G_{\mathrm{mikr}}(x + x')\,\mathrm{d}x' \qquad . \qquad (\text{G.3})$$

Durch die Variablensubstitution $x'' = x + x'$ läßt sich diese Formel auch als

$$G(x) = \int_{-\infty}^{\infty} f(x'' - x)G_{\mathrm{mikr}}(x'')\,\mathrm{d}x'' \qquad (\text{G.4})$$

schreiben. Statt der Bezeichnung *Mittelung* wird im mathematischen Sprachgebrauch oft der Begriff *Faltung* benutzt. Man sagt, $G(x)$ ist die mit der Verteilung $f(x)$ gefaltete Größe $G_{\mathrm{mikr}}(x)$. Als scheinbar extremes, aber sehr nützliches Beispiel betrachten wir eine mikroskopische Größe, die eine Summe von Deltafunktionen ist,

$$G_{\mathrm{mikr}}(x) = \sum_{i=1}^{N} \delta(x - x_i) \qquad . \qquad (\text{G.5})$$

Sie wird an den Punkten $x = x_i$, $i = 1, 2, \ldots, N$, unendlich groß und verschwindet überall sonst. (Diese Größe $G_{\mathrm{mikr}}(x)$ ist die mikroskopische Anzahldichte pro Längeneinheit einer Anordnung von N Punkten, z. B. Punktladungen, die sich an den Orten $x = x_i$ auf der x-Achse befinden.) Die gemittelte Größe ist dann

$$G(x) = \sum_{i=1}^{N} \int_{-\infty}^{\infty} f(x'' - x)\delta(x'' - x_i)\,\mathrm{d}x'' = \sum_{i=1}^{N} f(x_i - x) \qquad . \qquad (\text{G.6})$$

Die Mittelung bewirkt also, daß jede einzelne am Punkt x_i fixierte Deltafunktion $\delta(x - x_i)$ in der Summe (G.5) zu einer um den Punkt x_i „verschmierten" Verteilung $f(x_i - x)$ wird. In Abb. G.1 bzw. Abb. G.2 wird die Mittelung mit einer Rechteckverteilung bzw. einer Gauß-Verteilung gezeigt. Man beobachtet, daß durch die Mittelung die von den Deltafunktionen herrührenden Unendlichkeiten verschwinden. Bei Mittelung mit der Gauß-Verteilung entsteht sogar eine völlig gutartige, stetig differenzierbare Funktion $G(x)$.

Im folgenden geben wir noch einige nützliche Rechenregeln für Mittelungen an: Die Ableitungen $\mathrm{d}^n G/\mathrm{d}x^n$ stellen sich als Mittelungen der Ableitungen der ungemittelten Größe dar,

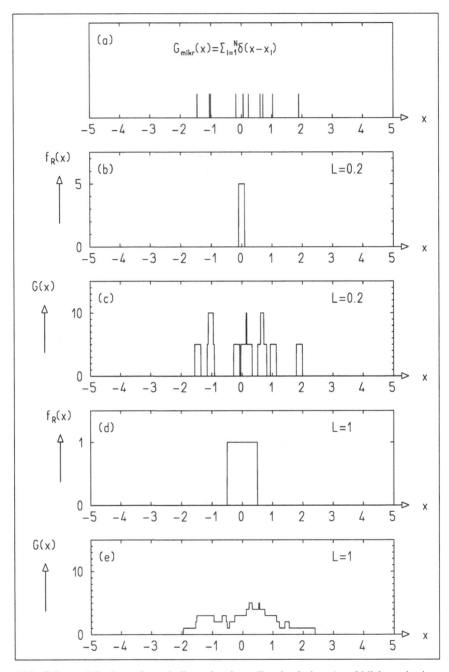

Abb. G.1 a–e. Mittelung einer eindimensionalen mikroskopischen Anzahldichte mit einer Rechteckverteilung $f_R(x)$: **(a)** Mikroskopische Anzahldichte. Jede einzelne der $N = 10$ Deltafunktionen ist durch eine senkrechte Linie an der Stelle $x = x_i$ dargestellt. Die Länge der Linien hat keine Bedeutung. **(b)** Rechteckfunktion der Breite $L = 0,2$. **(c)** Die mit dieser Rechteckfunktion gemittelte Anzahldichte. **(d)**, **(e)** Rechteckfunktion und gemittelte Anzahldichte für $L = 1$

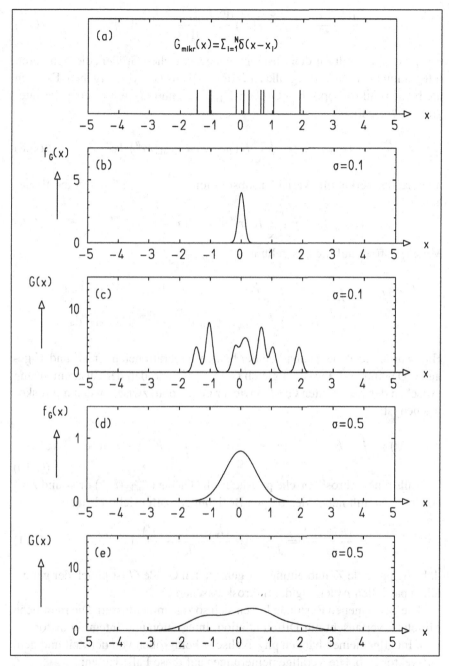

Abb. G.2 a–e. Wie Abb. G.1. Zur Mittelung wird aber hier eine Gauß-Verteilung $f_G(x)$ der Breite σ benutzt

$$\frac{\mathrm{d}^n G(x)}{\mathrm{d}x^n} = \int_{-\infty}^{\infty} f(x') \frac{\mathrm{d}^n G_{\mathrm{mikr}}(x + x')}{\mathrm{d}x^n} \, \mathrm{d}x' \quad . \tag{G.7}$$

Entsprechendes gilt für den Zusammenhang zwischen Größen, die sich durch Integration über einen Integralkern $K(x - x'')$ aus $G_{\mathrm{mikr}}(x)$ ergeben: Es seien die beiden mikroskopischen Größen $G_{1\mathrm{mikr}}(x)$ und $G_{2\mathrm{mikr}}(x)$ über die Integraltransformation

$$G_{2\mathrm{mikr}}(x) = \int_{-\infty}^{\infty} K(x - x'') G_{1\mathrm{mikr}}(x'') \, \mathrm{d}x'' \tag{G.8}$$

miteinander verknüpft. Variablensubstitution $x - x'' = x'''$ liefert die Beziehung

$$G_{2\mathrm{mikr}}(x) = \int_{-\infty}^{\infty} K(x''') G_{1\mathrm{mikr}}(x - x''') \, \mathrm{d}x''' \quad . \tag{G.9}$$

Mittelung führt auf die Darstellung

$$\begin{aligned} G_2(x) &= \int_{-\infty}^{\infty} f(x') \int_{-\infty}^{\infty} K(x''') G_{1\mathrm{mikr}}(x + x' - x''') \, \mathrm{d}x''' \, \mathrm{d}x' \\ &= \int_{-\infty}^{\infty} K(x''') \int_{-\infty}^{\infty} f(x') G_{1\mathrm{mikr}}(x - x''' + x') \, \mathrm{d}x' \, \mathrm{d}x''' \quad . \end{aligned}$$

Hier wurde die Vertauschbarkeit der beiden Integrationen über x''' und x' genutzt. Das innere Integral ist gleich $G_1(x - x''')$, so daß der Zusammenhang zwischen den gemittelten Größen wieder gleich dem zwischen den mikroskopischen ist,

$$G_2(x) = \int_{-\infty}^{\infty} K(x''') G_1(x - x''') \, \mathrm{d}x''' = \int_{-\infty}^{\infty} K(x - x'') G_1(x'') \, \mathrm{d}x'' \, . \tag{G.10}$$

Falls eine mikroskopische physikalische Größe $G_{\mathrm{mikr}}(t, x)$ orts- und zeitabhängig ist, gilt neben den obigen Beziehungen offensichtlich auch

$$\frac{\partial G(t, x)}{\partial t} = \int f(x') \frac{\partial G_{\mathrm{mikr}}(t, x + x')}{\partial t} \, \mathrm{d}x' \quad , \tag{G.11}$$

d. h. die partielle Zeitableitung der gemittelten Größe G ist gleich der gemittelten partiellen Ableitung der mikroskopischen Größe.

Die gewonnenen Resultate lassen sich so zusammenfassen: Die räumliche Mittelung vertauscht mit Differentiation, Integration und Integraltransformation. Im allgemeinen hängen physikalische Feldgrößen von der Zeit und dem Ortsvektor $\mathbf{r}$ ab. Die Verallgemeinerungen auf diese Fälle lauten:

Mittelung der Größe:

$$G(t, \mathbf{r}) = \int g(\mathbf{r}') G_{\mathrm{mikr}}(t, \mathbf{r} + \mathbf{r}') \, \mathrm{d}V' \quad . \tag{G.12}$$

Mittelung der Zeitableitung:

$$\frac{\partial G}{\partial t}(t,\mathbf{r}) = \int g(\mathbf{r}')\frac{\partial G_{\mathrm{mikr}}(t,\mathbf{r}+\mathbf{r}')}{\partial t}\,\mathrm{d}V' \quad . \tag{G.13}$$

Mittelung des Gradienten:

$$\boldsymbol{\nabla} G(t,\mathbf{r}) = \int g(\mathbf{r}')\boldsymbol{\nabla} G_{\mathrm{mikr}}(t,\mathbf{r}+\mathbf{r}')\,\mathrm{d}V' \quad . \tag{G.14}$$

Mittelung der Integraltransformation:

Für

$$G_{2\mathrm{mikr}}(t,\mathbf{r}) = \int K(t-t'',\mathbf{r}-\mathbf{r}'')G_{1\mathrm{mikr}}(t'',\mathbf{r}'')\,\mathrm{d}V''\,\mathrm{d}t'' \tag{G.15}$$

gilt

$$G_2(t,\mathbf{r}) = \int K(t-t'',\mathbf{r}-\mathbf{r}'')G_1(t'',\mathbf{r}'')\,\mathrm{d}V''\,\mathrm{d}t'' \quad . \tag{G.16}$$

Entsprechende Beziehungen gelten für vektorielle oder tensorielle physikalische Größen $\mathbf{G}(t,\mathbf{r})$, $\underline{G}(t,\mathbf{r})$.

H. Fermi–Dirac-Funktion

H.1 Herleitung

In (6.2.1) ist als Wahrscheinlichkeitsdichte für die Besetzung eines Zustandes der Energie E die *Fermi–Dirac-Funktion*

$$F(E) = \frac{1}{\exp\left\{\frac{E-\zeta}{kT}\right\} + 1} \tag{H.1.1}$$

angegeben. Die Beziehung (H.1.1) kann man durch folgende Überlegung gewinnen. Im Phasenraum stellt sich im Gleichgewichtszustand eine stationäre Verteilung der Teilchen ein. Sie ist dadurch charakterisiert, daß die Streuung zweier Teilchen mit den Energien E_1 und E_2 in die Energien E_1' und E_2',

$$E_1, E_2 \rightarrow E_1', E_2' \quad , \tag{H.1.2}$$

genauso häufig auftritt wie der bewegungsumgekehrte Prozeß

$$E_1', E_2' \rightarrow E_1, E_2 \quad . \tag{H.1.3}$$

Die Wahrscheinlichkeit für das Auftreten des Prozesses (H.1.2) ist gegeben durch das Produkt der Wahrscheinlichkeiten dafür, daß die Anfangszustände mit den Energien E_1 und E_2 gerade besetzt sind, und – wegen des Pauli-Prinzips – der Wahrscheinlichkeiten dafür, daß die Zustände mit den Endenergien E_1' und E_2' gerade frei sind,

$$F(E_1)F(E_2)[1 - F(E_1')][1 - F(E_2')]\, dE_1\, dE_2\, dE_1'\, dE_2' \quad . \tag{H.1.4}$$

Dabei ist $F(E)$ die gesuchte Besetzungszahlfunktion. Umgekehrt ist die Häufigkeit des Streuprozesses (H.1.3) gerade

$$F(E_1')F(E_2')[1 - F(E_1)][1 - F(E_2)]\, dE_1\, dE_2\, dE_1'\, dE_2' \quad . \tag{H.1.5}$$

Die Stationarität der Verteilung im Gleichgewichtszustand bedingt die Gleichheit der Häufigkeit der beiden Prozesse,

$$F(E_1)F(E_2)[1 - F(E_1')][1 - F(E_2')]$$
$$= F(E_1')F(E_2')[1 - F(E_1)][1 - F(E_2)] \quad . \tag{H.1.6}$$

Durch Division durch $F(E_1)F(E_2)F(E_1')F(E_2')$ finden wir

$$\left[\frac{1}{F(E_1')} - 1\right]\left[\frac{1}{F(E_2')} - 1\right] = \left[\frac{1}{F(E_1)} - 1\right]\left[\frac{1}{F(E_2)} - 1\right] \quad . \tag{H.1.7}$$

Diese Beziehung stellt eine starke Einschränkung an die Funktion

$$B(E) = \frac{1}{F(E)} - 1 \tag{H.1.8}$$

dar, wenn man bedenkt, daß die Streuprozesse den Energiesatz erfüllen, so daß

$$E_2' = E_1 + E_2 - E_1' \tag{H.1.9}$$

gilt. Damit stellt (H.1.7) eine Relation für $B(E)$ dar,

$$B(E_1 + E_2 - E_1') = \frac{B(E_1)B(E_2)}{B(E_1')} \quad . \tag{H.1.10}$$

Die Struktur dieser Gleichung legt nahe, daß die Funktion $B(E)$ eine Exponentialfunktion der Energie ist. Das läßt sich schnell nachweisen. Wir überführen die obige Gleichung in eine Differentialgleichung für B, indem wir die Beziehung (H.1.10) einmal nach E_1 und einmal nach E_2 differenzieren. Wir erhalten dann

$$\frac{\partial B}{\partial E_1}(E_1 + E_2 - E_1') = \frac{B(E_2)}{B(E_1')}\frac{\partial B}{\partial E_1}(E_1) \quad ,$$
$$\frac{\partial B}{\partial E_2}(E_1 + E_2 - E_1') = \frac{B(E_1)}{B(E_1')}\frac{\partial B}{\partial E_2}(E_2) \quad .$$

Nach Division durch $B(E_1 + E_2 - E_1')$ unter Ausnutzung der Darstellung (H.1.10) erhält man

$$\frac{B'(E_1 + E_2 - E_1')}{B(E_1 + E_2 - E_1')} = \frac{B'(E_1)}{B(E_1)} \quad , \qquad \frac{B'(E_1 + E_2 - E_1')}{B(E_1 + E_2 - E_1')} = \frac{B'(E_2)}{B(E_2)} \quad .$$

Die linken Seiten der beiden Gleichungen stimmen überein, die rechten hängen von verschiedenen Variablen ab, so daß wir schließen müssen

$$\frac{B'(E_1)}{B(E_1)} = \beta = \frac{B'(E_2)}{B(E_2)} \quad , \tag{H.1.11}$$

wobei β eine noch unbestimmte Konstante ist. Die Bestimmungsgleichung für $B(E_1)$ ist eine lineare Differentialgleichung, die sich leicht lösen läßt. Die linke Seite läßt sich als Ableitung des Logarithmus von B darstellen,

$$\frac{\mathrm{d}}{\mathrm{d}E}\ln[B(E)] = \frac{1}{B(E)}\frac{\mathrm{d}B}{\mathrm{d}E} = \beta \quad,$$

so daß sich die Lösung der Differentialgleichung durch Integrieren über E in der Form

$$\ln[B(E)] - \ln[B(\zeta)] = \beta(E - \zeta)$$

ergibt. Durch Exponenzieren erhält man

$$B(E) = B(\zeta)\mathrm{e}^{\beta(E-\zeta)} \quad.$$

Die Fermi–Dirac-Funktion ergibt sich jetzt aus der Definition (H.1.8) von B,

$$F(E) = \frac{1}{B(E) + 1} = \frac{1}{B(\zeta)\mathrm{e}^{\beta(E-\zeta)} + 1} \quad. \tag{H.1.12}$$

Da die mittlere Besetzungszahl wegen des Pauli-Prinzips höchstens gleich eins sein kann, gilt

$$0 < F(E) < 1 \quad. \tag{H.1.13}$$

Damit kann die Konstante $B(\zeta) = 1/F(\zeta) - 1$ nur positive Werte annehmen. Da die Wahl von ζ als Anfangsbedingung unserer Differentialgleichung willkürlich ist, wählen wir ζ so, daß

$$B(\zeta) = 1 \quad, \qquad \text{d. h.} \quad F(\zeta) = 1/2$$

gilt. Damit haben wir als Fermi–Dirac-Funktion

$$F(E) = \frac{1}{\mathrm{e}^{\beta(E-\zeta)} + 1} \quad. \tag{H.1.14}$$

Der Grenzfall dieser Funktion, der für den absoluten Nullpunkt erreicht werden muß, ist

$$F(E) = \Theta(E_\mathrm{F} - E) \quad \text{für} \quad T = 0 \quad. \tag{H.1.15}$$

Das ist nur möglich für

$$\zeta = E_\mathrm{F} \quad \text{und} \quad \beta \to \infty \quad \text{für} \quad T \to 0 \quad. \tag{H.1.16}$$

Allgemein gilt als Zusammenhang zwischen dem Parameter β und der Temperatur

$$\beta = \frac{1}{kT} \quad. \tag{H.1.17}$$

Er enthält auch den Grenzfall (H.1.16).

H.2 Näherungen

Um aus der Normierungsbedingung (6.2.2) die Näherungen (6.2.1) bzw. (6.2.15) zu gewinnen, müssen wir zunächst eine Näherung für das Fermi-Integral (6.2.7)

$$F_{1/2}(\alpha) = \int_0^\infty \frac{x^{1/2}\,\mathrm{d}x}{\mathrm{e}^{x-\alpha}+1} \tag{H.2.1}$$

angeben. Es ist in Abb. H.1 als Funktion von α dargestellt und läßt sich für $\alpha \gg 1$ durch

$$F_{1/2}(\alpha) \approx \frac{2}{3}\alpha^{3/2}\left(1 + \frac{\pi^2}{8\alpha^2}\right) \quad , \quad \alpha \gg 1 \quad , \tag{H.2.2}$$

approximieren. Ist andererseits $\alpha \ll -1$ so läßt sich (H.2.1) in der Form

$$
\begin{aligned}
F_{1/2}(\alpha) &= \int_0^\infty (\mathrm{e}^x \mathrm{e}^{-\alpha} + 1)^{-1} x^{1/2}\,\mathrm{d}x \approx \int_0^\infty (\mathrm{e}^x \mathrm{e}^{-\alpha})^{-1} x^{1/2}\,\mathrm{d}x \\
&= \mathrm{e}^\alpha \int_0^\infty x^{1/2} \mathrm{e}^{-x}\,\mathrm{d}x \quad , \\
F_{1/2}(\alpha) &= \frac{\sqrt{\pi}}{2}\mathrm{e}^\alpha \quad , \quad \alpha \ll -1 \quad ,
\end{aligned}
\tag{H.2.3}
$$

schreiben.

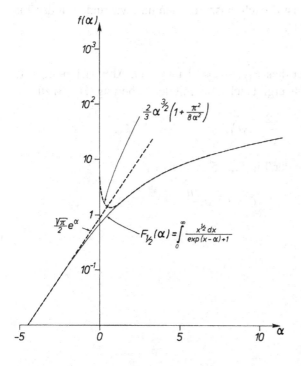

Abb. H.1. Darstellung des Fermi-Integrals $F_{1/2}(\alpha)$

Diese beiden Näherungen entsprechen gerade den beiden im Abschn. 6.2.1 besprochenen Fällen hoher bzw. niedriger Elektronendichte.

1. $n \gg Z_0$.

Mit (6.2.5) bedeutet diese Bedingung $F_{1/2}(\alpha) \gg 1$ und nach Abb. H.1 $\alpha \gg 1$. Damit ist die Elektronendichte (6.2.5)

$$n = \frac{2}{\sqrt{\pi}} Z_0 F_{1/2}(\alpha) = \frac{1}{3\pi^2} \left(\frac{2m}{\hbar^2}\right)^{3/2} \zeta^{3/2} \left[1 + \frac{\pi^2}{8}\left(\frac{kT}{\zeta}\right)^2\right] \quad .$$

Drücken wir andererseits mit (6.1.19) die Elektronendichte durch die Fermi-Grenzenergie E_F aus,

$$n = \frac{1}{3\pi^2} \left(\frac{2mE_\mathrm{F}}{\hbar^2}\right)^{3/2} \quad ,$$

so erhalten wir

$$E_\mathrm{F}^{3/2} = \zeta^{3/2} \left[1 + \frac{\pi^2}{8}\left(\frac{kT}{\zeta}\right)^2\right] \quad .$$

In nullter Näherung in $\alpha^{-1} = kT/\zeta \ll 1$ gilt $E_\mathrm{F} \approx \zeta$, so daß es genügt, im Korrekturterm in der eckigen Klammer ζ durch E_F zu approximieren. Dann ist ζ leicht auszurechnen und wir finden in der Tat das Ergebnis (6.2.11).

2. $n \ll Z_0$.

Mit (6.2.5) bedeutet dies $F_{1/2}(\alpha) \ll 1$ und nach Abb. H.1 $\alpha \ll -1$. Die Elektronendichte ergibt sich dann mit der Näherung (H.2.3) zu

$$n = \frac{2}{\sqrt{\pi}} Z_0 F_{1/2}(\alpha) = Z_0 e^{\zeta/(kT)} \quad .$$

Damit erhält man in der Tat (6.2.15), nämlich

$$\zeta = kT \ln \frac{n}{Z_0} \quad .$$

I. Die wichtigsten SI-Einheiten der Elektrodynamik

In der Elektrodynamik tritt zu den Grundgrößen *Länge, Masse, Zeit* mit den Basiseinheiten m, kg, s als weitere Grundgröße die *Stromstärke* mit der Basiseinheit 1 A = 1 Ampère. Für die Betrachtungen über Eigenschaften der Materie benötigen wir als weitere Grundgröße die *Temperatur* mit der Basiseinheit 1 K = 1 Kelvin und die Grundgröße *Stoffmenge* mit der Basiseinheit 1 mol. (1 mol ist die Stoffmenge, die die gleiche Zahl N_A von Teilchen enthält wie 12 g des Kohlenstoff-Nuklids ^{12}C enthalten. Die Zahl N_A heißt *Avogadro-Konstante*, siehe Tabelle J.1).

Tabelle I.1. Dimensionen und SI-Einheiten der wichtigsten Größen

Größe		Dimension[1]	Bildung aus Basiseinheiten	Bildung mit elektrischen Einheiten	Kurzzeichen	Name
Arbeit, Energie	W	$m\ell^2 t^{-2}$	$\mathrm{kg\,m^2\,s^{-2}}$	$\mathrm{V\,A\,s}$	J	Joule
Leistung	N	$m\ell^2 t^{-3}$	$\mathrm{kg\,m^2\,s^{-3}}$	$\mathrm{V\,A}$	W	Watt
Stromstärke	I	i	A	A	A	Ampère
Ladung	Q	ti	$\mathrm{A\,s}$	$\mathrm{A\,s}$	C	Coulomb
Spannung	U	$m\ell^2 t^{-3} i^{-1}$	$\mathrm{kg\,m^2\,s^{-3}\,A^{-1}}$	V	V	Volt
Widerstand	R	$m\ell^2 t^{-3} i^{-2}$	$\mathrm{kg\,m^2\,s^{-3}\,A^{-2}}$	$\mathrm{V\,A^{-1}}$	Ω	Ohm
Leitwert	$1/R$	$m^{-1}\ell^{-2} t^3 i^2$	$\mathrm{kg^{-1}\,m^{-2}\,s^3\,A^2}$	$\mathrm{A\,V^{-1}}$	S	Siemens
Kapazität	C	$m^{-1}\ell^{-2} t^4 i^2$	$\mathrm{kg^{-1}\,m^{-2}\,s^4\,A^2}$	$\mathrm{A\,s\,V^{-1}}$	F	Farad
Induktivität	L	$m\ell^2 t^{-2} i^{-2}$	$\mathrm{kg\,m^2\,s^{-2}\,A^{-2}}$	$\mathrm{V\,s\,A^{-1}}$	H	Henry
el. Feldstärke	$\mathbf{E}$	$m\ell t^{-3} i^{-1}$	$\mathrm{kg\,m\,s^{-3}\,A^{-1}}$	$\mathrm{V\,m^{-1}}$		
magn. Feldstärke[2]	$\mathbf{H}$	$\ell^{-1} i$	$\mathrm{m^{-1}\,A}$	$\mathrm{A\,m^{-1}}$		
el. Flußdichte	$\mathbf{D}$	$\ell^{-2} ti$	$\mathrm{m^{-2}\,s\,A}$	$\mathrm{A\,s\,m^{-2}}$		
magn. Flußdichte[3]	$\mathbf{B}$	$mt^{-2} i^{-1}$	$\mathrm{kg\,s^{-2}\,A^{-1}}$	$\mathrm{V\,s\,m^{-2}}$	T	Tesla
el. Fluß	Ψ	ti	$\mathrm{s\,A}$	$\mathrm{A\,s}$	C	Coulomb
magn. Fluß	Φ	$m\ell^2 t^{-2} i^{-1}$	$\mathrm{kg\,m^2\,s^{-2}\,A^{-1}}$	$\mathrm{V\,s}$	Wb	Weber
el. Dipolmoment	$\mathbf{d}$	ℓti	$\mathrm{m\,s\,A}$	$\mathrm{A\,s\,m}$		
magn. Moment	$\mathbf{m}$	$\ell^2 i$	$\mathrm{m^2\,A}$	$\mathrm{A\,m^2}$		

[1] Als Abkürzungen für Dimensionen dienen m (Masse), ℓ (Länge), t (Zeit), i (Stromstärke).

[2] früher benutzte Einheit 1 Oe = 1 Oersted = $(10^3/4\pi)\,\mathrm{A\,m^{-1}}$

[3] früher benutzte Einheit 1 G = 1 Gauß = 10^{-4} T

J. Physikalische Konstanten

Die Werte der Tabelle wurden der Arbeit der Particle Data Group (S. Eidelman et al.) Physics Letters B 592 (2004) 1, entnommen.

Tabelle J.1. Physikalische Konstanten

Elementarladung[1]	e	=	$1{,}602\,176\,53\,(14)\cdot 10^{-19}$ C
Ruhmasse des Elektrons	m_{e}	=	$9{,}109\,382\,6\,(16)\cdot 10^{-31}$ kg
		=	$0{,}510\,998\,918\,(44)\,\mathrm{MeV}/c^2$
Ruhmasse des Protons	m_{p}	=	$1836{,}152\,672\,61\,(85)\,m_{\mathrm{e}}$
		=	$1{,}672\,621\,71\,(29)\cdot 10^{-27}$ kg
		=	$938{,}272\,029\,(80)\,\mathrm{MeV}/c^2$
Lichtgeschwindigkeit im Vakuum	c	=	$2{,}997\,924\,58\cdot 10^8\,\mathrm{m\,s^{-1}}$
magnetische Feldkonstante	μ_0	=	$4\pi\cdot 10^{-7}\,\mathrm{V\,s\,A^{-1}\,m^{-1}}$
elektrische Feldkonstante	ε_0	=	$\dfrac{1}{\mu_0 c^2}$
		=	$8{,}854\,187\,817\ldots\cdot 10^{-12}\,\mathrm{A\,s\,V^{-1}\,m^{-1}}$
Plancksches Wirkungsquantum	h	=	$6{,}626\,069\,3\,(11)\cdot 10^{-34}\,\mathrm{J\,s}$
$\hbar = h/(2\pi)$	$\hbar$	=	$1{,}054\,571\,68\,(18)\cdot 10^{-34}\,\mathrm{J\,s}$
Boltzmann-Konstante	k	=	$1{,}380\,650\,5\,(24)\cdot 10^{-23}\,\mathrm{J\,K^{-1}}$
Avogadro-Konstante	N_{A}	=	$6{,}022\,141\,5\,(10)\cdot 10^{23}\,\mathrm{mol^{-1}}$

[1]Die Zahlen in Klammern geben den Fehler in Einheiten der letzten angegebenen Stelle wieder, also $e = (1{,}602\,176\,53 \pm 0{,}000\,000\,14)\cdot 10^{-19}$ C.

K. Schaltsymbole

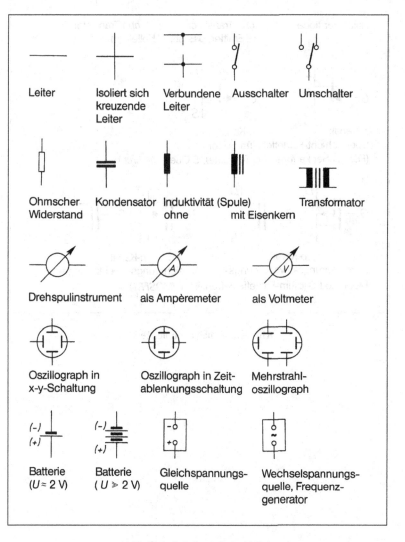

Abb. K.1. Schaltsymbole, Teil 1

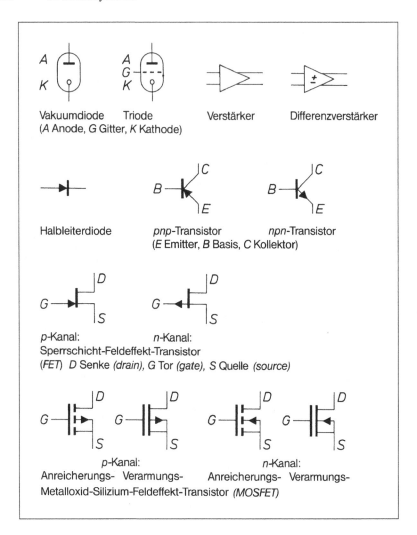

Abb. K.2. Schaltsymbole, Teil 2

Hinweise und Lösungen zu den Aufgaben

Kapitel 2

2.1 (a) Mit den Ergebnissen aus Aufgabe B.1 erhält man

$$\frac{1}{r^3}\mathbf{d}_1 \cdot \boldsymbol{\nabla}(3(\mathbf{d}_2 \cdot \hat{\mathbf{r}})\hat{\mathbf{r}} - \mathbf{d}_2) = \frac{3}{r^4}((\mathbf{d}_1 \cdot \mathbf{d}_2)\hat{\mathbf{r}} - 2(\mathbf{d}_1 \cdot \hat{\mathbf{r}})(\mathbf{d}_2 \cdot \hat{\mathbf{r}})\hat{\mathbf{r}} + (\mathbf{d}_2 \cdot \hat{\mathbf{r}})\mathbf{d}_1) \quad,$$

$$(\mathbf{d}_1 \cdot \boldsymbol{\nabla})\frac{1}{r^3} = -3(\mathbf{d}_1 \cdot \hat{\mathbf{r}})\frac{1}{r^4} \quad,$$

$$(3(\mathbf{d}_2 \cdot \hat{\mathbf{r}}) - \mathbf{d}_2)\mathbf{d}_1 \cdot \boldsymbol{\nabla}\frac{1}{r^3} = -9(\mathbf{d}_1 \cdot \hat{\mathbf{r}})(\mathbf{d}_2 \cdot \hat{\mathbf{r}})\frac{\hat{\mathbf{r}}}{r^4} + 3(\mathbf{d}_1 \cdot \mathbf{r})\mathbf{d}_2\frac{1}{r^4} \quad.$$

Daraus folgt (2.12.1). (b) Es gilt

$$\boldsymbol{\nabla}(\mathbf{d}_1 \cdot \hat{\mathbf{r}}) = (\boldsymbol{\nabla} \otimes \hat{\mathbf{r}})\mathbf{d}_1 = \frac{1}{r}(\underline{1} - \hat{\mathbf{r}} \otimes \hat{\mathbf{r}})\mathbf{d}_1 = \frac{1}{r}(\mathbf{d}_1 - (\mathbf{d}_1 \cdot \hat{\mathbf{r}})\hat{\mathbf{r}}) \quad,$$

$$\boldsymbol{\nabla}(\mathbf{d}_2 \cdot \hat{\mathbf{r}}) = (\boldsymbol{\nabla} \otimes \hat{\mathbf{r}})\mathbf{d}_2 = \frac{1}{r}(\underline{1} - \hat{\mathbf{r}} \otimes \hat{\mathbf{r}})\mathbf{d}_2 = \frac{1}{r}(\mathbf{d}_2 - (\mathbf{d}_2 \cdot \hat{\mathbf{r}})\hat{\mathbf{r}}) \quad,$$

$$-\frac{3}{r^3}\boldsymbol{\nabla}((\mathbf{d}_1 \cdot \hat{\mathbf{r}})(\mathbf{d}_2 \cdot \hat{\mathbf{r}})) = -\frac{3}{r^4}((\mathbf{d}_1 \cdot \hat{\mathbf{r}})\mathbf{d}_2 + (\mathbf{d}_2 \cdot \hat{\mathbf{r}})\mathbf{d}_1 \\ - 2(\mathbf{d}_1 \cdot \hat{\mathbf{r}})(\mathbf{d}_2 \cdot \hat{\mathbf{r}})\hat{\mathbf{r}}) \quad,$$

$$(\mathbf{d}_1 \cdot \mathbf{d}_2 - 3(\mathbf{d}_1 \cdot \hat{\mathbf{r}})(\mathbf{d}_2 \cdot \hat{\mathbf{r}}))\boldsymbol{\nabla}\frac{1}{r^3} = (\mathbf{d}_1 \cdot \mathbf{d}_2 - 3(\mathbf{d}_1 \cdot \hat{\mathbf{r}})(\mathbf{d}_2 \cdot \hat{\mathbf{r}}))\left(-3\frac{\hat{\mathbf{r}}}{r^4}\right) \quad,$$

so daß aus $\mathbf{F} = -\boldsymbol{\nabla}V$ in der Tat (2.12.1) folgt.

2.2 Die Gesamtladung der Dipolladungsdichte ist

$$Q = \int \varrho_{\mathrm{d}}(\mathbf{r})\,\mathrm{d}V = -\int \mathbf{d} \cdot \boldsymbol{\nabla}\delta^3(\mathbf{r})\,\mathrm{d}V = \int (\boldsymbol{\nabla} \cdot \mathbf{d})\delta^3(\mathbf{r})\,\mathrm{d}V = 0 \quad,$$

wegen $\boldsymbol{\nabla} \cdot \mathbf{d} = 0$.

2.3 (a) Mit $\mathbf{d}_1 \cdot \mathbf{d}_2 = d_1 d_2$, $\mathbf{d}_1 \cdot \hat{\mathbf{r}} = 0$ und $\mathbf{d}_2 \cdot \hat{\mathbf{r}} = 0$ folgt

$$\mathbf{F} = \frac{3}{4\pi\varepsilon_0}\frac{d_1 d_2}{r^4}\hat{\mathbf{r}} \quad.$$

(b) Hier gilt $\mathbf{d}_1 \cdot \mathbf{d}_2 = -d_1 d_2$, $\mathbf{d}_1 \cdot \hat{\mathbf{r}} = 0$, $\mathbf{d}_2 \cdot \hat{\mathbf{r}} = 0$, also

$$\mathbf{F} = -\frac{3}{4\pi\varepsilon_0} \frac{d_1 d_2}{r^4} \hat{\mathbf{r}} \quad .$$

(c) Hier gilt $\mathbf{d}_1 \cdot \mathbf{d}_2 = d_1 d_2$, $\mathbf{d}_1 \cdot \hat{\mathbf{r}} = d_1$, $\mathbf{d}_2 \cdot \hat{\mathbf{r}} = d_2$, d. h.

$$\mathbf{F} = -\frac{6}{4\pi\varepsilon_0} \frac{d_1 d_2}{r^4} \hat{\mathbf{r}} \quad .$$

(d) Hier gilt $\mathbf{d}_1 \cdot \mathbf{d}_2 = -d_1 d_2$, $\mathbf{d}_1 \cdot \hat{\mathbf{r}} = d_1$, $\mathbf{d}_2 \cdot \hat{\mathbf{r}} = -d_2$, d. h.

$$\mathbf{F} = \frac{6}{4\pi\varepsilon_0} \frac{d_1 d_2}{r^4} \hat{\mathbf{r}} \quad .$$

In den Fällen (a) und (d) ist die Kraft parallel zu $\hat{\mathbf{r}}$, d. h. die Kraft ist abstoßend. In den Fällen (b) und (c) ist die Kraft antiparallel zu $\hat{\mathbf{r}}$, d. h. sie ist anziehend. Zum Verständnis der Vorzeichen der Kräfte in den speziellen Anordnungen betrachten wir an Stelle der Dipole die entsprechenden Zweipole aus entgegengesetzt gleichen Ladungen Q, $-Q$ in endlichem Abstand b. Im Fall (a) sind die Ladungen gleicher Vorzeichen einander näher als die Ladungen entgegengesetzter Vorzeichen. Die abstoßenden Kräfte überwiegen die anziehenden zwischen den beiden Zweipolen. Im Fall (b) sind die Ladungen entgegengesetzter Vorzeichen einander näher, die Zweipole ziehen einander an. Im Fall (c) überwiegt die Anziehung der entgegengesetzten Ladungen die Abstoßung der Ladungen gleicher Vorzeichen, weil die Coulomb-Kraft mit $1/r^2$ abfällt. Im Fall (d) ist die Situation genau umgekehrt. Das Vorzeichen der Kräftebilanz bleibt für festgehaltene Dipolmomente für jede Wahl des Abstands b dasselbe. Daher gilt auch im Grenzfall $b \to 0$, d. h. für Dipole, in den Fällen (a), (d) Abstoßung, in den Fällen (b), (c) Anziehung.

2.4 (a) Die Coulomb-Kräfte der Ladung Q auf die Ladungen q_i sind

$$\mathbf{F}_{q_i,Q} = q_i \mathbf{E}_Q(\mathbf{r}_i) = q_i \frac{Q}{4\pi\varepsilon_0} \frac{\mathbf{r}_i - \mathbf{r}}{|\mathbf{r}_i - \mathbf{r}|^3} \quad , \qquad i = 1, 2 \quad ,$$

die Summe der Kräfte ist

$$\mathbf{F}_{(q_1 q_2),Q} = q_1 \mathbf{E}(\mathbf{r}_1) + q_2 \mathbf{E}(\mathbf{r}_2) \quad .$$

(b) Die Kraft $\mathbf{F}_{Q,(q_1 q_2)}$ der Ladungen q_1 und q_2 auf die Ladung Q ist daher

$$\mathbf{F}_{Q,(q_1 q_2)} = -\mathbf{F}_{(q_1 q_2),Q} = q_1 \frac{Q}{4\pi\varepsilon_0} \frac{\mathbf{r} - \mathbf{r}_1}{|\mathbf{r} - \mathbf{r}_1|^3} + q_2 \frac{Q}{4\pi\varepsilon_0} \frac{\mathbf{r} - \mathbf{r}_2}{|\mathbf{r} - \mathbf{r}_2|^3} \quad .$$

(c)

$$\begin{aligned}
\mathbf{E}_{q_1 q_2}(\mathbf{r}) &= \frac{1}{Q} \mathbf{F}_{Q,(q_1 q_2)} = \mathbf{E}_{q_1}(\mathbf{r}) + \mathbf{E}_{q_2}(\mathbf{r}) \quad \text{mit} \\
\mathbf{E}_{q_i}(\mathbf{r}) &= \frac{q_i}{4\pi\varepsilon_0} \frac{\mathbf{r} - \mathbf{r}_i}{|\mathbf{r} - \mathbf{r}_i|^3} \quad , \qquad i = 1, 2 \quad .
\end{aligned}$$

2.5 Das Potential dreier Ladungen Q_1, Q_2, Q_3 bei $\mathbf{r}_1 = -a\mathbf{e}_x$, $\mathbf{r}_2 = 0$ bzw. $\mathbf{r}_3 = b\mathbf{e}_x$ ist durch (2.7.5) gegeben,

$$\varphi(\mathbf{r}) = \frac{1}{4\pi\varepsilon_0}\left[\frac{Q_1}{|\mathbf{r}+a\mathbf{e}_x|} + \frac{Q_2}{|\mathbf{r}|} + \frac{Q_3}{|\mathbf{r}-b\mathbf{e}_x|}\right] \quad .$$

Wir betrachten $\varphi(\mathbf{r})$ in der (x,y)-Ebene und suchen nach einem Äquipotentialkreis mit dem Radius R um den Punkt $\mathbf{r}_1$. Die Vektoren $\mathbf{r} = x\mathbf{e}_x + y\mathbf{e}_y$ auf diesem Kreis erfüllen die Beziehung $|\mathbf{r}+a\mathbf{e}_x| = \sqrt{(x+a)^2+y^2} = R$. Das Potential φ_K auf dem Kreis läßt sich damit als

$$\varphi_K = \frac{1}{4\pi\varepsilon_0}\left[\frac{Q_1}{R} + \frac{Q_2}{\sqrt{R^2-a^2-2ax}} + \frac{Q_3}{\sqrt{R^2-a^2+b^2-2(a+b)x}}\right]$$

für $-R-a \le x \le R-a$ schreiben. Die Forderung $\varphi_K = \text{const}$ lautet nun $\partial\varphi_K/\partial x = 0$. Dies führt auf die Gleichung

$$\frac{-Q_2 a}{(R^2-a^2-2ax)^{3/2}} = \frac{Q_3(a+b)}{(R^2-a^2+b^2-2(a+b)x)^{3/2}} \quad .$$

Diese Gleichung muß für alle x im Bereich $-R - a \le x \le R - a$ erfüllt sein. Sie läßt sich umformen in ein Polynom dritter Ordnung in x, dessen Koeffizienten einzeln verschwinden müssen. Man erhält so vier Gleichungen, von denen zwei die Beziehungen

$$\frac{Q_2^2}{a} = \frac{Q_3^2}{a+b} \quad , \qquad R^2 = a^2 + ab$$

ergeben; die beiden anderen Gleichungen sind dazu äquivalent. Eine Äquipotentialkugel um die Ladung Q_3 erhält man ganz analog; es muß

$$\frac{Q_2^2}{b} = \frac{Q_1^2}{a+b}$$

gelten. Für den Radius dieser Kugel gilt $R'^2 = b^2 + ab$.

2.6 Da die Ladungsverteilung kugelsymmetrisch ist, muß auch das elektrische Feld kugelsymmetrisch sein, d. h. $\mathbf{E}(\mathbf{r}) = E(r)\mathbf{e}_r$. Die Funktion $E(r)$ kann man mit Hilfe des Flußgesetzes (2.4.6) gewinnen, wenn man über Kugeloberflächen um den Ursprung integriert. Dann gilt für eine Kugeloberfläche A mit dem Radius r die Gleichung $\oint_A \mathbf{E} \cdot d\mathbf{a} = 4\pi r^2 E(r)$, und für die von A eingeschlossene Ladung erhält man jeweils

$$Q = 4\pi\varrho_0 \frac{r^5}{5a^2} \quad \text{für} \quad 0 \le r < a \quad ,$$

$$Q = \frac{4\pi\varrho_0}{15}(5r^3 - 2a^3) \quad \text{für} \quad a \le r \le b \quad ,$$

$$Q = \frac{4\pi\varrho_0}{15}(5b^3 - 2a^3) \quad \text{für} \quad b < r \quad .$$

Daraus ergibt sich das elektrische Feld zu

$$
\mathbf{E}(\mathbf{r}) = \frac{\varrho_0}{\varepsilon_0} \mathbf{e}_r
\begin{cases}
\dfrac{r^3}{5a^2} & , \ 0 \le r < a \\[2ex]
\dfrac{5r^3 - 2a^3}{15r^2} & , \ a \le r \le b \\[2ex]
\dfrac{5b^3 - 2a^3}{15r^2} & , \ b < r
\end{cases}
.
$$

2.7 Die konstante Flächenladungsdichte auf dem Kreisring beträgt $\sigma = Q/[\pi(R_2^2 - R_1^2)]$. Daher liefert (2.7.6) unter Benutzung von Zylinderkoordinaten für das Potential auf der z-Achse

$$
\varphi(z\mathbf{e}_z) = \frac{\sigma}{4\pi\varepsilon_0} \int_{R_1}^{R_2} \int_0^{2\pi} \frac{r_\perp}{\sqrt{z^2 + r_\perp^2}} \mathrm{d}\phi\,\mathrm{d}r_\perp = \frac{\sigma}{2\varepsilon_0}\left[\sqrt{z^2 + R_2^2} - \sqrt{z^2 + R_1^2}\right] .
$$

Da das **E**-Feld auf der z-Achse aus Symmetriegründen nur in z-Richtung zeigen kann, gilt $\mathbf{E}(z\mathbf{e}_z) = -\mathbf{e}_z \partial\varphi/\partial z$, d. h.

$$
\mathbf{E}(z\mathbf{e}_z) = \frac{Qz}{2\pi\varepsilon_0(R_2^2 - R_1^2)}\left[\frac{1}{\sqrt{z^2 + R_1^2}} - \frac{1}{\sqrt{z^2 + R_2^2}}\right]\mathbf{e}_z .
$$

2.8 Den mit ϱ_0 geladenen Zylinder mit dem zylindrischen Hohlraum kann man sich vorstellen als Überlagerung eines mit ϱ_0 geladenen Vollzylinders mit dem Radius R und eines mit $-\varrho_0$ geladenen Zylinders mit dem Radius b am Ort des Hohlraums. Das gesuchte Feld ist dann die Superposition der Felder dieser beiden Zylinder. Man berechnet also zunächst das elektrische Feld im Inneren eines homogen mit ϱ_0 geladenen Zylinders mit dem Radius R. Aus Symmetriegründen hat dieses Feld die Form $\mathbf{E}^{(1)}(\mathbf{r}) = E^{(1)}(r_\perp)\mathbf{e}_\perp$. Berechnet man damit das Flußintegral (2.4.6) über einen Zylinder mit dem Radius $r_\perp \le R$, dessen Symmetrieachse mit der des geladenen Zylinders übereinstimmt, so folgt

$$
\mathbf{E}^{(1)}(\mathbf{r}) = \frac{\varrho_0}{2\varepsilon_0} r_\perp \mathbf{e}_\perp \quad \text{(im Inneren)}.
$$

Im Inneren des kleinen, mit $-\varrho_0$ geladenen und um $\mathbf{d} = d\mathbf{e}_x$ verschobenen Zylinders gilt analog

$$
\mathbf{E}^{(2)}(\mathbf{r}) = \frac{-\varrho_0}{2\varepsilon_0}(r_\perp \mathbf{e}_\perp - \mathbf{d}) ,
$$

so daß für das Feld im Hohlraum

$$
\mathbf{E}(\mathbf{r}) = \mathbf{E}^{(1)}(\mathbf{r}) + \mathbf{E}^{(2)}(\mathbf{r}) = \frac{\varrho_0}{2\varepsilon_0}\mathbf{d} = \text{const}
$$

folgt.

2.9 Die Punktladung q erzeugt das Feld $\mathbf{E}(\mathbf{r}) = [q/(4\pi\varepsilon_0)](\mathbf{r} - \mathbf{r}')/|\mathbf{r} - \mathbf{r}'|^3$. Damit folgt aus (2.10.15) für die Kraft $\mathbf{F} = qd\mathbf{e}_y/(20\sqrt{5}\pi\varepsilon_0 a^3)$. Das Drehmoment ergibt sich mit (2.10.16) zu $\mathbf{D} = qd(-\mathbf{e}_x + 2\mathbf{e}_z)/(20\sqrt{5}\pi\varepsilon_0 a^2)$.

2.10 Die kugelsymmetrische Ladungsdichte $\varrho(r)$ erzeugt ein kugelsymmetrisches Feld, $\mathbf{E}(\mathbf{r}) = E(r)\mathbf{e}_r$. Betrachtet man Flußintegrale (2.4.6) über Kugeln um den Ursprung, so folgt

$$
\mathbf{E}(\mathbf{r}) = \frac{\varrho_0}{\varepsilon_0}\mathbf{e}_r
\begin{cases}
\dfrac{\sin(ar)}{a} + \dfrac{2\cos(ar)}{a^2 r} - \dfrac{2\sin(ar)}{a^3 r^2} & \text{für} \quad r \leq L \\[3mm]
-\dfrac{2L^3}{3\pi r^2}\left(1 - \dfrac{8}{9\pi^2}\right) & \text{für} \quad r > L
\end{cases},
$$

mit $a = 3\pi/(2L)$.

2.11 (a) Man legt das Koordinatensystem so, daß $\mathbf{e}_z$ in Richtung von $\mathbf{r}$ liegt, und benutzt zur Integration Kugelkoordinaten (r', ϑ', ϕ'). Da dann $|\mathbf{r} - \mathbf{r}'| = \sqrt{r^2 + r'^2 - 2rr'\cos\vartheta'}$ gilt, erhält man nach der Integration über ϕ' und $\cos\vartheta'$

$$
\varphi(\mathbf{r}) = -\frac{\varrho_0}{2\varepsilon_0 r}\int_0^R r'(|r - r'| - (r + r'))\,\mathrm{d}r' \quad,
$$

dabei ist $\varrho_0 = 3q/(4\pi R^3)$ die Ladungsdichte der Kugel. Wegen der Betragsfunktion muß man hier eine Fallunterscheidung durchführen: Für $r \leq R$ liegt P innerhalb des Integrationsbereichs $0 \leq r' \leq R$; man muß den Integrationsbereich aufteilen in $0 \leq r' \leq r$ (mit $|r - r'| = r - r'$) bzw. $r \leq r' \leq R$ (mit $|r - r'| = r' - r$). Für $r > R$ liegt P außerhalb des Integrationsbereichs, d. h. $r > r'$. Die r'-Integration liefert damit

$$
\varphi(\mathbf{r}) = \frac{q}{4\pi\varepsilon_0}
\begin{cases}
\dfrac{3R^2 - r^2}{2R^3} & \text{für} \quad 0 \leq r \leq R \\[3mm]
\dfrac{1}{r} & \text{für} \quad r > R
\end{cases}.
$$

(b) Da $\varphi(\mathbf{r}) = \varphi(r)$, liefert der Gradient in Kugelkoordinaten, (B.5.15), das Feld $\mathbf{E}(\mathbf{r}) = -(\partial\varphi/\partial r)\mathbf{e}_r$, also

$$
\mathbf{E}(\mathbf{r}) = \frac{q}{4\pi\varepsilon_0}\mathbf{e}_r
\begin{cases}
\dfrac{r}{R^3} & \text{für} \quad 0 \leq r \leq R \\[3mm]
\dfrac{1}{r^2} & \text{für} \quad r > R
\end{cases}.
$$

(c) Aufgrund der Kugelsymmetrie der Ladungsdichte muß das $\mathbf{E}$-Feld die Gestalt $\mathbf{E}(\mathbf{r}) = E(r)\mathbf{e}_r$ haben. Daher wählt man für das Flußintegral den Rand eines kugelförmigen Volumens K mit dem Radius r um den Ursprung. Dann gilt $\oint_{(K)}\mathbf{E}\cdot\mathrm{d}\mathbf{a} = 4\pi r^2 E(r)$. Für $r \leq R$ befindet sich die Ladung qr^3/R^3 im Volumen K, für $r > R$ enthält K die gesamte Ladung q. Daraus ergibt sich wieder das Ergebnis aus (b).

2.12 Die angegebene Ladungsverteilung ist die Summe der kugelsymmetrischen Verteilung $\varrho_1(r) = \varrho_0 r^2/a^2$ und der zylindersymmetrischen Verteilung $\varrho_2(r_\perp) = \varrho_0 r_\perp/b$. Aus Symmetriegründen erzeugt ϱ_1 ein Feld $\mathbf{E}_1(\mathbf{r}) = E_1(r)\mathbf{e}_r$ und ϱ_2 ein Feld der Gestalt $\mathbf{E}_2(\mathbf{r}) = E_2(r_\perp)\mathbf{e}_\perp$. Die Funktionen $E_1(r)$ und $E_2(r_\perp)$ lassen sich mit Hilfe von Flußintegralen (2.4.6) gewinnen, wenn man über Kugeln bzw. Zylinder integriert. Das von ϱ insgesamt erzeugte Feld ist die Superposition der Felder $\mathbf{E}_1$ und $\mathbf{E}_2$; man erhält

$$\mathbf{E}(\mathbf{r}) = \frac{\varrho_0}{\varepsilon_0} \left(\frac{r^3}{5a^2} \mathbf{e}_r + \frac{r_\perp^2}{3b} \mathbf{e}_\perp \right) \quad .$$

2.13 Hier benutzt man (2.7.6). Die Ladungsdichte lautet in Kugelkoordinaten $\varrho(\mathbf{r}') = \sigma_0 \delta(r' - R)\Theta(-\cos\vartheta')$ mit der konstanten Flächenladungsdichte $\sigma_0 = Q/(2\pi R^2)$. Für $\mathbf{r} = z\mathbf{e}_z$ gilt $|\mathbf{r} - \mathbf{r}'| = \sqrt{r'^2 + z^2 - 2r'z\cos\vartheta'}$. Daraus ergibt sich

$$\varphi(z\mathbf{e}_z) = \frac{1}{4\pi\varepsilon_0} \frac{Q}{Rz} \left[|R + z| - \sqrt{R^2 + z^2} \right] \quad .$$

2.14 (a) Die Ladungsdichte lautet in Zylinderkoordinaten $\varrho(\mathbf{r}') = \sigma\delta(z')\Theta(r'_\perp - R)$. Damit ergibt sich mit (2.2.2)

$$\mathbf{E}(z\mathbf{e}_z) = \frac{\sigma_0}{4\pi\varepsilon_0} \left[2\pi z\mathbf{e}_z \int_R^\infty \frac{r'_\perp \, dr'_\perp}{(z^2 + r'^2_\perp)^{3/2}} - \int_R^\infty \frac{r'^2_\perp \, dr'_\perp}{(z^2 + r'^2_\perp)^{3/2}} \int_0^{2\pi} \mathbf{e}_\perp(\varphi') \, d\varphi' \right] ,$$

worin das φ'-Integral verschwindet. So erhält man

$$\mathbf{E}(z\mathbf{e}_z) = \frac{\sigma_0}{2\varepsilon_0} \frac{z}{\sqrt{R^2 + z^2}} \mathbf{e}_z \quad .$$

(b) Es gilt $\mathbf{F} = q\mathbf{E}(\ell\mathbf{e}_z)$, d. h. $F(\ell = 5R) = 5q\sigma_0/(2\sqrt{26}\varepsilon_0) < 5q\sigma_0/(\sqrt{101}\varepsilon_0) = F(\ell = 10R)$, bei $\ell = 10R$ ist die abstoßende Kraft also größer als bei $\ell = 5R$. Dieses Ergebnis ist bei Beachtung der vektoriellen Addition der Felder auch intuitiv klar.

Kapitel 3

3.1 Man unterscheidet die vier Fälle $N = $ I, II, III, IV, wie in Abb. 3.3 angegeben. Zu den vier Fällen gehören die Volumina V_N mit den geschlossenen Oberflächen (V_N). Diese bestehen aus den Mantelflächen mit Normalenvektoren senkrecht zur elektrischen Feldstärke $\mathbf{E}$ und den Deckel- und Bodenflächen a_N bzw. a'_N mit den Normalen $\hat{\mathbf{a}}$ bzw. $\hat{\mathbf{a}}'$. Die Flächen a_N, a'_N besitzen gleiche Flächeninhalte der Größe a. Die Deckelnormale $\mathbf{a}$ ist in $\mathbf{E}$-Feldrichtung orientiert, die Bodennormale $\hat{\mathbf{a}}'$ entgegengesetzt, $\hat{\mathbf{a}}' = -\hat{\mathbf{a}}$. In allen vier Fällen verschwindet auf den Mantelflächen der Volumina V_N das Produkt $\mathbf{E} \cdot d\mathbf{a}$. Die Bodenfläche a'_N befindet sich in allen vier Fällen in der linken Metallplatte des Kondensators. Daher gilt auf a'_N die Beziehung $\mathbf{E} = 0$. Wir führen die Bezeichnung $Q_N = \int_{V_N} \varrho \, dV$ ein und finden mit dem Gaußschen Gesetz (2.5.2) für $N = $ I, II, III, IV

$$Q_N = \int_{V_N} \varrho \, dV = \int_{V_N} \boldsymbol{\nabla} \cdot \mathbf{E} \, dV = \oint_{(V_N)} \mathbf{E} \cdot d\mathbf{a} = \int_{a_N} \mathbf{E} \cdot d\mathbf{a} \quad .$$

Für Fall (I) gilt $\sigma a = \varepsilon_0 \int_{a_I} \mathbf{E} \cdot d\mathbf{a}$; für (II) gilt $(\sigma + \sigma')a = \varepsilon_0 \int_{a_{II}} \mathbf{E} \cdot d\mathbf{a} = 0$, weil sich die Deckelfläche a_{II} im feldfreien Raum innerhalb der Metallplatte im Kondensator befindet. Es folgt $\sigma' = -\sigma$. Im Fall (III) erhält man $(\sigma + \sigma' + \sigma'')a = \sigma''a = \varepsilon_0 \int_{a_{\mathrm{III}}} \mathbf{E} \cdot \mathbf{da}$; für (IV) gilt $(\sigma + \sigma' + \sigma'' - \sigma)a = (\sigma'' - \sigma)a = \varepsilon_0 \int_{a_{\mathrm{IV}}} \mathbf{E} \cdot \mathbf{da} = 0$, weil sich die Deckelfläche a_{IV} in der rechten Kondensatorplatte befindet, innerhalb derer $\mathbf{E} = 0$ gilt. Es folgt $\sigma'' = \sigma$.

3.2 Die z-Achse des Koordinatensystems weise in die Richtung von **b**. Die Vektoren **r** in der zu **b** senkrechten Ebene ($\mathbf{r} \cdot \mathbf{b} = 0$) lauten dann in Zylinderkoordinaten $\mathbf{r} = r_\perp \mathbf{e}_\perp$. Die gesamte, auf der Metalloberfläche influenzierte Ladung ist damit

$$Q' = \int \sigma(\mathbf{r}) \, \mathrm{da} = \int_0^\infty \int_0^{2\pi} \sigma(\mathbf{r}) \, \mathrm{d}\varphi \, r_\perp \, \mathrm{d}r_\perp = -Qb \int_0^\infty \frac{r_\perp \, \mathrm{d}r_\perp}{(r_\perp^2 + b^2)^{3/2}} \quad .$$

Das letzte Integral läßt sich mit Hilfe der Substitution $\xi = r_\perp^2 + b^2$ leicht berechnen; man erhält in der Tat $Q' = -Q$.

3.3 Zur Berechnung des Ladungsschwerpunktes führen wir ein Kugelkoordinatensystem (r, ϑ, φ) mit der z-Achse in Richtung von **d** ein. Wir erhalten für den Ladungsschwerpunkt $\mathbf{r}_+ = Q_+^{-1} \int_0^{2\pi} \int_0^1 3\varepsilon_0 E_0 \cos\vartheta R\hat{\mathbf{r}} R^2 \, \mathrm{d}\cos\vartheta \, \mathrm{d}\varphi$. Die Integration über den Winkel φ liefert aus Symmetriegründen für die Komponenten von $\mathbf{r}_+$, die senkrecht zu **d** sind, den Wert null. Damit hat der Ladungsschwerpunkt die Darstellung $\mathbf{r}_+ = r_+ \hat{\mathbf{d}}$. Es bleibt noch die Berechnung der $\hat{\mathbf{d}}$-Komponente,

$$r_+ = \frac{1}{Q_+} 3\varepsilon_0 E_0 R^3 2\pi \int_0^1 \cos^2 \vartheta \, \mathrm{d}\cos\vartheta = \frac{1}{Q_+} 2\pi\varepsilon_0 E_0 R^3 = \frac{2}{3} R \quad .$$

Hier wurde für Q_+ der Wert (3.4.7) benutzt. Insgesamt finden wir $\mathbf{r}_+ = (2/3)R\hat{\mathbf{d}} = \mathbf{b}/2$. Für $\mathbf{r}_-$ gilt aus Symmetriegründen $\mathbf{r}_- = -\mathbf{b}/2$.

3.4 Zur Herstellung entgegengesetzt gleicher Ladungen kann man sich eines Plattenkondensators bedienen: Zunächst gibt man einer Kondensatorplatte eine Ladung Q und lädt dann eine zweite Platte mit dem in Abschn. 3.1 beschriebenen Verfahren mit $-Q$ auf. Nimmt man nun zwei gleich große, ungeladene Metallkugeln und berührt mit jeder jeweils eine der Platten, so fließt ein bestimmter Teil der Ladung der Platten, der nur von Q und der Geometrie der Anordnung abhängt, auf die Kugeln. Auf diese Weise erhalten beide Kugeln entgegengesetzt gleiche Ladungen. Mit den so aufgeladenen Kugeln kann Experiment 1.3 wiederholt werden; der einzige Unterschied ist, daß der Lichtzeigerausschlag jetzt in entgegengesetzter Richtung erfolgt.

3.5 Wir betrachten einen Zylinder Z vom Radius $R_\perp > R$ und von der Länge L, der koaxial zum leitenden Zylinder angeordnet ist. Wir wählen ein Zylinderkoordinatensystem $(r_\perp, \phi, z)$, dessen z-Achse die Zylinderachse ist, mit den Basisvektoren $\mathbf{e}_\perp = \hat{\mathbf{r}}_\perp$, $\mathbf{e}_\phi$, $\mathbf{e}_z$. Das elektrische Feld des leitenden, geladenen Zylinders hängt aus Symmetriegründen nur von $r_\perp$ ab und besitzt am Ort **r** die Richtung $\hat{\mathbf{r}}_\perp$, d. h. $\mathbf{E}(\mathbf{r}) = E(r_\perp)\hat{\mathbf{r}}_\perp$. Die Gesamtladung auf einem Stück der Länge L des geladenen Zylinders ist $Q_L = q_{\mathrm{L}}L$. Mit Hilfe des Gaußschen Gesetzes erhalten wir

$$q_{\mathrm{L}}L = \varepsilon_0 \int_Z \boldsymbol{\nabla} \cdot \mathbf{E} \, \mathrm{d}V = \varepsilon_0 \oint_{(Z)} \mathbf{E} \cdot \mathbf{da} \quad .$$

Zum Integral über die Oberfläche (Z) des Zylinders vom Radius $R_\perp$ trägt nur die Mantelfläche bei. Ihr Flächenelement ist $da = e_\perp R_\perp\, d\phi\, dz$, d. h.

$$\oint_{(Z)} \mathbf{E}\cdot d\mathbf{a} = \int_0^L \int_0^{2\pi} E(R_\perp)\mathbf{e}_\perp \cdot \mathbf{e}_\perp R_\perp\, d\phi\, dz = E(R_\perp)2\pi R_\perp L \quad .$$

Damit erhalten wir $\mathbf{E}(\mathbf{r}) = (q_\mathrm{L}/(2\pi\varepsilon_0))\hat{\mathbf{r}}_\perp/r_\perp$. Der nach der Koordinate $r_\perp$ differenzierende Beitrag zum Nabla-Operator in Zylinderkoordinaten ist $\mathbf{e}_\perp\cdot\boldsymbol{\nabla} = \partial/\partial r_\perp$. Da $\varphi(\mathbf{r})$ nur von $r_\perp$ abhängt, gilt

$$-\boldsymbol{\nabla}\varphi(\mathbf{r}) = \mathbf{e}_\perp \frac{\partial}{\partial r_\perp}\left(\frac{q_\mathrm{L}}{2\pi\varepsilon_0}\ln\frac{r_\perp}{R}\right) = \mathbf{E}(\mathbf{r}) \quad .$$

3.6 (a) Für das $\mathbf{E}$-Feld zwischen den Kugelschalen ergibt sich aufgrund der Symmetrie mit (2.4.6)

$$\mathbf{E}(\mathbf{r}) = \frac{1}{4\pi\varepsilon_0}\frac{Q}{r^2}\mathbf{e}_r \quad , \qquad R_1 \le r \le R_2 \quad .$$

Die Spannung zwischen beiden Kugelschalen ist daher $U = \int_{R_1}^{R_2}\mathbf{E}\cdot d\mathbf{r} = (Q/(4\pi\varepsilon_0))$ $(R_2 - R_1)/(R_1 R_2)$, so daß

$$C = \frac{Q}{U} = 4\pi\varepsilon_0\frac{R_1 R_2}{R_2 - R_1} \quad .$$

(b) Im Limes $R_2 \to \infty$ folgt $C = 4\pi\varepsilon_0 R_1$.

3.7 Die Metallplatte befinde sich in der (x,y)-Ebene, die Ladungen q_1 und q_2 bei $\mathbf{r}_1 = A\mathbf{e}_z$ bzw. $\mathbf{r}_2 = D\mathbf{e}_x + B\mathbf{e}_z$, dabei ist $D = \sqrt{L^2 - (A-B)^2}$. Man muß zwei Spiegelladungen $q_1' = -q_1$ und $q_2' = -q_2$ an den bezüglich der Platte gespiegelten Orten $\mathbf{r}_1' = -A\mathbf{e}_z$ bzw. $\mathbf{r}_2' = D\mathbf{e}_x - B\mathbf{e}_z$ einführen, um die Wirkung der auf der Platte influenzierten Flächenladungsdichte auf die Ladungen zu beschreiben. Die Kraft auf q_1 ergibt sich aus dem Feld, das die drei übrigen Ladungen erzeugen:

$$\begin{aligned}
\mathbf{F}_1 = q_1\mathbf{E}(\mathbf{r}_1) &= \frac{q_1}{4\pi\varepsilon_0}\sum_{q_i = q_1', q_2, q_2'} q_i\frac{\mathbf{r}_1 - \mathbf{r}_i}{|\mathbf{r}_1 - \mathbf{r}_i|^3} \\
&= \frac{q_1}{4\pi\varepsilon_0}\left\{\left[q_2\left(\frac{A-B}{L^3} - \frac{A+B}{(L^2+4AB)^{3/2}}\right) - \frac{q_1}{4A^2}\right]\mathbf{e}_z \right. \\
&\quad \left. + q_2 D\left(-\frac{1}{L^3} + \frac{1}{(L^2+4AB)^{3/2}}\right)\mathbf{e}_x\right\} \quad .
\end{aligned}$$

3.8 (a) Platte 1 liege in der (x,z)-Ebene, Platte 2 enthalte (wie in Abb. 3.18) die z-Achse, so daß die Ladung $q_0 = q$ bei $\mathbf{r}_0 = x_0\mathbf{e}_x + y_0\mathbf{e}_y = (d/2)(\sqrt{3}\mathbf{e}_x + \mathbf{e}_y)$ liegt. Die Spiegelladungen müssen so bestimmt werden, daß beide Platten Äquipotentialflächen werden. Für Platte 2 benötigt man daher zunächst eine Ladung $q_1 = -q$ bei $\mathbf{r}_1 = d\mathbf{e}_y$. Die Ladungen q_0 und q_1 erfordern in bezug auf Platte 1 die Spiegelladungen $q_2 = -q$, $q_3 = q$ bei $\mathbf{r}_2 = x_0\mathbf{e}_x - y_0\mathbf{e}_y$ bzw. $\mathbf{r}_3 = -d\mathbf{e}_y$. Die Ladungen q_2, q_3 wiederum erfordern in bezug auf Platte 2 die Spiegelladungen $q_4 = q$, $q_5 = -q$ bei $\mathbf{r}_4 = -x_0\mathbf{e}_x + y_0\mathbf{e}_y$ bzw. $\mathbf{r}_5 = -x_0\mathbf{e}_x - y_0\mathbf{e}_y$. Diese sechs Ladungen machen beide Platten zu Äquipotentialflächen. (b) Das Gesamtpotential zwischen den Platten ergibt sich durch Superposition der Potentiale der sechs Spiegelladungen zu

$$\varphi(\mathbf{r}) = \frac{q}{4\pi\varepsilon_0}\left[\frac{1}{\sqrt{(x-x_0)^2+(y-y_0)^2+z^2}} - \frac{1}{\sqrt{x^2+(y-d)^2+z^2}}\right.$$
$$- \frac{1}{\sqrt{(x-x_0)^2+(y+y_0)^2+z^2}} + \frac{1}{\sqrt{(x+x_0)^2+(y-y_0)^2+z^2}}$$
$$\left.+ \frac{1}{\sqrt{x^2+(y+d)^2+z^2}} - \frac{1}{\sqrt{(x+x_0)^2+(y+y_0)^2+z^2}}\right] .$$

3.9 (a) Der Mittelpunkt der Kugel sei der Ursprung des Koordinatensystems; die Punktladung q befinde sich bei $\mathbf{r} = d\mathbf{e}_x$. Auf der Oberfläche der geerdeten Kugel gilt $\varphi = 0$. Setzt man eine Spiegelladung q_s an, so muß sich diese aus Symmetriegründen ebenfalls auf der x-Achse befinden, also bei $\mathbf{r}_s = \ell\mathbf{e}_x$. Damit lautet das Gesamtpotential

$$\varphi(\mathbf{r}) = \frac{1}{4\pi\varepsilon_0}\left(\frac{q}{|\mathbf{r}-d\mathbf{e}_x|} + \frac{q_s}{|\mathbf{r}-\ell\mathbf{e}_x|}\right) .$$

Die Bedingung verschwindenden Potentials auf der Kugeloberfläche $\mathbf{r} = R\mathbf{e}_r$ liefert damit die Gleichung

$$q|R\mathbf{e}_r - \ell\mathbf{e}_x| = -q_s|R\mathbf{e}_r - d\mathbf{e}_x| \quad ,$$

die für alle $\mathbf{e}_r$ erfüllt sein muß. Durch Quadrieren und Koeffizientenvergleich erhält man $\ell = R^2/d$ und $q_s = -qR/d$. Man vergleiche diese Anordnung mit der in Aufgabe 2.5. Dort liegt die dritte Ladung im Mittelpunkt der Äquipotentialkugel. Auf diese Weise erreicht man, daß das Potential dieser Kugel einen von null verschiedenen Wert annehmen kann. (b) Hier gelten die gleichen Randbedingungen wie in (a), so daß das Feld außerhalb der Kugel als Superposition zweier Ladungspaare geschrieben werden kann: der Ladung q bei $\mathbf{r} = -2R\mathbf{e}_x$ mit der Spiegelladung $q_s = -q/2$ bei $\mathbf{r}_s = -R\mathbf{e}_x/2$ und der Ladung q' bei $\mathbf{r}' = 4R\mathbf{e}_x$ mit der Spiegelladung $q'_s = -q'/4$ bei $\mathbf{r}'_s = R\mathbf{e}_x/4$. Die Kraft auf q' ergibt sich aus dem E-Feld, das von den drei übrigen Ladungen am Ort $\mathbf{r}'$ erzeugt wird:

$$\mathbf{E}(\mathbf{r}') = \frac{\mathbf{e}_x}{4\pi\varepsilon_0}\left[\frac{q}{(6R)^2} - \frac{q/2}{(9R/2)^2} - \frac{q'/4}{(15R/4)^2}\right] .$$

Für $q' > 0$ wird q' abgestoßen, wenn $\mathbf{E}$ in die positive x-Richtung zeigt. Das liefert die angegebene Bedingung.

3.10 Das Potential außerhalb einer mit Q geladenen Metallkugel vom Radius R ist (wenn es im Unendlichen verschwindet) das Coulomb-Potential (2.7.4), so daß das Potential auf dem Rand der Kugel

$$\varphi(R) = \frac{1}{4\pi\varepsilon_0}\frac{Q}{R} = \varphi_0$$

beträgt. Für zwei Kugeln die sich – weil sie weit voneinander entfernt sind – gegenseitig nicht beeinflussen, jedoch auf gleichem Potential sind, gilt dann jeweils $Q_i = 4\pi\varepsilon_0 R_i \varphi_0$. Mit $Q_{\text{ges}} = Q_1 + Q_2$ folgt

$$Q_1 = \frac{R_1}{R_1 + R_2} Q_{\text{ges}} \quad , \quad Q_2 = \frac{R_2}{R_1 + R_2} Q_{\text{ges}} \quad .$$

(b) Mit (2.1.1) erhält man

$$\mathbf{E}(R) = \frac{Q}{4\pi\varepsilon_0 R^2} \mathbf{e}_r = \frac{\varphi_0}{R} \mathbf{e}_r \quad .$$

(c) $R > 5\,\text{cm}$.

3.11 Die auf der leitenden Halbebene influenzierte Flächenladungsdichte erhält man mit Hilfe des in Abschn. 3.5 gefundenen Zusammenhangs $\sigma = \varepsilon_0 \mathbf{E} \cdot \hat{\mathbf{n}}$ aus der Oberflächenfeldstärke. Diese Feldstärke auf der Oberfläche $\mathbf{r} = x\mathbf{e}_x + z\mathbf{e}_z$ ergibt sich aus der Superposition der Felder der vier Ladungen zu

$$\mathbf{E}(\mathbf{r} = x\mathbf{e}_x + z\mathbf{e}_z)$$
$$= \frac{QL}{2\pi\varepsilon_0} \left[\frac{1}{((x-L)^2 + L^2 + z^2)^{3/2}} - \frac{1}{((x+L)^2 + L^2 + z^2)^{3/2}} \right] \mathbf{e}_y \quad .$$

Da $\hat{\mathbf{n}} = \mathbf{e}_y$, folgt

$$\sigma(x,z) = \frac{QL}{2\pi} \left[\frac{1}{((x-L)^2 + L^2 + z^2)^{3/2}} - \frac{1}{((x+L)^2 + L^2 + z^2)^{3/2}} \right] \quad .$$

Kapitel 4

4.1 Mit $\nabla'\Theta(\mathbf{r}' \cdot \hat{\mathbf{n}}) = \hat{\mathbf{n}}\delta(\mathbf{r}' \cdot \hat{\mathbf{n}})$ und $\nabla'\Theta(\mathbf{r}' \cdot \hat{\mathbf{n}} - b) = \hat{\mathbf{n}}\delta(\mathbf{r}' \cdot \hat{\mathbf{n}} - b)$ folgt $\varrho(\mathbf{r}) = -\chi_e\varepsilon_0 \mathbf{E} \cdot \hat{\mathbf{n}}[\delta(\mathbf{r} \cdot \hat{\mathbf{n}}) - \delta(\mathbf{r} \cdot \hat{\mathbf{n}} - b)] = -\mathbf{P} \cdot \hat{\mathbf{n}}[\delta(\mathbf{r} \cdot \hat{\mathbf{n}}) - \delta(\mathbf{r} \cdot \hat{\mathbf{n}} - b)]$.

4.2 Mit $\mathbf{P}(\mathbf{r}) = \chi_e(\mathbf{r})\varepsilon_0 \mathbf{E}(\mathbf{r})$ gilt nun

$$\varrho(\mathbf{r}) = -\chi_e(\mathbf{r})\varepsilon_0 \mathbf{E}(\mathbf{r}) \cdot \hat{\mathbf{n}}[\delta(\mathbf{r} \cdot \hat{\mathbf{n}}) - \delta(\mathbf{r} \cdot \hat{\mathbf{n}} - b)]$$
$$- \nabla \cdot (\chi_e(\mathbf{r})\varepsilon_0 \mathbf{E}(\mathbf{r}))[\Theta(\mathbf{r} \cdot \hat{\mathbf{n}}) - \Theta(\mathbf{r} \cdot \hat{\mathbf{n}} - b)] \quad .$$

Der zweite Beitrag zur Polarisationsladungsdichte stellt eine räumliche Ladungsdichte dar.

4.3 Die Felder außerhalb der homogen bzw. auf der Oberfläche geladenen Kugel sind identisch und durch das Coulomb-Feld (2.1.1) gegeben. Für den Innenraum liefert (2.4.6) mit kugelförmigen Integrationsvolumina $\mathbf{E}(\mathbf{r}) = 0$ für die auf der Oberfläche geladene Kugel und

$$\mathbf{E}(\mathbf{r}) = \frac{Q}{4\pi\varepsilon_0} \frac{r}{R^3} \mathbf{e}_r$$

für die homogen geladene Kugel. Dabei sind Q und R die Ladung bzw. der Radius der Kugel. Mit diesem Ergebnis kann man die Feldenergie (4.4.5) berechnen, man erhält

$$W_e = \frac{3}{20\pi\varepsilon_0}\frac{Q^2}{R} \quad \text{für die homogen geladene Kugel,}$$

$$W_e = \frac{1}{8\pi\varepsilon_0}\frac{Q^2}{R} \quad \text{für die auf der Oberfläche geladene Kugel.}$$

Daraus folgt die Behauptung.

4.4 Unter Vernachlässigung von Randeffekten gilt $\mathbf{D}(\mathbf{r}) = D(x)\mathbf{e}_x$, so daß man mit (4.6.15) zwischen den Platten $\mathbf{D} = (Q/a)\mathbf{e}_x$ erhält (dabei ist Q die Ladung der Platte bei $x = 0$). Mit (4.3.1) und (4.2.8) folgt $\mathbf{E} = Q\mathbf{e}_x/(a\varepsilon_0(1 + \alpha x))$ und $\mathbf{P} = Q\alpha x\mathbf{e}_x/(a(1 + \alpha x))$. Außerhalb des Kondensators verschwinden alle Felder. Die Spannung zwischen den Platten ist $U = \int_0^b E(x)\,\mathrm{d}x = (Q/(\varepsilon_0 a\alpha))\ln(1 + \alpha b)$, somit

$$C = \frac{\varepsilon_0 a\alpha}{\ln(1 + \alpha b)}\quad.$$

4.5 (a) Unter Vernachlässigung von Randeffekten gilt aufgrund der Zylindersymmetrie $\mathbf{E}(\mathbf{r}) = E(r_\perp)\mathbf{e}_\perp$. Damit liefert (2.4.6) für die Feldstärke

$$\mathbf{E}(\mathbf{r}) = \begin{cases} \dfrac{q}{2\pi\varepsilon_0\ell r_\perp}\mathbf{e}_\perp & , \quad R_i \leq r_\perp \leq R_a \\[2mm] 0 & , \quad \text{sonst} \end{cases},$$

wenn q die Ladung auf dem inneren Zylinder ist. Für die Spannung zwischen beiden Zylindern findet man $U = \int_{R_i}^{R_a}\mathbf{E}\cdot\mathrm{d}\mathbf{r} = (q/(2\pi\varepsilon_0\ell))\ln(R_a/R_i)$, also

$$C = \frac{q}{U} = \frac{2\pi\varepsilon_0\ell}{\ln(R_a/R_i)}\quad.$$

(b) Die Energiedichte (4.4.6) zwischen den Zylindern ist $w_e(\mathbf{r}) = q^2/(8\pi^2\varepsilon_0 r_\perp^2\ell^2)$; überall sonst verschwindet sie. Damit erhält man die gesamte Feldenergie durch Integration über den Raum zwischen den Zylindern ($R_i \leq r_\perp \leq R_a$):

$$W_e = \frac{q^2}{8\pi^2\varepsilon_0\ell^2}\int\frac{\mathrm{d}V}{r_\perp^2} = \frac{q^2}{4\pi\varepsilon_0\ell}\ln\frac{R_a}{R_i} = \frac{1}{2}CU^2\quad.$$

(c) $E(r_\perp) = U/(r_\perp\ln(R_a/R_i))$, $E(R_i) = 56{,}7\,\mathrm{kV\,cm^{-1}}$, $E(R_a) = 141{,}9\,\mathrm{V\,cm^{-1}}$.

4.6 (a) Ohne Dielektrikum gilt $E = U/b = 1\,\mathrm{kV\,m^{-1}}$, $C = \varepsilon_0 a/b = 88{,}5\,\mathrm{pF}$, $Q = CU = 885\,\mathrm{pC}$. Mit Dielektrikum gilt $C = \varepsilon_r\varepsilon_0 a/b = 619{,}5\,\mathrm{pF}$. Da nach dem Abklemmen der Spannungsquelle die Ladung konstant bleibt, gilt nun $U = Q/C = 1{,}43\,\mathrm{V}$, $E = U/b = 142{,}9\,\mathrm{V\,m^{-1}}$. (b) Da der Kondensator mit der Spannungsquelle verbunden bleibt, ändern sich U und $E = U/b$ nicht, $Q = CU = 6{,}195\,\mathrm{nC}$.

4.7 Mit (4.6.15) und (4.6.16) gilt zwischen den Zylindern aufgrund der Zylindersymmetrie

$$\mathbf{D}(\mathbf{r}) = \frac{q}{2\pi r_\perp L}\mathbf{e}_\perp \quad , \qquad \mathbf{E}(\mathbf{r}) = \frac{q}{2\pi\varepsilon_0\varepsilon_r(r_\perp)r_\perp L}\mathbf{e}_\perp \quad ,$$

dabei ist q die Ladung auf dem inneren Zylinder. Daraus folgt $U = \int_a^b \mathbf{E}\cdot\mathrm{d}\mathbf{r} = (q/(2\pi\varepsilon_0 L))\int_a^b[1/(r_\perp\varepsilon_r(r_\perp))]\,\mathrm{d}r_\perp$, so daß

$$C = 2\pi\varepsilon_0 L\frac{b\varepsilon_{r1} - a\varepsilon_{r2}}{b - a}\frac{1}{\ln[b\varepsilon_{r1}/(a\varepsilon_{r2})]} \quad .$$

4.8 (a) Wählt man die z-Richtung als Richtung der Flächennormalen der Platten, mit der mittleren Platte bei $z = 0$ und den beiden äußeren bei $z = 2d$ bzw. $z = -d$, dann gilt unter Vernachlässigung von Randeffekten $\mathbf{D} = D(z)\mathbf{e}_z$ und (weil die äußeren Platten geerdet sind) $\mathbf{D}_a = 0$ im Außenraum. Es sei σ_0 die Flächenladungsdichte auf der mittleren, σ_1 bzw. σ_2 die auf der oberen bzw. unteren Platte. Mit (4.6.15) folgt dann mit einem Volumen, das nur die obere Platte einschließt, $D_i^{(1)} = -\sigma_1$ für die Flußdichte im Inneren zwischen oberer und mittlerer Platte und analog $D_i^{(2)} = \sigma_2$ für die Flußdichte zwischen unterer und mittlerer Platte. Gleichung (4.6.16) liefert damit das elektrische Feld $\mathbf{E} = E(z)\mathbf{e}_z$. Die Potentialdifferenz $\varphi_0 = \int_0^{2d} E_i^{(1)}\,\mathrm{d}z = 2E_i^{(1)}d = \int_0^{-d} E_i^{(2)}\,\mathrm{d}z = -E_i^{(2)}d$ erlaubt dann die Berechnung der Ladungen auf der oberen und unteren Platte:

$$Q_1 = A\sigma_1 = -\frac{\varepsilon_0\varepsilon_r\varphi_0 A}{2d} \quad , \qquad Q_2 = A\sigma_2 = -\frac{\varepsilon_0\varepsilon_r\varphi_0 A}{d} \quad .$$

(b) Wenn die innere Platte herausgezogen wird, bleiben die Ladungen Q_1 und Q_2 auf den äußeren Platten, und es gilt nun im Außenraum $\mathbf{D}_a = D_a(z)\mathbf{e}_z \neq 0$. Weil das Feld im Außenraum jedoch (bei Vernachlässigung von Randeffekten) wie das einer homogen geladenen Platte aussieht, folgt $\mathbf{D}_a^{(2)} = -\mathbf{D}_a^{(1)} = \text{const}$, wobei $\mathbf{D}_a^{(1)}$ die Flußdichte oberhalb der oberen, $\mathbf{D}_a^{(2)}$ die unterhalb der unteren Platte ist. Erneute Anwendung von (4.6.15) ergibt $\sigma_1 = D_a^{(1)} - D_i$ und $\sigma_2 = D_i + D_a^{(1)}$, also $E_i = D_i/(\varepsilon_0\varepsilon_r) = (\sigma_2 - \sigma_1)/(2\varepsilon_0\varepsilon_r)$. Daraus ergibt sich schließlich für die Potentialdifferenz zwischen den Platten mit den Ergebnissen aus (a)

$$\Delta\varphi = \int_{-d}^{2d} E_i\,\mathrm{d}z = -\frac{3}{4}\varphi_0 \quad .$$

4.9 Der leere Kondensator habe die Kapazität C_0. Der zur Hälfte mit dem Dielektrikum gefüllte Kondensator kann als Hintereinanderschaltung zweier Kondensatoren mit den Kapazitäten $C_1 = 2C_0$ bzw. $C_2 = 2\varepsilon_r C_0$ angesehen werden. Die Gesamtkapazität ist dann $C = C_1 C_2/(C_1 + C_2) = 2\varepsilon_r C_0/(1 + \varepsilon_r)$ (vgl. Abschn. 3.2.2). Da $C = 4C_0/3$ gelten soll, folgt $\varepsilon_r = 2$.

4.10 Im Vakuum gilt für den Auslenkwinkel α gegen die Vertikale $\sin^3\alpha/\cos\alpha = q_1 q_2/(16\pi\varepsilon_0\ell^2 mg)$, dabei sind q_1, q_2 die Ladungen der Kugeln, m ist deren Masse, ℓ

bzw. g sind die Fadenlänge bzw. die Erdbeschleunigung. Im Dielektrikum erhält man aus der Integralform von (4.3.3) für die elektrische Flußdichte der einen Ladung $\mathbf{D} = (q_1/(4\pi r^2))\mathbf{e}_r$, woraus man mit (4.3.1) die Coulomb-Kraft zwischen beiden Ladungen gewinnt. Im Dielektrikum tritt außerdem noch eine Auftriebskraft auf, so daß für den Auslenkwinkel α' im Dielektrikum $\sin^3\alpha'/\cos\alpha' = q_1 q_2/(16\pi\varepsilon_0\varepsilon_r\ell^2 m_{\mathrm{eff}}g)$, mit $m_{\mathrm{eff}} = m(\rho - \rho_0)/\rho$, gilt. Gleichsetzen beider Winkel liefert $\rho = \rho_0\varepsilon_r/(\varepsilon_r - 1)$.

Kapitel 5

5.1 (a) $Q = 100\,\mathrm{C}$; (b) $Q = 100\,\mathrm{C}$.

5.2 $n = 8{,}46 \cdot 10^{22}\,\mathrm{cm}^{-3}$, $u = 43\,\mathrm{cm}^2\,\mathrm{s}^{-1}\,\mathrm{V}^{-1}$. Die Geschwindigkeit der Elektronen bei einer Feldstärke von $1\,\mathrm{V\,cm}^{-1}$ in Kupfer ist $\langle v\rangle = 43\,\mathrm{cm\,s}^{-1}$ und damit klein gegen die Lichtgeschwindigkeit.

5.3 (a) Der Leiter hat die Masse $m = \rho\ell a$ und enthält $N = mN_{\mathrm{A}}/M_{\mathrm{Cu}}$ Atome bzw. Leitungselektronen, dabei ist $M_{\mathrm{Cu}} = 63{,}54\,\mathrm{g\,mol}^{-1}$ die Masse pro Mol Kupfer. Der Strom durch den Leiter ist $I = \varrho_e v a$, worin $\varrho_e = -eN/(\ell a)$ die Ladungsdichte und v die Driftgeschwindigkeit der Leitungselektronen ist, d. h. $I = -eNv/\ell$. Für die Zeit $T = \ell/|v|$ zum Durchlaufen des Drahtes erhält man damit $T = eN_{\mathrm{A}}m/(IM_{\mathrm{Cu}}) \approx 1{,}36 \cdot 10^5\,\mathrm{s} \approx 1{,}6$ Tage. (b) Mit harmonischem $I(t)$ erhält man aus (a) für die Driftgeschwindigkeit $v(t) = -(\ell I_0/(eN))\cos(2\pi\nu t)$, woraus man durch Integration die Amplitude s_0 der Bewegung zu $s_0 = I_0\ell M_{\mathrm{Cu}}/(2\pi\nu me N_{\mathrm{A}}) \approx 1{,}2 \cdot 10^{-8}\,\mathrm{m}$ erhält.

5.4 Das Netzwerk besteht aus einer Hintereinanderschaltung von R_1 und der Parallelschaltung der drei Widerstände R_2, R_3, R_4. Die Parallelschaltung besitzt den Gesamtwiderstand $R_{\mathrm{p}} = R_2R_3R_4/(R_2R_3 + R_3R_4 + R_4R_2)$. Der Gesamtwiderstand ist $R = R_1 + R_{\mathrm{p}}$, der Gesamtstrom damit $I = U/R$. Die Spannung am Widerstand R_1 ist $U_1 = R_1 I$, die Spannungen U_i an den Widerständen R_i, $i = 2, 3, 4$, sind gleich und haben den Wert $U_i = U - U_1$, $i = 2, 3, 4$. Die Werte für die angegebenen Größen sind $R = 118{,}75\,\Omega$, $I \approx 50{,}5\,\mathrm{mA}$, $U_1 \approx 5{,}05\,\mathrm{V}$, $U_i \approx 0{,}95\,\mathrm{V}$ für $i = 1, 2, 3$, $I_2 \approx 18{,}9\,\mathrm{mA}$, $I_3 = I_2$, $I_4 \approx 12{,}6\,\mathrm{mA}$.

5.5 Für die Ströme I_1 und I_3 durch die Widerstände R_1 bzw. R_3 gilt wegen der Stromlosigkeit des Ampèremeters $I_1 R_1 = I_3 R_3$, $I_1 R_2 = I_3 R_x$. Daraus folgt $R_x = R_2 R_3/R_1$.

5.6 Die Leitfähigkeit von Eisen beträgt $\kappa_{\mathrm{Fe}} = 1{,}02 \cdot 10^7\,\mathrm{A\,V}^{-1}\,\mathrm{m}^{-1}$. Der Widerstand R folgt aus Verlustleistung N und Spannung als $U^2/N = R = \ell/(\kappa a)$. Für die angegebenen Zahlwerte gilt $\ell = 494\,\mathrm{m}$.

5.7 Die Anzahl der Silberatome in $1{,}118\,\mathrm{mg}$ Silber ist $N = 1\,\mathrm{C}/e = 0{,}6242 \cdot 10^{19}$. Damit ist die Masse eines Silberatoms $m_{\mathrm{Ag}} = 1{,}791 \cdot 10^{-25}\,\mathrm{kg}$ und die Molmasse von Silber $M_{\mathrm{Ag}} = N_{\mathrm{A}}m_{\mathrm{Ag}} = 1{,}08 \cdot 10^{-1}\,\mathrm{kg\,mol}^{-1}$.

5.8 $R_{\mathrm{ges}} = 20\,\Omega$.

5.9 (a) Die Rechnung vereinfacht sich, wenn man ausnutzt, daß sich die Punkte C und D auf dem gleichen Potential befinden. Durch die Verbindung zwischen C und D fließt also kein Strom; man kann sie durchschneiden, ohne daß sich die Funktion des Netzwerkes ändert. Dann hat man ein einfach zu berechnendes Netzwerk; $R_{AB} = R/2$. (b) Die Leistung im Netzwerk ist $N = U_{AB}I = R_{AB}I^2$. Dabei ist $I = U/(R_i + R_{AB})$, also $N = 2RU^2/(2R_i + R)^2$. (c) $R = 2R_i$.

5.10 (a) $R_{\text{ges}} = 7R/5$; (b) $N = UI = 5U^2/(7R)$; (c) $I_7 = U/(7R)$; (d) $U_4 = 3U/7$.

5.11 Für die Anschlußpunkte A und C soll gelten

$$R_A + R_C = \frac{1}{1/R_1 + 1/(R_2 + R_3)} = \frac{R_1(R_2 + R_3)}{R_1 + R_2 + R_3} \quad ;$$

analoge Beziehungen gelten für die beiden anderen Paare von Anschlußpunkten. Das so gewonnene Gleichungssystem läßt sich leicht auflösen,

$$R_A = \frac{R_1 R_2}{R_1 + R_2 + R_3} \quad , \qquad R_B = \frac{R_2 R_3}{R_1 + R_2 + R_3} \quad , \qquad R_C = \frac{R_3 R_1}{R_1 + R_2 + R_3} \quad .$$

5.12 Entweder man nutzt die Symmetrien der Anordnung aus, um Aussagen über die durch die einzelnen Kanten fließenden Ströme zu gewinnen (z. B. fließt durch alle Kanten in der Ebene, die A und B enthält, der gleiche Strom I_1, durch alle Kanten der zur A, B-Ebene parallelen Ebene fließt der Strom I_2 usw.) und wendet dann die Kirchhoffschen Regeln an, oder man bemerkt, daß man den Würfel durch ein einfaches, ebenes Netzwerk ersetzen kann. Man erhält $R_{\text{ges}} = 3R/4$.

5.13 Bei Vernachlässigung von Randeffekten gilt außerhalb des Kondensators $\mathbf{D} = 0$, und innerhalb des Kondensators liefert (4.6.15) die Beziehungen $D^{(1)} = \sigma_1$ für den mit dem Dielektrikum gefüllten Teil und $D^{(2)} = \sigma_2$ für den leeren Teil des Kondensators. Dabei sind σ_1 bzw. σ_2 die Flächenladungsdichten der Kondensatorplatten in den entsprechenden Bereichen. Da die Kondensatorplatten Äquipotentialflächen sind, gilt in beiden Bereichen $U = Ed$, woraus mit (4.3.1) die Beziehungen $\sigma_1 = \varepsilon_r \varepsilon_0 U/d$ und $\sigma_2 = \varepsilon_0 U/d$ folgen. Damit kann man die Ladungen auf den einzelnen Teilen der Platten bestimmen. Man erhält so

$$C = C(x) = \varepsilon_0 \frac{a}{d}\left(a + (\varepsilon_r - 1)x\right) \quad .$$

Dies entspricht der Parallelschaltung zweier Kondensatoren. (b) Die Maschenregel (5.7.3) liefert für diese Schaltung $U_R + U = 0$, mit $U_R = RI = \text{const}$ und $U = Q(t)/C(t)$. Mit $I = \dot{Q}$ folgt daraus $Q(t) = Q_0 + It = C(t)U$, woran man erkennt, daß sich $C(t)$ linear mit der Zeit ändern muß, d. h. $x(t) = x_0 + vt$. Für die Geschwindigkeit v folgt

$$v = -\frac{d}{a}\frac{1}{\varepsilon_0(\varepsilon_r - 1)R} \quad ,$$

worin daß Minuszeichen bedeutet, daß das Dielektrikum aus dem Kondensator herausgezogen werden muß.

Kapitel 6

6.2 $v_F = p_F/m = (3\pi^2 n)^{1/3}\hbar/m = 1{,}57 \cdot 10^6 \,\mathrm{m\,s^{-1}}$, $v_{\mathrm{Cu}} = 4{,}3 \,\mathrm{mm\,s^{-1}}$.

6.3 Es gilt $Z_p^{(2)} = L^2/(2\pi\hbar)^2$ und $dV_p^{(2)} = p\,dp\,d\varphi$. Daraus folgt $Z_p^{(2)}\,dp = 2\pi Z_p^{(2)} p\,dp = (L^2/(2\pi\hbar^2))p\,dp$, also $Z_p^{(2)} = pL^2/(2\pi\hbar^2)$. Damit erhält man

$$Z_E^{(2)} = Z_p^{(2)} \left| \frac{dp}{dE} \right| = \frac{m}{p} Z_p^{(2)} = \frac{mL^2}{2\pi\hbar^2} \quad .$$

Die Zustandsdichte $Z_E^{(2)}$ des zweidimensionalen Elektronengases ist unabhängig von der Energie E.

6.4 Mit $Z_p^{(1)} = L/(2\pi\hbar)$ und $dV_p^{(1)} = 2\,d|p|$ folgt $Z_{|p|}^{(1)}\,d|p| = 2Z_p^{(1)}\,d|p| = L\,d|p|/(\pi\hbar)$, somit

$$Z_E^{(1)} = Z_{|p|}^{(1)} \left| \frac{d|p|}{dE} \right| = \frac{m}{p} \frac{L}{\pi\hbar} = \sqrt{\frac{m}{2}} \frac{L}{\pi\hbar} E^{-1/2} \quad .$$

Kapitel 7

7.1 (a) $18{,}5 \,\mathrm{A\,m^{-2}}$; (b) $41{,}4 \cdot 10^6 \,\mathrm{A\,m^{-2}}$.

7.2 (a) $7{,}10 \cdot 10^{-13} \,\mathrm{A\,m^{-2}}$; (b) $4{,}43 \cdot 10^6$ Elektronen pro $\mathrm{m^2}$ und s.

7.3 Für $U_{\mathrm{CE}} \ll kT$ ist der Kollektorstrom $I_{\mathrm{C}} \approx I_{\mathrm{B}}$, für $U_{\mathrm{CE}} \gg kT$ gilt $I_{\mathrm{C}} \approx -I_{\mathrm{B}} + I_{\mathrm{E}}^{(\mathrm{s})}$.

Kapitel 8

8.1 (a) Wir nehmen an, daß die beiden Drähte parallel zur x-Achse bei $y = 0$ (Draht 1) bzw. $y = d$ (Draht 2) verlaufen. Der Strom I_1 durch Draht 1 fließe in die positive x-Richtung. Das **B**-Feld eines langen, gestreckten Drahtes wurde in (8.4.1) berechnet. Damit lautet das Feld der beiden Drähte in der (x, y)-Ebene

$$\mathbf{B}(x, y) = \frac{\mu_0 I_1}{2\pi} \left[\frac{1}{y} \pm \frac{1}{y-d} \right] \mathbf{e}_z \quad ,$$

wobei das obere Vorzeichen für parallel fließende, das untere Vorzeichen für antiparallel fließende Ströme gilt. (b) Die Kraft pro Längeneinheit, $\mathbf{F}_L$, die Draht 1 (Feld $\mathbf{B}_1$) auf Draht 2 ausübt, ist gegeben durch

$$\mathbf{F}_L = I_2 \hat{\mathbf{n}}_2 \times \mathbf{B}_1 = -\frac{\mu_0}{2\pi} \frac{I_1 I_2}{d} \mathbf{e}_y$$

(vgl. Abschn. 8.11.1). Fließen die Ströme parallel, gilt $I_1 I_2 = I_1^2 > 0$, die Kraft ist anziehend. Fließen sie antiparallel, gilt $I_1 I_2 = -I_1^2 < 0$, und die Kraft ist abstoßend. Die Kraft auf ein Drahtstück der Länge L ist $F = F_L L$. Für die angegebenen Zahlenwerte erhält man $F = 2 \cdot 10^{-7}\,\mathrm{N}$.

8.2 (a) $I = B/(\mu_0 n) = 7{,}96 \cdot 10^3\,\mathrm{A}$; (b) $U = 85{,}1\,\mathrm{V}$; (c) $N = 0{,}677\,\mathrm{MW}$; (d) $W_m = 12{,}5\,\mathrm{kJ}$.

8.3 Hier benutzt man das Biot–Savartsche Gesetz (8.2.7). Der betrachtete Punkt liege jeweils im Ursprung des Koordinatensystems, die Leiter in der (x, y)-Ebene. (a) $\mathbf{B}(0) = -\mu_0 I \mathbf{e}_z/(2a)$; (b) $\mathbf{B}(0) = -\mu_0 I \mathbf{e}_z/(4a)$; (c) $\mathbf{B}(0) = -(\mu_0 I/\pi)(4a^2 + b^2)^{1/2} \mathbf{e}_z/(2ab)$; (d) $\mathbf{B}(0) = -(\mu_0 I/\pi)(2 + \pi)\mathbf{e}_z/(4a)$.

8.4 Mit (8.2.7) folgt

$$\mathbf{B}(z\mathbf{e}_z) = \frac{\mu_0 I}{\pi} \frac{2\sqrt{2}a^2}{(a^2 + 4z^2)\sqrt{a^2 + 2z^2}} \mathbf{e}_z \quad .$$

8.5 Die Stromdichte ist zylindersymmetrisch, daher muß das $\mathbf{B}$-Feld die Form $\mathbf{B}(\mathbf{r}) = B(r_\perp)\mathbf{e}_\varphi$ haben. Wendet man das Ampèresche Gesetz (8.7.10) auf Kreisflächen senkrecht zur z-Achse an, so folgt

$$\mathbf{B}(\mathbf{r}) = \begin{cases} \dfrac{2}{9}\mu_0 j_0 \sqrt{\dfrac{r_\perp^7}{a^5}}\,\mathbf{e}_\varphi & , \quad 0 \le r_\perp \le a \\[3mm] \dfrac{1}{2}\mu_0 j_0 \dfrac{a^2}{r_\perp}\left(\dfrac{4}{9} + \dfrac{1}{e} - e^{-r_\perp^2/a^2}\right)\mathbf{e}_\varphi & , \quad r_\perp > a \end{cases} \quad .$$

8.6 (a) In Zylinderkoordinaten lautet das Vektorpotential

$$\mathbf{A}(\mathbf{r}) = \mu_0 j_0 \left[\left(r_\perp + a e^{-r_\perp/a}\right)\mathbf{e}_z + 2r_\perp \sin\varphi\,\mathbf{e}_\perp\right] \quad .$$

Mit der Rotation in Zylinderkoordinaten, (B.7.4), folgt

$$\mathbf{B}(\mathbf{r}) = \boldsymbol{\nabla} \times \mathbf{A}(\mathbf{r}) = \mu_0 j_0 \left[\left(e^{-r_\perp/a} - 1\right)\mathbf{e}_\varphi - 2\cos\varphi\,\mathbf{e}_z\right] \quad ;$$

(b)

$$\mathbf{j}(\mathbf{r}) = \frac{1}{\mu_0}\boldsymbol{\nabla} \times \mathbf{B}(\mathbf{r}) = \frac{j_0}{r_\perp}\left[\left(\left(1 - \frac{r_\perp}{a}\right)e^{-r_\perp/a} - 1\right)\mathbf{e}_z + 2\sin\varphi\,\mathbf{e}_\varphi\right] \quad .$$

8.7 (a) Das Feld beider Spulen ergibt sich durch Superposition zweier Felder der Form (8.4.3):

$$\begin{aligned} \mathbf{B}_{ges}(z\mathbf{e}_z) &= \mathbf{B}(z\mathbf{e}_z) + \mathbf{B}((z - d)\mathbf{e}_z) \\ &= \frac{\mu_0 I R^2}{2}\left[\frac{1}{(z^2 + R^2)^{3/2}} + \frac{1}{((z-d)^2 + R^2)^{3/2}}\right]\mathbf{e}_z \quad . \end{aligned}$$

(b) Die erste Ableitung $\partial \mathbf{B}/\partial z$ verschwindet an der Stelle $z = d/2$ für alle d. Nullsetzen von $\partial^2 \mathbf{B}/\partial z^2$ an der Stelle $z = d/2$ liefert $d = R$, also die Geometrie einer Helmholtz-Spule (vgl. Abschn. 8.4.3).

8.8 Die Ladung auf der rotierenden Scheibe erzeugt eine Flächenstromdichte $j_a(\mathbf{r}') = (q/(\pi R^2))\mathbf{v} = (q/(\pi R^2))\boldsymbol{\omega} \times \mathbf{r}'$ auf der Scheibe. Die Drehachse sei die z-Achse, $\boldsymbol{\omega} = \omega\mathbf{e}_z$. Das Biot–Savartsche Gesetz (8.2.8) liefert dann bei Benutzung von Zylinderkoordinaten und mit $\mathbf{j}(\mathbf{r}') = \delta(z')\Theta(R - r'_\perp)\mathbf{j}_a(\mathbf{r}')$ das Integral

$$\mathbf{B}(z\mathbf{e}_z) = \frac{\mu_0 q\omega}{4\pi^2 R^2} \int_0^R \int_0^{2\pi} \frac{z\mathbf{e}_\perp(\varphi') + r'_\perp\mathbf{e}_z}{[z^2 + r'^2_\perp]^{3/2}} r'^2_\perp \, d\varphi' \, dr'_\perp \quad ,$$

worin das Integral von $\mathbf{e}_\perp(\varphi')$ über φ' wegfällt. Man erhält

$$\mathbf{B}(z\mathbf{e}_z) = \frac{\mu_0 q\omega}{2\pi} \frac{\left(\sqrt{R^2 + z^2} - |z|\right)^2}{R^2\sqrt{R^2 + z^2}}\mathbf{e}_z \quad .$$

8.9 Der gerade Draht weise in die z-Richtung, die Kreisschleife liege in der (x, z)-Ebene, mit dem Mittelpunkt im Ursprung des Koordinatensystems. Das $\mathbf{B}$-Feld des langen Drahtes ist gegeben durch (8.4.1), also hier

$$\mathbf{B} = \frac{\mu_0 I_1}{2\pi} \frac{-y\mathbf{e}_x + (x + d)\mathbf{e}_y}{(x + d)^2 + y^2} \quad .$$

Die Kraft auf einen stromdurchflossenen Draht in einem $\mathbf{B}$-Feld erhält man durch folgende Überlegung: Die Lorentz-Kraft (8.2.2) auf ein Stück $d\mathbf{r} = \hat{\mathbf{n}}\,dr$ des Drahtes (Querschnittsfläche a) ist $d\mathbf{F} = \varrho\mathbf{v} \times \mathbf{B}(\mathbf{r})a\,dr = I_2\hat{\mathbf{n}} \times \mathbf{B}(\mathbf{r})\,dr$, weil $I_2 = \varrho va$ und $\mathbf{v} = v\hat{\mathbf{n}}$ gilt. Integration über den ganzen Draht liefert damit die Gesamtkraft auf den Draht als

$$\mathbf{F} = I_2 \int \hat{\mathbf{n}} \times \mathbf{B}(\mathbf{r})\,dr \quad .$$

In der Ebene der Schleife ($y = 0$) lautet das $\mathbf{B}$-Feld $\mathbf{B} = (\mu_0 I_1/(2\pi))\mathbf{e}_y/(x + d)$, so daß mit Polarkoordinaten in der (x, z)-Ebene

$$\mathbf{F} = I_2 R \int_0^{2\pi} \mathbf{e}_\varphi \times \mathbf{e}_y \frac{\mu_0 I_1}{2\pi} \frac{1}{R\cos\varphi + d}d\varphi \quad ,$$

$\mathbf{e}_\varphi = -\sin\varphi\,\mathbf{e}_x + \cos\varphi\,\mathbf{e}_z$, folgt. Man erhält

$$\mathbf{F} = \mu_0 I_1 I_2 \left(\frac{d}{\sqrt{d^2 - R^2}} - 1\right)\mathbf{e}_x \quad .$$

8.10 Man muß überprüfen, ob die Feldgleichungen (2.6.2) bzw. (8.7.9) gelten: In Zylinderkoordinaten lautet das Feld

$$\mathbf{W}(\mathbf{r}) = \alpha\frac{1 - e^{-r^2_\perp/\beta}}{r_\perp}\mathbf{e}_\varphi \quad ,$$

und (B.6.4) und (B.7.4) liefern $\nabla \cdot \mathbf{W} = 0$ bzw. $\nabla \times \mathbf{W} = 2(\alpha/\beta)[\exp(-r^2_\perp/\beta)]\mathbf{e}_z$. Daher kann man $\mathbf{W}$ als magnetisches Flußdichtefeld der stationären Stromdichte

$$\mathbf{j} = \frac{2\alpha}{\mu_0\beta}e^{-r^2_\perp/\beta}\mathbf{e}_z$$

erzeugen.

8.11 (a) Das Schienenpaar verlaufe in x-Richtung, die Achse in y-Richtung; das B-Feld sei $\mathbf{B} = B\mathbf{e}_z$. Es treten zwei Effekte auf: 1. Wenn ein Strom I durch die Achse fließt, wirkt eine Lorentz-Kraft. 2. Durch die Bewegung der Achse wird eine (Gegen-)Spannung induziert. Zu 1.: Für die x-Komponente F_x der Kraft auf die Achse gilt (vgl. Abschn. 8.11.1) die Beziehung $F_x = bBI(t)$. Für die Räder gilt $2m\ddot{x} = F_x - F_S$, $\Theta\dot{\omega} = rF_S$ und die Rollbedingung $\omega = \dot{x}/r$. Darin ist F_S die x-Komponente der Kraft, die die Schienen auf die Räder ausüben. Man erhält daraus $\ddot{x} = F_x/m_{\text{eff}} = bBI(t)/m_{\text{eff}}$, mit $m_{\text{eff}} = 2(m + \Theta/r^2)$. Zu 2.: Aus dem Induktionsgesetz (8.12.7) folgt $U_{\text{ind}} = \oint \mathbf{E} \cdot \mathrm{ds} = bB\dot{x}$. Da $\oint \mathbf{E} \cdot \mathrm{ds} = -R_i I + U_0$ gilt (man beachte den Umlaufsinn in $\oint \mathbf{E} \cdot \mathrm{ds}$), folgt $I(t) = (U_0 - bB\dot{x})/R_i$. Kombiniert man diese Gleichung mit der Gleichung für $\ddot{x}$, so ergibt sich für die Geschwindigkeit $v = \dot{x}$ die Beziehung

$$\dot{v} = \frac{bB}{m_{\text{eff}}R_i}(U_0 - bBv) \quad .$$

Die Lösung mit $v(t = 0) = 0$ lautet

$$v(t) = \frac{U_0}{bB}\left(1 - \mathrm{e}^{-\alpha t}\right) \quad \text{mit} \quad \alpha = \frac{(bB)^2}{2(m + \Theta/r^2)R_i} \quad .$$

(b) Für $t \to \infty$ folgt $v_\infty = U_0/(bB)$.

8.12 $I = \int \mathbf{j} \cdot \mathrm{da} = [m/((2\pi)^{3/2}\sigma^5)] \int_{-\infty}^{\infty} \int_0^{\infty} r_\perp \exp[-(r_\perp^2 + z^2)/(2\sigma^2)]\, \mathrm{d}r_\perp\, \mathrm{d}z = m/(2\pi\sigma^2)$.

Kapitel 9

9.1 Die Kraft auf das Teilchen ist ($\mathbf{v} = \mathbf{p}/m$)

$$\mathbf{F} = q\mathbf{v} \times \mathbf{B} \quad , \qquad F = |q|vB \quad ,$$

die Winkelgeschwindigkeit der Kreisbewegung des Teilchens ist durch $\omega^2 R = |\mathbf{a}| = F/m = |q|vB/m$ und $v = \omega R$ gegeben. Daraus folgt für den Radius der Kreisbahn $R = mv/(|q|B)$. Damit gilt für den Ablenkwinkel $\alpha \approx \ell/R = |q|B\ell/(mv)$.

9.2 Aus $B_M = \mu_0 I/L$ folgt für den Magnetisierungsstrom $I = B_M L/\mu_0 = 7{,}96 \cdot 10^4$ A. Der Strom ist als Magnetisierungsstrom kein Strom freier Ladungsträger, die durch Stöße Energie an die Atome oder Moleküle des Leiters abgeben und dadurch den Wärmeinhalt des Leiters erhöhen. Der Magnetisierungsstrom ist eine pauschale Beschreibung der magnetischen Momente der Atome oder Moleküle oder der mit dem Elektronenspin verknüpften magnetischen Momente.

9.3 Im Schlitz A wird die magnetische Feldstärke $\mathbf{H}$ gemessen, im Schlitz B die magnetische Flußdichte $\mathbf{B}$.

Kapitel 10

10.1 Der ohmsche Spannungsabfall auf der Leitung ist $\Delta U = IR$, die Leistung der Verbraucher ist $N_{\mathrm{N}} = N - \Delta N = (U - \Delta U)I = (U - IR)I$. Für gegebene Verbraucherleistung N_{N} folgt $I^2 - (U/R)I = -N_{\mathrm{N}}/R$ und damit für den Strom $I = U/(2R) - \sqrt{(U/2R)^2 - N_{\mathrm{N}}/R}$. Das Minuszeichen vor der Wurzel stellt im Grenzfall $R \to 0$ das Ergebnis $I = N_{\mathrm{N}}/U$ sicher. Der Wirkungsgrad ist $\eta = N_{\mathrm{N}}/N = (U - IR)/U = 1 - IR/U$. Einsetzen von I liefert $\eta = (1/2)(1 + [1 - 4N_{\mathrm{N}}R/U^2]^{1/2}) < 1$. Im Grenzfall $U \to \infty$ gilt $\eta \to 1$.

10.2 Man ersetzt im Netzwerk aus Abb. 5.21 den Widerstand R_x durch die (unbekannte) Induktivität L_x bzw. Kapazität C_x und den Widerstand R_3 durch eine bekannte Induktivität L_3 bzw. Kapazität C_3. Der variable Widerstand R_2 und der Widerstand R_1 bleiben im Netzwerk. Stromlosigkeit am Ampèremeter liegt dann für $L_x = L_3 R_2/R_1$ bzw. $C_x = C_3 R_1/R_2$ vor.

10.3 Der Effektivwert der pulsierenden Gleichspannung wird durch $U_{\mathrm{eff}}^2 = (U_0^2/T) \int_0^{T/2} \sin^2 \omega t \, \mathrm{d}t$ berechnet. Es gilt $U_{\mathrm{eff}} = U_0/2$.

10.4 Der Spannungsverlauf am Verbraucher ist $U(t) = U_0|\cos(\omega t - \alpha)|$. Der Effektivwert wird durch $U_{\mathrm{eff}}^2 = (1/T) \int_0^T U(t)^2 \, \mathrm{d}t$ berechnet. Er ist $U_{\mathrm{eff}} = U_0/\sqrt{2}$.

10.5 (a) Liegt nur die Gleichspannung U_{G} an, so fließt ein Gleichstrom $I_{\mathrm{G}} = U_{\mathrm{G}}/(R_{\mathrm{S}} + R)$ durch die ohmschen Widerstände R_{S} und R. Der komplexe Widerstand Z' der Masche, in der der ohmsche Widerstand R und der Kondensator C parallel geschaltet sind, ist $Z' = R/(1 + \mathrm{i}\omega RC)$, der komplexe Widerstand des ganzen Kreises ist $Z = R_{\mathrm{S}} + R/(1 + \mathrm{i}\omega RC)$. Die komplexe Amplitude des komplexen Wechselstroms im Kreis ist $I_{\mathrm{a}} = U_{\mathrm{a}}(1 + \mathrm{i}\omega RC)/(R_{\mathrm{S}} + R + \mathrm{i}\omega RCR_{\mathrm{S}})$. Der komplexe Spannungsabfall an R_{S} ist daher $U_{\mathrm{Sa}} = R_{\mathrm{S}}I_{\mathrm{a}} = U_{\mathrm{a}}R_{\mathrm{S}}(1 + \mathrm{i}\omega RC)/(R_{\mathrm{S}} + R + \mathrm{i}\omega RCR_{\mathrm{S}})$. Die komplexe Spannung am Widerstand R und am Kondensator C ist somit $U_{\mathrm{pa}} = U_{\mathrm{a}} - U_{\mathrm{Sa}} = U_{\mathrm{a}}R/(R_{\mathrm{S}} + R + \mathrm{i}\omega RCR_{\mathrm{S}})$. Der Strom durch den Widerstand R ist $I_{R\mathrm{a}} = U_{\mathrm{pa}}/R = U_{\mathrm{a}}/(R_{\mathrm{S}} + R + \mathrm{i}\omega RCR_{\mathrm{S}})$, durch den Kondensator $I_{C\mathrm{a}} = \mathrm{i}\omega C U_{\mathrm{pa}} = \mathrm{i}U_{\mathrm{a}}\omega RC/(R_{\mathrm{S}} + R + \mathrm{i}\omega RCR_{\mathrm{S}})$. Der komplexe Gesamtstrom durch den Widerstand R ist die Summe aus dem Gleichstrom I_{G} und dem komplexen Strom $I_{R\mathrm{a}} \exp(\mathrm{i}\omega t)$, d. h. $I_{R\mathrm{c}} = U_{\mathrm{G}}/(R_{\mathrm{S}} + R) + U_{\mathrm{a}}\mathrm{e}^{\mathrm{i}\omega t}/(R_{\mathrm{S}} + R + \mathrm{i}\omega RCR_{\mathrm{S}})$. Der komplexe Gesamtstrom durch den Kondensator ist $I_{C\mathrm{c}} = I_{C\mathrm{a}}\mathrm{e}^{\mathrm{i}\omega t} = \mathrm{i}U_{\mathrm{a}}\omega RC\mathrm{e}^{\mathrm{i}\omega t}/(R_{\mathrm{S}} + R + \mathrm{i}\omega RCR_{\mathrm{S}})$. Der komplexe Gesamtstrom durch R_{S} ist $I = I_{R\mathrm{c}} + I_{C\mathrm{c}}$. (b) $C \to \infty$.

10.6 (a) Für jede Masche gilt:

$$\sum_{i=1}^{N_R} R_i I_{\mathrm{c}i}^{(R)} + \sum_{j=1}^{N_L} L_j \dot{I}_{\mathrm{c}j}^{(L)} + \sum_{k=1}^{N_C} \frac{1}{C_k} \int I_{\mathrm{c}k}^{(C)} \, \mathrm{d}t = \sum_{\ell=1}^{N_S} U_{\mathrm{c}\ell} \quad .$$

(b) Die Maschenregel muß für alle t erfüllt sein. Damit gilt für jedes ω_m:

$$\sum_{i=1}^{N_R} R_i I_{\mathrm{a}i}^{(Rm)} + \sum_{j=1}^{N_L} \mathrm{i}\omega_m L_j I_{\mathrm{a}j}^{(Lm)} + \sum_{k=1}^{N_C} \frac{1}{\mathrm{i}\omega_m C_k} I_{\mathrm{a}k}^{(Cm)} = \sum_{\ell=1}^{N_S} U_{\mathrm{a}\ell}^{(m)} \quad .$$

10.7

$$Z = \frac{2R(R^2 + L/C) + R(\omega L - 1/(\omega C))^2 + \mathrm{i}(\omega L - 1/(\omega C))(R^2 - L/C)}{4R^2 + (\omega L - 1/(\omega C))^2} \; .$$

Die Bedingung $\mathrm{Im}\{Z\} = 0$ für beliebige R erfordert die Beziehung $\omega^2 = 1/(LC)$. Ist dies erfüllt, so gilt $Z(R) = R/2 + L/(2CR)$.

10.8 Für die Amplitude der Spannung U_A gilt

$$U_{A0} = \frac{U_0}{\sqrt{(2 - \omega^2 LC)^2 + (\omega RC)^2}} \; ,$$

so daß U_{A0} für gegebene R, C, U_0 und ω für $L = 2/(\omega^2 C)$ maximal wird.

10.9

$$R_p = \frac{1 + (2\omega R_r C_r)^2}{\omega^2 R_r C_r^2} \; , \qquad C_p = C_r \frac{1 + 2(\omega R_r C_r)^2}{1 + (2\omega R_r C_r)^2} \; .$$

10.10 (a) $\omega = 1/\sqrt{LC}$. (b) Aus $|U_2| = |U|$ folgt $(1 - \omega^2 LC)/(2 - 3\omega^2 LC) = \pm 1$, mit den beiden Lösungen $\omega_1 = 1/\sqrt{2LC}$ und $\omega_2 = \sqrt{3}/(2\sqrt{LC})$.

10.11 Da die Ampèremeter A_i, $i = 1, 2, 3$, die Effektivwerte $I_{\mathrm{eff}\,i} = |I_{ci}|/\sqrt{2}$ anzeigen, müssen für die Ströme I_{ci} durch die Ampèremeter die Beziehungen $|I_{c1}| = |I_{c2}| = |I_{c3}|$ gelten. Andererseits ist $I_{c1} + I_{c2} = I_{c3}$. Das bedeutet, daß die I_{ci} in der komplexen Ebene ein gleichseitiges Dreieck bilden, insbesondere haben die Phasendifferenzen zwischen I_{c1} und I_{c2} die Werte $\pm 2\pi/3$. Betrachtet man die Schleife durch A_1 und A_2, so folgt $I_{c1} Z_1 = I_{c2} Z_2$, mit $Z_1 = R + \mathrm{i}\omega L$, $Z_2 = R + 1/(\mathrm{i}\omega C)$, so daß $Z_1 = \mathrm{e}^{\pm \mathrm{i} 2\pi/3} Z_2 = (-1 \pm \mathrm{i}\sqrt{3}) Z_2/2$ folgt. Die physikalisch relevante Lösung ergibt sich daraus zu $C = 1/(\sqrt{3}\omega R)$, $L = \sqrt{3}R/\omega$.

10.12 Die Schaltung in Abb. 10.27 ist der Schaltung äquivalent, bei der R_1, C_1 zu $Z_1 = [1/R_1 + \mathrm{i}\omega C_1]^{-1}$ und R_2, C_2 zu $Z_2 = [1/R_2 + \mathrm{i}\omega C_2]^{-1}$ zusammengeschaltet und Z_1, Z_2 hintereinandergeschaltet sind. Der Anschluß A wird dann an der Verbindung zwischen Z_1 und Z_2 angebracht. In dieser Form ist das Netzwerk ein Spannungsteiler; für die zwischen A und B abgegriffene Spannung $U_{cA} = U_{cE} Z_2/(Z_1 + Z_2)$ gilt

$$U_{cA} = \frac{U_{cE} R_2}{\alpha R_1 + R_2} \; , \qquad \alpha = \frac{1 + \mathrm{i}\omega R_2 C_2}{1 + \mathrm{i}\omega R_1 C_1} \; .$$

Man erkennt daran, daß Amplitude und Phase von U_{cA} genau dann unabhängig von ω werden, wenn $R_1 C_1 = R_2 C_2$ gilt. Dann hat man die übliche Beziehung für einen (ohmschen) Spannungsteiler: $U_{cA} = U_{cE} R_2/(R_1 + R_2)$.

10.13 (a)

$$U_2 = \frac{1}{1/(\omega C) + \omega L}\left[U_1\left(\frac{1}{\omega C} - \omega L\right) + 2I_1\frac{L}{C}\right] \; ,$$

$$I_2 = \frac{1}{1/(\omega C) + \omega L}\left[I_1\left(\frac{1}{\omega C} - \omega L\right) + 2\mathrm{i}U_1\right] \; .$$

(b) Nun gilt zusätzlich $U_2 + I_2 Z = 0$. Aus der Forderung $U_2/I_2 = U_1/I_1$ folgt dann $Z = \sqrt{L/C}$, d. h. Z ist ein ohmscher Widerstand.

Kapitel 11

11.1 Divergenzbildung von (11.1.9c) liefert

$$\boldsymbol{\nabla} \cdot (\boldsymbol{\nabla} \times \mathbf{B}) = \mu_0 \boldsymbol{\nabla} \cdot \mathbf{j} + \frac{1}{c^2} \frac{\partial}{\partial t} \boldsymbol{\nabla} \cdot \mathbf{E} \quad .$$

Wegen (11.1.9b), $\mu_0 \varepsilon_0 = c^{-2}$ und $\boldsymbol{\nabla} \cdot (\boldsymbol{\nabla} \times \mathbf{B}) = 0$ folgt die Kontinuitätsgleichung.

11.2 Für die Potentiale φ und $\mathbf{A}$ gilt $\mathbf{A} = \hat{\mathbf{k}}\varphi/c$ und $\varphi = a\omega e^{ik(ct-r_\parallel)}$ mit $r_\parallel = \hat{\mathbf{k}} \cdot \mathbf{r}$. Mit $\boldsymbol{\nabla} = \hat{\mathbf{k}}\partial/\partial r_\parallel$ für Funktionen, die nur von $r_\parallel$ abhängen, erhalten wir für die elektrische Feldstärke $\mathbf{E} = -\hat{\mathbf{k}}\partial\varphi/\partial r_\parallel - (1/c)\hat{\mathbf{k}}\partial\varphi/\partial t = -\hat{\mathbf{k}}(\partial\varphi/\partial r_\parallel + \partial\varphi/\partial(ct)) = 0$ und für die magnetische Flußdichte $\mathbf{A} = (1/c)\partial(\hat{\mathbf{k}} \times \hat{\mathbf{k}}\varphi)/\partial r_\parallel = 0$. Wahl der Eichung: $\chi = -i\varphi/\omega$, $\partial\chi/\partial t = \varphi$, $\boldsymbol{\nabla}\chi = (-i/\omega)\hat{\mathbf{k}}\partial\varphi/\partial r_\parallel = -\mathbf{A}$.

11.3 (a) Die elektrische Feldstärke und die magnetische Flußdichte sind

$$\begin{aligned}
\mathbf{E} &= -\boldsymbol{\nabla}\varphi - \frac{\partial \mathbf{A}}{\partial t} = -\frac{\partial}{\partial t}\boldsymbol{\nabla}\eta + \frac{\partial}{\partial t}\boldsymbol{\nabla}\eta = 0 \quad , \\
\mathbf{B} &= \boldsymbol{\nabla} \times \mathbf{A} = -\boldsymbol{\nabla} \times \boldsymbol{\nabla}\eta = 0 \quad .
\end{aligned}$$

(b) Die Eichfunktion $\chi(t, \mathbf{r}) = \eta(t, \mathbf{r})$ führt auf $\varphi' = \varphi - \partial\eta/\partial t = 0$ und $\mathbf{A}' = \mathbf{A} + \boldsymbol{\nabla}\eta = 0$. (c)

$$\begin{aligned}
\frac{1}{c^2}\frac{\partial^2\varphi}{\partial t^2} - \Delta\varphi &= \frac{\partial}{\partial t}\left(\frac{1}{c^2}\frac{\partial^2\eta}{\partial t^2} - \Delta\eta\right) = \frac{\partial}{\partial t}\left(\frac{1}{c^2}\frac{\partial\varphi}{\partial t} + \boldsymbol{\nabla} \cdot \mathbf{A}\right) \quad , \\
\frac{1}{c^2}\frac{\partial^2\mathbf{A}}{\partial t^2} - \Delta\mathbf{A} &= -\boldsymbol{\nabla} \cdot \left(\frac{1}{c^2}\frac{\partial^2\eta}{\partial t^2} - \Delta\eta\right) = -\boldsymbol{\nabla}\left(\frac{1}{c^2}\frac{\partial\varphi}{\partial t} + \boldsymbol{\nabla} \cdot \mathbf{A}\right) \quad .
\end{aligned}$$

Der Vergleich mit (11.2.4) und (11.2.6) zeigt, daß für die Ladungs- und Stromdichte $\varrho = 0$, $\mathbf{j} = 0$ gilt. (d) Die Lorentz-Bedingung für φ und $\mathbf{A}$ ist erfüllt, falls die Funktion $\eta(t, \mathbf{r})$ die d'Alembert-Gleichung $(1/c)^2\partial^2\eta/\partial t^2 - \Delta\eta = \text{const}$ erfüllt.

11.4 (a) Die elektrische Feldstärke und die magnetische Flußdichte lauten

$$\begin{aligned}
\mathbf{E} &= -\frac{\partial \mathbf{A}}{\partial t} = \mathbf{e}_2 A_0 \omega \sin(\omega t - \mathbf{k} \cdot \mathbf{r}) \quad , \\
\mathbf{B} &= \boldsymbol{\nabla} \times \mathbf{A} = k(\mathbf{e}_1 \times \mathbf{e}_2)A_0 \sin(\omega t - \mathbf{k} \cdot \mathbf{r}) = k\mathbf{e}_3 A_0 \sin(\omega t - \mathbf{k} \cdot \mathbf{r}) \quad .
\end{aligned}$$

(b)

$$\begin{aligned}
\boldsymbol{\nabla} \cdot \mathbf{E} &= -k\mathbf{e}_1 \cdot \mathbf{e}_2 A_0 \omega \cos(\omega t - \mathbf{k} \cdot \mathbf{r}) = 0 \quad , \\
\boldsymbol{\nabla} \times \mathbf{E} &= -k\mathbf{e}_1 \times \mathbf{e}_2 A_0 \omega \cos(\omega t - \mathbf{k} \cdot \mathbf{r}) \\
&= -k\mathbf{e}_3 A_0 \omega \cos(\omega t - \mathbf{k} \cdot \mathbf{r}) = -\partial\mathbf{B}/\partial t \quad , \\
\boldsymbol{\nabla} \cdot \mathbf{B} &= -k^2 \mathbf{e}_1 \cdot \mathbf{e}_3 A_0 \cos(\omega t - \mathbf{k} \cdot \mathbf{r}) = 0 \quad , \\
\boldsymbol{\nabla} \times \mathbf{B} &= -k^2 \mathbf{e}_1 \times \mathbf{e}_3 A_0 \cos(\omega t - \mathbf{k} \cdot \mathbf{r}) \\
&= \mathbf{e}_2 A_0 \frac{\omega^2}{c^2} \cos(\omega t - \mathbf{k} \cdot \mathbf{r}) = \frac{1}{c^2}\frac{\partial \mathbf{E}}{\partial t} \quad .
\end{aligned}$$

11.5 (a)

$$\frac{1}{c^2}\frac{\partial\varphi}{\partial t} + \boldsymbol{\nabla}\cdot\mathbf{A} = \boldsymbol{\nabla}\cdot\mathbf{A} = k\mathbf{e}_1\cdot\mathbf{e}_2 A_0 \sin(\omega t - \mathbf{k}\cdot\mathbf{r}) = 0 \quad ;$$

(b)

$$\Box\varphi = 0 \quad ,$$
$$\Box\mathbf{A} = -\mathbf{e}_2\frac{1}{c^2}\omega^2 A_0 \cos(\omega t - \mathbf{k}\cdot\mathbf{r}) + \mathbf{e}_2 k^2 A_0 \cos(\omega t - \mathbf{k}\cdot\mathbf{r}) = 0 \quad .$$

11.6 (a) Die Lorentz-Bedingung lautet

$$\frac{1}{c^2}\frac{\partial\varphi}{\partial t} + \boldsymbol{\nabla}\cdot\mathbf{A} = \frac{1}{c^2}\left(-\frac{1}{\varepsilon_0}\right)\frac{\partial}{\partial t}\boldsymbol{\nabla}\cdot\mathbf{N} + \mu_0\frac{\partial}{\partial t}\boldsymbol{\nabla}\cdot\mathbf{N} = 0 \quad ,$$

weil $c^{-2} = \varepsilon_0\mu_0$. (b) $\Box\mathbf{N}(t,\mathbf{r}) = \mathbf{J}(t,\mathbf{r})$.

11.7 (a) Die Eichfunktion lautet $\chi(t,\mathbf{r}) = \int_{t_0}^t \varphi(t',\mathbf{r})\,dt'$, die umgeeichten Potentiale sind $\varphi^{(\mathrm{T})}(t,\mathbf{r}) = 0$, $\mathbf{A}^{(\mathrm{T})}(t,\mathbf{r}) = \mathbf{A}(t,\mathbf{r}) + \int_{t_0}^t \boldsymbol{\nabla}\varphi(t',\mathbf{r})\,dt'$. (b) Da auch die Potentiale $\varphi^{(\mathrm{T})}(t,\mathbf{r})$, $\mathbf{A}^{(\mathrm{T})}(t,\mathbf{r})$ die allgemeinen Gleichungen (11.2.6) und (11.2.4) erfüllen, gilt $\partial(\boldsymbol{\nabla}\cdot\mathbf{A}^{(\mathrm{T})})/\partial t = -\varrho/\varepsilon_0$ und $\Box\mathbf{A}^{(\mathrm{T})} + \boldsymbol{\nabla}(\boldsymbol{\nabla}\cdot\mathbf{A}^{(\mathrm{T})}) = \mu_0\mathbf{j}$. Die erste der beiden Gleichungen kann für vorgegebene Anfangsbedingung $\mathbf{A}^{(\mathrm{T})}(t_0,\mathbf{r}) = \mathbf{A}_0(\mathbf{r})$ durch $\boldsymbol{\nabla}\cdot\mathbf{A}^{(\mathrm{T})} = \boldsymbol{\nabla}\cdot\mathbf{A}_0(\mathbf{r}) - (1/\varepsilon_0)\int_{t_0}^t \varrho(t',\mathbf{r})\,dt'$ gelöst werden. Die zweite Gleichung lautet damit $\Box\mathbf{A}^{(\mathrm{T})} = \mu_0\mathbf{j} - \boldsymbol{\nabla}(\boldsymbol{\nabla}\cdot\mathbf{A}_0(\mathbf{r})) + (1/\varepsilon_0)\boldsymbol{\nabla}\int_{t_0}^t \varrho(t',\mathbf{r})\,dt'$.

11.8 (a)

$$\begin{aligned}
\mathbf{E} &= -\boldsymbol{\nabla}\varphi - \frac{\partial\mathbf{A}}{\partial t} \\
&= -\boldsymbol{\nabla}\left(\frac{1}{4\pi\varepsilon_0}\int\frac{\varrho(t,\mathbf{r}')}{|\mathbf{r}-\mathbf{r}'|}\,dV'\right) - \frac{\partial}{\partial t}\left(\frac{\mu_0}{4\pi}\int\frac{\mathbf{j}(t,\mathbf{r}')}{|\mathbf{r}-\mathbf{r}'|}\,dV'\right) \quad , \\
\mathbf{B} &= \boldsymbol{\nabla}\times\mathbf{A} = \boldsymbol{\nabla}\times\left(\frac{\mu_0}{4\pi}\int\frac{\mathbf{j}(t,\mathbf{r}')}{|\mathbf{r}-\mathbf{r}'|}\,dV'\right) \quad .
\end{aligned}$$

(b) Es gilt $\varepsilon_0\boldsymbol{\nabla}\cdot\mathbf{E} = \varepsilon_0(-\Delta\varphi - (\partial/\partial t)\boldsymbol{\nabla}\cdot\mathbf{A}) = -\varepsilon_0\,\Delta\varphi = \varrho$, weil $\boldsymbol{\nabla}\cdot(\mu_0/4\pi)\int(\mathbf{j}(t,\mathbf{r}')/|\mathbf{r}-\mathbf{r}'|)\,dV' = 0$. Die letzte Beziehung folgt aus (8.7.6), weil die Zeit t nur ein Parameter im Integranden ist. Außerdem gilt $\boldsymbol{\nabla}\cdot\mathbf{B} = \boldsymbol{\nabla}\cdot(\boldsymbol{\nabla}\times\mathbf{A}) = 0$, $\boldsymbol{\nabla}\times\mathbf{B} = \boldsymbol{\nabla}\times(\boldsymbol{\nabla}\times\mathbf{A}) = \boldsymbol{\nabla}(\boldsymbol{\nabla}\cdot\mathbf{A}) - \Delta\mathbf{A} = -\Delta\mathbf{A} = \mu_0\mathbf{j}$, weil $\boldsymbol{\nabla}\cdot\mathbf{A} = 0$, vgl. oben, und weil $\Delta(\mu_0/(4\pi))\int(\mathbf{j}(t,\mathbf{r}')/|\mathbf{r}-\mathbf{r}'|)\,dV' = -\mu_0\mathbf{j}$ folgt. Schließlich gilt $\boldsymbol{\nabla}\times\mathbf{E} = \boldsymbol{\nabla}\times(-\boldsymbol{\nabla}\varphi) - \boldsymbol{\nabla}\times(\partial\mathbf{A}/\partial t) = -(\partial/\partial t)(\boldsymbol{\nabla}\times\mathbf{A}) = -\partial\mathbf{B}/\partial t$.

11.9 (a) Es ist $\varphi(t,\mathbf{r}) = -(1/(4\pi\varepsilon_0))\mathbf{d}(ct)\cdot\int\boldsymbol{\nabla}'\delta^3(\mathbf{r}')/|\mathbf{r}-\mathbf{r}'|\,dV'$. Mit partieller Integration folgt

$$\varphi(t,\mathbf{r}) = \frac{1}{4\pi\varepsilon_0}\mathbf{d}(ct)\cdot\int\boldsymbol{\nabla}'\frac{1}{|\mathbf{r}-\mathbf{r}'|}\delta^3(\mathbf{r}')\,dV'$$

$$= -\frac{1}{4\pi\varepsilon_0}\mathbf{d}(ct) \cdot \boldsymbol{\nabla} \int \frac{\delta^3(\mathbf{r}')}{|\mathbf{r}-\mathbf{r}'|}\, dV' = -\frac{1}{4\pi\varepsilon_0}\mathbf{d}(ct) \cdot \boldsymbol{\nabla}\frac{1}{r}$$

$$= \frac{1}{4\pi\varepsilon_0}\frac{\mathbf{d}(ct)\cdot\hat{\mathbf{r}}}{r^2}\quad,$$

$$\mathbf{A}(t,\mathbf{r}) = \frac{\mu_0}{4\pi}\dot{\mathbf{d}}(ct) \int \frac{\delta^3(\mathbf{r}')}{|\mathbf{r}-\mathbf{r}'|}\, dV' = \frac{\mu_0}{4\pi}\dot{\mathbf{d}}(ct)\frac{1}{r}\quad.$$

(b) Für $\mathbf{r}\neq 0$ gilt

$$\mathbf{E} = -\frac{1}{4\pi\varepsilon_0}\boldsymbol{\nabla}\left(\frac{\hat{\mathbf{r}}}{r^2}\cdot\mathbf{d}(ct)\right) - \frac{\mu_0}{4\pi}\ddot{\mathbf{d}}(ct)\frac{1}{r}$$

$$= \frac{1}{4\pi\varepsilon_0}\frac{3\hat{\mathbf{r}}\otimes\hat{\mathbf{r}}-\underline{\underline{1}}}{r^3}\mathbf{d}(ct) - \frac{\mu_0}{4\pi}\ddot{\mathbf{d}}(ct)\frac{1}{r}\quad,$$

$$\mathbf{B} = \boldsymbol{\nabla}\times\left(\frac{\mu_0}{4\pi}\dot{\mathbf{d}}(ct)\frac{1}{r}\right) = -\frac{\mu_0}{4\pi}\dot{\mathbf{d}}(ct)\times\boldsymbol{\nabla}\frac{1}{r} = \frac{\mu_0}{4\pi}\frac{\dot{\mathbf{d}}\times\hat{\mathbf{r}}}{r^2}\quad;$$

(c)

$$\mathbf{E} = d_0\frac{1}{4\pi\varepsilon_0}\left[\frac{3\hat{\mathbf{r}}\otimes\hat{\mathbf{r}}-\underline{\underline{1}}}{r^3} + \frac{k^2}{r}\right]\hat{\mathbf{d}}_0\cos\omega t\quad,$$

$$\mathbf{B} = -\frac{\mu_0 d_0\omega}{4\pi}\frac{\hat{\mathbf{d}}_0\times\hat{\mathbf{r}}}{r^2}\sin\omega t\quad.$$

11.10 (a)

$$\mathbf{S} = \frac{1}{(4\pi)^2}\left[\frac{1}{\varepsilon_0}\frac{3(\mathbf{d}(ct)\cdot\hat{\mathbf{r}})\hat{\mathbf{r}}-\mathbf{d}(ct)}{r^3} - \mu_0\frac{\ddot{\mathbf{d}}(ct)}{r}\right]\times\frac{\dot{\mathbf{d}}\times\hat{\mathbf{r}}}{r^2}\quad;$$

(b)

$$\mathbf{S} = -c\frac{kd_0^2}{2(4\pi)^2\varepsilon_0}\left[\frac{k^2}{r}\hat{\mathbf{d}}_0 + \frac{3(\hat{\mathbf{d}}_0\cdot\hat{\mathbf{r}})\hat{\mathbf{r}}-\hat{\mathbf{d}}_0}{r^3}\right]\times\frac{\hat{\mathbf{d}}_0\times\hat{\mathbf{r}}}{r^2}\sin(2\omega t)\quad.$$

(c) Es gilt $\langle\mathbf{S}\rangle = 0$. In quasistationärer Näherung transportieren die elektrische Feldstärke $\mathbf{E}$ und die magnetische Flußdichte $\mathbf{B}$ eines Dipols mit einem harmonisch schwingenden Dipolmoment $\mathbf{d}(ct) = \mathbf{d}_0\cos\omega t$ im zeitlichen Mittel keine Energie. In dieser Näherung zeigt der Energiefluß nur eine zeitliche Schwingung der Kreisfrequenz 2ω.

Kapitel 12

12.1 Ebene Wellen mit entgegengesetzten Fortpflanzungsrichtungen:

$$\begin{aligned}
\mathbf{E}_c^{(+)} &= \mathbf{E}_0 e^{-\mathrm{i}(\omega t - \mathbf{k}\cdot\mathbf{x}+\alpha)} \quad, & \mathbf{B}_c^{(+)} &= (1/c)\hat{\mathbf{k}}\times\mathbf{E}_c^{(+)} \quad, \\
\mathbf{E}_c^{(-)} &= \mathbf{E}_0 e^{-\mathrm{i}(\omega t + \mathbf{k}\cdot\mathbf{x}-\alpha)} \quad, & \mathbf{B}_c^{(-)} &= -(1/c)\hat{\mathbf{k}}\times\mathbf{E}_c^{(-)} \quad.
\end{aligned}$$

Stehende Welle als Superposition:

$$\begin{aligned}
\mathbf{E}_c &= \mathbf{E}_0 e^{-i\omega t} \left[e^{i(\mathbf{k}\cdot\mathbf{x}-\alpha)} + e^{-i(\mathbf{k}\cdot\mathbf{x}-\alpha)} \right] = 2\mathbf{E}_0 e^{-i\omega t} \cos(\mathbf{k}\cdot\mathbf{x}-\alpha) \quad, \\
\mathbf{B}_c &= (1/c)\hat{\mathbf{k}} \times \mathbf{E}_0 e^{-i\omega t} \left[e^{i(\mathbf{k}\cdot\mathbf{x}-\alpha)} - e^{-i(\mathbf{k}\cdot\mathbf{x}-\alpha)} \right] \\
&= 2i(1/c)\hat{\mathbf{k}} \times \mathbf{E}_0 e^{-i\omega t} \sin(\mathbf{k}\cdot\mathbf{x}-\alpha) \quad.
\end{aligned}$$

Realteile der komplexen Felder: $\mathbf{E} = 2\mathbf{E}_0 \cos\omega t \cos(\mathbf{k}\cdot\mathbf{x}-\alpha)$, $\mathbf{B} = 2(1/c)\hat{\mathbf{k}} \times \mathbf{E}_0 \sin\omega t \sin(\mathbf{k}\cdot\mathbf{x}-\alpha)$. Energiestromdichte: $\mathbf{S} = (1/(\mu_0 c))\hat{\mathbf{k}}E_0^2 \sin(2\omega t)\sin[2(\mathbf{k}\cdot\mathbf{x}-\alpha)]$. Daraus ergibt sich der zeitliche Mittelwert $\langle\mathbf{S}\rangle = 0$.

12.2 Komplexe elektrische Feldstärken (12.3.8) für $E' = E$, $\omega' = \omega$, $k' = k$:

$$\begin{aligned}
\mathbf{E}_c &= \mathbf{E}_{cT} \exp\left[i(\mathbf{k}^{(-)}\cdot\mathbf{x} - \alpha^{(-)}) \right] \quad, \\
\mathbf{E}_c' &= \mathbf{E}_{cT} \exp\left[-i(\mathbf{k}^{(-)}\cdot\mathbf{x} - \alpha^{(-)}) \right] \quad,
\end{aligned}$$

dabei ist $\mathbf{E}_{cT} = E\mathbf{e}_1 \exp[-i(\omega t - \mathbf{k}^{(+)}\cdot\mathbf{x} + \alpha^{(+)})]$. Die komplexen magnetischen Flußdichten sind

$$\begin{aligned}
\mathbf{B}_c &= (1/c)(\boldsymbol{\kappa}^{(+)} + \boldsymbol{\kappa}^{(-)}) \times \mathbf{E}_{cT} \exp\{i(\mathbf{k}^{(-)}\cdot\mathbf{x} - \alpha^{(-)})\} \quad, \\
\mathbf{B}_c' &= (1/c)(\boldsymbol{\kappa}^{(+)} - \boldsymbol{\kappa}^{(-)}) \times \mathbf{E}_{cT} \exp\{-i(\mathbf{k}^{(-)}\cdot\mathbf{x} - \alpha^{(-)})\}
\end{aligned}$$

mit $\boldsymbol{\kappa}^{(\pm)} = (\hat{\mathbf{k}} \pm \hat{\mathbf{k}}')/2$. Damit ist die Superposition der komplexen Felder

$$\begin{aligned}
\mathbf{E}_c^{(S)} = \mathbf{E}_c + \mathbf{E}_c' &= 2\mathbf{E}_{cT} \cos(\mathbf{k}^{(-)}\cdot\mathbf{x} - \alpha^{(-)}) \quad, \\
\mathbf{B}_c^{(S)} = \mathbf{B}_c + \mathbf{B}_c' &= (2/c)(\boldsymbol{\kappa}^{(+)} \times \mathbf{E}_{cT}) \cos(\mathbf{k}^{(-)}\cdot\mathbf{x} - \alpha^{(-)}) \\
&\quad + i(2/c)(\boldsymbol{\kappa}^{(-)} \times \mathbf{E}_{cT}) \sin(\mathbf{k}^{(-)}\cdot\mathbf{x} - \alpha^{(-)}) \quad.
\end{aligned}$$

Reelle physikalische Felder:

$$\begin{aligned}
\mathbf{E}^{(S)} &= 2\mathbf{E}_1 \cos(\mathbf{k}^{(-)}\cdot\mathbf{x} - \alpha^{(-)}) \quad, \\
\mathbf{B}^{(S)} &= (2/c)(\boldsymbol{\kappa}^{(+)} \times \mathbf{E}_1) \cos(\mathbf{k}^{(-)}\cdot\mathbf{x} - \alpha^{(-)}) \\
&\quad - (2/c)(\boldsymbol{\kappa}^{(-)} \times \mathbf{E}_2) \sin(\mathbf{k}^{(-)}\cdot\mathbf{x} - \alpha^{(-)})
\end{aligned}$$

mit $\mathbf{E}_1 = E\mathbf{e}_1 \cos(\omega t - \mathbf{k}^{(+)}\cdot\mathbf{x} + \alpha^{(+)})$, $\mathbf{E}_2 = E\mathbf{e}_1 \sin(\omega t - \mathbf{k}^{(+)}\cdot\mathbf{x} + \alpha^{(+)})$. Damit wird die Energiestromdichte

$$\begin{aligned}
\mathbf{S} &= (4/(\mu_0 c))E_1^2 \cos^2(\mathbf{k}^{(-)}\cdot\mathbf{x} - \alpha^{(-)}) \, \boldsymbol{\kappa}^{(+)} \\
&\quad - (4/(\mu_0 c))E_1 E_2 \sin(\mathbf{k}^{(-)}\cdot\mathbf{x} - \alpha^{(-)}) \cos(\mathbf{k}^{(-)}\cdot\mathbf{x} - \alpha^{(-)}) \, \boldsymbol{\kappa}^{(-)}
\end{aligned}$$

mit $\boldsymbol{\kappa}^{(\pm)}\cdot\mathbf{e}_1 = 0$. Für den zeitlichen Mittelwert folgt daraus

$$\langle\mathbf{S}\rangle = \frac{2E^2}{\mu_0 c} \cos^2(\mathbf{k}^{(-)}\cdot\mathbf{x} - \alpha^{(-)}) \, \boldsymbol{\kappa}^{(+)} \quad.$$

12.3 (a) Impulsdichte: $\mathbf{p}_{em}(t,z) = \mathbf{S}/c^2 = w_{em}\mathbf{e}_3/c$, $w_{em} = \varepsilon_0 E_0^2 \cos^2(\omega t - kz)$,
Impulsstromdichte:

$$
\begin{aligned}
\underline{\underline{J}}(t,z) &= -\underline{\underline{T}}(t,z) = -\varepsilon_0 \mathbf{E}\otimes\mathbf{E} - \frac{1}{\mu_0}\mathbf{B}\otimes\mathbf{B} + w_{em}\underline{\underline{1}} \\
&= -\varepsilon_0 E_0^2 \cos^2(\omega t - kz)\left(\mathbf{e}_1\otimes\mathbf{e}_1 + \mathbf{e}_2\otimes\mathbf{e}_2\right) \\
&\quad + \varepsilon_0 E_0^2 \cos^2(\omega t - kz)\left(\mathbf{e}_1\otimes\mathbf{e}_1 + \mathbf{e}_2\otimes\mathbf{e}_2 + \mathbf{e}_3\otimes\mathbf{e}_3\right) \\
&= \varepsilon_0 E_0^2 \cos^2(\omega t - kz)\,\mathbf{e}_3\otimes\mathbf{e}_3 \quad .
\end{aligned}
$$

(b)

$$
\begin{aligned}
\frac{\partial \mathbf{p}_{em}}{\partial t} &= -\frac{2\omega}{c}\varepsilon_0 E_0^2 \cos(\omega t - kz)\sin(\omega t - kz)\,\mathbf{e}_3 \quad, \\
\boldsymbol{\nabla}\underline{\underline{T}} &= -2k\varepsilon_0 E_0^2 \cos(\omega t - kz)\sin(\omega t - kz)\,\mathbf{e}_3 \quad.
\end{aligned}
$$

Daher gilt Impulserhaltung:

$$
\frac{\partial \mathbf{p}_{em}}{\partial t} - \boldsymbol{\nabla}\underline{\underline{T}} = 0 \quad .
$$

(c) Der Impulsstromdichtetensor $\underline{\underline{J}} = -\underline{\underline{T}}$ ist proportional zur Dyade $\mathbf{e}_3\otimes\mathbf{e}_3$, weil die Impulsdichte in Richtung der Ausbreitungsrichtung $\mathbf{e}_3$ zeigt und die Impulsströmung in Richtung $\mathbf{e}_3$, der Ausbreitungsrichtung der Welle, erfolgt.

12.4 (a) Es gilt $\mathbf{J}_d = \mathbf{d}_c(ct)\delta^3(\mathbf{r})$, denn $-\boldsymbol{\nabla}\cdot\mathbf{J}_d = -\mathbf{d}_c(ct)\cdot\boldsymbol{\nabla}\delta^3(\mathbf{r}) = \varrho_d$ und $\partial\mathbf{J}_d/\partial t = \dot{\mathbf{d}}_c\delta^3(\mathbf{r}) = \mathbf{j}_d$. (b)

$$
\begin{aligned}
\frac{1}{c^2}\frac{\partial^2 \mathbf{N}_e}{\partial t^2} &= -\frac{1}{4\pi}\frac{\omega^2}{c^2}\mathbf{d}_0\frac{e^{-i(\omega t - kr)}}{r} = -\frac{\mathbf{d}_0}{4\pi}\frac{k^2}{r}e^{-i(\omega t - kr)} \quad, \\
\boldsymbol{\nabla}\otimes\mathbf{N}_e &= \frac{1}{4\pi}\left[\left(\boldsymbol{\nabla}\frac{1}{r}\right)\otimes\mathbf{d}_0 + \frac{ik}{r^2}\mathbf{r}\otimes\mathbf{d}_0\right]e^{-i(\omega t - kr)} \quad, \\
\Delta\mathbf{N}_e &= \boldsymbol{\nabla}(\boldsymbol{\nabla}\otimes\mathbf{N}_e) \\
&= \frac{\mathbf{d}_0}{4\pi}\left[\left(\Delta\frac{1}{r}\right) + \left(\boldsymbol{\nabla}\frac{1}{r}\right)\cdot\left(\frac{ik}{r}\mathbf{r}\right) + \frac{ik}{r^2} - \frac{k^2}{r}\right]e^{-i(\omega t - kr)} \\
&= -\mathbf{d}_0 e^{-i\omega t}\delta^3(\mathbf{r}) + \frac{\mathbf{d}_0}{4\pi}\left[-\frac{ik}{r^2} + \frac{ik}{r^2} - \frac{k^2}{r}\right]e^{-i(\omega t - kr)} \quad .
\end{aligned}
$$

Es folgt:

$$
\Box\mathbf{N}_e = \frac{1}{c^2}\frac{\partial^2 \mathbf{N}_e}{\partial t^2} - \Delta\mathbf{N}_e = \mathbf{d}_c(ct)\delta^3(\mathbf{r}) \quad .
$$

12.5 (a) Für $\mathbf{r}\neq 0$ gilt

$$
\begin{aligned}
\mathbf{E}_e &= \frac{1}{4\pi\varepsilon_0}\left\{\left([\mathbf{d}_0 - (\mathbf{d}_0\cdot\hat{\mathbf{r}})\hat{\mathbf{r}}]\frac{k^2}{r} - [\mathbf{d}_0 - 3(\mathbf{d}_0\cdot\hat{\mathbf{r}})\hat{\mathbf{r}}]\frac{1}{r^3}\right)\cos(\omega t - kr)\right. \\
&\quad \left. + [\mathbf{d}_0 - 3(\mathbf{d}_0\cdot\hat{\mathbf{r}})\hat{\mathbf{r}}]\frac{k}{r^2}\sin(\omega t - kr)\right\} \quad, \\
\mathbf{B}_e &= -\frac{\mu_0 c}{4\pi}(\mathbf{d}_0\times\hat{\mathbf{r}})\left(\frac{k^2}{r}\cos(\omega t - kr) + \frac{k}{r^2}\sin(\omega t - kr)\right) \quad;
\end{aligned}
$$

(b)

$$
\mathbf{E}_e^{(F)} = \frac{1}{4\pi\varepsilon_0} [\mathbf{d}_0 - (\mathbf{d}_0 \cdot \hat{\mathbf{r}})\hat{\mathbf{r}}] \frac{k^2}{r} \cos(\omega t - kr) \quad ,
$$

$$
\mathbf{E}_e^{(N)} = \frac{1}{4\pi\varepsilon_0} [\mathbf{d}_0 - 3(\mathbf{d}_0 \cdot \hat{\mathbf{r}})\hat{\mathbf{r}}] \left[\frac{k}{r^2} \sin(\omega t - kr) - \frac{1}{r^3} \cos(\omega t - kr) \right] \quad ,
$$

$$
\mathbf{B}_e^{(F)} = -\frac{\mu_0 c}{4\pi} (\mathbf{d}_0 \times \hat{\mathbf{r}}) \frac{k^2}{r} \cos(\omega t - kr) \quad ,
$$

$$
\mathbf{B}_e^{(N)} = -\frac{\mu_0 c}{4\pi} (\mathbf{d}_0 \times \hat{\mathbf{r}}) \frac{k}{r^2} \sin(\omega t - kr) \quad ;
$$

(c)

$$
\mathbf{S}_e^{(F)} = \frac{c}{2(4\pi)^2\varepsilon_0} \left[\mathbf{d}_0^2 - (\mathbf{d}_0 \cdot \hat{\mathbf{r}})^2 \right] \hat{\mathbf{r}} \frac{k^4}{r^2} [1 + \cos(2(\omega t - kr))] \quad ,
$$

$$
\mathbf{S}_e^{(N)} = \frac{c}{(4\pi)^2\varepsilon_0} \left\{ \left[(\mathbf{d}_0 \cdot \hat{\mathbf{r}})\mathbf{d}_0 + (\mathbf{d}_0^2 - 2(\mathbf{d}_0 \cdot \hat{\mathbf{r}})^2)\hat{\mathbf{r}} \right] \frac{k^3}{r^3} \sin(2(\omega t - kr)) \right.
$$
$$
- [2(\mathbf{d}_0 \cdot \hat{\mathbf{r}})\mathbf{d}_0 + (\mathbf{d}_0^2 - 3(\mathbf{d}_0 \cdot \hat{\mathbf{r}})^2)\hat{\mathbf{r}}]
$$
$$
\left. \times \left[\frac{k^2}{r^4} \cos(2(\omega t - kr)) + \frac{1}{2}\frac{k}{r^5} \sin(2(\omega t - kr)) \right] \right\} \quad .
$$

(d)

$$
\left\langle \mathbf{S}_e^{(F)} \right\rangle = \frac{c}{2(4\pi)^2\varepsilon_0} \left[\mathbf{d}_0^2 - (\mathbf{d}_0 \cdot \hat{\mathbf{r}})^2 \right] \frac{k^4}{r^2}\hat{\mathbf{r}} \quad , \qquad \left\langle \mathbf{S}_e^{(N)} \right\rangle = 0 \quad .
$$

Die Energieflußdichte $\mathbf{S}_e^{(F)}$ der Fernfelder $\mathbf{E}_e^{(F)}$, $\mathbf{B}_e^{(F)}$ transportiert Energie im Mittel vom Dipol zu großen Abständen. Die Energieflußdichte $\mathbf{S}_e^{(N)}$, die sich aus den Interferenztermen der Fern- und Nahfelder, $(1/\mu_0)[\mathbf{E}_e^{(F)} \times \mathbf{B}_e^{(N)} + \mathbf{E}_e^{(N)} \times \mathbf{B}_e^{(F)}]$, und den Nahfeldern, $(1/\mu_0)\mathbf{E}_e^{(N)} \times \mathbf{B}_e^{(N)}$, zusammensetzt, bewirkt im Mittel keinen Energietransport.

12.6 (a) Komplexe elektrische Feldstärken in Fernfeldnäherung ($n = -1, 1$):

$$
\mathbf{E}_{ec}^{(n)} = \frac{k^2}{4\pi\varepsilon_0 z_n} [\mathbf{d}_0 - (\mathbf{d}_0 \cdot \hat{\mathbf{z}}_n)\hat{\mathbf{z}}_n] \exp(-i(\omega t - kz_n + n\alpha)) \quad ,
$$

mit der Bezeichnung $\mathbf{z}_n = \mathbf{r} + n\mathbf{b}$. Näherung von z_n: Für $r \gg b$ gilt $z_n = \sqrt{r^2 + 2n\mathbf{r} \cdot \mathbf{b} + \mathbf{b}^2} \approx r(1 + n\mathbf{b} \cdot \hat{\mathbf{r}}/r)$. Vernachlässigung der Änderung des Einheitsvektors: $\hat{\mathbf{z}}_n \approx \hat{\mathbf{r}}$. Näherung der komplexen elektrischen Feldstärken ($\mathbf{k} = k\hat{\mathbf{r}}$): Es gilt

$$
\mathbf{E}_{ec}^{(n)} = \frac{k^2}{4\pi\varepsilon_0 r} [\mathbf{d}_0 - (\mathbf{d}_0 \cdot \hat{\mathbf{r}})\hat{\mathbf{r}}] \exp(-i(\omega t - kr)) \exp(in(\mathbf{k} \cdot \mathbf{b} - \alpha)) \quad .
$$

(b) Superposition der beiden Feldstärken für $n = -1, 1$:

$$
\begin{aligned}
\mathbf{E}_{ec} &= \frac{k^2}{4\pi\varepsilon_0 r}[\mathbf{d}_0 - (\mathbf{d}_0 \cdot \hat{\mathbf{r}})\hat{\mathbf{r}}] \\
&\quad \times [\exp(\mathrm{i}(\mathbf{k}\cdot\mathbf{b} - \alpha)) + \exp(-\mathrm{i}(\mathbf{k}\cdot\mathbf{b} - \alpha))]\exp(-\mathrm{i}(\omega t - kr)) \\
&= \frac{2k^2}{4\pi\varepsilon_0 r}[\mathbf{d}_0 - (\mathbf{d}_0 \cdot \hat{\mathbf{r}})\hat{\mathbf{r}}]\cos(\mathbf{k}\cdot\mathbf{b} - \alpha)\exp(-\mathrm{i}(\omega t - kr)) \quad,
\end{aligned}
$$

reelle, physikalische elektrische Feldstärke:

$$
\mathbf{E}_e = \frac{2k^2}{4\pi\varepsilon_0 r}[\mathbf{d}_0 - (\mathbf{d}_0 \cdot \hat{\mathbf{r}})\hat{\mathbf{r}}]\cos(\mathbf{k}\cdot\mathbf{b} - \alpha)\cos(\omega t - kr) \quad.
$$

(c) Wegen $\mathbf{k} = k\hat{\mathbf{r}}$ gilt $\vartheta_{kb} = \measuredangle(\hat{\mathbf{r}}, \hat{\mathbf{b}}) = \measuredangle(\mathbf{k}, \mathbf{b})$, d. h. $\mathbf{k}\cdot\mathbf{b} = kb\cos\vartheta_{kb}$. Damit erhält man $\cos(\mathbf{k}\cdot\mathbf{b} - \alpha) = \cos(kb\cos\vartheta_{kb} - \alpha)$. Dieser Ausdruck besitzt Nullstellen für $\cos\vartheta_{kb}^{(0)} = [(2n + 1)\pi/2 + \alpha]/(kb)$. (d) Der relative Phasenwinkel α erlaubt die Verschiebung des Winkelbereichs der größten Feldstärke von der Winkelumgebung von $\vartheta = \pi/2$, $\vartheta = \measuredangle(\mathbf{d}_0, \mathbf{r})$, zu anderen Werten.

12.7 (a) Die Ladungsdichte eines Dipols mit dem Dipolmoment $\mathbf{d} = d_z\mathbf{e}_z$ am Ort $\mathbf{r}_d = z'\mathbf{e}_z$ lautet $\varrho_d = -\mathbf{d}\cdot\boldsymbol{\nabla}\delta^3(\mathbf{r} - \mathbf{r}_d)$. Ladungsdichte nach Integration über $-L/2 \le z' \le L/2$:

$$
\begin{aligned}
\varrho_L &= -\frac{1}{L}\int[\Theta(z' + L/2) - \Theta(z' - L/2)]\mathbf{d}\cdot\boldsymbol{\nabla}\delta^3(\mathbf{r} - z'\mathbf{e}_z)\,\mathrm{d}z' \\
&= d_z\frac{\mathrm{d}}{\mathrm{d}z}\frac{1}{L}\int[\Theta(z' + L/2) - \Theta(z' - L/2)]\delta(z - z')\,\mathrm{d}z'\delta(x)\delta(y) \\
&= \frac{d_z}{L}\frac{\mathrm{d}}{\mathrm{d}z}[\Theta(z - L/2) - \Theta(z + L/2)]\delta(x)\delta(y) \\
&= \frac{d_z}{L}[\delta(z - L/2) - \delta(z + L/2)]\delta(x)\delta(y) \quad.
\end{aligned}
$$

Als Resultat finden wir die Ladungsdichte ϱ_L eines Zweipols mit den Ladungen $q = d_z/L$ und $-q$ an den Orten $L/2$ bzw. $-L/2$. (b) Die Stromdichte eines Dipols am Ort $\mathbf{r}_d = z'\mathbf{e}_z$ mit zeitlich veränderlichem Dipolmoment $\mathbf{d}(ct) = d_z(ct)\mathbf{e}_z$ ist $\mathbf{j}_d = \dot{d}_z(ct)\mathbf{e}_z\delta^3(\mathbf{r} - z'\mathbf{e}_z)$. Integration liefert

$$
\begin{aligned}
\mathbf{j}_L &= \frac{1}{L}\dot{d}_z(ct)\mathbf{e}_z\int_{-L/2}^{L/2}\delta(z - z')\,\mathrm{d}z'\delta(x)\delta(y) \\
&= \frac{1}{L}\dot{d}_z(ct)\mathbf{e}_z[\Theta(z + L/2) - \Theta(z - L/2)]\delta(x)\delta(y) \quad.
\end{aligned}
$$

(c)

$$
\begin{aligned}
\frac{\partial\varrho_L}{\partial t} &= \frac{\dot{d}_z}{L}[\delta(z - L/2) - \delta(z + L/2)]\delta(x)\delta(y) \quad, \\
\boldsymbol{\nabla}\cdot\mathbf{j}_L &= \frac{\dot{d}_z}{L}\frac{\partial}{\partial z}[\Theta(z + (L/2) - \Theta(z - L/2)]\delta(x)\delta(y) \\
&= -\frac{\dot{d}_z}{L}[\delta(z - L/2) - \delta(z + L/2)]\delta(x)\delta(y) \quad.
\end{aligned}
$$

Damit gilt die Kontinuitätsgleichung $\partial\varrho_L/\partial t + \boldsymbol{\nabla}\cdot\mathbf{j}_L = 0$.

12.8 (a) Stromdichte:

$$
\mathbf{j}_{\mathrm{S}} = \frac{2}{L}\dot{\mathbf{d}}(ct)\int_{-L/2}^{L/2}\sin(kL/2 - k|z'|)\delta(z - z')\,\mathrm{d}z'\delta(x)\delta(y)
$$

$$
= \frac{2}{L}\dot{\mathbf{d}}(ct)\sin(kL/2 - k|z|)\delta(x)\delta(y) \quad , \qquad -L/2 \le z \le L/2 \quad ;
$$

(b) Ladungsdichte:

$$
\varrho_{\mathrm{S}} = d_z(ct)\frac{2}{L}\int_{-L/2}^{L/2}\sin(kL/2 - k|z'|)\frac{\mathrm{d}}{\mathrm{d}z'}\delta(z - z')\,\mathrm{d}z'\delta(x)\delta(y)
$$

$$
= \frac{2}{L}d_z(ct)k\int_{-L/2}^{L/2}\mathrm{sign}(z')\cos(kL/2 - k|z'|)\delta(z - z')\,\mathrm{d}z'\delta(x)\delta(y)
$$

$$
= \frac{2}{L}d_z(ct)k\,\mathrm{sign}(z)\cos(kL/2 - k|z|)\delta(x)\delta(y) \quad , \qquad -L/2 \le z \le L/2 \quad ;
$$

(c)

$$
\frac{\partial\varrho_{\mathrm{S}}}{\partial t} = \frac{2}{L}\dot{d}_z(ct)k\,\mathrm{sign}(z)\cos(kL/2 - k|z|)\delta(x)\delta(y) \quad ,
$$

$$
\boldsymbol{\nabla}\cdot\mathbf{j}_{\mathrm{S}} = \frac{\partial j_{\mathrm{S}z}}{\partial z} = -\frac{2}{L}\dot{d}_z(ct)k\,\mathrm{sign}(z)\cos(kL/2 - k|z|)\delta(x)\delta(y) \quad .
$$

Damit gilt die Kontinuitätsgleichung $\partial\varrho_{\mathrm{S}}/\partial t + \boldsymbol{\nabla}\cdot\mathbf{j}_{\mathrm{S}} = 0$.

12.9 (a) Die Ladungs- und Stromdichte ϱ_{L} und $\mathbf{j}_{\mathrm{L}}$ sind Überlagerungen der Form

$$
\varrho_{\mathrm{L}} = -(1/L)\int_{-L/2}^{L/2}\mathbf{d}(ct)\cdot\boldsymbol{\nabla}\delta^3(\mathbf{r} - z'\mathbf{e}_z)\,\mathrm{d}z' \quad \text{bzw.}
$$

$$
\mathbf{j}_{\mathrm{L}} = (1/L)\int_{-L/2}^{L/2}\dot{\mathbf{d}}(ct)\delta^3(\mathbf{r} - z'\mathbf{e}_z)\,\mathrm{d}z' \quad ,
$$

vgl. Aufgabe 12.7. Daher sind die elektrische Feldstärke und die magnetische Fluß-dichte der Abstrahlung von einer harmonisch schwingenden Ladungs- und Strom-dichte in Fernfeldnäherung

$$
\mathbf{E}_{\mathrm{Lc}} = \frac{1}{L}\int_{-L/2}^{L/2}\mathbf{E}_{\mathrm{ec}}(t,\mathbf{r} - z'\mathbf{e}_z)\,\mathrm{d}z' = \frac{-k^2}{4\pi\varepsilon_0}d_0\sin\vartheta\frac{1}{r}I_{\mathrm{L}}\mathbf{e}_\vartheta \quad ,
$$

$$
\mathbf{B}_{\mathrm{Lc}} = \frac{1}{L}\int_{-L/2}^{L/2}\mathbf{B}_{\mathrm{ec}}(t,\mathbf{r} - z'\mathbf{e}_z)\,\mathrm{d}z' = -\frac{\mu_0 ck^2}{4\pi}d_0\sin\vartheta\frac{1}{r}I_{\mathrm{L}}\mathbf{e}_\varphi
$$

mit

$$
I_{\mathrm{L}} = \frac{1}{L}\int_{-L/2}^{L/2}\mathrm{e}^{-\mathrm{i}(\omega t - k|\mathbf{r} - z'\mathbf{e}_z|)}\,\mathrm{d}z' \quad .
$$

Näherung: $|\mathbf{r} - z'\mathbf{e}_z| = \sqrt{r^2 - 2zz' + z'^2} \approx r - (z/r)z'$. Damit folgt

$$
I_{\mathrm{L}} \approx \mathrm{e}^{-\mathrm{i}(\omega t - kr)}\frac{1}{L}\int_{-L/2}^{L/2}\mathrm{e}^{-\mathrm{i}k(z/r)z'}\,\mathrm{d}z' \quad .
$$

Mit $z/r = \cos\vartheta$ gilt

$$I_{\rm L} \approx {\rm e}^{-{\rm i}(\omega t - kr)} \frac{{\rm e}^{-{\rm i}(kL/2)\cos\vartheta} - {\rm e}^{{\rm i}(kL/2)\cos\vartheta}}{-{\rm i}kL\cos\vartheta} = 2{\rm e}^{-{\rm i}(\omega t - kr)} \frac{\sin((kL/2)\cos\vartheta)}{kL\cos\vartheta} \quad .$$

Damit erhält man

$$\mathbf{E}_{\rm Lc} \approx 2\mathbf{E}_{\rm ec} \frac{\sin((kL/2)\cos\vartheta)}{kL\cos\vartheta} \quad , \qquad \mathbf{B}_{\rm Lc} \approx 2\mathbf{B}_{\rm ec} \frac{\sin((kL/2)\cos\vartheta)}{kL\cos\vartheta} \quad .$$

(b) Der zusätzlich zu $\mathbf{E}_{\rm ec}$ bzw. $\mathbf{B}_{\rm ec}$ auftretende Faktor in den Formeln für $\mathbf{E}_{\rm Lc}$ bzw. $\mathbf{B}_{\rm Lc}$ nimmt bei $\vartheta = \pi/2$ den Wert eins an, für kleinere bzw. größere Werte fällt er schnell ab. Je nach Größe der Länge L wird die Abstrahlung in einen weiteren oder engeren Polarwinkelbereich um den Mittelwert $\vartheta = \pi/2$ konzentriert.

12.10 (a) Die Ladungs- und Stromdichte $\varrho_{\rm S}$ bzw. $\mathbf{j}_{\rm S}$ sind lineare Überlagerungen der Form

$$\varrho_{\rm S} = -\frac{2}{L} \int_{-L/2}^{L/2} \sin(kL/2 - k|z'|) \mathbf{d}(ct) \cdot \boldsymbol{\nabla}\delta^3(\mathbf{r} - z'\mathbf{e}_z)\,{\rm d}z'$$

$$= \frac{2}{L} d_z(ct) k\,{\rm sign}(z) \cos(kL/2 - k|z|)\delta(x)\delta(y) \quad ,$$

$$\mathbf{j}_{\rm S} = \frac{2}{L}\dot{\mathbf{d}}(ct) \int_{-L/2}^{L/2} \sin(kL/2 - k|z'|)\delta^3(\mathbf{r} - z'\mathbf{e}_z)\,{\rm d}z'$$

$$= \frac{2}{L}\dot{\mathbf{d}}(ct) \sin(kL/2 - k|z|)\delta(x)\delta(y)$$

im Bereich $-L/2 \le z \le L/2$, vgl. Aufgabe 12.8. Daher sind die elektrische Feldstärke und die magnetische Flußdichte der Abstrahlung von einer harmonisch schwingenden Ladungs- und Stromdichte in Fernfeldnäherung

$$\mathbf{E}_{\rm Sc} = \frac{2}{L} \int_{-L/2}^{L/2} \sin(kL/2 - k|z'|)\mathbf{E}_{\rm ec}(t, \mathbf{r} - z'\mathbf{e}_z)\,{\rm d}z' = -\frac{k^2}{4\pi\varepsilon_0}d_0\sin\vartheta\frac{1}{r}I_{\rm S}\mathbf{e}_\vartheta \quad ,$$

$$\mathbf{B}_{\rm Sc} = \frac{2}{L} \int_{-L/2}^{L/2} \sin(kL/2 - k|z'|)\mathbf{B}_{\rm ec}(t, \mathbf{r} - z'\mathbf{e}_z)\,{\rm d}z' = -\frac{\mu_0 ck^2}{4\pi}d_0\sin\vartheta\frac{1}{r}I_{\rm S}\mathbf{e}_\varphi$$

mit

$$I_{\rm S} = \frac{2}{L} \int_{-L/2}^{L/2} \sin(kL/2 - k|z'|)\exp[-{\rm i}(\omega t - k|\mathbf{r} - z'\mathbf{e}_z|)]\,{\rm d}z' \quad .$$

Näherung: $|\mathbf{r} - z'\mathbf{e}_z| = \sqrt{r^2 - 2zz' + z'^2} \approx r - (z/r)z'$. Damit gilt:

$$I_{\rm S} \approx \exp\{-{\rm i}(\omega t - kr)\}\frac{2}{L} \int_{-L/2}^{L/2} \sin(kL/2 - k|z'|){\rm e}^{-{\rm i}k(z/r)z'}\,{\rm d}z'$$

$$\approx 2\exp\{-{\rm i}(\omega t - kr)\}\frac{2}{kL} \frac{\cos((kL/2)\cos\vartheta) - \cos(kL/2)}{\sin^2\vartheta} \quad .$$

Es folgt

$$\mathbf{E}_{\rm Sc} \approx 2\mathbf{E}_{\rm ec}\frac{2}{kL} \frac{\cos((kL/2)\cos\vartheta) - \cos(kL/2)}{\sin^2\vartheta} \quad ,$$

$$\mathbf{B}_{\rm Sc} \approx 2\mathbf{B}_{\rm ec}\frac{2}{kL} \frac{\cos((kL/2)\cos\vartheta) - \cos(kL/2)}{\sin^2\vartheta} \quad .$$

(b) Für $kL/2 = \pi/2$ gilt $L = \lambda/2$. Der zusätzlich zu den Faktoren $\mathbf{E}_{ec}$ bzw. $\mathbf{B}_{ec}$ in den Formeln für $\mathbf{E}_{Sc}$ bzw. $\mathbf{B}_{Sc}$ auftretende Faktor nimmt für $L = \lambda/2$ die Gestalt $(4/\pi)\cos((\pi/2)\cos\vartheta)/\sin^2\vartheta$ an. Für $\vartheta = \pi/2$ ist er maximal. Dieser zusätzlich zu $\mathbf{E}_{ec}$ bzw. $\mathbf{B}_{ec}$ auftretende Faktor konzentriert die abgestrahlte Leistung in einen Bereich um $\vartheta = \pi/2$, der enger ist als für das Dipolmoment $\mathbf{d}(ct)$.

Kapitel 13

13.1 $x^0 = \gamma(x'^0 + \beta x'^1)\,, x^1 = \gamma(\beta x'^0 + x'^1)\,, x^2 = x'^2\,, x^3 = x'^3$. Einsetzen in die Gleichungen für x'^0, x'^1 liefert

$$\gamma(\gamma(x^0 - \beta x^1) + \beta\gamma(-\beta x^0 + x^1)) = \gamma^2(1 - \beta^2)x^0 = x^0 \quad ,$$
$$\gamma(\beta\gamma(x^0 - \beta x^1) + \gamma(-\beta x^0 + x^1)) = \gamma^2(1 - \beta^2)x^1 = x^1 \quad .$$

Damit ist, zusammen mit den Gleichungen für die 2- und die 3-Komponente, die Umkehrtransformation festgestellt.

13.2 Es ist $u'^\mu = \Lambda^\mu{}_\nu u^\nu$. Wegen

$$\beta = -v/c = -\beta_1 \quad , \qquad \gamma = (1 - \beta_1^2)^{-1/2} \quad , \qquad (\Lambda^\mu{}_\nu) = \begin{pmatrix} \gamma & \beta_1\gamma & 0 & 0 \\ \beta_1\gamma & \gamma & 0 & 0 \\ 0 & 0 & 1 & 0 \\ 0 & 0 & 0 & 1 \end{pmatrix}$$

gilt $u'^0 = \gamma c\,, u'^1 = \gamma v\,, u'^2 = 0\,, u'^3 = 0$.

13.3 Nein. Da $u^0 = \gamma c$ und $u^m = \gamma v_m$ gilt und der Lorentz-Faktor γ keine obere Grenze hat, sind die Komponenten der Vierergeschwindigkeit nicht beschränkt.

13.4 $\tau = \int_0^t (1/\gamma)\,\mathrm{d}t' = t\sqrt{1 - \beta^2}$.

13.5 Aus der Energieerhaltung folgt direkt

$$cp^0 + V(\mathbf{x}) = cp_{in}^0 + V(\mathbf{x}_{in}) \quad ,$$
$$mc^2\gamma + V(\mathbf{x}) = mc^2\gamma_{in} + V(\mathbf{x}_{in}) \quad , \qquad \gamma_{in} = (1 - \mathbf{v}_{in}^2/c^2)^{-1/2} \quad ,$$
$$\gamma = \gamma_{in} + [V(\mathbf{x}_{in}) - V(\mathbf{x})]/(mc^2) \quad .$$

13.6 (a) Bewegungsgleichungen (mit $E_{pot} = mgx^3$):

$$\frac{\mathrm{d}p^0}{\mathrm{d}t} = -mgv_3/c = -\frac{\mathrm{d}}{\mathrm{d}t}E_{pot}/c \quad , \qquad \frac{\mathrm{d}p^1}{\mathrm{d}t} = 0 \quad , \qquad \frac{\mathrm{d}p^2}{\mathrm{d}t} = 0 \quad , \qquad \frac{\mathrm{d}p^3}{\mathrm{d}t} = -mg \quad .$$

Lösung für die Null-Komponente: $p^0 c + E_{pot} = mc\gamma^2 + mgx^3 = p_{in}^0 c + E_{pot\,in}$.
Anfangsbedingungen: $\mathbf{x}_{in} = 0\,, \mathbf{v}_{in} = 0$ (d. h. $\beta_{in} = 0\,, \gamma_{in} = 1$), $\mathbf{p}_{in} = 0\,, p_{in}^0 = m\gamma_{in}c = mc\,, E_{pot\,in} = 0$.
Lösung für den Lorentz-Faktor: $\gamma = 1 - (g/c^2)x^3$.
Lösung für die räumlichen Komponenten: $p^1 = p_{in}^1 = 0\,, p^2 = p_{in}^2 = 0$,

$$\frac{d}{dt}p^3 = \frac{d}{dt}m\gamma v_3 = m\frac{d}{dt}\left[\left(1 - \frac{g}{c^2}x^3\right)v_3\right] = -mg \quad .$$

Wegen $v_{\text{in }3} = 0$ folgt

$$\left(1 - \frac{g}{c^2}x^3\right)\frac{dx^3}{dt} = -gt \quad , \qquad \text{d. h.} \quad \frac{d}{dt}\left(x^3 - \frac{g}{2c^2}(x^3)^2\right) = -gt$$

und, wegen $x_{\text{in}}^3 = 0$, $(g/c^2)(x^3(t))^2 - 2x^3(t) = gt^2$. Die Bahnkurve $x^3 = x^3(t)$ entspricht in der (ct, x^3)-Ebene einer Hyperbel mit der Gleichung

$$\frac{\left(x^3(t) - c^2/g\right)^2}{c^4/g^2} - \frac{g^2}{c^2}t^2 = 1$$

mit den Asymptoten $x^3(t) = (c^2/g) \pm ct$. Aus der Anfangsbedingung $x^3(0) = x_{\text{in}}^3 = 0$ folgt für den physikalischen Zweig der Hyperbel

$$x^3(t) = \frac{c^2}{g}\left(1 - \sqrt{1 + \frac{g^2}{c^2}t^2}\right) \quad .$$

(b) Für $(g^2/c^2)t^2 \ll 1$ erhält man das Galileische Fallgesetz $x^3(t) = -(g/2)t^2$.

(c) Für $(g^2/c^2)t^2 \gg 1$ gilt $x^3(t) = c^2/g - ct = -ct[1 - c/(gt)]$, und die Geschwindigkeit nähert sich der Lichtgeschwindigkeit an.

(d) Es gilt $\beta = v_3/c = -(gt/c)(1 + g^2t^2/c^2)^{-1/2}$.

(e) Der Lorentz-Faktor lautet

$$\gamma = (1 - \beta^2)^{-1/2} = \left(1 - \frac{g^2t^2}{c^2\left(1 + g^2t^2/c^2\right)}\right)^{-1/2} = (1 + g^2t^2/c^2)^{1/2} \quad .$$

(f) Die Bewegungsmasse ist $M = m\gamma = m(1 + g^2t^2/c^2)^{1/2} \xrightarrow{t\to\infty} m(g/c)t$. Sie divergiert für $t \to \infty$.

(g) Für die Eigenzeit gilt

$$\tau = \int_0^t (1/\gamma)\,dt' = \int_0^t (1 + g^2t'^2/c^2)^{-1/2}\,dt' = \frac{c}{g}\ln\left[\frac{gt}{c} + \left(1 + \left(\frac{gt}{c}\right)^2\right)^{1/2}\right] \quad ,$$

d. h.

$$\frac{gt}{c} + \left(1 + \left(\frac{gt}{c}\right)^2\right)^{1/2} = e^{g\tau/c}$$

und

$$\frac{gt}{c} = \frac{1}{2}e^{-g\tau/c}\left(e^{2g\tau/c} - 1\right) = \frac{1}{2}\left(e^{g\tau/c} - e^{-g\tau/c}\right) = \sinh(g\tau/c) \quad .$$

13.7 $F^{\mu\nu} = \Lambda^{+\mu}{}_\rho\Lambda^{+\nu}{}_\sigma F'^{\rho\sigma} = \Lambda^{+\mu}{}_\rho F'^{\rho\sigma}\Lambda_\sigma{}^\nu$ und $\Lambda_\sigma{}^\nu = g_{\sigma\alpha}\Lambda^\alpha{}_\beta g^{\beta\nu}$. Durch explizites Ausmultiplizieren der Matrizen folgt die Behauptung.

13.8 Mit dem in (13.2.26) definierten Abstand d und mit $\beta'_{a1} = v'^1_a/c$ und $\gamma'_a = (1 - \beta'^2_{a1})^{-1/2}$ gilt

$$A'^0 = \frac{q_a}{4\pi\varepsilon_0 c}\gamma'_a\frac{1}{d} \quad , \qquad A'^1 = \frac{q_a}{4\pi\varepsilon_0 c}\gamma'_a\frac{\beta'_{a1}}{d} \quad , \qquad A'^2 = 0 \quad , \qquad A'^3 = 0$$

und

$$
\begin{aligned}
A^0 &= \gamma'_a(A'^0 - \beta'_{a1}A'^1) = \frac{q_a}{4\pi\varepsilon_0 c}\frac{1}{d}\gamma'^2_a(1 + \beta'^2_{a1}) = \frac{q_a}{4\pi\varepsilon_0 c}\frac{1}{d} \quad , \\
A^1 &= \gamma'_a(-\beta'_{a1}A'^0 + A'^1) = \frac{q_a}{4\pi\varepsilon_0 c}\frac{1}{d}\gamma'^2_a(-\beta'_{a1} + \beta'_{a1}) = 0 \quad , \\
A^2 &= A'^2 = 0 \quad , \qquad A^3 = A'^3 = 0 \quad .
\end{aligned}
$$

13.9 (a) $\lim_{\sigma\to 0}\dfrac{q_a}{(2\pi)^{3/2}\sigma^3}\exp\left\{-(\mathbf{x} - \mathbf{x}_a)^2/(2\sigma^2)\right\} = q_a\delta^3(\mathbf{x} - \mathbf{x}_a)$.

(b) Wegen $\mathbf{j} = 0$ gilt $\rho' = \gamma\rho$, wegen $dx'^0 = 0$ gilt $dx^1 = \gamma\,dx'^1$ und ferner $dx^2 = dx'^2, dx^3 = dx'^3$, und daher $\rho(\mathbf{x})\,dV = (1/\gamma)\rho'\gamma\,dV' = \rho'\,dV'$.

(c) Die Flächen $\rho'(\mathbf{x}') = \text{const}$ sind abgeplattete Rotationsellipsoide um die 1-Achse. Die Breite der Verteilung in 1-Richtung ist längenkontrahiert, denn

$$
\begin{aligned}
\rho' = \gamma\rho &= \gamma\frac{q_a}{(2\pi)^{3/2}\sigma^3}\exp\left\{-\frac{(\mathbf{x} - \mathbf{x}_a)^2}{2\sigma^2}\right\} \\
&= \frac{q_a}{(2\pi)^{3/2}(\sigma^3/\gamma)}\exp\left\{-\frac{\gamma^2(x'^1 - x'^1_a)^2}{2\sigma^2} - \frac{(x'^2 - x'^2_a)^2}{2\sigma^2} - \frac{(x'^3 - x'^3_a)^2}{2\sigma^2}\right\} \\
&= \frac{q_a}{(2\pi)^{3/2}(\sigma^3/\gamma)}\exp\left\{-\frac{(x'^1 - x'^1_a)^2}{2(\sigma/\gamma)^2} - \frac{(x'^2 - x'^2_a)^2}{2\sigma^2} - \frac{(x'^3 - x'^3_a)^2}{2\sigma^2}\right\} \quad .
\end{aligned}
$$

(d) $\lim_{\sigma\to 0}\rho'(\mathbf{x}') = q_a\delta^3(\mathbf{x}' - \mathbf{x}'_a)$.

13.10 (a) $\Box A^\mu = \left\{(\partial^0)^2 - \sum_{m=1}^3(\partial^m)^2\right\}A^\mu = -\left\{(k^0)^2 - \sum_{m=1}^3(k^m)^2\right\}A^\mu = 0$ wegen $(k^0)^2 - \mathbf{k}^2 = 0$. (b) $\partial_\mu A^\mu = -k_\mu A^\mu_0\sin(k_\mu x^\mu - \alpha)$, d. h. die Lorentz-Bedingung ist erfüllt für $k_\mu A^\mu_0 = 0$. (c) Weil der Kosinus eine nichtlineare Funktion ist, muß sein Argument als Zahlenvariable ein Lorentz-Skalar sein. Damit ist $k_\mu x^\mu$ ein Lorentz-Skalar und (k_μ) ein Vierervektor. (d) Mit der Relativgeschwindigkeit $(\mathbf{v}) = (v, 0, 0), \beta = v/c, \gamma = (1 - \beta^2)^{-1/2}$ gilt $\omega' = ck'^0 = \gamma(ck^0 - \beta ck^1) = \gamma(1 - \beta)ck^0 = \omega\sqrt{(1 - \beta)/(1 + \beta)}$. Die Formel beschreibt die relativistische Doppler-Verschiebung. Sie erfolgt für positive β zu kleineren Frequenzen.

Anhang B

B.1 (a) $\boldsymbol{\nabla}r = \hat{\mathbf{r}}, \boldsymbol{\nabla}(1/r) = -\hat{\mathbf{r}}/r^2, \boldsymbol{\nabla}r^2 = 2\mathbf{r}$; (b) $\boldsymbol{\nabla}(1/r^3) = -3\hat{\mathbf{r}}/r^4$ für $r \neq 0$, $\boldsymbol{\nabla}\cdot\mathbf{r} = 3$; (c) $\boldsymbol{\nabla}\otimes\mathbf{r} = \underline{\underline{1}}, \boldsymbol{\nabla}\otimes\hat{\mathbf{r}} = (\underline{\underline{1}} - \hat{\mathbf{r}}\otimes\hat{\mathbf{r}})/r$.

B.2 (a) An der kartesischen Darstellung $\mathbf{r} = \sum x_i \mathbf{e}_i$ liest man $|\partial \mathbf{r}/\partial x_i| = 1$ ab, d. h. $\mathbf{e}_i = \partial \mathbf{r}/\partial x_i$, $i = 1, 2, 3$. Um auf die angegebene Gleichung zu kommen, geht man von $\mathbf{r} = r\mathbf{e}_r(\vartheta, \varphi)$ aus:

$$\mathbf{e}_i = \frac{\partial \mathbf{r}}{\partial r}\frac{\partial r}{\partial x_i} + \frac{\partial \mathbf{r}}{\partial \vartheta}\frac{\partial \vartheta}{\partial x_i} + \frac{\partial \mathbf{r}}{\partial \varphi}\frac{\partial \varphi}{\partial x_i} \quad , \qquad i = 1, 2, 3 \quad .$$

Es gilt $\partial \mathbf{r}/\partial r = |\partial \mathbf{r}/\partial r|\mathbf{e}_r$ usw. Man findet $|\partial \mathbf{r}/\partial r| = 1$, $|\partial \mathbf{r}/\partial \vartheta| = r$ und $|\partial \mathbf{r}/\partial \varphi| = r \sin \vartheta$. Daraus folgt die Behauptung. (b) Man erhält

$$
\begin{aligned}
\mathbf{e}_1 &= \sin \vartheta \cos \varphi \, \mathbf{e}_r + \cos \vartheta \cos \varphi \, \mathbf{e}_\vartheta - \sin \varphi \, \mathbf{e}_\varphi \quad , \\
\mathbf{e}_2 &= \sin \vartheta \sin \varphi \, \mathbf{e}_r + \cos \vartheta \sin \varphi \, \mathbf{e}_\vartheta + \cos \varphi \, \mathbf{e}_\varphi \quad , \\
\mathbf{e}_3 &= \cos \vartheta \, \mathbf{e}_r - \sin \vartheta \, \mathbf{e}_\vartheta \quad .
\end{aligned}
$$

(c) Für die Matrixelemente T_{ij} des Tensors $\underline{T}$ in der Basis $\{\mathbf{e}_1, \mathbf{e}_2, \mathbf{e}_3\}$, also $\underline{T} = \sum_{ij} T_{ij}\mathbf{e}_i \otimes \mathbf{e}_j$, folgt aus $\mathbf{e}'_j = \underline{T}\mathbf{e}_j$ die Beziehung $T_{ij} = \mathbf{e}_i \cdot \mathbf{e}'_j$. Aus den Gleichungen (B.18.1) kann man also die T_{ij} ablesen. Da $\underline{T}$ orthogonal ist, gilt $\mathbf{e}_i = \underline{T}^+ \mathbf{e}'_i$, und daraus folgt für die Komponenten T'_{ij} von $\underline{T}$ in der Basis $\{\mathbf{e}'_1, \mathbf{e}'_2, \mathbf{e}'_3\}$, also $\underline{T} = \sum_{ij} T'_{ij}\mathbf{e}'_i \otimes \mathbf{e}'_j$, die Gleichung $T'_{ij} = \mathbf{e}_i \cdot \mathbf{e}'_j = T_{ij}$ (die Komponenten von $\underline{T}$ sind *numerisch invariant*). Damit gilt $\mathbf{e}_i = \sum_j T_{ij}\mathbf{e}'_j$, woraus man in der Tat die unter (b) angegebenen Gleichungen erhält.

B.3 (a) Die Vektoren im Volumen V lassen sich beschreiben als $\mathbf{r} = \mathbf{r}_\perp + z\mathbf{e}_z$, $\mathbf{r}_\perp = x\mathbf{e}_x + y\mathbf{e}_y$, mit $\mathbf{r}_\perp$ in A und $-h \leq z \leq h$. Unter den angegebenen Bedingungen ist $\nabla \cdot \mathbf{v} = \partial v_x/\partial x + \partial v_y/\partial y$ unabhängig von z, so daß sich das Volumenintegral auf der linken Seite des Gaußschen Satzes (B.15.11) als

$$\int_V \nabla \cdot \mathbf{v}\, \mathrm{d}V = 2h \int_A \left(\frac{\partial v_x}{\partial x} + \frac{\partial v_y}{\partial y}\right) \mathrm{d}x\, \mathrm{d}y$$

schreiben läßt. Der Rand (V) von V besteht aus Mantel, Deckel und Boden, wobei für Deckel und Boden $\mathrm{d}\mathbf{a} = \pm \mathrm{d}a\,\mathbf{e}_z$ gilt. Die entsprechenden Flächenintegrale verschwinden also. Der Mantel von V läßt sich mit Hilfe der Parametrisierung der Kurve C als $\mathbf{r}(\lambda, z) = \mathbf{r}_\perp(\lambda) + z\mathbf{e}_z$, $\lambda_0 \leq \lambda \leq \lambda_1$, $-h \leq z \leq h$, schreiben. Daher gilt mit (B.11.4) für das Flächenelement auf dem Mantel

$$\mathrm{d}\mathbf{a} = \left(\frac{\partial \mathbf{r}}{\partial \lambda} \times \frac{\partial \mathbf{r}}{\partial z}\right)\mathrm{d}\lambda\, \mathrm{d}z = \left(-\frac{\mathrm{d}x}{\mathrm{d}\lambda}\mathbf{e}_y + \frac{\mathrm{d}y}{\mathrm{d}\lambda}\mathbf{e}_x\right)\mathrm{d}\lambda\, \mathrm{d}z \quad .$$

Insgesamt folgt damit für das Oberflächenintegral auf der rechten Seite des Gaußschen Satzes (B.15.11)

$$\oint_{(V)} \mathbf{v} \cdot \mathrm{d}\mathbf{a} = \int_{\text{Mantel}} \mathbf{v} \cdot \mathrm{d}\mathbf{a} = 2h \int_{\lambda_0}^{\lambda_1} \left(-v_y \frac{\mathrm{d}x}{\mathrm{d}\lambda} + v_x \frac{\mathrm{d}y}{\mathrm{d}\lambda}\right) \mathrm{d}\lambda$$

(weil der Integrand der z-Integration wieder unabhängig von z ist). Die Kombination beider Ergebnisse beweist (B.18.2). (b) Sei nun $\mathbf{w}(\mathbf{r}) = w_x \mathbf{e}_x + w_y \mathbf{e}_y = -v_y \mathbf{e}_x + v_x \mathbf{e}_y$, dann gilt $\nabla \times \mathbf{w} = (\partial v_x/\partial x + \partial v_y/\partial y)\mathbf{e}_z$. Für die Fläche A ist $\mathrm{d}\mathbf{a} = \mathrm{d}x\, \mathrm{d}y\,\mathbf{e}_z$, so daß

$$\int_A \left(\frac{\partial v_x}{\partial x} + \frac{\partial v_y}{\partial y} \right) \mathrm{d}x\,\mathrm{d}y = \int_A (\boldsymbol{\nabla} \times \mathbf{w}) \cdot \mathrm{d}\mathbf{a} \quad .$$

Außerdem gilt (mit $\mathrm{d}\mathbf{r}_\perp/\mathrm{d}\lambda = (\mathrm{d}x/\mathrm{d}\lambda)\mathbf{e}_x + (\mathrm{d}y/\mathrm{d}\lambda)\mathbf{e}_y$)

$$\int_{\lambda_0}^{\lambda_1} \left(-v_y \frac{\mathrm{d}x}{\mathrm{d}\lambda} + v_x \frac{\mathrm{d}y}{\mathrm{d}\lambda} \right) \mathrm{d}\lambda = \int_{\lambda_0}^{\lambda_1} \mathbf{w}(\mathbf{r}_\perp(\lambda)) \cdot \frac{\mathrm{d}\mathbf{r}_\perp}{\mathrm{d}\lambda}\,\mathrm{d}\lambda = \oint_{C=(A)} \mathbf{w} \cdot \mathrm{d}\mathbf{r} \quad ,$$

so daß (B.18.2) in der Tat der Stokessche Satz ist. Die Drehung der Komponenten von $\mathbf{v}$ tritt hier aus folgendem Grund auf: Beim Flächenintegral über den Mantel wird wegen $\mathrm{d}\mathbf{a} = \hat{\mathbf{n}}\,\mathrm{d}a$ über die zur Mantelfläche senkrechte Projektion des Feldes $\mathbf{v}$ integriert, beim Linienintegral über C wird über die zur Kurve parallele Projektion des Feldes $\mathbf{w}$ integriert. Die Drehung der Komponenten, $\mathbf{v} \to \mathbf{w}$, kompensiert gerade diesen Unterschied.

Anhang F

F.1 (a) Die beiden Bedingungen bedeuten, daß die Funktion $\hat{f}(x,\varepsilon) = f(x/\varepsilon)/\varepsilon$ eine δ-Folge ist: Für jede Testfunktion $g(x)$ gilt

$$\begin{aligned}
\lim_{\varepsilon \to 0} \int_{-\infty}^{\infty} \hat{f}(x,\varepsilon)g(x)\,\mathrm{d}x &= \lim_{\varepsilon \to 0} \int_{-\infty}^{\infty} \frac{1}{\varepsilon} f\left(\frac{x}{\varepsilon}\right) g(x)\,\mathrm{d}x = \lim_{\varepsilon \to 0} \int_{-\infty}^{\infty} f(y)g(\varepsilon y)\,\mathrm{d}y \\
&= g(0) \int_{-\infty}^{\infty} f(y)\,\mathrm{d}y = g(0) = \int_{-\infty}^{\infty} \delta(x)g(x)\,\mathrm{d}x \quad ,
\end{aligned}$$

dabei wurde $y = x/\varepsilon$ gesetzt. Anschaulich folgt aus der Normierbarkeit von $f(x)$, daß die Funktion $\hat{f}(x,\varepsilon)$ für große $|x|$ verschwinden und für gewisse endliche x-Werte positiv sein muß. Betrachtet man nun $\varepsilon \to 0$, so liegt einerseits wegen des Skalierungsfaktors $1/\varepsilon$ in $f(x/\varepsilon)$ dieser Bereich positiver Funktionswerte immer näher bei $x = 0$, andererseits werden die Funktionswerte wegen des Vorfaktors $1/\varepsilon$ in $\hat{f}(x,\varepsilon)$ immer größer. Damit verhält sich $\hat{f}(x,\varepsilon)$ für $\varepsilon \to 0$ qualitativ wie die δ-Folgen in Abb. F.1. Die Beziehungen in (b) und (c) sind Spezialfälle von (a): (b) Es gilt

$$\frac{1}{\pi} \frac{\varepsilon}{x^2 + \varepsilon^2} = \frac{1}{\varepsilon} f\left(\frac{x}{\varepsilon}\right) \quad \text{mit} \quad f(x) = \frac{1}{\pi} \frac{1}{x^2 + 1} \quad .$$

Da $\int_{-\infty}^{\infty} f(x)\,\mathrm{d}x = 1$, folgt die Behauptung. (c) Hier gilt mit $\varepsilon = 1/A$

$$\frac{1}{2\pi} \int_{-A}^{A} \cos(\alpha x)\,\mathrm{d}\alpha = \frac{1}{\pi x} \sin(Ax) = \frac{1}{\varepsilon} f\left(\frac{x}{\varepsilon}\right) \quad \text{mit} \quad f(x) = \frac{\sin x}{\pi x} \quad .$$

Man kann $\int_{-\infty}^{\infty} f(x)\,\mathrm{d}x = 1$ zeigen, daraus folgt die Behauptung.

F.2 (a) $\int S(\mathbf{r})\boldsymbol{\nabla}\delta^3(\mathbf{r})\,\mathrm{d}V = -\int \boldsymbol{\nabla}S(\mathbf{r})\delta^3(\mathbf{r})\,\mathrm{d}V = -\boldsymbol{\nabla}S(0)$; (b) $\int \mathbf{W}(\mathbf{r}) \cdot \boldsymbol{\nabla}\delta^3(\mathbf{r})$ $\mathrm{d}V = -\int \boldsymbol{\nabla} \cdot \mathbf{W}(\mathbf{r})\delta^3(\mathbf{r})\,\mathrm{d}V = -\boldsymbol{\nabla} \cdot \mathbf{W}(0)$; (c) $\int \mathbf{W}(\mathbf{r}) \times \boldsymbol{\nabla}\delta^3(\mathbf{r})\,\mathrm{d}V =$ $-\int (\boldsymbol{\nabla}\delta^3(\mathbf{r})) \times \mathbf{W}(\mathbf{r})\,\mathrm{d}V = \int \delta^3(\mathbf{r})\boldsymbol{\nabla} \times \mathbf{W}(\mathbf{r})\,\mathrm{d}V = \boldsymbol{\nabla} \times \mathbf{W}(0)$; (d) $\int (\boldsymbol{\nabla}\delta^3(\mathbf{r})) \otimes$ $\mathbf{W}(\mathbf{r})\,\mathrm{d}V = -\int \delta^3(\mathbf{r})\boldsymbol{\nabla} \otimes \mathbf{W}(\mathbf{r})\,\mathrm{d}V = -\boldsymbol{\nabla} \otimes \mathbf{W}(0)$; (e) $\int \mathbf{W}(\mathbf{r}) \otimes \boldsymbol{\nabla}\delta^3(\mathbf{r})\,\mathrm{d}V =$ $\int [\boldsymbol{\nabla}\delta^3(\mathbf{r}) \otimes \mathbf{W}(\mathbf{r})]^+\,\mathrm{d}V = -\int \delta^3(\mathbf{r})[\boldsymbol{\nabla} \otimes \mathbf{W}(\mathbf{r})]^+\,\mathrm{d}V = -[\boldsymbol{\nabla} \otimes \mathbf{W}(0)]^+$.

F.3 (a) $\int S(\mathbf{r}')\boldsymbol{\nabla}'\delta^3(\mathbf{r}-\mathbf{r}')\,dV' = \int S(\mathbf{r}')(-\boldsymbol{\nabla})\delta^3(\mathbf{r}-\mathbf{r}')\,dV' = -\boldsymbol{\nabla}\int S(\mathbf{r}')\delta^3(\mathbf{r}-\mathbf{r}')\,dV' = -\boldsymbol{\nabla}S(\mathbf{r})$; (b) $\int \mathbf{W}(\mathbf{r}')\cdot\boldsymbol{\nabla}'\delta^3(\mathbf{r}-\mathbf{r}')\,dV' = \int \mathbf{W}(\mathbf{r}')\cdot(-\boldsymbol{\nabla})\delta^3(\mathbf{r}-\mathbf{r}')\,dV' = -\boldsymbol{\nabla}\cdot\mathbf{W}(\mathbf{r})$; (c) $\int \mathbf{W}(\mathbf{r}')\times\boldsymbol{\nabla}'\delta^3(\mathbf{r}-\mathbf{r}')\,dV' = \int \mathbf{W}(\mathbf{r}')\times(-\boldsymbol{\nabla})\delta^3(\mathbf{r}-\mathbf{r}')\,dV' = \boldsymbol{\nabla}\times\int \mathbf{W}(\mathbf{r}')\delta^3(\mathbf{r}-\mathbf{r}')\,dV' = \boldsymbol{\nabla}\times W(\mathbf{r})$; (d) $\int(\boldsymbol{\nabla}'\delta^3(\mathbf{r}-\mathbf{r}'))\otimes\mathbf{W}(\mathbf{r}')\,dV' = -\boldsymbol{\nabla}\otimes\int \mathbf{W}(\mathbf{r}')\delta(\mathbf{r}-\mathbf{r}')\,dV' = -\boldsymbol{\nabla}\otimes\mathbf{W}(\mathbf{r})$; (e) $\int \mathbf{W}(\mathbf{r}')\otimes\boldsymbol{\nabla}'\delta^3(\mathbf{r}-\mathbf{r}')\,dV' = \int[(-\boldsymbol{\nabla})\delta^3(\mathbf{r}-\mathbf{r}')\otimes\mathbf{W}(\mathbf{r}')]^+\,dV' = -[\boldsymbol{\nabla}\otimes\mathbf{W}(\mathbf{r})]^+$.

F.4 (a) Aus der Darstellung (B.8.4) des Laplace-Operators in Kugelkoordinaten folgt $\Delta(1/r) = 0$ für $r \neq 0$. (b) Hier und in (c) benutzt man eine der Beziehung in Aufgabe F.1 (a) analoge Aussage über die $\delta^3(\mathbf{r})$-Distribution: Sei $\int f(\mathbf{r})\,dV = N$, dann gilt

$$\lim_{\varepsilon\to 0}\frac{1}{\varepsilon^3}f\left(\frac{\mathbf{r}}{\varepsilon}\right) = N\delta^3(\mathbf{r}) \quad,$$

denn für eine Testfunktion $g(\mathbf{r})$ gilt mit $\mathbf{r}' = \mathbf{r}/\varepsilon$, d. h. $dV' = dV/\varepsilon^3$

$$\lim_{\varepsilon\to 0}\int\frac{1}{\varepsilon^3}f\left(\frac{\mathbf{r}}{\varepsilon}\right)g(\mathbf{r})\,dV = \lim_{\varepsilon\to 0}\int f(\mathbf{r}')g(\varepsilon\mathbf{r}')\,dV'$$

$$= g(0)\int f(\mathbf{r}')\,dV' = Ng(0) = \int N\delta^3(\mathbf{r})g(\mathbf{r})\,dV \quad.$$

Nun gilt

$$\Delta\frac{1}{\sqrt{\mathbf{r}^2+\varepsilon^2}} = \frac{1}{\varepsilon^3}f\left(\frac{\mathbf{r}}{\varepsilon}\right) \quad\text{mit}\quad f(\mathbf{r}) = \frac{-3}{(\mathbf{r}^2+1)^{5/2}}$$

und $N = \int f(\mathbf{r})\,dV = -4\pi$, wie man mittels partieller Integration findet. (c) Hier gilt

$$\Delta\frac{1}{r+\varepsilon} = \frac{1}{\varepsilon^3}f\left(\frac{\mathbf{r}}{\varepsilon}\right) \quad\text{mit}\quad f(\mathbf{r}) = \frac{-2}{r(r+1)^3}$$

und $N = \int f(\mathbf{r})\,dV = -4\pi$.

Sachverzeichnis